21世纪数学教育信息化精品教材

大学数学立体化教材

线性代数

| 理工类 · 第6版 |

主编 吴赣昌 数苑团队

中国人民大学出版社
· 北京 ·

内容简介

本书依据高等院校普通本科理工类专业线性代数课程的教学大纲编写, 系统涵盖行列式、矩阵、线性方程组、矩阵的特征值、二次型以及线性空间与线性变换等核心内容, 并特别强化了数学建模与数学实验环节. 通过由浅入深的理论推导与案例剖析, 读者可以更好地理解线性代数在解决实际问题以及支撑现代技术中的关键作用.

本书第 6 版在前五版基础上全面升级, 依托AI大模型技术深度解析线性代数概念与定理的本质内涵. 新增57个跨领域应用案例, 覆盖机械工程、人工智能、金融经济、生物医学等多个领域, 并配套扩展习题模块. 通过理论与现实场景的深度融合, 帮助读者掌握线性代数的核心规律, 提升工程实践能力与数学建模思维.

为了更好地适应现代教学与自主学习需求, 作者团队在网络学习空间 (系统支持公式编辑与AI互动) 中配套建设了在线学习系统与习题辅导系统, 并提供了手机端服务. 书中各处设置的二维码为不同专业背景与基础水平的读者提供个性化的学习路径, 可帮助读者随时随地在线学习, 并针对性地进行在线训练与自主测评, 显著提升学习效率与兴趣.

本书既可作为高等院校理工科等非数学专业的教材与教学参考书, 也适用于对线性代数感兴趣的其他专业的读者自主学习、综合训练与考研进阶. 通过系统学习本书内容, 读者不仅能掌握线性代数的重要理论与方法, 而且可以灵活运用这些知识在工程、科研以及现代技术领域中拓展更广阔的应用空间.

前　言

数学是自然科学的基本语言, 是应用模型探索现实世界物质运动机理的主要手段. 对于大学非数学专业的学生而言, 线性代数 (大学数学基础课程) 的教育, 其意义远不仅仅是学习一种专业工具而已. 中外大量教育实践表明: 优秀的数学教育, 能培育人的理性思维品格和思辨能力, 启迪智慧, 开发潜在的能动性与创造力, 其价值非一般专业技术教育可比.

自2017年第5版问世以来, 人工智能理论和技术实现了快速突破, 并在各行业得到了广泛应用. 人工智能是引领新一轮科技革命和产业变革的重要驱动力, 正深刻改变着人们的生产、生活、学习方式, 推动人类社会迎来人机协同、跨界融合、共创分享的智能时代. 作为机器学习与大数据分析的基础, 线性代数对大学生理解并掌握人工智能至关重要. 在此背景下, 对本书进行全面升级与完善、推出第 6 版具有非常现实的紧迫性与必要性.

本书依据我国高等院校理工类专业线性代数课程教学大纲编写, 系统涵盖行列式、矩阵、线性方程组、矩阵特征值、二次型以及线性空间与线性变换等关键内容, 并特别强化了数学建模与数学实验环节. 通过由浅入深的理论推导与案例剖析, 读者可以更好地理解线性代数在解决实际问题与支撑现代技术中的关键作用.

在保留前五版优秀内容的基础上, 本书第 6 版进行了全面升级:

1. 作者团队借助先进的人工智能大模型, 深度挖掘拓展线性代数相关概念、定理的背景、意义与应用, 使其紧密契合计算机科学等前沿理工类技术发展, 助力读者深刻理解知识本质. 全书新增57个应用案例, 涉及机械工程、互联网广告、人工智能与机器学习、生态环境、工程采购与成本、经济与金融、神经网络、计算机科学、材料科学、科研实验、生物医学、气象学、市场营销等领域, 同时, 相应扩展了应用案例作为习题, 旨在让读者在学习过程中, 通过实际案例将抽象的数学理论与现实问题紧密对接, 从而深入掌握线性代数的内在规律, 熟悉其应用场景, 进一步拓展数学视野, 提升思维深度.

2. 本书的重要创新还体现在: 作者团队与数苑合作为其配套建设了系统支持人工智能交互与公式编辑解析的网络学习空间, 形成了“线上 + 线下”的全新学习生态. 该空间的建设包括在线学习系统、习题辅导系统与自主测评系统.

(1) 在线学习系统: 该系统充分利用了数字化时代的技术优势, 以超越纸质教材的容量和形式展示了更丰富的教学内容、教学动画以及相关知识点的交互式链接. 读者只需使用手机端或其他智能设备扫描书中设置的二维码, 即可直接进入相关内容的学习. 通过这种随时随地的“沉浸式”互动学习方式, 读者可以及时回顾课程重点, 观看演示动画, 参与模拟实验, 以更有趣、更直观、更自主的方式来夯实对理论知识的掌握, 实现对抽象概念的动态感知. 对于背景与基础水平各不相同的读者而言, 该系统还能根据个人需求与进度, 提供个性化的学习路径建议, 大幅提升自主学习的效率与兴趣.

(2) 习题辅导系统: 该系统首先对各章节所学知识进行总结; 然后为读者进阶训练安排

典型例题剖析, 衔接教材基础训练与考研训练; 最后为每章节的习题与总习题提供详解, 解答过程按逻辑推理关系分步组织, 并配备相关知识点的交互式链接, 让读者不仅知其然, 还知其所以然. 帮助读者追踪解题的完整思路, 清晰地理解如何将抽象概念、定理与技巧落到实际运算与推理上; 帮助不同层次与需求的读者循序渐进地提升解决问题的能力, 以期显著提升学习质量与效果. 该系统属增值模块, 供用户自行选用.

(3) 自主测评系统: 该系统帮助读者随时随地对学习效果与质量进行自我测评. 作者团队借助先进的人工智能平台, 在试题库中建设了大量用于在线测评的子母题, 其中每个子母题均按解题的思维链分步解答, 由此实现强大的即时评估与反馈功能. 读者完成测评后, 系统会即时给出定量与定性相结合的反馈, 并就薄弱环节提出针对性的训练建议和资源推荐. 这种个性化的反馈机制对于帮助读者做到“查漏补缺”至关重要, 一方面, 测评结果能提示读者在概念理解、运算技巧或逻辑推理等方面的不足; 另一方面, 系统还可针对性地给出下一步的学习路径及提高建议, 令读者在最短的时间内高效提升, 从而循序渐进地稳步达到更高水平. 对于自我要求较高的读者, 该模块也可以作为后续深化训练的工具, 通过定制难度较大的题目来挑战思维极限, 不断突破自身瓶颈. 自主测评系统属教材的增值模块, 供有需求的读者自行选用.

(4) 公式编辑与AI互动: 数学公式是科学的基本语言, 在网络上便捷地进行公式编辑交互是长期以来没有得到很好解决的问题, 作者团队集成数苑的公式在线编辑软件MathPlay, 在上述网络学习空间各系统页面中接入领先的人工智能软件, 提供“AI互动”功能. 该功能实质上为读者在课程学习过程中打开了通向科学的大门, 提供了与AI互动的无尽可能.

本书既可作为高等院校理工科等非数学专业的教材与教学参考书, 也适合对线性代数感兴趣的其他专业的读者自主学习与考研进阶. 通过系统学习本书的理论与案例, 读者不仅能够培养高效的解题思维, 还能将数学思想灵活运用于工程、科学研究等现代领域, 从而在未来的学术研究或职业发展中赢得优势.

致读者

在本书的学习过程中, 读者可通过封面提供的网址、账号与密码, 登录数苑网络学习空间. 该空间不仅提供了在线学习系统、习题辅导系统和自主测评系统三大功能模块, 还通过手机端服务, 让你随时随地获取教材配套的延伸内容与实践资源. 书中各处的二维码则构建了纸质教材与数字平台的无缝衔接, 帮助你根据自身学习进度与兴趣点, 在恰当的时机快速获取相关知识、解题思路或学习资源, 从而显著提高学习效率、兴趣与质量.

在进入高校后即将学习的所有大学课程中, 微积分、线性代数、概率论与数理统计这些大学数学基础课程最为有用且最值得你努力学习, 无论怎样评价其重要性都不为过, 而学好这些课程, 你将终生受益. 在学习大学数学的过程中, 主动把握好从“看数学”到“做数学”的转变这一点尤为重要, 不要以为在课堂教学过程中听懂了就等于学到了, 事实上, 你需要在课后花更多的时间去主动学习、训练并测评学习效果, 才能真正掌握所学知识.

致教师

使用本书的教师同样可通过封面提供的网址、账号与密码, 登录数苑网络学习空间. 作者团队在那里为教师提供了与本书配套建设的教学课件、备课资源、在线教学系统与习题辅导系统. 此外, 作者团队开发了与本书配套建设的在线学习平台、在线题库系统、在线考评系统及其预约管理系统等增值模块, 供院校教师选用.

正如美国《托马斯微积分》的作者G. B. 托马斯教授指出的, “一套教材不能构成一门课; 教师和学生在一起才能构成一门课”, 教学的本质在于师生共同构建的“活的”课程, 教材本身只是一个强有力的支撑与参考. 我们衷心期望, 通过本书及其配套资源的有机结合, 教师可以在教学过程中更好地发挥引导与启发作用, 帮助学生富有成效地学习、扎实掌握线性代数, 并将他们的学习热情与创造力充分激发出来. 爱尔兰诗人、诺贝尔文学奖得主威廉 · 巴特勒 · 叶芝 (William Butler Yeats)曾说过:

“教育不是注满一桶水, 而是点燃一把火.”

这句名言抓住了教育的本质. 教育不是灌输知识, 而是激发兴趣. 教育的永恒目标是点燃学习者心中的火焰. 教育最核心的目标不在于填塞更多知识点, 而在于唤醒对未知世界的探索欲与创新意识. 我们希望本书及其配套建设作为你教学路上的一把“火”, 能够在每一位读者和教师的心中持续燃烧, 助力你在数学与科技的无垠海洋里乘风破浪, 迎接更加美好、更加智慧的未来.

目　录

第1章　行列式

从本质上讲,行列式是将若干数值按一定形式排列成数表,并依据特定法则计算得到的一个数.日本数学家关孝和与德国数学家莱布尼茨先后在1683年与1693年分别独立地提出了行列式的概念.在此后很长一段时间内,行列式主要应用于对线性方程组的研究.大约一个半世纪后,行列式逐步发展成为线性代数的一个独立的理论分支.1750年,瑞士数学家克莱姆在他的论文中提出了利用行列式求解线性方程组的著名法则——克莱姆法则.随后,1812年,法国数学家柯西发现了行列式在解析几何中的应用,这一发现极大激发了人们对行列式在解析几何及其他领域的应用热情,相关研究前后持续了近100年.

行列式在解析几何以及数学的其他分支中都扮演着很重要的角色.如今,由于计算机和计算软件的发展,在常见的高阶行列式计算中,行列式的数值意义已经不大.但是,行列式公式依然可以给出构成行列式的数表的重要信息.在线性代数的某些应用中,行列式的知识依然非常有用.特别是在本课程中,它是研究后面的线性方程组、矩阵及向量组的线性相关性的一种重要工具.

§1.1　二阶与三阶行列式

行列式源于线性方程组的求解问题.在我国,二阶行列式与三阶行列式的雏形见于《九章算术》,后在《测圆海镜》中以“天元术”形式出现,它们广泛应用于计算平面的面积与空间立体的体积.本节主要对这些知识进行总结,它们是我们学习和讨论更高阶行列式计算的基础.

一、二阶行列式

定义1　代数和 $a_{11}a_{22}-a_{12}a_{21}$ 称为**二阶行列式**,记作

$$\begin{vmatrix} a_{11} & a_{12} \\ a_{21} & a_{22} \end{vmatrix} = a_{11}a_{22}-a_{12}a_{21},$$

其中数 $a_{11}, a_{12}, a_{21}, a_{22}$ 称为行列式的**元素**,横排称为**行**,竖排称为**列**.元素 a_{ij} 中的第一个下标 i 称为**行标**,表明该元素位于第 i 行;第二个下标 j 称为**列标**,表明该元素位于第 j 列.由上述定义可知,二阶行列式是由四个数按一定的规律运算所得的代数和.这个规律性表现在

行列式的记号中就是“**对角线法则**”, 如图1－1－1所示, 我们把a_{11}到a_{22}的连线称为**主对角线**, 把a_{12}到a_{21}的连线称为**副对角线**. 这样, 二阶行列式等于主对角线元素之积减去副对角线元素之积.

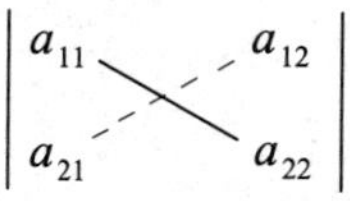

图1－1－1

例如, 计算二阶行列式$D=\begin{vmatrix} 4 & -3 \\ 5 & 2 \end{vmatrix}$. 按定义, 有

$$D=4\times 2-5\times(-3)=23.$$

又如, 设$D=\begin{vmatrix} \lambda^2 & \lambda \\ 3 & 1 \end{vmatrix}$, 按定义可得: $D=\lambda^2-3\lambda$. 若令$D=0$, 即有$\lambda^2-3\lambda=0$, 解得$\lambda=0$, $\lambda=3$. 所以, 当$\lambda=0$或$\lambda=3$时, $D=0$.

二、二元线性方程组

二元线性方程组源于对两个变量之间线性关系的研究, 它广泛应用于几何学 (如求两条直线的交点)、经济学 (如解决供需平衡问题) 和工程学 (如电路分析) 等领域. 通过二元线性方程组, 人们可以直观地描述和解决现实中两个变量的相互关系问题.

用消元法求解二元线性方程组

$$\begin{cases} a_{11}x_1+a_{12}x_2=b_1 & (1.1) \\ a_{21}x_1+a_{22}x_2=b_2 & (1.2) \end{cases},$$

式(1.1)$\times a_{22}$－式(1.2)$\times a_{12}$, 得

$$(a_{11}a_{22}-a_{12}a_{21})x_1=b_1a_{22}-b_2a_{12}, \tag{1.3}$$

式(1.2)$\times a_{11}$－式(1.1)$\times a_{21}$, 得

$$(a_{11}a_{22}-a_{12}a_{21})x_2=b_2a_{11}-b_1a_{21}, \tag{1.4}$$

若按照二阶行列式的定义, 记

$$D=a_{11}a_{22}-a_{12}a_{21}=\begin{vmatrix} a_{11} & a_{12} \\ a_{21} & a_{22} \end{vmatrix},$$

$$D_1=b_1a_{22}-b_2a_{12}=\begin{vmatrix} b_1 & a_{12} \\ b_2 & a_{22} \end{vmatrix},\ D_2=b_2a_{11}-b_1a_{21}=\begin{vmatrix} a_{11} & b_1 \\ a_{21} & b_2 \end{vmatrix},$$

则式(1.3)与式(1.4)可改写为

$$\begin{cases} Dx_1=D_1 \\ Dx_2=D_2 \end{cases},$$

于是, 在行列式$D\neq 0$的条件下, 我们可以得到式(1.1)与式(1.2)的唯一解:

$$x_1=\frac{D_1}{D},\ x_2=\frac{D_2}{D}.$$

从形式上看，这里分母D是由式(1.1)与式(1.2)构成的方程组的系数所确定的二阶行列式(称为**系数行列式**)；x_1的分子D_1是用常数项b_1，b_2替换D中x_1的系数a_{11}，a_{21}所得的二阶行列式；x_2的分子D_2是用常数项b_1，b_2替换D中x_2的系数a_{12}，a_{22}所得的二阶行列式. 本节后面讨论的三元线性方程组亦有类似的规律性. 请读者学习时注意比较.

例 1　解二元线性方程组$\begin{cases}2x_1+3x_2=8\\ x_1-2x_2=-3\end{cases}$.

解　利用二元线性方程组的求解公式，我们先分别计算以下三个二阶行列式：

$$D=\begin{vmatrix}2 & 3\\ 1 & -2\end{vmatrix}=2\times(-2)-3\times1=-7,$$

$$D_1=\begin{vmatrix}8 & 3\\ -3 & -2\end{vmatrix}=8\times(-2)-3\times(-3)=-7,$$

$$D_2=\begin{vmatrix}2 & 8\\ 1 & -3\end{vmatrix}=2\times(-3)-8\times1=-14,$$

因系数行列式$D\neq0$，故题设方程组有唯一解：

$$x_1=\frac{D_1}{D}=\frac{-7}{-7}=1,\ x_2=\frac{D_2}{D}=\frac{-14}{-7}=2.$$

三、三阶行列式

定义 2　代数和

$$a_{11}a_{22}a_{33}+a_{12}a_{23}a_{31}+a_{13}a_{21}a_{32}-a_{13}a_{22}a_{31}-a_{11}a_{23}a_{32}-a_{12}a_{21}a_{33}$$

称为**三阶行列式**，记作

$$\begin{vmatrix}a_{11} & a_{12} & a_{13}\\ a_{21} & a_{22} & a_{23}\\ a_{31} & a_{32} & a_{33}\end{vmatrix}=a_{11}a_{22}a_{33}+a_{12}a_{23}a_{31}+a_{13}a_{21}a_{32}-a_{13}a_{22}a_{31}-a_{11}a_{23}a_{32}-a_{12}a_{21}a_{33}.$$

由上述定义可见，三阶行列式共有6项，每一项均为不同行、不同列的三个元素之积再冠以正负号，其运算的规律可以用“对角线法则”(见图1－1－2)或“沙路法则”(见图1－1－3)来描述(仅适用于二阶和三阶行列式).

(1) **对角线法则**

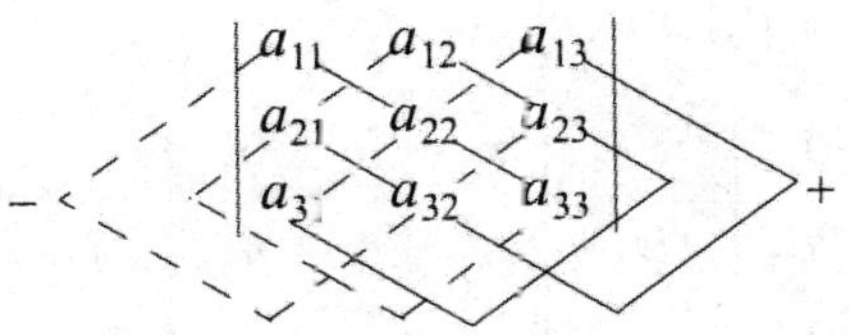

图 1－1－2

(2) 沙路法则

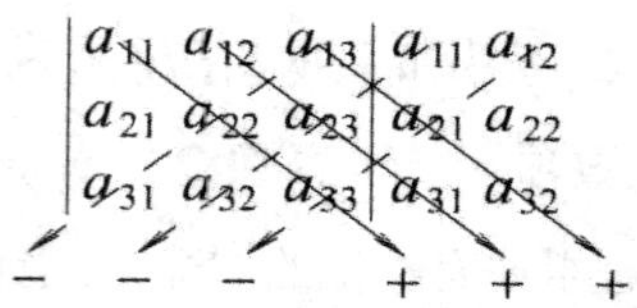

图 1－1－3

例 2 计算三阶行列式 $D=\begin{vmatrix} 1 & 2 & 3 \\ 4 & 0 & 5 \\ -1 & 0 & 6 \end{vmatrix}$.

解 将行列式 D 按对角线法则 (或沙路法则) 展开, 计算得

$$D=1\times0\times6+2\times5\times(-1)+3\times4\times0-3\times0\times(-1)-1\times5\times0-2\times4\times6$$
$$=-10-48=-58.$$

例 3 求解方程 $D=\begin{vmatrix} 1 & 1 & 1 \\ 2 & 3 & x \\ 4 & 9 & x^2 \end{vmatrix}=0$.

解 将行列式 D 按对角线法则 (或沙路法则) 展开, 得 D 的表达式为

$$D=3x^2+4x+18-12-9x-2x^2=x^2-5x+6,$$

令 $D=x^2-5x+6=0$, 解得 $x=2$ 或 $x=3$.

四、三元线性方程组

三元线性方程组源于对多变量关系的研究, 最早可追溯到古代数学, 它广泛应用于解决天文学和工程学中的多变量关系问题. 在现代, 三元线性方程组广泛应用于物理学、工程学和经济学中. 例如, 它可用于描述三维空间中的平面交点、物体平衡力分析, 以及多维系统的优化问题, 是研究多变量系统的基础工具之一, 因此在各个领域中都具有重要意义.

类似于二元线性方程组的讨论, 对于三元线性方程组

$$\begin{cases} a_{11}x_1+a_{12}x_2+a_{13}x_3=b_1 \\ a_{21}x_1+a_{22}x_2+a_{23}x_3=b_2, \\ a_{31}x_1+a_{32}x_2+a_{33}x_3=b_3 \end{cases}$$

记其系数行列式为 $D=\begin{vmatrix} a_{11} & a_{12} & a_{13} \\ a_{21} & a_{22} & a_{23} \\ a_{31} & a_{32} & a_{33} \end{vmatrix}$, 且

$$D_1=\begin{vmatrix} b_1 & a_{12} & a_{13} \\ b_2 & a_{22} & a_{23} \\ b_3 & a_{32} & a_{33} \end{vmatrix},\quad D_2=\begin{vmatrix} a_{11} & b_1 & a_{13} \\ a_{21} & b_2 & a_{23} \\ a_{31} & b_3 & a_{33} \end{vmatrix},\quad D_3=\begin{vmatrix} a_{11} & a_{12} & b_1 \\ a_{21} & a_{22} & b_2 \\ a_{31} & a_{32} & b_3 \end{vmatrix}.$$

若$D\neq 0$，则该线性方程组有唯一解:

$$x_1=\frac{D_1}{D},\ x_2=\frac{D_2}{D},\ x_3=\frac{D_3}{D}.$$

相比二元情形，三元线性方程组引入第三个变量后，解法思路类似，但计算更为复杂.

例 4　解三元线性方程组$\begin{cases}x_1-2x_2+x_3=-2\\2x_1+x_2-3x_3=1\\-x_1+x_2-x_3=0\end{cases}$.

解　利用三元线性方程组的求解公式，先分别计算如下四个三阶行列式，得

$$\begin{aligned}D=&\begin{vmatrix}1&-2&1\\2&1&-3\\-1&1&-1\end{vmatrix}\\=&1\times1\times(-1)+(-2)\times(-3)\times(-1)+1\times2\times1\\&-1\times1\times(-1)-1\times(-3)\times1-(-2)\times2\times(-1)\\=&-5\neq 0,\end{aligned}$$

$$D_1=\begin{vmatrix}-2&-2&1\\1&1&-3\\0&1&-1\end{vmatrix}=-5,\ D_2=\begin{vmatrix}1&-2&1\\2&1&-3\\-1&0&-1\end{vmatrix}=-10,\ D_3=\begin{vmatrix}1&-2&-2\\2&1&1\\-1&1&0\end{vmatrix}=-5.$$

因系数行列式$D\neq 0$，故所求方程组有唯一解:

$$x_1=\frac{D_1}{D}=1,\ x_2=\frac{D_2}{D}=2,\ x_3=\frac{D_3}{D}=1.$$

例 5　设$A(x_1,y_1)$，$B(x_2,y_2)$，$C(x_3,y_3)$分别是平面直角坐标系中ΔABC的三个顶点，记该三角形的面积为$S_{\Delta ABC}$，试证:

$$S_{\Delta ABC}=\frac{1}{2}|D|,\ D=\begin{vmatrix}x_1&y_1&1\\x_2&y_2&1\\x_3&y_3&1\end{vmatrix}.$$

证明　设向量$\overrightarrow{AB}=(x_2-x_1,y_2-y_1)$，$\overrightarrow{AC}=(x_3-x_1,y_3-y_1)$，则三角形面积为

$$S_{\Delta ABC}=\frac{1}{2}\left|\overrightarrow{AB}\times\overrightarrow{AC}\right|,$$

其中叉乘

$$\overrightarrow{AB}\times\overrightarrow{AC}=(x_2-x_1)(y_3-y_1)-(x_3-x_1)(y_2-y_1).$$

计算三阶行列式D:

$$D=x_1(y_2-y_3)-y_1(x_2-x_3)+(x_2y_3-x_3y_2)$$

$$=(x_2-x_1)(y_3-y_1)-(x_3-x_1)(y_2-y_1),$$

即行列式的值等于$\overrightarrow{AB}\times\overrightarrow{AC}$. 结合面积公式, 得

$$S_{\Delta ABC}=\frac{1}{2}\left|\overrightarrow{AB}\times\overrightarrow{AC}\right|=\frac{1}{2}|D|.\text{ 证毕.}$$

例 6 设$A(1,-2)$, $B(-1,2)$, $C(3,5)$分别是平面直角坐标系中ΔABC的三个顶点, 试求该三角形的面积$S_{\Delta ABC}$.

解 利用例5的结论, 有

$$\begin{aligned}D&=\begin{vmatrix}1&-2&1\\-1&2&1\\3&5&1\end{vmatrix}\\&=1\times2\times1+(-2)\times1\times3+1\times(-1)\times5\\&\quad-1\times2\times3-(-1)\times(-2)\times1-1\times5\times1\\&=-22.\end{aligned}$$

所以

$$S_{\Delta ABC}=\frac{1}{2}|D|=\frac{1}{2}\times|-22|=11.$$

习题 1-1

1. 计算下列二阶行列式:

(1) $\begin{vmatrix}1&3\\1&4\end{vmatrix}$; (2) $\begin{vmatrix}2&1\\-1&2\end{vmatrix}$; (3) $\begin{vmatrix}a&b\\a^2&b^2\end{vmatrix}$;

(4) $\begin{vmatrix}\cos\alpha&-\sin\alpha\\\sin\alpha&\cos\alpha\end{vmatrix}$; (5) $\begin{vmatrix}x-1&1\\x^2&x^2+x+1\end{vmatrix}$; (6) $\begin{vmatrix}\dfrac{1-t^2}{1+t^2}&\dfrac{2t^2}{1+t^2}\\\dfrac{-2t^2}{1+t^2}&\dfrac{1-t^2}{1+t^2}\end{vmatrix}$;

(7) $\begin{vmatrix}\mathrm{e}^{-x}&x\mathrm{e}^{-x}\\-\mathrm{e}^{-x}&(1-x)\mathrm{e}^{-x}\end{vmatrix}$; (8) $\begin{vmatrix}1&\log_b a\\\log_a b&1\end{vmatrix}$.

2. 解二元线性方程组$\begin{cases}2x-3y=0\\5x+2y=1\end{cases}$.

3. 利用行列式方法求出通过给定两点的直线方程:

(1) $(-4,0)$与$(4,4)$; (2) $(2,0)$与$(6,-1)$.

4. 计算下列三阶行列式:

(1) $\begin{vmatrix}1&2&3\\3&1&2\\2&3&1\end{vmatrix}$; (2) $\begin{vmatrix}1&1&1\\3&1&4\\8&9&5\end{vmatrix}$; (3) $\begin{vmatrix}1&0&-1\\3&5&0\\0&4&1\end{vmatrix}$;

(4) $\begin{vmatrix} 2 & 0 & 1 \\ 1 & -4 & -1 \\ -1 & 8 & 3 \end{vmatrix}$;　(5) $\begin{vmatrix} 0 & a & 0 \\ b & 0 & c \\ 0 & d & 0 \end{vmatrix}$;　(6) $\begin{vmatrix} a & b & c \\ b & c & a \\ c & a & b \end{vmatrix}$;

(7) $\begin{vmatrix} 1 & 1 & 1 \\ a & b & c \\ a^2 & b^2 & c^2 \end{vmatrix}$;　(8) $\begin{vmatrix} x & y & x+y \\ y & x+y & x \\ x+y & x & y \end{vmatrix}$.

5. 证明下列等式:

$$\begin{vmatrix} a_1 & b_1 & c_1 \\ a_2 & b_2 & c_2 \\ a_3 & b_3 & c_3 \end{vmatrix} = a_1\begin{vmatrix} b_2 & c_2 \\ b_3 & c_3 \end{vmatrix} - b_1\begin{vmatrix} a_2 & c_2 \\ a_3 & c_3 \end{vmatrix} + c_1\begin{vmatrix} a_2 & b_2 \\ a_3 & b_3 \end{vmatrix}.$$

6. 解线性方程组 $\begin{cases} 2x_1 - 3x_2 + x_3 = -1 \\ x_1 + x_2 + x_3 = 6 \\ 3x_1 + x_2 - 2x_3 = -1 \end{cases}$.

7. 解线性方程组 $\begin{cases} bx + ay + 2ab = 0 \\ 2cy + 3bz - bc = 0 \\ cx + az = 0 \end{cases}$.

8. 解下列关于 x 的方程:

(1) $\begin{vmatrix} x & 1 & 1 \\ 1 & x & 1 \\ 1 & 1 & x \end{vmatrix} = 0$;　(2) $\begin{vmatrix} x & -1 \\ 2 & 1-x \end{vmatrix} = \begin{vmatrix} 1 & 0 & -3 \\ 2 & x & -6 \\ 1 & 3 & x-5 \end{vmatrix}$.

9. 已知 ΔABC 的三个顶点分别为 $A(2,-3)$, $B(-3,1)$, $C(1,5)$, 求 ΔABC 的面积.

10. 某机械结构由三根受力杆共同支撑, 已知它们所受的合力分配满足下列三元线性方程组:

$$\begin{cases} x + 2y + z = 10 \\ 2x + 5y + 3z = 24 \\ 3x + y + 4z = 25 \end{cases}.$$

试求各杆所受的力 x, y, z.

§1.2　n 阶行列式

行列式最初源于对线性方程组的求解, 尤其是二阶与三阶情形, 被广泛用于描述平面或空间中的几何关系. 但在实际问题中, 往往需要处理更高维的线性方程组以及复杂的离散系统, 需要对高 (n) 阶行列式进行研究.

n 阶行列式可以通过递归定义, 将其计算归结为若干低阶行列式的运算, 从而大大简化高阶行列式的求解过程. 这种推广不仅保证了行列式在求解线性方程组中的核心功能, 同时使行列式在矩阵论、线性变换、特征值计算等方面的应用也得到了进一步拓展. n 阶行列式的引入, 为研究高维几何、多元函数的解析性质与物理模型的线性系统奠定了理论基础.

从三阶行列式的定义, 我们看到:

(1) 三阶行列式共有 $3! = 6$ 项;

(2) 行列式中的每项都是取自不同行不同列的三个元素的乘积;

(3) 行列式中每项的符号均与该项元素下标的排列顺序有关.

受此启示, 我们可以进一步引入 n 阶行列式的定义. 此外, 在本节中, 我们还要了解几个今后常用的特殊的 n 阶行列式 (对角行列式与三角形行列式等) 及其计算方法.

一、排序与逆序

定义 1 由自然数 $1, 2, \cdots, n$ 组成的不重复的每一种有确定次序的排列, 称为一个 ***n* 级排列** (简称为**排序**).

例如, 1234 和 4312 都是 4 级排列, 而 24315 是一个 5 级排列.

定义 2 在一个 n 级排列 $(i_1 i_2 \cdots i_t \cdots i_s \cdots i_n)$ 中, 若数 $i_t > i_s$, 则称数 i_t 与 i_s 构成一个**逆序**. 一个 n 级排列中逆序的总数称为该排列的**逆序数**, 记为 $N(i_1 i_2 \cdots i_n)$.

逆序数反映了一个排列中"乱序"的程度, 逆序数越大, 说明排列与自然顺序相差越多.

逆序数的计算: 设在一个 n 级排列 $i_1 i_2 \cdots i_n$ 中, 比 i_k $(k = 1, 2, \cdots, n)$ 大的且排在 i_k 前面的数共有 t_k 个, 则 i_k 的逆序的个数为 t_k, 而该排列中所有自然数的逆序的个数之和就是该排列的逆序数, 即

$$N(i_1 i_2 \cdots i_n) = t_1 + t_2 + \cdots + t_n = \sum_{k=1}^{n} t_k .$$

例 1 计算排列 32514 的逆序数.

解 按定义, 因 3 排在首位, 故其逆序的个数等于 0;

在 2 前面且比 2 大的数有 1 个, 故其逆序的个数等于 1;

在 5 前面且比 5 大的数有 0 个, 故其逆序的个数等于 0;

在 1 前面且比 1 大的数有 3 个, 故其逆序的个数等于 3;

在 4 前面且比 4 大的数有 1 个, 故其逆序的个数等于 1.

将上述结果排成如下形式:

$$\begin{array}{cccccc} \text{排列} & 3 & 2 & 5 & 1 & 4 \\ & \downarrow & \downarrow & \downarrow & \downarrow & \downarrow \\ t_k & 0 & 1 & 0 & 3 & 1 \end{array}$$

易见所求排列的逆序数

$$N(32514) = 0 + 1 + 0 + 3 + 1 = 5 .$$

定义 3 逆序数为奇数的排列称为**奇排列**; 逆序数为偶数的排列称为**偶排列**.

例如, 4321 的逆序数为 6, 是偶排列; 而 32514 的逆序数为 5 (见例1), 是奇排列.

例 2 求排列 $n(n-1)(n-2)\cdots 321$ 的逆序数, 并讨论其奇偶性.

解　类似例1的讨论, 可排出下表:

排列	n	$(n-1)$	$(n-2)$	$\cdots$	3	2	1
	↓	↓	↓	↓	↓	↓	↓
逆序	0	1	2	$\cdots$	$n-3$	$n-2$	$n-1$

则所求逆序数

$$N(n(n-1)\cdots 321)=0+1+2+\cdots+(n-1)=\frac{n(n-1)}{2}.$$

易见: 当$n=4k$, $4k+1$时, 该排列是偶排列; 当$n=4k+2$, $4k+3$时, 该排列是奇排列.

二、n阶行列式的定义

观察三阶行列式:

$$\begin{vmatrix} a_{11} & a_{12} & a_{13} \\ a_{21} & a_{22} & a_{23} \\ a_{31} & a_{32} & a_{33} \end{vmatrix} = a_{11}a_{22}a_{33}+a_{12}a_{23}a_{31}+a_{13}a_{21}a_{32} \\ -a_{13}a_{22}a_{31}-a_{11}a_{23}a_{32}-a_{12}a_{21}a_{33}.$$

(1) 三阶行列式共有3! 项;

(2) 每项都是取自不同行不同列的三个元素的乘积;

(3) 每项的符号: 当该项元素的行标按自然数顺序排列后, 若对应的列标构成的排列是偶排列则取正号, 是奇排列则取负号.

故三阶行列式可定义为

$$\begin{vmatrix} a_{11} & a_{12} & a_{13} \\ a_{21} & a_{22} & a_{23} \\ a_{31} & a_{32} & a_{33} \end{vmatrix} = \sum_{j_1 j_2 j_3}(-1)^{N(j_1 j_2 j_3)}a_{1j_1}a_{2j_2}a_{3j_3},$$

其中 $\sum\limits_{j_1 j_2 j_3}$ 表示对所有三级排列 $j_1\,j_2\,j_3$ 求和, $N(j_1\,j_2\,j_3)$ 表示排列 $j_1\,j_2\,j_3$ 的逆序数.

定义 4　由n^2个元素$a_{ij}\ (i,j=1,2,\cdots,n)$组成的记号

$$\begin{vmatrix} a_{11} & a_{12} & \cdots & a_{1n} \\ a_{21} & a_{22} & \cdots & a_{2n} \\ \vdots & \vdots & & \vdots \\ a_{n1} & a_{n2} & \cdots & a_{nn} \end{vmatrix}$$

称为***n*阶行列式**, 其中横排称为**行**, 竖排称为**列**. 它表示所有可能取自不同行不同列的n个元素乘积$a_{1j_1}a_{2j_2}\cdots a_{nj_n}$的代数和, 各项的符号: 当该项元素的行标按自然数顺序排列后, 若对应的列标构成的排列是偶排列则取正号, 是奇排列则取负号, 即

$$\begin{vmatrix} a_{11} & a_{12} & \cdots & a_{1n} \\ a_{21} & a_{22} & \cdots & a_{2n} \\ \vdots & \vdots & & \vdots \\ a_{n1} & a_{n2} & \cdots & a_{nn} \end{vmatrix} = \sum_{j_1 j_2 \cdots j_n} (-1)^{N(j_1 j_2 \cdots j_n)} a_{1j_1} a_{2j_2} \cdots a_{nj_n},$$

其中 $\sum\limits_{j_1 j_2 \cdots j_n}$ 表示对所有 n 级排列 $j_1 j_2 \cdots j_n$ 求和. 行列式有时也简记为 $\det(a_{ij})$ 或 $|a_{ij}|$, 这里数 a_{ij} 称为行列式 $\det(a_{ij})$ 的**元素**, 称 $(-1)^{N(j_1 j_2 \cdots j_n)} a_{1j_1} a_{2j_2} \cdots a_{nj_n}$ 为行列式的**一般项**.

注: (1) n 阶行列式是 $n!$ 项的代数和, 且冠以正号的项和冠以负号的项(不包括元素本身所带的符号) 各占一半, 因此行列式实际上是一种特殊定义的数;

(2) 项 $a_{1j_1} a_{2j_2} \cdots a_{nj_n}$ 的符号为 $(-1)^{N(j_1 j_2 \cdots j_n)}$ (不包括元素本身所带的符号);

(3) 一阶行列式 $|a| = a$, 不要与绝对值记号相混淆.

例 3 计算行列式 $D = \begin{vmatrix} 0 & 0 & 0 & 1 \\ 0 & 0 & 2 & 0 \\ 0 & 3 & 0 & 0 \\ 4 & 0 & 0 & 0 \end{vmatrix}$.

解 行列式的一般项为 $(-1)^{N(j_1 j_2 j_3 j_4)} a_{1j_1} a_{2j_2} a_{3j_3} a_{4j_4}$. 现考察其不为零的项. a_{1j_1} 取自第 1行, 但只有 $a_{14} \neq 0$, 故必有 $j_1 = 4$; 同理可知: $j_2 = 3$, $j_3 = 2$, $j_4 = 1$, 即行列式中不为零的项只有 $(-1)^{N(4321)} 1 \times 2 \times 3 \times 4 = 24$, 所以, $D = 24$.

三、对角行列式

对一个 n 阶行列式, 如果其非主对角线元素全为0, 则称其为**主对角行列式**. 如果其非副对角线元素全为0, 则称其为**副对角行列式**. 这两类特殊的行列式的结果可以直接按定义方式求出.

(1) 主对角行列式

$$\begin{vmatrix} a_{11} & 0 & \cdots & 0 \\ 0 & a_{22} & \cdots & 0 \\ \vdots & \vdots & & \vdots \\ 0 & 0 & \cdots & a_{nn} \end{vmatrix} = a_{11} a_{22} \cdots a_{nn}.$$

(2) 副对角行列式

$$\begin{vmatrix} 0 & \cdots & 0 & a_{1n} \\ 0 & \cdots & a_{2\,n-1} & 0 \\ \vdots & & \vdots & \vdots \\ a_{n1} & \cdots & 0 & 0 \end{vmatrix} = (-1)^{\frac{n(n-1)}{2}} a_{1n} a_{2\,n-1} \cdots a_{n1}.$$

特别地, 除了对角行列式外, 主对角线以下 (以上) 的元素全为 0 的行列式称为**上 (下) 三角形行列式**.

例 4　计算上三角形行列式 $\begin{vmatrix} a_{11} & a_{12} & \cdots & a_{1n} \\ 0 & a_{22} & \cdots & a_{2n} \\ \vdots & \vdots & & \vdots \\ 0 & 0 & \cdots & a_{nn} \end{vmatrix}$ $(a_{11}a_{22}\cdots a_{nn} \neq 0)$.

解　行列式的一般项为 $(-1)^{N(j_1 j_2 \cdots j_n)} a_{1j_1} a_{2j_2} \cdots a_{nj_n}$. 现考虑不为零的项. a_{nj_n} 取自第 n 行, 但只有 $a_{nn} \neq 0$, 故必有 $j_n = n$; $a_{n-1\,j_{n-1}}$ 取自第 $n-1$ 行, 其中只有 $a_{n-1\,n-1}$ 及 $a_{n-1\,n}$ 不为零, 因为 a_{nn} 取自第 n 列, 故 $a_{n-1\,j_{n-1}}$ 不能取自第 n 列, 从而 $j_{n-1} = n-1$.

同理可得 $j_{n-2} = n-2, \cdots, j_1 = 1$, 故题设行列式中不为零的项只有

$$(-1)^{N(12\cdots n)} a_{11}a_{22}\cdots a_{nn} = a_{11}a_{22}\cdots a_{nn},$$

所以,

$$\begin{vmatrix} a_{11} & a_{12} & \cdots & a_{1n} \\ 0 & a_{22} & \cdots & a_{2n} \\ \vdots & \vdots & & \vdots \\ 0 & 0 & \cdots & a_{nn} \end{vmatrix} = a_{11}a_{22}\cdots a_{nn}.$$

注: 类似可得下三角形行列式

$$D = \begin{vmatrix} a_{11} & 0 & \cdots & 0 \\ a_{21} & a_{22} & \cdots & 0 \\ \vdots & \vdots & & \vdots \\ a_{n1} & a_{n2} & \cdots & a_{nn} \end{vmatrix} = a_{11}a_{22}\cdots a_{nn}.$$

四、对换

因为在行列式定义中, 每一项的符号由对应排列的奇偶性决定, 而对换是改变排列奇偶性的一个基本操作, 所以有必要先讨论对换与奇偶性的联系.

定义 5　在一个排列中, 仅将任意两个元素对调 (其余元素位置保持不变) 的操作称为**对换**. 若对调的这两个元素在排列中相邻, 则称为**相邻对换**.

例如, 在排列 21354 中将 1 和 4 对换, 得到 24351; 若将 3 和 5 相邻对换, 得到 21534.

定理 1　任意一个排列经过一个对换后, 其奇偶性改变.

证明　先证相邻对换的情形.

设排列为 $a_1 \cdots a_l abb_1 \cdots b_m$, 对换 a 与 b 变为 $a_1 \cdots a_l bab_1 \cdots b_m$.

显然, $a_1, \cdots, a_l$ 与 $b_1, \cdots, b_m$ 中这些元素的逆序的个数经过对换并未改变, 因这些元素本身在排列中的相对顺序和位置均未变动. 而 a, b 两元素的逆序的个数则发生了改变:

当 $a<b$ 时, 经过对换后, a 的逆序的个数增加 1 而 b 的逆序的个数不变;

当 $a>b$ 时, 经过对换后, a 的逆序的个数不变而 b 的逆序的个数减少 1.

所以, 排列 $a_1\cdots a_l abb_1\cdots b_m$ 与排列 $a_1\cdots a_l bab_1\cdots b_m$ 的逆序数相差 1, 排列的奇偶性改变.

再证一般对换的情形.

设排列为 $a_1\cdots a_l ab_1\cdots b_m bc_1\cdots c_n$, 对它做 m 次相邻对换, 变成排列

$$a_1\cdots a_l abb_1\cdots b_m c_1\cdots c_n,$$

再做 $m+1$ 次相邻对换, 变成 $a_1\cdots a_l bb_1\cdots b_m ac_1\cdots c_n$. 经 $2m+1$ 次相邻对换, 排列

$$a_1\cdots a_l ab_1\cdots b_m bc_1\cdots c_n$$

变成排列 $a_1\cdots a_l bb_1\cdots b_m ac_1\cdots c_n$, 所以, 这两个排列的奇偶性相反. 证毕.

推论 1 奇排列变成自然数顺序排列的对换次数为奇数, 偶排列变成自然数顺序排列的对换次数为偶数.

证明 由定理 1 知, 对换的次数就是排列的奇偶性的变化次数, 而自然顺序排列的是偶排列 (逆序数为 0), 因此结论成立. 证毕.

定理 2 n 个自然数 $(n>1)$ 共有 $n!$ 个 n 级排列, 其中奇偶排列各占一半.

证明 n 级排列的总数为 $n\cdot(n-1)\cdot(n-2)\cdot\cdots\cdot 2\cdot 1=n!$. 设其中奇排列为 p 个, 偶排列为 q 个. 合计 $p+q=n!$, 因为每个奇排列都能与一个偶排列对换且一一对应, 所以, 一个排列中奇排列的个数与偶排列的个数相等, 即 $p=q$, 从而 $p=q=\dfrac{n!}{2}$. 证毕.

定理 3 n 阶行列式也可定义为 $D=\sum(-1)^S a_{i_1j_1}a_{i_2j_2}\cdots a_{i_nj_n}$, 其中 S 为行标与列标的逆序数之和, 即 $S=N(i_1i_2\cdots i_n)+N(j_1j_2\cdots j_n)$.

证明 根据 n 阶行列式的定义, 有

$$D=\sum_{\bar{j}_1\bar{j}_2\cdots\bar{j}_n}(-1)^{N(\bar{j}_1\bar{j}_2\cdots\bar{j}_n)}a_{1\bar{j}_1}a_{2\bar{j}_2}\cdots a_{n\bar{j}_n}, \tag{2.1}$$

令

$$D_1=\sum(-1)^{N(i_1i_2\cdots i_n)+N(j_1j_2\cdots j_n)}a_{i_1j_1}a_{i_2j_2}\cdots a_{i_nj_n}. \tag{2.2}$$

证毕.

注意到交换式 (2.2) 的一般项中两元素的位置, 相当于同时进行一个行标的对换和一个列标的对换. 故交换位置后一般项的两下标排列逆序数之和的奇偶性保持不变, 即交换式 (2.2) 的一般项中两元素的位置, 其符号保持不变. 这样, 我们总可以经过有限次的位置交换,

使其行标换为自然数顺序排列, 即变为式 (2.1) 中的一般项, 因此, 行列式 D 的一般项也可以记为式 (2.2) 的形式.

推论 2　n 阶行列式也可以定义为

$$D=\sum(-1)^{N(i_1 i_2\cdots i_n)}a_{i_1 1}a_{i_2 2}\cdots a_{i_n n}.$$

例 5　在六阶行列式中, 下列两项各带什么符号?

(1) $a_{23}a_{31}a_{42}a_{56}a_{14}a_{65}$;　　(2) $a_{32}a_{43}a_{14}a_{51}a_{66}a_{25}$.

解　(1) 按定义 4 计算, 因为

$$a_{23}a_{31}a_{42}a_{56}a_{14}a_{65}=a_{14}a_{23}a_{31}a_{42}a_{56}a_{65},$$

而 431265 的逆序数 $N=0+1+2+2+0+1=6$, 所以, $a_{23}a_{31}a_{42}a_{56}a_{14}a_{65}$ 前边应带正号.

(2) 按定理 3 计算, 因为行标排列 341562 的逆序数为

$$N=0+0+2+0+0+4=6,$$

列标排列 234165 的逆序数为

$$N=0+0+0-3+0-1=4,$$

所以, $a_{32}a_{43}a_{14}a_{51}a_{66}a_{25}$ 前边应带正号.

行列式的值可看作不同行不同列的所有元素乘积的加权和, 其中加权系数为 ±1, 由该乘积对应的排列的奇偶性决定, 即奇排列取 -1, 偶排列取 $+1$. 这种排列的奇偶性确保了行列式的性质.

例 6　用行列式的定义计算 $D=\begin{vmatrix} a_{11} & a_{12} & a_{13} & a_{14} & a_{15} \\ a_{21} & a_{22} & a_{23} & a_{24} & a_{25} \\ a_{31} & a_{32} & 0 & 0 & 0 \\ a_{41} & a_{42} & 0 & 0 & 0 \\ a_{51} & a_{52} & 0 & 0 & 0 \end{vmatrix}$.

解　根据行列式的定义, 有

$$D=(-1)^{N(j_1 j_2 j_3 j_4 j_5)}a_{1j_1}a_{2j_2}a_{3j_3}a_{4j_4}a_{5j_5},$$

而 j_1,j_2,j_3,j_4,j_5 是 1, 2, 3, 4, 5 的一个排列, 于是, 在排列 j_3,j_4,j_5 中至少有一个是数字 3, 4, 5 中的一个. 又因为

$$a_{33}=a_{34}=a_{35}=a_{43}=a_{44}=a_{45}=a_{53}=a_{54}=a_{55}=0,$$

所以, $a_{3j_3}a_{4j_4}a_{5j_5}$ 中至少有一个是 0, 从而 $a_{1j_1}a_{2j_2}a_{3j_3}a_{4j_4}a_{5j_5}=0$, 即所求行列式

$$D=(-1)^{N(j_1 j_2 j_3 j_4 j_5)}a_{1j_1}a_{2j_2}a_{3j_3}a_{4j_4}a_{5j_5}=0.$$

例 7　用行列式的定义计算

$$D_n=\begin{vmatrix} 0 & 0 & \cdots & 0 & 1 & 0 \\ 0 & 0 & \cdots & 2 & 0 & 0 \\ \vdots & \vdots & & \vdots & \vdots & \vdots \\ n-1 & 0 & \cdots & 0 & 0 & 0 \\ 0 & 0 & \cdots & 0 & 0 & n \end{vmatrix}.$$

解　根据行列式的定义, 有

$$D_n=(-1)^N a_{1\,n-1}a_{2\,n-2}\cdots a_{n-1\,1}a_{nn}=(-1)^N(n-1)\cdot\ \cdots\ \cdot 1\cdot 2\cdot n$$
$$=(-1)^N 1\cdot 2\cdot\ \cdots\ \cdot(n-1)\cdot n=(-1)^N n!,$$

其中 $N=N[(n-1)\,(n-2)\cdots 2\ 1\ n]=0+1+\cdots+(n-2)+0=\dfrac{(n-1)(n-2)}{2}$, 所以

$$D_n=(-1)^{\frac{(n-1)(n-2)}{2}}n!\,.$$

例 8　已知

$$f(x)=\begin{vmatrix} -x & 3 & 1 & 3 & 0 \\ x & 3 & 2x & 11 & 4 \\ -1 & x & 0 & 4 & 3x \\ 2 & 21 & 4 & x & 5 \\ 1 & -7x & 3 & -1 & 2 \end{vmatrix},$$

求 $f(x)$ 中 x^4 的系数.

解　题设函数 $f(x)$ 中含因子 x 的元素有

$$a_{11}=-x,\ a_{21}=x,\ a_{23}=2x,\ a_{32}=x,\ a_{35}=3x,\ a_{44}=x,\ a_{52}=-7x,$$

即含因子 x^4 的元素 a_{ij_i} 的列下标只能取

$$j_1=1,\ j_2=3,\ j_3=2,\ j_4=4\ \text{和}\ j_2=1,\ j_3=5,\ j_4=4,\ j_5=2,$$

根据行列式的定义, 其对应的项为

$$a_{11}a_{23}a_{32}a_{44}a_{55}\ \text{和}\ a_{13}a_{21}a_{35}a_{44}a_{52}\,,$$

由逆序数的定义, 算得含 x^4 的项分别为

$$(-1)^{N(13245)}a_{11}a_{23}a_{32}a_{44}a_{55}=(-1)a_{11}a_{23}a_{32}a_{44}a_{55}=4x^4\,,$$
$$(-1)^{N(31542)}a_{13}a_{21}a_{35}a_{44}a_{52}=(-1)a_{13}a_{21}a_{35}a_{44}a_{52}=21x^4\,.$$

所以, 函数 $f(x)$ 中 x^4 的系数合计为25.

习题 1-2

1. 求下列排列的逆序数:

(1) 4132;　　(2) 2413;　　(3) 36715284;

(4) 3712456;　　(5) $13\cdots(2n-1)\,24\cdots(2n)$;　　(6) $13\cdots(2n-1)(2n)(2n-2)\cdots 2$.

2. 设排列 $x_1x_2\cdots x_{n-1}x_n$ 的逆序数为 k, 求排列 $x_nx_{n-1}\cdots x_2x_1$ 的逆序数.

3. 写出四阶行列式中含有因子 $a_{11}a_{23}$ 的项.

4. 在六阶行列式 $|a_{ij}|$ 中, 下列各元素乘积应取什么符号?

(1) $a_{15}a_{23}a_{32}a_{44}a_{51}a_{66}$;　　(2) $a_{11}a_{26}a_{32}a_{44}a_{53}a_{65}$;　　(3) $a_{21}a_{53}a_{16}a_{42}a_{65}a_{34}$.

5. 选择 k, l, 使 $a_{13}a_{2k}a_{34}a_{42}a_{5l}$ 成为五阶行列式 $|a_{ij}|$ 中带有负号的项.

6. 设 n 阶行列式中有 n^2-n 个以上的元素为零, 证明该行列式为零.

7. 用行列式的定义计算行列式:

(1) $\begin{vmatrix} 0 & 0 & 1 & 0 \\ 0 & 1 & 0 & 0 \\ 0 & 0 & 0 & 1 \\ 1 & 0 & 0 & 0 \end{vmatrix}$;　(2) $\begin{vmatrix} 1 & 1 & 1 & 0 \\ 0 & 1 & 0 & 1 \\ 0 & 1 & 1 & 1 \\ 0 & 0 & 1 & 0 \end{vmatrix}$;　(3) $\begin{vmatrix} 0 & 0 & \cdots & 0 & 1 \\ 0 & 0 & \cdots & 2 & 0 \\ \vdots & \vdots & & \vdots & \vdots \\ 0 & n-1 & \cdots & 0 & 0 \\ n & 0 & \cdots & 0 & 0 \end{vmatrix}$;

(4) $\begin{vmatrix} 0 & 1 & 0 & \cdots & 0 \\ 0 & 0 & 2 & \cdots & 0 \\ \vdots & \vdots & \vdots & & \vdots \\ 0 & 0 & 0 & \cdots & n-1 \\ n & 0 & 0 & \cdots & 0 \end{vmatrix}$;　(5) $\begin{vmatrix} a_{11} & \cdots & a_{1\,n-1} & a_{1n} \\ a_{21} & \cdots & a_{2\,n-1} & 0 \\ \vdots & & \vdots & \vdots \\ a_{n1} & \cdots & 0 & 0 \end{vmatrix}$;

(6) $\begin{vmatrix} 0 & x+2 & 0 & 0 & 0 & 0 \\ 1 & 0 & 0 & 0 & 0 & 0 \\ 0 & 2 & 0 & 0 & 0 & 1 \\ 0 & 0 & -1 & 0 & 0 & 0 \\ 0 & 0 & 0 & -5 & 0 & 0 \\ 0 & 0 & 0 & 0 & 1 & 0 \end{vmatrix}$;　(7) $\begin{vmatrix} 0 & a_{12} & a_{13} & 0 & 0 \\ a_{21} & a_{22} & a_{23} & a_{24} & a_{25} \\ a_{31} & a_{32} & a_{33} & a_{34} & a_{35} \\ 0 & a_{42} & a_{43} & 0 & 0 \\ 0 & a_{52} & a_{53} & 0 & 0 \end{vmatrix}$.

§1.3　行列式的性质

行列式的奥妙在于对行列式的行或列进行一系列变换 (例如, 行与列的互换、交换两行 (列) 的位置、某行 (列) 乘以某个数、某行 (列) 乘以某数后加到另一行 (列) 上, 等等) 后, 虽然行列式的元素会发生相应的变化, 但变换前后两个行列式的值仍保持严格的线性关系, 这意味着, 我们可以利用这些关系大幅简化高阶行列式的计算. 本节我们首先讨论行列式在这方面的重要性质, 然后进一步讨论如何运用这些性质计算高阶行列式的值.

一、行列式的性质

一般地, 我们将行列式 D 的行与列互换后得到的行列式, 称为行列式 D 的**转置行列式**, 记为 D^{T} 或 D', 即若 $D=\begin{vmatrix} a_{11} & a_{12} & \cdots & a_{1n} \\ a_{21} & a_{22} & \cdots & a_{2n} \\ \vdots & \vdots & & \vdots \\ a_{n1} & a_{n2} & \cdots & a_{nn} \end{vmatrix}$, 则

$$D^{\mathrm{T}}=\begin{vmatrix} a_{11} & a_{21} & \cdots & a_{n1} \\ a_{12} & a_{22} & \cdots & a_{n2} \\ \vdots & \vdots & & \vdots \\ a_{1n} & a_{2n} & \cdots & a_{nn} \end{vmatrix}.$$

性质 1　行列式与它的转置行列式相等, 即 $D=D^{\mathrm{T}}$.

证明　按定义, 行列式 D 的一般项为 $(-1)^{N(j_1j_2\cdots j_n)}a_{1j_1}a_{2j_2}\cdots a_{nj_n}$, 它的元素在 D 中位于不同行不同列, 因而在 D^{T} 中位于不同列不同行, 故这 n 个元素的乘积在 D^{T} 中应为 $a_{j_11}a_{j_22}\cdots a_{j_nn}$, 易知其符号也是 $(-1)^{N(j_1j_2\cdots j_n)}$. 因此, D 与 D^{T} 是具有相同项的行列式, 即 $D=D^{\mathrm{T}}$. 证毕.

注: 由性质 1 可知, 行列式的行与列具有相同的地位, 行列式的行具有的性质, 它的列也同样具有.

性质 2　交换行列式的两行 (列), 行列式变号.

证明　交换 n 阶行列式 D 第 i 行和第 j 行的对应元素 $(1\leqslant i<j\leqslant n)$ 得行列式 D_1, 即

$$D=\begin{vmatrix} a_{11} & a_{12} & \cdots & a_{1n} \\ \vdots & \vdots & & \vdots \\ a_{i1} & a_{i2} & \cdots & a_{in} \\ \vdots & \vdots & & \vdots \\ a_{j1} & a_{j2} & \cdots & a_{jn} \\ \vdots & \vdots & & \vdots \\ a_{n1} & a_{n2} & \cdots & a_{nn} \end{vmatrix},\quad D_1=\begin{vmatrix} a_{11} & a_{12} & \cdots & a_{1n} \\ \vdots & \vdots & & \vdots \\ a_{j1} & a_{j2} & \cdots & a_{jn} \\ \vdots & \vdots & & \vdots \\ a_{i1} & a_{i2} & \cdots & a_{in} \\ \vdots & \vdots & & \vdots \\ a_{n1} & a_{n2} & \cdots & a_{nn} \end{vmatrix}.$$

乘积 $a_{1p_1}\cdots a_{ip_i}\cdots a_{jp_j}\cdots a_{np_n}$ 在行列式 D 和 D_1 中都是取自不同行不同列的 n 个元素的积, 而符号分别为 $(-1)^{s+t}$ 和 $(-1)^{s'+t}$, 其中 s 为 D 中行标排列 $1\cdots i\cdots j\cdots n$ 的逆序数, s' 为 D_1 中行标排列 $1\cdots j\cdots i\cdots n$ 的逆序数. 而 D 和 D_1 中列标排列的逆序数均为 t, 没有变化. 显然

$$(-1)^{s+t}=-(-1)^{s'+t},$$

即行列式 D 和 D_1 中一般项的奇偶性相反, 由这两点即得 $D=-D_1$. 证毕.

注: 交换 i, j 两行 (列) 记为 $r_i\leftrightarrow r_j$ $(c_i\leftrightarrow c_j)$.

推论 1　如果行列式中有两行 (列) 的对应元素相同, 那么该行列式必为零.

证明　互换相同的两行 (列), 行列式变号, 从而 $D=-D$, 所以, $D=0$. 证毕.

性质 3　用数 k 乘行列式的某一行 (列), 等于用 k 乘此行列式, 即

$$D_1=\begin{vmatrix} a_{11} & a_{12} & \cdots & a_{1n} \\ \vdots & \vdots & & \vdots \\ ka_{i1} & ka_{i2} & \cdots & ka_{in} \\ \vdots & \vdots & & \vdots \\ a_{n1} & a_{n2} & \cdots & a_{nn} \end{vmatrix}=k\begin{vmatrix} a_{11} & a_{12} & \cdots & a_{1n} \\ \vdots & \vdots & & \vdots \\ a_{i1} & a_{i2} & \cdots & a_{in} \\ \vdots & \vdots & & \vdots \\ a_{n1} & a_{n2} & \cdots & a_{nn} \end{vmatrix}=kD.$$

证明 根据行列式的定义, 第 i 行乘以数 k 后, 行列式

$$D_1=\sum(-1)^{N(j_1\cdots j_i\cdots j_n)}a_{1j_1}\cdots(ka_{ij_i})\cdots a_{nj_n}$$
$$=k\sum(-1)^{N(j_1\cdots j_i\cdots j_n)}a_{1j_1}\cdots a_{ij_i}\cdots a_{nj_n}=kD,$$

即 $D_1=kD$, 亦即将行列式的某一行 (列) 乘以 k 后, 其结果等于原行列式乘以 k. 证毕.

注: 第 i 行 (列) 乘以 k, 记为 $r_i\times k$ (或 $c_i\times k$).

推论 2 行列式的某一行 (列) 中所有元素的公因子可以提到行列式符号的外面.

推论 3 在一个行列式中, 如果有两行 (列) 元素成比例, 则这个行列式必等于零.

例如, 对行列式 $D=\begin{vmatrix}2&-4&1\\3&-6&3\\-5&10&4\end{vmatrix}$, 因其第 1 列与第 2 列的对应元素成比例, 由推论3, 可直接得到 $D=0$.

例 1 设 $\begin{vmatrix}a_{11}&a_{12}&a_{13}\\a_{21}&a_{22}&a_{23}\\a_{31}&a_{32}&a_{33}\end{vmatrix}=1$, 求 $\begin{vmatrix}6a_{11}&-2a_{12}&-10a_{13}\\-3a_{21}&a_{22}&5a_{23}\\-3a_{31}&a_{32}&5a_{33}\end{vmatrix}$.

解 利用性质3的推论 2, 计算得

$$\begin{vmatrix}6a_{11}&-2a_{12}&-10a_{13}\\-3a_{21}&a_{22}&5a_{23}\\-3a_{31}&a_{32}&5a_{33}\end{vmatrix}=-2\begin{vmatrix}-3a_{11}&a_{12}&5a_{13}\\-3a_{21}&a_{22}&5a_{23}\\-3a_{31}&a_{32}&5a_{33}\end{vmatrix}$$
$$=-2\times(-3)\times5\begin{vmatrix}a_{11}&a_{12}&a_{13}\\a_{21}&a_{22}&a_{23}\\a_{31}&a_{32}&a_{33}\end{vmatrix}=30.$$

一般地, 形如

$$\begin{vmatrix}0&a_{12}&a_{13}&\cdots&a_{1n}\\-a_{12}&0&a_{23}&\cdots&a_{2n}\\-a_{13}&-a_{23}&0&\cdots&a_{3n}\\\vdots&\vdots&\vdots&&\vdots\\-a_{1n}&-a_{2n}&-a_{3n}&\cdots&0\end{vmatrix}$$

的行列式称为**反对称行列式**, 它具有如下特征:

$$a_{ij}=-a_{ji}\ (i\neq j);\ a_{ij}=0\ (i=j).$$

例 2 试证明奇数阶反对称行列式的值为零.

证明 设 D 为反对称行列式, 即

$$D=\begin{vmatrix} 0 & a_{12} & a_{13} & \cdots & a_{1n} \\ -a_{12} & 0 & a_{23} & \cdots & a_{2n} \\ -a_{13} & -a_{23} & 0 & \cdots & a_{3n} \\ \vdots & \vdots & \vdots & & \vdots \\ -a_{1n} & -a_{2n} & -a_{3n} & \cdots & 0 \end{vmatrix},$$

则利用行列式的性质 1 与性质 3 的推论 2, 有

$$D=D^{\mathrm{T}}=(-1)^n\begin{vmatrix} 0 & a_{12} & a_{13} & \cdots & a_{1n} \\ -a_{12} & 0 & a_{23} & \cdots & a_{2n} \\ -a_{13} & -a_{23} & 0 & \cdots & a_{3n} \\ \vdots & \vdots & \vdots & & \vdots \\ -a_{1n} & -a_{2n} & -a_{3n} & \cdots & 0 \end{vmatrix}=(-1)^n D.$$

当 n 为奇数时, 有 $D=-D$, 所以, $D=0$. 证毕.

性质 4 如果行列式的某一行 (列) 的元素都是两数之和, 设

$$D=\begin{vmatrix} a_{11} & a_{12} & \cdots & a_{1n} \\ \vdots & \vdots & & \vdots \\ b_{i1}+c_{i1} & b_{i2}+c_{i2} & \cdots & b_{in}+c_{in} \\ \vdots & \vdots & & \vdots \\ a_{n1} & a_{n2} & \cdots & a_{nn} \end{vmatrix},$$

那么

$$D=\begin{vmatrix} a_{11} & a_{12} & \cdots & a_{1n} \\ \vdots & \vdots & & \vdots \\ b_{i1} & b_{i2} & \cdots & b_{in} \\ \vdots & \vdots & & \vdots \\ a_{n1} & a_{n2} & \cdots & a_{nn} \end{vmatrix}+\begin{vmatrix} a_{11} & a_{12} & \cdots & a_{1n} \\ \vdots & \vdots & & \vdots \\ c_{i1} & c_{i2} & \cdots & c_{in} \\ \vdots & \vdots & & \vdots \\ a_{n1} & a_{n2} & \cdots & a_{nn} \end{vmatrix}=D_1+D_2.$$

证明 根据 n 阶行列式的定义, 有

$$\begin{aligned} D&=\sum(-1)^{N(j_1\cdots j_i\cdots j_n)}a_{1j_1}\cdots(b_{ij_i}+c_{ij_i})\cdots a_{nj_n} \\ &=\sum(-1)^{N(j_1\cdots j_i\cdots j_n)}a_{1j_1}\cdots b_{ij_i}\cdots a_{nj_n}+\sum(-1)^{N(j_1\cdots j_i\cdots j_n)}a_{1j_1}\cdots c_{ij_i}\cdots a_{nj_n} \\ &=D_1+D_2, \end{aligned}$$

即 $D=D_1+D_2$. 证毕.

注: 上述结果可推广到有限个数的和的情形.

例 3　已知 $\begin{vmatrix} \lambda & \rho & \theta \\ a & b & c \\ x & y & z \end{vmatrix}=5$，计算行列式 $D=\begin{vmatrix} a-x & b-y & c-z \\ 4x & 4y & 4z \\ -2\lambda & -2\rho & -2\theta \end{vmatrix}$.

解　利用行列式的性质 4 与性质 3 的推论 2 和推论 3，得

$$D=\begin{vmatrix} a & b & c \\ 4x & 4y & 4z \\ -2\lambda & -2\rho & -2\theta \end{vmatrix}+\begin{vmatrix} -x & -y & -z \\ 4x & 4y & 4z \\ -2\lambda & -2\rho & -2\theta \end{vmatrix}=\begin{vmatrix} a & b & c \\ 4x & 4y & 4z \\ -2\lambda & -2\rho & -2\theta \end{vmatrix}$$

$$=4\times(-2)\times\begin{vmatrix} a & b & c \\ x & y & z \\ \lambda & \rho & \theta \end{vmatrix}=(-8)\times(-1)^2\times\begin{vmatrix} \lambda & \rho & \theta \\ a & b & c \\ x & y & z \end{vmatrix}=(-8)\times 5=-40.$$

性质 5　将行列式的某一行 (列) 的所有元素都乘以数 k 后加到另一行 (列) 对应位置的元素上，行列式的值不变.

例如，以数 k 乘第 j 列加到第 i 列上，则有

$$D=\begin{vmatrix} a_{11} & \cdots & a_{1i} & \cdots & a_{1j} & \cdots & a_{1n} \\ a_{21} & \cdots & a_{2i} & \cdots & a_{2j} & \cdots & a_{2n} \\ \vdots & & \vdots & & \vdots & & \vdots \\ a_{n1} & \cdots & a_{ni} & \cdots & a_{nj} & \cdots & a_{nn} \end{vmatrix}=\begin{vmatrix} a_{11} & \cdots & a_{1i}+ka_{1j} & \cdots & a_{1j} & \cdots & a_{1n} \\ a_{21} & \cdots & a_{2i}+ka_{2j} & \cdots & a_{2j} & \cdots & a_{2n} \\ \vdots & & \vdots & & \vdots & & \vdots \\ a_{n1} & \cdots & a_{ni}+ka_{nj} & \cdots & a_{nj} & \cdots & a_{nn} \end{vmatrix}$$

$=D_1\ (i\neq j)$.

证明　根据行列式的性质 4 与性质 3 的推论3，有

$$D_1=\begin{vmatrix} a_{11} & \cdots & a_{1i} & \cdots & a_{1j} & \cdots & a_{1n} \\ \vdots & & \vdots & & \vdots & & \vdots \\ a_{n1} & \cdots & a_{ni} & \cdots & a_{nj} & \cdots & a_{nn} \end{vmatrix}+\begin{vmatrix} a_{11} & \cdots & ka_{1j} & \cdots & a_{1j} & \cdots & a_{1n} \\ \vdots & & \vdots & & \vdots & & \vdots \\ a_{n1} & \cdots & ka_{nj} & \cdots & a_{nj} & \cdots & a_{nn} \end{vmatrix}$$

$=D+0=D$.

即 $D_1=D$. 证毕.

注：以数 k 乘行列式的第 j 行后加到第 i 行上，记作 r_i+kr_j；以数 k 乘行列式的第 j 列后加到第 i 列上，记作 c_i+kc_j.

例 4　计算行列式 $D=\begin{vmatrix} 1-n & 1 & 1 & \cdots & 1 \\ 1 & 1-n & 1 & \cdots & 1 \\ \vdots & \vdots & \vdots & & \vdots \\ 1 & 1 & 1 & \cdots & 1-n \end{vmatrix}$.

解　利用行列式的性质 5，将第 2 至第 n 列加到第 1 列，得

$$D\xlongequal{c_1+(c_2+c_3+\cdots+c_n)}\begin{vmatrix}0 & 1 & 1 & \cdots & 1\\0 & 1-n & 1 & \cdots & 1\\\vdots & \vdots & \vdots & & \vdots\\0 & 1 & 1 & \cdots & 1-n\end{vmatrix}=0.$$

二、利用三角化方法计算行列式

计算行列式时，常利用行列式的性质，将其化为三角形行列式来计算. 例如，将行列式化为上三角形行列式的基本步骤是：

如果第1列第一个元素为0，先将第1行与其他行交换使得第1列第一个元素不为0；然后，把第1行分别乘以适当的数加到其他各行，使得第1列除第一个元素外其余元素全为0；再用同样的方法处理除去第1行和第1列后余下的低一阶的行列式，如此继续下去，直至将它化为上三角形行列式，这时主对角线元素的乘积就是行列式的值.

利用三角化方法计算行列式时，要使得行列式中非主对角线元素归零，确保行列式的值不变或仅改变符号. 三角形行列式的值等于其对角线元素的乘积，因此可以显著简化计算过程，使得计算更高效. 此方法广泛应用于后续求解线性方程组和特征值等问题.

注：当今大部分用于计算一般行列式的计算机程序都是按上述方法进行设计的. 可以证明，利用上述方法计算 n 阶行列式需要大约 $2n^3/3$ 次算术运算. 任何一台现代的微型计算机都可以在几分之一秒内计算出 50 阶行列式的值，运算量大约为 83 300 次. 如果用行列式的定义来计算，其运算量大约为 $49\times 50!$ 次，这显然是个非常巨大的数值.

例 5　计算行列式 $D=\begin{vmatrix}3 & 1 & -1 & 2\\-5 & 1 & 3 & -4\\2 & 0 & 1 & -1\\1 & -5 & 3 & -3\end{vmatrix}$.

解　利用行列式的性质将题设行列式化为上三角形行列式，得

$$D\xlongequal{c_1\leftrightarrow c_2}-\begin{vmatrix}1 & 3 & -1 & 2\\1 & -5 & 3 & -4\\0 & 2 & 1 & -1\\-5 & 1 & 3 & -3\end{vmatrix}\xlongequal[r_4+5r_1]{r_2-r_1}-\begin{vmatrix}1 & 3 & -1 & 2\\0 & -8 & 4 & -6\\0 & 2 & 1 & -1\\0 & 16 & -2 & 7\end{vmatrix}$$

$$\xlongequal{r_2\leftrightarrow r_3}\begin{vmatrix}1&3&-1&2\\0&2&1&-1\\0&-8&4&-6\\0&16&-2&7\end{vmatrix}\xlongequal[r_4-8r_2]{r_3+4r_2}\begin{vmatrix}1&3&-1&2\\0&2&1&-1\\0&0&8&-10\\0&0&-10&15\end{vmatrix}$$

$$\xlongequal{r_4+\frac{5}{4}r_3}\begin{vmatrix}1&3&-1&2\\0&2&1&-1\\0&0&8&-10\\0&0&0&5/2\end{vmatrix}=40.$$

例 6 计算行列式$D=\begin{vmatrix}3&1&1&1\\1&3&1&1\\1&1&3&1\\1&1&1&3\end{vmatrix}$.

解 注意到行列式的各行 (列) 4个数之和都是6, 因此, 可通过将第2, 3, 4行同时加到第1行, 提出公因子6, 然后各行减去第1行化为上三角形行列式来计算, 即有

$$D\xlongequal{r_1+r_2+r_3+r_4}\begin{vmatrix}6&6&6&6\\1&3&1&1\\1&1&3&1\\1&1&1&3\end{vmatrix}=6\begin{vmatrix}1&1&1&1\\1&3&1&1\\1&1&3&1\\1&1&1&3\end{vmatrix}\xlongequal[\substack{r_3-r_1\\r_4-r_1}]{r_2-r_1}6\begin{vmatrix}1&1&1&1\\0&2&0&0\\0&0&2&0\\0&0&0&2\end{vmatrix}=48.$$

注: 仿照上述方法可得到更一般的结果:

$$\begin{vmatrix}a&b&b&\cdots&b\\b&a&b&\cdots&b\\\vdots&\vdots&\vdots&&\vdots\\b&b&b&\cdots&a\end{vmatrix}=[a-(n-1)b](a-b)^{n-1}.$$

例 7 计算行列式$D=\begin{vmatrix}a_1&-a_1&0&0\\0&a_2&-a_2&0\\0&0&a_3&-a_3\\1&1&1&1\end{vmatrix}$.

解 观察题设行列式的特点, 可先将其第1列加至第2列, 然后将第2列加至第3列, 再将第3列加至第4列, 目的就是使行列式D中的零元素增多, 利于将其三角化. 即

$$D_4 \xlongequal{c_2+c_1} \begin{vmatrix} a_1 & 0 & 0 & 0 \\ 0 & a_2 & -a_2 & 0 \\ 0 & 0 & a_3 & -a_3 \\ 1 & 2 & 1 & 1 \end{vmatrix} \xlongequal{c_3+c_2} \begin{vmatrix} a_1 & 0 & 0 & 0 \\ 0 & a_2 & 0 & 0 \\ 0 & 0 & a_3 & -a_3 \\ 1 & 2 & 3 & 1 \end{vmatrix} \xlongequal{c_4+c_3} \begin{vmatrix} a_1 & 0 & 0 & 0 \\ 0 & a_2 & 0 & 0 \\ 0 & 0 & a_3 & 0 \\ 1 & 2 & 3 & 4 \end{vmatrix}$$

$$=4a_1a_2a_3.$$

注: 读者可尝试将此题进一步推广到 n 阶情形.

例 8　计算行列式 $D=\begin{vmatrix} a & b & c & d \\ a & a+b & a+b+c & a+b+c+d \\ a & 2a+b & 3a+2b+c & 4a+3b+2c+d \\ a & 3a+b & 6a+3b+c & 10a+6b+3c+d \end{vmatrix}$.

解　利用行列式的性质, 从第 4 行开始, 后一行减前一行, 将 D 化为上三角形行列式, 得

$$D \xlongequal[r_2-r_1]{\substack{r_4-r_3\\ r_3-r_2}} \begin{vmatrix} a & b & c & d \\ 0 & a & a+b & a+b+c \\ 0 & a & 2a+b & 3a+2b+c \\ 0 & a & 3a+b & 6a+3b+c \end{vmatrix} \xlongequal[r_3-r_2]{r_4-r_3} \begin{vmatrix} a & b & c & d \\ 0 & a & a+b & a+b+c \\ 0 & 0 & a & 2a+b \\ 0 & 0 & a & 3a+b \end{vmatrix}$$

$$\xlongequal{r_4-r_3} \begin{vmatrix} a & b & c & d \\ 0 & a & a+b & a+b+c \\ 0 & 0 & a & 2a+b \\ 0 & 0 & 0 & a \end{vmatrix} = a^4.$$

例 9　设行列式

$$D=\begin{vmatrix} a_{11} & \cdots & a_{1k} & 0 & \cdots & 0 \\ \vdots & & \vdots & \vdots & & \vdots \\ a_{k1} & \cdots & a_{kk} & 0 & \cdots & 0 \\ c_{11} & \cdots & c_{1k} & b_{11} & \cdots & b_{1n} \\ \vdots & & \vdots & \vdots & & \vdots \\ c_{n1} & \cdots & c_{nk} & b_{1n} & \cdots & b_{nn} \end{vmatrix},\ D_1=\begin{vmatrix} a_{11} & \cdots & a_{1k} \\ \vdots & & \vdots \\ a_{k1} & \cdots & a_{kk} \end{vmatrix},\ D_2=\begin{vmatrix} b_{11} & \cdots & b_{1n} \\ \vdots & & \vdots \\ b_{n1} & \cdots & b_{nn} \end{vmatrix},$$

试证: $D=D_1D_2$.

证明　利用行列式的性质, 对 D_1 作运算 r_i+lr_j, 将 D_1 化为下三角形行列式, 记为

$$D_1=\begin{vmatrix} p_{11} & & 0 \\ \vdots & \ddots & \\ p_{k1} & \cdots & p_{kk} \end{vmatrix}=p_{11}\cdots p_{kk};$$

对D_2作运算c_i+mc_j，将D_2化为下三角形行列式，记为

$$D_2=\begin{vmatrix} q_{11} & & 0 \\ \vdots & \ddots & \\ q_{n1} & \cdots & q_{nn} \end{vmatrix}=q_{11}\cdots q_{nn}.$$

这样，对D的前k行作与对D_1所作的相同的运算r_i+lr_j，再对后n列作与对D_2所作的相同的运算c_i+mc_j，即可将题设行列式D化为下三角形行列式：

$$D=\begin{vmatrix} p_{11} & & & & & \\ \vdots & \ddots & & & 0 & \\ p_{k1} & \cdots & p_{kk} & & & \\ c_{11} & \cdots & c_{1k} & q_{11} & & \\ \vdots & & \vdots & \vdots & \ddots & \\ c_{n1} & \cdots & c_{nk} & q_{n1} & \cdots & q_{nn} \end{vmatrix},$$

所以，$D=p_{11}\cdots p_{kk}q_{11}\cdots q_{nn}=D_1D_2$. 证毕.

例 10 设$a_1\neq 0$，解方程

$$\begin{vmatrix} a_1 & a_2 & a_3 & \cdots & a_{n-1} & a_n \\ a_1 & a_1+a_2-x & a_3 & \cdots & a_{n-1} & a_n \\ a_1 & a_2 & a_2+a_3-x & \cdots & a_{n-1} & a_n \\ \vdots & \vdots & \vdots & & \vdots & \vdots \\ a_1 & a_2 & a_3 & \cdots & a_{n-2}+a_{n-1}-x & a_n \\ a_1 & a_2 & a_3 & \cdots & a_{n-1} & a_{n-1}+a_n-x \end{vmatrix}=0.$$

解 对左端行列式，从第2行开始每一行都减去第1行，则题设方程变为

$$\begin{vmatrix} a_1 & a_2 & a_3 & \cdots & a_{n-1} & a_n \\ 0 & a_1-x & 0 & \cdots & 0 & 0 \\ 0 & 0 & a_2-x & \cdots & 0 & 0 \\ \vdots & \vdots & \vdots & & \vdots & \vdots \\ 0 & 0 & 0 & \cdots & a_{n-2}-x & 0 \\ 0 & 0 & 0 & \cdots & 0 & a_{n-1}-x \end{vmatrix}$$

$$=a_1(a_1-x)(a_2-x)\cdots(a_{n-2}-x)(a_{n-1}-x)=0.$$

解得方程的$n-1$个根:

$$x_1=a_1\,,\ x_2=a_2\,,\ \cdots,\ x_{n-2}=a_{n-2}\,,\ x_{n-1}=a_{n-1}.$$

习题 1-3

1. 用行列式的性质计算下列行列式:

(1) $\begin{vmatrix} 34\ 215 & 35\ 215 \\ 28\ 092 & 29\ 092 \end{vmatrix}$;　　(2) $\begin{vmatrix} -ab & ac & ae \\ bd & -cd & de \\ bf & cf & -ef \end{vmatrix}$;

(3) $\begin{vmatrix} 1+a & 1 & 1 \\ 1 & 1+b & 1 \\ 1 & 1 & 1+c \end{vmatrix}$;　　(4) $\begin{vmatrix} 1 & 1 & 1 & 1 \\ -1 & 1 & 1 & 1 \\ -1 & -1 & 1 & 1 \\ -1 & -1 & -1 & 1 \end{vmatrix}$.

2. 把下列行列式化为上三角形行列式, 并计算其值:

(1) $\begin{vmatrix} -2 & 2 & -4 & 0 \\ 4 & -1 & 3 & 5 \\ 3 & 1 & -2 & -3 \\ 2 & 0 & 5 & 1 \end{vmatrix}$;　　(2) $\begin{vmatrix} 1 & 2 & 3 & 4 \\ 2 & 3 & 4 & 1 \\ 3 & 4 & 1 & 2 \\ 4 & 1 & 2 & 3 \end{vmatrix}$;　　(3) $\begin{vmatrix} 3 & 1 & -1 & 2 \\ -5 & 1 & 3 & -4 \\ 2 & 0 & 1 & 1 \\ 1 & -5 & 3 & -3 \end{vmatrix}$.

3. 设行列式 $|a_{ij}|=m\,(i,j=1,2,\cdots,5)$, 依下列次序对 $|a_{ij}|$ 进行变换后, 求其结果:

交换第1行与第5行, 再转置, 用2乘所有元素, 再用(-3)乘第2列加到第4列, 最后用4除第2行各元素.

4. 用行列式的性质证明下列等式:

(1) $\begin{vmatrix} a_1+kb_1 & b_1+c_1 & c_1 \\ a_2+kb_2 & b_2+c_2 & c_2 \\ a_3+kb_3 & b_3+c_3 & c_3 \end{vmatrix}=\begin{vmatrix} a_1 & b_1 & c_1 \\ a_2 & b_2 & c_2 \\ a_3 & b_3 & c_3 \end{vmatrix}$;　　(2) $\begin{vmatrix} y+z & z+x & x+y \\ x+y & y+z & z+x \\ z+x & x+y & y+z \end{vmatrix}=2\begin{vmatrix} x & y & z \\ z & x & y \\ y & z & x \end{vmatrix}$.

5. 计算下列行列式:

(1) $\begin{vmatrix} x & a & \cdots & a \\ a & x & \cdots & a \\ \vdots & \vdots & & \vdots \\ a & a & \cdots & x \end{vmatrix}$;

(2) $\begin{vmatrix} 1 & 2 & 3 & \cdots & n-1 & n \\ -1 & 0 & 3 & \cdots & n-1 & n \\ -1 & -2 & 0 & \cdots & n-1 & n \\ \vdots & \vdots & \vdots & & \vdots & \vdots \\ -1 & -2 & -3 & \cdots & 0 & n \\ -1 & -2 & -3 & \cdots & -(n-1) & 0 \end{vmatrix}$;

(3) $\begin{vmatrix} 1 & x & x^2 & x^3 \\ a & 1 & x & x^2 \\ p & b & 1 & x \\ q & r & c & 1 \end{vmatrix}$;

(4) $\begin{vmatrix} a_0 & 1 & 1 & \cdots & 1 \\ 1 & a_1 & 0 & \cdots & 0 \\ 1 & 0 & a_2 & \cdots & 0 \\ \vdots & \vdots & \vdots & \ddots & \vdots \\ 1 & 0 & 0 & \cdots & a_n \end{vmatrix}$ $(a_i \neq 0)$;

(5) $\begin{vmatrix} 1+a & 1 & 1 & \cdots & 1 \\ 2 & 2+a & 2 & \cdots & 2 \\ \vdots & \vdots & \vdots & & \vdots \\ n & n & n & \cdots & n+a \end{vmatrix}$;

(6) $\begin{vmatrix} 1 & a_1 & a_2 & \cdots & a_n \\ 1 & a_1+b_1 & a_2 & \cdots & a_n \\ 1 & a_1 & a_2+b_2 & \cdots & a_n \\ \vdots & \vdots & \vdots & & \vdots \\ 1 & a_1 & a_2 & \cdots & a_n+b_n \end{vmatrix}$.

6. 解下列方程:

(1) $\begin{vmatrix} 0 & x & y \\ y & 0 & x \\ x & y & 0 \end{vmatrix}=0$;

(2) $\begin{vmatrix} x & 1 & 1 & 1 \\ 1 & x & 1 & 1 \\ 1 & 1 & x & 1 \\ 1 & 1 & 1 & x \end{vmatrix}=0$.

(3) $\begin{vmatrix} 1 & x & x \\ -x & -2 & x \\ -x & -x & -3 \end{vmatrix}=0$;

(4) $\begin{vmatrix} x & y & 0 & 0 \\ 0 & x & y & 0 \\ 0 & 0 & x & y \\ y & 0 & 0 & x \end{vmatrix}=0$;

(5) $\begin{vmatrix} 1 & x & x^2 & x^3 \\ x & x^2 & x^3 & 1 \\ x^2 & x^3 & 1 & x \\ x^3 & 1 & x & x^2 \end{vmatrix}=0$;

(6) $\begin{vmatrix} 1 & 1 & 2 & 3 \\ 1 & 2-x^2 & 2 & 3 \\ 2 & 3 & 1 & 5 \\ 2 & 3 & 1 & 9-x^2 \end{vmatrix}=0$;

(7) $\begin{vmatrix} 1 & 1 & 1 & \cdots & 1 & 1 \\ 1 & 1-x & 1 & \cdots & 1 & 1 \\ 1 & 1 & 2-x & \cdots & 1 & 1 \\ \vdots & \vdots & \vdots & & \vdots & \vdots \\ 1 & 1 & 1 & \cdots & (n-2)-x & 1 \\ 1 & 1 & 1 & \cdots & 1 & (n-1)-x \end{vmatrix}=0$.

7. 如果 $\begin{vmatrix} a & b & c \\ p & q & r \\ x & y & z \end{vmatrix}=6$, 求 $D=\begin{vmatrix} a+x & b+y & c+z \\ 3x & 3y & 3z \\ -p & -q & -r \end{vmatrix}$.

8. 设 n 阶行列式 $D=\det(a_{ij})$, 把该行列式 D 上下翻转, 或逆时针旋转 90°, 或依副对角线翻转, 依次得

$$D_1=\begin{vmatrix} a_{n1} & \cdots & a_{nn} \\ \vdots & & \vdots \\ a_{11} & \cdots & a_{1n} \end{vmatrix},\ D_2=\begin{vmatrix} a_{1n} & \cdots & a_{nn} \\ \vdots & & \vdots \\ a_{11} & \cdots & a_{n1} \end{vmatrix},\ D_3=\begin{vmatrix} a_{nn} & \cdots & a_{1n} \\ \vdots & & \vdots \\ a_{n1} & \cdots & a_{11} \end{vmatrix},$$

证明: $D_1=D_2=(-1)^{\frac{n(n-1)}{2}}D$, $D_3=D$.

9. 已知 255, 459, 527 都能被 17 整除, 不求行列式的值, 证明行列式

$$D=\begin{vmatrix} 2 & 4 & 5 \\ 5 & 5 & 2 \\ 5 & 9 & 7 \end{vmatrix}$$

能被 17 整除.

10. 不直接求行列式, 证明 $\begin{vmatrix} \sin\alpha & \cos\alpha & \sin(\alpha+\delta) \\ \sin\beta & \cos\beta & \sin(\beta+\delta) \\ \sin\gamma & \cos\gamma & \sin(\gamma+\delta) \end{vmatrix}=0$.

11. 解方程: $\begin{vmatrix} 3 & -4 & 7 & 0 & 6 & -2 \\ 2 & 0 & 1 & 8 & 0 & 0 \\ 3 & 4 & -8 & 3 & 1 & 2 \\ 27 & 6 & 5 & 0 & 0 & 3 \\ 3 & x & 0 & 2 & 1 & -1 \\ 1 & 0 & -1 & 3 & 4 & 0 \end{vmatrix}=0$.

§1.4　行列式按行(列)展开

行列式展开定理是线性代数课程中的核心定理, 其重要意义在于, 它为行列式的计算提供了一种系统的方法, 同时揭示了行列式与代数结构之间的深层联系. 在解决线性方程组等问题的过程中, 数学家发现行列式具有描述数表代数特性的重要作用. 通过行列式展开定理, 人们可以将高阶行列式分解为低阶行列式的组合, 这样就奠定了递归计算的基础.

引例　观察三阶行列式 $D=\begin{vmatrix} a_{11} & a_{12} & a_{13} \\ a_{21} & a_{22} & a_{23} \\ a_{31} & a_{32} & a_{33} \end{vmatrix}$, 按定义, 有

$$D=a_{11}a_{22}a_{33}+a_{12}a_{23}a_{31}+a_{13}a_{21}a_{32}-a_{11}a_{23}a_{32}-a_{12}a_{21}a_{33}-a_{13}a_{22}a_{31}$$
$$=a_{11}(a_{22}a_{33}-a_{23}a_{32})+a_{12}(a_{23}a_{31}-a_{21}a_{33})+a_{13}(a_{21}a_{32}-a_{22}a_{31})$$
$$=a_{11}\begin{vmatrix} a_{22} & a_{23} \\ a_{32} & a_{33} \end{vmatrix}-a_{12}\begin{vmatrix} a_{21} & a_{23} \\ a_{31} & a_{33} \end{vmatrix}+a_{13}\begin{vmatrix} a_{21} & a_{22} \\ a_{31} & a_{32} \end{vmatrix}.$$

从中可得到这样的启示: 三阶行列式可按第1行“展开”, 对上式进行适当的重新组合, 易见该三阶行列式也可按其他行或列“展开”, 从而将三阶行列式的计算转化为低一阶行列式的计算.

一、行列式按一行 (列) 展开

为从更一般的角度来考虑用低阶行列式表示高阶行列式的问题, 先引入余子式和代数余子式的概念.

定义 1 在n阶行列式D中, 去掉元素a_{ij}所在的第i行和第j列后, 余下的$n-1$阶行列式, 称为D中元素a_{ij}的**余子式**, 记为M_{ij}; 而$A_{ij}=(-1)^{i+j}M_{ij}$则称为元素a_{ij}的**代数余子式**.

例如, 在四阶行列式

$$D=\begin{vmatrix} a_{11} & a_{12} & a_{13} & a_{14} \\ a_{21} & a_{22} & a_{23} & a_{24} \\ a_{31} & a_{32} & a_{33} & a_{34} \\ a_{41} & a_{42} & a_{43} & a_{44} \end{vmatrix}$$

中, 元素a_{32}的余子式和代数余子式分别为

$$M_{32}=\begin{vmatrix} a_{11} & a_{13} & a_{14} \\ a_{21} & a_{23} & a_{24} \\ a_{41} & a_{43} & a_{44} \end{vmatrix},\ A_{32}=(-1)^{3+2}M_{32}=-M_{32}.$$

注: 若记$D=\begin{vmatrix} a_{11} & a_{12} & a_{13} \\ a_{21} & a_{22} & a_{23} \\ a_{31} & a_{32} & a_{33} \end{vmatrix}$, 则引例的结果可表示为$D=a_{11}A_{11}+a_{12}A_{12}+a_{13}A_{13}$.

例1 设行列式$D=\begin{vmatrix} 2 & 3 & -1 & 1 \\ -3 & 2 & 0 & 3 \\ 3 & -2 & 1 & 0 \\ 3 & -2 & 1 & 4 \end{vmatrix}$, 求下列余子式和代数余子式:

(1) M_{32}和A_{32}; (2) M_{44}和A_{44}; (3) M_{41}和A_{41}; (4) M_{24}和A_{24}.

解 根据余子式与代数余子式的定义, 利用行列式的性质, 计算得

(1) $M_{32}=\begin{vmatrix}2&-1&1\\-3&0&3\\3&1&4\end{vmatrix}=-30$, $A_{32}=(-1)^{3+2}\times(-30)=30$;

(2) $M_{44}=\begin{vmatrix}2&3&-1\\-3&2&0\\3&-2&1\end{vmatrix}=13$, $A_{44}=(-1)^{4+4}\times 13=13$;

(3) $M_{41}=\begin{vmatrix}3&-1&1\\2&0&3\\-2&1&0\end{vmatrix}=-1$, $A_{41}=(-1)^{4+1}\times(-1)=1$;

(4) $M_{24}=\begin{vmatrix}2&3&-1\\3&-2&1\\3&-2&1\end{vmatrix}=0$, $A_{24}=(-1)^{2+4}\times 0=0$.

为对更一般的情形进行讨论,先证明一个引理.

引理 1　一个n阶行列式D,若其中第i行所有元素除a_{ij}外都为零,则该行列式等于a_{ij}与它的代数余子式的乘积,即$D=a_{ij}A_{ij}$.

证明　设a_{ij}位于D的第1行第1列,则

$$D=\begin{vmatrix}a_{11}&0&\cdots&0\\a_{21}&a_{22}&\cdots&a_{2n}\\\vdots&\vdots&&\vdots\\a_{n1}&a_{n2}&\cdots&a_{nn}\end{vmatrix},$$

根据§1.3例9的结果,有

$$D=a_{11}M_{11}=a_{11}(-1)^{1+1}M_{11}=a_{11}A_{11}.$$

再证一般情形,设

$$D=\begin{vmatrix}a_{11}&\cdots&a_{1j}&\cdots&a_{1n}\\\vdots&&\vdots&&\vdots\\0&\cdots&a_{ij}&\cdots&0\\\vdots&&\vdots&&\vdots\\a_{n1}&\cdots&a_{nj}&\cdots&a_{nn}\end{vmatrix}.$$

将行列式D的第i行依次与第$i-1, \cdots, 2, 1$行交换后换到第1行，再将其第j列依次与$j-1, \cdots, 2, 1$列交换后换到第1列，则总共经过$i+j-2$次交换后，可将a_{ij}交换到D的左上角，故所得行列式

$$D_1=(-1)^{i+j-2}D=(-1)^{i+j}D,$$

而元素a_{ij}在D_1中的余子式仍为a_{ij}在D中的余子式M_{ij}. 利用前面的结果，则有

$$D_1=a_{ij}M_{ij},$$

所以

$$(-1)^{i+j}D=a_{ij}M_{ij}.$$

上式两边同乘以$(-1)^{i+j}$得

$$D=a_{ij}(-1)^{i+j}M_{ij}=a_{ij}A_{ij}.$$证毕.

定理 1　行列式等于它的任一行(列)的各元素与其对应的代数余子式乘积之和，即

$$D=a_{i1}A_{i1}+a_{i2}A_{i2}+\cdots+a_{in}A_{in} \text{ 或 } D=a_{1j}A_{1j}+a_{2j}A_{2j}+\cdots+a_{nj}A_{nj},$$

其中$i, j=1, 2, \cdots, n$.

证明　利用行列式的性质，有

$$D=\begin{vmatrix} a_{11} & a_{12} & \cdots & a_{1n} \\ \vdots & \vdots & & \vdots \\ a_{i1}+0+\cdots+0 & 0+a_{i2}+0+\cdots+0 & \cdots & 0+\cdots+0+a_{in} \\ \vdots & \vdots & & \vdots \\ a_{n1} & a_{n2} & \cdots & a_{nn} \end{vmatrix}$$

$$=\begin{vmatrix} a_{11} & a_{12} & \cdots & a_{1n} \\ \vdots & \vdots & & \vdots \\ a_{i1} & 0 & \cdots & 0 \\ \vdots & \vdots & & \vdots \\ a_{n1} & a_{n2} & \cdots & a_{nn} \end{vmatrix}+\begin{vmatrix} a_{11} & a_{12} & \cdots & a_{1n} \\ \vdots & \vdots & & \vdots \\ 0 & a_{i2} & \cdots & 0 \\ \vdots & \vdots & & \vdots \\ a_{n1} & a_{n2} & \cdots & a_{nn} \end{vmatrix}+\cdots+\begin{vmatrix} a_{11} & a_{12} & \cdots & a_{1n} \\ \vdots & \vdots & & \vdots \\ 0 & 0 & \cdots & a_{in} \\ \vdots & \vdots & & \vdots \\ a_{n1} & a_{n2} & \cdots & a_{nn} \end{vmatrix}$$

$$=a_{i1}A_{i1}+a_{i2}A_{i2}+\cdots+a_{in}A_{in}\ (i=1, 2, \cdots, n).$$

这就是行列式D**按行展开的公式**. 同理可证得，行列式D**按列展开的公式**:

$$D=a_{1j}A_{1j}+a_{2j}A_{2j}+\cdots+a_{nj}A_{nj}\ (i=1, 2, \cdots, n).$$

推论 1　行列式某一行(列)的每个元素与另一行(列)对应元素的代数余子式乘积之

和等于零, 即

$$a_{i1}A_{j1}+a_{i2}A_{j2}+\cdots+a_{in}A_{jn}=0\ (i\neq j) \text{ 或 } a_{1i}A_{1j}+a_{2i}A_{2j}+\cdots+a_{ni}A_{nj}=0\ (i\neq j).$$

证明 将行列式 $D=\det(a_{ij})$ 中第 j 行的元素换成第 i 行的元素, 再按第 j 行展开, 有

$$0=\begin{vmatrix} a_{11} & \cdots & a_{1n} \\ \vdots & & \vdots \\ a_{i1} & \cdots & a_{in} \\ \vdots & & \vdots \\ a_{i1} & \cdots & a_{in} \\ \vdots & & \vdots \\ a_{n1} & \cdots & a_{nn} \end{vmatrix}=a_{i1}A_{j1}+a_{i2}A_{j2}+\cdots+a_{in}A_{jn}\ (i\neq j),$$

同理可得 $a_{1i}A_{1j}+a_{2i}A_{2j}+\cdots+a_{ni}A_{nj}=0\ (i\neq j)$. 证毕.

综上所述, 可得到有关代数余子式的一个**重要性质**:

$$\sum_{k=1}^{n}a_{ki}A_{kj}=D\delta_{ij}=\begin{cases} D, & i=j \\ 0, & i\neq j \end{cases} \text{ 或 } \sum_{k=1}^{n}a_{ik}A_{jk}=D\delta_{ij}=\begin{cases} D, & i=j \\ 0, & i\neq j \end{cases}, \text{其中 } \delta_{ij}=\begin{cases} 1, & i=j \\ 0, & i\neq j \end{cases}.$$

例 2 在某机械结构的平衡分析中, 假设需要求解下列三个线性方程来确定作用于三个节点的支反力 (F_1, F_2, F_3):

$$\begin{cases} x+2y+z=4 \\ 2x-y+3z=1, \\ x+y+4z=5 \end{cases}$$

令其系数行列式为 D. 试判断上述方程组是否存在唯一解, 并利用行列式展开定理计算 D.

解 利用行列式的性质与行列式展开定理, 计算得

$$D=\begin{vmatrix} 1 & 2 & 1 \\ 2 & -1 & 3 \\ 1 & 1 & 4 \end{vmatrix}=\begin{vmatrix} 1 & 2 & 1 \\ 0 & -5 & 1 \\ 0 & -1 & 3 \end{vmatrix}=\begin{vmatrix} -5 & 1 \\ -1 & 3 \end{vmatrix}=-14,$$

因题设方程组的系数行列式 $D\neq 0$, 故由克莱姆法则知, 题设方程组有唯一解, 即所求支反力 (F_1, F_2, F_3) 唯一确定.

例 3 求行列式 $D=\begin{vmatrix} a & 0 & 0 & 0 \\ u & b & 0 & 0 \\ v & w & c & 0 \\ x & y & z & d \end{vmatrix}$.

解 由行列式展开定理, 先将 D 按第 1 行展开, 对降阶后的行列式仍按第 1 行展开, 得

$$D=a\begin{vmatrix} b & 0 & 0 \\ w & c & 0 \\ y & z & d \end{vmatrix}=ab\begin{vmatrix} c & 0 \\ z & d \end{vmatrix}=abcd.$$

例 4 试按第 3 列展开计算行列式 $D=\begin{vmatrix}1&2&3&4\\1&0&1&2\\3&-1&-1&0\\1&2&0&-5\end{vmatrix}$.

解 将 D 按第 3 列展开, 得

$$D=a_{13}A_{13}+a_{23}A_{23}+a_{33}A_{33}+a_{43}A_{43},$$

其中 $a_{13}=3$, $a_{23}=1$, $a_{33}=-1$, $a_{43}=0$, 而

$$A_{13}=(-1)^{1+3}\begin{vmatrix}1&0&2\\3&-1&0\\1&2&-5\end{vmatrix}=19,\ A_{23}=(-1)^{2+3}\begin{vmatrix}1&2&4\\3&-1&0\\1&2&-5\end{vmatrix}=-63,$$

$$A_{33}=(-1)^{3+3}\begin{vmatrix}1&2&4\\1&0&2\\1&2&-5\end{vmatrix}=18,\quad A_{43}=(-1)^{4+3}\begin{vmatrix}1&2&4\\1&0&2\\3&-1&0\end{vmatrix}=-10,$$

所以, $D=3\times19+1\times(-63)+(-1)\times18+0\times(-10)=-24$.

二、用降阶法计算行列式

利用行列式展开定理, 通过按行 (列) 展开将高阶行列式分解为低阶行列式的组合来计算行列式的方法称为**降阶法**.

行列式的计算复杂度随着阶数的增加而急剧上升, 直接展开高阶行列式需要计算大量的代数余子式. 而降阶法通过将高阶行列式分解为低阶行列式的组合, 递归计算, 显著减少了计算量, 有助于直观理解行列式的递归性质和代数结构, 如对称性、反对称性和线性性质. 降阶法通常结合行列式的性质来简化其结构, 如化为上 (下) 三角形行列式或对角行列式等. 这种简化过程中不改变行列式的值(或值的符号), 能快速得出计算结果, 尤其适合手算或简化数值计算.

实际计算中, 一般可先用行列式的性质将行列式中某一行 (列) 化为仅含有一个非零元素, 再按此行 (列) 展开, 化为低一阶的行列式, 如此继续下去, 直到化为三阶或二阶行列式.

例 5 计算行列式 $D=\begin{vmatrix}1&2&3&4\\1&0&1&2\\3&-1&-1&0\\1&2&0&-5\end{vmatrix}$.

解 采用降阶法, 利用行列式的性质与行列式展开定理, 计算得

$$D=\begin{vmatrix}1&2&3&4\\1&0&1&2\\3&-1&-1&0\\1&2&0&-5\end{vmatrix}\xlongequal[r_4+2r_3]{r_1+2r_3}\begin{vmatrix}7&0&1&4\\1&0&1&2\\3&-1&-1&0\\7&0&-2&-5\end{vmatrix}$$

$$=(-1)\times(-1)^{3+2}\begin{vmatrix}7 & 1 & 4\\ 1 & 1 & 2\\ 7 & -2 & -5\end{vmatrix}\xlongequal[r_3+2r_2]{r_1-r_2}\begin{vmatrix}6 & 0 & 2\\ 1 & 1 & 2\\ 9 & 0 & -1\end{vmatrix}$$

$$=1\times(-1)^{2+2}\begin{vmatrix}6 & 2\\ 9 & -1\end{vmatrix}=-6-18=-24.$$

例 6　计算行列式 $D=\begin{vmatrix}5 & 3 & -1 & 2 & 0\\ 1 & 7 & 2 & 5 & 2\\ 0 & -2 & 3 & 1 & 0\\ 0 & -4 & -1 & 4 & 0\\ 0 & 2 & 3 & 5 & 0\end{vmatrix}$.

解　采用降阶法, 利用行列式的性质与行列式展开定理, 计算得

$$D=\begin{vmatrix}5 & 3 & -1 & 2 & 0\\ 1 & 7 & 2 & 5 & 2\\ 0 & -2 & 3 & 1 & 0\\ 0 & -4 & -1 & 4 & 0\\ 0 & 2 & 3 & 5 & 0\end{vmatrix}=2\times(-1)^{2+5}\begin{vmatrix}5 & 3 & -1 & 2\\ 0 & -2 & 3 & 1\\ 0 & -4 & -1 & 4\\ 0 & 2 & 3 & 5\end{vmatrix}$$

$$=-10\begin{vmatrix}-2 & 3 & 1\\ -4 & -1 & 4\\ 2 & 3 & 5\end{vmatrix}\xlongequal[r_3+r_1]{r_2-2r_1}-10\begin{vmatrix}-2 & 3 & 1\\ 0 & -7 & 2\\ 0 & 6 & 6\end{vmatrix}=-10\times(-2)\begin{vmatrix}-7 & 2\\ 6 & 6\end{vmatrix}$$

$$=20\times(-42-12)=-1\,080.$$

例 7　试证: $\begin{vmatrix}1 & 2 & 3 & 4 & \cdots & n\\ 1 & 1 & 2 & 3 & \cdots & n-1\\ 1 & x & 1 & 2 & \cdots & n-2\\ 1 & x & x & 1 & \cdots & n-3\\ \vdots & \vdots & \vdots & \vdots & & \vdots\\ 1 & x & x & x & \cdots & 2\\ 1 & x & x & x & \cdots & 1\end{vmatrix}=(-1)^{n+1}x^{n-2}$.

证明　采用三角化方法, 利用行列式的性质, 即可证得:

$$\begin{vmatrix}1 & 2 & 3 & 4 & \cdots & n\\ 1 & 1 & 2 & 3 & \cdots & n-1\\ 1 & x & 1 & 2 & \cdots & n-2\\ 1 & x & x & 1 & \cdots & n-3\\ \vdots & \vdots & \vdots & \vdots & & \vdots\\ 1 & x & x & x & \cdots & 2\\ 1 & x & x & x & \cdots & 1\end{vmatrix}\xlongequal[i=2,\cdots,n]{r_{i-1}-r_i}\begin{vmatrix}0 & 1 & 1 & 1 & \cdots & 1 & 1\\ 0 & 1-x & 1 & 1 & \cdots & 1 & 1\\ 0 & 0 & 1-x & 1 & \cdots & 1 & 1\\ 0 & 0 & 0 & 1-x & \cdots & 1 & 1\\ \vdots & \vdots & \vdots & \vdots & & \vdots & \vdots\\ 0 & 0 & 0 & 0 & \cdots & 1-x & 1\\ 1 & x & x & x & \cdots & x & 1\end{vmatrix}$$

$$
=(-1)^{n+1}\begin{vmatrix} 1 & 1 & 1 & \cdots & 1 & 1 \\ 1-x & 1 & 1 & \cdots & 1 & 1 \\ 0 & 1-x & 1 & \cdots & 1 & 1 \\ 0 & 0 & 1-x & \cdots & 1 & 1 \\ \vdots & \vdots & \vdots & & \vdots & \vdots \\ 0 & 0 & 0 & \cdots & 1-x & 1 \end{vmatrix}
$$

$$
\xlongequal[i=2,\cdots,n-1]{r_{i-1}-r_i}(-1)^{n+1}\begin{vmatrix} x & 0 & 0 & \cdots & 0 & 0 \\ 1-x & x & 0 & \cdots & 0 & 0 \\ 0 & 1-x & x & \cdots & 0 & 0 \\ 0 & 0 & 1-x & \cdots & 0 & 0 \\ \vdots & \vdots & \vdots & & \vdots & \vdots \\ 0 & 0 & 0 & \cdots & x & 0 \\ 0 & 0 & 0 & \cdots & 1-x & 1 \end{vmatrix}=(-1)^{n+1}x^{n-2}.
$$

例 8　证明范德蒙(Vandermonde)行列式

$$
D_n=\begin{vmatrix} 1 & 1 & \cdots & 1 \\ x_1 & x_2 & \cdots & x_n \\ x_1^2 & x_2^2 & \cdots & x_n^2 \\ \vdots & \vdots & & \vdots \\ x_1^{n-1} & x_2^{n-1} & \cdots & x_n^{n-1} \end{vmatrix}=\prod_{1\leqslant j<i\leqslant n}(x_i-x_j),
$$

其中记号“$\prod$”表示全体同类因子的乘积.

证明　利用数学归纳法. 当 $n=2$ 时, 有

$$
D_2=\begin{vmatrix} 1 & 1 \\ x_1 & x_2 \end{vmatrix}=x_2-x_1=\prod_{1\leqslant j<i\leqslant 2}(x_i-x_j),
$$

假设所证等式对于 $n-1$ 阶范德蒙行列式成立, 接下来要证明所证等式对 n 阶范德蒙行列式也成立. 为此采用降阶法: 从第 n 行开始, 后一行减去前一行的 x_1 倍, 得

$$
D_n\xlongequal[i=n,n-1,\cdots,2]{r_i-x_1r_{i-1}}\begin{vmatrix} 1 & 1 & 1 & \cdots & 1 \\ 0 & x_2-x_1 & x_3-x_1 & \cdots & x_n-x_1 \\ 0 & x_2(x_2-x_1) & x_3(x_3-x_1) & \cdots & x_n(x_n-x_1) \\ \vdots & \vdots & \vdots & & \vdots \\ 0 & x_2^{n-2}(x_2-x_1) & x_3^{n-2}(x_3-x_1) & \cdots & x_n^{n-2}(x_n-x_1) \end{vmatrix}.
$$

对上式右端行列式按第 1 列展开, 并提出每列的公因子 (x_i-x_1), 得到

$$D_n=(x_2-x_1)(x_3-x_1)\cdots(x_n-x_1)\begin{vmatrix}1&1&\cdots&1\\x_2&x_3&\cdots&x_n\\\vdots&\vdots&&\vdots\\x_2^{n-2}&x_3^{n-2}&\cdots&x_n^{n-2}\end{vmatrix}.$$

上式右端的行列式是$n-1$阶范德蒙行列式，按归纳假设，它等于所有因子(x_i-x_j)的乘积，其中$2\leqslant j<i\leqslant n$. 所以

$$D_n=(x_2-x_1)(x_3-x_1)\cdots(x_n-x_1)\prod_{2\leqslant j<i\leqslant n}(x_i-x_j)=\prod_{1\leqslant j<i\leqslant n}(x_i-x_j).$$

故由数学归纳法知，题设范德蒙行列式的结论正确. 证毕.

例 9　设行列式$D=\begin{vmatrix}3&-5&2&1\\1&1&0&-5\\-1&3&1&3\\2&-4&-1&-3\end{vmatrix}$，$D$中元素$a_{ij}$的余子式和代数余子式依次记作$M_{ij}$和$A_{ij}$，求$A_{11}+A_{12}+A_{13}+A_{14}$及$M_{11}+M_{21}+M_{31}+M_{41}$.

解　注意到$A_{11}+A_{12}+A_{13}+A_{14}$等于用1, 1, 1, 1替代$D$的第1行所得的行列式，再进一步利用降阶法与行列式的性质，得

$$A_{11}+A_{12}+A_{13}+A_{14}=\begin{vmatrix}1&1&1&1\\1&1&0&-5\\-1&3&1&3\\2&-4&-1&-3\end{vmatrix}\xlongequal[r_3-r_1]{r_4+r_3}\begin{vmatrix}1&1&1&1\\1&1&0&-5\\-2&2&0&2\\1&-1&0&0\end{vmatrix}$$

$$=\begin{vmatrix}1&1&-5\\-2&2&2\\1&-1&0\end{vmatrix}\xlongequal{c_2+c_1}\begin{vmatrix}1&2&-5\\-2&0&2\\1&0&0\end{vmatrix}$$

$$=\begin{vmatrix}2&-5\\0&2\end{vmatrix}=4.$$

又按余子式与代数余子式的关系，得

$$M_{11}+M_{21}+M_{31}+M_{41}=A_{11}-A_{21}+A_{31}+A_{41}$$

$$=\begin{vmatrix}1&-5&2&1\\-1&1&0&-5\\1&3&1&3\\-1&-4&-1&-3\end{vmatrix}\xlongequal{r_4+r_3}\begin{vmatrix}1&-5&2&1\\-1&1&0&-5\\1&3&1&3\\0&-1&0&0\end{vmatrix}$$

$$=(-1)\begin{vmatrix}1&2&1\\-1&0&-5\\1&1&3\end{vmatrix}\xlongequal{r_1-2r_3}(-1)\begin{vmatrix}-1&0&-5\\-1&0&-5\\1&1&3\end{vmatrix}=0.$$

*三、拉普拉斯定理

拉普拉斯定理 (行列式按任意行或列展开) 是行列式理论的重要基础. 它揭示了行列式的递归计算规律, 其意义在于为高阶行列式的计算提供了一种系统的方法, 通过按行或列展开, 将高阶行列式分解为低阶行列式的组合, 便于分析和计算. 此外, 拉普拉斯定理还揭示了行列式与代数余子式之间的深层联系. 在应用上, 拉普拉斯定理广泛用于后续的矩阵可逆性、线性方程组与矩阵特征值等问题, 它是线性代数、解析几何和工程计算中的重要工具.

定义 2　在 n 阶行列式 D 中, 任意选定 k 行 k 列 $(1 \leqslant k \leqslant n)$, 位于这些行和列交叉处的 k^2 个元素, 按原来顺序构成一个 k 阶行列式 M, 称为 D 的一个 **k 阶子式** (若该子式的对角线与原矩阵的对角线重合, 则称其为**主子式**). 划去这 k 行 k 列, 余下的元素按原来的顺序构成一个 $n-k$ 阶行列式, 在其前面冠以符号

$$(-1)^{i_1+i_2+\cdots+i_k+j_1+j_2+\cdots+j_k},$$

称为 M 的**代数余子式**, 其中 $i_1, i_2, \cdots, i_k$ 为 k 阶子式 M 在 D 中的各**行标**, $j_1, j_2, \cdots, j_k$ 为 M 在 D 中的各**列标**.

注: 行列式的 k 阶子式与其代数余子式之间有类似行列式按行 (列) 展开的性质.

定理 2 (拉普拉斯定理)　在 n 阶行列式 D 中, 任意取定 k 行 (列) $(1 \leqslant k \leqslant n-1)$, 由这 k 行 (列) 组成的所有 k 阶子式与它们的代数余子式的乘积之和等于行列式 D.

证明　略.

注: 行列式按一行 (列) 展开是该定理中 $k=1$ 的特殊情况.

例 10　利用拉普拉斯定理计算行列式

$$D=\begin{vmatrix} 2 & 3 & 0 & 0 \\ 1 & 2 & 3 & 0 \\ 0 & 1 & 2 & 3 \\ 0 & 0 & 1 & 2 \end{vmatrix}.$$

解　根据拉普拉斯定理, 将题设行列式按第 1 行和第 2 行展开, 得

$$D=\begin{vmatrix} 2 & 3 \\ 1 & 2 \end{vmatrix} \times (-1)^{1+2+1+2} \begin{vmatrix} 2 & 3 \\ 1 & 2 \end{vmatrix}$$
$$+\begin{vmatrix} 2 & 0 \\ 1 & 3 \end{vmatrix} \times (-1)^{1+2+1+3} \begin{vmatrix} 1 & 3 \\ 0 & 2 \end{vmatrix} + \begin{vmatrix} 3 & 0 \\ 2 & 3 \end{vmatrix} \times (-1)^{1+2+2+3} \begin{vmatrix} 0 & 3 \\ 0 & 2 \end{vmatrix}$$
$$=1-12+0=-11.$$

例 11　设下列 $2n$ 阶行列式中未写出的元素均为 0, 试计算行列式:

$$D_{2n}=\begin{vmatrix} a & & & & & b \\ & \ddots & & & \iddots & \\ & & a & b & & \\ & & c & d & & \\ & \iddots & & & \ddots & \\ c & & & & & d \end{vmatrix} \quad (2n).$$

解 先利用行列式的性质, 将行列式 D_{2n} 中的第 $2n$ 行依次与第 $2n-1$ 行, …, 第2行对调(作 $2n-2$ 次相邻对换), 然后, 将其第 $2n$ 列依次与第 $2n-1$ 列, …, 第 2 列对调, 再利用拉普拉斯定理, 可得

$$D_{2n}=(-1)^{2(2n-2)}\begin{vmatrix} a & b & 0 & \cdots\cdots & & 0 \\ c & d & 0 & \cdots\cdots & & 0 \\ 0 & 0 & a & & & b \\ \vdots & \vdots & & \ddots & \iddots & \\ \vdots & \vdots & & a \ b & & \\ \vdots & \vdots & & c \ d & & \\ \vdots & \vdots & & \iddots & \ddots & \\ 0 & 0 & c & & & d \end{vmatrix}=D_2D_{2(n-1)}=(ad-bc)D_{2(n-1)}.$$

（其中右下部分为 $2(n-1)$ 阶。）

以此作递推公式, 可得

$$D_{2n}=(ad-bc)D_{2(n-1)}=\cdots=(ad-bc)^{n-1}D_2=(ad-bc)^n.$$

注: 从以上几节的学习中, 我们看到一般行列式的计算量是非常大的, 仅依赖手工计算能解决的问题很有限. 所以, 在课程学习中, 我们主要学习和掌握行列式的定义与性质, 重点掌握运用这些性质解决问题的方法, 而在实际应用中, 更复杂的工作可交由先进的计算软件来解决.

下面的数学实验给出了几个利用计算软件来计算行列式的示例, 用户通过微信扫描右侧相应的二维码即可进行计算实验 (详见教材配套的网络学习空间).

*数学实验

实验 1.1 试用计算软件计算下列行列式:

(1) $\begin{vmatrix} \frac{1}{2} & \frac{1}{3} & \frac{1}{4} & \frac{1}{5} & \frac{1}{6} & \frac{1}{7} \\ \frac{1}{3} & \frac{1}{4} & \frac{1}{5} & \frac{1}{6} & \frac{1}{7} & \frac{1}{8} \\ \frac{1}{4} & \frac{1}{5} & \frac{1}{6} & \frac{1}{7} & \frac{1}{8} & \frac{1}{9} \\ \frac{1}{5} & \frac{1}{6} & \frac{1}{7} & \frac{1}{8} & \frac{1}{9} & \frac{1}{10} \\ \frac{1}{6} & \frac{1}{7} & \frac{1}{8} & \frac{1}{9} & \frac{1}{10} & \frac{1}{11} \\ \frac{1}{7} & \frac{1}{8} & \frac{1}{9} & \frac{1}{10} & \frac{1}{11} & \frac{1}{12} \end{vmatrix}$;

(2) $\begin{vmatrix} y+x & xy & 0 & 0 & 0 & 0 & 0 & 0 \\ 1 & y+x & xy & 0 & 0 & 0 & 0 & 0 \\ 0 & 1 & y+x & xy & 0 & 0 & 0 & 0 \\ 0 & 0 & 1 & y+x & xy & 0 & 0 & 0 \\ 0 & 0 & 0 & 1 & y+x & xy & 0 & 0 \\ 0 & 0 & 0 & 0 & 1 & y+x & xy & 0 \\ 0 & 0 & 0 & 0 & 0 & 1 & y+x & xy \\ 0 & 0 & 0 & 0 & 0 & 0 & 1 & y+x \end{vmatrix}$;

(3) $\begin{vmatrix} a^2+1 & ab & ac & ad & ae & af \\ ab & b^2+1 & bc & bd & be & bf \\ ac & bc & c^2+1 & cd & ce & cf \\ ad & bd & cd & d^2+1 & de & df \\ ae & be & ce & de & e^2+1 & ef \\ af & bf & cf & df & ef & f^2+1 \end{vmatrix}$.

计算实验

习题 1-4

1. 求行列式 $\begin{vmatrix} -3 & 0 & 4 \\ 5 & 0 & 3 \\ 2 & -2 & 1 \end{vmatrix}$ 中元素 2 和 -2 的代数余子式.

2. 设行列式 $D=\begin{vmatrix} 4 & -1 & 1 & 6 \\ 0 & 0 & -3 & 3 \\ 4 & 1 & 0 & 14 \\ 4 & 1 & 3 & 2 \end{vmatrix}$, 求下列余子式和代数余子式:

(1) M_{13} 和 A_{13};　(2) M_{23} 和 A_{23};　(3) M_{22} 和 A_{22};　(4) M_{21} 和 A_{21}.

3. 已知四阶行列式 D 中第 3 列元素依次为 -1, 2, 0, 1, 它们的余子式依次为 5, 3, -7, 4, 求 D.

4. 按第 3 列展开行列式, 并计算其值.

(1) $\begin{vmatrix} 1 & 0 & a & 1 \\ 0 & -1 & b & -1 \\ -1 & -1 & c & -1 \\ -1 & 1 & d & 0 \end{vmatrix}$;　(2) $\begin{vmatrix} a_{11} & a_{12} & a_{13} & a_{14} & a_{15} \\ a_{21} & a_{22} & a_{23} & a_{24} & a_{25} \\ a_{31} & a_{32} & 0 & 0 & 0 \\ a_{41} & a_{42} & 0 & 0 & 0 \\ a_{51} & a_{52} & 0 & 0 & 0 \end{vmatrix}$.

5. 证明: $\begin{vmatrix} 1 & 1 & 1 & 1 \\ a & b & c & d \\ a^2 & b^2 & c^2 & d^2 \\ a^4 & b^4 & c^4 & d^4 \end{vmatrix} = (a-b)(a-c)(a-d)(b-c)(b-d)(c-d)(a+b+c+d).$

6. 用降阶法计算行列式:

(1) $\begin{vmatrix} 1+x & 1 & 1 & 1 \\ 1 & 1-x & 1 & 1 \\ 1 & 1 & 1+y & 1 \\ 1 & 1 & 1 & 1-y \end{vmatrix}$;　　(2) $\begin{vmatrix} 0 & a & b & a \\ a & 0 & a & b \\ b & a & 0 & a \\ a & b & a & 0 \end{vmatrix}$;

(3) $\begin{vmatrix} 0 & 3 & 0 & 1 \\ a & d & e & f \\ 0 & 1 & b & 2 \\ 0 & 0 & 0 & c \end{vmatrix}$;　　(4) $\begin{vmatrix} a_1b_1 & a_1b_2 & a_1b_3 & a_2b_4 \\ a_1b_2 & a_2b_2 & a_2b_3 & a_2b_4 \\ a_1b_3 & a_2b_3 & a_3b_3 & a_3b_4 \\ a_1b_4 & a_2b_4 & a_3b_4 & a_4b_4 \end{vmatrix}$;

(5) $\begin{vmatrix} x & y & 0 & \cdots & 0 & 0 \\ 0 & x & y & \cdots & 0 & 0 \\ \vdots & \vdots & \vdots & & \vdots & \vdots \\ 0 & 0 & 0 & \cdots & x & y \\ y & 0 & 0 & \cdots & 0 & x \end{vmatrix}$;　　(6) $\begin{vmatrix} -a_1 & a_1 & 0 & \cdots & 0 & 0 \\ 0 & -a_2 & a_2 & \cdots & 0 & 0 \\ \vdots & \vdots & \vdots & & \vdots & \vdots \\ 0 & 0 & 0 & \cdots & -a_n & a_n \\ 1 & 1 & 1 & \cdots & 1 & 1 \end{vmatrix}$.

7. 计算行列式 (D_k 为 k 阶行列式):

(1) $D_n = \det(a_{ij})$, 其中 $a_{ij} = |i-j|$;　　(2) $D_{n+1} = \begin{vmatrix} a^n & (a-1)^n & \cdots & (a-n)^n \\ a^{n-1} & (a-1)^{n-1} & \cdots & (a-n)^{n-1} \\ \vdots & \vdots & & \vdots \\ a & a-1 & \cdots & a-n \\ 1 & 1 & \cdots & 1 \end{vmatrix}$;

(3) $D_{2n} = \begin{vmatrix} a_n & & & & & b_n \\ & \ddots & & 0 & \iddots & \\ & & a_1 & b_1 & & \\ 0 & & & & & 0 \\ & & c_1 & d_1 & & \\ & \iddots & & 0 & \ddots & \\ c_n & & & & & d_n \end{vmatrix}$.

8. 已知四阶行列式 D 中第1行的元素分别为1, 2, 0, −4, 第3行元素的余子式依次为6, x, 19, 2, 试求 x 的值.

9. 设行列式 $D=\begin{vmatrix} 2 & 1 & 4 & 1 \\ 3 & -4 & 2 & 1 \\ 1 & 2 & -3 & 2 \\ 5 & 0 & 6 & 2 \end{vmatrix}$, 求 $4A_{12}+2A_{22}-3A_{32}+6A_{42}$.

§1.5 克莱姆法则

克莱姆法则是线性代数中求解线性方程组的经典方法. 它利用行列式的性质, 通过构造特定的行列式直接求解方程组的每个未知数. 具体而言, 通过替换系数矩阵中某列为常数向量, 计算其行列式的比值即可得到相应解.

克莱姆法则的重要意义在于该法则提供了从行列式角度理解线性方程组解法的直观途径, 揭示了解的唯一性与行列式非零条件之间的联系. 此外, 该法则证明了行列式在线性代数理论中的核心地位, 促进了线性代数的进一步发展.

克莱姆法则广泛应用于小规模线性方程组的解析与计算, 尤其在理论分析中扮演着重要角色, 例如研究解的唯一性条件、灵敏度分析和参数依赖性等. 在经济学 (如线性投入产出模型)、物理学 (如力的平衡问题)和工程学 (如电路分析)中, 克莱姆法则为问题的解析解及其构造提供了重要工具.

引例 三元线性方程组

$$\begin{cases} a_{11}x_1+a_{12}x_2+a_{13}x_3=b_1 \\ a_{21}x_1+a_{22}x_2+a_{23}x_3=b_2 \\ a_{31}x_1+a_{32}x_2+a_{33}x_3=b_3 \end{cases},$$

在其系数行列式 $D\neq 0$ 的条件下, 有唯一解:

$$x_1=\frac{D_1}{D},\ x_2=\frac{D_2}{D},\ x_3=\frac{D_3}{D},$$

其中系数行列式 $D=\begin{vmatrix} a_{11} & a_{12} & a_{13} \\ a_{21} & a_{22} & a_{23} \\ a_{31} & a_{32} & a_{33} \end{vmatrix}$, 且

$$D_1=\begin{vmatrix} b_1 & a_{12} & a_{13} \\ b_2 & a_{22} & a_{23} \\ b_3 & a_{32} & a_{33} \end{vmatrix},\ D_2=\begin{vmatrix} a_{11} & b_1 & a_{13} \\ a_{21} & b_2 & a_{23} \\ a_{31} & b_3 & a_{33} \end{vmatrix},\ D_3=\begin{vmatrix} a_{11} & a_{12} & b_1 \\ a_{21} & a_{22} & b_2 \\ a_{31} & a_{32} & b_3 \end{vmatrix}.$$

注: 这个解可通过消元的方法直接求出.

对更一般的线性方程组是否有引例那样类似的结果?

答案是肯定的. 在引入克莱姆法则之前, 我们先介绍 n 元线性方程组的有关概念. 含有 n 个未知数 $x_1, x_2, \cdots, x_n$ 的线性方程组

$$\begin{cases} a_{11}x_1 + a_{12}x_2 + \cdots + a_{1n}x_n = b_1 \\ a_{21}x_1 + a_{22}x_2 + \cdots + a_{2n}x_n = b_2 \\ \quad \cdots\cdots \\ a_{n1}x_1 + a_{n2}x_2 + \cdots + a_{nn}x_n = b_n \end{cases} \tag{5.1}$$

称为 ***n* 元线性方程组**. 当其右端的常数项 $b_1, b_2, \cdots, b_n$ 不全为零时, 方程组 (5.1) 称为**非齐次线性方程组**; 当 $b_1, b_2, \cdots, b_n$ 全为零时, 方程组 (5.1) 称为**齐次线性方程组**, 即

$$\begin{cases} a_{11}x_1 + a_{12}x_2 + \cdots + a_{1n}x_n = 0 \\ a_{21}x_1 + a_{22}x_2 + \cdots + a_{2n}x_n = 0 \\ \quad \cdots\cdots \\ a_{n1}x_1 + a_{n2}x_2 + \cdots + a_{nn}x_n = 0 \end{cases}. \tag{5.2}$$

线性方程组 (5.1) 的系数 a_{ij} 构成的行列式称为该方程组的**系数行列式**, 即

$$D = \begin{vmatrix} a_{11} & a_{12} & \cdots & a_{1n} \\ a_{21} & a_{22} & \cdots & a_{2n} \\ \vdots & \vdots & & \vdots \\ a_{n1} & a_{n2} & \cdots & a_{nn} \end{vmatrix}.$$

定理 1 (克莱姆法则) 若线性方程组 (5.1) 的系数行列式 $D \neq 0$, 则线性方程组 (5.1) 有唯一解, 其解为

$$x_j = \frac{D_j}{D} \quad (j = 1, 2, \cdots, n), \tag{5.3}$$

其中 D_j $(j = 1, 2, \cdots, n)$ 是把 D 中第 j 列元素 $a_{1j}, a_{2j}, \cdots, a_{nj}$ 对应地换为常数项 $b_1, b_2, \cdots, b_n$, 而其余各列保持不变所得的行列式.

注: 这个定理的证明将在 §2.4 中给出.

例 1 用克莱姆法则解方程组 $\begin{cases} 2x_1 + x_2 - 5x_3 + x_4 = 8 \\ x_1 - 3x_2 \qquad\quad - 6x_4 = 9 \\ \qquad 2x_2 - x_3 + 2x_4 = -5 \\ x_1 + 4x_2 - 7x_3 + 6x_4 = 0 \end{cases}$.

解 利用行列式的性质与计算行列式的降阶法, 题设线性方程组的系数行列式

$$D=\begin{vmatrix}2&1&-5&1\\1&-3&0&-6\\0&2&-1&2\\1&4&-7&6\end{vmatrix}\xlongequal[r_4-r_2]{r_1-2r_2}\begin{vmatrix}0&7&-5&13\\1&-3&0&-6\\0&2&-1&2\\0&7&-7&12\end{vmatrix}$$

$$=-\begin{vmatrix}7&-5&13\\2&-1&2\\7&-7&12\end{vmatrix}\xlongequal[c_3+2c_2]{c_1+2c_2}-\begin{vmatrix}-3&-5&3\\0&-1&0\\-7&-7&-2\end{vmatrix}=\begin{vmatrix}-3&3\\-7&-2\end{vmatrix}=27.$$

同理可依次计算得:

$$D_1=\begin{vmatrix}8&1&-5&1\\9&-3&0&-6\\-5&2&-1&2\\0&4&-7&6\end{vmatrix}=81,\quad D_2=\begin{vmatrix}2&8&-5&1\\1&9&0&-6\\0&-5&-1&2\\1&0&-7&6\end{vmatrix}=-108,$$

$$D_3=\begin{vmatrix}2&1&8&1\\1&-3&9&-6\\0&2&-5&2\\1&4&0&6\end{vmatrix}=-27,\quad D_4=\begin{vmatrix}2&1&-5&8\\1&-3&0&9\\0&2&-1&-5\\1&4&-7&0\end{vmatrix}=27.$$

所以, 根据克莱姆法则可得题设线性方程组的解:

$$x_1=\frac{D_1}{D}=\frac{81}{27}=3,\ x_2=\frac{D_2}{D}=\frac{-108}{27}=-4,\ x_3=\frac{D_3}{D}=\frac{-27}{27}=-1,\ x_4=\frac{D_4}{D}=\frac{27}{27}=1.$$

例 2 设曲线 $y=a_0+a_1x+a_2x^2+a_3x^3$ 通过四点 $(1, 3)$, $(2, 4)$, $(3, 3)$, $(4, -3)$, 求该曲线表达式中的系数 a_0, a_1, a_2, a_3.

解 将题设四个点的坐标代入题设曲线方程, 得线性方程组:

$$\begin{cases}a_0+a_1+a_2+a_3=3\\a_0+2a_1+4a_2+8a_3=4\\a_0+3a_1+9a_2+27a_3=3\\a_0+4a_1+16a_2+64a_3=-3\end{cases},$$

易见其系数行列式

$$D=\begin{vmatrix}1&1&1&1\\1&2&4&8\\1&3&9&27\\1&4&16&64\end{vmatrix}=\begin{vmatrix}1&1&1&1\\1&2&2^2&2^3\\1&3&3^2&3^3\\1&4&4^2&4^3\end{vmatrix}$$

是一个范德蒙行列式的转置, 按 §1.4 例 8 的结论, 可得

$$D=1\times2\times3\times1\times2\times1=12.$$

而利用行列式的性质与计算行列式的降阶法, 计算得

$$D_1=\begin{vmatrix}3&1&1&1\\4&2&4&8\\3&3&9&27\\-3&4&16&64\end{vmatrix}\xlongequal[c_1-3c_2]{\substack{c_4-c_3\\c_3-c_2}}\begin{vmatrix}0&1&0&0\\-2&2&2&4\\-6&3&6&18\\-15&4&12&48\end{vmatrix}$$

$$=(-1)^3\begin{vmatrix}-2&2&4\\-6&6&18\\-15&12&48\end{vmatrix}\xlongequal{c_1+c_2}-\begin{vmatrix}0&2&4\\0&6&18\\-3&12&48\end{vmatrix}=-(-3)\begin{vmatrix}2&4\\6&18\end{vmatrix}=36.$$

同理依次可得:

$$D_2=\begin{vmatrix}1&3&1&1\\1&4&4&8\\1&3&9&27\\1&-3&16&64\end{vmatrix}=-18,\ D_3=\begin{vmatrix}1&1&3&1\\1&2&4&8\\1&3&3&27\\1&4&-3&64\end{vmatrix}=24,\ D_4=\begin{vmatrix}1&1&1&3\\1&2&4&4\\1&3&9&3\\1&4&16&-3\end{vmatrix}=-6.$$

所以, 根据克莱姆法则可得所求系数:

$$a_0=3,\ a_1=-\frac{3}{2},\ a_2=2,\ a_3=-\frac{1}{2},$$

即曲线方程为 $y=3-\dfrac{3}{2}x+2x^2-\dfrac{1}{2}x^3$.

一般来说, 用克莱姆法则求线性方程组的解时, 计算量是比较大的. 对具体的数值线性方程组, 当未知数较多时往往可用计算机来求解. 目前用计算机解线性方程组已经有了一套成熟的方法.

克莱姆法则在一定条件下给出了线性方程组的存在性与唯一性, 与其在计算方面的作用相比, 克莱姆法则更具有重大的理论价值. 在判断线性方程组解的情况时, 根据四种命题及其关系, 克莱姆法则有以下几种常用表述.

定理 2 如果线性方程组 (5.1) 的系数行列式 $D\neq0$, 那么线性方程组 (5.1) 一定有解, 且解是唯一的.

在解题或证明中, 常用到定理 2 的逆否定理:

定理 2′ 如果线性方程组 (5.1) 无解或解不是唯一的, 那么它的系数行列式必为零.

对齐次线性方程组 (5.2), 易见 $x_1=x_2=\cdots=x_n=0$ 一定是该方程组的解, 称其为齐次线性方程组 (5.2) 的**零解**. 把定理 2 应用于齐次线性方程组 (5.2), 可得到如下结论.

定理 3 如果齐次线性方程组 (5.2) 的系数行列式 $D\neq0$, 那么齐次线性方程组 (5.2) 只有零解.

定理 3′ 如果齐次线性方程组 (5.2) 有非零解, 那么它的系数行列式 $D=0$.

注: 在第3章中还将进一步证明, 如果齐次线性方程组的系数行列式$D=0$, 则齐次线性方程组(5.2)有非零解.

例3 λ为何值时, 齐次线性方程组$\begin{cases}(1-\lambda)x_1-2x_2+4x_3=0\\2x_1+(3-\lambda)x_2+x_3=0\\x_1-x_2+(1-\lambda)x_3=0\end{cases}$有非零解?

解 由定理3′可知, 若所给齐次线性方程组有非零解, 则其系数行列式$D=0$. 而

$$D=\begin{vmatrix}1-\lambda & -2 & 4\\2 & 3-\lambda & 1\\1 & 1 & 1-\lambda\end{vmatrix}\xlongequal{c_2-c_1}\begin{vmatrix}1-\lambda & -3+\lambda & 4\\2 & 1-\lambda & 1\\1 & 0 & 1-\lambda\end{vmatrix}$$

$$=(1-\lambda)^3+(\lambda-3)-4(1-\lambda)-2(1-\lambda)(-3+\lambda)$$

$$=(1-\lambda)^3+2(1-\lambda)^2+\lambda-3=\lambda(\lambda-2)(3-\lambda),$$

令$D=0$, 解得当$\lambda=0$或$\lambda=2$或$\lambda=3$时, 齐次线性方程组有非零解.

习题 1-5

1. 用克莱姆法则解下列线性方程组:

(1) $\begin{cases}2x+5y=1\\3x+7y=2\end{cases}$; (2) $\begin{cases}3x_1-2x_2=5\\5x_1+7x_2=29\end{cases}$.

2. 已知$\begin{cases}x=3a-4b\\y=4a+3b\end{cases}$, 利用克莱姆法则, 用$x, y$表示$a, b$.

3. 用克莱姆法则解下列线性方程组:

(1) $\begin{cases}x+y-2z=-3\\5x-2y+7z=22\\2x-5y+4z=4\end{cases}$; (2) $\begin{cases}bx-ay+2ab=0\\-2cy+3bz-bc=0\\cx+az=0\end{cases}$, 其中$abc\neq0$.

4. 用克莱姆法则解下列线性方程组:

(1) $\begin{cases}2x_1+x_2-5x_3+x_4=8\\x_1-3x_2-6x_4=9\\2x_2-x_3+2x_4=-5\\x_1+4x_2-7x_3+6x_4=0\end{cases}$; (2) $\begin{cases}2x_1+3x_2+11x_3+5x_4=6\\x_1+x_2+5x_3+2x_4=2\\2x_1+x_2+3x_3+4x_4=2\\x_1+x_2+3x_3+4x_4=2\end{cases}$.

5. 变量x_1, x_2, x_3, x_4与变量y_1, y_2, y_3, y_4有下面的线性关系:

$$x_1=a_{11}y_1+a_{12}y_2+a_{13}y_3+a_{14}y_4,$$

$$x_2=a_{21}y_1+a_{22}y_2+a_{23}y_3+a_{24}y_4,$$

$$x_3 = a_{31}y_1 + a_{32}y_2 + a_{33}y_3 + a_{34}y_4,$$
$$x_4 = a_{41}y_1 + a_{42}y_2 + a_{43}y_3 + a_{44}y_4.$$

已知其系数行列式不等于 0，将 y_1, y_2, y_3, y_4 用 x_1, x_2, x_3, x_4 表示.

6. 判断齐次线性方程组 $\begin{cases} 2x_1 + 2x_2 - x_3 = 0 \\ x_1 - 2x_2 + 4x_3 = 0 \\ 5x_1 + 8x_2 - 2x_3 = 0 \end{cases}$ 是否仅有零解.

7. λ, μ 取何值时，齐次线性方程组 $\begin{cases} \lambda x_1 + x_2 + x_3 = 0 \\ x_1 + \mu x_2 + x_3 = 0 \\ x_1 + 2\mu x_2 + x_3 = 0 \end{cases}$ 有非零解?

8. 设 ΔABC 的三个角 $\angle A, \angle B, \angle C$ 的对边分别为 a, b, c，且满足方程组

$$\begin{cases} a = b\cdot\cos C + c\cdot\cos B, \\ b = c\cdot\cos A + a\cdot\cos C, \\ c = a\cdot\cos B + b\cdot\cos A. \end{cases}$$

试用克莱姆法则求出余弦定理的公式.

9. 一个糖果店提供三种尺寸的糖果小礼盒，包括巧克力、牛轧糖和软糖. 规格如下:

每个小型礼盒包含 1 块巧克力、3 块牛轧糖和 3 块软糖;

每个中型礼盒包含 2 块巧克力、4 块牛轧糖和 6 块软糖;

每个大型礼盒包含 4 块巧克力、8 块牛轧糖和 6 块软糖.

某日糖果店总共使用了 30 块巧克力、64 块牛轧糖和 54 块软糖来满足这三种礼盒的订单. 求当日全部订单中每种礼盒的数量.

10. 下表记录了 2021—2023 年某通信公司的用户数量 (单位: 百万):

年份	2021	2022	2023
用户数量	128.5	156.4	195.6

(1) 根据数据创建一个线性方程组用于拟合曲线 $y = at^2 + bt + c$，其中 y 是用户数量，t 是年份，$t = 1$ 对应于 2021 年;

(2) 使用克莱姆法则解 (1) 中创建的线性方程组.

11. 大学生在饮食方面存在很多问题，多数大学生不重视吃早餐，日常饮食也没有规律. 为了身体的健康需制定营养改善计划，大学生每天的配餐中需要摄入一定量的蛋白质、脂肪和碳水化合物，下表给出了这三种食物提供的营养以及大学生正常所需的营养量 (它们的质量以适当的单位计量):

营养	单位食物所含的营养量			所需营养量
	食物一	食物二	食物三	
蛋白质	36	51	13	33
脂肪	0	7	1.1	3
碳水化合物	52	34	74	45

试根据这个问题建立一个线性方程组，并通过求解方程组来确定每天需要摄入的上述三种食物的量.

总习题一

1. 用行列式的定义计算

$$D=\begin{vmatrix} 0 & 0 & \cdots & 0 & 1 & 0 \\ 0 & 0 & \cdots & 2 & 0 & 0 \\ \vdots & \vdots & & \vdots & \vdots & \vdots \\ 2\,015 & 0 & \cdots & 0 & 0 & 0 \\ 0 & 0 & \cdots & 0 & 0 & 2\,016 \end{vmatrix}.$$

2. 计算下列行列式:

(1) $D_5=\begin{vmatrix} 2 & 1 & 0 & 0 & 0 \\ 1 & 2 & 1 & 0 & 0 \\ 0 & 1 & 2 & 1 & 0 \\ 0 & 0 & 1 & 2 & 1 \\ 0 & 0 & 0 & 1 & 2 \end{vmatrix}$;

(2) $D=\begin{vmatrix} 0 & 4 & 5 & -1 & 2 \\ -5 & 0 & 2 & 0 & 1 \\ 7 & 2 & 0 & 3 & -4 \\ -3 & 1 & -1 & -5 & 0 \\ 2 & -3 & 0 & 1 & 3 \end{vmatrix}$;

(3) $D_n=\begin{vmatrix} 2 & 1 & 1 & \cdots & 1 \\ 1 & 2 & 1 & \cdots & 1 \\ 1 & 1 & 2 & \cdots & 1 \\ \vdots & \vdots & \vdots & & \vdots \\ 1 & 1 & 1 & \cdots & 2 \end{vmatrix}$;

(4) $D_{n+1}=\begin{vmatrix} x & a_1 & a_2 & a_3 & \cdots & a_n \\ a_1 & x & a_2 & a_3 & \cdots & a_n \\ a_1 & a_2 & x & a_3 & \cdots & a_n \\ \vdots & \vdots & \vdots & \vdots & & \vdots \\ a_1 & a_2 & a_3 & a_4 & \cdots & x \end{vmatrix}$.

3. 利用行列式的性质证明:

$$\begin{vmatrix} a^2 & (a+1)^2 & (a+2)^2 & (a+3)^2 \\ b^2 & (b+1)^2 & (b+2)^2 & (b+3)^2 \\ c^2 & (c+1)^2 & (c+2)^2 & (c+3)^2 \\ d^2 & (d+1)^2 & (d+2)^2 & (d+3)^2 \end{vmatrix}=0.$$

4. 设 $a_1a_2a_3a_4=1$, 计算行列式:

$$D=\begin{vmatrix} a_1^2+\dfrac{1}{a_1^2} & a_1 & \dfrac{1}{a_1} & 1 \\ a_2^2+\dfrac{1}{a_2^2} & a_2 & \dfrac{1}{a_2} & 1 \\ a_3^2+\dfrac{1}{a_3^2} & a_3 & \dfrac{1}{a_3} & 1 \\ a_4^2+\dfrac{1}{a_4^2} & a_4 & \dfrac{1}{a_4} & 1 \end{vmatrix}.$$

5. 已知整数 2 128, 2 394, 4 997, 8 588 都能被 19 整除, 不计算行列式的值, 试证

$$D=\begin{vmatrix} 2 & 1 & 2 & 8 \\ 2 & 3 & 9 & 4 \\ 4 & 9 & 9 & 7 \\ 8 & 5 & 8 & 8 \end{vmatrix}$$

能被 19 整除.

6. 设行列式

$$D_1=\begin{vmatrix} a_{11} & a_{12} & \cdots & a_{1n} \\ a_{21} & a_{22} & \cdots & a_{2n} \\ \vdots & \vdots & & \vdots \\ a_{n1} & a_{n2} & \cdots & a_{nn} \end{vmatrix},\ D_2=\begin{vmatrix} a_{11} & a_{12}b^{-1} & \cdots & a_{1n}b^{1-n} \\ a_{21}b & a_{22} & \cdots & a_{2n}b^{2-n} \\ \vdots & \vdots & & \vdots \\ a_{n1} & a_{n2} & \cdots & a_{nn} \end{vmatrix},$$

证明: $D_1=D_2$.

7. 设四阶行列式 $D=\begin{vmatrix} -1 & 0 & x & 1 \\ 1 & 1 & -1 & -1 \\ 1 & -1 & 1 & -1 \\ 1 & -1 & -1 & 1 \end{vmatrix}$, 试求 D 中 x 的系数.

8. 计算行列式 $D=\begin{vmatrix} 103 & 100 & 204 \\ 199 & 200 & 395 \\ 301 & 300 & 600 \end{vmatrix}$.

9. 计算下列行列式:

(1) $\begin{vmatrix} a & b & c & d \\ b & a & d & c \\ c & d & a & b \\ d & c & b & a \end{vmatrix}$;　　(2) $\begin{vmatrix} a_1 & 0 & 0 & b_1 \\ 0 & a_2 & b_2 & 0 \\ 0 & b_3 & a_3 & 0 \\ b_4 & 0 & 0 & a_4 \end{vmatrix}$;

(3) $\begin{vmatrix} 0 & 0 & \cdots & 0 & \alpha & \beta \\ 0 & 0 & \cdots & \alpha & \beta & 0 \\ \vdots & \vdots & & \vdots & \vdots & \vdots \\ \alpha & \beta & \cdots & 0 & 0 & 0 \\ \beta & 0 & \cdots & 0 & 0 & \alpha \end{vmatrix}$;　　(4) $\begin{vmatrix} 1 & 1 & 3 & 4 \\ 1 & 10-x^2 & 3 & 4 \\ 5 & 6 & 7 & 2 \\ 5 & 6 & 7 & 6-x^2 \end{vmatrix}$;

(5) $\begin{vmatrix} a^2+x & ab & ac & ad \\ ab & b^2+x & bc & bd \\ ac & bc & c^2+x & cd \\ ad & bd & cd & d^2+x \end{vmatrix}$.

10. 计算下列行列式：

(1) $\begin{vmatrix} 1 & 2 & 3 & \cdots & n \\ 2 & 3 & 4 & \cdots & 1 \\ 3 & 4 & 5 & \cdots & 2 \\ \vdots & \vdots & \vdots & & \vdots \\ n & 1 & 2 & \cdots & n-1 \end{vmatrix}$; (2) $\begin{vmatrix} x-2 & x-1 & x-2 & x-3 \\ 2x-2 & 2x-1 & 2x-2 & 2x-3 \\ 3x-3 & 3x-2 & 4x-5 & 3x-5 \\ 4x & 4x-3 & 5x-7 & 4x-3 \end{vmatrix}$;

(3) $\begin{vmatrix} 0 & 1 & 1 & \cdots & 1 \\ 1 & 2 & 0 & \cdots & 0 \\ 1 & 0 & 3 & \cdots & 0 \\ \vdots & \vdots & \vdots & & \vdots \\ 1 & 0 & 0 & \cdots & n \end{vmatrix}$; (4) $\begin{vmatrix} a_0 & b_1 & b_2 & \cdots & b_{n-1} & b_n \\ c_1 & a_1 & 0 & \cdots & 0 & 0 \\ c_2 & 0 & a_2 & \cdots & 0 & 0 \\ \vdots & \vdots & \vdots & & \vdots & \vdots \\ c_n & 0 & 0 & \cdots & 0 & a_n \end{vmatrix}$ $(a_i \neq 0)$.

11. 计算下列行列式：

(1) $D_n = \begin{vmatrix} 5 & 3 & 0 & \cdots & 0 & 0 \\ 2 & 5 & 3 & \cdots & 0 & 0 \\ 0 & 2 & 5 & \cdots & 0 & 0 \\ \vdots & \vdots & \vdots & & \vdots & \vdots \\ 0 & 0 & 0 & \cdots & 5 & 3 \\ 0 & 0 & 0 & \cdots & 2 & 5 \end{vmatrix}$; (2) $D_n = \begin{vmatrix} \cos\alpha & 1 & 0 & \cdots & 0 & 0 \\ 1 & 2\cos\alpha & 1 & \cdots & 0 & 0 \\ 0 & 1 & 2\cos\alpha & \cdots & 0 & 0 \\ \vdots & \vdots & \vdots & & \vdots & \vdots \\ 0 & 0 & 0 & \cdots & 2\cos\alpha & 1 \\ 0 & 0 & 0 & \cdots & 1 & 2\cos\alpha \end{vmatrix}$;

(3) $D_n = \begin{vmatrix} x & -1 & 0 & \cdots & 0 & 0 \\ 0 & x & -1 & \cdots & 0 & 0 \\ \vdots & \vdots & \vdots & & \vdots & \vdots \\ 0 & 0 & 0 & \cdots & x & -1 \\ a_n & a_{n-1} & a_{n-2} & \cdots & a_2 & a_1 \end{vmatrix}$; (4) $D_n = \begin{vmatrix} x & -1 & 0 & \cdots & 0 & 0 \\ 0 & x & -1 & \cdots & 0 & 0 \\ \vdots & \vdots & \vdots & & \vdots & \vdots \\ 0 & 0 & 0 & \cdots & x & -1 \\ a_n & a_{n-1} & a_{n-2} & \cdots & a_2 & a_1+x \end{vmatrix}$.

12. 试证: $\begin{vmatrix} 1 & 1 & 1 \\ x_1^2 & x_2^2 & x_3^2 \\ x_1^3 & x_2^3 & x_3^3 \end{vmatrix} = (x_1x_2 + x_2x_3 + x_3x_1) \prod\limits_{1 \leqslant j < i \leqslant 3} (x_i - x_j)$.

13. 设 $a_1a_2a_3\cdots a_n \neq 0$, 试证:

$$\begin{vmatrix} 1+a_1 & 1 & 1 & \cdots & 1 & 1 \\ 1 & 1+a_2 & 1 & \cdots & 1 & 1 \\ 1 & 1 & 1+a_3 & \cdots & 1 & 1 \\ \vdots & \vdots & \vdots & & \vdots & \vdots \\ 1 & 1 & 1 & \cdots & 1 & 1+a_n \end{vmatrix} = a_1a_2\cdots a_n\left(1+\sum_{i=1}^{n}\frac{1}{a_i}\right).$$

14. 计算 $n+1$ 阶行列式

$$\begin{vmatrix} a_1^n & a_1^{n-1}b_1 & \cdots & a_1b_1^{n-1} & b_1^n \\ a_2^n & a_2^{n-1}b_2 & \cdots & a_2b_2^{n-1} & b_2^n \\ \vdots & \vdots & & \vdots & \vdots \\ a_{n+1}^n & a_{n+1}^{n-1}b_{n+1} & \cdots & a_{n+1}b_{n+1}^{n-1} & b_{n+1}^n \end{vmatrix},$$

其中 $a_i \neq 0\ (i=1, 2, \cdots, n+1)$.

15. 已知四阶行列式

$$|a_{ij}|_{4\times 4} = \begin{vmatrix} 3 & 6 & 9 & 12 \\ 2 & 4 & 6 & 8 \\ 1 & 2 & 0 & 3 \\ 5 & 6 & 4 & 3 \end{vmatrix},$$

求 $A_{41}+2A_{42}+3A_{44}$, 其中 A_{4j} 为元素 $a_{4j}\ (j=1, 2, 4)$ 的代数余子式.

16. 已知四阶行列式

$$D_4 = \begin{vmatrix} 1 & 2 & 3 & 4 \\ 3 & 3 & 4 & 4 \\ 1 & 5 & 6 & 7 \\ 1 & 1 & 2 & 2 \end{vmatrix} = -6,$$

求 $A_{41}+A_{42}$, $A_{43}+A_{44}$, 其中 $A_{4j}\ (j=1, 2, 3, 4)$ 是 D_4 中第 4 行第 j 个元素的代数余子式.

17. 已知四阶行列式

$$D = \begin{vmatrix} a_1 & a_2 & a_3 & f \\ b_1 & b_2 & b_3 & f \\ c_1 & c_2 & c_3 & f \\ d_1 & d_2 & d_3 & f \end{vmatrix},$$

求第 1 列各元素的代数余子式之和 $A_{11}+A_{21}+A_{31}+A_{41}$.

18. 已知 n 阶行列式

$$D=\begin{vmatrix}1 & 3 & 5 & \cdots & 2n-1\\ 1 & 2 & 0 & \cdots & 0\\ 1 & 0 & 3 & \cdots & 0\\ \vdots & \vdots & \vdots & & \vdots\\ 1 & 0 & 0 & \cdots & n\end{vmatrix},$$

求其代数余子式$A_{11}+A_{12}+\cdots+A_{1n}$之和.

19. 用克莱姆法则解下列线性方程组:

(1) $\begin{cases}x_1+x_2+x_3+x_4=0\\ x_2+x_3+x_4+x_5=0\\ x_1+2x_2+3x_3=2\\ x_2+2x_3+3x_4=-2\\ x_3+2x_4+3x_5=2\end{cases}$;　　(2) $\begin{cases}5x_1+6x_2=1\\ x_1+5x_2+6x_3=0\\ x_2+5x_3+6x_4=0\\ x_3+5x_4+6x_5=0\\ x_4+5x_5=1\end{cases}$.

20. 解下列线性方程组

$$\begin{cases}x_1+a_1x_2+a_1^2x_3+\cdots+a_1^{n-1}x_n=1\\ x_1+a_2x_2+a_2^2x_3+\cdots+a_2^{n-1}x_n=1\\ \quad\cdots\cdots\\ x_1+a_nx_2+a_n^2x_3+\cdots+a_n^{n-1}x_n=1\end{cases},$$

其中, $a_i\neq a_j$ $(i\neq j,\ i,j=1,2,\cdots,n)$.

21. 设 $f(x)=\begin{vmatrix}1 & 1 & 1 & \cdots & 1 & 1\\ 1 & 2 & 3 & \cdots & n & x\\ 1 & 4 & 9 & \cdots & n^2 & x^2\\ \vdots & \vdots & \vdots & & \vdots & \vdots\\ 1 & 2^n & 3^n & \cdots & n^n & x^n\end{vmatrix}$, 求导函数$f'(x)$的零点个数及所在区间.

22. 证明平面上三条不同的直线

$$ax+by+c=0,\ bx+cy+a=0,\ cx+ay+b=0$$

相交于一点的充分必要条件是$a+b+c=0$.

23. 设$f(x)=c_0+c_1x+c_2x^2+\cdots+c_nx^n$, 试用克莱姆法则证明: 若$f(x)$有$n+1$个互不相同的根, 则$f(x)$是零多项式.

24. 某足球邀请赛有A, B, C共三个城市参加, 每市派甲、乙两队参赛. 根据比赛规则. 每两个队之间至多比赛一场, 并且同一城市的两个队之间不进行比赛, 比赛若干天后进行统计, 发现除A市的甲队外, 其他各队已比赛过的场次各不相同. 问此时A市乙队已赛过多少场?

25. 根据国家统计局的数据: 2010年中国人口约为13.41亿, 2020年中国人口约为14.11亿. 许多预测显示, 中国人口将在2030年达到峰值, 约为14.2亿, 然后开始缓慢下降.

(1) 创建一个线性方程组以拟合曲线$y=at^2+bt+c$, 其中t是年份, $t=1$对应2010年, y是人口(亿);

(2) 用克莱姆法则求解这个方程组;

(3) 研究拟合曲线, 预测何时人口开始下降.

第2章　矩　阵

矩阵的概念源于对线性方程组的研究. 18世纪, 为解决多个变量的线性方程组问题, 数学家提出了一种将系数以规则排列的二维数组形式表示的工具, 这便是矩阵的雏形. 19世纪, 英国数学家凯莱 (Arthur Cayley) 首次系统研究了矩阵及其性质, 并提出了矩阵乘法和逆矩阵等重要概念, 为矩阵理论奠定了基础. 随着线性代数的发展, 矩阵逐渐演变为研究向量空间及其变换的核心工具.

矩阵的广泛应用极大地推动了现代科学技术的发展. 在物理学中, 矩阵被用来描述物体运动的线性关系、电场和磁场的分布, 以及量子力学中的态和算符的表示. 在计算机科学中, 矩阵被用于图像处理、机器学习、深度学习和计算机视觉, 例如, 用矩阵表示像素数据以进行图像压缩或分类等. 在大数据分析中, 矩阵帮助高效地处理和分析多维数据, 提取出有价值的模式和信息. 在工程领域, 矩阵在电路分析、结构力学和控制系统中有着重要作用, 能够通过矩阵方法求解复杂的工程问题. 此外, 在经济学和社会科学中, 矩阵模型被用来分析和预测经济系统的行为, 例如投入产出分析和人口迁移模型等. 总之, 矩阵作为一种统一表达和操作多维数据的数学工具, 不仅简化了复杂问题的处理过程, 还为跨学科研究提供了强大的理论支持和计算手段.

矩阵是研究线性变换、向量的线性相关性及线性方程组的解法等的有力且不可替代的工具, 在线性代数中具有重要地位. 本章中我们首先引入矩阵的概念, 然后深入讨论矩阵的运算、矩阵的变换以及矩阵的某些内在特征.

§2.1　矩阵的概念

本节中的几个例子展示了如何将某个数学问题或实际应用问题与一张数表——矩阵联系起来, 这实际上是对一个数学问题或实际应用问题进行数学建模的第一步.

一、引例

引例 1　线性方程组

$$\begin{cases} a_{11}x_1+a_{12}x_2+\cdots+a_{1n}x_n=b_1 \\ a_{21}x_1+a_{22}x_2+\cdots+a_{2n}x_n=b_2 \\ \quad\cdots\cdots \\ a_{n1}x_1+a_{n2}x_2+\cdots+a_{nn}x_n=b_n \end{cases}$$

的系数 a_{ij} $(i, j=1, 2, \cdots, n)$, b_i $(i=1, 2, \cdots, n)$ 按原位置构成如下数表:

$$\begin{pmatrix} a_{11} & a_{12} & \cdots & a_{1n} & b_1 \\ a_{21} & a_{22} & \cdots & a_{2n} & b_2 \\ \vdots & \vdots & & \vdots & \vdots \\ a_{n1} & a_{n2} & \cdots & a_{nn} & b_n \end{pmatrix}.$$

根据克莱姆法则, 该数表决定着上述方程组是否有解, 以及如果有解, 解是什么等问题. 因此, 研究这个数表就很有必要.

引例 2 某航空公司在 A, B, C, D 四城市之间开辟了若干航线, 图 2-1-1 表示四城市间的航班情况, 若从 A 到 B 有航班, 则用带箭头的线连接 A 与 B.

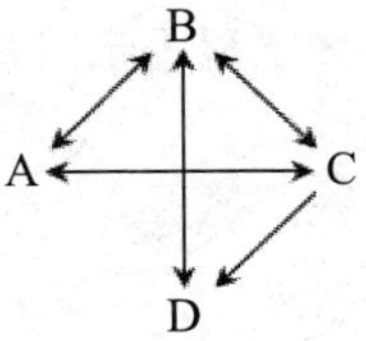

图 2-1-1

用表格表示如下:

列标表示到站

行标表示发站	A	B	C	D
A		√	√	
B	√		√	√
C	√	√		√
D		√		

⟷

0	1	1	0
1	0	1	1
1	1	0	1
0	1	0	0

其中√表示有航班.

为便于研究, 记表中√为1, 空白处为0, 则得到一个数表. 该数表反映了四城市间的航班往来情况.

引例 3 某企业生产四种产品, 各种产品的季度产值 (单位: 万元) 见下表:

季度	产品			
	A	B	C	D
1	80	75	75	78
2	98	70	85	84
3	90	75	90	90
4	88	70	82	80

数表 $\begin{pmatrix} 80 & 75 & 75 & 78 \\ 98 & 70 & 85 & 84 \\ 90 & 75 & 90 & 90 \\ 88 & 70 & 82 & 80 \end{pmatrix}$ 具体描述了这家企业各种产品各季度的产值, 同时也揭示了产值随季度变化的规律、季增长率和年产量等情况.

二、矩阵的有关概念

定义 1　由 $m\times n$ 个数 $a_{ij}\ (i=1, 2, \cdots, m; j=1, 2, \cdots, n)$ 排列成的 m 行 n 列的数表

$$\begin{matrix} a_{11} & a_{12} & \cdots & a_{1n} \\ a_{21} & a_{22} & \cdots & a_{2n} \\ \vdots & \vdots & & \vdots \\ a_{m1} & a_{m2} & \cdots & a_{mn} \end{matrix}$$

称为 **m 行 n 列矩阵**, 简称 **$m\times n$ 矩阵**. 为表示它是一个整体, 总是加一个括弧, 并用大写黑体字母表示, 记为

$$\boldsymbol{A}=\begin{pmatrix} a_{11} & a_{12} & \cdots & a_{1n} \\ a_{21} & a_{22} & \cdots & a_{2n} \\ \vdots & \vdots & & \vdots \\ a_{m1} & a_{m2} & \cdots & a_{mn} \end{pmatrix}. \tag{1.1}$$

这 $m\times n$ 个数称为矩阵 $\boldsymbol{A}$ 的**元素**, a_{ij} 称为矩阵 $\boldsymbol{A}$ 的**第 i 行第 j 列元素**. $m\times n$ 矩阵 $\boldsymbol{A}$ 也可简记为 $\boldsymbol{A}=\boldsymbol{A}_{m\times n}=(a_{ij})_{m\times n}$ 或 $\boldsymbol{A}=(a_{ij})$.

元素是实数的矩阵称为**实矩阵**, 而元素是复数的矩阵称为**复矩阵**, 本书中的矩阵都是指实矩阵 (除非有特殊说明).

所有元素均为零的矩阵称为**零矩阵**, 记为 $\boldsymbol{O}$.

所有元素均为非负数的矩阵称为**非负矩阵**.

如果矩阵 $\boldsymbol{A}=(a_{ij})$ 的行数与列数都等于 n, 那么称 $\boldsymbol{A}$ 为 **n 阶方阵**, 记为 $\boldsymbol{A}_n$.

注: 本书后面的“n 阶矩阵”即指“n 阶方阵”.

如果两个矩阵具有相同的行数与相同的列数, 则称这两个矩阵为**同型矩阵**.

定义 2　如果 $\boldsymbol{A}, \boldsymbol{B}$ 为同型矩阵, 且对应元素均相等, 则称矩阵 $\boldsymbol{A}$ 与矩阵 $\boldsymbol{B}$ **相等**, 记为

$$\boldsymbol{A}=\boldsymbol{B}.$$

即若矩阵 $\boldsymbol{A}=(a_{ij})$, $\boldsymbol{B}=(b_{ij})$, 且

$$a_{ij}=b_{ij}\ (i=1, 2, \cdots, m; j=1, 2, \cdots, n),$$

则 $\boldsymbol{A}=\boldsymbol{B}$.

例 1　设 $\boldsymbol{A}=\begin{pmatrix} 1 & 2-x & 3 \\ 2 & 6 & 5z \end{pmatrix}$, $\boldsymbol{B}=\begin{pmatrix} 1 & x & 3 \\ y & 6 & z-8 \end{pmatrix}$, 已知 $\boldsymbol{A}=\boldsymbol{B}$, 求 x, y, z.

解　根据定义2, 两矩阵相等, 即其对应元素都相等, 因此

$$2-x=x,\ 2=y,\ 5z=z-8,$$

从上解得: $x=1,\ y=2,\ z=-2$.

三、矩阵概念的应用

矩阵概念的应用十分广泛, 这里, 我们先展示矩阵的概念在解决逻辑判断问题中的一个应用. 某些逻辑判断问题的条件往往有很多, 看上去错综复杂, 但如果我们能恰当地设计一些矩阵, 则有助于我们把所给条件的头绪厘清, 在此基础上再进行推理, 能达到简化问题的目的.

例 2 甲、乙、丙、丁、戊五人各从图书馆借来一本小说, 他们约定读完后互相交换, 这五本书的厚度以及他们五人的阅读速度差不多, 因此, 五人总是同时交换书, 经四次交换后, 他们五人读完了这五本书, 现已知:

(1) 甲最后读的书是乙读的第二本书;

(2) 丙最后读的书是乙读的第四本书;

(3) 丙读的第二本书甲在一开始就读了;

(4) 丁最后读的书是丙读的第三本书;

(5) 乙读的第四本书是戊读的第三本书;

(6) 丁第三次读的书是丙一开始读的那本书.

试根据以上情况说出丁读的第二本书是谁最先读的书.

解 设甲、乙、丙、丁、戊最后读的书的代号依次为 A, B, C, D, E, 则由题设条件可列出下列初始矩阵:

$$\begin{array}{c} \\ 1 \\ 2 \\ 3 \\ 4 \\ 5 \end{array}\begin{array}{c} \begin{array}{ccccc} \text{甲} & \text{乙} & \text{丙} & \text{丁} & \text{戊} \end{array} \\ \begin{pmatrix} x & & y & & \\ & A & x & & \\ & & D & y & C \\ & C & & & \\ A & B & C & D & E \end{pmatrix} \end{array}.$$

上述矩阵中的变量 x, y 表示尚未确定的书名代号. 同一字母代表同一本书.

由题意知, 经五次阅读后乙将五本书全都阅读了, 则从上述矩阵可以看出, 乙读的第三本书不可能是 A, B 或 C. 另外由于丙读的第三本书是 D, 所以, 乙读的第三本书也不可能是 D, 因此, 乙读的第三本书是 E, 从而乙读的第一本书是 D. 同理可推出甲读的第三本书是 B. 因此上述矩阵中的 y 为 A, x 为 E. 由此可确定个人的阅读顺序, 如下述矩阵所示:

$$\begin{array}{c} \\ 1 \\ 2 \\ 3 \\ 4 \\ 5 \end{array}\begin{array}{c} \begin{array}{ccccc} \text{甲} & \text{乙} & \text{丙} & \text{丁} & \text{戊} \end{array} \\ \begin{pmatrix} E & D & A & C & B \\ C & A & E & B & D \\ B & E & D & A & C \\ D & C & B & E & A \\ A & B & C & D & E \end{pmatrix} \end{array}.$$

由此矩阵知, 丁读的第二本书是戊一开始读的那本书.

例 3 设A, B, C三人进行某项体育比赛(不取并列名次), 已知

(1) A是第2名或第3名; (2) B是第1名或第3名; (3) C的名次在B之前.

问A, B, C三人的名次到底如何?

解 依题意, 以三人 A, B, C 作行, 名次1, 2, 3 作列, 利用矩阵的概念, 设

$$\boldsymbol{M}=(a_{ij})_{3\times 3}=\begin{array}{c} \begin{matrix} 1 & 2 & 3 \end{matrix} \\ \begin{pmatrix} a_{11} & a_{12} & a_{13} \\ a_{21} & a_{22} & a_{23} \\ a_{31} & a_{32} & a_{33} \end{pmatrix} \end{array} \begin{matrix} \text{A} \\ \text{B} \\ \text{C} \end{matrix}$$

其中矩阵的元素 $a_{ij}=1$ 或0.

由条件(1)知, 可令 $a_{12}=1$ 或 $a_{13}=1$, 且 $a_{11}=0$.

由条件(2)知, 可令 $a_{21}=1$ 或 $a_{23}=1$, 且 $a_{22}=0$.

由条件(3)知, $a_{21}\neq 1$, 即 $a_{21}=0,\ a_{31}=1$.

依次对矩阵添1补0得到最终矩阵的过程为

$$\boldsymbol{M}=\begin{pmatrix} 0 & a_{12} & a_{13} \\ 0 & 0 & a_{23} \\ 1 & a_{32} & a_{33} \end{pmatrix}=\begin{pmatrix} 0 & 1 & a_{13} \\ 0 & 0 & 1 \\ 1 & a_{32} & a_{33} \end{pmatrix}=\begin{pmatrix} 0 & 1 & 0 \\ 0 & 0 & 1 \\ 1 & 0 & 0 \end{pmatrix}.$$

从上可见, A是第2名, B是第3名, C是第1名.

四、几种特殊的矩阵

(1) 只有一行的矩阵 $\boldsymbol{A}=(a_1\ \ a_2\ \ \cdots\ \ a_n)$ 称为**行矩阵**或**行向量**. 为避免元素混淆, 行矩阵也记作 $\boldsymbol{A}=(a_1,\ a_2,\ \cdots,\ a_n)$.

(2) 只有一列的矩阵 $\boldsymbol{B}=\begin{pmatrix} b_1 \\ b_2 \\ \vdots \\ b_n \end{pmatrix}$ 称为**列矩阵**或**列向量**.

行矩阵与列矩阵是矩阵的特殊形式. 行矩阵常用于表示多变量数据的单个观测值, 列矩阵则常用于描述向量或系统状态. 行(列)矩阵在线性代数中常用于矩阵的分解、转置及向量空间研究. 在数据分析与机器学习中, 行矩阵用于表示特征向量, 列矩阵用于表示目标变量或特定的方向向量, 广泛应用于建模、计算和优化问题.

(3) n 阶方阵 $\begin{pmatrix} \lambda_1 & 0 & \cdots & 0 \\ 0 & \lambda_2 & \cdots & 0 \\ \vdots & \vdots & & \vdots \\ 0 & 0 & \cdots & \lambda_n \end{pmatrix}$ 称为 ***n*** **阶对角矩阵**, 也记为 $\boldsymbol{A}=\mathrm{diag}(\lambda_1,\lambda_2,\cdots,\lambda_n)$.

对角矩阵也是方阵的一种特殊形式, 其中仅主对角线元素可能非零, 其余非主对角线元素全为零. 对角矩阵运算简单 (只需操作主对角线元素), 因其计算的便捷性以及在众多领域中的广泛应用, 已成为数学与工程领域中的重要工具.

(4) n阶方阵 $\begin{pmatrix} 1 & 0 & \cdots & 0 \\ 0 & 1 & \cdots & 0 \\ \vdots & \vdots & & \vdots \\ 0 & 0 & \cdots & 1 \end{pmatrix}$ 称为 **n 阶单位矩阵**, 也记为 $\boldsymbol{E}=\boldsymbol{E}_n$ (或 $\boldsymbol{I}=\boldsymbol{I}_n$).

由上可见, 单位矩阵的主对角线元素全为1, 它是矩阵乘法的单位元; 任何矩阵与同阶的单位矩阵相乘结果不变. 单位矩阵广泛应用于线性代数、计算机图形学和工程计算, 特别是在后续描述线性变换的恒等操作、求解矩阵方程和计算逆矩阵时具有重要意义.

(5) 当一个 n 阶对角矩阵 $\boldsymbol{A}$ 的对角线元素全部等于数 a 时, 称 $\boldsymbol{A}$ 为 **n 阶数量矩阵**, 即

$$\boldsymbol{A}=\begin{pmatrix} a & 0 & \cdots & 0 \\ 0 & a & \cdots & 0 \\ \vdots & \vdots & & \vdots \\ 0 & 0 & \cdots & a \end{pmatrix}.$$

数量矩阵是单位矩阵的扩展形式, 单位矩阵是数量矩阵当 $a=1$ 时的特例. 数量矩阵的意义在于它能够将数量乘法扩展为矩阵运算, 它在矩阵运算中类似于数与单位矩阵的结合, 是数量与矩阵关系的桥梁.

此外, 上 (下) 三角形矩阵的定义与上 (下) 三角形行列式的定义类似.

(6) **邻接矩阵** (adjacency matrix) 是图论中表示图结构的一种常用形式. 其本质是通过一个二维矩阵来描述图中顶点之间的连接关系. 它广泛应用于图的表示和存储、路径与连通性分析、图算法的实现、图形的特征分析以及社会网络、交通网络、通信网络等.

一般地, 对一个具有 n 个顶点的平面图, 其邻接矩阵 $\boldsymbol{A}$ 是一个 n 阶矩阵, 其中:

对**无向图**: 如果顶点 v_i 和 v_j 之间有边相连, 则 $a_{ij}=1$; 否则 $a_{ij}=0$. 由于无向图的边没有方向性, 故其邻接矩阵的所有元素关于主对角线对称, 即 $a_{ij}=a_{ji}$.

对**有向图**: 如果存在从顶点 v_i 指向顶点 v_j 的有向边, 则 $a_{ij}=1$; 否则 $a_{ij}=0$. 故有向图的邻接矩阵的元素关于主对角线一般不对称.

对**加权图**: 邻接矩阵中的元素表示权重. 如果两顶点之间没有边相连, 可以用 0 或者无穷大(取决于具体应用)表示.

例 4 试确定下列图形的邻接矩阵.

(1) 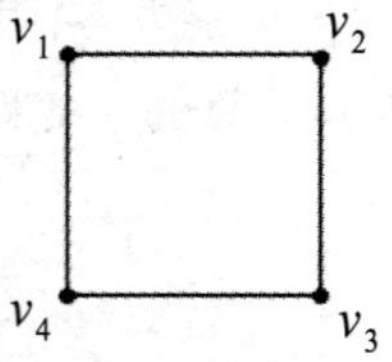

(2) 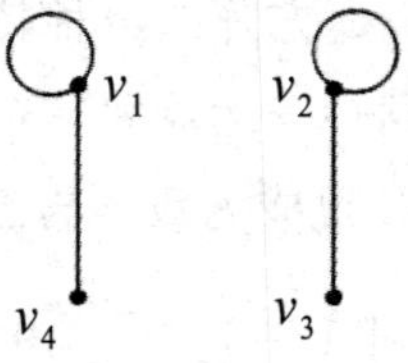

(3) 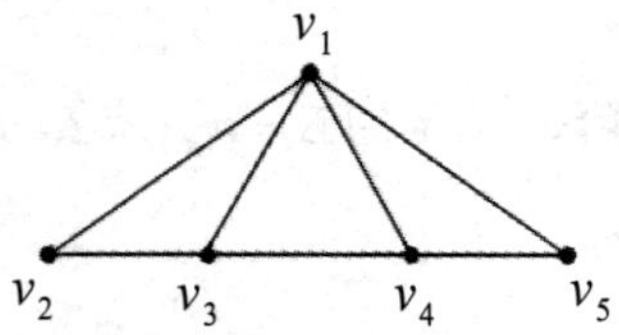

(4) 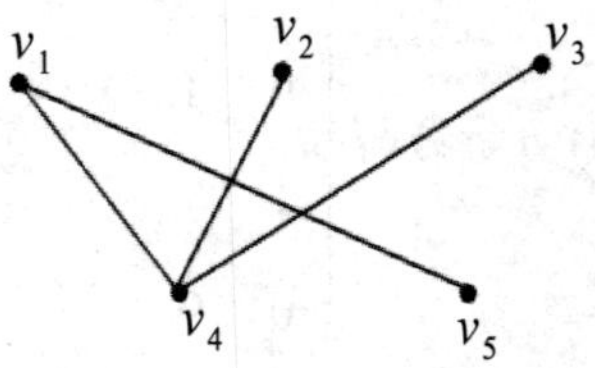

解　(1) 该图的四个顶点分别为 v_1, v_2, v_3, v_4. 无向边为

$$v_1 \leftrightarrow v_2, v_2 \leftrightarrow v_3, v_3 \leftrightarrow v_4, v_4 \leftrightarrow v_1 .$$

所以, 该图的邻接矩阵

$$\boldsymbol{A}=\begin{pmatrix} 0 & 1 & 0 & 1 \\ 1 & 0 & 1 & 0 \\ 0 & 1 & 0 & 1 \\ 1 & 0 & 1 & 0 \end{pmatrix}.$$

(2) 该图的四个顶点分别为 v_1, v_2, v_3, v_4. 无向边和自环为

$$v_1 \leftrightarrow v_1, v_1 \leftrightarrow v_4, v_2 \leftrightarrow v_2, v_2 \leftrightarrow v_3 .$$

所以, 该图的邻接矩阵

$$\boldsymbol{A}=\begin{pmatrix} 1 & 0 & 0 & 1 \\ 0 & 1 & 1 & 0 \\ 0 & 1 & 0 & 0 \\ 1 & 0 & 0 & 0 \end{pmatrix}.$$

(3) 该图的五个顶点分别为 v_1, v_2, v_3, v_4, v_5. 无向边为

$$v_1 \leftrightarrow v_2, v_1 \leftrightarrow v_3, v_1 \leftrightarrow v_4, v_1 \leftrightarrow v_5, v_2 \leftrightarrow v_3, v_3 \leftrightarrow v_4, v_4 \leftrightarrow v_5 .$$

所以, 该图的邻接矩阵

$$\boldsymbol{A}=\begin{pmatrix} 0 & 1 & 1 & 1 & 1 \\ 1 & 0 & 1 & 0 & 0 \\ 1 & 1 & 0 & 1 & 0 \\ 1 & 0 & 1 & 0 & 1 \\ 1 & 0 & 0 & 1 & 0 \end{pmatrix}.$$

(4) 该图的五个顶点分别为 v_1, v_2, v_3, v_4, v_5. 无向边为

$$v_1 \leftrightarrow v_4, v_1 \leftrightarrow v_5, v_2 \leftrightarrow v_4, v_3 \leftrightarrow v_4 .$$

所以, 该图的邻接矩阵

$$\boldsymbol{A}=\begin{pmatrix} 0 & 0 & 0 & 1 & 1 \\ 0 & 0 & 0 & 1 & 0 \\ 0 & 0 & 0 & 1 & 0 \\ 1 & 1 & 1 & 0 & 0 \\ 1 & 0 & 0 & 0 & 0 \end{pmatrix}.$$

习题 2-1

1. 二人零和对策问题. 两儿童玩石头—剪刀—布的游戏, 每人的出法只能在{石头, 剪刀, 布}中选择一种, 当他们各选定一个出法 (亦称策略) 时, 就确定了一个"局势", 也就决定了各自的输赢. 若规定胜者得1分, 负者得 − 1分, 平手各得零分, 则对于各自可能的局势 (每一局势得分之和为零, 即零和), 试用矩阵表示他们的输赢状况.

2. 有6名选手参加乒乓球比赛, 成绩如下: 选手1胜选手2, 4, 5, 6, 负于选手3; 选手2胜选手4, 5, 6, 负于选手1, 3; 选手3胜选手1, 2, 4, 负于选手5, 6; 选手4胜选手5, 6, 负于选手1, 2, 3; 选手5胜选手3, 6, 负于选手1, 2, 4. 若胜一场得1分, 负一场得零分, 试用矩阵表示输赢状况, 并排序.

3. 在时装表演中, 编号为1, 2, 3, 4的不同样式的时装由四个编号同样为1, 2, 3, 4的不同体型的模特在四场表演中交换着展示, 每个模特都只能穿衣服编号小于等于体型编号的衣服, 且每场表演中只能展示编号与此表演的出场序号一样的衣服 (即第一场表演中只能有编号为1的衣服展示). 试用矩阵表示四场表演中模特的出席情况(1表示出席, 0表示没有出席)

4. 某饮料公司生产4种不同的饮料, 这些饮料全部由5种基本原料 (除水外) 制成. 该公司希望建立一个简单的数据结构, 以便快速从中提取以下问题的答案:

(1) 一种给定饮料包含多少种原料? (2) 两种给定原料一起用于多少种饮料?

(3) 两种给定饮料有多少种共同原料? (4) 一种给定原料可用于多少种饮料?

请建立一个矩阵, 以便轻松快速地提取上述任何问题的答案.

5. 某食品公司生产38种食品, 这些食品全部由39种基本原料制成. 公司想要建立一个简单的数据结构, 以便快速回答以下问题:

(1) 某种食品包含多少种原料?

(2) 一种特定的原料可用于多少种食品?

(3) 两种特定的食品有多少种相同原料?

(4) 某种原料可用于多少种食品?

公司想要建立一个单一表格, 使得:

(a) 上述任意问题都能轻松快速地通过表格 (允许矩阵运算) 得出答案;

(b) 如果一种原料被加入食品或从食品中去除, 只需修改表格中的一个条目即可.

能否做到? 请解释.

6. 根据下列矩阵方程求 a,b,c 和 d.

$$\begin{pmatrix} a-b & b+c \\ 3d+c & 2a-4d \end{pmatrix} = \begin{pmatrix} 8 & 1 \\ 7 & 6 \end{pmatrix}.$$

7. 在下列图中, 确定其邻接矩阵.

(1) 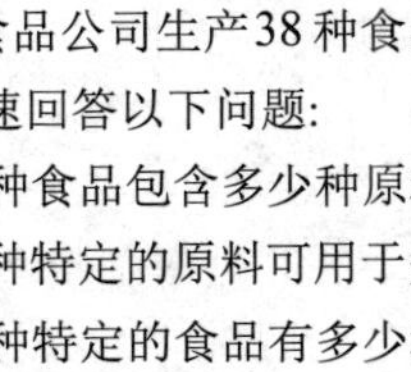

;

(2) 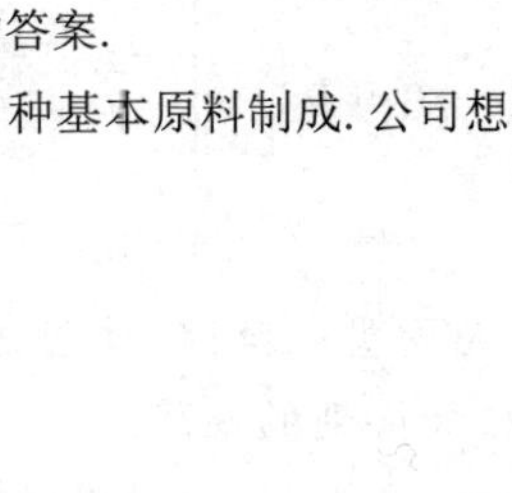

;

(3) 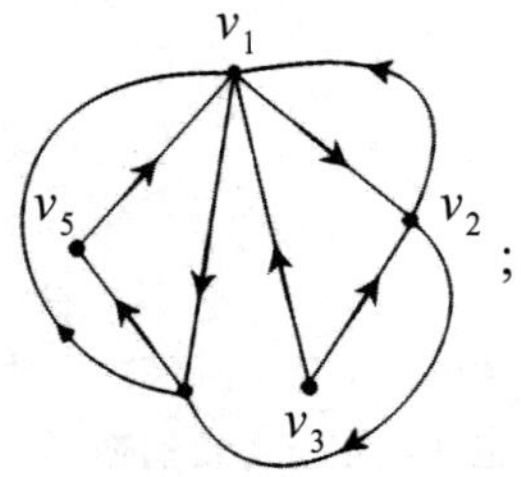

;　　(4) 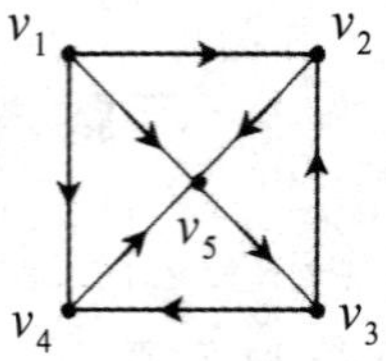

.

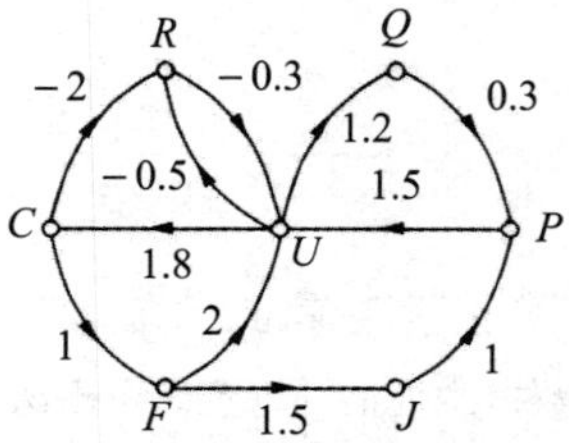

8. 能源利用系统表示为加权有向图 (如题 8 图所示), 试用矩阵表示之.

题8图

§2.2　矩阵的运算

一、矩阵的线性运算

矩阵的线性运算包括加法、减法与数乘运算. 这些运算都是基于矩阵的元素逐位操作的, 运算的结果保持了矩阵原有的结构特性.

定义 1　设有两个 $m\times n$ 矩阵 $\boldsymbol{A}=(a_{ij})$ 和 $\boldsymbol{B}=(b_{ij})$, 矩阵 $\boldsymbol{A}$ 与 $\boldsymbol{B}$ 的和记作 $\boldsymbol{A}+\boldsymbol{B}$, 规定为

$$\boldsymbol{A}+\boldsymbol{B}=(a_{ij}+b_{ij})=\begin{pmatrix} a_{11}+b_{11} & a_{12}+b_{12} & \cdots & a_{1n}+b_{1n} \\ a_{21}+b_{21} & a_{22}+b_{22} & \cdots & a_{2n}+b_{2n} \\ \vdots & \vdots & & \vdots \\ a_{m1}+b_{m1} & a_{m2}+b_{m2} & \cdots & a_{mn}+b_{mn} \end{pmatrix}.$$

注: 只有两个矩阵是同型矩阵时, 才能进行矩阵的加法运算. 两个同型矩阵的和即为两个矩阵对应位置元素相加得到的矩阵.

设矩阵 $\boldsymbol{A}=(a_{ij})$, 记 $-\boldsymbol{A}=(-a_{ij})$, 称 $-\boldsymbol{A}$ 为矩阵 $\boldsymbol{A}$ 的**负矩阵**, 显然有

$$\boldsymbol{A}+(-\boldsymbol{A})=\boldsymbol{O}.$$

由此规定**矩阵的减法**为 $\boldsymbol{A}-\boldsymbol{B}=\boldsymbol{A}+(-\boldsymbol{B})$.

定义 2　数 k 与 $m\times n$ 矩阵 $\boldsymbol{A}$ 的乘积记作 $k\boldsymbol{A}$ 或 $\boldsymbol{A}k$, 规定

$$k\boldsymbol{A}=\boldsymbol{A}k=(ka_{ij})=\begin{pmatrix} ka_{11} & ka_{12} & \cdots & ka_{1n} \\ ka_{21} & ka_{22} & \cdots & ka_{2n} \\ \vdots & \vdots & & \vdots \\ ka_{m1} & ka_{m2} & \cdots & ka_{mn} \end{pmatrix}.$$

数与矩阵的乘积运算称为**数乘运算**.

矩阵的加法与矩阵的数乘两种运算统称为**矩阵的线性运算**. 它满足下列运算规律.

设 $\boldsymbol{A}, \boldsymbol{B}, \boldsymbol{C}, \boldsymbol{O}$ 都是同型矩阵, k, l 是常数, 则

(1) $\boldsymbol{A}+\boldsymbol{B}=\boldsymbol{B}+\boldsymbol{A}$;　　(2) $(\boldsymbol{A}+\boldsymbol{B})+\boldsymbol{C}=\boldsymbol{A}+(\boldsymbol{B}+\boldsymbol{C})$;

(3) $\boldsymbol{A}+\boldsymbol{O}=\boldsymbol{A}$;　　(4) $\boldsymbol{A}+(-\boldsymbol{A})=\boldsymbol{O}$;

(5) $1\boldsymbol{A}=\boldsymbol{A}$;　　　　(6) $k(l\boldsymbol{A})=(kl)\boldsymbol{A}$;

(7) $(k+l)\boldsymbol{A}=k\boldsymbol{A}+l\boldsymbol{A}$;　　　　(8) $k(\boldsymbol{A}+\boldsymbol{B})=k\boldsymbol{A}+k\boldsymbol{B}$.

在数学中，把满足上述八条规律的运算称为**线性运算**.

上一节我们引入了数量矩阵的概念，它是单位矩阵的扩展形式，单位矩阵是数量矩阵当 $a=1$ 时的特例. 利用上述数乘运算的概念，易见对于 n 阶数量矩阵 $\boldsymbol{A}$ 与单位矩阵 $\boldsymbol{E}_n$ (或 $\boldsymbol{E}$)，有

$$\boldsymbol{A}=\begin{pmatrix} a & 0 & \cdots & 0 \\ 0 & a & \cdots & 0 \\ \vdots & \vdots & & \vdots \\ 0 & 0 & \cdots & a \end{pmatrix}=a\boldsymbol{E}_n=a\boldsymbol{E}.$$

例 1 已知 $\boldsymbol{A}=\begin{pmatrix} -1 & 2 & 3 & 1 \\ 0 & 3 & -2 & 1 \\ 4 & 0 & 3 & 2 \end{pmatrix}$, $\boldsymbol{B}=\begin{pmatrix} 4 & 3 & 2 & -1 \\ 5 & -3 & 0 & 1 \\ 1 & 2 & -5 & 0 \end{pmatrix}$，求 $3\boldsymbol{A}-2\boldsymbol{B}$.

解 根据矩阵的线性运算，计算得

$$3\boldsymbol{A}-2\boldsymbol{B}=3\begin{pmatrix} -1 & 2 & 3 & 1 \\ 0 & 3 & -2 & 1 \\ 4 & 0 & 3 & 2 \end{pmatrix}-2\begin{pmatrix} 4 & 3 & 2 & -1 \\ 5 & -3 & 0 & 1 \\ 1 & 2 & -5 & 0 \end{pmatrix}$$

$$=\begin{pmatrix} -3-8 & 6-6 & 9-4 & 3+2 \\ 0-10 & 9+6 & -6-0 & 3-2 \\ 12-2 & 0-4 & 9+10 & 6-0 \end{pmatrix}=\begin{pmatrix} -11 & 0 & 5 & 5 \\ -10 & 15 & -6 & 1 \\ 10 & -4 & 19 & 6 \end{pmatrix}.$$

例 2 已知 $\boldsymbol{A}=\begin{pmatrix} 3 & -1 & 2 & 0 \\ 1 & 5 & 7 & 9 \\ 2 & 4 & 6 & 8 \end{pmatrix}$, $\boldsymbol{B}=\begin{pmatrix} 7 & 5 & -2 & 4 \\ 5 & 1 & 9 & 7 \\ 3 & 2 & -1 & 6 \end{pmatrix}$，且 $\boldsymbol{A}+2\boldsymbol{X}=\boldsymbol{B}$，求 $\boldsymbol{X}$.

解 根据矩阵的线性运算规律，得

$$\boldsymbol{X}=\frac{1}{2}(\boldsymbol{B}-\boldsymbol{A})=\frac{1}{2}\begin{pmatrix} 4 & 6 & -4 & 4 \\ 4 & -4 & 2 & -2 \\ 1 & -2 & -7 & -2 \end{pmatrix}=\begin{pmatrix} 2 & 3 & -2 & 2 \\ 2 & -2 & 1 & -1 \\ 1/2 & -1 & -7/2 & -1 \end{pmatrix}.$$

二、矩阵的乘法

定义 3 设矩阵

$$\boldsymbol{A}=(a_{ij})_{m\times s}=\begin{pmatrix} a_{11} & a_{12} & \cdots & a_{1s} \\ a_{21} & a_{22} & \cdots & a_{2s} \\ \vdots & \vdots & & \vdots \\ a_{m1} & a_{m2} & \cdots & a_{ms} \end{pmatrix}, \quad \boldsymbol{B}=(b_{ij})_{s\times n}=\begin{pmatrix} b_{11} & b_{12} & \cdots & b_{1n} \\ b_{21} & b_{22} & \cdots & b_{2n} \\ \vdots & \vdots & & \vdots \\ b_{s1} & b_{s2} & \cdots & b_{sn} \end{pmatrix}.$$

矩阵 $\boldsymbol{A}$ 与 $\boldsymbol{B}$ 的乘积记作 $\boldsymbol{AB}$，规定为

$$AB=(c_{ij})_{m\times n}=\begin{pmatrix} c_{11} & c_{12} & \cdots & c_{1n} \\ c_{21} & c_{22} & \cdots & c_{2n} \\ \vdots & \vdots & & \vdots \\ c_{m1} & c_{m2} & \cdots & c_{mn} \end{pmatrix},$$

其中

$$c_{ij}=a_{i1}b_{1j}+a_{i2}b_{2j}+\cdots+a_{is}b_{sj}=\sum_{k=1}^{s}a_{ik}b_{kj}\ (i=1,2,\cdots,m;\ j=1,2,\cdots,n).$$

记号 $\boldsymbol{AB}$ 常读作 $\boldsymbol{A}$ 左乘 $\boldsymbol{B}$ 或 $\boldsymbol{B}$ 右乘 $\boldsymbol{A}$.

若 $\boldsymbol{C}=\boldsymbol{AB}$, 则矩阵 $\boldsymbol{C}$ 的元素 c_{ij} 即为矩阵 $\boldsymbol{A}$ 的第 i 行元素与矩阵 $\boldsymbol{B}$ 的第 j 列对应元素乘积的和, 即

$$c_{ij}=(a_{i1}\ a_{i2}\ \cdots\ a_{is})\begin{pmatrix} b_{1j} \\ b_{2j} \\ \vdots \\ b_{sj} \end{pmatrix}=a_{i1}b_{1j}+a_{i2}b_{2j}+\cdots+a_{is}b_{sj}.$$

矩阵乘法是一种不可交换的运算, 只有当左边矩阵的列数等于右边矩阵的行数时, 两矩阵才能进行乘法运算. 矩阵乘法是现代数学与工程领域的重要工具. 在线性代数中, 矩阵乘法可用于表示和简化线性方程组; 在计算机图形学中, 可描述多个变换的叠加效果, 用于图形的旋转与缩放等操作; 在机器学习中, 常用于特征与权重的交互计算、提取模型结果等.

例 3　若 $\boldsymbol{A}=\begin{pmatrix} 2 & 3 \\ 1 & -2 \\ 3 & 1 \end{pmatrix}$, $\boldsymbol{B}=\begin{pmatrix} 1 & -2 & -3 \\ 2 & -1 & 0 \end{pmatrix}$, 求 $\boldsymbol{AB}$.

解　根据矩阵的乘法运算, 计算得

$$\begin{aligned}\boldsymbol{AB}&=\begin{pmatrix} 2 & 3 \\ 1 & -2 \\ 3 & 1 \end{pmatrix}\begin{pmatrix} 1 & -2 & -3 \\ 2 & -1 & 0 \end{pmatrix}\\ &=\begin{pmatrix} 2\times1+3\times2 & 2\times(-2)+3\times(-1) & 2\times(-3)+3\times0 \\ 1\times1+(-2)\times2 & 1\times(-2)+(-2)\times(-1) & 1\times(-3)+(-2)\times0 \\ 3\times1+1\times2 & 3\times(-2)+1\times(-1) & 3\times(-3)+1\times0 \end{pmatrix}\\ &=\begin{pmatrix} 8 & -7 & -6 \\ -3 & 0 & -3 \\ 5 & -7 & -9 \end{pmatrix}.\end{aligned}$$

就此例顺便求一下 $\boldsymbol{BA}$.

$$\boldsymbol{BA}=\begin{pmatrix} 1 & -2 & -3 \\ 2 & -1 & 0 \end{pmatrix}\begin{pmatrix} 2 & 3 \\ 1 & -2 \\ 3 & 1 \end{pmatrix}$$

$$=\begin{pmatrix} 1\times 2+(-2)\times 1+(-3)\times 3 & 1\times 3+(-2)\times(-2)+(-3)\times 1 \\ 2\times 2+(-1)\times 1+0\times 3 & 2\times 3+(-1)\times(-2)+0\times 1 \end{pmatrix}=\begin{pmatrix} -9 & 4 \\ 3 & 8 \end{pmatrix}.$$

显然 $\boldsymbol{AB}\neq\boldsymbol{BA}$.

例 4　下表记录了一家服装店 5 月和 6 月的单位销售额. 设 $\boldsymbol{M}$ 表示 5 月销售额的 4×3 矩阵, $\boldsymbol{J}$ 表示 6 月销售额的 4×3 矩阵.

	5月			6月		
	小	中	大	小	中	大
衬衫	45	60	75	30	33	40
牛仔裤	30	30	40	21	23	25
西装	12	65	45	9	12	11
雨衣	15	40	35	8	10	9

(1) 矩阵 $\boldsymbol{M}+\boldsymbol{J}$ 和 $\boldsymbol{M}-\boldsymbol{J}$ 分别代表什么?

(2) 求一个列向量 $\boldsymbol{x}$, 使 $\boldsymbol{Mx}$ 表示 5 月销售的衬衫、牛仔裤、西装和雨衣的数量列表;

(3) 求一个行向量 $\boldsymbol{y}$, 使 $\boldsymbol{yM}$ 表示 5 月销售的小号、中号和大号商品的数量列表;

(4) 对于 (2) (3) 所得向量, $\boldsymbol{yMx}$ 代表什么?

解　根据矩阵的线性运算与乘法运算, 得

(1) 矩阵 $\boldsymbol{M}+\boldsymbol{J}$ 表示 5 月和 6 月的销售总额. $\boldsymbol{M}-\boldsymbol{J}$ 表示 5 月和 6 月的销售差额.

(2) 令列向量 $\boldsymbol{x}=\begin{pmatrix} 1 \\ 1 \\ 1 \end{pmatrix}$, 则 $\boldsymbol{Mx}$ 表示 5 月销售的衬衫、牛仔裤、西装和雨衣的数量列表.

(3) 令行向量 $\boldsymbol{y}=(1\ \ 1\ \ 1\ \ 1)$, 则 $\boldsymbol{yM}$ 表示 5 月销售的小号、中号和大号商品的数量列表.

(4) $\boldsymbol{yMx}$ 表示 5 月的销售总额.

例 5　设某地区有四个工厂Ⅰ、Ⅱ、Ⅲ、Ⅳ, 生产甲、乙、丙三种产品, 矩阵 $\boldsymbol{A}$ 表示一年中各工厂生产各种产品的数量, 矩阵 $\boldsymbol{B}$ 表示各种产品的单位价格(元)及单位利润(元), 矩阵 $\boldsymbol{C}$ 表示各工厂的总收入及总利润.

$$\boldsymbol{A}=\begin{array}{c}\begin{pmatrix} a_{11} & a_{12} & a_{13} \\ a_{21} & a_{22} & a_{23} \\ a_{31} & a_{32} & a_{33} \\ a_{41} & a_{42} & a_{43} \end{pmatrix}\begin{array}{l}\text{Ⅰ}\\ \text{Ⅱ}\\ \text{Ⅲ}\\ \text{Ⅳ}\end{array} \\ \begin{array}{ccc}\text{甲} & \text{乙} & \text{丙}\end{array}\end{array},\quad \boldsymbol{B}=\begin{array}{c}\begin{pmatrix} b_{11} & b_{12} \\ b_{21} & b_{22} \\ b_{31} & b_{32} \end{pmatrix}\begin{array}{l}\text{甲}\\ \text{乙}\\ \text{丙}\end{array} \\ \begin{array}{cc}\text{单位} & \text{单位} \\ \text{价格} & \text{利润}\end{array}\end{array},\quad \boldsymbol{C}=\begin{array}{c}\begin{pmatrix} c_{11} & c_{12} \\ c_{21} & c_{22} \\ c_{31} & c_{32} \\ c_{41} & c_{42} \end{pmatrix}\begin{array}{l}\text{Ⅰ}\\ \text{Ⅱ}\\ \text{Ⅲ}\\ \text{Ⅳ}\end{array} \\ \begin{array}{cc}\text{总收入} & \text{总利润}\end{array}\end{array},$$

其中, $a_{ik}\ (i=1, 2, 3, 4; k=1, 2, 3)$ 是第 i 个工厂生产第 k 种产品的数量, b_{k1} 及 $b_{k2}\ (k=1, 2, 3)$ 分别是第 k 种产品的单位价格及单位利润, c_{i1} 及 $c_{i2}\ (i=1, 2, 3, 4)$ 分别是第 i 个工厂生产三种产品的总收入及总利润, 则矩阵 $\boldsymbol{A}, \boldsymbol{B}, \boldsymbol{C}$ 的元素之间有下列关系:

$$\begin{pmatrix} a_{11}b_{11}+a_{12}b_{21}+a_{13}b_{31} & a_{11}b_{12}+a_{12}b_{22}+a_{13}b_{32} \\ a_{21}b_{11}+a_{22}b_{21}+a_{23}b_{31} & a_{21}b_{12}+a_{22}b_{22}+a_{23}b_{32} \\ a_{31}b_{11}+a_{32}b_{21}+a_{33}b_{31} & a_{31}b_{12}+a_{32}b_{22}+a_{33}b_{32} \\ a_{41}b_{11}+a_{42}b_{21}+a_{43}b_{31} & a_{41}b_{12}+a_{42}b_{22}+a_{43}b_{32} \end{pmatrix} = \begin{pmatrix} c_{11} & c_{12} \\ c_{21} & c_{22} \\ c_{31} & c_{32} \\ c_{41} & c_{42} \end{pmatrix},$$

总收入　　　　　　　　总利润

其中 $c_{ij}=a_{i1}b_{1j}+a_{i2}b_{2j}+a_{i3}b_{3j}\ (i=1,2,3,4;\ j=1,2)$，即 $\boldsymbol{C}=\boldsymbol{AB}$.

矩阵的乘法满足下列运算规律 (假定运算都是可行的):

(1) $(\boldsymbol{AB})\boldsymbol{C}=\boldsymbol{A}(\boldsymbol{BC})$;　　(2) $(\boldsymbol{A}+\boldsymbol{B})\boldsymbol{C}=\boldsymbol{AC}+\boldsymbol{BC}$;

(3) $\boldsymbol{C}(\boldsymbol{A}+\boldsymbol{B})=\boldsymbol{CA}+\boldsymbol{CB}$;　　(4) $k(\boldsymbol{AB})=(k\boldsymbol{A})\boldsymbol{B}=\boldsymbol{A}(k\boldsymbol{B})$.

证明　(2) 设 $\boldsymbol{A}=(a_{ik})_{m\times s}$，$\boldsymbol{B}=(b_{ik})_{m\times s}$，$\boldsymbol{C}=(c_{kj})_{s\times n}$，则

$$\begin{aligned}(\boldsymbol{A}+\boldsymbol{B})\boldsymbol{C}&=((a_{ik})_{m\times s}+(b_{ik})_{m\times s})(c_{kj})_{s\times n}=(a_{ik}+b_{ik})_{m\times s}(c_{kj})_{s\times n}\\&=\left(\sum_{k=1}^{s}(a_{ik}+b_{ik})c_{kj}\right)_{m\times n}=\left(\sum_{k=1}^{s}a_{ik}c_{kj}\right)_{m\times n}+\left(\sum_{k=1}^{s}b_{ik}c_{kj}\right)_{m\times n}\\&=\boldsymbol{AC}+\boldsymbol{BC};\end{aligned}$$

同理可证 (1) (3) (4) 成立. 证毕.

例 6　小赵、小张、小李、小王四名学生会演奏各种乐器——大提琴、钢琴、吉他和小提琴, 但每人只会演奏一种乐器; 他们又各懂且只懂一门外语——英语、法语、德语、俄语. 且已知:

(1) 会演奏吉他的学生懂俄语;

(2) 小赵和小张不会演奏小提琴也不会演奏大提琴, 且不懂英语;

(3) 懂德语的学生不会演奏大提琴;

(4) 小李懂法语但不会演奏小提琴.

问这几名学生分别会演奏什么乐器? 分别懂什么外语?

解　用三个矩阵分别表示学生与乐器、乐器与外语以及学生与外语之间的关系, 则有

$$\boldsymbol{A}=(a_{ij})_{4\times 4}=\begin{pmatrix} a_{11} & a_{12} & a_{13} & a_{14} \\ a_{21} & a_{22} & a_{23} & a_{24} \\ a_{31} & a_{32} & a_{33} & a_{34} \\ a_{41} & a_{42} & a_{43} & a_{44} \end{pmatrix}\begin{matrix}\text{小赵}\\\text{小张}\\\text{小李}\\\text{小王}\end{matrix},$$

大提琴　钢琴　吉他　小提琴

$$\boldsymbol{B}=(b_{ij})_{4\times 4}=\begin{pmatrix} b_{11} & b_{12} & b_{13} & b_{14} \\ b_{21} & b_{22} & b_{23} & b_{24} \\ b_{31} & b_{32} & b_{33} & b_{34} \\ b_{41} & b_{42} & b_{43} & b_{44} \end{pmatrix}\begin{matrix}\text{大提琴}\\\text{钢琴}\\\text{吉他}\\\text{小提琴}\end{matrix},$$

英语　法语　德语　俄语

$$C=(c_{ij})_{4\times4}=\begin{pmatrix} c_{11} & c_{12} & c_{13} & c_{14} \\ c_{21} & c_{22} & c_{23} & c_{24} \\ c_{31} & c_{32} & c_{33} & c_{34} \\ c_{41} & c_{42} & c_{43} & c_{44} \end{pmatrix}\begin{matrix}\text{小赵}\\ \text{小张}\\ \text{小李}\\ \text{小王}\end{matrix}.$$

英语 法语 德语 俄语

对上述矩阵中的元素, 我们用“1”表示肯定关系, 用“0”表示否定关系. 则由条件(1)知, $b_{34}=1$; 由条件(2)知, $a_{11}=0, a_{21}=0, a_{14}=0, a_{24}=0, c_{11}=0, c_{21}=0$; 由条件(3)知, $b_{13}=0$; 由条件(4)知, $c_{32}=1, a_{34}=0$. 由上述讨论结果, 得

$$A=\begin{pmatrix} 0 & a_{12} & a_{13} & 0 \\ 0 & a_{22} & a_{23} & 0 \\ 1 & 0 & 0 & 0 \\ 0 & 0 & 0 & 1 \end{pmatrix}, B=\begin{pmatrix} b_{11} & b_{12} & 0 & 0 \\ b_{21} & b_{22} & b_{23} & 0 \\ 0 & 0 & 0 & 1 \\ b_{41} & b_{42} & b_{43} & 0 \end{pmatrix}, C=\begin{pmatrix} 0 & 0 & c_{13} & c_{14} \\ 0 & 0 & c_{23} & c_{24} \\ 0 & 1 & 0 & 0 \\ 1 & 0 & 0 & 0 \end{pmatrix},$$

根据矩阵的乘法, 得

$$AB=(a_{ij})_{n\times m}\cdot(b_{ij})_{m\times n}=(c_{ij})_{n\times n},$$

其中 $c_{ij}=a_{i1}b_{1j}+a_{i2}b_{2j}+\cdots+a_{im}b_{mj}$, 所以

$$1=c_{41}=a_{41}b_{11}+a_{42}b_{21}+a_{43}b_{31}+a_{44}b_{41}=0\cdot b_{11}+0\cdot b_{21}+0\times0+1\cdot b_{41},$$

解得 $b_{41}=1$.

同理, 由 $c_{42}=0, c_{43}=0\Rightarrow b_{42}=0, b_{43}=0$; 由 $c_{31}=0\Rightarrow b_{11}=0$; 由 $c_{32}=1\Rightarrow b_{12}=1$.

由于乐器和学生一一对应, 学生和外语一一对应, 故乐器和外语也是一一对应, 因此

$$B=\begin{pmatrix} 0 & 1 & 0 & 0 \\ b_{21} & b_{22} & b_{23} & 0 \\ 0 & 0 & 0 & 1 \\ 1 & 0 & 0 & 0 \end{pmatrix}=\begin{pmatrix} 0 & 1 & 0 & 0 \\ 0 & 0 & 1 & 0 \\ 0 & 0 & 0 & 1 \\ 1 & 0 & 0 & 0 \end{pmatrix},$$

若令 $a_{12}=1$, 则有

$$A=\begin{pmatrix} 0 & 1 & a_{13} & 0 \\ 0 & a_{22} & a_{23} & 0 \\ 1 & 0 & 0 & 0 \\ 0 & 0 & 0 & 1 \end{pmatrix}=\begin{pmatrix} 0 & 1 & 0 & 0 \\ 0 & 0 & 1 & 0 \\ 1 & 0 & 0 & 0 \\ 0 & 0 & 0 & 1 \end{pmatrix}, C=\begin{pmatrix} 0 & 0 & 1 & 0 \\ 0 & 0 & 0 & 1 \\ 0 & 1 & 0 & 0 \\ 1 & 0 & 0 & 0 \end{pmatrix}.$$

若令 $a_{12}=0$, 又有

$$A=\begin{pmatrix} 0 & 0 & a_{13} & 0 \\ 0 & a_{22} & a_{23} & 0 \\ 1 & 0 & 0 & 0 \\ 0 & 0 & 0 & 1 \end{pmatrix}=\begin{pmatrix} 0 & 0 & 1 & 0 \\ 0 & 1 & 0 & 0 \\ 1 & 0 & 0 & 0 \\ 0 & 0 & 0 & 1 \end{pmatrix}, C=\begin{pmatrix} 0 & 0 & 0 & 1 \\ 0 & 0 & 1 & 0 \\ 0 & 1 & 0 & 0 \\ 1 & 0 & 0 & 0 \end{pmatrix}.$$

所以, 最终结果有两种情形: (1) 小赵会演奏钢琴、懂德语, 小张会演奏吉他、懂俄语, 小李会演奏大提琴、懂法语, 小王会演奏小提琴、懂英语; (2) 小赵会演奏吉他、懂俄语, 小张会演奏钢琴、懂德语, 小李会演奏大提琴、懂法语, 小王会演奏小提琴、懂英语.

例 7 设矩阵 $\boldsymbol{A}=\begin{pmatrix}1&2\\3&4\end{pmatrix}$, $\boldsymbol{B}=\begin{pmatrix}2&3\\4&1\end{pmatrix}$, $\boldsymbol{C}=\begin{pmatrix}3&4\\1&2\end{pmatrix}$, 试验证:

(1) $\boldsymbol{ABC}=\boldsymbol{A}(\boldsymbol{BC})$; (2) $\boldsymbol{A}(\boldsymbol{B}+\boldsymbol{C})=\boldsymbol{AB}+\boldsymbol{AC}$; (3) $(\boldsymbol{A}+\boldsymbol{B})\boldsymbol{C}=\boldsymbol{AC}+\boldsymbol{BC}$.

证明 (1) 依题设, 根据矩阵的乘法运算, 分别计算得:

$$\boldsymbol{ABC}=(\boldsymbol{AB})\boldsymbol{C}=\begin{pmatrix}10&5\\22&13\end{pmatrix}\begin{pmatrix}3&4\\1&2\end{pmatrix}=\begin{pmatrix}35&50\\79&114\end{pmatrix},$$

$$\boldsymbol{A}(\boldsymbol{BC})=\begin{pmatrix}1&2\\3&4\end{pmatrix}\begin{pmatrix}9&14\\13&18\end{pmatrix}=\begin{pmatrix}35&50\\79&114\end{pmatrix},$$

所以, $\boldsymbol{ABC}=\boldsymbol{A}(\boldsymbol{BC})$.

(2) 同上计算, 得

$$\boldsymbol{A}(\boldsymbol{B}+\boldsymbol{C})=\begin{pmatrix}1&2\\3&4\end{pmatrix}\begin{pmatrix}5&7\\5&3\end{pmatrix}=\begin{pmatrix}15&13\\35&33\end{pmatrix},$$

$$\boldsymbol{AB}+\boldsymbol{AC}=\begin{pmatrix}10&5\\22&13\end{pmatrix}+\begin{pmatrix}5&8\\13&20\end{pmatrix}=\begin{pmatrix}15&13\\35&33\end{pmatrix},$$

所以, $\boldsymbol{A}(\boldsymbol{B}+\boldsymbol{C})=\boldsymbol{AB}+\boldsymbol{AC}$.

(3) 同理可得

$$(\boldsymbol{A}+\boldsymbol{B})\boldsymbol{C}=\begin{pmatrix}3&5\\7&5\end{pmatrix}\begin{pmatrix}3&4\\1&2\end{pmatrix}=\begin{pmatrix}14&22\\26&38\end{pmatrix},$$

$$\boldsymbol{AC}+\boldsymbol{BC}=\begin{pmatrix}5&8\\13&20\end{pmatrix}+\begin{pmatrix}9&14\\13&18\end{pmatrix}=\begin{pmatrix}14&22\\26&38\end{pmatrix},$$

所以, $(\boldsymbol{A}+\boldsymbol{B})\boldsymbol{C}=\boldsymbol{AC}+\boldsymbol{BC}$. 证毕.

矩阵的乘法一般不满足交换律, 即 $\boldsymbol{AB}\neq\boldsymbol{BA}$.

例如, 设 $\boldsymbol{A}=\begin{pmatrix}-2&4\\1&-2\end{pmatrix}$, $\boldsymbol{B}=\begin{pmatrix}2&4\\-3&-6\end{pmatrix}$, 则

$$\boldsymbol{AB}=\begin{pmatrix}-2&4\\1&-2\end{pmatrix}\begin{pmatrix}2&4\\-3&-6\end{pmatrix}=\begin{pmatrix}-16&-32\\8&16\end{pmatrix},$$

$$\boldsymbol{BA}=\begin{pmatrix}2&4\\-3&-6\end{pmatrix}\begin{pmatrix}-2&4\\1&-2\end{pmatrix}=\begin{pmatrix}0&0\\0&0\end{pmatrix},$$

显然, $\boldsymbol{AB}\neq\boldsymbol{BA}$, 且 $\boldsymbol{BA}=\boldsymbol{O}$.

从上例还可看出: 两个非零矩阵相乘，结果可能是零矩阵，故不能从 $\boldsymbol{AB}=\boldsymbol{O}$ 必然推出 $\boldsymbol{A}=\boldsymbol{O}$ 或 $\boldsymbol{B}=\boldsymbol{O}$.

不过，也要注意并非所有矩阵的乘法都不能交换，例如，设

$$A=\begin{pmatrix}1&1\\0&1\end{pmatrix},\quad B=\begin{pmatrix}1&2\\0&1\end{pmatrix},$$

则 $AB=\begin{pmatrix}1&1\\0&1\end{pmatrix}\begin{pmatrix}1&2\\0&1\end{pmatrix}=\begin{pmatrix}1&3\\0&1\end{pmatrix}=\begin{pmatrix}1&2\\0&1\end{pmatrix}\begin{pmatrix}1&1\\0&1\end{pmatrix}=BA.$

此外，矩阵乘法一般也不满足消去律，即不能从 $AC=BC$ 必然推出 $A=B$ 例如，设

$$A=\begin{pmatrix}1&2\\0&3\end{pmatrix},\ B=\begin{pmatrix}1&0\\0&4\end{pmatrix},\ C=\begin{pmatrix}1&1\\0&0\end{pmatrix},$$

则 $AC=\begin{pmatrix}1&2\\0&3\end{pmatrix}\begin{pmatrix}1&1\\0&0\end{pmatrix}=\begin{pmatrix}1&1\\0&0\end{pmatrix}=\begin{pmatrix}1&0\\0&4\end{pmatrix}\begin{pmatrix}1&1\\0&0\end{pmatrix}=BC$，但 $A\neq B$.

定义 4 如果两矩阵相乘，有 $AB=BA$，则称矩阵 A 与矩阵 B **可交换**. 简称 A 与 B **可换**.

注：对于单位矩阵 E，易证明：

$$E_mA_{m\times n}=A_{m\times n},\ A_{m\times n}E_n=A_{m\times n},$$

或简写成 $EA=AE=A$. 可见单位矩阵 E 在矩阵乘法口的作用类似数 1.

例 8 求与矩阵 $A=\begin{pmatrix}0&1&0&0\\0&0&1&0\\0&0&0&1\\0&0&0&0\end{pmatrix}$ 可交换的一切矩阵.

解 设与 A 可交换的矩阵为 $B=\begin{pmatrix}a&b&c&d\\a_1&b_1&c_1&d_1\\a_2&b_2&c_2&d_2\\a_3&b_3&c_3&d_3\end{pmatrix}$，则

$$AB=\begin{pmatrix}0&1&0&0\\0&0&1&0\\0&0&0&1\\0&0&0&0\end{pmatrix}\begin{pmatrix}a&b&c&d\\a_1&b_1&c_1&d_1\\a_2&b_2&c_2&d_2\\a_3&b_3&c_3&d_3\end{pmatrix}=\begin{pmatrix}a_1&b_1&c_1&d_1\\a_2&b_2&c_2&d_2\\a_3&b_3&c_3&d_3\\0&0&0&0\end{pmatrix},$$

$$BA=\begin{pmatrix}a&b&c&d\\a_1&b_1&c_1&d_1\\a_2&b_2&c_2&d_2\\a_3&b_3&c_3&d_3\end{pmatrix}\begin{pmatrix}0&1&0&0\\0&0&1&0\\0&0&0&1\\0&0&0&0\end{pmatrix}=\begin{pmatrix}0&a&b&c\\0&a_1&b_1&c_1\\0&a_2&b_2&c_2\\0&a_3&b_3&c_3\end{pmatrix},$$

由 $AB=BA$，即得

$$a_1=0,\ b_1=a,\ c_1=b,\ d_1=c,$$

$$a_2=0,\ b_2=a_1=0,\ c_2=b_1=a,\ d_2=c_1=b,$$

$$a_3=0,\ b_3=a_2=0,\ c_3=b_2=0,\ d_3=c_2=a.$$

于是, 可得 $\boldsymbol{B}=\begin{pmatrix} a & b & c & d \\ 0 & a & b & c \\ 0 & 0 & a & b \\ 0 & 0 & 0 & a \end{pmatrix}$, 其中 a, b, c, d 为任意实数.

例 9 证明: 如果 $\boldsymbol{CA}=\boldsymbol{AC}$, $\boldsymbol{CB}=\boldsymbol{BC}$, 则有

$$(\boldsymbol{A}+\boldsymbol{B})\boldsymbol{C}=\boldsymbol{C}(\boldsymbol{A}+\boldsymbol{B});\quad (\boldsymbol{AB})\boldsymbol{C}=\boldsymbol{C}(\boldsymbol{AB}).$$

证明 因为 $\boldsymbol{CA}=\boldsymbol{AC}$, $\boldsymbol{CB}=\boldsymbol{BC}$, 所以, 利用矩阵乘法的运算规律, 可证得:

$$(\boldsymbol{A}+\boldsymbol{B})\boldsymbol{C}=\boldsymbol{AC}+\boldsymbol{BC}=\boldsymbol{CA}+\boldsymbol{CB}=\boldsymbol{C}(\boldsymbol{A}+\boldsymbol{B});$$

$$(\boldsymbol{AB})\boldsymbol{C}=\boldsymbol{A}(\boldsymbol{BC})=\boldsymbol{A}(\boldsymbol{CB})=(\boldsymbol{AC})\boldsymbol{B}=(\boldsymbol{CA})\boldsymbol{B}=\boldsymbol{C}(\boldsymbol{AB}).$$

*数学实验

实验 2.1 设

$$\boldsymbol{A}=\begin{pmatrix} 1 & 2 & 3 & 4 & 5 & 6 & 5 & 4 \\ 3 & 2 & 1 & 2 & 3 & 4 & 5 & 6 \\ 7 & 6 & 5 & 4 & 3 & 2 & 1 & 2 \\ 3 & 4 & 5 & 6 & 7 & 8 & 7 & 6 \\ 5 & 4 & 3 & 2 & 1 & 2 & 3 & 4 \\ 5 & 6 & 7 & 8 & 9 & 8 & 7 & 6 \\ 5 & 4 & 3 & 2 & 1 & 2 & 3 & 4 \\ 5 & 6 & 7 & 8 & 9 & 10 & 9 & 8 \end{pmatrix},\ \boldsymbol{B}=\begin{pmatrix} 3 & 4 & 4 & 5 & 6 & 6 & 7 & 8 \\ 8 & 9 & 1 & 1 & 2 & 3 & 3 & 4 \\ 5 & 5 & 6 & 7 & 7 & 8 & 9 & 9 \\ 1 & 2 & 2 & 3 & 4 & 4 & 5 & 6 \\ 6 & 7 & 8 & 8 & 9 & 8 & 7 & 7 \\ 6 & 5 & 5 & 4 & 3 & 3 & 2 & 1 \\ 1 & 2 & 2 & 3 & 4 & 4 & 5 & 6 \\ 6 & 7 & 8 & 8 & 9 & 8 & 7 & 5 \end{pmatrix},\ \boldsymbol{C}=\begin{pmatrix} 9 & 8 & 7 & 4 & 3 & 4 & 5 & 2 \\ 8 & 7 & 6 & 5 & 2 & 3 & 4 & 1 \\ 7 & 6 & 5 & 6 & 1 & 2 & 3 & 2 \\ 6 & 5 & 4 & 7 & 2 & 1 & 2 & 3 \\ 5 & 4 & 3 & 6 & 3 & 2 & 1 & 2 \\ 4 & 3 & 2 & 5 & 4 & 3 & 2 & 1 \\ 3 & 2 & 1 & 4 & 5 & 4 & 3 & 2 \\ 2 & 1 & 2 & 3 & 6 & 5 & 4 & 3 \end{pmatrix},$$

试利用计算软件计算:

(1) $\boldsymbol{AB}$;

(2) $(3\boldsymbol{A}-2\boldsymbol{B})\boldsymbol{C}$.

微信扫描右侧的二维码即可进行计算实验 (详见教材配套的网络学习空间).

计算实验

三、线性方程组的矩阵表示

对线性方程组

$$\begin{cases} a_{11}x_1+a_{12}x_2+\cdots+a_{1n}x_n=b_1 \\ a_{21}x_1+a_{22}x_2+\cdots+a_{2n}x_n=b_2 \\ \quad\cdots\cdots \\ a_{m1}x_1+a_{m2}x_2+\cdots+a_{mn}x_n=b_m \end{cases}, \tag{2.1}$$

若记

$$A=\begin{pmatrix} a_{11} & a_{12} & \cdots & a_{1n} \\ a_{21} & a_{22} & \cdots & a_{2n} \\ \vdots & \vdots & & \vdots \\ a_{m1} & a_{m2} & \cdots & a_{mn} \end{pmatrix},\ x=\begin{pmatrix} x_1 \\ x_2 \\ \vdots \\ x_n \end{pmatrix},\ b=\begin{pmatrix} b_1 \\ b_2 \\ \vdots \\ b_m \end{pmatrix},$$

则利用矩阵的乘法, 线性方程组 (2.1) 可表示为矩阵形式:

$$Ax=b. \tag{2.2}$$

其中 A 称为方程组 (2.1) 的**系数矩阵**, 方程 (2.2) 称为**矩阵方程**.

注: 对行(列)矩阵,为与后面章节的符号一致,常按行(列)向量的记法,用小写黑体字母 $\boldsymbol{\alpha}, \boldsymbol{\beta}, \boldsymbol{a}, \boldsymbol{b}, \boldsymbol{x}, \boldsymbol{y}, \cdots$ 表示.

如果 $x_j=c_j\ (j=1, 2, \cdots, n)$ 是方程组 (2.1) 的解, 并记

$$\boldsymbol{\eta}=\begin{pmatrix} c_1 \\ c_2 \\ \vdots \\ c_n \end{pmatrix},$$

则 $A\boldsymbol{\eta}=b$, 这时也称 $\boldsymbol{\eta}$ 是矩阵方程 (2.2) 的解; 反之, 若列矩阵 $\boldsymbol{\eta}$ 是矩阵方程 (2.2) 的解, 即矩阵等式 $A\boldsymbol{\eta}=b$ 成立, 则 $x=\boldsymbol{\eta}$, 即 $x_j=c_j\ (j=1, 2, \cdots, n)$, 也是线性方程组 (2.1) 的解. 这样对线性方程组 (2.1) 的讨论便等价于对矩阵方程 (2.2) 的讨论.

特别地, 齐次线性方程组可以表示为 $Ax=0$.

将线性方程组表示成矩阵方程具有以下显著好处: 形式简洁紧凑, 比逐一书写多个方程更直观易读, 尤其适合表示大规模问题. 矩阵形式统一了问题的表达, 便于从整体上分析问题的性质, 提升了分析和求解的效率, 是现代数学和工程科学的基础工具.

例 10 解矩阵方程 $\begin{pmatrix} 2 & 1 \\ 1 & 2 \end{pmatrix}X=\begin{pmatrix} 1 & 2 \\ -1 & 4 \end{pmatrix}$, 其中 X 为二阶矩阵.

解 设 $X=\begin{pmatrix} x_{11} & x_{12} \\ x_{21} & x_{22} \end{pmatrix}$, 根据矩阵的乘法运算, 有

$$\begin{pmatrix} 2 & 1 \\ 1 & 2 \end{pmatrix}\begin{pmatrix} x_{11} & x_{12} \\ x_{21} & x_{22} \end{pmatrix}=\begin{pmatrix} 1 & 2 \\ -1 & 4 \end{pmatrix},\ \text{即}\begin{pmatrix} 2x_{11}+x_{21} & 2x_{12}+x_{22} \\ x_{11}+2x_{21} & x_{12}+2x_{22} \end{pmatrix}=\begin{pmatrix} 1 & 2 \\ -1 & 4 \end{pmatrix},$$

又根据矩阵相等的概念, 由上可得方程组:

$$\begin{cases} 2x_{11}+x_{21}=1 \\ x_{11}+2x_{21}=-1 \end{cases},\quad \begin{cases} 2x_{12}+x_{22}=2 \\ x_{12}+2x_{22}=4 \end{cases}.$$

分别求解上述两个方程组, 得 $x_{11}=1,\ x_{21}=-1,\ x_{12}=0,\ x_{22}=2$, 故

$$X=\begin{pmatrix} 1 & 0 \\ -1 & 2 \end{pmatrix}.$$

四、线性变换的概念

变量 $x_1, x_2, \cdots, x_n$ 与变量 $y_1, y_2, \cdots, y_m$ 之间的关系式

$$\begin{cases} y_1=a_{11}x_1+a_{12}x_2+\cdots+a_{1n}x_n \\ y_2=a_{21}x_1+a_{22}x_2+\cdots+a_{2n}x_n \\ \quad\cdots\cdots \\ y_m=a_{m1}x_1+a_{m2}x_2+\cdots+a_{mn}x_n \end{cases} \tag{2.3}$$

称为从变量 $x_1, x_2, \cdots, x_n$ 到变量 $y_1, y_2, \cdots, y_m$ 的**线性变换**, 其中 $a_{ij}\ (i=1, 2, \cdots, m;\ j=1, 2, \cdots, n)$ 为常数. 线性变换 (2.3) 的系数 a_{ij} 构成的矩阵 $\boldsymbol{A}=(a_{ij})_{m\times n}$ 称为线性变换 (2.3) 的**系数矩阵**. 若记

$$\boldsymbol{A}=\begin{pmatrix} a_{11} & a_{12} & \cdots & a_{1n} \\ a_{21} & a_{22} & \cdots & a_{2n} \\ \vdots & \vdots & & \vdots \\ a_{m1} & a_{m2} & \cdots & a_{mn} \end{pmatrix},\ \boldsymbol{x}=\begin{pmatrix} x_1 \\ x_2 \\ \vdots \\ x_n \end{pmatrix},\ \ \boldsymbol{y}=\begin{pmatrix} y_1 \\ y_2 \\ \vdots \\ y_m \end{pmatrix},$$

则变换关系式 (2.3) 可表示为矩阵形式:

$$\boldsymbol{y}=\boldsymbol{A}\boldsymbol{x}. \tag{2.4}$$

易见线性变换与其系数矩阵之间存在一一对应的关系. 因而可利用矩阵来研究线性变换, 亦可利用线性变换来研究矩阵.

易知, 当一线性变换的系数矩阵为单位矩阵 $\boldsymbol{E}$ 时, 线性变换 $\boldsymbol{y}=\boldsymbol{E}\boldsymbol{x}$ 称为**恒等变换**, 因为 $\boldsymbol{E}\boldsymbol{x}=\boldsymbol{x}$.

从矩阵运算的角度来看, 线性变换式 (2.4) 实际上建立了一种从矩阵 $\boldsymbol{x}$ 到矩阵 $\boldsymbol{A}\boldsymbol{x}$ 的**矩阵变换**关系: $\boldsymbol{x}\to\boldsymbol{A}\boldsymbol{x}$.

注: 如果将通常的函数概念加以推广, 我们也可以把从 $\boldsymbol{x}$ 到 $\boldsymbol{A}\boldsymbol{x}$ 的对应关系看作从一个向量集合到另一个向量集合的变换 (或映射) $\boldsymbol{y}=\boldsymbol{A}\boldsymbol{x}$, 此时, 常把 $\boldsymbol{x}$ 称为源, $\boldsymbol{y}$ 称为像. 有关线性变换的内容我们将在第 6 章进一步讨论.

例 11 设有线性变换 $\boldsymbol{y}=\boldsymbol{A}\boldsymbol{x}$, 其中 $\boldsymbol{A}=\begin{pmatrix} 1 & 2 \\ 0 & 1 \end{pmatrix}$, $\boldsymbol{x}=\begin{pmatrix} 1 \\ 1 \end{pmatrix}$, 试求出向量 $\boldsymbol{y}$, 并指出该变换的几何意义.

解 根据矩阵的乘法, $\boldsymbol{y}=\boldsymbol{A}\boldsymbol{x}=\begin{pmatrix} 1 & 2 \\ 0 & 1 \end{pmatrix}\begin{pmatrix} 1 \\ 1 \end{pmatrix}=\begin{pmatrix} 3 \\ 1 \end{pmatrix}$, 其几何意义是: 线性变换 $\boldsymbol{y}=\boldsymbol{A}\boldsymbol{x}$ 将

平面x_1Ox_2上的向量$\boldsymbol{x}=\begin{pmatrix}1\\1\end{pmatrix}$变换为该平面上的另一向量$\boldsymbol{y}=\begin{pmatrix}3\\1\end{pmatrix}$(见图2－2－1).

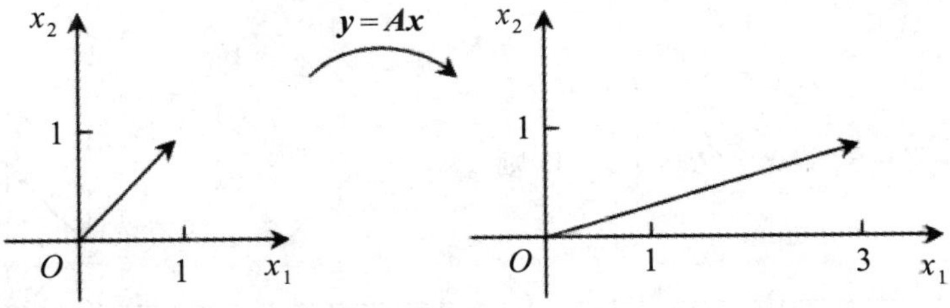

图2－2－1

易见, 在线性变换$\boldsymbol{y}=\boldsymbol{Ax}$下, 向量$\boldsymbol{y}$实际上就是对向量$\boldsymbol{x}$进行缩放与旋转变换的结果.

我们可以对本例的结果做进一步的延伸, 来看看线性变换在图像处理中的一个应用. 事实上, 计算机图像处理中的缩放与旋转变换就是一种线性变换.

这里, 我们以极坐标函数$\rho=\sin(2.9\theta)\mathrm{e}^{\sin^4(4.9\theta)}$图像的线性变换为例来说明, 首先用计算机生成该函数在指定区间上的图像(见图2－2－2中的原图, 该图像的计算实验可参见作者的《高等数学(理工类·第6版)》(上册) §1.1的实验1.4(4)), 若以矩阵$\boldsymbol{A}$表示该图像所有像素点信息构成的数值矩阵, 给定下列三个线性变换:

$$\boldsymbol{y}=\begin{pmatrix}0.8&0\\0&0.7\end{pmatrix}\boldsymbol{x},\ \boldsymbol{y}=\frac{\sqrt{2}}{2}\begin{pmatrix}1&1\\-1&1\end{pmatrix}\boldsymbol{x},\ \boldsymbol{y}=\begin{pmatrix}-0.6&0.6\sqrt{3}\\-0.4\sqrt{3}&0.4\end{pmatrix}\boldsymbol{x},$$

则可分别得到原图$\boldsymbol{A}$在上述三个线性变换下的图像, 即变换图$\boldsymbol{A}_1$、变换图$\boldsymbol{A}_2$与变换图$\boldsymbol{A}_3$, 如图2－2－2所示.

原图$\boldsymbol{A}$

变换图$\boldsymbol{A}_1=\begin{pmatrix}0.8&0\\0&0.7\end{pmatrix}\boldsymbol{A}$

变换图$\boldsymbol{A}_2=\frac{\sqrt{2}}{2}\begin{pmatrix}1&1\\-1&1\end{pmatrix}\boldsymbol{A}$

变换图$\boldsymbol{A}_3=\begin{pmatrix}-0.6&0.6\sqrt{3}\\-0.4\sqrt{3}&0.4\end{pmatrix}\boldsymbol{A}$

图2－2－2

例 12　设$\boldsymbol{A}=\begin{pmatrix}1&0&0\\0&1&0\\0&0&0\end{pmatrix}$, $\boldsymbol{x}$为三维空间一向量, 试讨论矩阵变换$\boldsymbol{x}\to\boldsymbol{A}\boldsymbol{x}$的几何意义.

解　见图2-2-3, 设$\boldsymbol{x}=\overrightarrow{OP}=\begin{pmatrix}x_1\\x_2\\x_3\end{pmatrix}$, 则

$$\begin{pmatrix}x_1\\x_2\\x_3\end{pmatrix}\to\begin{pmatrix}1&0&0\\0&1&0\\0&0&0\end{pmatrix}\begin{pmatrix}x_1\\x_2\\x_3\end{pmatrix}=\begin{pmatrix}x_1\\x_2\\0\end{pmatrix}.$$

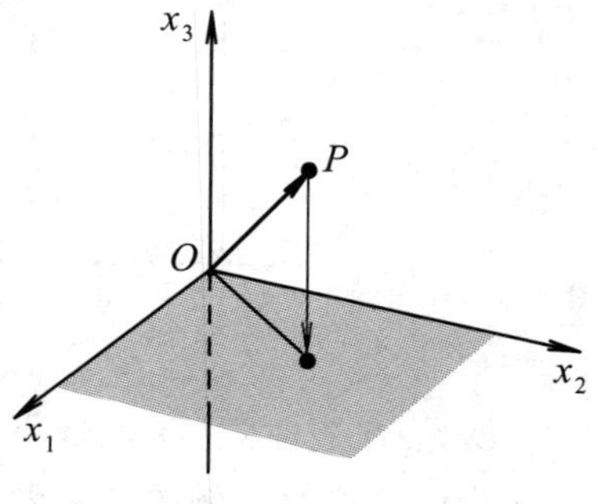

图 2-2-3

从几何上看, 在线性变换$\boldsymbol{x}\to\boldsymbol{A}\boldsymbol{x}$下, 空间中的点$P(x_1, x_2, x_3)$被投影到了$x_1Ox_2$平面上.

例 13　一所大学宿舍里住着200名学生. 某天看电视1小时或更长时间的学生, 第二天看电视的时间通常不会超过1小时. 某天看电视时间不到1小时的学生中, 有1/4的人第二天会看电视1小时或更长时间. 今天有一半的学生看电视的时间超过1小时. 明天有多少人会看电视1小时或更长时间？2天后呢？

解　定义两个状态:

状态H: 学生某天看电视的时间为1小时或更长时间;

状态L: 学生某天看电视的时间少于1小时.

依题意, 我们可以构建状态转移矩阵$\boldsymbol{P}$:

$$\boldsymbol{P}=\begin{pmatrix}P_{HH}&P_{HL}\\P_{LH}&P_{LL}\end{pmatrix}=\begin{pmatrix}0&0.25\\1&0.75\end{pmatrix},$$

今天有一半的学生在状态H, 即$\boldsymbol{x}_0=\begin{pmatrix}100\\100\end{pmatrix}$, 则明天的状态为

$$\boldsymbol{x}_1=\boldsymbol{P}\boldsymbol{x}_0=\begin{pmatrix}0&0.25\\1&0.75\end{pmatrix}\begin{pmatrix}100\\100\end{pmatrix}=\begin{pmatrix}25\\175\end{pmatrix},$$

即明天有25人会看电视1小时或更长时间. 同理, 2天后的状态为

$$\boldsymbol{x}_2=\boldsymbol{P}\boldsymbol{x}_1=\begin{pmatrix}0&0.25\\1&0.75\end{pmatrix}\begin{pmatrix}25\\175\end{pmatrix}=\begin{pmatrix}43.75\\156.25\end{pmatrix},$$

即2天后约有44人会看电视1小时或更长时间.

五、矩阵的转置

定义 5　把矩阵$\boldsymbol{A}$的行换成同序数的列得到的新矩阵, 称为矩阵$\boldsymbol{A}$的**转置矩阵**, 记作

A^{T} (或 A').

即若 $A=\begin{pmatrix} a_{11} & a_{12} & \cdots & a_{1n} \\ a_{21} & a_{22} & \cdots & a_{2n} \\ \vdots & \vdots & & \vdots \\ a_{m1} & a_{m2} & \cdots & a_{mn} \end{pmatrix}$, 则 $A^{\mathrm{T}}=\begin{pmatrix} a_{11} & a_{21} & \cdots & a_{m1} \\ a_{12} & a_{22} & \cdots & a_{m2} \\ \vdots & \vdots & & \vdots \\ a_{1n} & a_{2n} & \cdots & a_{mn} \end{pmatrix}$.

例如, 若 $A=\begin{pmatrix} 1 & 2 & 3 \\ 3 & 2 & 1 \end{pmatrix}$, 则 $A^{\mathrm{T}}=\begin{pmatrix} 1 & 3 \\ 2 & 2 \\ 3 & 1 \end{pmatrix}$; 若 $B=\begin{pmatrix} 1 & 0 & 0 \\ 2 & 1 & 0 \\ 3 & 2 & 1 \end{pmatrix}$, 则 $B^{\mathrm{T}}=\begin{pmatrix} 1 & 2 & 3 \\ 0 & 1 & 2 \\ 0 & 0 & 1 \end{pmatrix}$.

矩阵的转置满足以下运算规律(假设运算都是可行的):

(1) $(A^{\mathrm{T}})^{\mathrm{T}}=A$; (2) $(A+B)^{\mathrm{T}}=A^{\mathrm{T}}+B^{\mathrm{T}}$; (3) $(kA)^{\mathrm{T}}=kA^{\mathrm{T}}$; (4) $(AB)^{\mathrm{T}}=B^{\mathrm{T}}A^{\mathrm{T}}$.

证明 (1) (2) (3) 显然成立, 现证 (4) 成立. 设 $A=(a_{ij})_{m\times s}$, $B=(b_{ij})_{s\times n}$. 则 $(AB)^{\mathrm{T}}$ 与 $B^{\mathrm{T}}A^{\mathrm{T}}$ 均为 $n\times m$ 矩阵. 矩阵 $(AB)^{\mathrm{T}}$ 的第 j 行第 i 列元素是 AB 的第 i 行第 j 列元素

$$\sum_{k=1}^{s} a_{ik}b_{kj}=a_{i1}b_{1j}+a_{i2}b_{2j}+\cdots+a_{is}b_{sj},$$

而矩阵 $B^{\mathrm{T}}A^{\mathrm{T}}$ 的第 j 行第 i 列元素, 应为矩阵 B^{T} 的第 j 行元素与 A^{T} 的第 i 列对应元素乘积的和, 即矩阵 B 的第 j 列元素与矩阵 A 的第 i 行对应元素乘积的和

$$\sum_{k=1}^{s} b_{kj}a_{ik}=b_{1j}a_{i1}+b_{2j}a_{i2}+\cdots+b_{sj}a_{is},$$

所以, $(AB)^{\mathrm{T}}=B^{\mathrm{T}}A^{\mathrm{T}}$. 证毕.

例 14 已知 $A=\begin{pmatrix} 2 & 0 & -1 \\ 1 & 3 & 2 \end{pmatrix}$, $B=\begin{pmatrix} 1 & 7 & -1 \\ 4 & 2 & 3 \\ 2 & 0 & 1 \end{pmatrix}$, 求 $(AB)^{\mathrm{T}}$.

解 我们可以先计算矩阵的乘积 AB, 再求转置 $(AB)^{\mathrm{T}}$. 因为

$$AB=\begin{pmatrix} 2 & 0 & -1 \\ 1 & 3 & 2 \end{pmatrix}\begin{pmatrix} 1 & 7 & -1 \\ 4 & 2 & 3 \\ 2 & 0 & 1 \end{pmatrix}=\begin{pmatrix} 0 & 14 & -3 \\ 17 & 13 & 10 \end{pmatrix},$$

所以, $(AB)^{\mathrm{T}}=\begin{pmatrix} 0 & 17 \\ 14 & 13 \\ -3 & 10 \end{pmatrix}$. 也可以先求 A^{T}, B^{T}, 再求矩阵乘积的转置 $(AB)^{\mathrm{T}}$, 即

$$(AB)^{\mathrm{T}}=B^{\mathrm{T}}A^{\mathrm{T}}=\begin{pmatrix} 1 & 4 & 2 \\ 7 & 2 & 0 \\ -1 & 3 & 1 \end{pmatrix}\begin{pmatrix} 2 & 1 \\ 0 & 3 \\ -1 & 2 \end{pmatrix}=\begin{pmatrix} 0 & 17 \\ 14 & 13 \\ -3 & 10 \end{pmatrix}.$$

例 15 设$\boldsymbol{A}=\begin{pmatrix}3&2&1\\2&4&3\\1&2&1\end{pmatrix}$, $\boldsymbol{B}=\begin{pmatrix}2&1&2\\1&3&1\\2&3&2\end{pmatrix}$, $\boldsymbol{C}=\begin{pmatrix}2&2&-1\\3&1&2\\1&-2&3\end{pmatrix}$, 求$\boldsymbol{AC}^{\mathrm{T}}-(2\boldsymbol{CB})^{\mathrm{T}}$.

解 根据矩阵的转置与矩阵的线性运算, 得

$$\begin{aligned}\boldsymbol{AC}^{\mathrm{T}}-(2\boldsymbol{CB})^{\mathrm{T}}&=\boldsymbol{AC}^{\mathrm{T}}-2\boldsymbol{B}^{\mathrm{T}}\boldsymbol{C}^{\mathrm{T}}=(\boldsymbol{A}-2\boldsymbol{B}^{\mathrm{T}})\boldsymbol{C}^{\mathrm{T}}\\&=\begin{pmatrix}-1&0&-3\\0&-2&-3\\-3&0&-3\end{pmatrix}\begin{pmatrix}2&3&1\\2&1&-2\\-1&2&3\end{pmatrix}\\&=\begin{pmatrix}1&-9&-10\\-1&-8&-5\\-3&-15&-12\end{pmatrix}.\end{aligned}$$

六、方阵的幂

定义 6 设方阵$\boldsymbol{A}=(a_{ij})_{m\times n}$, 规定

$$\boldsymbol{A}^0=\boldsymbol{E},\ \boldsymbol{A}^k=\overbrace{\boldsymbol{A}\cdot\boldsymbol{A}\cdot\cdots\cdot\boldsymbol{A}}^{k个}\ (k为自然数),$$

$\boldsymbol{A}^k$称为$\boldsymbol{A}$的$\boldsymbol{k}$**次幂**.

方阵的幂满足以下运算规律:

(1) $\boldsymbol{A}^m\boldsymbol{A}^n=\boldsymbol{A}^{m+n}$ (m, n为非负整数); (2) $(\boldsymbol{A}^m)^n=\boldsymbol{A}^{mn}$.

方阵的幂是矩阵乘法的自然扩展, 类似于标量的指数运算, 它在图论、动力学、数据科学等领域有广泛应用, 也为分析和建模提供了强大的工具.

注: 一般地, $(\boldsymbol{AB})^m\neq\boldsymbol{A}^m\boldsymbol{B}^m$ (m为自然数). 但若$\boldsymbol{A}, \boldsymbol{B}$均为$n$阶方阵, 且$\boldsymbol{AB}=\boldsymbol{BA}$, 则可证明$(\boldsymbol{AB})^m=\boldsymbol{A}^m\boldsymbol{B}^m$, 其中$m$为自然数.

例 16 设$\boldsymbol{A}=\begin{pmatrix}\lambda&1&0\\0&\lambda&1\\0&0&\lambda\end{pmatrix}$, 求$\boldsymbol{A}^3$.

解 依题设, 根据方阵的幂运算与矩阵的乘法运算, 计算得

$$\boldsymbol{A}^2=\begin{pmatrix}\lambda&1&0\\0&\lambda&1\\0&0&\lambda\end{pmatrix}\begin{pmatrix}\lambda&1&0\\0&\lambda&1\\0&0&\lambda\end{pmatrix}=\begin{pmatrix}\lambda^2&2\lambda&1\\0&\lambda^2&2\lambda\\0&0&\lambda^2\end{pmatrix},$$

$$\boldsymbol{A}^3=\boldsymbol{A}^2\boldsymbol{A}=\begin{pmatrix}\lambda^2&2\lambda&1\\0&\lambda^2&2\lambda\\0&0&\lambda^2\end{pmatrix}\begin{pmatrix}\lambda&1&0\\0&\lambda&1\\0&0&\lambda\end{pmatrix}=\begin{pmatrix}\lambda^3&3\lambda^2&3\lambda\\0&\lambda^3&3\lambda^2\\0&0&\lambda^3\end{pmatrix}.$$

例 17 设$\boldsymbol{A}=\begin{pmatrix}a&0&0\\0&b&0\\0&0&c\end{pmatrix}$，求$\boldsymbol{A}^4$.

解 依题设，根据方阵的幂运算、矩阵的乘法运算与对角矩阵的性质，计算得

$$\boldsymbol{A}^2=\begin{pmatrix}a&0&0\\0&b&0\\0&0&c\end{pmatrix}\begin{pmatrix}a&0&0\\0&b&0\\0&0&c\end{pmatrix}=\begin{pmatrix}a^2&0&0\\0&b^2&0\\0&0&c^2\end{pmatrix},$$

$$\boldsymbol{A}^4=\boldsymbol{A}^2\boldsymbol{A}^2=\begin{pmatrix}a^2&0&0\\0&b^2&0\\0&0&c^2\end{pmatrix}\begin{pmatrix}a^2&0&0\\0&b^2&0\\0&0&c^2\end{pmatrix}=\begin{pmatrix}a^4&0&0\\0&b^4&0\\0&0&c^4\end{pmatrix}.$$

例 18 设$\boldsymbol{A}=\begin{pmatrix}0&1&0&0\\0&0&1&0\\0&0&0&1\\0&0&0&0\end{pmatrix}$，求$\boldsymbol{A}^3$.

解 依题设，根据方阵的幂运算与矩阵的乘法运算，计算得

$$\boldsymbol{A}^2=\begin{pmatrix}0&1&0&0\\0&0&1&0\\0&0&0&1\\0&0&0&0\end{pmatrix}\begin{pmatrix}0&1&0&0\\0&0&1&0\\0&0&0&1\\0&0&0&0\end{pmatrix}=\begin{pmatrix}0&0&1&0\\0&0&0&1\\0&0&0&0\\0&0&0&0\end{pmatrix},$$

$$\boldsymbol{A}^3=\boldsymbol{A}^2\boldsymbol{A}=\begin{pmatrix}0&0&1&0\\0&0&0&1\\0&0&0&0\\0&0&0&0\end{pmatrix}\begin{pmatrix}0&1&0&0\\0&0&1&0\\0&0&0&1\\0&0&0&0\end{pmatrix}=\begin{pmatrix}0&0&0&1\\0&0&0&0\\0&0&0&0\\0&0&0&0\end{pmatrix}.$$

例 19 给出如图2-2-4所示的有向图，写出与此有向图相关联的矩阵，并找出从2到4的三步方法数和五步方法数.

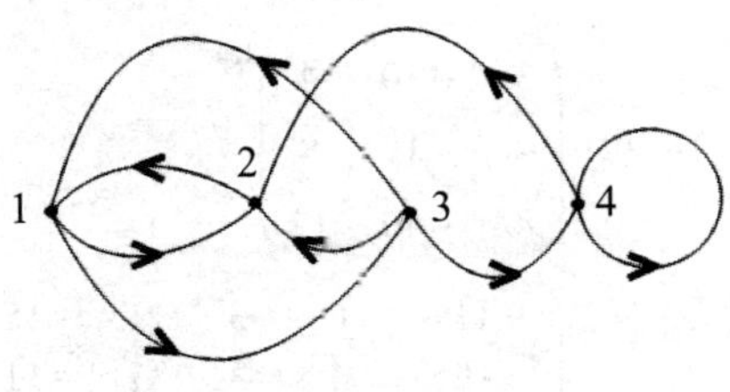

图 2-2-4

解 根据图中的有向图，其邻接矩阵为：

$$\boldsymbol{A}=\begin{pmatrix}0&1&1&0\\1&0&0&0\\1&1&0&1\\0&1&0&1\end{pmatrix}.$$

要找到答案，只需要计算这个矩阵的三次幂，并查看第2行第4列的值. 根据方阵的幂运

算与矩阵的乘法运算, 计算得

$$A^3=\begin{pmatrix}0&1&1&0\\1&0&0&0\\1&1&0&1\\0&1&0&1\end{pmatrix}^3=\begin{pmatrix}1&3&2&1\\2&1&0&1\\3&3&1&2\\1&2&1&1\end{pmatrix},$$

所以, 从2到4的三步方法只有1种. 同理

$$A^5=\begin{pmatrix}0&1&1&0\\1&0&0&0\\1&1&0&1\\0&1&0&1\end{pmatrix}^5=\begin{pmatrix}5&9&5&4\\5&4&1&3\\9&10&4&6\\4&6&3&3\end{pmatrix},$$

所以, 从2到4的五步方法有3种.

注: 利用数学归纳法, 对任意正整数 n, 可以证明(详见本节习题12(3)):

$$\begin{pmatrix}a&0&0\\0&b&0\\0&0&c\end{pmatrix}^n=\begin{pmatrix}a^n&0&0\\0&b^n&0\\0&0&c^n\end{pmatrix}.$$

更一般地, 对于任意实对角矩阵, 我们还可以证明:

$$\begin{pmatrix}a_1&0&\cdots&0\\0&a_2&\cdots&0\\\vdots&\vdots&&\vdots\\0&0&\cdots&a_m\end{pmatrix}^n=\begin{pmatrix}a_1^n&0&\cdots&0\\0&a_2^n&\cdots&0\\\vdots&\vdots&&\vdots\\0&0&\cdots&a_m^n\end{pmatrix}.$$

这个结论在本书后续内容的学习中有着重要的应用.

*数学实验

实验 2.2　试计算下列方阵的幂.

(1) $\begin{pmatrix}0.95&0.12\\0.05&0.88\end{pmatrix}^{20}$;

(2) $\begin{pmatrix}3&-10&4\\4&-19&8\\8&-40&17\end{pmatrix}^{120}$;

(3) $\begin{pmatrix}-11&6&3&1&-15&29\\-9&4&3&1&-11&17\\56&-38&-7&-2&65&-153\\48&-30&-9&-2&57&-123\\54&-36&-9&-3&65&-144\\18&-12&-3&-1&21&-46\end{pmatrix}^9$.

计算实验

微信扫描右侧的二维码即可进行计算实验 (详见教材配套的网络学习空间).

七、方阵的行列式

定义 7 由n阶方阵$\boldsymbol{A}$的元素所构成的行列式(各元素的位置不变), 称为**方阵$\boldsymbol{A}$的行列式**, 记作$|\boldsymbol{A}|$或$\det\boldsymbol{A}$.

注: 方阵与行列式是两个不同的概念, n阶方阵是n^2个数按一定方式排成的数表, 而n阶行列式则是这些数按一定的运算法则所确定的一个数值(实数或复数).

方阵$\boldsymbol{A}$的行列式$|\boldsymbol{A}|$满足以下运算规律(设$\boldsymbol{A}, \boldsymbol{B}$为$n$阶方阵, k为常数):

(1) $|\boldsymbol{A}^{\mathrm{T}}|=|\boldsymbol{A}|$ (行列式性质1); (2) $|k\boldsymbol{A}|=k^n|\boldsymbol{A}|$; (3) $|\boldsymbol{AB}|=|\boldsymbol{A}||\boldsymbol{B}|$.

证明 (1) (2)显然, 现证明(3). 设$\boldsymbol{A}=(a_{ij})$, $\boldsymbol{B}=(b_{ij})$, 构建$2n$阶行列式

$$D=\begin{vmatrix} a_{11} & \cdots & a_{1n} & & & \\ \vdots & & \vdots & & \boldsymbol{O} & \\ a_{n1} & \cdots & a_{nn} & & & \\ -1 & & & b_{11} & \cdots & b_{1n} \\ & \ddots & & \vdots & & \vdots \\ & & -1 & b_{n1} & \cdots & b_{nn} \end{vmatrix}=\begin{vmatrix} \boldsymbol{A} & \boldsymbol{O} \\ -\boldsymbol{E} & \boldsymbol{B} \end{vmatrix},$$

由拉普拉斯定理知, $D=|\boldsymbol{A}||\boldsymbol{B}|$. 而在行列式$D$中以$b_{1j}$乘第1列, b_{2j}乘第2列, $\cdots$, b_{nj}乘第n列, 都加到第$n+j$列上($j=1, 2, \cdots, n$), 得

$$D=\begin{vmatrix} \boldsymbol{A} & \boldsymbol{C} \\ -\boldsymbol{E} & \boldsymbol{O} \end{vmatrix},$$

其中$\boldsymbol{C}=(c_{ij})$, $c_{ij}=b_{1j}a_{i1}+b_{2j}a_{i2}+\cdots+b_{nj}a_{in}$, 所以, $\boldsymbol{C}=\boldsymbol{AB}$.

再对D的行作变换$r_i \leftrightarrow r_{n+i}$ ($i=1, 2, \cdots, n$), 进一步计算得

$$D=(-1)^n\begin{vmatrix} -\boldsymbol{E} & \boldsymbol{O} \\ \boldsymbol{A} & \boldsymbol{C} \end{vmatrix}=(-1)^n|-\boldsymbol{E}||\boldsymbol{C}|=(-1)^n(-1)^n|\boldsymbol{C}|=|\boldsymbol{C}|=|\boldsymbol{AB}|,$$

所以, $|\boldsymbol{AB}|=|\boldsymbol{A}||\boldsymbol{B}|$. 证毕.

注: 由方阵的行列式的运算规律(3)知, 对于n阶矩阵$\boldsymbol{A}, \boldsymbol{B}$, 虽然一般$\boldsymbol{AB}\neq\boldsymbol{BA}$, 但

$$|\boldsymbol{AB}|=|\boldsymbol{A}||\boldsymbol{B}|=|\boldsymbol{B}||\boldsymbol{A}|=|\boldsymbol{BA}|.$$

例20 设$\boldsymbol{A}^2+\boldsymbol{AB}-\boldsymbol{A}=\boldsymbol{O}$, 其中$\boldsymbol{A}=\begin{pmatrix} 1 & -1 & -1 & -1 \\ -1 & 1 & -1 & -1 \\ -1 & -1 & 1 & -1 \\ -1 & -1 & -1 & 1 \end{pmatrix}$, 求$|\boldsymbol{AB}|$的值.

解　根据矩阵的乘法运算与线性运算, 计算得

$$A^2=A\cdot A=\begin{pmatrix}1&-1&-1&-1\\-1&1&-1&-1\\-1&-1&1&-1\\-1&-1&-1&1\end{pmatrix}\begin{pmatrix}1&-1&-1&-1\\-1&1&-1&-1\\-1&-1&1&-1\\-1&-1&-1&1\end{pmatrix}=4E,$$

$$AB=A-4E=\begin{pmatrix}-3&-1&-1&-1\\-1&-3&-1&-1\\-1&-1&-3&-1\\-1&-1&-1&-3\end{pmatrix},$$

再利用方阵的行列式的运算规律, 得

$$|AB|=6\begin{vmatrix}1&1&1&1\\1&3&1&1\\1&1&3&1\\1&1&1&3\end{vmatrix}=6\begin{vmatrix}1&1&1&1\\0&2&0&0\\0&0&2&0\\0&0&0&2\end{vmatrix}=6\times1\times2\times2\times2=48.$$

例 21　设 $A=\begin{pmatrix}1&2&-3&1\\1&-2&1&1\\0&1&-1&2\\3&0&2&4\end{pmatrix}$, 求行列式 $|A^2|$ 的值.

解　根据 n 阶行列式的计算方法, 得

$$|A|=\begin{vmatrix}1&2&-3&1\\1&-2&1&1\\0&1&-1&2\\3&0&2&4\end{vmatrix}=40,$$

再利用方阵的行列式及其运算规律, 得

$$|A^2|=|A|^2=1\,600.$$

例 22　设 $\alpha, \beta, \gamma_1, \gamma_2$ 均为三维行向量, 矩阵

$$A=\begin{pmatrix}\alpha\\2\gamma_1\\3\gamma_2\end{pmatrix},\ B=\begin{pmatrix}\beta\\\gamma_1\\\gamma_2\end{pmatrix},$$

已知 $|A|=18, |B|=2$, 求 $|A-B|$.

解　根据矩阵的线性运算, 得

$$A-B=\begin{pmatrix}\alpha-\beta\\\gamma_1\\2\gamma_2\end{pmatrix},$$

再由方阵行列式的运算规律, 得

$$|\boldsymbol{A}-\boldsymbol{B}|=\begin{vmatrix}\boldsymbol{\alpha}-\boldsymbol{\beta}\\ \gamma_1\\ 2\gamma_2\end{vmatrix}=\begin{vmatrix}\boldsymbol{\alpha}\\ \gamma_1\\ 2\gamma_2\end{vmatrix}-\begin{vmatrix}\boldsymbol{\beta}\\ \gamma_1\\ 2\gamma_2\end{vmatrix}=\begin{vmatrix}\boldsymbol{\alpha}\\ 2\gamma_1\\ \gamma_2\end{vmatrix}-2\begin{vmatrix}\boldsymbol{\beta}\\ \gamma_1\\ \gamma_2\end{vmatrix}$$

$$=\frac{1}{3}\begin{vmatrix}\boldsymbol{\alpha}\\ 2\gamma_1\\ 3\gamma_2\end{vmatrix}-2\begin{vmatrix}\boldsymbol{\beta}\\ \gamma_1\\ \gamma_2\end{vmatrix}=\frac{1}{3}|\boldsymbol{A}|-2|\boldsymbol{B}|=2.$$

例 23 设 a, b, c, d 是不全为零的实数, 证明线性方程组

$$\begin{cases}ax_1+bx_2+cx_3+dx_4=0\\ bx_1-ax_2+dx_3-cx_4=0\\ cx_1-dx_2-ax_3+bx_4=0\\ dx_1+cx_2-bx_3-ax_4=0\end{cases}$$

仅有零解.

证明 题设线性方程组的系数矩阵

$$\boldsymbol{A}=\begin{pmatrix}a&b&c&d\\ b&-a&d&-c\\ c&-d&-a&b\\ d&c&-b&-a\end{pmatrix},$$

因此, 利用矩阵的转置与矩阵的乘法运算, 计算得

$$\boldsymbol{A}\boldsymbol{A}^{\mathrm{T}}=\begin{pmatrix}a&b&c&d\\ b&-a&d&-c\\ c&-d&-a&b\\ d&c&-b&-a\end{pmatrix}\begin{pmatrix}a&b&c&d\\ b&-a&-d&c\\ c&d&-a&-b\\ d&-c&b&-a\end{pmatrix}$$

$$=\begin{pmatrix}a^2+b^2+c^2+d^2&0&0&0\\ 0&a^2+b^2+c^2+d^2&0&0\\ 0&0&a^2+b^2+c^2+d^2&0\\ 0&0&0&a^2+b^2+c^2+d^2\end{pmatrix}$$

进一步利用行列式的性质 1 与方阵的行列式的运算规律, 有

$$|\boldsymbol{A}|^2=|\boldsymbol{A}||\boldsymbol{A}^{\mathrm{T}}|=|\boldsymbol{A}\boldsymbol{A}^{\mathrm{T}}|=(a^2+b^2+c^2+d^2)^4 .$$

因题设 a, b, c, d 是不全为零的实数, 故 $|\boldsymbol{A}|^2\neq 0$. 从而 $|\boldsymbol{A}|\neq 0$, 根据克莱姆法则知, 线性方程组仅有零解. 证毕.

*数学实验

实验 2.3　试计算下列行列式(详见教材配套的网络学习空间):

$$
(1)\begin{vmatrix}
0 & 1 & 0 & 3 & 0 & 0 & 0 & 0\\
0 & 0 & 0 & 2 & 0 & 0 & 0 & 6\\
0 & 0 & 4 & 0 & 0 & 8 & 0 & 0\\
3 & 0 & 0 & 0 & 4 & 0 & 7 & 0\\
0 & 6 & 0 & 0 & 0 & 0 & 8 & 0\\
0 & 0 & 2 & 0 & 7 & 0 & 9 & 0\\
5 & 0 & 0 & 1 & 0 & 0 & 0 & 0\\
0 & 0 & 2 & 0 & 0 & 9 & 0 & 3
\end{vmatrix};\quad
(2)\begin{vmatrix}
7 & 6 & 2 & 2 & 3 & 1 & 1 & 0\\
9 & 1 & 6 & 3 & 3 & 4 & 8 & 9\\
3 & 8 & 3 & 0 & 0 & 1 & 1 & 0\\
0 & 2 & 3 & 0 & 2 & 4 & 6 & 5\\
0 & 1 & 8 & 3 & 1 & 4 & 3 & 6\\
1 & 1 & 1 & 5 & 5 & 4 & 9 & 7\\
6 & 4 & 5 & 8 & 2 & 3 & 0 & 0\\
1 & 3 & 5 & 0 & 3 & 0 & 2 & 2
\end{vmatrix}.
$$

计算实验

实验 2.4　试通过下列方程组的系数行列式, 判断下列方程组解的情况.

$$
(1)\begin{cases}
5x_2+x_3+6x_4+3x_5+x_6+x_7+2x_8=1\\
4x_1+x_2+7x_4+x_5+2x_7=2\\
x_1+x_2+x_4+x_7+x_8=7\\
6x_1+x_4+x_5+x_6+x_7+x_8=2\\
5x_2+x_4+4x_6+x_7+3x_8=3\\
x_2+6x_4=1\\
x_2+x_3+x_4+7x_5+2x_7+6x_8=8\\
x_2+7x_5+3x_8=5
\end{cases};
$$

计算实验

$$
(2)\begin{cases}
(1-k)x_1+(1+k)x_2-2x_3+3x_4+x_5-6x_6+4x_7-x_8=-1\\
(3-k)x_3+x_4-x_5+2x_6+3x_7+(5-k)x_8=11\\
(1-k)x_1+3x_2-x_3+2x_4+3x_5-3x_6+x_7+(8-k)x_8=9\\
(3-k)x_3+x_4-x_5+2x_6+3x_7-3x_8=3\\
(k-2)x_2-x_3+(5-k)x_4+(k-6)x_5-5x_6+(k+3)x_7-x_8=-10\\
(6-k)x_6+x_7-x_8=6\\
(2-k)x_2+x_3-x_4+(7-k)x_5+4x_6+(k-11)x_7-2x_8=0\\
(7-k)x_7+x_8=7
\end{cases}.
$$

微信扫描右侧相应的二维码即可进行计算实验 (详见教材配套的网络学习空间).

八、对称矩阵

定义 8　设 $\boldsymbol{A}$ 为 n 阶方阵, 若 $\boldsymbol{A}^{\mathrm{T}}=\boldsymbol{A}$, 即 $a_{ij}=a_{ji}\ (i,j=1,2,\cdots,n)$, 则称 $\boldsymbol{A}$ 为**对称矩阵**.

由定义可见, 对称矩阵的元素关于主对角线对称, 这种对称性使得对称矩阵在理论分析和实际应用中占据着核心地位. 例如, 在物理学与工程领域中, 对称矩阵常用于描述系统的能量、惯性张量和刚度. 在机器学习与数据科学中, 用于分析变量间相关性的协方差矩阵是典型的对称矩阵. 在图论中, 无向图的邻接矩阵即为对称矩阵. 总之, 对称矩阵因其对称特性, 在数学建模、科学计算和数据分析中广泛应用.

例如, 矩阵 $\begin{pmatrix} 0 & -1 \\ -1 & 0 \end{pmatrix}$, $\begin{pmatrix} 8 & 6 & 1 \\ 6 & 9 & 0 \\ 1 & 0 & 5 \end{pmatrix}$ 均为对称矩阵.

若 $\boldsymbol{A}^{\mathrm{T}} = -\boldsymbol{A}$, 则称 $\boldsymbol{A}$ 为**反对称矩阵**.

例 24 设 $\boldsymbol{A}$ 与 $\boldsymbol{B}$ 是两个 n 阶反对称矩阵, 证明: 当且仅当 $\boldsymbol{AB} = -\boldsymbol{BA}$ 时, $\boldsymbol{AB}$ 是反对称矩阵.

证明 因 $\boldsymbol{A}$ 与 $\boldsymbol{B}$ 是反对称矩阵, 故

$$\boldsymbol{A} = -\boldsymbol{A}^{\mathrm{T}}, \ \boldsymbol{B}^{\mathrm{T}} = -\boldsymbol{B}.$$

若 $\boldsymbol{AB} = -\boldsymbol{BA}$, 则利用矩阵转置的运算规律, 有

$$(\boldsymbol{AB})^{\mathrm{T}} = \boldsymbol{B}^{\mathrm{T}}\boldsymbol{A}^{\mathrm{T}} = -\boldsymbol{B}(-\boldsymbol{A}) = \boldsymbol{BA} = -\boldsymbol{AB},$$

即 $\boldsymbol{AB}$ 是反对称矩阵.

反之, 若 $\boldsymbol{AB}$ 是反对称矩阵, 即 $(\boldsymbol{AB})^{\mathrm{T}} = -\boldsymbol{AB}$, 由此证得:

$$\boldsymbol{AB} = -(\boldsymbol{AB})^{\mathrm{T}} = -\boldsymbol{B}^{\mathrm{T}}\boldsymbol{A}^{\mathrm{T}} = -(-\boldsymbol{B})(-\boldsymbol{A}) = -\boldsymbol{BA}.$$

例 25 设列矩阵 $\boldsymbol{X} = (x_1, x_2, \cdots, x_n)^{\mathrm{T}}$ 满足 $\boldsymbol{X}^{\mathrm{T}}\boldsymbol{X} = 1$, $\boldsymbol{E}$ 为 n 阶单位矩阵, 而

$$\boldsymbol{H} = \boldsymbol{E} - 2\boldsymbol{XX}^{\mathrm{T}},$$

试证: $\boldsymbol{H}$ 是对称矩阵, 且 $\boldsymbol{HH}^{\mathrm{T}} = \boldsymbol{E}$.

证明 依题设, 利用矩阵转置的运算规律, 有

$$\boldsymbol{H}^{\mathrm{T}} = (\boldsymbol{E} - 2\boldsymbol{XX}^{\mathrm{T}})^{\mathrm{T}} = \boldsymbol{E}^{\mathrm{T}} - 2(\boldsymbol{XX}^{\mathrm{T}})^{\mathrm{T}} = \boldsymbol{E} - 2\boldsymbol{XX}^{\mathrm{T}} = \boldsymbol{H},$$

所以, $\boldsymbol{H}$ 是对称矩阵, 由此证得:

$$\boldsymbol{HH}^{\mathrm{T}} = \boldsymbol{H}^2 = (\boldsymbol{E} - 2\boldsymbol{XX}^{\mathrm{T}})^2 = \boldsymbol{E} - 4\boldsymbol{XX}^{\mathrm{T}} + 4(\boldsymbol{XX}^{\mathrm{T}})(\boldsymbol{XX}^{\mathrm{T}}) = \boldsymbol{E} - 4\boldsymbol{XX}^{\mathrm{T}} + 4\boldsymbol{X}(\boldsymbol{X}^{\mathrm{T}}\boldsymbol{X})\boldsymbol{X}^{\mathrm{T}} = \boldsymbol{E}.$$

九、共轭矩阵

定义 9 设 $\boldsymbol{A} = (a_{ij})$ 为复 (数) 矩阵, 记 $\overline{\boldsymbol{A}} = (\overline{a_{ij}})$, 其中 $\overline{a_{ij}}$ 表示 a_{ij} 的共轭复数, 称 $\overline{\boldsymbol{A}}$ 为矩阵 $\boldsymbol{A}$ 的**共轭矩阵**.

共轭矩阵满足以下运算规律 (设 $\boldsymbol{A}$, $\boldsymbol{B}$ 为复矩阵, λ 为复数, 且运算都是可行的):

(1) $\overline{\boldsymbol{A}+\boldsymbol{B}} = \overline{\boldsymbol{A}} + \overline{\boldsymbol{B}}$; (2) $\overline{\lambda \boldsymbol{A}} = \overline{\lambda}\,\overline{\boldsymbol{A}}$; (3) $\overline{\boldsymbol{AB}} = \overline{\boldsymbol{A}}\,\overline{\boldsymbol{B}}$; (4) $\overline{(\boldsymbol{A}^{\mathrm{T}})} = (\overline{\boldsymbol{A}})^{\mathrm{T}}$.

习题 2-2

1. 计算:

(1) $\begin{pmatrix} 1 & 6 & 4 \\ -4 & 2 & 8 \end{pmatrix} + \begin{pmatrix} -2 & 0 & 1 \\ 2 & -3 & 4 \end{pmatrix}$; (2) $\begin{pmatrix} 1 & 2 \\ 0 & 1 \end{pmatrix} - \begin{pmatrix} 2 & -2 \\ 0 & 3 \end{pmatrix}$.

2. 设$\boldsymbol{A}=\begin{pmatrix}1&2&1&2\\2&1&2&1\\1&2&3&4\end{pmatrix}$, $\boldsymbol{B}=\begin{pmatrix}4&3&2&1\\-2&1&-2&1\\0&-1&0&-1\end{pmatrix}$, 计算:

(1) $3\boldsymbol{A}-\boldsymbol{B}$;　　(2) $2\boldsymbol{A}+3\boldsymbol{B}$;　　(3) 若$\boldsymbol{X}$满足$\boldsymbol{A}+\boldsymbol{X}=\boldsymbol{B}$, 求$\boldsymbol{X}$.

3. 设$\boldsymbol{A}=\begin{pmatrix}x&0\\7&y\end{pmatrix}$, $\boldsymbol{B}=\begin{pmatrix}u&v\\y&2\end{pmatrix}$, $\boldsymbol{C}=\begin{pmatrix}3&-4\\x&v\end{pmatrix}$, 且$\boldsymbol{A}+2\boldsymbol{B}-\boldsymbol{C}=\boldsymbol{O}$, 求$x, y, u, v$的值.

4. 计算:

(1) $\begin{pmatrix}4&3&1\\1&-2&3\\5&7&0\end{pmatrix}\begin{pmatrix}7\\2\\1\end{pmatrix}$;　　(2) $(1\ \ 2\ \ 3)\begin{pmatrix}3\\2\\1\end{pmatrix}$;　　(3) $\begin{pmatrix}3\\2\\1\end{pmatrix}(1\ \ 2\ \ 3)$;

(4) $\begin{pmatrix}1&2&3\\2&4&6\\3&6&9\end{pmatrix}\begin{pmatrix}-1&-2&-4\\-1&-2&-4\\1&2&4\end{pmatrix}$　　(5) $\begin{pmatrix}1&2&3\\-2&1&2\end{pmatrix}\begin{pmatrix}1&2&0\\0&1&1\\3&0&-1\end{pmatrix}$;

(6) $\begin{pmatrix}\frac{2}{\sqrt{5}}&\frac{1}{\sqrt{5}}\\\frac{1}{\sqrt{5}}&-\frac{2}{\sqrt{5}}\end{pmatrix}\begin{pmatrix}\frac{1}{\sqrt{5}}&-\frac{2}{\sqrt{5}}\\\frac{2}{\sqrt{5}}&\frac{1}{\sqrt{5}}\end{pmatrix}$　　(7) $(x_1\ \ x_2\ \ x_3)\begin{pmatrix}a_{11}&a_{12}&a_{13}\\a_{12}&a_{22}&a_{23}\\a_{13}&a_{23}&a_{33}\end{pmatrix}\begin{pmatrix}x_1\\x_2\\x_3\end{pmatrix}$;

(8) $\begin{pmatrix}1&-2&3\\3&2&-1\\2&3&1\end{pmatrix}\begin{pmatrix}1&0&0\\0&3&0\\0&0&2\end{pmatrix}+\begin{pmatrix}1&0&0\\0&3&0\\0&0&2\end{pmatrix}\begin{pmatrix}3&2&1\\1&-2&1\\2&3&3\end{pmatrix}$.

5. 设$\boldsymbol{A}=\begin{pmatrix}1&1&1\\1&1&-1\\1&-1&1\end{pmatrix}$, $\boldsymbol{B}=\begin{pmatrix}1&2&3\\-1&-2&4\\0&5&1\end{pmatrix}$, 求$3\boldsymbol{AB}-2\boldsymbol{A}$及$\boldsymbol{A}^{\mathrm{T}}\boldsymbol{B}$.

6. 设有线性变换$\boldsymbol{y}=\boldsymbol{Ax}$, 其中系数矩阵$\boldsymbol{A}$分别取$\begin{pmatrix}1&0\\0&0\end{pmatrix}$, $\begin{pmatrix}1&0\\0&-1\end{pmatrix}$时, 试求出向量 $\boldsymbol{x}=\begin{pmatrix}1\\1\end{pmatrix}$ 在相应变换下对应的新变量$\boldsymbol{y}$, 并指出该变换的几何意义.

7. 已知两个线性变换

$$\begin{cases}x_1=2y_1+y_3\\x_2=-2y_1+3y_2+2y_3,\\x_3=4y_1+y_2+5y_3\end{cases}\quad\begin{cases}y_1=-3z_1+z_2\\y_2=2z_1+z_3,\\y_3=-z_2+3z_3\end{cases}$$

求从z_1, z_2, z_3到x_1, x_2, x_3的线性变换.

8. 设$\boldsymbol{A}=\begin{pmatrix}\cos\varphi&-\sin\varphi\\\sin\varphi&\cos\varphi\end{pmatrix}$, $\boldsymbol{x}$为平面上一向量, 试讨论线性变换$\boldsymbol{y}=\boldsymbol{Ax}$的几何意义.

9. 解下列矩阵方程, 求出未知矩阵$\boldsymbol{X}$.

(1) $\begin{pmatrix}2&5\\1&3\end{pmatrix}\boldsymbol{X}=\begin{pmatrix}4&-6\\2&1\end{pmatrix}$;　　(2) $\begin{pmatrix}1&1&-1\\-2&1&1\\1&1&1\end{pmatrix}\boldsymbol{X}=\begin{pmatrix}2\\3\\6\end{pmatrix}$.

10. 设$A=\begin{pmatrix}1&1\\0&1\end{pmatrix}$，求所有与$A$可交换的矩阵.

11. 已知$A=(a_{ij})$为n阶方阵，写出:

(1) A^2的第k行第l列元素; (2) AA^{T}的第k行第l列元素.

12. 计算下列矩阵 (其中n为正整数).

(1) $\begin{pmatrix}1&1\\0&0\end{pmatrix}^n$; (2) $\begin{pmatrix}1&0\\\lambda&1\end{pmatrix}^n$; (3) $\begin{pmatrix}a&0&0\\0&b&0\\0&0&c\end{pmatrix}^n$; (4) $\begin{pmatrix}\lambda&1&0\\0&\lambda&1\\0&0&\lambda\end{pmatrix}^n$.

13. 设$A=\begin{pmatrix}0&-1&0\\1&0&0\\0&0&-1\end{pmatrix}$，求$A^2$, A^4.

14. 已知$\alpha=(1,2,3)$, $\beta=\left(1,\frac{1}{2},\frac{1}{3}\right)$，设矩阵$A=\alpha^{\mathrm{T}}\beta$. 其中$\alpha^{\mathrm{T}}$是$\alpha$的转置，求$A^n$ (n为正整数).

15. 计算行列式$D=\begin{vmatrix}a&b&c&d\\-b&a&-d&c\\-c&d&a&-b\\-d&-c&b&a\end{vmatrix}$.

16. 设$A^2+AB-A^3=E$, $A=\begin{pmatrix}1&-1&-1&-1\\-1&1&-1&-1\\-1&-1&1&-1\\-1&-1&-1&1\end{pmatrix}$，求$|AB|$.

17. 设A是n阶矩阵，满足$AA^{\mathrm{T}}=E$, $|A|<1$，证明$|A+E|=0$.

18. 设$A=\begin{pmatrix}1&2\\2&0\\1&-1\\-2&3\end{pmatrix}$, $B=\begin{pmatrix}0&3&1&-2\\1&2&0&-1\end{pmatrix}$，求$|-AB|$和$|BA|$.

19. 设二阶矩阵$A=(\alpha\ \ \beta)$, $B=\alpha\beta^{\mathrm{T}}-\beta\alpha^{\mathrm{T}}$. 若$|A|=-2$，求$|B|$.

20. 设A, B都是n阶对称矩阵，证明AB为对称矩阵的充分必要条件是$AB=BA$.

21. 证明: 对任意$m\times n$矩阵A, $A^{\mathrm{T}}A$及AA^{T}都是对称矩阵.

22. 已知$A=\begin{pmatrix}0&2a-3b+c&3a-5b+5c\\-2&0&5a-8b+6c\\-3&-5&d\end{pmatrix}$是反对称矩阵，求$a,b,c,d$的值.

23. 设矩阵A为三阶方阵，且已知$|A|=m$，求$|-mA|$.

24. 下表记录了一家服装店9月和10月的单位销售额. 设A表示9月销售额的4×3矩阵，B表示10月销售额的4×3矩阵.

	9月			10月		
	小	中	大	小	中	大
衬衫	53	72	61	43	56	38
牛仔裤	45	56	50	23	31	30
西装	22	45	39	11	15	13
雨衣	18	25	21	10	16	12

(1) 矩阵 $\boldsymbol{A}+\boldsymbol{B}$ 和 $\boldsymbol{A}-\boldsymbol{B}$ 分别代表什么?

(2) 求一个列向量 $\boldsymbol{x}$, 使 $\boldsymbol{Ax}$ 表示 9 月销售的衬衫、牛仔裤、西装和雨衣的数量列表;

(3) 求一个行向量 $\boldsymbol{y}$, 使 $\boldsymbol{yA}$ 表示 9 月销售的小号、中号和大号商品的数量列表;

(4) 对于(2) (3)所得向量, $\boldsymbol{yAx}$ 代表什么?

25. 假设A类物品单价为1万元, B类物品单价为2万元, C类物品单价为3万元. 下表记录了一年前四个月购买的每种物品的数量 (单位: 件):

	A类	B类	C类
1月	3	4	3
2月	5	6	0
3月	2	9	4
4月	1	1	7

问乘积 $\begin{pmatrix} 3 & 4 & 3 \\ 5 & 6 & 0 \\ 2 & 9 & 4 \\ 1 & 1 & 7 \end{pmatrix}\begin{pmatrix} 1 \\ 2 \\ 3 \end{pmatrix}$ 代表什么?

26. 某公司为了技术更新, 计划对职工实行分批脱产轮训. 已知该公司现有 2 000 人正在脱产轮训, 而不脱产职工有 8 000 人. 若每年从不脱产职工中抽调 30% 的人脱产轮训, 同时又有 60% 脱产轮训的职工结业回到生产岗位. 设职工总数不变, 令

$$\boldsymbol{A}=\begin{pmatrix} 0.7 & 0.6 \\ 0.3 & 0.4 \end{pmatrix},\ \boldsymbol{X}=\begin{pmatrix} 8\,000 \\ 2\,000 \end{pmatrix},$$

用 $\boldsymbol{A}$ 与 $\boldsymbol{X}$ 通过矩阵运算表示 1 年后和 2 年后的职工状况, 并据此计算届时不脱产职工与脱产职工各有多少人.

27. 一家工厂生产三种产品并将它们运送到两个仓库进行存储. 运送到每个仓库的每种产品的数量由矩阵 $\boldsymbol{A}=\begin{pmatrix} 200 & 75 \\ 150 & 100 \\ 100 & 125 \end{pmatrix}$ 给出(其中 a_{ij} 是运送到仓库 j 的产品 i 的数量, 产品按字母顺序排列). 用卡车运送每单位产品的成本分别为 2.50 元、2.00 元和 3.00 元, 通过火车运输的相应单位成本分别为 2.75 元、2.50 元和 2.00 元. 将这些成本组织成矩阵 $\boldsymbol{B}$, 然后使用矩阵乘法来比较通过卡车和火车将产品运送到两个仓库的成本.

28. 在某个乳品超市, 矩阵 $\boldsymbol{A}$ 显示了某周的周五、周六和周日销售的高钙牛奶、全脂牛奶和脱脂牛奶的升数, 而矩阵 $\boldsymbol{B}$ 给出了销售的三种牛奶每升的销售价格和每升的利润.

$$\boldsymbol{A}=\begin{pmatrix}40&64&52\\60&82&76\\76&96&84\end{pmatrix},\ \boldsymbol{B}=\begin{pmatrix}3.32&1.32\\3.22&1.07\\3.12&0.92\end{pmatrix}.$$

(1) 求矩阵 $\boldsymbol{AB}$, 并说明 $\boldsymbol{AB}$ 的含义;

(2) 求出这家乳品超市周五至周日的总利润.

29. 一位医学研究人员正在研究病毒在1 000只实验室小鼠群体中的传播情况. 在任何一周内, 感染病毒的小鼠战胜病毒的概率为80%, 而在同一周内, 未感染病毒的小鼠被感染的概率为10%. 目前有100只小鼠感染了该病毒. 下周会有多少只小鼠被感染? 两周后会有多少只?

30. 制造厂的市场研究部门确定, 在任何一个月购买工厂产品的人中, 有 20% 的人不会在下个月购买该产品. 另外, 在任何一个月不购买该产品的人中, 30% 的人会在下个月购买该产品. 在1 000 人的群体中, 本月有100 人购买了该产品. 下个月会有多少人购买该产品? 2 个月后呢?

§2.3 逆矩阵

一、逆矩阵的概念

回顾一下实数的乘法逆元, 对于数 $a\neq 0$, 总存在唯一的乘法逆元 a^{-1}, 使得

$$a\cdot a^{-1}=1 \text{ 且 } a^{-1}\cdot a=1. \tag{3.1}$$

数的逆在解方程中起着重要作用. 例如, 解一元一次方程 $ax=b$, 当 $a\neq 0$ 时, 其解为 $x=a^{-1}b$.

由于矩阵乘法不满足交换律, 因此将逆元的概念推广到矩阵时, 式 (3.1) 中的两个方程需同时满足. 此外, 根据两矩阵乘积的定义, 仅当我们所讨论的矩阵是方阵时, 才有可能得到一个完全的推广.

定义 1 对于 n 阶矩阵 $\boldsymbol{A}$, 若存在一个 n 阶矩阵 $\boldsymbol{B}$, 使得 $\boldsymbol{AB}=\boldsymbol{BA}=\boldsymbol{E}$, 则称矩阵 $\boldsymbol{A}$ 为**可逆矩阵**, 而矩阵 $\boldsymbol{B}$ 称为 $\boldsymbol{A}$ 的**逆矩阵**. 矩阵 $\boldsymbol{A}$ 的逆矩阵常记为 $\boldsymbol{A}^{-1}$.

注: 对于 n 阶矩阵 $\boldsymbol{A}$ 与 $\boldsymbol{B}$, 若 $\boldsymbol{AB}=\boldsymbol{BA}=\boldsymbol{E}$, 则称矩阵 $\boldsymbol{A}$ 与 $\boldsymbol{B}$ 互为**逆矩阵**, 又称矩阵 $\boldsymbol{A}$ 与 $\boldsymbol{B}$ 是**互逆**的.

例如, 矩阵 $\begin{pmatrix}1&2&4\\0&1&2\\1&0&1\end{pmatrix}$ 和 $\begin{pmatrix}1&-2&0\\2&-3&-2\\-1&2&1\end{pmatrix}$ 是互逆的, 因为

$$\begin{pmatrix}1&2&4\\0&1&2\\1&0&1\end{pmatrix}\begin{pmatrix}1&-2&0\\2&-3&-2\\-1&2&1\end{pmatrix}=\begin{pmatrix}1&0&0\\0&1&0\\0&0&1\end{pmatrix},$$

$$\begin{pmatrix} 1 & -2 & 0 \\ 2 & -3 & -2 \\ -1 & 2 & 1 \end{pmatrix}\begin{pmatrix} 1 & 2 & 4 \\ 0 & 1 & 2 \\ 1 & 0 & 1 \end{pmatrix}=\begin{pmatrix} 1 & 0 & 0 \\ 0 & 1 & 0 \\ 0 & 0 & 1 \end{pmatrix}.$$

命题 1 若矩阵 $\boldsymbol{A}$ 是可逆的，则 $\boldsymbol{A}$ 的逆矩阵是唯一的.

事实上，设 $\boldsymbol{B}$ 和 $\boldsymbol{C}$ 都是 $\boldsymbol{A}$ 的逆矩阵，则有

$$\boldsymbol{AB}=\boldsymbol{BA}=\boldsymbol{E},\ \boldsymbol{AC}=\boldsymbol{CA}=\boldsymbol{E},\ \boldsymbol{B}=\boldsymbol{EB}=(\boldsymbol{CA})\boldsymbol{B}=\boldsymbol{C}(\boldsymbol{AB})=\boldsymbol{CE}=\boldsymbol{C},$$

所以，矩阵 $\boldsymbol{A}$ 的逆矩阵唯一，记为 $\boldsymbol{A}^{-1}$.

定义 2 若 n 阶矩阵 $\boldsymbol{A}$ 的行列式 $|\boldsymbol{A}|\neq 0$，则称 $\boldsymbol{A}$ 为**非奇异的**，否则称 $\boldsymbol{A}$ 为**奇异的**.

逆矩阵在数学和工程领域中具有重要意义，是线性代数的核心概念之一. 在矩阵的运算中，逆矩阵可以帮助解决线性方程组问题，尤其在系数矩阵非奇异时，对矩阵方程 $\boldsymbol{Ax}=\boldsymbol{b}$，可通过其逆矩阵 $\boldsymbol{A}^{-1}$ 直接计算解向量 $\boldsymbol{x}=\boldsymbol{A}^{-1}\boldsymbol{b}$.

逆矩阵在计算几何中常用于坐标变换，例如，旋转、缩放和平移变换的逆运算. 它还广泛应用于图像处理、机器学习和信号处理等领域，在优化和数据拟合中起到了关键作用. 此外，逆矩阵在控制论中用于设计逆控制系统，在经济学中用于模型求解与参数估计. 通过逆矩阵，可以方便地分析多变量系统的动态行为并解决相关问题.

例 1 如果 $\boldsymbol{A}=\begin{pmatrix} a_1 & 0 & \cdots & 0 \\ 0 & a_2 & \cdots & 0 \\ \vdots & \vdots & & \vdots \\ 0 & 0 & \cdots & a_n \end{pmatrix}$，其中 $a_i\neq 0\ (i=1, 2, \cdots, n)$，试求 $\boldsymbol{A}^{-1}$.

解 根据逆矩阵的定义，因为

$$\begin{pmatrix} a_1 & 0 & \cdots & 0 \\ 0 & a_2 & \cdots & 0 \\ \vdots & \vdots & & \vdots \\ 0 & 0 & \cdots & a_n \end{pmatrix}\begin{pmatrix} a_1^{-1} & 0 & \cdots & 0 \\ 0 & a_2^{-1} & \cdots & 0 \\ \vdots & \vdots & & \vdots \\ 0 & 0 & \cdots & a_n^{-1} \end{pmatrix}=\begin{pmatrix} a_1^{-1} & 0 & \cdots & 0 \\ 0 & a_2^{-1} & \cdots & 0 \\ \vdots & \vdots & & \vdots \\ 0 & 0 & \cdots & a_n^{-1} \end{pmatrix}\begin{pmatrix} a_1 & 0 & \cdots & 0 \\ 0 & a_2 & \cdots & 0 \\ \vdots & \vdots & & \vdots \\ 0 & 0 & \cdots & a_n \end{pmatrix}=\boldsymbol{E}_n,$$

所以，

$$\boldsymbol{A}^{-1}=\begin{pmatrix} a_1^{-1} & 0 & \cdots & 0 \\ 0 & a_2^{-1} & \cdots & 0 \\ \vdots & \vdots & & \vdots \\ 0 & 0 & \cdots & a_n^{-1} \end{pmatrix}.$$

二、伴随矩阵及其与逆矩阵的关系

定义 3 行列式 $|\boldsymbol{A}|$ 的各个代数余子式 A_{ij} 按下列排列方式构成的新矩阵

$$\boldsymbol{A}^*=\begin{pmatrix} A_{11} & A_{21} & \cdots & A_{n1} \\ A_{12} & A_{22} & \cdots & A_{n2} \\ \vdots & \vdots & & \vdots \\ A_{1n} & A_{2n} & \cdots & A_{nn} \end{pmatrix}, \tag{3.2}$$

称为矩阵 $\boldsymbol{A}$ 的**伴随矩阵**.

例 2 设矩阵 $\boldsymbol{A}=\begin{pmatrix} 1 & 0 & 1 \\ 2 & 1 & 0 \\ -3 & 2 & -5 \end{pmatrix}$, 求矩阵 $\boldsymbol{A}$ 的伴随矩阵 $\boldsymbol{A}^*$.

解 根据伴随矩阵的定义, 利用行列式展开定理与二阶行列式的计算, 得

$$A_{11}=\begin{vmatrix} 1 & 0 \\ 2 & -5 \end{vmatrix}=1\times(-5)-2\times 0=-5.$$

同理可得 $A_{12}=10$, $A_{13}=7$, $A_{21}=2$, $A_{22}=-2$, $A_{23}=-2$, $A_{31}=-1$, $A_{32}=2$, $A_{33}=1$, 所以

$$\boldsymbol{A}^*=\begin{pmatrix} -5 & 2 & -1 \\ 10 & -2 & 2 \\ 7 & -2 & 1 \end{pmatrix}.$$

定理 1 n 阶矩阵 $\boldsymbol{A}$ 可逆的充分必要条件是其行列式 $|\boldsymbol{A}|\neq 0$, 且当 $\boldsymbol{A}$ 可逆时, 有

$$\boldsymbol{A}^{-1}=\frac{1}{|\boldsymbol{A}|}\boldsymbol{A}^*, \tag{3.3}$$

其中 $\boldsymbol{A}^*$ 为 $\boldsymbol{A}$ 的伴随矩阵.

证明 必要性. 由 $\boldsymbol{A}$ 可逆知, 存在 n 阶方阵 $\boldsymbol{B}$, 满足 $\boldsymbol{AB}=\boldsymbol{E}$, 从而

$$|\boldsymbol{A}||\boldsymbol{B}|=|\boldsymbol{AB}|=|\boldsymbol{E}|=1\neq 0.$$

因此 $|\boldsymbol{A}|\neq 0$, 同时 $|\boldsymbol{B}|\neq 0$.

充分性. 设 $\boldsymbol{A}=(a_{ij})_{m\times n}$, 利用矩阵的乘法运算与行列式展开定理, 得

$$\boldsymbol{AA}^*=\begin{pmatrix} a_{11} & a_{12} & \cdots & a_{1n} \\ a_{21} & a_{22} & \cdots & a_{2n} \\ \vdots & \vdots & & \vdots \\ a_{n1} & a_{n2} & \cdots & a_{nn} \end{pmatrix}\begin{pmatrix} A_{11} & A_{21} & \cdots & A_{n1} \\ A_{12} & A_{22} & \cdots & A_{n2} \\ \vdots & \vdots & & \vdots \\ A_{1n} & A_{2n} & \cdots & A_{nn} \end{pmatrix}=\begin{pmatrix} |\boldsymbol{A}| & 0 & \cdots & 0 \\ 0 & |\boldsymbol{A}| & \cdots & 0 \\ \vdots & \vdots & & \vdots \\ 0 & 0 & \cdots & |\boldsymbol{A}| \end{pmatrix}=|\boldsymbol{A}|\boldsymbol{E}.$$

且当 $|\boldsymbol{A}|\neq 0$ 时, 有 $\boldsymbol{A}\left(\dfrac{1}{|\boldsymbol{A}|}\boldsymbol{A}^*\right)=\boldsymbol{E}$. 所以, $\boldsymbol{A}^{-1}=\dfrac{1}{|\boldsymbol{A}|}\boldsymbol{A}^*$. 证毕.

根据上述定理, 当 $|\boldsymbol{A}|\neq 0$ 时, 在式(3.3)两端右乘方阵 $\boldsymbol{A}$ 得: $\boldsymbol{A}^*\boldsymbol{A}=|\boldsymbol{A}|\boldsymbol{E}$.

伴随矩阵是与矩阵的逆运算密切相关的重要工具. 在方阵 $\boldsymbol{A}$ 非奇异的情况下, 其逆矩阵 $\boldsymbol{A}^{-1}$ 可以通过伴随矩阵 $\boldsymbol{A}^*$ 和矩阵的行列式 $|\boldsymbol{A}|$ 按定理 1 的式(3.3)计算得到. 利用定理 1 求逆矩阵的方法称为**伴随矩阵法**.

伴随矩阵是由原矩阵的代数余子式构造而成的. 它提供了一种直接计算逆矩阵的方法, 尤其在手算或特殊矩阵形式下十分便利. 伴随矩阵和逆矩阵的关系在应用中也非常重要. 例如, 在解线性方程组时, 伴随矩阵用于表达解的形式; 在矩阵分析和线性代数中, 它用于研究矩阵特性, 如本书后续的特征值和特征向量. 此外, 在物理学和工程学中, 伴随矩阵用于线性变换的逆运算和复杂系统建模, 是理论研究与实际计算的重要桥梁.

由定理 1 的证明得到伴随矩阵的一个基本性质:

$$\boldsymbol{A}\boldsymbol{A}^*=\boldsymbol{A}^*\boldsymbol{A}=|\boldsymbol{A}|\boldsymbol{E}. \tag{3.4}$$

推论 1 若 $\boldsymbol{AB}=\boldsymbol{E}$ (或 $\boldsymbol{BA}=\boldsymbol{E}$), 则 $\boldsymbol{B}=\boldsymbol{A}^{-1}$.

证明 依题设, $\boldsymbol{AB}=\boldsymbol{E}$, 两端取行列式 得 $|\boldsymbol{A}||\boldsymbol{B}|=1$, $|\boldsymbol{A}|\neq 0$, 故 $\boldsymbol{A}^{-1}$ 存在, 且

$$\boldsymbol{B}=\boldsymbol{EB}=(\boldsymbol{A}^{-1}\boldsymbol{A})\boldsymbol{B}=\boldsymbol{A}^{-1}(\boldsymbol{AB})=\boldsymbol{A}^{-1}\boldsymbol{E}=\boldsymbol{A}^{-1},$$

即 $\boldsymbol{B}=\boldsymbol{A}^{-1}$. 证毕.

例 3 求例 2 中矩阵 $\boldsymbol{A}$ 的逆矩阵 $\boldsymbol{A}^{-1}$.

解 利用行列式的性质与行列式展开定理, 计算得

$$|\boldsymbol{A}|=\begin{vmatrix}1&0&1\\2&1&0\\-3&2&-5\end{vmatrix}=\begin{vmatrix}1&0&0\\2&1&-2\\-3&2&-2\end{vmatrix}=\begin{vmatrix}1&-2\\2&-2\end{vmatrix}=2\neq 0,$$

故矩阵 $\boldsymbol{A}$ 可逆, 由例 2 的结果, 已知 $\boldsymbol{A}^*=\begin{pmatrix}-5&2&-1\\10&-2&2\\7&-2&1\end{pmatrix}$, 所以

$$\boldsymbol{A}^{-1}=\frac{1}{|\boldsymbol{A}|}\boldsymbol{A}^*=\frac{1}{2}\begin{pmatrix}-5&2&-1\\10&-2&2\\7&-2&1\end{pmatrix}=\begin{pmatrix}-5/2&1&-1/2\\5&-1&1\\7/2&-1&1/2\end{pmatrix}.$$

例 4 求矩阵 $\boldsymbol{A}=\begin{pmatrix}\mathrm{e}^t&0&0\\0&\cos t&\sin t\\0&\cos t-\sin t&\cos t+\sin t\end{pmatrix}$ 的逆.

解 依题设, 利用行列式的性质与三角函数的基本公式, 有

$$|\boldsymbol{A}|=\mathrm{e}^t\neq 0,$$

再利用伴随矩阵求逆矩阵的公式(3.3), 计算得

$$A^{-1}=\frac{1}{|A|}A^*=\begin{pmatrix} e^{-t} & 0 & 0 \\ 0 & \sin t+\cos t & -\sin t \\ 0 & \sin t-\cos t & \cos t \end{pmatrix}.$$

例 5 设$A=(a_{ij})$是三阶非零矩阵, $|A|$为A的行列式, A_{ij}为a_{ij}的代数余子式, 若

$$a_{ij}+A_{ij}=0\ (i,j=1,2,3),$$

试证: $|A^*|=|A|^2$.

证明 依题设, 由伴随矩阵的定义, 得

$$A^*=\begin{pmatrix} A_{11} & A_{21} & A_{31} \\ A_{12} & A_{22} & A_{32} \\ A_{13} & A_{23} & A_{33} \end{pmatrix}=\begin{pmatrix} -a_{11} & -a_{21} & -a_{31} \\ -a_{12} & -a_{22} & -a_{32} \\ -a_{13} & -a_{23} & -a_{33} \end{pmatrix}=-A^{\mathrm{T}},$$

两边取方阵的行列式, 得

$$|A^*|=|-A^{\mathrm{T}}|=(-1)^3|A^{\mathrm{T}}|=-|A|,$$

再根据伴随矩阵的性质, 得

$$AA^*=|A|E \Rightarrow |A||A^*|=|A|^2 \Rightarrow |A^*|=|A|^2.$$

证毕.

例 6 设矩阵$A=\begin{pmatrix} 2 & 1 & 0 \\ 1 & 2 & 0 \\ 0 & 0 & 1 \end{pmatrix}$, 矩阵$B$满足$ABA^*=2BA^*+E$, 其中$A^*$为$A$的伴随矩阵, E是单位矩阵, 求$|B|$.

解 利用矩阵多项式及其运算, 将题设矩阵方程变形为

$$(A-2E)BA^*=E,$$

再根据方阵的行列式及其运算规律, 得

$$|A-2E|\cdot|B|\cdot|A^*|=|E|=1, \tag{3.5}$$

利用行列式的定义与行列式展开定理, 得

$$|A-2E|=\begin{vmatrix} 0 & 1 & 0 \\ 1 & 0 & 0 \\ 0 & 0 & -1 \end{vmatrix}=1,\ |A|=\begin{vmatrix} 2 & 1 & 0 \\ 1 & 2 & 0 \\ 0 & 0 & 1 \end{vmatrix}=\begin{vmatrix} 2 & 1 \\ 1 & 2 \end{vmatrix}=3,$$

根据伴随矩阵的性质, 得$|A^*|=|A|^{3-1}=9$, 将上述结果代入式(3.5), 即得$|B|=\frac{1}{9}$.

例 7 已知$A=\begin{pmatrix} 1 & 0 & 0 & 0 & 0 \\ 0 & 2 & 0 & 0 & 0 \\ 0 & 0 & 3 & 0 & 0 \\ 0 & 0 & 0 & 4 & 0 \\ 0 & 0 & 0 & 0 & 5 \end{pmatrix}$, 试用伴随矩阵法求$A^{-1}$.

解 因行列式 $|\boldsymbol{A}|=5!\neq 0$, 故矩阵 $\boldsymbol{A}$ 的逆矩阵 $\boldsymbol{A}^{-1}$ 存在. 因此, 根据伴随矩阵法, 得

$$\boldsymbol{A}^{-1}=\frac{\boldsymbol{A}^*}{|\boldsymbol{A}|}=\frac{1}{5!}\begin{pmatrix} 2\times3\times4\times5 & 0 & 0 & 0 & 0 \\ 0 & 1\times3\times4\times5 & 0 & 0 & 0 \\ 0 & 0 & 1\times2\times4\times5 & 0 & 0 \\ 0 & 0 & 0 & 1\times2\times3\times5 & 0 \\ 0 & 0 & 0 & 0 & 1\times2\times3\times4 \end{pmatrix}$$

$$=\begin{pmatrix} 1 & 0 & 0 & 0 & 0 \\ 0 & 1/2 & 0 & 0 & 0 \\ 0 & 0 & 1/3 & 0 & 0 \\ 0 & 0 & 0 & 1/4 & 0 \\ 0 & 0 & 0 & 0 & 1/5 \end{pmatrix}.$$

***数学实验**

实验 2.5 试用伴随矩阵法, 求下列矩阵的逆矩阵.

$$(1)\begin{pmatrix} 4 & 7 & 1 & 2 & 1 & 1 & 2 & 7 \\ 6 & 7 & 6 & 3 & 0 & 1 & 3 & 1 \\ 1 & 1 & 3 & 2 & 1 & 3 & 1 & 2 \\ 6 & 8 & 7 & 1 & 4 & 3 & 2 & 1 \\ 2 & 7 & 2 & 2 & 2 & 1 & 2 & 3 \\ 1 & 2 & 0 & 1 & 1 & 2 & 1 & 1 \\ 1 & 4 & 4 & 2 & 7 & 1 & 1 & 2 \\ 2 & 1 & 6 & 0 & 0 & 2 & 2 & 2 \end{pmatrix};\quad (2)\begin{pmatrix} 8 & 8 & 2 & 2 & 4 & 1 & 2 & 1 \\ 9 & 2 & 8 & 4 & 3 & 5 & 8 & 9 \\ 4 & 8 & 4 & 1 & 0 & 2 & 1 & 0 \\ 1 & 2 & 4 & 1 & 2 & 6 & 8 & 8 \\ 1 & 1 & 8 & 4 & 1 & 6 & 4 & 8 \\ 2 & 2 & 2 & 8 & 8 & 7 & 9 & 8 \\ 8 & 5 & 8 & 8 & 2 & 3 & 1 & 1 \\ 2 & 3 & 8 & 1 & 4 & 1 & 3 & 2 \end{pmatrix}.$$

计算实验

微信扫描右侧的二维码即可进行计算实验 (详见教材配套的网络学习空间).

三、逆矩阵的运算性质

(1) 若矩阵 $\boldsymbol{A}$ 可逆, 则其逆矩阵 $\boldsymbol{A}^{-1}$ 也可逆, 且 $(\boldsymbol{A}^{-1})^{-1}=\boldsymbol{A}$.

(2) 若矩阵 $\boldsymbol{A}$ 可逆, 数 $k\neq 0$, 则 $(k\boldsymbol{A})^{-1}=\dfrac{1}{k}\boldsymbol{A}^{-1}$.

(3) 两个同阶可逆矩阵 $\boldsymbol{A}, \boldsymbol{B}$ 的乘积是可逆矩阵, 且 $(\boldsymbol{AB})^{-1}=\boldsymbol{B}^{-1}\boldsymbol{A}^{-1}$.

证明 根据矩阵乘法的运算规律与逆矩阵的概念, 因为

$$\boldsymbol{AB}(\boldsymbol{B}^{-1}\boldsymbol{A}^{-1})=\boldsymbol{A}(\boldsymbol{BB}^{-1})\boldsymbol{A}^{-1}=\boldsymbol{AEA}^{-1}=\boldsymbol{AA}^{-1}=\boldsymbol{E},$$

所以, $(\boldsymbol{AB})^{-1}=\boldsymbol{B}^{-1}\boldsymbol{A}^{-1}$. 证毕.

注: 此性质可推广至任意有限个同阶可逆矩阵的情形, 即若 $\boldsymbol{A}_1, \boldsymbol{A}_2, \cdots, \boldsymbol{A}_n$ 均是 n 阶可逆矩阵, 则 $\boldsymbol{A}_1\boldsymbol{A}_2\cdots\boldsymbol{A}_n$ 也可逆, 且 $(\boldsymbol{A}_1\boldsymbol{A}_2\cdots\boldsymbol{A}_n)^{-1}=\boldsymbol{A}_n^{-1}\boldsymbol{A}_{n-1}^{-1}\cdots\boldsymbol{A}_1^{-1}$.

(4) 若矩阵 $\boldsymbol{A}$ 可逆, 则 $\boldsymbol{A}^{\mathrm{T}}$ 也可逆, 且 $(\boldsymbol{A}^{\mathrm{T}})^{-1}=(\boldsymbol{A}^{-1})^{\mathrm{T}}$.

证明 因$A^{\mathrm{T}}(A^{-1})^{\mathrm{T}}=(A^{-1}A)^{\mathrm{T}}=E^{\mathrm{T}}=E$, 故$(A^{\mathrm{T}})^{-1}=(A^{-1})^{\mathrm{T}}$. 证毕.

(5) 若矩阵A可逆, 则$|A^{-1}|=|A|^{-1}$.

证明 因$AA^{-1}=E$, 故$|A||A^{-1}|=1$, 从而$|A^{-1}|=|A|^{-1}$. 证毕.

熟练掌握逆矩阵的运算性质具有以下几方面的好处: 显著提升解决线性方程组问题的效率; 快速简化矩阵求逆与矩阵变换等复杂运算; 在工程、物理、经济等领域, 有助于快速建立实际问题的数学模型并求解; 在矩阵理论与数值分析等领域, 有助于提高基础理论的研究能力.

例 8 设$A=\begin{pmatrix}1&0&0\\2&2&0\\3&4&5\end{pmatrix}$, A^*是A的伴随矩阵, 求$(A^*)^{-1}$.

解 依题设, 由下三角形行列式知, $|A|=10\neq 0$, 即A可逆, 故由伴随矩阵的性质与逆矩阵的运算性质, 得

$$(A^*)^{-1}=(|A|A^{-1})^{-1}=\frac{1}{|A|}A,$$

再由矩阵的数乘运算, 即得

$$(A^*)^{-1}=\frac{1}{|A|}A=\frac{1}{10}A=\begin{pmatrix}1/10&0&0\\1/5&1/5&0\\3/10&2/5&1/2\end{pmatrix}.$$

例 9 设矩阵$A=\begin{pmatrix}0&0&1\\0&1&0\\1&0&0\end{pmatrix}$, $C=\begin{pmatrix}1&-1&0\\0&1&0\\0&0&1\end{pmatrix}$, $D=\begin{pmatrix}1&2&3\\0&2&3\\0&0&3\end{pmatrix}$, 且三阶矩阵$B$满足$B=A^{-1}DC^{-1}$, 求$|B^{-1}|$.

解 根据逆矩阵的运算性质与矩阵的乘法, 有

$$B^{-1}=(A^{-1}DC^{-1})^{-1}=CD^{-1}A,$$

再利用方阵行列式的运算规律, 计算得

$$|B^{-1}|=|C|\cdot|D|^{-1}\cdot|A|=1\times\frac{1}{6}\times(-1)=-\frac{1}{6}.$$

四、矩阵方程

对标准矩阵方程$AX=B$, $XA=B$, $AXB=C$, 利用矩阵乘法的运算规律与逆矩阵的运算性质, 通过在方程两端左乘或右乘相应矩阵的逆矩阵, 可分别求出其解:

$$X=A^{-1}B,\ X=BA^{-1},\ X=A^{-1}CB^{-1}.$$

而对其他形式的矩阵方程, 则可利用矩阵的有关运算性质转化为标准矩阵方程后进行求解.

例 10 设A, B, C是同阶矩阵, 且A可逆, 下列结论如果正确, 试予以证明; 如果不正

确, 试举反例说明.

(1) 若 $\boldsymbol{AB}=\boldsymbol{AC}$, 则 $\boldsymbol{B}=\boldsymbol{C}$;　　(2) 若 $\boldsymbol{AB}=\boldsymbol{CB}$, 则 $\boldsymbol{A}=\boldsymbol{C}$.

解　(1) 正确. 事实上, 由 $\boldsymbol{AB}=\boldsymbol{AC}$ 及 $\boldsymbol{A}$ 可逆, 在等式两边左乘 $\boldsymbol{A}^{-1}$, 得

$$\boldsymbol{A}^{-1}\boldsymbol{AB}=\boldsymbol{A}^{-1}\boldsymbol{AC},$$

从而有 $\boldsymbol{EB}=\boldsymbol{EC}$, 即 $\boldsymbol{B}=\boldsymbol{C}$.

(2) 不正确. 例如, 设 $\boldsymbol{A}=\begin{pmatrix}1&2\\0&1\end{pmatrix}$, $\boldsymbol{B}=\begin{pmatrix}1&1\\1&1\end{pmatrix}$, $\boldsymbol{C}=\begin{pmatrix}3&0\\0&1\end{pmatrix}$, 则

$$\boldsymbol{AB}=\begin{pmatrix}1&2\\0&1\end{pmatrix}\begin{pmatrix}1&1\\1&1\end{pmatrix}=\begin{pmatrix}3&3\\1&1\end{pmatrix},\ \boldsymbol{CB}=\begin{pmatrix}3&0\\0&1\end{pmatrix}\begin{pmatrix}1&1\\1&1\end{pmatrix}=\begin{pmatrix}3&3\\1&1\end{pmatrix},$$

显然有 $\boldsymbol{AB}=\boldsymbol{CB}$, 但 $\boldsymbol{A}\neq\boldsymbol{C}$.

例 11　求解线性方程组 $\begin{cases}x_1+2x_2+4x_3=3\\ \qquad x_2+2x_3=1\\ x_1+\qquad\ \ x_3=3\end{cases}$.

解　将题设方程组改写为矩阵形式 $\boldsymbol{Ax}=\boldsymbol{b}$, 其中

$$\boldsymbol{A}=\begin{pmatrix}1&2&4\\0&1&2\\1&0&1\end{pmatrix},\ \boldsymbol{x}=\begin{pmatrix}x_1\\x_2\\x_3\end{pmatrix},\ \boldsymbol{b}=\begin{pmatrix}3\\1\\3\end{pmatrix},$$

在方程 $\boldsymbol{Ax}=\boldsymbol{b}$ 两端左乘矩阵 $\boldsymbol{A}$ 的逆矩阵 $\boldsymbol{A}^{-1}$ (见本节定义1后的注例), 得所求方程组的解为

$$\boldsymbol{x}=\boldsymbol{A}^{-1}\boldsymbol{b}=\begin{pmatrix}1&2&4\\0&1&2\\1&0&1\end{pmatrix}^{-1}\begin{pmatrix}3\\1\\3\end{pmatrix}=\begin{pmatrix}1&-2&0\\2&-3&-2\\-1&2&1\end{pmatrix}\begin{pmatrix}3\\1\\3\end{pmatrix}=\begin{pmatrix}1\\-3\\2\end{pmatrix}.$$

例 12　在电子商务领域, 如何有效地分配广告预算是一个重要问题. 为了最大化广告效果, 我们需要通过合理的预算分配来优化每个广告渠道的投资收益. 在本例中, 我们将通过逆矩阵方法, 利用线性代数中的矩阵运算来求解广告预算的最优分配方案. 假设某电子商务公司有三个主要的广告渠道: 社交媒体广告、搜索引擎广告和展示广告. 公司希望根据每个渠道的历史收益率来分配广告预算. 为此, 公司收集了过去一段时间内的广告支出和收益数据, 形成了以下的线性方程组:

$$\begin{pmatrix}1&1&1\\2&3&1\\1&2&3\end{pmatrix}\begin{pmatrix}x_1\\x_2\\x_3\end{pmatrix}=\begin{pmatrix}900\\1\,500\\1\,800\end{pmatrix},$$

其中, x_1, x_2, x_3 分别表示社交媒体广告、搜索引擎广告和展示广告的预算分配金额 (单位:

万元), 右侧的向量表示这些渠道对应的收益值. 试通过这个方程组, 求出最优的广告预算分配方案, 以满足给定的收益要求.

解 将题设线性方程组改写为矩阵形式$\boldsymbol{Ax}=\boldsymbol{b}$, 其中

$$\boldsymbol{A}=\begin{pmatrix}1&1&1\\2&3&1\\1&2&3\end{pmatrix},\quad \boldsymbol{x}=\begin{pmatrix}x_1\\x_2\\x_3\end{pmatrix},\quad \boldsymbol{b}=\begin{pmatrix}900\\1\,500\\1\,800\end{pmatrix}.$$

这里$\boldsymbol{A}$为广告支出和收益的系数矩阵. 因$|\boldsymbol{A}|\neq 0$,即矩阵$\boldsymbol{A}$可逆, 故由题设线性方程组的矩阵形式$\boldsymbol{Ax}=\boldsymbol{b}$, 可得$\boldsymbol{x}=\boldsymbol{A}^{-1}\boldsymbol{b}$.

下面我们采用伴随矩阵法来求$\boldsymbol{A}$的逆矩阵. 首先, 利用行列式展开定理按$|\boldsymbol{A}|$的第1行展开, 得

$$|\boldsymbol{A}|=\begin{vmatrix}1&1&1\\2&3&1\\1&2&3\end{vmatrix}=1\times(9-2)-1\times(6-1)+1\times(4-3)=3.$$

逐个计算矩阵$\boldsymbol{A}$的各元素的代数余子式, 得到$\boldsymbol{A}$的伴随矩阵:

$$\boldsymbol{A}^*=\begin{pmatrix}7&-1&-2\\-5&2&1\\1&-1&1\end{pmatrix}.$$

再由伴随矩阵求逆公式, 得$\boldsymbol{A}$的逆矩阵:

$$\boldsymbol{A}^{-1}=\frac{1}{|\boldsymbol{A}|}\boldsymbol{A}^*=\frac{1}{3}\begin{pmatrix}7&-1&-2\\-5&2&1\\1&-1&1\end{pmatrix}.$$

综上所述, 解得

$$\boldsymbol{x}=\boldsymbol{A}^{-1}\boldsymbol{b}=\frac{1}{3}\begin{pmatrix}7&-1&-2\\-5&2&1\\1&-1&1\end{pmatrix}\begin{pmatrix}900\\1\,500\\1\,800\end{pmatrix}=\begin{pmatrix}400\\100\\400\end{pmatrix},$$

即最优的广告预算分配方案为: 社交媒体广告400万元, 搜索引擎广告100万元, 展示广告400万元.

通过本例, 我们演示了如何应用逆矩阵来求解广告预算分配问题. 利用逆矩阵的运算, 可以有效地从一个线性方程组中求得最优解, 帮助电子商务公司优化广告投资决策. 在实际应用中, 逆矩阵不仅用于广告预算分配, 还广泛应用于多种优化问题, 特别是在需要解决多变量关系的场景下.

例13 设$\boldsymbol{A}=\begin{pmatrix}1&2&3\\2&2&1\\3&4&3\end{pmatrix}$, $\boldsymbol{B}=\begin{pmatrix}2&1\\5&3\end{pmatrix}$, $\boldsymbol{C}=\begin{pmatrix}1&3\\2&0\\3&1\end{pmatrix}$, 求矩阵$\boldsymbol{X}$, 使得$\boldsymbol{AXB}=\boldsymbol{C}$.

解 依题设，利用行列式的性质，计算得

$$|\boldsymbol{A}|=\begin{vmatrix}1&2&3\\2&2&1\\3&4&3\end{vmatrix}=2\neq 0,\quad |\boldsymbol{B}|=\begin{vmatrix}2&1\\5&3\end{vmatrix}=1\neq 0,$$

所以，逆矩阵$\boldsymbol{A}^{-1}$, $\boldsymbol{B}^{-1}$均存在. 进一步利用求逆矩阵的伴随矩阵法，可求得

$$\boldsymbol{A}^{-1}=\begin{pmatrix}1&3&-2\\-3/2&-3&5/2\\1&1&-1\end{pmatrix},\ \boldsymbol{B}^{-1}=\begin{pmatrix}3&-1\\-5&2\end{pmatrix}.$$

再在题设方程$\boldsymbol{AXB}=\boldsymbol{C}$两端分别左乘$\boldsymbol{A}^{-1}$、右乘$\boldsymbol{B}^{-1}$，得$\boldsymbol{X}=\boldsymbol{A}^{-1}\boldsymbol{C}\boldsymbol{B}^{-1}$，求矩阵的乘积，得

$$\boldsymbol{X}=\boldsymbol{A}^{-1}\boldsymbol{C}\boldsymbol{B}^{-1}=\begin{pmatrix}1&3&-2\\-3/2&-3&5/2\\1&1&-1\end{pmatrix}\begin{pmatrix}1&3\\2&0\\3&1\end{pmatrix}\begin{pmatrix}3&-1\\-5&2\end{pmatrix}=\begin{pmatrix}-2&1\\10&-4\\-10&4\end{pmatrix}.$$

例 14 设$\boldsymbol{P}=\begin{pmatrix}1&2\\1&4\end{pmatrix}$, $\boldsymbol{\Lambda}=\begin{pmatrix}1&0\\0&2\end{pmatrix}$，且$\boldsymbol{AP}=\boldsymbol{P\Lambda}$，求$\boldsymbol{A}^n$.

解 依题设，利用行列式的性质，得行列式$|\boldsymbol{P}|=2\neq 0$，故由求逆矩阵的伴随矩阵法，得

$$\boldsymbol{P}^{-1}=\frac{1}{2}\begin{pmatrix}4&-2\\-1&1\end{pmatrix}.$$

在题设方程$\boldsymbol{AP}=\boldsymbol{P\Lambda}$两端右乘$\boldsymbol{P}^{-1}$得$\boldsymbol{A}=\boldsymbol{P\Lambda P}^{-1}$，再由矩阵幂运算与逆矩阵的运算性质，有

$$\boldsymbol{A}^2=\boldsymbol{P\Lambda P}^{-1}\boldsymbol{P\Lambda P}^{-1}=\boldsymbol{P\Lambda}^2\boldsymbol{P}^{-1},\ \cdots,\ \boldsymbol{A}^n=\boldsymbol{P\Lambda}^n\boldsymbol{P}^{-1}.$$

利用对角矩阵的幂运算性质

$$\boldsymbol{\Lambda}^n=\begin{pmatrix}1&0\\0&2\end{pmatrix}^n=\begin{pmatrix}1&0\\0&2^n\end{pmatrix}.$$

综上，利用矩阵的乘法运算，得

$$\begin{aligned}\boldsymbol{A}^n=\boldsymbol{P\Lambda}^n\boldsymbol{P}^{-1}&=\begin{pmatrix}1&2\\1&4\end{pmatrix}\begin{pmatrix}1&0\\0&2^n\end{pmatrix}\left(\frac{1}{2}\begin{pmatrix}4&-2\\-1&1\end{pmatrix}\right)\\&=\frac{1}{2}\begin{pmatrix}1&2^{n+1}\\1&2^{n+2}\end{pmatrix}\begin{pmatrix}4&-2\\-1&1\end{pmatrix}=\frac{1}{2}\begin{pmatrix}4-2^{n+1}&2^{n+1}-2\\4-2^{n+2}&2^{n+2}-2\end{pmatrix}\\&=\begin{pmatrix}2-2^n&2^n-1\\2-2^{n+1}&2^{n+1}-1\end{pmatrix}.\end{aligned}$$

例 15 在某个城镇中，据往年统计，每年有15%的已婚女性离婚，20%的单身女性结婚. 该城镇现有7 000位已婚女性和3 000位单身女性. 假设女性的总人数不变，则1年后有多少位已婚女性和单身女性？2年后呢？

解　依题意，可以构造如下矩阵 $\boldsymbol{A}$：其第1行表示年末还未离婚的女性和已结婚的单身女性的比例，即1−15%和20%；其第2行表示已离婚的女性和未结婚的单身女性的比例，即15%和1−20%. 于是

$$\boldsymbol{A}=\begin{pmatrix}0.85 & 0.2\\ 0.15 & 0.8\end{pmatrix}.$$

令 $\boldsymbol{x}=\begin{pmatrix}7\ 000\\ 3\ 000\end{pmatrix}$，则1年后已婚女性和单身女性人数为

$$\boldsymbol{Ax}=\begin{pmatrix}0.85 & 0.2\\ 0.15 & 0.8\end{pmatrix}\begin{pmatrix}7\ 000\\ 3\ 000\end{pmatrix}=\begin{pmatrix}6\ 550\\ 3\ 450\end{pmatrix};$$

2年后已婚女性和单身女性人数为

$$\boldsymbol{A}^2\boldsymbol{x}=\begin{pmatrix}0.85 & 0.2\\ 0.15 & 0.8\end{pmatrix}^2\begin{pmatrix}7\ 000\\ 3\ 000\end{pmatrix}=\begin{pmatrix}6\ 257.5\\ 3\ 742.5\end{pmatrix}.$$

一般地，n 年后已婚女性和单身女性人数可以由 $\boldsymbol{A}^n x$ 求得.

例16　设方阵 $\boldsymbol{A}$ 满足方程 $a\boldsymbol{A}^2+b\boldsymbol{A}+c\boldsymbol{E}=\boldsymbol{O}$，证明 $\boldsymbol{A}$ 为可逆矩阵，并求 $\boldsymbol{A}^{-1}$（a, b, c 为常数，$c\neq 0$）.

证明　利用矩阵的线性运算性质，由题设等式得

$$a\boldsymbol{A}^2+b\boldsymbol{A}=-c\boldsymbol{E},$$

因 $c\neq 0$，故

$$-\frac{a}{c}\boldsymbol{A}^2-\frac{b}{c}\boldsymbol{A}=\boldsymbol{E},\ \text{即}\left(-\frac{a}{c}\boldsymbol{A}-\frac{b}{c}\boldsymbol{E}\right)\boldsymbol{A}=\boldsymbol{E},$$

由本节定理1的推论1知，此时矩阵 $\boldsymbol{A}$ 可逆，且其逆矩阵 $\boldsymbol{A}^{-1}=-\dfrac{a}{c}\boldsymbol{A}-\dfrac{b}{c}\boldsymbol{E}$. 证毕.

例17　由煤炭和钢铁两个行业组成的系统具有以下投入要求：

(1) 为了生产价值1.00元的产出，煤炭行业需要0.10元的自身产品和0.80元的钢铁；

(2) 为了生产价值1.00元的产出，钢铁行业需要0.10元的自身产品和0.20元的煤炭.

构造该系统的投入产出矩阵 $\boldsymbol{D}$，然后求解方程 $\boldsymbol{X}=\boldsymbol{DX}+\boldsymbol{A}$ 中的输出矩阵 $\boldsymbol{X}$，其中外部需求为 $\boldsymbol{A}=\begin{pmatrix}10\ 000\\ 20\ 000\end{pmatrix}$.

解　依题意，投入产出矩阵 $\boldsymbol{D}$ 可以表示为

$$\boldsymbol{D}=\begin{pmatrix}0.10 & 0.80\\ 0.20 & 0.10\end{pmatrix},$$

根据矩阵的线性运算与逆矩阵的运算性质，得

$$\boldsymbol{X}=\boldsymbol{DX}+\boldsymbol{A}\ \Rightarrow\ (\boldsymbol{E}-\boldsymbol{D})\boldsymbol{X}=\boldsymbol{A}\ \Rightarrow\ \boldsymbol{X}=(\boldsymbol{E}-\boldsymbol{D})^{-1}\boldsymbol{A},$$

再根据求逆的伴随矩阵法，得

$$|\boldsymbol{E}-\boldsymbol{D}|=\begin{vmatrix} 0.90 & -0.80 \\ -0.20 & 0.90 \end{vmatrix}=0.65,$$

$$(\boldsymbol{E}-\boldsymbol{D})^{-1}=\frac{1}{|\boldsymbol{E}-\boldsymbol{D}|}(\boldsymbol{E}-\boldsymbol{D})^{*}=\frac{1}{0.65}\times\begin{pmatrix} 0.90 & 0.80 \\ 0.20 & 0.90 \end{pmatrix}\approx\begin{pmatrix} 1.384\,6 & 1.230\,8 \\ 0.307\,7 & 1.384\,6 \end{pmatrix},$$

所以

$$\boldsymbol{X}=(\boldsymbol{E}-\boldsymbol{D})^{-1}\boldsymbol{A}\approx\begin{pmatrix} 1.384\,6 & 1.230\,8 \\ 0.307\,7 & 1.384\,6 \end{pmatrix}\begin{pmatrix} 10\,000 \\ 20\,000 \end{pmatrix}=\begin{pmatrix} 38\,462 \\ 30\,769 \end{pmatrix},$$

这表示煤炭行业需要有 38 462 元的产出, 而钢铁行业需要有 30 769 元的产出, 以满足外部需求和其内部的相互需求.

五、矩阵多项式及其运算

设 $\varphi(x)=a_0+a_1x+\cdots+a_mx^m$ 为 x 的 m 次多项式, $\boldsymbol{A}$ 为 n 阶矩阵, 记

$$\varphi(\boldsymbol{A})=a_0\boldsymbol{E}+a_1\boldsymbol{A}+\cdots+a_m\boldsymbol{A}^m,$$

则称 $\varphi(\boldsymbol{A})$ 为矩阵 $\boldsymbol{A}$ 的 **m 次多项式**.

因为矩阵 $\boldsymbol{A}^k$, $\boldsymbol{A}^l$ (k, l 为正整数)与 $\boldsymbol{E}$ 都是可交换的, 所以, 矩阵 $\boldsymbol{A}$ 的任意两个多项式 $f(\boldsymbol{A})$ 和 $g(\boldsymbol{A})$ 总是可交换的, 即总有

$$f(\boldsymbol{A})g(\boldsymbol{A})=g(\boldsymbol{A})f(\boldsymbol{A}),$$

从而 $\boldsymbol{A}$ 的多项式可以像数 x 的多项式一样相乘或分解因式. 例如:

$$(\boldsymbol{E}+\boldsymbol{A})(2\boldsymbol{E}-\boldsymbol{A})=2\boldsymbol{E}+\boldsymbol{A}-\boldsymbol{A}^2,\ (\boldsymbol{E}-\boldsymbol{A})^3=\boldsymbol{E}-3\boldsymbol{A}+3\boldsymbol{A}^2-\boldsymbol{A}^3.$$

矩阵多项式运算是线性代数中的重要内容, 涉及将数系中多项式的运算规则扩展到矩阵多项式的运算. 其重要意义在于通过矩阵多项式表达复杂的线性变换关系, 揭示矩阵的本质性质与行为, 它为复杂系统建模提供了强大的工具.

若 $\boldsymbol{\Lambda}$ 为对角矩阵, 且 $\boldsymbol{A}=\boldsymbol{P}\boldsymbol{\Lambda}\boldsymbol{P}^{-1}$, 则常用例 14 中计算 $\boldsymbol{A}^k$ 的方法来计算 $\boldsymbol{A}$ 的多项式 $\varphi(\boldsymbol{A})$.

(1) 若 $\boldsymbol{A}=\boldsymbol{P}\boldsymbol{\Lambda}\boldsymbol{P}^{-1}$, 则 $\boldsymbol{A}^k=\boldsymbol{P}\boldsymbol{\Lambda}^k\boldsymbol{P}^{-1}$, 从而

$$\begin{aligned}\varphi(\boldsymbol{A})&=a_0\boldsymbol{E}+a_1\boldsymbol{A}+\cdots+a_m\boldsymbol{A}^m\\&=\boldsymbol{P}a_0\boldsymbol{E}\boldsymbol{P}^{-1}+\boldsymbol{P}a_1\boldsymbol{\Lambda}\boldsymbol{P}^{-1}+\cdots+\boldsymbol{P}a_m\boldsymbol{\Lambda}^m\boldsymbol{P}^{-1}=\boldsymbol{P}\varphi(\boldsymbol{\Lambda})\boldsymbol{P}^{-1}.\end{aligned}$$

(2) 若 $\boldsymbol{\Lambda}=\mathrm{diag}(\lambda_1,\lambda_2,\cdots,\lambda_n)$ 为对角矩阵, 则 $\boldsymbol{\Lambda}^k=\mathrm{diag}(\lambda_1^k,\lambda_2^k,\cdots,\lambda_n^k)$, 从而

$$\varphi(\boldsymbol{\Lambda})=a_0\boldsymbol{E}+a_1\boldsymbol{\Lambda}+\cdots+a_m\boldsymbol{\Lambda}^m$$

$$=a_0\begin{pmatrix}1&&&\\&1&&\\&&\ddots&\\&&&1\end{pmatrix}+a_1\begin{pmatrix}\lambda_1&&&\\&\lambda_2&&\\&&\ddots&\\&&&\lambda_n\end{pmatrix}+\cdots+a_m\begin{pmatrix}\lambda_1^m&&&\\&\lambda_2^m&&\\&&\ddots&\\&&&\lambda_n^m\end{pmatrix}$$

$$=\begin{pmatrix}\varphi(\lambda_1) & & & \\ & \varphi(\lambda_2) & & \\ & & \ddots & \\ & & & \varphi(\lambda_n)\end{pmatrix}.$$

例 18 设 $\boldsymbol{A}$ 为三阶矩阵, $\boldsymbol{E}$ 为三阶单位矩阵, 且 $(\boldsymbol{A}-\boldsymbol{E})^{-1}=\boldsymbol{A}^2+\boldsymbol{A}+\boldsymbol{E}$, 求行列式 $|\boldsymbol{A}|$.

解 依题设, $\boldsymbol{E}$ 为单位矩阵, 且三阶矩阵 $\boldsymbol{A}$ 满足

$$(\boldsymbol{A}-\boldsymbol{E})^{-1}=\boldsymbol{A}^2+\boldsymbol{A}+\boldsymbol{E},$$

在上式两端右乘矩阵 $(\boldsymbol{A}-\boldsymbol{E})$, 得

$$(\boldsymbol{A}^2+\boldsymbol{A}+\boldsymbol{E})(\boldsymbol{A}-\boldsymbol{E})=\boldsymbol{E},$$

根据矩阵多项式的运算, 得

$$\boldsymbol{A}^3-\boldsymbol{E}=\boldsymbol{E}\Rightarrow \boldsymbol{A}^3=2\boldsymbol{E},$$

再利用方阵的行列式的运算规律 (2), 得

$$|\boldsymbol{A}|^3=|2\boldsymbol{E}|=2^3 \Rightarrow |\boldsymbol{A}|=2.$$

例 19 设 $\boldsymbol{A}=\begin{pmatrix}1 & 0 & 0 & 0\\ -2 & 3 & 0 & 0\\ 0 & -4 & 5 & 0\\ 0 & 0 & -6 & 7\end{pmatrix}$, $\boldsymbol{E}$ 为四阶单位矩阵, 且

$$\boldsymbol{B}=(\boldsymbol{E}+\boldsymbol{A})^{-1}(\boldsymbol{E}-\boldsymbol{A}),$$

求逆矩阵 $(\boldsymbol{E}+\boldsymbol{B})^{-1}$.

解 在题设矩阵方程两边左乘矩阵 $(\boldsymbol{E}+\boldsymbol{A})$, 得 $(\boldsymbol{E}+\boldsymbol{A})\boldsymbol{B}=\boldsymbol{E}-\boldsymbol{A}$, 根据矩阵乘法的分配律与矩阵多项式的运算, 得

$$\boldsymbol{AB}+\boldsymbol{A}+\boldsymbol{B}+\boldsymbol{E}=2\boldsymbol{E},$$

$$\frac{1}{2}(\boldsymbol{A}+\boldsymbol{E})(\boldsymbol{B}+\boldsymbol{E})=\frac{1}{2}(\boldsymbol{A}+\boldsymbol{E})(\boldsymbol{E}+\boldsymbol{B})=\boldsymbol{E},$$

由逆矩阵的定义, 有

$$(\boldsymbol{E}+\boldsymbol{B})^{-1}=\frac{1}{2}(\boldsymbol{A}+\boldsymbol{E})=\begin{pmatrix}1 & 0 & 0 & 0\\ -1 & 2 & 0 & 0\\ 0 & -2 & 3 & 0\\ 0 & 0 & -3 & 4\end{pmatrix}.$$

例 20 设 $\boldsymbol{A}=\begin{pmatrix}a & 0 & 0\\ 0 & b & 0\\ 0 & 0 & c\end{pmatrix}$, $\boldsymbol{B}=\begin{pmatrix}a-1 & 0 & 0\\ 0 & b-1 & 0\\ 0 & 0 & c-1\end{pmatrix}$, 且

$$\boldsymbol{D}=\boldsymbol{A}^9+\boldsymbol{A}^8+\cdots+\boldsymbol{A}+\boldsymbol{E},$$

求$\boldsymbol{DB}$.

解　依题设, 根据矩阵多项式的运算, 得

$$\boldsymbol{DB}=(\boldsymbol{A}^9+\boldsymbol{A}^8+\cdots+\boldsymbol{A}+\boldsymbol{E})(\boldsymbol{A}-\boldsymbol{E})=\boldsymbol{A}^{10}-\boldsymbol{E},$$

再利用方阵的幂, 有

$$\boldsymbol{DB}=\begin{pmatrix} a^{10}-1 & 0 & 0 \\ 0 & b^{10}-1 & 0 \\ 0 & 0 & c^{10}-1 \end{pmatrix}.$$

例 21　已知$\boldsymbol{A}, \boldsymbol{B}$为三阶矩阵, 且满足$2\boldsymbol{A}^{-1}\boldsymbol{B}=\boldsymbol{B}-4\boldsymbol{E}$, 其中$\boldsymbol{E}$是三阶单位矩阵. 证明: 矩阵$\boldsymbol{A}-2\boldsymbol{E}$可逆.

证明　利用矩阵的线性运算与矩阵的乘法运算, 在题设矩阵方程两边左乘矩阵$\boldsymbol{A}$, 得

$$2\boldsymbol{B}=\boldsymbol{AB}-4\boldsymbol{A} \Rightarrow \boldsymbol{AB}-2\boldsymbol{B}-4\boldsymbol{A}=\boldsymbol{O},$$

题意欲证矩阵$\boldsymbol{A}-2\boldsymbol{E}$可逆, 故由矩阵多项式的运算, 得

$$\begin{aligned} &\boldsymbol{AB}-2\boldsymbol{B}-4\boldsymbol{A}+8\boldsymbol{E}-8\boldsymbol{E}=\boldsymbol{O} \\ \Rightarrow\ &(\boldsymbol{A}-2\boldsymbol{E})\boldsymbol{B}-4(\boldsymbol{A}-2\boldsymbol{E})=8\boldsymbol{E} \\ \Rightarrow\ &(\boldsymbol{A}-2\boldsymbol{E})(\boldsymbol{B}-4\boldsymbol{E})=8\boldsymbol{E} \\ \Rightarrow\ &(\boldsymbol{A}-2\boldsymbol{E})\cdot\frac{1}{8}(\boldsymbol{B}-4\boldsymbol{E})=\boldsymbol{E}. \end{aligned}$$

由逆矩阵的定义知, $\boldsymbol{A}-2\boldsymbol{E}$可逆, 且

$$(\boldsymbol{A}-2\boldsymbol{E})^{-1}=\frac{1}{8}(\boldsymbol{B}-4\boldsymbol{E}).$$

证毕.

习题 2-3

1. 求下列矩阵的逆矩阵:

(1) $\begin{pmatrix} 1 & 2 \\ 2 & 5 \end{pmatrix}$;　(2) $\begin{pmatrix} 1 & 2 & -1 \\ 3 & 4 & -2 \\ 5 & -4 & 1 \end{pmatrix}$;　(3) $\begin{pmatrix} 1 & 2 & 3 & 4 \\ 0 & 1 & 2 & 3 \\ 0 & 0 & 1 & 2 \\ 0 & 0 & 0 & 1 \end{pmatrix}$;

(4) $\begin{pmatrix} \cos\theta & \sin\theta \\ -\sin\theta & \cos\theta \end{pmatrix}$;　(5) $\begin{pmatrix} \mathrm{e}^t & \cos t & \sin t \\ \mathrm{e}^t & -\sin t & \cos t \\ \mathrm{e}^t & -\cos t & -\sin t \end{pmatrix}$.

2. 用逆矩阵解下列矩阵方程:

(1) $\begin{pmatrix} 2 & 5 \\ 1 & 3 \end{pmatrix} X = \begin{pmatrix} 4 & -6 \\ 2 & 1 \end{pmatrix}$; (2) $\begin{pmatrix} 1 & 4 \\ -1 & 2 \end{pmatrix} X \begin{pmatrix} 2 & 0 \\ -1 & 1 \end{pmatrix} = \begin{pmatrix} 3 & 1 \\ 0 & -1 \end{pmatrix}$;

(3) $\begin{pmatrix} 0 & 1 & 0 \\ 1 & 0 & 0 \\ 0 & 0 & 1 \end{pmatrix} X \begin{pmatrix} 1 & 0 & 0 \\ 0 & 0 & 1 \\ 0 & 1 & 0 \end{pmatrix} = \begin{pmatrix} 1 & -4 & 3 \\ 2 & 0 & -1 \\ 1 & -2 & 0 \end{pmatrix}$.

3. 已知 $\boldsymbol{X}=\boldsymbol{A}\boldsymbol{X}+\boldsymbol{B}$, 其中 $\boldsymbol{A}=\begin{pmatrix} 0 & 1 & 0 \\ -1 & 1 & 1 \\ -1 & 0 & -1 \end{pmatrix}$, $\boldsymbol{B}=\begin{pmatrix} 1 & -1 \\ 2 & 0 \\ 5 & -3 \end{pmatrix}$, 求矩阵 $\boldsymbol{X}$.

4. 已知线性变换 $\begin{cases} x_1=2y_1+2y_2+y_3 \\ x_2=3y_1+y_2+5y_3 \\ x_3=3y_1+2y_2+3y_3 \end{cases}$, 求从变量 x_1, x_2, x_3 到变量 y_1, y_2, y_3 的线性变换.

5. 利用逆矩阵解下列线性方程组:

(1) $\begin{cases} x_1+2x_2+3x_3=1 \\ 2x_1+2x_2+5x_3=2 \\ 3x_1+5x_2+x_3=3 \end{cases}$; (2) $\begin{cases} x_1-x_2-x_3=2 \\ 2x_1-x_2-3x_3=1 \\ 3x_1+2x_2-5x_3=0 \end{cases}$.

6. 若 $\boldsymbol{A}^k=\boldsymbol{O}$ (k 是正整数), 证明: $(\boldsymbol{E}-\boldsymbol{A})^{-1}=\boldsymbol{E}+\boldsymbol{A}+\boldsymbol{A}^2+\cdots+\boldsymbol{A}^{k-1}$.

7. 若 $\boldsymbol{A}$ 可逆, 证明: $\boldsymbol{A}^k$ 也可逆 (k 是自然数), 且 $(\boldsymbol{A}^k)^{-1}=(\boldsymbol{A}^{-1})^k$ (以后记 $(\boldsymbol{A}^{-1})^k=\boldsymbol{A}^{-k}$).

8. 设 $\boldsymbol{A}$ 是一个 n 阶上三角形矩阵, 主对角线元素 $a_{ii}\neq 0$ $(i=1, 2, \cdots, n)$, 证明 $\boldsymbol{A}$ 可逆, 且 $\boldsymbol{A}^{-1}$ 也是上三角形矩阵.

9. 设矩阵 $\boldsymbol{A}$ 可逆, 证明其伴随矩阵 $\boldsymbol{A}^*$ 也可逆, 且 $(\boldsymbol{A}^*)^{-1}=(\boldsymbol{A}^{-1})^*$.

10. 设 $\boldsymbol{A}$ 为 3×3 矩阵, $\boldsymbol{A}^*$ 是 $\boldsymbol{A}$ 的伴随矩阵, 若 $|\boldsymbol{A}|=2$, 求 $|\boldsymbol{A}^*|$.

11. 设 $\boldsymbol{A}=(a_{ij})$ 是三阶非零矩阵, $|\boldsymbol{A}|$ 为 $\boldsymbol{A}$ 的行列式, A_{ij} 为 a_{ij} 的代数余子式, 若

$$a_{ij}+A_{ij}=0 \ (i, j=1, 2, 3),$$

试证: $|\boldsymbol{A}^*|=-|\boldsymbol{A}|$.

12. 设矩阵 $\boldsymbol{A}=\begin{pmatrix} 2 & 1 & 0 \\ 1 & 2 & 0 \\ 0 & 0 & 1 \end{pmatrix}$, 试求 $|\boldsymbol{A}|$, $|\boldsymbol{A}^*|$, $|\boldsymbol{A}-2\boldsymbol{E}|$.

13. 设 $\boldsymbol{A}=\begin{pmatrix} 1 & 0 & 0 \\ 10 & 2 & 0 \\ 20 & 30 & 5 \end{pmatrix}$, $\boldsymbol{A}^*$ 是 $\boldsymbol{A}$ 的伴随矩阵, 求 $(\boldsymbol{A}^*)^{-1}$.

14. 设矩阵 $\boldsymbol{A}=\begin{pmatrix} 1 & 0 & 0 \\ 0 & 1/2 & 3/2 \\ 0 & 1 & 5/2 \end{pmatrix}$, $\boldsymbol{A}^*$ 是 $\boldsymbol{A}$ 的伴随矩阵, 求 $[(\boldsymbol{A}^*)^{\mathrm{T}}]^{-1}$.

15. 设有 A, B, C 三个部门, x_1, x_2, x_3 分别代表这三个部门的总产值 (单位: 百万美元). 现给出如下线性关系模型, 表征部门间相互投入与外部需求约束:

$$\begin{cases} x_1 - 0.2x_2 - 0.1x_3 = 50 \\ -0.1x_1 + x_2 - 0.2x_3 = 60 \\ -0.1x_1 - 0.2x_2 + x_3 = 40 \end{cases}$$

试用伴随矩阵法求出上述方程组系数矩阵的逆，并进一步计算各部门产值 (x_1, x_2, x_3).

16. 设 $\boldsymbol{A}=\begin{pmatrix} 1 & 0 & 1 \\ 0 & 2 & 0 \\ 1 & 0 & 1 \end{pmatrix}$, $\boldsymbol{AB}+\boldsymbol{E}=\boldsymbol{A}^2+\boldsymbol{B}$, 求 $\boldsymbol{B}$.

17. 设 $\boldsymbol{A}=\begin{pmatrix} 1 & 0 \\ 1 & 0 \end{pmatrix}$, $\boldsymbol{B}=\begin{pmatrix} 1 & 1 \\ 1 & 0 \end{pmatrix}$, 求 $(\boldsymbol{A}+\boldsymbol{B})^2-(\boldsymbol{A}^2+2\boldsymbol{AB}+\boldsymbol{B}^2)$.

18. 设三阶方阵 $\boldsymbol{A}$ 和 $\boldsymbol{B}$ 满足关系式 $\boldsymbol{A}^{-1}\boldsymbol{BA}=6\boldsymbol{A}+\boldsymbol{BA}$, 其中 $\boldsymbol{A}=\begin{pmatrix} 1/3 & 0 & 0 \\ 0 & 1/4 & 0 \\ 0 & 0 & 1/7 \end{pmatrix}$, 求 $\boldsymbol{B}$.

19. 设 $\boldsymbol{A}, \boldsymbol{B}$ 满足 $\boldsymbol{ABA}^*=\boldsymbol{E}-\boldsymbol{AB}$, 其中 $\boldsymbol{A}=\begin{pmatrix} 1 & 0 & 0 \\ 0 & -2 & 0 \\ 0 & 0 & 3 \end{pmatrix}$, $\boldsymbol{E}$ 为单位矩阵, $\boldsymbol{A}^*$ 为 $\boldsymbol{A}$ 的伴随矩阵, 求 $\boldsymbol{B}$.

20. 设 $\boldsymbol{B}=\begin{pmatrix} 1 & 2 & -3 & -2 \\ 0 & 1 & 2 & -3 \\ 0 & 0 & 1 & 2 \\ 0 & 0 & 0 & 1 \end{pmatrix}$, $\boldsymbol{C}=\begin{pmatrix} 1 & 2 & 0 & 1 \\ 0 & 1 & 2 & 0 \\ 0 & 0 & 1 & 2 \\ 0 & 0 & 0 & 1 \end{pmatrix}$, 且四阶矩阵 $\boldsymbol{A}$ 满足 $(2\boldsymbol{E}-\boldsymbol{C}^{-1}\boldsymbol{B})\boldsymbol{A}^{\mathrm{T}}=\boldsymbol{C}^{-1}$, 求 $\boldsymbol{A}$.

21. 设 $\boldsymbol{B}=\begin{pmatrix} 1 & -1 & 0 & 0 \\ 0 & 1 & -1 & 0 \\ 0 & 0 & 1 & -1 \\ 0 & 0 & 0 & 1 \end{pmatrix}$, $\boldsymbol{C}=\begin{pmatrix} 2 & 1 & 3 & 4 \\ 0 & 2 & 1 & 3 \\ 0 & 0 & 2 & 1 \\ 0 & 0 & 0 & 2 \end{pmatrix}$, 且四阶矩阵 $\boldsymbol{A}$ 满足关系式:

$$\boldsymbol{A}(\boldsymbol{E}-\boldsymbol{C}^{-1}\boldsymbol{B})^{\mathrm{T}}\boldsymbol{C}^{\mathrm{T}}=\boldsymbol{E}.$$

将上述关系式化简并求矩阵 $\boldsymbol{A}$.

22. 设矩阵 $\boldsymbol{A}=\begin{pmatrix} 109 & -198 \\ 60 & -109 \end{pmatrix}$, $\boldsymbol{B}=\begin{pmatrix} 108 & -198 \\ 60 & -110 \end{pmatrix}$, 且 $\boldsymbol{C}=\boldsymbol{E}+\boldsymbol{A}+\boldsymbol{A}^2+\cdots+\boldsymbol{A}^{10}$, 求 $\boldsymbol{BC}$.

23. 设 $\boldsymbol{A}, \boldsymbol{B}, \boldsymbol{C}$ 为同阶矩阵, 且 $\boldsymbol{C}$ 非奇异, 满足 $\boldsymbol{C}^{-1}\boldsymbol{AC}=\boldsymbol{B}$, 求证: $\boldsymbol{C}^{-1}\boldsymbol{A}^m\boldsymbol{C}=\boldsymbol{B}^m$ (m 为正整数).

24. 设 $\boldsymbol{AP}=\boldsymbol{P\Lambda}$, 其中 $\boldsymbol{P}=\begin{pmatrix} 1 & 1 & 1 \\ 1 & 0 & -2 \\ 1 & -1 & 1 \end{pmatrix}$, $\boldsymbol{\Lambda}=\begin{pmatrix} -1 & & \\ & 1 & \\ & & 5 \end{pmatrix}$, 求 $\varphi(\boldsymbol{A})=\boldsymbol{A}^8(5\boldsymbol{E}-6\boldsymbol{A}+\boldsymbol{A}^2)$.

25. 设矩阵 $\boldsymbol{A}$, $\boldsymbol{B}$ 及 $\boldsymbol{A}+\boldsymbol{B}$ 都可逆, 证明 $\boldsymbol{A}^{-1}+\boldsymbol{B}^{-1}$ 也可逆, 并求其逆矩阵.

26. 设 $\boldsymbol{A}$ 为 n 阶非零实矩阵, $\boldsymbol{A}^*=\boldsymbol{A}^{\mathrm{T}}$, 其中 $\boldsymbol{A}^*$ 为 $\boldsymbol{A}$ 的伴随矩阵. 证明: $\boldsymbol{A}$ 可逆.

27. 设 $\boldsymbol{A}=\begin{pmatrix} a & b \\ c & d \end{pmatrix}$, 试将 $f(\lambda)=|\lambda\boldsymbol{E}-\boldsymbol{A}|$ 写成 λ 的多项式, 并验证 $f(\boldsymbol{A})=\boldsymbol{O}$.

28. 在日常生活中, 我们常用不同的模型来表示颜色. 例如, XYZ 模型用于表示颜色的光学分量 (X, Y 和 Z), 而 ABC 模型是一种假想的模型, 用于将颜色分为三种基础成分 (A, B 和 C). 从 ABC 模型到 XYZ 模型的转换可以用以下矩阵方程表示:

$$\begin{pmatrix} X \\ Y \\ Z \end{pmatrix} = \begin{pmatrix} 2 & 1 & 0 \\ 1 & 1 & 1 \\ 1 & 1 & 2 \end{pmatrix} \begin{pmatrix} A \\ B \\ C \end{pmatrix}.$$

问: 如果已知 XYZ 模型的值, 如何通过矩阵运算将其转换为 ABC 模型? 请写出对应的矩阵.

§2.4　分块矩阵

一、分块矩阵的概念

分块矩阵是线性代数和矩阵理论中的重要工具, 其产生主要源于对复杂矩阵和大规模线性系统的需求. 例如, 在处理高维矩阵时, 为了简化计算和理论分析, 将矩阵划分为若干小块, 使得每块的运算更易理解和操作. 在控制理论、信号处理等领域, 系统常涉及多个变量或子系统, 分块矩阵用于描述这些子系统之间的耦合关系. 在数值分析中, 直接操作大规模矩阵计算量大, 通过分块方式利用稀疏性、对称性等结构特点, 可显著提高效率. 在并行与分布式计算中, 分块操作可以将计算分配到多个处理单元, 从而提升总效率. 总之, 分块矩阵的产生背景与其在复杂系统中的数学建模需求密切相关, 其应用遍及科学计算、工程设计和数据分析等领域.

具体而言, 对于行数和列数较多的矩阵, 为了简化运算, 常采用分块法, 将大矩阵的运算转化成若干小矩阵间的运算, 同时也使原矩阵的结构显得简单而清晰. 其做法是: 将大矩阵 $\boldsymbol{A}$ 用若干条纵线和横线分成多个小矩阵. 每个小矩阵称为 $\boldsymbol{A}$ 的**子块**. 以子块为元素的形式上的矩阵称为**分块矩阵**.

矩阵的分块有多种方式, 可根据具体需要而定. 例如, 矩阵

$$\boldsymbol{A} = \begin{pmatrix} 1 & 0 & 0 & 3 \\ 0 & 1 & 0 & -1 \\ 0 & 0 & 1 & 0 \\ 0 & 0 & 0 & 1 \end{pmatrix},$$

既可分成 $\begin{pmatrix} \boldsymbol{E}_3 & \boldsymbol{B} \\ \boldsymbol{O} & \boldsymbol{E}_1 \end{pmatrix}$, 其中 $\boldsymbol{B} = \begin{pmatrix} 3 \\ -1 \\ 0 \end{pmatrix}$; 也可分成 $\begin{pmatrix} \boldsymbol{E}_2 & \boldsymbol{C} \\ \boldsymbol{O} & \boldsymbol{E}_2 \end{pmatrix}$, 其中 $\boldsymbol{C} = \begin{pmatrix} 0 & 3 \\ 0 & -1 \end{pmatrix}$.

又如, 对矩阵 $\boldsymbol{A} = \begin{pmatrix} 1 & 2 & 1 \\ 3 & 4 & 0 \\ 0 & 0 & 2 \end{pmatrix}$ 与 $\boldsymbol{B} = \begin{pmatrix} 1 & 2 & 3 & 1 \\ 4 & 5 & 6 & 1 \\ 0 & 0 & 0 & 1 \end{pmatrix}$, 可采用如下分块方法:

$$\boldsymbol{A}=\begin{pmatrix}\boldsymbol{A}_1\\ \boldsymbol{A}_2\end{pmatrix}，其中\boldsymbol{A}_1=\begin{pmatrix}1&2&1\\3&4&0\end{pmatrix}，\boldsymbol{A}_2=(0\quad 0\quad 2);$$

$$\boldsymbol{B}=(\boldsymbol{B}_1\quad \boldsymbol{B}_2)，其中\boldsymbol{B}_1=\begin{pmatrix}1&2&3\\4&5&6\\0&0&0\end{pmatrix}，\boldsymbol{B}_2=\begin{pmatrix}1\\1\\1\end{pmatrix};等等.$$

特别地, 一个矩阵也可看作是以 $m\times n$ 个元素为一阶子块的分块矩阵.

二、分块矩阵的运算

分块矩阵的运算与普通矩阵的运算规则相似. 矩阵分块时要注意的是: 运算的两矩阵按块能运算, 并且参与运算的子块也能运算, 即内外都能运算.

(1) **加法运算**: 设矩阵 $\boldsymbol{A}$ 与 $\boldsymbol{B}$ 的行数相同、列数相同, 且采用相同的分块法, 则 $\boldsymbol{A}+\boldsymbol{B}$ 的每个分块是 $\boldsymbol{A}$ 与 $\boldsymbol{B}$ 中对应分块之和.

(2) **数乘运算**: 设 $\boldsymbol{A}$ 是一个分块矩阵, k 为一实数, 则 $k\boldsymbol{A}$ 的每个子块是 k 与 $\boldsymbol{A}$ 中相应子块的数乘.

(3) **乘法运算**: 两分块矩阵 $\boldsymbol{A}$ 与 $\boldsymbol{B}$ 的乘积依然按照普通矩阵的乘积进行运算, 即把矩阵 $\boldsymbol{A}$ 与 $\boldsymbol{B}$ 中的子块当作数量来对待, 但对于乘积 $\boldsymbol{AB}$, $\boldsymbol{A}$ 中列的划分必须与 $\boldsymbol{B}$ 中行的划分一致.

例 1 设 $\boldsymbol{A}=\begin{pmatrix}1&0&1&3\\0&1&2&4\\0&0&-1&0\\0&0&0&-1\end{pmatrix}$, $\boldsymbol{B}=\begin{pmatrix}1&2&0&0\\2&0&0&0\\6&3&1&0\\0&-2&0&1\end{pmatrix}$. 用分块矩阵求 $k\boldsymbol{A}$, $\boldsymbol{A}+\boldsymbol{B}$.

解 依题设, 可将矩阵 $\boldsymbol{A}$, $\boldsymbol{B}$ 分块如下:

$$\boldsymbol{A}=\left(\begin{array}{cc:cc}1&0&1&3\\0&1&2&4\\\hdashline 0&0&-1&0\\0&0&0&-1\end{array}\right)=\begin{pmatrix}\boldsymbol{E}_2&\boldsymbol{C}\\ \boldsymbol{O}&-\boldsymbol{E}_2\end{pmatrix},\ \boldsymbol{B}=\left(\begin{array}{cc:cc}1&2&0&0\\2&0&0&0\\\hdashline 6&3&1&0\\0&-2&0&1\end{array}\right)=\begin{pmatrix}\boldsymbol{D}&\boldsymbol{O}\\ \boldsymbol{F}&\boldsymbol{E}_2\end{pmatrix},$$

则由分块矩阵的运算规则与矩阵的线性运算法则, 有

$$k\boldsymbol{A}=k\begin{pmatrix}\boldsymbol{E}_2&\boldsymbol{C}\\ \boldsymbol{O}&-\boldsymbol{E}_2\end{pmatrix}=\begin{pmatrix}k\boldsymbol{E}_2&k\boldsymbol{C}\\ \boldsymbol{O}&-k\boldsymbol{E}_2\end{pmatrix}=\left(\begin{array}{cc:cc}k&0&k&3k\\0&k&2k&4k\\\hdashline 0&0&-k&0\\0&0&0&-k\end{array}\right),$$

$$\boldsymbol{A}+\boldsymbol{B}=\begin{pmatrix}\boldsymbol{E}_2&\boldsymbol{C}\\ \boldsymbol{O}&-\boldsymbol{E}_2\end{pmatrix}+\begin{pmatrix}\boldsymbol{D}&\boldsymbol{O}\\ \boldsymbol{F}&\boldsymbol{E}_2\end{pmatrix}=\begin{pmatrix}\boldsymbol{E}_2+\boldsymbol{D}&\boldsymbol{C}\\ \boldsymbol{F}&\boldsymbol{O}\end{pmatrix}=\left(\begin{array}{cc:cc}2&2&1&3\\2&1&2&4\\\hdashline 6&3&0&0\\0&-2&0&0\end{array}\right).$$

例 2　设 $\boldsymbol{A}=\begin{pmatrix}1&0&0&0\\0&1&0&0\\-1&2&1&0\\1&1&0&1\end{pmatrix}$, $\boldsymbol{B}=\begin{pmatrix}1&0&1&0\\-1&2&0&1\\1&0&4&1\\-1&-1&2&0\end{pmatrix}$, 用分块矩阵计算 $\boldsymbol{AB}$.

解　依题设, 可将矩阵 $\boldsymbol{A}$, $\boldsymbol{B}$ 分块如下:

$$\boldsymbol{A}=\left(\begin{array}{cc:cc}1&0&0&0\\0&1&0&0\\ \hdashline -1&2&1&0\\1&1&0&1\end{array}\right)=\begin{pmatrix}\boldsymbol{E}_2&\boldsymbol{O}\\\boldsymbol{A}_1&\boldsymbol{E}_2\end{pmatrix},\ \boldsymbol{B}=\left(\begin{array}{cc:cc}1&0&1&0\\-1&2&0&1\\ \hdashline 1&0&4&1\\-1&-1&2&0\end{array}\right)=\begin{pmatrix}\boldsymbol{B}_{11}&\boldsymbol{E}_2\\\boldsymbol{B}_{21}&\boldsymbol{B}_{22}\end{pmatrix},$$

则由分块矩阵的运算规则与矩阵的线性运算法则, 有

$$\boldsymbol{AB}=\begin{pmatrix}\boldsymbol{E}_2&\boldsymbol{O}\\\boldsymbol{A}_1&\boldsymbol{E}_2\end{pmatrix}\begin{pmatrix}\boldsymbol{B}_{11}&\boldsymbol{E}_2\\\boldsymbol{B}_{21}&\boldsymbol{B}_{22}\end{pmatrix}=\begin{pmatrix}\boldsymbol{B}_{11}&\boldsymbol{E}_2\\\boldsymbol{A}_1\boldsymbol{B}_{11}+\boldsymbol{B}_{21}&\boldsymbol{A}_1+\boldsymbol{B}_{22}\end{pmatrix},$$

进一步利用矩阵的乘法运算, 得

$$\boldsymbol{A}_1\boldsymbol{B}_{11}+\boldsymbol{B}_{21}=\begin{pmatrix}-1&2\\1&1\end{pmatrix}\begin{pmatrix}1&0\\-1&2\end{pmatrix}+\begin{pmatrix}1&0\\-1&-1\end{pmatrix}=\begin{pmatrix}-2&4\\-1&1\end{pmatrix},$$

$$\boldsymbol{A}_1+\boldsymbol{B}_{22}=\begin{pmatrix}-1&2\\1&1\end{pmatrix}+\begin{pmatrix}4&1\\2&0\end{pmatrix}=\begin{pmatrix}3&3\\3&1\end{pmatrix},$$

将上述结果代入前式, 即得

$$\boldsymbol{AB}=\begin{pmatrix}1&0&1&0\\-1&2&0&1\\-2&4&3&3\\-1&1&3&1\end{pmatrix}.$$

例 3　设矩阵 $\boldsymbol{A}=\begin{pmatrix}1&2&1\\3&4&0\\0&0&2\end{pmatrix}$, $\boldsymbol{B}=\begin{pmatrix}1&2&3&1\\4&5&6&1\\0&0&0&1\end{pmatrix}$, 用分块矩阵计算 $\boldsymbol{AB}$.

解　对题设矩阵 $\boldsymbol{A}$, $\boldsymbol{B}$, 采用如下分块方法:

$$\boldsymbol{A}=\begin{pmatrix}\boldsymbol{A}_1\\\boldsymbol{A}_2\end{pmatrix},\ \text{其中}\ \boldsymbol{A}_1=\begin{pmatrix}1&2&1\\3&4&0\end{pmatrix},\ \boldsymbol{A}_2=(0\ \ 0\ \ 2);$$

$$\boldsymbol{B}=(\boldsymbol{B}_1\ \ \boldsymbol{B}_2),\ \text{其中}\ \boldsymbol{B}_1=\begin{pmatrix}1&2&3\\4&5&6\\0&0&0\end{pmatrix},\ \boldsymbol{B}_2=\begin{pmatrix}1\\1\\1\end{pmatrix}.$$

则由分块矩阵的运算规则与矩阵的乘法运算法则, 有

$$\boldsymbol{AB}=\begin{pmatrix}\boldsymbol{A}_1\\ \boldsymbol{A}_2\end{pmatrix}(\boldsymbol{B}_1\quad \boldsymbol{B}_2)=\begin{pmatrix}\boldsymbol{A}_1\boldsymbol{B}_1 & \boldsymbol{A}_1\boldsymbol{B}_2\\ \boldsymbol{A}_2\boldsymbol{B}_1 & \boldsymbol{A}_2\boldsymbol{B}_2\end{pmatrix}.$$

分别计算上式右端分块矩阵中的各子块, 得

$$\boldsymbol{A}_1\boldsymbol{B}_1=\begin{pmatrix}1&2&1\\3&4&0\end{pmatrix}\begin{pmatrix}1&2&3\\4&5&6\\0&0&0\end{pmatrix}=\begin{pmatrix}9&12&15\\19&26&33\end{pmatrix},\ \boldsymbol{A}_1\boldsymbol{B}_2=\begin{pmatrix}1&2&1\\3&4&0\end{pmatrix}\begin{pmatrix}1\\1\\1\end{pmatrix}=\begin{pmatrix}4\\7\end{pmatrix},$$

$$\boldsymbol{A}_2\boldsymbol{B}_1=(0\quad 0\quad 2)\begin{pmatrix}1&2&3\\4&5&6\\0&0&0\end{pmatrix}=(0\quad 0\quad 0),\ \boldsymbol{A}_2\boldsymbol{B}_2=(0\quad 0\quad 2)\begin{pmatrix}1\\1\\1\end{pmatrix}=(2).$$

将上述结果代入前式, 即得

$$\boldsymbol{AB}=\begin{pmatrix}9&12&15&4\\19&26&33&7\\0&0&0&2\end{pmatrix}.$$

一般地, 如果将任意的 $m\times n$ 矩阵 $\boldsymbol{A}_{m\times n}$ 与 n 阶单位矩阵 $\boldsymbol{E}_n$ 分块如下:

$$\boldsymbol{A}=\begin{pmatrix}a_{11}&a_{12}&\cdots&a_{1n}\\a_{21}&a_{22}&\cdots&a_{2n}\\\vdots&\vdots&&\vdots\\a_{m1}&a_{m2}&\cdots&a_{mn}\end{pmatrix}=(\boldsymbol{A}_1,\boldsymbol{A}_2,\cdots,\boldsymbol{A}_n),\ \boldsymbol{E}_n=\begin{pmatrix}1&0&\cdots&0\\0&1&\cdots&0\\\vdots&\vdots&&\vdots\\0&0&\cdots&1\end{pmatrix}=(\boldsymbol{\varepsilon}_1,\boldsymbol{\varepsilon}_2,\cdots,\boldsymbol{\varepsilon}_n),$$

则由分块矩阵的运算规则与矩阵的乘法运算法则, 有

$$\boldsymbol{AE}_n=\boldsymbol{A}(\boldsymbol{\varepsilon}_1,\boldsymbol{\varepsilon}_2,\cdots,\boldsymbol{\varepsilon}_n)=(\boldsymbol{A\varepsilon}_1,\boldsymbol{A\varepsilon}_2,\cdots,\boldsymbol{A\varepsilon}_n)=(\boldsymbol{A}_1,\boldsymbol{A}_2,\cdots,\boldsymbol{A}_n),$$

所以, $\boldsymbol{A\varepsilon}_j=\boldsymbol{A}_j\ (j=1,2,\cdots,n)$. 这个结果表明: 单位列向量 $\boldsymbol{\varepsilon}_j\ (j=1,2,\cdots,n)$ 是线性方程组 $\boldsymbol{Ax}=\boldsymbol{A}_j$ 的解向量.

(4) **分块矩阵的转置**: 设 $\boldsymbol{A}=\begin{pmatrix}\boldsymbol{A}_{11}&\cdots&\boldsymbol{A}_{1t}\\\vdots&&\vdots\\\boldsymbol{A}_{st}&\cdots&\boldsymbol{A}_{st}\end{pmatrix}$, 则 $\boldsymbol{A}^{\mathrm T}=\begin{pmatrix}\boldsymbol{A}_{11}^{\mathrm T}&\cdots&\boldsymbol{A}_{s1}^{\mathrm T}\\\vdots&&\vdots\\\boldsymbol{A}_{1t}^{\mathrm T}&\cdots&\boldsymbol{A}_{st}^{\mathrm T}\end{pmatrix}$.

(5) **分块对角矩阵的运算**: 设 $\boldsymbol{A}$ 为 n 阶矩阵, 若 $\boldsymbol{A}$ 的分块矩阵只在主对角线上有非零子块, 其余子块都为零矩阵, 且在对角线上的子块都是方阵, 即

$$\boldsymbol{A}=\begin{pmatrix}\boldsymbol{A}_1&&&\boldsymbol{O}\\&\boldsymbol{A}_2&&\\&&\ddots&\\\boldsymbol{O}&&&\boldsymbol{A}_s\end{pmatrix},$$

其中 $\boldsymbol{A}_i\ (i=1,2,\cdots,s)$ 都是方阵, 则称 $\boldsymbol{A}$ 为**分块对角矩阵**.

分块对角矩阵具有下述性质:

① 若 $|\boldsymbol{A}_i|\neq 0\ (i=1,2,\cdots,s)$, 则 $|\boldsymbol{A}|\neq 0$, 且 $|\boldsymbol{A}|=|\boldsymbol{A}_1||\boldsymbol{A}_2|\cdots|\boldsymbol{A}_s|$;

② 矩阵 $\boldsymbol{A}$ 的逆矩阵 $\boldsymbol{A}^{-1}=\begin{pmatrix}\boldsymbol{A}_1^{-1} & & & \boldsymbol{O}\\ & \boldsymbol{A}_2^{-1} & & \\ & & \ddots & \\ \boldsymbol{O} & & & \boldsymbol{A}_s^{-1}\end{pmatrix}$;

③ 同结构的分块对角矩阵的和、差、积、数乘及其逆仍是分块对角矩阵, 且运算表现为对应子块的运算.

(6) **分块上 (下) 三角形矩阵的运算**: 形如

$$\begin{pmatrix}\boldsymbol{A}_{11} & \boldsymbol{A}_{12} & \cdots & \boldsymbol{A}_{1s}\\ \boldsymbol{O} & \boldsymbol{A}_{22} & \cdots & \boldsymbol{A}_{2s}\\ \vdots & \vdots & & \vdots\\ \boldsymbol{O} & \boldsymbol{O} & \cdots & \boldsymbol{A}_{ss}\end{pmatrix} \text{或} \begin{pmatrix}\boldsymbol{A}_{11} & \boldsymbol{O} & \cdots & \boldsymbol{O}\\ \boldsymbol{A}_{21} & \boldsymbol{A}_{22} & \cdots & \boldsymbol{O}\\ \vdots & \vdots & & \vdots\\ \boldsymbol{A}_{s1} & \boldsymbol{A}_{s2} & \cdots & \boldsymbol{A}_{ss}\end{pmatrix}$$

的分块矩阵, 分别称为**分块上三角形矩阵**或**分块下三角形矩阵**, 其中 $\boldsymbol{A}_{ii}\ (i=1,2,\cdots,s)$ 是方阵. 同结构的分块上(下)三角形矩阵的和、差、积、数乘及逆仍是分块上 (下) 三角形矩阵.

例 4 设矩阵

$$\boldsymbol{A}=\begin{pmatrix}1 & 2 & 1 & 0 & 0 & 0\\ 2 & 2 & 1 & 0 & 0 & 0\\ 1 & 1 & 0 & 0 & 0 & 0\\ 0 & 0 & 0 & 1 & 3 & -5\\ 0 & 0 & 0 & 1 & -1 & 1\\ 0 & 0 & 0 & -1 & -1 & 3\end{pmatrix},\ \boldsymbol{B}=\begin{pmatrix}-2 & 1 & 0 & 0 & 0 & 0\\ 2 & -1 & -3 & 0 & 0 & 0\\ 0 & 1 & 6 & 0 & 0 & 0\\ 0 & 0 & 0 & 1 & 2 & 1\\ 0 & 0 & 0 & 2 & 1 & 3\\ 0 & 0 & 0 & 1 & 1 & 2\end{pmatrix},$$

试用矩阵分块法计算 $(\boldsymbol{AB})^4$.

解 对题设矩阵进行分块, 得

$$\boldsymbol{A}=\begin{pmatrix}\boldsymbol{A}_1 & \boldsymbol{O}\\ \boldsymbol{O} & \boldsymbol{A}_2\end{pmatrix},\ \boldsymbol{B}=\begin{pmatrix}\boldsymbol{B}_1 & \boldsymbol{O}\\ \boldsymbol{O} & \boldsymbol{B}_2\end{pmatrix},$$

再根据矩阵乘法的定义, 得

$$\boldsymbol{A}_1\boldsymbol{B}_1=\begin{pmatrix}2 & 0 & 0\\ 0 & 1 & 0\\ 0 & 0 & -3\end{pmatrix},\ \boldsymbol{A}_2\boldsymbol{B}_2=\begin{pmatrix}2 & 0 & 0\\ 0 & 2 & 0\\ 0 & 0 & 2\end{pmatrix},$$

所以, 利用分块对角矩阵的性质, 得

$$AB=\begin{pmatrix} A_1B_1 & O \\ O & A_2B_2 \end{pmatrix}=\begin{pmatrix} 2 & & & & & \\ & 1 & & & & \\ & & -3 & & & \\ & & & 2 & & \\ & & & & 2 & \\ & & & & & 2 \end{pmatrix},$$

$$(AB)^4=\begin{pmatrix} 16 & & & & & \\ & 1 & & & & \\ & & 81 & & & \\ & & & 16 & & \\ & & & & 16 & \\ & & & & & 16 \end{pmatrix}.$$

例 5 设矩阵 $A=\begin{pmatrix} 5 & 0 & 0 \\ 0 & 3 & 1 \\ 0 & 2 & 1 \end{pmatrix}$, 求 A^{-1}.

解 对题设矩阵 A, 采用如下分块方法:

$$A=\left(\begin{array}{c:cc} 5 & 0 & 0 \\ \hdashline 0 & 3 & 1 \\ 0 & 2 & 1 \end{array}\right)=\begin{pmatrix} A_1 & O \\ O & A_2 \end{pmatrix}, \text{其中} A_1=(5),\ A_2=\begin{pmatrix} 3 & 1 \\ 2 & 1 \end{pmatrix}.$$

于是, 利用伴随矩阵求逆法, 计算得

$$A_1^{-1}=\left(\frac{1}{5}\right),\quad A_2^{-1}=\frac{A_2^*}{|A_2|}=\begin{pmatrix} 1 & -1 \\ -2 & 3 \end{pmatrix},$$

所以, 根据分块对角矩阵的运算性质, 得

$$A^{-1}=\begin{pmatrix} A_1^{-1} & O \\ O & A_2^{-1} \end{pmatrix}=\begin{pmatrix} 1/5 & 0 & 0 \\ 0 & 1 & -1 \\ 0 & -2 & 3 \end{pmatrix}.$$

例 6 设矩阵 $A=\begin{pmatrix} 1 & 2 & 0 & 0 \\ 0 & 1 & 0 & 0 \\ 0 & 0 & 3 & 4 \\ 0 & 0 & 4 & -3 \end{pmatrix}$, 求: (1) $|A|^n$; (2) $|A|^{2n}$.

解 根据题设矩阵的特征, 可将矩阵 A 分块为 $A=\begin{pmatrix} A_1 & O \\ O & A_2 \end{pmatrix}$, 其中

$$A_1=\begin{pmatrix}1 & 2\\ 0 & 1\end{pmatrix},\ A_2=\begin{pmatrix}3 & 4\\ 4 & -3\end{pmatrix}.$$

(1) 由分块对角矩阵与方阵行列式的运算, 有

$$|A|^n=|A_1A_2|^n=(|A_1|\cdot|A_2|)^n=|A_1|^n\cdot|A_2|^n,$$

所以,

$$|A|^n=|A_1|^n\cdot|A_2|^n=(-25)^n.$$

(2) 与(1)同理, 可得

$$|A|^{2n}=|A_1A_2|^{2n}=(|A_1|\cdot|A_2|)^{2n}=|A_1|^{2n}\cdot|A_2|^{2n},$$

所以,

$$|A|^{2n}=|A_1|^{2n}\cdot|A_2|^{2n}=(-25)^{2n}=5^{4n}.$$

例 7 设 $\boldsymbol{A}^{\mathrm{T}}\boldsymbol{A}=\boldsymbol{O}$, 证明 $\boldsymbol{A}=\boldsymbol{O}$.

证明 设 $\boldsymbol{A}=(a_{ij})_{m\times n}$, 把 $\boldsymbol{A}$ 按列分块为 $\boldsymbol{A}=(\boldsymbol{a}_1, \boldsymbol{a}_2, \cdots, \boldsymbol{a}_n)$, 则

$$\boldsymbol{A}^{\mathrm{T}}\boldsymbol{A}=\begin{pmatrix}\boldsymbol{a}_1^{\mathrm{T}}\\ \boldsymbol{a}_2^{\mathrm{T}}\\ \vdots\\ \boldsymbol{a}_n^{\mathrm{T}}\end{pmatrix}(\boldsymbol{a}_1, \boldsymbol{a}_2, \cdots, \boldsymbol{a}_n)=\begin{pmatrix}\boldsymbol{a}_1^{\mathrm{T}}\boldsymbol{a}_1 & \boldsymbol{a}_1^{\mathrm{T}}\boldsymbol{a}_2 & \cdots & \boldsymbol{a}_1^{\mathrm{T}}\boldsymbol{a}_n\\ \boldsymbol{a}_2^{\mathrm{T}}\boldsymbol{a}_1 & \boldsymbol{a}_2^{\mathrm{T}}\boldsymbol{a}_2 & \cdots & \boldsymbol{a}_2^{\mathrm{T}}\boldsymbol{a}_n\\ \vdots & \vdots & & \vdots\\ \boldsymbol{a}_n^{\mathrm{T}}\boldsymbol{a}_1 & \boldsymbol{a}_n^{\mathrm{T}}\boldsymbol{a}_2 & \cdots & \boldsymbol{a}_n^{\mathrm{T}}\boldsymbol{a}_n\end{pmatrix},$$

即 $\boldsymbol{A}^{\mathrm{T}}\boldsymbol{A}$ 的位置 (i, j) 的元素为 $\boldsymbol{a}_i^{\mathrm{T}}\boldsymbol{a}_j$, 因 $\boldsymbol{A}^{\mathrm{T}}\boldsymbol{A}=\boldsymbol{O}$, 故 $\boldsymbol{a}_i^{\mathrm{T}}\boldsymbol{a}_j=0\ (i, j=1, 2, \cdots, n)$, 特别地, 有 $\boldsymbol{a}_j^{\mathrm{T}}\boldsymbol{a}_j=0\ (j=1, 2, \cdots, n)$, 而

$$\boldsymbol{a}_j^{\mathrm{T}}\boldsymbol{a}_j=(a_{1j}, a_{2j}, \cdots, a_{mj})\begin{pmatrix}a_{1j}\\ a_{2j}\\ \vdots\\ a_{mj}\end{pmatrix}=a_{1j}^2+a_{2j}^2+\cdots+a_{mj}^2,$$

由 $a_{1j}^2+a_{2j}^2+\cdots+a_{mj}^2=0$, 得

$$a_{1j}=a_{2j}=\cdots=a_{mj}=0\ (j=1, 2, \cdots, n),$$

即 $\boldsymbol{A}=\boldsymbol{O}$. 证毕.

例 8 在互联网广告领域, 广告主通常会将广告预算投入到多个广告渠道中, 比如搜索引擎广告、社交媒体广告、展示广告等. 而广告主的目标是根据各个渠道的收益情况合理分配预算, 以最大化投资收益率. 假设某公司正在进行互联网广告投入决策分析. 该公司使用了一个投入产出模型来分析不同广告渠道之间的依赖关系. 公司选择了四个主要的广告渠道: 搜索引擎广告 (A_1)、社交媒体广告 (A_2)、展示广告 (B_1)、视频广告 (B_2).

通过收集历史数据，得到了各广告渠道的直接消耗系数矩阵为

$$\begin{pmatrix} \boldsymbol{A} & \boldsymbol{B} \\ \boldsymbol{C} & \boldsymbol{D} \end{pmatrix},$$

其中，子块 $\boldsymbol{A}$ 表示搜索引擎广告 (A_1) 和社交媒体广告 (A_2) 之间的内部依赖关系，$\boldsymbol{D}$ 表示展示广告 (B_1) 和视频广告 (B_2) 之间的内部依赖关系，$\boldsymbol{B}$ 表示搜索引擎广告与展示广告之间的投入需求，$\boldsymbol{C}$ 表示展示广告与搜索引擎广告之间的投入需求. 假设该公司面临的最终需求 (外部需求) 向量为 $\boldsymbol{F}=(\boldsymbol{F}_{\mathrm{I}},\boldsymbol{F}_{\mathrm{II}})^{\mathrm{T}}$，其中，$\boldsymbol{F}_{\mathrm{I}}$ 为搜索引擎广告与社交媒体广告的总需求，$\boldsymbol{F}_{\mathrm{II}}$ 为展示广告与视频广告的总需求. 我们的目标是求解各广告渠道的总产出向量 $\boldsymbol{X}=(\boldsymbol{X}_{\mathrm{I}},\boldsymbol{X}_{\mathrm{II}})^{\mathrm{T}}$，其中，$\boldsymbol{X}_{\mathrm{I}}$ 表示搜索引擎广告与社交媒体广告的总产出，$\boldsymbol{X}_{\mathrm{II}}$ 表示展示广告与视频广告的总产出，并通过分块矩阵的逆运算探讨其经济意义.

解　根据投入产出模型的方程，我们可以表示为

$$\begin{pmatrix} \boldsymbol{X}_{\mathrm{I}} \\ \boldsymbol{X}_{\mathrm{II}} \end{pmatrix}=\begin{pmatrix} \boldsymbol{A} & \boldsymbol{B} \\ \boldsymbol{C} & \boldsymbol{D} \end{pmatrix}\begin{pmatrix} \boldsymbol{X}_{\mathrm{I}} \\ \boldsymbol{X}_{\mathrm{II}} \end{pmatrix}+\begin{pmatrix} \boldsymbol{F}_{\mathrm{I}} \\ \boldsymbol{F}_{\mathrm{II}} \end{pmatrix},$$

整理后得到

$$\left(\boldsymbol{E}-\begin{pmatrix} \boldsymbol{A} & \boldsymbol{B} \\ \boldsymbol{C} & \boldsymbol{D} \end{pmatrix}\right)\begin{pmatrix} \boldsymbol{X}_{\mathrm{I}} \\ \boldsymbol{X}_{\mathrm{II}} \end{pmatrix}=\begin{pmatrix} \boldsymbol{F}_{\mathrm{I}} \\ \boldsymbol{F}_{\mathrm{II}} \end{pmatrix},$$

其中，$\boldsymbol{E}$ 是单位矩阵. 若矩阵 $\left(\boldsymbol{E}-\begin{pmatrix} \boldsymbol{A} & \boldsymbol{B} \\ \boldsymbol{C} & \boldsymbol{D} \end{pmatrix}\right)$ 可逆，则可以通过以下公式求解总产出向量：

$$\begin{pmatrix} \boldsymbol{X}_{\mathrm{I}} \\ \boldsymbol{X}_{\mathrm{II}} \end{pmatrix}=\left(\boldsymbol{E}-\begin{pmatrix} \boldsymbol{A} & \boldsymbol{B} \\ \boldsymbol{C} & \boldsymbol{D} \end{pmatrix}\right)^{-1}\begin{pmatrix} \boldsymbol{F}_{\mathrm{I}} \\ \boldsymbol{F}_{\mathrm{II}} \end{pmatrix}.$$

通过分块矩阵的逆运算，可以进一步展开该公式. 利用逆矩阵的求解公式，我们可以得出每个广告渠道的总产出值. 特别地，我们可以根据不同的投入需求分析哪些广告渠道之间的依赖关系较为紧密，哪些广告渠道对其他渠道的产出有较大影响.

本例演示了如何利用逆矩阵在互联网广告投入产出模型中求解广告渠道的总产出. 该方法能够帮助广告主更好地理解不同广告渠道之间的相互依赖关系，并在制定广告预算和调整策略时提供定量参考. 例如，当某一广告渠道的外部需求增加时，其他广告渠道的产出如何受到影响，特别是渠道之间的相互依赖性对总体产出的影响. 通过分块矩阵的分析，广告主能够更加精确地识别关键的广告渠道并优化广告投入，从而提高投资收益率.

例 9　设 $\boldsymbol{A}$，$\boldsymbol{B}$ 为 n 阶矩阵，$\boldsymbol{A}^*$，$\boldsymbol{B}^*$ 分别为 $\boldsymbol{A}$，$\boldsymbol{B}$ 对应的伴随矩阵，分块矩阵

$$\boldsymbol{C}=\begin{pmatrix} \boldsymbol{A} & \boldsymbol{O} \\ \boldsymbol{O} & \boldsymbol{B} \end{pmatrix},$$

求 $\boldsymbol{C}$ 的伴随矩阵 $\boldsymbol{C}^*$.

解 因为矩阵$\boldsymbol{A}, \boldsymbol{B}$可逆, 所以矩阵$\boldsymbol{C}$亦可逆. 于是, 根据伴随矩阵的性质, 有

$$\boldsymbol{C}^* = |\boldsymbol{C}|\boldsymbol{C}^{-1}.$$

根据分块对角矩阵的性质, 有$|\boldsymbol{C}| = |\boldsymbol{A}|\cdot|\boldsymbol{B}|$, 且

$$\boldsymbol{C}^{-1} = \begin{pmatrix} \boldsymbol{A} & \boldsymbol{O} \\ \boldsymbol{O} & \boldsymbol{B} \end{pmatrix}^{-1} = \begin{pmatrix} \boldsymbol{A}^{-1} & \boldsymbol{O} \\ \boldsymbol{O} & \boldsymbol{B}^{-1} \end{pmatrix}.$$

因此, 根据矩阵的运算性质, 有

$$\begin{aligned} \boldsymbol{C}^* &= |\boldsymbol{C}|\boldsymbol{C}^{-1} = |\boldsymbol{A}|\cdot|\boldsymbol{B}|\cdot\begin{pmatrix} \boldsymbol{A}^{-1} & \boldsymbol{O} \\ \boldsymbol{O} & \boldsymbol{B}^{-1} \end{pmatrix} \\ &= \begin{pmatrix} |\boldsymbol{A}|\cdot|\boldsymbol{B}|\boldsymbol{A}^{-1} & \boldsymbol{O} \\ \boldsymbol{O} & |\boldsymbol{A}|\cdot|\boldsymbol{B}|\boldsymbol{B}^{-1} \end{pmatrix} \\ &= \begin{pmatrix} |\boldsymbol{B}|\boldsymbol{A}^* & \boldsymbol{O} \\ \boldsymbol{O} & |\boldsymbol{A}|\boldsymbol{B}^* \end{pmatrix}. \end{aligned}$$

注: 该结论对$\boldsymbol{A}, \boldsymbol{B}$不可逆情形也成立 (可通过伴随矩阵定义及分块矩阵运算验证).

三、克莱姆法则的证明

在上一章, 我们未经证明地介绍了克莱姆法则, 它是线性代数中一种用于求解线性方程组的显式方法, 适用于线性方程组的系数矩阵可逆的情况. 克莱姆法则的几何意义在于, 它利用行列式捕捉到线性方程组解的结构, 将解向量与矩阵的列向量替换操作联系起来. 下面我们利用线性方程组的矩阵形式重新叙述克莱姆法则, 并加以证明.

对线性方程组

$$\begin{cases} a_{11}x_1 + a_{12}x_2 + \cdots + a_{1n}x_n = b_1 \\ a_{21}x_1 + a_{22}x_2 + \cdots + a_{2n}x_n = b_2 \\ \quad\cdots\cdots \\ a_{n1}x_1 + a_{n2}x_2 + \cdots + a_{nn}x_n = b_n \end{cases}, \tag{4.1}$$

若记

$$\boldsymbol{A} = \begin{pmatrix} a_{11} & a_{12} & \cdots & a_{1n} \\ a_{21} & a_{22} & \cdots & a_{2n} \\ \vdots & \vdots & & \vdots \\ a_{n1} & a_{n2} & \cdots & a_{nn} \end{pmatrix}, \quad \boldsymbol{x} = \begin{pmatrix} x_1 \\ x_2 \\ \vdots \\ x_n \end{pmatrix}, \quad \boldsymbol{b} = \begin{pmatrix} b_1 \\ b_2 \\ \vdots \\ b_n \end{pmatrix},$$

则线性方程组 (4.1) 可写成矩阵方程形式:

$$\boldsymbol{Ax} = \boldsymbol{b}.$$

克莱姆法则 若线性方程组$\boldsymbol{Ax} = \boldsymbol{b}$的系数行列式$D = |\boldsymbol{A}| \neq 0$, 则它有唯一解

$$x_j = \frac{D_j}{D} \ (j=1, 2, \cdots, n).$$

证明 因 $|\boldsymbol{A}| \neq 0$, 故矩阵 $\boldsymbol{A}$ 可逆, 即 $\boldsymbol{A}^{-1}$ 存在. 令 $\boldsymbol{x}=\boldsymbol{A}^{-1}\boldsymbol{b}$, 则有

$$\boldsymbol{Ax}=\boldsymbol{AA}^{-1}\boldsymbol{b}=\boldsymbol{b},$$

故 $\boldsymbol{x}=\boldsymbol{A}^{-1}\boldsymbol{b}$ 是线性方程组 (4.1) 的解向量.

又由 $\boldsymbol{Ax}=\boldsymbol{b}$, 有 $\boldsymbol{A}^{-1}\boldsymbol{Ax}=\boldsymbol{A}^{-1}\boldsymbol{b}$, 即 $\boldsymbol{x}=\boldsymbol{A}^{-1}\boldsymbol{b}$, 根据逆矩阵的唯一性知, $\boldsymbol{x}=\boldsymbol{A}^{-1}\boldsymbol{b}$ 是方程组 (4.1) 的唯一解向量.

再由伴随矩阵求逆的公式 $\boldsymbol{A}^{-1}=\dfrac{1}{|\boldsymbol{A}|}\boldsymbol{A}^*$, 得 $\boldsymbol{x}=\boldsymbol{A}^{-1}\boldsymbol{b}=\dfrac{1}{|\boldsymbol{A}|}\boldsymbol{A}^*\boldsymbol{b}$, 即

$$\begin{pmatrix} x_1 \\ x_2 \\ \vdots \\ x_n \end{pmatrix} = \frac{1}{D}\begin{pmatrix} A_{11} & A_{21} & \cdots & A_{n1} \\ A_{12} & A_{22} & \cdots & A_{n2} \\ \vdots & \vdots & & \vdots \\ A_{1n} & A_{2n} & \cdots & A_{nn} \end{pmatrix}\begin{pmatrix} b_1 \\ b_2 \\ \vdots \\ b_n \end{pmatrix} = \frac{1}{D}\begin{pmatrix} b_1A_{11}+b_2A_{21}+\cdots+b_nA_{n1} \\ b_1A_{12}+b_2A_{22}+\cdots+b_nA_{n2} \\ \cdots\cdots \\ b_1A_{1n}+b_2A_{2n}+\cdots+b_nA_{nn} \end{pmatrix},$$

亦即

$$x_j = \frac{1}{D}(b_1A_{1j}+b_2A_{2j}+\cdots+b_nA_{nj}) = \frac{D_j}{D} \ (j=1, 2, \cdots, n).$$

证毕.

习题 2-4

1. 按指定的分块方法, 用分块矩阵乘法求下列矩阵的乘积:

(1) $\left(\begin{array}{ccc} 2 & 1 & -1 \\ \hline 3 & 0 & -2 \\ \hline 1 & -1 & 1 \end{array}\right)\left(\begin{array}{c|c|c} 1 & 1 & 0 \\ 0 & 0 & -1 \\ -1 & 2 & 1 \end{array}\right)$;

(2) $\left(\begin{array}{cc|cc} a & 0 & 0 & 0 \\ 0 & a & 0 & 0 \\ \hline 1 & 0 & b & 0 \\ 0 & 1 & 0 & b \end{array}\right)\left(\begin{array}{cc|cc} 1 & 0 & c & 0 \\ 0 & 1 & 0 & c \\ \hline 0 & 0 & d & 0 \\ 0 & 0 & 0 & d \end{array}\right)$;

(3) $\left(\begin{array}{cc} 2 & -5 \\ 1 & 3 \\ \hline 0 & 5 \\ 1 & 4 \end{array}\right)\left(\begin{array}{cc|cc} 2 & -1 & 3 & -4 \\ 0 & 1 & 5 & 7 \end{array}\right)$.

2. 计算: $\begin{pmatrix} 1 & 2 & 1 & 0 \\ 0 & 1 & 0 & 1 \\ 0 & 0 & 2 & 1 \\ 0 & 0 & 0 & 3 \end{pmatrix}\begin{pmatrix} 1 & 0 & 3 & 0 \\ 0 & 1 & 2 & -1 \\ 0 & 0 & -2 & 3 \\ 0 & 0 & 0 & -3 \end{pmatrix}$.

3. 设 n 阶矩阵 $\boldsymbol{A}$ 及 s 阶矩阵 $\boldsymbol{B}$ 都可逆, 求 $\begin{pmatrix} \boldsymbol{O} & \boldsymbol{A} \\ \boldsymbol{B} & \boldsymbol{O} \end{pmatrix}^{-1}$.

4. 用矩阵的分块求下列矩阵的逆矩阵:

(1) $\begin{pmatrix} 0 & 0 & 2 \\ 1 & 2 & 0 \\ 3 & 4 & 0 \end{pmatrix}$;　(2) $\begin{pmatrix} 5 & 2 & 0 & 0 \\ 2 & 1 & 0 & 0 \\ 0 & 0 & 8 & 3 \\ 0 & 0 & 5 & 2 \end{pmatrix}$;

(3) $\begin{pmatrix} 1 & 2 & 3 & 0 & 0 \\ 0 & 1 & 2 & 0 & 0 \\ 0 & 0 & 1 & 0 & 0 \\ 0 & 0 & 0 & 1 & 0 \\ 0 & 0 & 0 & 2 & 1 \end{pmatrix}$;　(4) $\begin{pmatrix} 0 & 0 & 0 & 2 & 1 \\ 0 & 0 & 0 & 5 & 3 \\ 1 & 2 & 3 & 0 & 0 \\ 4 & 5 & 8 & 0 & 0 \\ 3 & 4 & 6 & 0 & 0 \end{pmatrix}$;

(5) $\begin{pmatrix} 0 & a_1 & 0 & \cdots & 0 \\ 0 & 0 & a_2 & \cdots & 0 \\ \vdots & \vdots & \vdots & & \vdots \\ 0 & 0 & 0 & \cdots & a_{n-1} \\ a_n & 0 & 0 & \cdots & 0 \end{pmatrix}$ $(a_1 a_2 \cdots a_n \neq 0)$;　(6) $\begin{pmatrix} 0 & 1 & 0 & \cdots & 0 & 0 & 0 \\ 0 & 0 & 2 & \cdots & 0 & 0 & 0 \\ \vdots & \vdots & \vdots & & \vdots & \vdots & \vdots \\ 0 & 0 & 0 & \cdots & n-1 & 0 & 0 \\ n & 0 & 0 & \cdots & 0 & 0 & 0 \\ 0 & 0 & 0 & \cdots & 0 & 2 & 1 \\ 0 & 0 & 0 & \cdots & 0 & 5 & 3 \end{pmatrix}$.

5. 设 $\boldsymbol{A}=\begin{pmatrix} \begin{matrix} 3 & 4 \\ 4 & -3 \end{matrix} & \boldsymbol{O} \\ \boldsymbol{O} & \begin{matrix} 2 & 0 \\ 2 & 2 \end{matrix} \end{pmatrix}$, 求 $|\boldsymbol{A}^8|$ 及 $\boldsymbol{A}^4$.

6. 设 $\boldsymbol{A}=\begin{pmatrix} 2 & 1 & 0 & 0 & 0 \\ 5 & 3 & 0 & 0 & 0 \\ 0 & 0 & 2 & 2 & 3 \\ 0 & 0 & 1 & -1 & 0 \\ 0 & 0 & -1 & 2 & 1 \end{pmatrix}$, $\boldsymbol{B}=\begin{pmatrix} -3 & -1 & 0 & 0 & 0 \\ 5 & 2 & 0 & 0 & 0 \\ 0 & 0 & 2 & -4 & -3 \\ 0 & 0 & 2 & -5 & -3 \\ 0 & 0 & -2 & 6 & 4 \end{pmatrix}$, 用矩阵分块法求 $(\boldsymbol{AB})^5$.

7. 设 $\boldsymbol{A}=\begin{pmatrix} 1 & 0 & 0 & 1 & 2 & 3 \\ 0 & 1 & 0 & 3 & 2 & 1 \\ 0 & 0 & 1 & 2 & 1 & 3 \\ 0 & 0 & 0 & 1 & 0 & 0 \\ 0 & 0 & 0 & 0 & 1 & 0 \\ 0 & 0 & 0 & 0 & 0 & 1 \end{pmatrix}$, 用矩阵分块法求 $\boldsymbol{A}^n$ $(n=1, 2, \cdots)$.

8. 设 $\boldsymbol{A}$ 为 3×3 矩阵, $|\boldsymbol{A}|=-2$, 把 $\boldsymbol{A}$ 按列分块为 $\boldsymbol{A}=(\boldsymbol{A}_1\ \ \boldsymbol{A}_2\ \ \boldsymbol{A}_3)$, 其中 $\boldsymbol{A}_j\,(j=1, 2, 3)$ 为 $\boldsymbol{A}$ 的第 j

列. 求:

(1) $|(A_1\ \ 2A_2\ \ A_3)|$; (2) $|(A_3-2A_1\ \ 3A_2\ \ A_1)|$.

9. A, B, C, D 为 n 阶矩阵, A 可逆时, 证明: $\begin{vmatrix} A & C \\ B & D \end{vmatrix} = |A||D-BA^{-1}C|$.

10. 设 A 为 n 阶矩阵, $\beta_1, \beta_2, \cdots, \beta_n$ 为 A 的列子块, 试用 $\beta_1, \beta_2, \cdots, \beta_n$ 表示矩阵 $A^{\mathrm{T}}A$.

§2.5 矩阵的初等变换

本节介绍矩阵的初等变换与初等矩阵的概念, 以及这两个概念之间的内在关系. 初等变换是对矩阵的行或列进行的基本操作, 这些变换对应线性方程组的等价操作, 不改变其解集; 初等矩阵是通过对单位矩阵施加一次初等变换得到的矩阵. 初等矩阵的一个重要性质是其可逆性, 即初等矩阵的逆矩阵也是初等矩阵.

初等变换与初等矩阵密切相关: 对矩阵 A 施以一次某种初等行(列)变换, 相当于用同阶的初等矩阵左(右)乘 A. 这一关系使得矩阵的初等变换可以通过初等矩阵的运算统一操作处理. 初等变换与初等矩阵在理论与应用中意义深远. 在理论上, 它们用于矩阵的等价性研究、秩的计算和逆矩阵的求解; 在应用中, 它们是求解线性方程组、简化矩阵运算的核心工具. 初等变换广泛用于工程、物理、计算机科学中的数值计算与数学建模, 奠定了线性代数应用的基础.

一、矩阵的初等变换的概念

在计算行列式时, 我们常利用行列式的性质将给定行列式化为上(下)三角形行列式, 从而简化行列式的计算. 把行列式的某些性质应用到矩阵上, 也同样会给我们研究矩阵带来很大的方便, 这些性质反映到矩阵上就是矩阵的初等变换.

定义 1 矩阵的下列三种变换称为矩阵的**初等行变换**:

(1) 交换矩阵的两行(交换 i, j 两行, 记为 $r_i \leftrightarrow r_j$);

(2) 以一个非零的数 k 乘矩阵的某一行(第 i 行乘数 k, 记为 kr_i 或 $r_i \times k$);

(3) 把矩阵的某一行的 k 倍加到另一行(第 j 行乘数 k 加到第 i 行, 记为 $r_i + kr_j$).

将上述定义中的“行”换成“列”, 即得矩阵的**初等列变换**的定义 (相应记号中把 r 换成 c). 矩阵的初等行变换与初等列变换统称为**初等变换**.

初等变换的逆变换仍为初等变换, 且变换类型相同. 例如, 变换 $r_i \leftrightarrow r_j$ 的逆变换即为其本身; 变换 $r_i \times k$ 的逆变换为 $r_i \times \frac{1}{k}$; $r_i + kr_j$ 的逆变换为 $r_i + (-k)r_j$ 或 $r_i - kr_j$.

定义 2 若矩阵 A 经过有限次初等变换变成 B, 则称 A 与 B **等价**, 记为 $A \to B$ 或 $A \sim B$.

矩阵之间的等价关系具有下列**基本性质**:

(1) 自反性: $\boldsymbol{A}\sim\boldsymbol{A}$;

(2) 对称性: 若$\boldsymbol{A}\sim\boldsymbol{B}$, 则$\boldsymbol{B}\sim\boldsymbol{A}$;

(3) 传递性: 若$\boldsymbol{A}\sim\boldsymbol{B}$, $\boldsymbol{B}\sim\boldsymbol{C}$, 则$\boldsymbol{A}\sim\boldsymbol{C}$.

为进一步学习的需要, 这里先引入行阶梯形矩阵的概念. 它是通过初等行变换将矩阵化简得到的一种特殊形式. 一般地, 称满足下列条件的矩阵为**行阶梯形矩阵**:

(1) 零行(元素全为零的行)位于矩阵的下方;

(2) 各非零行的首非零元 (从左至右的第一个不为零的元素) 的列标随着行标的增大而严格增大 (或者说其列标一定不小于行标).

例如, 下列矩阵都是行阶梯形矩阵:

$$\begin{pmatrix}2&2&1&3\\0&1&2&4\\0&0&2&6\\0&0&0&3\end{pmatrix},\ \begin{pmatrix}1&0&0&0&0\\0&1&0&1&0\\0&0&1&1&1\\0&0&0&1&0\\0&0&0&0&1\end{pmatrix},\ \begin{pmatrix}0&5&8&0&7\\0&0&0&3&4\\0&0&0&0&1\\0&0&0&0&0\\0&0&0&0&0\end{pmatrix}.$$

行阶梯形矩阵是线性代数中研究矩阵结构和性质的重要工具. 行阶梯形矩阵的意义在于, 它能简化矩阵的分析与运算. 例如, 在后续内容中, 行阶梯形矩阵能直观地确定矩阵的秩、解线性方程组以及判断向量的线性相关性. 在物理、工程与计算机科学中, 化为行阶梯形矩阵是数值分析的核心方法.

例 1　设矩阵$\boldsymbol{A}=\begin{pmatrix}3&2&9&6\\-1&-3&4&-17\\1&4&-7&3\\-1&-4&7&-3\end{pmatrix}$, 试利用初等变换将其化为行阶梯形矩阵.

解　对题设矩阵$\boldsymbol{A}$作如下初等行变换, 有

$$\boldsymbol{A}=\begin{pmatrix}3&2&9&6\\-1&-3&4&-17\\1&4&-7&3\\-1&-4&7&-3\end{pmatrix}\xrightarrow{r_1\leftrightarrow r_3}\begin{pmatrix}1&4&-7&3\\-1&-3&4&-17\\3&2&9&6\\-1&-4&7&-3\end{pmatrix}$$

$$\xrightarrow[\substack{r_3-3r_1\\r_4+r_1}]{r_2+r_1}\begin{pmatrix}1&4&-7&3\\0&1&-3&-14\\0&-10&30&-3\\0&0&0&0\end{pmatrix}\xrightarrow{r_3+10r_2}\begin{pmatrix}1&4&-7&3\\0&1&-3&-14\\0&0&0&-143\\0&0&0&0\end{pmatrix}=\boldsymbol{B}.$$

上式右端的矩阵$\boldsymbol{B}$即为所求行阶梯形矩阵.

例 2　在人工智能 (AI) 领域, 超参数调整是模型训练的关键环节. 某 AI 公司开发机器学习模型时, 需确定学习率 (α)、批大小 (β)、正则化系数 (γ)、训练轮次 (δ) 等超参数. 因

超参数间存在相互依赖关系, 故需通过调整优化模型性能. 在某次模型调试实验中, 经数据分析与调研, 得到描述超参数均衡状态的线性方程组:

$$\begin{pmatrix} 1 & 2 & 1 & 1 \\ 1 & 2 & 1 & 2 \\ 3 & 2 & 1 & 1 \\ 3 & 2 & 1 & 2 \end{pmatrix}\begin{pmatrix} \alpha \\ \beta \\ \gamma \\ \delta \end{pmatrix}=\begin{pmatrix} 150 \\ 200 \\ 180 \\ 250 \end{pmatrix},$$

其中, 右侧常数向量 $(150, 200, 180, 250)^{\mathrm{T}}$ 为结合数据集特性、计算资源及模型复杂度等因素确定的最优值. 试求解该方程组, 得到模型均衡状态下四个超参数的均衡值.

解　利用初等行变换将题设方程组的增广矩阵化为行阶梯形矩阵, 得

$$\begin{pmatrix} 1 & 1 & 2 & 1 & 150 \\ 1 & 2 & 1 & 2 & 200 \\ 3 & 2 & 1 & 1 & 180 \\ 3 & 2 & 1 & 2 & 250 \end{pmatrix}$$

$$\to\begin{pmatrix} 1 & 1 & 2 & 1 & 150 \\ 0 & 1 & -1 & 1 & 50 \\ 0 & -1 & -5 & -2 & -270 \\ 0 & -1 & -5 & -1 & -200 \end{pmatrix}$$

$$\to\begin{pmatrix} 1 & 1 & 2 & 1 & 150 \\ 0 & 1 & -1 & 1 & 50 \\ 0 & 0 & 6 & 1 & 220 \\ 0 & 0 & 6 & 0 & 150 \end{pmatrix}\to\begin{pmatrix} 1 & 1 & 2 & 1 & 150 \\ 0 & 1 & -1 & 1 & 50 \\ 0 & 0 & 6 & 1 & 220 \\ 0 & 0 & 0 & 1 & 70 \end{pmatrix}$$

由上述所得行阶梯形矩阵, 即可写出四个超参数的均衡值为

$$\alpha=25,\quad \beta=5,\quad \gamma=25,\quad \delta=70.$$

通过初等行变换求解线性方程组, 能系统分析超参数间的约束关系. 在 AI 领域, 该方法为超参数优化提供了数学框架, 帮助工程师在计算资源、模型复杂度等限制下, 精准定位最优超参数组合, 尤其适用于处理超参数间替代性与互补性问题, 为模型性能优化奠定基础.

*数学实验

实验 2.6　试利用初等行变换将下列矩阵化为右侧的行阶梯形矩阵.

(1) $\begin{pmatrix} 2 & 1 & 2 & 3 & 4 & 5 \\ 4 & 2 & 4 & 6 & 8 & 10 \\ 10 & 5 & 10 & 15 & 20 & 25 \\ 6 & 3 & 6 & 9 & 12 & 15 \\ 12 & 6 & 12 & 18 & 24 & 30 \end{pmatrix}\to\begin{pmatrix} 2 & 1 & 2 & 3 & 4 & 5 \\ 0 & 0 & 0 & 0 & 0 & 0 \\ 0 & 0 & 0 & 0 & 0 & 0 \\ 0 & 0 & 0 & 0 & 0 & 0 \\ 0 & 0 & 0 & 0 & 0 & 0 \end{pmatrix}$;

$$(2)\ \begin{pmatrix} 10 & 24 & -26 & -24 & 34 & 48 \\ 18 & 45 & -45 & -45 & 63 & 90 \\ 14 & 35 & -35 & -35 & 49 & 70 \\ 12 & 31 & -29 & -31 & 43 & 62 \\ 8 & 20 & -20 & -20 & 28 & 40 \end{pmatrix} \to \begin{pmatrix} 1 & 2 & -3 & -2 & 3 & 4 \\ 0 & 1 & 1 & -1 & 1 & 2 \\ 0 & 0 & 0 & 0 & 0 & 0 \\ 0 & 0 & 0 & 0 & 0 & 0 \\ 0 & 0 & 0 & 0 & 0 & 0 \end{pmatrix};$$

$$(3)\ \begin{pmatrix} 5 & 18 & 9 & 16 & 35 & 110 \\ 9 & 36 & 12 & 31 & 67 & 211 \\ 11 & 44 & 15 & 38 & 82 & 259 \\ 6 & 26 & 6 & 22 & 47 & 149 \\ 4 & 16 & 6 & 14 & 30 & 96 \end{pmatrix} \to \begin{pmatrix} 1 & 2 & 3 & 2 & 5 & 14 \\ 0 & 2 & -3 & 1 & 2 & 5 \\ 0 & 0 & 3 & 1 & 1 & 10 \\ 0 & 0 & 0 & 0 & 0 & 0 \\ 0 & 0 & 0 & 0 & 0 & 0 \end{pmatrix};$$

$$(4)\ \begin{pmatrix} 10 & 24 & 24 & 31 & 74 & 20 \\ 14 & 34 & 33 & 44 & 103 & 35 \\ 22 & 55 & 49 & 71 & 157 & 83 \\ 12 & 31 & 25 & 39 & 85 & 59 \\ 8 & 20 & 18 & 26 & 58 & 30 \end{pmatrix} \to \begin{pmatrix} 2 & 4 & 6 & 5 & 16 & -10 \\ 0 & 2 & -3 & 3 & -3 & 35 \\ 0 & 0 & 1 & 1 & 5 & -1 \\ 0 & 0 & 0 & 1 & -2 & 4 \\ 0 & 0 & 0 & 0 & 0 & 0 \end{pmatrix};$$

$$(5)\ \begin{pmatrix} 5 & 18 & 9 & 16 & 25 & 43 \\ 13 & 52 & 18 & 100 & 71 & 149 \\ 11 & 44 & 15 & 88 & 60 & 129 \\ 16 & 62 & 24 & 100 & 85 & 169 \\ 4 & 16 & 6 & 32 & 22 & 47 \end{pmatrix} \to \begin{pmatrix} 1 & 2 & 3 & -16 & 3 & -4 \\ 0 & 2 & -3 & 20 & 2 & 12 \\ 0 & 0 & 3 & 4 & 1 & 4 \\ 0 & 0 & 0 & 4 & 0 & 3 \\ 0 & 0 & 0 & 0 & 0 & 1 \end{pmatrix};$$

$$(6)\ \begin{pmatrix} 10 & 28 & -12 & 60 & 10 & 72 \\ 26 & 78 & -21 & 208 & 10 & 214 \\ 22 & 66 & -18 & 180 & 10 & 183 \\ 32 & 94 & -30 & 236 & 20 & 253 \\ 8 & 24 & -6 & 64 & 5 & 67 \end{pmatrix} \to \begin{pmatrix} 2 & 4 & -6 & -4 & 5 & 5 \\ 0 & 2 & 3 & 20 & -10 & 8 \\ 0 & 0 & 3 & -4 & 10 & 5 \\ 0 & 0 & 0 & 4 & 0 & 2 \\ 0 & 0 & 0 & 0 & 5 & 1 \end{pmatrix}.$$

计算实验

微信扫描右侧的二维码即可进行计算实验 (详见教材配套的网络学习空间).

对例 1 中所得的行阶梯形矩阵 $\boldsymbol{B}=\begin{pmatrix} 1 & 4 & -7 & 3 \\ 0 & 1 & -3 & -14 \\ 0 & 0 & 0 & -143 \\ 0 & 0 & 0 & 0 \end{pmatrix}$ 作如下初等行变换:

$$\boldsymbol{B} \xrightarrow{r_3\times\left(-\frac{1}{143}\right)} \begin{pmatrix} 1 & 4 & -7 & 3 \\ 0 & 1 & -3 & -14 \\ 0 & 0 & 0 & 1 \\ 0 & 0 & 0 & 0 \end{pmatrix} \xrightarrow[r_1-3r_3]{r_2+14r_3} \begin{pmatrix} 1 & 4 & -7 & 0 \\ 0 & 1 & -3 & 0 \\ 0 & 0 & 0 & 1 \\ 0 & 0 & 0 & 0 \end{pmatrix}$$

$$\xrightarrow{r_1-4r_2} \begin{pmatrix} 1 & 0 & 5 & 0 \\ 0 & 1 & -3 & 0 \\ 0 & 0 & 0 & 1 \\ 0 & 0 & 0 & 0 \end{pmatrix} = \boldsymbol{C},$$

我们称上式右端这种特殊形状的行阶梯形矩阵 $\boldsymbol{C}$ 为行最简形矩阵.

一般地, 称满足下列条件的行阶梯形矩阵为**行最简形矩阵**:

(1) 每个非零行的第一个非零元素 (称为主元) 都是1;

(2) 每个主元所在列的其余元素都是0.

如果对上述行最简形矩阵 $\boldsymbol{C}=\begin{pmatrix}1&0&5&0\\0&1&-3&0\\0&0&0&1\\0&0&0&0\end{pmatrix}$ 再作初等列变换, 可得:

$$\boldsymbol{C}\xrightarrow[c_3+3c_2]{c_3-5c_1}\begin{pmatrix}1&0&0&0\\0&1&0&0\\0&0&0&1\\0&0&0&0\end{pmatrix}\xrightarrow{c_3\leftrightarrow c_4}\begin{pmatrix}1&0&0&0\\0&1&0&0\\0&0&1&0\\0&0&0&0\end{pmatrix}=\boldsymbol{D}.$$

我们称上式右端这种特殊形状的最简形矩阵 $\boldsymbol{D}$ 为原矩阵 $\boldsymbol{A}$ 的标准形.

一般地, $\boldsymbol{A}$ 的**标准形** $\boldsymbol{D}$ 具有如下特点: $\boldsymbol{D}$ 的左上角是一个**单位矩阵**, 其余元素全为0.

矩阵的标准形 $\boldsymbol{D}$ 是通过对原矩阵 $\boldsymbol{A}$ 施以初等行变换与列变换所得的特定的简化形式. 其意义在于统一表示和简化运算, 便于研究矩阵的性质及其与线性变换的关系. 此外, 它在数据压缩与信号处理领域中也具有重要作用.

定理 1 任意一个矩阵 $\boldsymbol{A}=(a_{ij})_{m\times n}$ 经过有限次初等变换, 都可以化为下列标准形:

$$\boldsymbol{D}=\begin{pmatrix}1&&&&&\\&\ddots&&&&\\&&1&&&\\&&&0&&\\&&&&\ddots&\\&&&&&0\end{pmatrix}\begin{matrix}\\\\ \text{第}\,r\,\text{行}\\\\\\\\\end{matrix}=\begin{pmatrix}\boldsymbol{E}_r&\boldsymbol{O}_{r\times(n-r)}\\\boldsymbol{O}_{(m-r)\times r}&\boldsymbol{O}_{(m-r)\times(n-r)}\end{pmatrix}.$$

第 r 列

证明 若 $\boldsymbol{A}=(a_{ij})_{m\times n}$ 的所有元素 a_{ij} 都等于0, 则 $\boldsymbol{A}$ 已是标准形矩阵 $\boldsymbol{D}$ $(r=0)$ 的形式.

若 $\boldsymbol{A}=(a_{ij})_{m\times n}$ 至少有一个元素不等于0, 不妨设 $a_{11}\neq 0$ (否则总可通过第一种初等变换, 使左上角元素不等于0). 以 $-\dfrac{a_{i1}}{a_{11}}$ 乘第1行加至第 i 行 $(i=2,\cdots,m)$, 以 $-\dfrac{a_{1j}}{a_{11}}$ 乘所得矩阵的第1列加至第 j 列 $(j=2,\cdots,n)$, 然后, 以 $\dfrac{1}{a_{11}}$ 乘第1行, 则矩阵 $\boldsymbol{A}$ 化为

$$\begin{pmatrix}\boldsymbol{E}_1&\boldsymbol{O}_{1\times(n-1)}\\\boldsymbol{O}_{(m-1)\times 1}&\boldsymbol{B}_1\end{pmatrix}.$$

若 $\boldsymbol{B}_1=\boldsymbol{O}$，则 $\boldsymbol{A}$ 已化为 $\boldsymbol{D}$ 的形式，否则按上述方法对矩阵 $\boldsymbol{B}_1$ 作类似变换，继续下去，可证得结论. 证毕.

注：定理1的证明实质上也给出了下面定理1′的结论.

定理 1′ 任一矩阵 $\boldsymbol{A}$ 总可以经过有限次初等行变换化为行阶梯形矩阵，并进而化为行最简形矩阵.

根据定理1的证明及初等变换的可逆性，有下面的推论.

推论 1 设 $\boldsymbol{A}$ 是 n 阶可逆矩阵，则 $\boldsymbol{A}$ 经过有限次初等变换可化为单位矩阵 $\boldsymbol{E}$，即 $\boldsymbol{A}\to\boldsymbol{E}$.

例 3 将矩阵 $\boldsymbol{A}=\begin{pmatrix}2&1&2&3\\4&1&3&5\\2&0&1&2\end{pmatrix}$ 化为标准形.

解 对题设矩阵作如下初等变换，可得

$$\boldsymbol{A}=\begin{pmatrix}2&1&2&3\\4&1&3&5\\2&0&1&2\end{pmatrix}\xrightarrow[r_3-r_1]{r_2-2r_1}\begin{pmatrix}2&1&2&3\\0&-1&-1&-1\\0&-1&-1&-1\end{pmatrix}$$

$$\xrightarrow[\substack{c_3-c_1\\c_4-3c_1/2}]{c_2-c_1/2}\begin{pmatrix}2&0&0&0\\0&-1&-1&-1\\0&-1&-1&-1\end{pmatrix}\xrightarrow[r_3-r_2]{r_1/2}\begin{pmatrix}1&0&0&0\\0&-1&-1&-1\\0&0&0&0\end{pmatrix}$$

$$\xrightarrow[c_4-c_2]{c_3-c_2}\begin{pmatrix}1&0&0&0\\0&-1&0&0\\0&0&0&0\end{pmatrix}\xrightarrow{r_2\div(-1)}\begin{pmatrix}1&0&0&0\\0&1&0&0\\0&0&0&0\end{pmatrix}=\boldsymbol{D}.$$

上式右端所得矩阵 $\boldsymbol{D}$ 即为所求矩阵 $\boldsymbol{A}$ 的标准形.

*数学实验

实验 2.7 试利用初等变换将下列矩阵化为右侧的标准形矩阵.

$$(1)\ \begin{pmatrix}10&24&24&31&74&20\\14&34&33&44&103&35\\22&55&49&71&157&83\\12&31&25&39&85&59\\8&20&18&26&58&30\end{pmatrix}\to\begin{pmatrix}1&0&0&0&0&0\\0&1&0&0&0&0\\0&0&1&0&0&0\\0&0&0&1&0&0\\0&0&0&0&0&0\end{pmatrix};$$

$$(2)\ \begin{pmatrix}5&18&9&16&25&43\\13&52&18&100&71&149\\11&44&15&88&60&129\\16&62&24&100&85&169\\4&16&6&32&22&47\end{pmatrix}\to\begin{pmatrix}1&0&0&0&0&0\\0&1&0&0&0&0\\0&0&1&0&0&0\\0&0&0&1&0&0\\0&0&0&0&1&0\end{pmatrix};$$

(3) $\begin{pmatrix}10&28&-12&60&10&72\\26&78&-21&208&10&214\\22&66&-18&180&10&183\\32&94&-30&236&20&253\\8&24&-6&64&5&67\end{pmatrix}\to\begin{pmatrix}1&0&0&0&0&0\\0&1&0&0&0&0\\0&0&1&0&0&0\\0&0&0&1&0&0\\0&0&0&0&1&0\end{pmatrix}$;

(4) $\begin{pmatrix}3&14&-11&-9&20&-18\\2&10&-8&-6&14&-12\\-2&-8&7&6&-13&12\\-3&-12&9&10&-18&18\\4&17&-13&-12&26&-24\\-5&-20&15&15&-30&31\end{pmatrix}\to\begin{pmatrix}1&0&0&0&0&0\\0&1&0&0&0&0\\0&0&1&0&0&0\\0&0&0&1&0&0\\0&0&0&0&1&0\\0&0&0&0&0&1\end{pmatrix}$.

计算实验

其中, 题 (1) (2) (3) 可借助实验 2.6 的题 (4) (5) (6) 右侧的行阶梯形矩阵, 先将其化为行最简形矩阵, 再进一步作初等列变换化为标准形矩阵. 微信扫描右侧的二维码即可进行计算实验 (详见教材配套的网络学习空间).

二、初等矩阵

定义 3　对单位矩阵 $\boldsymbol{E}$ 施以一次初等变换得到的矩阵称为**初等矩阵**, 三种初等变换分别对应三种初等矩阵.

(1) $\boldsymbol{E}$ 的第 i, j 行 (列) 互换得到的矩阵为

$$\boldsymbol{E}(i,j)=\begin{pmatrix}1&&&&&&&&&&\\&\ddots&&&&&&&&&\\&&1&&&&&&&&\\&&&0&&\cdots&&1&&&\\&&&&1&&&&&&\\&&&\vdots&&\ddots&&\vdots&&&\\&&&&&&1&&&&\\&&&1&&\cdots&&0&&&\\&&&&&&&&1&&\\&&&&&&&&&\ddots&\\&&&&&&&&&&1\end{pmatrix}\begin{matrix}\\ \\ \\ \text{第}\,i\,\text{行}\\ \\ \\ \\ \text{第}\,j\,\text{行}\\ \\ \\ \\ \end{matrix};$$

第 i 列　　　第 j 列

(2) 对 $\boldsymbol{E}$ 的第 i 行 (列) 乘以非零数 k 得到的矩阵为

$$\boldsymbol{E}(i(k))=\begin{pmatrix}1&&&&\\&\ddots&&&\\&&k&&\\&&&\ddots&\\&&&&1\end{pmatrix}\text{第}\,i\,\text{行};$$

第 i 列

(3) $\boldsymbol{E}$ 的第 j 行乘以数 k 加到第 i 行上，或 $\boldsymbol{E}$ 的第 i 列乘以数 k 加到第 j 列上得到的矩阵为

$$E(i\ j(k))=\begin{pmatrix}1 & & & & & \\ & \ddots & & & & \\ & & 1 & \cdots & k & & \\ & & & \ddots & \vdots & & \\ & & & & 1 & & \\ & & & & & \ddots & \\ & & & & & & 1\end{pmatrix}\begin{matrix}\\ \\ \text{第}\,i\,\text{行}\\ \\ \text{第}\,j\,\text{行}\\ \\ \\ \end{matrix}.$$

第 i 列　第 j 列

例如，对四阶单位矩阵 $\boldsymbol{E}$，下列三个矩阵都是具体的初等矩阵:

$$\boldsymbol{E}(1,3)=\begin{pmatrix}0&0&1&0\\0&1&0&0\\1&0&0&0\\0&0&0&1\end{pmatrix};\ \boldsymbol{E}(3(2))=\begin{pmatrix}1&0&0&0\\0&1&0&0\\0&0&2&0\\0&0&0&1\end{pmatrix};\ \boldsymbol{E}(2\ 3(-2))=\begin{pmatrix}1&0&0&0\\0&1&-2&0\\0&0&1&0\\0&0&0&1\end{pmatrix}.$$

命题 1　初等矩阵有下列基本性质:

(1) $\boldsymbol{E}(i,j)^{-1}=\boldsymbol{E}(i,j)$；$\boldsymbol{E}(i(k))^{-1}=\boldsymbol{E}(i(k^{-1}))$；$\boldsymbol{E}(i\ \ j(k))^{-1}=\boldsymbol{E}(i\ \ j(-k))$.

(2) $|\boldsymbol{E}(i,j)|=-1$；$|\boldsymbol{E}(i(k))|=k$；$|\boldsymbol{E}(i\ \ j(k))|=1$.

定理 2　设 $\boldsymbol{A}$ 是一个 $m\times n$ 矩阵，对矩阵 $\boldsymbol{A}$ 施以一次某种初等行(列)变换，相当于用同种的 $m(n)$ 阶初等矩阵左(右)乘 $\boldsymbol{A}$.

证明　先证明交换矩阵 $\boldsymbol{A}$ 的第 i 行与第 j 行等于用初等矩阵 $\boldsymbol{E}_m(i,j)$ 左乘矩阵 $\boldsymbol{A}$. 将矩阵 $\boldsymbol{A}$ 与 $\boldsymbol{E}$ 分别按行分块为

$$\boldsymbol{A}=\begin{pmatrix}\boldsymbol{A}_1\\ \boldsymbol{A}_2\\ \vdots\\ \boldsymbol{A}_i\\ \vdots\\ \boldsymbol{A}_j\\ \vdots\\ \boldsymbol{A}_m\end{pmatrix},\ \boldsymbol{E}=\begin{pmatrix}\boldsymbol{\varepsilon}_1\\ \boldsymbol{\varepsilon}_2\\ \vdots\\ \boldsymbol{\varepsilon}_i\\ \vdots\\ \boldsymbol{\varepsilon}_j\\ \vdots\\ \boldsymbol{\varepsilon}_m\end{pmatrix},\text{则 }\boldsymbol{E}_m(i,j)\boldsymbol{A}=\begin{pmatrix}\boldsymbol{\varepsilon}_1\\ \boldsymbol{\varepsilon}_2\\ \vdots\\ \boldsymbol{\varepsilon}_j\\ \vdots\\ \boldsymbol{\varepsilon}_i\\ \vdots\\ \boldsymbol{\varepsilon}_m\end{pmatrix}\boldsymbol{A}=\begin{pmatrix}\boldsymbol{\varepsilon}_1\boldsymbol{A}\\ \boldsymbol{\varepsilon}_2\boldsymbol{A}\\ \vdots\\ \boldsymbol{\varepsilon}_j\boldsymbol{A}\\ \vdots\\ \boldsymbol{\varepsilon}_i\boldsymbol{A}\\ \vdots\\ \boldsymbol{\varepsilon}_m\boldsymbol{A}\end{pmatrix}=\begin{pmatrix}\boldsymbol{A}_1\\ \boldsymbol{A}_2\\ \vdots\\ \boldsymbol{A}_j\\ \vdots\\ \boldsymbol{A}_i\\ \vdots\\ \boldsymbol{A}_m\end{pmatrix},$$

其中 $\boldsymbol{A}_k=(a_{k1},a_{k2},\cdots,a_{kn})$，$\boldsymbol{\varepsilon}_k=(0,0,\cdots,\underbrace{1}_{\text{第}\,k\,\text{列}},\cdots,0)\ (k=1,2,\cdots,m)$.

由此可见，矩阵 $\boldsymbol{E}_m(i,j)\boldsymbol{A}$ 恰好等于矩阵 $\boldsymbol{A}$ 第 i 行与第 j 行互换得到的矩阵.

同理可证其他变换的情况. 证毕.

根据推论 1 与上述定理 2 即得:

推论 2 若 n 阶矩阵 $\boldsymbol{A}$ 的行列式不等于 0, 则该矩阵可表示为若干初等矩阵的乘积.

例 4 设矩阵 $\boldsymbol{A}$ 与初等矩阵 $\boldsymbol{E}_3(1, 2)$, $\boldsymbol{E}_3(3\ 1(2))$ 依次为

$$\boldsymbol{A}=\begin{pmatrix}3 & 0 & 1\\ 1 & -1 & 2\\ 0 & 1 & 1\end{pmatrix},\ \boldsymbol{E}_3(1, 2)=\begin{pmatrix}0 & 1 & 0\\ 1 & 0 & 0\\ 0 & 0 & 1\end{pmatrix},\ \boldsymbol{E}_3(3\ 1(2))=\begin{pmatrix}1 & 0 & 0\\ 0 & 1 & 0\\ 2 & 0 & 1\end{pmatrix},$$

试求 $\boldsymbol{E}_3(1, 2)\boldsymbol{A}$ 与 $\boldsymbol{A}\boldsymbol{E}_3(3\ 1(2))$, 并指出其对应的初等变换.

解 利用矩阵的乘法运算, 计算得

$$\boldsymbol{E}_3(1, 2)\boldsymbol{A}=\begin{pmatrix}0 & 1 & 0\\ 1 & 0 & 0\\ 0 & 0 & 1\end{pmatrix}\begin{pmatrix}3 & 0 & 1\\ 1 & -1 & 2\\ 0 & 1 & 1\end{pmatrix}=\begin{pmatrix}1 & -1 & 2\\ 3 & 0 & 1\\ 0 & 1 & 1\end{pmatrix},$$

由此可见, 用矩阵 $\boldsymbol{E}_3(1, 2)$ 左乘 $\boldsymbol{A}$, 相当于交换矩阵 $\boldsymbol{A}$ 的第 1 行与第 2 行. 又

$$\boldsymbol{A}\boldsymbol{E}_3(3\ 1(2))=\begin{pmatrix}3 & 0 & 1\\ 1 & -1 & 2\\ 0 & 1 & 1\end{pmatrix}\begin{pmatrix}1 & 0 & 0\\ 0 & 1 & 0\\ 2 & 0 & 1\end{pmatrix}=\begin{pmatrix}5 & 0 & 1\\ 5 & -1 & 2\\ 2 & 1 & 1\end{pmatrix},$$

由此可见, 用 $\boldsymbol{E}_3(3\ 1(2))$ 右乘 $\boldsymbol{A}$, 相当于将矩阵 $\boldsymbol{A}$ 的第 3 列乘 2 加到第 1 列上.

例 5 将 $\boldsymbol{A}=\begin{pmatrix}\dfrac{\sqrt{3}}{2} & -\dfrac{1}{2}\\ \dfrac{1}{2} & \dfrac{\sqrt{3}}{2}\end{pmatrix}$ 表示为初等矩阵的乘积.

解 依题设, 将矩阵 $\boldsymbol{A}$ 表示为初等矩阵的乘积, 即用初等变换将单位矩阵 $\boldsymbol{E}$ 化为 $\boldsymbol{A}$. 因此, 对矩阵 $\boldsymbol{A}$ 施以初等行变换化为 $\boldsymbol{E}$, 得

$$\boldsymbol{A}=\begin{pmatrix}\dfrac{\sqrt{3}}{2} & -\dfrac{1}{2}\\ \dfrac{1}{2} & \dfrac{\sqrt{3}}{2}\end{pmatrix}\xrightarrow{r_2-\frac{1}{\sqrt{3}}r_1}\begin{pmatrix}\dfrac{\sqrt{3}}{2} & -\dfrac{1}{2}\\ 0 & \dfrac{2}{\sqrt{3}}\end{pmatrix}$$

$$\xrightarrow{r_1+\frac{\sqrt{3}}{4}r_2}\begin{pmatrix}\dfrac{\sqrt{3}}{2} & 0\\ 0 & \dfrac{2}{\sqrt{3}}\end{pmatrix}\xrightarrow[r_2\div\frac{2}{\sqrt{3}}]{r_1\div\frac{\sqrt{3}}{2}}\begin{pmatrix}1 & 0\\ 0 & 1\end{pmatrix}=\boldsymbol{E}.$$

将上述变换过程逆向写出, 得

$$E=\begin{pmatrix}1&0\\0&1\end{pmatrix}\xrightarrow[r_2\times\frac{2}{\sqrt{3}}]{r_1\times\frac{\sqrt{3}}{2}}\begin{pmatrix}\frac{\sqrt{3}}{2}&0\\0&\frac{2}{\sqrt{3}}\end{pmatrix}$$

$$\xrightarrow{r_1-\frac{\sqrt{3}}{4}r_2}\begin{pmatrix}\frac{\sqrt{3}}{2}&-\frac{1}{2}\\0&\frac{2}{\sqrt{3}}\end{pmatrix}\xrightarrow{r_2+\frac{1}{\sqrt{3}}r_1}\begin{pmatrix}\frac{\sqrt{3}}{2}&-\frac{1}{2}\\\frac{1}{2}&\frac{\sqrt{3}}{2}\end{pmatrix}=A.$$

再将上述每次初等行变换对应的初等矩阵从右至左连乘，得

$$A=\begin{pmatrix}1&0\\\frac{1}{\sqrt{3}}&1\end{pmatrix}\begin{pmatrix}1&-\frac{\sqrt{3}}{4}\\0&1\end{pmatrix}\begin{pmatrix}1&0\\0&\frac{2}{\sqrt{3}}\end{pmatrix}\begin{pmatrix}\frac{\sqrt{3}}{2}&0\\0&1\end{pmatrix}.$$

例 6 设 A 为三阶矩阵，交换 A 的第 2 行和第 3 行，再将第 2 列的 -1 倍加到第1列，得到矩阵 $B=\begin{pmatrix}-2&1&-1\\1&-1&0\\-1&0&0\end{pmatrix}$，试求矩阵 A.

解 根据初等变换与初等矩阵的关系，交换矩阵 A 的第2行和第3行相当于用初等矩阵 P_1 左乘 A，将 P_1A 的第2列的 -1 倍加到第1列相当于用初等矩阵 P_2 右乘 P_1A，其中

$$P_1=\begin{pmatrix}1&0&0\\0&0&1\\0&1&0\end{pmatrix},\quad P_2=\begin{pmatrix}1&0&0\\-1&1&0\\0&0&1\end{pmatrix}.$$

依题意，$P_1AP_2=B$，故由逆矩阵的运算性质，得

$$A=P_1^{-1}BP_2^{-1}=\begin{pmatrix}-1&1&-1\\-1&0&0\\0&-1&0\end{pmatrix}.$$

例 7 设 A 是三阶方阵，将 A 的第 1 列与第 2 列交换得 B，再把 B 的第 2 列加到第 3 列得 C，求满足 $AQ=C$ 的可逆矩阵 Q.

解 依题设，根据初等变换与初等矩阵的关系，有

$$A\begin{pmatrix}0&1&0\\1&0&0\\0&0&1\end{pmatrix}=B,\ B\begin{pmatrix}1&0&0\\0&1&1\\0&0&1\end{pmatrix}=C.$$

故由矩阵的乘法运算规律，得

$$A\begin{pmatrix}0&1&0\\1&0&0\\0&0&1\end{pmatrix}\begin{pmatrix}1&0&0\\0&1&1\\0&0&1\end{pmatrix}=C.$$

再由矩阵的乘法运算, 计算得

$$Q=\begin{pmatrix}0&1&0\\1&0&0\\0&0&1\end{pmatrix}\begin{pmatrix}1&0&0\\0&1&1\\0&0&1\end{pmatrix}=\begin{pmatrix}0&1&1\\1&0&0\\0&0&1\end{pmatrix}.$$

例 8 设 $A=\begin{pmatrix}1&1\\-1&2\end{pmatrix}$, A^* 是 A 的伴随矩阵, 将 A 的第 2 列加到第 1 列得到矩阵 B, 求 $|A^*B|$.

解 依题设, 由初等变换与初等矩阵的关系知, 将矩阵 A 的第 2 列加到第 1 列, 等价于用初等矩阵 $P=\begin{pmatrix}1&0\\1&1\end{pmatrix}$ 右乘矩阵 A, 即 $B=AP$. 于是, 根据伴随矩阵的性质与方阵的行列式, 有

$$|A^*B|=|A^*AP|=||A|E|\cdot|P|=||A|E|=|A|^2=9.$$

例 9 设 A 为三阶矩阵, 将 A 的第 2 列加到第 1 列得矩阵 B, 再交换 B 的第 2 行与第 3 行得单位矩阵 E, 记

$$P_1=\begin{pmatrix}1&0&0\\1&1&0\\0&0&1\end{pmatrix},\ P_2=\begin{pmatrix}1&0&0\\0&0&1\\0&1&0\end{pmatrix},$$

试用初等矩阵 P_1, P_2 及其逆表示矩阵 A.

解 根据初等变换、初等矩阵、初等变换与初等矩阵的关系, 依题设, 将三阶矩阵 A 的第 2 列加到第 1 列得矩阵 B, 再交换 B 的第 2 行与第 3 行得单位矩阵, 可得

$$P_2AP_1=E,$$

利用标准矩阵方程及其解, 有 $A=P_2^{-1}P_1^{-1}$. 又由初等矩阵的性质知, $P_2^{-1}=P_2$, 所以

$$A=P_2P_1^{-1}.$$

*数学实验

实验 2.8 试利用计算软件验证(详见教材配套的网络学习空间).

(1) 对矩阵 A 分别实施如下初等行变换与列变换后化为对角矩阵 A_1.

$$A=\begin{pmatrix}1&0&0&0&0\\2&1&0&2&0\\0&0&2&0&0\\0&3&0&2&4\\0&0&0&0&1\end{pmatrix}\xrightarrow[r_4-3r_2]{r_2-2r_1}\begin{pmatrix}1&0&0&0&0\\0&1&0&2&0\\0&0&2&0&0\\0&0&0&-4&4\\0&0&0&0&1\end{pmatrix}$$

$$\xrightarrow[c_5+c_4]{c_4-2c_2}\begin{pmatrix}1&0&0&0&0\\0&1&0&0&0\\0&0&2&0&0\\0&0&0&-4&0\\0&0&0&0&1\end{pmatrix}=\boldsymbol{A}_1,$$

计算实验

将与两次初等行变换和列变换对应的初等矩阵标记如下:

$$\boldsymbol{P}_1=\boldsymbol{E}_{行}(2\ \ 1(-2))=\begin{pmatrix}1&0&0&0&0\\-2&1&0&0&0\\0&0&1&0&0\\0&0&0&1&0\\0&0&0&0&1\end{pmatrix},\ \boldsymbol{P}_2=\boldsymbol{E}_{行}(4\ \ 2(-3))=\begin{pmatrix}1&0&0&0&0\\0&1&0&0&0\\0&0&1&0&0\\0&-3&0&1&0\\0&0&0&0&1\end{pmatrix},$$

$$\boldsymbol{Q}_1=\boldsymbol{E}_{列}(4\ \ 2(-2))=\begin{pmatrix}1&0&0&0&0\\0&1&0&-2&0\\0&0&1&0&0\\0&0&0&1&0\\0&0&0&0&1\end{pmatrix},\ \boldsymbol{Q}_2=\boldsymbol{E}_{列}=(5\ \ 4(1))=\begin{pmatrix}1&0&0&0&0\\0&1&0&0&0\\0&0&1&0&0\\0&0&0&1&1\\0&0&0&0&1\end{pmatrix}.$$

试验证 $\boldsymbol{P}_2\boldsymbol{P}_1\boldsymbol{A}\boldsymbol{Q}_1\boldsymbol{Q}_2=\boldsymbol{A}_1$.

(2) 对矩阵 $\boldsymbol{B}$ 分别实施如下初等行变换与列变换后化为对角矩阵 $\boldsymbol{B}_1$,

$$\boldsymbol{B}=\begin{pmatrix}1&0&0&0&6\\0&2&0&2&0\\0&0&1&0&0\\0&6&0&2&0\\4&0&0&0&1\end{pmatrix}\xrightarrow[c_4-c_2]{c_5-6c_1}\begin{pmatrix}1&0&0&0&0\\0&2&0&0&0\\0&0&1&0&0\\0&6&0&-4&0\\4&0&0&0&-23\end{pmatrix}$$

$$\xrightarrow[r_4-3r_2]{r_5-4r_1}\begin{pmatrix}1&0&0&0&0\\0&2&0&0&0\\0&0&1&0&0\\0&0&0&-4&0\\0&0&0&0&-23\end{pmatrix}=\boldsymbol{B}_1,$$

计算实验

将与两次初等行变换和列变换对应的初等矩阵标记如下:

$$\boldsymbol{Q}_3=\boldsymbol{E}_{列}(5\ \ 1(-6))=\begin{pmatrix}1&0&0&0&-6\\0&1&0&0&0\\0&0&1&0&0\\0&0&0&1&0\\0&0&0&0&1\end{pmatrix},\ \boldsymbol{Q}_4=\boldsymbol{E}_{列}(4\ \ 2(-1))=\begin{pmatrix}1&0&0&0&0\\0&1&0&-1&0\\0&0&1&0&0\\0&0&0&1&0\\0&0&0&0&1\end{pmatrix},$$

$$\boldsymbol{P}_3=\boldsymbol{E}_{行}(5\ \ 1(-4))=\begin{pmatrix}1&0&0&0&0\\0&1&0&0&0\\0&0&1&0&0\\0&0&0&1&0\\-4&0&0&0&1\end{pmatrix},\ \boldsymbol{P}_4=\boldsymbol{E}_{行}(4\ \ 2(-3))=\begin{pmatrix}1&0&0&0&0\\0&1&0&0&0\\0&0&1&0&0\\0&-3&0&1&0\\0&0&0&0&1\end{pmatrix}.$$

试验证 $\boldsymbol{P}_4\boldsymbol{P}_3\boldsymbol{B}\boldsymbol{Q}_3\boldsymbol{Q}_4=\boldsymbol{B}_1$.

三、求逆矩阵的初等变换法

在§2.3中, 给出矩阵 $\boldsymbol{A}$ 可逆的充分必要条件的同时, 也给出了利用伴随矩阵求逆矩阵 $\boldsymbol{A}^{-1}$ 的一种方法——伴随矩阵法. 但对于较高阶的矩阵, 用伴随矩阵法求其逆矩阵的计算量非常大, 下面再介绍一种更常用的求逆矩阵的初等变换法, 它是一种系统化的方法, 通过将矩阵化为单位矩阵, 同时记录对应变换的逆操作, 最终得到矩阵的逆矩阵. 这种方法的意义在于利用线性代数的基本操作 (如行交换、倍乘与行相加) 解决复杂的矩阵问题.

定理 3 n阶矩阵 $\boldsymbol{A}$ 可逆的充分必要条件是 $\boldsymbol{A}$ 可以表示为若干初等矩阵的乘积.

证明 因初等矩阵是可逆的, 故充分性是显然的.

必要性. 设矩阵 $\boldsymbol{A}$ 可逆, 则由定理1的推论1知, 矩阵 $\boldsymbol{A}$ 可以经过有限次初等变换化为单位矩阵 $\boldsymbol{E}$, 即存在初等矩阵 $\boldsymbol{P}_1, \boldsymbol{P}_2, \cdots, \boldsymbol{P}_s, \boldsymbol{Q}_1, \boldsymbol{Q}_2, \cdots, \boldsymbol{Q}_t$, 使得

$$\boldsymbol{P}_s\cdots\boldsymbol{P}_2\boldsymbol{P}_1\boldsymbol{A}\boldsymbol{Q}_1\boldsymbol{Q}_2\cdots\boldsymbol{Q}_t=\boldsymbol{E}.$$

在上式两端, 依次右乘 $\boldsymbol{Q}_t^{-1}, \cdots, \boldsymbol{Q}_2^{-1}, \boldsymbol{Q}_1^{-1}$ 与左乘 $\boldsymbol{P}_s^{-1}, \cdots, \boldsymbol{P}_2^{-1}, \boldsymbol{P}_1^{-1}$, 得

$$\boldsymbol{A}=\boldsymbol{P}_1^{-1}\boldsymbol{P}_2^{-1}\cdots\boldsymbol{P}_s^{-1}\boldsymbol{E}\boldsymbol{Q}_t^{-1}\cdots\boldsymbol{Q}_2^{-1}\boldsymbol{Q}_1^{-1}=\boldsymbol{P}_1^{-1}\boldsymbol{P}_2^{-1}\cdots\boldsymbol{P}_s^{-1}\boldsymbol{Q}_t^{-1}\cdots\boldsymbol{Q}_2^{-1}\boldsymbol{Q}_1^{-1},$$

即矩阵 $\boldsymbol{A}$ 可以表示为若干初等矩阵的乘积. 证毕.

注意到若 $\boldsymbol{A}$ 可逆, 则 $\boldsymbol{A}^{-1}$ 也可逆, 根据定理3, 存在初等矩阵 $\boldsymbol{G}_1, \boldsymbol{G}_2, \cdots, \boldsymbol{G}_k$, 使得

$$\boldsymbol{A}^{-1}=\boldsymbol{G}_1\boldsymbol{G}_2\cdots\boldsymbol{G}_k,$$

在上式两边右乘矩阵 $\boldsymbol{A}$, 得 $\boldsymbol{A}^{-1}\boldsymbol{A}=\boldsymbol{G}_1\boldsymbol{G}_2\cdots\boldsymbol{G}_k\boldsymbol{A}$, 即

$$\boldsymbol{E}=\boldsymbol{G}_1\boldsymbol{G}_2\cdots\boldsymbol{G}_k\boldsymbol{A}, \tag{5.1}$$

$$\boldsymbol{A}^{-1}=\boldsymbol{G}_1\boldsymbol{G}_2\cdots\boldsymbol{G}_k\boldsymbol{E}. \tag{5.2}$$

式(5.1)表示对矩阵 $\boldsymbol{A}$ 施以若干次初等行变换可化为 $\boldsymbol{E}$; 式(5.2)表示对 $\boldsymbol{E}$ 施以相同的若干次初等行变换可化为 $\boldsymbol{A}^{-1}$.

因此, 求矩阵 $\boldsymbol{A}$ 的逆矩阵 $\boldsymbol{A}^{-1}$ 时, 可构造 $n\times 2n$ 矩阵 $(\boldsymbol{A}\ \ \boldsymbol{E})$, 然后对其施以初等行变换, 将矩阵 $\boldsymbol{A}$ 化为单位矩阵 $\boldsymbol{E}$, 则上述初等行变换同样也将其中的单位矩阵 $\boldsymbol{E}$ 化为 $\boldsymbol{A}^{-1}$, 即

$$(\boldsymbol{A}\ \ \boldsymbol{E})\xrightarrow{\text{初等行变换}}(\boldsymbol{E}\ \ \boldsymbol{A}^{-1}).$$

类似地, 也可以构造 $2n\times n$ 矩阵 $\begin{pmatrix}\boldsymbol{A}\\ \boldsymbol{E}\end{pmatrix}$, 然后对其施以初等列变换, 将矩阵 $\boldsymbol{A}$ 化为单位矩阵 $\boldsymbol{E}$, 则上述初等列变换同时也将其中的单位矩阵 $\boldsymbol{E}$ 化为 $\boldsymbol{A}^{-1}$, 即

$$\begin{pmatrix}\boldsymbol{A}\\ \boldsymbol{E}\end{pmatrix}\xrightarrow{\text{初等列变换}}\begin{pmatrix}\boldsymbol{E}\\ \boldsymbol{A}^{-1}\end{pmatrix}.$$

这就是求逆矩阵的**初等变换法**.

例10 设$A=\begin{pmatrix}1&2&3\\2&2&1\\3&4&3\end{pmatrix}$,求$A^{-1}$.

解 根据求逆矩阵的初等变换法,有

$$(A\ \ E)=\begin{pmatrix}1&2&3&1&0&0\\2&2&1&0&1&0\\3&4&3&0&0&1\end{pmatrix}\xrightarrow[r_3-3r_1]{r_2-2r_1}\begin{pmatrix}1&2&3&1&0&0\\0&-2&-5&-2&1&0\\0&-2&-6&-3&0&1\end{pmatrix}$$

$$\xrightarrow[r_3-r_2]{r_1+r_2}\begin{pmatrix}1&0&-2&-1&1&0\\0&-2&-5&-2&1&0\\0&0&-1&-1&-1&1\end{pmatrix}\xrightarrow[r_2-5r_3]{r_1-2r_3}\begin{pmatrix}1&0&0&1&3&-2\\0&-2&0&3&6&-5\\0&0&-1&-1&-1&1\end{pmatrix}$$

$$\xrightarrow[r_3\div(-1)]{r_2\div(-2)}\begin{pmatrix}1&0&0&1&3&-2\\0&1&0&-3/2&-3&5/2\\0&0&1&1&1&-1\end{pmatrix},$$

所以,题设矩阵的逆矩阵

$$A^{-1}=\begin{pmatrix}1&3&-2\\-3/2&-3&5/2\\1&1&-1\end{pmatrix}.$$

例11 已知三阶矩阵A的逆矩阵为

$$A^{-1}=\begin{pmatrix}1&1&1\\1&2&1\\1&1&3\end{pmatrix},$$

试求其伴随矩阵A^*的逆矩阵.

解 由逆矩阵的运算规律与伴随矩阵的定义,得

$$AA^*=A^*A=|A|E,\ |A|\neq 0,$$

可得$(A^*)^{-1}=\dfrac{A}{|A|}=|A^{-1}|A$. 利用求逆矩阵的初等变换法,有

$$(A^{-1}\ \ E)=\begin{pmatrix}1&1&1&1&0&0\\1&2&1&0&1&0\\1&1&3&0&0&1\end{pmatrix}\to\begin{pmatrix}1&1&1&1&0&0\\0&1&0&-1&1&0\\0&0&2&-1&0&1\end{pmatrix}$$

$$\to\begin{pmatrix}1&0&1&2&-1&0\\0&1&0&-1&1&0\\0&0&1&-1/2&0&1/2\end{pmatrix}\to\begin{pmatrix}1&0&0&5/2&-1&-1/2\\0&1&0&-1&1&0\\0&0&1&-1/2&0&1/2\end{pmatrix},$$

因此, 矩阵 $A=\begin{pmatrix}5/2 & -1 & -1/2\\ -1 & 1 & 0\\ -1/2 & 0 & 1/2\end{pmatrix}$. 又利用行列式的性质, 计算得

$$|A^{-1}|=\begin{vmatrix}1 & 1 & 1\\ 1 & 2 & 1\\ 1 & 1 & 3\end{vmatrix}=2,$$

故所求伴随矩阵 A^* 的逆矩阵为

$$(A^*)^{-1}=2A=\begin{pmatrix}5 & -2 & 1\\ -2 & 2 & 0\\ -1 & 0 & 1\end{pmatrix}.$$

例 12 已知矩阵 $F=\begin{pmatrix}1 & 0 & -1\\ 0 & 1 & -3\\ 0 & 0 & 0\end{pmatrix}$, 若 $\begin{pmatrix}F\\ E\end{pmatrix}\xrightarrow{\text{初等列变换}}\begin{pmatrix}\Lambda\\ Q\end{pmatrix}$, 其中 Q 为上三角形可逆矩阵, Λ 为对角矩阵, 试求 Q 与 Λ.

解 依题意, 根据求解矩阵方程的初等列变换法, 对矩阵 $\begin{pmatrix}F\\ E\end{pmatrix}$ 作初等列变换, 有

$$\begin{pmatrix}F\\ E\end{pmatrix}=\begin{pmatrix}1 & 0 & -1\\ 0 & 1 & -3\\ 0 & 0 & 0\\ 1 & 0 & 0\\ 0 & 1 & 0\\ 0 & 0 & 1\end{pmatrix}\to\begin{pmatrix}1 & 0 & 0\\ 0 & 1 & -3\\ 0 & 0 & 0\\ 1 & 0 & 1\\ 0 & 1 & 0\\ 0 & 0 & 1\end{pmatrix}\to\begin{pmatrix}1 & 0 & 0\\ 0 & 1 & 0\\ 0 & 0 & 0\\ 1 & 0 & 1\\ 0 & 1 & 3\\ 0 & 0 & 1\end{pmatrix}=\begin{pmatrix}\Lambda\\ Q\end{pmatrix},$$

故所求上三角形可逆矩阵 Q 与对角矩阵 Λ 分别为

$$Q=\begin{pmatrix}1 & 0 & 1\\ 0 & 1 & 3\\ 0 & 0 & 1\end{pmatrix},\ \Lambda=\begin{pmatrix}1 & 0 & 0\\ 0 & 1 & 0\\ 0 & 0 & 0\end{pmatrix}.$$

例 13 已知矩阵 $A=\begin{pmatrix}1 & 0 & 1\\ 2 & 1 & 0\\ -3 & 2 & -5\end{pmatrix}$, 求 $(E-A)^{-1}$.

解 利用矩阵的线性运算, 先计算 $E-A$:

$$E-A=\begin{pmatrix}1 & 0 & 0\\ 0 & 1 & 0\\ 0 & 0 & 1\end{pmatrix}-\begin{pmatrix}1 & 0 & 1\\ 2 & 1 & 0\\ -3 & 2 & -5\end{pmatrix}=\begin{pmatrix}0 & 0 & -1\\ -2 & 0 & 0\\ 3 & -2 & 6\end{pmatrix},$$

再根据求逆矩阵的初等变换法, 有

$$(\boldsymbol{E}-\boldsymbol{A}\ \ \boldsymbol{E})=\begin{pmatrix} 0 & 0 & -1 & 1 & 0 & 0 \\ -2 & 0 & 0 & 0 & 1 & 0 \\ 3 & -2 & 6 & 0 & 0 & 1 \end{pmatrix}$$

$$\xrightarrow{r_1\leftrightarrow r_2}\begin{pmatrix} -2 & 0 & 0 & 0 & 1 & 0 \\ 0 & 0 & -1 & 1 & 0 & 0 \\ 3 & -2 & 6 & 0 & 0 & 1 \end{pmatrix}\xrightarrow[r_2\leftrightarrow r_3]{r_1\div(-2)}\begin{pmatrix} 1 & 0 & 0 & 0 & -1/2 & 0 \\ 3 & -2 & 6 & 0 & 0 & 1 \\ 0 & 0 & -1 & 1 & 0 & 0 \end{pmatrix}$$

$$\xrightarrow{r_2-3r_1}\begin{pmatrix} 1 & 0 & 0 & 0 & -1/2 & 0 \\ 0 & -2 & 6 & 0 & 3/2 & 1 \\ 0 & 0 & -1 & 1 & 0 & 0 \end{pmatrix}\xrightarrow[r_3\div(-1)]{r_2\div(-2)}\begin{pmatrix} 1 & 0 & 0 & 0 & -1/2 & 0 \\ 0 & 1 & -3 & 0 & -3/4 & -1/2 \\ 0 & 0 & 1 & -1 & 0 & 0 \end{pmatrix}$$

$$\xrightarrow{r_2+3r_3}\begin{pmatrix} 1 & 0 & 0 & 0 & -1/2 & 0 \\ 0 & 1 & 0 & -3 & -3/4 & -1/2 \\ 0 & 0 & 1 & -1 & 0 & 0 \end{pmatrix},$$

所以, 矩阵 $\boldsymbol{E}-\boldsymbol{A}$ 的逆矩阵为

$$(\boldsymbol{E}-\boldsymbol{A})^{-1}=\begin{pmatrix} 0 & -1/2 & 0 \\ -3 & -3/4 & -1/2 \\ -1 & 0 & 0 \end{pmatrix}.$$

*数学实验

实验 2.9 对于下列矩阵, 试用计算软件比较直接求矩阵的逆、伴随矩阵法求逆和初等变换法求逆, 看看结果是否相同 (详见教材配套的网络学习空间).

$$(1)\begin{pmatrix} 1 & 2 & 3 & 4 & 5 & 6 \\ 3 & 2 & 9 & 18 & 17 & 17 \\ 2 & -2 & 4 & 8 & 6 & 4 \\ 3 & -4 & 8 & 28 & 23 & 16 \\ 4 & 2 & 11 & 20 & 19 & 19 \\ 4 & 0 & 12 & 30 & 26 & 25 \end{pmatrix};\quad (2)\begin{pmatrix} 2 & -2 & 6 & 2 & -5 & 3 \\ 2 & 2 & 4 & 3 & -4 & 1 \\ 2 & 1 & 4 & 2 & -3 & 1 \\ 2 & 2 & 8 & 10 & -17 & 6 \\ 4 & 0 & 6 & -1 & 1 & -1 \\ 4 & -2 & 16 & 11 & -20 & 10.5 \end{pmatrix}.$$

计算实验

四、逆矩阵的应用举例 (信息编码)

一种通用的传递信息的方法是, 将一个字母与一个整数相对应, 然后传输一串整数. 例如, 信息 " How are you " 可以编码为

$$7,\ 10,\ 6,\ 18,\ 5,\ 21,\ 8,\ 10,\ 9,$$

其中H表示为7, e表示为21, 等等. 但是这种编码很容易破译. 在一段较长的信息中, 我们可以根据数字出现的相对频率猜测每一数字表示的字母. 例如, 若21为编码信息中最常出现的数字, 则它最有可能表示字母e, 因为e在英文中是最常出现的字母.

但我们可以用矩阵乘法对信息做进一步的伪装. 设 $\boldsymbol{A}$ 是所有元素均为整数的矩阵, 且 $|\boldsymbol{A}|=\pm 1$, 此时 $\boldsymbol{A}^{-1}$ 的元素也是整数. 我们可以用这个矩阵对信息进行变换. 变换后的信息将很难破译. 为演示这个技术, 令

$$\boldsymbol{A}=\begin{pmatrix}1&2&1\\1&3&1\\2&5&3\end{pmatrix},\ \boldsymbol{A}^{-1}=\begin{pmatrix}4&-1&-1\\-1&1&0\\-1&-1&1\end{pmatrix},$$

现将需要编码的信息放置在三阶矩阵 $\boldsymbol{B}$ 的各个列上, 即

$$\boldsymbol{B}=\begin{pmatrix}7&18&8\\10&5&10\\6&21&9\end{pmatrix},$$

通过乘积可以得到伪码, 即

$$\boldsymbol{AB}=\begin{pmatrix}1&2&1\\1&3&1\\2&5&3\end{pmatrix}\begin{pmatrix}7&18&8\\10&5&10\\6&21&9\end{pmatrix}=\begin{pmatrix}33&49&37\\43&54&47\\82&124&93\end{pmatrix}.$$

这样, 传输的编码信息就变为

$$33, 43, 82, 49, 54, 124, 37, 47, 93.$$

接收到信息的人可以通过乘以 $\boldsymbol{A}^{-1}$ 进行译码, 即

$$\begin{pmatrix}1&2&1\\1&3&1\\2&5&3\end{pmatrix}^{-1}\begin{pmatrix}33&49&37\\43&54&47\\82&124&93\end{pmatrix}=\begin{pmatrix}7&18&8\\10&5&10\\6&21&9\end{pmatrix}.$$

为构造编码矩阵 $\boldsymbol{A}$, 我们可以从单位矩阵 $\boldsymbol{E}$ 开始, 利用初等行变换或初等列变换, 就得到仅有整数元的矩阵 $\boldsymbol{A}$, 且由于 $\det(\boldsymbol{A})=\pm\det(\boldsymbol{E})=\pm 1$, 由此 $\boldsymbol{A}^{-1}$ 也只有整数元.

五、用初等变换法求解矩阵方程 $AX=B$

设矩阵 $\boldsymbol{A}$ 可逆, 则求解矩阵方程 $\boldsymbol{AX}=\boldsymbol{B}$ 等价于求矩阵 $\boldsymbol{X}=\boldsymbol{A}^{-1}\boldsymbol{B}$, 为此, 可采用类似初等行变换求逆矩阵的办法, 构造矩阵 $(\boldsymbol{A}\ \ \boldsymbol{B})$, 对其施以初等行变换而将矩阵 $\boldsymbol{A}$ 化为单位矩阵 $\boldsymbol{E}$, 则上述初等行变换同时也将其中的矩阵 $\boldsymbol{B}$ 化为 $\boldsymbol{A}^{-1}\boldsymbol{B}$, 即

$$(\boldsymbol{A}\ \ \boldsymbol{B})\xrightarrow{\text{初等行变换}}(\boldsymbol{E}\ \ \boldsymbol{A}^{-1}\boldsymbol{B}).$$

这样就给出了用初等行变换求解矩阵方程 $\boldsymbol{AX}=\boldsymbol{B}$ 的方法. 同理, 求解矩阵方程 $\boldsymbol{XA}=\boldsymbol{B}$, 等价于计算矩阵 $\boldsymbol{BA}^{-1}$, 这样, 也可以利用初等列变换求矩阵 $\boldsymbol{BA}^{-1}$, 即

$$\begin{pmatrix}\boldsymbol{A}\\\boldsymbol{B}\end{pmatrix}\xrightarrow{\text{初等列变换}}\begin{pmatrix}\boldsymbol{E}\\\boldsymbol{BA}^{-1}\end{pmatrix}.$$

例14 求矩阵$\boldsymbol{X}$, 使$\boldsymbol{AX}=\boldsymbol{B}$, 其中$\boldsymbol{A}=\begin{pmatrix}1&2&3\\2&2&1\\3&4&3\end{pmatrix}$, $\boldsymbol{B}=\begin{pmatrix}2&5\\3&1\\4&3\end{pmatrix}$.

解 依题设, 利用行列式的性质, 易见

$$|\boldsymbol{A}|=\begin{vmatrix}1&2&3\\2&2&1\\3&4&3\end{vmatrix}=\begin{vmatrix}1&2&3\\0&-2&-5\\0&-2&-6\end{vmatrix}\neq 0,$$

即矩阵$\boldsymbol{A}$可逆, 因此, 在题设方程$\boldsymbol{AX}=\boldsymbol{B}$两端左乘$\boldsymbol{A}^{-1}$, 得

$$\boldsymbol{X}=\boldsymbol{A}^{-1}\boldsymbol{B}.$$

再根据求解矩阵方程的初等变换法, 计算如下:

$$(\boldsymbol{A}\ \ \boldsymbol{B})=\begin{pmatrix}1&2&3&2&5\\2&2&1&3&1\\3&4&3&4&3\end{pmatrix}\xrightarrow[r_3-3r_1]{r_2-2r_1}\begin{pmatrix}1&2&3&2&5\\0&-2&-5&-1&-9\\0&-2&-6&-2&-12\end{pmatrix}$$

$$\xrightarrow[r_3-r_2]{r_1+r_2}\begin{pmatrix}1&0&-2&1&-4\\0&-2&-5&-1&-9\\0&0&-1&-1&-3\end{pmatrix}\xrightarrow[r_2-5r_3]{r_1-2r_3}\begin{pmatrix}1&0&0&3&2\\0&-2&0&4&6\\0&0&-1&-1&-3\end{pmatrix}$$

$$\xrightarrow[r_3\div(-1)]{r_2\div(-2)}\begin{pmatrix}1&0&0&3&2\\0&1&0&-2&-3\\0&0&1&1&3\end{pmatrix},$$

由上可见, 所求矩阵

$$\boldsymbol{X}=\boldsymbol{A}^{-1}\boldsymbol{B}=\begin{pmatrix}3&2\\-2&-3\\1&3\end{pmatrix}.$$

例15 求解矩阵方程$\boldsymbol{AX}=\boldsymbol{A}+\boldsymbol{X}$, 其中$\boldsymbol{A}=\begin{pmatrix}2&2&0\\2&1&3\\0&1&0\end{pmatrix}$.

解 利用矩阵的线性运算, 由题设方程得: $(\boldsymbol{A}-\boldsymbol{E})\boldsymbol{X}=\boldsymbol{A}$. 又利用行列式的性质, 有

$$\boldsymbol{A}-\boldsymbol{E}=\begin{pmatrix}2&2&0\\2&1&3\\0&1&0\end{pmatrix}-\begin{pmatrix}1&0&0\\0&1&0\\0&0&1\end{pmatrix}=\begin{pmatrix}1&2&0\\2&0&3\\0&1&-1\end{pmatrix},\ |\boldsymbol{A}-\boldsymbol{E}|\neq 0.$$

因此, 矩阵$\boldsymbol{A}-\boldsymbol{E}$可逆, 从而$\boldsymbol{X}=(\boldsymbol{A}-\boldsymbol{E})^{-1}\boldsymbol{A}$. 再根据求解矩阵方程的初等变换法, 计算如下:

$$(\boldsymbol{A}-\boldsymbol{E}\ \ \boldsymbol{A})=\begin{pmatrix}1&2&0&2&2&0\\2&0&3&2&1&3\\0&1&-1&0&1&0\end{pmatrix}\xrightarrow[r_2\leftrightarrow r_3]{r_2-2r_1}\begin{pmatrix}1&2&0&2&2&0\\0&1&-1&0&1&0\\0&-4&3&-2&-3&3\end{pmatrix}$$

$$\xrightarrow[r_3\div(-1)]{r_3+4r_2}\begin{pmatrix}1&2&0&2&2&0\\0&1&-1&0&1&0\\0&0&1&2&-1&-3\end{pmatrix}\xrightarrow{r_2+r_3}\begin{pmatrix}1&2&0&2&2&0\\0&1&0&2&0&-3\\0&0&1&2&-1&-3\end{pmatrix}$$

$$\xrightarrow{r_1-2r_2}\begin{pmatrix}1&0&0&-2&2&6\\0&1&0&2&0&-3\\0&0&1&2&-1&-3\end{pmatrix},$$

由上可见, 所求矩阵

$$\boldsymbol{X}=(\boldsymbol{A}-\boldsymbol{E})^{-1}\boldsymbol{A}=\begin{pmatrix}-2&2&6\\2&0&-3\\2&-1&-3\end{pmatrix}.$$

*数学实验

实验 2.10　试用计算软件求解下列矩阵方程.

$$\boldsymbol{A}=\begin{pmatrix}1&2&3&4&5&6&3\\0&2&1&2&2&4&0\\1&2&4&6&5&6&3\\1&2&3&6&5&6&3\\0&2&1&2&3&4&0\\0&6&6&6&6&8&1\\0&4&5&4&3&2&1\end{pmatrix},\ \boldsymbol{B}=\begin{pmatrix}-1&1&-3&2&-5&3&-3\\0&1&-1&1&-2&2&0\\-1&1&-4&3&-5&3&-3\\-1&1&-3&3&-5&3&-3\\0&1&-1&1&-3&2&0\\0&3&-6&3&-6&4&-1\\0&2&-5&2&-3&1&-1\end{pmatrix},$$

$$\boldsymbol{C}=\begin{pmatrix}8&4&8&0&6&8&8\\8&9&1&8&1&6&8\\1&9&3&8&7&2&1\\8&1&8&6&0&9&3\\5&9&8&8&2&0&3\\1&9&9&7&0&3&5\\2&3&6&2&1&2&7\end{pmatrix}.$$

计算实验

(1) $\boldsymbol{AXB}=\boldsymbol{C}$;　　　　(2) $\boldsymbol{AX}=\boldsymbol{C}+\boldsymbol{BX}$.

微信扫描右侧的二维码即可进行计算实验 (详见教材配套的网络学习空间).

习题 2-5

1. 选择题.

(1) 设矩阵

$$A=\begin{pmatrix} a_{11} & a_{12} & a_{13} & a_{14} \\ a_{21} & a_{22} & a_{23} & a_{24} \\ a_{31} & a_{32} & a_{33} & a_{34} \\ a_{41} & a_{42} & a_{43} & a_{44} \end{pmatrix},\quad B=\begin{pmatrix} a_{14} & a_{13} & a_{12} & a_{11} \\ a_{24} & a_{23} & a_{22} & a_{21} \\ a_{34} & a_{33} & a_{32} & a_{31} \\ a_{44} & a_{43} & a_{42} & a_{41} \end{pmatrix},$$

$$P_1=\begin{pmatrix} 0 & 0 & 0 & 1 \\ 0 & 1 & 0 & 0 \\ 0 & 0 & 1 & 0 \\ 1 & 0 & 0 & 0 \end{pmatrix},\quad P_2=\begin{pmatrix} 1 & 0 & 0 & 0 \\ 0 & 0 & 1 & 0 \\ 0 & 1 & 0 & 0 \\ 0 & 0 & 0 & 1 \end{pmatrix}.$$

其中 A 可逆, 则 B^{-1} 等于(　).

(A) $A^{-1}P_1P_2$;　(B) $P_1A^{-1}P_2$;　(C) $P_1P_2A^{-1}$;　(D) $P_2A^{-1}P_1$.

(2) 设矩阵

$$A=\begin{pmatrix} a_{11} & a_{12} & a_{13} \\ a_{21} & a_{22} & a_{23} \\ a_{31} & a_{32} & a_{33} \end{pmatrix},\quad B=\begin{pmatrix} a_{21} & a_{22} & a_{23} \\ a_{11} & a_{12} & a_{13} \\ a_{31}+a_{11} & a_{32}+a_{12} & a_{33}+a_{13} \end{pmatrix},$$

$$P_1=\begin{pmatrix} 0 & 1 & 0 \\ 1 & 0 & 0 \\ 0 & 0 & 1 \end{pmatrix},\quad P_2=\begin{pmatrix} 1 & 0 & 0 \\ 0 & 1 & 0 \\ 1 & 0 & 1 \end{pmatrix},$$

则必有(　).

(A) $AP_1P_2=B$;　(B) $AP_2P_1=B$;　(C) $P_1P_2A=B$;　(D) $P_2P_1A=B$.

(3) 设矩阵

$$A=\begin{pmatrix} a_{11} & a_{12} & a_{13} \\ a_{21} & a_{22} & a_{23} \\ a_{31} & a_{32} & a_{33} \end{pmatrix},\ B=\begin{pmatrix} a_{21} & a_{22}+ka_{23} & a_{23} \\ a_{31} & a_{32}+ka_{33} & a_{33} \\ a_{11} & a_{12}+ka_{13} & a_{13} \end{pmatrix},\ P_1=\begin{pmatrix} 0 & 1 & 0 \\ 0 & 0 & 1 \\ 1 & 0 & 0 \end{pmatrix},\ P_2=\begin{pmatrix} 1 & 0 & 0 \\ 0 & 1 & 0 \\ 0 & k & 1 \end{pmatrix},$$

则 A 等于(　).

(A) $P_1^{-1}BP_2^{-1}$;　(B) $P_2^{-1}BP_1^{-1}$;　(C) $P_1^{-1}P_2^{-1}B$;　(D) $BP_1^{-1}P_2^{-1}$.

2. 已知

$$A=\begin{pmatrix} 3 & 4 & 1 \\ 2 & -7 & -1 \\ 8 & 1 & 5 \end{pmatrix},\ B=\begin{pmatrix} 8 & 1 & 5 \\ 2 & -7 & -1 \\ 3 & 4 & 1 \end{pmatrix},\ C=\begin{pmatrix} 3 & 4 & 1 \\ 2 & -7 & -1 \\ 2 & -7 & 3 \end{pmatrix}.$$

求基本初等矩阵 E_1, E_2, E_3 和 E_4, 使得

(1) $E_1A=B$;　(2) $E_2B=A$;　(3) $E_3A=C$;　(4) $E_4C=A$.

3. 设 $\begin{pmatrix} 0 & 1 & 0 \\ 1 & 0 & 0 \\ 0 & 0 & 1 \end{pmatrix}A\begin{pmatrix} 1 & 0 & 1 \\ 0 & 1 & 0 \\ 0 & 0 & 1 \end{pmatrix}=\begin{pmatrix} 1 & 2 & 3 \\ 4 & 5 & 6 \\ 7 & 8 & 9 \end{pmatrix}$, 求 A.

4. 把下列矩阵化为标准形矩阵 $D=\begin{pmatrix} E_r & O \\ O & O \end{pmatrix}$.

(1) $\begin{pmatrix} 1 & -1 & 2 \\ 3 & 2 & 1 \\ 1 & -2 & 0 \end{pmatrix}$; (2) $\begin{pmatrix} 1 & -1 & 2 \\ 3 & -3 & 1 \\ -2 & 2 & -4 \end{pmatrix}$; (3) $\begin{pmatrix} 1 & 0 & 2 & -1 \\ 2 & 0 & 3 & 1 \\ 3 & 0 & 4 & -3 \end{pmatrix}$;

(4) $\begin{pmatrix} 1 & -1 & 3 & -4 & 3 \\ 3 & -3 & 5 & -4 & 1 \\ 2 & -2 & 3 & -2 & 0 \\ 3 & -3 & 4 & -2 & -1 \end{pmatrix}$; (5) $\begin{pmatrix} 2 & 3 & 1 & -3 & -7 \\ 1 & 2 & 0 & -2 & -4 \\ 3 & -2 & 8 & 3 & 0 \\ 2 & -3 & 7 & 4 & 3 \end{pmatrix}$.

5. 用初等变换法判定下列矩阵是否可逆, 若可逆, 求其逆矩阵.

(1) $\begin{pmatrix} 1 & 0 & 0 \\ 1 & 2 & 0 \\ 1 & 2 & 3 \end{pmatrix}$; (2) $\begin{pmatrix} 2 & 2 & -1 \\ 1 & -2 & 4 \\ 5 & 8 & 2 \end{pmatrix}$; (3) $\begin{pmatrix} 3 & 2 & 1 \\ 3 & 1 & 5 \\ 3 & 2 & 3 \end{pmatrix}$;

(4) $\begin{pmatrix} 0 & 0 & 1 \\ 0 & 2 & 2 \\ 1 & 1 & 2 \end{pmatrix}$; (5) $\begin{pmatrix} 3 & -2 & 0 & -1 \\ 0 & 2 & 2 & 1 \\ 1 & -2 & -3 & -2 \\ 0 & 1 & 2 & 1 \end{pmatrix}$.

6. 在一个大型建筑项目中,涉及多种工程设备的采购与使用. 设备之间可能有互相替代的功能, 也可能有互补的使用关系. 为了确保项目的成本控制和资源优化, 项目经理需要通过调研和建模来确定这些设备的均衡采购成本. 假设项目中使用四种关键设备: 设备A、设备B、设备C、设备D. 这些设备之间存在相互影响的关系, 采购成本不仅受自身市场需求的影响, 也会受到其他设备需求和互补效应的影响. 基于市场调研和工程技术分析, 得到了以下线性方程组, 描述了这四种设备的均衡采购成本 (单位: 万元) 之间的关系:

$$\begin{pmatrix} 2 & 1 & 2 & 1 \\ 1 & 2 & 1 & 2 \\ 1 & 3 & 2 & 1 \\ 2 & 1 & 3 & 2 \end{pmatrix}\begin{pmatrix} c_1 \\ c_2 \\ c_3 \\ c_4 \end{pmatrix} = \begin{pmatrix} 119 \\ 127 \\ 137 \\ 174 \end{pmatrix},$$

其中, c_1 表示设备A的均衡采购成本, c_2 表示设备B的均衡采购成本, c_3 表示设备C的均衡采购成本, c_4 表示设备D的均衡采购成本, 右侧常数向量

$$(119, 127, 137, 174)^{\mathrm{T}}$$

表示这些设备的综合市场需求、生产成本和其他外部因素对成本的影响. 项目经理希望通过求解这个方程组来确定设备的均衡采购成本, 从而做出合理的采购决策.

7. 解下列矩阵方程:

(1) 设 $\boldsymbol{A} = \begin{pmatrix} 4 & 1 & -2 \\ 2 & 2 & 1 \\ 3 & 1 & -1 \end{pmatrix}$, $\boldsymbol{B} = \begin{pmatrix} 1 & -3 \\ 2 & 2 \\ 3 & -1 \end{pmatrix}$, 求 $\boldsymbol{X}$, 使 $\boldsymbol{AX} = \boldsymbol{B}$.

(2) 设 $\boldsymbol{A} = \begin{pmatrix} 0 & 2 & 1 \\ 2 & -1 & 3 \\ -3 & 3 & -4 \end{pmatrix}$, $\boldsymbol{B} = \begin{pmatrix} 1 & 2 & 3 \\ 2 & -3 & 1 \end{pmatrix}$, 求 $\boldsymbol{X}$, 使 $\boldsymbol{XA} = \boldsymbol{B}$.

(3) 设$A=\begin{pmatrix}1&-1&0\\0&1&-1\\-1&0&1\end{pmatrix}$, $AX=2X+A$, 求X.

(4) 设$\begin{pmatrix}0&1&0\\1&0&0\\0&0&1\end{pmatrix}X\begin{pmatrix}1&0&0\\-2&1&0\\0&0&1\end{pmatrix}=\begin{pmatrix}1&-4&3\\2&0&-1\\0&-2&1\end{pmatrix}$, 求$X$.

8. 设矩阵$A=\begin{pmatrix}1&0&0\\1&1&0\\1&1&1\end{pmatrix}$, $B=\begin{pmatrix}0&1&1\\1&0&1\\1&1&0\end{pmatrix}$, 矩阵$X$满足$AXA+BXB=AXB+BXA+E$, 其中$E$是三阶单位矩阵, 试求矩阵$X$.

9. 设A为二阶可逆矩阵, 记A的第1行乘以-1所得矩阵为B, A的第1列乘以-1所得矩阵为C, 试求B, C.

10. 设A为二阶可逆矩阵, A^*为A的伴随矩阵, 若将A的第1列乘以-1得矩阵C, 试证: 矩阵A^*的第2行乘以-1所得矩阵为C^*.

11. 设A为二阶可逆矩阵, 记A的第1行乘以-1所得矩阵为B, 试证: 矩阵A^{-1}的第1列乘以-1所得矩阵为B^{-1}.

12. 设A为$n\ (n\geqslant 2)$阶可逆矩阵, 交换A的第1行与第2行得矩阵B, A^*与B^*分别为A, B的伴随矩阵, 记$E_{12}=E(1, 2)$, 试证: $A^*E_{12}=-B^*$.

13. 设n阶矩阵A与B等价, 试证: 当$|A|=0$时, $|B|=0$.

14. 设矩阵A由初等列变换化为矩阵B, 试证: 必存在可逆矩阵P, 使得$BP=A$.

15. 设A, B为n阶矩阵, 且满足$2B^{-1}A=A-4E$, 其中E为n阶单位矩阵.

(1) 证明$B-2E$为可逆矩阵, 并求$(B-2E)^{-1}$; (2) 已知$A=\begin{pmatrix}1&-2&0\\1&2&0\\0&0&2\end{pmatrix}$, 求矩阵$B$.

§2.6 矩阵的秩

一、矩阵的秩的定义

矩阵的秩是线性代数中的一个重要概念, 用于描述矩阵所包含的线性信息量. 矩阵的秩源于对线性方程组和向量空间的研究, 其本质是矩阵行(或列)向量的线性无关程度. 形式上, 矩阵的秩是其最大线性无关行向量(或列向量)的数量. 矩阵的秩在数学意义上反映了矩阵所对应的线性变换的维数或映射空间的维度. 秩的大小直接影响线性方程组解的性质: 若系数矩阵的秩等于增广矩阵的秩, 则该方程组有解; 若还等于未知数个数, 则解唯一. 在实际应用中, 矩阵的秩广泛用于数据分析(如主成分分析)、机器学习(如特征选择和降维)、工程领域(如信号处理和控制理论)等. 通过判断秩, 能够分析数据的冗余性、优化模型或解决实际问题中的线性相关问题. 因此, 矩阵的秩是理解和解决线性系统的重要工具.

从§2.5我们已经看到, 矩阵可经初等行变换化为行阶梯形矩阵, 且行阶梯形矩阵所含非零行的行数是唯一确定的, 这个数实质上就是矩阵的“秩”. 鉴于这个数的唯一性尚未证明, 本节将首先利用行列式来定义矩阵的秩, 然后给出利用初等变换求矩阵的秩的方法.

定义 1　在 $m\times n$ 矩阵 $\boldsymbol{A}$ 中, 任取 k 行 k 列 $(1\leqslant k\leqslant m,\ 1\leqslant k\leqslant n)$, 位于这些行列交叉处的 k^2 个元素, 不改变它们在 $\boldsymbol{A}$ 中所处的位置次序而得到的 k 阶行列式, 称为 $\boldsymbol{A}$ 的 **k 阶子式**.

注: $m\times n$ 矩阵 $\boldsymbol{A}$ 的 k 阶子式共有 $\mathrm{C}_m^k\cdot\mathrm{C}_n^k$ 个.

例如, 设矩阵 $\boldsymbol{A}=\begin{pmatrix}1&3&4&5\\-1&0&2&3\\0&1&-1&0\end{pmatrix}$, 则由第 1 、3 两行与第 2 、4 两列交叉处的元素构成的二阶子式为 $\begin{vmatrix}3&5\\1&0\end{vmatrix}$.

设 $\boldsymbol{A}$ 为一个 $m\times n$ 矩阵, 当 $\boldsymbol{A}=\boldsymbol{O}$ 时, 它的任何子式都为零. 当 $\boldsymbol{A}\neq\boldsymbol{O}$ 时, 它至少有一个元素不为零, 即它至少有一个一阶子式不为零. 再考察二阶子式, 若 $\boldsymbol{A}$ 中有一个二阶子式不为零, 则往下考察三阶子式, 如此进行下去, 最后必达到 $\boldsymbol{A}$ 中有 r 阶子式不为零, 而再没有比 r 更高阶的不为零的子式. 这个不为零的子式的最高阶数 r 反映了矩阵 $\boldsymbol{A}$ 内在的重要特征, 在矩阵的理论与应用中都有重要意义.

定义 2　设 $\boldsymbol{A}$ 为 $m\times n$ 矩阵, 如果存在 $\boldsymbol{A}$ 的 r 阶子式不为零, 而任何 $r+1$ 阶子式 (如果存在的话) 皆为零, 则称 r 为矩阵 $\boldsymbol{A}$ 的**秩**, 记为 $\mathrm{r}(\boldsymbol{A})$ (或 $\mathrm{R}(\boldsymbol{A})$), 并规定零矩阵的秩等于零.

例 1　求矩阵 $\boldsymbol{A}=\begin{pmatrix}1&2&3\\2&3&-5\\4&7&1\end{pmatrix}$ 的秩.

解　根据矩阵的秩的定义, 因在 $\boldsymbol{A}$ 中, $\begin{vmatrix}1&3\\2&-5\end{vmatrix}\neq0$, 又 $\boldsymbol{A}$ 的三阶子式只有一个 $|\boldsymbol{A}|$, 且

$$|\boldsymbol{A}|=\begin{vmatrix}1&2&3\\2&3&-5\\4&7&1\end{vmatrix}=\begin{vmatrix}1&2&3\\0&-1&-11\\0&-1&-11\end{vmatrix}=0,$$

故题设矩阵的秩 $\mathrm{r}(\boldsymbol{A})=2$.

例 2　求矩阵 $\boldsymbol{B}=\begin{pmatrix}2&-1&0&3&-2\\0&3&1&-2&5\\0&0&0&4&-3\\0&0&0&0&0\end{pmatrix}$ 的秩.

解　因题设矩阵 $\boldsymbol{B}$ 是一个行阶梯形矩阵, 其非零行只有三行, 故矩阵 $\boldsymbol{B}$ 的所有四阶子式

全为零. 此外, 易见$\boldsymbol{B}$存在一个三阶子式

$$\begin{vmatrix} 2 & -1 & 3 \\ 0 & 3 & -2 \\ 0 & 0 & 4 \end{vmatrix} = 24 \neq 0,$$

故题设矩阵的秩$\mathrm{r}(\boldsymbol{B}) = 3$.

例 3　写出一组2×2矩阵$\boldsymbol{A}$和$\boldsymbol{B}$, 使得

$$\mathrm{r}(\boldsymbol{A}+\boldsymbol{B}) < \mathrm{r}(\boldsymbol{A}) \text{ 且 } \mathrm{r}(\boldsymbol{A}+\boldsymbol{B}) < \mathrm{r}(\boldsymbol{B}).$$

解　令$\boldsymbol{A} = \begin{pmatrix} 1 & 0 \\ 0 & 1 \end{pmatrix}$, $\boldsymbol{B} = \begin{pmatrix} -1 & 0 \\ 0 & -1 \end{pmatrix}$, 则$\mathrm{r}(\boldsymbol{A}) = \mathrm{r}(\boldsymbol{B}) = 2$. 又

$$\boldsymbol{A}+\boldsymbol{B} = \begin{pmatrix} 0 & 0 \\ 0 & 0 \end{pmatrix},$$

所以, $\mathrm{r}(\boldsymbol{A}+\boldsymbol{B}) = 0 < \mathrm{r}(\boldsymbol{A}) = \mathrm{r}(\boldsymbol{B})$.

注: 下列矩阵分别是实验2.6 (1) ~ (6) 右侧的行阶梯形矩阵:

$$(1)\ \boldsymbol{A} = \begin{pmatrix} 2 & 1 & 2 & 3 & 4 & 5 \\ 0 & 0 & 0 & 0 & 0 & 0 \\ 0 & 0 & 0 & 0 & 0 & 0 \\ 0 & 0 & 0 & 0 & 0 & 0 \\ 0 & 0 & 0 & 0 & 0 & 0 \end{pmatrix}; \qquad (2)\ \boldsymbol{A} = \begin{pmatrix} 1 & 2 & -3 & -2 & 3 & 4 \\ 0 & 1 & 1 & -1 & 1 & 2 \\ 0 & 0 & 0 & 0 & 0 & 0 \\ 0 & 0 & 0 & 0 & 0 & 0 \\ 0 & 0 & 0 & 0 & 0 & 0 \end{pmatrix};$$

$$(3)\ \boldsymbol{A} = \begin{pmatrix} 1 & 2 & 3 & 2 & 5 & 14 \\ 0 & 2 & -3 & 1 & 2 & 5 \\ 0 & 0 & 3 & 1 & 1 & 10 \\ 0 & 0 & 0 & 0 & 0 & 0 \\ 0 & 0 & 0 & 0 & 0 & 0 \end{pmatrix}; \qquad (4)\ \boldsymbol{A} = \begin{pmatrix} 2 & 4 & 6 & 5 & 16 & -10 \\ 0 & 2 & -3 & 3 & -3 & 35 \\ 0 & 0 & 1 & 1 & 5 & -1 \\ 0 & 0 & 0 & 1 & -2 & 4 \\ 0 & 0 & 0 & 0 & 0 & 0 \end{pmatrix};$$

$$(5)\ \boldsymbol{A} = \begin{pmatrix} 1 & 2 & 3 & -16 & 3 & -4 \\ 0 & 2 & -3 & 20 & 2 & 12 \\ 0 & 0 & 3 & 4 & 1 & 4 \\ 0 & 0 & 0 & 4 & 0 & 3 \\ 0 & 0 & 0 & 0 & 0 & 1 \end{pmatrix}; \qquad (6)\ \boldsymbol{A} = \begin{pmatrix} 2 & 4 & -6 & -4 & 5 & 5 \\ 0 & 2 & 3 & 20 & -10 & 8 \\ 0 & 0 & 3 & -4 & 10 & 5 \\ 0 & 0 & 0 & 4 & 0 & 2 \\ 0 & 0 & 0 & 0 & 5 & 1 \end{pmatrix}.$$

这里, 我们可以根据矩阵的秩的定义直接给出上述矩阵的秩.

(1) 由矩阵的秩的定义知, $\mathrm{r}(\boldsymbol{A}) = 1$, 因为存在一阶子式$|2| = 2 \neq 0$, 而矩阵$\boldsymbol{A}$中任何二阶及其以上的子式均为0.

(2) $\mathrm{r}(\boldsymbol{A}) = 2$, 因为存在二阶子式$\begin{vmatrix} 1 & 2 \\ 0 & 1 \end{vmatrix} = 1 \neq 0$, 而矩阵$\boldsymbol{A}$中任何三阶以上的子式均为0.

同(1) (2)的方法可以得出:

(3) $\mathrm{r}(\boldsymbol{A})=3$.

(4) $\mathrm{r}(\boldsymbol{A})=4$.

(5) 显然存在五阶子式 $\begin{vmatrix} 1 & 2 & 3 & -16 & -4 \\ 0 & 2 & -3 & 20 & 12 \\ 0 & 0 & 3 & 4 & 4 \\ 0 & 0 & 0 & 4 & 3 \\ 0 & 0 & 0 & 0 & 1 \end{vmatrix}=24\neq 0$，且本矩阵的最大行数为5，故必有 $\mathrm{r}(\boldsymbol{A})=5$.

采用与(5)同样的思路可以得到:

(6) $\mathrm{r}(\boldsymbol{A})=5$.

显然，矩阵的秩具有下列性质:

① 若矩阵 $\boldsymbol{A}$ 中有某个 s 阶子式不为0，则 $\mathrm{r}(\boldsymbol{A})\geqslant s$；

② 若矩阵 $\boldsymbol{A}$ 中所有 t 阶子式全为0，则 $\mathrm{r}(\boldsymbol{A})<t$；

③ 若矩阵 $\boldsymbol{A}$ 为 $m\times n$ 矩阵，则 $0\leqslant \mathrm{r}(\boldsymbol{A})\leqslant \min\{m, n\}$；

④ $\mathrm{r}(\boldsymbol{A})=\mathrm{r}(\boldsymbol{A}^{\mathrm{T}})$.

当 $\mathrm{r}(\boldsymbol{A})=\min\{m, n\}$ 时，称矩阵 $\boldsymbol{A}$ 为**满秩矩阵**，否则称为**降秩矩阵**.

例如，对矩阵 $\boldsymbol{A}=\begin{pmatrix} 1 & 3 & 4 & 5 \\ 0 & 1 & 0 & 3 \\ 0 & 0 & 1 & 0 \end{pmatrix}$，$0\leqslant \mathrm{r}(\boldsymbol{A})\leqslant 3$，因为存在三阶子式 $\begin{vmatrix} 1 & 3 & 4 \\ 0 & 1 & 0 \\ 0 & 0 & 1 \end{vmatrix}=1\neq 0$，所以，$\mathrm{r}(\boldsymbol{A})\geqslant 3$，从而 $\mathrm{r}(\boldsymbol{A})=3$，故 $\boldsymbol{A}$ 为满秩矩阵.

由上面的例子可知，利用定义计算矩阵的秩，需要从高阶到低阶考虑矩阵的子式. 当矩阵的行数和列数较高时，按定义求秩是非常麻烦的.

由于行阶梯形矩阵的秩很容易判断，而任意矩阵都可以经过有限次初等行变换化为行阶梯形矩阵，因而可考虑借助初等变换法来求矩阵的秩.

二、求矩阵的秩的初等变换法

定理 1 若 $\boldsymbol{A}\to\boldsymbol{B}$，则 $\mathrm{r}(\boldsymbol{A})=\mathrm{r}(\boldsymbol{B})$.

证明 考察经一次初等行变换的情形. 设 $\boldsymbol{A}$ 经过一次初等变换化为 $\boldsymbol{B}$，下证 $\mathrm{r}(\boldsymbol{A})\leqslant \mathrm{r}(\boldsymbol{B})$.

设 $\mathrm{r}(\boldsymbol{A})=s$，且 $\boldsymbol{A}$ 的某个 s 阶子式 $D\neq 0$，则当

$$\boldsymbol{A}\xrightarrow{r_i\leftrightarrow r_j}\boldsymbol{B} \text{ 或 } \boldsymbol{A}\xrightarrow{r_i\times k}\boldsymbol{B}$$

时，在矩阵 $\boldsymbol{B}$ 中总能找到与 D 相对应的 s 阶子式 D_1，由于

$$D_1=D \text{ 或 } D_1=-D \text{ 或 } D_1=kD,$$

因此，$D_1\neq 0$，从而 $\mathrm{r}(\boldsymbol{B})\geq s$. 而当 $\boldsymbol{A}\xrightarrow{r_i+kr_j}\boldsymbol{B}$ 时，因结论对变换 $r_i\leftrightarrow r_j$ 成立，故我们只需考

虑 $A\xrightarrow{r_1+kr_2}B$ 这一特殊情况. 下面分两种情况讨论:

(1) A 的 s 阶非零子式 D 不含 A 的第 1 行, 则 D 也是 B 的一个 s 阶非零子式, 故 $\mathrm{r}(B)\geqslant s$.

(2) D 包含 A 的第 1 行, 此时把 B 中与 D 对应的 s 阶子式 D_1 记作

$$D_1=\begin{vmatrix} r_1+kr_2 \\ \vdots \\ r_p \\ \vdots \\ r_s \end{vmatrix}=\begin{vmatrix} r_1 \\ \vdots \\ r_p \\ \vdots \\ r_s \end{vmatrix}+k\begin{vmatrix} r_2 \\ \vdots \\ r_p \\ \vdots \\ r_s \end{vmatrix}=D+kD_2 .$$

若 $p=2$, 则 $D_1=D\neq 0$; 若 $p\neq 2$, 则 D_2 也是 B 的 s 阶子式, 由 $D_1-kD_2=D\neq 0$, 可知 D_1 与 D_2 不同时为 0. 总之, 矩阵 B 中存在 s 阶非零子式 D_1 或 D_2, 所以, $\mathrm{r}(B)\geqslant s$.

以上证明了若 A 经过一次初等行变换变为 B, 则 $\mathrm{r}(A)\leqslant \mathrm{r}(B)$.

由于矩阵 B 亦可经一次初等行变换变为 A, 故也有 $\mathrm{r}(B)\leqslant \mathrm{r}(A)$. 因此, $\mathrm{r}(A)=\mathrm{r}(B)$.

由经一次初等行变换后矩阵的秩不变, 可知经有限次初等行变换后矩阵的秩也不变.

设 A 经初等列变换变为 B, 则 A^{T} 经初等行变换变为 B^{T}, 由于

$$\mathrm{r}(A^{\mathrm{T}})=\mathrm{r}(B^{\mathrm{T}}),\ \mathrm{r}(A)=\mathrm{r}(A^{\mathrm{T}}),\ \mathrm{r}(B)=\mathrm{r}(B^{\mathrm{T}}),$$

因此, $\mathrm{r}(A)=\mathrm{r}(B)$.

总之, 若矩阵 A 经过有限次初等变换变为矩阵 B (即 $A\to B$), 则 $\mathrm{r}(A)=\mathrm{r}(B)$. 证毕.

根据这个定理, 我们得到利用初等变换求矩阵的秩的方法: 用初等行变换把矩阵变成行阶梯形矩阵, 行阶梯形矩阵中非零行的行数就是该矩阵的秩.

例 4　求矩阵 $A=\begin{pmatrix} 1 & 0 & 0 & 1 \\ 1 & 2 & 0 & -1 \\ 3 & -1 & 0 & 4 \\ 1 & 4 & 5 & 1 \end{pmatrix}$ 的秩.

解　利用求矩阵的秩的初等变换法, 因为

$$A\xrightarrow[r_4-r_1]{\substack{r_2-r_1\\ r_3-3r_1}}\begin{pmatrix} 1 & 0 & 0 & 1 \\ 0 & 2 & 0 & -2 \\ 0 & -1 & 0 & 1 \\ 0 & 4 & 5 & 0 \end{pmatrix}\xrightarrow[r_2\div 2]{\substack{r_3+\frac{1}{2}r_2\\ r_4-2r_2}}\begin{pmatrix} 1 & 0 & 0 & 1 \\ 0 & 1 & 0 & -1 \\ 0 & 0 & 0 & 0 \\ 0 & 0 & 5 & 4 \end{pmatrix}\xrightarrow{r_3\leftrightarrow r_4}\begin{pmatrix} 1 & 0 & 0 & 1 \\ 0 & 1 & 0 & -1 \\ 0 & 0 & 5 & 4 \\ 0 & 0 & 0 & 0 \end{pmatrix},$$

所以, 题设矩阵的秩 $\mathrm{r}(A)=3$.

例 5　设 $A=\begin{pmatrix} 3 & 2 & 0 & 5 & 0 \\ 3 & -2 & 3 & 6 & -1 \\ 2 & 0 & 1 & 5 & -3 \\ 1 & 6 & -4 & -1 & 4 \end{pmatrix}$, 求 A 的秩, 并求 A 的一个最高阶非零子式.

解　利用求矩阵的秩的初等变换法, 有

$$A \xrightarrow{r_1 \leftrightarrow r_4} \begin{pmatrix} 1 & 6 & -4 & -1 & 4 \\ 3 & -2 & 3 & 6 & -1 \\ 2 & 0 & 1 & 5 & -3 \\ 3 & 2 & 0 & 5 & 0 \end{pmatrix} \xrightarrow{r_2 - r_4} \begin{pmatrix} 1 & 6 & -4 & -1 & 4 \\ 0 & -4 & 3 & 1 & -1 \\ 2 & 0 & 1 & 5 & -3 \\ 3 & 2 & 0 & 5 & 0 \end{pmatrix}$$

$$\xrightarrow[r_4 - 3r_1]{r_3 - 2r_1} \begin{pmatrix} 1 & 6 & -4 & -1 & 4 \\ 0 & -4 & 3 & 1 & -1 \\ 0 & -12 & 9 & 7 & -11 \\ 0 & -16 & 12 & 8 & -12 \end{pmatrix} \xrightarrow[r_4 - 4r_2]{r_3 - 3r_2} \begin{pmatrix} 1 & 6 & -4 & -1 & 4 \\ 0 & -4 & 3 & 1 & -1 \\ 0 & 0 & 0 & 4 & -8 \\ 0 & 0 & 0 & 4 & -8 \end{pmatrix}$$

$$\xrightarrow{r_4 - r_3} \begin{pmatrix} 1 & 6 & -4 & -1 & 4 \\ 0 & -4 & 3 & 1 & -1 \\ 0 & 0 & 0 & 4 & -8 \\ 0 & 0 & 0 & 0 & 0 \end{pmatrix}.$$

由上可见，行阶梯形矩阵有三个非零行，所以，$r(\boldsymbol{A}) = 3$.

再求$\boldsymbol{A}$的一个最高阶非零子式. 由$r(\boldsymbol{A}) = 3$知，$\boldsymbol{A}$的最高阶非零子式为三阶. 而矩阵$\boldsymbol{A}$的三阶子式共有$C_4^3 \cdot C_5^3 = 40$个. 根据对$\boldsymbol{A}$施行初等行变换的最后结果，易见由第1、2、3行与第1、2、4列交叉处元素构成的三阶子式就是矩阵$\boldsymbol{A}$的一个最高阶非零子式，即

$$\begin{vmatrix} 3 & 2 & 5 \\ 3 & -2 & 6 \\ 2 & 0 & 5 \end{vmatrix} = \begin{vmatrix} 3 & 2 & 5 \\ 6 & 0 & 11 \\ 2 & 0 & 5 \end{vmatrix} = -2\begin{vmatrix} 6 & 11 \\ 2 & 5 \end{vmatrix} = -16 \neq 0.$$

例 6　求矩阵$\boldsymbol{A} = \begin{pmatrix} 2 & 1 & -6 & 4 & -1 \\ 1 & 1 & -2 & 3 & 0 \\ 3 & 2 & a & 7 & -1 \\ 1 & -1 & -6 & -1 & b \end{pmatrix}$的秩.

解　利用求矩阵的秩的初等变换法，并根据行阶梯形矩阵非零行的行数判断矩阵的秩，但这里要通过对未知参数进行分类讨论来确定非零行的行数. 对矩阵$\boldsymbol{A}$进行初等行变换，有

$$\boldsymbol{A} = \begin{pmatrix} 2 & 1 & -6 & 4 & -1 \\ 1 & 1 & -2 & 3 & 0 \\ 3 & 2 & a & 7 & -1 \\ 1 & -1 & -6 & -1 & b \end{pmatrix} \xrightarrow{r_1 \leftrightarrow r_2} \begin{pmatrix} 1 & 1 & -2 & 3 & 0 \\ 2 & 1 & -6 & 4 & -1 \\ 3 & 2 & a & 7 & -1 \\ 1 & -1 & -6 & -1 & b \end{pmatrix}$$

$$\xrightarrow{\substack{r_2 - 2r_1 \\ r_3 - 3r_1 \\ r_4 - r_1}} \begin{pmatrix} 1 & 1 & -2 & 3 & 0 \\ 0 & -1 & -2 & -2 & -1 \\ 0 & -1 & a+6 & -2 & -1 \\ 0 & -2 & -4 & -4 & b \end{pmatrix} \xrightarrow{\substack{r_3 - r_2 \\ r_4 - 2r_1}} \begin{pmatrix} 1 & 1 & -2 & 3 & 0 \\ 0 & -1 & -2 & -2 & 1 \\ 0 & 0 & a+8 & 0 & 0 \\ 0 & 0 & 0 & 0 & b+2 \end{pmatrix}.$$

由此可见:

(1) 当$a = -8$，$b = -2$时，$r(\boldsymbol{A}) = 2$；

(2) 当 $a=-8$，$b\neq-2$时，$r(\boldsymbol{A})=3$；

(3) 当 $a\neq-8$，$b=-2$时，$r(\boldsymbol{A})=3$；

(4) 当 $a\neq-8$，$b\neq-2$时，$r(\boldsymbol{A})=4$.

例7 在人工智能(AI)领域，尤其是在机器学习中，多个模型的组合往往被用来提高系统的稳定性和准确性. 为了优化这些模型的组合效果，必须了解不同模型的相关性，并且确保每个模型的错误不完全重叠，从而实现有效的误差分散. 假设某AI公司正在开发一个机器学习系统，采用了四个不同的模型(模型A，B，C，D). 这些模型之间的预测结果可能存在某种程度的相关性. 公司通过历史数据对这些模型的预测误差进行统计，得到了如下4×4协方差矩阵，用来评估模型之间的相关性和误差波动:

$$\boldsymbol{\Sigma}=\begin{pmatrix}4&2&1&1\\2&3&2&1\\1&2&5&2\\1&1&2&4\end{pmatrix}.$$

在这个协方差矩阵中，元素Σ_{ij}表示模型i和模型j之间误差的协方差(单位可以理解为“误差平方”或其他度量). 分析协方差矩阵的秩有助于了解各个模型之间的独立性. 如果矩阵的秩为4，则说明这四个模型的误差波动并不完全相互依赖，能够实现有效的误差分散；如果矩阵的秩小于4，则表示模型之间存在较强的相关性，可能会影响组合的性能.

解 对题设协方差矩阵作初等行变换，得

$$\boldsymbol{\Sigma}=\begin{pmatrix}4&2&1&1\\2&3&2&1\\1&2&5&2\\1&1&2&4\end{pmatrix}\to\begin{pmatrix}1&1/2&1/4&1/4\\0&2&3/2&1/2\\0&3/2&19/4&7/4\\0&1/2&7/4&15/4\end{pmatrix}$$

$$\to\begin{pmatrix}1&1/2&1/4&1/4\\0&1&3/4&1/4\\0&0&29/8&11/8\\0&0&11/8&29/8\end{pmatrix}\to\begin{pmatrix}1&1/2&1/4&1/4\\0&1&3/4&1/4\\0&0&1&11/29\\0&0&0&1\end{pmatrix}.$$

从上述所得行阶梯形矩阵，我们看到矩阵有4个非零主元. 因此，题设协方差矩阵的秩为4. 这意味着每个模型的误差波动都不能通过其他三个模型的误差完全线性组合或解释. 这表明这四个模型在误差波动上是相对独立的，它们之间的相关性较低. 因此，组合这些模型能够有效地实现误差分散，从而减小总误差，提高模型的稳定性和性能.

通过对协方差矩阵的秩进行分析，我们确定了这四个模型之间在误差波动上的独立性. 由于矩阵的秩为4，表示各模型的误差之间不存在高度的线性依赖，因此组合这些模型可以实现有效的风险分散. 反之，如果矩阵的秩小于4，则说明至少有一个模型的误差与其他模型

高度相关, 组合可能无法有效地分散误差, 从而导致较差的组合性能.

这种矩阵分析方法在人工智能模型组合中具有重要应用, 特别是在多模型系统设计和模型选择过程中, 有助于确保不同模型之间的有效独立性, 从而提升整个系统的预测准确性和稳定性.

注: 在实验 2.6 中, 我们已经利用计算软件, 将下列各题左侧矩阵利用初等变换化为右侧相应矩阵:

(1) $$\begin{pmatrix} 2 & 1 & 2 & 3 & 4 & 5 \\ 4 & 2 & 4 & 6 & 8 & 10 \\ 10 & 5 & 10 & 15 & 20 & 25 \\ 6 & 3 & 6 & 9 & 12 & 15 \\ 12 & 6 & 12 & 18 & 24 & 30 \end{pmatrix} \to \begin{pmatrix} 2 & 1 & 2 & 3 & 4 & 5 \\ 0 & 0 & 0 & 0 & 0 & 0 \\ 0 & 0 & 0 & 0 & 0 & 0 \\ 0 & 0 & 0 & 0 & 0 & 0 \\ 0 & 0 & 0 & 0 & 0 & 0 \end{pmatrix};$$

(2) $$\begin{pmatrix} 10 & 24 & -26 & -24 & 34 & 48 \\ 18 & 45 & -45 & -45 & 63 & 90 \\ 14 & 35 & -35 & -35 & 49 & 70 \\ 12 & 31 & -29 & -31 & 43 & 72 \\ 8 & 20 & -20 & -20 & 28 & 40 \end{pmatrix} \to \begin{pmatrix} 1 & 2 & -3 & -2 & 3 & 4 \\ 0 & 1 & 1 & -1 & 1 & 2 \\ 0 & 0 & 0 & 0 & 0 & 0 \\ 0 & 0 & 0 & 0 & 0 & 0 \\ 0 & 0 & 0 & 0 & 0 & 0 \end{pmatrix};$$

(3) $$\begin{pmatrix} 5 & 18 & 9 & 16 & 35 & 110 \\ 9 & 36 & 12 & 31 & 67 & 211 \\ 11 & 44 & 15 & 38 & 82 & 259 \\ 6 & 26 & 6 & 22 & 47 & 149 \\ 4 & 16 & 6 & 14 & 30 & 96 \end{pmatrix} \to \begin{pmatrix} 1 & 2 & 3 & 2 & 5 & 14 \\ 0 & 2 & -3 & 1 & 2 & 5 \\ 0 & 0 & 3 & 1 & 1 & 10 \\ 0 & 0 & 0 & 0 & 0 & 0 \\ 0 & 0 & 0 & 0 & 0 & 0 \end{pmatrix};$$

(4) $$\begin{pmatrix} 10 & 24 & 24 & 31 & 74 & 20 \\ 14 & 34 & 33 & 44 & 103 & 35 \\ 22 & 55 & 49 & 71 & 157 & 83 \\ 12 & 31 & 25 & 39 & 85 & 59 \\ 8 & 20 & 18 & 26 & 58 & 30 \end{pmatrix} \to \begin{pmatrix} 2 & 4 & 6 & 5 & 16 & -10 \\ 0 & 2 & -3 & 3 & -3 & 35 \\ 0 & 0 & 1 & 1 & 5 & -1 \\ 0 & 0 & 0 & 1 & -2 & 4 \\ 0 & 0 & 0 & 0 & 0 & 0 \end{pmatrix};$$

(5) $$\begin{pmatrix} 5 & 18 & 9 & 16 & 25 & 43 \\ 13 & 52 & 18 & 100 & 71 & 149 \\ 11 & 44 & 15 & 88 & 60 & 129 \\ 16 & 62 & 24 & 100 & 85 & 169 \\ 4 & 16 & 6 & 32 & 22 & 47 \end{pmatrix} \to \begin{pmatrix} 1 & 2 & 3 & -16 & 3 & -4 \\ 0 & 2 & -3 & 20 & 2 & 12 \\ 0 & 0 & 3 & 4 & 1 & 4 \\ 0 & 0 & 0 & 4 & 0 & 3 \\ 0 & 0 & 0 & 0 & 0 & 1 \end{pmatrix};$$

(6) $$\begin{pmatrix} 10 & 28 & -12 & 60 & 10 & 72 \\ 26 & 78 & -21 & 208 & 10 & 214 \\ 22 & 66 & -18 & 180 & 10 & 183 \\ 32 & 94 & -30 & 236 & 20 & 253 \\ 8 & 24 & -6 & 64 & 5 & 67 \end{pmatrix} \to \begin{pmatrix} 2 & 4 & -6 & -4 & 5 & 5 \\ 0 & 2 & 3 & 20 & -10 & 8 \\ 0 & 0 & 3 & -4 & 10 & 5 \\ 0 & 0 & 0 & 4 & 0 & 2 \\ 0 & 0 & 0 & 0 & 5 & 1 \end{pmatrix}.$$

而在该实验的注中，我们已知题 (1) (2) (3) (4) (5) (6) 右侧行阶梯形矩阵的秩分别为 1、2、3、4、5、5．故由本节定理1的结论知，题 (1) (2) (3) (4) (5) (6) 左侧矩阵的秩也分别为 1、2、3、4、5、5．

例 8 设 $\boldsymbol{A}$ 为 n 阶非奇异矩阵，$\boldsymbol{B}$ 为 $n\times m$ 矩阵．试证：$\mathrm{r}(\boldsymbol{AB})=\mathrm{r}(\boldsymbol{B})$．

证明 题设矩阵 $\boldsymbol{A}$ 是非奇异的，故 $\boldsymbol{A}$ 可表示成若干初等矩阵之积，即 $\boldsymbol{A}=\boldsymbol{P}_1\boldsymbol{P}_2\cdots\boldsymbol{P}_s$，其中 $\boldsymbol{P}_i\ (i=1, 2, \cdots, s)$ 皆为初等矩阵．于是

$$\boldsymbol{AB}=\boldsymbol{P}_1\boldsymbol{P}_2\cdots\boldsymbol{P}_s\boldsymbol{B},$$

即 $\boldsymbol{AB}$ 是 $\boldsymbol{B}$ 经过 s 次初等行变换后得出的，所以，$\mathrm{r}(\boldsymbol{AB})=\mathrm{r}(\boldsymbol{B})$．证毕．

注：根据矩阵的秩及满秩矩阵的定义，显然，若一个 n 阶矩阵 $\boldsymbol{A}$ 是满秩的，则 $|\boldsymbol{A}|\neq 0$，因而非奇异；反之亦然．

例 9 设 $\boldsymbol{A}=\begin{pmatrix}1 & -1 & 1 & 2\\ 3 & \lambda & -1 & 2\\ 5 & 3 & \mu & 6\end{pmatrix}$，已知 $\mathrm{r}(\boldsymbol{A})=2$．求 λ 与 μ 的值．

解 对题设矩阵作初等行变换，有

$$\boldsymbol{A}\xrightarrow[r_3-5r_1]{r_2-3r_1}\begin{pmatrix}1 & -1 & 1 & 2\\ 0 & \lambda+3 & -4 & -4\\ 0 & 8 & \mu-5 & -4\end{pmatrix}\xrightarrow{r_3-r_2}\begin{pmatrix}1 & -1 & 1 & 2\\ 0 & \lambda+3 & -4 & -4\\ 0 & 5-\lambda & \mu-1 & 0\end{pmatrix},$$

因 $\mathrm{r}(\boldsymbol{A})=2$，故 $5-\lambda=0$，$\mu-1=0$，由此解得 $\lambda=5$，$\mu=1$．

例 10 就 a 的取值研究 $\boldsymbol{A}=\begin{pmatrix}a+1 & 4 & 7\\ 2a-1 & -1 & 2\\ 1 & 5 & 6\end{pmatrix}$ 的秩的各种情况．

解 依题设，根据求矩阵的秩的初等变换法，有

$$\begin{pmatrix}a+1 & 4 & 7\\ 2a-1 & -1 & 2\\ 1 & 5 & 6\end{pmatrix}\xrightarrow{r_2-2r_1}\begin{pmatrix}a+1 & 4 & 7\\ -3 & -9 & -12\\ 1 & 5 & 6\end{pmatrix}\xrightarrow[r_2\div 3]{r_3+\frac{1}{3}r_2}\begin{pmatrix}a+1 & 4 & 7\\ 1 & 3 & 4\\ 0 & 2 & 2\end{pmatrix}$$

$$\xrightarrow[r_3\div 2]{\substack{r_1-2r_3\\ r_2-\frac{3}{2}r_3}}\begin{pmatrix}a+1 & 0 & 3\\ 1 & 0 & 1\\ 0 & 1 & 1\end{pmatrix}\xrightarrow[r_2\leftrightarrow r_3]{r_1-3r_2}\begin{pmatrix}a-2 & 0 & 0\\ 0 & 1 & 1\\ 1 & 0 & 1\end{pmatrix}.$$

所以，若 $a\neq 2$，则 $\boldsymbol{A}$ 的秩为 3；若 $a=2$，则 $\boldsymbol{A}$ 的秩为 2．

下面再介绍几个常用的矩阵的秩的性质 (假设其中的运算都是可行的)：

① $\max\{\mathrm{r}(\boldsymbol{A}), \mathrm{r}(\boldsymbol{B})\}\leqslant \mathrm{r}(\boldsymbol{A}, \boldsymbol{B})\leqslant \mathrm{r}(\boldsymbol{A})+\mathrm{r}(\boldsymbol{B})$ (证明详见教材配套的网络学习空间)．

② $\mathrm{r}(\boldsymbol{A}+\boldsymbol{B})\leqslant \mathrm{r}(\boldsymbol{A})+\mathrm{r}(\boldsymbol{B})$ (证明详见教材配套的网络学习空间)．

③ $\mathrm{r}(\boldsymbol{AB})\leqslant\min\{\mathrm{r}(\boldsymbol{A}),\mathrm{r}(\boldsymbol{B})\}$ (证明详见§3.4的例7).

④ 若 $\boldsymbol{A}_{m\times n}\boldsymbol{B}_{n\times l}=\boldsymbol{O}$, 则 $\mathrm{r}(\boldsymbol{A})+\mathrm{r}(\boldsymbol{B})\leqslant n$ (证明见§3.6的例8).

例11 设 $\boldsymbol{A}$ 是 n 阶方阵, 且 $\boldsymbol{A}^2=\boldsymbol{E}$, 其中 $\boldsymbol{E}$ 为单位阵, 证明: $\mathrm{r}(\boldsymbol{A}+\boldsymbol{E})+\mathrm{r}(\boldsymbol{A}-\boldsymbol{E})=n$.

证明 由 $\boldsymbol{A}^2=\boldsymbol{E}$, 利用矩阵多项式的运算规律, 得

$$(\boldsymbol{A}+\boldsymbol{E})(\boldsymbol{A}-\boldsymbol{E})=\boldsymbol{O},$$

于是, 根据矩阵的秩的性质, 有 $\mathrm{r}(\boldsymbol{A}+\boldsymbol{E})+\mathrm{r}(\boldsymbol{A}-\boldsymbol{E})\leqslant n$; 又由于

$$\mathrm{r}(\boldsymbol{A}+\boldsymbol{E})+\mathrm{r}(\boldsymbol{A}-\boldsymbol{E})=\mathrm{r}(\boldsymbol{A}+\boldsymbol{E})+\mathrm{r}(\boldsymbol{E}-\boldsymbol{A})\geqslant\mathrm{r}(\boldsymbol{A}+\boldsymbol{E}+\boldsymbol{E}-\boldsymbol{A})=\mathrm{r}(2\boldsymbol{E})=\mathrm{r}(\boldsymbol{E})=n,$$

所以, $\mathrm{r}(\boldsymbol{A}+\boldsymbol{E})+\mathrm{r}(\boldsymbol{A}-\boldsymbol{E})=n$. 证毕.

例12 设 $\boldsymbol{A}$ 是 4×3 矩阵, 且 $|\boldsymbol{B}|\neq 0$, 证明 $\mathrm{r}(\boldsymbol{AB})=\mathrm{r}(\boldsymbol{A})$.

证明 根据矩阵的秩的定义, 因题设 $|\boldsymbol{B}|\neq 0$, 故 $\mathrm{r}(\boldsymbol{B})=3$, 即矩阵 $\boldsymbol{B}$ 是满秩矩阵, 所以, 根据初等变换与可逆矩阵的关系(§2.5推论2)知, 矩阵 $\boldsymbol{B}$ 可以表示为若干初等矩阵的积, 因而矩阵 $\boldsymbol{AB}$ 与矩阵 $\boldsymbol{A}$ 等价, 而等价的矩阵有相同的秩, 所以 $\mathrm{r}(\boldsymbol{AB})=\mathrm{r}(\boldsymbol{A})$. 证毕.

例13 设 $\boldsymbol{A}$ 是 4×3 矩阵, 且 $\boldsymbol{A}$ 的秩 $\mathrm{r}(\boldsymbol{A})=2$, 而 $\boldsymbol{B}=\begin{pmatrix}1&0&2\\0&2&0\\-1&0&3\end{pmatrix}$, 求 $\mathrm{r}(\boldsymbol{AB})$.

解 根据矩阵的秩的定义, 由于

$$|\boldsymbol{B}|=\begin{vmatrix}1&0&2\\0&2&0\\-1&0&3\end{vmatrix}=10\neq 0,$$

故 $\mathrm{r}(\boldsymbol{B})=3$, 即矩阵 $\boldsymbol{B}$ 是满秩矩阵, 因此, 由初等变换与可逆矩阵的关系(§2.5推论2)知, 矩阵 $\boldsymbol{B}$ 可以表示为若干初等矩阵的积, 从而矩阵 $\boldsymbol{AB}$ 与矩阵 $\boldsymbol{A}$ 等价, 而等价的矩阵有相同的秩, 所以

$$\mathrm{r}(\boldsymbol{AB})=\mathrm{r}(\boldsymbol{A})=2.$$

习题 2-6

1. 设矩阵 $\boldsymbol{A}=\begin{pmatrix}1&-5&6&-2\\2&-1&3&-2\\-1&-4&3&0\end{pmatrix}$, 试计算 $\boldsymbol{A}$ 的全部三阶子式, 并求 $\mathrm{r}(\boldsymbol{A})$.

2. 求矩阵 $\boldsymbol{A}=\begin{pmatrix}14&12&6&8&2\\6&104&21&9&17\\7&6&3&4&1\\35&30&15&20&6\end{pmatrix}$ 的秩.

3. 写出一组 2×2 矩阵 $\boldsymbol{A}$ 和 $\boldsymbol{B}$, 使:

(1) $\mathrm{r}(\boldsymbol{A}+\boldsymbol{B})=\mathrm{r}(\boldsymbol{A})=\mathrm{r}(\boldsymbol{B})$; (2) $\mathrm{r}(\boldsymbol{A}+\boldsymbol{B})>\mathrm{r}(\boldsymbol{A})$ 且 $\mathrm{r}(\boldsymbol{A}+\boldsymbol{B})>\mathrm{r}(\boldsymbol{B})$.

4. 设 $\boldsymbol{A}$ 为 $m\times n$ 矩阵, $\boldsymbol{b}$ 为 $m\times 1$ 矩阵, 试说明 $\mathrm{r}(\boldsymbol{A})$ 与 $\mathrm{r}((\boldsymbol{A}\ \ \boldsymbol{b}))$ 的大小关系.

5. 在秩是 r 的矩阵中, 有没有等于 0 的 $r-1$ 阶子式? 有没有等于 0 的 r 阶子式?

6. 从矩阵 $\boldsymbol{A}$ 中划去一行得到矩阵 $\boldsymbol{B}$, 问 $\boldsymbol{A}$, $\boldsymbol{B}$ 的秩的关系怎样?

7. 如果 $\boldsymbol{A}$ 和 $\boldsymbol{B}$ 是秩为 n 的 $n\times n$ 矩阵, 证明 $\boldsymbol{AB}$ 的秩为 n.

8. 设 $\boldsymbol{A}$ 是 $m\times n$ 矩阵, $\boldsymbol{C}$ 是 n 阶可逆矩阵, 矩阵 $\boldsymbol{A}$ 的秩为 r, 矩阵 $\boldsymbol{B}=\boldsymbol{AC}$ 的秩为 r_1. 试证: $r_1=r$.

9. 设 $\boldsymbol{A}$, $\boldsymbol{B}$ 都是 n 阶非零矩阵, 且 $\boldsymbol{AB}=\boldsymbol{O}$, 试证: $\boldsymbol{A}$ 和 $\boldsymbol{B}$ 的秩都小于 n.

10. 设 $\boldsymbol{A}$ 是 $m\times n$ 矩阵, 秩为 r, $\boldsymbol{B}$ 是 $\boldsymbol{A}$ 中一个 $s\times t$ 的子矩阵, 求证: $\boldsymbol{B}$ 的秩 $R\geqslant r+s+t-m-n$.

11. 设 $\boldsymbol{A}$ 为 n 阶实矩阵, 证明: $\mathrm{r}\begin{pmatrix}\boldsymbol{A} & \boldsymbol{O}\\ \boldsymbol{O} & \boldsymbol{A}^{\mathrm{T}}\boldsymbol{A}\end{pmatrix}=2\mathrm{r}(\boldsymbol{A})$.

12. 设 $\boldsymbol{A}$ 与 $\boldsymbol{B}$ 都是 $m\times n$ 矩阵, 证明: $\mathrm{r}(\boldsymbol{A}\pm\boldsymbol{B})\geqslant\mathrm{r}(\boldsymbol{A})-\mathrm{r}(\boldsymbol{B})$.

13. 设 $\boldsymbol{A}$ 为 n 阶矩阵, $\mathrm{r}(\boldsymbol{A})=1$, 证明:

(1) $\boldsymbol{A}=\begin{pmatrix}a_1\\ a_2\\ \vdots\\ a_n\end{pmatrix}(b_1,b_2,\cdots,b_n)$; (2) $\boldsymbol{A}^2=k\boldsymbol{A}$ (k 为一常数).

14. 求下列矩阵的秩, 并求一个最高阶非零子式:

(1) $\begin{pmatrix}3 & 1 & 0 & 2\\ 1 & -1 & 2 & -1\\ 1 & 3 & -4 & 4\end{pmatrix}$; (2) $\begin{pmatrix}3 & 2 & -1 & -3 & -2\\ 2 & -1 & 3 & 1 & -3\\ 7 & 0 & 5 & -1 & -8\end{pmatrix}$; (3) $\begin{pmatrix}1 & -1 & 2 & 1 & 0\\ 2 & -2 & 4 & 2 & 0\\ 3 & 0 & 6 & -1 & 1\\ 0 & 3 & 0 & 0 & 1\end{pmatrix}$.

15. 设 $\boldsymbol{A}=\begin{pmatrix}1 & -1 & 2\\ 2 & 1 & 3\\ 4 & k & 1\end{pmatrix}$, 当 k 取何值时, $\mathrm{r}(\boldsymbol{A})=3$; 当 k 取何值时, $\mathrm{r}(\boldsymbol{A})<3$?

16. 若矩阵 $\begin{pmatrix}1 & a & -1 & 2\\ 1 & -1 & a & 2\\ 1 & 0 & -1 & 2\end{pmatrix}$ 的秩为 2, 求 a.

17. 在生态学研究中, 物种间的竞争、捕食、共生等相互作用对生态系统的稳定性和物种分布影响显著. 为评估物种关系及其对生态系统健康的贡献, 研究人员常借助数学模型刻画物种间的作用机制. 以某生态保护区为例, 研究人员关注物种 A, B, C, D 的相互作用及种群密度动态, 经长期监测与数据积累, 构建如下线性方程组:

$$\begin{pmatrix}3 & 1 & 2 & 1\\ 2 & 4 & 1 & 2\\ 1 & 1 & 3 & 5\\ 1 & 2 & 4 & 2\end{pmatrix}\begin{pmatrix}x_1\\ x_2\\ x_3\\ x_4\end{pmatrix}=\begin{pmatrix}100\\ 150\\ 200\\ 180\end{pmatrix},$$

其中, x_1, x_2, x_3, x_4 分别表示物种 A, B, C, D 的种群密度, 右侧常数向量 $(100,\ 150,\ 200,\ 180)^{\mathrm{T}}$ 量化了气候变化、资源分配等外部因素对各物种种群的影响. 生态学家通过求解该方程组, 既能预测物种的种群密度, 评估生态系统是否处于平衡状态, 也能为判断是否需要采取干预措施、优化物种间关系提供科学依据.

18. 设矩阵 $\boldsymbol{A}=\begin{pmatrix} 1 & \lambda & -1 & 2 \\ 2 & -1 & \lambda & 5 \\ 1 & 10 & -6 & 1 \end{pmatrix}$, 其中 λ 为参数, 求矩阵 $\boldsymbol{A}$ 的秩.

19. 设矩阵 $\boldsymbol{A}=\begin{pmatrix} 3 & -2 & \lambda & -16 \\ 2 & -3 & 0 & 1 \\ 1 & -1 & 1 & -3 \\ 3 & \mu & 1 & -2 \end{pmatrix}$, 其中 λ, μ 为参数, 求矩阵 $\boldsymbol{A}$ 的秩的最大值和最小值.

20. 设 $\boldsymbol{A}=\begin{pmatrix} a_1b_1 & a_1b_2 & \cdots & a_1b_n \\ a_2b_1 & a_2b_2 & \cdots & a_2b_n \\ \vdots & \vdots & & \vdots \\ a_nb_1 & a_nb_2 & \cdots & a_nb_n \end{pmatrix}$, 其中 $a_i \neq 0,\ b_i \neq 0\ (i=1, 2, \cdots, n)$, 求矩阵 $\boldsymbol{A}$ 的秩.

总习题二

1. 设有四个城市 a, b, c, d, 它们之间有航班 $a \to b,\ b \to d,\ c \to a,\ d \to c$, 问至多经过两次中转能否从一个城市到达其他三个城市?

2. 设 $\boldsymbol{A}, \boldsymbol{B}$ 均为 n 阶方阵, 证明下列命题等价:

(1) $\boldsymbol{AB}=\boldsymbol{BA}$; (2) $(\boldsymbol{A} \pm \boldsymbol{B})^2=\boldsymbol{A}^2 \pm 2\boldsymbol{AB}+\boldsymbol{B}^2$; (3) $(\boldsymbol{A}+\boldsymbol{B})(\boldsymbol{A}-\boldsymbol{B})=\boldsymbol{A}^2-\boldsymbol{B}^2$.

3. 已知 $\boldsymbol{A}$ 与 $\boldsymbol{B}$ 及 $\boldsymbol{A}$ 与 $\boldsymbol{C}$ 都可交换, 证明 $\boldsymbol{A}, \boldsymbol{B}, \boldsymbol{C}$ 是同阶矩阵, 且 $\boldsymbol{A}$ 与 $\boldsymbol{BC}$ 可交换.

4. 设 $\boldsymbol{A}, \boldsymbol{B}$ 为 n 阶矩阵, 且 $\boldsymbol{A}$ 为对称矩阵, 证明 $\boldsymbol{B}^{\mathrm{T}}\boldsymbol{AB}$ 也是对称矩阵.

5. 设 $\boldsymbol{A}$ 为 n 阶矩阵, n 为奇数, 且 $\boldsymbol{AA}^{\mathrm{T}}=\boldsymbol{E}_n$, $|\boldsymbol{A}|=1$, 求 $|\boldsymbol{A}-\boldsymbol{E}_n|$.

6. 设 $\boldsymbol{A}, \boldsymbol{B}$ 均为 n 阶方阵, 且 $\boldsymbol{A}=\dfrac{1}{2}(\boldsymbol{B}+\boldsymbol{E})$, 证明: $\boldsymbol{A}^2=\boldsymbol{A}$, 当且仅当 $\boldsymbol{B}^2=\boldsymbol{E}$.

7. 已知 $\boldsymbol{A}=\begin{pmatrix} -1 & 1 & 1 & -1 \\ 1 & -1 & -1 & 1 \\ 1 & -1 & -1 & 1 \\ -1 & 1 & 1 & -1 \end{pmatrix}$, 求 $\boldsymbol{A}^6$.

8. 已知 $\boldsymbol{A}=\begin{pmatrix} 3 & 1 & 0 & 0 & 0 \\ 0 & 3 & 1 & 0 & 0 \\ 0 & 0 & 3 & 0 & 0 \\ 0 & 0 & 0 & 3 & -1 \\ 0 & 0 & 0 & -9 & 3 \end{pmatrix}$, 求 $\boldsymbol{A}^n$.

9. 设矩阵$\boldsymbol{A}=\begin{pmatrix}1&0&1\\0&2&0\\1&0&1\end{pmatrix}$, 正整数$n\geqslant 2$, 求$\boldsymbol{A}^n-2\boldsymbol{A}^{n-1}$.

10. 设$\boldsymbol{A},\boldsymbol{B},\boldsymbol{C}$是$n$阶矩阵, 且$\boldsymbol{ABC}=\boldsymbol{E}$, 则必有( ).

(A) $\boldsymbol{CBA}=\boldsymbol{E}$; (B) $\boldsymbol{BCA}=\boldsymbol{E}$; (C) $\boldsymbol{BAC}=\boldsymbol{E}$; (D) $\boldsymbol{ACB}=\boldsymbol{E}$.

11. 设方阵$\boldsymbol{A}$满足$\boldsymbol{A}^2-\boldsymbol{A}-2\boldsymbol{E}=\boldsymbol{O}$, 证明$\boldsymbol{A}$及$\boldsymbol{A}+2\boldsymbol{E}$都可逆.

12. 设n阶方阵$\boldsymbol{A}$满足$\boldsymbol{A}^2=3\boldsymbol{A}$.

(1) 证明$4\boldsymbol{E}-\boldsymbol{A}$可逆; (2) 如果$\boldsymbol{A}\neq\boldsymbol{O}$, 证明$3\boldsymbol{E}-\boldsymbol{A}$不可逆.

13. 设$\boldsymbol{A}=\dfrac{1}{2}\begin{pmatrix}0&0&2\\1&3&0\\2&5&0\end{pmatrix}$, 求$\boldsymbol{A}^{-1}$.

14. 设$\boldsymbol{A}=\begin{pmatrix}1&1&-1\\2&1&0\\1&-1&0\end{pmatrix}$, 试用伴随矩阵法求$\boldsymbol{A}^{-1}$.

15. 设$\boldsymbol{A}=\begin{pmatrix}0&2&-1\\1&1&2\\-1&-1&-1\end{pmatrix}$, 试用初等变换法求矩阵$\boldsymbol{A}^{-1}$.

16. 计算矩阵$\begin{pmatrix}\frac{1}{2}(\mathrm{e}^x+\mathrm{e}^{-x})&\frac{1}{2}(\mathrm{e}^x-\mathrm{e}^{-x})\\\frac{1}{2}(\mathrm{e}^x-\mathrm{e}^{-x})&\frac{1}{2}(\mathrm{e}^x+\mathrm{e}^{-x})\end{pmatrix}$的逆.

17. 设$\boldsymbol{P}^{-1}\boldsymbol{AP}=\boldsymbol{\Lambda}$, 其中$\boldsymbol{P}=\begin{pmatrix}-1&-4\\1&1\end{pmatrix}$, $\boldsymbol{\Lambda}=\begin{pmatrix}-1&0\\0&2\end{pmatrix}$, 求$\boldsymbol{A}^{11}$.

18. 设$\boldsymbol{A}=\mathrm{diag}(1,-2,1)$, $\boldsymbol{A}^*\boldsymbol{BA}=2\boldsymbol{BA}-8\boldsymbol{E}$, 求$\boldsymbol{B}$.

19. 设$\boldsymbol{A}=\begin{pmatrix}1&0&0\\2&1&0\\3&2&1\end{pmatrix}$, $\boldsymbol{A}^*$是$\boldsymbol{A}$的伴随矩阵, 则求$(\boldsymbol{A}^*)^{-1}$.

20. 若三阶矩阵$\boldsymbol{A}$的伴随矩阵为$\boldsymbol{A}^*$, 已知$|\boldsymbol{A}|=\dfrac{1}{2}$, 求$|(3\boldsymbol{A})^{-1}-2\boldsymbol{A}^*|$.

21. 设n阶矩阵$\boldsymbol{A}$的伴随矩阵为$\boldsymbol{A}^*$, 证明:

(1) 若$|\boldsymbol{A}|=0$, 则$|\boldsymbol{A}^*|=0$; (2) $|\boldsymbol{A}^*|=|\boldsymbol{A}|^{n-1}$.

22. 已知$\boldsymbol{A},\boldsymbol{B}$为四阶方阵, 且$|\boldsymbol{A}|=-2$, $|\boldsymbol{B}|=3$, 求:

(1) $|5\boldsymbol{AB}|$; (2) $|-\boldsymbol{AB}^{\mathrm{T}}|$; (3) $|(\boldsymbol{AB})^{-1}|$; (4) $|\boldsymbol{A}^{-1}\boldsymbol{B}^{-1}|$; (5) $|((\boldsymbol{AB})^{\mathrm{T}})^{-1}|$.

23. 设矩阵$\boldsymbol{A}=\begin{pmatrix}3&0&0\\1&4&0\\0&0&3\end{pmatrix}$, $\boldsymbol{I}=\begin{pmatrix}1&0&0\\0&1&0\\0&0&1\end{pmatrix}$, 求逆矩阵$(\boldsymbol{A}-2\boldsymbol{I})^{-1}$.

24. 设矩阵 $\boldsymbol{A}=\begin{pmatrix}1 & -1\\ 2 & 3\end{pmatrix}$, $\boldsymbol{B}=\boldsymbol{A}^2-3\boldsymbol{A}+2\boldsymbol{E}$, 求 $\boldsymbol{B}^{-1}$.

25. 设 $\boldsymbol{A}$, $\boldsymbol{B}$ 为 n 阶矩阵, $\boldsymbol{B}$ 是可逆矩阵, 且满足 $\boldsymbol{A}^2+\boldsymbol{AB}+\boldsymbol{B}^2=\boldsymbol{O}$, 证明: $\boldsymbol{A}$ 与 $\boldsymbol{A}+\boldsymbol{B}$ 均可逆, 并求 $\boldsymbol{A}^{-1}$ 和 $(\boldsymbol{A}+\boldsymbol{B})^{-1}$.

26. 设 n 阶矩阵 $\boldsymbol{A}$ 和 $\boldsymbol{B}$ 满足条件 $\boldsymbol{A}+\boldsymbol{B}=\boldsymbol{AB}$.

(1) 证明 $\boldsymbol{A}-\boldsymbol{E}$ 为可逆矩阵;　　(2) 已知 $\boldsymbol{B}=\begin{pmatrix}1 & -3 & 0\\ 2 & 1 & 0\\ 0 & 0 & 2\end{pmatrix}$, 求矩阵 $\boldsymbol{A}$.

27. 已知矩阵 $\boldsymbol{A}$, $\boldsymbol{B}$ 均为三阶方阵, 将 $\boldsymbol{A}$ 的第 1 行与第 2 行交换得到 $\boldsymbol{A}_1$, 将 $\boldsymbol{B}$ 的第 1 列加到第 2 列得到 $\boldsymbol{B}_1$, 又知 $\boldsymbol{A}_1\boldsymbol{B}_1=\begin{pmatrix}1 & 2 & 3\\ 0 & 1 & 2\\ 0 & 0 & 1\end{pmatrix}$. 判断 $\boldsymbol{AB}$ 是否可逆. 若可逆, 求 $(\boldsymbol{AB})^{-1}$.

28. 已知 n 阶矩阵 $\boldsymbol{A}=\begin{pmatrix}1 & 0 & \cdots & 0\\ 1 & 1 & \cdots & 0\\ \vdots & \vdots & & \vdots\\ 1 & 1 & \cdots & 1\end{pmatrix}$, 求 $|\boldsymbol{A}|$ 中所有元素的代数余子式的和.

29. 设 $\boldsymbol{A}=(a_{ij})$ 是三阶非零矩阵, $|\boldsymbol{A}|$ 为 $\boldsymbol{A}$ 的行列式, A_{ij} 为 a_{ij} 的代数余子式, 若

$$a_{ij}+A_{ij}=0\ (i, j=1, 2, 3),$$

求 $|\boldsymbol{A}|$.

30. 设 n 阶矩阵 $\boldsymbol{A}$ 及 s 阶矩阵 $\boldsymbol{B}$ 都可逆, 求:

(1) $\begin{pmatrix}\boldsymbol{A} & \boldsymbol{O}\\ \boldsymbol{C} & \boldsymbol{B}\end{pmatrix}^{-1}$;　　(2) $\begin{pmatrix}\boldsymbol{A} & \boldsymbol{C}\\ \boldsymbol{O} & \boldsymbol{B}\end{pmatrix}^{-1}$.

31. 用矩阵的分块求下列矩阵的逆矩阵:

(1) $\begin{pmatrix}1 & 0 & 0 & 0\\ 1 & 2 & 0 & 0\\ 2 & 1 & 3 & 0\\ 1 & 2 & 1 & 4\end{pmatrix}$;　　(2) $\begin{pmatrix}1 & 1 & 0 & 0 & 0\\ -1 & 3 & 0 & 0 & 0\\ 0 & 0 & -2 & 0 & 0\\ 0 & 0 & 0 & 1 & 2\\ 0 & 0 & 0 & 0 & 1\end{pmatrix}$.

32. 利用分块矩阵计算乘积 $\boldsymbol{AB}$:

(1) $\boldsymbol{A}=\begin{pmatrix}3 & 1 & 0 & -3\\ 2 & 1 & 4 & 5\end{pmatrix}$, $\boldsymbol{B}=\begin{pmatrix}2 & -4 & 1\\ 3 & 0 & 2\\ 1 & -3 & 5\\ 2 & 1 & 4\end{pmatrix}$;

(2) $\boldsymbol{A}=\begin{pmatrix}-1 & 2 & 1 & 5\\ 0 & -3 & 4 & 2\\ 1 & 5 & 6 & 1\end{pmatrix}$, $\boldsymbol{B}=\begin{pmatrix}2 & 1 & 4\\ -3 & 5 & 2\\ 7 & -1 & 5\\ 0 & 3 & -3\end{pmatrix}$.

33. 设 $\boldsymbol{A}$, $\boldsymbol{B}$ 为 n 阶方阵, 证明:

(1) $\begin{vmatrix} A & B \\ B & A \end{vmatrix} = |A+B|\cdot|A-B|$;

(2) $\begin{pmatrix} A & B \\ B & A \end{pmatrix}$可逆的充要条件为$A+B$, $A-B$均可逆.

34. 设A是$m\times n$矩阵, B是$n\times m$矩阵, 试证: $|E_m-AB|=|E_n-BA|$.

35. 设A, B均为二阶矩阵, 且A^*, B^*分别为A, B的伴随矩阵, 如果$|A|=2$, $|B|=3$, 试求分块矩阵$\begin{pmatrix} O & A \\ B & O \end{pmatrix}$的伴随矩阵.

36. 设A为n阶非奇异矩阵, α为n维列向量, b为常数. 记分块矩阵

$$P=\begin{pmatrix} I & O \\ -\alpha^{\mathrm{T}}A^* & |A| \end{pmatrix},\ Q=\begin{pmatrix} A & \alpha \\ \alpha^{\mathrm{T}} & b \end{pmatrix},$$

其中A^*是矩阵A的伴随矩阵, I为n阶单位矩阵,

(1) 计算并化简PQ; (2) 证明: 矩阵Q可逆的充分必要条件是$\alpha^{\mathrm{T}}A^{-1}\alpha\neq b$.

37. 设A为n阶方阵, $\alpha_1, \alpha_2, \cdots, \alpha_n$为$A$的行子块, 试用$\alpha_1, \alpha_2, \cdots, \alpha_n$表示$AA^{\mathrm{T}}=E$.

38. 求$\begin{pmatrix} 0 & 0 & 1 \\ 0 & 1 & 0 \\ 1 & 0 & 0 \end{pmatrix}^{2000}\begin{pmatrix} 1 & 2 & 3 \\ 4 & 5 & 6 \\ 7 & 8 & 9 \end{pmatrix}\begin{pmatrix} 1 & 0 & 0 \\ 0 & 0 & 1 \\ 0 & 1 & 0 \end{pmatrix}^{2001}$.

39. 已知$A=\begin{pmatrix} 0 & 1 & 0 & 1 \\ 1 & 0 & 1 & 0 \\ 0 & 1 & 0 & 1 \\ 1 & 0 & 1 & 0 \end{pmatrix}$, 求$A^{2n+1}$ $(n\in\mathbf{N})$.

40. 设A是n阶可逆方阵, 互换A中第i行和第j行得到矩阵B, 求AB^{-1}.

41. 设A, B为n阶矩阵, $2A-B-AB=E$, $A^2=A$, 其中E为n阶单位矩阵.

(1) 证明: $A-B$为可逆矩阵, 并求$(A-B)^{-1}$; (2) 已知$A=\begin{pmatrix} 1 & 0 & 0 \\ 0 & 3 & -1 \\ 0 & 6 & -2 \end{pmatrix}$, 试求矩阵$B$.

42. 将二阶矩阵A的第2列加到第1列得矩阵B, 再交换B的第1行与第2行得单位矩阵, 求A.

43. 设A为三阶矩阵, 将A的第3列加到第2列得矩阵B, 再交换B的第1行与第2行得单位矩阵E, 试求矩阵A.

44. 已知A, B均是三阶矩阵, 将A中第3行的-2倍加至第2行得到矩阵A_1, 将B中第2列加至第1列得到矩阵B_1, 又知$A_1B_1=\begin{pmatrix} 1 & 1 & 1 \\ 0 & 2 & 2 \\ 0 & 0 & 3 \end{pmatrix}$, 求$AB$.

45. 设矩阵$A=\begin{pmatrix} 3 & 0 & 0 \\ 2 & 4 & 0 \\ 1 & 1 & 5 \end{pmatrix}$, 矩阵$X$满足等式$XA=2X+A$, 求矩阵$X$.

46. 已知 $\boldsymbol{A}=\begin{pmatrix} 1 & 1 & -1 \\ -1 & 1 & 1 \\ 1 & -1 & 1 \end{pmatrix}$, 矩阵 $\boldsymbol{X}$ 满足 $\boldsymbol{A}^*\boldsymbol{X}=\boldsymbol{A}^{-1}+2\boldsymbol{X}$, 其中 $\boldsymbol{A}^*$ 是 $\boldsymbol{A}$ 的伴随矩阵, 求矩阵 $\boldsymbol{X}$.

47. 设四阶矩阵 $\boldsymbol{B}$ 满足 $\left[\left(\frac{1}{2}\boldsymbol{A}\right)^*\right]^{-1}\boldsymbol{B}\boldsymbol{A}^{-1}=2\boldsymbol{A}\boldsymbol{B}+12\boldsymbol{E}$, 其中 $\boldsymbol{E}$ 是四阶单位矩阵, 而

$$\boldsymbol{A}=\begin{pmatrix} 1 & 2 & 0 & 0 \\ 1 & 3 & 0 & 0 \\ 0 & 0 & 0 & 2 \\ 0 & 0 & -1 & 0 \end{pmatrix},$$

求矩阵 $\boldsymbol{B}$.

48. 设 $(2\boldsymbol{E}-\boldsymbol{C}^{-1}\boldsymbol{B})\boldsymbol{A}^{\mathrm{T}}=\boldsymbol{C}^{-1}$, 其中 $\boldsymbol{A}^{\mathrm{T}}$ 是四阶矩阵 $\boldsymbol{A}$ 的转置矩阵,

$$\boldsymbol{B}=\begin{pmatrix} 1 & 2 & -3 & -2 \\ 0 & 1 & 2 & -3 \\ 0 & 0 & 1 & 2 \\ 0 & 0 & 0 & 1 \end{pmatrix},\quad \boldsymbol{C}=\begin{pmatrix} 1 & 2 & 0 & 1 \\ 0 & 1 & 2 & 0 \\ 0 & 0 & 1 & 2 \\ 0 & 0 & 0 & 1 \end{pmatrix},$$

求矩阵 $\boldsymbol{A}$.

49. 求矩阵 $\boldsymbol{A}=\begin{pmatrix} 0 & 16 & -7 & -5 & 5 \\ 1 & -5 & 2 & 1 & -1 \\ -1 & -11 & 5 & 4 & -4 \\ 2 & 6 & -3 & -3 & 7 \end{pmatrix}$ 的秩 $\mathrm{r}(\boldsymbol{A})$.

50. 设三阶矩阵 $\boldsymbol{A}=\begin{pmatrix} x & 1 & 1 \\ 1 & x & 1 \\ 1 & 1 & x \end{pmatrix}$, 试求矩阵 $\boldsymbol{A}$ 的秩.

51. 设矩阵 $\begin{pmatrix} 1 & 2 & 1 \\ 2 & ab+4 & 2 \\ 2 & 4 & a+2 \end{pmatrix}$ 的秩为 2, 求 a, b 的取值范围.

52. 设 $\boldsymbol{A}$ 为 5×4 矩阵, $\boldsymbol{A}=\begin{pmatrix} 1 & 2 & 3 & 1 \\ 2 & -1 & k & 2 \\ 0 & 1 & 1 & 3 \\ 1 & -1 & 0 & 4 \\ 2 & 0 & 2 & 5 \end{pmatrix}$, 且 $\boldsymbol{A}$ 的秩为 3, 求 k.

53. 设 $n\ (n\geqslant 3)$ 阶矩阵 $\boldsymbol{A}=\begin{pmatrix} 1 & a & a & \cdots & a \\ a & 1 & a & \cdots & a \\ a & a & 1 & \cdots & a \\ \vdots & \vdots & \vdots & & \vdots \\ a & a & a & \cdots & 1 \end{pmatrix}$, 若矩阵 $\boldsymbol{A}$ 的秩为 $n-1$, 求 a 的值.

54. 设$\boldsymbol{A}, \boldsymbol{B}, \boldsymbol{C}$都是$n$阶矩阵, 证明: 若$\mathrm{r}(\boldsymbol{C})=n$, $\boldsymbol{A}(\boldsymbol{BA}+\boldsymbol{C})=\boldsymbol{O}$,则$\mathrm{r}(\boldsymbol{A})+\mathrm{r}(\boldsymbol{BA}+\boldsymbol{C})=n$.

55. 证明: $\mathrm{r}\begin{pmatrix} \boldsymbol{A} & \boldsymbol{O} \\ \boldsymbol{O} & \boldsymbol{B} \end{pmatrix}=\mathrm{r}(\boldsymbol{A})+\mathrm{r}(\boldsymbol{B})$.

56. 设n阶矩阵$\boldsymbol{A}$满足$\boldsymbol{A}^2=\boldsymbol{A}$, $\boldsymbol{E}$为n阶单位矩阵, 证明$\mathrm{r}(\boldsymbol{A})+\mathrm{r}(\boldsymbol{A}-\boldsymbol{E})=n$.

57. 设$\boldsymbol{A}, \boldsymbol{B}$为$n$阶矩阵, 若记$\mathrm{r}(\boldsymbol{X})$为矩阵$\boldsymbol{X}$的秩, $(\boldsymbol{X}\ \boldsymbol{Y})$表示分块矩阵, 试判断$\mathrm{r}(\boldsymbol{A}\ \boldsymbol{BA})=\mathrm{r}(\boldsymbol{A})$的正确性, 若正确, 请予以证明; 若不正确, 请举出反例说明.

58. 设$\boldsymbol{A}$为n阶$(n\geqslant 2)$方阵, 证明$\mathrm{r}(\boldsymbol{A}^*)=\begin{cases} n, & \mathrm{r}(\boldsymbol{A})=n \\ 1, & \mathrm{r}(\boldsymbol{A})=n-1 \\ 0, & \mathrm{r}(\boldsymbol{A})<n-1 \end{cases}$.

第 3 章　线性方程组

为了设计新一代民用或军用飞机, 在正式建造飞机的物理模型之前, 工程师首先会利用数值模拟技术在计算机虚拟仿真系统中构建出飞机的三维模型, 并通过对飞机飞行过程的模拟研究飞机周围气流的变化, 以解决飞机结构设计中的重大问题. 这在很大程度上缩短了设计周期、节省了设计成本并降低了试验风险, 尤其是彻底打破了时间与空间的限制, 其中线性代数发挥了至关重要的作用.

虽然最后制造完成的飞机表面相当平滑, 但其几何结构实际上是错综复杂的 (见图1), 除了机翼和机身, 一架飞机还包括发动机舱、水平尾翼、活动辅助翼和副翼, 飞机飞行时空气在这些部件周围的流动方式决定了飞机在空中的飞行方式. 描述这些气流的方程非常复杂. 因此, 为了研究气流对飞机飞行的影响, 工程师需要高度精确地描述飞机的表面.

图 1　波音 777 飞机的模型

为了得到飞机结构的数值模型, 典型的做法是向飞机的虚拟实体模型中添加一个三维的立方体网格. 每个小网格中的立方体称为三维单元, 它们或者完全位于飞机内部, 或者完全位于飞机外部, 或者与飞机表面相交 (见图2). 一个典型的三维网格可能包含几十万甚至上百万个三维单元, 可以想象的是, 网格细分的程度越高, 它包含的三维单元的个数就越多, 虚拟系统的仿真程度也就越高. 当网格的细分使得相关的三维单元足够小时, 在该单元上, 描述气流的复杂方程可被简单的线性方程 (组) 近似代替, 因此, 计算飞机表面的气流实质上需要反复求解包含多达数百万个线性方程和未知量的线性方程组. 即使利用目前市场上速度最快的计算机, 工程师建立并求解一个气流问题也要花费几小时到几天的时间, 而整个虚拟仿真过程可能要处理上千个这样的问题.

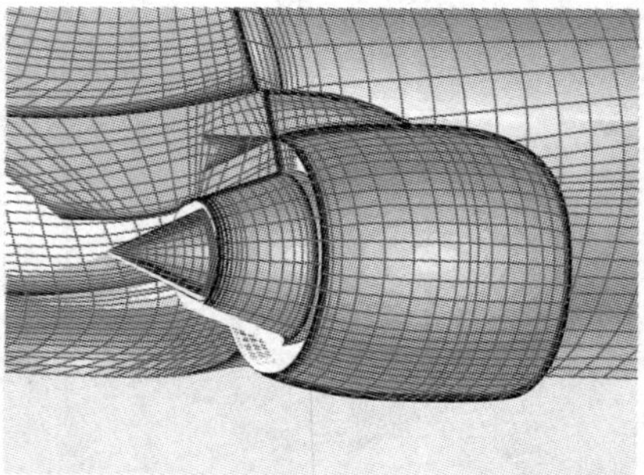

图 2　机翼部分的网格划分示例

上一段中描述的将一个实体模型划分为有限个单元以及在充分小的单元上将复杂方程近似线性化的思想就是目前在许多计算与仿真软件系统中广泛采用的“有限单元法”的基本思想, 它自20世纪80年代起迅速发展, 目前已成为众多计算与仿真软件系统的算法基础.

线性代数在应用上的重要性与计算机的计算性能呈正比例增长, 而这一性能伴随着计算机软硬件的创新在不断提升. 最终, 计算机并行处理和大规模计算的迅猛发展将会把计算机科学与线性代数紧紧地联系在一起，并广泛应用于飞机制造、桥梁设计、交通规划、石油勘探、经济管理等领域.

科学家和工程师如今处理的问题远比几十年前想象的要复杂得多. 今天，对理工科和经济管理学科专业的大学生来说，线性代数比其他大学数学课程具有更大的潜在应用价值.

线性方程组是线性代数的核心，本章将借助线性方程组简单而具体地介绍线性代数的核心概念，深入理解它们将有助于我们感受线性代数的力与美.

§3.1 消元法

高斯消元法由德国数学家卡尔·弗里德里希·高斯在19世纪初提出，是一种用于求解线性方程组的系统方法. 它的提出源于天文学和物理学中对复杂计算的需求，例如，行星轨道的确定和天体位置的预测. 随着线性代数的发展，高斯消元法成为解决线性代数问题的核心工具之一. 高斯消元法通过消去法将线性方程组的增广矩阵化简为行阶梯形矩阵，从而逐步求解未知数. 其意义在于提供了一种系统且高效的算法，适用于任意规模的线性方程组，不仅在数学领域具有理论价值，还在工程学、经济学、物理学等领域广泛应用. 在现代计算机算法的设计中，高斯消元法是基础方法之一，为数值计算奠定了重要基础.

引例 用高斯消元法求解线性方程组:

$$\begin{cases} 2x_1+2x_2-x_3=6 \\ x_1-2x_2+4x_3=3 \\ 5x_1+7x_2+x_3=28 \end{cases}.$$

解 为观察求解上述方程组的消元过程，将消元过程中每个步骤的方程组与其对应的矩阵一并列出:

$$\begin{cases} 2x_1+2x_2-x_3=6 \\ x_1-2x_2+4x_3=3 \\ 5x_1+7x_2+x_3=28 \end{cases} \text{①} \xleftrightarrow{\text{对应}} \begin{pmatrix} 2 & 2 & -1 & 6 \\ 1 & -2 & 4 & 3 \\ 5 & 7 & 1 & 28 \end{pmatrix} \text{①}$$

$$\to \begin{cases} 2x_1+2x_2-x_3=6 \\ -3x_2+\dfrac{9}{2}x_3=0 \\ 2x_2+\dfrac{7}{2}x_3=13 \end{cases} \text{②} \longleftrightarrow \begin{pmatrix} 2 & 2 & -1 & 6 \\ 0 & -3 & \dfrac{9}{2} & 0 \\ 0 & 2 & \dfrac{7}{2} & 13 \end{pmatrix} \text{②}$$

$$\to \begin{cases} 2x_1+2x_2-x_3=6 \\ -3x_2+\dfrac{9}{2}x_3=0 \\ \dfrac{13}{2}x_3=13 \end{cases} \text{③} \longleftrightarrow \begin{pmatrix} 2 & 2 & -1 & 6 \\ 0 & -3 & \dfrac{9}{2} & 0 \\ 0 & 0 & \dfrac{13}{2} & 13 \end{pmatrix} \text{③}$$

$$\to\begin{cases}2x_1+2x_2-\quad x_3=6\\ \quad -3x_2+\dfrac{9}{2}x_3=0\\ \qquad\qquad x_3=2\end{cases} ④ \longleftrightarrow \begin{pmatrix}2 & 2 & -1 & 6\\ 0 & -3 & \dfrac{9}{2} & 0\\ 0 & 0 & 1 & 2\end{pmatrix} ④$$

从上述最后一个方程可得到$x_3=2$,将其代入第二个方程即可得到$x_2=3$,再将$x_3=2$与$x_2=3$一起代入第一个方程得到$x_1=1$. 因此,所求方程组的解为

$$x_1=1,\ x_2=3,\ x_3=2.$$

通常把过程①至④称为**消元过程**,矩阵④是**行阶梯形矩阵**,与之对应的方程组④则称为**行阶梯形方程组**.

从上述解题过程可以看出,用消元法求解线性方程组的具体做法就是对方程组反复实施以下三种变换:

(1) 交换某两个方程的位置;

(2) 用一个非零数乘某一个方程的两边;

(3) 将一个方程的倍数加到另一个方程上.

以上这三种变换称为**线性方程组的初等变换**. 而消元法的目的就是利用线性方程组的初等变换将原方程组化为阶梯形方程组. 显然这个阶梯形方程组与原线性方程组同解,解这个阶梯形方程组得原方程组的解. 如果用矩阵表示其系数及常数项,则将原方程组化为行阶梯形方程组的过程就是将对应矩阵化为行阶梯形矩阵的过程.

将一个方程组化为阶梯形方程组的步骤并不是唯一的,所以,同一个方程组的行阶梯形方程组也不是唯一的. 特别地,我们还可以将一个一般的行阶梯形方程组化为最简形方程组,从而使我们能直接"读"出该线性方程组的解.

对本例,我们还可以利用线性方程组的初等行变换继续化简线性方程组④:

$$\to\begin{cases}2x_1+2x_2\qquad =8\\ \quad -3x_2\qquad =-9\\ \qquad\qquad x_3=2\end{cases} ⑤ \longleftrightarrow \begin{pmatrix}2 & 2 & 0 & 8\\ 0 & -3 & 0 & -9\\ 0 & 0 & 1 & 2\end{pmatrix} ⑤$$

$$\to\begin{cases}2x_1+2x_2\qquad =8\\ \qquad x_2\qquad =3\\ \qquad\qquad x_3=2\end{cases} ⑥ \longleftrightarrow \begin{pmatrix}2 & 2 & 0 & 8\\ 0 & 1 & 0 & 3\\ 0 & 0 & 1 & 2\end{pmatrix} ⑥$$

$$\to\begin{cases}2x_1\qquad\qquad =2\\ \qquad x_2\qquad =3\\ \qquad\qquad x_3=2\end{cases} ⑦ \longleftrightarrow \begin{pmatrix}2 & 0 & 0 & 2\\ 0 & 1 & 0 & 3\\ 0 & 0 & 1 & 2\end{pmatrix} ⑦$$

$$\to\begin{cases}x_1\qquad\qquad =1\\ \qquad x_2\qquad =3\\ \qquad\qquad x_3=2\end{cases} ⑧ \longleftrightarrow \begin{pmatrix}1 & 0 & 0 & 1\\ 0 & 1 & 0 & 3\\ 0 & 0 & 1 & 2\end{pmatrix} ⑧$$

从方程组⑧,我们可以一目了然地看出

$$x_1=1,\ x_2=3,\ x_3=2.$$

通常把过程⑤至⑧称为**回代过程**.

从引例我们可以得到如下启示:用消元法解三元线性方程组的过程,相当于对该方程组的系数与右端常数项对应位置构成的矩阵作初等行变换.对一般线性方程组是否有同样的结论?答案是肯定的.接下来的章节中将就一般线性方程组求解的问题进行讨论.

设有线性方程组

$$\begin{cases} a_{11}x_1+a_{12}x_2+\cdots+a_{1n}x_n=b_1 \\ a_{21}x_1+a_{22}x_2+\cdots+a_{2n}x_n=b_2 \\ \cdots\cdots \\ a_{m1}x_1+a_{m2}x_2+\cdots+a_{mn}x_n=b_m \end{cases}, \tag{1.1}$$

其矩阵形式为

$$\boldsymbol{Ax}=\boldsymbol{b}, \tag{1.2}$$

其中

$$\boldsymbol{A}=\begin{pmatrix} a_{11} & a_{12} & \cdots & a_{1n} \\ a_{21} & a_{22} & \cdots & a_{2n} \\ \vdots & \vdots & & \vdots \\ a_{m1} & a_{m2} & \cdots & a_{mn} \end{pmatrix},\ \boldsymbol{x}=\begin{pmatrix} x_1 \\ x_2 \\ \vdots \\ x_n \end{pmatrix},\ \boldsymbol{b}=\begin{pmatrix} b_1 \\ b_2 \\ \vdots \\ b_m \end{pmatrix}.$$

称矩阵$(\boldsymbol{A}\ \ \boldsymbol{b})$(有时记为$\widetilde{\boldsymbol{A}}$)为线性方程组(1.1)的**增广矩阵**.

当$b_j=0\ (j=1, 2, \cdots, m)$时,线性方程组(1.1)称为**齐次的**;否则称为**非齐次的**.显然,齐次线性方程组的矩阵形式为

$$\boldsymbol{Ax}=\boldsymbol{0}. \tag{1.3}$$

注:齐次线性方程组$\boldsymbol{Ax}=\boldsymbol{0}$有时也称为非齐次线性方程组$\boldsymbol{Ax}=\boldsymbol{b}$的**导出组**.

例如,非齐次线性方程组$\begin{cases} 9x_1+\ x_2+5x_3=0 \\ 2x_1+2x_2+9x_3=6 \\ 6x_1+8x_2+4x_3=8 \end{cases}$对应的矩阵形式为

$$\begin{pmatrix} 9 & 1 & 5 \\ 2 & 2 & 9 \\ 6 & 8 & 4 \end{pmatrix}\begin{pmatrix} x_1 \\ x_2 \\ x_3 \end{pmatrix}=\begin{pmatrix} 0 \\ 6 \\ 8 \end{pmatrix};$$

而齐次线性方程组$\begin{cases} x_1 + \qquad\qquad x_4 = 0 \\ \qquad\quad 2x_3 + x_4 = 0 \\ 2x_1 + \quad 3x_3 \qquad = 0 \\ \quad x_2 + \quad 2x_4 = 0 \end{cases}$对应的矩阵形式为

$$\begin{pmatrix} 1 & 0 & 0 & 1 \\ 0 & 0 & 2 & 1 \\ 2 & 0 & 3 & 0 \\ 0 & 1 & 0 & 2 \end{pmatrix}\begin{pmatrix} x_1 \\ x_2 \\ x_3 \\ x_4 \end{pmatrix} = \begin{pmatrix} 0 \\ 0 \\ 0 \\ 0 \end{pmatrix}.$$

定理 1　设$\boldsymbol{A}=(a_{ij})_{m\times n}$，$n$元齐次线性方程组$\boldsymbol{Ax}=\boldsymbol{0}$有非零解的充要条件是系数矩阵的秩$\mathrm{r}(\boldsymbol{A})<n$.

证明　必要性. 若题设方程组$\boldsymbol{Ax}=\boldsymbol{0}$有非零解. 设$\mathrm{r}(\boldsymbol{A})=n$，则在矩阵$\boldsymbol{A}$中存在一个$n$阶非零子式$D_n$. 根据克莱姆法则，$D_n$所对应的$n$个方程只有零解，与假设矛盾，故$\mathrm{r}(\boldsymbol{A})<n$.

充分性. 若$\mathrm{r}(\boldsymbol{A})=s<n$，则可利用初等行变换将$\boldsymbol{A}$化为行阶梯形矩阵，且该行阶梯形矩阵只含有$s$个非零行，从而知其有$n-s$个**自由未知量**(即可取任意实数的未知量). 任取一个自由未知量为1，其余自由未知量为0，即可得到方程组的一个非零解. 证毕.

定理 2　设$\boldsymbol{A}=(a_{ij})_{m\times n}$，$n$元非齐次线性方程组$\boldsymbol{Ax}=\boldsymbol{b}$有解的充要条件是系数矩阵$\boldsymbol{A}$的秩等于增广矩阵$\widetilde{\boldsymbol{A}}=(\boldsymbol{A}\ \boldsymbol{b})$的秩，即$\mathrm{r}(\boldsymbol{A})=\mathrm{r}(\widetilde{\boldsymbol{A}})$.

证明　必要性. 若方程组$\boldsymbol{Ax}=\boldsymbol{b}$有解，但$\mathrm{r}(\boldsymbol{A})<\mathrm{r}(\widetilde{\boldsymbol{A}})$，则增广矩阵$\widetilde{\boldsymbol{A}}=(\boldsymbol{A}\ \boldsymbol{b})$的行阶梯形矩阵中最后一个非零行必是矛盾方程$0=1$，这与方程组有解相矛盾，因此$\mathrm{r}(\boldsymbol{A})=\mathrm{r}(\widetilde{\boldsymbol{A}})$.

充分性. 若$\mathrm{r}(\boldsymbol{A})=\mathrm{r}(\widetilde{\boldsymbol{A}})=s\ (s\leqslant n)$，则增广矩阵$\widetilde{\boldsymbol{A}}$的行阶梯形矩阵中含有$s$个非零行，把这$s$行的第一个非零元所对应的未知量作为非自由量，其余$n-s$个未知量作为自由未知量，并且令这$n-s$个自由未知量全为零，即可得到方程组的一个解. 证毕.

注：定理2的证明实际上给出了求解线性方程组(1.1)的方法. 此外，若记$\widetilde{\boldsymbol{A}}=(\boldsymbol{A}\ \boldsymbol{b})$，则上述定理的结果可简要总结如下：

(1) $\mathrm{r}(\boldsymbol{A})=\mathrm{r}(\widetilde{\boldsymbol{A}})=n$，当且仅当$\boldsymbol{Ax}=\boldsymbol{b}$有唯一解；

(2) $\mathrm{r}(\boldsymbol{A})=\mathrm{r}(\widetilde{\boldsymbol{A}})<n$，当且仅当$\boldsymbol{Ax}=\boldsymbol{b}$有无穷多解；

(3) $\mathrm{r}(\boldsymbol{A})\neq\mathrm{r}(\widetilde{\boldsymbol{A}})$，当且仅当$\boldsymbol{Ax}=\boldsymbol{b}$无解；

(4) $\mathrm{r}(\boldsymbol{A})=n$，当且仅当$\boldsymbol{Ax}=\boldsymbol{0}$只有零解；

(5) $\mathrm{r}(\boldsymbol{A})<n$，当且仅当$\boldsymbol{Ax}=\boldsymbol{0}$有非零解.

对非齐次线性方程组，将增广矩阵$\widetilde{\boldsymbol{A}}$化为行阶梯形矩阵，便可直接判断其是否有解，若有解，再进一步化为行最简形矩阵，便可直接写出其**全部解**. 其中要注意，当

$$\mathrm{r}(\boldsymbol{A})=\mathrm{r}(\widetilde{\boldsymbol{A}})=s<n$$

时，$\widetilde{A}$ 的行阶梯形矩阵中含有 s 个非零行，把这 s 行的第一个非零元所对应的未知量作为**非自由量**，其余 $n-s$ 个作为自由未知量.

对齐次线性方程组，将其系数矩阵化为行最简形矩阵，便可直接写出其全部解.

例1 求解齐次线性方程组 $\begin{cases} x_1+2x_2+2x_3+\ x_4=0 \\ 2x_1+\ x_2-2x_3-2x_4=0 \\ x_1-\ x_2-4x_3-3x_4=0 \end{cases}$.

解 根据求解线性方程组的初等变换法，记题设齐次线性方程组的矩阵形式为 $\boldsymbol{Ax}=\mathbf{0}$，对其系数矩阵 $\boldsymbol{A}$ 施以初等行变换并化为行最简形矩阵：

$$\boldsymbol{A}=\begin{pmatrix} 1 & 2 & 2 & 1 \\ 2 & 1 & -2 & -2 \\ 1 & -1 & -4 & -3 \end{pmatrix} \xrightarrow[r_3-r_1]{r_2-2r_1} \begin{pmatrix} 1 & 2 & 2 & 1 \\ 0 & -3 & -6 & -4 \\ 0 & -3 & -6 & -4 \end{pmatrix}$$

$$\xrightarrow[r_2\div(-3)]{r_3-r_2} \begin{pmatrix} 1 & 2 & 2 & 1 \\ 0 & 1 & 2 & 4/3 \\ 0 & 0 & 0 & 0 \end{pmatrix} \xrightarrow{r_1-2r_2} \begin{pmatrix} 1 & 0 & -2 & -5/3 \\ 0 & 1 & 2 & 4/3 \\ 0 & 0 & 0 & 0 \end{pmatrix}.$$

由此得到题设线性方程组的同解方程组

$$\begin{cases} x_1- \qquad 2x_3-\dfrac{5}{3}x_4=0 \\ \qquad x_2+2x_3+\dfrac{4}{3}x_4=0 \end{cases}, \text{即} \begin{cases} x_1=\quad 2x_3+\dfrac{5}{3}x_4 \\ x_2=-2x_3-\dfrac{4}{3}x_4 \end{cases},$$

其中 x_3, x_4 是自由未知量，可取任意实数值. 若取 $x_3=c_1, x_4=c_2$，则题设方程组的解向量为

$$\boldsymbol{x}=\begin{pmatrix} x_1 \\ x_2 \\ x_3 \\ x_4 \end{pmatrix}=c_1\begin{pmatrix} 2 \\ -2 \\ 1 \\ 0 \end{pmatrix}+c_2\begin{pmatrix} 5/3 \\ -4/3 \\ 0 \\ 1 \end{pmatrix} \quad (c_1, c_2\in\mathbf{R}).$$

它表达了题设线性方程组的全部解.

例2 设有线性方程组 $\begin{cases} x_1+3x_2+2x_3+x_4=1 \\ x_2+ax_3-ax_4=-1 \\ x_1+2x_2+3x_4=3 \end{cases}$，问 a 为何值时方程组有解.

解 根据求解线性方程组的初等变换法，对题设线性方程组的增广矩阵施以初等行变换化为行阶梯形矩阵：

$$\widetilde{\boldsymbol{A}}=\begin{pmatrix} 1 & 3 & 2 & 1 & 1 \\ 0 & 1 & a & -a & -1 \\ 1 & 2 & 0 & 3 & 3 \end{pmatrix} \to \begin{pmatrix} 1 & 3 & 2 & 1 & 1 \\ 0 & 1 & a & -a & -1 \\ 0 & -1 & -2 & 2 & 2 \end{pmatrix}$$

$$\to\begin{pmatrix}1&3&2&1&1\\0&-1&-2&2&2\\0&0&a-2&2-a&1\end{pmatrix},$$

由线性方程组解的判定定理知, 当$a\neq2$时, 方程组有解.

例3　三个采购商到同一家工厂采购原材料. 一位采购商购买了2吨材料A、4吨材料B和6吨材料C, 共花费80万元. 另一位采购商购买了1吨材料A、3吨材料B和2吨材料C, 共花费30万元. 问第三位采购商购买3吨材料A、7吨材料B和8吨材料C, 共需要多少钱?

解　设材料A的价格为x, 材料B的价格为y, 材料C的价格为z, 第三位采购商共花了a元. 可建立方程组

$$\begin{cases}2x+4y+6z=80\\ x+3y+2z=30,\\ 3x+7y+8z=a\end{cases}$$

题目所求即当上述方程组有解时a的取值, 根据求解线性方程组的初等变换法, 对题设线性方程组的增广矩阵施以初等行变换化为行阶梯形矩阵:

$$\widetilde{A}=\begin{pmatrix}2&4&6&80\\1&3&2&30\\3&7&8&a\end{pmatrix}$$

$$\to\begin{pmatrix}1&2&3&40\\0&1&-1&-10\\0&1&-1&a-120\end{pmatrix}\to\begin{pmatrix}1&2&3&40\\0&1&-1&-10\\0&0&0&a-110\end{pmatrix},$$

由线性方程组解的判定定理知, 当$a=110$时, 方程组有解.

综上所述, 第三位采购商购买3吨材料A、7吨材料B和8吨材料C, 共需要110万元.

例4　解非齐次线性方程组$\begin{cases}x_1+5x_2-x_3-x_4=-1\\ x_1-2x_2+x_3+3x_4=3\\ 3x_1+8x_2-x_3+x_4=1\\ x_1-9x_2+3x_3+7x_4=7\end{cases}$.

解　记题设非齐次线性方程组的矩阵形式为$\boldsymbol{Ax}=\boldsymbol{b}$, 对增广矩阵$(\boldsymbol{A}\ \boldsymbol{b})$施以初等行变换化为行阶梯形矩阵:

$$(\boldsymbol{A}\ \boldsymbol{b})=\begin{pmatrix}1&5&-1&-1&-1\\1&-2&1&3&3\\3&8&-1&1&1\\1&-9&3&7&7\end{pmatrix}\to\begin{pmatrix}1&5&-1&-1&-1\\0&-7&2&4&4\\0&-7&2&4&4\\0&-14&4&8&8\end{pmatrix}$$

$$\rightarrow\begin{pmatrix}1&5&-1&-1&-1\\0&-7&2&4&4\\0&0&0&0&0\\0&0&0&0&0\end{pmatrix}\rightarrow\begin{pmatrix}1&5&-1&-1&-1\\0&1&-2/7&-4/7&-4/7\\0&0&0&0&0\\0&0&0&0&0\end{pmatrix}.$$

根据线性方程组解的判定定理, 因 $r(\boldsymbol{A}\ \boldsymbol{b})=r(\boldsymbol{A})=2<4$, 故题设线性方程组有无穷多解. 再用初等行变换将上面最后一个行阶梯形矩阵进一步化为行最简形矩阵, 得

$$(\boldsymbol{A}\ \boldsymbol{b})\rightarrow\begin{pmatrix}1&0&3/7&13/7&13/7\\0&1&-2/7&-4/7&-4/7\\0&0&0&0&0\\0&0&0&0&0\end{pmatrix}.$$

于是, 根据求解线性方程组的初等变换法, 由上可得题设线性方程组的同解方程组:

$$\begin{cases}x_1=\dfrac{13}{7}-\dfrac{3}{7}x_3-\dfrac{13}{7}x_4\\[2mm] x_2=-\dfrac{4}{7}+\dfrac{2}{7}x_3+\dfrac{4}{7}x_4\end{cases}.$$

取自由未知量

$$x_3=c_1,\ x_4=c_2\ (c_1,\ c_2\ \text{为任意常数}),$$

则题设线性方程组的全部解为

$$\begin{cases}x_1=\dfrac{13}{7}-\dfrac{3}{7}c_1-\dfrac{13}{7}c_2\\[2mm] x_2=-\dfrac{4}{7}+\dfrac{2}{7}c_1+\dfrac{4}{7}c_2\\[2mm] x_3=c_1\\ x_4=c_2\end{cases}.$$

例5 解线性方程组 $\begin{cases}x_1+x_2+2x_3+3x_4=1\\ x_2+x_3-4x_4=1\\ x_1+2x_2+3x_3-x_4=4\\ 2x_1+3x_2-x_3-x_4=-6\end{cases}$.

解 对题设线性方程组的增广矩阵 $(\boldsymbol{A}\ \ \boldsymbol{b})$ 施以初等行变换, 将其化为行阶梯形矩阵:

$$(\boldsymbol{A}\ \ \boldsymbol{b})=\begin{pmatrix}1&1&2&3&1\\0&1&1&-4&1\\1&2&3&-1&4\\2&3&-1&-1&-6\end{pmatrix}\rightarrow\begin{pmatrix}1&1&2&3&1\\0&1&1&-4&1\\0&1&1&-4&3\\0&1&-5&-7&-8\end{pmatrix}$$

$$\rightarrow\begin{pmatrix}1&1&2&3&1\\0&1&1&-4&1\\0&0&0&0&2\\0&0&-6&-3&-9\end{pmatrix}\rightarrow\begin{pmatrix}1&1&2&3&1\\0&1&1&-4&1\\0&0&6&3&9\\0&0&0&0&2\end{pmatrix}.$$

根据线性方程组解的判定定理, 因为$\mathrm{r}(\boldsymbol{A})=3$, $\mathrm{r}(\boldsymbol{A}\ \ \boldsymbol{b})=4$, $\mathrm{r}(\boldsymbol{A}\ \ \boldsymbol{b})\neq\mathrm{r}(\boldsymbol{A})$, 所以, 题设线性方程组无解.

例6 设线性方程组$\begin{cases}x_1+x_2+\ \ x_3=0\\x_1+2x_2+\ ax_3=0\\x_1+4x_2+a^2x_3=0\end{cases}$与方程$x_1+2x_2+x_3=a-1$有公共解, 求$a$的值及所有公共解.

解 依题意, 所求公共解即为联立方程组

$$\begin{cases}x_1+\ x_2+\ \ x_3=0\\x_1+2x_2+\ ax_3=0\\x_1+4x_2+a^2x_3=0\\x_1+2x_2+\ \ x_3=a-1\end{cases}\tag{1.4}$$

的解. 利用求解线性方程组的初等变换法, 对线性方程组 (1.4) 的增广矩阵$\widetilde{\boldsymbol{A}}$施以初等行变换, 将其化为行阶梯形矩阵:

$$\widetilde{\boldsymbol{A}}=\begin{pmatrix}1&1&1&0\\1&2&a&0\\1&4&a^2&0\\1&2&1&a-1\end{pmatrix}\rightarrow\begin{pmatrix}1&0&1&1-a\\0&1&0&a-1\\0&0&a-1&1-a\\0&0&0&(a-1)(a-2)\end{pmatrix}=\boldsymbol{B},$$

要使方程组 (1.4) 有解, 由线性方程组解的判定定理知, 其系数矩阵$\boldsymbol{A}$的秩必等于增广矩阵$\widetilde{\boldsymbol{A}}$的秩, 即$\mathrm{r}(\boldsymbol{A})=\mathrm{r}(\widetilde{\boldsymbol{A}})$,于是, 必有$(a-1)(a-2)=0$, 即$a=1$或$a=2$. 当$a=1$时, 有

$$\boldsymbol{B}=\begin{pmatrix}1&0&1&0\\0&1&0&0\\0&0&0&0\\0&0&0&0\end{pmatrix},$$

此时方程组 (1.4) 有无数个解: $\boldsymbol{x}=k\begin{pmatrix}-1\\0\\1\end{pmatrix}$ $(k\in\mathbf{R})$; 当$a=2$时, 有

$$\boldsymbol{B}=\begin{pmatrix}1&0&1&-1\\0&1&0&1\\0&0&1&-1\\0&0&0&0\end{pmatrix}\rightarrow\begin{pmatrix}1&0&0&0\\0&1&0&1\\0&0&1&-1\\0&0&0&0\end{pmatrix},$$

此时方程组(1.4)只有一个解: $\boldsymbol{x}=\begin{pmatrix}0\\1\\-1\end{pmatrix}$.

例7 讨论线性方程组

$$\begin{cases}x_1+x_2+2x_3+3x_4=1\\x_1+3x_2+6x_3+x_4=3\\3x_1-x_2-px_3+15x_4=3\\x_1-5x_2-10x_3+12x_4=t\end{cases},$$

当p,t取何值时, 方程组无解、有唯一解、有无穷多解? 在方程组有无穷多解的情况下, 求出其全部解.

解 记题设非齐次线性方程组的矩阵形式为$\boldsymbol{Ax}=\boldsymbol{b}$, 对增广矩阵$\widetilde{\boldsymbol{A}}$施以初等行变换并化为行阶梯形矩阵:

$$\widetilde{\boldsymbol{A}}=\begin{pmatrix}1&1&2&3&1\\1&3&6&1&3\\3&-1&-p&15&3\\1&-5&-10&12&t\end{pmatrix}\to\begin{pmatrix}1&1&2&3&1\\0&2&4&-2&2\\0&-4&-p-7&7&0\\0&-6&-12&9&t-1\end{pmatrix}$$

$$\to\begin{pmatrix}1&1&2&3&1\\0&1&2&-1&1\\0&0&-p+2&2&4\\0&0&0&3&t+5\end{pmatrix}.$$

下面对参数的不同情况进行分类讨论, 并根据线性方程组解的判定定理做出判断:

(1) 当$p\neq 2$时, $\mathrm{r}(\boldsymbol{A})=\mathrm{r}(\widetilde{\boldsymbol{A}})=4$, 方程组有唯一解.

(2) 当$p=2$时, 有

$$\widetilde{\boldsymbol{A}}\to\begin{pmatrix}1&1&2&3&1\\0&1&2&-1&1\\0&0&0&2&4\\0&0&0&3&t+5\end{pmatrix}\to\begin{pmatrix}1&1&2&3&1\\0&1&2&-1&1\\0&0&0&1&2\\0&0&0&0&t-1\end{pmatrix}.$$

当$t\neq 1$时, $\mathrm{r}(\boldsymbol{A})=3<\mathrm{r}(\widetilde{\boldsymbol{A}})=4$, 方程组无解.

当$t=1$时, $\mathrm{r}(\boldsymbol{A})=\mathrm{r}(\widetilde{\boldsymbol{A}})=3$, 方程组有无穷多解, 此时, 可将上述行阶梯形矩阵进一步化为行最简形矩阵, 得

$$\widetilde{\boldsymbol{A}}\to\begin{pmatrix}1&1&2&3&1\\0&1&2&-1&1\\0&0&0&1&2\\0&0&0&0&t-1\end{pmatrix}\to\begin{pmatrix}1&1&2&3&1\\0&1&2&-1&1\\0&0&0&1&2\\0&0&0&0&0\end{pmatrix}\to\begin{pmatrix}1&0&0&0&-8\\0&1&2&0&3\\0&0&0&1&2\\0&0&0&0&0\end{pmatrix}.$$

于是,根据求解线性方程组的初等变换法,由上可得题设线性方程组的同解方程组:

$$\begin{cases} x_1 = -8 \\ x_2 + 2x_3 = 3, \\ x_4 = 2 \end{cases}$$

取自由未知量$x_3 = c$,则题设线性方程组的全部解为

$$\boldsymbol{x} = \begin{pmatrix} x_1 \\ x_2 \\ x_3 \\ x_4 \end{pmatrix} = c\begin{pmatrix} 0 \\ -2 \\ 1 \\ 0 \end{pmatrix} + \begin{pmatrix} -8 \\ 3 \\ 0 \\ 2 \end{pmatrix} \ (c\text{为任意实数}).$$

注:设有下列三元一次线性方程组

$$\begin{cases} A_1x_1 + B_1x_2 + C_1x_3 = D_1 \\ A_2x_1 + B_2x_2 + C_2x_3 = D_2, \\ A_3x_1 + B_3x_2 + C_3x_3 = D_3 \end{cases}$$

在高等数学课程空间解析几何的学习中,我们知道,上述线性方程组中的每个线性方程在几何上都对应空间直角坐标系$Ox_1x_2x_3$中的一个平面,将上述方程组第1、2、3个方程对应的平面分别记为平面Π_1、Π_2、Π_3,我们来考察其解的几何意义.

(1) 若上述方程组有唯一解,则其几何上对应的三个平面相交于一点(见图3-1-1(a)).

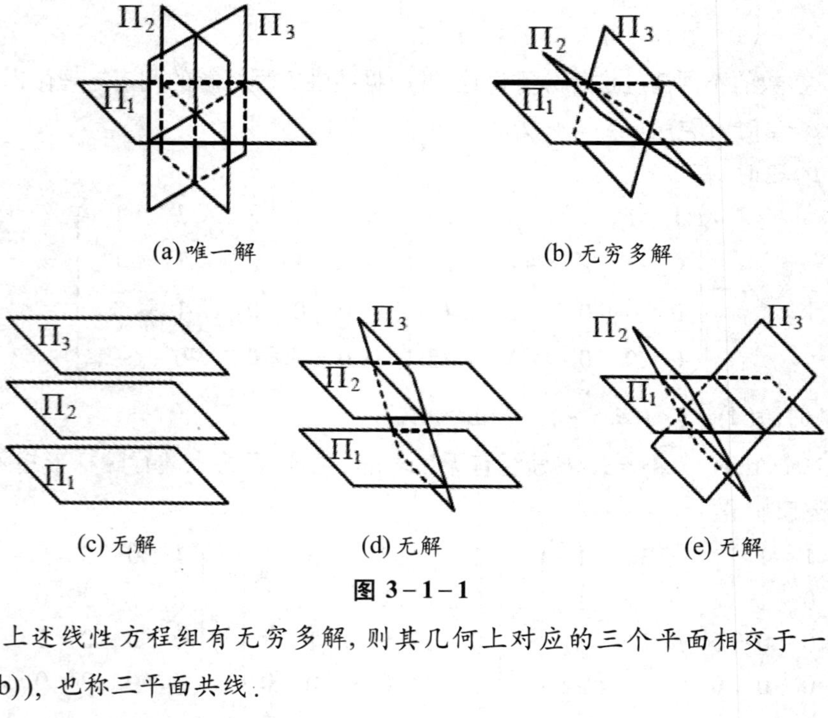

图 3-1-1

(2) 若上述线性方程组有无穷多解,则其几何上对应的三个平面相交于一条线(见图3-1-1 (b)),也称三平面共线.

(3) 若上述线性方程组无解，则其几何上对应的三个平面或平行 (见图 3－1－1(c))，或其中两个平面平行 (见图 3－1－1 (d))，或三个平面两两相交 (见图 3－1－1 (e)).

*数学实验

实验 3.1 试用计算软件判断下列方程组是否有解，若有解，试求其全部解.

$$(1)\begin{cases} x_1+2x_2+2x_3+x_5+4x_6=0\\ 2x_1+5x_2+4x_3+2x_5+9x_6=0\\ -3x_1-6x_2-2x_3+8x_4+x_5+4x_6=0\\ x_1+2x_2+3x_3+3x_4+3x_5+6x_6=0\\ x_1+x_2+2x_3-4x_4+x_5+3x_6=0\\ 2x_1+3x_2+5x_3-x_4+4x_5+9x_6=0 \end{cases};$$

$$(2)\begin{cases} x_1+2x_2+5x_3-7x_4+3x_5+3x_6=8\\ -2x_1-2x_2-6x_3+3x_4+3x_5+3x_6=9\\ 6x_1-2x_2-3x_3+39x_4-47x_5-47x_6=-125\\ 8x_1+34x_2+66x_3-140x_4+98x_5+98x_6=280\\ 5x_1+32x_2+54x_3-151x_4+112x_5+112x_6=336\\ 3x_1-2x_2+4x_3+9x_4-7x_5-7x_6=-32 \end{cases};$$

$$(3)\begin{cases} 3x_1+6x_2+15x_3-21x_4+9x_5+135x_6=429\\ -3x_1-4x_2-11x_3+10x_4-96x_6=-287\\ 5x_1-4x_2-8x_3+46x_4-50x_5-81x_6=-376\\ 7x_1+32x_2+61x_3-133x_4+95x_5+585x_6=2\,027\\ x_1+24x_2+34x_3-123x_4+100x_5+388x_6=1\,468\\ 3x_1-2x_2+4x_3+9x_4-7x_5+7x_6=-11 \end{cases};$$

$$(4)\begin{cases} 10x_1+6x_2+17x_3+11x_4-35x_5+28x_6=-128\\ -2x_1-2x_2-6x_3+3x_4+3x_5+4x_6=12\\ 5x_1-4x_2-8x_3+46x_4-50x_5+88x_6=-183\\ 9x_1+36x_2+71x_3-147x_4+101x_5-258x_6=389\\ 21x_1+82x_2+160x_3-347x_4+234x_5-612x_6=914\\ 3x_1-2x_2+4x_3+9x_4-7x_5+16x_6=-38 \end{cases}.$$

计算实验

微信扫描右侧的二维码即可进行计算实验 (详见教材配套的网络学习空间).

习题 3-1

1. 选择题.

(1) 设 $\boldsymbol{A}$ 为 $m\times n$ 矩阵，齐次线性方程组 $\boldsymbol{Ax}=\boldsymbol{0}$ 仅有零解的充分必要条件是系数矩阵的秩 $r(\boldsymbol{A})$ (　　).

(A) 小于 m;　(B) 小于 n;　(C) 等于 m;　(D) 等于 n.

(2) 设非齐次线性方程组 $\boldsymbol{Ax}=\boldsymbol{b}$ 的导出组为 $\boldsymbol{Ax}=\boldsymbol{0}$. 如果 $\boldsymbol{Ax}=\boldsymbol{0}$ 仅有零解, 则 $\boldsymbol{Ax}=\boldsymbol{b}$ (　).

(A) 必有无穷多解;　(B) 必有唯一解;　(C) 必定无解;　(D) 以上都不对.

(3) 设 $\boldsymbol{A}$ 是 $m\times n$ 矩阵, 非齐次线性方程组 $\boldsymbol{Ax}=\boldsymbol{b}$ 的导出组为 $\boldsymbol{Ax}=\boldsymbol{0}$. 如果 $m<n$, 则 (　).

(A) $\boldsymbol{Ax}=\boldsymbol{b}$ 必有无穷多解;　(B) $\boldsymbol{Ax}=\boldsymbol{b}$ 必有唯一解;

(C) $\boldsymbol{Ax}=\boldsymbol{0}$ 必有非零解;　(D) $\boldsymbol{Ax}=\boldsymbol{0}$ 必有唯一解.

2. 用回代法解下列线性方程组, 并写出每一步所对应的矩阵形式.

(1) $\begin{cases}3x_1+2x_2+x_3=-2\\ x_2-x_3=2\\ 2x_3=4\end{cases}$;　(2) $\begin{cases}x_1-x_2+3x_3-2x_4=1\\ x_2-2x_3+3x_4=2\\ 4x_3+3x_4=3\\ 4x_4=4\end{cases}$.

3. 用消元法解下列齐次线性方程组:

(1) $\begin{cases}x_1+2x_2-x_3=0\\ 2x_1+4x_2+7x_3=0\end{cases}$;　(2) $\begin{cases}x_1+2x_2-3x_3=0\\ 2x_1+5x_2+2x_3=0\\ 3x_1-x_2-4x_3=0\end{cases}$;

(3) $\begin{cases}x_1+x_2+2x_3-x_4=0\\ 2x_1+x_2+x_3-x_4=0\\ 2x_1+2x_2+x_3+2x_4=0\end{cases}$;　(4) $\begin{cases}x_1+2x_2+x_3-x_4=0\\ 3x_1+6x_2-x_3-3x_4=0\\ 5x_1+10x_2+x_3-5x_4=0\end{cases}$.

4. 用消元法解下列非齐次线性方程组:

(1) $\begin{cases}4x_1+2x_2-x_3=2\\ 3x_1-x_2+2x_3=10\\ 11x_1+3x_2=8\end{cases}$;　(2) $\begin{cases}2x+3y+z=4\\ x-2y+4z=-5\\ 3x+8y-2z=13\\ 4x-y+9z=-6\end{cases}$;

(3) $\begin{cases}2x+y-z+w=1\\ 4x+2y-2z+w=2\\ 2x+y-z-w=1\end{cases}$;　(4) $\begin{cases}2x+y-z+w=1\\ 3x-2y+z-3w=4\\ x+4y-3z+5w=-2\end{cases}$;

(5) $\begin{cases}2x_1-x_2+4x_3-3x_4=-4\\ x_1+x_3-x_4=-3\\ 3x_1+x_2+x_3=1\\ 7x_1+7x_3-3x_4=3\end{cases}$;　(6) $\begin{cases}x_1+3x_2-x_3=3\\ 2x_1+8x_2=-5\\ -x_1-5x_2-x_3=2\end{cases}$.

5. 三个工厂分别有 3 吨、2 吨和 1 吨产品要送到两个仓库储存, 两个仓库分别能储存产品 4 吨和 2 吨, 用 x_{ij} 表示从第 i 个工厂送到第 j 个仓库的产品数 ($i=1, 2, 3; j=1, 2$), 试列出 x_{ij} 所满足的关系式, 并求由此得到的线性方程组的解.

6. 确定 a 的值使下列齐次线性方程组有非零解, 并在有非零解时求其全部解.

(1) $\begin{cases}ax_1+x_2+x_3=0\\ x_1+ax_2+x_3=0\\ x_1+x_2+ax_3=0\end{cases}$;　(2) $\begin{cases}2x_1-x_2+3x_3=0\\ 3x_1-4x_2+7x_3=0\\ x_1-2x_2+ax_3=0\end{cases}$.

7. 确定 a, b 的值使下列非齐次线性方程组有解, 并求其解.

(1) $\begin{cases} ax_1 + bx_2 + 2x_3 = 1 \\ (b-1)x_2 + x_3 = 0 \\ ax_1 + bx_2 + (1-b)x_3 = 3-2b \end{cases}$; (2) $\begin{cases} x_1 + 2x_2 - 2x_3 + 2x_4 = 2 \\ x_2 - x_3 - x_4 = 1 \\ x_1 + x_2 - x_3 + 3x_4 = a \\ x_1 - x_2 + x_3 + 5x_4 = b \end{cases}$.

8. k 为何值时, 线性方程组 $\begin{cases} x_1 + x_2 + kx_3 = 4 \\ -x_1 + kx_2 + x_3 = k^2 \\ x_1 - x_2 + 2x_3 = -4 \end{cases}$ 有唯一解、无解、有无穷多解? 在有解的情况下, 求出其全部解.

9. 设 $\boldsymbol{A}$ 为 $m \times n$ 矩阵, 证明:

(1) 方程 $\boldsymbol{AX} = \boldsymbol{E}_m$ 有解的充要条件为 $\mathrm{r}(\boldsymbol{A}) = m$; (2) 方程 $\boldsymbol{YA} = \boldsymbol{E}_n$ 有解的充要条件为 $\mathrm{r}(\boldsymbol{A}) = n$.

10. 设 $\boldsymbol{A}$ 为 $m \times n$ 矩阵, 证明: $\boldsymbol{AX} = \boldsymbol{AY}$, 且 $\mathrm{r}(\boldsymbol{A}) = n$, 则 $\boldsymbol{X} = \boldsymbol{Y}$.

11. 一位生物学家将三种微生物 (表示为I, II 和 III) 放入试管中, 它们将以三种不同的食物 (A, B和 C) 为食. 每天, 试管中放入2 000 单位A、2 300 单位B、2 600 单位C, 1 单位的微生物 1 天所消耗的食物数量如下表所示. 若所有微生物可以在试管中共存并消耗掉所有的食物, 求每种微生物的数量.

	微生物 I	微生物 II	微生物 III
食物 A	2	1	3
食物 B	1	3	2
食物 C	4	2	1

12. 研究金属薄板边界温度的变化如何影响薄板内部点的温度.

(1) 先估计如题12图 (1) 所示的金属薄板上四点的温度 $T_1, \cdots, T_4$. 在每种情况下, T_k 的值近似等于周围四个最近节点的平均温度.

(2) 不做任何计算, 猜想当边界温度都乘以 3 时, 题 12 图 (2) 中内部点的温度. 验证你的猜想.

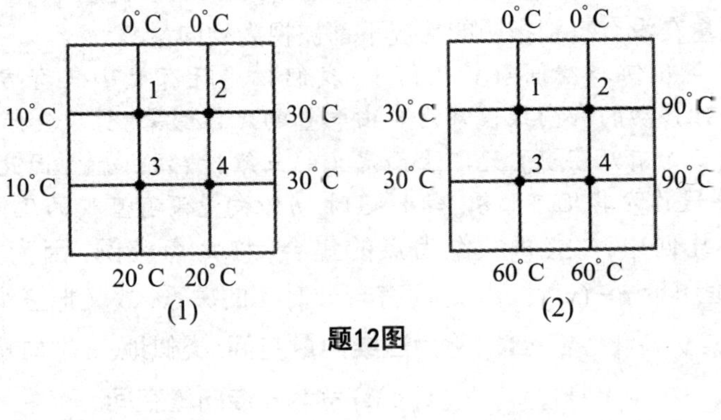

题12图

§3.2 向量组的线性组合

向量组的线性组合概念源于研究几何和代数问题的需求, 尤其是在解析几何和线性代数的发展过程中得以明确. 17世纪以来, 笛卡儿引入坐标系将几何问题代数化, 为向量概念的产生奠定了基础. 线性组合的提出旨在统一描述多个向量通过加权组合生成新向量的过程, 为研究向量空间的结构和性质提供了工具.

向量组的线性组合意义重大, 它是线性代数的核心概念之一. 通过线性组合, 可以分析向量是否线性相关、构造基底、确定向量空间的维数等. 此外, 它在解决实际问题中有广泛的应用, 如工程学中力的平衡、经济学中的资源分配, 以及计算机科学中的数据处理等. 线性组合为理解复杂系统、简化问题提供了理论框架, 是现代科学技术的重要基础.

一、n维向量及其线性运算

定义 1 n个有序的数$a_1, a_2, \cdots, a_n$组成的数组称为**n维向量**, 这n个数称为该向量的n个**分量**, 第i个数a_i称为该向量的**第 i 个分量**.

例如, (1, 2, 4, 8, 9) 是五维向量, 其第3个分量为4.

分量全为0的向量称为**零向量**, 记作$\mathbf{0}$, 即$\mathbf{0}=(0, 0, \cdots, 0)$.

设向量$\boldsymbol{a}=(a_1, a_2, \cdots, a_n)$, 将其分量全取负号的向量, 称为向量$\boldsymbol{a}$的**负向量**, 记作

$$-\boldsymbol{a}=(-a_1, -a_2, \cdots, -a_n).$$

设向量$\boldsymbol{a}=(a_1, a_2, \cdots, a_n)$, $\boldsymbol{b}=(b_1, b_2, \cdots, b_n)$, 若向量$\boldsymbol{a}, \boldsymbol{b}$的每个分量分别对应相等, 即$a_i=b_i\ (i=1, 2, \cdots, n)$, 则称向量$\boldsymbol{a}$与$\boldsymbol{b}$**相等**, 记作$\boldsymbol{a}=\boldsymbol{b}$.

分量全为实数的向量称为**实向量**, 分量为复数的向量称为**复向量**. 除非特别声明, 本书一般只讨论实向量.

n维向量既可写成一行, 也可写成一列. 按第2章的规定, 分别称为**行向量**和**列向量**, 也就是行矩阵和列矩阵, 并规定行向量和列向量都按矩阵的运算法则进行运算. 因此, n维列向量$\boldsymbol{\alpha}=(a_1,a_2,\cdots,a_n)^{\mathrm{T}}$与$n$维行向量$\boldsymbol{\alpha}^{\mathrm{T}}=(a_1,a_2,\cdots,a_n)$总被视为两个不同的向量(按定义1, $\boldsymbol{\alpha}$与$\boldsymbol{\alpha}^{\mathrm{T}}$应是同一个向量).

本书中, 常用黑体小写字母$\boldsymbol{\alpha}, \boldsymbol{\beta}, \boldsymbol{a}, \boldsymbol{b}$等表示列向量, 用其转置$\boldsymbol{\alpha}^{\mathrm{T}}, \boldsymbol{\beta}^{\mathrm{T}}, \boldsymbol{a}^{\mathrm{T}}, \boldsymbol{b}^{\mathrm{T}}$等表示行向量, 所讨论的向量在没有特别指明的情况下都被视为列向量.

注: 在平面解析几何与空间解析几何中, 我们把"既有大小又有方向的量"称为向量, 并把可随意平行移动的有向线段作为自由向量的几何形象. 引入坐标系后, 又定义了向量的坐标表示式 (三个有序实数), 此即上面定义的三维行 (列) 向量. 因此, 当$n\leqslant 3$时, n维向量可以把有向线段作为其几何形象. 当$n>3$时, n维向量没有直观的几何形象.

在空间解析几何中, "空间"作为点的集合, 称为**点空间**. 因为空间中任意一点$P(x, y, z)$均与三维向量$\boldsymbol{r}=(x, y, z)^{\mathrm{T}}$之间有一一对应的关系, 故又把三维向量的全体组成的集合$\mathbf{R}^3=\{\boldsymbol{r}=(x, y, z)^{\mathrm{T}}\,|\,x, y, z\in\mathbf{R}\}$称为**三维向量空间**. 类似地, n维向量的全体组成的集合$\mathbf{R}^n=\{\boldsymbol{r}=(x_1, x_2, \cdots, x_n)^{\mathrm{T}}\,|\,x_1, x_2, \cdots, x_n\in\mathbf{R}\}$称为**$n$维向量空间**.

若干同维数的列向量 (或行向量) 组成的集合称为**向量组**. 设有$m\times n$矩阵

$$\boldsymbol{A}=\begin{pmatrix} a_{11} & a_{12} & \cdots & a_{1n} \\ a_{21} & a_{22} & \cdots & a_{2n} \\ \vdots & \vdots & & \vdots \\ a_{m1} & a_{m2} & \cdots & a_{mn} \end{pmatrix},$$

由矩阵$\boldsymbol{A}$的每一列$\boldsymbol{\alpha}_j=(a_{1j}, a_{2j},\cdots, a_{mj})^{\mathrm{T}}$ ($j=1, 2, \cdots, n$)组成的向量组$\boldsymbol{\alpha}_1, \boldsymbol{\alpha}_2, \cdots, \boldsymbol{\alpha}_n$称为矩阵$\boldsymbol{A}$的**列向量组**, 而由矩阵$\boldsymbol{A}$的每一行

$$\boldsymbol{\beta}_i=(a_{i1}, a_{i2}, \cdots, a_{in}) \quad (i=1, 2, \cdots, m)$$

组成的向量组$\boldsymbol{\beta}_1, \boldsymbol{\beta}_2, \cdots, \boldsymbol{\beta}_m$称为矩阵$\boldsymbol{A}$的**行向量组**. 因此, 矩阵$\boldsymbol{A}$也可记为

$$\boldsymbol{A}_{m\times n}=(\boldsymbol{\alpha}_1, \boldsymbol{\alpha}_2, \cdots, \boldsymbol{\alpha}_n)=\begin{pmatrix}\boldsymbol{\beta}_1\\ \boldsymbol{\beta}_2\\ \vdots\\ \boldsymbol{\beta}_m\end{pmatrix}.$$

这样, 矩阵$\boldsymbol{A}$就与其列向量组或行向量组建立了一一对应关系.

定义2 两个n维向量

$$\boldsymbol{\alpha}=(a_1, a_2, \cdots, a_n)^{\mathrm{T}} \text{ 与 } \boldsymbol{\beta}=(b_1, b_2, \cdots, b_n)^{\mathrm{T}}$$

的各对应分量之和组成的向量称为**向量α与β的和**, 记为$\boldsymbol{\alpha}+\boldsymbol{\beta}$, 即

$$\boldsymbol{\alpha}+\boldsymbol{\beta}=(a_1+b_1, a_2+b_2, \cdots, a_n+b_n)^{\mathrm{T}}.$$

由加法和负向量的定义, 可定义**向量的减法**:

$$\boldsymbol{\alpha}-\boldsymbol{\beta}=\boldsymbol{\alpha}+(-\boldsymbol{\beta})=(a_1-b_1, a_2-b_2, \cdots, a_n-b_n)^{\mathrm{T}}.$$

定义3 n维向量$\boldsymbol{\alpha}=(a_1, a_2, \cdots, a_n)^{\mathrm{T}}$的各个分量都乘以实数$k$所组成的向量, 称为**数$k$与向量$\alpha$的乘积** (又简称**数乘**), 记为$k\boldsymbol{\alpha}$, 即

$$k\boldsymbol{\alpha}=(ka_1, ka_2, \cdots, ka_n)^{\mathrm{T}}.$$

向量的加法和数乘运算统称为向量的**线性运算**.

注: 向量的线性运算与行(列)矩阵的运算规律相同, 从而也满足下列矩阵满足的运算规律(其中$\alpha, \beta, \gamma\in\mathbf{R}^n$, $k, l\in\mathbf{R}$):

① $\boldsymbol{\alpha}+\boldsymbol{\beta}=\boldsymbol{\beta}+\boldsymbol{\alpha}$; ② $(\boldsymbol{\alpha}+\boldsymbol{\beta})+\boldsymbol{\gamma}=\boldsymbol{\alpha}+(\boldsymbol{\beta}+\boldsymbol{\gamma})$;

③ $\boldsymbol{\alpha}+\mathbf{0}=\boldsymbol{\alpha}$; ④ $\boldsymbol{\alpha}+(-\boldsymbol{\alpha})=\mathbf{0}$;

⑤ $1\boldsymbol{\alpha}=\boldsymbol{\alpha}$; ⑥ $k(l\boldsymbol{\alpha})=(kl)\boldsymbol{\alpha}$;

⑦ $k(\boldsymbol{\alpha}+\boldsymbol{\beta})=k\boldsymbol{\alpha}+k\boldsymbol{\beta}$; ⑧ $(k+l)\boldsymbol{\alpha}=k\boldsymbol{\alpha}+l\boldsymbol{\alpha}$.

例1 设有向量组$\boldsymbol{\alpha}=(2, 0, -1, 3)^{\mathrm{T}}$, $\boldsymbol{\beta}=(1, 7, 4, -2)^{\mathrm{T}}$, $\boldsymbol{\gamma}=(0, 1, 0, 1)^{\mathrm{T}}$.

(1) 求$2\boldsymbol{\alpha}+\boldsymbol{\beta}-3\boldsymbol{\gamma}$;

(2) 若有$\boldsymbol{x}$, 满足$3\boldsymbol{\alpha}-\boldsymbol{\beta}+5\boldsymbol{\gamma}+2\boldsymbol{x}=\mathbf{0}$, 求$\boldsymbol{x}$.

解 (1) 依题设, 根据向量的线性运算, 有

$$2\boldsymbol{\alpha}+\boldsymbol{\beta}-3\boldsymbol{\gamma}=2(2, 0, -1, 3)^{\mathrm{T}}+(1, 7, 4, -2)^{\mathrm{T}}-3(0, 1, 0, 1)^{\mathrm{T}}=(5, 4, 2, 1)^{\mathrm{T}}.$$

(2) 根据向量的线性运算, 由题设方程$3\boldsymbol{\alpha}-\boldsymbol{\beta}+5\boldsymbol{\gamma}+2\boldsymbol{x}=\mathbf{0}$, 解得

$$\boldsymbol{x}=\frac{1}{2}(-3\boldsymbol{\alpha}+\boldsymbol{\beta}-5\boldsymbol{\gamma})=\frac{1}{2}[-3(2, 0, -1, 3)^{\mathrm{T}}+(1, 7, 4, -2)^{\mathrm{T}}-5(0, 1, 0, 1)^{\mathrm{T}}]$$
$$=(-5/2, 1, 7/2, -8)^{\mathrm{T}}.$$

二、向量组的线性组合的有关概念

考察线性方程组

$$\begin{cases} a_{11}x_1+a_{12}x_2+\cdots+a_{1n}x_n=b_1 \\ a_{21}x_1+a_{22}x_2+\cdots+a_{2n}x_n=b_2 \\ \cdots\cdots \\ a_{m1}x_1+a_{m2}x_2+\cdots+a_{mn}x_n=b_m \end{cases}. \tag{2.1}$$

记该线性方程组系数矩阵的列向量组与右端常数列向量依次为

$$\boldsymbol{\alpha}_j=\begin{pmatrix} a_{1j} \\ a_{2j} \\ \vdots \\ a_{mj} \end{pmatrix}(j=1,2,\cdots,n),\ \boldsymbol{\beta}=\begin{pmatrix} b_1 \\ b_2 \\ \vdots \\ b_m \end{pmatrix}, \tag{2.2}$$

则方程组(2.1)的矩阵形式为$\boldsymbol{Ax}=\boldsymbol{\beta}$, 由向量组与矩阵的关系, 式(2.1)又可表示为向量形式:

$$\boldsymbol{\alpha}_1x_1+\boldsymbol{\alpha}_2x_2+\cdots+\boldsymbol{\alpha}_nx_n=\boldsymbol{\beta}, \tag{2.3}$$

故方程组(2.1)是否有解, 相当于是否存在一组数$k_1,k_2,\cdots,k_n$, 使得下列线性关系式成立:

$$\boldsymbol{\beta}=k_1\boldsymbol{\alpha}_1+k_2\boldsymbol{\alpha}_2+\cdots+k_n\boldsymbol{\alpha}_n.$$

例如, 线性方程组$\begin{cases} x_1+2x_2+x_3=-0.5 \\ \qquad x_2-x_3=-1.5 \\ x_1+2x_2\qquad=-1 \end{cases}$的矩阵形式为

$$\begin{pmatrix} 1 & 2 & 1 \\ 0 & 1 & -1 \\ 1 & 2 & 0 \end{pmatrix}\begin{pmatrix} x_1 \\ x_2 \\ x_3 \end{pmatrix}=\begin{pmatrix} -0.5 \\ -1.5 \\ -1 \end{pmatrix},$$

向量形式为$\boldsymbol{\alpha}_1x_1+\boldsymbol{\alpha}_2x_2+\boldsymbol{\alpha}_3x_3=\boldsymbol{\beta}$, 其中

$$\boldsymbol{\alpha}_1=\begin{pmatrix} 1 \\ 0 \\ 1 \end{pmatrix},\ \boldsymbol{\alpha}_2=\begin{pmatrix} 2 \\ 1 \\ 2 \end{pmatrix},\ \boldsymbol{\alpha}_3=\begin{pmatrix} 1 \\ -1 \\ 0 \end{pmatrix},\ \boldsymbol{\beta}=\begin{pmatrix} -0.5 \\ -1.5 \\ -1 \end{pmatrix}.$$

易求出该线性方程组的解为$(1,-1,0.5)^{\mathrm{T}}$, 即存在一组数1, −1, 0.5, 满足上述向量方程:

$$1\cdot\boldsymbol{\alpha}_1+(-1)\cdot\boldsymbol{\alpha}_2+0.5\cdot\boldsymbol{\alpha}_3=\boldsymbol{\beta}.$$

在探讨这一问题之前, 我们先介绍几个有关向量组的概念.

定义 4　给定向量组$\boldsymbol{A}$: $\boldsymbol{\alpha}_1,\boldsymbol{\alpha}_2,\cdots,\boldsymbol{\alpha}_s$, 对于任何一组实数$k_1,k_2,\cdots,k_s$, 表达式

$$k_1\boldsymbol{\alpha}_1+k_2\boldsymbol{\alpha}_2+\cdots+k_s\boldsymbol{\alpha}_s$$

称为向量组 $\boldsymbol{A}$ 的一个**线性组合**, $k_1, k_2, \cdots, k_s$ 称为这个**线性组合的系数**, 也称为该**线性组合的权重**.

定义 5　对给定向量组 $\boldsymbol{A}$: $\boldsymbol{\alpha}_1, \boldsymbol{\alpha}_2, \cdots, \boldsymbol{\alpha}_s$ 和向量 $\boldsymbol{\beta}$, 若存在一组数 $k_1, k_2, \cdots, k_s$, 使得

$$\boldsymbol{\beta}=k_1\boldsymbol{\alpha}_1+k_2\boldsymbol{\alpha}_2+\cdots+k_s\boldsymbol{\alpha}_s,$$

则称向量 $\boldsymbol{\beta}$ 是向量组 $\boldsymbol{A}$ 的**线性组合**, 又称 $\boldsymbol{\beta}$ 能由向量组 $\boldsymbol{A}$ **线性表示** (或**线性表出**).

由定义可见, 向量能被向量组线性表示是指一个向量可以通过给定向量组的线性组合得到, 即存在一组实数, 使该向量等于向量组中各向量的加权和. 这一概念是线性相关性和生成空间的基础, 揭示了向量之间的关系及其在向量空间中的位置.

例如, 设有向量组

$$\boldsymbol{\alpha}_1=\begin{pmatrix}1\\0\\1\end{pmatrix}, \boldsymbol{\alpha}_2=\begin{pmatrix}2\\3\\1\end{pmatrix}, \boldsymbol{\alpha}_3=\begin{pmatrix}-1\\4\\2\end{pmatrix}, \boldsymbol{\beta}=\begin{pmatrix}-6\\6\\5\end{pmatrix},$$

易验证有: $\boldsymbol{\beta}=\boldsymbol{\alpha}_1-2\boldsymbol{\alpha}_2+3\boldsymbol{\alpha}_3$, 即向量 $\boldsymbol{\beta}$ 可由向量组 $\boldsymbol{\alpha}_1$, $\boldsymbol{\alpha}_2$, $\boldsymbol{\alpha}_3$ 线性表示.

由线性方程组 (2.1) 的向量形式 (2.3) 可见, 向量 $\boldsymbol{\beta}$ 是否能由向量组 $\boldsymbol{\alpha}_1, \boldsymbol{\alpha}_2, \cdots, \boldsymbol{\alpha}_s$ 线性表示的问题就等价于线性方程组

$$\boldsymbol{\alpha}_1x_1+\boldsymbol{\alpha}_2x_2+\cdots+\boldsymbol{\alpha}_sx_s=\boldsymbol{\beta}$$

是否有解的问题. 根据§3.1 定理 2, 进一步可得:

定理 1　设向量 $\boldsymbol{\beta}$ 与向量组 $\boldsymbol{\alpha}_j$ $(j=1, 2, \cdots, s)$ 由式 (2.2) 给出, 则向量 $\boldsymbol{\beta}$ 能由向量组 $\boldsymbol{\alpha}_1$, $\boldsymbol{\alpha}_2, \cdots, \boldsymbol{\alpha}_s$ 线性表示的充分必要条件是矩阵

$$\boldsymbol{A}=(\boldsymbol{\alpha}_1, \boldsymbol{\alpha}_2, \cdots, \boldsymbol{\alpha}_s) \text{ 与 } \widetilde{\boldsymbol{A}}=(\boldsymbol{\alpha}_1, \boldsymbol{\alpha}_2, \cdots, \boldsymbol{\alpha}_s, \boldsymbol{\beta})$$

的秩相等, 即 $\mathrm{r}(\boldsymbol{A})=\mathrm{r}(\widetilde{\boldsymbol{A}})$.

证明　由线性方程组解的判定定理知, 线性方程组

$$\boldsymbol{\alpha}_1x_1+\boldsymbol{\alpha}_2x_2+\cdots+\boldsymbol{\alpha}_sx_s=\boldsymbol{\beta}$$

有解的充分必要条件是 $\mathrm{r}(\boldsymbol{A})=\mathrm{r}(\widetilde{\boldsymbol{A}})$, 即系数矩阵与增广矩阵的秩相等, 再由矩阵与其列向量组的关系知, 向量 $\boldsymbol{\beta}$ 可由 $\boldsymbol{\alpha}_1, \boldsymbol{\alpha}_2, \cdots, \boldsymbol{\alpha}_s$ 线性表示的充分必要条件是: 以 $\boldsymbol{\alpha}_1, \boldsymbol{\alpha}_2, \cdots, \boldsymbol{\alpha}_s$ 为列向量的矩阵与以 $\boldsymbol{\alpha}_1, \boldsymbol{\alpha}_2, \cdots, \boldsymbol{\alpha}_s$, $\boldsymbol{\beta}$ 为列向量的矩阵有相同的秩. 证毕.

例如, 设有列向量组

$$\boldsymbol{\alpha}_1=\begin{pmatrix}10\\26\\22\\32\\8\end{pmatrix}, \boldsymbol{\alpha}_2=\begin{pmatrix}28\\78\\66\\94\\24\end{pmatrix}, \boldsymbol{\alpha}_3=\begin{pmatrix}-12\\-21\\-18\\-30\\-6\end{pmatrix}, \boldsymbol{\alpha}_4=\begin{pmatrix}60\\208\\180\\236\\64\end{pmatrix}, \boldsymbol{\alpha}_5=\begin{pmatrix}10\\10\\10\\20\\5\end{pmatrix}, \boldsymbol{\beta}=\begin{pmatrix}72\\214\\183\\253\\67\end{pmatrix}.$$

由该列向量组构成矩阵, 并化为行最简形矩阵:

$$\begin{pmatrix} 10 & 28 & -12 & 60 & 10 & 72 \\ 26 & 78 & -21 & 208 & 10 & 214 \\ 22 & 66 & -18 & 180 & 10 & 183 \\ 32 & 94 & -30 & 236 & 20 & 253 \\ 8 & 24 & -6 & 64 & 5 & 67 \end{pmatrix} \to \begin{pmatrix} 1 & 0 & 0 & 0 & 0 & 13 \\ 0 & 1 & 0 & 0 & 0 & -5/2 \\ 0 & 0 & 1 & 0 & 0 & 5/3 \\ 0 & 0 & 0 & 1 & 0 & 1/2 \\ 0 & 0 & 0 & 0 & 1 & 1/5 \end{pmatrix},$$

这表明: 矩阵 $\boldsymbol{A}=(\boldsymbol{\alpha}_1, \boldsymbol{\alpha}_2, \cdots, \boldsymbol{\alpha}_s)$ 与 $\widetilde{\boldsymbol{A}}=(\boldsymbol{\alpha}_1, \boldsymbol{\alpha}_2, \cdots, \boldsymbol{\alpha}_s, \boldsymbol{\beta})$ 的秩相等, 所以, 向量 $\boldsymbol{\beta}$ 可由向量组 $\boldsymbol{\alpha}_1, \boldsymbol{\alpha}_2, \cdots, \boldsymbol{\alpha}_s$ 线性表示, 且由上面右端的行最简形矩阵可写出其线性表示式:

$$\boldsymbol{\beta}=13\boldsymbol{\alpha}_1-\frac{5}{2}\boldsymbol{\alpha}_2+\frac{5}{3}\boldsymbol{\alpha}_3+\frac{1}{2}\boldsymbol{\alpha}_4+\frac{1}{5}\boldsymbol{\alpha}_5 .$$

例 2　任何一个 n 维向量 $\boldsymbol{\alpha}=(a_1, a_2, \cdots, a_n)^{\mathrm{T}}$ 都是 n 维单位坐标向量组

$$\boldsymbol{\varepsilon}_1=(1, 0, \cdots, 0)^{\mathrm{T}},\ \boldsymbol{\varepsilon}_2=(0, 1, \cdots, 0)^{\mathrm{T}},\ \cdots,\ \boldsymbol{\varepsilon}_n=(0, 0, \cdots, 1)^{\mathrm{T}}$$

的线性组合, 因为 $\boldsymbol{\alpha}=a_1\boldsymbol{\varepsilon}_1+a_2\boldsymbol{\varepsilon}_2+\cdots+a_n\boldsymbol{\varepsilon}_n$.

单位坐标向量组在向量空间的描述和计算中具有重要作用, 是矩阵运算、坐标变换及线性变换研究的基础工具. 任何向量都可以唯一地表示成单位坐标向量组的线性组合, 这种表示形式使计算和理论分析更简单.

例 3　零向量是任何一组向量的线性组合. 因为

$$\boldsymbol{0}=0\cdot\boldsymbol{\alpha}_1+0\cdot\boldsymbol{\alpha}_2+\cdots+0\cdot\boldsymbol{\alpha}_s .$$

例 4　向量组 $\boldsymbol{\alpha}_1, \boldsymbol{\alpha}_2, \cdots, \boldsymbol{\alpha}_s$ 中的任一向量 $\boldsymbol{\alpha}_j$ $(1\leqslant j\leqslant s)$ 都是此向量组的线性组合. 因为

$$\boldsymbol{\alpha}_j=0\cdot\boldsymbol{\alpha}_1+\cdots+1\cdot\boldsymbol{\alpha}_j+\cdots+0\cdot\boldsymbol{\alpha}_s .$$

例 5　已知 $\boldsymbol{\alpha}_1=(1, 2, 1)^{\mathrm{T}}, \boldsymbol{\alpha}_2=(1, 1, 2)^{\mathrm{T}}, \boldsymbol{\alpha}_3=(1, -1, 4)^{\mathrm{T}}, \boldsymbol{\beta}=(1, 0, a)^{\mathrm{T}}$. 问 a 为何值时:

(1) $\boldsymbol{\beta}$ 不能由 $\boldsymbol{\alpha}_1, \boldsymbol{\alpha}_2, \boldsymbol{\alpha}_3$ 线性表示;

(2) $\boldsymbol{\beta}$ 可由 $\boldsymbol{\alpha}_1, \boldsymbol{\alpha}_2, \boldsymbol{\alpha}_3$ 线性表示, 并写出线性表达式.

解　利用求矩阵的秩的初等变换法, 对矩阵 $(\boldsymbol{\alpha}_1, \boldsymbol{\alpha}_2, \boldsymbol{\alpha}_3, \boldsymbol{\beta})$ 施以初等行变换, 得

$$(\boldsymbol{\alpha}_1, \boldsymbol{\alpha}_2, \boldsymbol{\alpha}_3, \boldsymbol{\beta})=\begin{pmatrix} 1 & 1 & 1 & 1 \\ 2 & 1 & -1 & 0 \\ 1 & 2 & 4 & a \end{pmatrix}$$

$$\to\begin{pmatrix} 1 & 1 & 1 & 1 \\ 0 & -1 & -3 & -2 \\ 0 & 1 & 3 & a-1 \end{pmatrix}\to\begin{pmatrix} 1 & 0 & -2 & -1 \\ 0 & 1 & 3 & 2 \\ 0 & 0 & 0 & a-3 \end{pmatrix},$$

分情况讨论如下:

(1) 当 $a-3\neq 0$, 即 $a\neq 3$ 时, 由于秩

$$\mathrm{r}(\boldsymbol{\alpha}_1, \boldsymbol{\alpha}_2, \boldsymbol{\alpha}_3)=2\neq\mathrm{r}(\boldsymbol{\alpha}_1, \boldsymbol{\alpha}_2, \boldsymbol{\alpha}_3, \boldsymbol{\beta})=3 ,$$

故此时向量 $\boldsymbol{\beta}$ 不能由向量组 $\boldsymbol{\alpha}_1, \boldsymbol{\alpha}_2, \boldsymbol{\alpha}_3$ 线性表示.

(2) 当 $a-3=0$, 即 $a=3$ 时, 由于

$$\mathrm{r}(\boldsymbol{\alpha}_1, \boldsymbol{\alpha}_2, \boldsymbol{\alpha}_3)=\mathrm{r}(\boldsymbol{\alpha}_1, \boldsymbol{\alpha}_2, \boldsymbol{\alpha}_3, \boldsymbol{\beta})=2,$$

故此时向量 $\boldsymbol{\beta}$ 可由 $\boldsymbol{\alpha}_1, \boldsymbol{\alpha}_2, \boldsymbol{\alpha}_3$ 线性表示, 且

$$\boldsymbol{\beta}=-\boldsymbol{\alpha}_1+2\boldsymbol{\alpha}_2.$$

例6 判断向量 $\boldsymbol{\beta}=(4, 3, -1, 11)^{\mathrm{T}}$ 是否为向量组

$$\boldsymbol{\alpha}_1=(1, 2, -1, 5)^{\mathrm{T}}, \ \boldsymbol{\alpha}_2=(2, -1, 1, 1)^{\mathrm{T}}$$

的线性组合. 若是, 写出其表达式.

解 根据线性组合的定义, 设有数 k_1, k_2, 使得 $k_1\boldsymbol{\alpha}_1+k_2\boldsymbol{\alpha}_2=\boldsymbol{\beta}$, 对矩阵 $(\boldsymbol{\alpha}_1, \boldsymbol{\alpha}_2, \boldsymbol{\beta})$ 施以初等行变换化为行最简形矩阵:

$$\begin{pmatrix} 1 & 2 & 4 \\ 2 & -1 & 3 \\ -1 & 1 & -1 \\ 5 & 1 & 11 \end{pmatrix} \to \begin{pmatrix} 1 & 2 & 4 \\ 0 & -5 & -5 \\ 0 & 3 & 3 \\ 0 & -9 & -9 \end{pmatrix} \to \begin{pmatrix} 1 & 2 & 4 \\ 0 & 1 & 1 \\ 0 & 0 & 0 \\ 0 & 0 & 0 \end{pmatrix} \to \begin{pmatrix} 1 & 0 & 2 \\ 0 & 1 & 1 \\ 0 & 0 & 0 \\ 0 & 0 & 0 \end{pmatrix}.$$

于是, 由求矩阵的秩的初等变换法, 有

$$\mathrm{r}(\boldsymbol{\alpha}_1, \boldsymbol{\alpha}_2, \boldsymbol{\beta}_1)=\mathrm{r}(\boldsymbol{\alpha}_1, \boldsymbol{\alpha}_2)=2.$$

根据向量能被向量组线性表示的充要条件知, 向量 $\boldsymbol{\beta}$ 是向量组 $\boldsymbol{\alpha}_1, \boldsymbol{\alpha}_2$ 的线性组合, 且由上面的行最简形矩阵, 可取 $k_1=2, \ k_2=1$, 使得 $\boldsymbol{\beta}=2\boldsymbol{\alpha}_1+\boldsymbol{\alpha}_2$.

例7 设有向量

$$\boldsymbol{\alpha}_1=(1, 2, 0)^{\mathrm{T}}, \ \boldsymbol{\alpha}_2=(1, a+2, -3a)^{\mathrm{T}}, \ \boldsymbol{\alpha}_3=(-1, -b-2, a+2b)^{\mathrm{T}}, \ \boldsymbol{\beta}=(1, 3, -3)^{\mathrm{T}}.$$

试问: 当 a, b 为何值时, $\boldsymbol{\beta}$ 可由 $\boldsymbol{\alpha}_1, \boldsymbol{\alpha}_2, \boldsymbol{\alpha}_3$ 唯一地线性表示, 并求出表示式.

解 记 $\boldsymbol{A}=(\boldsymbol{\alpha}_1, \boldsymbol{\alpha}_2, \boldsymbol{\alpha}_3)$, 对矩阵 $(\boldsymbol{A} \ \ \boldsymbol{\beta})$ 施以初等行变换, 有

$$(\boldsymbol{A} \ \ \boldsymbol{\beta})=\begin{pmatrix} 1 & 1 & -1 & 1 \\ 2 & a+2 & -b-2 & 3 \\ 0 & -3a & a+2b & -3 \end{pmatrix} \to \begin{pmatrix} 1 & 1 & -1 & 1 \\ 0 & a & -b & 1 \\ 0 & 0 & a-b & 0 \end{pmatrix}.$$

由线性方程组解的判定定理知, 当 $a \neq b$ 时, 秩 $\mathrm{r}(\boldsymbol{A})=3$, 方程组 $\boldsymbol{Ax}=\boldsymbol{\beta}$ 有唯一解.

$$(\boldsymbol{A} \ \ \boldsymbol{\beta}) \to \begin{pmatrix} 1 & 0 & 0 & 1-1/a \\ 0 & 1 & 0 & 1/a \\ 0 & 0 & 1 & 0 \end{pmatrix},$$

且方程组的解为 $\boldsymbol{x}=\left(1-\dfrac{1}{a}, \ \dfrac{1}{a}, \ 0\right)^{\mathrm{T}}$, 故

$$\boldsymbol{\beta}=\left(1-\frac{1}{a}\right)\boldsymbol{\alpha}_1+\frac{1}{a}\boldsymbol{\alpha}_2.$$

三、向量组间的线性表示

定义 6 设有两向量组 $\boldsymbol{A}$: $\boldsymbol{\alpha}_1, \boldsymbol{\alpha}_2, \cdots, \boldsymbol{\alpha}_s$；$\boldsymbol{B}$: $\boldsymbol{\beta}_1, \boldsymbol{\beta}_2, \cdots, \boldsymbol{\beta}_t$. 若向量组 $\boldsymbol{B}$ 中的每个向量都能由向量组 $\boldsymbol{A}$ 线性表示, 则称向量组 $\boldsymbol{B}$ 能由向量组 $\boldsymbol{A}$ **线性表示**. 若向量组 $\boldsymbol{A}$ 与向量组 $\boldsymbol{B}$ 能相互线性表示, 则称这两个**向量组等价**.

由定义可见, 向量组间的线性表示是指一个向量组中的每个向量都可以通过另一个向量组的线性组合表示. 这一概念反映了向量组之间的相互关系, 是线性相关性、向量空间生成及其子空间研究的重要基础. 线性表示的意义在于, 它可以用来判断一个向量组是否生成了整个向量空间, 或者是否能通过另一组向量来完全表达. 通过线性表示, 可以确定向量组是否冗余或是否包含足够的信息描述空间中的所有向量. 在数据分析中, 向量组间的线性表示用于降维和特征提取; 在工程中, 它帮助简化问题的数学建模; 在计算机科学中, 它支持压缩和重构数据. 这一概念为理解向量间的关系提供了理论工具.

按定义, 若向量组 $\boldsymbol{B}$ 能由向量组 $\boldsymbol{A}$ 线性表示, 则存在 $k_{1j}, k_{2j}, \cdots, k_{sj}$ $(j=1, 2, \cdots, t)$, 使得

$$\boldsymbol{\beta}_j = k_{1j}\boldsymbol{\alpha}_1 + k_{2j}\boldsymbol{\alpha}_2 + \cdots + k_{sj}\boldsymbol{\alpha}_s = (\boldsymbol{\alpha}_1, \boldsymbol{\alpha}_2, \cdots, \boldsymbol{\alpha}_s)\begin{pmatrix} k_{1j} \\ k_{2j} \\ \vdots \\ k_{sj} \end{pmatrix},$$

故由向量组与矩阵的关系, 有

$$(\boldsymbol{\beta}_1, \boldsymbol{\beta}_2, \cdots, \boldsymbol{\beta}_t) = (\boldsymbol{\alpha}_1, \boldsymbol{\alpha}_2, \cdots, \boldsymbol{\alpha}_s)\begin{pmatrix} k_{11} & k_{12} & \cdots & k_{1t} \\ k_{21} & k_{22} & \cdots & k_{2t} \\ \vdots & \vdots & & \vdots \\ k_{s1} & k_{s2} & \cdots & k_{st} \end{pmatrix},$$

其中矩阵 $\boldsymbol{K}_{s\times t} = (k_{ij})_{s\times t}$ 称为这一线性表示的**系数矩阵**.

例如, 设有两向量组

$$\boldsymbol{A}: \boldsymbol{\alpha}_1 = \begin{pmatrix} -1 \\ 1 \\ 1 \\ -1 \end{pmatrix}, \quad \boldsymbol{\alpha}_2 = \begin{pmatrix} 4 \\ -8 \\ 2 \\ 1 \end{pmatrix}, \quad \boldsymbol{\alpha}_3 = \begin{pmatrix} 1 \\ -4 \\ 4 \\ -1 \end{pmatrix}, \quad \boldsymbol{\alpha}_4 = \begin{pmatrix} -2 \\ 1 \\ 4 \\ -3 \end{pmatrix};$$

$$\boldsymbol{B}: \boldsymbol{\beta}_1 = \begin{pmatrix} 2 \\ -10 \\ 11 \\ -4 \end{pmatrix}, \quad \boldsymbol{\beta}_2 = \begin{pmatrix} 4 \\ -12 \\ 9 \\ -2 \end{pmatrix}, \quad \boldsymbol{\beta}_3 = \begin{pmatrix} -2 \\ 4 \\ -1 \\ 0 \end{pmatrix}, \quad \boldsymbol{\beta}_4 = \begin{pmatrix} -3 \\ 8 \\ -5 \\ 1 \end{pmatrix}, \quad \boldsymbol{\beta}_5 = \begin{pmatrix} 8 \\ -14 \\ 1 \\ 4 \end{pmatrix}.$$

易验证向量组 $\boldsymbol{B}$ 能由向量组 $\boldsymbol{A}$ 线性表示, 且

$$\boldsymbol{\beta}_1=\boldsymbol{\alpha}_1+\boldsymbol{\alpha}_2+\boldsymbol{\alpha}_3+\boldsymbol{\alpha}_4,\ \boldsymbol{\beta}_2=-\boldsymbol{\alpha}_1+\boldsymbol{\alpha}_2+\boldsymbol{\alpha}_3+\boldsymbol{\alpha}_4,\ \boldsymbol{\beta}_3=\boldsymbol{\alpha}_1-\boldsymbol{\alpha}_2+\boldsymbol{\alpha}_3-\boldsymbol{\alpha}_4,$$
$$\boldsymbol{\beta}_4=\boldsymbol{\alpha}_1-\boldsymbol{\alpha}_2-\boldsymbol{\alpha}_4,\ \boldsymbol{\beta}_5=-\boldsymbol{\alpha}_1+\boldsymbol{\alpha}_2+\boldsymbol{\alpha}_3-\boldsymbol{\alpha}_4,$$

即有矩阵关系式:

$$(\boldsymbol{\beta}_1,\boldsymbol{\beta}_2,\boldsymbol{\beta}_3,\boldsymbol{\beta}_4,\boldsymbol{\beta}_5)=(\boldsymbol{\alpha}_1,\boldsymbol{\alpha}_2,\boldsymbol{\alpha}_3,\boldsymbol{\alpha}_4)\begin{pmatrix}1&-1&1&1&-1\\1&1&-1&-1&1\\1&1&1&0&1\\1&1&-1&-1&-1\end{pmatrix}.$$

由此可见, 上述线性表示的系数矩阵即为

$$\begin{pmatrix}1&-1&1&1&-1\\1&1&-1&-1&1\\1&1&1&0&1\\1&1&-1&-1&-1\end{pmatrix}.$$

例8　证明向量组 $\boldsymbol{\alpha}_1=(1,1,0)^{\mathrm{T}}$, $\boldsymbol{\alpha}_2=(0,1,1)^{\mathrm{T}}$ 与向量组 $\boldsymbol{\beta}_1=(1,2,1)^{\mathrm{T}}$, $\boldsymbol{\beta}_2=(2,3,1)^{\mathrm{T}}$, $\boldsymbol{\beta}_3=(1,0,-1)^{\mathrm{T}}$ 等价.

证明　构造矩阵 $(\boldsymbol{\alpha}_1,\boldsymbol{\alpha}_2,\boldsymbol{\beta}_1,\boldsymbol{\beta}_2,\boldsymbol{\beta}_3)$, 施以初等行变换:

$$\begin{pmatrix}1&0&1&2&1\\1&1&2&3&0\\0&1&1&1&-1\end{pmatrix}\to\begin{pmatrix}1&0&1&2&1\\0&1&1&1&-1\\0&0&0&0&0\end{pmatrix}.$$

易见

$$\mathrm{r}(\boldsymbol{\alpha}_1,\boldsymbol{\alpha}_2)=\mathrm{r}(\boldsymbol{\beta}_1,\boldsymbol{\beta}_2,\boldsymbol{\beta}_3)=\mathrm{r}(\boldsymbol{\alpha}_1,\boldsymbol{\alpha}_2,\boldsymbol{\beta}_1,\boldsymbol{\beta}_2,\boldsymbol{\beta}_3)=2.$$

故两向量组等价. 证毕.

注: 由上面的行最简形矩阵, 可得

$$(\boldsymbol{\beta}_1,\boldsymbol{\beta}_2,\boldsymbol{\beta}_3)=(\boldsymbol{\alpha}_1,\boldsymbol{\alpha}_2)\begin{pmatrix}1&2&1\\1&1&-1\end{pmatrix}.$$

例9　已知向量组

$$(\mathrm{I}):\ \boldsymbol{\alpha}_1=\begin{pmatrix}1\\1\\4\end{pmatrix},\ \boldsymbol{\alpha}_2=\begin{pmatrix}1\\0\\4\end{pmatrix},\ \boldsymbol{\alpha}_3=\begin{pmatrix}1\\2\\a^2+3\end{pmatrix};$$

$$(\mathrm{II}):\ \boldsymbol{\beta}_1=\begin{pmatrix}1\\1\\a+3\end{pmatrix},\ \boldsymbol{\beta}_2=\begin{pmatrix}0\\2\\1-a\end{pmatrix},\ \boldsymbol{\beta}_3=\begin{pmatrix}1\\3\\a^2+3\end{pmatrix}.$$

若向量组(I)与向量组(II)等价, 求 a 的取值, 并将 $\boldsymbol{\beta}_3$ 用 $\boldsymbol{\alpha}_1$, $\boldsymbol{\alpha}_2$, $\boldsymbol{\alpha}_3$ 线性表示.

解 依题设, 记$\boldsymbol{A}=(\boldsymbol{\alpha}_1, \boldsymbol{\alpha}_2, \boldsymbol{\alpha}_3)$, $\boldsymbol{B}=(\boldsymbol{\beta}_1, \boldsymbol{\beta}_2, \boldsymbol{\beta}_3)$, 如果向量组(Ⅰ)和向量组(Ⅱ)等价, 则由向量组间秩的关系知, 这两个向量组(从而矩阵$\boldsymbol{A}$与$\boldsymbol{B}$)必有相同的秩, 即

$$\mathrm{r}(\boldsymbol{A})=\mathrm{r}(\boldsymbol{B})=\mathrm{r}(\boldsymbol{A}\ \boldsymbol{B}),$$

利用求矩阵的秩的初等变换法, 对$(\boldsymbol{A}\ \boldsymbol{B})$作初等行变换:

$$\begin{pmatrix} 1 & 1 & 1 & 1 & 0 & 1 \\ 1 & 0 & 2 & 1 & 2 & 3 \\ 4 & 4 & a^2+3 & a+3 & 1-a & a^2+3 \end{pmatrix} \to \begin{pmatrix} 1 & 1 & 1 & 1 & 0 & 1 \\ 0 & -1 & 1 & 0 & 2 & 2 \\ 0 & 0 & a^2-1 & a-1 & 1-a & a^2-1 \end{pmatrix},$$

由此可对a的不同取值讨论如下:

(1) 当$a=-1$时, $\mathrm{r}(\boldsymbol{A})\neq\mathrm{r}(\boldsymbol{B})$.

(2) 当$a=1$时, $\mathrm{r}(\boldsymbol{A})=\mathrm{r}(\boldsymbol{B})=2$.

此时, 将$a=1$代入题设向量组中, 并设$\boldsymbol{\beta}_3=x_1\boldsymbol{\alpha}_1+x_2\boldsymbol{\alpha}_2+x_3\boldsymbol{\alpha}_3$, 则由上述行阶梯形矩阵, 有

$$\begin{pmatrix} 1 \\ 2 \\ 0 \end{pmatrix}=\begin{pmatrix} 1 & 1 & 1 \\ 0 & -1 & 1 \\ 0 & 0 & 0 \end{pmatrix}\begin{pmatrix} x_1 \\ x_2 \\ x_3 \end{pmatrix},$$

即

$$\begin{cases} x_1+x_2+x_3=1 \\ \quad -x_2+x_3=2 \end{cases},$$

设$x_2=k$, 则得到$\boldsymbol{\beta}_3$关于$\boldsymbol{\alpha}_1, \boldsymbol{\alpha}_2, \boldsymbol{\alpha}_3$的线性表示式:

$$\boldsymbol{\beta}_3=(-2k-1)\boldsymbol{\alpha}_1+k\boldsymbol{\alpha}_2+(2+k)\boldsymbol{\alpha}_3,\ k\in\mathbf{R}.$$

(3) 当$a\neq\pm1$时, $\mathrm{r}(\boldsymbol{A})=\mathrm{r}(\boldsymbol{B})=3$.

此时, 向量$\boldsymbol{\beta}_3$能由向量组$\boldsymbol{\alpha}_1, \boldsymbol{\alpha}_2, \boldsymbol{\alpha}_3$唯一线性表示, 由上述行阶梯形矩阵, 可直接写出其线性表示式: $\boldsymbol{\beta}_3=\boldsymbol{\alpha}_1-\boldsymbol{\alpha}_2+\boldsymbol{\alpha}_3$.

引理 1 如果$\boldsymbol{C}_{s\times n}=\boldsymbol{A}_{s\times t}\boldsymbol{B}_{t\times n}$, 则矩阵$\boldsymbol{C}$的列向量组能由矩阵$\boldsymbol{A}$的列向量组线性表示, $\boldsymbol{B}$为这一表示的系数矩阵. 而矩阵$\boldsymbol{C}$的行向量组能由$\boldsymbol{B}$的行向量组线性表示, $\boldsymbol{A}$为这一表示的系数矩阵.

证明 设矩阵$\boldsymbol{A}=(a_{ij})_{s\times t}=(\boldsymbol{\alpha}_1, \boldsymbol{\alpha}_2, \cdots, \boldsymbol{\alpha}_t)$, $\boldsymbol{B}=(b_{ij})_{t\times n}$, 则

$$\boldsymbol{C}=(c_{ij})_{s\times n}=\boldsymbol{A}_{s\times t}\boldsymbol{B}_{t\times n}=(\boldsymbol{\gamma}_1, \boldsymbol{\gamma}_2, \cdots, \boldsymbol{\gamma}_n),$$

即向量组$(\boldsymbol{\gamma}_1, \boldsymbol{\gamma}_2, \cdots, \boldsymbol{\gamma}_n)$与$(\boldsymbol{\alpha}_1, \boldsymbol{\alpha}_2, \cdots, \boldsymbol{\alpha}_t)$间的线性表示式为

$$(\boldsymbol{\gamma}_1, \boldsymbol{\gamma}_2, \cdots, \boldsymbol{\gamma}_n)=(\boldsymbol{\alpha}_1, \boldsymbol{\alpha}_2, \cdots, \boldsymbol{\alpha}_t)\begin{pmatrix} b_{11} & b_{12} & \cdots & b_{1n} \\ b_{21} & b_{22} & \cdots & b_{2n} \\ \vdots & \vdots & & \vdots \\ b_{t1} & b_{t2} & \cdots & b_{tn} \end{pmatrix}.$$

因此，有

$$\gamma_j = b_{1j}\boldsymbol{\alpha}_1 + b_{2j}\boldsymbol{\alpha}_2 + \cdots + b_{tj}\boldsymbol{\alpha}_t \ (j=1, 2, \cdots, n),$$

上式表明，$\boldsymbol{AB}$ 的列向量组 $\gamma_1, \gamma_2, \cdots, \gamma_s$ 可由 $\boldsymbol{A}$ 的列向量组 $\boldsymbol{\alpha}_1, \boldsymbol{\alpha}_2, \cdots, \boldsymbol{\alpha}_n$ 线性表示，$\boldsymbol{B}$ 为这一表示的系数矩阵.

同理，设矩阵 $\boldsymbol{A}=(a_{ij})_{s\times t}$，$\boldsymbol{B}=(b_{ij})_{t\times n}=(\boldsymbol{\beta}_1, \boldsymbol{\beta}_2, \cdots, \boldsymbol{\beta}_t)^{\mathrm{T}}$，则

$$\boldsymbol{C}=(c_{ij})_{s\times n}=\boldsymbol{A}_{s\times t}\boldsymbol{B}_{t\times n}=\begin{pmatrix}\boldsymbol{\eta}_1\\ \boldsymbol{\eta}_2\\ \vdots\\ \boldsymbol{\eta}_s\end{pmatrix}，即 \begin{pmatrix}\boldsymbol{\eta}_1\\ \boldsymbol{\eta}_2\\ \vdots\\ \boldsymbol{\eta}_s\end{pmatrix}=\begin{pmatrix}a_{11} & a_{12} & \cdots & a_{1t}\\ a_{21} & a_{22} & \cdots & a_{2t}\\ \vdots & \vdots & & \vdots\\ a_{s1} & a_{s2} & \cdots & a_{st}\end{pmatrix}\begin{pmatrix}\boldsymbol{\beta}_1\\ \boldsymbol{\beta}_2\\ \vdots\\ \boldsymbol{\beta}_t\end{pmatrix},$$

因此，有

$$\boldsymbol{\eta}_i = a_{i1}\boldsymbol{\beta}_1 + a_{i2}\boldsymbol{\beta}_2 + \cdots + a_{it}\boldsymbol{\beta}_t \quad (i=1, 2, \cdots, s),$$

上式表明，$\boldsymbol{AB}$ 的行向量组 $\boldsymbol{\eta}_1, \boldsymbol{\eta}_2, \cdots, \boldsymbol{\eta}_s$ 可由 $\boldsymbol{B}$ 的行向量组 $\boldsymbol{\beta}_1, \boldsymbol{\beta}_2, \cdots, \boldsymbol{\beta}_t$ 线性表示，$\boldsymbol{A}$ 为这一表示的系数矩阵. 证毕.

定理 2　若向量组 $\boldsymbol{A}$ 可由向量组 $\boldsymbol{B}$ 线性表示，向量组 $\boldsymbol{B}$ 可由向量组 $\boldsymbol{C}$ 线性表示，则向量组 $\boldsymbol{A}$ 可由向量组 $\boldsymbol{C}$ 线性表示.

证明　不妨设题设向量组皆为列向量组，由引理 1，存在系数矩阵 $\boldsymbol{M}$, $\boldsymbol{N}$，使得

$$\boldsymbol{A}=\boldsymbol{BM},\ \boldsymbol{B}=\boldsymbol{CN},$$

因此，$\boldsymbol{A}=\boldsymbol{CNM}=\boldsymbol{CK}$，其中 $\boldsymbol{K}=\boldsymbol{NM}$，即向量组 $\boldsymbol{A}$ 可由向量组 $\boldsymbol{C}$ 线性表示. 证毕.

定理 2 表达的是向量组线性表示的传递性. 这一性质体现了向量组间线性关系的层级传递性，是向量空间理论的重要特征. 线性表示的传递性的意义在于，它简化了复杂向量组之间的关系研究. 通过传递性，可以将多个向量组间的线性表示关系归纳为直接的联系，从而降低计算和分析的复杂度.

习题 3-2

1. 设 $\boldsymbol{v}_1=(1, 1, 0)^{\mathrm{T}}$，$\boldsymbol{v}_2=(0, 1, 1)^{\mathrm{T}}$，$\boldsymbol{v}_3=(3, 4, 0)^{\mathrm{T}}$，求 $\boldsymbol{v}_1-\boldsymbol{v}_2$ 及 $3\boldsymbol{v}_1+2\boldsymbol{v}_2-\boldsymbol{v}_3$.

2. 将 $\boldsymbol{\beta}=(3, 5, -6)$ 表示为 $\boldsymbol{\alpha}_1=(1, 0, 1)$，$\boldsymbol{\alpha}_2=(1, 1, 1)$，$\boldsymbol{\alpha}_3=(0, -1, -1)$ 的线性组合.

3. 已知 $\boldsymbol{\beta}_1=\boldsymbol{\alpha}_1+2\boldsymbol{\alpha}_2+3\boldsymbol{\alpha}_3$，$\boldsymbol{\beta}_2=\boldsymbol{\alpha}_1-\boldsymbol{\alpha}_2+2\boldsymbol{\alpha}_3$，$\boldsymbol{\beta}_3=2\boldsymbol{\alpha}_1+\boldsymbol{\alpha}_2-\boldsymbol{\alpha}_3$，求用 $\boldsymbol{\alpha}_1, \boldsymbol{\alpha}_2, \boldsymbol{\alpha}_3$ 表示 $\boldsymbol{\beta}_1, \boldsymbol{\beta}_2, \boldsymbol{\beta}_3$ 的系数矩阵.

4. 已知向量组 γ_1, γ_2 由向量组 $\boldsymbol{\beta}_1, \boldsymbol{\beta}_2, \boldsymbol{\beta}_3$ 线性表示的表示式为

$$\gamma_1=3\boldsymbol{\beta}_1-\boldsymbol{\beta}_2+\boldsymbol{\beta}_3,\ \gamma_2=\boldsymbol{\beta}_1+2\boldsymbol{\beta}_2+4\boldsymbol{\beta}_3,$$

向量组 $\boldsymbol{\beta}_1, \boldsymbol{\beta}_2, \boldsymbol{\beta}_3$ 由向量组 $\boldsymbol{\alpha}_1, \boldsymbol{\alpha}_2, \boldsymbol{\alpha}_3$ 线性表示的表示式为

$$\boldsymbol{\beta}_1 = 2\boldsymbol{\alpha}_1 + \boldsymbol{\alpha}_2 - 5\boldsymbol{\alpha}_3,\ \boldsymbol{\beta}_2 = \boldsymbol{\alpha}_1 + 3\boldsymbol{\alpha}_2 + \boldsymbol{\alpha}_3,\ \boldsymbol{\beta}_3 = -\boldsymbol{\alpha}_1 + 4\boldsymbol{\alpha}_2 - \boldsymbol{\alpha}_3,$$

求向量组 $\boldsymbol{\gamma}_1, \boldsymbol{\gamma}_2$ 由向量组 $\boldsymbol{\alpha}_1, \boldsymbol{\alpha}_2, \boldsymbol{\alpha}_3$ 线性表示的表示式.

5. 已知向量组 $\boldsymbol{B}$: $\boldsymbol{\beta}_1, \boldsymbol{\beta}_2, \boldsymbol{\beta}_3$ 由向量组 $\boldsymbol{A}$: $\boldsymbol{\alpha}_1, \boldsymbol{\alpha}_2, \boldsymbol{\alpha}_3$ 线性表示的表示式为

$$\boldsymbol{\beta}_1 = \boldsymbol{\alpha}_1 - \boldsymbol{\alpha}_2 + \boldsymbol{\alpha}_3,\ \boldsymbol{\beta}_2 = \boldsymbol{\alpha}_1 + \boldsymbol{\alpha}_2 - \boldsymbol{\alpha}_3,\ \boldsymbol{\beta}_3 = -\boldsymbol{\alpha}_1 + \boldsymbol{\alpha}_2 + \boldsymbol{\alpha}_3.$$

试将向量组 $\boldsymbol{A}$ 的向量用向量组 $\boldsymbol{B}$ 的向量线性表示.

6. 已知向量

$$\boldsymbol{\alpha}_1 = \begin{pmatrix}1\\2\\3\end{pmatrix},\ \boldsymbol{\alpha}_2 = \begin{pmatrix}2\\1\\1\end{pmatrix},\ \boldsymbol{\beta}_1 = \begin{pmatrix}2\\5\\9\end{pmatrix},\ \boldsymbol{\beta}_2 = \begin{pmatrix}1\\0\\1\end{pmatrix},$$

若 $\boldsymbol{\gamma}$ 既可由 $\boldsymbol{\alpha}_1, \boldsymbol{\alpha}_2$ 线性表示, 也可由 $\boldsymbol{\beta}_1, \boldsymbol{\beta}_2$ 线性表示, 求 $\boldsymbol{\gamma}$.

7. 求一个秩是 4 的方阵, 它的两个行向量是 $(1, 0, 1, 0, 0)$, $(1, -1, 0, 0, 0)$.

8. 设两向量组间有线性表示式 $\begin{cases}\boldsymbol{\beta}_1 = \boldsymbol{\alpha}_2 + \boldsymbol{\alpha}_3 + \cdots + \boldsymbol{\alpha}_n\\ \boldsymbol{\beta}_2 = \boldsymbol{\alpha}_1 + \boldsymbol{\alpha}_3 + \cdots + \boldsymbol{\alpha}_n\\ \cdots\cdots\\ \boldsymbol{\beta}_n = \boldsymbol{\alpha}_1 + \boldsymbol{\alpha}_2 + \cdots + \boldsymbol{\alpha}_{n-1}\end{cases}$, 证明: 向量组 $\boldsymbol{A}$: $\boldsymbol{\alpha}_1, \boldsymbol{\alpha}_2, \cdots, \boldsymbol{\alpha}_n$ 与向量组 $\boldsymbol{B}$: $\boldsymbol{\beta}_1, \boldsymbol{\beta}_2, \cdots, \boldsymbol{\beta}_n$ 等价.

9. 设有向量组

$$(\text{I}): \boldsymbol{\alpha}_1 = (1, 0, 2)^{\mathrm{T}},\ \boldsymbol{\alpha}_2 = (1, 1, 3)^{\mathrm{T}},\ \boldsymbol{\alpha}_3 = (1, -1, a+2)^{\mathrm{T}},$$

和向量组

$$(\text{II}): \boldsymbol{\beta}_1 = (1, 2, a+3)^{\mathrm{T}},\ \boldsymbol{\beta}_2 = (2, 1, a+6)^{\mathrm{T}},\ \boldsymbol{\beta}_3 = (2, 1, a+4)^{\mathrm{T}},$$

试证: 当 $a \neq -1$ 时, 向量组(I)与(II)等价.

10. 设有向量

$$\boldsymbol{\alpha}_1 = (1, 2, 0)^{\mathrm{T}},\ \boldsymbol{\alpha}_2 = (1, a+2, -3a)^{\mathrm{T}},\ \boldsymbol{\alpha}_3 = (-1, -b-2, a+2b)^{\mathrm{T}},\ \boldsymbol{\beta} = (1, 3, -3)^{\mathrm{T}}.$$

试问: 当 a, b 为何值时, $\boldsymbol{\beta}$ 不能由 $\boldsymbol{\alpha}_1, \boldsymbol{\alpha}_2, \boldsymbol{\alpha}_3$ 线性表示.

11. 设有向量

$$\boldsymbol{\alpha}_1 = (1, 2, 0)^{\mathrm{T}},\ \boldsymbol{\alpha}_2 = (1, a+2, -3a)^{\mathrm{T}},\ \boldsymbol{\alpha}_3 = (-1, -b-2, a+2b)^{\mathrm{T}},\ \boldsymbol{\beta} = (1, 3, -3)^{\mathrm{T}}.$$

试问: 当 a, b 为何值时, $\boldsymbol{\beta}$ 可由 $\boldsymbol{\alpha}_1, \boldsymbol{\alpha}_2, \boldsymbol{\alpha}_3$ 线性表示, 但表示式不唯一? 求出表示式.

12. 设有向量 $\boldsymbol{\alpha}_1 = \begin{pmatrix}1+\lambda\\1\\1\end{pmatrix}$, $\boldsymbol{\alpha}_2 = \begin{pmatrix}1\\1+\lambda\\1\end{pmatrix}$, $\boldsymbol{\alpha}_3 = \begin{pmatrix}1\\1\\1+\lambda\end{pmatrix}$, $\boldsymbol{\beta} = \begin{pmatrix}0\\\lambda\\\lambda^2\end{pmatrix}$. 试问: 当 λ 取何值时,

(1) $\boldsymbol{\beta}$ 可由 $\boldsymbol{\alpha}_1, \boldsymbol{\alpha}_2, \boldsymbol{\alpha}_3$ 线性表示, 且表示式唯一?

(2) $\boldsymbol{\beta}$ 可由 $\boldsymbol{\alpha}_1, \boldsymbol{\alpha}_2, \boldsymbol{\alpha}_3$ 线性表示, 但表示式不唯一?

(3) $\boldsymbol{\beta}$ 不能由 $\boldsymbol{\alpha}_1, \boldsymbol{\alpha}_2, \boldsymbol{\alpha}_3$ 线性表示?

13. 设有向量

$$\boldsymbol{\alpha}_1 = (a, 2, 10)^{\mathrm{T}},\ \boldsymbol{\alpha}_2 = (-2, 1, 5)^{\mathrm{T}},\ \boldsymbol{\alpha}_3 = (-1, 1, 4)^{\mathrm{T}},\ \boldsymbol{\beta} = (1, b, c)^{\mathrm{T}}.$$

试问: 当a, b, c满足什么条件时,

(1) $\boldsymbol{\beta}$可由$\boldsymbol{\alpha}_1, \boldsymbol{\alpha}_2, \boldsymbol{\alpha}_3$线性表示, 且表示唯一?

(2) $\boldsymbol{\beta}$不能由$\boldsymbol{\alpha}_1, \boldsymbol{\alpha}_2, \boldsymbol{\alpha}_3$线性表示?

(3) $\boldsymbol{\beta}$可由$\boldsymbol{\alpha}_1, \boldsymbol{\alpha}_2, \boldsymbol{\alpha}_3$线性表示, 但表示不唯一? 求出一般表示式.

14. 设有向量$\boldsymbol{\alpha}_1=\begin{pmatrix}1\\1\\0\end{pmatrix}, \boldsymbol{\alpha}_2=\begin{pmatrix}5\\3\\2\end{pmatrix}, \boldsymbol{\alpha}_3=\begin{pmatrix}1\\3\\-1\end{pmatrix}, \boldsymbol{\alpha}_4=\begin{pmatrix}-2\\2\\-3\end{pmatrix}$, $\boldsymbol{A}$是三阶矩阵, 且有$\boldsymbol{A}\boldsymbol{\alpha}_1=\boldsymbol{\alpha}_2, \boldsymbol{A}\boldsymbol{\alpha}_2=\boldsymbol{\alpha}_3$, $\boldsymbol{A}\boldsymbol{\alpha}_3=\boldsymbol{\alpha}_4$, 试求$\boldsymbol{A}\boldsymbol{\alpha}_4$.

15. 设向量$\boldsymbol{\beta}$可由向量组$\boldsymbol{\alpha}_1, \boldsymbol{\alpha}_2, \cdots, \boldsymbol{\alpha}_m$线性表示, 但不能由向量组(Ⅰ): $\boldsymbol{\alpha}_1, \boldsymbol{\alpha}_2, \cdots, \boldsymbol{\alpha}_{m-1}$线性表示. 记向量组(Ⅱ): $\boldsymbol{\alpha}_1, \boldsymbol{\alpha}_2, \cdots, \boldsymbol{\alpha}_{m-1}, \boldsymbol{\beta}$. 试证: $\boldsymbol{\alpha}_m$不能由向量组(Ⅰ)线性表示, 但可由向量组(Ⅱ)线性表示.

§3.3 向量组的线性相关性

向量组的线性相关性概念源于研究向量空间结构的需求, 是线性代数中理解向量关系的重要基础. 其背景可以追溯到解析几何和矩阵理论的早期发展. 随着数学家研究多变量系统、线性方程组和几何问题的深入, 逐渐需要一种方法来判断向量是否冗余以及它们是否能够生成某个空间, 这催生了线性相关性的概念.

线性相关性描述了向量组中向量之间是否可以通过线性组合相互表示. 当一个向量组线性相关时, 意味着其中的某些向量是冗余的; 而线性无关则表明所有向量都提供了独立的信息. 在线性空间中, 这一概念用于确定向量组是否构成其基底, 从而揭示空间的维数和结构特性. 这一概念的意义极为深远. 在理论方面, 它是研究向量空间、子空间、矩阵的秩等问题的关键工具. 在实际应用中, 它用于数据分析中的特征选择、信号处理中独立分量的提取, 以及物理和工程中的模型简化等. 线性相关性有助于人们更高效地处理高维问题, 为多个领域提供了统一的理论框架和实践指导.

一、线性相关性概念

定义 1 对给定向量组$\boldsymbol{A}: \boldsymbol{\alpha}_1, \boldsymbol{\alpha}_2, \cdots, \boldsymbol{\alpha}_s$, 如果存在不全为零的数$k_1, k_2, \cdots, k_s$, 使

$$k_1\boldsymbol{\alpha}_1+k_2\boldsymbol{\alpha}_2+\cdots+k_s\boldsymbol{\alpha}_s=\mathbf{0} \tag{3.1}$$

成立, 那么称向量组$\boldsymbol{\alpha}_1, \boldsymbol{\alpha}_2, \cdots, \boldsymbol{\alpha}_s$**线性相关**, 否则称为**线性无关**.

由上述定义可见:

(1) 向量组只含一个向量$\boldsymbol{\alpha}$时, $\boldsymbol{\alpha}$线性无关的充要条件是$\boldsymbol{\alpha}\neq\mathbf{0}$. 因此, 单个零向量$\mathbf{0}$是线性相关的. 进一步还可推出, 包含零向量的任何向量组都是线性相关的. 事实上, 对向量组$\boldsymbol{\alpha}_1, \boldsymbol{\alpha}_2, \cdots, \mathbf{0}, \cdots, \boldsymbol{\alpha}_s$, 恒有

$$0\boldsymbol{\alpha}_1+0\boldsymbol{\alpha}_2+\cdots+k\mathbf{0}+\cdots+0\boldsymbol{\alpha}_s=\mathbf{0},$$

其中k可以是任意不为零的数, 故该向量线性相关.

(2) 仅含两个向量的向量组线性相关的充要条件是这两个向量的分量成比例. 两向量线性相关的几何意义是这两向量共线 (见图3－3－1).

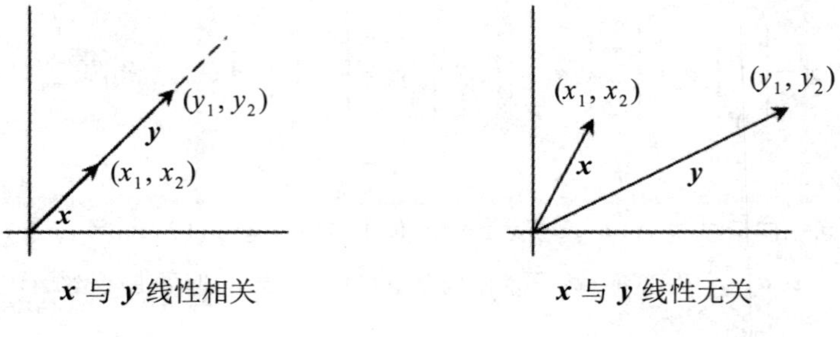

图 3－3－1

(3) 三向量线性相关的几何意义是这三向量共面 (见图3－3－2).

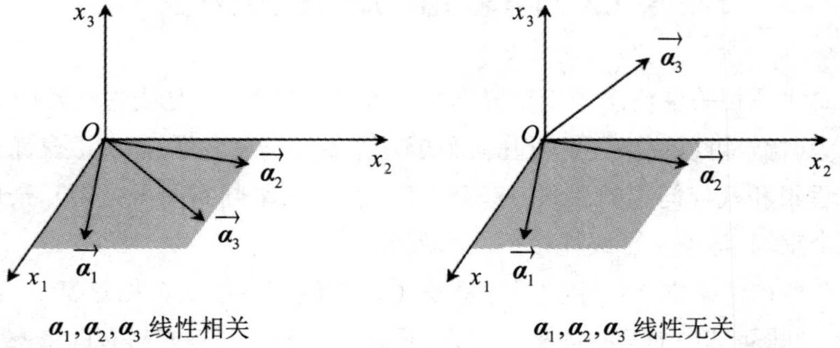

图 3－3－2

(4) 如果当且仅当$k_1 = k_2 = \cdots = k_s = 0$时, 向量方程

$$k_1\boldsymbol{\alpha}_1 + k_2\boldsymbol{\alpha}_2 + \cdots + k_s\boldsymbol{\alpha}_s = \mathbf{0}$$

才成立, 则向量组$\boldsymbol{\alpha}_1, \boldsymbol{\alpha}_2, \cdots, \boldsymbol{\alpha}_s$ 是线性无关的, 这也是论证一向量组线性无关的基本方法.

例如, 向量组$\begin{pmatrix}1\\0\\1\end{pmatrix}, \begin{pmatrix}0\\1\\1\end{pmatrix}, \begin{pmatrix}1\\1\\0\end{pmatrix}$线性无关, 因为若

$$c_1\begin{pmatrix}1\\0\\1\end{pmatrix} + c_2\begin{pmatrix}0\\1\\1\end{pmatrix} + c_3\begin{pmatrix}1\\1\\0\end{pmatrix} = \begin{pmatrix}0\\0\\0\end{pmatrix}, \text{ 即}\begin{cases}c_1 + c_3 = 0\\ c_2 + c_3 = 0,\\ c_1 + c_2 = 0\end{cases}$$

利用行列式的性质, 上述线性方程组的系数行列式

$$\begin{vmatrix}1 & 0 & 1\\0 & 1 & 1\\1 & 1 & 0\end{vmatrix} = \begin{vmatrix}1 & 0 & 1\\0 & 1 & 1\\0 & 1 & -1\end{vmatrix} = -2 \neq 0,$$

故由线性方程组解的判定定理知, 上述方程组只有零解, 即 $c_1=0$, $c_2=0$, $c_3=0$, 所以, 上述向量组是线性无关的.

例1 在每种情况下, 说明该语句为真或给出一个例子表明它为假.

(1) 如果 $\{\boldsymbol{x},\boldsymbol{y}\}$ 是线性无关的, 那么 $\{\boldsymbol{x},\boldsymbol{y},\boldsymbol{x}+\boldsymbol{y}\}$ 也是线性无关的.

(2) 如果 $\{\boldsymbol{x},\boldsymbol{y},\boldsymbol{z}\}$ 是线性无关的, 那么 $\{\boldsymbol{y},\boldsymbol{z}\}$ 也是线性无关的.

解 (1) 假. 反例: 令 $\boldsymbol{x}=(1,0)$, $\boldsymbol{y}=(0,1)$, 则 $\boldsymbol{x}+\boldsymbol{y}=(1,1)$. 显然 $\boldsymbol{x}+\boldsymbol{y}$ 是 $\boldsymbol{x}$ 和 $\boldsymbol{y}$ 的线性组合, 因此 $\{\boldsymbol{x},\boldsymbol{y},\boldsymbol{x}+\boldsymbol{y}\}$ 是线性相关的.

(2) 真. 如果 $\{\boldsymbol{x},\boldsymbol{y},\boldsymbol{z}\}$ 是线性无关的, 那么其中的任意两个向量, 如 $\boldsymbol{y},\boldsymbol{z}$ 也不能相互线性表示, 因此线性无关成立.

例2 在人工智能的神经网络领域, 特征选择是训练高效模型的关键步骤之一. 神经网络中的输入特征可以是来自不同数据源的多个向量, 例如图像的像素值、文本的词向量或时间序列的数据等. 这些特征往往存在某种程度的冗余, 因此, 判断特征向量组的线性相关性对于特征选择至关重要. 如果特征向量组是线性无关的, 说明每个特征提供了独特的信息, 有助于提升模型的学习能力. 反之, 如果特征向量组线性相关, 部分特征可以由其他特征线性表示, 则可能需要进行降维处理, 以提高模型的效率和性能. 假设在一个神经网络中, 有四个输入特征向量:

$$\boldsymbol{v}_1=(1,2,3)^{\mathrm{T}},\ \boldsymbol{v}_2=(2,4,6)^{\mathrm{T}},\ \boldsymbol{v}_3=(1,0,1)^{\mathrm{T}},\ \boldsymbol{v}_4=(0,1,1)^{\mathrm{T}},$$

这些向量代表了来自不同数据源的四个特征. 我们希望通过判断这些特征向量组的线性相关性来决定是否需要进行特征选择或降维处理.

解 将题设四个输入特征向量作为矩阵的列向量构造矩阵:

$$\boldsymbol{A}=\begin{pmatrix}1&2&1&0\\2&4&0&1\\3&6&1&1\end{pmatrix}.$$

为判断四个输入向量的线性相关性, 对矩阵 $\boldsymbol{A}$ 作初等行变换将其化为行阶梯形矩阵, 得

$$\boldsymbol{A}\to\begin{pmatrix}1&2&1&0\\0&0&-2&1\\0&0&-2&1\end{pmatrix}\to\begin{pmatrix}1&2&1&0\\0&0&-2&1\\0&0&0&0\end{pmatrix}.$$

由上述行阶梯形矩阵可见, 矩阵的秩为2.

由于矩阵的秩为2, 低于4, 说明向量组 $\boldsymbol{v}_1,\boldsymbol{v}_2,\boldsymbol{v}_3,\boldsymbol{v}_4$ 线性相关. 在行阶梯形矩阵中, 主元所在的列对应线性无关的向量, 在这个矩阵中, 主元位于第1列和第3列. 因此, 我们可以去掉 $\boldsymbol{v}_2,\boldsymbol{v}_4$, 只保留 $\boldsymbol{v}_1,\boldsymbol{v}_3$ 作为输入特征.

通过对特征向量组的线性相关性进行判断, 我们发现给定的四个特征向量并非线性无关, 因此存在冗余. 线性相关性的判定帮助我们发现了特征向量之间的关系, 并进一步提出

了特征选择的建议. 在神经网络的训练过程中, 通过特征选择或降维处理, 可以有效降低模型的复杂度, 提高模型的训练效率与泛化能力. 这一过程展示了线性代数在实际应用中的重要性, 尤其在人工智能和机器学习领域, 对于高效特征选择和模型性能优化具有重要作用.

二、线性相关性的判定

定理 1 向量组 $\boldsymbol{\alpha}_1, \boldsymbol{\alpha}_2, \cdots, \boldsymbol{\alpha}_s\ (s\geqslant 2)$ 线性相关的充要条件是向量组中至少有一个向量可由其余 $s-1$ 个向量线性表示.

证明 必要性. 设向量组 $\boldsymbol{\alpha}_1, \boldsymbol{\alpha}_2, \cdots, \boldsymbol{\alpha}_s$ 线性相关, 则存在 s 个不全为零的数 $k_1, k_2, \cdots, k_s$, 使得 $k_1\boldsymbol{\alpha}_1+k_2\boldsymbol{\alpha}_2+\cdots+k_s\boldsymbol{\alpha}_s=\mathbf{0}$ 成立. 不妨设 $k_1\neq 0$, 于是

$$\boldsymbol{\alpha}_1=\left(-\frac{k_2}{k_1}\right)\boldsymbol{\alpha}_2+\cdots+\left(-\frac{k_s}{k_1}\right)\boldsymbol{\alpha}_s,$$

即 $\boldsymbol{\alpha}_1$ 可由其余向量线性表示.

充分性. 设向量组 $\boldsymbol{\alpha}_1, \boldsymbol{\alpha}_2, \cdots, \boldsymbol{\alpha}_s$ 中至少有一个向量能由其余向量线性表示, 不妨设

$$\boldsymbol{\alpha}_1=k_2\boldsymbol{\alpha}_2+\cdots+k_s\boldsymbol{\alpha}_s, \text{ 即 } (-1)\boldsymbol{\alpha}_1+k_2\boldsymbol{\alpha}_2+\cdots+k_s\boldsymbol{\alpha}_s=\mathbf{0}.$$

故向量组 $\boldsymbol{\alpha}_1, \boldsymbol{\alpha}_2, \cdots, \boldsymbol{\alpha}_s$ 线性相关. 证毕.

例如, 设有向量组

$$\boldsymbol{\alpha}_1=(1, -1, 1, 0)^{\mathrm{T}},\ \boldsymbol{\alpha}_2=(1, 0, 1, 0)^{\mathrm{T}},\ \boldsymbol{\alpha}_3=(0, 1, 0, 0)^{\mathrm{T}}.$$

因 $\boldsymbol{\alpha}_1-\boldsymbol{\alpha}_2+\boldsymbol{\alpha}_3=\mathbf{0}$, 故向量组 $\boldsymbol{\alpha}_1, \boldsymbol{\alpha}_2, \boldsymbol{\alpha}_3$ 线性相关. 由 $\boldsymbol{\alpha}_1-\boldsymbol{\alpha}_2+\boldsymbol{\alpha}_3=\mathbf{0}$, 易见有

$$\boldsymbol{\alpha}_1=\boldsymbol{\alpha}_2-\boldsymbol{\alpha}_3,\ \boldsymbol{\alpha}_2=\boldsymbol{\alpha}_1+\boldsymbol{\alpha}_3,\ \boldsymbol{\alpha}_3=-\boldsymbol{\alpha}_1+\boldsymbol{\alpha}_2.$$

设有列向量组 $\boldsymbol{\alpha}_1, \boldsymbol{\alpha}_2, \cdots, \boldsymbol{\alpha}_s$ 及由该向量组构成的矩阵 $\boldsymbol{A}=(\boldsymbol{\alpha}_1, \boldsymbol{\alpha}_2, \cdots, \boldsymbol{\alpha}_s)$, 则向量组 $\boldsymbol{\alpha}_1, \boldsymbol{\alpha}_2, \cdots, \boldsymbol{\alpha}_s$ 线性相关, 就是齐次线性方程组

$$x_1\boldsymbol{\alpha}_1+x_2\boldsymbol{\alpha}_2+\cdots+x_s\boldsymbol{\alpha}_s=\mathbf{0}\ (\text{即 } \boldsymbol{Ax}=\mathbf{0})$$

有非零解. 故由§3.1 定理 1 即得如下定理:

定理 2 设有列向量组 $\boldsymbol{\alpha}_j=(a_{1j}, a_{2j}, \cdots, a_{nj})^{\mathrm{T}}\ (j=1, 2, \cdots, s)$, 则向量组 $\boldsymbol{\alpha}_1, \boldsymbol{\alpha}_2, \cdots, \boldsymbol{\alpha}_s$ 线性相关的充要条件是: 矩阵 $\boldsymbol{A}=(\boldsymbol{\alpha}_1, \boldsymbol{\alpha}_2, \cdots, \boldsymbol{\alpha}_s)$ 的秩小于向量的个数 s.

推论 1 s 个 n 维列向量 $\boldsymbol{\alpha}_1, \boldsymbol{\alpha}_2, \cdots, \boldsymbol{\alpha}_s$ 线性无关 (线性相关) 的充分必要条件是: 矩阵 $\boldsymbol{A}=(\boldsymbol{\alpha}_1, \boldsymbol{\alpha}_2, \cdots, \boldsymbol{\alpha}_s)$ 的秩等于 (小于) 向量的个数 s.

推论 2 n 个 n 维列向量 $\boldsymbol{\alpha}_1, \boldsymbol{\alpha}_2, \cdots, \boldsymbol{\alpha}_n$ 线性无关 (线性相关) 的充分必要条件是: 矩阵 $\boldsymbol{A}=(\boldsymbol{\alpha}_1, \boldsymbol{\alpha}_2, \cdots, \boldsymbol{\alpha}_n)$ 的行列式不等于 (等于) 零.

注: 上述结论对于矩阵的行向量组也同样成立.

推论 3 当向量组中所含向量的个数大于向量的维数时, 此向量组线性相关.

定理 2 及其推论告诉我们, 向量组线性相关的判定实际上可以转化为对该向量组所构

成的矩阵的秩的判定.

例如, 在数学实验 2.6(3) 与 (6) 题中, 设矩阵的前 5 列构成矩阵 $\boldsymbol{A}$ 与 $\boldsymbol{B}$, 则有

$$\boldsymbol{A}=(\boldsymbol{\alpha}_1,\boldsymbol{\alpha}_2,\boldsymbol{\alpha}_3,\boldsymbol{\alpha}_4,\boldsymbol{\alpha}_5)=\begin{pmatrix}5&18&9&16&35\\9&36&12&31&67\\11&44&15&38&82\\6&26&6&22&47\\4&16&6&14&30\end{pmatrix}\to\begin{pmatrix}1&2&3&2&5\\0&2&-3&1&2\\0&0&3&1&1\\0&0&0&0&0\\0&0&0&0&0\end{pmatrix},$$

$$\boldsymbol{B}=(\boldsymbol{\beta}_1,\boldsymbol{\beta}_2,\boldsymbol{\beta}_3,\boldsymbol{\beta}_4,\boldsymbol{\beta}_5)=\begin{pmatrix}10&28&-12&60&10\\26&78&-21&208&10\\22&66&-18&180&10\\32&94&-30&236&20\\8&24&-6&64&5\end{pmatrix}\to\begin{pmatrix}2&4&-6&-4&5\\0&2&3&20&-10\\0&0&3&-4&10\\0&0&0&4&0\\0&0&0&0&5\end{pmatrix},$$

易见矩阵 $\boldsymbol{A}$ 的秩 $\mathrm{r}(\boldsymbol{A})<5$, 故其列向量组 $\boldsymbol{\alpha}_1,\boldsymbol{\alpha}_2,\boldsymbol{\alpha}_3,\boldsymbol{\alpha}_4,\boldsymbol{\alpha}_5$ 线性相关; 而矩阵 $\boldsymbol{B}$ 的秩 $\mathrm{r}(\boldsymbol{B})=5$, 故其列向量组 $\boldsymbol{\beta}_1,\boldsymbol{\beta}_2,\boldsymbol{\beta}_3,\boldsymbol{\beta}_4,\boldsymbol{\beta}_5$ 线性无关.

例 3 n 维单位向量构成的向量组

$$\boldsymbol{\varepsilon}_1=(1,0,\cdots,0)^{\mathrm{T}},\ \boldsymbol{\varepsilon}_2=(0,1,\cdots,0)^{\mathrm{T}},\cdots,\ \boldsymbol{\varepsilon}_n=(0,0,\cdots,1)^{\mathrm{T}}$$

称为 n 维单位坐标向量组, 讨论其线性相关性.

解 n 维单位坐标向量组构成的矩阵

$$\boldsymbol{E}_n=(\boldsymbol{\varepsilon}_1,\boldsymbol{\varepsilon}_2,\cdots,\boldsymbol{\varepsilon}_n)=\begin{pmatrix}1&0&\cdots&0\\0&1&\cdots&0\\\vdots&\vdots&&\vdots\\0&0&\cdots&1\end{pmatrix}$$

是 n 阶单位矩阵, $|\boldsymbol{E}_n|=1\neq 0$, 故由定理 2 的推论 2 知, 该向量组是线性无关的.

例 4 已知向量组 $\boldsymbol{\alpha}_1=\begin{pmatrix}1\\1\\1\end{pmatrix}$, $\boldsymbol{\alpha}_2=\begin{pmatrix}0\\2\\5\end{pmatrix}$, $\boldsymbol{\alpha}_3=\begin{pmatrix}2\\4\\7\end{pmatrix}$, 试讨论向量组 $\boldsymbol{\alpha}_1,\boldsymbol{\alpha}_2,\boldsymbol{\alpha}_3$ 及 $\boldsymbol{\alpha}_1,\boldsymbol{\alpha}_2$ 的线性相关性.

解 对矩阵 $\boldsymbol{A}=(\boldsymbol{\alpha}_1,\boldsymbol{\alpha}_2,\boldsymbol{\alpha}_3)$ 施以初等行变换, 将其化为行阶梯形矩阵, 可同时看出矩阵 $\boldsymbol{A}$ 与矩阵 $\boldsymbol{B}=(\boldsymbol{\alpha}_1,\boldsymbol{\alpha}_2)$ 的秩的情况, 再利用定理 2 的推论 1 即可得到结论. 由

$$(\boldsymbol{\alpha}_1,\boldsymbol{\alpha}_2,\boldsymbol{\alpha}_3)=\begin{pmatrix}1&0&2\\1&2&4\\1&5&7\end{pmatrix}\xrightarrow[r_3-r_1]{r_2-r_1}\begin{pmatrix}1&0&2\\0&2&2\\0&5&5\end{pmatrix}\xrightarrow{r_3-\frac{5}{2}r_2}\begin{pmatrix}1&0&2\\0&2&2\\0&0&0\end{pmatrix},$$

易见 $\mathrm{r}(\boldsymbol{A})=2$, $\mathrm{r}(\boldsymbol{B})=2$, 故向量组 $\boldsymbol{\alpha}_1,\boldsymbol{\alpha}_2,\boldsymbol{\alpha}_3$ 线性相关; 向量组 $\boldsymbol{\alpha}_1,\boldsymbol{\alpha}_2$ 线性无关.

例 5 证明: 若向量组 $\boldsymbol{\alpha},\boldsymbol{\beta},\boldsymbol{\gamma}$ 线性无关, 则向量组 $\boldsymbol{\alpha}+\boldsymbol{\beta},\boldsymbol{\beta}+\boldsymbol{\gamma},\boldsymbol{\gamma}+\boldsymbol{\alpha}$ 亦线性无关.

证明 方法一 设有一组数k_1, k_2, k_3，使

$$k_1(\boldsymbol{\alpha}+\boldsymbol{\beta})+k_2(\boldsymbol{\beta}+\boldsymbol{\gamma})+k_3(\boldsymbol{\gamma}+\boldsymbol{\alpha})=\mathbf{0}$$

成立, 整理即得

$$(k_1+k_3)\boldsymbol{\alpha}+(k_1+k_2)\boldsymbol{\beta}+(k_2+k_3)\boldsymbol{\gamma}=\mathbf{0},$$

因题设向量组$\boldsymbol{\alpha}, \boldsymbol{\beta}, \boldsymbol{\gamma}$线性无关, 故

$$\begin{cases} k_1 \quad\;\; +k_3=0 \\ k_1+k_2 \quad\;\; =0 \\ \quad\;\; k_2+k_3=0 \end{cases}.$$

利用行列式的性质, 计算上述线性方程组的系数行列式, 有

$$\begin{vmatrix} 1 & 0 & 1 \\ 1 & 1 & 0 \\ 0 & 1 & 1 \end{vmatrix}=\begin{vmatrix} 1 & 0 & 1 \\ 0 & 1 & -1 \\ 0 & 1 & 1 \end{vmatrix}=2\neq 0,$$

因此, 由线性方程组的解的判定定理知, 上述方程组仅有零解$k_1=k_2=k_3=0$, 所以, 向量组$\boldsymbol{\alpha}+\boldsymbol{\beta}, \boldsymbol{\beta}+\boldsymbol{\gamma}, \boldsymbol{\gamma}+\boldsymbol{\alpha}$线性无关. 证毕.

方法二 把题设两向量组间的关系表示成矩阵形式

$$(\boldsymbol{\alpha}+\boldsymbol{\beta}, \boldsymbol{\beta}+\boldsymbol{\gamma}, \boldsymbol{\gamma}+\boldsymbol{\alpha})=(\boldsymbol{\alpha}, \boldsymbol{\beta}, \boldsymbol{\gamma})\begin{pmatrix} 1 & 0 & 1 \\ 1 & 1 & 0 \\ 0 & 1 & 1 \end{pmatrix},$$

记为$\boldsymbol{B}=\boldsymbol{AK}$, 根据§3.2 向量组间线性表示的引理1知, 矩阵$\boldsymbol{B}$的列向量组能由矩阵$\boldsymbol{A}$的列向量组线性表示, $\boldsymbol{K}$为这一表示的系数矩阵. 因$|\boldsymbol{K}|=2\neq 0$, 故矩阵$\boldsymbol{K}$可逆, 这样又有

$$\boldsymbol{A}=\boldsymbol{BK}^{-1},$$

因此, 矩阵$\boldsymbol{B}$的列向量组与矩阵$\boldsymbol{A}$的列向量组能相互线性表示, 即这两个向量组等价, 再由向量组与矩阵的关系, 得$\mathrm{r}(\boldsymbol{B})=\mathrm{r}(\boldsymbol{A})$. 再由定理 2 的推论 1 知, 向量组$\boldsymbol{\alpha}+\boldsymbol{\beta}, \boldsymbol{\beta}+\boldsymbol{\gamma}, \boldsymbol{\gamma}+\boldsymbol{\alpha}$线性无关. 证毕.

注: *读者还可自行给出利用§3.1 中有关齐次线性方程组解的结论来证明本题的方法.*

例 6 判断向量组

$\boldsymbol{\alpha}_1=(1, 0, 2, 3)^{\mathrm{T}}$, $\boldsymbol{\alpha}_2=(1, 1, 3, 5)^{\mathrm{T}}$, $\boldsymbol{\alpha}_3=(1, -1, a+2, 1)^{\mathrm{T}}$, $\boldsymbol{\alpha}_4=(1, 2, 4, a+9)^{\mathrm{T}}$

的线性相关性.

解 设有向量方程$x_1\boldsymbol{\alpha}_1+x_2\boldsymbol{\alpha}_2+x_3\boldsymbol{\alpha}_3+x_4\boldsymbol{\alpha}_4=\mathbf{0}$, 代入题设向量组, 即得齐次线性方程组:

$$\begin{cases} x_1+x_2+x_3+x_4=0 \\ x_2-x_3+2x_4=0 \\ 2x_1+3x_2+(a+2)x_3+4x_4=0 \\ 3x_1+5x_2+x_3+(a+9)x_4=0 \end{cases}. \tag{3.2}$$

利用行列式的性质, 计算上述线性方程组的系数行列式. 有

$$|A|=\begin{vmatrix}1&1&1&1\\0&1&-1&2\\2&3&a+2&4\\3&5&1&a+9\end{vmatrix}=(a+1)(a+2),$$

所以, $a=-1$ 或 $a=-2$ 时, $|A|=0$, 故由向量组线性相关的充要条件 (定理2的推论2) 知, 向量组线性相关; 否则向量组线性无关.

注: 本题也可利用初等行变换, 先计算出向量组构成矩阵的秩:

$$\begin{pmatrix}1&1&1&1\\0&1&-1&2\\2&3&a+2&4\\3&5&1&a+9\end{pmatrix}\to\begin{pmatrix}1&1&1&1\\0&1&-1&2\\0&1&a&2\\0&2&-2&a+6\end{pmatrix}\to\begin{pmatrix}1&1&1&1\\0&1&-1&2\\0&0&a+1&0\\0&0&0&a+2\end{pmatrix},$$

根据线性方程组解的判定定理, 当 $a=-1$ 或 $a=-2$ 时, 有

$$\mathrm{r}(A)=3<4,$$

齐次方程组(3.2)有非零解, 所以, 由向量组线性相关的充要条件 (定理2的推论1) 知, 题设向量组线性相关. 否则线性无关.

定理3 如果向量组中有一部分向量(**部分组**)线性相关, 则整个向量组线性相关.

证明 利用定义法来证明. 设向量组 $\boldsymbol{\alpha}_1, \boldsymbol{\alpha}_2, \cdots, \boldsymbol{\alpha}_s$ 中有 r 个 $(r\leqslant n)$ 向量的部分组线性相关, 不妨设 $\boldsymbol{\alpha}_1, \boldsymbol{\alpha}_2, \cdots, \boldsymbol{\alpha}_r$ 线性相关, 则存在不全为零的数 $k_1, k_2, \cdots, k_r$, 使

$$k_1\boldsymbol{\alpha}_1+k_2\boldsymbol{\alpha}_2+\cdots+k_r\boldsymbol{\alpha}_r=\mathbf{0}$$

成立. 因而存在一组不全为零的数 $k_1, k_2, \cdots, k_r, 0, \cdots, 0$, 使

$$k_1\boldsymbol{\alpha}_1+k_2\boldsymbol{\alpha}_2+\cdots+k_r\boldsymbol{\alpha}_r+0\cdot\boldsymbol{\alpha}_{r+1}+\cdots+0\cdot\boldsymbol{\alpha}_s=\mathbf{0}$$

成立, 即 $\boldsymbol{\alpha}_1, \boldsymbol{\alpha}_2, \cdots, \boldsymbol{\alpha}_s$ 线性相关. 证毕.

定理3的逆否命题可叙述如下:

推论4 线性无关的向量组中的任一部分组皆线性无关.

定理4 若向量组 $\boldsymbol{\alpha}_1, \boldsymbol{\alpha}_2, \cdots, \boldsymbol{\alpha}_s, \boldsymbol{\beta}$ 线性相关, 而向量组 $\boldsymbol{\alpha}_1, \boldsymbol{\alpha}_2, \cdots, \boldsymbol{\alpha}_s$ 线性无关, 则 $\boldsymbol{\beta}$ 可由 $\boldsymbol{\alpha}_1, \boldsymbol{\alpha}_2, \cdots, \boldsymbol{\alpha}_s$ 线性表示且表示法唯一.

证明 先证向量 $\boldsymbol{\beta}$ 可由向量组 $\boldsymbol{\alpha}_1, \boldsymbol{\alpha}_2, \cdots, \boldsymbol{\alpha}_s$ 线性表示. 依题设, 向量组 $\boldsymbol{\alpha}_1, \boldsymbol{\alpha}_2, \cdots, \boldsymbol{\alpha}_s, \boldsymbol{\beta}$ 线性相关, 故存在一组不全为零的数 $k_1, k_2, \cdots, k_s, k$, 使得

$$k_1\boldsymbol{\alpha}_1+k_2\boldsymbol{\alpha}_2+\cdots+k_s\boldsymbol{\alpha}_s+k\boldsymbol{\beta}=\mathbf{0},$$

注意到向量组 $\boldsymbol{\alpha}_1, \boldsymbol{\alpha}_2, \cdots, \boldsymbol{\alpha}_s$ 线性无关, 易知 $k\neq 0$, 所以

$$\boldsymbol{\beta}=\left(-\frac{k_1}{k}\right)\boldsymbol{\alpha}_1+\left(-\frac{k_2}{k}\right)\boldsymbol{\alpha}_2+\cdots+\left(-\frac{k_s}{k}\right)\boldsymbol{\alpha}_s.$$

再用反证法证明该表示法的唯一性. 若

$$\boldsymbol{\beta}=h_1\boldsymbol{\alpha}_1+h_2\boldsymbol{\alpha}_2+\cdots+h_s\boldsymbol{\alpha}_s,\ \boldsymbol{\beta}=l_1\boldsymbol{\alpha}_1+l_2\boldsymbol{\alpha}_2+\cdots+l_s\boldsymbol{\alpha}_s,$$

利用向量的线性运算, 将上述两式相减, 得

$$(h_1-l_1)\boldsymbol{\alpha}_1+(h_2-l_2)\boldsymbol{\alpha}_2+\cdots+(h_s-l_s)\boldsymbol{\alpha}_s=\mathbf{0}.$$

因题设向量组 $\boldsymbol{\alpha}_1, \boldsymbol{\alpha}_2, \cdots, \boldsymbol{\alpha}_s$ 线性无关, 故必有

$$h_1-l_1=0,\ h_2-l_2=0,\cdots,\ h_s-l_s=0,\ \text{即}\ h_1=l_1, h_2=l_2,\cdots,h_s=l_s,$$

所以, 向量 $\boldsymbol{\beta}$ 不仅可由向量组 $\boldsymbol{\alpha}_1, \boldsymbol{\alpha}_2, \cdots, \boldsymbol{\alpha}_s$ 线性表示, 而且该表示式是唯一的. 证毕.

例 7　假设 $\{\boldsymbol{u},\boldsymbol{v}\}$ 是向量空间 V 中的一个线性无关向量组. 证明 $\{\boldsymbol{u}+2\boldsymbol{v}, \boldsymbol{u}-3\boldsymbol{v}\}$ 也是线性无关的.

证明　欲证 $\boldsymbol{u}+2\boldsymbol{v}$ 和 $\boldsymbol{u}-3\boldsymbol{v}$ 线性无关, 对于线性组合:

$$s(\boldsymbol{u}+2\boldsymbol{v})+t(\boldsymbol{u}-3\boldsymbol{v})=\mathbf{0},$$

我们必须推出 $s=t=0$. 由上式整理得

$$(s+t)\boldsymbol{u}+(2s-3t)\boldsymbol{v}=\mathbf{0}.$$

因为 $\{\boldsymbol{u},\boldsymbol{v}\}$ 是线性无关的, 所以

$$s+t=0,\ 2s-3t=0.$$

从上得唯一解: $s=t=0$. 从而 $\boldsymbol{u}+2\boldsymbol{v}$, $\boldsymbol{u}-3\boldsymbol{v}$ 线性无关, 证毕.

例 8　设 $\boldsymbol{\alpha}_1=(6, a+1, 3)^{\mathrm{T}}$, $\boldsymbol{\alpha}_2=(a, 2, -2)^{\mathrm{T}}$, $\boldsymbol{\alpha}_3=(a, 1, 0)^{\mathrm{T}}$, 讨论向量组:

(1) $\boldsymbol{\alpha}_1, \boldsymbol{\alpha}_2$ 的线性相关性;　(2) $\boldsymbol{\alpha}_1, \boldsymbol{\alpha}_2, \boldsymbol{\alpha}_3$ 的线性相关性.

解　(1) 把向量组 $\boldsymbol{\alpha}_1, \boldsymbol{\alpha}_2$ 表示成矩阵:

$$\boldsymbol{A}=(\boldsymbol{\alpha}_1, \boldsymbol{\alpha}_2)=\begin{pmatrix} 6 & a \\ a+1 & 2 \\ 3 & -2 \end{pmatrix}.$$

对上述矩阵作初等行变换, 有

$$\boldsymbol{A}\to\begin{pmatrix} 3 & -2 \\ a+1 & 2 \\ 0 & a+4 \end{pmatrix}\to\begin{pmatrix} 3 & -2 \\ 0 & 2(a+4)/3 \\ 0 & a+4 \end{pmatrix}\to\begin{pmatrix} 3 & -2 \\ 0 & a+4 \\ 0 & 0 \end{pmatrix},$$

令 $a+4=0$, 则 $a=-4$. 故由向量组线性相关的充要条件(定理2的推论1)知: 当 $a=-4$ 时, 矩阵的秩 $\mathrm{r}(\boldsymbol{A})<2$, 向量组 $\boldsymbol{\alpha}_1, \boldsymbol{\alpha}_2$ 线性相关; 当 $a\neq-4$ 时, 矩阵的秩 $\mathrm{r}(\boldsymbol{A})=2$, 向量组 $\boldsymbol{\alpha}_1, \boldsymbol{\alpha}_2$ 线性无关.

(2) 设有向量方程 $x_1\boldsymbol{\alpha}_1+x_2\boldsymbol{\alpha}_2+x_3\boldsymbol{\alpha}_3=\mathbf{0}$, 代入题设向量组, 得

$$\begin{cases} 6x_1+ax_2+ax_3=0 \\ (a+1)x_1+2x_2+x_3=0, \\ 3x_1-2x_2=0 \end{cases}$$

利用行列式的性质, 上述线性方程组的系数行列式

$$D=\begin{vmatrix} 6 & a & a \\ a+1 & 2 & 1 \\ 3 & -2 & 0 \end{vmatrix}=-(a+4)(2a-3),$$

所以, 当$D=0$, 即$a=-4$或$a=\dfrac{3}{2}$时, $|\boldsymbol{A}|=0$, 故由向量组线性相关的充要条件 (定理2的推论2) 知, 向量组$\boldsymbol{\alpha}_1, \boldsymbol{\alpha}_2, \boldsymbol{\alpha}_3$线性相关; 当$D\neq 0$, 即$a\neq -4$且$a\neq\dfrac{3}{2}$时, 有$|\boldsymbol{A}|\neq 0$, 同上可知, 向量组$\boldsymbol{\alpha}_1, \boldsymbol{\alpha}_2, \boldsymbol{\alpha}_3$线性无关.

定理5 设有两向量组$\boldsymbol{A}$: $\boldsymbol{\alpha}_1, \boldsymbol{\alpha}_2, \cdots, \boldsymbol{\alpha}_s$; $\boldsymbol{B}$: $\boldsymbol{\beta}_1, \boldsymbol{\beta}_2, \cdots, \boldsymbol{\beta}_t$. 向量组$\boldsymbol{B}$能由向量组$\boldsymbol{A}$线性表示, 如果$s<t$, 那么向量组$\boldsymbol{B}$线性相关.

证明 由向量组间线性表示的定义, 可设

$$(\boldsymbol{\beta}_1, \boldsymbol{\beta}_2, \cdots, \boldsymbol{\beta}_t)=(\boldsymbol{\alpha}_1, \boldsymbol{\alpha}_2, \cdots, \boldsymbol{\alpha}_s)\begin{pmatrix} k_{11} & k_{12} & \cdots & k_{1t} \\ k_{21} & k_{22} & \cdots & k_{2t} \\ \vdots & \vdots & & \vdots \\ k_{s1} & k_{s2} & \cdots & k_{st} \end{pmatrix}, \tag{3.3}$$

欲证存在不全为零的数$x_1, x_2, \cdots, x_t$, 使

$$x_1\boldsymbol{\beta}_1+x_2\boldsymbol{\beta}_2+\cdots+x_t\boldsymbol{\beta}_t=(\boldsymbol{\beta}_1, \boldsymbol{\beta}_2, \cdots, \boldsymbol{\beta}_t)\begin{pmatrix} x_1 \\ x_2 \\ \vdots \\ x_t \end{pmatrix}=\mathbf{0}, \tag{3.4}$$

将式(3.3)代入式(3.4), 注意到$s<t$, 则由线性方程组解的判定定理知, 齐次线性方程组

$$\begin{pmatrix} k_{11} & k_{12} & \cdots & k_{1t} \\ k_{21} & k_{22} & \cdots & k_{2t} \\ \vdots & \vdots & & \vdots \\ k_{s1} & k_{s2} & \cdots & k_{st} \end{pmatrix}\begin{pmatrix} x_1 \\ x_2 \\ \vdots \\ x_t \end{pmatrix}=\mathbf{0}$$

有非零解, 从而向量组$\boldsymbol{B}$线性相关. 证毕.

例如, 由§3.2例8上方的内容, 我们有

$$(\boldsymbol{\beta}_1, \boldsymbol{\beta}_2, \boldsymbol{\beta}_3, \boldsymbol{\beta}_4, \boldsymbol{\beta}_5)=(\boldsymbol{\alpha}_1, \boldsymbol{\alpha}_2, \boldsymbol{\alpha}_3, \boldsymbol{\alpha}_4)\begin{pmatrix} 1 & -1 & 1 & 1 & -1 \\ 1 & 1 & -1 & -1 & 1 \\ 1 & 1 & 1 & 0 & 1 \\ 1 & 1 & -1 & -1 & -1 \end{pmatrix},$$

这里, 向量组$\boldsymbol{\alpha}_1, \boldsymbol{\alpha}_2, \boldsymbol{\alpha}_3, \boldsymbol{\alpha}_4$的个数4小于向量组$\boldsymbol{\beta}_1, \boldsymbol{\beta}_2, \boldsymbol{\beta}_3, \boldsymbol{\beta}_4, \boldsymbol{\beta}_5$的个数5, 从而可根据定理

5的结论, 判定向量组$\boldsymbol{\beta}_1, \boldsymbol{\beta}_2, \boldsymbol{\beta}_3, \boldsymbol{\beta}_4, \boldsymbol{\beta}_5$线性相关.

仍沿用定理5中向量组$\boldsymbol{A}$, $\boldsymbol{B}$的记号, 易得定理5的等价命题:

推论5 设向量组$\boldsymbol{B}$能由向量组$\boldsymbol{A}$线性表示, 若向量组$\boldsymbol{B}$线性无关, 则$s \geqslant t$.

推论6 设向量组$\boldsymbol{A}$与$\boldsymbol{B}$可相互线性表示, 若向量组$\boldsymbol{A}$与$\boldsymbol{B}$都是线性无关的, 则$s = t$.

证明 向量组$\boldsymbol{A}$线性无关且可由$\boldsymbol{B}$线性表示, 则$s \leqslant t$; 向量组$\boldsymbol{B}$线性无关且可由$\boldsymbol{A}$线性表示, 则$s \geqslant t$. 故有$s = t$. 证毕.

例9 假设向量组$\boldsymbol{\alpha}_1, \boldsymbol{\alpha}_2, \boldsymbol{\alpha}_3$线性相关, 向量组$\boldsymbol{\alpha}_2, \boldsymbol{\alpha}_3, \boldsymbol{\alpha}_4$线性无关, 试证明:

(1) $\boldsymbol{\alpha}_1$能由$\boldsymbol{\alpha}_2, \boldsymbol{\alpha}_3$线性表示;

(2) $\boldsymbol{\alpha}_4$不能由$\boldsymbol{\alpha}_1, \boldsymbol{\alpha}_2, \boldsymbol{\alpha}_3$线性表示.

证明 (1) 因$\boldsymbol{\alpha}_2, \boldsymbol{\alpha}_3, \boldsymbol{\alpha}_4$线性无关, 故由本节定理3的推论4知, 其部分组$\boldsymbol{\alpha}_2, \boldsymbol{\alpha}_3$线性无关, 而$\boldsymbol{\alpha}_1, \boldsymbol{\alpha}_2, \boldsymbol{\alpha}_3$线性相关, 再由定理4知, 向量$\boldsymbol{\alpha}_1$能由向量组$\boldsymbol{\alpha}_2, \boldsymbol{\alpha}_3$线性表示.

(2) 用反证法. 假设$\boldsymbol{\alpha}_4$能由向量组$\boldsymbol{\alpha}_1, \boldsymbol{\alpha}_2, \boldsymbol{\alpha}_3$线性表示, 由(1)已知$\boldsymbol{\alpha}_1$能由$\boldsymbol{\alpha}_2, \boldsymbol{\alpha}_3$表示, 因此, $\boldsymbol{\alpha}_4$能由$\boldsymbol{\alpha}_2, \boldsymbol{\alpha}_3$线性表示, 这与$\boldsymbol{\alpha}_2, \boldsymbol{\alpha}_3, \boldsymbol{\alpha}_4$线性无关矛盾. 证毕.

例10 设$\boldsymbol{A}, \boldsymbol{B}$为满足$\boldsymbol{AB} = \boldsymbol{O}$的任意两个非零矩阵, 试证: 若矩阵$\boldsymbol{A}$的列向量组线性相关, 则$\boldsymbol{B}$的行向量组必线性相关.

证明 (1) 设$\boldsymbol{A}$与$\boldsymbol{B}$分别为$m \times n$与$n \times k$矩阵, 则由题设, 有

$$\boldsymbol{AB} = \boldsymbol{O},\ \ \boldsymbol{A} \neq \boldsymbol{O},\ \ \boldsymbol{B} \neq \boldsymbol{O}.$$

将矩阵$\boldsymbol{B}$按列分块为$\boldsymbol{B} = (\boldsymbol{\beta}_1,\ \boldsymbol{\beta}_2,\ \cdots,\ \boldsymbol{\beta}_k)$, 则

$$\boldsymbol{A}(\boldsymbol{\beta}_1, \boldsymbol{\beta}_2, \cdots, \boldsymbol{\beta}_k) = (\boldsymbol{A\beta}_1, \boldsymbol{A\beta}_2, \cdots, \boldsymbol{A\beta}_k) = (\mathbf{0}, \mathbf{0}, \cdots, \mathbf{0}),$$

即齐次线性方程组$\boldsymbol{Ax} = \mathbf{0}$有非零解, 由线性方程组解的判定定理知$\mathrm{r}(\boldsymbol{A}) < n$.

进一步, 由向量组线性相关的充要条件 (定理2的推论1) 知, $\boldsymbol{A}$的列向量组线性相关.

(2) 根据矩阵转置的运算规律, 由$\boldsymbol{AB} = \boldsymbol{O}$, 可得

$$\boldsymbol{B}^{\mathrm{T}}\boldsymbol{A}^{\mathrm{T}} = (\boldsymbol{AB})^{\mathrm{T}} = \boldsymbol{O}^{\mathrm{T}} = \boldsymbol{O},$$

采用同上证明, 可知线性齐次方程组$\boldsymbol{B}^{\mathrm{T}}\boldsymbol{x} = \mathbf{0}$有非零解, 所以, $\boldsymbol{B}^{\mathrm{T}}$的列向量组线性相关, 从而矩阵$\boldsymbol{B}$的行向量组线性相关. 证毕.

习题 3-3

1. 在下面每种情况下, 证明该语句为真或给出一个例子表明它为假.

(1) 若$\{\boldsymbol{y}, \boldsymbol{z}\}$是线性相关的, 则对于任何$\boldsymbol{x}$, $\{\boldsymbol{x}, \boldsymbol{y}, \boldsymbol{z}\}$都是线性相关的.

(2) 若$\boldsymbol{x}_1, \boldsymbol{x}_2, \cdots, \boldsymbol{x}_k$都非零, 则$\{\boldsymbol{x}_1, \boldsymbol{x}_2, \cdots, \boldsymbol{x}_k\}$是线性无关的.

(3) 若$\boldsymbol{x}_1, \boldsymbol{x}_2, \cdots, \boldsymbol{x}_k$之一是零, 则$\{\boldsymbol{x}_1, \boldsymbol{x}_2, \cdots, \boldsymbol{x}_k\}$是线性相关的.

(4) 若$a\boldsymbol{x} + b\boldsymbol{y} + c\boldsymbol{z} = \mathbf{0}$, 则$\{\boldsymbol{x}, \boldsymbol{y}, \boldsymbol{z}\}$是线性无关的.

(5) 若 $\{\boldsymbol{x},\boldsymbol{y},\boldsymbol{z}\}$ 是线性无关的, 则对于某个 $a,b,c\in\mathbf{R}$, 有 $a\boldsymbol{x}+b\boldsymbol{y}+c\boldsymbol{z}=\mathbf{0}$.

2. 判定向量组线性相关还是线性无关:

(1) $\boldsymbol{\alpha}_1=(1,0,-1)^{\mathrm{T}}$, $\boldsymbol{\alpha}_2=(-2,2,0)^{\mathrm{T}}$, $\boldsymbol{\alpha}_3=(3,-5,2)^{\mathrm{T}}$;

(2) $\boldsymbol{\alpha}_1=(1,1,3,1)^{\mathrm{T}}$, $\boldsymbol{\alpha}_2=(3,-1,2,4)^{\mathrm{T}}$, $\boldsymbol{\alpha}_3=(2,2,7,-1)^{\mathrm{T}}$;

(3) $\boldsymbol{\alpha}_1=(1,0,0,2,5)^{\mathrm{T}}$, $\boldsymbol{\alpha}_2=(0,1,0,3,4)^{\mathrm{T}}$, $\boldsymbol{\alpha}_3=(0,0,1,4,7)^{\mathrm{T}}$, $\boldsymbol{\alpha}_4=(2,-3,4,11,12)^{\mathrm{T}}$.

3. 求 a 取什么值时, 下列向量组线性相关:

$$\boldsymbol{\alpha}_1=\begin{pmatrix}a\\1\\1\end{pmatrix},\ \boldsymbol{\alpha}_2=\begin{pmatrix}1\\a\\-1\end{pmatrix},\ \boldsymbol{\alpha}_3=\begin{pmatrix}1\\-1\\a\end{pmatrix}.$$

4. 设行向量组 $(2,1,1,1)$, $(2,1,a,a)$, $(3,2,1,a)$, $(4,3,2,1)$ 线性相关, 且 $a\neq1$, 求 a 的值.

5. 在工程技术领域, 特别是结构工程中, 支撑结构的稳定性和受力分析是确保建筑安全的关键. 考虑一个简单的桥梁支撑系统, 它由若干根杆件连接而成, 每根杆件的受力可以用向量表示. 这些向量之间的线性关系可以帮助我们判断支撑系统是否存在冗余或不足, 从而对系统进行优化设计. 假设在一个桥梁设计中, 支撑系统包括四根杆件, 这些杆件的受力分别由向量 $\boldsymbol{v}_1$, $\boldsymbol{v}_2$, $\boldsymbol{v}_3$, $\boldsymbol{v}_4$ 给出. 如果这个受力向量组是线性无关的, 则意味着每根杆件发挥了独特的作用, 系统能够有效支撑桥梁; 如果这些向量组是线性相关的, 则说明某些杆件的受力向量可以由其他杆件的受力向量线性组合而成, 系统中存在冗余支撑. 假设给定以下四个受力向量:

$$\boldsymbol{v}_1=\begin{pmatrix}2\\1\\3\end{pmatrix},\ \boldsymbol{v}_2=\begin{pmatrix}1\\2\\3\end{pmatrix},\ \boldsymbol{v}_3=\begin{pmatrix}3\\1\\4\end{pmatrix},\ \boldsymbol{v}_4=\begin{pmatrix}1\\3\\6\end{pmatrix}.$$

试问系统中是否存在冗余支撑?

6. 设 $\boldsymbol{\alpha}_1,\boldsymbol{\alpha}_2$ 线性无关, $\boldsymbol{\alpha}_1+\boldsymbol{\beta}$, $\boldsymbol{\alpha}_2+\boldsymbol{\beta}$ 线性相关, 求向量 $\boldsymbol{\beta}$ 由 $\boldsymbol{\alpha}_1,\boldsymbol{\alpha}_2$ 线性表示的表示式.

7. 设 $\boldsymbol{\alpha}_1,\boldsymbol{\alpha}_2$ 线性相关, $\boldsymbol{\beta}_1,\boldsymbol{\beta}_2$ 也线性相关, 则 $\boldsymbol{\alpha}_1+\boldsymbol{\beta}_1$, $\boldsymbol{\alpha}_2+\boldsymbol{\beta}_2$ 是否一定线性相关? 试举例说明.

8. 设向量组 $\boldsymbol{\alpha}_1$, $\boldsymbol{\alpha}_2$, $\boldsymbol{\alpha}_3$ 线性无关, 试证: 向量组 $\boldsymbol{\alpha}_1+\boldsymbol{\alpha}_2$, $\boldsymbol{\alpha}_2-\boldsymbol{\alpha}_3$, $\boldsymbol{\alpha}_3-\boldsymbol{\alpha}_1$ 线性无关.

9. 设向量组 $\boldsymbol{\alpha}_1$, $\boldsymbol{\alpha}_2$, $\boldsymbol{\alpha}_3$ 线性无关, 试证: 向量组 $\boldsymbol{\alpha}_1-\boldsymbol{\alpha}_2$, $\boldsymbol{\alpha}_2-\boldsymbol{\alpha}_3$, $\boldsymbol{\alpha}_3-\boldsymbol{\alpha}_1$ 线性相关.

10. 设有线性表示式 $\boldsymbol{\beta}_1=\boldsymbol{\alpha}_1,\boldsymbol{\beta}_2=\boldsymbol{\alpha}_1+\boldsymbol{\alpha}_2,\cdots,\boldsymbol{\beta}_r=\boldsymbol{\alpha}_1+\boldsymbol{\alpha}_2+\cdots+\boldsymbol{\alpha}_r$, 且向量组 $\boldsymbol{\alpha}_1,\boldsymbol{\alpha}_2,\cdots,\boldsymbol{\alpha}_r$ 线性无关, 证明向量组 $\boldsymbol{\beta}_1,\boldsymbol{\beta}_2,\cdots,\boldsymbol{\beta}_r$ 线性无关.

11. 设向量组 $\boldsymbol{\alpha}_1,\boldsymbol{\alpha}_2,\cdots,\boldsymbol{\alpha}_s$ 线性相关, 且其中任意 $s-1$ 个向量都线性无关, 试证明: 必存在一组全部不为零的数 $k_1,k_2,\cdots,k_s$, 使 $k_1\boldsymbol{\alpha}_1+k_2\boldsymbol{\alpha}_2+\cdots+k_s\boldsymbol{\alpha}_s=\mathbf{0}$.

12. 设三维列向量 $\boldsymbol{\alpha}_1,\boldsymbol{\alpha}_2,\boldsymbol{\alpha}_3$ 线性无关, $\boldsymbol{A}$ 是三阶矩阵, 且有

$$\boldsymbol{A}\boldsymbol{\alpha}_1=\boldsymbol{\alpha}_1+2\boldsymbol{\alpha}_2+3\boldsymbol{\alpha}_3,\ \boldsymbol{A}\boldsymbol{\alpha}_2=2\boldsymbol{\alpha}_2+3\boldsymbol{\alpha}_3,\ \boldsymbol{A}\boldsymbol{\alpha}_3=3\boldsymbol{\alpha}_2-4\boldsymbol{\alpha}_3,$$

试求 $|\boldsymbol{A}|$.

13. 设向量组 $\boldsymbol{A}$: $\boldsymbol{\alpha}_1=(1,2,1,3)^{\mathrm{T}}$, $\boldsymbol{\alpha}_2=(4,-1,-5,-6)^{\mathrm{T}}$, 向量组 $\boldsymbol{B}$: $\boldsymbol{\beta}_1=(-1,3,4,7)^{\mathrm{T}}$, $\boldsymbol{\beta}_2=(2,-1,-3,-4)^{\mathrm{T}}$, 试证明: 向量组 $\boldsymbol{A}$ 与向量组 $\boldsymbol{B}$ 等价.

14. 设 $\boldsymbol{\alpha}_1,\boldsymbol{\alpha}_2,\cdots,\boldsymbol{\alpha}_n$ 是一组 n 维向量, 已知 n 维单位坐标向量 $\boldsymbol{\varepsilon}_1,\boldsymbol{\varepsilon}_2,\cdots,\boldsymbol{\varepsilon}_n$ 能由它们线性表示, 证明 $\boldsymbol{\alpha}_1,\boldsymbol{\alpha}_2,\cdots,\boldsymbol{\alpha}_n$ 线性无关.

15. 设 $\boldsymbol{\alpha}_1,\boldsymbol{\alpha}_2,\cdots,\boldsymbol{\alpha}_n$ 是一组 n 维向量, 证明它们线性无关的充分必要条件是: 任一 n 维向量都可由它们

线性表示.

16. 设向量组 $\boldsymbol{\alpha}_1, \boldsymbol{\alpha}_2, \cdots, \boldsymbol{\alpha}_m$ 线性相关, 且 $\boldsymbol{\alpha}_1 \neq \mathbf{0}$, 证明存在某个向量 $\boldsymbol{\alpha}_k (2 \leqslant k \leqslant m)$, 使 $\boldsymbol{\alpha}_k$ 能由 $\boldsymbol{\alpha}_1, \boldsymbol{\alpha}_2, \cdots, \boldsymbol{\alpha}_{k-1}$ 线性表示.

17. 何时 $\mathbf{R}^3$ 的子集 $\left\{\begin{pmatrix} a \\ d \\ g \end{pmatrix}, \begin{pmatrix} b \\ e \\ h \end{pmatrix}\right\}$ 线性无关?

18. 设 $\boldsymbol{\alpha}_1 = \begin{pmatrix} 0 \\ 0 \\ c_1 \end{pmatrix}$, $\boldsymbol{\alpha}_2 = \begin{pmatrix} 0 \\ 1 \\ c_2 \end{pmatrix}$, $\boldsymbol{\alpha}_3 = \begin{pmatrix} 1 \\ -1 \\ c_3 \end{pmatrix}$, $\boldsymbol{\alpha}_4 = \begin{pmatrix} -1 \\ 1 \\ c_4 \end{pmatrix}$,其中 c_1, c_2, c_3, c_4 为任意常数, 试证: 向量组 $\boldsymbol{\alpha}_1, \boldsymbol{\alpha}_3, \boldsymbol{\alpha}_4$ 必线性相关.

19. (1) 题19图 (a) 中的向量 $\boldsymbol{v}_1, \boldsymbol{v}_2$ 和 $\boldsymbol{v}_3$ 是否线性无关?

(2) 题19图 (b) 中的向量 $\boldsymbol{v}_1, \boldsymbol{v}_2$ 和 $\boldsymbol{v}_3$ 是否线性无关?

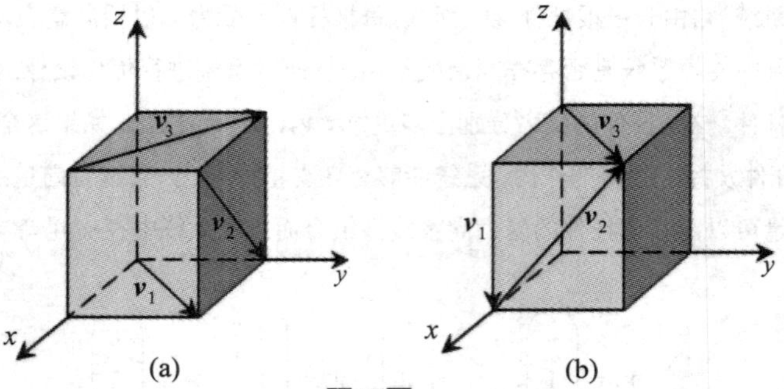

题19图

§3.4　向量组的秩

向量组的秩是线性代数中的一个重要概念, 用于描述向量组的线性相关性及其所张成的空间的维数. 其产生源于对向量组内在结构的研究. 对于一个向量组, 通过考察其是否存在线性相关关系, 可以判断其中哪些向量是冗余的. 一个向量组的秩定义为该组向量中线性无关向量的最大数量, 等价于这些向量张成的子空间的维数. 向量组的秩在理论和实际中都有重要意义. 从理论上, 向量组的秩是理解线性变换、矩阵的秩和空间维数的基础. 它帮助研究者深入理解线性系统解空间的性质和矩阵的特征. 例如, 矩阵的秩等于其列向量组的秩, 这意味着矩阵的秩反映了列向量所张成的空间的维数, 从而揭示了线性变换的输入和输出之间的关系. 在实际应用中, 秩的概念广泛用于数据分析、工程计算和机器学习. 例如, 在数据降维中, 数据矩阵的秩可以帮助确定数据的内在维数, 去除冗余信息; 在通信工程中, 通过秩判别信道矩阵的独立性可以提高信息传输效率. 此外, 秩的概念也用于求解线性方程组和优化问题, 尤其是在经济学、控制理论和网络流等领域具有广泛应用.

本节考察一向量组中拥有最大数量的线性无关向量的部分组——极大线性无关向量组, 并由此引入向量组的秩的定义. 在此基础上, 进一步讨论矩阵与其行向量组和列向量组的秩的相等关系, 这个关系是我们处理线性方程组相关信息的一个重要工具.

一、极大线性无关向量组

定义1 设向量组$\boldsymbol{A}$: $\boldsymbol{\alpha}_1, \boldsymbol{\alpha}_2, \cdots, \boldsymbol{\alpha}_s$, 若在$\boldsymbol{A}$中能选出$r$个向量$\boldsymbol{\alpha}_{j_1}, \boldsymbol{\alpha}_{j_2}, \cdots, \boldsymbol{\alpha}_{j_r}$满足:

(1) 向量组$\boldsymbol{A}_0$: $\boldsymbol{\alpha}_{j_1}, \boldsymbol{\alpha}_{j_2}, \cdots, \boldsymbol{\alpha}_{j_r}$线性无关,

(2) 向量组$\boldsymbol{A}$中任意$r+1$个向量(若有的话)都线性相关,

则称向量组$\boldsymbol{A}_0$是向量组$\boldsymbol{A}$的一个**极大线性无关向量组**(有时简称为**极大无关组**).

注: 向量组的极大无关组可能不止一个, 但由§3.3推论6知, 其向量的个数是相同的.

例如, 设有二维向量组

$$\boldsymbol{\alpha}_1=(0, 1)^{\mathrm{T}},\ \boldsymbol{\alpha}_2=(1, 0)^{\mathrm{T}},\ \boldsymbol{\alpha}_3=(1, 1)^{\mathrm{T}},\ \boldsymbol{\alpha}_4=(0, 2)^{\mathrm{T}},$$

因为任何三个二维向量的向量组必线性相关, 又$\boldsymbol{\alpha}_1, \boldsymbol{\alpha}_2$线性无关, 故$\boldsymbol{\alpha}_1, \boldsymbol{\alpha}_2$是该向量组的一个极大无关组. 易知$\boldsymbol{\alpha}_2, \boldsymbol{\alpha}_3$也是该向量组的极大无关组.

定理1 若$\boldsymbol{\alpha}_{j_1}, \boldsymbol{\alpha}_{j_2}, \cdots, \boldsymbol{\alpha}_{j_r}$是$\boldsymbol{\alpha}_1, \boldsymbol{\alpha}_2, \cdots, \boldsymbol{\alpha}_s$的线性无关部分组, 则它是极大无关组的充分必要条件是$\boldsymbol{\alpha}_1, \boldsymbol{\alpha}_2, \cdots, \boldsymbol{\alpha}_s$中的每一个向量都可由$\boldsymbol{\alpha}_{j_1}, \boldsymbol{\alpha}_{j_2}, \cdots, \boldsymbol{\alpha}_{j_r}$线性表示.

证明 必要性. 若$\boldsymbol{\alpha}_{j_1}, \boldsymbol{\alpha}_{j_2}, \cdots, \boldsymbol{\alpha}_{j_r}$是$\boldsymbol{\alpha}_1, \boldsymbol{\alpha}_2, \cdots, \boldsymbol{\alpha}_s$的一个极大无关组, 则当$j$是$j_1, j_2, \cdots, j_r$中的数时, $\boldsymbol{\alpha}_j$显然可由$\boldsymbol{\alpha}_{j_1}, \boldsymbol{\alpha}_{j_2}, \cdots, \boldsymbol{\alpha}_{j_r}$线性表示; 而当$j$不是$j_1, j_2, \cdots, j_r$中的数时, 向量组$\boldsymbol{\alpha}_j, \boldsymbol{\alpha}_{j_1}, \boldsymbol{\alpha}_{j_2}, \cdots, \boldsymbol{\alpha}_{j_r}$线性相关, 又$\boldsymbol{\alpha}_{j_1}, \boldsymbol{\alpha}_{j_2}, \cdots, \boldsymbol{\alpha}_{j_r}$线性无关, 故由向量组线性相关性判定定理(§3.3定理4)知, $\boldsymbol{\alpha}_j$可由$\boldsymbol{\alpha}_{j_1}, \boldsymbol{\alpha}_{j_2}, \cdots, \boldsymbol{\alpha}_{j_r}$线性表示.

充分性. 若$\boldsymbol{\alpha}_1, \boldsymbol{\alpha}_2, \cdots, \boldsymbol{\alpha}_s$可由$\boldsymbol{\alpha}_{j_1}, \boldsymbol{\alpha}_{j_2}, \cdots, \boldsymbol{\alpha}_{j_r}$线性表示, 则$\boldsymbol{\alpha}_1, \boldsymbol{\alpha}_2, \cdots, \boldsymbol{\alpha}_s$中任何包含$r+1\,(s>r)$个向量的部分组都线性相关, 于是$\boldsymbol{\alpha}_{j_1}, \boldsymbol{\alpha}_{j_2}, \cdots, \boldsymbol{\alpha}_{j_r}$是极大无关组. 证毕.

注: 由定理1可知, 向量组与其极大无关组可相互线性表示, 即向量组与其极大无关组等价.

二、矩阵与向量组秩的关系

定义2 向量组$\boldsymbol{\alpha}_1, \boldsymbol{\alpha}_2, \cdots, \boldsymbol{\alpha}_s$的极大无关组所含向量的个数称为该向量组的**秩**, 记为

$$\mathrm{r}(\boldsymbol{\alpha}_1, \boldsymbol{\alpha}_2, \cdots, \boldsymbol{\alpha}_s).$$

规定: 全由零向量组成的向量组的秩为0.

例如, 前面已经讨论过的二维向量组

$$\boldsymbol{\alpha}_1=(0, 1)^{\mathrm{T}},\ \boldsymbol{\alpha}_2=(1, 0)^{\mathrm{T}},\ \boldsymbol{\alpha}_3=(1, 1)^{\mathrm{T}},\ \boldsymbol{\alpha}_4=(0, 2)^{\mathrm{T}}$$

的极大无关组的向量的个数为2, 故$\mathrm{r}(\boldsymbol{\alpha}_1, \boldsymbol{\alpha}_2, \boldsymbol{\alpha}_3, \boldsymbol{\alpha}_4)=2$.

定理2 设$\boldsymbol{A}$为$m\times n$矩阵, 则矩阵$\boldsymbol{A}$的秩既等于它的列向量组的秩, 也等于它的行向量组的秩.

证明 设矩阵$\boldsymbol{A}=(\boldsymbol{\alpha}_1, \boldsymbol{\alpha}_2, \cdots, \boldsymbol{\alpha}_n)$, 秩$\mathrm{r}(\boldsymbol{A})=s$, 则由矩阵的秩的定义知, 存在$\boldsymbol{A}$的$s$阶子式$D_s\neq 0$, 从而$D_s$所含的$s$个列向量线性无关; 又$\boldsymbol{A}$中所有$s+1$阶子式$D_{s+1}=0$, 故$\boldsymbol{A}$中任意$s+1$个列向量线性相关. 因此, D_s所在的s列是$\boldsymbol{A}$的列向量组的一个极大无关组, 从而列

向量组的秩等于 s.

同理可证, 矩阵 $\boldsymbol{A}$ 的行向量组的秩也等于 s. 证毕.

推论 1　矩阵 $\boldsymbol{A}$ 的行向量组的秩与列向量组的秩相等.

由定理 2 的证明知, 若 D_s 是矩阵 $\boldsymbol{A}$ 的一个最高阶非零子式, 则 D_s 所在的 s 列就是 $\boldsymbol{A}$ 的列向量组的一个极大无关组; D_s 所在的 s 行即为 $\boldsymbol{A}$ 的行向量组的一个极大无关组.

可以证明: 若对矩阵 $\boldsymbol{A}$ 仅施以初等行变换得矩阵 $\boldsymbol{B}$, 则 $\boldsymbol{B}$ 的列向量组与 $\boldsymbol{A}$ 的列向量组间有相同的线性关系, 即行的初等变换保持了列向量间的线性无关性和线性相关性. 它提供了**求极大无关组的方法**:

以向量组中各向量为列向量组成矩阵, 只作初等行变换将该矩阵化为行阶梯形矩阵, 即可写出所求向量组的极大无关组.

同理, 也可以向量组中各向量为行向量组成矩阵, 通过作初等列变换来求向量组的极大无关组.

例 1　全体 n 维向量构成的向量组记作 $\mathbf{R}^n$, 求 $\mathbf{R}^n$ 的一个极大无关组及 $\mathbf{R}^n$ 的秩.

解　因 n 维单位坐标向量组 $\boldsymbol{E}$: $\varepsilon_1, \varepsilon_2, \cdots, \varepsilon_n$ 是线性无关的, 又知 $\mathbf{R}^n$ 中的任意 $n+1$ 个向量都线性相关, 所以, 向量组 $\boldsymbol{E}$ 是 $\mathbf{R}^n$ 的一个极大无关组, 且 $\mathbf{R}^n$ 的秩等于 n.

例 2　求下列向量组的秩:

(1) $\boldsymbol{u}_1=\begin{pmatrix}1\\0\end{pmatrix}$, $\boldsymbol{u}_2=\begin{pmatrix}2\\-1\end{pmatrix}$, $\boldsymbol{v}=\begin{pmatrix}2\\1\end{pmatrix}$;　(2) $\boldsymbol{u}_1=\begin{pmatrix}1\\0\\1\end{pmatrix}$, $\boldsymbol{u}_2=\begin{pmatrix}0\\1\\1\end{pmatrix}$, $\boldsymbol{v}=\begin{pmatrix}1\\3\\2\end{pmatrix}$.

解　(1) 根据向量组与矩阵的关系, 对列向量矩阵作初等行变换化为行阶梯形矩阵, 得

$$(\boldsymbol{u}_1, \boldsymbol{u}_2, \boldsymbol{v})=\begin{pmatrix}1&2&2\\0&-1&1\end{pmatrix}\to\begin{pmatrix}1&2&2\\0&1&-1\end{pmatrix}\to\begin{pmatrix}1&0&4\\0&1&-1\end{pmatrix},$$

所以, 题设向量组的秩为 2, 即 $\mathrm{r}(\boldsymbol{u}_1, \boldsymbol{u}_2, \boldsymbol{v})=2$.

(2) 同理可得

$$(\boldsymbol{u}_1, \boldsymbol{u}_2, \boldsymbol{v})=\begin{pmatrix}1&0&1\\0&1&3\\1&1&2\end{pmatrix}\to\begin{pmatrix}1&0&1\\0&1&3\\0&1&1\end{pmatrix}\to\begin{pmatrix}1&0&1\\0&1&3\\0&0&-2\end{pmatrix},$$

所以, 题设向量组的秩为 3, 即 $\mathrm{r}(\boldsymbol{u}_1, \boldsymbol{u}_2, \boldsymbol{v})=3$.

例 3　已知 $\boldsymbol{\alpha}_1=(1, 2, -1, 1)$, $\boldsymbol{\alpha}_2=(2, 0, t, 0)$, $\boldsymbol{\alpha}_3=(0, -4, 5, -2)$ 的秩为 2, 求 t 的值.

解　根据向量组与矩阵的关系, 对列向量矩阵作初等行变换化为行阶梯形矩阵, 有

$$(\boldsymbol{\alpha}_1^{\mathrm{T}}, \boldsymbol{\alpha}_2^{\mathrm{T}}, \boldsymbol{\alpha}_3^{\mathrm{T}})=\begin{pmatrix}1&2&0\\2&0&-4\\-1&t&5\\1&0&-2\end{pmatrix}\to\begin{pmatrix}1&2&0\\0&-4&-4\\0&t+2&5\\0&-2&-2\end{pmatrix}\to\begin{pmatrix}1&2&0\\0&1&1\\0&0&-t+3\\0&0&0\end{pmatrix},$$

因题设向量组的秩为2, 得 $-t+3=0$, 所以, $t=3$.

例4　设矩阵 $\boldsymbol{A}=\begin{pmatrix}2 & -1 & -1 & 1 & 2\\ 1 & 1 & -2 & 1 & 4\\ 4 & -6 & 2 & -2 & 4\\ 3 & 6 & -9 & 7 & 9\end{pmatrix}$, 求矩阵 $\boldsymbol{A}$ 的列向量组的一个极大无关组, 并把不属于极大无关组的列向量用极大无关组线性表示.

解　对矩阵 $\boldsymbol{A}=(\boldsymbol{\alpha}_1, \boldsymbol{\alpha}_2, \boldsymbol{\alpha}_3, \boldsymbol{\alpha}_4, \boldsymbol{\alpha}_5)$, 施以初等行变换化为行阶梯形矩阵, 有

$$\boldsymbol{A}\to\begin{pmatrix}1 & 1 & -2 & 1 & 4\\ 0 & 1 & -1 & 1 & 0\\ 0 & 0 & 0 & 1 & -3\\ 0 & 0 & 0 & 0 & 0\end{pmatrix}\to\begin{pmatrix}1 & 0 & -1 & 0 & 4\\ 0 & 1 & -1 & 0 & 3\\ 0 & 0 & 0 & 1 & -3\\ 0 & 0 & 0 & 0 & 0\end{pmatrix},$$

从上式右端的行阶梯形矩阵知, $\mathrm{r}(\boldsymbol{A})=3$, 故列向量组的极大无关组含有三个向量. 而三个非零行的非零首元在第1, 2, 4三列, 故 $\boldsymbol{\alpha}_1, \boldsymbol{\alpha}_2, \boldsymbol{\alpha}_4$ 是列向量组的一个极大无关组, 从而

$$\mathrm{r}(\boldsymbol{\alpha}_1, \boldsymbol{\alpha}_2, \boldsymbol{\alpha}_4)=3,$$

再由 $\boldsymbol{A}$ 的行阶梯形矩阵, 可分别写出表示式:

$$\boldsymbol{\alpha}_3=-\boldsymbol{\alpha}_1-\boldsymbol{\alpha}_2,\ \boldsymbol{\alpha}_5=4\boldsymbol{\alpha}_1+3\boldsymbol{\alpha}_2-3\boldsymbol{\alpha}_4.$$

*数学实验

实验3.2　试用计算软件, 求下列矩阵的列(或行)向量组的一个极大无关组.

(1) $\begin{pmatrix}1 & 1 & -1 & 2 & 1 & 2\\ 2 & 4 & 0 & 7 & 1 & 8\\ 3 & 4 & -2 & 8 & 4 & 5\\ 4 & 4 & -4 & 9 & 6 & 16\\ 2 & 1 & -3 & 2 & 1 & 6\\ 2 & 2 & -2 & 3 & 0 & -4\end{pmatrix}$;　(2) $\begin{pmatrix}6 & 4 & 4 & -2 & -2 & 5\\ -1 & 2 & -6 & 2 & 3 & 1\\ 7 & 6 & 2 & -2 & -1 & 7\\ 4 & 4 & 0 & 1 & 0 & 4\\ 2 & 3 & -2 & 0 & 1 & 3\\ -5 & -4 & -2 & 1 & 1 & -5\end{pmatrix}$.

计算实验

微信扫描右侧的二维码即可进行矩阵变换实验(详见教材配套的网络学习空间).

例5　在机器学习中, 特征选择是构建高效模型的一个重要步骤. 过多的冗余特征不仅增加了计算复杂度, 还可能导致模型过拟合. 为了分析特征之间的线性关系并判断是否存在冗余特征, 我们可以利用线性代数中向量组线性相关性的判定方法. 假设在某机器学习项目中, 研究人员收集了四个不同特征的数据, 分别表示为以下的四维向量(每个特征是一个四维向量, 表示不同时间的观测数据):

时间	特征A	特征B	特征C	特征D
1	5	3	4	2
2	6	2	5	3
3	5	3	4	2
4	7	4	6	3
5	6	2	5	3

研究人员希望通过线性代数的方法判断这四个特征之间是否存在冗余, 即是否可以用部分特征的值线性表示其他特征的值. 我们可以通过计算这些特征向量组的秩来判断其线性相关性. 首先, 我们将这四个特征的数值构成一个矩阵:

$$\boldsymbol{R}=\begin{pmatrix}5&3&4&2\\6&2&5&3\\5&3&4&2\\7&4&6&3\\6&2&5&3\end{pmatrix}.$$

下面对矩阵 $\boldsymbol{R}$ 作初等变换, 将其化为行阶梯形矩阵, 得

$$\boldsymbol{R}\to\begin{pmatrix}5&3&4&2\\0&-8/5&1/5&3/5\\0&0&0&0\\0&0&3/8&1/8\\0&0&0&0\end{pmatrix}\to\begin{pmatrix}5&3&4&2\\0&-8&1&3\\0&0&0&0\\0&0&3&1\\0&0&0&0\end{pmatrix}.$$

由上述所得行阶梯形矩阵可见, 它有三个非零行, 说明矩阵的秩为3, 这表明这四个特征之间存在线性相关关系. 具体来说, 四个特征中有一个特征的值可以由其他三个特征的值线性表示. 因此, 研究人员可以考虑剔除冗余的特征, 从而降低模型的复杂度, 并提高训练效率.

在机器学习中, 这一过程有助于特征选择, 优化模型的性能, 避免过拟合, 并提升最终模型的泛化能力. 通过利用线性代数中向量组线性相关性的判定方法, 研究人员可以快速识别冗余特征, 并根据实际需要调整特征集, 从而提升机器学习模型的效率和准确性.

例 6 已知向量组

$$\boldsymbol{\alpha}_1=(1,-1,0,5)^{\mathrm{T}},\ \boldsymbol{\alpha}_2=(2,0,1,4)^{\mathrm{T}},\ \boldsymbol{\alpha}_3=(3,1,2,3)^{\mathrm{T}},\ \boldsymbol{\alpha}_4=(4,2,3,a)^{\mathrm{T}},$$

其中 a 是参数, 求该向量组的秩与一个极大无关组, 并将其余向量用该极大无关组线性表示.

解 根据向量组与矩阵的关系, 对由题设列向量组构成的矩阵 $(\boldsymbol{\alpha}_1,\boldsymbol{\alpha}_2,\boldsymbol{\alpha}_3,\boldsymbol{\alpha}_4)$ 作初等行变换, 将其化为行最简形矩阵, 得

$$(\boldsymbol{\alpha}_1,\boldsymbol{\alpha}_2,\boldsymbol{\alpha}_3,\boldsymbol{\alpha}_4)\to\begin{pmatrix}1&0&-1&-2\\0&1&2&3\\0&0&0&a-2\\0&0&0&0\end{pmatrix}.$$

从上可见, 当 $a=2$ 时, 向量组 $\boldsymbol{\alpha}_1,\boldsymbol{\alpha}_2,\boldsymbol{\alpha}_3,\boldsymbol{\alpha}_4$ 的秩为2, 其一个极大无关组为 $\boldsymbol{\alpha}_1,\boldsymbol{\alpha}_2$, 且有线性表示式:

$$\boldsymbol{\alpha}_3=-\boldsymbol{\alpha}_1+2\boldsymbol{\alpha}_2,\quad \boldsymbol{\alpha}_4=-2\boldsymbol{\alpha}_1+3\boldsymbol{\alpha}_2.$$

当 $a\neq 2$ 时, 向量组 $\boldsymbol{\alpha}_1,\boldsymbol{\alpha}_2,\boldsymbol{\alpha}_3,\boldsymbol{\alpha}_4$ 的秩为3, 其一个极大无关组为 $\boldsymbol{\alpha}_1,\boldsymbol{\alpha}_2,\boldsymbol{\alpha}_4$, 且有线性表示式:

$$\boldsymbol{\alpha}_3=-\boldsymbol{\alpha}_1+2\boldsymbol{\alpha}_2+0\boldsymbol{\alpha}_4.$$

例 7　求向量组

$\boldsymbol{\alpha}_1=(1,2,-1,1)^{\mathrm{T}}$, $\boldsymbol{\alpha}_2=(2,0,t,0)^{\mathrm{T}}$, $\boldsymbol{\alpha}_3=(0,-4,5,-2)^{\mathrm{T}}$, $\boldsymbol{\alpha}_4=(3,-2,t+4,-1)^{\mathrm{T}}$

的秩和一个极大无关组.

解　因向量的分量中含未知常数 t, 而向量组的秩和极大无关组与 t 的取值有关. 故对下列矩阵作初等行变换:

$$(\boldsymbol{\alpha}_1,\boldsymbol{\alpha}_2,\boldsymbol{\alpha}_3,\boldsymbol{\alpha}_4)=\begin{pmatrix}1&2&0&3\\2&0&-4&-2\\-1&t&5&t+4\\1&0&-2&-1\end{pmatrix}$$

$$\to\begin{pmatrix}1&2&0&3\\0&-4&-4&-8\\0&t+2&5&t+7\\0&-2&-2&-4\end{pmatrix}\to\begin{pmatrix}1&2&0&3\\0&1&1&2\\0&0&3-t&3-t\\0&0&0&0\end{pmatrix}.$$

从上式右端的行阶梯形矩阵知, $\boldsymbol{\alpha}_1,\boldsymbol{\alpha}_2$ 线性无关, 且

(1) 当 $t=3$ 时, $\mathrm{r}(\boldsymbol{\alpha}_1,\boldsymbol{\alpha}_2,\boldsymbol{\alpha}_3,\boldsymbol{\alpha}_4)=2$, $\boldsymbol{\alpha}_1,\boldsymbol{\alpha}_2$ 是一个极大无关组;

(2) 当 $t\neq3$ 时, $\mathrm{r}(\boldsymbol{\alpha}_1,\boldsymbol{\alpha}_2,\boldsymbol{\alpha}_3,\boldsymbol{\alpha}_4)=3$, $\boldsymbol{\alpha}_1,\boldsymbol{\alpha}_2,\boldsymbol{\alpha}_3$ 是一个极大无关组.

例 8　设 $\boldsymbol{A}_{m\times n}$ 及 $\boldsymbol{B}_{n\times s}$ 为两个矩阵, 证明: $\boldsymbol{A}$ 与 $\boldsymbol{B}$ 乘积的秩不大于 $\boldsymbol{A}$ 的秩和 $\boldsymbol{B}$ 的秩, 即

$$\mathrm{r}(\boldsymbol{AB})\leqslant\min\{\mathrm{r}(\boldsymbol{A}),\mathrm{r}(\boldsymbol{B})\}.$$

证明　设 $\boldsymbol{A}=(a_{ij})_{m\times n}=(\boldsymbol{\alpha}_1,\boldsymbol{\alpha}_2,\cdots,\boldsymbol{\alpha}_n)$, $\boldsymbol{B}=(b_{ij})_{n\times s}$, 则

$$\boldsymbol{AB}=\boldsymbol{C}=(c_{ij})_{m\times s}=(\boldsymbol{\gamma}_1,\boldsymbol{\gamma}_2,\cdots,\boldsymbol{\gamma}_s),$$

即向量组 $(\boldsymbol{\gamma}_1,\boldsymbol{\gamma}_2,\cdots,\boldsymbol{\gamma}_s)$ 与 $(\boldsymbol{\alpha}_1,\boldsymbol{\alpha}_2,\cdots,\boldsymbol{\alpha}_n)$ 间的线性表示式为

$$(\boldsymbol{\gamma}_1,\boldsymbol{\gamma}_2,\cdots,\boldsymbol{\gamma}_s)=(\boldsymbol{\alpha}_1,\boldsymbol{\alpha}_2,\cdots,\boldsymbol{\alpha}_n)\begin{pmatrix}b_{11}&b_{12}&\cdots&b_{1s}\\b_{21}&b_{22}&\cdots&b_{2s}\\\vdots&\vdots&&\vdots\\b_{n1}&b_{n2}&\cdots&b_{ns}\end{pmatrix}$$

因此, $\boldsymbol{\gamma}_j=b_{1j}\boldsymbol{\alpha}_1+b_{2j}\boldsymbol{\alpha}_2+\cdots+b_{nj}\boldsymbol{\alpha}_n\ (j=1,2,\cdots,s)$, 即 $\boldsymbol{AB}$ 的列向量组 $\boldsymbol{\gamma}_1,\boldsymbol{\gamma}_2,\cdots,\boldsymbol{\gamma}_s$ 可由 $\boldsymbol{A}$ 的列向量组 $\boldsymbol{\alpha}_1,\boldsymbol{\alpha}_2,\cdots,\boldsymbol{\alpha}_n$ 线性表示, 故 $\boldsymbol{\gamma}_1,\boldsymbol{\gamma}_2,\cdots,\boldsymbol{\gamma}_s$ 的极大无关组可由 $\boldsymbol{\alpha}_1,\boldsymbol{\alpha}_2,\cdots,\boldsymbol{\alpha}_n$ 的极大无关组线性表示, 由向量组间线性相关关系的判定定理知, $\mathrm{r}(\boldsymbol{AB})\leqslant\mathrm{r}(\boldsymbol{A})$. 类似地, 设

$$\boldsymbol{B}=(b_{ij})=\begin{pmatrix}\boldsymbol{\beta}_1\\\boldsymbol{\beta}_2\\\vdots\\\boldsymbol{\beta}_n\end{pmatrix},\ \boldsymbol{AB}=(a_{ij})\begin{pmatrix}\boldsymbol{\beta}_1\\\boldsymbol{\beta}_2\\\vdots\\\boldsymbol{\beta}_n\end{pmatrix},$$

可以证明: $r(\boldsymbol{AB})\leqslant r(\boldsymbol{B})$. 所以, $r(\boldsymbol{AB})\leqslant \min(r(\boldsymbol{A}), r(\boldsymbol{B}))$. 证毕.

由例8的证明可立即推出下面的结论:

定理3 若向量组$\boldsymbol{B}$能由向量组$\boldsymbol{A}$线性表示, 则$r(\boldsymbol{B})\leqslant r(\boldsymbol{A})$.

证明 设向量组$\boldsymbol{B}$的一个极大无关组为$\boldsymbol{B}_0: \boldsymbol{\beta}_1, \boldsymbol{\beta}_2, \cdots, \boldsymbol{\beta}_r$, 向量组$\boldsymbol{A}$的一个极大无关组为$\boldsymbol{A}_0: \boldsymbol{\alpha}_1, \boldsymbol{\alpha}_2, \cdots, \boldsymbol{\alpha}_s$, 欲证$r\leqslant s$. 因为向量组$\boldsymbol{B}_0$能由$\boldsymbol{B}$线性表示, $\boldsymbol{B}$能由$\boldsymbol{A}$线性表示, $\boldsymbol{A}$能由$\boldsymbol{A}_0$线性表示, 由向量组线性表示的传递性知, 向量组$\boldsymbol{B}_0$能由$\boldsymbol{A}_0$线性表示, 即存在系数矩阵$\boldsymbol{K}_{s\times r}=(k_{ij})$, 使得

$$(\boldsymbol{\beta}_1, \boldsymbol{\beta}_2, \cdots, \boldsymbol{\beta}_r)=(\boldsymbol{\alpha}_1, \boldsymbol{\alpha}_2, \cdots, \boldsymbol{\alpha}_s)\boldsymbol{K}_{s\times r},$$

若$r>s$, 则由线性方程组解的判定定理知, 线性方程组

$$\boldsymbol{K}_{s\times r}\begin{pmatrix} x_1 \\ x_2 \\ \vdots \\ x_r \end{pmatrix}=\boldsymbol{0}\ (\text{简记为}\boldsymbol{K}_{s\times r}\boldsymbol{x}=\boldsymbol{0})$$

有非零解 (因为$r(\boldsymbol{K}_{s\times r})\leqslant s<r$), 从而方程组$(\boldsymbol{\alpha}_1, \boldsymbol{\alpha}_2, \cdots, \boldsymbol{\alpha}_s)\boldsymbol{K}_{s\times r}\boldsymbol{x}=\boldsymbol{0}$有非零解, 这与向量组$\boldsymbol{B}_0$线性无关矛盾, 故$r>s$不成立, 所以, $r\leqslant s$. 证毕.

由向量组等价的定义及定理3立即可得到:

推论2 等价的向量组的秩相等.

推论3 设向量组$\boldsymbol{B}$是向量组$\boldsymbol{A}$的部分组, 若向量组$\boldsymbol{B}$线性无关, 且向量组$\boldsymbol{A}$能由向量组$\boldsymbol{B}$线性表示, 则向量组$\boldsymbol{B}$是向量组$\boldsymbol{A}$的一个极大无关组.

证明 设向量组$\boldsymbol{B}$含有s个向量, 则它的秩为s, 因为向量组$\boldsymbol{A}$能由向量组$\boldsymbol{B}$线性表示, 故由上述定理, 有$r(\boldsymbol{A})\leqslant s$, 从而向量组$\boldsymbol{A}$中任意$s+1$个向量线性相关, 所以, 向量组$\boldsymbol{B}$是向量组$\boldsymbol{A}$的一个极大无关组. 证毕.

例9 设矩阵$\boldsymbol{A}=\begin{pmatrix} 1 & 0 & 1 \\ 1 & 1 & 2 \\ 0 & 1 & 1 \end{pmatrix}$, $\boldsymbol{\alpha}_1, \boldsymbol{\alpha}_2, \boldsymbol{\alpha}_3$为线性无关的三维列向量组, 试求向量组$\boldsymbol{A\alpha}_1, \boldsymbol{A\alpha}_2, \boldsymbol{A\alpha}_3$的秩.

解 依题设, 向量组$\boldsymbol{\alpha}_1, \boldsymbol{\alpha}_2, \boldsymbol{\alpha}_3$线性无关, 记$\boldsymbol{P}=(\boldsymbol{\alpha}_1, \boldsymbol{\alpha}_2, \boldsymbol{\alpha}_3)$, 则由向量组线性相关的充要条件(§3.3定理2推论2)知, 矩阵$\boldsymbol{P}$是可逆矩阵, 于是, 题设向量组

$$(\boldsymbol{A\alpha}_1, \boldsymbol{A\alpha}_2, \boldsymbol{A\alpha}_3)=\boldsymbol{A}(\boldsymbol{\alpha}_1, \boldsymbol{\alpha}_2, \boldsymbol{\alpha}_3)=\boldsymbol{AP},$$

两边右乘$\boldsymbol{P}^{-1}$, 得

$$(\boldsymbol{A\alpha}_1, \boldsymbol{A\alpha}_2, \boldsymbol{A\alpha}_3)\boldsymbol{P}^{-1}=\boldsymbol{A},$$

上述两式表明, 矩阵$(\boldsymbol{A\alpha}_1, \boldsymbol{A\alpha}_2, \boldsymbol{A\alpha}_3)$与$\boldsymbol{A}$的列向量组能相互线性表示, 即$(\boldsymbol{A\alpha}_1, \boldsymbol{A\alpha}_2, \boldsymbol{A\alpha}_3)$与矩阵$\boldsymbol{A}$等价. 而等价的向量组的秩相等, 即有

$$r(\boldsymbol{A\alpha}_1, \boldsymbol{A\alpha}_2, \boldsymbol{A\alpha}_3)=r(\boldsymbol{A}),$$

而利用初等行变换, 有

$$A=\begin{pmatrix}1&0&1\\1&1&2\\0&1&1\end{pmatrix}\to\begin{pmatrix}1&0&1\\0&1&1\\0&1&1\end{pmatrix}\to\begin{pmatrix}1&0&1\\0&1&1\\0&0&0\end{pmatrix},$$

从上可见 $\mathrm{r}(\boldsymbol{A})=2$, 故向量组 $\boldsymbol{A\alpha}_1, \boldsymbol{A\alpha}_2, \boldsymbol{A\alpha}_3$ 的秩为 2.

例10 设向量组 $\boldsymbol{B}$ 能由向量组 $\boldsymbol{A}$ 线性表示, 且它们的秩相等, 证明向量组 $\boldsymbol{A}$ 与 $\boldsymbol{B}$ 等价.

证明 方法一 只需证明向量组 $\boldsymbol{A}$ (简称 $\boldsymbol{A}$ 组) 能由向量组 $\boldsymbol{B}$ (简称 $\boldsymbol{B}$ 组) 线性表示. 设两个向量组的秩都为 s, 并设 $\boldsymbol{A}$ 组和 $\boldsymbol{B}$ 组的极大无关组依次为

$$\boldsymbol{A}_0: \boldsymbol{\alpha}_1, \boldsymbol{\alpha}_2, \cdots, \boldsymbol{\alpha}_s \text{ 和 } \boldsymbol{B}_0: \boldsymbol{\beta}_1, \boldsymbol{\beta}_2, \cdots, \boldsymbol{\beta}_s,$$

因 $\boldsymbol{B}$ 组能由 $\boldsymbol{A}$ 组线性表示, 故 $\boldsymbol{B}_0$ 组能由 $\boldsymbol{A}_0$ 组线性表示, 即有 s 阶方阵 $\boldsymbol{K}_s$, 使

$$(\boldsymbol{\beta}_1, \boldsymbol{\beta}_2, \cdots, \boldsymbol{\beta}_s)=(\boldsymbol{\alpha}_1, \boldsymbol{\alpha}_2, \cdots, \boldsymbol{\alpha}_s)\boldsymbol{K}_s.$$

因 $\boldsymbol{B}_0$ 组线性无关, 故 $\mathrm{r}(\boldsymbol{\beta}_1, \boldsymbol{\beta}_2, \cdots, \boldsymbol{\beta}_s)=s$, 从而 $\mathrm{r}(\boldsymbol{K}_s)\geqslant \mathrm{r}(\boldsymbol{\beta}_1, \boldsymbol{\beta}_2, \cdots, \boldsymbol{\beta}_s)=s$.

但 $\mathrm{r}(\boldsymbol{K}_s)\leqslant s$, 因此, $\mathrm{r}(\boldsymbol{K}_s)=s$. 于是, 矩阵 $\boldsymbol{K}_s$ 可逆, 且有

$$(\boldsymbol{\alpha}_1, \boldsymbol{\alpha}_2, \cdots, \boldsymbol{\alpha}_s)=(\boldsymbol{\beta}_1, \boldsymbol{\beta}_2, \cdots, \boldsymbol{\beta}_s)\boldsymbol{K}_s^{-1},$$

即 $\boldsymbol{A}_0$ 组能由 $\boldsymbol{B}_0$ 组线性表示, 从而 $\boldsymbol{A}$ 组能由 $\boldsymbol{B}$ 组线性表示. 证毕.

方法二 设向量组 $\boldsymbol{A}$ 和 $\boldsymbol{B}$ 的秩都为 s. 因 $\boldsymbol{B}$ 组能由 $\boldsymbol{A}$ 组线性表示, 故 $\boldsymbol{A}$ 组和 $\boldsymbol{B}$ 组合并而成的向量组 $(\boldsymbol{A}, \boldsymbol{B})$ 能由 $\boldsymbol{A}$ 组线性表示. 而 $\boldsymbol{A}$ 组是 $(\boldsymbol{A}, \boldsymbol{B})$ 组的部分组, 故 $\boldsymbol{A}$ 组总能由 $(\boldsymbol{A},\boldsymbol{B})$ 组线性表示. 所以 $(\boldsymbol{A}, \boldsymbol{B})$ 组与 $\boldsymbol{A}$ 组等价, 因此 $(\boldsymbol{A}, \boldsymbol{B})$ 组的秩也为 s.

又因 $\boldsymbol{B}$ 组的秩为 s, 故 $\boldsymbol{B}$ 组的极大无关组 $\boldsymbol{B}_0$ 含 s 个向量, 因此, $\boldsymbol{B}_0$ 组也是 $(\boldsymbol{A}, \boldsymbol{B})$ 组的极大无关组, 从而 $(\boldsymbol{A}, \boldsymbol{B})$ 组与 $\boldsymbol{B}_0$ 组等价. 由 $\boldsymbol{A}$ 组与 $(\boldsymbol{A}, \boldsymbol{B})$ 组等价, $(\boldsymbol{A}, \boldsymbol{B})$ 与 $\boldsymbol{B}_0$ 等价, 推知 $\boldsymbol{A}$ 组与 $\boldsymbol{B}$ 组等价. 证毕.

注: 本例把证明两向量组 $\boldsymbol{A}$ 与 $\boldsymbol{B}$ 等价, 转换为证明它们的极大无关组 $\boldsymbol{A}_0$ 组与 $\boldsymbol{B}_0$ 组等价. 方法一证明 $\boldsymbol{B}_0$ 组用 $\boldsymbol{A}_0$ 组线性表示的系数矩阵可逆; 方法二实质上是证明 $\boldsymbol{A}_0$ 组与 $\boldsymbol{B}_0$ 组都是向量组 $(\boldsymbol{A},\boldsymbol{B})$ 的极大无关组.

例 11 已知向量组

$$\boldsymbol{A}: \boldsymbol{\alpha}_1, \boldsymbol{\alpha}_2, \boldsymbol{\alpha}_3;\quad \boldsymbol{B}: \boldsymbol{\alpha}_1, \boldsymbol{\alpha}_2, \boldsymbol{\alpha}_3, \boldsymbol{\alpha}_4;\quad \boldsymbol{C}: \boldsymbol{\alpha}_1, \boldsymbol{\alpha}_2, \boldsymbol{\alpha}_3, \boldsymbol{\alpha}_5.$$

如果各向量组的秩分别为 $\mathrm{r}(\boldsymbol{A})=\mathrm{r}(\boldsymbol{B})=3$, $\mathrm{r}(\boldsymbol{C})=4$. 证明: 向量组 $\boldsymbol{\alpha}_1, \boldsymbol{\alpha}_2, \boldsymbol{\alpha}_3, \boldsymbol{\alpha}_5-\boldsymbol{\alpha}_4$ 的秩为 4.

证明 依题设, 向量组 $\boldsymbol{A}$ 与 $\boldsymbol{B}$ 的秩 $\mathrm{r}(\boldsymbol{A})=\mathrm{r}(\boldsymbol{B})=3$, 故向量组 $\boldsymbol{A}$: $\boldsymbol{\alpha}_1, \boldsymbol{\alpha}_2, \boldsymbol{\alpha}_3$ 线性无关, 向量组 $\boldsymbol{B}$: $\boldsymbol{\alpha}_1, \boldsymbol{\alpha}_2, \boldsymbol{\alpha}_3, \boldsymbol{\alpha}_4$ 线性相关, 因此, 向量 $\boldsymbol{\alpha}_4$ 可由 $\boldsymbol{\alpha}_1, \boldsymbol{\alpha}_2, \boldsymbol{\alpha}_3$ 唯一线性表示, 不妨设

$$\boldsymbol{\alpha}_4=\lambda_1\boldsymbol{\alpha}_1+\lambda_2\boldsymbol{\alpha}_2+\lambda_3\boldsymbol{\alpha}_3,$$

其中 $\lambda_1, \lambda_2, \lambda_3$ 为任意常数. 对所证向量组, 假设存在数 $k_1, k_2, k_3, k_4\in\mathbf{R}$, 使得

$$k_1\boldsymbol{\alpha}_1+k_2\boldsymbol{\alpha}_2+k_3\boldsymbol{\alpha}_3+k_4(\boldsymbol{\alpha}_5-\boldsymbol{\alpha}_4)=\mathbf{0},$$

整理, 得

$$(k_1-\lambda_1k_4)\boldsymbol{\alpha}_1+(k_2-\lambda_2k_4)\boldsymbol{\alpha}_2+(k_3-\lambda_3k_4)\boldsymbol{\alpha}_3+k_4\boldsymbol{\alpha}_5=\boldsymbol{0},$$

由秩 $r(\boldsymbol{C})=4$ 知, 向量组 $\boldsymbol{\alpha}_1, \boldsymbol{\alpha}_2, \boldsymbol{\alpha}_3, \boldsymbol{\alpha}_5$ 线性无关, 故由线性方程组解的判定定理知, 方程组

$$\begin{cases} k_1 \quad\quad -\lambda_1k_4=0 \\ \quad k_2 \quad -\lambda_2k_4=0 \\ \quad\quad k_3-\lambda_3k_4=0 \\ \quad\quad\quad\quad k_4=0 \end{cases}$$

仅有零解: $k_1=k_2=k_3=k_4=0$, 即 $\boldsymbol{\alpha}_1, \boldsymbol{\alpha}_2, \boldsymbol{\alpha}_3, \boldsymbol{\alpha}_5-\boldsymbol{\alpha}_4$ 线性无关, 所以, 向量组 $\boldsymbol{\alpha}_1, \boldsymbol{\alpha}_2, \boldsymbol{\alpha}_3, \boldsymbol{\alpha}_5-\boldsymbol{\alpha}_4$ 的秩为4. 证毕.

习题 3-4

1. 判断下列各命题是否正确. 如果正确, 请简述理由; 如果不正确, 请举出反例.

(1) 设 $\boldsymbol{A}$ 为 n 阶矩阵, $r(\boldsymbol{A})=r<n$, 则矩阵 $\boldsymbol{A}$ 的任意 r 个列向量线性无关;

(2) 设向量组 $\boldsymbol{\alpha}_1, \boldsymbol{\alpha}_2, \cdots, \boldsymbol{\alpha}_s$ 线性无关, 且可由向量组 $\boldsymbol{\beta}_1, \boldsymbol{\beta}_2, \cdots, \boldsymbol{\beta}_t$ 线性表示, 则必有 $s<t$;

(3) 设 $\boldsymbol{A}$ 为 $m\times n$ 矩阵, 如果矩阵 $\boldsymbol{A}$ 的 n 个列向量线性无关, 那么 $r(\boldsymbol{A})=n$;

(4) 如果向量组 $\boldsymbol{\alpha}_1, \boldsymbol{\alpha}_2, \cdots, \boldsymbol{\alpha}_s$ 的秩为 s, 则向量组 $\boldsymbol{\alpha}_1, \boldsymbol{\alpha}_2, \cdots, \boldsymbol{\alpha}_s$ 中任一部分组都线性无关.

2. 求下列向量组的秩:

(1) $\boldsymbol{v}=\begin{pmatrix}1\\2\end{pmatrix}, \boldsymbol{u}_1=\begin{pmatrix}1\\-1\end{pmatrix}, \boldsymbol{u}_2=\begin{pmatrix}2\\-1\end{pmatrix}$;　　(2) $\boldsymbol{v}=\begin{pmatrix}1\\2\end{pmatrix}, \boldsymbol{u}_1=\begin{pmatrix}-1\\3\end{pmatrix}, \boldsymbol{u}_2=\begin{pmatrix}2\\-6\end{pmatrix}$;

(3) $\boldsymbol{v}=\begin{pmatrix}2\\1\\-1\end{pmatrix}, \boldsymbol{u}_1=\begin{pmatrix}1\\0\\1\end{pmatrix}, \boldsymbol{u}_2=\begin{pmatrix}0\\1\\1\end{pmatrix}$;　　(4) $\boldsymbol{v}=\begin{pmatrix}1\\2\\3\end{pmatrix}, \boldsymbol{u}_1=\begin{pmatrix}1\\1\\0\end{pmatrix}, \boldsymbol{u}_2=\begin{pmatrix}0\\1\\1\end{pmatrix}$.

3. 求向量组 $\boldsymbol{\alpha}_1=(1, 2, 3, 4)$, $\boldsymbol{\alpha}_2=(2, 3, 4, 5)$, $\boldsymbol{\alpha}_3=(3, 4, 5, 6)$, $\boldsymbol{\alpha}_4=(4, 5, 6, 7)$ 的秩.

4. 求下列向量组的秩, 并求一个极大无关组.

(1) $\boldsymbol{\alpha}_1=\begin{pmatrix}1\\2\\-1\\4\end{pmatrix}, \boldsymbol{\alpha}_2=\begin{pmatrix}9\\100\\10\\4\end{pmatrix}, \boldsymbol{\alpha}_3=\begin{pmatrix}-2\\-4\\2\\-8\end{pmatrix}$;

(2) $\boldsymbol{\alpha}_1^{\mathrm{T}}=(1, 2, 1, 3)$, $\boldsymbol{\alpha}_2^{\mathrm{T}}=(4, -1, -5, -6)$, $\boldsymbol{\alpha}_3^{\mathrm{T}}=(1, -3, -4, -7)$.

5. 求下列向量组的一个极大无关组, 并将其余向量用此极大无关组线性表示.

(1) $\boldsymbol{\alpha}_1=(1, 2, -1)$, $\boldsymbol{\alpha}_2=(-1, -2, 1)$, $\boldsymbol{\alpha}_3=(1, 2, 3)$;

(2) $\boldsymbol{\alpha}_1=(1, 1, 1)^{\mathrm{T}}$, $\boldsymbol{\alpha}_2=(1, 1, 0)^{\mathrm{T}}$, $\boldsymbol{\alpha}_3=(1, 0, 0)^{\mathrm{T}}$, $\boldsymbol{\alpha}_4=(1, 2, -3)^{\mathrm{T}}$;

(3) $\boldsymbol{\alpha}_1=(2, 1, 1, 1)^{\mathrm{T}}$, $\boldsymbol{\alpha}_2=(-1, 1, 7, 10)^{\mathrm{T}}$, $\boldsymbol{\alpha}_3=(3, 1, -1, -2)^{\mathrm{T}}$, $\boldsymbol{\alpha}_4=(8, 5, 9, 11)^{\mathrm{T}}$;

(4) $\boldsymbol{\alpha}_1=(1, 1, 3, 1)$, $\boldsymbol{\alpha}_2=(-1, 1, -1, 3)$, $\boldsymbol{\alpha}_3=(5, -2, 8, -9)$, $\boldsymbol{\alpha}_4=(-1, 3, 1, 7)$.

6. 求下列矩阵的列向量组的一个极大无关组.

(1) $\begin{pmatrix} 1 & 1 & 0 \\ 2 & 0 & 4 \\ 2 & 3 & -2 \end{pmatrix}$;　(2) $\begin{pmatrix} 25 & 31 & 17 & 43 \\ 75 & 94 & 53 & 132 \\ 75 & 94 & 54 & 134 \\ 25 & 32 & 20 & 48 \end{pmatrix}$;　(3) $\begin{pmatrix} 1 & 1 & 2 & 2 & 1 \\ 0 & 2 & 1 & 5 & -1 \\ 2 & 0 & 3 & -1 & 3 \\ 1 & 1 & 0 & 4 & -1 \end{pmatrix}$.

7. 设向量组 $\boldsymbol{\alpha}_1=\begin{pmatrix} a \\ 3 \\ 1 \end{pmatrix}$, $\boldsymbol{\alpha}_2=\begin{pmatrix} 2 \\ b \\ 3 \end{pmatrix}$, $\boldsymbol{\alpha}_3=\begin{pmatrix} 1 \\ 2 \\ 1 \end{pmatrix}$, $\boldsymbol{\alpha}_4=\begin{pmatrix} 2 \\ 3 \\ 1 \end{pmatrix}$ 的秩为2, 求 a, b.

8. 在工程项目中, 材料的强度和结构的稳定性是确保工程安全的关键因素. 工程师通常需要通过不同材料的物理性能数据来评估结构是否能够承受外部负荷. 为了分析材料之间的相互影响, 工程师选取了五个关键物理指标: 抗压强度、抗拉强度、弹性模量、延展性和硬度. 假设这些指标的数值分别表示为五维向量, 且我们从五种不同材料中获得了这些指标的数据. 通过分析这些向量的线性相关性, 工程师可以判断是否存在冗余的特征, 这有助于在设计中优化材料选择. 假设五种材料的五个物理性能指标分别表示为五维向量:

$$\boldsymbol{v}_1=(300, 250, 150, 50, 120),\ \ \boldsymbol{v}_2=(320, 270, 160, 60, 130),$$
$$\boldsymbol{v}_3=(310, 260, 155, 55, 125),\ \ \boldsymbol{v}_4=(330, 280, 165, 65, 135),$$
$$\boldsymbol{v}_5=(340, 290, 170, 70, 140).$$

9. 已知向量组 $\boldsymbol{A}$: $\boldsymbol{\alpha}_1=\begin{pmatrix} 0 \\ 1 \\ 1 \end{pmatrix}$, $\boldsymbol{\alpha}_2=\begin{pmatrix} 1 \\ 1 \\ 0 \end{pmatrix}$; $\boldsymbol{B}$: $\boldsymbol{\beta}_1=\begin{pmatrix} -1 \\ 0 \\ 1 \end{pmatrix}$, $\boldsymbol{\beta}_2=\begin{pmatrix} 1 \\ 2 \\ 1 \end{pmatrix}$, $\boldsymbol{\beta}_3=\begin{pmatrix} 3 \\ 2 \\ -1 \end{pmatrix}$. 证明向量组 $\boldsymbol{A}$ 与向量组 $\boldsymbol{B}$ 等价.

10. 设有两个向量组

$$\boldsymbol{\alpha}_1=\begin{pmatrix} 1 \\ 2 \\ -1 \\ 3 \end{pmatrix}, \boldsymbol{\alpha}_2=\begin{pmatrix} 2 \\ 5 \\ a \\ 8 \end{pmatrix}, \boldsymbol{\alpha}_3=\begin{pmatrix} -1 \\ 0 \\ 3 \\ 1 \end{pmatrix}; \boldsymbol{\beta}_1=\begin{pmatrix} 1 \\ a \\ a^2-5 \\ 7 \end{pmatrix}, \boldsymbol{\beta}_2=\begin{pmatrix} 3 \\ 3+a \\ 3 \\ 11 \end{pmatrix}, \boldsymbol{\beta}_3=\begin{pmatrix} 0 \\ 1 \\ 6 \\ 2 \end{pmatrix}.$$

如果 $\boldsymbol{\beta}_1$ 可由 $\boldsymbol{\alpha}_1, \boldsymbol{\alpha}_2, \boldsymbol{\alpha}_3$ 线性表示, 试判断这两个向量组是否等价, 并说明理由.

11. 已知三阶矩阵 $\boldsymbol{A}$ 与三维列向量 $\boldsymbol{x}$ 满足 $\boldsymbol{A}^3\boldsymbol{x}=3\boldsymbol{A}\boldsymbol{x}-2\boldsymbol{A}^2\boldsymbol{x}$, 且向量组 $\boldsymbol{x}, \boldsymbol{A}\boldsymbol{x}, \boldsymbol{A}^2\boldsymbol{x}$ 线性无关.

(1) 记 $\boldsymbol{P}=(\boldsymbol{x}, \boldsymbol{A}\boldsymbol{x}, \boldsymbol{A}^2\boldsymbol{x})$, 求三阶矩阵 $\boldsymbol{B}$, 使 $\boldsymbol{AP}=\boldsymbol{PB}$;　　(2) 求 $|\boldsymbol{A}|$.

12. 设 $\boldsymbol{A}, \boldsymbol{B}$ 为 n 阶矩阵, 若记 $\mathrm{r}(\boldsymbol{X})$ 为矩阵 $\boldsymbol{X}$ 的秩, $(\boldsymbol{X}\ \boldsymbol{Y})$ 表示分块矩阵, 试判断 $\mathrm{r}(\boldsymbol{A}\ \boldsymbol{AB})=\mathrm{r}(\boldsymbol{A})$ 的正确性, 若正确, 请予以证明; 若不正确, 请举出反例说明.

§3.5　向量空间

向量空间的概念源于对几何与代数问题的抽象化研究. 在早期的几何学中, 人们研究二维、三维空间中的点、线和面; 而代数学则着重解决关于解方程组的问题. 随着数学学科的发展, 尤其是对线性方程组解的系统研究, 发现许多不同形式的问题都可以通过统一的代数结构来描述. 于是, 数学家引入向量空间这一抽象概念, 用以描述具有向量加法和数乘运算的集合. 向量空间的意义在于它提供了一种统一框架, 用于研究具有线性结构的数学对象. 它抽象出了线性代数的核心特性, 如向量的线性组合、基和维数, 从而能够分析更高维度或更复杂结构的系统.

向量空间的理论不仅适用于几何中的坐标表示, 还涵盖了函数空间、矩阵空间和多项式空间等更广泛的情形. 这种抽象化使得研究者能够在不同的具体问题中运用相同的理论工具, 大大提升了解决问题的效率和通用性. 在应用方面, 向量空间在物理学、工程学、计算机科学和经济学中都具有广泛的用途. 例如, 在物理学中, 用向量空间描述力、速度等物理量, 量子力学中的态空间也是一种特殊的向量空间; 在工程学中, 信号处理和图像压缩常依赖向量空间的理论; 在机器学习中, 用特征向量表示数据, 向量空间为模型训练提供了数学基础.

总之, 向量空间的概念是数学抽象化的重要成果之一, 它将复杂问题统一到一个框架内, 不仅推动了数学理论的发展, 还为科学和工程实践提供了有力工具.

一、向量空间与子空间

定义 1　设 $\boldsymbol{V}$ 为 n 维向量的集合, 若 $\boldsymbol{V}$ 非空, 且 $\boldsymbol{V}$ 对于加法及数乘两种运算封闭, 即

(1) 若 $\boldsymbol{\alpha}\in\boldsymbol{V}$, $\boldsymbol{\beta}\in\boldsymbol{V}$, 则 $\boldsymbol{\alpha}+\boldsymbol{\beta}\in\boldsymbol{V}$,

(2) 若 $\boldsymbol{\alpha}\in\boldsymbol{V}$, $\lambda\in\mathbf{R}$, 则 $\lambda\boldsymbol{\alpha}\in\boldsymbol{V}$,

则称集合 $\boldsymbol{V}$ 为 $\mathbf{R}$ 上的**向量空间**.

记所有 n 维向量的集合为 $\mathbf{R}^n$, 由 n 维向量的线性运算规律, 容易验证集合 $\mathbf{R}^n$ 对于加法及数乘两种运算封闭. 因而集合 $\mathbf{R}^n$ 构成一向量空间, 称 $\mathbf{R}^n$ 为 **n 维向量空间**.

特别地, 当 $n=3$ 时, 三维向量空间 $\mathbf{R}^3$ 表示**实体空间**; 当 $n=2$ 时, 二维向量空间 $\mathbf{R}^2$ 表示**平面**; 当 $n=1$ 时, 一维向量空间 $\mathbf{R}^1$ 表示**数轴**.

当 $n>3$ 时, $\mathbf{R}^n$ 没有直观的几何形象.

例 1　对如下定义的两个集合, 试判别其是否为向量空间.

(1) $\boldsymbol{S}_1=\left\{\begin{pmatrix}x\\2x\end{pmatrix}, x\in\mathbf{R}\right\}$;　　　　(2) $\boldsymbol{S}_2=\left\{\begin{pmatrix}x\\1\end{pmatrix}, x\in\mathbf{R}\right\}$.

解　(1) 对于 $\boldsymbol{S}_1$ 中的任意两个元素 $\begin{pmatrix}a\\2a\end{pmatrix}, \begin{pmatrix}b\\2b\end{pmatrix}$, $\lambda\in\mathbf{R}$, 有

$$\begin{pmatrix}a\\2a\end{pmatrix}+\begin{pmatrix}b\\2b\end{pmatrix}=\begin{pmatrix}a+b\\2(a+b)\end{pmatrix}\in\boldsymbol{S}_1,\ \lambda\begin{pmatrix}a\\2a\end{pmatrix}=\begin{pmatrix}\lambda a\\2(\lambda a)\end{pmatrix}\in\boldsymbol{S}_1,$$

所以, $\boldsymbol{S}_1$ 是一个向量空间 (显然 $\boldsymbol{S}_1$ 只是 $\mathbf{R}^2$ 上的一个子集).

(2) 对于 $\boldsymbol{S}_2$ 中的任意两个元素 $\begin{pmatrix}a\\1\end{pmatrix}, \begin{pmatrix}b\\1\end{pmatrix}$, $\lambda\in\mathbf{R}$, 有

$$\begin{pmatrix}a\\1\end{pmatrix}+\begin{pmatrix}b\\1\end{pmatrix}=\begin{pmatrix}a+b\\2\end{pmatrix}\notin\boldsymbol{S}_2,\ \lambda\begin{pmatrix}a\\1\end{pmatrix}=\begin{pmatrix}\lambda a\\\lambda\end{pmatrix}\notin\boldsymbol{S}_2\ (\lambda\neq 1),$$

所以, $\boldsymbol{S}_2$ 不是一个向量空间.

事实上, 在判别一个集合不是一个向量空间时, 只需判别该集合对于向量的加法或数乘两种运算中的一种运算不封闭即可.

例2　判别集合 $\boldsymbol{V}_1=\{x=(0, x_2, \cdots, x_n)^{\mathrm{T}} \mid x_2, \cdots, x_n \in \mathbf{R}\}$ 是否为向量空间.

解　$\boldsymbol{V}_1$ 是向量空间. 因为对于 $\boldsymbol{V}_1$ 中任意两个元素:

$$\boldsymbol{\alpha}=(0, a_2, \cdots, a_n)^{\mathrm{T}}, \boldsymbol{\beta}=(0, b_2, \cdots, b_n)^{\mathrm{T}} \in \boldsymbol{V}_1, \lambda \in \mathbf{R},$$

都有

$$\boldsymbol{\alpha}+\boldsymbol{\beta}=(0, a_2+b_2, \cdots, a_n+b_n)^{\mathrm{T}} \in \boldsymbol{V}_1, \lambda\boldsymbol{\alpha}=(0, \lambda a_2, \cdots, \lambda a_n)^{\mathrm{T}} \in \boldsymbol{V}_1,$$

即 $\boldsymbol{V}_1$ 关于向量的线性运算封闭.

例3　判断集合 $\boldsymbol{V}_2=\{x=(1, x_2, \cdots, x_n)^{\mathrm{T}} \mid x_2, \cdots, x_n \in \mathbf{R}\}$ 是否为向量空间.

解　$\boldsymbol{V}_2$ 不是向量空间. 因为当 $\boldsymbol{\alpha}=(1, a_2, \cdots, a_n)^{\mathrm{T}} \in \boldsymbol{V}_2$ 时, 向量

$$2\boldsymbol{\alpha}=(2, 2a_2, \cdots, 2a_n)^{\mathrm{T}} \notin \boldsymbol{V}_2,$$

即 $\boldsymbol{V}_2$ 关于向量的线性运算不封闭.

例4　设 $\boldsymbol{\alpha}, \boldsymbol{\beta}$ 为两个已知的 n 维向量, 集合

$$\boldsymbol{V}=\{\boldsymbol{\xi}=\lambda\boldsymbol{\alpha}+\mu\boldsymbol{\beta} \mid \lambda, \mu \in \mathbf{R}\},$$

试判断集合 $\boldsymbol{V}$ 是否为向量空间.

解　$\boldsymbol{V}$ 是一个向量空间. 因对于 $\boldsymbol{V}$ 中任意两个元素 $\boldsymbol{\xi}_1=\lambda_1\boldsymbol{\alpha}+\mu_1\boldsymbol{\beta}$, $\boldsymbol{\xi}_2=\lambda_2\boldsymbol{\alpha}+\mu_2\boldsymbol{\beta}$, 都有

$$\boldsymbol{\xi}_1+\boldsymbol{\xi}_2=(\lambda_1+\lambda_2)\boldsymbol{\alpha}+(\mu_1+\mu_2)\boldsymbol{\beta} \in \boldsymbol{V}, \ k\boldsymbol{\xi}_1=(k\lambda_1)\boldsymbol{\alpha}+(k\mu_1)\boldsymbol{\beta} \in \boldsymbol{V},$$

故 $\boldsymbol{V}$ 关于向量的线性运算封闭.

这个向量空间称为由向量 $\boldsymbol{\alpha}, \boldsymbol{\beta}$ 所生成的向量空间. 一般地, 由向量组 $\boldsymbol{\alpha}_1, \boldsymbol{\alpha}_2, \cdots, \boldsymbol{\alpha}_m$ 所生成的线性空间记为

$$\boldsymbol{V}=\{\boldsymbol{\xi}=\lambda_1\boldsymbol{\alpha}_1+\lambda_2\boldsymbol{\alpha}_2+\cdots+\lambda_m\boldsymbol{\alpha}_m \mid \lambda_1, \lambda_2, \cdots, \lambda_m \in \mathbf{R}\}.$$

例5　设向量组 $\boldsymbol{\alpha}_1, \boldsymbol{\alpha}_2, \cdots, \boldsymbol{\alpha}_m$ 与向量组 $\boldsymbol{\beta}_1, \boldsymbol{\beta}_2, \cdots, \boldsymbol{\beta}_s$ 等价, 记

$$\boldsymbol{V}_1=\{\boldsymbol{\xi}=\lambda_1\boldsymbol{\alpha}_1+\lambda_2\boldsymbol{\alpha}_2+\cdots+\lambda_m\boldsymbol{\alpha}_m \mid \lambda_1, \lambda_2, \cdots, \lambda_m \in \mathbf{R}\},$$

$$\boldsymbol{V}_2=\{\boldsymbol{\xi}=\mu_1\boldsymbol{\beta}_1+\mu_2\boldsymbol{\beta}_2+\cdots-\mu_s\boldsymbol{\beta}_s \mid \mu_1, \mu_2, \cdots, \mu_s \in \mathbf{R}\},$$

试证: $\boldsymbol{V}_1=\boldsymbol{V}_2$.

证明　设 $\boldsymbol{x} \in \boldsymbol{V}_1$, 则向量 $\boldsymbol{x}$ 可由 $\boldsymbol{\alpha}_1, \boldsymbol{\alpha}_2, \cdots, \boldsymbol{\alpha}_m$ 线性表示. 因 $\boldsymbol{\alpha}_1, \boldsymbol{\alpha}_2, \cdots, \boldsymbol{\alpha}_m$ 可由 $\boldsymbol{\beta}_1, \boldsymbol{\beta}_2, \cdots, \boldsymbol{\beta}_s$ 线性表示, 故 $\boldsymbol{x}$ 可由 $\boldsymbol{\beta}_1, \boldsymbol{\beta}_2, \cdots, \boldsymbol{\beta}_s$ 线性表示, 从而 $\boldsymbol{x} \in \boldsymbol{V}_2$. 即若 $\boldsymbol{x} \in \boldsymbol{V}_1$, 则 $\boldsymbol{x} \in \boldsymbol{V}_2$, 从而 $\boldsymbol{V}_1 \subset \boldsymbol{V}_2$.

类似地, 可证: 若 $\boldsymbol{x} \in \boldsymbol{V}_2$, 则 $\boldsymbol{x} \in \boldsymbol{V}_1$, 从而 $\boldsymbol{V}_2 \subset \boldsymbol{V}_1$.

综上可见, $\boldsymbol{V}_1 \subset \boldsymbol{V}_2$ 且 $\boldsymbol{V}_2 \subset \boldsymbol{V}_1$, 所以, $\boldsymbol{V}_1=\boldsymbol{V}_2$. 证毕.

考虑齐次线性方程组 $\boldsymbol{A}\boldsymbol{x}=\boldsymbol{0}$, 其全体解的集合为

$$\boldsymbol{S}=\{\boldsymbol{x} \mid \boldsymbol{A}\boldsymbol{x}=\boldsymbol{0}\}.$$

显然, 集合 $\boldsymbol{S}$ 非空 (因 $\boldsymbol{0}\in\boldsymbol{S}$). 任取 $\boldsymbol{\alpha}, \boldsymbol{\beta}\in\boldsymbol{S}$, k 为任一常数, 则

$$\boldsymbol{A}(\boldsymbol{\alpha}+\boldsymbol{\beta})=\boldsymbol{A\alpha}+\boldsymbol{A\beta}=\boldsymbol{0}, \text{即 } \boldsymbol{\alpha}+\boldsymbol{\beta}\in\boldsymbol{S};\ \boldsymbol{A}(k\boldsymbol{\alpha})=k\boldsymbol{A\alpha}=k\boldsymbol{0}=\boldsymbol{0}, \text{即 } k\boldsymbol{\alpha}\in\boldsymbol{S},$$

所以, 集合 $\boldsymbol{S}$ 是一个向量空间. 证毕.

我们称 $\boldsymbol{S}=\{\boldsymbol{x}\mid\boldsymbol{Ax}=\boldsymbol{0}\}$ 为齐次线性方程组 $\boldsymbol{Ax}=\boldsymbol{0}$ 的**解空间**.

定义 2　设有向量空间 $\boldsymbol{V}_1$ 和 $\boldsymbol{V}_2$, 若 $\boldsymbol{V}_1\subset\boldsymbol{V}_2$, 则称 $\boldsymbol{V}_1$ 是 $\boldsymbol{V}_2$ 的**子空间**.

例 6　三维向量空间 $\mathbf{R}^3$ 中过原点的平面是 $\mathbf{R}^3$ 的子空间.

证明　三维向量空间 $\mathbf{R}^3$ 中过原点的平面可以视为集合

$$V=\{(a, b, c)\in\mathbf{R}^3 \mid ax+by+cz=0, x, y, z\in\mathbf{R}\}.$$

若 $(a_1, b_1, c_1)\in\boldsymbol{V}$, $(a_2, b_2, c_2)\in\boldsymbol{V}$, 即 $a_1x+b_1y+c_1z=0$, $a_2x+b_2y+c_2z=0$, 则

$$(a_1+a_2)x+(b_1+b_2)y+(c_1+c_2)z=0,\ ka_1x+kb_1y+kc_1z=0,$$

即

$$(a_1, b_1, c_1)+(a_2, b_2, c_2)\in\boldsymbol{V},\ k(a_1, b_1, c_1)\in\boldsymbol{V},$$

所以, 三维向量空间 $\mathbf{R}^3$ 中过原点的平面是 $\mathbf{R}^3$ 的子空间. 证毕.

例 7　向量空间 $\mathbf{R}^2$ 不是 $\mathbf{R}^3$ 的子空间, 因为 $\mathbf{R}^2$ 根本不是 $\mathbf{R}^3$ 的子集($\mathbf{R}^3$ 中的向量有三个分量, 但 $\mathbf{R}^2$ 中的分量却只有两个). 集合 $\boldsymbol{H}=\{(s, t, 0)\mid(s, t)\in\mathbf{R}^2\}$ 是 $\mathbf{R}^3$ 的与 $\mathbf{R}^2$ 有相同表现的子集, 但严格意义上 $\boldsymbol{H}$ 不同于 $\mathbf{R}^2$ (见图 3－5－1), 试证: $\boldsymbol{H}$ 是 $\mathbf{R}^3$ 的子空间.

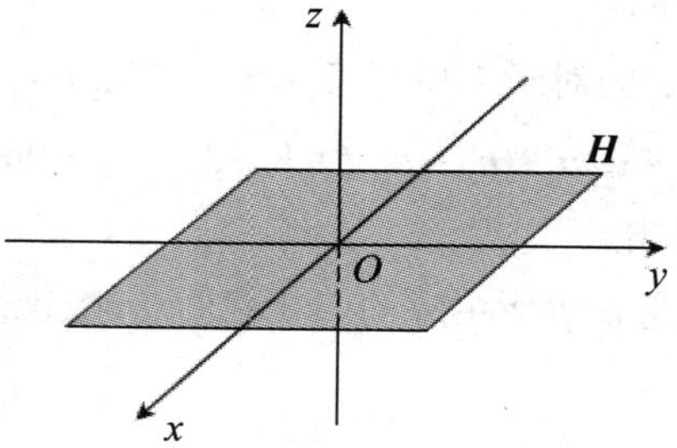

图 3－5－1

证明　任取 $(s_1, t_1, 0), (s_2, t_2, 0)\in\boldsymbol{H}$, $k\in\mathbf{R}$, 恒有

$$(s_1, t_1, 0)+(s_2, t_2, 0)\in\boldsymbol{H},\ k(s_1, t_1, 0)\in\boldsymbol{H},$$

所以, 集合 $\boldsymbol{H}$ 是 $\mathbf{R}^3$ 的子空间. 证毕.

二、向量空间的基与维数

向量空间的基与维数是线性代数的核心概念, 用于刻画向量空间的结构和规模. 基的概念源于对向量空间中向量间线性关系的研究. 一个向量空间的基是由若干线性无关的向量组成的集合, 这些向量可以通过线性组合生成空间内的所有向量. 基的存在使得复杂的向量空间可以通过一组简单的基向量来描述, 从而提供了一种高效的表示方式. 维数是向量空间中基向量的数量, 体现了空间的本质规模与复杂性. 维数的概念为理解向量空间的大小提供了量化指标. 例如, 在二维平面上, 任意向量都可以由两个线性无关的基向量生成, 其维数就是2; 在三维空间中则需要三个基向量. 基与维数之间的关系为理解向量空间的结构提供了

系统框架.这些概念在数学和实际应用中具有重要意义.

理论上,基与维数是线性代数研究的核心,广泛用于描述线性变换、求解线性方程组以及研究矩阵的特征值和特征向量等.在计算机科学中,基与维数用于图像处理和数据压缩,通过降低维数提取数据的主要特征;在工程学中,基的选择可以优化信号分析与处理;在物理学中,基帮助描述不同参考系下的向量关系.总之,向量空间的基与维数为线性代数奠定了坚实的理论基础,并广泛应用于科学、工程、数据分析等众多领域,展现了其强大的理论价值与实践意义.

本段我们要认识并且研究能够“最高效地”生成向量空间或者子空间的向量组——**基**,其关键思想就是向量组的线性无关性.

定义3 设$\boldsymbol{V}$是向量空间,若有r个向量$\boldsymbol{\alpha}_1, \boldsymbol{\alpha}_2, \cdots, \boldsymbol{\alpha}_r \in \boldsymbol{V}$,且满足

(1) $\boldsymbol{\alpha}_1, \boldsymbol{\alpha}_2, \cdots, \boldsymbol{\alpha}_r$线性无关,

(2) $\boldsymbol{V}$中任一向量都可由$\boldsymbol{\alpha}_1, \boldsymbol{\alpha}_2, \cdots, \boldsymbol{\alpha}_r$线性表示,

则称向量组$\boldsymbol{\alpha}_1, \boldsymbol{\alpha}_2, \cdots, \boldsymbol{\alpha}_r$为向量空间$\boldsymbol{V}$的一个基,数$r$称为向量空间$\boldsymbol{V}$的**维数**,记为$\dim \boldsymbol{V}=r$,并称$\boldsymbol{V}$为$r$维向量空间.

特别地,只含零向量的向量空间称为**0维向量空间**,它没有基.

若把向量空间$\boldsymbol{V}$看作向量组,则$\boldsymbol{V}$的基就是向量组的极大无关组,$\boldsymbol{V}$的维数就是向量组的秩.若向量组$\boldsymbol{\alpha}_1, \boldsymbol{\alpha}_2, \cdots, \boldsymbol{\alpha}_r$是向量空间$\boldsymbol{V}$的一个基,则$\boldsymbol{V}$可表示为

$$\boldsymbol{V}=\{\boldsymbol{x} \mid \boldsymbol{x}=\lambda_1\boldsymbol{\alpha}_1+\lambda_2\boldsymbol{\alpha}_2+\cdots+\lambda_r\boldsymbol{\alpha}_r, \lambda_1, \lambda_2, \cdots, \lambda_r \in \mathbf{R}\},$$

此时,$\boldsymbol{V}$又称为**由基$\boldsymbol{\alpha}_1, \boldsymbol{\alpha}_2, \cdots, \boldsymbol{\alpha}_r$所生成的向量空间**.

例8 证明单位坐标向量组

$$\boldsymbol{\varepsilon}_1=(1, 0, \cdots, 0)^{\mathrm{T}}, \boldsymbol{\varepsilon}_2=(0, 1, \cdots, 0)^{\mathrm{T}}, \cdots, \boldsymbol{\varepsilon}_n=(0, 0, \cdots, 1)^{\mathrm{T}}$$

是n维向量空间$\mathbf{R}^n$的一个基.

证明 已知n维单位坐标向量组$\boldsymbol{\varepsilon}_1, \boldsymbol{\varepsilon}_2, \cdots, \boldsymbol{\varepsilon}_n$线性无关.对$n$维向量空间$\mathbf{R}^n$中的任意一个向量$\boldsymbol{\alpha}=(a_1, a_2, \cdots, a_n)^{\mathrm{T}}$,都有$\boldsymbol{\alpha}=a_1\boldsymbol{\varepsilon}_1+a_2\boldsymbol{\varepsilon}_2+\cdots+a_n\boldsymbol{\varepsilon}_n$,即$\mathbf{R}^n$中任意一个向量都可由单位坐标向量组线性表示.所以,向量组$\boldsymbol{\varepsilon}_1, \boldsymbol{\varepsilon}_2, \cdots, \boldsymbol{\varepsilon}_n$是$n$维向量空间$\mathbf{R}^n$的一个基.证毕.

例9 向量集合$\boldsymbol{V}=\{\boldsymbol{x}=(x_1, 2x_2, -3x_1)^{\mathrm{T}} \mid x_1, x_2 \in \mathbf{R}\}$是否为向量空间?如果是向量空间,求出它的基及维数.

解 依题设,$\forall \boldsymbol{x} \in \boldsymbol{V}$,有

$$\begin{aligned}\boldsymbol{x}&=(x_1, 2x_2, -3x_1)^{\mathrm{T}}=(x_1, 0, -3x_1)^{\mathrm{T}}+(0, 2x_2, 0)^{\mathrm{T}}\\&=x_1(1, 0, -3)^{\mathrm{T}}+x_2(0, 2, 0)^{\mathrm{T}}, \quad x_1, x_2 \in \mathbf{R},\end{aligned}$$

即$\boldsymbol{V}$中的任意一个向量$\boldsymbol{x}$均可表示为$\mathbf{R}^3$中两个固定向量

$$\boldsymbol{\alpha}_1=(1, 0, -3)^{\mathrm{T}}, \boldsymbol{\alpha}_2=(0, 2, 0)^{\mathrm{T}}$$

的线性组合,故由向量空间的定义知,$\boldsymbol{V}$是由向量组$\boldsymbol{\alpha}_1, \boldsymbol{\alpha}_2$生成的向量空间.

由于$\boldsymbol{\alpha}_1, \boldsymbol{\alpha}_2$不成比例,故它们线性无关,又因$\boldsymbol{V}$中任一向量均可由$\boldsymbol{\alpha}_1, \boldsymbol{\alpha}_2$线性表示,根据

向量空间的基和维数的定义知, $\boldsymbol{\alpha}_1, \boldsymbol{\alpha}_2$ 即为 $\boldsymbol{V}$ 的一个基, 且 $\boldsymbol{V}$ 的维数是 2.

例 10　设 $\boldsymbol{\alpha}_1=(1, 2, -1, 0)^{\mathrm{T}}$, $\boldsymbol{\alpha}_2=(1, 1, 0, 2)^{\mathrm{T}}$, $\boldsymbol{\alpha}_3=(2, 1, 1, a)^{\mathrm{T}}$, 若由 $\boldsymbol{\alpha}_1, \boldsymbol{\alpha}_2, \boldsymbol{\alpha}_3$ 生成的向量空间的维数为 2, 求 a.

解　根据向量空间的基与维数的概念, 由向量组 $\boldsymbol{\alpha}_1, \boldsymbol{\alpha}_2, \boldsymbol{\alpha}_3$ 生成的向量空间的维数就是该向量组的秩, 即该向量组的极大无关组所含向量的个数. 由此可利用求极大无关组的初等变换法求之. 对矩阵 $(\boldsymbol{\alpha}_1, \boldsymbol{\alpha}_2, \boldsymbol{\alpha}_3)$ 作初等行变换化为行阶梯形矩阵:

$$(\boldsymbol{\alpha}_1, \boldsymbol{\alpha}_2, \boldsymbol{\alpha}_3)=\begin{pmatrix}1 & 1 & 2\\ 2 & 1 & 1\\ -1 & 0 & 1\\ 0 & 2 & a\end{pmatrix}\to\begin{pmatrix}1 & 1 & 2\\ 0 & -1 & -3\\ 0 & 1 & 3\\ 0 & 2 & a\end{pmatrix}\to\begin{pmatrix}1 & 1 & 2\\ 0 & 1 & 3\\ 0 & 0 & a-6\\ 0 & 0 & 0\end{pmatrix}.$$

因为向量组的秩 $\mathrm{r}(\boldsymbol{\alpha}_1, \boldsymbol{\alpha}_2, \boldsymbol{\alpha}_3)=2$, 所以, $a=6$.

例 11　在某计算机网络中, 有四个路由器通过网状连接方式互相连接, 设该网络中的数据流量由以下四个向量表示, 这些向量表示每秒钟不同路由器之间的数据包流量:

$$\boldsymbol{v}_1=(3, 5, 2, 1),\ \boldsymbol{v}_2=(1, 3, 4, 2),\ \boldsymbol{v}_3=(2, 2, -2, -1),\ \boldsymbol{v}_4=(4, 4, -4, -2).$$

这些向量显示了路由器之间的数据流动情况, 其中每个向量的分量对应从一个路由器到其他路由器的流量. 现在, 我们的目标是判断这些数据流向量是否线性无关, 并且求出这些向量所张成的子空间的基.

解　为了解决这个问题, 我们需要先判断这些向量是否线性无关, 接着求出它们所张成的子空间的基. 第一步是将这些向量组成矩阵, 并计算矩阵的秩. 秩将告诉我们有多少个线性无关的向量, 从而得到向量空间的维数. 我们将这些向量组成一个矩阵, 每行对应一个给定的向量:

$$\boldsymbol{A}=\begin{pmatrix}3 & 5 & 2 & 1\\ 1 & 3 & 4 & 2\\ 2 & 2 & -2 & -1\\ 4 & 4 & -4 & -2\end{pmatrix}.$$

接下来, 利用初等行变换将矩阵 $\boldsymbol{A}$ 化为行阶梯形矩阵:

$$\boldsymbol{A}=\begin{pmatrix}3 & 5 & 2 & 1\\ 1 & 3 & 4 & 2\\ 2 & 2 & -2 & -1\\ 4 & 4 & -4 & -2\end{pmatrix}\to\begin{pmatrix}1 & 3 & 4 & 2\\ 3 & 5 & 2 & 1\\ 2 & 2 & -2 & -1\\ 4 & 4 & -4 & -2\end{pmatrix}$$

$$\to\begin{pmatrix}1 & 3 & 4 & 2\\ 0 & -4 & -10 & -5\\ 0 & -4 & -10 & -5\\ 0 & -8 & -20 & -10\end{pmatrix}\to\begin{pmatrix}1 & 3 & 4 & 2\\ 0 & -4 & -10 & -5\\ 0 & 0 & 0 & 0\\ 0 & 0 & 0 & 0\end{pmatrix},$$

由行阶梯形矩阵可见, 矩阵中只有两个非零行, 这意味着矩阵的秩为 2. 这表明: 给定的向量在四维空间中只张成了一个二维子空间. 现在, 我们可以提取出形成该子空间基的线性无关向量. 与非零行对应的线性无关的向量是:

$$\boldsymbol{v}_1=(3,5,2,1),\ \boldsymbol{v}_2=(1,3,4,2).$$

因此, 原向量所张成的子空间的基是向量 $\boldsymbol{v}_1$ 和 $\boldsymbol{v}_2$.

给定的向量 $\boldsymbol{v}_1, \boldsymbol{v}_2, \boldsymbol{v}_3, \boldsymbol{v}_4$ 线性相关, 因为由这些向量构成的矩阵的秩为 2. 它们张成的子空间的维数是 2, 且该子空间的基由 $\boldsymbol{v}_1$ 和 $\boldsymbol{v}_2$ 组成. 这个案例展示了如何在网络流的实际问题中应用向量空间、线性相关性和基的概念.

例 12 给定向量组

$$\boldsymbol{\alpha}_1=\begin{pmatrix}-2\\4\\1\end{pmatrix},\ \boldsymbol{\alpha}_2=\begin{pmatrix}-1\\3\\5\end{pmatrix},\ \boldsymbol{\alpha}_3=\begin{pmatrix}2\\-3\\1\end{pmatrix},\ \boldsymbol{\beta}=\begin{pmatrix}1\\1\\3\end{pmatrix},$$

试证: 向量组 $\boldsymbol{\alpha}_1, \boldsymbol{\alpha}_2, \boldsymbol{\alpha}_3$ 是三维向量空间 $\mathbf{R}^3$ 的一个基, 并将向量 $\boldsymbol{\beta}$ 用这个基线性表示.

证明 记矩阵 $\boldsymbol{A}=(\boldsymbol{\alpha}_1, \boldsymbol{\alpha}_2, \boldsymbol{\alpha}_3)$, 欲证 $\boldsymbol{\alpha}_1, \boldsymbol{\alpha}_2, \boldsymbol{\alpha}_3$ 是 $\mathbf{R}^3$ 的一个基, 只需证明 $\boldsymbol{A}\sim\boldsymbol{E}$. 又设

$$\boldsymbol{\beta}=x_1\boldsymbol{\alpha}_1+x_2\boldsymbol{\alpha}_2+x_3\boldsymbol{\alpha}_3 \text{ 或 } \boldsymbol{Ax}=\boldsymbol{\beta},$$

则对 $(\boldsymbol{A}\ \ \boldsymbol{\beta})$ 进行初等行变换, 当将 $\boldsymbol{A}$ 化为单位矩阵 $\boldsymbol{E}$ 时, 说明 $\boldsymbol{\alpha}_1, \boldsymbol{\alpha}_2, \boldsymbol{\alpha}_3$ 是 $\mathbf{R}^3$ 的一个基, 并且该变换同时将向量 $\boldsymbol{\beta}$ 化为 $\boldsymbol{x}=\boldsymbol{A}^{-1}\boldsymbol{\beta}$. 因

$$(\boldsymbol{A}\ \ \boldsymbol{\beta})=\begin{pmatrix}-2&-1&2&1\\4&3&-3&1\\1&5&1&3\end{pmatrix}\xrightarrow{\text{行变换}}\begin{pmatrix}1&0&0&4\\0&1&0&-1\\0&0&1&4\end{pmatrix},$$

故向量组 $\boldsymbol{\alpha}_1, \boldsymbol{\alpha}_2, \boldsymbol{\alpha}_3$ 是 $\mathbf{R}^3$ 的一个基, 且 $\boldsymbol{\beta}=4\boldsymbol{\alpha}_1-\boldsymbol{\alpha}_2+4\boldsymbol{\alpha}_3$. 证毕.

三维向量空间 $\mathbf{R}^3$ 中的下列 3 个向量组演示了一个线性无关集如何生成基, 以及进一步的扩张如何破坏集合的线性无关性.

$$\left\{\begin{pmatrix}1\\0\\0\end{pmatrix},\begin{pmatrix}0\\1\\0\end{pmatrix}\right\}\qquad\left\{\begin{pmatrix}1\\0\\0\end{pmatrix},\begin{pmatrix}0\\1\\0\end{pmatrix},\begin{pmatrix}0\\0\\1\end{pmatrix}\right\}\qquad\left\{\begin{pmatrix}1\\0\\0\end{pmatrix},\begin{pmatrix}0\\1\\0\end{pmatrix},\begin{pmatrix}0\\0\\1\end{pmatrix},\begin{pmatrix}1\\1\\0\end{pmatrix}\right\}$$

线性无关,但不能生成 $\mathbf{R}^3$　　向量空间 $\mathbf{R}^3$ 的一组基　　可生成 $\mathbf{R}^3$,但线性相关

若在向量空间 V 中取定一个基 $\boldsymbol{\alpha}_1, \boldsymbol{\alpha}_2, \cdots, \boldsymbol{\alpha}_r$, 则 V 中任一向量 $\boldsymbol{x}$ 可唯一地表示为

$$\boldsymbol{x}=\lambda_1\boldsymbol{\alpha}_1+\lambda_2\boldsymbol{\alpha}_2+\cdots+\lambda_r\boldsymbol{\alpha}_r,$$

有序数组 $\lambda_1, \lambda_2, \cdots, \lambda_r$ 称为 $\boldsymbol{x}$ 在基 $\boldsymbol{\alpha}_1, \boldsymbol{\alpha}_2, \cdots, \boldsymbol{\alpha}_r$ 下的**坐标**.

特别地, 在 n 维向量空间 $\mathbf{R}^n$ 中取单位坐标向量组 $\boldsymbol{\varepsilon}_1, \boldsymbol{\varepsilon}_2, \cdots, \boldsymbol{\varepsilon}_n$ 为基, 则以 $x_1, x_2, \cdots, x_n$ 为分量的向量 $\boldsymbol{x}$ 可表示为

$$\boldsymbol{x}=x_1\boldsymbol{\varepsilon}_1+x_2\boldsymbol{\varepsilon}_2+\cdots+x_n\boldsymbol{\varepsilon}_n,$$

易见向量在基 $\boldsymbol{\varepsilon}_1, \boldsymbol{\varepsilon}_2, \cdots, \boldsymbol{\varepsilon}_n$ 下的坐标就是该向量的分量. 因此, $\boldsymbol{\varepsilon}_1, \boldsymbol{\varepsilon}_2, \cdots, \boldsymbol{\varepsilon}_n$ 称为 n 维向量空间 $\mathbf{R}^n$ 中的**自然基**.

例13 考察 $\mathbf{R}^2$ 的一个基 $\boldsymbol{\alpha}_1, \boldsymbol{\alpha}_2$，其中 $\boldsymbol{\alpha}_1=(1,0)^{\mathrm{T}}$，$\boldsymbol{\alpha}_2=(1,2)^{\mathrm{T}}$，若 $\mathbf{R}^2$ 中一向量 $\boldsymbol{x}$ 在基 $\boldsymbol{\alpha}_1, \boldsymbol{\alpha}_2$ 下的坐标为 $(-2,3)^{\mathrm{T}}$，求 $\boldsymbol{x}$. 又若 $\boldsymbol{y}=(4,5)^{\mathrm{T}}$，试确定向量 $\boldsymbol{y}$ 在基 $\boldsymbol{\alpha}_1, \boldsymbol{\alpha}_2$ 下的坐标.

解 依题设，向量 $\boldsymbol{x}$ 在基 $\boldsymbol{\alpha}_1, \boldsymbol{\alpha}_2$ 下的坐标为 $(-2,3)^{\mathrm{T}}$，故

$$\boldsymbol{x}=(-2)\begin{pmatrix}1\\0\end{pmatrix}+3\begin{pmatrix}1\\2\end{pmatrix}=\begin{pmatrix}1\\6\end{pmatrix}.$$

再设向量 $\boldsymbol{y}$ 在基 $\boldsymbol{\alpha}_1, \boldsymbol{\alpha}_2$ 下的坐标为 (λ_1, λ_2)，则有

$$\lambda_1\begin{pmatrix}1\\0\end{pmatrix}+\lambda_2\begin{pmatrix}1\\2\end{pmatrix}=\begin{pmatrix}4\\5\end{pmatrix}, \text{即} \begin{pmatrix}1&1\\0&2\end{pmatrix}\begin{pmatrix}\lambda_1\\\lambda_2\end{pmatrix}=\begin{pmatrix}4\\5\end{pmatrix},$$

从上解得 $\lambda_1=\dfrac{3}{2}$，$\lambda_2=\dfrac{5}{2}$. 所以，$\boldsymbol{y}=\dfrac{3}{2}\boldsymbol{\alpha}_1+\dfrac{5}{2}\boldsymbol{\alpha}_2$.

一个集合的坐标系就是这个集合中点到 $\mathbf{R}^n$ 的一对一映射. 例如，在图纸上取定互相垂直的两条轴及每条轴上的单位长度，就构成了平面的一个坐标系. 图3－5－2绘出了标准基 $\boldsymbol{\varepsilon}_1, \boldsymbol{\varepsilon}_2$，以及上述例子中的向量 $\boldsymbol{\alpha}_1=\boldsymbol{\varepsilon}_1$，$\boldsymbol{\alpha}_2$ 和 $\boldsymbol{x}=(1,6)$. 坐标1和6给出了 $\boldsymbol{x}$ 关于标准基的位置：$\boldsymbol{\varepsilon}_1$ 方向上1个单位，$\boldsymbol{\varepsilon}_2$ 方向上6个单位.

相应地，图3－5－3中绘出了向量 $\boldsymbol{\alpha}_1, \boldsymbol{\alpha}_2$ 和 $\boldsymbol{x}$. 从几何上看，在两幅图中，这3个向量都位于一条竖线上. 不过，图3－5－3中标准坐标系被抹去了，换成了用上例中的基作成的坐标系. 坐标向量 $(-2,3)^{\mathrm{T}}$ 给出了在新坐标系下 $\boldsymbol{x}$ 的位置：$\boldsymbol{\alpha}_1$ 方向上 -2 个单位，$\boldsymbol{\alpha}_2$ 方向上3个单位.

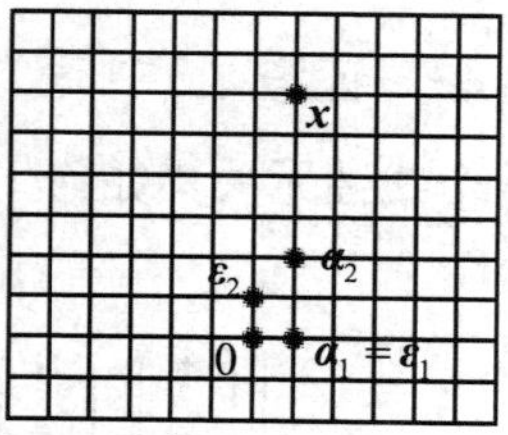

图3－5－2

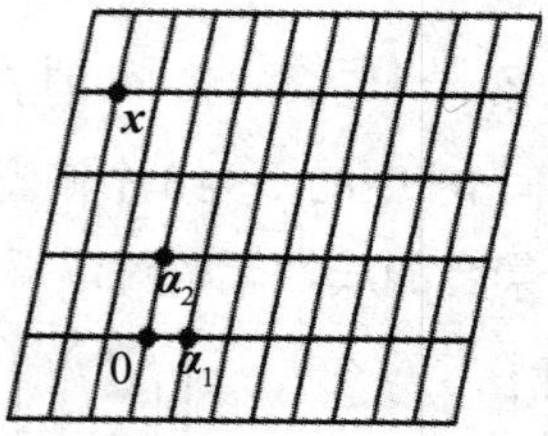

图3－5－3

例 14 设 $\boldsymbol{v}_1=(3,6,2)^{\mathrm{T}}$，$\boldsymbol{v}_2=(-1,0,1)^{\mathrm{T}}$，$\boldsymbol{x}=(3,12,7)^{\mathrm{T}}$. 判断 $\boldsymbol{x}$ 是否属于由 $\boldsymbol{v}_1, \boldsymbol{v}_2$ 生成的向量空间. 如果是，求出向量 $\boldsymbol{x}$ 在 $\boldsymbol{v}_1, \boldsymbol{v}_2$ 中的坐标.

解 如果 $\boldsymbol{x}$ 属于由 $\boldsymbol{v}_1, \boldsymbol{v}_2$ 生成的向量空间，则下列向量方程有解：

$$\lambda_1\begin{pmatrix}3\\6\\2\end{pmatrix}+\lambda_2\begin{pmatrix}-1\\0\\1\end{pmatrix}=\begin{pmatrix}3\\12\\7\end{pmatrix},$$

若 λ_1, λ_2 存在，它们就是 $\boldsymbol{x}$ 在 $\boldsymbol{v}_1, \boldsymbol{v}_2$ 中的坐标. 对下列矩阵作初等行变换，得

$$\begin{pmatrix}3&-1&3\\6&0&12\\2&1&7\end{pmatrix}\to\begin{pmatrix}1&0&2\\0&1&3\\0&0&0\end{pmatrix}.$$

利用上式右端的行最简形矩阵, 可直接写出解 $\lambda_1=2$, $\lambda_2=3$.

三、$\mathbf{R}^3$ 中的坐标变换公式

三维向量空间的坐标变换公式是在研究不同基底之间的向量表示时产生的, 目的是描述一个向量在不同坐标系中的表示关系. 设一个向量空间中有两个不同的基底, 向量在这两个基底下有不同的坐标, 通过基底之间的线性关系, 可以将新基底表示为旧基底的线性组合, 形成基变换矩阵 (过渡矩阵), 使得向量的描述不依赖于特定的基底. 这在理论研究和实际应用中具有重要作用.

在三维向量空间 $\mathbf{R}^3$ 中取定一个基 $\boldsymbol{\alpha}_1, \boldsymbol{\alpha}_2, \boldsymbol{\alpha}_3$, 再取一个新基 $\boldsymbol{\beta}_1, \boldsymbol{\beta}_2, \boldsymbol{\beta}_3$, 设

$$\boldsymbol{A}=(\boldsymbol{\alpha}_1, \boldsymbol{\alpha}_2, \boldsymbol{\alpha}_3),\ \boldsymbol{B}=(\boldsymbol{\beta}_1, \boldsymbol{\beta}_2, \boldsymbol{\beta}_3),$$

求用 $\boldsymbol{\alpha}_1, \boldsymbol{\alpha}_2, \boldsymbol{\alpha}_3$ 表示 $\boldsymbol{\beta}_1, \boldsymbol{\beta}_2, \boldsymbol{\beta}_3$ 的表示式 (**基变换公式**), 并求向量在两个基中的坐标之间的关系式 (**坐标变换公式**). 由

$$(\boldsymbol{\alpha}_1, \boldsymbol{\alpha}_2, \boldsymbol{\alpha}_3)=(\boldsymbol{\varepsilon}_1, \boldsymbol{\varepsilon}_2, \boldsymbol{\varepsilon}_3)\boldsymbol{A},\ (\boldsymbol{\varepsilon}_1, \boldsymbol{\varepsilon}_2, \boldsymbol{\varepsilon}_3)=(\boldsymbol{\alpha}_1, \boldsymbol{\alpha}_2, \boldsymbol{\alpha}_3)\boldsymbol{A}^{-1},$$

可得

$$(\boldsymbol{\beta}_1, \boldsymbol{\beta}_2, \boldsymbol{\beta}_3)=(\boldsymbol{\varepsilon}_1, \boldsymbol{\varepsilon}_2, \boldsymbol{\varepsilon}_3)\boldsymbol{B}=(\boldsymbol{\alpha}_1, \boldsymbol{\alpha}_2, \boldsymbol{\alpha}_3)\boldsymbol{A}^{-1}\boldsymbol{B},$$

由此得到基变换公式:

$$(\boldsymbol{\beta}_1, \boldsymbol{\beta}_2, \boldsymbol{\beta}_3)=(\boldsymbol{\alpha}_1, \boldsymbol{\alpha}_2, \boldsymbol{\alpha}_3)\boldsymbol{P}, \tag{5.1}$$

其中表示式的系数矩阵 $\boldsymbol{P}=\boldsymbol{A}^{-1}\boldsymbol{B}$ 称为从旧基到新基的**过渡矩阵**.

设向量 $\boldsymbol{x}$ 在旧基和新基中的坐标分别为 x_1, x_2, x_3 和 x_1', x_2', x_3', 即

$$\boldsymbol{x}=(\boldsymbol{\alpha}_1, \boldsymbol{\alpha}_2, \boldsymbol{\alpha}_3)\begin{pmatrix}x_1\\x_2\\x_3\end{pmatrix},\ \boldsymbol{x}=(\boldsymbol{\beta}_1, \boldsymbol{\beta}_2, \boldsymbol{\beta}_3)\begin{pmatrix}x_1'\\x_2'\\x_3'\end{pmatrix},$$

则由

$$\boldsymbol{A}\begin{pmatrix}x_1\\x_2\\x_3\end{pmatrix}=\boldsymbol{B}\begin{pmatrix}x_1'\\x_2'\\x_3'\end{pmatrix}, \text{得} \begin{pmatrix}x_1'\\x_2'\\x_3'\end{pmatrix}=\boldsymbol{B}^{-1}\boldsymbol{A}\begin{pmatrix}x_1\\x_2\\x_3\end{pmatrix}=\boldsymbol{P}^{-1}\begin{pmatrix}x_1\\x_2\\x_3\end{pmatrix},$$

由此可进一步得到:

$$\begin{pmatrix}x_1'\\x_2'\\x_3'\end{pmatrix}=\boldsymbol{P}^{-1}\begin{pmatrix}x_1\\x_2\\x_3\end{pmatrix} \quad \text{或} \quad \begin{pmatrix}x_1\\x_2\\x_3\end{pmatrix}=\boldsymbol{P}\begin{pmatrix}x_1'\\x_2'\\x_3'\end{pmatrix}. \tag{5.2}$$

这就是从旧坐标到新坐标的**坐标变换公式**.

注: 这里我们仅介绍了 $\mathbf{R}^3$ 中的基变换公式、坐标变换公式和过渡矩阵的概念, 更一般的情形将在第 6 章中介绍.

例 15 令$\boldsymbol{u}_1=(3,2)^{\mathrm{T}}$, $\boldsymbol{u}_2=(1,1)^{\mathrm{T}}$及$\boldsymbol{x}=(7,4)^{\mathrm{T}}$, 求$\boldsymbol{x}$在新基$\boldsymbol{u}_1, \boldsymbol{u}_2$下的坐标.

解 依题设, 同一向量$\boldsymbol{x}$在旧基$\boldsymbol{\varepsilon}_1, \boldsymbol{\varepsilon}_2$和新基$\boldsymbol{u}_1, \boldsymbol{u}_2$下的坐标关系满足

$$(\boldsymbol{\varepsilon}_1, \boldsymbol{\varepsilon}_2)\boldsymbol{x}=(\boldsymbol{u}_1, \boldsymbol{u}_2)\boldsymbol{x}', \text{即}\begin{pmatrix}1 & 0\\0 & 1\end{pmatrix}\begin{pmatrix}7\\4\end{pmatrix}=\begin{pmatrix}3 & 1\\2 & 1\end{pmatrix}\begin{pmatrix}x_1'\\x_2'\end{pmatrix},$$

因此

$$\boldsymbol{x}'=\begin{pmatrix}1 & -1\\-2 & 3\end{pmatrix}\begin{pmatrix}1 & 0\\0 & 1\end{pmatrix}\begin{pmatrix}7\\4\end{pmatrix}=\begin{pmatrix}3\\-2\end{pmatrix},$$

故向量$\boldsymbol{x}$在新基$\boldsymbol{u}_1, \boldsymbol{u}_2$下的坐标为$(3, -2)$, 即$\boldsymbol{x}=3\boldsymbol{u}_1-2\boldsymbol{u}_2$.

例 16 设向量组$\boldsymbol{\alpha}_1=(1,2,1)^{\mathrm{T}}$, $\boldsymbol{\alpha}_2=(1,3,2)^{\mathrm{T}}$, $\boldsymbol{\alpha}_3=(1,a,3)^{\mathrm{T}}$为$\mathbf{R}^3$的一个基, $\boldsymbol{\beta}=(1,1,1)^{\mathrm{T}}$在此基下的坐标为$(b,c,1)^{\mathrm{T}}$.

(1) 求a, b, c;

(2) 证明$\boldsymbol{\alpha}_2, \boldsymbol{\alpha}_3, \boldsymbol{\beta}$为$\mathbf{R}^3$的一个基, 并求$\boldsymbol{\alpha}_2, \boldsymbol{\alpha}_3, \boldsymbol{\beta}$到$\boldsymbol{\alpha}_1, \boldsymbol{\alpha}_2, \boldsymbol{\alpha}_3$的过渡矩阵.

解 (1) 依题设, 向量组$\boldsymbol{\alpha}_1, \boldsymbol{\alpha}_2, \boldsymbol{\alpha}_3$是三维向量空间$\mathbf{R}^3$的一个基, 且向量$\boldsymbol{\beta}=(1,1,1)^{\mathrm{T}}$在这个基下的坐标为$(b,c,1)^{\mathrm{T}}$, 故$\boldsymbol{\beta}$可表示为$\boldsymbol{\alpha}_1, \boldsymbol{\alpha}_2, \boldsymbol{\alpha}_3$的线性组合:

$$\boldsymbol{\beta}=b\boldsymbol{\alpha}_1+c\boldsymbol{\alpha}_2+\boldsymbol{\alpha}_3,$$

由此可得线性方程组:

$$\begin{cases}1=b+c+1\\1=2b+3c+a\\1=b+2c+3\end{cases}\Rightarrow\begin{cases}b+c=0\\a+2b+3c=1,\\b+2c=-2\end{cases}$$

利用消元法或初等变换法, 解得$a=3,\ b=2,\ c=-2$.

(2) 利用(1)的结果, 设

$$\boldsymbol{A}=(\boldsymbol{\alpha}_2, \boldsymbol{\alpha}_3, \boldsymbol{\beta})=\begin{pmatrix}1 & 1 & 1\\3 & 3 & 1\\2 & 3 & 1\end{pmatrix},$$

因方阵的行列式$|\boldsymbol{A}|\neq 0$, 故向量组$\boldsymbol{\alpha}_2, \boldsymbol{\alpha}_3, \boldsymbol{\beta}$线性无关, 从而该向量组必为向量空间$\mathbf{R}^3$的一个基. 再记

$$\boldsymbol{B}=(\boldsymbol{\alpha}_1, \boldsymbol{\alpha}_2, \boldsymbol{\alpha}_3)=\begin{pmatrix}1 & 1 & 1\\2 & 3 & 3\\1 & 2 & 3\end{pmatrix},$$

则由坐标变换公式、求逆矩阵的伴随矩阵法与矩阵的乘法运算, 求得向量组$\boldsymbol{\alpha}_2, \boldsymbol{\alpha}_3, \boldsymbol{\beta}$到向量组$\boldsymbol{\alpha}_1, \boldsymbol{\alpha}_2, \boldsymbol{\alpha}_3$的过渡矩阵:

$$P=A^{-1}B=\begin{pmatrix}1&1&1\\3&3&1\\2&3&1\end{pmatrix}^{-1}\begin{pmatrix}1&1&1\\2&3&3\\1&2&3\end{pmatrix}$$

$$=\begin{pmatrix}0&1&-1\\-1/2&-1/2&1\\3/2&-1/2&0\end{pmatrix}\begin{pmatrix}1&1&1\\2&3&3\\1&2&3\end{pmatrix}=\begin{pmatrix}1&1&0\\-1/2&0&1\\1/2&0&0\end{pmatrix}.$$

例 17 设 $\boldsymbol{\alpha}_1,\boldsymbol{\alpha}_2,\boldsymbol{\alpha}_3$ 为三维向量空间 $\boldsymbol{V}$ 的一个基，而 $\boldsymbol{\beta}_1,\boldsymbol{\beta}_2,\boldsymbol{\beta}_3$ 与 $\gamma_1,\gamma_2,\gamma_3$ 为 $\boldsymbol{V}$ 中两个向量组，且

$$\begin{cases}\boldsymbol{\beta}_1=\boldsymbol{\alpha}_1+\boldsymbol{\alpha}_2+\boldsymbol{\alpha}_3\\ \boldsymbol{\beta}_2=\boldsymbol{\alpha}_1-\boldsymbol{\alpha}_3\\ \boldsymbol{\beta}_3=\boldsymbol{\alpha}_1+\boldsymbol{\alpha}_3\end{cases},\quad\begin{cases}\gamma_1=\boldsymbol{\alpha}_1+2\boldsymbol{\alpha}_2+\boldsymbol{\alpha}_3\\ \gamma_2=2\boldsymbol{\alpha}_1+3\boldsymbol{\alpha}_2+4\boldsymbol{\alpha}_3\\ \gamma_3=3\boldsymbol{\alpha}_1+4\boldsymbol{\alpha}_2+3\boldsymbol{\alpha}_3\end{cases},$$

(1) 验证 $\boldsymbol{\beta}_1,\boldsymbol{\beta}_2,\boldsymbol{\beta}_3$ 及 $\gamma_1,\gamma_2,\gamma_3$ 都是 $\boldsymbol{V}$ 的基;

(2) 求由 $\boldsymbol{\beta}_1,\boldsymbol{\beta}_2,\boldsymbol{\beta}_3$ 到 $\gamma_1,\gamma_2,\gamma_3$ 的过渡矩阵;

(3) 求坐标变换公式.

解 (1) 将题设表示式改写成矩阵形式，有

$$(\boldsymbol{\beta}_1,\boldsymbol{\beta}_2,\boldsymbol{\beta}_3)=(\boldsymbol{\alpha}_1,\boldsymbol{\alpha}_2,\boldsymbol{\alpha}_3)\begin{pmatrix}1&1&1\\1&0&0\\1&-1&1\end{pmatrix}=(\boldsymbol{\alpha}_1,\boldsymbol{\alpha}_2,\boldsymbol{\alpha}_3)\boldsymbol{B},$$

$$(\gamma_1,\gamma_2,\gamma_3)=(\boldsymbol{\alpha}_1,\boldsymbol{\alpha}_2,\boldsymbol{\alpha}_3)\begin{pmatrix}1&2&3\\2&3&4\\1&4&3\end{pmatrix}=(\boldsymbol{\alpha}_1,\boldsymbol{\alpha}_2,\boldsymbol{\alpha}_3)\boldsymbol{C}.$$

因行列式 $|\boldsymbol{B}|\neq 0$，故矩阵 $\boldsymbol{B}$ 可逆. 而 $\boldsymbol{\alpha}_1,\boldsymbol{\alpha}_2,\boldsymbol{\alpha}_3$ 是向量空间 $\boldsymbol{V}$ 的基，故 $\boldsymbol{\beta}_1,\boldsymbol{\beta}_2,\boldsymbol{\beta}_3$ 线性无关. 所以，向量组 $\boldsymbol{\beta}_1,\boldsymbol{\beta}_2,\boldsymbol{\beta}_3$ 也是三维向量空间 $\boldsymbol{V}$ 的一个基.

同理，由 $|\boldsymbol{C}|\neq 0$，可证向量组 $\gamma_1,\gamma_2,\gamma_3$ 也是三维向量空间 $\boldsymbol{V}$ 的一个基.

(2) 由(1)知，$(\boldsymbol{\beta}_1,\boldsymbol{\beta}_2,\boldsymbol{\beta}_3)=(\boldsymbol{\alpha}_1,\boldsymbol{\alpha}_2,\boldsymbol{\alpha}_3)\boldsymbol{B}$，从而

$$(\boldsymbol{\alpha}_1,\boldsymbol{\alpha}_2,\boldsymbol{\alpha}_3)=(\boldsymbol{\beta}_1,\boldsymbol{\beta}_2,\boldsymbol{\beta}_3)\boldsymbol{B}^{-1},\quad(\gamma_1,\gamma_2,\gamma_3)=(\boldsymbol{\alpha}_1,\boldsymbol{\alpha}_2,\boldsymbol{\alpha}_3)\boldsymbol{C}=(\boldsymbol{\beta}_1,\boldsymbol{\beta}_2,\boldsymbol{\beta}_3)\boldsymbol{B}^{-1}\boldsymbol{C}.$$

所以，从 $\boldsymbol{\beta}_1,\boldsymbol{\beta}_2,\boldsymbol{\beta}_3$ 到 $\gamma_1,\gamma_2,\gamma_3$ 的过渡矩阵为

$$\boldsymbol{B}^{-1}\boldsymbol{C}=\begin{pmatrix}1&1&1\\1&0&0\\1&-1&1\end{pmatrix}^{-1}\begin{pmatrix}1&2&3\\2&3&4\\1&4&3\end{pmatrix}=\begin{pmatrix}2&3&4\\0&-1&0\\-1&0&-1\end{pmatrix}.$$

(3) 所求坐标变换公式为

$$\begin{pmatrix} x_1 \\ x_2 \\ x_3 \end{pmatrix} = \begin{pmatrix} 2 & 3 & 4 \\ 0 & -1 & 0 \\ -1 & 0 & -1 \end{pmatrix} \begin{pmatrix} x_1' \\ x_2' \\ x_3' \end{pmatrix}.$$

例 18　在某机器学习问题中, 数据集包含四个特征, 分别是: x_1(年龄)、x_2(收入)、x_3(学历)和 x_4(工作经验). 我们用这四个特征的标准基向量表示数据集中的一个样本:

$$\boldsymbol{\varepsilon}_1 = \begin{pmatrix} 1 \\ 0 \\ 0 \\ 0 \end{pmatrix}, \quad \boldsymbol{\varepsilon}_2 = \begin{pmatrix} 0 \\ 1 \\ 0 \\ 0 \end{pmatrix}, \quad \boldsymbol{\varepsilon}_3 = \begin{pmatrix} 0 \\ 0 \\ 1 \\ 0 \end{pmatrix}, \quad \boldsymbol{\varepsilon}_4 = \begin{pmatrix} 0 \\ 0 \\ 0 \\ 1 \end{pmatrix}.$$

现在我们希望通过选择新的特征组合来构建新的特征空间. 给定新的特征基向量:

$$\boldsymbol{e}_1 = \begin{pmatrix} 1 \\ 2 \\ 0 \\ 0 \end{pmatrix}, \quad \boldsymbol{e}_2 = \begin{pmatrix} 0 \\ 0 \\ 1 \\ 1 \end{pmatrix}, \quad \boldsymbol{e}_3 = \begin{pmatrix} 1 \\ -1 \\ 0 \\ 1 \end{pmatrix}, \quad \boldsymbol{e}_4 = \begin{pmatrix} 0 \\ 1 \\ 1 \\ 0 \end{pmatrix}.$$

请解答如何通过过渡矩阵求原基向量在新基下的坐标.

解　我们首先构造过渡矩阵 $\boldsymbol{P}$, 它由新基向量的系数组成, 即

$$\boldsymbol{P} = \begin{pmatrix} 1 & 0 & 1 & 0 \\ 2 & 0 & -1 & 1 \\ 0 & 1 & 0 & 1 \\ 0 & 1 & 1 & 0 \end{pmatrix}.$$

这个矩阵的每一列是新基向量 $\boldsymbol{e}_1, \boldsymbol{e}_2, \boldsymbol{e}_3, \boldsymbol{e}_4$ 在原标准基下的坐标. 为了将原基向量 $\boldsymbol{\varepsilon}_1, \boldsymbol{\varepsilon}_2, \boldsymbol{\varepsilon}_3, \boldsymbol{\varepsilon}_4$ 转换为新基下的坐标, 由

$$\boldsymbol{e}_i = \boldsymbol{P}\boldsymbol{\varepsilon}_i \Rightarrow \boldsymbol{\varepsilon}_i = \boldsymbol{P}^{-1}\boldsymbol{e}_i \quad (i=1, 2, 3, 4),$$

题设已知过渡矩阵 $\boldsymbol{P}$, 利用初等变换法或伴随矩阵法, 得其逆矩阵:

$$\boldsymbol{P}^{-1} = \begin{pmatrix} 0 & 1/2 & -1/2 & 1/2 \\ -1 & 1/2 & -1/2 & 3/2 \\ 1 & -1/2 & 1/2 & -1/2 \\ 1 & -1/2 & 3/2 & -3/2 \end{pmatrix}.$$

由此算得原基向量 $\boldsymbol{\varepsilon}_1, \boldsymbol{\varepsilon}_2, \boldsymbol{\varepsilon}_3, \boldsymbol{\varepsilon}_4$ 在新基下的坐标依次为

$$\boldsymbol{v}_1 = \begin{pmatrix} 0 \\ -1 \\ 1 \\ 1 \end{pmatrix}, \quad \boldsymbol{v}_2 = \begin{pmatrix} 1/2 \\ 1/2 \\ -1/2 \\ -1/2 \end{pmatrix}, \quad \boldsymbol{v}_3 = \begin{pmatrix} -1/2 \\ -1/2 \\ 1/2 \\ 3/2 \end{pmatrix}, \quad \boldsymbol{v}_4 = \begin{pmatrix} 1/2 \\ 3/2 \\ -1/2 \\ -3/2 \end{pmatrix},$$

这些新坐标可用于机器学习模型的特征空间变换与分析.

本例展示了如何利用过渡矩阵将数据集中的原始特征表示转换为新的特征组合. 通过这样的基变换, 机器学习模型可以更有效地在新的特征空间中进行训练与优化. 通过求解过渡矩阵的逆矩阵, 我们能够完成原基与新基之间的转换, 为特征选择与数据降维等任务提供重要的数学工具.

习题 3-5

1. 判断下列集合是否构成向量空间, 并证明.

(1) $\boldsymbol{S}_1=\{(x_1, x_1, x_2)^{\mathrm{T}} \mid x_1, x_2 \in \mathbf{R}\}$;

(2) $\boldsymbol{S}_2=\{(x_1, x_2, x_1 x_2)^{\mathrm{T}} \mid x_1, x_2 \in \mathbf{R}\}$;

(3) $\boldsymbol{S}_3=\left\{\left.\begin{pmatrix} x_1 & x_2 \\ -x_2 & x_3 \end{pmatrix}\right| x_1, x_2, x_3 \in \mathbf{R}\right\}$.

2. 设向量集合

$$\boldsymbol{V}_1=\{\boldsymbol{x}=(x_1, x_2, \cdots, x_n)^{\mathrm{T}} \mid x_1, x_2, \cdots, x_n \in \mathbf{R},\ x_1+x_2+\cdots+x_n=0\},$$

$$\boldsymbol{V}_2=\{\boldsymbol{x}=(x_1, x_2, \cdots, x_n)^{\mathrm{T}} \mid x_1, x_2, \cdots, x_n \in \mathbf{R},\ x_1+x_2+\cdots+x_n=1\},$$

问 $\boldsymbol{V}_1, \boldsymbol{V}_2$ 是不是 $\mathbf{R}^n$ 的子空间? 为什么?

3. 试证: 由 $\boldsymbol{\alpha}_1=(0, 1, 1)^{\mathrm{T}}$, $\boldsymbol{\alpha}_2=(1, 0, 1)^{\mathrm{T}}$, $\boldsymbol{\alpha}_3=(1, 1, 0)^{\mathrm{T}}$ 所生成的向量空间就是 $\mathbf{R}^3$.

4. 判断 $\mathbf{R}^3$ 中与向量 $(0,0,1)$ 不平行的全体向量所组成的集合是否构成向量空间.

5. 根据要求计算.

(1) 令 $\boldsymbol{b}_1=(1,-1)^{\mathrm{T}}$ 及 $\boldsymbol{b}_2=(-2, 3)^{\mathrm{T}}$, 求从 $(\boldsymbol{\varepsilon}_1, \boldsymbol{\varepsilon}_2)$ 到 $(\boldsymbol{b}_1, \boldsymbol{b}_2)$ 的过渡矩阵, 并确定 $\boldsymbol{x}=(1, 2)^{\mathrm{T}}$ 在新基 $\boldsymbol{b}_1, \boldsymbol{b}_2$ 下的坐标.

(2) 求从 $(\boldsymbol{v}_1, \boldsymbol{v}_2)$ 到 $(\boldsymbol{u}_1, \boldsymbol{u}_2)$ 的过渡矩阵, 其中 $\boldsymbol{v}_1=\begin{pmatrix}5\\2\end{pmatrix}, \boldsymbol{v}_2=\begin{pmatrix}7\\3\end{pmatrix}$ 及 $\boldsymbol{u}_1=\begin{pmatrix}3\\2\end{pmatrix}, \boldsymbol{u}_2=\begin{pmatrix}1\\1\end{pmatrix}$.

6. 验证 $\boldsymbol{\alpha}_1=(1,-1, 0)^{\mathrm{T}}$, $\boldsymbol{\alpha}_2=(2, 1, 3)^{\mathrm{T}}$, $\boldsymbol{\alpha}_3=(3, 1, 2)^{\mathrm{T}}$ 为 $\mathbf{R}^3$ 的一个基, 并将

$$\boldsymbol{v}_1=(5, 0, 7)^{\mathrm{T}},\ \boldsymbol{v}_2=(-9,-8,-13)^{\mathrm{T}}$$

用此基来线性表示.

7. 某公司正在进行市场产品组合优化分析, 目标是通过选择合适的产品组合, 最大化收益并满足一定的约束条件. 假设公司有四种潜在的产品, 分别为A、B、C、D, 每种产品的生产和销售会带来不同的收益, 并且受限于原材料和生产能力等因素. 公司希望确定这些产品的组合, 以便在有限的资源下实现利润最大化. 设公司当前每种产品的收益向量如下:

(a) 产品A的收益为 $\boldsymbol{v}_1=(3, 5, 1)^{\mathrm{T}}$;　　(b) 产品B的收益为 $\boldsymbol{v}_2=(2, 4, 3)^{\mathrm{T}}$;

(c) 产品C的收益为 $\boldsymbol{v}_3=(1, 3, 4)^{\mathrm{T}}$;　　(d) 产品D的收益为 $\boldsymbol{v}_4=(4, 2, 2)^{\mathrm{T}}$.

公司希望选择这四种产品中的某些产品, 以最大化整体收益, 同时满足资源限制条件. 问:

(1) 假设选择三种产品, 能否通过选择合适的基来实现收益最大化?

(2) 如何构建一个产品组合的基? 解释基的选择在此问题中的重要性.

8. 设 ξ_1, ξ_2, ξ_3 是 $\mathbf{R}^3$ 的一个基, 已知

$$\boldsymbol{\alpha}_1 = \xi_1 + \xi_2 - 2\xi_3,\ \boldsymbol{\alpha}_2 = \xi_1 - \xi_2 - \xi_3,\ \boldsymbol{\alpha}_3 = \xi_1 + \xi_3,$$

证明 $\boldsymbol{\alpha}_1, \boldsymbol{\alpha}_2, \boldsymbol{\alpha}_3$ 是 $\mathbf{R}^3$ 的一个基, 并求出向量 $\boldsymbol{\beta} = 6\xi_1 - \xi_2 - \xi_3$ 在基 $\boldsymbol{\alpha}_1, \boldsymbol{\alpha}_2, \boldsymbol{\alpha}_3$ 下的坐标.

9. 设 $\boldsymbol{\alpha}_1, \boldsymbol{\alpha}_2, \boldsymbol{\alpha}_3$ 是三维向量空间 $\mathbf{R}^3$ 的一个基. 试求由基 $\boldsymbol{\alpha}_1, \dfrac{1}{2}\boldsymbol{\alpha}_2, \dfrac{1}{3}\boldsymbol{\alpha}_3$ 到基 $\boldsymbol{\alpha}_1+\boldsymbol{\alpha}_2, \boldsymbol{\alpha}_2+\boldsymbol{\alpha}_3, \boldsymbol{\alpha}_3+\boldsymbol{\alpha}_1$ 的过渡矩阵 $\boldsymbol{P}$.

10. 已知 $\mathbf{R}^3$ 的两个基为

$$\boldsymbol{\alpha}_1 = \begin{pmatrix}1\\1\\1\end{pmatrix},\ \boldsymbol{\alpha}_2 = \begin{pmatrix}1\\0\\-1\end{pmatrix},\ \boldsymbol{\alpha}_3 = \begin{pmatrix}1\\0\\1\end{pmatrix} \text{及} \boldsymbol{\beta}_1 = \begin{pmatrix}1\\2\\1\end{pmatrix},\ \boldsymbol{\beta}_2 = \begin{pmatrix}2\\3\\4\end{pmatrix},\ \boldsymbol{\beta}_3 = \begin{pmatrix}3\\4\\3\end{pmatrix},$$

求由基 $\boldsymbol{\alpha}_1, \boldsymbol{\alpha}_2, \boldsymbol{\alpha}_3$ 到基 $\boldsymbol{\beta}_1, \boldsymbol{\beta}_2, \boldsymbol{\beta}_3$ 的过渡矩阵 $\boldsymbol{P}$.

11. 令 $\boldsymbol{A} = (\boldsymbol{v}_1, \boldsymbol{v}_2, \boldsymbol{v}_3) = \begin{pmatrix}1 & 2 & 1\\1 & 3 & 5\\1 & 2 & 4\end{pmatrix}$, $\boldsymbol{B} = (\boldsymbol{u}_1, \boldsymbol{u}_2, \boldsymbol{u}_3) = \begin{pmatrix}1 & 1 & 1\\1 & 2 & 2\\0 & 0 & 1\end{pmatrix}$.

(1) 求由基 $\boldsymbol{v}_1,\boldsymbol{v}_2,\boldsymbol{v}_3$ 到基 $\boldsymbol{u}_1,\boldsymbol{u}_2,\boldsymbol{u}_3$ 的过渡矩阵;

(2) 若 $\boldsymbol{x} = 3\boldsymbol{v}_1 + 2\boldsymbol{v}_2 - \boldsymbol{v}_3$, $\boldsymbol{y} = \boldsymbol{u}_1 - 3\boldsymbol{u}_2 + 2\boldsymbol{u}_3$, 分别求 $\boldsymbol{x}$ 在基 $\boldsymbol{u}_1,\boldsymbol{u}_2,\boldsymbol{u}_3$ 下的坐标以及 $\boldsymbol{y}$ 在基 $\boldsymbol{v}_1,\boldsymbol{v}_2,\boldsymbol{v}_3$ 下的坐标.

12. 设 $\mathbf{R}^3$ 中的一个基 $\xi_1 = (1, -2, 1)^{\mathrm{T}}$, $\xi_2 = (0, 1, 1)^{\mathrm{T}}$, $\xi_3 = (3, 2, 1)^{\mathrm{T}}$, 向量 $\boldsymbol{\alpha}$ 在基 ξ_1, ξ_2, ξ_3 下的坐标为 x_1, x_2, x_3, 在另一个基 $\boldsymbol{\eta}_1, \boldsymbol{\eta}_2, \boldsymbol{\eta}_3$ 下的坐标为 y_1, y_2, y_3, 且有

$$y_1 = x_1 - x_2 - x_3,\ y_2 = -x_1 + x_2,\ y_3 = x_1 + 2x_3.$$

(1) 求基 $\boldsymbol{\eta}_1, \boldsymbol{\eta}_2, \boldsymbol{\eta}_3$ 到基 ξ_1, ξ_2, ξ_3 的过渡矩阵;

(2) 求基 $\boldsymbol{\eta}_1, \boldsymbol{\eta}_2, \boldsymbol{\eta}_3$.

13. 证明: $\mathbf{R}^2$ 中不过原点的直线不是 $\mathbf{R}^2$ 的子空间.

14. 某投资公司考虑建立一个新的投资组合, 其资产包括股票、债券、房地产和商品四个类别. 现有的资产组合用标准基向量表示为

$$\boldsymbol{\varepsilon}_1 = \begin{pmatrix}1\\0\\0\\0\end{pmatrix},\ \boldsymbol{\varepsilon}_2 = \begin{pmatrix}0\\1\\0\\0\end{pmatrix},\ \boldsymbol{\varepsilon}_3 = \begin{pmatrix}0\\0\\1\\0\end{pmatrix},\ \boldsymbol{\varepsilon}_4 = \begin{pmatrix}0\\0\\0\\1\end{pmatrix}.$$

这些向量表示了四个资产类别的投资组合. 投资公司希望通过不同的投资策略将资产组合用新的基表示. 给定新的基向量:

$$\boldsymbol{e}_1 = \begin{pmatrix}1\\2\\0\\1\end{pmatrix},\ \boldsymbol{e}_2 = \begin{pmatrix}0\\1\\1\\1\end{pmatrix},\ \boldsymbol{e}_3 = \begin{pmatrix}1\\0\\1\\0\end{pmatrix},\ \boldsymbol{e}_4 = \begin{pmatrix}0\\0\\0\\1\end{pmatrix}.$$

请解答如何通过过渡矩阵求原基向量在新基下的坐标.

§3.6 线性方程组解的结构

线性方程组解的结构是线性代数中的核心内容之一, 它揭示了线性系统求解的本质和深刻意义. 在数学和实际问题中, 一个线性方程组可以表示为矩阵形式 $\boldsymbol{Ax}=\boldsymbol{b}$, 其中 $\boldsymbol{A}$ 是系数矩阵, $\boldsymbol{x}$ 是未知量向量, $\boldsymbol{b}$ 是常数向量. 解的结构描述了该线性系统是否有解、解的唯一性, 以及解的形式. 从代数角度看, 线性方程组的解与矩阵 $\boldsymbol{A}$ 的秩密切相关. 若 $\boldsymbol{A}$ 的列向量是线性无关的, 系统有唯一解; 若列向量线性相关, 解的结构可能为无解或有无穷多解. 通过矩阵的秩和行简化, 可以明确系统的自由度和解的结构. 从几何角度看, 解的结构与向量空间密切关联. 齐次线性方程组 $\boldsymbol{Ax}=\boldsymbol{0}$ 的解形成一个线性子空间, 维数等于矩阵的自由未知量的个数. 非齐次方程组的解可以表示为齐次解加一个特解, 这一结构体现了解的完整性和可分性.

线性方程组解的结构意义重大. 在实际应用中, 如物理、工程和经济领域, 分析线性系统解的结构可以帮助理解约束条件、优化问题和系统行为. 同时, 这一结构还为数值计算和算法优化提供了基础, 如最小二乘法和矩阵分解技术. 总之, 线性方程组解的结构不仅仅是数学理论的核心内容, 更是解决现实问题的重要工具.

一、齐次线性方程组解的结构

设有齐次线性方程组

$$\begin{cases} a_{11}x_1+a_{12}x_2+\cdots+a_{1n}x_n=0 \\ a_{21}x_1+a_{22}x_2+\cdots+a_{2n}x_n=0 \\ \quad\cdots\cdots \\ a_{m1}x_1+a_{m2}x_2+\cdots+a_{mn}x_n=0 \end{cases}, \tag{6.1}$$

若记

$$\boldsymbol{A}=\begin{pmatrix} a_{11} & a_{12} & \cdots & a_{1n} \\ a_{21} & a_{22} & \cdots & a_{2n} \\ \vdots & \vdots & & \vdots \\ a_{m1} & a_{m2} & \cdots & a_{mn} \end{pmatrix},\ \boldsymbol{x}=\begin{pmatrix} x_1 \\ x_2 \\ \vdots \\ x_n \end{pmatrix},$$

则方程组 (6.1) 可改写为矩阵方程

$$\boldsymbol{Ax}=\boldsymbol{0}, \tag{6.2}$$

称矩阵方程 (6.2) 的解 $\boldsymbol{x}=\begin{pmatrix} x_1 \\ x_2 \\ \vdots \\ x_n \end{pmatrix}$ 为方程组 (6.1) 的**解向量**.

1. 齐次线性方程组解的性质

性质 1　若 $\boldsymbol{\xi}_1, \boldsymbol{\xi}_2$ 为齐次线性方程组 (6.2) 的解, 则 $\boldsymbol{\xi}_1+\boldsymbol{\xi}_2$ 也是该方程组的解.

证明　因为 $\boldsymbol{\xi}_1, \boldsymbol{\xi}_2$ 是齐次线性方程组 (6.2) 的解, 所以,

$$\boldsymbol{A}\boldsymbol{\xi}_1=\boldsymbol{0},\ \boldsymbol{A}\boldsymbol{\xi}_2=\boldsymbol{0}.$$

两式相加, 得

$$\boldsymbol{A}(\boldsymbol{\xi}_1+\boldsymbol{\xi}_2)=\boldsymbol{0},$$

即 $\boldsymbol{\xi}_1+\boldsymbol{\xi}_2$ 是方程组 (6.2) 的解. 证毕.

性质 2　若 $\boldsymbol{\xi}_1$ 为齐次线性方程组 (6.2) 的解, k 为实数, 则 $k\boldsymbol{\xi}_1$ 也是该方程组的解.

证明　因为 $\boldsymbol{\xi}_1$ 是齐次线性方程组 (6.2) 的解, 所以

$$\boldsymbol{A}\boldsymbol{\xi}_1=\boldsymbol{0},\ \boldsymbol{A}(k\boldsymbol{\xi}_1)=k\boldsymbol{A}\boldsymbol{\xi}_1=k\cdot\boldsymbol{0}=\boldsymbol{0},$$

即 $k\boldsymbol{\xi}_1$ 是方程组 (6.2) 的解. 证毕.

根据上述性质, 容易推出: 若 $\boldsymbol{\xi}_1, \boldsymbol{\xi}_2, \cdots, \boldsymbol{\xi}_s$ 是齐次线性方程组 (6.2) 的解, $k_1, k_2, \cdots, k_s$ 为任意实数, 则线性组合 $k_1\boldsymbol{\xi}_1+k_2\boldsymbol{\xi}_2+\cdots+k_s\boldsymbol{\xi}_s$ 也是方程组 (6.2) 的解.

注: *齐次线性方程组若有非零解, 则它必有无穷多解.*

由§3.5 知: 线性方程组 $\boldsymbol{A}\boldsymbol{x}=\boldsymbol{0}$ 的全体解向量构成的集合对于向量的加法和数乘运算是封闭的, 因而构成一个向量空间, 称此向量空间为齐次线性方程组 $\boldsymbol{A}\boldsymbol{x}=\boldsymbol{0}$ 的**解空间**.

定义 1　若齐次线性方程组 $\boldsymbol{A}\boldsymbol{x}=\boldsymbol{0}$ 的有限个解 $\boldsymbol{\eta}_1, \boldsymbol{\eta}_2, \cdots, \boldsymbol{\eta}_t$ 满足:

(1) $\boldsymbol{\eta}_1, \boldsymbol{\eta}_2, \cdots, \boldsymbol{\eta}_t$ 线性无关,

(2) $\boldsymbol{A}\boldsymbol{x}=\boldsymbol{0}$ 的任意一个解均可由 $\boldsymbol{\eta}_1, \boldsymbol{\eta}_2, \cdots, \boldsymbol{\eta}_t$ 线性表示,

则称 $\boldsymbol{\eta}_1, \boldsymbol{\eta}_2, \cdots, \boldsymbol{\eta}_t$ 是齐次线性方程组 $\boldsymbol{A}\boldsymbol{x}=\boldsymbol{0}$ 的一个**基础解系**.

由定义知, 方程组 $\boldsymbol{A}\boldsymbol{x}=\boldsymbol{0}$ 的一个基础解系即为其解空间的一个基, 易见方程组 $\boldsymbol{A}\boldsymbol{x}=\boldsymbol{0}$ 的基础解系不是唯一的, 即解空间的基不是唯一的.

若 $\boldsymbol{\eta}_1, \boldsymbol{\eta}_2, \cdots, \boldsymbol{\eta}_t$ 是齐次线性方程组 $\boldsymbol{A}\boldsymbol{x}=\boldsymbol{0}$ 的一个基础解系, 则 $\boldsymbol{A}\boldsymbol{x}=\boldsymbol{0}$ 的全部解可表示为

$$c_1\boldsymbol{\eta}_1+c_2\boldsymbol{\eta}_2+\cdots+c_t\boldsymbol{\eta}_t, \tag{6.3}$$

其中 $c_1, c_2, \cdots, c_t$ 为任意实数. 而表达式 (6.3) 称为线性方程组 $\boldsymbol{A}\boldsymbol{x}=\boldsymbol{0}$ 的**通解**.

当一个齐次线性方程组只有零解时, 该方程组没有基础解系, 而当一个齐次线性方程组有非零解时, 是否一定有基础解系呢? 如果有的话, 如何求它的基础解系? 下面的定理 1 回答了这两个问题.

定理 1　对于齐次线性方程组 $\boldsymbol{A}\boldsymbol{x}=\boldsymbol{0}$, 若

$$\mathrm{r}(\boldsymbol{A})=r<n,$$

则该方程组的基础解系一定存在, 且每个基础解系中所含解向量的个数均等于 $n-r$, 其中 n 是方程组所含未知量的个数.

证明 因 $\mathrm{r}(\boldsymbol{A})=r<n$，故对矩阵 $\boldsymbol{A}$ 施以初等行变换，可化为如下形式：

$$\boldsymbol{B}=\begin{pmatrix} 1 & 0 & \cdots & 0 & b_{11} & b_{12} & \cdots & b_{1\,n-r} \\ 0 & 1 & \cdots & 0 & b_{21} & b_{22} & \cdots & b_{2\,n-r} \\ \vdots & \vdots & & \vdots & \vdots & \vdots & & \vdots \\ 0 & 0 & \cdots & 1 & b_{r1} & b_{r2} & \cdots & b_{r\,n-r} \\ 0 & 0 & \cdots & 0 & 0 & 0 & \cdots & 0 \\ \vdots & \vdots & & \vdots & \vdots & \vdots & & \vdots \\ 0 & 0 & \cdots & 0 & 0 & 0 & \cdots & 0 \end{pmatrix},$$

即齐次线性方程组 $\boldsymbol{Ax}=\boldsymbol{0}$ 与下面的线性方程组同解：

$$\begin{cases} x_1=-b_{11}x_{r+1}-b_{12}x_{r+2}-\cdots-b_{1\,n-r}x_n \\ x_2=-b_{21}x_{r+1}-b_{22}x_{r+2}-\cdots-b_{2\,n-r}x_n \\ \quad\cdots\cdots \\ x_r=-b_{r1}x_{r+1}-b_{r2}x_{r+2}-\cdots-b_{r\,n-r}x_n \end{cases}, \tag{6.4}$$

其中 $x_{r+1}, x_{r+2}, \cdots, x_n$ 是自由未知量. 分别取

$$\begin{pmatrix} x_{r+1} \\ x_{r+2} \\ \vdots \\ x_n \end{pmatrix}=\begin{pmatrix} 1 \\ 0 \\ \vdots \\ 0 \end{pmatrix}, \begin{pmatrix} 0 \\ 1 \\ \vdots \\ 0 \end{pmatrix}, \cdots, \begin{pmatrix} 0 \\ 0 \\ \vdots \\ 1 \end{pmatrix}$$

代入式(6.4)，即可得到方程组 $\boldsymbol{Ax}=\boldsymbol{0}$ 的 $n-r$ 个解：

$$\boldsymbol{\eta}_1=\begin{pmatrix} -b_{11} \\ \vdots \\ -b_{r1} \\ 1 \\ 0 \\ \vdots \\ 0 \end{pmatrix}, \ \boldsymbol{\eta}_2=\begin{pmatrix} -b_{12} \\ \vdots \\ -b_{r2} \\ 0 \\ 1 \\ \vdots \\ 0 \end{pmatrix}, \cdots, \ \boldsymbol{\eta}_{n-r}=\begin{pmatrix} -b_{1\,n-r} \\ \vdots \\ -b_{r\,n-r} \\ 0 \\ 0 \\ \vdots \\ 1 \end{pmatrix}.$$

现证 $\boldsymbol{\eta}_1, \boldsymbol{\eta}_2, \cdots, \boldsymbol{\eta}_{n-r}$ 是方程组 $\boldsymbol{Ax}=\boldsymbol{0}$ 的一个基础解系.

(1) 证明 $\boldsymbol{\eta}_1, \boldsymbol{\eta}_2, \cdots, \boldsymbol{\eta}_{n-r}$ 线性无关.

事实上，因为 $n-r$ 个 $n-r$ 维向量

$$\begin{pmatrix}1\\0\\\vdots\\0\end{pmatrix},\begin{pmatrix}0\\1\\\vdots\\0\end{pmatrix},\cdots,\begin{pmatrix}0\\0\\\vdots\\1\end{pmatrix}$$

线性无关, 所以, $n-r$ 个 n 维向量构成的向量组 $\boldsymbol{\eta}_1,\boldsymbol{\eta}_2,\cdots,\boldsymbol{\eta}_{n-r}$ 亦线性无关.

(2) 证明方程组 $\boldsymbol{Ax}=\boldsymbol{0}$ 的任一解都可表示为向量组 $\boldsymbol{\eta}_1,\boldsymbol{\eta}_2,\cdots,\boldsymbol{\eta}_{n-r}$ 的线性组合.

事实上, 由式 (6.4), 有

$$\boldsymbol{x}=\begin{pmatrix}x_1\\\vdots\\x_r\\x_{r+1}\\\vdots\\x_n\end{pmatrix}=\begin{pmatrix}-b_{11}x_{r+1}-b_{12}x_{r+2}-\cdots-b_{1n-r}x_n\\\vdots\\-b_{r1}x_{r+1}-b_{r2}x_{r+2}-\cdots-b_{rn-r}x_n\\x_{r+1}\\\vdots\\x_n\end{pmatrix}$$

$$=x_{r+1}\begin{pmatrix}-b_{11}\\\vdots\\-b_{r1}\\1\\0\\\vdots\\0\end{pmatrix}+x_{r+2}\begin{pmatrix}-b_{12}\\\vdots\\-b_{r2}\\0\\1\\\vdots\\0\end{pmatrix}+\cdots+x_n\begin{pmatrix}-b_{1n-r}\\\vdots\\-b_{rn-r}\\0\\0\\\vdots\\1\end{pmatrix}$$

$$=x_{r+1}\boldsymbol{\eta}_1+x_{r+2}\boldsymbol{\eta}_2+\cdots+x_n\boldsymbol{\eta}_{n-r},$$

即解 $\boldsymbol{x}$ 可表示为 $\boldsymbol{\eta}_1,\boldsymbol{\eta}_2,\cdots,\boldsymbol{\eta}_{n-r}$ 的线性组合.

综合 (1) (2) 知, 向量组 $\boldsymbol{\eta}_1,\boldsymbol{\eta}_2,\cdots,\boldsymbol{\eta}_{n-r}$ 是 $\boldsymbol{Ax}=\boldsymbol{0}$ 的一个基础解系. 证毕.

定理 1 的证明过程实际上已给出了求齐次线性方程组的基础解系的方法.

例 1　已知线性方程组

$$\begin{cases}x_1+x_2+x_3=0\\ax_1+bx_2+cx_3=0\\a^2x_1+b^2x_2+c^2x_3=0\end{cases}.$$

试问: a,b,c 满足何种关系时, 方程组有无穷多解? 用基础解系表示全部解.

解　利用范德蒙行列式, 题设线性方程组的系数行列式:

$$|A|=\begin{vmatrix}1&1&1\\a&b&c\\a^2&b^2&c^2\end{vmatrix}=(a-b)(b-c)(c-a),$$

故由克莱姆法则, 有: 当 $|A|=0$, 即 $a=b$ 或 $b=c$ 或 $c=a$ 时, 方程组有无穷多解.

利用求线性方程组解的初等变换法分类讨论如下:

(1) 当 $a=b\neq c$ 时, 题设方程组的同解方程组为

$$\begin{cases}x_1+x_2-x_3=0\\x_3=0\end{cases}.$$

令自由未知量 $x_1=1$, 得上述方程组的全部解为 $k_1(1,-1,0)^{\mathrm{T}}$ (k_1 为任意常数).

(2) 同理, 当 $a=c\neq b$ 时, 同解方程组为

$$\begin{cases}x_1+x_2+x_3=0\\x_2=0\end{cases}.$$

令自由未知量 $x_1=1$, 得上述方程组的全部解为 $k_2(1,0,-1)^{\mathrm{T}}$ (k_2 为任意常数).

(3) 当 $b=c\neq a$ 时, 同解方程组为

$$\begin{cases}x_1+x_2+x_3=0\\x_1=0\end{cases}.$$

令自由未知量 $x_2=1$, 得上述方程组的全部解为 $k_3(0,1,-1)^{\mathrm{T}}$ (k_3 为任意常数).

(4) 当 $a=b=c$ 时, 同解方程组为

$$x_1+x_2+x_3=0.$$

令自由未知量 $x_1=0,\ x_2=1$ 与 $x_1=1,\ x_2=0$, 得全部解为

$$k_4(0,1,-1)^{\mathrm{T}}+k_5(1,0,-1)^{\mathrm{T}}\ (k_4, k_5 \text{ 为任意常数}).$$

例 2 设 $A=\begin{pmatrix}1&-2&3&-4\\0&1&-1&1\\1&2&0&-3\end{pmatrix}$, 求齐次线性方程组 $Ax=\mathbf{0}$ 的一个基础解系.

解 依题设, 根据求齐次线性方程组基础解系的步骤, 对题设矩阵 A 作初等行变换化为行最简形矩阵, 有

$$A=\begin{pmatrix}1&-2&3&-4\\0&1&-1&1\\1&2&0&-3\end{pmatrix}\to\begin{pmatrix}1&-2&3&-4\\0&1&-1&1\\0&4&-3&1\end{pmatrix}$$

$$\to\begin{pmatrix}1&-2&3&-4\\0&1&-1&1\\0&0&1&-3\end{pmatrix}\to\begin{pmatrix}1&0&1&-2\\0&1&-1&1\\0&0&1&-3\end{pmatrix}\to\begin{pmatrix}1&0&0&1\\0&1&0&-2\\0&0&1&-3\end{pmatrix},$$

由此可见, 矩阵 $\boldsymbol{A}$ 的秩 $\mathrm{r}(\boldsymbol{A})=3$, 取自由未知量 $x_4=1$, 即可得到齐次线性方程组 $\boldsymbol{Ax}=\boldsymbol{0}$ 的一个基础解系为

$$\boldsymbol{\xi}=(-1, 2, 3, 1)^{\mathrm{T}}.$$

2. 解空间及其维数

设 $\boldsymbol{A}$ 为 $m\times n$ 矩阵, 则 n 元齐次线性方程组 $\boldsymbol{Ax}=\boldsymbol{0}$ 的全体解构成的集合 $\boldsymbol{V}$ 是一个向量空间, 称为该齐次线性方程组的解空间. 当系数矩阵的秩 $\mathrm{r}(\boldsymbol{A})=n$ 时, 解空间 $\boldsymbol{V}$ 的维数为 0. 当 $\mathrm{r}(\boldsymbol{A})=r<n$ 时, 方程组 $\boldsymbol{Ax}=\boldsymbol{0}$ 必有含 $n-r$ 个向量的基础解系 $\boldsymbol{\eta}_1, \boldsymbol{\eta}_2, \cdots, \boldsymbol{\eta}_{n-r}$, 此时方程组的任一解可表示为

$$\boldsymbol{x}=c_1\boldsymbol{\eta}_1+c_2\boldsymbol{\eta}_2+\cdots+c_{n-r}\boldsymbol{\eta}_{n-r},$$

其中 $c_1, c_2, \cdots, c_{n-r}$ 为任意实数. 而解空间 $\boldsymbol{V}$ 可表示为

$$\boldsymbol{V}=\{\boldsymbol{x}\mid \boldsymbol{x}=c_1\boldsymbol{\eta}_1+c_2\boldsymbol{\eta}_2+\cdots+c_{n-r}\boldsymbol{\eta}_{n-r}, c_1, c_2, \cdots, c_{n-r}\in\mathbf{R}\}.$$

例 3 求齐次线性方程组

$$\begin{cases} x_1+x_2-x_3-x_4=0 \\ 2x_1-5x_2+3x_3+2x_4=0 \\ 7x_1-7x_2+3x_3+x_4=0 \end{cases}$$

的基础解系与通解.

解 记题设线性方程组的系数矩阵为 $\boldsymbol{A}$, 对 $\boldsymbol{A}$ 作初等行变换将其化为行最简形矩阵, 有

$$\boldsymbol{A}\xrightarrow[r_3-7r_1]{r_2-2r_1}\begin{pmatrix}1&1&-1&-1\\0&-7&5&4\\0&-14&10&8\end{pmatrix}\xrightarrow{r_3-2r_2}\begin{pmatrix}1&1&-1&-1\\0&-7&5&4\\0&0&0&0\end{pmatrix}$$

$$\xrightarrow{r_2\div(-7)}\begin{pmatrix}1&1&-1&-1\\0&1&-5/7&-4/7\\0&0&0&0\end{pmatrix}\xrightarrow{r_1-r_2}\begin{pmatrix}1&0&-2/7&-3/7\\0&1&-5/7&-4/7\\0&0&0&0\end{pmatrix},$$

由此可得题设方程组的同解方程组:

$$\begin{cases} x_1=\dfrac{2}{7}x_3+\dfrac{3}{7}x_4 \\ x_2=\dfrac{5}{7}x_3+\dfrac{4}{7}x_4 \end{cases}.$$

令 $\begin{pmatrix}x_3\\x_4\end{pmatrix}=\begin{pmatrix}1\\0\end{pmatrix}$ 及 $\begin{pmatrix}0\\1\end{pmatrix}$, 则对应有 $\begin{pmatrix}x_1\\x_2\end{pmatrix}=\begin{pmatrix}2/7\\5/7\end{pmatrix}$ 及 $\begin{pmatrix}3/7\\4/7\end{pmatrix}$, 即得基础解系

$$\boldsymbol{\eta}_1=\begin{pmatrix}2/7\\5/7\\1\\0\end{pmatrix},\ \boldsymbol{\eta}_2=\begin{pmatrix}3/7\\4/7\\0\\1\end{pmatrix},$$

由此可写出所求通解

$$\begin{pmatrix} x_1 \\ x_2 \\ x_3 \\ x_4 \end{pmatrix} = c_1 \begin{pmatrix} 2/7 \\ 5/7 \\ 1 \\ 0 \end{pmatrix} + c_2 \begin{pmatrix} 3/7 \\ 4/7 \\ 0 \\ 1 \end{pmatrix} \quad (c_1, c_2 \in \mathbf{R}).$$

注: 在§3.1中, 线性方程组的解法是根据式(6.4)直接写出方程组的全部解(通解). 实际上可通过式(6.4)先取基础解系, 再写出通解, 两种解法区别不大.

例4 某电子商务公司计划将其总营销预算分配到五个不同的在线推广渠道: 搜索引擎广告、社交媒体广告、邮件营销、影响者营销和展示广告. 公司希望根据历史数据, 建立一个合理的资金分配模型, 使得整体营销效果能够在各个渠道之间达到平衡. 假设公司在不同广告渠道之间的资金分配遵循以下关系, 且满足以下齐次线性方程组:

$$\begin{pmatrix} 1 & -1 & 0 & 0 & 0 \\ 1 & 0 & -1 & 0 & 0 \\ 0 & 1 & 0 & -1 & 0 \\ 0 & 0 & 1 & 0 & -1 \\ -1 & 0 & 0 & 0 & 1 \end{pmatrix} \begin{pmatrix} x_1 \\ x_2 \\ x_3 \\ x_4 \\ x_5 \end{pmatrix} = \begin{pmatrix} 0 \\ 0 \\ 0 \\ 0 \\ 0 \end{pmatrix},$$

其中, x_1, x_2, x_3, x_4, x_5 分别表示搜索引擎广告、社交媒体广告、邮件营销、影响者营销和展示广告的资金分配比例.

解 题设齐次线性方程组的系数矩阵为

$$\boldsymbol{A} = \begin{pmatrix} 1 & -1 & 0 & 0 & 0 \\ 1 & 0 & -1 & 0 & 0 \\ 0 & 1 & 0 & -1 & 0 \\ 0 & 0 & 1 & 0 & -1 \\ -1 & 0 & 0 & 0 & 1 \end{pmatrix}.$$

上述系数矩阵 $\boldsymbol{A}$ 作初等行变换, 得

$$\boldsymbol{A} \xrightarrow[r_5+r_1]{r_2-r_1} \begin{pmatrix} 1 & -1 & 0 & 0 & 0 \\ 0 & 1 & -1 & 0 & 0 \\ 0 & 1 & 0 & -1 & 0 \\ 0 & 0 & 1 & 0 & -1 \\ 0 & -1 & 0 & 0 & 1 \end{pmatrix} \xrightarrow[r_5+r_2]{r_3-r_2} \begin{pmatrix} 1 & -1 & 0 & 0 & 0 \\ 0 & 1 & -1 & 0 & 0 \\ 0 & 0 & 1 & -1 & 0 \\ 0 & 0 & 1 & 0 & -1 \\ 0 & 0 & -1 & 0 & 1 \end{pmatrix}$$

$$\xrightarrow[r_5+r_3]{r_4-r_3} \begin{pmatrix} 1 & -1 & 0 & 0 & 0 \\ 0 & 1 & -1 & 0 & 0 \\ 0 & 0 & 1 & -1 & 0 \\ 0 & 0 & 0 & 1 & -1 \\ 0 & 0 & 0 & -1 & 1 \end{pmatrix} \xrightarrow{r_5+r_4} \begin{pmatrix} 1 & -1 & 0 & 0 & 0 \\ 0 & 1 & -1 & 0 & 0 \\ 0 & 0 & 1 & -1 & 0 \\ 0 & 0 & 0 & 1 & -1 \\ 0 & 0 & 0 & 0 & 0 \end{pmatrix}.$$

通过上述行变换, 我们可以看到该方程组有4个主变量 x_1, x_2, x_3, x_4 和1个自由变量 x_5. 因此, 该资金分配模型的解空间的维数为 1. 这说明在资金分配问题中, 存在一个自由变量, 意味着各广告渠道的资金分配可以在一定的约束下灵活调整.

根据行变换得到的行阶梯形矩阵, 系统具有无穷多解, 且解空间的维数为1. 自由变量的存在提供了灵活性, 允许在不同的约束下调整资金的分配. 这个结果为公司进行在线广告预算分配提供了更多的选择和灵活性, 有助于更好地平衡各个推广渠道的投入, 以达到最优的市场推广效果和最大化广告的投入产出比.

例5　用基础解系表示如下齐次线性方程组的通解.

$$\begin{cases} x_1+x_2+x_3+4x_4-3x_5=0 \\ x_1-x_2+3x_3-2x_4-x_5=0 \\ 2x_1+x_2+3x_3+5x_4-5x_5=0 \\ 3x_1+x_2+5x_3+6x_4-7x_5=0 \end{cases}.$$

解　依题设, $m=4$, $n=5$, $m<n$, 故所给方程组有无穷多解. 对题设方程组的系数矩阵 $\boldsymbol{A}$ 作初等行变换, 有

$$\boldsymbol{A}=\begin{pmatrix} 1 & 1 & 1 & 4 & -3 \\ 1 & -1 & 3 & -2 & -1 \\ 2 & 1 & 3 & 5 & -5 \\ 3 & 1 & 5 & 6 & -7 \end{pmatrix} \to \begin{pmatrix} 1 & 1 & 1 & 4 & -3 \\ 0 & -2 & 2 & -6 & 2 \\ 0 & -1 & 1 & -3 & 1 \\ 0 & -2 & 2 & -6 & 2 \end{pmatrix} \to \begin{pmatrix} 1 & 0 & 2 & 1 & -2 \\ 0 & 1 & -1 & 3 & -1 \\ 0 & 0 & 0 & 0 & 0 \\ 0 & 0 & 0 & 0 & 0 \end{pmatrix},$$

由此可写出题设方程组的同解方程组:

$$\begin{cases} x_1=-2x_3-x_4+2x_5 \\ x_2=x_3-3x_4+x_5 \end{cases},$$

其中 x_3, x_4, x_5 为自由未知量. 令自由未知量 $\begin{pmatrix} x_3 \\ x_4 \\ x_5 \end{pmatrix}$ 取值 $\begin{pmatrix} 1 \\ 0 \\ 0 \end{pmatrix}, \begin{pmatrix} 0 \\ 1 \\ 0 \end{pmatrix}, \begin{pmatrix} 0 \\ 0 \\ 1 \end{pmatrix}$, 分别得上述线性方程组的解:

$$\boldsymbol{\eta}_1=(-2,1,1,0,0)^{\mathrm{T}},\ \boldsymbol{\eta}_2=(-1,-3,0,1,0)^{\mathrm{T}},\ \boldsymbol{\eta}_3=(2,1,0,0,1)^{\mathrm{T}}.$$

向量组 $\boldsymbol{\eta}_1, \boldsymbol{\eta}_2, \boldsymbol{\eta}_3$ 就是所给方程组的一个基础解系. 所以, 方程组的通解为

$$\boldsymbol{\eta}=c_1\boldsymbol{\eta}_1+c_2\boldsymbol{\eta}_2+c_3\boldsymbol{\eta}_3\ (c_1, c_2, c_3\in\mathbf{R}).$$

例6　设有齐次线性方程组

$$\begin{cases} (1+a)x_1+x_2+x_3+x_4=0 \\ 2x_1+(2+a)x_2+2x_3+2x_4=0 \\ 3x_1+3x_2+(3+a)x_3+3x_4=0 \\ 4x_1+4x_2+4x_3+(4+a)x_4=0 \end{cases},$$

其中$a\neq 0$, 试问a取何值时, 该方程组有非零解? 求出其通解.

解　因题设$a\neq 0$, 对题设方程组的系数矩阵施以初等行变换, 得

$$A=\begin{pmatrix}1+a & 1 & 1 & 1\\ 2 & 2+a & 2 & 2\\ 3 & 3 & 3+a & 3\\ 4 & 4 & 4 & 4+a\end{pmatrix}\to\begin{pmatrix}1+a & 1 & 1 & 1\\ -2a & a & 0 & 0\\ -3a & 0 & a & 0\\ -4a & 0 & 0 & a\end{pmatrix}\to\begin{pmatrix}a+10 & 0 & 0 & 0\\ -2 & 1 & 0 & 0\\ -3 & 0 & 1 & 0\\ -4 & 0 & 0 & 1\end{pmatrix}.$$

由题设方程组有非零解知, 当$a=-10$时, $r(A)=3<4$. 故其同解方程组为

$$\begin{cases}-2x_1+x_2=0\\ -3x_1+x_3=0,\\ -4x_1+x_4=0\end{cases}$$

根据求齐次线性方程组基础解系的步骤, 令$x_1=1$, 可得基础解系为$\boldsymbol{\eta}=(1,2,3,4)^{\mathrm{T}}$. 于是, 所求齐次线性方程组的通解为

$$x=k\boldsymbol{\eta}\ (k\text{为任意常数}).$$

例7　已知齐次线性方程组:

$$(1)\begin{cases}x_1+2x_2+3x_3=0\\ 2x_1+3x_2+5x_3=0,\\ x_1+x_2+ax_3=0\end{cases}\qquad (2)\begin{cases}x_1+bx_2+cx_3=0\\ 2x_1+b^2x_2+(c+1)x_3=0\end{cases}$$

同解, 求a, b, c的值.

解　设A, B分别为线性方程组 (1) 与 (2) 的系数矩阵. 因方程组 (2) 的未知量个数大于方程个数, 故方程组 (2) 有无穷多解. 又因题设线性方程组 (1) 与 (2) 同解, 故秩$r(A)<3$.

对矩阵A施以初等行变换, 得

$$\begin{pmatrix}1 & 2 & 3\\ 2 & 3 & 5\\ 1 & 1 & a\end{pmatrix}\to\begin{pmatrix}1 & 0 & 1\\ 0 & 1 & 1\\ 0 & 0 & a-2\end{pmatrix}.$$

由秩$r(A)<3$, 得$a=2$, 此时即有

$$\begin{pmatrix}1 & 2 & 3\\ 2 & 3 & 5\\ 1 & 1 & 2\end{pmatrix}\to\begin{pmatrix}1 & 0 & 1\\ 0 & 1 & 1\\ 0 & 0 & 0\end{pmatrix}.$$

根据求齐次线性方程组基础解系的步骤, $(-1,-1,1)^{\mathrm{T}}$ 是方程组(1)的一个基础解系. 将其代入方程组 (2), 得$b=1,\ c=2$ 或 $b=0,\ c=1$.

当$b=1,\ c=2$时, 对矩阵B施以初等行变换, 得

$$\begin{pmatrix}1 & 1 & 2\\ 2 & 1 & 3\end{pmatrix}\to\begin{pmatrix}1 & 0 & 1\\ 0 & 1 & 1\end{pmatrix},$$

显然此时方程组 (1) 与 (2) 同解.

当 $b=0,\ c=1$ 时, 对矩阵 $\boldsymbol{B}$ 施以初等行变换, 得

$$\begin{pmatrix} 1 & 0 & 1 \\ 2 & 0 & 2 \end{pmatrix} \to \begin{pmatrix} 1 & 0 & 1 \\ 0 & 0 & 0 \end{pmatrix},$$

显然, 此时方程组 (1) 与 (2) 的解不相同.

所以, 当 $a=2,\ b=1,\ c=2$ 时, 方程组 (1) 与 (2) 同解.

*数学实验

实验 3.3　求下列齐次线性方程组的通解 (详见教材配套的网络学习空间):

$$(1)\ \begin{cases} 2x_1+6x_2+16x_3+16x_4+64x_5+4x_6=0 \\ 2x_1+4x_2+8x_3+17x_4+41x_5+12x_6=0 \\ 6x_1+4x_2-13x_3+44x_4-5x_5+71x_6=0 \\ 8x_1+42x_2+126x_3+40x_4+398x_5-36x_6=0 \\ 5x_1+37x_2+113x_3-11x_4+298x_5-83x_6=0 \\ -5x_1-41x_2-129x_3-11x_4-368x_5+51x_6=0 \end{cases};$$

$$(2)\ \begin{cases} 2x_1+6x_2+12x_3+14x_4+38x_5+170x_6=0 \\ -3x_1-9x_2-14x_3-13x_4-45x_5-188x_6=0 \\ 5x_1+15x_2-3x_3-31x_4-4x_5-112x_6=0 \\ 7x_1+21x_2+68x_3+101x_4+211x_5+1\,047x_6=0 \\ x_1+3x_2+35x_3+65x_4+106x_5+631x_6=0 \\ 3x_1+9x_2+7x_3-x_4+24x_5+50x_6=0 \end{cases};$$

$$(3)\ \begin{cases} 10x_1+6x_2+37x_3+11x_4-35x_5+28x_6=0 \\ -2x_1-2x_2-10x_3+3x_4+3x_5+4x_6=0 \\ 5x_1-4x_2+2x_3+46x_4-50x_5+88x_6=0 \\ 9x_1+36x_2+89x_3-147x_4+101x_5+258x_6=0 \\ 21x_1+82x_2+202x_3-347x_4+234x_5-612x_6=0 \end{cases}.$$

计算实验

例 8　证明: 若 $\boldsymbol{A}_{m\times n}\boldsymbol{B}_{n\times l}=\boldsymbol{O}$, 则 $\mathrm{r}(\boldsymbol{A})+\mathrm{r}(\boldsymbol{B})\leqslant n$.

证明　记 $\boldsymbol{B}=(\boldsymbol{b}_1, \boldsymbol{b}_2, \cdots, \boldsymbol{b}_l)$, 则 $\boldsymbol{A}(\boldsymbol{b}_1, \boldsymbol{b}_2, \cdots, \boldsymbol{b}_l)=(\boldsymbol{0}, \boldsymbol{0}, \cdots, \boldsymbol{0})$, 即

$$\boldsymbol{A}\boldsymbol{b}_i=\boldsymbol{0}\ (i=1, 2, \cdots, l).$$

上式表明矩阵 $\boldsymbol{B}$ 的 l 个列向量都是齐次方程 $\boldsymbol{Ax}=\boldsymbol{0}$ 的解. 设线性方程组 $\boldsymbol{Ax}=\boldsymbol{0}$ 的解空间为 $\boldsymbol{S}$, 由 $\boldsymbol{b}_i\in\boldsymbol{S}$, 必有

$$\mathrm{r}(\boldsymbol{b}_1, \boldsymbol{b}_2, \cdots, \boldsymbol{b}_l)\leqslant r_{\boldsymbol{S}},\ 即\ \mathrm{r}(\boldsymbol{B})\leqslant r_{\boldsymbol{S}}.$$

再由定理 1 得, $\mathrm{r}(\boldsymbol{A})+r_{\boldsymbol{S}}=n$, 所以, $\mathrm{r}(\boldsymbol{A})+\mathrm{r}(\boldsymbol{B})\leqslant n$. 证毕.

例 9　已知三阶矩阵 $\boldsymbol{A}$ 的第 1 行是 (a, b, c), a, b, c 不全为零, 矩阵

$$\boldsymbol{B}=\begin{pmatrix}1&2&3\\2&4&6\\3&6&k\end{pmatrix}\quad(k\in\mathbf{R},\ k\neq 9),$$

且$\boldsymbol{AB}=\boldsymbol{O}$, 试求$\boldsymbol{Ax}=\boldsymbol{0}$的通解.

解 根据矩阵的秩的性质与齐次线性方程组解的性质, 由$\boldsymbol{AB}=\boldsymbol{O}$知, $\boldsymbol{B}$ 的每一列向量均为$\boldsymbol{Ax}=\boldsymbol{0}$的解, 且$\mathrm{r}(\boldsymbol{A})+\mathrm{r}(\boldsymbol{B})\leqslant 3$.

对矩阵$\boldsymbol{B}$, 由于$k\neq 9$, 则因其前两列成比例, 有$\mathrm{r}(\boldsymbol{B})=2$, 从而$\mathrm{r}(\boldsymbol{A})\leqslant 1$, 但依题设, 显然有$\mathrm{r}(\boldsymbol{A})\geqslant 1$, 所以, $\mathrm{r}(\boldsymbol{A})=1$.

此时$\boldsymbol{Ax}=\boldsymbol{0}$的基础解系所含解向量的个数为$3-\mathrm{r}(\boldsymbol{A})=2$.

矩阵$\boldsymbol{B}$的第1、3列线性无关, 可作为其基础解系, 故线性方程组$\boldsymbol{Ax}=\boldsymbol{0}$的通解为

$$\boldsymbol{x}=k_1\begin{pmatrix}1\\2\\3\end{pmatrix}+k_2\begin{pmatrix}3\\6\\k\end{pmatrix},\ k_1,\ k_2\text{为任意常数}.$$

例10 求出一个齐次线性方程组, 使它的基础解系由下列向量组成:

$$\boldsymbol{\xi}_1=\begin{pmatrix}1\\2\\3\\4\end{pmatrix},\quad \boldsymbol{\xi}_2=\begin{pmatrix}4\\3\\2\\1\end{pmatrix}.$$

解 设所求的齐次线性方程组为$\boldsymbol{Ax}=\boldsymbol{0}$, 矩阵$\boldsymbol{A}$的行向量形如$\boldsymbol{\alpha}^{\mathrm{T}}=(a_1, a_2, a_3, a_4)$. 由题意, 有$\boldsymbol{\alpha}^{\mathrm{T}}\boldsymbol{\xi}_1=0,\ \boldsymbol{\alpha}^{\mathrm{T}}\boldsymbol{\xi}_2=0$, 即

$$\begin{cases}a_1+2a_2+3a_3+4a_4=0\\4a_1+3a_2+2a_3+\ a_4=0\end{cases}.$$

设这个方程组的系数矩阵为$\boldsymbol{B}$, 对$\boldsymbol{B}$进行初等行变换, 得

$$\boldsymbol{B}=\begin{pmatrix}1&2&3&4\\4&3&2&1\end{pmatrix}\to\begin{pmatrix}1&2&3&4\\0&-5&-10&-15\end{pmatrix}\to\begin{pmatrix}1&0&-1&-2\\0&1&2&3\end{pmatrix}.$$

由此可写出上述方程组的同解方程组:

$$\begin{cases}a_1\quad\ -a_3-2a_4=0\\ \quad a_2+2a_3+3a_4=0\end{cases},$$

得其基础解系为$\begin{pmatrix}1\\-2\\1\\0\end{pmatrix},\ \begin{pmatrix}2\\-3\\0\\1\end{pmatrix}$. 因此, 可取矩阵$\boldsymbol{A}$的行向量分别为

$$\boldsymbol{\alpha}_1^{\mathrm{T}}=(1,\ -2,\ 1,\ 0),\quad \boldsymbol{\alpha}_2^{\mathrm{T}}=(2,\ -3,\ 0,\ 1),$$

故所求齐次线性方程组的系数矩阵

$$A=\begin{pmatrix}1 & -2 & 1 & 0\\ 2 & -3 & 0 & 1\end{pmatrix},$$

所求齐次线性方程组为

$$\begin{cases}x_1-2x_2+x_3 \qquad =0\\ 2x_1-3x_2 \qquad +x_4=0\end{cases}.$$

二、非齐次线性方程组解的结构

非齐次线性方程组$\boldsymbol{Ax}=\boldsymbol{b}$解的结构本质在于将其解描述为齐次线性方程组$\boldsymbol{Ax}=\boldsymbol{0}$解的线性子空间与一个特解的和. 这一结构表明非齐次方程组的解是一个平移的线性子空间. 它将非齐次的复杂问题分解为求齐次方程组的通解和非齐次方程组的一个特解的简单任务. 它在几何上对应于零空间的平移, 反映了约束向量$\boldsymbol{b}$对解空间的影响. 这一结构广泛应用于工程和科学领域, 如电路分析、力学平衡和经济模型优化等, 为复杂问题的系统性求解提供了理论支持.

设有非齐次线性方程组

$$\begin{cases}a_{11}x_1+a_{12}x_2+\cdots+a_{1n}x_n=b_1\\ a_{21}x_1+a_{22}x_2+\cdots+a_{2n}x_n=b_2\\ \quad\cdots\cdots\\ a_{m1}x_1+a_{m2}x_2+\cdots+a_{mn}x_n=b_m\end{cases}, \tag{6.5}$$

它也可以写作矩阵方程

$$\boldsymbol{Ax}=\boldsymbol{b}, \tag{6.6}$$

称$\boldsymbol{Ax}=\boldsymbol{0}$为$\boldsymbol{Ax}=\boldsymbol{b}$**对应的齐次线性方程组** (也称为**导出组**).

性质 3 设$\boldsymbol{\eta}_1, \boldsymbol{\eta}_2$是非齐次线性方程组$\boldsymbol{Ax}=\boldsymbol{b}$的解, 则$\boldsymbol{\eta}_1-\boldsymbol{\eta}_2$是对应的齐次线性方程组$\boldsymbol{Ax}=\boldsymbol{0}$的解.

证明 因$\boldsymbol{\eta}_1, \boldsymbol{\eta}_2$是非齐次线性方程组$\boldsymbol{Ax}=\boldsymbol{b}$的解, 故

$$\boldsymbol{A}(\boldsymbol{\eta}_1-\boldsymbol{\eta}_2)=\boldsymbol{A\eta}_1-\boldsymbol{A\eta}_2=\boldsymbol{b}-\boldsymbol{b}=\boldsymbol{0},$$

所以, $\boldsymbol{\eta}_1-\boldsymbol{\eta}_2$为对应的齐次线性方程组$\boldsymbol{Ax}=\boldsymbol{0}$的解. 证毕.

性质 4 设$\boldsymbol{\eta}$是非齐次线性方程组$\boldsymbol{Ax}=\boldsymbol{b}$的解, $\boldsymbol{\xi}$是对应的齐次线性方程组$\boldsymbol{Ax}=\boldsymbol{0}$的解, 则$\boldsymbol{\xi}+\boldsymbol{\eta}$是非齐次线性方程组$\boldsymbol{Ax}=\boldsymbol{b}$的解.

证明 因$\boldsymbol{\eta}$是方程组$\boldsymbol{Ax}=\boldsymbol{b}$的解, $\boldsymbol{\xi}$是对应的齐次方程组$\boldsymbol{Ax}=\boldsymbol{0}$的解, 故

$$\boldsymbol{A}(\boldsymbol{\xi}+\boldsymbol{\eta})=\boldsymbol{A\xi}+\boldsymbol{A\eta}=\boldsymbol{0}+\boldsymbol{b}=\boldsymbol{b},$$

即$\boldsymbol{\xi}+\boldsymbol{\eta}$是非齐次线性方程组$\boldsymbol{Ax}=\boldsymbol{b}$的解. 证毕.

定理 2 设$\boldsymbol{\eta}^*$是非齐次线性方程组$\boldsymbol{Ax}=\boldsymbol{b}$的一个解, $\boldsymbol{\xi}$是对应的齐次线性方程组

$\boldsymbol{A}\boldsymbol{x}=\boldsymbol{0}$ 的通解, 则 $\boldsymbol{x}=\boldsymbol{\xi}+\boldsymbol{\eta}^*$ 是非齐次线性方程组 $\boldsymbol{A}\boldsymbol{x}=\boldsymbol{b}$ 的通解.

证明 根据非齐次线性方程组解的性质, 只需证明非齐次线性方程组的任一解 $\boldsymbol{\eta}$ 一定能表示为 $\boldsymbol{\eta}^*$ 与 $\boldsymbol{A}\boldsymbol{x}=\boldsymbol{0}$ 的某一解 ξ_1 的和. 取 $\xi_1=\boldsymbol{\eta}-\boldsymbol{\eta}^*$. 由性质 3 知, ξ_1 是 $\boldsymbol{A}\boldsymbol{x}=\boldsymbol{0}$ 的一个解, 故

$$\boldsymbol{\eta}=\xi_1+\boldsymbol{\eta}^*,$$

即非齐次线性方程组的任一解都能表示为该方程组的一个解 $\boldsymbol{\eta}^*$ 与其对应的齐次线性方程组某一解的和. 证毕.

注: 设 $\xi_1,\xi_2,\cdots,\xi_{n-r}$ 是 $\boldsymbol{A}\boldsymbol{x}=\boldsymbol{0}$ 的基础解系, $\boldsymbol{\eta}^*$ 是 $\boldsymbol{A}\boldsymbol{x}=\boldsymbol{b}$ 的一个解, 则非齐次方程 $\boldsymbol{A}\boldsymbol{x}=\boldsymbol{b}$ 的通解可表示为 $\boldsymbol{x}=c_1\xi_1+c_2\xi_2+\cdots+c_{n-r}\xi_{n-r}+\boldsymbol{\eta}^*$, 其中 $c_1, c_2, \cdots, c_{n-r}\in\mathbf{R}$.

综合前面的讨论, 设有非齐次线性方程组 $\boldsymbol{A}\boldsymbol{x}=\boldsymbol{b}$, 而 $\boldsymbol{\alpha}_1, \boldsymbol{\alpha}_2, \cdots, \boldsymbol{\alpha}_n$ 是系数矩阵 $\boldsymbol{A}$ 的列向量组, 则下列四个命题等价:

① 非齐次线性方程组 $\boldsymbol{A}\boldsymbol{x}=\boldsymbol{b}$ 有解;

② 向量 $\boldsymbol{b}$ 能由向量组 $\boldsymbol{\alpha}_1, \boldsymbol{\alpha}_2, \cdots, \boldsymbol{\alpha}_n$ 线性表示;

③ 向量组 $\boldsymbol{\alpha}_1, \boldsymbol{\alpha}_2, \cdots, \boldsymbol{\alpha}_n$ 与向量组 $\boldsymbol{\alpha}_1, \boldsymbol{\alpha}_2, \cdots, \boldsymbol{\alpha}_n, \boldsymbol{b}$ 等价;

④ $\mathrm{r}(\boldsymbol{A})=\mathrm{r}(\boldsymbol{A}\ \ \boldsymbol{b})$.

例 11 求线性方程组 $\begin{cases}-2x_1+x_2+x_3=0\\ x_1-2x_2+x_3=3\\ x_1+x_2-2x_3=-3\end{cases}$ 的通解.

解 记题设线性方程组的系数矩阵为 $\boldsymbol{A}$, 并对其增广矩阵 $\widetilde{\boldsymbol{A}}$ 作初等行变换, 得

$$\widetilde{\boldsymbol{A}}=\begin{pmatrix}-2 & 1 & 1 & 0\\ 1 & -2 & 1 & 3\\ 1 & 1 & -2 & -3\end{pmatrix}\to\begin{pmatrix}1 & 0 & -1 & -1\\ 0 & 1 & -1 & -2\\ 0 & 0 & 0 & 0\end{pmatrix},$$

由此可写出题设方程组的同解方程组:

$$\begin{cases}x_1-x_3=-1\\ x_2-x_3=-2\end{cases}.$$

令 $x_3=1$, 得题设方程组对应的齐次方程组的基础解系为 $\boldsymbol{\xi}=(1, 1, 1)^{\mathrm{T}}$; 再令 $x_3=0$, 得题设线性方程组的一个特解为 $\boldsymbol{\eta}^*=(-1, -2, 0)^{\mathrm{T}}$. 从而求得题设线性方程组的通解:

$$\begin{pmatrix}x_1\\ x_2\\ x_3\end{pmatrix}=k\begin{pmatrix}1\\ 1\\ 1\end{pmatrix}+\begin{pmatrix}-1\\ -2\\ 0\end{pmatrix}, \text{其中 } k \text{ 为任意常数.}$$

例 12 在人工智能的神经网络训练模型中, 需通过求解四元线性方程组确定模型参数. 现有一神经网络模型, 借助四个参数 (权重) 拟合数据. 其训练数据由以下非齐次线性方程组表示:

$$\begin{pmatrix} 1 & 2 & -1 & 3 \\ 2 & -1 & 3 & 1 \\ 4 & 1 & 2 & -2 \\ -1 & 3 & 4 & 2 \end{pmatrix}\begin{pmatrix} w_1 \\ w_2 \\ w_3 \\ w_4 \end{pmatrix}=\begin{pmatrix} 4 \\ 3 \\ 5 \\ 1 \end{pmatrix},$$

其中, w_1, w_2, w_3, w_4 为神经网络模型的四个参数, 方程右侧常数为网络输出目标值. 试求这些参数的值.

解　首先, 考虑题设线性方程组的增广矩阵:

$$(\boldsymbol{A}\ \ \boldsymbol{b})=\begin{pmatrix} 1 & 2 & -1 & 3 & 4 \\ 2 & -1 & 3 & 1 & 3 \\ 4 & 1 & 2 & -2 & 5 \\ -1 & 3 & 4 & 2 & 1 \end{pmatrix}.$$

接下来, 通过初等行变换, 将增广矩阵化为行阶梯形矩阵:

$$(\boldsymbol{A}\ \ \boldsymbol{b})\to\begin{pmatrix} 1 & 2 & -1 & 3 & 4 \\ 0 & -5 & 5 & -5 & -5 \\ 0 & -7 & 6 & -14 & -11 \\ 0 & 5 & 3 & 5 & 5 \end{pmatrix}\to\begin{pmatrix} 1 & 2 & -1 & 3 & 4 \\ 0 & 1 & -1 & 1 & 1 \\ 0 & -7 & 6 & -14 & -11 \\ 0 & 5 & 3 & 5 & 5 \end{pmatrix}$$

$$\to\begin{pmatrix} 1 & 2 & -1 & 3 & 4 \\ 0 & 1 & -1 & 1 & 1 \\ 0 & 0 & -1 & -7 & -4 \\ 0 & 0 & 8 & 0 & 0 \end{pmatrix}\to\begin{pmatrix} 1 & 2 & -1 & 3 & 4 \\ 0 & 1 & -1 & 1 & 1 \\ 0 & 0 & 1 & 7 & 4 \\ 0 & 0 & 1 & 0 & 0 \end{pmatrix}$$

$$\to\begin{pmatrix} 1 & 2 & -1 & 3 & 4 \\ 0 & 1 & -1 & 1 & 1 \\ 0 & 0 & 1 & 7 & 4 \\ 0 & 0 & 0 & -7 & -4 \end{pmatrix}\to\begin{pmatrix} 1 & 2 & -1 & 3 & 4 \\ 0 & 1 & -1 & 1 & 1 \\ 0 & 0 & 1 & 7 & 4 \\ 0 & 0 & 0 & 1 & 4/7 \end{pmatrix}.$$

根据上述行阶梯形矩阵, 得最终解为

$$w_1=\frac{10}{7},\quad w_2=\frac{3}{7},\quad w_3=0,\quad w_4=\frac{4}{7}.$$

在人工智能的神经网络训练过程中, 解这个线性方程组意味着我们通过调整模型的权重参数来使得神经网络输出尽可能接近目标值. 通过这种方式, 神经网络能够从输入数据中学习到合适的参数, 从而做出有效的预测. 在本例中, 解出的权重为

$$w_1=\frac{10}{7},\quad w_2=\frac{3}{7},\quad w_3=0,\quad w_4=\frac{4}{7},$$

表示我们用这些值来更新神经网络的四个参数, 以便神经网络能够准确地拟合数据并获得

期望的输出. 这些权重的具体值决定了网络在特定任务中的表现, 反映了每个输入特征对最终预测结果的影响.

通过这个简单的线性方程组案例, 我们可以看到如何将神经网络的训练问题转化为一个线性代数问题. 在实际应用中, 神经网络的训练通常会涉及大量的参数和复杂的矩阵运算, 线性方程组的解法为我们提供了一个基础的数学工具, 帮助我们理解模型如何通过调整参数来拟合数据. 这一过程在人工智能和机器学习中具有广泛的应用, 尤其是在最优化算法的设计与分析中.

例 13 求下列线性方程组的通解:

$$\begin{cases} x_1+x_2+x_3+x_4+x_5=7 \\ 3x_1+x_2+2x_3+x_4-3x_5=-2 \\ 2x_2+x_3+2x_4+6x_5=23 \end{cases}.$$

解 对题设非齐次线性方程组的系数矩阵作初等行变换, 有

$$\widetilde{A}=\begin{pmatrix} 1 & 1 & 1 & 1 & 1 & 7 \\ 3 & 1 & 2 & 1 & -3 & -2 \\ 0 & 2 & 1 & 2 & 6 & 23 \end{pmatrix} \to \begin{pmatrix} 1 & 0 & 1/2 & 0 & -2 & -9/2 \\ 0 & 1 & 1/2 & 1 & 3 & 23/2 \\ 0 & 0 & 0 & 0 & 0 & 0 \end{pmatrix}.$$

由上式右端行阶梯形矩阵知, $\mathrm{r}(A)=\mathrm{r}(\widetilde{A})=2<5$, 故题设线性方程组有无穷多解, 且题设线性方程组的同解方程组为

$$\begin{cases} x_1=-\dfrac{1}{2}x_3+2x_5-\dfrac{9}{2} \\ x_2=-\dfrac{1}{2}x_3-x_4-3x_5+\dfrac{23}{2} \end{cases}. \tag{6.7}$$

令 $\begin{pmatrix} x_3 \\ x_4 \\ x_5 \end{pmatrix}=\begin{pmatrix} 1 \\ 0 \\ 0 \end{pmatrix}, \begin{pmatrix} 0 \\ 1 \\ 0 \end{pmatrix}, \begin{pmatrix} 0 \\ 0 \\ 1 \end{pmatrix}$, 分别代入上述方程组对应的齐次方程组, 求得基础解系:

$$\boldsymbol{\xi}_1=\begin{pmatrix} -1/2 \\ -1/2 \\ 1 \\ 0 \\ 0 \end{pmatrix}, \boldsymbol{\xi}_2=\begin{pmatrix} 0 \\ -1 \\ 0 \\ 1 \\ 0 \end{pmatrix}, \boldsymbol{\xi}_3=\begin{pmatrix} 2 \\ -3 \\ 0 \\ 0 \\ 1 \end{pmatrix}.$$

求题设方程组的一个特解. 令 $x_3=x_4=x_5=0$, 得

$$x_1=-9/2, x_2=23/2.$$

故所求通解为

$$x=c_1\begin{pmatrix}-1/2\\-1/2\\1\\0\\0\end{pmatrix}+c_2\begin{pmatrix}0\\-1\\0\\1\\0\end{pmatrix}+c_3\begin{pmatrix}2\\-3\\0\\0\\1\end{pmatrix}+\begin{pmatrix}-9/2\\23/2\\0\\0\\0\end{pmatrix},$$

其中c_1, c_2, c_3为任意常数.

例14　设四元非齐次线性方程组 $\boldsymbol{Ax}=\boldsymbol{b}$ 的系数矩阵$\boldsymbol{A}$ 的秩为3, 已知它的三个解向量分别为$\boldsymbol{\eta}_1, \boldsymbol{\eta}_2, \boldsymbol{\eta}_3$, 其中

$$\boldsymbol{\eta}_1=\begin{pmatrix}3\\-4\\1\\2\end{pmatrix},\ \boldsymbol{\eta}_2+\boldsymbol{\eta}_3=\begin{pmatrix}4\\6\\8\\0\end{pmatrix}.$$

试求该方程组的通解.

解　依题意, 方程组$\boldsymbol{Ax}=\boldsymbol{b}$ 的导出组的基础解系含$4-3=1$个向量, 于是, 导出组的任何一个非零解都可作为其基础解系. 显然

$$\boldsymbol{\eta}_1-\frac{1}{2}(\boldsymbol{\eta}_2+\boldsymbol{\eta}_3)=\begin{pmatrix}1\\-7\\-3\\2\end{pmatrix}\neq\boldsymbol{0}$$

是导出组的非零解, 可作为其基础解系. 故方程组$\boldsymbol{Ax}=\boldsymbol{b}$ 的通解为

$$\boldsymbol{x}=\boldsymbol{\eta}_1+c\left[\boldsymbol{\eta}_1-\frac{1}{2}(\boldsymbol{\eta}_2+\boldsymbol{\eta}_3)\right]=\begin{pmatrix}3\\-4\\1\\2\end{pmatrix}+c\begin{pmatrix}1\\-7\\-3\\2\end{pmatrix}\ (c\text{为任意常数}).$$

例15　已知下列非齐次线性方程组(I) (II):

$$\text{(I)}\begin{cases}x_1+x_2-2x_4=-6\\4x_1-x_2-x_3-x_4=1,\\3x_1-x_2-x_3=3\end{cases}\quad\text{(II)}\begin{cases}x_1-mx_2-x_3-x_4=-5\\nx_2-x_3-2x_4=-11\\x_3-2x_4=-t+1\end{cases}.$$

(1) 求方程组 (I) 的通解, 用其导出组的基础解系表示通解;

(2) 当方程组 (II) 中的参数m,n,t为何值时, 方程组 (I) 与 (II) 同解?

解　(1) 对题设线性方程组(I)的增广矩阵$\widetilde{\boldsymbol{A}}=(\boldsymbol{A}\ \ \boldsymbol{b})$施以初等行变换, 将其化为行阶梯形矩阵, 有

$$\widetilde{A}=\begin{pmatrix}1&1&0&-2&-6\\4&-1&-1&-1&1\\3&-1&-1&0&3\end{pmatrix}\to\begin{pmatrix}1&1&0&-2&-6\\0&-5&-1&7&25\\0&-4&-1&6&21\end{pmatrix}$$

$$\to\begin{pmatrix}1&1&0&-2&-6\\0&-1&0&1&4\\0&-4&-1&6&21\end{pmatrix}\to\begin{pmatrix}1&1&0&-2&-6\\0&1&0&-1&-4\\0&0&-1&2&5\end{pmatrix}$$

根据非齐次线性方程组解的等价命题, 由 $\mathrm{r}(\boldsymbol{A})=\mathrm{r}(\widetilde{\boldsymbol{A}})=3<4$ 知, 线性方程组 (I) 有解, 且方程组 (I) 的同解方程组为

$$\begin{cases}x_1+x_2-2x_4=-6\\x_2-x_4=-4\\-x_3+2x_4=5\end{cases}.$$

根据求齐次线性方程组基础解系的步骤, 取 $x_4=1$, 代入上述线性方程组对应的齐次方程组, 求得基础解系 $\boldsymbol{\xi}=(1,1,2,1)^{\mathrm{T}}$.

求特解. 令 $x_4=0$, 得 $x_1=-2$, $x_2=-4$, $x_3=-5$, 故由非齐次线性方程组解的结构知, 所求线性方程组 (I) 的通解为

$$\boldsymbol{x}=k(1,1,2,1)^{\mathrm{T}}+(-2,-4,-5,0)^{\mathrm{T}}.$$

(2) 由(1)的结论可知, 方程组 (I) 的通解为

$$x_1=-2+k,\ x_2=-4+k,\ x_3=-5+2k,\ x_4=k,$$

将其代入线性方程组 (II), 得

$$\begin{cases}(-2+k)+(-4+k)m-(-5+2k)-k=-5\\n(-4+k)-(-5+2k)-2k=-11\\(-5+2k)-2k=-t+1\end{cases},$$

整理得 $\begin{cases}(m-2)(k-4)=0\\(n-4)(k-4)=0\\t=6\end{cases}$. 由于方程组 (I) 的通解中的 k 可取任意常数, 要使上述关系式得到满足, 必须 $m-2=0$, $n-4=0$, $t=6$, 由此求得 $m=2$, $n=4$, $t=6$.

*数学实验

实验 3.4 求下列非齐次线性方程组的通解(详见教材配套的网络学习空间):

(1) $$\begin{cases}2x_1+6x_2+16x_3+16x_4+64x_5+4x_6=86\\2x_1+4x_2+8x_3+17x_4+41x_5+12x_6=5\\6x_1+4x_2-13x_3+44x_4-5x_5+71x_6=-305\\8x_1+42x_2+126x_3+40x_4+398x_5-36x_6=1\,018\\5x_1+37x_2+113x_3-11x_4+298x_5-83x_6=1\,181\\-5x_1-41x_2-129x_3-11x_4-368x_5+51x_6=-1\,127\end{cases};$$

$$(2)\begin{cases} 2x_1+6x_2+12x_3+14x_4+38x_5+170x_6=-148 \\ -3x_1-9x_2-14x_3-13x_4-45x_5-188x_6=159 \\ 5x_1+15x_2-3x_3-31x_4-4x_5-112x_6=197 \\ 7x_1+21x_2+68x_3+101x_4+211x_5+1\,047x_6=-878 \\ x_1+3x_2+35x_3+65x_4+106x_5+631x_6=-350 \\ 3x_1+9x_2+7x_3-x_4+24x_5+50x_6=-111 \end{cases};$$

$$(3)\begin{cases} 10x_1+6x_2+37x_3+11x_4-35x_5+28x_6=-168 \\ -2x_1-2x_2-10x_3+3x_4+3x_5+4x_6=20 \\ 5x_1-4x_2+2x_3+46x_4-50x_5+88x_6=-203 \\ 9x_1+36x_2+89x_3-147x_4+101x_5-258x_6=353 \\ 21x_1+82x_2+202x_3-347x_4+234x_5-612x_6=830 \\ 3x_1-2x_2+10x_3+9x_4-7x_5+17x_6=-49 \end{cases}.$$

计算实验

习题 3-6

1. 求下列齐次线性方程组的基础解系:

(1) $\begin{cases} -x_1+2x_2=0 \\ 2x_1-4x_2=0 \end{cases}$;　　(2) $\begin{cases} x_1+x_2+x_3=0 \\ x_1+x_2-x_3=0 \\ x_3+x_4+x_5=0 \end{cases}$;

(3) $\begin{cases} x_1-8x_2+10x_3+2x_4=0 \\ 2x_1+4x_2+5x_3-x_4=0 \\ 3x_1+8x_2+6x_3-2x_4=0 \end{cases}$;　　(4) $\begin{cases} 2x_1-3x_2-2x_3+x_4=0 \\ 3x_1+5x_2+4x_3-2x_4=0 \\ 8x_1+7x_2+6x_3-3x_4=0 \end{cases}$;

(5) $\begin{cases} x_1-2x_2=0 \\ x_2-2x_3=0 \\ x_3-2x_4=0 \\ x_4-2x_5=0 \end{cases}$;　　(6) $\begin{cases} x_1+2x_2+5x_3=0 \\ x_1+3x_2-2x_3=0 \\ 3x_1+7x_2+8x_3=0 \\ x_1+4x_2-9x_3=0 \end{cases}$;

(7) $nx_1+(n-1)x_2+\cdots+2x_{n-1}+x_n=0$.

2. 设 $\boldsymbol{\alpha}_1$, $\boldsymbol{\alpha}_2$ 是某个齐次线性方程组的基础解系, 证明: $\boldsymbol{\alpha}_1+\boldsymbol{\alpha}_2$, $2\boldsymbol{\alpha}_1-\boldsymbol{\alpha}_2$ 是该线性方程组的基础解系.

3. 设 $\boldsymbol{A}$ 是 n 阶方阵, 且齐次线性方程组 $\boldsymbol{Ax}=\boldsymbol{0}$ 只有零解, 试证: 对任意的正整数 k, 齐次线性方程组 $\boldsymbol{A}^k\boldsymbol{x}=\boldsymbol{0}$ 也只有零解.

4. 设 $\boldsymbol{A}=\begin{pmatrix} 2 & -2 & 1 & 3 \\ 9 & -5 & 2 & 8 \end{pmatrix}$, 求一个 4×2 矩阵 $\boldsymbol{B}$, 使 $\boldsymbol{AB}=\boldsymbol{O}$, 且 $\mathrm{r}(\boldsymbol{B})=2$.

5. 某企业有五个主要部门: 人力资源部、研发部、市场部、生产部和财务部. 企业希望根据历史数据,建立一个模型来确定各部门之间的资源分配，使部门绩效与资源分配能够达到平衡. 假设企业各部门之间的资源分配关系可以通过以下齐次线性方程组来描述:

$$\begin{pmatrix} 1 & -1 & 0 & 0 & 0 \\ 0 & 1 & -1 & 0 & 0 \\ 0 & 0 & 1 & -1 & 0 \\ 0 & 0 & 0 & 1 & -1 \\ -1 & 0 & 0 & 0 & 1 \end{pmatrix}\begin{pmatrix} y_1 \\ y_2 \\ y_3 \\ y_4 \\ y_5 \end{pmatrix}=\begin{pmatrix} 0 \\ 0 \\ 0 \\ 0 \\ 0 \end{pmatrix},$$

其中, y_1, y_2, y_3, y_4, y_5 分别表示五个部门所需的资源 (如资金、人员、设备等). 试确定上述齐次线性方程组解空间的维数, 并说明其经济意义.

6. 求一个齐次线性方程组, 使它的基础解系由下列向量组成.

(1) $\xi_1=(0, 1, 2, 3)^{\mathrm{T}}$, $\xi_2=(3, 2, 1, 0)^{\mathrm{T}}$;　(2) $\xi_1=\begin{pmatrix} 1 \\ -2 \\ 0 \\ 3 \\ -1 \end{pmatrix}$, $\xi_2=\begin{pmatrix} 2 \\ -3 \\ 2 \\ 5 \\ -3 \end{pmatrix}$, $\xi_3=\begin{pmatrix} 1 \\ -2 \\ 1 \\ 2 \\ -2 \end{pmatrix}$.

7. 求下列非齐次线性方程组的一个特解及其对应的齐次线性方程组的基础解系:

(1) $\begin{cases} x_1+x_2=5 \\ 2x_1+x_2+x_3+2x_4=1 \\ 5x_1+3x_2+2x_3+2x_4=3 \end{cases}$;　(2) $\begin{cases} x_1-5x_2+2x_3-3x_4=11 \\ 5x_1+3x_2+6x_3-x_4=-1 \\ 2x_1+4x_2+2x_3+x_4=-6 \end{cases}$;　(3) $\begin{cases} x_1+2x_2+3x_3-x_4=1 \\ 3x_1+2x_2+x_3-x_4=1 \\ 2x_1+3x_2+x_3+x_4=1 \\ 2x_1+2x_2+2x_3-x_4=1 \\ 5x_1+5x_2+2x_3=2 \end{cases}$.

8. 设四元非齐次线性方程组的系数矩阵的秩为 3, 已知 η_1, η_2, η_3 是它的 3 个解向量, 且

$$\eta_1=\begin{pmatrix} 2 \\ 3 \\ 4 \\ 5 \end{pmatrix}, \eta_2+\eta_3=\begin{pmatrix} 1 \\ 2 \\ 3 \\ 4 \end{pmatrix},$$

求该方程组的通解.

9. 设四元非齐次线性方程组 $\boldsymbol{Ax}=\boldsymbol{b}$ 的系数矩阵 A 的秩为 2. 已知它的 3 个解向量为 η_1, η_2, η_3, 其中

$$\eta_1=\begin{pmatrix} 4 \\ 3 \\ 2 \\ 1 \end{pmatrix}, \eta_2=\begin{pmatrix} 1 \\ 3 \\ 5 \\ 1 \end{pmatrix}, \eta_3=\begin{pmatrix} -2 \\ 6 \\ 3 \\ 2 \end{pmatrix},$$

求该方程组的通解.

10. 设 $\boldsymbol{\alpha}=\begin{pmatrix} a_1 \\ a_2 \\ a_3 \end{pmatrix}$, $\boldsymbol{\beta}=\begin{pmatrix} b_1 \\ b_2 \\ b_3 \end{pmatrix}$, $\boldsymbol{\gamma}=\begin{pmatrix} c_1 \\ c_2 \\ c_3 \end{pmatrix}$, $a_i^2+b_i^2\neq 0$, $i=1, 2, 3$, 证明三直线

$$\begin{cases} l_1: a_1x+b_1y+c_1=0 \\ l_2: a_2x+b_2y+c_2=0 \\ l_3: a_3x+b_3y+c_3=0 \end{cases}$$

相交于一点的充分必要条件为向量组 $\boldsymbol{\alpha}, \boldsymbol{\beta}, \boldsymbol{\gamma}$ 线性相关而向量组 $\boldsymbol{\alpha}, \boldsymbol{\beta}$ 线性无关.

11. 设矩阵 $\boldsymbol{A}=(\boldsymbol{\alpha}_1, \boldsymbol{\alpha}_2, \boldsymbol{\alpha}_3, \boldsymbol{\alpha}_4)$, 其中 $\boldsymbol{\alpha}_2, \boldsymbol{\alpha}_3, \boldsymbol{\alpha}_4$ 线性无关, 且 $\boldsymbol{\alpha}_1=2\boldsymbol{\alpha}_2-\boldsymbol{\alpha}_3$, 向量 $\boldsymbol{\beta}=\boldsymbol{\alpha}_1+\boldsymbol{\alpha}_2+\boldsymbol{\alpha}_3+\boldsymbol{\alpha}_4$, 求方程组 $\boldsymbol{Ax}=\boldsymbol{\beta}$ 的通解.

12. 设矩阵 $\boldsymbol{A}=\begin{pmatrix} 1 & 2 & 1 & 2 \\ 0 & 1 & t & t \\ 1 & t & 0 & 1 \end{pmatrix}$, 齐次线性方程组 $\boldsymbol{Ax}=\boldsymbol{0}$ 的基础解系含有 2 个线性无关的解向量, 试求方程组 $\boldsymbol{Ax}=\boldsymbol{0}$ 的全部解.

13. 某工程公司经营四个不同的工程项目: 项目A、项目B、项目C和项目D. 已知各工程项目的预期收益与资金投入之间的关系如下:

(1) 项目A: 每投入1万元, 预期获得3万元的收益;

(2) 项目B: 每投入1万元, 预期获得2.5万元的收益;

(3) 项目C: 每投入1万元, 预期获得2万元的收益;

(4) 项目D: 每投入1万元, 预期获得1.5万元的收益.

假设公司希望将1 000万元分配给这四个项目, 并且要求总收益达到2 500万元. 那么, 如何进行合理的资金分配?

14. 已知三阶矩阵 $\boldsymbol{A}$ 的第1行是 (a, b, c), a, b, c 不全为零, 矩阵 $\boldsymbol{B}=\begin{pmatrix} 1 & 2 & 3 \\ 2 & 4 & 6 \\ 3 & 6 & 9 \end{pmatrix}$, 且 $\boldsymbol{AB}=\boldsymbol{O}$, 求线性方程组 $\boldsymbol{Ax}=\boldsymbol{0}$ 的通解.

15. 设 $\boldsymbol{\eta}^*$ 是非齐次线性方程组 $\boldsymbol{Ax}=\boldsymbol{b}$ 的一个解, $\xi_1, \xi_2, \cdots, \xi_{n-r}$ 是对应的齐次线性方程组的一个基础解系, 证明: (1) $\boldsymbol{\eta}^*, \xi_1, \xi_2, \cdots, \xi_{n-r}$ 线性无关; (2) $\boldsymbol{\eta}^*, \boldsymbol{\eta}^*+\xi_1, \boldsymbol{\eta}^*+\xi_2, \cdots, \boldsymbol{\eta}^*+\xi_{n-r}$ 线性无关.

16. 找到一个包含两个变量 x_1 和 x_2 的方程组, 使其解集满足以下参数表示: $x_1=t$, $x_2=3t-4$, 其中 t 是任意实数. 然后证明该方程组的解也可以表示为 $x_1=\dfrac{4}{3}+\dfrac{t}{3}$, $x_2=t$.

17. 设 $\boldsymbol{\eta}_1, \boldsymbol{\eta}_2, \cdots, \boldsymbol{\eta}_s$ 是非齐次线性方程组 $\boldsymbol{Ax}=\boldsymbol{b}$ 的 s 个解, $k_1, k_2, \cdots, k_s$ 为实数, 满足

$$k_1+k_2+\cdots+k_s=1,$$

证明: $\boldsymbol{x}=k_1\boldsymbol{\eta}_1+k_2\boldsymbol{\eta}_2+\cdots+k_s\boldsymbol{\eta}_s$ 也是它的解.

18. 设非齐次线性方程组 $\boldsymbol{Ax}=\boldsymbol{b}$ 的系数矩阵 $\boldsymbol{A}$ 的秩为 r, $\boldsymbol{\eta}_1, \boldsymbol{\eta}_2, \cdots, \boldsymbol{\eta}_{n-r+1}$ 是它的 $n-r+1$ 个线性无关的解, 试证它的任一解都可表示为

$$\boldsymbol{x}=k_1\boldsymbol{\eta}_1+k_2\boldsymbol{\eta}_2+\cdots+k_{n-r+1}\boldsymbol{\eta}_{n-r+1},$$

其中实数 $k_1, k_2, \cdots, k_{n-r+1}$ 满足 $k_1+k_2+\cdots+k_{n-r+1}=1$.

19. 已知线性方程组

$$\begin{cases} x_1+x_2+x_3+x_4+x_5=a \\ 3x_1+2x_2+x_3+x_4-3x_5=0 \\ x_2+2x_3+2x_4+6x_5=b \\ 5x_1+4x_2+3x_3+3x_4-x_5=2 \end{cases}.$$

(1) a, b 为何值时, 方程组有解?

(2) 方程组有解时, 求出方程组的导出组的一个基础解系;

(3) 方程组有解时, 求出方程组的全部解.

20. 设四元齐次线性方程组 (I) 为 $\begin{cases} x_1+x_2=0 \\ x_2-x_4=0 \end{cases}$; 又已知某齐次线性方程组 (II) 的通解为

$$k_1(0, 1, 1, 0)+k_2(-1, 2, 2, 1).$$

(1) 求线性方程组 (I) 的基础解系;

(2) 线性方程组 (I) 和 (II) 是否有非零公共解? 若有, 求出所有的非零公共解. 若没有, 说明理由.

§ 3.7 线性方程组的应用

线性方程组在科学、工程和社会领域中具有重要意义, 因其提供了描述和解决多变量问题的系统化工具. 它能够清晰地表达变量之间的线性关系, 使复杂系统的建模和分析得以实现. 在工程领域, 线性方程组用于电路分析、结构设计和物理模拟, 保障系统的可靠性和效率; 在经济学中, 它支持资源分配、投入产出分析和金融优化, 为决策提供理论依据; 在数据科学和机器学习中, 线性方程组是回归分析、优化算法的基础, 用于揭示数据规律和构建智能模型. 此外, 在图论、网络分析和科学计算中, 线性方程组帮助解决流量优化、信号分布和复杂物理过程的数值模拟问题.

总之, 线性方程组的广泛应用源于其表达多变量系统关系的强大能力, 通过矩阵和向量形式, 它为解决实际问题提供了高效、简洁和系统化的数学工具, 是现代科学与工程不可或缺的理论基石.

一、网络流模型

网络流模型是数学和计算机科学中的重要工具, 用于描述和优化网络中流量的分配问题. 其核心是通过有向图表示网络, 其中节点表示源点、汇点等, 边表示流量路径, 每条边具有容量限制. 典型的网络流问题包括最大流问题、最小费用最大流问题和多商品流问题. 该模型广泛应用于交通、物流、通信、电力等领域. 例如, 在交通系统中, 网络流模型优化道路流量分配, 缓解拥堵; 在物流网络中, 帮助规划最优配送路径和资源分配; 在通信网络中, 确保数据传输效率最大化; 在电力系统中, 优化电力分配. 此外, 它还用于图像处理、社会网络分析、制造业资源分配等场景. 网络流模型通过高效的算法 (如福特-富尔克森算法、埃德蒙兹-卡普算法), 为解决复杂流量优化问题提供了理论和实践支持.

一个**网络**由一个点集以及连接部分或全部点的直线或弧线构成. 网络中的点称为**联结点** (或**节点**), 网络中的连接线称为**分支**. 每一分支的流量方向已经指定, 并且流量 (或流速) 已知或者已标为变量.

网络流的基本假设是网络中流入与流出的总量相等, 并且每个联结点流入和流出的总量也相等. 例如, 图 3－7－1 的 (a) (b) 分别说明了流量是从一个或两个分支流入联结点.

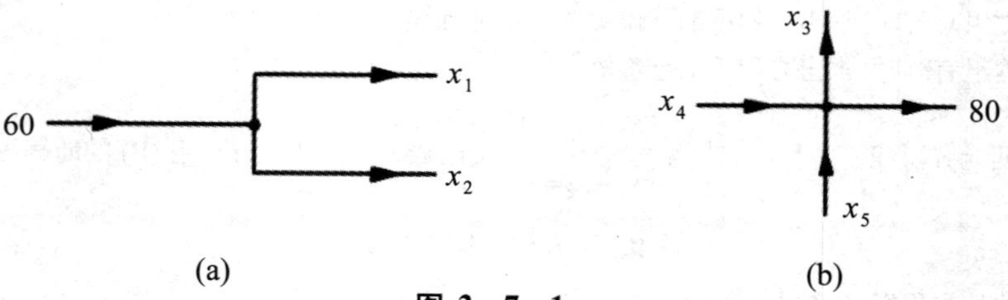

图 3－7－1

图中, x_1, x_2 和 x_3 分别表示从其他分支流出的流量, x_4 和 x_5 表示从其他分支流入的流量. 因为流量在每个联结点守恒, 所以

$$x_1+x_2=60,\ x_4+x_5=x_3+80.$$

在类似的网络模型中, 每个联结点的流量都可以用一个线性方程来表示. 网络流分析要解决的问题是: 在部分信息 (如网络的输入量) 已知的情况下, 确定每一分支中的流量.

例 1 图 3－7－2 中的网络给出了在下午两点, 某市区部分单行道的交通流量 (以每刻钟通过的汽车数量来度量). 试确定网络的流量模型.

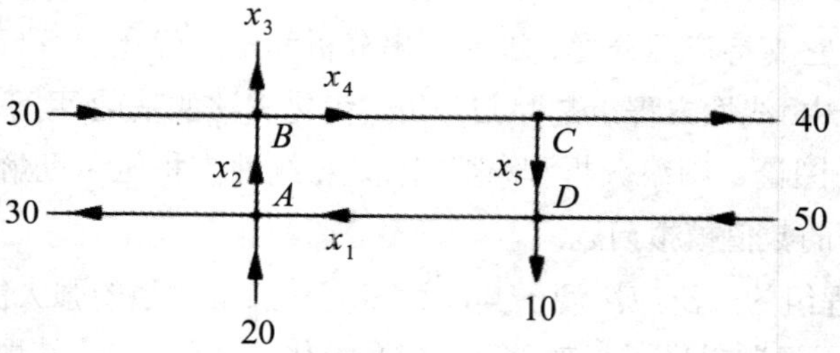

图 3－7－2

解 根据网络流模型的基本假设, 在节点 (交叉口) A, B, C, D 处, 可分别得到下列方程:

$$A: x_1+20=30+x_2;\qquad B: x_2+30=x_3+x_4;$$
$$C: x_4=40+x_5;\qquad D: x_5+50=10+x_1.$$

此外, 网络总流入 $(20+30+50)$ 等于网络总流出 $(30+10+40+x_3)$, 即 $x_3=20$, 联立前面四个方程, 可得线性方程组:

$$\begin{cases} x_1-x_2 = 10 \\ x_2-x_3-x_4 = -30 \\ x_4-x_5 = 40 \\ x_1-x_5 = 40 \\ x_3 = 20 \end{cases},$$

将其改写为矩阵形式, 得

$$\begin{pmatrix}1&-1&0&0&0\\0&1&-1&-1&0\\0&0&0&1&-1\\1&0&0&0&-1\\0&0&1&0&0\end{pmatrix}\begin{pmatrix}x_1\\x_2\\x_3\\x_4\\x_5\end{pmatrix}=\begin{pmatrix}10\\-30\\40\\40\\20\end{pmatrix},$$

根据求解线性方程组的初等变换法, 利用初等行变换将上述非齐次线性方程组的增广矩阵 $\widetilde{\boldsymbol{A}}$ 化为行最简形矩阵, 得

$$\begin{pmatrix}1&-1&0&0&0&10\\0&1&-1&-1&0&-30\\0&0&0&1&-1&40\\1&0&0&0&-1&40\\0&0&1&0&0&20\end{pmatrix}\to\begin{pmatrix}1&0&0&0&-1&40\\0&1&0&0&-1&30\\0&0&1&0&0&20\\0&0&0&1&-1&40\\0&0&0&0&0&0\end{pmatrix},$$

根据线性方程组解的判定定理, 由 $\mathrm{r}(\boldsymbol{A})=\mathrm{r}(\widetilde{\boldsymbol{A}})=4<5$, 可见该方程组有无穷多解, 由上可写出其同解方程组

$$\begin{cases}x_1=x_5+40\\x_2=x_5+30\\x_3=20\\x_4=x_5+40\end{cases}, \text{其中 } x_5 \text{ 是自由未知量.}$$

若取 $x_5=c$ (c 为任意常数), 则题设网络的流量模型表示为

$$x_1=40+c,\ x_2=30+c,\ x_3=20,\ x_4=40+c,\ x_5=c.$$

网络分支中的负流量表示与模型中指定的方向相反. 由于本模型中考虑的街道是单行道, 因此, 变量不能取负值. 这导致变量在取正值时也有一定的局限.

*数学实验

实验 3.5　假设某城市部分单行道的交通流量 (每小时通过的车辆数) 如图 3－7－3 所示.

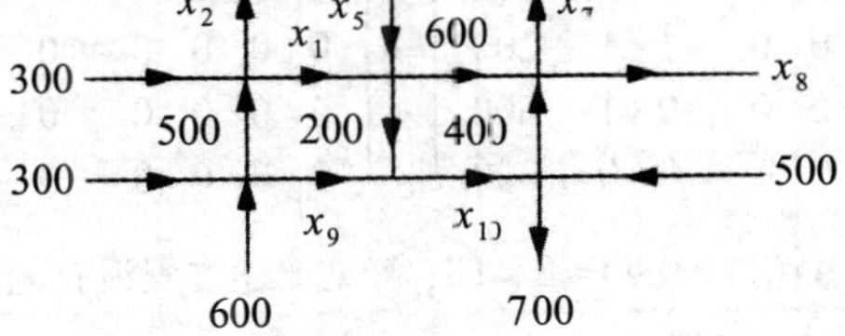

图 3－7－3

试建立数学模型确定该交通网络未知部分的具体流量.

解　假定上述问题满足网络流模型的基本假设:

(1) 流入网络的全部流量等于流出网络的全部流量;

(2) 流入一个节点的全部流量等于此节点的流量.

则根据题目所给示意图及上述两个基本假设, 可建立该问题的数学模型(线性方程组):

$$\begin{cases} x_2 - x_3 + x_4 = 300 \\ x_4 + x_5 = 500 \\ -x_6 + x_7 = 200 \\ x_1 + x_2 = 800 \\ x_1 + x_5 = 800 \\ x_7 + x_8 = 1\,000 \\ x_9 = 400 \\ -x_9 + x_{10} = 200 \\ x_{10} = 600 \\ x_3 + x_6 + x_8 = 1\,000 \end{cases},$$

将其改写为矩阵形式, 得

$$\begin{pmatrix} 0 & 1 & -1 & 1 & 0 & 0 & 0 & 0 & 0 & 0 \\ 0 & 0 & 0 & 1 & 1 & 0 & 0 & 0 & 0 & 0 \\ 0 & 0 & 0 & 0 & 0 & -1 & 1 & 0 & 0 & 0 \\ 1 & 1 & 0 & 0 & 0 & 0 & 0 & 0 & 0 & 0 \\ 1 & 0 & 0 & 0 & 1 & 0 & 0 & 0 & 0 & 0 \\ 0 & 0 & 0 & 0 & 0 & 0 & 1 & 1 & 0 & 0 \\ 0 & 0 & 0 & 0 & 0 & 0 & 0 & 0 & 1 & 0 \\ 0 & 0 & 0 & 0 & 0 & 0 & 0 & 0 & -1 & 1 \\ 0 & 0 & 0 & 0 & 0 & 0 & 0 & 0 & 0 & 1 \\ 0 & 0 & 1 & 0 & 0 & 1 & 0 & 1 & 0 & 0 \end{pmatrix} \begin{pmatrix} x_1 \\ x_2 \\ x_3 \\ x_4 \\ x_5 \\ x_6 \\ x_7 \\ x_8 \\ x_9 \\ x_{10} \end{pmatrix} = \begin{pmatrix} 300 \\ 500 \\ 200 \\ 800 \\ 800 \\ 1\,000 \\ 400 \\ 200 \\ 600 \\ 1\,000 \end{pmatrix}.$$

根据求解线性方程组的初等变换法, 利用MathPlay软件, 对上述非齐次线性方程组的增广矩阵 $\widetilde{A}$ 施以初等行变换, 化为行最简形矩阵:

$$\begin{pmatrix} 0 & 1 & -1 & 1 & 0 & 0 & 0 & 0 & 0 & 0 & 300 \\ 0 & 0 & 0 & 1 & 1 & 0 & 0 & 0 & 0 & 0 & 500 \\ 0 & 0 & 0 & 0 & 0 & -1 & 1 & 0 & 0 & 0 & 200 \\ 1 & 1 & 0 & 0 & 0 & 0 & 0 & 0 & 0 & 0 & 800 \\ 1 & 0 & 0 & 0 & 1 & 0 & 0 & 0 & 0 & 0 & 800 \\ 0 & 0 & 0 & 0 & 0 & 0 & 1 & 1 & 0 & 0 & 1\,000 \\ 0 & 0 & 0 & 0 & 0 & 0 & 0 & 0 & 1 & 0 & 400 \\ 0 & 0 & 0 & 0 & 0 & 0 & 0 & 0 & -1 & 1 & 200 \\ 0 & 0 & 0 & 0 & 0 & 0 & 0 & 0 & 0 & 1 & 600 \\ 0 & 0 & 1 & 0 & 0 & 1 & 0 & 1 & 0 & 0 & 1\,000 \end{pmatrix} \to \begin{pmatrix} 1 & 0 & 0 & 0 & 1 & 0 & 0 & 0 & 0 & 0 & 800 \\ 0 & 1 & 0 & 0 & -1 & 0 & 0 & 0 & 0 & 0 & 0 \\ 0 & 0 & 1 & 0 & 0 & 0 & 0 & 0 & 0 & 0 & 200 \\ 0 & 0 & 0 & 1 & 1 & 0 & 0 & 0 & 0 & 0 & 500 \\ 0 & 0 & 0 & 0 & 0 & 1 & 0 & 1 & 0 & 0 & 800 \\ 0 & 0 & 0 & 0 & 0 & 0 & 1 & 1 & 0 & 0 & 1\,000 \\ 0 & 0 & 0 & 0 & 0 & 0 & 0 & 0 & 1 & 0 & 400 \\ 0 & 0 & 0 & 0 & 0 & 0 & 0 & 0 & 0 & 1 & 600 \\ 0 & 0 & 0 & 0 & 0 & 0 & 0 & 0 & 0 & 0 & 0 \\ 0 & 0 & 0 & 0 & 0 & 0 & 0 & 0 & 0 & 0 & 0 \end{pmatrix},$$

根据线性方程组解的判定定理, 由 $\mathrm{r}(A) = \mathrm{r}(\widetilde{A}) = 8 < 10$, 可见上述方程组有无穷多解, 其中 x_5, x_8 为自由未知量, 取 $x_5 = c_1$, $x_8 = c_2$, 即可求得其通解为:

$$\begin{pmatrix} x_1 \\ x_2 \\ x_3 \\ x_4 \\ x_5 \\ x_6 \\ x_7 \\ x_8 \\ x_9 \\ x_{10} \end{pmatrix} = \begin{pmatrix} 800 \\ 0 \\ 200 \\ 500 \\ 0 \\ 800 \\ 1\,000 \\ 0 \\ 400 \\ 600 \end{pmatrix} + c_1 \begin{pmatrix} -1 \\ 1 \\ 0 \\ -1 \\ 1 \\ 0 \\ 0 \\ 0 \\ 0 \\ 0 \end{pmatrix} + c_2 \begin{pmatrix} 0 \\ 0 \\ 0 \\ 0 \\ 0 \\ -1 \\ -1 \\ 1 \\ 0 \\ 0 \end{pmatrix}.$$

计算实验

综上所述, 我们就得到了非齐次线性方程组 $\boldsymbol{Ax}=\boldsymbol{b}$ 的全部解为

$$\boldsymbol{x}=\overline{\boldsymbol{\eta}}+\boldsymbol{\xi}^*=c_1\boldsymbol{\xi}_1+c_2\boldsymbol{\xi}_2+\boldsymbol{\xi}^*,$$

其中 c_1, c_2 为任意常数.

在解的表示式中, $\boldsymbol{x}$ 的每个分量即为交通网络中未知部分的具体流量, 该问题有无穷多解 (为什么? 思考其实际意义).

该模型具有实际应用价值, 求出该模型的解, 可以为交通规划设计部门提供解决交通堵塞、车流不畅等问题的方法, 知道在何处应建设立交桥, 哪条路应设计多宽等, 为城镇交通规划提供科学的指导意见. 但是, 在该模型中, 我们只考虑了单行街道这样一种简单情形, 更复杂的情形留待读者在更高一级的课程中研究. 此外, 该模型还可推广到电路分析中的网络节点流量等问题中 (详见教材配套的网络学习空间).

二、人口迁移模型

人口迁移模型是用数学方法描述和预测人口从一个地区迁移到另一个地区的过程及其影响的工具. 它基于人口流动的关键因素, 如经济机会、环境条件、社会联系和政策限制, 建立迁移模型的定量化关系. 常见模型包括**引力模型** (类似于物理中的引力定律, 预测迁移量与地区人口规模成正比, 与距离成反比) 和**推拉模型** (分析地区吸引力与推动力的平衡). 这些模型广泛应用于城市规划、政策制定和社会经济分析. 例如, 在城市化研究中, 迁移模型有助于预测城市化进程, 优化基础设施和资源分配; 在经济学中, 它用于分析劳动力市场变化; 在环境研究中, 它支持气候变化导致的人口迁移评估. 此外, 这些模型还能为应对突发事件中的人口流动 (如战争、灾害等) 提供决策依据. 总之, 人口迁移模型是理解和管理人口流动的重要工具, 对社会和经济的可持续发展具有重要意义.

在许多领域中经常需要对随时间变化的动态系统进行数学建模, 此类系统中的某些量常按离散时间间隔来测量, 这样就产生了与时间间隔相应的向量序列 $\boldsymbol{x}_0, \boldsymbol{x}_1, \boldsymbol{x}_2, \cdots$, 其中, 向量 $\boldsymbol{x}_n$ 表示第 n 次测量时系统状态的有关信息, 而 $\boldsymbol{x}_0$ 常被称为**初始向量**.

若存在矩阵 $\boldsymbol{A}$, 并给定初始向量 $\boldsymbol{x}_0$, 使得 $\boldsymbol{x}_1=\boldsymbol{Ax}_0, \boldsymbol{x}_2=\boldsymbol{Ax}_1, \cdots$, 即

$$\boldsymbol{x}_{n+1}=\boldsymbol{Ax}_n \quad (n=0, 1, 2, \cdots), \tag{7.1}$$

则称方程 (7.1) 为**线性差分方程**或者**递归方程**.

下面我们考察一个简单的人口迁移模型, 即某城市及其周边农村在若干年内的人口变

化的情况. 该模型显然可用于研究我国当前农村的城镇化与城市化过程中农村人口与城市人口的迁移问题.

设定一个初始的年份, 比如说 2018 年, 用 r_0, s_0 分别表示这一年城市和农村的人口. 设 $\boldsymbol{x}_0$ 为初始人口向量, 即 $\boldsymbol{x}_0=\begin{pmatrix} r_0 \\ s_0 \end{pmatrix}$, 对 2019 年以及后面的年份, 我们用向量

$$\boldsymbol{x}_1=\begin{pmatrix} r_1 \\ s_1 \end{pmatrix},\ \boldsymbol{x}_2=\begin{pmatrix} r_2 \\ s_2 \end{pmatrix},\ \boldsymbol{x}_3=\begin{pmatrix} r_3 \\ s_3 \end{pmatrix},\ \cdots$$

表示每一年城市和农村的人口. 我们的目标是用数学公式表示出这些向量之间的关系.

设每年大约有 5% 的城市人口迁移到农村 (95% 仍然留在城市), 有 12% 的农村人口迁移到城市 (88% 仍然留在农村), 如图 3－7－4 所示, 忽略其他因素对人口规模的影响, 则一年之后, 城市与农村人口的分布分别为:

$$r_0\begin{pmatrix} 0.95 \\ 0.05 \end{pmatrix}\begin{matrix}\text{留在城市} \\ \text{移居农村}\end{matrix},\ s_0\begin{pmatrix} 0.12 \\ 0.88 \end{pmatrix}\begin{matrix}\text{移居城市} \\ \text{留在农村}\end{matrix}.$$

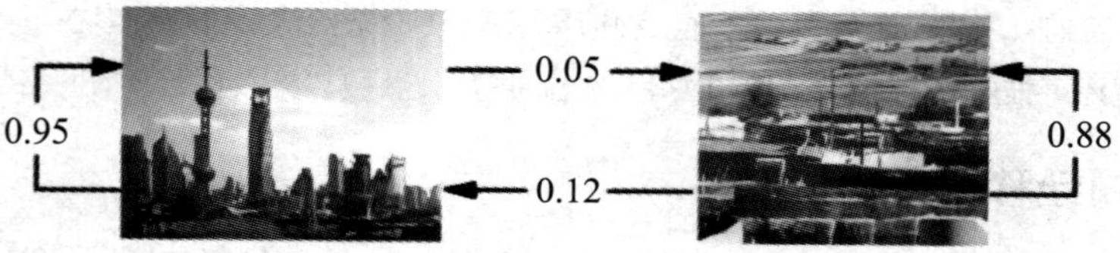

图 3－7－4

因此, 2019 年全部人口的分布为

$$\begin{pmatrix} r_1 \\ s_1 \end{pmatrix}=r_0\begin{pmatrix} 0.95 \\ 0.05 \end{pmatrix}+s_0\begin{pmatrix} 0.12 \\ 0.88 \end{pmatrix}=\begin{pmatrix} 0.95 & 0.12 \\ 0.05 & 0.88 \end{pmatrix}\begin{pmatrix} r_0 \\ s_0 \end{pmatrix},$$

将其改写为矩阵形式, 有

$$\boldsymbol{x}_1=\boldsymbol{M}\boldsymbol{x}_0, \tag{7.2}$$

其中 $\boldsymbol{M}=\begin{pmatrix} 0.95 & 0.12 \\ 0.05 & 0.88 \end{pmatrix}$ 称为**迁移矩阵**.

若人口迁移的百分比保持不变, 则可以继续得到 2020 年、2021 年、⋯ 的人口分布公式:

$$\boldsymbol{x}_2=\boldsymbol{M}\boldsymbol{x}_1,\ \boldsymbol{x}_3=\boldsymbol{M}\boldsymbol{x}_2,\ \cdots,$$

一般地, 可得线性差分方程 (递归方程):

$$\boldsymbol{x}_{n+1}=\boldsymbol{M}\boldsymbol{x}_n\ \ (n=0,1,2,\cdots). \tag{7.3}$$

这里, 向量序列 $\{\boldsymbol{x}_0,\boldsymbol{x}_1,\boldsymbol{x}_2,\cdots\}$ 描述了城市与农村人口在若干年内的分布变化.

例 2 已知某城市 2018 年的城市人口数量为 5 000 000 人, 农村人口数量为 7 800 000 人. 计算 2020 年的人口分布.

解 依题设, 2018年的初始人口为$\boldsymbol{x}_0=\begin{pmatrix}5\,000\,000\\7\,800\,000\end{pmatrix}$, 已知人口迁移模型为

$$\boldsymbol{x}_{n+1}=\boldsymbol{M}\boldsymbol{x}_n\ \ (n=0,\ 1,\ 2,\ \cdots),$$

其中, 迁移矩阵$\boldsymbol{M}=\begin{pmatrix}0.95&0.12\\0.05&0.88\end{pmatrix}$, 所以, 对2019年, 有

$$\boldsymbol{x}_1=\begin{pmatrix}0.95&0.12\\0.05&0.88\end{pmatrix}\begin{pmatrix}5\,000\,000\\7\,800\,000\end{pmatrix}=\begin{pmatrix}5\,686\,000\\7\,114\,000\end{pmatrix},$$

对2020年, 有

$$\boldsymbol{x}_2=\begin{pmatrix}0.95&0.12\\0.05&0.88\end{pmatrix}\begin{pmatrix}5\,686\,000\\7\,114\,000\end{pmatrix}=\begin{pmatrix}6\,255\,380\\6\,544\,620\end{pmatrix},$$

即2020年人口分布情况是: 城市人口为6 255 380人, 农村人口为6 544 620人.

注: 如果一个人口迁移模型经验证基本符合实际情况, 我们就可以利用它进一步预测未来一段时间内人口分布的变化情况, 从而为政府决策提供有力的依据. 关于这个问题我们在§4.5中研究.

三、电网模型

电网模型是用数学和物理方法描述电力系统中电能传输、分配和使用的工具. 它将电网表示为一个网络, 其中节点表示发电站、变电站或用户, 边表示输电线路, 结合电气参数如电压、电流和功率进行分析. 电网模型通常包括直流线路模型和交流线路模型, 分别适用于简单和精确分析场景.

电网模型在电力系统规划、运行和优化中具有广泛应用. 例如, 在电网设计中, 它用于规划发电站和输电线路的布局; 在电网运行中, 它用于实时监控和优化电力分配, 确保系统的稳定性和效率; 在新能源并网研究中, 它有助于分析风能、太阳能等间歇性电源对电网的影响. 此外, 电网模型还在故障诊断、智能电网建设和电力市场交易中发挥着重要作用.

一个简单电网中的电流可以用线性方程组来描述并确定, 这里将通过实例展示线性方程组在确定回路电流中的应用. 电压电源 (如电池等) 迫使电子在电网中流动形成电流. 当电流经过电阻 (如灯泡或者发动机等) 时, 一些电压被“消耗”. 根据欧姆定律, 流经电阻时的“电压降”由下列公式给出:

$$U=IR,$$

其中电压U、电阻R和电流I分别以伏特 (记作V)、欧姆 (记作Ω) 和安培(记作A)为单位.

图3－7－5中的电网连接了三个回路. 回路1, 2和3中的电流分别用I_1, I_2和I_3表示. 回路电流的方向是任意的. 如果一个电流为负, 则表示实际的电流方向与图中回路的电流方向相反. 如果电流所示的方向由电池 (-|├) 正极 (长的一端) 指向负极 (短的一端), 则电压为

正; 否则电压为负.

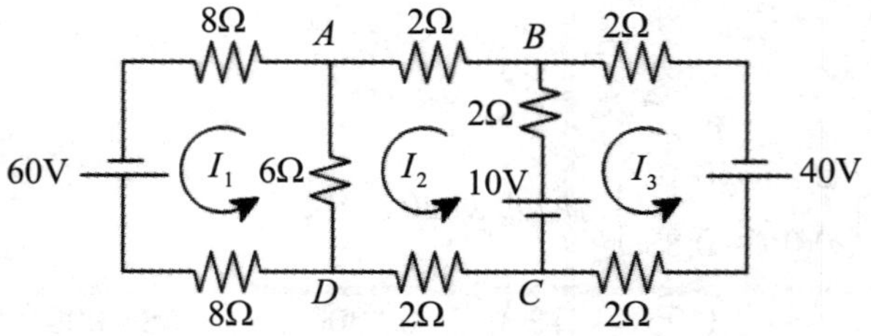

图 3－7－5

根据物理学知识, 回路中的电流服从**基尔霍夫电压定律**, 即沿某个方向环绕回路一周的所有电压降 IR 的代数和等于沿同一方向环绕该回路一周的电源电压代数和.

例 3 确定图 3－7－5 中电网的回路电流.

解 在回路 1 中, 电流 I_1 流过三个电阻, 且电压降 IR 为

$$8I_1+8I_1+6I_1=22I_1;$$

回路 2 中, 电流也流经回路 1 的一部分, 即从 D 到 A 的分支, 对应的电压降 IR 为 $6I_2$ 伏特. 然而, 回路 1 中电流在 DA 段的方向与回路 2 中选定的方向相反, 因此, 回路 1 中所有电压降 IR 的代数和为 $22I_1-6I_2$. 由于回路 1 中的电压为 $+60$ 伏特, 由基尔霍夫电压定律, 可得回路 1 的方程为

$$22I_1-6I_2=60.$$

同理, 可得回路 2 的方程为

$$-6I_1+12I_2-2I_3=10,$$

其中, $-6I_1$ 是回路 1 中流经 DA 分支的电流 (因为电流与回路 2 中的电流方向相反, 所以电压为负); $12I_2$ 是回路 2 中所有电阻乘以回路电流的和; $-2I_3$ 是回路 3 中流经 CB 分支上 2 欧姆电阻的电流, 方向与回路 2 中该段的电流方向相反. 回路 3 的方程为

$$-2I_2+6I_3=-50.$$

注意, 在 CB 分支上 10 伏特的电流被当作回路 2 和回路 3 中的一部分, 但是由于回路 3 中的电流方向, 电池在回路3中为 -10 伏特. 同理, 40 伏特的电流也应取负值.

综合上面的讨论, 上述电网的回路电流满足下列非齐次线性方程组

$$\begin{cases} 22I_1-6I_2=60 \\ -6I_1+12I_2-2I_3=10 \\ -2I_2+6I_3=-50 \end{cases},$$

写成矩阵形式为

$$\begin{pmatrix} 22 & -6 & 0 \\ -6 & 12 & -2 \\ 0 & -2 & 6 \end{pmatrix}\begin{pmatrix} I_1 \\ I_2 \\ I_3 \end{pmatrix}=\begin{pmatrix} 60 \\ 10 \\ -50 \end{pmatrix}. \tag{7.4}$$

根据求解线性方程组的初等变换法，利用初等行变换将上述非齐次线性方程组的增广矩阵 $\widetilde{\boldsymbol{A}}$ 化为行最简形矩阵：

$$\begin{pmatrix} 22 & -6 & 0 & 60 \\ -6 & 12 & -2 & 10 \\ 0 & -2 & 6 & -50 \end{pmatrix} \to \begin{pmatrix} 1 & 0 & 0 & 3 \\ 0 & 1 & 0 & 1 \\ 0 & 0 & 1 & -8 \end{pmatrix},$$

由此解得 $I_1=3$ 安培，$I_2=1$ 安培，$I_3=-8$ 安培. 其中 I_3 取负值说明回路 3 中的实际电流与图 3－7－5 中显示的电流方向相反.

在方程组 (7.4) 中，如果将其系数矩阵记为 $\boldsymbol{R}$，右端列向量记为 $\boldsymbol{u}$，$\boldsymbol{i}=(I_1, I_2, I_3)^{\mathrm{T}}$，则可得到以矩阵形式表示的欧姆定律：$\boldsymbol{u}=\boldsymbol{Ri}$.

注：电网中的回路电流可以用来确定电网中每一分支中的电流. 如果只有一个回路电流流经一个分支，如图 3－7－5 中的 AB，那么分支电流等于回路电流. 如果多于一个回路电流流经一个分支，例如 DA，那么分支电流为该分支中回路电流的代数和. 如 DA 分支中的电流为 $I_1-I_2=3-1=2$ 安培，方向与 I_1 相同，CB 分支中的电流为 $I_2+I_3=9$ 安培.

四、化学方程式配平模型

配平化学方程式是化学反应中质量守恒定律的具体体现，通过调整反应物和生成物的化学计量系数，使方程式中各元素的原子数相等. 配平化学方程式是化学学习和实践的基本技能，为理解和分析化学反应提供了精确的定量基础. 其应用广泛而重要. 在化学工业中，配平方程式用于计算反应物用量和生成物产量，优化生产过程；在环境科学中，用于分析污染物的转化路径和控制措施；在医学和生物化学中，用于描述体内代谢反应和药物作用机制. 此外，配平方程式还在能源领域应用，如燃料燃烧和电池化学反应的效率计算. 配平化学方程式不仅保证了反应描述的准确性，还为化学工程和科学研究中的定量计算奠定了基础，是化学领域中不可或缺的重要工具.

下面我们举例来说明配平化学方程式的基本原理.

例 4 丙烷 (C_3H_8) 燃烧时和氧气 (O_2) 结合，生成二氧化碳 (CO_2) 和水 (H_2O)，其化学方程式为

$$(x_1)C_3H_8+(x_2)O_2 \xrightarrow{\text{点燃}} (x_3)CO_2+(x_4)H_2O \tag{7.5}$$

为了配平方程式，必须找出 $x_i\,(i=1, 2, 3, 4)$，使得方程式左端的碳原子 (C)、氢原子 (H) 和氧原子 (O) 的总数与右端对应的原子总数相等 (因为化学反应中原有的原子不可能消失，也不可能产生新原子).

解 配平化学方程式的一种系统方法，就是建立能描述反应过程中每种原子数目的向量方程. 方程式 (7.5) 包含三种不同的原子 (碳、氢、氧)，于是，可在 $\mathbf{R}^3$ 中为方程式 (7.5) 包含的每种反应物和生成物构造如下向量，在其中列出每个分子包含的不同原子的数目：

$$C_3H_8:\begin{pmatrix}3\\8\\0\end{pmatrix}, O_2:\begin{pmatrix}0\\0\\2\end{pmatrix}, CO_2:\begin{pmatrix}1\\0\\2\end{pmatrix}, H_2O:\begin{pmatrix}0\\2\\1\end{pmatrix}\begin{matrix}\leftarrow \text{碳}\\ \leftarrow \text{氢}\\ \leftarrow \text{氧}\end{matrix}$$

为了配平方程式(7.5),系数x_1, x_2, x_3, x_4必须满足

$$x_1\begin{pmatrix}3\\8\\0\end{pmatrix}+x_2\begin{pmatrix}0\\0\\2\end{pmatrix}=x_3\begin{pmatrix}1\\0\\2\end{pmatrix}+x_4\begin{pmatrix}0\\2\\1\end{pmatrix},$$

经整理得到如下齐次线性方程组:

$$\begin{cases}3x_1 \qquad - x_3 \qquad = 0\\ 8x_1 \qquad\qquad -2x_4 = 0,\\ \qquad 2x_2 - 2x_3 - x_4 = 0\end{cases}$$

根据求解线性方程组的初等变换法,利用初等行变换将上述齐次线性方程组的系数矩阵化为行最简形矩阵:

$$\begin{pmatrix}3 & 0 & -1 & 0\\ 8 & 0 & 0 & -2\\ 0 & 2 & -2 & -1\end{pmatrix}\to\begin{pmatrix}1 & 0 & 0 & -1/4\\ 0 & 1 & 0 & -5/4\\ 0 & 0 & 1 & -3/4\end{pmatrix},$$

取自由未知量$x_4 = c$ (c为任意常数),得到如下通解:

$$x_1=\frac{1}{4}c,\ x_2=\frac{5}{4}c,\ x_3=\frac{3}{4}c,\ x_4=c.$$

因化学方程式中的系数必为整数,取$x_4=4$,则$x_1=1$, $x_2=5$, $x_3=3$,故配平后的方程式为

$$C_3H_8+5O_2\xrightarrow{\text{点燃}}3CO_2+4H_2O.$$

如果将每个系数翻倍,方程式仍然平衡.不过,在大多数场合下化学家更倾向于使用尽可能小的整数来配平方程式.

五、商品交换的经济模型

商品交换模型的产生源于商品经济发展的需求和对市场机制的研究.随着分工的深化和商品生产的发展,单一的自给自足模式逐渐被商品交换取代.在这种背景下,如何有效解释商品交换的规律成为经济学研究的重要课题.工业革命带来了大规模生产和市场扩张,商品种类和数量显著增加,市场机制在资源配置中的作用愈发显著.亚当·斯密提出的“看不见的手”理论揭示了市场在商品交换中的自发调节作用,为商品交换模型的形成奠定了理论基础.此外,商品交换模型的产生也受到数学与经济学结合的推动,通过供需曲线、价格机制等工具定量分析商品交换过程,为研究市场供求、价格波动及资源配置提供了科学依据.这一模型的提出反映了人类对市场经济规律认识的深化,是经济理论发展与实际需求相结合的产物.

商品交换模型是一种研究商品在市场中的流通过程的经济模型，通过分析商品生产者与消费者之间的供需关系、价格机制以及资源配置效率，揭示市场运行的基本规律. 该模型以供需平衡为核心，假定商品在市场中按照其价值进行交换，并受到供给、需求、价格和生产成本等多重因素的影响.

商品交换模型在经济领域具有广泛的应用. 在市场分析中，商品交换模型广泛应用于预测商品价格走势和市场供需状况，有助于政府和企业制定经济政策或商业决策；在资源配置优化中，通过分析不同商品的供需关系，可以指导资源更高效地分配到满足需求的领域；在政策评估中，帮助评估政策对市场供需和价格的影响，例如税收、补贴等.

商品交换模型的意义在于揭示市场经济的运行机制，为实现资源优化配置和促进经济发展提供理论支持. 它有助于理解市场供需失衡的原因，制定有效的干预措施，从而改善市场效率并推动社会经济的稳定发展. 此外，该模型还为消费者和生产者提供行为指引，在促进双方利益平衡中发挥了重要作用.

假设一个原始社会的部落中，人们从事三种职业：农业生产、工具和器皿的手工制作、缝制衣物. 最初，部落中不存在货币制度，所有的商品和服务均进行实物交换. 记这三类人生产的产品为 AP，TS 和 HM，且图 3-7-6 表示实际的实物交易系统.

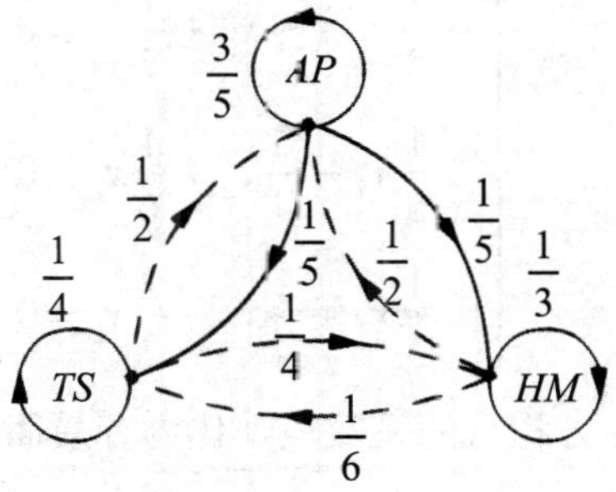

图 3-7-6

图 3-7-6 表明，农民把农业收成 (AP) 的 $\frac{3}{5}$ 留给自己，$\frac{1}{5}$ 给手工业者，$\frac{1}{5}$ 给制衣工人；手工业者把他们制成的产品 (TS) 的 $\frac{1}{4}$ 留给自己，$\frac{1}{2}$ 给农民，$\frac{1}{4}$ 给制衣工人；而制衣工人将制成的衣物 (HM) 的 $\frac{1}{3}$ 留给自己，$\frac{1}{2}$ 给农民，$\frac{1}{6}$ 给手工业者.

综上所述，可得表 3-7-1. 该表格的第 1 列表示农民生产的产品的分配，第 2 列表示手工业者生产的产品的分配，第 3 列表示制衣工人生产的产品的分配.

表 3-7-1

	AP	TS	HM
AP	$\frac{3}{5}$	$\frac{1}{5}$	$\frac{1}{5}$
TS	$\frac{1}{2}$	$\frac{1}{4}$	$\frac{1}{4}$
HM	$\frac{1}{2}$	$\frac{1}{6}$	$\frac{1}{3}$

当部落规模增大时，食物交易系统就变得非常复杂，因此，部落决定使用货币系统. 对这个简单的经济体系，假设没有资本的积累和债务，并且每种产品的价格均可客观地反映

产品的价值. 问题是: 如何给这三种产品定价, 使之可以公平地体现当前的实物交易系统?

这个问题可利用经济学家列昂惕夫 (W. Leontief, 诺贝尔奖获得者) 提出的经济模型转化为线性方程组模型. 对本例的模型, 我们令 x_1 为所有农产品的价值, x_2 为所有手工业品的价值, x_3 为所有服装的价值. 由表 3－7－1 的第 1 列, 农民获得的产品价值是所有农产品价值的 $\frac{3}{5}$, 加上 $\frac{1}{2}$ 的手工业品的价值, 再加上 $\frac{1}{2}$ 的服装价值. 因此, 农民总共得到的产品价值为

$$\frac{3}{5}x_1+\frac{1}{2}x_2+\frac{1}{2}x_3.$$

若该系统是公平的, 则农民获得的产品价值应等于农民生产的产品的总价值 x_1, 即有方程

$$\frac{3}{5}x_1+\frac{1}{2}x_2+\frac{1}{2}x_3=x_1,$$

利用表 3－7－1 的第 2、3 列, 可以相应地得到另外两个方程

$$\frac{1}{5}x_1+\frac{1}{4}x_2+\frac{1}{6}x_3=x_2,\quad \frac{1}{5}x_1+\frac{1}{4}x_2+\frac{1}{3}x_3=x_3.$$

将它们联立就得到齐次线性方程组:

$$\begin{cases}-\frac{2}{5}x_1+\frac{1}{2}x_2+\frac{1}{2}x_3=0\\ \frac{1}{5}x_1-\frac{3}{4}x_2+\frac{1}{6}x_3=0,\\ \frac{1}{5}x_1+\frac{1}{4}x_2-\frac{2}{3}x_3=0\end{cases}$$

利用初等行变换将上述线性方程组的系数矩阵化为行最简形矩阵, 有

$$\begin{pmatrix}-2/5 & 1/2 & 1/2\\ 1/5 & -3/4 & 1/6\\ 1/5 & 1/4 & -2/3\end{pmatrix}\to\begin{pmatrix}1 & 0 & -55/24\\ 0 & 1 & -5/6\\ 0 & 0 & 0\end{pmatrix},$$

其中 x_3 为自由未知量, 取 $x_3=c$ (c 为任意常数), 则从上述右端的行最简形矩阵, 可写出上述线性方程组的通解:

$$\begin{pmatrix}x_1\\ x_2\\ x_3\end{pmatrix}=c\begin{pmatrix}55/24\\ 5/6\\ 1\end{pmatrix},$$

令 $c=24$, 则得到一个解 $x_1=55,\ x_2=20,\ x_3=24$, 故变量 x_1, x_2, x_3 应按下面的比例取值:

$$x_1:x_2:x_3=55:20:24.$$

这个简单的系统是封闭的列昂惕夫生产–消费模型的例子. 列昂惕夫模型是我们理解经济体系的基础. 现代应用则会包含成千上万的工厂并得到一个非常庞大的线性方程组.

习题 3-7

1. 给出如题 1 图所示的流量模型. 假设所有的流量都非负, x_3 的最大可能值是多少?

2. 某地的道路交叉口处通常建成单行的小环岛, 见题 2 图. 假设交通行进方向必须如图示那样, 请求出该网络流的通解, 并找出 x_6 的最小可能值.

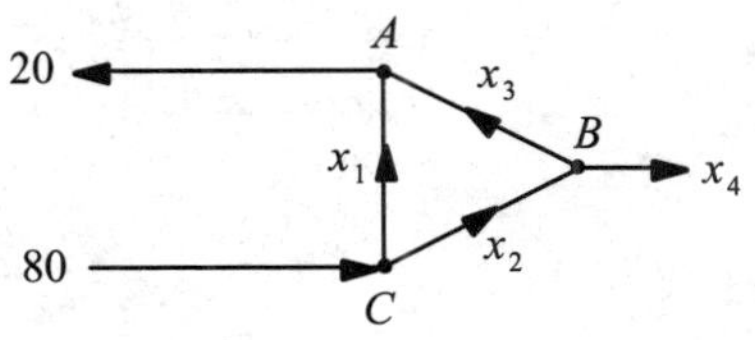

题1图

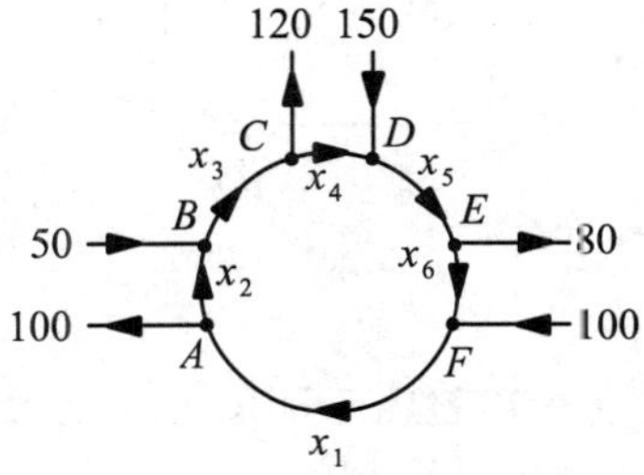

题2图

3. 某段水管网络如题 3 图所示, 其流量以 L/min 为单位. 求其余分支的流量.

4. 如题 4 图所示, 这片城市街区的道路由单行道组成, 每个路口的交通流量都经过了测量. 其中数字表示工作时间内每分钟进出路口 A, B, C 和 D 的平均车辆数量.

(1) 建立并求解线性方程组以找到剩余路段可能的流量.

(2) 如果 CD 上的交通管制为每分钟 10 辆, 其他衔道上的平均流量是多少?

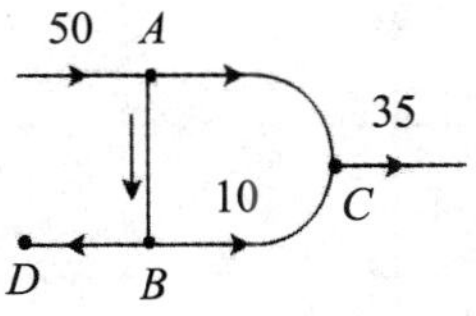

题3图

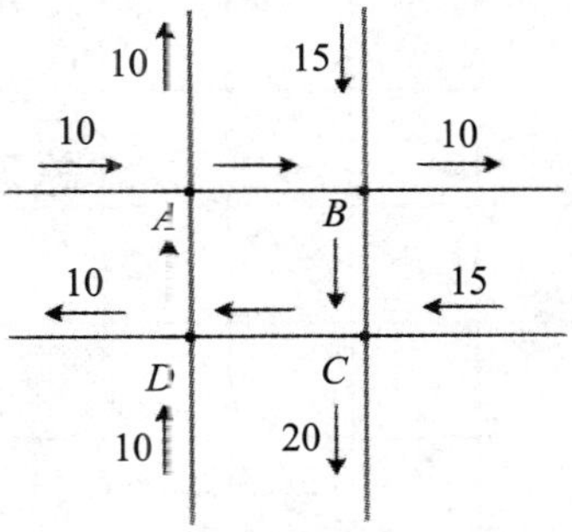

题4图

5. 在某个地区, 每年约有 5% 的城市人口移居到周围的农村, 约 4% 的农村人口移居到城市. 2008 年, 城市中有 400 000 名居民, 农村有 600 000 名居民. 建立一个差分方程来描述这种情况, 用 $\boldsymbol{x}_0$ 表示 2008 年的初始人口, 然后估计两年后, 即 2010 年城市和农村的人口数量 (忽略其他因素对人口规模的影响).

6. 某公司有一个车队, 大约有 450 辆车, 分布在三个地点. 一个地点租出去的车可以归还到三个地点中的任意一个, 但租出的车必须当天归还. 下面的矩阵给出了汽车归还到每个地点的不同比率. 假设星期一在机场有 304 辆车 (或从机场租出), 东部办公区有 48 辆车, 西部办公区有 98 辆车, 那么在星期三时, 车辆的大致分布是怎样的?

车辆出租地

机场 东部 西部 归还到

$$\begin{pmatrix}0.97 & 0.05 & 0.1\\ 0 & 0.9 & 0.05\\ 0.03 & 0.05 & 0.85\end{pmatrix}\begin{matrix}\text{机场}\\ \text{东部}\\ \text{西部}\end{matrix}$$

7. 写出如题 7 图所示的回路电流的线性方程组, 并确定其回路电流.

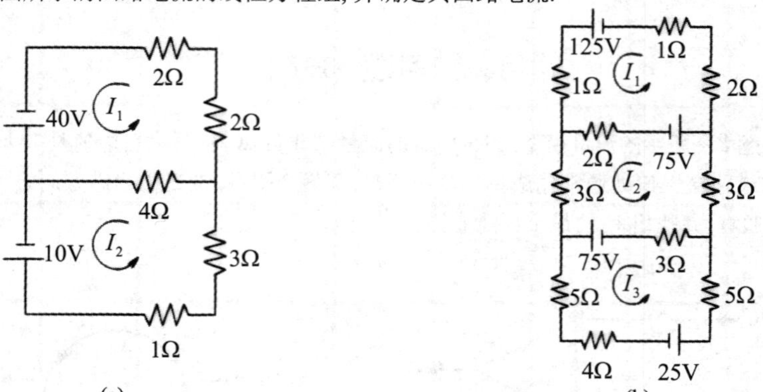

(a)　　　　　　　　(b)

题7图

8. 苏打水含有碳酸氢钠 ($NaHCO_3$) 和柠檬酸 ($H_3C_6H_5O_7$). 它们在水中溶解时, 按照如下反应生成柠檬酸钠、水和二氧化碳.

$$NaHCO_3 + H_3C_6H_5O_7 \rightarrow Na_3C_6H_5O_7 + H_2O + CO_2 .$$

试用向量方程的方法配平该化学方程式.

9. 如下的化学反应式可以在工业中应用, 如砷化三氢 (AsH_3) 的生产. 配平这一方程式, 注意在计算过程中使用有理分式, 不进行舍入.

$$MnS + As_2Cr_{10}O_{35} + H_2SO_4 \rightarrow HMnO_4 + AsH_3 + CrS_3O_{12} + H_2O .$$

总习题三

1. 解线性方程组

$$\begin{cases} x_1 + x_2 + x_3 + x_4 + x_5 = a \\ 3x_1 + 2x_2 + x_3 + x_4 - 3x_5 = 0 \\ x_2 + 2x_3 + 2x_4 + 6x_5 = b \\ 5x_1 + 4x_2 + 3x_3 + 3x_4 - x_5 = 2 \end{cases} \quad (a, b \in \mathbf{R}).$$

2. 当 λ 取何值时, 线性方程组

$$\begin{cases} (\lambda+3)x_1 + x_2 + 2x_3 = \lambda \\ \lambda x_1 + (\lambda-1)x_2 + x_3 = \lambda \\ 3(\lambda+1)x_1 + \lambda x_2 + (\lambda+3)x_3 = 3 \end{cases}$$

有唯一解、无解、有无穷多解? 当方程组有无穷多解时求出它的解.

3. 如果矩阵 $\boldsymbol{A} = \begin{pmatrix} 1 & 2 & 3 \\ -1 & 3 & 2 \\ 2 & 1 & t \\ -2 & 1 & -1 \end{pmatrix}$, $\boldsymbol{B}$ 是三阶非零矩阵, 且 $\boldsymbol{AB} = \boldsymbol{O}$, 求 t.

4. 写出一个以 $\boldsymbol{x}=c_1\begin{pmatrix}2\\-3\\1\\0\end{pmatrix}+c_2\begin{pmatrix}-2\\4\\0\\1\end{pmatrix}(c_1, c_2\in\mathbf{R})$ 为全部解的齐次线性方程组.

5. 设有向量 $\boldsymbol{\alpha}_1=\begin{pmatrix}1\\4\\0\\2\end{pmatrix}, \boldsymbol{\alpha}_2=\begin{pmatrix}2\\7\\1\\3\end{pmatrix}, \boldsymbol{\alpha}_3=\begin{pmatrix}0\\1\\-1\\a\end{pmatrix}, \boldsymbol{\beta}=\begin{pmatrix}3\\10\\b\\4\end{pmatrix}$. 试问当 a, b 为何值时:

(1) $\boldsymbol{\beta}$ 不能由 $\boldsymbol{\alpha}_1, \boldsymbol{\alpha}_2, \boldsymbol{\alpha}_3$ 线性表示?

(2) $\boldsymbol{\beta}$ 可由 $\boldsymbol{\alpha}_1, \boldsymbol{\alpha}_2, \boldsymbol{\alpha}_3$ 线性表示? 写出该表达式.

6. 已知向量组 $\boldsymbol{\alpha}_1=(1, 1, 2, 1)^{\mathrm{T}}, \boldsymbol{\alpha}_2=(1, 0, 0, 2)^{\mathrm{T}}, \boldsymbol{\alpha}_3=(-1, -4, -8, k)^{\mathrm{T}}$ 线性相关, 求 k.

7. 设有向量组 $\boldsymbol{\beta}_1=\boldsymbol{\alpha}_1+\boldsymbol{\alpha}_2, \boldsymbol{\beta}_2=\boldsymbol{\alpha}_2+\boldsymbol{\alpha}_3, \boldsymbol{\beta}_3=\boldsymbol{\alpha}_3+\boldsymbol{\alpha}_4, \boldsymbol{\beta}_4=\boldsymbol{\alpha}_4+\boldsymbol{\alpha}_1$, 证明向量组 $\boldsymbol{\beta}_1, \boldsymbol{\beta}_2, \boldsymbol{\beta}_3, \boldsymbol{\beta}_4$ 线性相关.

8. 设向量组 $\boldsymbol{\alpha}_1, \boldsymbol{\alpha}_2, \boldsymbol{\alpha}_3$ 线性无关, 已知

$$\boldsymbol{\beta}_1=k_1\boldsymbol{\alpha}_1+\boldsymbol{\alpha}_2+k_1\boldsymbol{\alpha}_3, \boldsymbol{\beta}_2=\boldsymbol{\alpha}_1+k_2\boldsymbol{\alpha}_2+(k_2+1)\boldsymbol{\alpha}_3, \boldsymbol{\beta}_3=\boldsymbol{\alpha}_1+\boldsymbol{\alpha}_2+\boldsymbol{\alpha}_3.$$

试问当 k_1, k_2 为何值时, $\boldsymbol{\beta}_1, \boldsymbol{\beta}_2, \boldsymbol{\beta}_3$ 线性相关、线性无关?

9. 设 $\boldsymbol{\alpha}_1=(1, 1, 0)^{\mathrm{T}}, \boldsymbol{\alpha}_2=(1, a+1, -2a)^{\mathrm{T}}, \boldsymbol{\alpha}_3=(-1, -b-1, a+b)^{\mathrm{T}}, \boldsymbol{\beta}=(1, 2, -2)^{\mathrm{T}}$. 试讨论当 a, b 为何值时:

(1) $\boldsymbol{\beta}$ 不能由 $\boldsymbol{\alpha}_1, \boldsymbol{\alpha}_2, \boldsymbol{\alpha}_3$ 线性表示;

(2) $\boldsymbol{\beta}$ 可由 $\boldsymbol{\alpha}_1, \boldsymbol{\alpha}_2, \boldsymbol{\alpha}_3$ 唯一地线性表示, 并求出表示式;

(3) $\boldsymbol{\beta}$ 可由 $\boldsymbol{\alpha}_1, \boldsymbol{\alpha}_2, \boldsymbol{\alpha}_3$ 线性表示, 但表示式不唯一, 并求出表示式.

10. 设向量组 $\boldsymbol{\alpha}_1, \boldsymbol{\alpha}_2, \boldsymbol{\alpha}_3$ 线性无关, 试证: 向量组 $\boldsymbol{\alpha}_1+\boldsymbol{\alpha}_2, \boldsymbol{\alpha}_1-\boldsymbol{\alpha}_3, \boldsymbol{\alpha}_2+\boldsymbol{\alpha}_3$ 线性相关.

11. 设向量组 $\boldsymbol{\alpha}_1, \boldsymbol{\alpha}_2, \boldsymbol{\alpha}_3$ 线性无关, 试证: 向量组 $\boldsymbol{\alpha}_1+2\boldsymbol{\alpha}_2, \boldsymbol{\alpha}_2+2\boldsymbol{\alpha}_3, \boldsymbol{\alpha}_3-2\boldsymbol{\alpha}_1$ 线性相关.

12. 设 $\boldsymbol{A}$ 是 $n\times m$ 矩阵, $\boldsymbol{B}$ 是 $m\times n$ 矩阵, 其中 $n<m$, $\boldsymbol{E}$ 是 n 阶单位矩阵, 若 $\boldsymbol{AB}=\boldsymbol{E}$, 证明: $\boldsymbol{B}$ 的列向量组线性无关.

13. 设 $\boldsymbol{\alpha}_1, \boldsymbol{\alpha}_2, \cdots, \boldsymbol{\alpha}_r$ 线性相关, 证明: 存在不全为零的数 $t_1, t_2, \cdots, t_r$, 使对任何向量 $\boldsymbol{\beta}$ 都有

$$\boldsymbol{\alpha}_1+t_1\boldsymbol{\beta}, \boldsymbol{\alpha}_2+t_2\boldsymbol{\beta}, \cdots, \boldsymbol{\alpha}_r+t_r\boldsymbol{\beta}\,(r\geqslant 2)$$

线性相关.

14. 已知 $\boldsymbol{\alpha}_1=(2, 3, 4, 5)^{\mathrm{T}}, \boldsymbol{\alpha}_2=(3, 4, 5, 6)^{\mathrm{T}}, \boldsymbol{\alpha}_3=(4, 5, 6, 7)^{\mathrm{T}}, \boldsymbol{\alpha}_4=(5, 6, 7, 8)^{\mathrm{T}}$, 求 $\mathrm{r}(\boldsymbol{\alpha}_1, \boldsymbol{\alpha}_2, \boldsymbol{\alpha}_3, \boldsymbol{\alpha}_4)$.

15. 设向量组 $\boldsymbol{\alpha}_1, \boldsymbol{\alpha}_2, \cdots, \boldsymbol{\alpha}_t$ 是齐次线性方程组 $\boldsymbol{Ax}=\boldsymbol{0}$ 的一个基础解系, 向量 $\boldsymbol{\beta}$ 不是方程 $\boldsymbol{Ax}=\boldsymbol{0}$ 的解, 即 $\boldsymbol{A\beta}\neq\boldsymbol{0}$, 试证明: 向量 $\boldsymbol{\beta}, \boldsymbol{\beta}+\boldsymbol{\alpha}_1, \boldsymbol{\beta}+\boldsymbol{\alpha}_2, \cdots, \boldsymbol{\beta}+\boldsymbol{\alpha}_t$ 线性无关.

16. 设 $\boldsymbol{A}$ 为 4×3 矩阵, $\boldsymbol{B}$ 为 3×3 矩阵, 且 $\boldsymbol{AB}=\boldsymbol{O}$, 其中 $\boldsymbol{A}=\begin{pmatrix}1&1&-1\\1&2&1\\2&3&0\\0&-1&-2\end{pmatrix}$, 证明 $\boldsymbol{B}$ 的列向量组线性相关.

17. 求向量组 $\boldsymbol{\alpha}_1=(1, 1, 4, 2)^{\mathrm{T}}$, $\boldsymbol{\alpha}_2=(1, -1, -2, 4)^{\mathrm{T}}$, $\boldsymbol{\alpha}_3=(-3, 2, 3, -11)^{\mathrm{T}}$, $\boldsymbol{\alpha}_4=(1, 3, 10, 0)^{\mathrm{T}}$ 的一个极大无关组.

18. 设向量组 $\boldsymbol{\alpha}_1=(1, 1, 1, 3)^{\mathrm{T}}$, $\boldsymbol{\alpha}_2=(-1, -3, 5, 1)^{\mathrm{T}}$, $\boldsymbol{\alpha}_3=(3, 2, -1, p+2)^{\mathrm{T}}$, $\boldsymbol{\alpha}_4=(-2, -6, 10, p)^{\mathrm{T}}$.

(1) p 为何值时, 该向量组线性无关? 此时将向量 $\boldsymbol{\alpha}=(4, 1, 6, 10)^{\mathrm{T}}$ 用 $\boldsymbol{\alpha}_1, \boldsymbol{\alpha}_2, \boldsymbol{\alpha}_3, \boldsymbol{\alpha}_4$ 线性表出.

(2) p 为何值时, 该向量组线性相关? 此时求出它的秩和一个极大线性无关组.

19. 设向量组 $\boldsymbol{\alpha}_1, \boldsymbol{\alpha}_2, \cdots, \boldsymbol{\alpha}_s$ 的秩等于 r, 试证: 任意选取其中 m 个向量所构成的向量组的秩大于或等于 $r+m-s$.

20. 设向量组 $\boldsymbol{\alpha}_1=(1+a, 1, 1, 1)^{\mathrm{T}}$, $\boldsymbol{\alpha}_2=(2, 2+a, 2, 2)^{\mathrm{T}}$, $\boldsymbol{\alpha}_3=(3, 3, 3+a, 3)^{\mathrm{T}}$, $\boldsymbol{\alpha}_4=(4, 4, 4, 4+a)^{\mathrm{T}}$, 问 a 为何值时, $\boldsymbol{\alpha}_1, \boldsymbol{\alpha}_2, \boldsymbol{\alpha}_3, \boldsymbol{\alpha}_4$ 线性相关? 当 $\boldsymbol{\alpha}_1, \boldsymbol{\alpha}_2, \boldsymbol{\alpha}_3, \boldsymbol{\alpha}_4$ 线性相关时, 求其一个极大无关组, 并将其余向量用该极大无关组线性表出.

21. 设向量组 $\boldsymbol{A}: \boldsymbol{\alpha}_1, \boldsymbol{\alpha}_2, \cdots, \boldsymbol{\alpha}_s$ 的秩为 r_1, 向量组 $\boldsymbol{B}: \boldsymbol{\beta}_1, \boldsymbol{\beta}_2, \cdots, \boldsymbol{\beta}_t$ 的秩 r_2, 向量组

$$\boldsymbol{C}: \boldsymbol{\alpha}_1, \boldsymbol{\alpha}_2, \cdots, \boldsymbol{\alpha}_s, \ \boldsymbol{\beta}_1, \boldsymbol{\beta}_2, \cdots, \boldsymbol{\beta}_r$$

的秩为 r_3, 试证: $\max\{r_1, r_2\} \leqslant r_3 \leqslant r_1+r_2$.

22. 设有向量组 $\boldsymbol{A}: \boldsymbol{\alpha}_1, \boldsymbol{\alpha}_2, \boldsymbol{\alpha}_3$; $\boldsymbol{B}: \boldsymbol{\alpha}_1, \boldsymbol{\alpha}_2, \boldsymbol{\alpha}_3, \boldsymbol{\alpha}_4$; $\boldsymbol{C}: \boldsymbol{\alpha}_1, \boldsymbol{\alpha}_2, \boldsymbol{\alpha}_3, \boldsymbol{\alpha}_5$. 如果

$$\mathrm{r}(\boldsymbol{\alpha}_1, \boldsymbol{\alpha}_2, \boldsymbol{\alpha}_3)=\mathrm{r}(\boldsymbol{\alpha}_1, \boldsymbol{\alpha}_2, \boldsymbol{\alpha}_3, \boldsymbol{\alpha}_4)=3, \ \mathrm{r}(\boldsymbol{\alpha}_1, \boldsymbol{\alpha}_2, \boldsymbol{\alpha}_3, \boldsymbol{\alpha}_5)=4,$$

试证: 向量组 $\boldsymbol{\alpha}_1, \boldsymbol{\alpha}_2, \boldsymbol{\alpha}_3, \boldsymbol{\alpha}_5-\boldsymbol{\alpha}_4$ 的秩为 4 .

23. 设向量组 $\boldsymbol{B}: \boldsymbol{\beta}_1, \boldsymbol{\beta}_2, \cdots, \boldsymbol{\beta}_r$ 能由向量组 $\boldsymbol{A}: \boldsymbol{\alpha}_1, \boldsymbol{\alpha}_2, \cdots, \boldsymbol{\alpha}_s$ 线性表示为

$$(\boldsymbol{\beta}_1, \boldsymbol{\beta}_2, \cdots, \boldsymbol{\beta}_r)=(\boldsymbol{\alpha}_1, \boldsymbol{\alpha}_2, \cdots, \boldsymbol{\alpha}_s)\boldsymbol{K},$$

其中 $\boldsymbol{K}$ 为 $s \times r$ 矩阵, 且向量组 $\boldsymbol{A}$ 线性无关. 试证: 向量组 $\boldsymbol{B}$ 线性无关的充要条件是矩阵 $\boldsymbol{K}$ 的秩 $\mathrm{r}(\boldsymbol{K})=r$.

24. 设由向量组 $\boldsymbol{\alpha}_1=(1, 1, 0, 0)^{\mathrm{T}}$, $\boldsymbol{\alpha}_2=(1, 0, 1, 1)^{\mathrm{T}}$ 所生成的向量空间为 $\boldsymbol{V}_1$, 由向量组

$$\boldsymbol{\beta}_1=(2, -1, 3, 3)^{\mathrm{T}}, \ \boldsymbol{\beta}_2=(0, 1, -1, -1)^{\mathrm{T}}$$

所生成的向量空间为 $\boldsymbol{V}_2$, 试证: $\boldsymbol{V}_1=\boldsymbol{V}_2$.

25. 设有向量组

$$\boldsymbol{\alpha}_1=\begin{pmatrix}1\\-1\\-2\end{pmatrix}, \boldsymbol{\alpha}_2=\begin{pmatrix}5\\-4\\-7\end{pmatrix}, \boldsymbol{\alpha}_3=\begin{pmatrix}-3\\1\\0\end{pmatrix}, \boldsymbol{x}=\begin{pmatrix}-4\\3\\a\end{pmatrix},$$

问 a 取何值时, $\boldsymbol{x}$ 属于由 $\boldsymbol{\alpha}_1, \boldsymbol{\alpha}_2, \boldsymbol{\alpha}_3$ 生成的 $\mathbf{R}^3$ 的子空间?

26. 已知 $\mathbf{R}^3$ 的两组基

$$\boldsymbol{\alpha}_1=(1, 0, -1)^{\mathrm{T}}, \ \boldsymbol{\alpha}_2=(2, 1, 1)^{\mathrm{T}}, \ \boldsymbol{\alpha}_3=(1, 1, 1)^{\mathrm{T}};$$
$$\boldsymbol{\beta}_1=(0, 1, 1)^{\mathrm{T}}, \ \boldsymbol{\beta}_2=(-1, 1, 0)^{\mathrm{T}}, \ \boldsymbol{\beta}_3=(1, 2, 1)^{\mathrm{T}}.$$

(1) 求由基 $\boldsymbol{\alpha}_1, \boldsymbol{\alpha}_2, \boldsymbol{\alpha}_3$ 到基 $\boldsymbol{\beta}_1, \boldsymbol{\beta}_2, \boldsymbol{\beta}_3$ 的过渡矩阵;

(2) 求 $\boldsymbol{\gamma}=(9, 6, 5)^{\mathrm{T}}$ 在这两组基下的坐标;

(3) 求向量 $\boldsymbol{\delta}$, 使它在这两组基下有相同的坐标.

27. 求齐次线性方程组 $\begin{cases}x_1+3x_3+4x_4-5x_5=0\\x_2-2x_3-3x_4+x_5=0\end{cases}$ 的解空间的维数.

28. 求线性方程组 $\boldsymbol{Ax}=\mathbf{0}$, 其解空间由向量组

$$\boldsymbol{\alpha}_1=(1, -1, 1, 0)^{\mathrm{T}}, \ \boldsymbol{\alpha}_2=(1, 1, 0, 1)^{\mathrm{T}}, \ \boldsymbol{\alpha}_3=(2, 0, 1, 1)^{\mathrm{T}}$$

所生成.

29. 设$\boldsymbol{A}=\begin{pmatrix}1&2&1\\2&3&a+2\\1&a&-2\end{pmatrix}$, $\boldsymbol{b}=\begin{pmatrix}1\\3\\0\end{pmatrix}$, $\boldsymbol{x}=\begin{pmatrix}x_1\\x_2\\x_3\end{pmatrix}$.

(1) 若齐次方程组$\boldsymbol{Ax}=\boldsymbol{0}$只有零解, 求$a$的值.

(2) 若线性方程组$\boldsymbol{Ax}=\boldsymbol{b}$无解, 求$a$的值.

30. 设线性方程组

$$(1)\begin{cases}x_1+2x_2-x_3+x_4=r\\3x_1+px_2+3x_3+2x_4=-11\\2x_1+2x_2+qx_3+x_4=-4\end{cases} \text{与} \ (2)\begin{cases}x_1+3x_3=-2\\x_2-2x_3=5\\x_4=-10\end{cases}$$

是同解方程组, 试确定方程组 (1) 中的p, q, r的值.

31. 对于线性方程组$\begin{cases}\lambda x_1+x_2+x_3=\lambda-3\\x_1+\lambda x_2+x_3=-2\\x_1+x_2+\lambda x_3=-2\end{cases}$, 讨论$\lambda$取何值时, 方程组无解、有唯一解和无穷多解, 在方程组有无穷多解时, 试用其导出组的基础解系表示全部解.

32. $\boldsymbol{A}$是n阶矩阵, 对于齐次线性方程组$\boldsymbol{Ax}=\boldsymbol{0}$.

(1) 若$\boldsymbol{A}$中每行元素之和均为0, 且$\mathrm{r}(\boldsymbol{A})=n-1$, 求方程组的通解.

(2) 若每个n维向量都是方程组的解, 求$\mathrm{r}(\boldsymbol{A})$.

33. 设$\boldsymbol{A}$是秩为3的5×4矩阵, 向量$\boldsymbol{\alpha}_1$, $\boldsymbol{\alpha}_2$, $\boldsymbol{\alpha}_3$是非齐次线性方程组$\boldsymbol{Ax}=\boldsymbol{b}$的三个不同的解, 若

$$\boldsymbol{\alpha}_1+\boldsymbol{\alpha}_2+2\boldsymbol{\alpha}_3=(2, 0, 0, 0)^{\mathrm{T}}, \ 3\boldsymbol{\alpha}_1+\boldsymbol{\alpha}_2=(2, 4, 6, 8)^{\mathrm{T}},$$

求方程组$\boldsymbol{Ax}=\boldsymbol{b}$的通解.

34. 设$\boldsymbol{A}=\begin{pmatrix}2&1&1&2\\0&1&3&1\\1&\lambda&\mu&1\end{pmatrix}$, $\boldsymbol{b}=\begin{pmatrix}0\\1\\0\end{pmatrix}$, $\boldsymbol{\eta}=\begin{pmatrix}1\\-1\\1\\-1\end{pmatrix}$, 如果$\boldsymbol{\eta}$是方程组$\boldsymbol{Ax}=\boldsymbol{b}$的一个解, 试求方程组$\boldsymbol{Ax}=\boldsymbol{b}$的全部解.

35. 求一个非齐次线性方程组, 使它的全部解为

$$\begin{pmatrix}x_1\\x_2\\x_3\end{pmatrix}=\begin{pmatrix}1\\-1\\3\end{pmatrix}+c_1\begin{pmatrix}-1\\3\\2\end{pmatrix}+c_2\begin{pmatrix}2\\-3\\1\end{pmatrix} \ (c_1, c_2\text{为任意常数}).$$

36. 设齐次线性方程组

$$\begin{cases}(1+a)x_1+x_2+\cdots+x_n=0\\2x_1+(2+a)x_2+\cdots+2x_n=0\\\quad\cdots\cdots\\nx_1+nx_2+\cdots+(n+a)x_n=0\end{cases} \quad (n\geqslant2, a\neq0),$$

试问a取何值时, 该方程组有非零解? 求出其通解.

37. 设n阶矩阵$\boldsymbol{A}$的伴随矩阵$\boldsymbol{A}^*\neq\boldsymbol{O}$, 若$\zeta_1$, ζ_2, ζ_3, ζ_4是非齐次线性方程组$\boldsymbol{Ax}=\boldsymbol{b}$的互不相等的解,

试证: 对应的齐次线性方程组 $\boldsymbol{Ax}=\boldsymbol{0}$ 的基础解系仅含一个非零解向量.

38. 设 $\boldsymbol{\alpha}_0, \boldsymbol{\alpha}_1, \cdots, \boldsymbol{\alpha}_{n-r}$ 为线性方程组 $\boldsymbol{Ax}=\boldsymbol{b}\ (\boldsymbol{b}\neq\boldsymbol{0})$ 的 $n-r+1$ 个线性无关的解向量, 矩阵 $\boldsymbol{A}$ 的秩为 r, 证明: 向量组 $\boldsymbol{\alpha}_1-\boldsymbol{\alpha}_0,\ \boldsymbol{\alpha}_2-\boldsymbol{\alpha}_0,\ \cdots,\ \boldsymbol{\alpha}_{n-r}-\boldsymbol{\alpha}_0$ 是对应的齐次线性方程组 $\boldsymbol{Ax}=\boldsymbol{0}$ 的基础解系.

39. 若矩阵 $\boldsymbol{A}$ 的秩为 r, 其 r 个列向量为某一齐次线性方程组的一个基础解系, $\boldsymbol{B}$ 为 r 阶可逆矩阵, 证明: $\boldsymbol{AB}$ 的 r 个列向量也是该齐次线性方程组的一个基础解系.

40. $\boldsymbol{A}$ 是 $m\times n$ 矩阵, $m<n$, 且矩阵 $\boldsymbol{A}$ 的行向量组线性无关, $\boldsymbol{B}$ 是 $n\times(n-m)$ 矩阵, $\boldsymbol{B}$ 的列向量组线性无关, 且 $\boldsymbol{AB}=\boldsymbol{O}$, 证明: 若 $\boldsymbol{\eta}$ 是齐次线性方程组 $\boldsymbol{Ax}=\boldsymbol{0}$ 的解, 则线性方程组 $\boldsymbol{Bx}=\boldsymbol{\eta}$ 有唯一解.

41. 给出如题 41 图所示的高速公路网络的流量模型, 当流量为 x_4 的路面关闭 (即 $x_4=0$) 时, x_1 的最小值是多少?

42. 给出如题 42 图所示的流量模型,假设流量模型必须沿着指定的方向, 找出标记为 x_2, x_3, x_4, x_5 的分支中的最小流量.

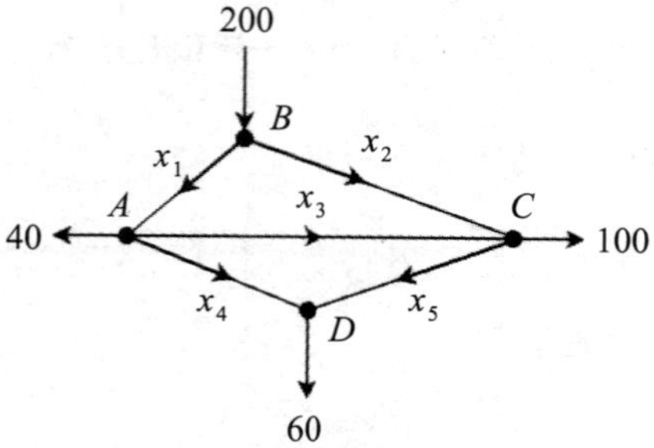

题41图

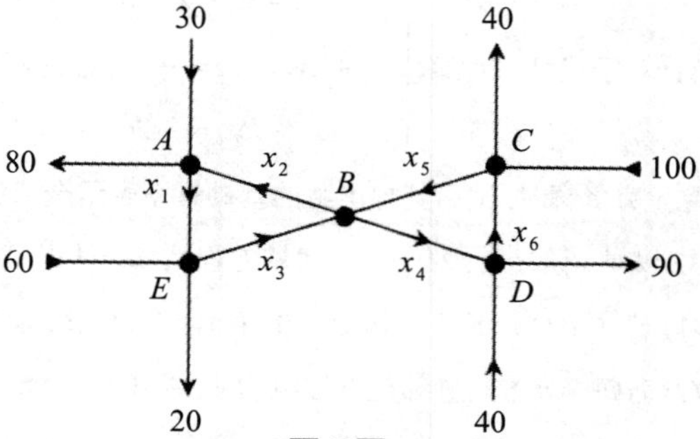

题42图

43. 题 43 图中显示了某片区供水网络的主要管道, 其中 q_1 和 q_2 表示从两个水库流入网络的供水流量 (以千立方米/秒为单位), q_3 和 q_4 表示从网络流出城镇的流出流量. 假设网络中任何地方都没有储水. 与每根管道相关的变量 x_i 表示任意指定给管道方向的流速 (负值表示流动方向相反).

(1) 建立变量 x_i 的线性方程组; (2) 求该线性方程组的通解.

44. 在某一地区, 每年大约有 3% 的城市人口移居到周围的郊区, 大约有 7% 的郊区人口移居到城市中. 2000 年, 城市中有 500 000 名居民, 郊区中有 800 000 名居民. 试建立一个差分方程来描述这种情况, 用 $\boldsymbol{x}_0$ 表示 2008 年的初始人口, 然后估计三年之后 (即 2011 年) 城市和郊区的人口数量 (忽略其他因素对人口规模的影响).

45. 写出如题 45 图所示回路中的线性方程组.

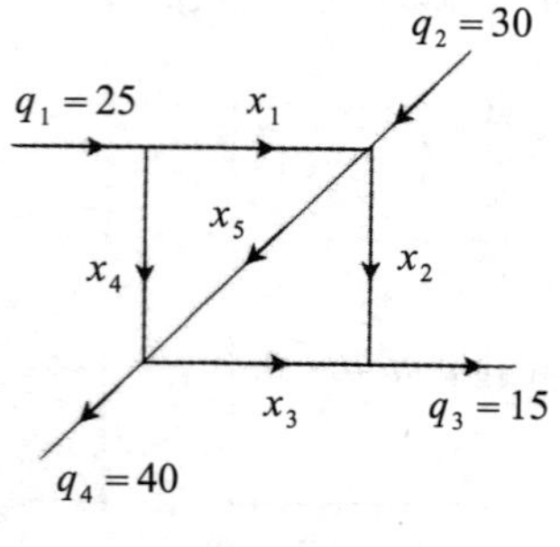

题43图

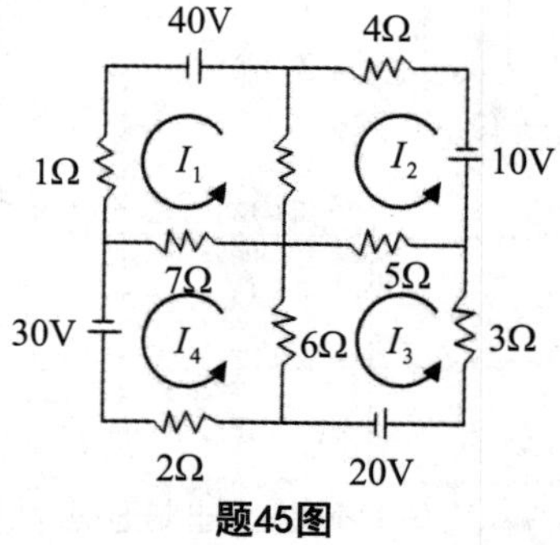

题45图

46. 配平化学方程式 $CuSO_4+FeS_2+H_2O\rightarrow Cu_2S+FeSO_4+H_2SO_4$.

第4章　矩阵的特征值

矩阵的特征值与特征向量源于对线性变换的深入研究. 线性变换是数学中用来描述几何对象如何在空间中改变的一种工具, 如旋转、缩放或剪切等操作. 矩阵是表示线性变换的代数工具, 而特征值与特征向量则揭示了矩阵在特定方向上的内在特性. 在研究线性变换时, 人们发现某些特殊的向量, 即使经过变换, 其方向也保持不变, 仅在长度上发生伸缩. 这些向量称为特征向量, 与之对应的比例因子 (伸缩倍数) 称为特征值. 换句话说, 对于矩阵 $\boldsymbol{A}$ 和向量 $\boldsymbol{x}$, 若存在数 λ 满足 $\boldsymbol{Ax}=\lambda\boldsymbol{x}$, 则 λ 是矩阵 $\boldsymbol{A}$ 的特征值, $\boldsymbol{x}$ 是与其对应的特征向量.

矩阵的特征值和特征向量具有重要意义. 它们可以帮助我们理解线性变换的本质, 例如找出变换的固定方向及其作用强度. 此外, 它们还为矩阵的分解提供了基础, 如特征分解和奇异值分解, 使复杂的矩阵运算更加高效. 特征值也用于判断矩阵的性质, 例如矩阵是否可逆、是否正定等.

矩阵的特征值与特征向量广泛用于多个领域. 在物理学中, 它们用于研究振动和波动问题, 如量子力学中的薛定谔方程. 在计算机科学中, 它们是机器学习和图像处理的关键工具, 例如主成分分析(PCA)用于降维和数据压缩. 在工程领域中, 它们帮助分析系统的稳定性和动态特性, 例如电路网络的模态分析. 在图论中, 特征值用于研究图的连通性和图谱理论.

本章我们所讨论的矩阵均为方阵. 对于方阵 $\boldsymbol{A}$, 尽管线性变换 $\boldsymbol{x}\to\boldsymbol{Ax}$ 可能会把向量 $\boldsymbol{x}$ 往各种方向上移动, 但其中存在一些特殊的向量, $\boldsymbol{A}$ 在其上的作用十分简单.

例如, 设 $\boldsymbol{A}=\begin{pmatrix}3 & -2\\ 1 & 0\end{pmatrix}$, $\boldsymbol{x}=\begin{pmatrix}2\\ 1\end{pmatrix}$, 则 $\boldsymbol{Ax}=2\boldsymbol{x}$, 即 $\boldsymbol{A}$ 在 $\boldsymbol{x}$ 上的作用相当于将向量 $\boldsymbol{x}$ 拉伸为原来的两倍(见图1).

在本章中, 我们要研究形如 $\boldsymbol{Ax}=\lambda\boldsymbol{x}$ (λ 为一数量) 的方程, 并且求那些被 $\boldsymbol{A}$ 作用相当于被数乘作用的向量 $\boldsymbol{x}$, 此即方阵的特征值与特征向量问题.

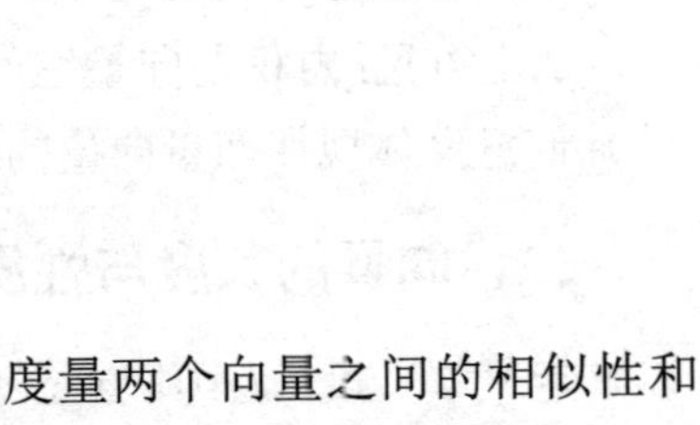

图1

§4.1　向量的内积

向量的内积(又称点积)是向量运算中的核心概念, 用于度量两个向量之间的相似性和关系, 在向量空间中, 内积通常定义为两个向量对应分量的乘积之和. 内积的意义在于它提供了衡量向量正交性、方向相似度和长度的工具. 例如, 当内积为零时, 两个向量正交; 内积为正或负则表明方向相近或相反. 内积的应用广泛. 在物理学中, 内积用于计算功 (力与位移的内积)；在数据分析中，内积衡量数据相似性(如余弦相似度)；在机器学习中，内积是核方法、优化问题及神经网络计算的基础. 它是连接代数与几何的桥梁，具有广泛的实践价值.

在第3章中，我们研究了向量的线性运算，并利用它讨论了向量之间的线性相关性，但尚未涉及向量的度量性质.

在空间解析几何中，向量 $\boldsymbol{x}=(x_1, x_2, x_3)$ 和 $\boldsymbol{y}=(y_1, y_2, y_3)$ 的长度与夹角等度量性质可以通过两个向量的数量积

$$\boldsymbol{x}\cdot\boldsymbol{y}=|\boldsymbol{x}||\boldsymbol{y}|\cos\theta \ (\theta\text{ 为向量 }\boldsymbol{x}\text{ 与 }\boldsymbol{y}\text{ 的夹角})$$

来表示，且在空间直角坐标系中，有

$$\boldsymbol{x}\cdot\boldsymbol{y}=x_1y_1+x_2y_2+x_3y_3,\ |\boldsymbol{x}|=\sqrt{x_1^2+x_2^2+x_3^2}.$$

本节中，我们要将数量积的概念推广到 n 维向量空间中，引入内积的概念，并由此进一步定义 n 维向量空间中的长度、距离和垂直等概念.

一、内积及其性质

定义 1 设有 n 维列向量 $\boldsymbol{x}=(x_1, x_2, \cdots, x_n)^{\mathrm{T}}$，$\boldsymbol{y}=(y_1, y_2, \cdots, y_n)^{\mathrm{T}}$，令

$$[\boldsymbol{x}, \boldsymbol{y}]=x_1y_1+x_2y_2+\cdots+x_ny_n,$$

则称 $[\boldsymbol{x}, \boldsymbol{y}]$ 为向量 $\boldsymbol{x}$ 与 $\boldsymbol{y}$ 的**内积**(**点积**).

注：内积 $[\boldsymbol{x}, \boldsymbol{y}]$ 有时也记作 $<\boldsymbol{x}, \boldsymbol{y}>$.

内积是两个向量间的一种运算，其结果是一个实数，按矩阵的记法可表示为

$$[\boldsymbol{x}, \boldsymbol{y}]=\boldsymbol{x}^{\mathrm{T}}\boldsymbol{y}=(x_1, x_2, \cdots, x_n)\begin{pmatrix} y_1 \\ y_2 \\ \vdots \\ y_n \end{pmatrix}.$$

内积的运算性质如下(其中 $\boldsymbol{x}, \boldsymbol{y}, \boldsymbol{z}$ 为 n 维向量，$\lambda\in\mathbf{R}$)：

(1) $[\boldsymbol{x}, \boldsymbol{y}]=[\boldsymbol{y}, \boldsymbol{x}]$；

(2) $[\lambda\boldsymbol{x}, \boldsymbol{y}]=\lambda[\boldsymbol{x}, \boldsymbol{y}]$；

(3) $[\boldsymbol{x}+\boldsymbol{y}, \boldsymbol{z}]=[\boldsymbol{x}, \boldsymbol{z}]+[\boldsymbol{y}, \boldsymbol{z}]$；

(4) $[\boldsymbol{x}, \boldsymbol{x}]\geqslant 0$，当且仅当 $\boldsymbol{x}=\boldsymbol{0}$ 时，有 $[\boldsymbol{x}, \boldsymbol{x}]=0$.

从上可见，内积是向量空间中的一种运算，具有对称性、双线性与正定性等性质. 内积的几何意义体现在衡量向量的相似性和正交性，其结果直接影响对向量空间结构的判断.

二、向量的长度与性质

定义 2 设 $\boldsymbol{x}$ 为 n 维向量，令

$$\|\boldsymbol{x}\|=\sqrt{[\boldsymbol{x}, \boldsymbol{x}]}=\sqrt{x_1^2+x_2^2+\cdots+x_n^2},$$

则称 $\|\boldsymbol{x}\|$ 为 n 维向量 $\boldsymbol{x}$ 的**长度**(或**范数**).

向量的范数具有下述性质:

(1) 非负性: $\|\boldsymbol{x}\|\geqslant 0$, 当且仅当$\boldsymbol{x}=\mathbf{0}$时, $\|\boldsymbol{x}\|=0$;

(2) 齐次性: $\|\lambda\boldsymbol{x}\|=|\lambda|\,\|\boldsymbol{x}\|$;

(3) 三角不等式: $\|\boldsymbol{x}+\boldsymbol{y}\|\leqslant\|\boldsymbol{x}\|+\|\boldsymbol{y}\|$;

(4) 对任意n维向量$\boldsymbol{x}, \boldsymbol{y}$, 有$|[\boldsymbol{x}, \boldsymbol{y}]|\leqslant\|\boldsymbol{x}\|\cdot\|\boldsymbol{y}\|$.

向量的范数源于数学分析和线性代数, 其研究背景源于研究向量空间中对象的度量问题, 是用来描述向量“长度”或“大小”的概念. 范数是衡量向量大小的函数, 具有非负性、齐次性和三角不等式等性质. 这些性质确保范数能够统一度量向量空间中的几何特性. 范数广泛用于数据分析、机器学习、优化等领域, 帮助量化误差、评估模型性能、控制正则化强度等. 通过选择不同的范数, 可解决不同的特定问题, 如稀疏性建模、最小二乘估计、测量误差大小 (如机器学习中的损失函数)、最优化中的收敛性分析、信号处理中的能量计算、提高算法效率与系统的可靠性等问题.

若令$\boldsymbol{x}=(x_1, x_2, \cdots, x_n)^{\mathrm{T}}$, $\boldsymbol{y}=(y_1, y_2, \cdots, y_n)^{\mathrm{T}}$, 则性质(4)可表示为

$$\left|\sum_{i=1}^{n}x_i y_i\right|\leqslant\sqrt{\sum_{i=1}^{n}x_i^2}\cdot\sqrt{\sum_{i=1}^{n}y_i^2}.$$

柯西-施瓦茨不等式源于向量空间与内积的研究, 描述了两个向量内积的绝对值不超过其范数乘积的关系. 这一不等式体现了内积与范数之间的重要联系. 它广泛应用于数学分析、概率论和线性代数, 如证明不等式、评估向量投影误差、优化分析等. 在数据科学与机器学习中, 该不等式用于衡量变量间的相关性、计算余弦相似度等.

当$\|\boldsymbol{x}\|=1$时, 称$\boldsymbol{x}$为**单位向量**.

对$\mathbf{R}^n$中的任一非零向量$\boldsymbol{\alpha}$, 向量$\dfrac{\boldsymbol{\alpha}}{\|\boldsymbol{\alpha}\|}$是一个单位向量, 因为$\left\|\dfrac{\boldsymbol{\alpha}}{\|\boldsymbol{\alpha}\|}\right\|=\dfrac{1}{\|\boldsymbol{\alpha}\|}\|\boldsymbol{\alpha}\|=1$.

用一个非零向量$\boldsymbol{\alpha}$的范数(长度)$\|\boldsymbol{\alpha}\|$去除向量$\boldsymbol{\alpha}$, 得到一个单位向量, 这一过程通常称为将向量$\boldsymbol{\alpha}$**单位化**.

当$\|\boldsymbol{\alpha}\|\neq 0$, $\|\boldsymbol{\beta}\|\neq 0$时, 令$\theta=\arccos\dfrac{[\boldsymbol{\alpha}, \boldsymbol{\beta}]}{\|\boldsymbol{\alpha}\|\cdot\|\boldsymbol{\beta}\|}$ $(0\leqslant\theta\leqslant\pi)$, 称$\theta$为**$n$维向量$\boldsymbol{\alpha}$与$\boldsymbol{\beta}$的夹角**.

例1　求向量$\boldsymbol{\alpha}=(1, 2, 2, 3)^{\mathrm{T}}$, $\boldsymbol{\beta}=(3, 1, 5, 1)^{\mathrm{T}}$的夹角$(0\leqslant\theta\leqslant\pi)$.

解　根据范数的定义, 计算得

$$\|\boldsymbol{\alpha}\|=\sqrt{1^2+2^2+2^2+3^2}=3\sqrt{2}, \quad \|\boldsymbol{\beta}\|=\sqrt{3^2+1^2+5^2+1^2}=6,$$

又根据内积的定义, 计算得

$$[\boldsymbol{\alpha}, \boldsymbol{\beta}]=1\times 3+2\times 1+2\times 5+3\times 1=18,$$

所以, 题设向量$\boldsymbol{\alpha}$与$\boldsymbol{\beta}$的夹角$(0\leqslant\theta\leqslant\pi)$为

$$\theta=\arccos\frac{[\boldsymbol{\alpha}, \boldsymbol{\beta}]}{\|\boldsymbol{\alpha}\|\cdot\|\boldsymbol{\beta}\|}=\arccos\frac{\sqrt{2}}{2}=\frac{\pi}{4}.$$

三、正交向量组

定义 3　如果两个向量 $\boldsymbol{\alpha}$ 与 $\boldsymbol{\beta}$ 的内积等于零, 即 $[\alpha,\boldsymbol{\beta}]=0$, 那么称**向量 $\boldsymbol{\alpha}$ 与 $\boldsymbol{\beta}$ 相互正交**, 记作 $\boldsymbol{\alpha}\perp\boldsymbol{\beta}$.

注: 显然, 若 $\boldsymbol{\alpha}=\mathbf{0}$, 则 $\boldsymbol{\alpha}$ 与任何向量都正交.

图4－1－1给出了关于正交向量的一些重要事实.

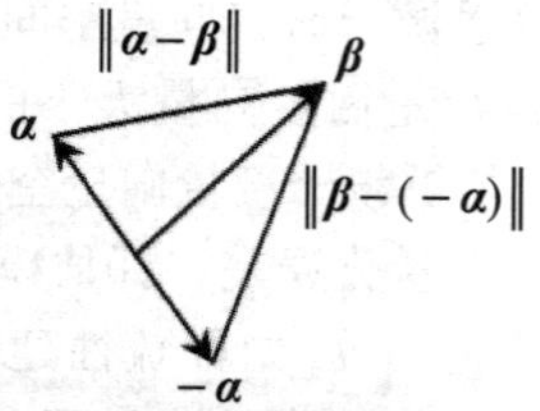

$\boldsymbol{\alpha}$ 与 $\boldsymbol{\beta}$ 相互垂直当且仅当
$\|\alpha-\beta\|=\|\beta-(-\alpha)\|$

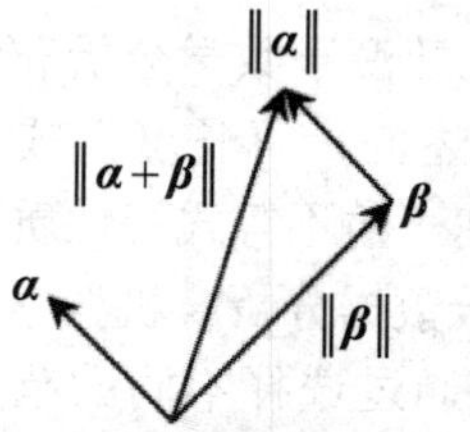

勾股定理: $\boldsymbol{\alpha}$ 与 $\boldsymbol{\beta}$ 相互垂直当且仅当
$\|\alpha+\beta\|^2=\|\alpha\|^2+\|\beta\|^2$

图4－1－1

定义 4　如果 n 维向量 $\boldsymbol{\alpha}_1, \boldsymbol{\alpha}_2, \cdots, \boldsymbol{\alpha}_r$ 构成一个非零向量组, 且向量组 $\boldsymbol{\alpha}_1, \boldsymbol{\alpha}_2, \cdots, \boldsymbol{\alpha}_r$ 中的向量两两正交, 那么称该向量组为**正交向量组**.

例如, $\mathbf{R}^n$ 中的单位坐标向量组 $\boldsymbol{\varepsilon}_1, \boldsymbol{\varepsilon}_2, \cdots, \boldsymbol{\varepsilon}_n$ 是两两正交的, 因为 $[\boldsymbol{\varepsilon}_i, \boldsymbol{\varepsilon}_j]=0\ (i\neq j)$.

正交向量组在数学、物理及工程等领域中具有重要地位. 正交性源于欧几里得几何中垂直概念的推广, 在向量空间中表示两个向量内积为零, 即正交. 进一步, 若正交向量组中的每个向量都是单位向量 (模长为1) , 则称其为**规范正交向量组**. 正交向量组可以简化向量空间的表示和运算. 正交基允许将任意向量表示为基向量的线性组合, 且系数易于通过内积求得. 此外, 正交性也降低了数值计算中累积误差的风险, 提升计算精度. 正交向量组的应用广泛: 在信号处理领域, 用于傅里叶分析, 将复杂信号分解为正交基上的分量; 在量子力学中, 正交态描述系统的不同状态; 在机器学习和数据分析中, 主成分分析 (PCA) 基于正交性提取数据主方向, 从而降维和压缩数据, 等等.

定理 1　若 $\boldsymbol{\alpha}_1, \boldsymbol{\alpha}_2, \cdots, \boldsymbol{\alpha}_r$ 是一个 n 维正交向量组, 则向量组 $\boldsymbol{\alpha}_1, \boldsymbol{\alpha}_2, \cdots, \boldsymbol{\alpha}_r$ 必线性无关.

证明　设有数组 $k_1, k_2, \cdots, k_r$ 使得

$$k_1\boldsymbol{\alpha}_1+k_2\boldsymbol{\alpha}_2+\cdots+k_r\boldsymbol{\alpha}_r=\mathbf{0},$$

用 $\boldsymbol{\alpha}_i^{\mathrm{T}}$ 左乘上式两端, 根据正交向量组的定义, 得

$$k_i\boldsymbol{\alpha}_i^{\mathrm{T}}\boldsymbol{\alpha}_i=0\ (i=1, 2, \cdots, r).$$

因 $\boldsymbol{\alpha}_i\neq\mathbf{0}$, 故 $\boldsymbol{\alpha}_i^{\mathrm{T}}\boldsymbol{\alpha}_i=\|\boldsymbol{\alpha}_i\|^2\neq 0$, 从而必有 $k_i=0\ (i=1, 2, \cdots, r)$, 所以, 由线性无关的定义知, 向量组 $\boldsymbol{\alpha}_1, \boldsymbol{\alpha}_2, \cdots, \boldsymbol{\alpha}_r$ 必线性无关. 证毕.

注: 向量空间 $\mathbf{R}^n$ 中任一正交向量组的向量个数不会超过 n.

例 2　已知 $\boldsymbol{\alpha}_1=(1, 1, 2, 3)^{\mathrm{T}}$, $\boldsymbol{\alpha}_2=(-1, 1, 4, -1)^{\mathrm{T}}$, 求与 $\boldsymbol{\alpha}_1, \boldsymbol{\alpha}_2$ 等价的正交向量组.

解　设 $\boldsymbol{\beta}_1=\boldsymbol{\alpha}_1$, $\boldsymbol{\beta}_2=\boldsymbol{\beta}_1+k\boldsymbol{\alpha}_2$, 只要 $k\neq 0$, 向量组 $\boldsymbol{\alpha}_1, \boldsymbol{\alpha}_2$ 与 $\boldsymbol{\beta}_1, \boldsymbol{\beta}_2$ 就可以相互线性表示, 从而是等价的向量组. 这样, 就可以用待定系数法确定 k 以保证 $\boldsymbol{\beta}_1, \boldsymbol{\beta}_2$ 相互正交.

由向量的内积及其性质, 有

$$[\boldsymbol{\beta}_1, \boldsymbol{\beta}_2] = \boldsymbol{\beta}_1^{\mathrm{T}}(\boldsymbol{\beta}_1 + k\boldsymbol{\alpha}_2) = \boldsymbol{\beta}_1^{\mathrm{T}}\boldsymbol{\beta}_1 + k\boldsymbol{\beta}_1^{\mathrm{T}}\boldsymbol{\alpha}_2 = 0, \tag{1.1}$$

而

$$\boldsymbol{\beta}_1^{\mathrm{T}}\boldsymbol{\beta}_1 = 1+1+4+9 = 15,\ \boldsymbol{\beta}_1^{\mathrm{T}}\boldsymbol{\alpha}_2 = -1+1+8-3 = 5.$$

将其代入式(1.1), 得 $15+5k=0$, 解得 $k=-3$, 从而

$$\boldsymbol{\beta}_2 = (1, 1, 2, 3)^{\mathrm{T}} - 3(-1, 1, 4, -1)^{\mathrm{T}} = (4, -2, -10, 6)^{\mathrm{T}}.$$

所以, 与向量组 $\boldsymbol{\alpha}_1, \boldsymbol{\alpha}_2$ 等价的正交向量组是

$$(1, 1, 2, 3)^{\mathrm{T}},\ (2, -1, -5, 3)^{\mathrm{T}}.$$

例 3 设 $\boldsymbol{\alpha}_1 = \begin{pmatrix} 2 \\ 4 \\ 5 \\ 6 \end{pmatrix}, \boldsymbol{\alpha}_2 = \begin{pmatrix} 4 \\ -2 \\ -6 \\ 5 \end{pmatrix}, \boldsymbol{\alpha}_3 = \begin{pmatrix} 6 \\ -5 \\ 4 \\ -2 \end{pmatrix}$, 试证 $\boldsymbol{\alpha}_1, \boldsymbol{\alpha}_2, \boldsymbol{\alpha}_3$ 是正交向量组, 并求 $\boldsymbol{\alpha}_4$ 使 $\boldsymbol{\alpha}_1, \boldsymbol{\alpha}_2, \boldsymbol{\alpha}_3, \boldsymbol{\alpha}_4$ 组成正交向量组.

证明 依题设, 利用向量的内积, 得

$$\boldsymbol{\alpha}_1^{\mathrm{T}}\boldsymbol{\alpha}_2 = 0,\ \boldsymbol{\alpha}_1^{\mathrm{T}}\boldsymbol{\alpha}_3 = 0,\ \boldsymbol{\alpha}_2^{\mathrm{T}}\boldsymbol{\alpha}_3 = 0,$$

故 $\boldsymbol{\alpha}_1, \boldsymbol{\alpha}_2, \boldsymbol{\alpha}_3$ 为正交向量组. 设 $\boldsymbol{\alpha}_4 = (x_1, x_2, x_3, x_4)^{\mathrm{T}}$, 则

$$\begin{pmatrix} 2 & 4 & 5 & 6 \\ 4 & -2 & -6 & 5 \\ 6 & -5 & 4 & -2 \end{pmatrix} \begin{pmatrix} x_1 \\ x_2 \\ x_3 \\ x_4 \end{pmatrix} = \mathbf{0},$$

记上述线性方程组的系数矩阵为 $\boldsymbol{A}$, 易见其秩 $\mathrm{r}(\boldsymbol{A}) = 3$, 因矩阵 $\boldsymbol{A}$ 的前三列构成的三阶行列式不为零, 故可令自由未知量 $x_4 = -4$, 代入上述方程组中, 求得一组整数解:

$$x_1 = 5,\ x_2 = 6,\ x_3 = -2,$$

即向量 $\boldsymbol{\alpha}_4 = (5, 6, -2, -4)^{\mathrm{T}}$ 使得向量组 $\boldsymbol{\alpha}_1, \boldsymbol{\alpha}_2, \boldsymbol{\alpha}_3, \boldsymbol{\alpha}_4$ 组成正交向量组. 证毕.

例 4 在机器学习中, 一个公司利用四种不同的特征 (如用户行为数据、点击率、购买量和产品评价) 来预测其产品销量. 对每种特征用一个向量表示其在不同时间段内的变化情况. 为了优化模型的训练过程, 分析这些特征向量是否独立. 假设四种特征的变化向量如下所示:

$$\boldsymbol{v}_1 = \begin{pmatrix} 2 \\ 1 \\ 0 \\ 0 \end{pmatrix},\ \boldsymbol{v}_2 = \begin{pmatrix} 1 \\ -2 \\ 0 \\ 0 \end{pmatrix},\ \boldsymbol{v}_3 = \begin{pmatrix} 0 \\ 0 \\ 3 \\ 0 \end{pmatrix},\ \boldsymbol{v}_4 = \begin{pmatrix} 0 \\ 0 \\ 0 \\ 4 \end{pmatrix}.$$

试验证这些特征向量是否正交, 并讨论其在机器学习中的意义.

解　要判断这四个向量是否正交, 可以通过计算它们的内积来判断. 如果任意两个向量的内积为0, 则说明它们是正交的. 例如, 计算向量 $\boldsymbol{v}_1$ 与 $\boldsymbol{v}_2$ 的内积, 得

$$[\boldsymbol{v}_1,\boldsymbol{v}_2]=2\times1+1\times(-2)+0\times0+0\times0=2-2+0+0=0,$$

类似地, 可计算得

$$[\boldsymbol{v}_1,\boldsymbol{v}_3]=0,\ [\boldsymbol{v}_1,\boldsymbol{v}_4]=0,\ [\boldsymbol{v}_2,\boldsymbol{v}_3]=0,\ [\boldsymbol{v}_2,\boldsymbol{v}_4]=0,\ [\boldsymbol{v}_3,\boldsymbol{v}_4]=0.$$

由于所有的内积都为零, 因此这四个向量是相互正交的.

在机器学习这个案例中, 四个特征向量相互正交意味着这些特征在预测产品销量时是独立的, 每个特征的变化与其他特征的变化没有线性依赖关系. 这对于模型的训练和效果评估非常重要, 因为正交性具有以下优点:

(1) **特征独立性**: 在模型训练中, 特征之间相互正交意味着没有冗余信息, 每个特征都提供独立的、有用的信号, 这有助于降低模型的过拟合风险.

(2) **模型简化**: 正交特征可以帮助简化模型, 避免多重共线性问题, 提高预测性能.

(3) **优化计算效率**: 正交特征能帮助机器学习算法高效地进行特征选择, 减少计算开销.

正交性在特征工程和数据预处理阶段尤为重要, 可以使得机器学习模型能够更好地理解数据, 提高预测精度和可解释性. 这种特性也为在电子商务领域应用推荐系统、进行市场分析等提供了有力支持.

四、规范正交基及其求法

定义 5　设 $V\subset\mathbf{R}^n$ 是一个向量空间.

(1) 若向量组 $\boldsymbol{\alpha}_1,\boldsymbol{\alpha}_2,\cdots,\boldsymbol{\alpha}_r$ 是向量空间 V 的一个基, 且是两两正交的非零向量组, 则称向量组 $\boldsymbol{\alpha}_1,\boldsymbol{\alpha}_2,\cdots,\boldsymbol{\alpha}_r$ 是向量空间 V 的**正交基**.

(2) 若向量组 $\boldsymbol{e}_1,\boldsymbol{e}_2,\cdots,\boldsymbol{e}_r$ 是向量空间 V 的一个基, 且是两两正交的单位向量组, 则称向量组 $\boldsymbol{e}_1,\boldsymbol{e}_2,\cdots,\boldsymbol{e}_r$ 是向量空间 V 的一个**规范正交基** (或**标准正交基**).

例如, 容易验证, 向量组

$$\boldsymbol{e}_1=\begin{pmatrix}\frac{1}{\sqrt{2}}\\ \frac{1}{\sqrt{2}}\\ 0\\ 0\end{pmatrix},\quad \boldsymbol{e}_2=\begin{pmatrix}\frac{1}{\sqrt{2}}\\ -\frac{1}{\sqrt{2}}\\ 0\\ 0\end{pmatrix},\quad \boldsymbol{e}_3=\begin{pmatrix}0\\ 0\\ \frac{1}{\sqrt{2}}\\ \frac{1}{\sqrt{2}}\end{pmatrix},\quad \boldsymbol{e}_4=\begin{pmatrix}0\\ 0\\ \frac{1}{\sqrt{2}}\\ -\frac{1}{\sqrt{2}}\end{pmatrix}$$

是四维向量空间 $\mathbf{R}^4$ 的一个规范正交基.

又如, n 维单位坐标向量组 $\boldsymbol{\varepsilon}_1,\boldsymbol{\varepsilon}_2,\cdots,\boldsymbol{\varepsilon}_n$ 是 $\mathbf{R}^n$ 的一个规范正交基.

若向量组$\boldsymbol{e}_1, \boldsymbol{e}_2, \cdots, \boldsymbol{e}_r$是向量空间$\boldsymbol{V}$的一个规范正交基, 则$\boldsymbol{V}$中任意一个向量$\boldsymbol{\alpha}$都能由$\boldsymbol{e}_1, \boldsymbol{e}_2, \cdots, \boldsymbol{e}_r$线性表示, 设表示式为

$$\boldsymbol{\alpha}=\lambda_1\boldsymbol{e}_1+\lambda_2\boldsymbol{e}_2+\cdots+\lambda_r\boldsymbol{e}_r,$$

为求其中的系数$\lambda_i\,(i=1, 2, \cdots, r)$, 可用$\boldsymbol{e}_i^{\mathrm{T}}$左乘上式, 则利用其规范正交性, 得

$$\boldsymbol{e}_i^{\mathrm{T}}\boldsymbol{\alpha}=\lambda_i\boldsymbol{e}_i^{\mathrm{T}}\boldsymbol{e}_i=\lambda_i .$$

这就是向量在规范正交基中坐标的计算公式. 利用这个公式能方便地求得向量$\boldsymbol{\alpha}$在规范正交基$\boldsymbol{e}_1, \boldsymbol{e}_2, \cdots, \boldsymbol{e}_r$下的坐标. 因此, 我们在给出向量空间的基时常常取规范正交基.

规范正交基的求法:

设向量组$\boldsymbol{\alpha}_1, \boldsymbol{\alpha}_2, \cdots, \boldsymbol{\alpha}_r$是向量空间$\boldsymbol{V}$的一个基, 要求$\boldsymbol{V}$的一个规范正交基, 也就是要找一组两两正交的单位向量$\boldsymbol{e}_1, \boldsymbol{e}_2, \cdots, \boldsymbol{e}_r$, 使向量组$\boldsymbol{e}_1, \boldsymbol{e}_2, \cdots, \boldsymbol{e}_r$与$\boldsymbol{\alpha}_1, \boldsymbol{\alpha}_2, \cdots, \boldsymbol{\alpha}_r$等价. 这一过程称为将基$\boldsymbol{\alpha}_1, \boldsymbol{\alpha}_2, \cdots, \boldsymbol{\alpha}_r$**规范正交化**, 可按如下两个步骤进行:

(1) 正交化: 令

$$\boldsymbol{\beta}_1=\boldsymbol{\alpha}_1,$$

$$\boldsymbol{\beta}_2=\boldsymbol{\alpha}_2-\frac{[\boldsymbol{\beta}_1, \boldsymbol{\alpha}_2]}{[\boldsymbol{\beta}_1, \boldsymbol{\beta}_1]}\boldsymbol{\beta}_1,$$

$$\cdots\cdots$$

$$\boldsymbol{\beta}_r=\boldsymbol{\alpha}_r-\frac{[\boldsymbol{\beta}_1, \boldsymbol{\alpha}_r]}{[\boldsymbol{\beta}_1, \boldsymbol{\beta}_1]}\boldsymbol{\beta}_1-\frac{[\boldsymbol{\beta}_2, \boldsymbol{\alpha}_r]}{[\boldsymbol{\beta}_2, \boldsymbol{\beta}_2]}\boldsymbol{\beta}_2-\cdots-\frac{[\boldsymbol{\beta}_{r-1}, \boldsymbol{\alpha}_r]}{[\boldsymbol{\beta}_{r-1}, \boldsymbol{\beta}_{r-1}]}\boldsymbol{\beta}_{r-1},$$

易验证向量组$\boldsymbol{\beta}_1, \boldsymbol{\beta}_2, \cdots, \boldsymbol{\beta}_r$两两正交, 且与向量组$\boldsymbol{\alpha}_1, \boldsymbol{\alpha}_2, \cdots, \boldsymbol{\alpha}_r$等价.

(2) 单位化(归一化): 令

$$\boldsymbol{e}_1=\frac{\boldsymbol{\beta}_1}{\|\boldsymbol{\beta}_1\|}, \boldsymbol{e}_2=\frac{\boldsymbol{\beta}_2}{\|\boldsymbol{\beta}_2\|}, \cdots, \boldsymbol{e}_r=\frac{\boldsymbol{\beta}_r}{\|\boldsymbol{\beta}_r\|},$$

则$\boldsymbol{e}_1, \boldsymbol{e}_2, \cdots, \boldsymbol{e}_r$是$\boldsymbol{V}$的一个规范正交基.

上面将一个线性无关向量组 (向量空间$\boldsymbol{V}$的一个基) 转化为规范正交基的算法称为**施密特 (Schmidt) 正交化方法**. 该方法通过逐步消去向量间的相互投影, 使每个新向量与前面的向量正交, 再对其单位化, 最终得到一组规范正交基. 其意义在于, 该方法为构造向量空间中的正交基提供了系统化步骤, 简化了向量的表示和运算, 减少了数值计算中的误差. 在实践中, 施密特正交化方法广泛用于信号处理 (如构造傅里叶基)、数值分析 (如QR分解) 以及数据降维 (如主成分分析) 等领域, 帮助解决空间基变换、矩阵分解及特征提取等问题.

例 5 设$\boldsymbol{\alpha}_1=\begin{pmatrix}1\\2\\-1\end{pmatrix}, \boldsymbol{\alpha}_2=\begin{pmatrix}-1\\3\\1\end{pmatrix}, \boldsymbol{\alpha}_3=\begin{pmatrix}4\\-1\\0\end{pmatrix}$, 试用施密特正交化方法, 将向量组规

范正交化.

解　不难证明向量组 $\boldsymbol{\alpha}_1, \boldsymbol{\alpha}_2, \boldsymbol{\alpha}_3$ 是线性无关的. 因此, 该向量组可规范正交化. 利用施密特正交化方法, 取 $\boldsymbol{\beta}_1=\boldsymbol{\alpha}_1$, 则

$$\boldsymbol{\beta}_2=\boldsymbol{\alpha}_2-\frac{[\boldsymbol{\alpha}_2,\boldsymbol{\beta}_1]}{\|\boldsymbol{\beta}_1\|^2}\boldsymbol{\beta}_1=\begin{pmatrix}-1\\3\\1\end{pmatrix}-\frac{4}{6}\begin{pmatrix}1\\2\\-1\end{pmatrix}=\frac{5}{3}\begin{pmatrix}-1\\1\\1\end{pmatrix},$$

$$\boldsymbol{\beta}_3=\boldsymbol{\alpha}_3-\frac{[\boldsymbol{\alpha}_3,\boldsymbol{\beta}_1]}{\|\boldsymbol{\beta}_1\|^2}\boldsymbol{\beta}_1-\frac{[\boldsymbol{\alpha}_3,\boldsymbol{\beta}_2]}{\|\boldsymbol{\beta}_2\|^2}\boldsymbol{\beta}_2$$

$$=\begin{pmatrix}4\\-1\\0\end{pmatrix}-\frac{1}{3}\begin{pmatrix}1\\2\\-1\end{pmatrix}+\frac{5}{3}\begin{pmatrix}-1\\1\\1\end{pmatrix}=2\begin{pmatrix}1\\0\\1\end{pmatrix}.$$

向量组的规范正交化

再将它们单位化:

$$\boldsymbol{e}_1=\frac{\boldsymbol{\beta}_1}{\|\boldsymbol{\beta}_1\|}=\frac{1}{\sqrt{6}}\begin{pmatrix}1\\2\\-1\end{pmatrix},\quad \boldsymbol{e}_2=\frac{\boldsymbol{\beta}_2}{\|\boldsymbol{\beta}_2\|}=\frac{1}{\sqrt{3}}\begin{pmatrix}-1\\1\\1\end{pmatrix},\quad \boldsymbol{e}_3=\frac{\boldsymbol{\beta}_3}{\|\boldsymbol{\beta}_3\|}=\frac{1}{\sqrt{2}}\begin{pmatrix}1\\0\\1\end{pmatrix},$$

则向量组 $\boldsymbol{e}_1, \boldsymbol{e}_2, \boldsymbol{e}_3$ 即为所求.

注: 本例有明确的几何意义(详见教材配套的网络学习空间).

例 6　将 $(1, 0, -1, 1, 1)$, $(0, 1, 1, -1, -1)$ 规范正交化.

解　依题设, 应用施密特正交化方法:

$$\boldsymbol{\alpha}_1=(1, 0, -1, 1, 1),$$

$$\boldsymbol{\alpha}_2=(0, 1, 1, -1, -1)+\frac{3}{4}(1, 0, -1, 1, 1)$$

$$=\left(\frac{3}{4}, 1, \frac{1}{4}, -\frac{1}{4}, -\frac{1}{4}\right).$$

再将它们单位化, 得所求题设向量组的规范正交基:

$$\boldsymbol{e}_1=\frac{1}{2}(1, 0, -1, 1, 1),\ \boldsymbol{e}_2=\frac{1}{2\sqrt{7}}(3, 4, 1, -1, -1).$$

例 7　已知三维向量空间中两个向量 $\boldsymbol{\alpha}_1=\begin{pmatrix}1\\1\\1\end{pmatrix}$, $\boldsymbol{\alpha}_2=\begin{pmatrix}1\\-2\\1\end{pmatrix}$ 正交, 试求 $\boldsymbol{\alpha}_3$, 使 $\boldsymbol{\alpha}_1, \boldsymbol{\alpha}_2, \boldsymbol{\alpha}_3$ 构成三维空间的一个正交基.

解　设 $\boldsymbol{\alpha}_3=(x_1, x_2, x_3)^{\mathrm{T}}\neq\mathbf{0}$, 它分别与 $\boldsymbol{\alpha}_1, \boldsymbol{\alpha}_2$ 正交. 则

$$[\boldsymbol{\alpha}_1, \boldsymbol{\alpha}_3]=x_1+x_2+x_3=0,\ [\boldsymbol{\alpha}_2, \boldsymbol{\alpha}_3]=x_1-2x_2+x_3=0,$$

解联立方程组$\begin{cases}x_1+x_2+x_3=0\\x_1-2x_2+x_3=0\end{cases}$，得$x_1=-x_3$，$x_2=0$. 取自由未知量$x_3=1$，得

$$\boldsymbol{\alpha}_3=\begin{pmatrix}x_1\\x_2\\x_3\end{pmatrix}=\begin{pmatrix}-1\\0\\1\end{pmatrix}.$$

从上可见, 向量组$\boldsymbol{\alpha}_1,\boldsymbol{\alpha}_2,\boldsymbol{\alpha}_3$构成三维空间的一个正交基.

例 8 将$\boldsymbol{\alpha}_1=(1,-1,1,1)$, $\boldsymbol{\alpha}_2=(1,0,1,0)$, $\boldsymbol{\alpha}_3=(2,1,-2,0)$规范正交化.

解 易知$\boldsymbol{\alpha}_2,\boldsymbol{\alpha}_3$正交, 故应用施密特正交化方法:

$$\boldsymbol{\beta}_1=\boldsymbol{\alpha}_3=(2,1,-2,0),$$

$$\boldsymbol{\beta}_2=\boldsymbol{\alpha}_2=(1,0,1,0),$$

$$\boldsymbol{\beta}_3=\boldsymbol{\alpha}_1-\frac{[\boldsymbol{\beta}_1,\boldsymbol{\alpha}_1]}{[\boldsymbol{\beta}_1,\boldsymbol{\beta}_1]}\boldsymbol{\beta}_1-\frac{[\boldsymbol{\beta}_2,\boldsymbol{\alpha}_1]}{[\boldsymbol{\beta}_2,\boldsymbol{\beta}_2]}\boldsymbol{\beta}_2=\left(\frac{2}{9},-\frac{8}{9},-\frac{2}{9},1\right).$$

再将它们单位化, 得所求题设向量组的规范正交基:

$$\boldsymbol{\gamma}_1=\frac{1}{3}(2,1,-2,0),\ \boldsymbol{\gamma}_2=\frac{1}{\sqrt{2}}(1,0,1,0),\ \boldsymbol{\gamma}_3=\frac{1}{3\sqrt{17}}(2,-8,-2,9).$$

例9 求与向量组

$$\boldsymbol{\alpha}_1=(1,1,1,1)^{\mathrm T},\ \boldsymbol{\alpha}_2=(1,-2,-3,-4)^{\mathrm T},\ \boldsymbol{\alpha}_3=(1,0,4,3)^{\mathrm T}$$

等价的一个正交单位向量组.

解 依题设, 应用施密特正交化方法: 取$\boldsymbol{\beta}_1=\boldsymbol{\alpha}_1$, $\boldsymbol{\beta}_2=k_1\boldsymbol{\beta}_1+\boldsymbol{\alpha}_2$. 由$[\boldsymbol{\beta}_1,\boldsymbol{\beta}_2]=0$, 得

$$k_1=-\frac{[\boldsymbol{\beta}_1,\boldsymbol{\alpha}_2]}{[\boldsymbol{\beta}_1,\boldsymbol{\beta}_1]}=-\frac{1-2-3-4}{4}=2,$$

即$\boldsymbol{\beta}_2=2\boldsymbol{\beta}_1+\boldsymbol{\alpha}_2=(3,0,-1,-2)^{\mathrm T}$.

设$\boldsymbol{\beta}_3=k_2\boldsymbol{\beta}_1+k_3\boldsymbol{\beta}_2+\boldsymbol{\alpha}_3$, 由$[\boldsymbol{\beta}_1,\boldsymbol{\beta}_3]=0$, 得$k_2=-\dfrac{[\boldsymbol{\beta}_1,\boldsymbol{\alpha}_3]}{[\boldsymbol{\beta}_1,\boldsymbol{\beta}_1]}=-\dfrac{8}{4}=-2$; 由$[\boldsymbol{\beta}_2,\boldsymbol{\beta}_3]=0$,
得$k_3=-\dfrac{[\boldsymbol{\beta}_2,\boldsymbol{\alpha}_3]}{[\boldsymbol{\beta}_2,\boldsymbol{\beta}_2]}=-\dfrac{-7}{14}=\dfrac{1}{2}$. 故

$$\boldsymbol{\beta}_3=(1/2,-2,3/2,0)^{\mathrm T}.$$

再将向量组$\boldsymbol{\beta}_1,\boldsymbol{\beta}_2,\boldsymbol{\beta}_3$单位化, 得所求题设向量组的规范正交基:

$$\boldsymbol{u}_1=\left(\frac{1}{2},\frac{1}{2},\frac{1}{2},\frac{1}{2}\right)^{\mathrm T},\ \boldsymbol{u}_2=\frac{1}{\sqrt{14}}(3,0,-1,2)^{\mathrm T},\ \boldsymbol{u}_3=\frac{1}{\sqrt{26}}(1,-4,3,0)^{\mathrm T},$$

因此, 所求正交向量组为$\boldsymbol{u}_1,\boldsymbol{u}_2,\boldsymbol{u}_3$.

五、正交矩阵与正交变换

定义 6　若 n 阶方阵 $\boldsymbol{A}$ 满足 $\boldsymbol{A}^{\mathrm{T}}\boldsymbol{A}=\boldsymbol{E}$, 则称 $\boldsymbol{A}$ 为**正交矩阵**, 简称**正交阵**.

正交矩阵有以下几个重要性质:

(1) $\boldsymbol{A}^{\mathrm{T}}=\boldsymbol{A}^{-1}$, 即 $\boldsymbol{A}\boldsymbol{A}^{\mathrm{T}}=\boldsymbol{A}^{\mathrm{T}}\boldsymbol{A}=\boldsymbol{E}_n$;

(2) 若 $\boldsymbol{A}$ 是正交矩阵, 则 $\boldsymbol{A}^{\mathrm{T}}$(或 $\boldsymbol{A}^{-1}$)也是正交矩阵;

(3) 两个正交矩阵之积仍是正交矩阵;

(4) 正交矩阵的行列式等于 1 或 -1.

定理 2　矩阵 $\boldsymbol{A}$ 为正交矩阵的充分必要条件是 $\boldsymbol{A}$ 的列向量组是单位正交向量组.

证明　设 $\boldsymbol{A}=(\boldsymbol{\alpha}_1,\boldsymbol{\alpha}_2,\cdots,\boldsymbol{\alpha}_n)$, 其中 $\boldsymbol{\alpha}_1,\boldsymbol{\alpha}_2,\cdots,\boldsymbol{\alpha}_n$ 是 $\boldsymbol{A}$ 的列向量组, 则 $\boldsymbol{A}^{\mathrm{T}}\boldsymbol{A}=\boldsymbol{E}$ 等价于

$$\begin{pmatrix}\boldsymbol{\alpha}_1^{\mathrm{T}}\\ \boldsymbol{\alpha}_2^{\mathrm{T}}\\ \vdots\\ \boldsymbol{\alpha}_n^{\mathrm{T}}\end{pmatrix}(\boldsymbol{\alpha}_1,\boldsymbol{\alpha}_2,\cdots,\boldsymbol{\alpha}_n)=\begin{pmatrix}\boldsymbol{\alpha}_1^{\mathrm{T}}\boldsymbol{\alpha}_1 & \boldsymbol{\alpha}_1^{\mathrm{T}}\boldsymbol{\alpha}_2 & \cdots & \boldsymbol{\alpha}_1^{\mathrm{T}}\boldsymbol{\alpha}_n\\ \boldsymbol{\alpha}_2^{\mathrm{T}}\boldsymbol{\alpha}_1 & \boldsymbol{\alpha}_2^{\mathrm{T}}\boldsymbol{\alpha}_2 & \cdots & \boldsymbol{\alpha}_2^{\mathrm{T}}\boldsymbol{\alpha}_n\\ \vdots & \vdots & & \vdots\\ \boldsymbol{\alpha}_n^{\mathrm{T}}\boldsymbol{\alpha}_1 & \boldsymbol{\alpha}_n^{\mathrm{T}}\boldsymbol{\alpha}_2 & \cdots & \boldsymbol{\alpha}_n^{\mathrm{T}}\boldsymbol{\alpha}_n\end{pmatrix}=\boldsymbol{E},$$

即 $\boldsymbol{\alpha}_i^{\mathrm{T}}\boldsymbol{\alpha}_j=\delta_{ij}=\begin{cases}1, & i=j\\ 0, & i\neq j\end{cases}\ (i,j=1,2,\cdots,n)$. 证毕.

注: 由 $\boldsymbol{A}^{\mathrm{T}}\boldsymbol{A}=\boldsymbol{E}$ 与 $\boldsymbol{A}\boldsymbol{A}^{\mathrm{T}}=\boldsymbol{E}$ 等价可知, 定理 2 的结论对行向量组也成立, 即 $\boldsymbol{A}$ 为正交矩阵的充要条件是 $\boldsymbol{A}$ 的行向量是单位正交向量组.

定义 7　若 $\boldsymbol{P}$ 为正交矩阵, 则线性变换 $\boldsymbol{y}=\boldsymbol{P}\boldsymbol{x}$ 称为**正交变换**.

正交变换的性质: 正交变换保持向量的内积及长度不变.

事实上, 设 $\boldsymbol{y}=\boldsymbol{P}\boldsymbol{x}$ 为正交变换, 且 $\boldsymbol{\beta}_1=\boldsymbol{P}\boldsymbol{\alpha}_1$, $\boldsymbol{\beta}_2=\boldsymbol{P}\boldsymbol{\alpha}_2$, 则

$$[\boldsymbol{\beta}_1,\boldsymbol{\beta}_2]=\boldsymbol{\beta}_1^{\mathrm{T}}\boldsymbol{\beta}_2=\boldsymbol{\alpha}_1^{\mathrm{T}}\boldsymbol{P}^{\mathrm{T}}\boldsymbol{P}\boldsymbol{\alpha}_2=\boldsymbol{\alpha}_1^{\mathrm{T}}\boldsymbol{E}\boldsymbol{\alpha}_2=\boldsymbol{\alpha}_1^{\mathrm{T}}\boldsymbol{\alpha}_2=[\boldsymbol{\alpha}_1,\boldsymbol{\alpha}_2],$$

$$\|\boldsymbol{\beta}_1\|=\sqrt{\boldsymbol{\beta}_1^{\mathrm{T}}\boldsymbol{\beta}_1}=\sqrt{\boldsymbol{\alpha}_1^{\mathrm{T}}\boldsymbol{P}^{\mathrm{T}}\boldsymbol{P}\boldsymbol{\alpha}_1}=\sqrt{\boldsymbol{\alpha}_1^{\mathrm{T}}\boldsymbol{\alpha}_1}=\|\boldsymbol{\alpha}_1\|.$$

从上可见, 正交矩阵是指列向量 (或行向量) 组成规范正交基的方阵, 其特点是转置矩阵等于其逆矩阵, 即 $\boldsymbol{A}\boldsymbol{A}^{\mathrm{T}}=\boldsymbol{A}^{\mathrm{T}}\boldsymbol{A}=\boldsymbol{E}_n$. 正交变换是指保持向量内积不变的线性变换, 其核心性质是长度和角度保持不变, 因此, 变换后不会改变几何结构. 正交矩阵与正交变换在数学和工程中具有重要意义. 正交矩阵的性质使其在数值计算中能有效避免误差累积, 如在QR分解中用于分解矩阵为正交矩阵和上三角形矩阵的乘积. 正交变换通过保持几何性质, 降低问题的计算复杂度, 尤其是在特征值分解、奇异值分解等领域. 正交矩阵和正交变换广泛用于信号处理、计算机图形学和机器学习等领域.

例 10　判别下列矩阵是否为正交矩阵.

(1) $\begin{pmatrix}1 & -1/2 & 1/3\\ -1/2 & 1 & 1/2\\ 1/3 & 1/2 & -1\end{pmatrix}$;　　(2) $\begin{pmatrix}1/9 & -8/9 & -4/9\\ -8/9 & 1/9 & -4/9\\ -4/9 & -4/9 & 7/9\end{pmatrix}$.

解 (1) 根据正交矩阵的定义, 考察矩阵的第1列和第2列, 因为

$$1\times\left(-\frac{1}{2}\right)+\left(-\frac{1}{2}\right)\times 1+\frac{1}{3}\times\frac{1}{2}\neq 0,$$

所以, 题设矩阵不是正交矩阵.

(2) 根据正交矩阵的定义, 因为

$$\begin{pmatrix} 1/9 & -8/9 & -4/9 \\ -8/9 & 1/9 & -4/9 \\ -4/9 & -4/9 & 7/9 \end{pmatrix}\begin{pmatrix} 1/9 & -8/9 & -4/9 \\ -8/9 & 1/9 & -4/9 \\ -4/9 & -4/9 & 7/9 \end{pmatrix}^{\mathrm{T}}=\begin{pmatrix} 1 & 0 & 0 \\ 0 & 1 & 0 \\ 0 & 0 & 1 \end{pmatrix},$$

所以, 题设矩阵是正交矩阵.

例 11 判断 $\boldsymbol{A}=\begin{pmatrix} 1 & 0 & 0 & 0 \\ 0 & 1/\sqrt{3} & 1/\sqrt{2} & 0 \\ 0 & 1/\sqrt{3} & 0 & 1 \\ 0 & 1/\sqrt{3} & -1/\sqrt{2} & 0 \end{pmatrix}$ 是否正交矩阵.

解 依题设, 根据正交矩阵的定义, 因为 $\boldsymbol{A}$ 的第2列与第4列不正交(或 $\boldsymbol{A}\boldsymbol{A}^{\mathrm{T}}\neq\boldsymbol{E}$), 故 $\boldsymbol{A}$ 不是正交矩阵.

例 12 在机器学习中的主成分分析算法中, 常常利用正交变换来进行数据降维. 设有一个二维数据集, 包含两个特征(如两个不同的传感器数据). 为了降低数据的维度, 同时保留数据中信息量最大的部分, 我们使用正交变换来旋转数据, 使得数据在新的坐标系中具有最大的方差.

假设有一个二维数据集 $\boldsymbol{X}=\begin{pmatrix} 4 & 5 \\ 6 & 7 \\ 8 & 9 \end{pmatrix}$, 我们希望对数据集应用一个正交矩阵 $\boldsymbol{Q}$ 来进行变换. 给定的变换矩阵为

$$\boldsymbol{Q}=\begin{pmatrix} 1/\sqrt{2} & 1/\sqrt{2} & 0 \\ -1/\sqrt{2} & 1/\sqrt{2} & 0 \\ 0 & 0 & 1 \end{pmatrix}.$$

请验证该矩阵是否正交矩阵, 并计算变换后的数据集 $\boldsymbol{X}'=\boldsymbol{Q}\boldsymbol{X}$.

解 首先要验证矩阵 $\boldsymbol{Q}$ 是否正交矩阵. 矩阵 $\boldsymbol{Q}$ 为正交矩阵的条件是 $\boldsymbol{Q}^{\mathrm{T}}\boldsymbol{Q}=\boldsymbol{E}$, 其中 $\boldsymbol{Q}^{\mathrm{T}}$ 为矩阵 $\boldsymbol{Q}$ 的转置矩阵, $\boldsymbol{E}$ 为单位矩阵. 因为

$$\boldsymbol{Q}^{\mathrm{T}}\boldsymbol{Q}=\begin{pmatrix} 1/\sqrt{2} & -1/\sqrt{2} & 0 \\ 1/\sqrt{2} & 1/\sqrt{2} & 0 \\ 0 & 0 & 1 \end{pmatrix}\begin{pmatrix} 1/\sqrt{2} & 1/\sqrt{2} & 0 \\ -1/\sqrt{2} & 1/\sqrt{2} & 0 \\ 0 & 0 & 1 \end{pmatrix}=\begin{pmatrix} 1 & 0 & 0 \\ 0 & 1 & 0 \\ 0 & 0 & 1 \end{pmatrix}=\boldsymbol{E},$$

所以, 矩阵 $\boldsymbol{Q}$ 是一个正交矩阵. 再来计算变换后的数据集:

$$\boldsymbol{X}'=\boldsymbol{QX}=\begin{pmatrix} 1/\sqrt{2} & 1/\sqrt{2} & 0 \\ -1/\sqrt{2} & 1/\sqrt{2} & 0 \\ 0 & 0 & 1 \end{pmatrix}\begin{pmatrix} 4 & 5 \\ 6 & 7 \\ 8 & 9 \end{pmatrix}$$

$$=\begin{pmatrix} 10/\sqrt{2} & 12/\sqrt{2} \\ 2/\sqrt{2} & 2/\sqrt{2} \\ 8 & 9 \end{pmatrix}=\begin{pmatrix} 5\sqrt{2} & 6\sqrt{2} \\ \sqrt{2} & \sqrt{2} \\ 8 & 9 \end{pmatrix}.$$

通过该例, 我们展示了如何在机器学习中应用正交矩阵进行数据变换. 通过正交变换, 数据集被旋转, 数据的不同特征间的相关性被改变. 这在数据降维和主成分分析等技术中有广泛应用, 能够帮助我们提取出数据中的主要特征, 同时保留信息量最大的部分, 降低数据的维度, 便于后续的分析和建模.

例 13 设 $\boldsymbol{A}=\begin{pmatrix} 1 & 2 & 2 & 0 \\ 2 & -1 & 0 & 2 \\ 2 & 0 & -1 & -2 \\ 0 & 2 & -2 & 1 \end{pmatrix}$, 求数 k 使 $\boldsymbol{B}=k\boldsymbol{A}$ 为正交矩阵, 并求 $\boldsymbol{A}^{-1}$.

解 依题设, 根据正交矩阵的定义, $\boldsymbol{A}$ 的列向量相互正交, 则当取

$$k=\pm\frac{1}{\sqrt{1+2^2+2^2}}=\pm\frac{1}{3},$$

即 $\boldsymbol{B}=\pm\dfrac{1}{3}\boldsymbol{A}$ 时 $\boldsymbol{B}$ 是正交矩阵, 再利用求逆矩阵的伴随矩阵法, 有

$$\boldsymbol{B}^{-1}=\boldsymbol{B}^{\mathrm{T}}=\pm\frac{1}{3}\boldsymbol{A}^{\mathrm{T}}=\pm\frac{1}{3}\begin{pmatrix} 1 & 2 & 2 & 0 \\ 2 & -1 & 0 & 2 \\ 2 & 0 & -1 & -2 \\ 0 & 2 & -2 & 1 \end{pmatrix},$$

$$\boldsymbol{A}^{-1}=\pm\frac{1}{3}\boldsymbol{B}^{-1}=\frac{1}{9}\begin{pmatrix} 1 & 2 & 2 & 0 \\ 2 & -1 & 0 & 2 \\ 2 & 0 & -1 & -2 \\ 0 & 2 & -2 & 1 \end{pmatrix}.$$

例 14 设 $\boldsymbol{B}$ 是秩为 2 的 5×4 矩阵,

$$\boldsymbol{\alpha}_1=(1, 1, 2, 3)^{\mathrm{T}},\ \boldsymbol{\alpha}_2=(-1, 1, 4, -1)^{\mathrm{T}},\ \boldsymbol{\alpha}_3=(5, -1, -8, 9)^{\mathrm{T}}$$

是齐次线性方程组 $\boldsymbol{Bx}=\boldsymbol{0}$ 的解向量, 求 $\boldsymbol{Bx}=\boldsymbol{0}$ 的解空间的一个标准正交基.

解 题设秩 $\mathrm{r}(\boldsymbol{B})=2$, 故线性方程组 $\boldsymbol{Bx}=\boldsymbol{0}$ 解空间的维数: $4-\mathrm{r}(\boldsymbol{B})=2$. 又 $\boldsymbol{\alpha}_1$, $\boldsymbol{\alpha}_2$ 线性无关, 因而 $\boldsymbol{\alpha}_1$, $\boldsymbol{\alpha}_2$ 可以作为解空间的基. 根据规范正交基的求法, 将 $\boldsymbol{\alpha}_1$, $\boldsymbol{\alpha}_2$ 正交化, 令

$$\boldsymbol{\beta}_1=\boldsymbol{\alpha}_1=(1,1,2,3)^{\mathrm{T}},$$

$$\boldsymbol{\beta}_2=\boldsymbol{\alpha}_2-\frac{[\boldsymbol{\alpha}_2,\boldsymbol{\beta}_1]}{[\boldsymbol{\beta}_1,\boldsymbol{\beta}_1]}\boldsymbol{\beta}_1=(-1,1,4,-1)^{\mathrm{T}}-\frac{1}{3}(1,1,2,3)^{\mathrm{T}}$$

$$=\left(-\frac{4}{3},\frac{2}{3},\frac{10}{3},-2\right)^{\mathrm{T}}.$$

再将$\boldsymbol{\beta}_1$, $\boldsymbol{\beta}_2$单位化, 得

$$\boldsymbol{\eta}_1=\frac{\boldsymbol{\beta}_1}{\|\boldsymbol{\beta}_1\|}=\frac{1}{\sqrt{15}}(1,1,2,3)^{\mathrm{T}},\ \boldsymbol{\eta}_2=\frac{\boldsymbol{\beta}_2}{\|\boldsymbol{\beta}_2\|}=\frac{1}{\sqrt{39}}(-2,1,5,-3)^{\mathrm{T}},$$

因而向量组$\boldsymbol{\eta}_1$, $\boldsymbol{\eta}_2$是所求解空间的一个标准正交基.

习题 4-1

1. 在 $\mathbf{R}^3$ 中求与向量$\boldsymbol{\alpha}=(1,1,1)^{\mathrm{T}}$ 正交的向量的全体, 并说明几何意义.

2. 设$\boldsymbol{\alpha}_1,\boldsymbol{\alpha}_2,\boldsymbol{\alpha}_3$ 是一个规范正交向量组, 求$\|4\boldsymbol{\alpha}_1-7\boldsymbol{\alpha}_2+4\boldsymbol{\alpha}_3\|$.

3. 求与向量$\boldsymbol{\alpha}_1=(1,1,-1,1)^{\mathrm{T}}$, $\boldsymbol{\alpha}_2=(1,-1,1,1)^{\mathrm{T}}$, $\boldsymbol{\alpha}_3=(1,1,1,1)^{\mathrm{T}}$ 都正交的单位向量.

4. 设$\boldsymbol{\alpha}_2=\begin{pmatrix}4\\2\\2\\-5\end{pmatrix}$, $\boldsymbol{\alpha}_3=\begin{pmatrix}4\\2\\-5\\2\end{pmatrix}$, $\boldsymbol{\alpha}_4=\begin{pmatrix}4\\-5\\2\\2\end{pmatrix}$, 试证: $\boldsymbol{\alpha}_2,\boldsymbol{\alpha}_3,\boldsymbol{\alpha}_4$ 是正交向量组, 并求向量$\boldsymbol{\alpha}_1$ 使$\boldsymbol{\alpha}_1,\boldsymbol{\alpha}_2,\boldsymbol{\alpha}_3,\boldsymbol{\alpha}_4$ 组成正交向量组.

5. 在机器学习中, 考虑某电商平台上四种不同商品的销量与广告投入之间的关系. 假设有四种商品, 为了优化广告预算分配, 分析商品的销量和广告投入是否具有独立性, 我们希望通过判断这四种商品的销量和广告投入向量是否正交来确定它们之间的相关性. 假设有以下数据, 分别表示四种商品在两个时间段内的广告投入和销量向量:

$$\boldsymbol{v}_1=\begin{pmatrix}2\\5\\1\\4\end{pmatrix},\ \boldsymbol{v}_2=\begin{pmatrix}3\\2\\4\\5\end{pmatrix},\ \boldsymbol{v}_3=\begin{pmatrix}4\\3\\2\\1\end{pmatrix},\ \boldsymbol{v}_4=\begin{pmatrix}5\\6\\3\\2\end{pmatrix}.$$

试判断这四个向量是否正交, 并讨论其在机器学习中的意义.

6. 将下列各组向量规范正交化:

(1) $\boldsymbol{\alpha}_1=\begin{pmatrix}1\\1\\1\end{pmatrix}$, $\boldsymbol{\alpha}_2=\begin{pmatrix}0\\1\\1\end{pmatrix}$, $\boldsymbol{\alpha}_3=\begin{pmatrix}0\\0\\1\end{pmatrix}$;

(2) $\boldsymbol{\alpha}_1=\begin{pmatrix}1\\1\\0\\0\end{pmatrix}$, $\boldsymbol{\alpha}_2=\begin{pmatrix}0\\1\\1\\0\end{pmatrix}$, $\boldsymbol{\alpha}_3=\begin{pmatrix}1\\0\\1\\1\end{pmatrix}$;

(3) $\boldsymbol{\alpha}_1=(1,1,1)^{\mathrm{T}}$, $\boldsymbol{\alpha}_2=(1,2,3)^{\mathrm{T}}$, $\boldsymbol{\alpha}_3=(1,4,9)^{\mathrm{T}}$;

(4) $\boldsymbol{\alpha}_1=(1,1,1,2)$, $\boldsymbol{\alpha}_2=(3,1,-1,0)$;

(5) $\boldsymbol{\alpha}=(1,3,-1,1)$, $\boldsymbol{\beta}=(2,0,1,-1)$, $\boldsymbol{\gamma}=(0,1,2,-1)$.

7. 设 $\boldsymbol{\alpha}_1,\boldsymbol{\alpha}_2,\boldsymbol{\alpha}_3,\boldsymbol{\alpha}_4,\boldsymbol{\alpha}_5$ 是一规范正交向量组, 而

$$\boldsymbol{\beta}_1=\boldsymbol{\alpha}_1+\boldsymbol{\alpha}_5,\ \boldsymbol{\beta}_2=\boldsymbol{\alpha}_1-\boldsymbol{\alpha}_2+\boldsymbol{\alpha}_4,\ \boldsymbol{\beta}_3=2\boldsymbol{\alpha}_1+\boldsymbol{\alpha}_2+\boldsymbol{\alpha}_3,$$

试将 $\boldsymbol{\beta}_1,\boldsymbol{\beta}_2,\boldsymbol{\beta}_3$ 规范正交化.

8. 设 $\boldsymbol{\alpha}_1,\boldsymbol{\alpha}_2,\cdots,\boldsymbol{\alpha}_n$ 为向量空间 $\mathbf{R}^n$ 的一个基, 证明:

(1) 若 $\boldsymbol{\gamma}\in\mathbf{R}^n$, 且 $[\boldsymbol{\gamma},\boldsymbol{\alpha}_i]=0\ (i=1,2,\cdots,n)$, 则 $\boldsymbol{\gamma}=\mathbf{0}$;

(2) 若 $\boldsymbol{\gamma}_1,\boldsymbol{\gamma}_2\in\mathbf{R}^n$, 对任一 $\boldsymbol{\alpha}\in\mathbf{R}^n$ 有 $[\boldsymbol{\gamma}_1,\boldsymbol{\alpha}]=[\boldsymbol{\gamma}_2,\boldsymbol{\alpha}]$, 则 $\boldsymbol{\gamma}_1=\boldsymbol{\gamma}_2$.

9. 判断下列矩阵是否正交矩阵:

(1) $\begin{pmatrix}3&-3&1\\-3&1&3\\1&3&-3\end{pmatrix}$;　(2) $\begin{pmatrix}2/3&2/3&1/3\\2/3&-1/3&-2/3\\1/3&-2/3&2/3\end{pmatrix}$;　(3) $\begin{pmatrix}\cos\theta&-\sin\theta\\\sin\theta&\cos\theta\end{pmatrix}$;

(4) $\begin{pmatrix}1/2&1/2&1/2&1/2\\1/2&-5/6&1/6&1/6\\1/2&1/6&1/6&-5/6\\1/2&1/6&-5/6&1/6\end{pmatrix}$;　(5) $\begin{pmatrix}6/7&2/7&3/7\\2/7&3/7&-6/7\\-3/7&6/7&2/7\end{pmatrix}$;　(6) $\begin{pmatrix}0&1&0\\\frac{1}{\sqrt2}&0&\frac{1}{\sqrt2}\\\frac{1}{\sqrt2}&0&-\frac{1}{\sqrt2}\end{pmatrix}$;

(7) $\begin{pmatrix}\frac{1}{\sqrt3}&\frac{1}{\sqrt3}&\frac{1}{\sqrt3}\\-\frac{2}{\sqrt6}&\frac{1}{\sqrt6}&\frac{1}{\sqrt6}\\0&-\frac{1}{\sqrt2}&\frac{1}{\sqrt2}\end{pmatrix}$.

10. 设 $\boldsymbol{A}=\begin{pmatrix}2&3&6\\3&-6&2\\6&2&-3\end{pmatrix}$, 试求数 k 使 $\boldsymbol{B}=k\boldsymbol{A}$ 为一正交矩阵, 并求 $\boldsymbol{A}^{-1}$.

11. 设 $\boldsymbol{\alpha}_1,\boldsymbol{\alpha}_2$ 为 n 维列向量, $\boldsymbol{A}$ 为 n 阶正交矩阵, 证明:

(1) $[\boldsymbol{A}\boldsymbol{\alpha}_1,\boldsymbol{A}\boldsymbol{\alpha}_2]=[\boldsymbol{\alpha}_1,\boldsymbol{\alpha}_2]$;　(2) $\|\boldsymbol{A}\boldsymbol{\alpha}_1\|=\|\boldsymbol{\alpha}_1\|$.

12. 设 $\boldsymbol{A}$ 与 $\boldsymbol{B}$ 都是 n 阶正交矩阵, 证明 $\boldsymbol{AB}$ 也是正交矩阵.

13. 在经济学领域, 特别是在优化模型中, 常常需要通过线性变换来调整资源分配. 例如, 考虑某公司有三种不同的产品, 每种产品的生产资源需求为三个变量(劳动力、资本、原材料). 为了提高效率, 公司决定通过一个正交变换调整资源的配置, 保持资源的总量不变, 同时改变资源之间的分配比例. 设公司当前的资源需求向量为 $\boldsymbol{r}=(3,5,2)^{\mathrm{T}}$, 并且公司希望通过一个正交变换矩阵 $\boldsymbol{Q}$ 来改变资源分配, 变换后的资源向量为 $\boldsymbol{r}'$. 给定的变换矩阵为

$$\boldsymbol{Q}=\begin{pmatrix}1/\sqrt2&1/\sqrt2&0\\-1/\sqrt2&1/\sqrt2&0\\0&0&1\end{pmatrix},$$

请验证该矩阵是否为正交矩阵, 并计算变换后的资源向量 $\boldsymbol{r}'=\boldsymbol{Q}\boldsymbol{r}$.

§4.2　矩阵的特征值与特征向量

矩阵的特征值与特征向量源于19世纪数学家对线性代数的研究, 描述了矩阵作用下向量的特定变换特性. 对一个方阵 $\boldsymbol{A}$, 若存在非零向量 $\boldsymbol{x}$ 和数量 λ, 使得 $\boldsymbol{A}\boldsymbol{x}=\lambda\boldsymbol{x}$, 则称 $\boldsymbol{x}$ 为 $\boldsymbol{A}$ 的特征向量, λ 为对应的特征值. 特征值与特征向量的提出是为了理解矩阵作用下的变换行为. 例如, 在物理学中, 它们最早出现在力学领域, 用于分析刚体运动的惯性主轴; 在现代数学中, 它们扩展到任意线性算子, 成为研究矩阵性质的核心工具.

矩阵的特征值和特征向量提供了理解线性变换本质的途径. 通过它们, 可以将复杂的线性变换分解为沿特定方向的伸缩 (可能伴随方向反转), 从而揭示矩阵的内在结构. 例如, 特征值反映伸缩的比例, 特征向量给出仅发生伸缩 (或方向反转) 的特定方向. 此外, 它们在对角化和谱分解中扮演了关键角色, 简化了矩阵的计算.

矩阵的特征值和特征向量在许多专业领域都有广泛的应用. 在量子力学中, 哈密顿矩阵的特征值对应系统能量的本征值, 特征向量描述系统的量子态; 在机器学习与数据分析中, 主成分分析 (PCA) 利用协方差矩阵的特征值与特征向量, 提取数据的主要变化方向, 实现降维和特征选择; 在振动分析中, 用特征值分析系统的固有频率和模式, 帮助优化设计; 在图论中, 特征值用于研究图的性质, 如谱聚类分析, 通过图拉普拉斯矩阵的特征值发现社区结构; 在金融风险管理中, 用特征值分解协方差矩阵, 以评估资产组合的主风险来源; 等等.

一、特征值与特征向量

定义 1　设 $\boldsymbol{A}$ 为 n 阶方阵, 若数 λ 和 n 维非零向量 $\boldsymbol{x}$, 使 $\boldsymbol{A}\boldsymbol{x}=\lambda\boldsymbol{x}$ 成立, 则称实数 λ 为方阵 $\boldsymbol{A}$ 的**特征值**, 非零向量 $\boldsymbol{x}$ 称为方阵 $\boldsymbol{A}$ 的对应于特征值 λ 的**特征向量** (或称为 $\boldsymbol{A}$ 的属于特征值 λ 的特征向量).

从定义可见, n 阶方阵 $\boldsymbol{A}$ 的特征值 λ, 就是使齐次线性方程组

$$(\lambda\boldsymbol{E}-\boldsymbol{A})\boldsymbol{x}=\boldsymbol{0}$$

有非零解的值, 即满足方程 $|\lambda\boldsymbol{E}-\boldsymbol{A}|=0$ 的 λ 都是矩阵 $\boldsymbol{A}$ 的特征值.

我们称关于 λ 的一元 n 次方程 $|\lambda\boldsymbol{E}-\boldsymbol{A}|=0$ 为矩阵 $\boldsymbol{A}$ 的**特征方程**, 称 λ 的一元 n 次多项式

$$f(\lambda)=|\lambda\boldsymbol{E}-\boldsymbol{A}|$$

为矩阵 $\boldsymbol{A}$ 的**特征多项式**.

由此即可给出特征向量的求法: 设 $\lambda=\lambda_i$ 为方阵 $\boldsymbol{A}$ 的一个特征值, 由齐次线性方程组

$$(\lambda_i\boldsymbol{E}-\boldsymbol{A})\boldsymbol{x}=\boldsymbol{0} \tag{2.1}$$

求得其非零解 $\boldsymbol{p}_i$, 则 $\boldsymbol{p}_i$ 就是 $\boldsymbol{A}$ 的对应于特征值 λ_i 的特征向量, 且 $\boldsymbol{A}$ 的对应于特征值 λ_i 的特征向量的全体是方程组 (2.1) 的全部非零解, 即设向量组 $\boldsymbol{p}_1, \boldsymbol{p}_2, \cdots, \boldsymbol{p}_s$ 为方程组 (2.1) 的基础解系, 则 $\boldsymbol{A}$ 的对应于特征值 λ_i 的全部特征向量为

$$k_1\boldsymbol{p}_1+k_2\boldsymbol{p}_2+\cdots+k_s\boldsymbol{p}_s\ (k_1, k_2, \cdots, k_s \text{ 不同时为} 0).$$

例 1　求矩阵$\boldsymbol{A}=\begin{pmatrix}3 & 1\\ 5 & -1\end{pmatrix}$的特征值和特征向量.

解　依题设,矩阵$\boldsymbol{A}$的特征方程为

$$|\lambda\boldsymbol{E}-\boldsymbol{A}|=\begin{vmatrix}\lambda-3 & -1\\ -5 & \lambda+1\end{vmatrix}=(\lambda-4)(2+\lambda)=0,$$

所以,矩阵$\boldsymbol{A}$的特征值为$\lambda_1=4$, $\lambda_2=-2$.

当$\lambda_1=4$时,对应的特征向量满足方程组$\begin{cases}x_1-x_2=0\\ -5x_1+5x_2=0\end{cases}$,解得$x_1=x_2$,所以,对应的特征向量可取为$\boldsymbol{p}_1=\begin{pmatrix}1\\1\end{pmatrix}$. 而$k_1\boldsymbol{p}_1$ $(k_1\neq 0)$就是矩阵$\boldsymbol{A}$对应于$\lambda_1=4$的全部特征向量.

当$\lambda_2=-2$时,对应的特征向量满足方程组

$$\begin{cases}-5x_1-x_2=0\\ -5x_1-x_2=0\end{cases},$$

解得$x_2=-5x_1$,其中x_1为自由未知量,取$x_1=1$,即得到对应的特征向量为$\boldsymbol{p}_2=\begin{pmatrix}1\\-5\end{pmatrix}$. 而$k_2\boldsymbol{p}_2$ $(k_2\neq 0)$就是矩阵$\boldsymbol{A}$对应于$\lambda_2=-2$的全部特征向量(见图4-2-1).

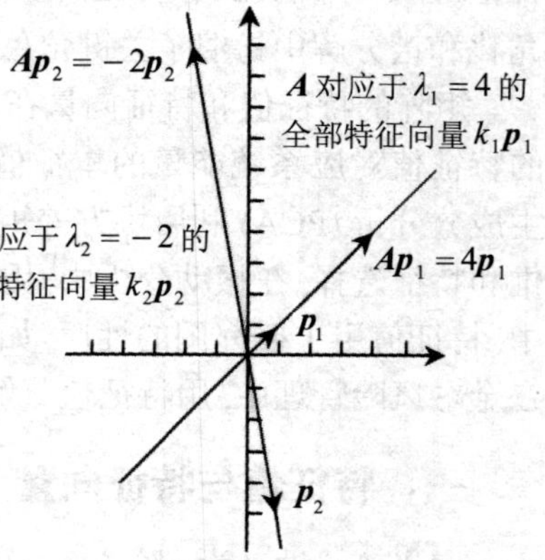

图4-2-1

例 2　设$\boldsymbol{A}=\begin{pmatrix}1 & 2 & -3\\ -1 & 4 & -3\\ 1 & a & 5\end{pmatrix}$的特征方程有一个二重根为2,试求$a$的值.

解　依题设,$\boldsymbol{A}$的特征多项式为

$$|\lambda\boldsymbol{E}-\boldsymbol{A}|=\begin{vmatrix}\lambda-1 & -2 & 3\\ 1 & \lambda-4 & 3\\ -1 & -a & \lambda-5\end{vmatrix}=(\lambda-2)(\lambda^2-8\lambda+18+3a).$$

因$\lambda=2$是特征方程的二重根,故$\lambda=2$必是上式右端二次多项式的零点,所以

$$2^2-16+18+3a=0\Rightarrow a=-2.$$

例 3　设$\boldsymbol{A}=\begin{pmatrix}-2 & 1 & 1\\ 0 & 2 & 0\\ -4 & 1 & 3\end{pmatrix}$,求$\boldsymbol{A}$的特征值与特征向量.

解　依题设,方阵$\boldsymbol{A}$的特征方程为

$$|\lambda \boldsymbol{E}-\boldsymbol{A}|=\begin{vmatrix}\lambda+2 & -1 & -1\\ 0 & \lambda-2 & 0\\ 4 & -1 & \lambda-3\end{vmatrix}=(\lambda+1)(\lambda-2)^2=0,$$

故$\boldsymbol{A}$的全部特征值为$\lambda_1=-1$, $\lambda_2=\lambda_3=2$.

当$\lambda_1=-1$时, 解齐次线性方程组$(-\boldsymbol{E}-\boldsymbol{A})\boldsymbol{x}=\boldsymbol{0}$. 对其系数矩阵作初等行变换, 有

$$-\boldsymbol{E}-\boldsymbol{A}=\begin{pmatrix}1 & -1 & -1\\ 0 & -3 & 0\\ 4 & -1 & -4\end{pmatrix}\to\begin{pmatrix}1 & 0 & -1\\ 0 & 1 & 0\\ 0 & 0 & 0\end{pmatrix},$$

得其基础解系$\boldsymbol{p}_1=(1, 0, 1)^{\mathrm{T}}$, 故对应特征值$\lambda_1=-1$的全部特征向量$k_1\boldsymbol{p}_1\ (k_1\neq 0)$.

当$\lambda_2=\lambda_3=2$时, 解方程组$(2\boldsymbol{E}-\boldsymbol{A})\boldsymbol{x}=\boldsymbol{0}$. 对其系数矩阵作初等行变换, 有

$$2\boldsymbol{E}-\boldsymbol{A}=\begin{pmatrix}4 & -1 & -1\\ 0 & 0 & 0\\ 4 & -1 & -1\end{pmatrix}\to\begin{pmatrix}4 & -1 & -1\\ 0 & 0 & 0\\ 0 & 0 & 0\end{pmatrix}\to\begin{pmatrix}1 & -1/4 & -1/4\\ 0 & 0 & 0\\ 0 & 0 & 0\end{pmatrix},$$

得其基础解系$\boldsymbol{p}_2=(1, 4, 0)^{\mathrm{T}}$, $\boldsymbol{p}_3=(1, 0, 4)^{\mathrm{T}}$, 对应$\lambda_2=\lambda_3=2$的全部特征向量为

$$k_2\boldsymbol{p}_2+k_3\boldsymbol{p}_3\ (k_2, k_3\text{不同时为}0).$$

例 4　设实对称矩阵$\boldsymbol{A}=\begin{pmatrix}a & 1 & 1\\ 1 & a & -1\\ 1 & -1 & a\end{pmatrix}$, 其中$a$为常数, 试求矩阵$\boldsymbol{A}$的特征值及对应的特征向量.

解　利用行列式的性质与行列式展开定理, 算得矩阵$\boldsymbol{A}$的特征多项式:

$$|\lambda\boldsymbol{E}-\boldsymbol{A}|=\begin{vmatrix}\lambda-a & -1 & -1\\ -1 & \lambda-a & 1\\ -1 & 1 & \lambda-a\end{vmatrix}$$

$$=\begin{vmatrix}\lambda-a-1 & 0 & 0\\ -1 & \lambda-a & 2\\ -1 & 1 & \lambda-a+1\end{vmatrix}=(\lambda-a-1)\begin{vmatrix}\lambda-a & 2\\ 1 & \lambda-a+1\end{vmatrix}$$

$$=(\lambda-a-1)^2(\lambda-a+2),$$

由此解得$\boldsymbol{A}$的特征值为$\lambda_1=\lambda_2=a+1$, $\lambda_3=a-2$.

下面根据矩阵的特征向量的求法求出特征向量. 当$\lambda_1=\lambda_2=a+1$时, 由

$$[(a+1)\boldsymbol{E}-\boldsymbol{A}]\boldsymbol{x}=\boldsymbol{0},\ \text{即}\begin{pmatrix}1 & -1 & -1\\ -1 & 1 & 1\\ -1 & 1 & 1\end{pmatrix}\begin{pmatrix}x_1\\ x_2\\ x_3\end{pmatrix}=0, \tag{2.2}$$

对其系数矩阵作初等行变换, 得

$$\begin{pmatrix} 1 & -1 & -1 \\ -1 & 1 & 1 \\ -1 & 1 & 1 \end{pmatrix} \xrightarrow[r_3+r_1]{r_2+r_1} \begin{pmatrix} 1 & -1 & -1 \\ 0 & 0 & 0 \\ 0 & 0 & 0 \end{pmatrix}.$$

由上可写出方程组 (2.2) 的同解方程组:

$$x_1 - x_2 - x_3 = 0,$$

分别取自由未知量 $x_2 = 1,\ x_3 = 0$ 与 $x_2 = 0,\ x_3 = 1$, 代入方程组 (2.2), 可求出其基础解系, 即与其对应的两个线性无关的特征向量: $\boldsymbol{\alpha}_1 = (1, 1, 0)^{\mathrm{T}},\ \boldsymbol{\alpha}_2 = (1, 0, 1)^{\mathrm{T}}$.

当 $\lambda_3 = a-2$ 时, 同理求得对应特征向量 $\boldsymbol{\alpha}_3 = (-1, 1, 1)^{\mathrm{T}}$.

例 5　设向量 $\boldsymbol{\alpha} = (-1, -2, 1)^{\mathrm{T}}$ 是矩阵 $\boldsymbol{A} = \begin{pmatrix} -1 & 1 & 0 \\ -4 & a & 0 \\ b & 0 & 2 \end{pmatrix}$ 的特征向量, 求常数 a, b 及向量 $\boldsymbol{\alpha}$ 所对应的特征值 λ.

解　题设 λ 为 $\boldsymbol{A}$ 的对应于特征向量 $\boldsymbol{\alpha}$ 的特征值, 即 $\boldsymbol{A\alpha} = \lambda\boldsymbol{\alpha}$, 代入矩阵 $\boldsymbol{A}$ 与向量 $\boldsymbol{\alpha}$, 得

$$\begin{cases} -1 = -\lambda \\ 4 - 2a = -2\lambda, \\ -b + 2 = \lambda \end{cases}$$

利用消元法, 解得 $\lambda = 1,\ a = 3,\ b = 1$.

例 6　求 n 阶数量矩阵 $\boldsymbol{A} = a\boldsymbol{E}$ 的特征值与特征向量.

解　依题设, 可写出数量矩阵 $\boldsymbol{A}$ 的特征方程:

$$|\lambda\boldsymbol{E} - \boldsymbol{A}| = \begin{vmatrix} \lambda - a & 0 & \cdots & 0 \\ 0 & \lambda - a & \cdots & 0 \\ \vdots & \vdots & & \vdots \\ 0 & 0 & \cdots & \lambda - a \end{vmatrix} = (\lambda - a)^n = 0,$$

解得 $\boldsymbol{A}$ 的 n 重特征值: $\lambda_1 = \lambda_2 = \cdots = \lambda_n = a$. 将 $\lambda = a$ 代入 $(\lambda\boldsymbol{E} - \boldsymbol{A})\boldsymbol{x} = \boldsymbol{0}$, 得

$$0 \cdot x_1 = 0,\ 0 \cdot x_2 = 0,\ \cdots,\ 0 \cdot x_n = 0.$$

这个方程组的系数矩阵是零矩阵, 所以, 任意 n 个线性无关的向量都可以作为它的基础解系, 我们可取单位坐标向量组

$$\boldsymbol{\varepsilon}_1 = \begin{pmatrix} 1 \\ 0 \\ \vdots \\ 0 \end{pmatrix},\ \boldsymbol{\varepsilon}_2 = \begin{pmatrix} 0 \\ 1 \\ \vdots \\ 0 \end{pmatrix},\ \cdots,\ \boldsymbol{\varepsilon}_n = \begin{pmatrix} 0 \\ 0 \\ \vdots \\ 1 \end{pmatrix}$$

作为其基础解系, 于是, 数量矩阵 $\boldsymbol{A}$ 的全部特征向量可表示为

$$k_1\boldsymbol{\varepsilon}_1+k_2\boldsymbol{\varepsilon}_2+\cdots+k_n\boldsymbol{\varepsilon}_n\ (k_1, k_2, \cdots, k_n \text{不全为}0).$$

注: 特征方程 $|\lambda\boldsymbol{E}-\boldsymbol{A}|=0$ 与特征方程 $|\boldsymbol{A}-\lambda\boldsymbol{E}|=0$ 有相同的特征值; $\boldsymbol{A}$ 的对应于特征值 λ 的特征向量是齐次线性方程组 $(\lambda\boldsymbol{E}-\boldsymbol{A})\boldsymbol{x}=\boldsymbol{0}$ 的非零解, 也是方程组 $(\boldsymbol{A}-\lambda\boldsymbol{E})\boldsymbol{x}=\boldsymbol{0}$ 的非零解. 因此,在实际计算特征值和特征向量时,以上两种形式均可采用.

例 7 若矩阵 $\boldsymbol{A}=\begin{pmatrix}2&1&0\\1&2&0\\1&a&1\end{pmatrix}$ 对应于二重特征值 $\lambda_1=\lambda_2=1$ 有两个线性无关的特征向量, 试确定 a 的值.

解 依题设, 若矩阵 $\boldsymbol{A}$ 对应于二重特征值 $\lambda_1=\lambda_2=1$ 有两个线性无关的特征向量, 则由矩阵特征向量的求法, 线性方程组 $(\boldsymbol{E}-\boldsymbol{A})\boldsymbol{x}=\boldsymbol{0}$ 的基础解系含有两个线性无关的向量. 注意到该线性方程组的系数矩阵为

$$\boldsymbol{E}-\boldsymbol{A}=\begin{pmatrix}-1&-1&0\\-1&-1&0\\-1&-a&0\end{pmatrix},$$

利用求解线性方程组的初等变换法知, 欲使线性方程组的基础解系含有两个线性无关的向量, 必有 $a=1$.

二、特征值与特征向量的性质

性质 1 n 阶矩阵 $\boldsymbol{A}$ 与其转置矩阵 $\boldsymbol{A}^{\mathrm{T}}$ 有相同的特征值.

证明 利用矩阵的转置运算与方阵的行列式, 有

$$|\lambda\boldsymbol{E}-\boldsymbol{A}^{\mathrm{T}}|=|(\lambda\boldsymbol{E}-\boldsymbol{A})^{\mathrm{T}}|=|\lambda\boldsymbol{E}-\boldsymbol{A}|,$$

从上可见, $\boldsymbol{A}^{\mathrm{T}}$ 与 $\boldsymbol{A}$ 有相同的特征多项式, 故它们的特征值相同. 证毕.

性质 2 设 $\boldsymbol{A}=(a_{ij})$ 是 n 阶矩阵, 则特征多项式

$$f(\lambda)=|\lambda\boldsymbol{E}-\boldsymbol{A}|=\begin{vmatrix}\lambda-a_{11}&-a_{12}&\cdots&-a_{1n}\\-a_{21}&\lambda-a_{22}&\cdots&-a_{2n}\\\vdots&\vdots&&\vdots\\-a_{n1}&-a_{n2}&\cdots&\lambda-a_{nn}\end{vmatrix}$$

$$=\lambda^n-\left(\sum_{i=1}^n a_{ii}\right)\lambda^{n-1}+\cdots+(-1)^k S_k\lambda^{n-k}+\cdots+(-1)^n|\boldsymbol{A}|,$$

其中 S_k 是 $\boldsymbol{A}$ 的全体 k 阶主子式的和. 设 $\lambda_1, \lambda_2, \cdots, \lambda_n$ 是 $\boldsymbol{A}$ 的 n 个特征值, 则由 n 次代数方程的根与系数的关系(韦达定理)知:

(1) $\lambda_1 + \lambda_2 + \cdots + \lambda_n = a_{11} + a_{22} + \cdots + a_{nn}$;

(2) $\lambda_1 \lambda_2 \cdots \lambda_n = |\boldsymbol{A}|$.

其中$\boldsymbol{A}$的全体特征值的和$a_{11} + a_{22} + \cdots + a_{nn}$称为矩阵$\boldsymbol{A}$的**迹** (trace), 记为$\mathrm{tr}(\boldsymbol{A})$.

例如, 设$\boldsymbol{A} = \begin{pmatrix} 5 & -18 \\ 1 & -1 \end{pmatrix}$, 则$|\boldsymbol{A}| = -5 + 18 = 13$, 矩阵$\boldsymbol{A}$的迹$\mathrm{tr}(\boldsymbol{A}) = 5 - 1 = 4$, 而矩阵$\boldsymbol{A}$的特征多项式为

$$\begin{vmatrix} 5-\lambda & -18 \\ 1 & -1-\lambda \end{vmatrix} = \lambda^2 - 4\lambda + 13,$$

此时$\boldsymbol{A}$的特征值(复数解)为$\lambda_1 = 2 + 3\mathrm{i}$和$\lambda_2 = 2 - 3\mathrm{i}$. 但仍满足

$$\lambda_1 + \lambda_2 = 4 = \mathrm{tr}(\boldsymbol{A}),\ \lambda_1 \lambda_2 = 13 = |\boldsymbol{A}|.$$

例 8 在自然生态学中, 研究某地区三种植被生长速度(年生长量)与三种环境因子(温度、湿度、光照强度)的关系. 现有数据集:

$$\boldsymbol{X} = \begin{pmatrix} 2 & 4 & 6 \\ 3 & 5 & 7 \\ 4 & 6 & 8 \end{pmatrix},$$

表示三种植被在三个时间段的年生长量与环境因子变化. 需计算该数据集的协方差矩阵, 求解其特征值与特征向量, 以找出影响植被生长的主导环境因素.

解 首先计算数据集$\boldsymbol{X}$的协方差矩阵.

计算公式为

$$\boldsymbol{\Sigma} = \frac{1}{n-1}(\boldsymbol{X} - \overline{\boldsymbol{X}})^{\mathrm{T}}(\boldsymbol{X} - \overline{\boldsymbol{X}}),$$

其中, $\overline{\boldsymbol{X}}$为三个列向量的均值.

由$\boldsymbol{X} = \begin{pmatrix} 2 & 4 & 6 \\ 3 & 5 & 7 \\ 4 & 6 & 8 \end{pmatrix}$得

$$\overline{\boldsymbol{X}} = \begin{pmatrix} 3 & 5 & 7 \\ 3 & 5 & 7 \\ 3 & 5 & 7 \end{pmatrix},$$

因此协方差矩阵为

$$\boldsymbol{\Sigma} = \frac{1}{3-1}\begin{pmatrix} -1 & 0 & 1 \\ -1 & 0 & 1 \\ -1 & 0 & 1 \end{pmatrix}\begin{pmatrix} -1 & -1 & -1 \\ 0 & 0 & 0 \\ 1 & 1 & 1 \end{pmatrix} = \begin{pmatrix} 1 & 1 & 1 \\ 1 & 1 & 1 \\ 1 & 1 & 1 \end{pmatrix}.$$

下面计算协方差矩阵$\boldsymbol{\Sigma}$的特征值和特征向量.

$\boldsymbol{\Sigma}$ 的特征值多项式为

$$|\lambda\boldsymbol{E}-\boldsymbol{\Sigma}|=\begin{vmatrix}\lambda-1 & -1 & -1\\ -1 & \lambda-1 & -1\\ -1 & -1 & \lambda-1\end{vmatrix}=\lambda^2(\lambda-3).$$

解特征方程 $|\lambda\boldsymbol{E}-\boldsymbol{\Sigma}|=0$, 得特征值为

$$\lambda_1=3,\ \lambda_2=\lambda_3=0.$$

接下来计算各特征值对应的特征向量.

对特征值 $\lambda_1=3$, 解方程 $(3\boldsymbol{E}-\boldsymbol{\Sigma})\boldsymbol{v}=\boldsymbol{0}$, 得对应的特征向量为

$$\boldsymbol{v}_1=(1,1,1)^{\mathrm{T}}.$$

对特征值 $\lambda_2=\lambda_3=0$, 解方程 $(0\boldsymbol{E}-\boldsymbol{\Sigma})\boldsymbol{v}=\boldsymbol{0}$, 得对应的特征向量为

$$\boldsymbol{v}_2=(-1,1,0)^{\mathrm{T}},\ \boldsymbol{v}_3=(-1,0,1)^{\mathrm{T}}.$$

生态学意义分析:

$\lambda_1=3$ 对应 $\boldsymbol{v}_1$: 代表温度、湿度、光照强度的综合影响方向, 是主导因素.

$\lambda_2=\lambda_3=0$ 对应 $\boldsymbol{v}_2,\boldsymbol{v}_3$: 因特征值为0, 无方差贡献, 不构成主成分.

通过计算协方差矩阵的特征值和特征向量, 提取植被生长的主导环境因素. 特征值 $\lambda_1=3$ 对应的特征向量表明温度、湿度、光照强度的综合作用是关键. 借助线性代数工具, 生态学家可以识别出对植被生长具有最大影响的环境因素, 为生态保护策略提供数据支持, 体现了线性代数在自然科学中的应用价值.

例 9 已知矩阵 $\boldsymbol{A}=\begin{pmatrix}1 & 2 & 3\\ -1 & x & 2\\ 0 & 0 & 1\end{pmatrix}$ 的特征值为2, 1, 3, 求 x.

解 依题设, 根据矩阵特征值的性质, 特征值之和等于矩阵的对角线元素之和, 则

$$1+x+1=2+1+3\ \Rightarrow\ x=4.$$

矩阵的迹是方阵的重要数量特性, 是矩阵几何和代数性质的重要刻画. 在线性变换中, 迹可以看作变换对体积伸缩的总影响 (在对称矩阵中尤为直观). 它还反映了矩阵的某些对角化性质, 与矩阵特征值的代数性质直接相关. 在量子力学中, 迹用于计算密度矩阵的期望值, 描述系统的统计特性. 在机器学习的正则化方法中, 利用迹 (如核矩阵的迹) 衡量复杂性, 以提高模型的泛化能力. 在统计学中, 协方差矩阵的迹表示变量总的方差之和, 常用于主成分分析 (PCA) 和因子分析. 在控制理论的优化问题中, 迹用于描述系统性能指标, 如最小化误差协方差矩阵的迹等.

例 10 在神经网络领域, 矩阵的迹可以用于分析模型的复杂度, 尤其是在训练过程中

对权重矩阵的正则化. 矩阵的迹与神经网络中的参数规模直接相关, 通常用于控制模型的复杂度, 从而避免过拟合. 假设我们正在分析一个简单的神经网络模型, 该模型具有一个隐藏层和一个输出层. 在训练过程中, 我们关注的两个主要因素是输入特征的权重矩阵和隐藏层输出的权重矩阵. 为了研究这两个因素对神经网络性能的影响, 我们构建了一个包含这些权重的系数矩阵. 假设该神经网络模型的权重矩阵如下:

$$\boldsymbol{W}=\begin{pmatrix} 0.4 & 0.2 \\ 0.6 & 0.5 \end{pmatrix}.$$

我们的目标是计算矩阵 $\boldsymbol{W}$ 的迹, 并通过迹的应用来分析神经网络模型的复杂度.

解　矩阵的迹是其对角线元素的和. 对给定的矩阵 $\boldsymbol{W}$, 其迹为

$$\operatorname{tr}(\boldsymbol{W})=0.4+0.5=0.9.$$

矩阵的迹在神经网络中的应用主要体现在模型的正则化中. 在神经网络训练中, 正则化项用于防止模型过拟合. 矩阵的迹可以作为正则化的一部分, 特别是在L2正则化中, 帮助控制权重矩阵的规模. 例如, 使用 L2 正则化的神经网络损失函数可以表示为

$$L=\frac{1}{N}\sum_{i=1}^{N}(y_i-\hat{y}_i)^2+\lambda\operatorname{tr}(\boldsymbol{W}^2),$$

其中, λ 是正则化系数, y_i 是实际输出, $\hat{y}_i$ 是预测输出, N 是样本数量, $\operatorname{tr}(\boldsymbol{W}^2)$ 是权重矩阵的平方的迹, 表示对权重矩阵的惩罚项.

本例在神经网络中的应用:

(1) **控制模型复杂度**: 矩阵的迹作为正则化项, 有助于控制权重矩阵的规模. 较大的迹值意味着较大的权重矩阵, 这可能导致模型在训练集上的表现过好, 但在测试集上表现较差, 即过拟合. 通过在损失函数中加入迹正则化项, 可以限制权重矩阵的规模, 从而提高模型的泛化能力.

(2) **优化和保持稳定性**: 在神经网络的训练过程中, 正则化项有助于避免过大的权重更新, 使得网络在学习过程中更加稳定. 通过最小化损失函数中的正则化项, 网络训练可以有效地控制模型复杂度, 从而提高模型的泛化能力.

在本例中, 我们计算了神经网络模型中权重矩阵 $\boldsymbol{W}$ 的迹, 并解释了其在优化和正则化中的作用. 矩阵的迹作为一种度量工具, 能够帮助我们评估模型的复杂度, 并通过正则化避免过拟合. 通过将迹值纳入损失函数的优化过程, 神经网络的训练可以更加稳定, 并提高预测能力. 矩阵的迹不仅应用于神经网络, 还广泛应用于机器学习的其他领域, 如回归分析和支持向量机等.

*数学实验

实验 4.1 试用计算软件求下列矩阵的特征多项式:

(1) $\begin{pmatrix} 1 & -1/2 & 1/3 & -1/4 & 1/5 & -1/6 & 1/7 & -1/8 \\ -2 & 1 & -2/3 & 1/2 & -2/5 & 1/3 & -2/7 & 1/4 \\ 3 & -3/2 & 1 & -3/4 & 3/5 & -1/2 & 3/7 & -3/8 \\ -4 & 2 & -4/3 & 1 & -4/5 & 2/3 & -4/7 & 1/2 \\ 5 & -5/2 & 5/3 & -5/4 & 1 & -5/6 & 5/7 & -5/8 \\ -6 & 3 & -2 & 3/2 & -6/5 & 1 & -6/7 & 3/4 \\ 7 & -7/2 & 7/3 & -7/4 & 7/5 & -7/6 & 1 & -7/8 \\ -8 & 4 & -8/3 & 2 & -8/5 & 4/3 & -8/7 & 1 \end{pmatrix}$;

(2) $\begin{pmatrix} k & 1 & 0 & -2 & 1 & 0 \\ 0 & k & 1 & 0 & -2 & 1 \\ 1 & 0 & k & 1 & 0 & -2 \\ -2 & 1 & 0 & k & 1 & 0 \\ 0 & -2 & 1 & 0 & k & 1 \\ 1 & 0 & -2 & 1 & 0 & k \end{pmatrix}$.

计算实验

微信扫描右侧的二维码即可进行计算实验 (详见教材配套的网络学习空间).

例 11 试证: n阶矩阵$\boldsymbol{A}$是奇异矩阵的充分必要条件是$\boldsymbol{A}$有一个特征值为零.

证明 必要性. 若$\boldsymbol{A}$是奇异矩阵, 则$|\boldsymbol{A}|=0$. 于是

$$|0\boldsymbol{E}-\boldsymbol{A}|=|-\boldsymbol{A}|=(-1)^n|\boldsymbol{A}|=0,$$

即0是$\boldsymbol{A}$的一个特征值.

充分性. 设$\boldsymbol{A}$有一个特征值为0, 对应的特征向量为$\boldsymbol{p}$. 由特征值的定义, 有

$$\boldsymbol{A}\boldsymbol{p}=0\boldsymbol{p}=\boldsymbol{0}\ (\boldsymbol{p}\neq\boldsymbol{0}),$$

所以, 齐次线性方程组$\boldsymbol{A}\boldsymbol{x}=\boldsymbol{0}$有非零解$\boldsymbol{p}$, 由此可知$|\boldsymbol{A}|=0$, 即$\boldsymbol{A}$为奇异矩阵. 证毕.

注: 本题结论的逆否命题: "n阶矩阵$\boldsymbol{A}$可逆, 当且仅当它的任一特征值不为零".

性质 3 设$\boldsymbol{A}=(a_{ij})$是n阶矩阵, 如果

$$(1)\ \sum_{j=1}^{n}|a_{ij}|<1\ (i=1,2,\cdots,n)\ \text{或}\ (2)\ \sum_{i=1}^{n}|a_{ij}|<1\ (j=1,2,\cdots,n)$$

中有一个成立, 则矩阵$\boldsymbol{A}$的所有特征值λ_i的模都小于1, 即$|\lambda_i|<1\ (i=1,2,\cdots,n)$.

证明 设λ是$\boldsymbol{A}$的任意一个特征值, 其对应的特征向量为$\boldsymbol{x}$, 则$\boldsymbol{A}\boldsymbol{x}=\lambda\boldsymbol{x}$, 即

$$\sum_{j=1}^{n}a_{ij}x_j=\lambda x_i\ \ (i=1,2,\cdots,n).$$

令$|x_k|=\max\limits_{j}|x_j|$, 则有

$$|\lambda|=\left|\lambda\frac{x_k}{x_k}\right|=\left|\sum_{j=1}^{n}a_{kj}\frac{x_j}{x_k}\right|\leqslant\sum_{j=1}^{n}|a_{kj}|\frac{|x_j|}{|x_k|}\leqslant\sum_{j=1}^{n}|a_{kj}|.$$

若(1)成立, 则$|\lambda|\leqslant\sum\limits_{j=1}^{n}|a_{kj}|<1$, 再由$\lambda$的任意性知, $\lambda_i\ (i=1,2,\cdots,n)$的模小于1.

若(2)成立, 则对 $\boldsymbol{A}^{\mathrm{T}}$ 的所有特征值, 结论成立. 再由 $\boldsymbol{A}$ 与 $\boldsymbol{A}^{\mathrm{T}}$ 有相同的特征值知, 对矩阵 $\boldsymbol{A}$ 的特征值亦有 $|\lambda_i|<1\ (i=1, 2, \cdots, n)$. 证毕.

例 12 设 λ 是方阵 $\boldsymbol{A}$ 的特征值, 证明:

(1) λ^2 是 $\boldsymbol{A}^2$ 的特征值; (2) 当 $\boldsymbol{A}$ 可逆时, $\dfrac{1}{\lambda}$ 是 $\boldsymbol{A}^{-1}$ 的特征值.

证明 (1) 因 λ 是 $\boldsymbol{A}$ 的特征值, 故有 $\boldsymbol{p}\neq\boldsymbol{0}$, 使 $\boldsymbol{A}\boldsymbol{p}=\lambda\boldsymbol{p}$. 于是

$$\boldsymbol{A}^2\boldsymbol{p}=\boldsymbol{A}(\boldsymbol{A}\boldsymbol{p})=\boldsymbol{A}(\lambda\boldsymbol{p})=\lambda(\boldsymbol{A}\boldsymbol{p})=\lambda^2\boldsymbol{p},$$

所以, λ^2 是 $\boldsymbol{A}^2$ 的特征值.

(2) 当 $\boldsymbol{A}$ 可逆时, 由 $\boldsymbol{A}\boldsymbol{p}=\lambda\boldsymbol{p}$, 有 $\boldsymbol{p}=\lambda\boldsymbol{A}^{-1}\boldsymbol{p}$, 因 $\boldsymbol{p}\neq\boldsymbol{0}$, 故 $\lambda\neq0$, 从而 $\boldsymbol{A}^{-1}\boldsymbol{p}=\dfrac{1}{\lambda}\boldsymbol{p}$, 所以, $\dfrac{1}{\lambda}$ 是 $\boldsymbol{A}^{-1}$ 的特征值. 证毕.

可进一步证明: 若 λ 是 $\boldsymbol{A}$ 的特征值, 则 λ^k 是 $\boldsymbol{A}^k$ 的特征值, $\varphi(\lambda)$ 是 $\varphi(\boldsymbol{A})$ 的特征值, 其中

$$\varphi(x)=a_0x^m+a_1x^{m-1}+\cdots+a_{m-1}x+a_m.$$

特别地, 设特征多项式 $f(\lambda)=|\lambda E-\boldsymbol{A}|$, 则 $f(\lambda)$ 是 $f(\boldsymbol{A})$ 的特征值, 且

$$\boldsymbol{A}^n-(a_{11}+a_{22}+\cdots+a_{nn})\boldsymbol{A}^{n-1}+\cdots+(-1)^n|\boldsymbol{A}|\boldsymbol{E}=\boldsymbol{O}.$$

例 13 设三阶矩阵 $\boldsymbol{A}$ 的特征值为 $1, 2, 2$, $\boldsymbol{E}$ 为三阶单位矩阵, 求 $|4\boldsymbol{A}^{-1}-\boldsymbol{E}|$.

解 依题设, 三阶矩阵 $\boldsymbol{A}$ 的特征值分别为 $1, 2, 2$, 故由矩阵特征值的常用结论知, $\boldsymbol{A}$ 的逆矩阵 $\boldsymbol{A}^{-1}$ 的特征值分别为 $1, \dfrac{1}{2}, \dfrac{1}{2}$.

再由矩阵多项式的特征值知, $4\boldsymbol{A}^{-1}-\boldsymbol{E}$ 的特征值分别为

$$4-1,\ 4\times\frac{1}{2}-1,\ 4\times\frac{1}{2}-1,$$

即 $3, 1, 1$. 所以, 根据矩阵特征值的性质2(2), 得

$$|4\boldsymbol{A}^{-1}-\boldsymbol{E}|=3\times1\times1=3.$$

例 14 设三阶矩阵 $\boldsymbol{A}$ 的特征值分别为 $1, -1, 2$, 求 $|\boldsymbol{A}^*+3\boldsymbol{A}-2\boldsymbol{E}|$.

解 因 $\boldsymbol{A}$ 的特征值全不为0, 故 $\boldsymbol{A}$ 可逆, 又 $\boldsymbol{A}^*=|\boldsymbol{A}|\boldsymbol{A}^{-1}$, 而 $|\boldsymbol{A}|=\lambda_1\lambda_2\lambda_3=-2$, 所以

$$\boldsymbol{A}^*+3\boldsymbol{A}-2\boldsymbol{E}=-2\boldsymbol{A}^{-1}+3\boldsymbol{A}-2\boldsymbol{E}.$$

将上式记作 $\varphi(\boldsymbol{A})$, 则 $\varphi(\lambda)=-\dfrac{2}{\lambda}+3\lambda-2$, 故 $\varphi(\boldsymbol{A})$ 的特征值为

$$\varphi(1)=-1,\ \varphi(-1)=-3,\ \varphi(2)=3,$$

因此,

$$|\boldsymbol{A}^*+3\boldsymbol{A}-2\boldsymbol{E}|=(-1)\times(-3)\times3=9.$$

例 15 计算 $\begin{pmatrix}0&1\\2&1\end{pmatrix}^{10}\begin{pmatrix}5\\1\end{pmatrix}$.

解 依题设，利用特征值与特征向量来简化计算. 记题设矩阵为$A=\begin{pmatrix}0&1\\2&1\end{pmatrix}$，则由矩阵特征值的性质知，$A$的特征多项式为

$$|\lambda E-A|=\begin{vmatrix}\lambda&-1\\-2&\lambda-1\end{vmatrix}=\lambda^2-\lambda-2,$$

因此，A的特征值为$\lambda_1=2$，$\lambda_2=-1$.

根据矩阵特征向量的求法，A对应于特征值$\lambda_1=2$的特征向量为$\xi_1=\begin{pmatrix}1\\2\end{pmatrix}$；$A$对应于特征值$\lambda_2=-1$的特征向量为$\xi_2=\begin{pmatrix}1\\-1\end{pmatrix}$. 所以，矩阵$A$的特征向量矩阵为

$$P=(\xi_1,\xi_2)=\begin{pmatrix}1&1\\2&-1\end{pmatrix},$$

因此，利用特征值与特征向量的关系，由$P^{-1}AP=\begin{pmatrix}2&0\\0&-1\end{pmatrix}$，得$A=P\begin{pmatrix}2&0\\0&-1\end{pmatrix}P^{-1}$，进一步利用矩阵的乘法运算与矩阵的幂运算，得

$$\begin{aligned}A^{10}&=P\begin{pmatrix}2^{10}&0\\0&(-1)^{10}\end{pmatrix}P^{-1}\\&=\begin{pmatrix}1&1\\2&-1\end{pmatrix}\begin{pmatrix}1\,024&0\\0&1\end{pmatrix}\begin{pmatrix}1/3&1/3\\2/3&-1/3\end{pmatrix}=\begin{pmatrix}342&341\\682&683\end{pmatrix},\end{aligned}$$

于是，利用矩阵的乘法，计算得

$$A^{10}\begin{pmatrix}5\\1\end{pmatrix}=\begin{pmatrix}342&341\\682&683\end{pmatrix}\begin{pmatrix}5\\1\end{pmatrix}=\begin{pmatrix}2\,051\\4\,093\end{pmatrix}.$$

定理 1 n阶方阵A的互不相等的特征值$\lambda_1,\lambda_2,\cdots,\lambda_m$对应的特征向量$p_1,p_2,\cdots,p_m$线性无关.

证明 已知$Ap_i=\lambda_i p_i$ $(i=1,2,\cdots,m)$. 下面用数学归纳法证之.

当$m=1$时，$p_1\neq 0$，故结论成立. 当$m>1$时，假设对于$m-1$，结论成立. 设有常数$k_1,k_2,\cdots,k_m$，$P_m\neq 0$，使

$$k_1p_1+k_2p_2+\cdots+k_{m-1}p_{m-1}+k_mp_m=0,\tag{2.3}$$

以矩阵A左乘上式两端，得

$$k_1Ap_1+k_2Ap_2+\cdots+k_{m-1}Ap_{m-1}+k_mAp_m=0.$$

由$Ap_i=\lambda_i p_i$ $(i=1,2,\cdots,m)$，有

$$k_1\lambda_1p_1+k_2\lambda_2p_2+\cdots+k_{m-1}\lambda_{n-1}p_{m-1}+k_m\lambda_mp_m=0.\tag{2.4}$$

式(2.4) $-\lambda_m\times$ 式(2.3)消去p_m，得

$$k_1(\lambda_1-\lambda_m)\boldsymbol{p}_1+k_2(\lambda_2-\lambda_m)\boldsymbol{p}_2+\cdots+k_{m-1}(\lambda_{m-1}-\lambda_m)\boldsymbol{p}_{m-1}=\boldsymbol{0}.$$

由归纳假设知, $\boldsymbol{p}_1, \boldsymbol{p}_2, \cdots, \boldsymbol{p}_{m-1}$ 线性无关, 故

$$k_i(\lambda_i-\lambda_m)=0\ \ (i=1, 2, \cdots, m-1).$$

因为特征值 $\lambda_1, \lambda_2, \cdots, \lambda_m$ 互不相同, 所以

$$k_i=0\ (i=1, 2, \cdots, m-1),$$

将其代入式 (2.3) 得 $k_m\boldsymbol{p}_m=\boldsymbol{0}$, 而 $\boldsymbol{p}_m\neq\boldsymbol{0}$, 必有 $k_m=0$, 从而 $k_1=k_2=\cdots=k_m=0$, 即向量组 $\boldsymbol{p}_1, \boldsymbol{p}_2, \cdots, \boldsymbol{p}_m$ 线性无关. 证毕.

矩阵的特征向量总是相对于矩阵的特征值而言的, 一个特征值具有的特征向量并不是唯一的, 但同一个特征向量不能属于不同的特征值. 事实上, 若反设 $\boldsymbol{p}$ 是 $\boldsymbol{A}$ 的属于两个不同特征值 λ_1, λ_2 的特征向量, 即

$$\boldsymbol{A}\boldsymbol{p}=\lambda_1\boldsymbol{p},\ \boldsymbol{A}\boldsymbol{p}=\lambda_2\boldsymbol{p},\ \text{且}\ \boldsymbol{p}\neq\boldsymbol{0},$$

则有 $(\lambda_1-\lambda_2)\boldsymbol{p}=\boldsymbol{0}$, 由 $\lambda_1-\lambda_2\neq 0$, 得 $\boldsymbol{p}=\boldsymbol{0}$, 与定义矛盾, 故结论成立.

例 16 设 λ_1 和 λ_2 是矩阵 $\boldsymbol{A}$ 的两个不同的特征值, 对应的特征向量依次为 $\boldsymbol{p}_1$ 和 $\boldsymbol{p}_2$, 试证: $\boldsymbol{p}_1+\boldsymbol{p}_2$ 不是 $\boldsymbol{A}$ 的特征向量.

证明 按题设, 有 $\boldsymbol{A}\boldsymbol{p}_1=\lambda_1\boldsymbol{p}_1$, $\boldsymbol{A}\boldsymbol{p}_2=\lambda_2\boldsymbol{p}_2$, 故

$$\boldsymbol{A}(\boldsymbol{p}_1+\boldsymbol{p}_2)=\lambda_1\boldsymbol{p}_1+\lambda_2\boldsymbol{p}_2.$$

用反证法, 假设 $\boldsymbol{p}_1+\boldsymbol{p}_2$ 是 $\boldsymbol{A}$ 的特征向量, 则应存在数 λ, 使

$$\boldsymbol{A}(\boldsymbol{p}_1+\boldsymbol{p}_2)=\lambda(\boldsymbol{p}_1+\boldsymbol{p}_2),\ \text{即}\ \lambda(\boldsymbol{p}_1+\boldsymbol{p}_2)=\lambda_1\boldsymbol{p}_1+\lambda_2\boldsymbol{p}_2,$$

由此可得: $(\lambda_1-\lambda)\boldsymbol{p}_1+(\lambda_2-\lambda)\boldsymbol{p}_2=\boldsymbol{0}$. 因 $\lambda_1\neq\lambda_2$, 由定理 1 知 $\boldsymbol{p}_1, \boldsymbol{p}_2$ 线性无关, 故

$$\lambda_1-\lambda=\lambda_2-\lambda=0,$$

即 $\lambda_1=\lambda_2$, 与题设矛盾. 所以, $\boldsymbol{p}_1+\boldsymbol{p}_2$ 不是矩阵 $\boldsymbol{A}$ 的特征向量. 证毕.

例 17 证明: 正交矩阵的实特征值的绝对值为 1.

证明 设 $\boldsymbol{A}$ 为正交矩阵, $\boldsymbol{p}$ 是方阵 $\boldsymbol{A}$ 的对应于特征值 λ 的特征向量, 即有 $\boldsymbol{A}\boldsymbol{p}=\lambda\boldsymbol{p}$, 因

$$(\boldsymbol{A}\boldsymbol{p})^{\mathrm{T}}\boldsymbol{A}\boldsymbol{p}=\boldsymbol{p}^{\mathrm{T}}\boldsymbol{A}^{\mathrm{T}}\boldsymbol{A}\boldsymbol{p}=\boldsymbol{p}^{\mathrm{T}}\boldsymbol{p}=\|\boldsymbol{p}\|^2, \tag{2.5}$$

$$(\boldsymbol{A}\boldsymbol{p})^{\mathrm{T}}\boldsymbol{A}\boldsymbol{p}=(\lambda\boldsymbol{p})^{\mathrm{T}}(\lambda\boldsymbol{p})=\lambda^2\boldsymbol{p}^{\mathrm{T}}\boldsymbol{p}=\lambda^2\|\boldsymbol{p}\|^2, \tag{2.6}$$

又 $\boldsymbol{p}\neq\boldsymbol{0}$, 所以, $\|\boldsymbol{p}\|>0$, 用式 (2.5) 减式 (2.6), 得 $\lambda^2=1$, 即 $|\lambda|=1$. 证毕.

习题 4-2

1. 设 $\boldsymbol{A}=\begin{pmatrix}3 & 2\\ 0 & -1\end{pmatrix}$, $\boldsymbol{\alpha}=\begin{pmatrix}-1\\ 2\end{pmatrix}$, $\boldsymbol{\beta}=\begin{pmatrix}1\\ 1\end{pmatrix}$. 判断 $\boldsymbol{\alpha}$ 和 $\boldsymbol{\beta}$ 是否为 $\boldsymbol{A}$ 的特征向量.

2. 设$A=\begin{pmatrix}1&2&1\\1&-3&-2\\a&2&2\end{pmatrix}$的特征方程有一个二重根, 试求矩阵$A$的全部特征值.

3. 证明: 5不是$A=\begin{pmatrix}6&-3&1\\3&0&5\\2&2&6\end{pmatrix}$的特征值.

4. 证明: 三角形矩阵的特征值为其主对角线元素.

5. A为n阶方阵, λ_1,λ_2是A的两个不同特征值, $\boldsymbol{\alpha}_1,\boldsymbol{\alpha}_2$是分别属于$A$的两个不同特征值的特征向量, 若$k_1\boldsymbol{\alpha}_1+k_2\boldsymbol{\alpha}_2$仍为$A$的特征向量, 求$k_1$, k_2的关系.

6. 求下列矩阵的特征值及特征向量:

(1) $\begin{pmatrix}1&2&3\\2&1&3\\3&3&6\end{pmatrix}$;　　(2) $\begin{pmatrix}1&1&1&1\\1&1&-1&-1\\1&-1&1&-1\\1&-1&-1&1\end{pmatrix}$;

(3) $\begin{pmatrix}-1&2&2\\3&-1&1\\2&2&-1\end{pmatrix}$;　　(4) $\begin{pmatrix}3&2&-2\\0&-1&0\\4&2&-3\end{pmatrix}$.

7. 在神经网络领域, 特征值和特征向量的应用常常出现在模型优化和数据降维中. 它们可以帮助我们理解权重矩阵对神经网络性能的影响, 特别是在梯度下降法的权重更新过程中. 考虑一个神经网络的权重矩阵, 该矩阵表示网络中每一层的连接权重. 神经网络的训练过程可以通过对权重矩阵进行特征值分解来优化, 帮助确定哪些方向的变动对网络的性能影响最大. 假设我们有一个神经网络的输入层和隐藏层之间的2×2权重矩阵W, 表示从输入层到隐藏层的连接权重:

$$W=\begin{pmatrix}4&1\\2&3\end{pmatrix}.$$

我们希望通过计算这个权重矩阵的特征值和特征向量来分析网络行为, 尤其是它如何影响网络训练中的学习方向.

8. 已知三阶矩阵A的特征值为1, -2, 3, 求:

(1) $2A$的特征值;　　(2) A^{-1}的特征值.

9. 在机器学习中的主成分分析算法中, 特征值和特征向量是数据降维的核心工具. 假设有一个数据集, 其中每个数据点由两个特征 (如身高和体重) 表示. 我们希望将这个二维数据集投影到一条新轴上, 使得投影后的数据具有最大的方差. 可以通过计算协方差矩阵的特征值和特征向量来实现. 给定以下二维数据集:

$$X=\begin{pmatrix}2&1\\3&4\\4&4\\7&3\end{pmatrix}.$$

我们首先计算该数据集的协方差矩阵, 然后求解该协方差矩阵的特征值和特征向量. 特征值和特征向量将帮助我们确定数据中信息量最大的主成分.

10. 设n阶矩阵$\boldsymbol{A}, \boldsymbol{B}$满足$\mathrm{r}(\boldsymbol{A})+\mathrm{r}(\boldsymbol{B})<n$, 证明$\boldsymbol{A}$与$\boldsymbol{B}$有公共的特征值和特征向量.

11. 在经济学中, 矩阵的迹可以用来分析多个经济因素之间的相互关系, 尤其是在多变量回归模型或经济数据的正则化过程中. 矩阵的迹通常与数据模型的复杂度有关, 它可以帮助我们理解不同经济变量之间的关系强度及其对模型的贡献. 在经济预测和模型优化中, 迹的计算与参数规模直接相关, 影响模型的复杂度和泛化能力.

假设我们正在分析某个国家的经济增长, 考虑两个主要经济因素: 资本投入和劳动力参与率. 为了研究这两个因素对经济增长的影响, 我们构建了一个包含资本投入和劳动力参与率的系数矩阵. 假设该国家过去五年的资本投入与劳动力参与率的系数矩阵为

$$\boldsymbol{C}=\begin{pmatrix}3 & 2\\4 & 5\end{pmatrix}.$$

计算矩阵$\boldsymbol{C}$的迹, 并通过迹的应用来分析该经济模型的复杂度.

12. 设$\boldsymbol{A}^2-3\boldsymbol{A}+2\boldsymbol{E}=\boldsymbol{0}$, 证明$\boldsymbol{A}$的特征值只能取1或2.

13. 设三阶矩阵$\boldsymbol{A}$的特征值为2, 3, λ, 且$|2\boldsymbol{A}|=-48$, 求λ.

14. 设二阶矩阵$\boldsymbol{A}$的特征值为1, 2, 求行列式$|\boldsymbol{A}-3\boldsymbol{A}^*|$.

15. 已知三阶矩阵$\boldsymbol{A}$的特征值为1, −1, 2, 计算行列式$|\boldsymbol{A}-5\boldsymbol{E}|$的值.

16. 已知0是矩阵$\boldsymbol{A}=\begin{pmatrix}1 & 0 & 1\\0 & 2 & 0\\1 & 0 & a\end{pmatrix}$的特征值, 求$\boldsymbol{A}$的特征值和特征向量.

17. 设$\boldsymbol{\alpha}$是$\boldsymbol{A}$的对应于特征值λ_0的特征向量, 证明:

(1) $\boldsymbol{\alpha}$是$\boldsymbol{A}^m$的对应于特征值λ_0^m的特征向量;

(2) 对多项式$f(x)$, $\boldsymbol{\alpha}$是$f(\boldsymbol{A})$的对应于$f(\lambda_0)$的特征向量.

18. 设$\lambda\neq 0$是m阶方阵$\boldsymbol{A}_{m\times n}\boldsymbol{B}_{n\times m}$的特征值, 证明$\lambda$也是$n$阶方阵$\boldsymbol{B}_{n\times m}\boldsymbol{A}_{m\times n}$的特征值.

19. $\boldsymbol{A}$为n阶方阵, $\boldsymbol{Ax}=\boldsymbol{0}$有非零解, 求$\boldsymbol{A}$必有的一个特征值.

20. $\boldsymbol{A}$为n阶可逆方阵, λ是$\boldsymbol{A}$的一个特征值, 求$\boldsymbol{A}^*$必有的一个特征值.

21. 已知三阶矩阵$\boldsymbol{A}$的特征值为1, 2, 3, 求$|\boldsymbol{A}^3-5\boldsymbol{A}^2+7\boldsymbol{A}|$.

22. 已知三阶矩阵$\boldsymbol{A}$的特征值为1, 2, −3, 求$|\boldsymbol{A}^*-3\boldsymbol{A}+2\boldsymbol{E}|$.

23. 设n阶矩阵$\boldsymbol{A}=\begin{pmatrix}1 & b & \cdots & b\\b & 1 & \cdots & b\\\vdots & \vdots & & \vdots\\b & b & \cdots & 1\end{pmatrix}$, 求$\boldsymbol{A}$的特征值和特征向量.

§4.3 相似矩阵

相似矩阵(similar matrices)是线性代数中的一个重要概念, 源于对矩阵对角化和线性变

换的研究. 对两个矩阵 $\boldsymbol{A}$ 和 $\boldsymbol{B}$, 若存在一个可逆矩阵 $\boldsymbol{P}$, 使得 $\boldsymbol{B}=\boldsymbol{P}^{-1}\boldsymbol{A}\boldsymbol{P}$, 则称 $\boldsymbol{A}$ 与 $\boldsymbol{B}$ 是相似矩阵. 相似关系是一种等价关系, 其研究最早可以追溯到19世纪的数学家, 如约瑟夫·拉格朗日和卡尔·弗里德里希·高斯, 他们探索了矩阵的特征值、特征向量及其几何意义. 相似矩阵的意义在于它们描述了同一线性变换在不同基下的表现形式. 换言之, 相似矩阵本质上表示的是相同的线性算子, 只是表达方式不同. 通过相似变换, 可以将复杂的矩阵简化为更易分析的形式 (如对角矩阵或三角形矩阵), 从而揭示线性变换的深层性质, 例如特征值、特征向量、行列式和矩阵的迹等不变量. 相似矩阵的应用广泛, 在数学、物理学、工程学等领域都有重要作用. 在量子力学中, 相似变换用于简化哈密顿量以分析系统的能谱; 在控制理论中, 用于研究状态空间模型的稳定性和可控性; 在数据科学中, 用于矩阵分解 (如奇异值分解) 以降低数据维度或提取特征. 相似矩阵的理论奠定了现代矩阵分析和线性代数的重要基础, 极大地推动了数学及应用科学的发展.

一、相似矩阵的概念

定义 1 设 $\boldsymbol{A}, \boldsymbol{B}$ 都是 n 阶矩阵, 若存在可逆矩阵 $\boldsymbol{P}$, 使

$$\boldsymbol{P}^{-1}\boldsymbol{A}\boldsymbol{P}=\boldsymbol{B},$$

则称 $\boldsymbol{B}$ 是 $\boldsymbol{A}$ 的**相似矩阵**, 并称**矩阵 $\boldsymbol{A}$ 与 $\boldsymbol{B}$ 相似**.

对 $\boldsymbol{A}$ 进行 $\boldsymbol{P}^{-1}\boldsymbol{A}\boldsymbol{P}$ 运算称为**对 $\boldsymbol{A}$ 进行相似变换**. 称可逆矩阵 $\boldsymbol{P}$ 为**相似变换矩阵**.

矩阵的相似关系是一种等价关系, 满足:

(1) 自反性: 对任意 n 阶矩阵 $\boldsymbol{A}$, 有 $\boldsymbol{A}$ 与 $\boldsymbol{A}$ 相似;

(2) 对称性: 若 $\boldsymbol{A}$ 与 $\boldsymbol{B}$ 相似, 则 $\boldsymbol{B}$ 与 $\boldsymbol{A}$ 相似;

(3) 传递性: 若 $\boldsymbol{A}$ 与 $\boldsymbol{B}$ 相似, $\boldsymbol{B}$ 与 $\boldsymbol{C}$ 相似, 则 $\boldsymbol{A}$ 与 $\boldsymbol{C}$ 相似.

证明 (1)和(2)显然, 现证(3). 若矩阵 $\boldsymbol{A}$ 与 $\boldsymbol{B}$ 相似, 矩阵 $\boldsymbol{B}$ 与 $\boldsymbol{C}$ 相似, 则分别存在可逆矩阵 $\boldsymbol{P}$ 与 $\boldsymbol{Q}$, 使得 $\boldsymbol{P}^{-1}\boldsymbol{A}\boldsymbol{P}=\boldsymbol{B}$, $\boldsymbol{Q}^{-1}\boldsymbol{B}\boldsymbol{Q}=\boldsymbol{C}$, 从而

$$\boldsymbol{C}=\boldsymbol{Q}^{-1}(\boldsymbol{P}^{-1}\boldsymbol{A}\boldsymbol{P})\boldsymbol{Q}=(\boldsymbol{Q}^{-1}\boldsymbol{P}^{-1})\boldsymbol{A}(\boldsymbol{P}\boldsymbol{Q})=(\boldsymbol{P}\boldsymbol{Q})^{-1}\boldsymbol{A}(\boldsymbol{P}\boldsymbol{Q}).$$

由定义 1 即知 $\boldsymbol{A}$ 与 $\boldsymbol{C}$ 相似. 证毕.

注: 下面是两个常用的运算表达式:

① $\boldsymbol{P}^{-1}\boldsymbol{A}\boldsymbol{B}\boldsymbol{P}=(\boldsymbol{P}^{-1}\boldsymbol{A}\boldsymbol{P})(\boldsymbol{P}^{-1}\boldsymbol{B}\boldsymbol{P})$;

② $\boldsymbol{P}^{-1}(k\boldsymbol{A}+l\boldsymbol{B})\boldsymbol{P}=k\boldsymbol{P}^{-1}\boldsymbol{A}\boldsymbol{P}+l\boldsymbol{P}^{-1}\boldsymbol{B}\boldsymbol{P}$, 其中 k, l 为任意实数.

例 1 设 $\boldsymbol{A}=\begin{pmatrix}3 & 1\\ 5 & -1\end{pmatrix}$, $\boldsymbol{B}=\begin{pmatrix}4 & 0\\ 0 & -2\end{pmatrix}$, 试验证存在可逆矩阵 $\boldsymbol{P}=\begin{pmatrix}1 & 1\\ 1 & -5\end{pmatrix}$, 使得矩阵 $\boldsymbol{A}$ 与 $\boldsymbol{B}$ 相似.

证明 因二阶行列式 $|\boldsymbol{P}|=-6\neq 0$, 故矩阵 $\boldsymbol{P}$ 可逆, 利用求逆矩阵的伴随矩阵法, 得

$$\boldsymbol{P}^{-1}=\frac{\boldsymbol{P}^*}{|\boldsymbol{P}|}=\begin{pmatrix}5/6 & 1/6\\ 1/6 & -1/6\end{pmatrix},$$

$$\boldsymbol{P}^{-1}\boldsymbol{A}\boldsymbol{P}=\begin{pmatrix}5/6 & 1/6\\ 1/6 & -1/6\end{pmatrix}\begin{pmatrix}3 & 1\\ 5 & -1\end{pmatrix}\begin{pmatrix}1 & 1\\ 1 & -5\end{pmatrix}=\begin{pmatrix}4 & 0\\ 0 & -2\end{pmatrix}=\boldsymbol{B},$$

所以, 由相似矩阵的定义知, 矩阵 $\boldsymbol{A}$ 与 $\boldsymbol{B}$ 相似. 证毕.

例 2　设矩阵 $\boldsymbol{A}$ 与 $\boldsymbol{B}$ 相似, 其中

$$\boldsymbol{A}=\begin{pmatrix}1 & 2\\3 & x\end{pmatrix},\ \boldsymbol{B}=\begin{pmatrix}4 & 0\\0 & -1\end{pmatrix}.$$

已知存在可逆矩阵 $\boldsymbol{P}$, 使得 $\boldsymbol{P}^{-1}\boldsymbol{A}\boldsymbol{P}=\boldsymbol{B}$, 求 x 的值.

解　设矩阵 $\boldsymbol{P}=\begin{pmatrix}a & b\\c & d\end{pmatrix}$, 由 $\boldsymbol{P}^{-1}\boldsymbol{A}\boldsymbol{P}=\boldsymbol{B}$, 可得 $\boldsymbol{AP}=\boldsymbol{PB}$, 即

$$\begin{pmatrix}a+2c & b+2d\\3a+cx & 3b+dx\end{pmatrix}=\begin{pmatrix}4a & -b\\4c & -d\end{pmatrix}.$$

所以有

$$\begin{cases}a+2c=4a\\b+2d=-b\\3a+cx=4c\\3b+dx=-d\end{cases}\Rightarrow x=2.$$

矩阵间的相似关系实质上考虑的是矩阵的一种分解, 特别地, 若矩阵 $\boldsymbol{A}$ 与一个对角矩阵 $\boldsymbol{\Lambda}$ 相似, 则有 $\boldsymbol{A}=\boldsymbol{P}^{-1}\boldsymbol{\Lambda}\boldsymbol{P}$, 这种分解使得对于较大的 k 值能够快速地计算 $\boldsymbol{A}^k$, 这也是线性代数很多应用中的一个基本思想.

例如, 设 $\boldsymbol{\Lambda}=\begin{pmatrix}3 & 0\\0 & 5\end{pmatrix}$, 则

$$\boldsymbol{\Lambda}^2=\begin{pmatrix}3 & 0\\0 & 5\end{pmatrix}\begin{pmatrix}3 & 0\\0 & 5\end{pmatrix}=\begin{pmatrix}3^2 & 0\\0 & 5^2\end{pmatrix},\ \boldsymbol{\Lambda}^3=\begin{pmatrix}3 & 0\\0 & 5\end{pmatrix}\begin{pmatrix}3^2 & 0\\0 & 5^2\end{pmatrix}=\begin{pmatrix}3^3 & 0\\0 & 5^3\end{pmatrix},$$

一般地, 我们有 $\boldsymbol{\Lambda}^n=\begin{pmatrix}3^n & 0\\0 & 5^n\end{pmatrix}$, $n\geqslant 1$.

二、相似矩阵的性质

定理 1　若 n 阶矩阵 $\boldsymbol{A}$ 与 $\boldsymbol{B}$ 相似, 则 $\boldsymbol{A}$ 与 $\boldsymbol{B}$ 的特征多项式相同, 从而 $\boldsymbol{A}$ 与 $\boldsymbol{B}$ 的特征值亦相同.

证明　因矩阵 $\boldsymbol{A}$ 与 $\boldsymbol{B}$ 相似, 故存在可逆矩阵 $\boldsymbol{P}$, 使得 $\boldsymbol{P}^{-1}\boldsymbol{A}\boldsymbol{P}=\boldsymbol{B}$, 因此, 根据方阵的行列式的运算性质与矩阵多项式的运算规律, 有

$$\begin{aligned}|\boldsymbol{B}-\lambda\boldsymbol{E}|&=|\boldsymbol{P}^{-1}\boldsymbol{A}\boldsymbol{P}-\boldsymbol{P}^{-1}(\lambda\boldsymbol{E})\boldsymbol{P}|=|\boldsymbol{P}^{-1}(\boldsymbol{A}-\lambda\boldsymbol{E})\boldsymbol{P}|\\&=|\boldsymbol{P}^{-1}||\boldsymbol{A}-\lambda\boldsymbol{E}||\boldsymbol{P}|=|\boldsymbol{A}-\lambda\boldsymbol{E}|,\end{aligned}$$

即 $\boldsymbol{A}$ 与 $\boldsymbol{B}$ 有相同的特征多项式, 从而有相同的特征值. 证毕.

如对例 1 中的矩阵, 由

$$|\boldsymbol{A}-\lambda\boldsymbol{E}|=\begin{vmatrix}3-\lambda & 1\\5 & -1-\lambda\end{vmatrix}=(\lambda-4)(\lambda+2),$$

$$|B-\lambda E|=\begin{vmatrix}4-\lambda & 0\\ 0 & -\lambda-2\end{vmatrix}=(\lambda-4)(\lambda+2),$$

易见它们有相同的特征值$\lambda_1=4$, $\lambda_2=-2$.

相似矩阵的其他性质:

(1) 相似矩阵的秩相等.

提示: 相似矩阵一定等价, 而等价的矩阵具有相同的秩.

(2) 相似矩阵的行列式相等.

提示: 由$\boldsymbol{A}$与$\boldsymbol{B}$相似, 可推出$\boldsymbol{P}^{-1}\boldsymbol{AP}=\boldsymbol{B}$, 两边取行列式即得.

(3) 相似矩阵具有相同的可逆性, 当它们可逆时, 它们的逆矩阵也相似.

证明 设n阶矩阵$\boldsymbol{A}$与$\boldsymbol{B}$相似, 则$|\boldsymbol{A}|=|\boldsymbol{B}|$, 故$\boldsymbol{A}$与$\boldsymbol{B}$具有相同的可逆性. 若$\boldsymbol{A}$与$\boldsymbol{B}$相似且都可逆, 则存在非奇异矩阵$\boldsymbol{P}$, 使$\boldsymbol{P}^{-1}\boldsymbol{AP}=\boldsymbol{B}$, 于是

$$\boldsymbol{B}^{-1}=(\boldsymbol{P}^{-1}\boldsymbol{AP})^{-1}=\boldsymbol{P}^{-1}\boldsymbol{A}^{-1}(\boldsymbol{P}^{-1})^{-1}=\boldsymbol{P}^{-1}\boldsymbol{A}^{-1}\boldsymbol{P},$$

即逆矩阵$\boldsymbol{A}^{-1}$与$\boldsymbol{B}^{-1}$相似. 证毕.

(4) 如果$\boldsymbol{A}$和$\boldsymbol{B}$是相似矩阵, 则$\boldsymbol{A}^{\mathrm{T}}$和$\boldsymbol{B}^{\mathrm{T}}$也是相似矩阵.

证明 根据相似矩阵的概念与矩阵的转置运算, 由$\boldsymbol{B}=\boldsymbol{P}^{-1}\boldsymbol{AP}$, 有

$$\boldsymbol{B}^{\mathrm{T}}=(\boldsymbol{P}^{-1}\boldsymbol{AP})^{\mathrm{T}}=\boldsymbol{P}^{\mathrm{T}}\boldsymbol{A}^{\mathrm{T}}(\boldsymbol{P}^{-1})^{\mathrm{T}},$$

即$\boldsymbol{A}^{\mathrm{T}}$与$\boldsymbol{B}^{\mathrm{T}}$相似.

例3 设矩阵$\boldsymbol{A}$与$\boldsymbol{B}$相似, 且$\boldsymbol{A}=\begin{pmatrix}1 & 2 & -3\\ 1 & 1 & 2\\ 2 & 0 & a\end{pmatrix}$, $\boldsymbol{B}=\begin{pmatrix}1 & 0 & 0\\ 0 & 3 & 0\\ 0 & 0 & b\end{pmatrix}$. 求$a$, b的值.

解 依题设, 矩阵$\boldsymbol{A}$与$\boldsymbol{B}$相似, 根据相似矩阵的性质知, $\boldsymbol{A}$与$\boldsymbol{B}$有相同的特征值, 又矩阵$\boldsymbol{B}$是对角矩阵, 于是, 矩阵$\boldsymbol{A}$的全部特征值为$\lambda_1=1$, $\lambda_2=3$, $\lambda_3=b$. 矩阵$\boldsymbol{A}$的特征方程为

$$|\lambda\boldsymbol{E}-\boldsymbol{A}|=\begin{vmatrix}\lambda-1 & -2 & 3\\ -1 & \lambda-1 & -2\\ -2 & 0 & \lambda-a\end{vmatrix}=0.$$

由于1是$\boldsymbol{A}$的特征值, 将$\lambda=1$代入上式, 得

$$\begin{vmatrix}0 & -2 & 3\\ -1 & 0 & -2\\ -2 & 0 & 1-a\end{vmatrix}=2\begin{vmatrix}-1 & -2\\ -2 & 1-a\end{vmatrix}=2(-1+a-4)=0,$$

解得$a=5$. 又因相似矩阵有相同的迹, 即$1+1+5=1+3+b$, 得$b=3$. 故 $a=5$, $b=3$.

例4 已知四阶矩阵$\boldsymbol{A}$相似于$\boldsymbol{B}$, $\boldsymbol{A}$的特征值为2, 3, 4, 5. $\boldsymbol{E}$为四阶单位矩阵, 试求行列式$|\boldsymbol{B}-\boldsymbol{E}|$.

解 依题设, 四阶矩阵$\boldsymbol{A}$与$\boldsymbol{B}$相似, 故由相似矩阵的性质知, 矩阵$\boldsymbol{B}$与$\boldsymbol{A}$有相同的特征值2, 3, 4, 5. 再由矩阵多项式的特征值的常用结论知, $\boldsymbol{B}-\boldsymbol{E}$的特征值为1, 2, 3, 4.

最后, 由矩阵的特征值的性质, 得

$$|\boldsymbol{B}-\boldsymbol{E}|=1\times2\times3\times4=24.$$

例5 设$\boldsymbol{B}=\begin{pmatrix}0&0&1\\0&1&0\\1&0&0\end{pmatrix}$，已知矩阵$\boldsymbol{A}$相似于$\boldsymbol{B}$，求秩$\mathrm{r}(\boldsymbol{A}-2\boldsymbol{E})+\mathrm{r}(\boldsymbol{A}-\boldsymbol{E})$.

解 题设矩阵$\boldsymbol{A}$与$\boldsymbol{B}$相似，即存在可逆矩阵$\boldsymbol{P}$，使得$\boldsymbol{P}^{-1}\boldsymbol{A}\boldsymbol{P}=\boldsymbol{B}$，因此，利用矩阵的线性运算与矩阵的乘法，有

$$\boldsymbol{P}^{-1}(\boldsymbol{A}-2\boldsymbol{E})\boldsymbol{P}=\boldsymbol{B}-2\boldsymbol{E},\ \boldsymbol{P}^{-1}(\boldsymbol{A}-\boldsymbol{E})\boldsymbol{P}=\boldsymbol{B}-\boldsymbol{E},$$

即$\boldsymbol{A}-2\boldsymbol{E}\sim\boldsymbol{B}-2\boldsymbol{E}$，$\boldsymbol{A}-\boldsymbol{E}\sim\boldsymbol{B}-\boldsymbol{E}$. 代入题设矩阵$\boldsymbol{B}$，分别得

$$\boldsymbol{B}-\boldsymbol{E}=\begin{pmatrix}-1&0&1\\0&0&0\\1&0&-1\end{pmatrix},\ \boldsymbol{B}-2\boldsymbol{E}=\begin{pmatrix}-2&0&1\\0&-1&0\\1&0&-2\end{pmatrix},$$

根据求矩阵的秩的初等变换法，易见

$$\mathrm{r}(\boldsymbol{B}-\boldsymbol{E})=1,\ \mathrm{r}(\boldsymbol{B}-2\boldsymbol{E})=3.$$

由相似矩阵的性质知，相似矩阵有相同的秩，所以

$$\mathrm{r}(\boldsymbol{A}-\boldsymbol{E})=\mathrm{r}(\boldsymbol{B}-\boldsymbol{E}),\ \mathrm{r}(\boldsymbol{A}-2\boldsymbol{E})=\mathrm{r}(\boldsymbol{B}-2\boldsymbol{E}).$$

综上可得

$$\mathrm{r}(\boldsymbol{A}-2\boldsymbol{E})+\mathrm{r}(\boldsymbol{A}-\boldsymbol{E})=\mathrm{r}(\boldsymbol{B}-2\boldsymbol{E})+\mathrm{r}(\boldsymbol{B}-\boldsymbol{E})=3+1=4.$$

例6 已知矩阵$\boldsymbol{A}=\begin{pmatrix}0&3&3\\a&b&c\\2&-14&-10\end{pmatrix}$与$\boldsymbol{B}=\begin{pmatrix}0&0&0\\0&-1&0\\0&0&-1\end{pmatrix}$相似，求$a,b,c$.

解 题设矩阵$\boldsymbol{A}$与$\boldsymbol{B}$相似，故由相似矩阵的性质，有

$$|\lambda\boldsymbol{E}-\boldsymbol{A}|=|\lambda\boldsymbol{E}-\boldsymbol{B}|,\ \mathrm{tr}(\boldsymbol{A})=\mathrm{tr}(\boldsymbol{B}),$$

又因$\boldsymbol{B}$的特征值为$0,-1,-1$，故由$0+b+(-10)=0+(-1)+(-1)$，得$b=8$.

又利用行列式的性质与行列式展开定理，计算得

$$|\boldsymbol{A}|=-12a-6b+6c=0,\ |-\boldsymbol{E}-\boldsymbol{A}|=15a+15b-20c+15=0.$$

代入$b=8$，解得$a=-1$，$c=6$. 所以，$a=-1$，$b=8$，$c=6$.

例7 试证：若矩阵$\boldsymbol{A}$和$\boldsymbol{B}$相似，则对任何正整数k，矩阵$\boldsymbol{A}^k$与$\boldsymbol{B}^k$相似.

证明 利用数学归纳法、相似矩阵的概念与相似矩阵的性质. 因矩阵$\boldsymbol{A}$与$\boldsymbol{B}$相似，故存在可逆矩阵$\boldsymbol{P}$，使得$\boldsymbol{A}=\boldsymbol{P}^{-1}\boldsymbol{B}\boldsymbol{P}$，进一步利用矩阵乘法的运算规律，有

$$\boldsymbol{A}^2=\boldsymbol{A}\cdot\boldsymbol{A}=\boldsymbol{P}^{-1}\boldsymbol{B}\boldsymbol{P}\cdot\boldsymbol{P}^{-1}\boldsymbol{B}\boldsymbol{P}=\boldsymbol{P}^{-1}\boldsymbol{B}\cdot\boldsymbol{B}\boldsymbol{P}=\boldsymbol{P}^{-1}\boldsymbol{B}^2\boldsymbol{P},$$

上式表明：当$k=2$时，$\boldsymbol{A}^2$与$\boldsymbol{B}^2$相似. 假设当$k=n$时，矩阵$\boldsymbol{A}^n$与$\boldsymbol{B}^n$相似，即有$\boldsymbol{A}^n=\boldsymbol{P}^{-1}\boldsymbol{B}^n\boldsymbol{P}$，则当$k=n+1$时，有

$$\boldsymbol{A}^{n+1}=\boldsymbol{A}^n\cdot\boldsymbol{A}=\boldsymbol{P}^{-1}\boldsymbol{B}^n\boldsymbol{P}\cdot\boldsymbol{P}^{-1}\boldsymbol{B}\boldsymbol{P}=\boldsymbol{P}^{-1}\boldsymbol{B}^{n+1}\boldsymbol{P},$$

所以，矩阵$\boldsymbol{A}^{n+1}$与$\boldsymbol{B}^{n+1}$相似.

综上，由数学归纳法知，对任何正整数k，$\boldsymbol{A}^k$与$\boldsymbol{B}^k$相似. 证毕.

例8 在神经网络中，相似矩阵及其性质常用于分析多层网络结构中的权重矩阵. 通过

矩阵的相似变换,我们可以理解网络层之间的变换特性,尤其是在多层神经网络中如何通过权重矩阵的相似性来优化训练过程.矩阵相似性不仅可以揭示数据的内在结构,还能帮助我们理解神经网络中的梯度传播和优化.假设我们有一个神经网络的权重矩阵 $\boldsymbol{A}$,表示从输入层到隐藏层,再到输出层的连接权重. $\boldsymbol{A}$ 是一个 3×3 矩阵:

$$\boldsymbol{A}=\begin{pmatrix}4&1&2\\1&4&1\\2&1&4\end{pmatrix}.$$

我们需要研究这个矩阵的相似性,计算它的特征值与特征向量,并且找出一个可逆矩阵 $\boldsymbol{P}$,使得矩阵 $\boldsymbol{A}$ 与某个对角矩阵 $\boldsymbol{D}$ 相似.

解 首先,计算矩阵 $\boldsymbol{A}$ 的特征值.利用行列式展开定理, $\boldsymbol{A}$ 的特征多项式为

$$\begin{aligned}|\boldsymbol{A}-\lambda\boldsymbol{E}|&=\begin{vmatrix}4-\lambda&1&2\\1&4-\lambda&1\\2&1&4-\lambda\end{vmatrix}\\&=(4-\lambda)\begin{vmatrix}4-\lambda&1\\1&4-\lambda\end{vmatrix}-\begin{vmatrix}1&1\\2&4-\lambda\end{vmatrix}+2\begin{vmatrix}1&4-\lambda\\2&1\end{vmatrix}\\&=(4-\lambda)(\lambda^2-8\lambda+15)-(2-\lambda)+2(2\lambda-7)\\&=-\lambda^3+12\lambda^2-42\lambda-44\\&=-(\lambda-2)(\lambda^2-10\lambda+22).\end{aligned}$$

根据矩阵多项式的上述因式分解,并利用一元二次方程求根公式解得特征值为

$$\lambda_1=2,\ \ \lambda_2=5+\sqrt{3},\ \ \lambda_3=5-\sqrt{3}.$$

然后,求各特征值对应的特征向量.

对应于特征值 $\lambda_1=2$,解线性方程组:

$$(\boldsymbol{A}-2\boldsymbol{E})\boldsymbol{x}=\begin{pmatrix}2&1&2\\1&2&1\\2&1&2\end{pmatrix}\begin{pmatrix}x_1\\x_2\\x_3\end{pmatrix}=\begin{pmatrix}0\\0\\0\end{pmatrix},$$

可得对应的特征向量 $\boldsymbol{x}=(1,\ 0,\ -1)^{\mathrm{T}}$.

对应于特征值 $\lambda_2=5+\sqrt{3}$,解线性方程组:

$$[\boldsymbol{A}-(5+\sqrt{3})\boldsymbol{E}]\boldsymbol{y}=\begin{pmatrix}-1-\sqrt{3}&1&2\\1&-1-\sqrt{3}&1\\2&1&-1-\sqrt{3}\end{pmatrix}\begin{pmatrix}y_1\\y_2\\y_3\end{pmatrix}=\begin{pmatrix}0\\0\\0\end{pmatrix},$$

可得对应的特征向量 $\boldsymbol{y}=(1,\ -1+\sqrt{3},\ 1)^{\mathrm{T}}$.

对应于特征值 $\lambda_3=5-\sqrt{3}$,解线性方程组:

$$[\boldsymbol{A}-(5-\sqrt{3})\boldsymbol{E}]\boldsymbol{z}=\begin{pmatrix}-1+\sqrt{3} & 1 & 2\\ 1 & -1+\sqrt{3} & 1\\ 2 & 1 & -1+\sqrt{3}\end{pmatrix}\begin{pmatrix}z_1\\ z_2\\ z_3\end{pmatrix}=\begin{pmatrix}0\\0\\0\end{pmatrix},$$

可得对应的特征向量$\boldsymbol{z}=(1,\ -1-\sqrt{3},\ 1)^{\mathrm{T}}$.

最后, 构造可逆矩阵

$$\boldsymbol{P}=(\boldsymbol{x},\boldsymbol{y},\boldsymbol{z})=\begin{pmatrix}1 & 1 & 1\\ 0 & -1+\sqrt{3} & -1-\sqrt{3}\\ -1 & 1 & 1\end{pmatrix},$$

利用伴随矩阵法或初等变换法, 可求得其逆矩阵$\boldsymbol{P}^{-1}$, 使得

$$\boldsymbol{P}^{-1}\boldsymbol{A}\boldsymbol{P}=\boldsymbol{D}=\begin{pmatrix}2 & 0 & 0\\ 0 & 5+\sqrt{3} & 0\\ 0 & 0 & 5-\sqrt{3}\end{pmatrix}.$$

通过本例, 我们展示了如何在神经网络的权重矩阵中使用相似矩阵的性质. 通过计算特征值与特征向量, 我们不仅找到了对角矩阵$\boldsymbol{D}$, 还构造了可逆矩阵$\boldsymbol{P}$, 从而理解了神经网络权重矩阵的优化和简化过程.

例 9　设$\boldsymbol{B}=\boldsymbol{P}^{-1}\boldsymbol{A}\boldsymbol{P}$, 其中$\boldsymbol{B}$是一个对角矩阵, 主对角线元素为$b_{11}, b_{22}, \cdots, b_{nn}$. 试证:

$$\begin{pmatrix}a_{11} & a_{12} & \cdots & a_{1n}\\ a_{21} & a_{22} & \cdots & a_{2n}\\ \vdots & \vdots & & \vdots\\ a_{n1} & a_{n2} & \cdots & a_{nn}\end{pmatrix}\begin{pmatrix}p_{1i}\\ p_{2i}\\ \vdots\\ p_{ni}\end{pmatrix}=b_{ii}\begin{pmatrix}p_{1i}\\ p_{2i}\\ \vdots\\ p_{ni}\end{pmatrix}.$$

证明　依题设, 矩阵$\boldsymbol{B}$是一个对角矩阵, 故由对角矩阵的乘法运算, 有

$$\boldsymbol{B}=\begin{pmatrix}b_{11} & 0 & \cdots & 0\\ 0 & b_{22} & \cdots & 0\\ \vdots & \vdots & & \vdots\\ 0 & 0 & \cdots & b_{nn}\end{pmatrix}=\boldsymbol{P}^{-1}\boldsymbol{A}\boldsymbol{P},$$

其中$\boldsymbol{P}$是可逆矩阵, 即$\boldsymbol{AP}=\boldsymbol{PB}$, 利用矩阵的乘法, 有

$$\boldsymbol{A}\boldsymbol{P}=\begin{pmatrix}a_{11} & a_{12} & \cdots & a_{1n}\\ a_{21} & a_{22} & \cdots & a_{2n}\\ \vdots & \vdots & & \vdots\\ a_{n1} & a_{n2} & \cdots & a_{nn}\end{pmatrix}\begin{pmatrix}p_{11} & p_{12} & \cdots & p_{1n}\\ p_{21} & p_{22} & \cdots & p_{2n}\\ \vdots & \vdots & & \vdots\\ p_{n1} & p_{n2} & \cdots & p_{nn}\end{pmatrix},$$

$$PB=\begin{pmatrix} p_{11} & p_{12} & \cdots & p_{1n} \\ p_{21} & p_{22} & \cdots & p_{2n} \\ \vdots & \vdots & & \vdots \\ p_{n1} & p_{n2} & \cdots & p_{nn} \end{pmatrix}\begin{pmatrix} b_{11} & 0 & \cdots & 0 \\ 0 & b_{22} & \cdots & 0 \\ \vdots & \vdots & & \vdots \\ 0 & 0 & \cdots & b_{nn} \end{pmatrix}=\begin{pmatrix} b_{11}p_{11} & b_{22}p_{12} & \cdots & b_{nn}p_{1n} \\ b_{11}p_{21} & b_{22}p_{22} & \cdots & b_{nn}p_{2n} \\ \vdots & \vdots & & \vdots \\ b_{11}p_{n1} & b_{22}p_{n2} & \cdots & b_{nn}p_{nn} \end{pmatrix},$$

$$\begin{pmatrix} a_{11} & a_{12} & \cdots & a_{1n} \\ a_{21} & a_{22} & \cdots & a_{2n} \\ \vdots & \vdots & & \vdots \\ a_{n1} & a_{n2} & \cdots & a_{nn} \end{pmatrix}\begin{pmatrix} p_{11} & p_{12} & \cdots & p_{1n} \\ p_{21} & p_{22} & \cdots & p_{2n} \\ \vdots & \vdots & & \vdots \\ p_{n1} & p_{n2} & \cdots & p_{nn} \end{pmatrix}=\begin{pmatrix} b_{11}p_{11} & b_{22}p_{12} & \cdots & b_{nn}p_{1n} \\ b_{11}p_{21} & b_{22}p_{22} & \cdots & b_{nn}p_{2n} \\ \vdots & \vdots & & \vdots \\ b_{11}p_{n1} & b_{22}p_{n2} & \cdots & b_{nn}p_{nn} \end{pmatrix},$$

由上式可见

$$\begin{pmatrix} a_{11} & a_{12} & \cdots & a_{1n} \\ a_{21} & a_{22} & \cdots & a_{2n} \\ \vdots & \vdots & & \vdots \\ a_{n1} & a_{n2} & \cdots & a_{nn} \end{pmatrix}\begin{pmatrix} p_{1i} \\ p_{2i} \\ \vdots \\ p_{ni} \end{pmatrix}=b_{ii}\begin{pmatrix} p_{1i} \\ p_{2i} \\ \vdots \\ p_{ni} \end{pmatrix}.$$

三、矩阵与对角矩阵相似的条件

定理 2　n阶矩阵$\boldsymbol{A}$与对角矩阵

$$\boldsymbol{\Lambda}=\begin{pmatrix} \lambda_1 & & & \\ & \lambda_2 & & \\ & & \ddots & \\ & & & \lambda_n \end{pmatrix}$$

相似的充要条件为矩阵$\boldsymbol{A}$有n个线性无关的特征向量.

证明　必要性. 若$\boldsymbol{A}$与$\boldsymbol{\Lambda}$相似, 则存在可逆矩阵$\boldsymbol{P}$, 使$\boldsymbol{P}^{-1}\boldsymbol{A}\boldsymbol{P}=\boldsymbol{\Lambda}$.

设$\boldsymbol{P}=(\boldsymbol{p}_1,\boldsymbol{p}_2,\cdots,\boldsymbol{p}_n)$, 则由$\boldsymbol{A}\boldsymbol{P}=\boldsymbol{P}\boldsymbol{\Lambda}$, 得

$$\boldsymbol{A}(\boldsymbol{p}_1,\boldsymbol{p}_2,\cdots,\boldsymbol{p}_n)=(\boldsymbol{p}_1,\boldsymbol{p}_2,\cdots,\boldsymbol{p}_n)\begin{pmatrix} \lambda_1 & & & \\ & \lambda_2 & & \\ & & \ddots & \\ & & & \lambda_n \end{pmatrix},$$

即$\boldsymbol{A}\boldsymbol{p}_i=\lambda_i\boldsymbol{p}_i\ (i=1,2,\cdots,n)$.

因$\boldsymbol{P}$可逆, $|\boldsymbol{P}|\neq 0$, $\boldsymbol{p}_i\ (i=1,2,\cdots,n)$都是非零向量, 故$\boldsymbol{p}_1,\boldsymbol{p}_2,\cdots,\boldsymbol{p}_n$都是$\boldsymbol{A}$的特征向

量，且它们线性无关.

充分性. 设 $\boldsymbol{p}_1, \boldsymbol{p}_2, \cdots, \boldsymbol{p}_n$ 为 $\boldsymbol{A}$ 的 n 个线性无关的特征向量，它们所对应的特征值分别为 $\lambda_1, \lambda_2, \cdots, \lambda_n$，则有 $\boldsymbol{A}\boldsymbol{p}_i=\lambda_i\boldsymbol{p}_i\ (i=1,2,\cdots,n)$. 令 $\boldsymbol{P}=(\boldsymbol{p}_1,\boldsymbol{p}_2,\cdots,\boldsymbol{p}_n)$，易知 $\boldsymbol{P}$ 可逆，且

$$\boldsymbol{AP}=\boldsymbol{A}(\boldsymbol{p}_1,\boldsymbol{p}_2,\cdots,\boldsymbol{p}_n)=(\boldsymbol{A}\boldsymbol{p}_1,\boldsymbol{A}\boldsymbol{p}_2,\cdots,\boldsymbol{A}\boldsymbol{p}_n)$$

$$=(\lambda_1\boldsymbol{p}_1,\lambda_2\boldsymbol{p}_2,\cdots,\lambda_n\boldsymbol{p}_n)=(\boldsymbol{p}_1,\boldsymbol{p}_2,\cdots,\boldsymbol{p}_n)\begin{pmatrix}\lambda_1&&&\\&\lambda_2&&\\&&\ddots&\\&&&\lambda_n\end{pmatrix}=\boldsymbol{P\Lambda},$$

用 $\boldsymbol{P}^{-1}$ 左乘上式两端得 $\boldsymbol{P}^{-1}\boldsymbol{AP}=\boldsymbol{\Lambda}$，即 $\boldsymbol{A}$ 与 $\boldsymbol{\Lambda}$ 相似. 证毕.

注：定理2的证明过程实际上已经给出了把方阵对角化的方法.

例10 试对矩阵 $\boldsymbol{A}=\begin{pmatrix}3&1\\5&-1\end{pmatrix}$ 验证前述定理2的结论.

解 由§4.2例1知，题设矩阵 $\boldsymbol{A}$ 有两个互不相同的特征值 $\lambda_1=4$，$\lambda_2=-2$，其对应的特征向量分别为 $\boldsymbol{p}_1=\begin{pmatrix}1\\1\end{pmatrix}$，$\boldsymbol{p}_2=\begin{pmatrix}1\\-5\end{pmatrix}$.

若取 $\boldsymbol{\Lambda}_1=\begin{pmatrix}4&0\\0&-2\end{pmatrix}$，$\boldsymbol{P}_1=(\boldsymbol{p}_1,\boldsymbol{p}_2)=\begin{pmatrix}1&1\\1&-5\end{pmatrix}$，则 $\boldsymbol{P}_1^{-1}\boldsymbol{AP}_1=\boldsymbol{\Lambda}_1$，即 $\boldsymbol{A}$ 与 $\boldsymbol{\Lambda}_1$ 相似.

若取 $\boldsymbol{\Lambda}_2=\begin{pmatrix}-2&0\\0&4\end{pmatrix}$，$\boldsymbol{P}_2=(\boldsymbol{p}_2,\boldsymbol{p}_1)=\begin{pmatrix}1&1\\-5&1\end{pmatrix}$，则 $\boldsymbol{P}_2^{-1}\boldsymbol{AP}_2=\boldsymbol{\Lambda}_2$，即 $\boldsymbol{A}$ 与 $\boldsymbol{\Lambda}_2$ 也相似.

显然，由§4.2定理1及本节定理2可得：

推论 1 若 n 阶矩阵 $\boldsymbol{A}$ 有 n 个互异的特征值 $\lambda_1, \lambda_2, \cdots, \lambda_n$，则 $\boldsymbol{A}$ 与对角矩阵

$$\boldsymbol{\Lambda}=\begin{pmatrix}\lambda_1&&&\\&\lambda_2&&\\&&\ddots&\\&&&\lambda_n\end{pmatrix}$$

相似.

对于 n 阶方阵 $\boldsymbol{A}$，若存在可逆矩阵 $\boldsymbol{P}$，使 $\boldsymbol{P}^{-1}\boldsymbol{AP}=\boldsymbol{\Lambda}$ 为对角矩阵，则称**方阵 $\boldsymbol{A}$ 可对角化**.

定理 3 n 阶矩阵 $\boldsymbol{A}$ 可对角化的充分必要条件是：对应于 $\boldsymbol{A}$ 的每个特征值的线性无关的特征向量的个数恰好等于该特征值的重数. 即设 λ_i 是 $\boldsymbol{A}$ 的 n_i 重特征值，则 $\boldsymbol{A}$ 与 $\boldsymbol{\Lambda}$ 相似，当且仅当 $\mathrm{r}(\lambda_i\boldsymbol{E}-\boldsymbol{A})=n-n_i\ (i=1,2,\cdots,k,\ k\leqslant n)$.

亦即，若 λ_i 有 n_i 重特征值就对应有 n_i 个特征向量，则矩阵 $\boldsymbol{A}$ 与 $\boldsymbol{\Lambda}$ 相似.

例如，矩阵 $\boldsymbol{A}=\begin{pmatrix}1&1&1\\0&0&0\\0&0&0\end{pmatrix}$ 的特征值为 1, 0, 0，对 $\lambda_2=0$，$n_2=2$，有

$$r(\lambda_2 E - A) = 1 = n - n_2,$$

故 A 能对角化.

又如，矩阵 $B=\begin{pmatrix}1&1&0\\0&0&1\\0&0&0\end{pmatrix}$ 的特征值也为 1, 0, 0, 对 $\lambda_2=0$, $n_2=2$, 有

$$r(\lambda_2 E - B) = 2 \neq n - n_2,$$

故 B 不能对角化.

矩阵可对角化是线性代数中的核心概念，指一个矩阵可以通过相似变换转化为对角矩阵. 这意味着该矩阵的特征值可以清晰地展现，并且其作用可以通过独立的线性组合分解开. 可对角化的意义在于它使复杂的矩阵运算(如幂运算、指数运算)大大简化，从而揭示矩阵深层的代数和几何性质.

四、矩阵对角化的步骤

若矩阵可对角化，则可按下列步骤来实现:

(1) 求出 A 的全部特征值 $\lambda_1, \lambda_2, \cdots, \lambda_s$;

(2) 对每个特征值 λ_i，设其重数为 n_i，则对应的齐次线性方程组 $(A-\lambda_i E)x=0$ 的基础解系由 n_i 个向量 $\xi_{i1}, \xi_{i2}, \cdots, \xi_{in_i}$ 构成，即 $\xi_{i1}, \xi_{i2}, \cdots, \xi_{in_i}$ 为 λ_i 对应的线性无关的特征向量;

(3) 上面求出的特征向量

$$\xi_{11}, \xi_{12}, \cdots, \xi_{1n_1}, \xi_{21}, \xi_{22}, \cdots, \xi_{2n_2}, \cdots, \xi_{s1}, \xi_{s2}, \cdots, \xi_{sn_s}$$

恰好为矩阵 A 的 n 个线性无关的特征向量;

(4) 令 $P=(\xi_{11}, \xi_{12}, \cdots, \xi_{1n_1}, \xi_{21}, \xi_{22}, \cdots, \xi_{2n_2}, \cdots, \xi_{s1}, \xi_{s2}, \cdots, \xi_{sn_s})$，则

$$P^{-1}AP=\Lambda=\begin{pmatrix}\lambda_1&&&&&&&&\\&\ddots&&&&&&&\\&&\lambda_1&&&&&&\\&&&\lambda_2&&&&&\\&&&&\ddots&&&&\\&&&&&\lambda_2&&&\\&&&&&&\ddots&&\\&&&&&&&\lambda_s&\\&&&&&&&&\ddots\\&&&&&&&&&\lambda_s\end{pmatrix}.$$

例 11 判断矩阵 $A=\begin{pmatrix}1&-2&2\\-2&-2&4\\2&4&-2\end{pmatrix}$ 能否化为对角矩阵.

解 矩阵 A 的特征方程为

$$|\lambda \boldsymbol{E}-\boldsymbol{A}|=\begin{vmatrix}\lambda-1 & 2 & -2\\ 2 & \lambda+2 & -4\\ -2 & -4 & \lambda+2\end{vmatrix}=(\lambda-2)^2(\lambda+7)=0,$$

得特征值 $\lambda_1=\lambda_2=2,\lambda_3=-7$. 对应于特征值 $\lambda_1=\lambda_2=2$, 解齐次线性方程组 $(2\boldsymbol{E}-\boldsymbol{A})\boldsymbol{x}=\boldsymbol{0}$, 可求出其基础解系

$$\boldsymbol{p}_1=(2,0,1)^{\mathrm{T}},\ \boldsymbol{p}_2=(0,1,1)^{\mathrm{T}}.$$

同理, 对应于特征值 $\lambda_3=-7$, 由齐次线性方程组 $(-7\boldsymbol{E}-\boldsymbol{A})\boldsymbol{x}=\boldsymbol{0}$, 可求得其基础解系

$$\boldsymbol{p}_3=(1,2,-2)^{\mathrm{T}},$$

而向量组 $\boldsymbol{p}_1,\boldsymbol{p}_2,\boldsymbol{p}_3$ 线性无关, 即矩阵 $\boldsymbol{A}$ 有 3 个线性无关的特征向量, 因而矩阵 $\boldsymbol{A}$ 可对角化.

例 12 设 $\boldsymbol{A}=\begin{pmatrix}0&0&1\\1&1&a\\1&0&0\end{pmatrix}$, 问 a 为何值时, 矩阵 $\boldsymbol{A}$ 能对角化?

解 矩阵 $\boldsymbol{A}$ 的特征多项式:

$$|\lambda \boldsymbol{E}-\boldsymbol{A}|=\begin{vmatrix}\lambda & 0 & -1\\ -1 & \lambda-1 & -a\\ -1 & 0 & \lambda\end{vmatrix}=(\lambda-1)\begin{vmatrix}\lambda & -1\\ -1 & \lambda\end{vmatrix}=(\lambda-1)^2(\lambda+1),$$

由此求得矩阵 $\boldsymbol{A}$ 的全部特征值:

$$\lambda_1=-1,\ \lambda_2=\lambda_3=1.$$

欲使矩阵 $\boldsymbol{A}$ 可对角化, 由定理 3 知, 对应于特征值 $\lambda_1=-1$, 应有一个线性无关的特征向量, 而对应于二重特征值 $\lambda_2=\lambda_3=1$, 应有 2 个线性无关的特征向量, 即齐次线性方程组 $(\boldsymbol{E}-\boldsymbol{A})\boldsymbol{x}=\boldsymbol{0}$ 有 2 个线性无关的解, 亦即系数矩阵 $\boldsymbol{E}-\boldsymbol{A}$ 的秩 $\mathrm{r}(\boldsymbol{E}-\boldsymbol{A})=1$. 对矩阵 $\boldsymbol{E}-\boldsymbol{A}$ 作初等行变换, 有

$$\boldsymbol{E}-\boldsymbol{A}=\begin{pmatrix}1&0&-1\\-1&0&-a\\-1&0&1\end{pmatrix}\to\begin{pmatrix}1&0&-1\\0&0&a+1\\0&0&0\end{pmatrix},$$

因此, 欲使秩 $\mathrm{r}(\boldsymbol{E}-\boldsymbol{A})=1$, 必有 $a+1=0$, 故 $a=-1$. 即当 $a=-1$ 时, 矩阵 $\boldsymbol{A}$ 可对角化. 证毕.

例 13 已知矩阵 $\boldsymbol{A}=\begin{pmatrix}0&2&1\\0&1&0\\1&-2&0\end{pmatrix}$ 相似于对角矩阵, 试求可逆矩阵 $\boldsymbol{P}$ 和对角矩阵 $\boldsymbol{\Lambda}$, 使得 $\boldsymbol{P}^{-1}\boldsymbol{A}\boldsymbol{P}=\boldsymbol{\Lambda}$.

解 题设矩阵 $\boldsymbol{A}$ 相似于对角矩阵, 根据方阵可对角化的概念, 先求出矩阵 $\boldsymbol{A}$ 的特征值. 利用行列式展开定理, $\boldsymbol{A}$ 的特征方程为

$$|\lambda \boldsymbol{E}-\boldsymbol{A}|=\begin{vmatrix}\lambda & -2 & -1\\ 0 & \lambda-1 & 0\\ -1 & -a & \lambda\end{vmatrix}=\lambda^2(\lambda-1)-(\lambda-1)=(\lambda-1)^2(\lambda+1)=0,$$

由此解得矩阵$\boldsymbol{A}$的全部特征值:

$$\lambda_1=\lambda_2=1,\ \lambda_3=-1.$$

下面利用矩阵的特征向量的求法, 进一步求对应于矩阵$\boldsymbol{A}$的各特征值的特征向量.

对二重特征值$\lambda_1=\lambda_2=1$, 解方程组$(\boldsymbol{E}-\boldsymbol{A})\boldsymbol{x}=\boldsymbol{0}$, 即

$$\begin{pmatrix}1&-2&-1\\0&0&0\\-1&2&1\end{pmatrix}\begin{pmatrix}x_1\\x_2\\x_3\end{pmatrix}=\boldsymbol{0},\ \text{亦即}\ x_1-2x_2-x_3=0,$$

令自由未知量$x_2=1,\ x_3=0$或$x_2=0,\ x_3=1$, 代入上述方程, 得两个线性无关的特征向量:

$$\xi_1=\begin{pmatrix}2\\1\\0\end{pmatrix},\quad \xi_2=\begin{pmatrix}1\\0\\1\end{pmatrix}.$$

对特征值$\lambda_3=-1$, 解方程组$(-\boldsymbol{E}-\boldsymbol{A})\boldsymbol{x}=\boldsymbol{0}$, 即

$$\begin{pmatrix}-1&-2&-1\\0&-2&0\\-1&2&-1\end{pmatrix}\begin{pmatrix}x_1\\x_2\\x_3\end{pmatrix}=\boldsymbol{0},$$

同上, 解得其对应的特征向量$\xi_3=\begin{pmatrix}-1\\0\\1\end{pmatrix}$. 构造矩阵:

$$\boldsymbol{P}=(\xi_1,\xi_2,\xi_3)=\begin{pmatrix}2&1&-1\\1&0&0\\0&1&1\end{pmatrix},$$

因向量组$\xi_1,\ \xi_2,\ \xi_3$线性无关, 故由向量组线性无关的充要条件知, 矩阵$\boldsymbol{P}$可逆, 且

$$\boldsymbol{P}^{-1}\boldsymbol{A}\boldsymbol{P}=\boldsymbol{\Lambda}=\begin{pmatrix}1&0&0\\0&1&0\\0&0&-1\end{pmatrix}.$$

*数学实验

实验 4.2 试用计算软件判断下列矩阵能否对角化, 若能, 请求出相应的对角矩阵:

(1) $$\begin{pmatrix}-31/3&22/3&-10/3&7/3&38/3&4/3&56/3&-71/3\\-26/3&20/3&-8/3&5/3&-28/3&5/3&43/3&-55/3\\-6&4&-1&1&6&2&10&-13\\-21/5&3&-9/5&13/5&13/5&11/5&6&-41/5\\2/5&0&-2/5&-1/5&-11/5&18/5&0&-3/5\\8/5&-1&2/5&-9/5&-14/5&22/5&-1&3/5\\68/13&-7/3&2/15&-14/15&-124/15&67/15&-26/3&-148/15\\103/15&-11/3&7/15&-19/15&-179/15&77/15&-40/3&233/15\end{pmatrix};$$

(2) $\begin{pmatrix} 2k & 2k-1 & 2k-1 & 1-2k & 2-3k & 1-3k \\ 2k-1 & 2k & 2k-1 & 1-2k & 2-3k & 1-3k \\ 2k-1 & 2k-1 & 2k & 1-2k & 2-3k & 1-3k \\ 2k-1 & 2k-1 & 2k-1 & 2-2k & 2-3k & 1-3k \\ k & k & k & -k & 1-k & -2k \\ k-1 & -k-1 & k-1 & 1-k & 2-2k & 2-k \end{pmatrix}$.

计算实验

微信扫描右侧的二维码即可进行计算实验 (详见教材配套的网络学习空间).

五、利用矩阵对角化计算矩阵多项式

设有 n 阶矩阵 $\boldsymbol{A}$ 与 $\boldsymbol{B}$, 如果矩阵 $\boldsymbol{A}$ 与 $\boldsymbol{B}$ 相似, 那么存在可逆矩阵 $\boldsymbol{P}$, 使得 $\boldsymbol{A}=\boldsymbol{PBP}^{-1}$, 于是 $\boldsymbol{A}^k=\boldsymbol{PB}^k\boldsymbol{P}^{-1}$. 同理, 对矩阵 $\boldsymbol{A}$ 的多项式, 有

$$\begin{aligned}\varphi(\boldsymbol{A}) &= a_0\boldsymbol{A}^n+\cdots+a_{n-1}\boldsymbol{A}+a_n\boldsymbol{E} \\ &= a_0\boldsymbol{PB}^n\boldsymbol{P}^{-1}+\cdots+a_{n-1}\boldsymbol{PBP}^{-1}+a_n\boldsymbol{PEP}^{-1} \\ &= \boldsymbol{P}(a_0\boldsymbol{B}^n+\cdots+a_{n-1}\boldsymbol{B}+a_n\boldsymbol{E})\boldsymbol{P}^{-1}=\boldsymbol{P}\varphi(\boldsymbol{B})\boldsymbol{P}^{-1}.\end{aligned}$$

特别地, 若有可逆矩阵 $\boldsymbol{P}$, 使得 $\boldsymbol{P}^{-1}\boldsymbol{AP}=\boldsymbol{\Lambda}$ 为对角矩阵, 则

$$\boldsymbol{A}^k=\boldsymbol{P\Lambda}^k\boldsymbol{P}^{-1},\ \varphi(\boldsymbol{A})=\boldsymbol{P}\varphi(\boldsymbol{\Lambda})\boldsymbol{P}^{-1},$$

这里

$$\boldsymbol{\Lambda}^k=\begin{pmatrix}\lambda_1^k & & & \\ & \lambda_2^k & & \\ & & \ddots & \\ & & & \lambda_n^k\end{pmatrix},\ \varphi(\boldsymbol{\Lambda})=\begin{pmatrix}\varphi(\lambda_1) & & & \\ & \varphi(\lambda_2) & & \\ & & \ddots & \\ & & & \varphi(\lambda_n)\end{pmatrix}.$$

由此可方便地计算矩阵 $\boldsymbol{A}$ 的多项式 $\varphi(\boldsymbol{A})$.

定理 4 设 $f(\lambda)$ 是矩阵 $\boldsymbol{A}$ 的特征多项式, 则 $f(\boldsymbol{A})=\boldsymbol{O}$.

证明 一般结论的证明比较困难, 在此只证明 $\boldsymbol{A}$ 与 $\boldsymbol{\Lambda}$ 相似的情形. 因矩阵 $\boldsymbol{A}$ 与 $\boldsymbol{\Lambda}$ 相似, 故存在可逆矩阵 $\boldsymbol{P}$, 使得

$$\boldsymbol{P}^{-1}\boldsymbol{AP}=\boldsymbol{\Lambda}=\mathrm{diag}(\lambda_1,\lambda_2,\cdots,\lambda_n),$$

其中 λ_i 为 $\boldsymbol{A}$ 的特征值, $f(\lambda_i)=0$. 由 $\boldsymbol{A}=\boldsymbol{P\Lambda P}^{-1}$, 即可证得:

$$f(\boldsymbol{A})=\boldsymbol{P}f(\boldsymbol{\Lambda})\boldsymbol{P}^{-1}=\boldsymbol{P}\begin{pmatrix}f(\lambda_1) & & & \\ & f(\lambda_2) & & \\ & & \ddots & \\ & & & f(\lambda_n)\end{pmatrix}\boldsymbol{P}^{-1}=\boldsymbol{POP}^{-1}=\boldsymbol{O}.$$

利用矩阵对角化计算矩阵多项式具有重要的理论和计算意义. 若 $\boldsymbol{A}$ 可对角化, 即存在可逆矩阵 $\boldsymbol{P}$ 和对角矩阵 $\boldsymbol{\Lambda}$, 使得 $\boldsymbol{A}=\boldsymbol{P\Lambda P}^{-1}$, 则矩阵多项式 $f(\boldsymbol{A})$ 可转化为 $f(\boldsymbol{A})=\boldsymbol{P}f(\boldsymbol{\Lambda})\boldsymbol{P}^{-1}$. 其中, $f(\boldsymbol{\Lambda})$ 是直接作用在对角矩阵 $\boldsymbol{\Lambda}$ 上的标量多项式, 大大简化了计算. 这种方法的意义在

于，避免直接对矩阵进行烦琐的幂运算和加法运算，提高了效率，同时提供了更清晰的数学结构解释. 它在科学和工程领域有广泛应用. 例如，在量子力学中，用于计算矩阵指数以描述时间演化；在控制理论中，用于求解状态转移矩阵；在数值分析中，用于求解线性递推关系和动力系统的长时间行为分析. 矩阵对角化为矩阵多项式计算提供了高效且直观的手段.

例14　在机器人学中，考虑一个三自由度机械臂的运动模型. 其运动方程由下述矩阵多项式表示:

$$f(\boldsymbol{A})=\boldsymbol{A}^3-4\boldsymbol{A}^2+5\boldsymbol{A}-2\boldsymbol{E},$$

其中，$\boldsymbol{E}$ 是单位矩阵；$\boldsymbol{A}$ 是一个 3×3 矩阵，表示机械臂的状态转移矩阵. 已知 $\boldsymbol{A}$ 的特征值依次为 $\lambda_1=1,\lambda_2=2,\lambda_3=3$, 且 $\boldsymbol{A}$ 相似于对角矩阵，即存在可逆矩阵 $\boldsymbol{P}$（由特征值对应的特征向量构成）与对角矩阵 $\boldsymbol{\Lambda}$，使得

$$\boldsymbol{P}^{-1}\boldsymbol{A}\boldsymbol{P}=\boldsymbol{\Lambda}=\begin{pmatrix}1&0&0\\0&2&0\\0&0&3\end{pmatrix}.$$

现要通过矩阵的对角化方法，计算矩阵多项式 $f(\boldsymbol{A})$ 在给定矩阵 $\boldsymbol{A}$ 的条件下的值.

解　依题设，可写出 $\boldsymbol{A}=\boldsymbol{P}\boldsymbol{\Lambda}\boldsymbol{P}^{-1}$，于是，题设矩阵多项式:

$$\begin{aligned}f(\boldsymbol{A})&=\boldsymbol{A}^3-4\boldsymbol{A}^2+5\boldsymbol{A}-2\boldsymbol{E}\\&=(\boldsymbol{P}\boldsymbol{\Lambda}\boldsymbol{P}^{-1})^3-4(\boldsymbol{P}\boldsymbol{\Lambda}\boldsymbol{P}^{-1})^2+5(\boldsymbol{P}\boldsymbol{\Lambda}\boldsymbol{P}^{-1})-2\boldsymbol{E}\\&=\boldsymbol{P}\boldsymbol{\Lambda}^3\boldsymbol{P}^{-1}-4\boldsymbol{P}\boldsymbol{\Lambda}^2\boldsymbol{P}^{-1}+5\boldsymbol{P}\boldsymbol{\Lambda}\boldsymbol{P}^{-1}-2\boldsymbol{P}\boldsymbol{P}^{-1}\\&=\boldsymbol{P}(\boldsymbol{\Lambda}^3-4\boldsymbol{\Lambda}^2+5\boldsymbol{\Lambda}-2\boldsymbol{E})\boldsymbol{P}^{-1}.\end{aligned}$$

利用对角矩阵的幂运算与线性运算，可分别计算上述矩阵多项式中含对角矩阵 $\boldsymbol{\Lambda}$ 的幂的各项:

$$\boldsymbol{\Lambda}^3=\begin{pmatrix}1^3&0&0\\0&2^3&0\\0&0&3^3\end{pmatrix}=\begin{pmatrix}1&0&0\\0&8&0\\0&0&27\end{pmatrix},$$

$$4\boldsymbol{\Lambda}^2=4\begin{pmatrix}1^2&0&0\\0&2^2&0\\0&0&3^2\end{pmatrix}=\begin{pmatrix}4&0&0\\0&16&0\\0&0&36\end{pmatrix},$$

$$5\boldsymbol{\Lambda}=5\begin{pmatrix}1&0&0\\0&2&0\\0&0&3\end{pmatrix}=\begin{pmatrix}5&0&0\\0&10&0\\0&0&15\end{pmatrix}.$$

将其代入上述矩阵多项式，作线性运算，得

$$f(\boldsymbol{A})=\boldsymbol{P}(\boldsymbol{\Lambda}^3-4\boldsymbol{\Lambda}^2+5\boldsymbol{\Lambda}-2\boldsymbol{E})\boldsymbol{P}^{-1}$$

$$=P\begin{pmatrix}1-4+5-2 & 0 & 0\\ 0 & 8-16+10-2 & 0\\ 0 & 0 & 27-36+15-2\end{pmatrix}P^{-1}$$

$$=P\begin{pmatrix}0&0&0\\0&0&0\\0&0&4\end{pmatrix}P^{-1}.$$

因此, 题设矩阵多项式可以简化为

$$f(A)=P\begin{pmatrix}0&0&0\\0&0&0\\0&0&4\end{pmatrix}P^{-1}.$$

由上可见, 通过矩阵的对角化方法, 我们将矩阵多项式的计算转化为对角矩阵的简单运算. 在该例中, 通过计算对角矩阵 Λ 的幂和线性组合, 我们成功地简化了复杂的矩阵多项式, 并得到了最终结果. 此方法在机器人学中广泛应用, 尤其是在多自由度机械臂的运动学分析和控制中能够有效提高计算效率和精度.

例 15　已知矩阵 $A=\begin{pmatrix}0&-1&1\\2&-3&0\\0&0&0\end{pmatrix}$. 试求 A^{99}.

解　根据方阵对角化的步骤, 先求出矩阵 A 的全部特征值及其对应的特征向量 (基础解系), 由方阵可对角化的条件, 若矩阵 A 有三个线性无关的特征向量, 则矩阵 A 可对角化, 以这三个特征向量作为所求矩阵 P 的列向量, 可使 A 相似于一个对角矩阵. 由此可以化简 A^{99} 的计算. 具体而言, 由矩阵 A 的特征方程

$$|\lambda E-A|=\begin{vmatrix}\lambda & 1 & -1\\ -2 & \lambda+3 & 0\\ 0 & 0 & \lambda\end{vmatrix}=\lambda(\lambda+1)(\lambda+2)=0,$$

解得 A 的全部特征值: $\lambda_1=0$, $\lambda_2=-1$, $\lambda_3=-2$.

矩阵 A 有三个互异的特征值, 故由方阵可对角化的条件(推论1)知, 矩阵 A 可对角化.

根据求齐次线性方程组基础解系的步骤, 分别求出

$$(\lambda_i E-A)x=\mathbf{0}\ \ (i=1, 2, 3)$$

的基础解系(特征向量)为 $\xi_1=(3, 2, 2)^{\mathrm{T}}$, $\xi_2=(1, 1, 0)^{\mathrm{T}}$, $\xi_3=(1, 2, 0)^{\mathrm{T}}$. 构造矩阵:

$$P=(\xi_1,\ \xi_2,\ \xi_3)=\begin{pmatrix}3&1&1\\2&1&2\\2&0&0\end{pmatrix},\ \Lambda=\begin{pmatrix}0&&\\&-1&\\&&-2\end{pmatrix},$$

则有 $P^{-1}AP=\Lambda$. 再根据求逆矩阵的伴随矩阵法或初等变换法, 得

$$P^{-1}=\begin{pmatrix}0&0&1/2\\2&-1&-2\\-1&1&1/2\end{pmatrix}.$$

最后, 由 $A=P\Lambda P^{-1}$, 并根据利用矩阵对角化计算矩阵多项式的方法、矩阵的幂运算与矩阵的乘法及其运算规律, 计算得

$$\begin{aligned}A^{99}&=P\Lambda^{99}P^{-1}\\&=\begin{pmatrix}3&1&1\\2&1&2\\2&0&0\end{pmatrix}\begin{pmatrix}0&0&0\\0&(-1)^{99}&0\\0&0&(-2)^{99}\end{pmatrix}\begin{pmatrix}0&0&1/2\\2&-1&-2\\-1&1&1/2\end{pmatrix}\\&=\begin{pmatrix}-2+2^{99}&1-2^{99}&2-2^{98}\\-2+2^{100}&1-2^{100}&2-2^{99}\\0&0&0\end{pmatrix}.\end{aligned}$$

六、矩阵对角化在微分方程组中的应用

在许多实际应用中, 我们常需研究随时间连续变化的变量, 并且这些变量之间常以微分方程组的形式关联着, 事实上, 微分方程组是在连续情形下描述动态系统行为的一种常用数学模型.

本段我们仅通过实例来了解矩阵对角化在求解微分方程组中的应用.

例 16 设函数 $x_i=x_i(t)\,(i=1,2,3)$ 满足下列微分方程组:

$$\begin{cases}x_1'=2x_1-2x_2\\x_2'=-2x_1+x_2-2x_3,\\x_3'=-2x_2\end{cases}$$

其中 $x_i'=\dfrac{\mathrm{d}x_i}{\mathrm{d}t}\ (i=1,2,3)$, 试求该方程组的解.

解 令 $\boldsymbol{x}=\begin{pmatrix}x_1\\x_2\\x_3\end{pmatrix}$, $\boldsymbol{x}'=\begin{pmatrix}x_1'\\x_2'\\x_3'\end{pmatrix}$, 则题设方程组可化为

$$\begin{pmatrix}x_1'\\x_2'\\x_3'\end{pmatrix}=\begin{pmatrix}2&-2&0\\-2&1&-2\\0&-2&0\end{pmatrix}\begin{pmatrix}x_1\\x_2\\x_3\end{pmatrix},\ \text{即}\ \boldsymbol{x}'=A\boldsymbol{x},\tag{3.1}$$

其中 $A=\begin{pmatrix}2&-2&0\\-2&1&-2\\0&-2&0\end{pmatrix}$. 令 $\boldsymbol{x}=P\boldsymbol{y}$, P 为可逆矩阵, $\boldsymbol{y}=\begin{pmatrix}y_1\\y_2\\y_3\end{pmatrix}$, 代入式 (3.1), 得

$$(\boldsymbol{P}\boldsymbol{y})'=\boldsymbol{A}\boldsymbol{P}\boldsymbol{y}, \text{即 } \boldsymbol{P}\boldsymbol{y}'=\boldsymbol{A}\boldsymbol{P}\boldsymbol{y},$$

从而有 $\boldsymbol{y}'=\boldsymbol{P}^{-1}\boldsymbol{A}\boldsymbol{P}\boldsymbol{y}$. 若能使 $\boldsymbol{P}^{-1}\boldsymbol{A}\boldsymbol{P}$ 为对角矩阵, 则方程组的解会很容易求出.

下面先解决 $\boldsymbol{A}$ 的对角化问题.

先求得 $\boldsymbol{A}$ 的全部特征值: $\lambda_1=-2$, $\lambda_2=1$, $\lambda_3=4$, 再分别求得其对应的特征向量:

$$\boldsymbol{p}_1=\begin{pmatrix}1\\2\\2\end{pmatrix},\ \boldsymbol{p}_2=\begin{pmatrix}2\\1\\-2\end{pmatrix},\ \boldsymbol{p}_3=\begin{pmatrix}2\\-2\\1\end{pmatrix},$$

构造矩阵 $\boldsymbol{P}=(\boldsymbol{p}_1,\boldsymbol{p}_2,\boldsymbol{p}_3)=\begin{pmatrix}1&2&2\\2&1&-2\\2&-2&1\end{pmatrix}$, 则 $\boldsymbol{P}^{-1}\boldsymbol{A}\boldsymbol{P}=\begin{pmatrix}-2&&\\&1&\\&&4\end{pmatrix}$.

若令 $\begin{cases}x_1=y_1+2y_2+2y_3\\x_2=2y_1+y_2-2y_3\\x_3=2y_1-2y_2+y_3\end{cases}$, 则得到 $\begin{pmatrix}y_1'\\y_2'\\y_3'\end{pmatrix}=\begin{pmatrix}-2&&\\&1&\\&&4\end{pmatrix}\begin{pmatrix}y_1\\y_2\\y_3\end{pmatrix}$, 即

$$y_1'=-2y_1,\ y_2'=y_2,\ y_3'=4y_3 .$$

分别解上述微分方程得: $y_1=c_1\mathrm{e}^{-2t}$, $y_2=c_2\mathrm{e}^{t}$, $y_3=c_3\mathrm{e}^{4t}$, 即

$$\boldsymbol{y}=\begin{pmatrix}y_1\\y_2\\y_3\end{pmatrix}=\begin{pmatrix}c_1\mathrm{e}^{-2t}\\c_2\mathrm{e}^{t}\\c_3\mathrm{e}^{4t}\end{pmatrix},\ c_i\ (i=1,2,3)\text{ 为任意常数},$$

进一步计算 $\boldsymbol{x}=\begin{pmatrix}x_1\\x_2\\x_3\end{pmatrix}=\boldsymbol{P}\boldsymbol{y}=\begin{pmatrix}1&2&2\\2&1&-2\\2&-2&1\end{pmatrix}\begin{pmatrix}c_1\mathrm{e}^{-2t}\\c_2\mathrm{e}^{t}\\c_3\mathrm{e}^{4t}\end{pmatrix}$, 即得题设方程组的解:

$$\begin{cases}x_1=c_1\mathrm{e}^{-2t}+2c_2\mathrm{e}^{t}+2c_3\mathrm{e}^{4t}\\x_2=2c_1\mathrm{e}^{-2t}+c_2\mathrm{e}^{t}-2c_3\mathrm{e}^{4t}\\x_3=2c_1\mathrm{e}^{-2t}-2c_2\mathrm{e}^{t}+c_3\mathrm{e}^{4t}\end{cases},$$

其中 $c_i\ (i=1,2,3)$ 为任意常数.

七、约当形矩阵的概念

约当标准形 (Jordan normal form) 是线性代数中研究矩阵相似性的重要工具, 其概念产生于探索矩阵的标准化表示. 19世纪中期, 法国数学家卡米尔·约当 (Camille Jordan) 提出了这一形式, 用以描述非对角化矩阵的结构特征. 约当标准形通过将矩阵化为分块对角形式, 其中每个子块均为约当块 (Jordan block), 清晰展现了矩阵的特征值及其几何与代数重数的关系. 约当形的意义在于为不可对角化的矩阵提供了一个尽可能接近对角矩阵的形式. 它揭

示了矩阵的深层性质, 如特征值、特征向量及广义特征向量之间的关系, 是研究线性算子在不同基下表现形式的关键工具.

定义 2 在n阶矩阵$\boldsymbol{A}$中, 形如

$$\boldsymbol{J}=\begin{pmatrix}\lambda & 1 & & & \\ & \lambda & 1 & & \\ & & \ddots & \ddots & \\ & & & \lambda & 1 \\ & & & & \lambda\end{pmatrix}$$

的矩阵称为**约当块**. 如果一个分块矩阵的所有子块都是约当块, 即

$$\boldsymbol{J}=\begin{pmatrix}\boldsymbol{J}_1 & & & \\ & \boldsymbol{J}_2 & & \\ & & \ddots & \\ & & & \boldsymbol{J}_s\end{pmatrix}$$

中 $\boldsymbol{J}_i\ (i=1, 2, \cdots, s)$都是约当块, 则称$\boldsymbol{J}$为**约当形矩阵**, 或**约当标准形**.

注: 对角矩阵可视为每个约当块都为一阶的约当形矩阵.

定理 5 对任意一个n阶矩阵$\boldsymbol{A}$, 都存在n阶可逆矩阵$\boldsymbol{T}$, 使得$\boldsymbol{T}^{-1}\boldsymbol{AT}=\boldsymbol{J}$, 即任一$n$阶矩阵$\boldsymbol{A}$都与一$n$阶约当形矩阵$\boldsymbol{J}$相似.

例如, 下列矩阵都是约当块:

$$\begin{pmatrix}3 & 1 & 0\\ 0 & 3 & 1\\ 0 & 0 & 3\end{pmatrix},\ \begin{pmatrix}0 & 1 & 0\\ 0 & 0 & 1\\ 0 & 0 & 0\end{pmatrix},\ \begin{pmatrix}-1 & 1\\ 0 & -1\end{pmatrix},$$

而下列矩阵是约当形矩阵:

$$\begin{pmatrix}3 & 1 & 0 & 0 & 0\\ 0 & 3 & 1 & 0 & 0\\ 0 & 0 & 3 & 0 & 0\\ 0 & 0 & 0 & -1 & 1\\ 0 & 0 & 0 & 0 & -1\end{pmatrix},\ \begin{pmatrix}1 & 1 & 0 & 0 & 0 & 0\\ 0 & 1 & 0 & 0 & 0 & 0\\ 0 & 0 & 4 & 0 & 0 & 0\\ 0 & 0 & 0 & 2 & 1 & 0\\ 0 & 0 & 0 & 0 & 2 & 1\\ 0 & 0 & 0 & 0 & 0 & 2\end{pmatrix}.$$

又如, 矩阵$\boldsymbol{A}=\begin{pmatrix}-1 & 1 & 0\\ -4 & 3 & 0\\ 1 & 0 & 2\end{pmatrix}$的特征值依次为$\lambda_1=2$, $\lambda_2=\lambda_3=1$, 且仅有两个线性无关的特征向量$\boldsymbol{x}_1=(0, 0, 1)^{\mathrm{T}}$, $\boldsymbol{x}_2=(1, 2, -1)^{\mathrm{T}}$, 所以, 矩阵$\boldsymbol{A}$不与对角矩阵相似. 但它与约当形矩阵$\boldsymbol{J}=\begin{pmatrix}2 & 0 & 0\\ 0 & 1 & 1\\ 0 & 0 & 1\end{pmatrix}$相似, 此时存在可逆矩阵$\boldsymbol{T}=\begin{pmatrix}0 & 1 & 0\\ 0 & 2 & 1\\ 1 & -1 & -1\end{pmatrix}$, 使得$\boldsymbol{T}^{-1}\boldsymbol{AT}=\boldsymbol{J}$.

习题 4-3

1. 若 n 阶方阵 $\boldsymbol{A}$ 与 $\boldsymbol{B}$ 相似, 证明:

(1) $\mathrm{r}(\boldsymbol{A})=\mathrm{r}(\boldsymbol{B})$;

(2) $|\boldsymbol{A}|=|\boldsymbol{B}|$;

(3) $(\lambda\boldsymbol{E}-\boldsymbol{A})^k$ 与 $(\lambda\boldsymbol{E}-\boldsymbol{B})^k$ 相似, 其中 k 为任意正整数.

2. 若四阶矩阵 $\boldsymbol{A}$ 与 $\boldsymbol{B}$ 相似, 矩阵 $\boldsymbol{A}$ 的特征值为 $\frac{1}{2}, \frac{1}{3}, \frac{1}{4}, \frac{1}{5}$, 求 $\boldsymbol{B}^{-1}$ 的特征值.

3. 设 $\boldsymbol{A}, \boldsymbol{B}$ 都是 n 阶方阵, 且 $|\boldsymbol{A}|\neq 0$, 证明: $\boldsymbol{AB}$ 与 $\boldsymbol{BA}$ 相似.

4. 设 $\boldsymbol{A}$ 与 $\boldsymbol{B}$ 相似, $\boldsymbol{C}$ 与 $\boldsymbol{D}$ 相似, 证明 $\begin{pmatrix}\boldsymbol{A} & \boldsymbol{O}\\ \boldsymbol{O} & \boldsymbol{C}\end{pmatrix}$ 与 $\begin{pmatrix}\boldsymbol{B} & \boldsymbol{O}\\ \boldsymbol{O} & \boldsymbol{D}\end{pmatrix}$ 相似.

5. 设方阵 $\boldsymbol{A}=\begin{pmatrix}1 & -2 & -4\\ -2 & x & -2\\ -4 & -2 & 1\end{pmatrix}$ 与 $\boldsymbol{\Lambda}=\begin{pmatrix}5 & 0 & 0\\ 0 & y & 0\\ 0 & 0 & -4\end{pmatrix}$ 相似, 求 x, y.

6. 已知矩阵 $\boldsymbol{A}=\begin{pmatrix}2 & 0 & 0\\ 0 & 0 & 1\\ 0 & 1 & x\end{pmatrix}$ 与 $\boldsymbol{B}=\begin{pmatrix}2 & 0 & 0\\ 0 & y & 0\\ 0 & 0 & -1\end{pmatrix}$ 相似, 求 x 与 y 的值.

7. 对下列矩阵, 求可逆矩阵 $\boldsymbol{P}$, 使 $\boldsymbol{P}^{-1}\boldsymbol{AP}$ 为对角矩阵.

(1) $\boldsymbol{A}=\begin{pmatrix}-1 & -2 & 2\\ 0 & 1 & 0\\ 0 & 0 & 1\end{pmatrix}$;　　(2) $\boldsymbol{A}=\begin{pmatrix}4 & 6 & 0\\ -3 & -5 & 0\\ -3 & -6 & 1\end{pmatrix}$.

8. 假设在某科学技术领域，一家研究机构正在分析两种材料的热传导系数矩阵. 设有 2×2 的热传导系数矩阵 $\boldsymbol{A}$, 其元素代表两种材料在不同温度条件下的热传导系数. 现在, 研究人员希望研究该矩阵的相似矩阵性质, 并通过求解特征值与特征向量来优化材料的设计. 设矩阵 $\boldsymbol{A}$ 如下:

$$\boldsymbol{A}=\begin{pmatrix}2 & 1\\ 3 & 4\end{pmatrix}.$$

我们的目标是计算矩阵 $\boldsymbol{A}$ 的特征值与特征向量, 并找出可逆矩阵 $\boldsymbol{P}$, 使得矩阵 $\boldsymbol{A}$ 与对角矩阵 $\boldsymbol{\Lambda}$ 相似, 其中 $\boldsymbol{\Lambda}$ 为矩阵 $\boldsymbol{A}$ 的特征值构成的矩阵.

9. 设矩阵 $\boldsymbol{A}=\begin{pmatrix}2 & 0 & 1\\ 3 & 1 & x\\ 4 & 0 & 5\end{pmatrix}$ 可相似对角化, 求 x.

10. 已知向量 $\boldsymbol{p}=\begin{pmatrix}1\\ 1\\ -1\end{pmatrix}$ 是矩阵 $\boldsymbol{A}=\begin{pmatrix}2 & -1 & 2\\ 5 & a & 3\\ -1 & b & -2\end{pmatrix}$ 的一个特征向量.

(1) 确定参数 a, b 及 $\boldsymbol{p}$ 所对应的特征值;　(2) 判断 $\boldsymbol{A}$ 能否相似对角化, 并说明理由.

11. 已知矩阵$\boldsymbol{A}=\begin{pmatrix}2&0&1\\3&1&3\\4&0&a\end{pmatrix}$相似于$\boldsymbol{\Lambda}=\begin{pmatrix}1&0&0\\0&1&0\\0&0&b\end{pmatrix}$.

(1) 求a, b的值;　(2) 求可逆矩阵$\boldsymbol{P}$, 使$\boldsymbol{P}^{-1}\boldsymbol{AP}=\boldsymbol{\Lambda}$.

12. 设矩阵$\boldsymbol{A}=\begin{pmatrix}0&2&-3\\-1&3&-3\\1&-2&4\end{pmatrix}$与$\boldsymbol{B}=\begin{pmatrix}1&-2&0\\0&5&0\\0&3&1\end{pmatrix}$相似. 求可逆矩阵$\boldsymbol{P}$, 使$\boldsymbol{P}^{-1}\boldsymbol{AP}$为对角矩阵.

13. 设$\boldsymbol{A}=\begin{pmatrix}2&0&0\\0&0&1\\0&1&0\end{pmatrix}$, $\boldsymbol{B}=\begin{pmatrix}1&0&0\\0&-1&0\\0&-6&2\end{pmatrix}$, 判断$\boldsymbol{A}$, $\boldsymbol{B}$是否相似, 若相似, 求出矩阵$\boldsymbol{X}$, 使$\boldsymbol{B}=\boldsymbol{X}^{-1}\boldsymbol{AX}$.

14. 在金融领域中, 考虑一个股票价格变化的模型. 其运动方程由下述矩阵多项式表示:

$$f(\boldsymbol{A})=\boldsymbol{A}^3-2\boldsymbol{A}^2+3\boldsymbol{A}-4\boldsymbol{E},$$

其中, $\boldsymbol{E}$是单位矩阵; $\boldsymbol{A}$是一个3×3矩阵, 表示股票价格的变化. 已知$\boldsymbol{A}$的特征值依次为$\lambda_1=1$, $\lambda_2=2$, $\lambda_3=3$, 且$\boldsymbol{A}$相似于对角矩阵, 即存在可逆矩阵$\boldsymbol{P}$(由特征值对应的特征向量构成)与对角矩阵$\boldsymbol{\Lambda}$, 使得

$$\boldsymbol{P}^{-1}\boldsymbol{AP}=\boldsymbol{\Lambda}=\begin{pmatrix}1&0&0\\0&2&0\\0&0&3\end{pmatrix}.$$

现要通过矩阵的对角化方法, 计算矩阵多项式$f(\boldsymbol{A})$在给定矩阵$\boldsymbol{A}$的条件下的值.

15. 设三阶矩阵$\boldsymbol{A}$的特征值为$\lambda_1=2$, $\lambda_2=-2$, $\lambda_3=1$, 对应的特征向量依次为

$$\boldsymbol{p}_1=\begin{pmatrix}0\\1\\1\end{pmatrix},\ \boldsymbol{p}_2=\begin{pmatrix}1\\1\\1\end{pmatrix},\ \boldsymbol{p}_3=\begin{pmatrix}1\\1\\0\end{pmatrix},$$

试求矩阵$\boldsymbol{A}$.

16. 设$\boldsymbol{A}=\begin{pmatrix}-1&1&0\\-2&2&0\\4&-2&1\end{pmatrix}$, 求$\boldsymbol{A}^{100}$.

17. 设$\boldsymbol{A}$是五阶方阵, 且$\boldsymbol{A}$有5个线性无关的特征向量, 试证明: $\boldsymbol{A}^{\mathrm{T}}$也有5个线性无关的特征向量.

18. 设矩阵$\boldsymbol{A}=\begin{pmatrix}3&2&-2\\-k&-1&k\\4&2&-3\end{pmatrix}$, 问当$k$为何值时, 存在逆矩阵$\boldsymbol{P}$, 使得$\boldsymbol{P}^{-1}\boldsymbol{AP}$为对角矩阵? 求出$\boldsymbol{P}$和相应的对角矩阵.

19. 三阶方阵$\boldsymbol{A}$有3个特征值1, 0, -1, 对应的特征向量分别为$\begin{pmatrix}1\\1\\0\end{pmatrix}$, $\begin{pmatrix}1\\0\\1\end{pmatrix}$, $\begin{pmatrix}0\\1\\1\end{pmatrix}$, 又知三阶方阵$\boldsymbol{B}$满足$\boldsymbol{B}=\boldsymbol{PAP}^{-1}$, 其中$\boldsymbol{P}=\begin{pmatrix}3&0&1\\0&1&-2\\1&4&0\end{pmatrix}$, 求$\boldsymbol{B}$的特征值及对应的特征向量.

§4.4　实对称矩阵的对角化

实对称矩阵的对角化是线性代数中的一个重要理论, 其核心在于任何实对称矩阵都可以通过正交变换(即正交矩阵的相似变换)对角化. 这一结论源于谱定理, 表明实对称矩阵的特征值为实数, 且存在一组正交特征向量构成的基. 这种特性使得实对称矩阵在许多实际问题中具有独特的计算优势和物理意义. 实对称矩阵的对角化的重要意义在于: 一方面, 它将复杂的线性变换分解为沿独立方向的简单伸缩操作, 使得矩阵的特征值、特征向量等性质易于计算; 另一方面, 它揭示了矩阵的固有几何结构, 为理解矩阵作用提供了直观的解释.

一个 n 阶矩阵 $\boldsymbol{A}$ 具备什么条件才能对角化? 这是个比较复杂的问题. 本节我们仅对 $\boldsymbol{A}$ 为实对称矩阵的情况进行讨论, 因为实对称矩阵具有许多一般矩阵所没有的特殊性质.

定理 1　实对称矩阵的特征值都为实数.

证明　设实对称矩阵 $\boldsymbol{A}$ 的特征值为复数 λ, 其对应的特征向量 $\boldsymbol{x}$ 为复向量, 即

$$\boldsymbol{A}\boldsymbol{x}=\lambda\boldsymbol{x},\ \boldsymbol{x}\neq\boldsymbol{0}.$$

以 $\bar{\lambda}$ 表示 λ 的共轭复数, $\bar{\boldsymbol{x}}$ 表示 $\boldsymbol{x}$ 的共轭复向量, 则 $\boldsymbol{A}\bar{\boldsymbol{x}}=\bar{\boldsymbol{A}}\bar{\boldsymbol{x}}=\overline{(\boldsymbol{A}\boldsymbol{x})}=\overline{(\lambda\boldsymbol{x})}=\bar{\lambda}\bar{\boldsymbol{x}}$. 于是

$$\bar{\boldsymbol{x}}^{\mathrm{T}}\boldsymbol{A}\boldsymbol{x}=\bar{\boldsymbol{x}}^{\mathrm{T}}(\boldsymbol{A}\boldsymbol{x})=\bar{\boldsymbol{x}}^{\mathrm{T}}\lambda\boldsymbol{x}=\lambda\bar{\boldsymbol{x}}^{\mathrm{T}}\boldsymbol{x},$$

$$\bar{\boldsymbol{x}}^{\mathrm{T}}\boldsymbol{A}\boldsymbol{x}=(\bar{\boldsymbol{x}}^{\mathrm{T}}\boldsymbol{A}^{\mathrm{T}})\boldsymbol{x}=(\boldsymbol{A}\bar{\boldsymbol{x}})^{\mathrm{T}}\boldsymbol{x}=(\bar{\lambda}\bar{\boldsymbol{x}})^{\mathrm{T}}\boldsymbol{x}=\bar{\lambda}\bar{\boldsymbol{x}}^{\mathrm{T}}\boldsymbol{x}.$$

上述两式相减, 得 $(\lambda-\bar{\lambda})\bar{\boldsymbol{x}}^{\mathrm{T}}\boldsymbol{x}=0$. 但因 $\boldsymbol{x}\neq\boldsymbol{0}$, 故

$$\bar{\boldsymbol{x}}^{\mathrm{T}}\boldsymbol{x}=\sum_{i=1}^{n}\bar{x}_i x_i=\sum_{i=1}^{n}|x_i|^2\neq 0,$$

所以, $\lambda-\bar{\lambda}=0$, 即 $\lambda=\bar{\lambda}$, 这说明 λ 是实数. 证毕.

注: 对实对称矩阵 $\boldsymbol{A}$, 因其特征值 λ_i 为实数, 故方程组 $(\boldsymbol{A}-\lambda_i\boldsymbol{E})\boldsymbol{x}=\boldsymbol{0}$ 是实系数方程组, 由 $|\boldsymbol{A}-\lambda_i\boldsymbol{E}|=0$ 知, 它必有实的基础解系, 所以, 矩阵 $\boldsymbol{A}$ 的特征向量可以取实向量.

例 1　设矩阵 $\boldsymbol{A}=\begin{pmatrix}1&2&-3\\-1&4&-3\\1&a&5\end{pmatrix}$ 的特征方程有一个二重根为2, 试证: 矩阵 $\boldsymbol{A}$ 可相似对角化.

证明　依题设, 矩阵 $\boldsymbol{A}$ 的特征多项式:

$$|\lambda\boldsymbol{E}-\boldsymbol{A}|=\begin{vmatrix}\lambda-1&-2&3\\1&\lambda-4&3\\-1&-a&\lambda-5\end{vmatrix}=(\lambda-2)(\lambda^2-8\lambda+18+3a).$$

若 $\lambda=2$ 是特征方程的二重根, 则

$$2^2-16+18+3a=0\Rightarrow a=-2.$$

此时, 矩阵 $\boldsymbol{A}$ 的特征值为2, 2, 6, 且

$$2E-A=\begin{pmatrix}1&-2&3\\1&-2&3\\-1&2&-3\end{pmatrix},$$

该矩阵的秩为1, 故$\lambda=2$对应的线性无关的特征向量有两个, 根据方阵可对角化的条件, A可相似对角化.

定理 2 设λ_1,λ_2是实对称矩阵A的两个特征值, p_1,p_2是对应的特征向量, 若$\lambda_1\neq\lambda_2$, 则p_1与p_2正交.

证明 依题设, 由特征值与特征向量的定义知:

$$\lambda_1 p_1=Ap_1,\ \lambda_2 p_2=A_2,\ \lambda_1\neq\lambda_2 .$$

因A是实对称矩阵, 故$\lambda_1 p_1^{\mathrm T}=(\lambda_1 p_1)^{\mathrm T}=(Ap_1)^{\mathrm T}=p_1^{\mathrm T}A^{\mathrm T}=p_1^{\mathrm T}A$, 于是

$$\lambda_1 p_1^{\mathrm T}p_2=p_1^{\mathrm T}Ap_2=p_1^{\mathrm T}(\lambda_2 p_2)=\lambda_2 p_1^{\mathrm T}p_2 ,$$

即$(\lambda_1-\lambda_2)p_1^{\mathrm T}p_2=0$. 但$\lambda_1\neq\lambda_2$, 故$p_1^{\mathrm T}p_2=0$, 即$p_1$与$p_2$正交. 证毕.

定理 3 设A为n阶实对称矩阵, λ是A的特征方程的r重根, 则矩阵$A-\lambda E$的秩

$$\mathrm{r}(A-\lambda E)=n-r,$$

从而对应于特征值λ恰有r个线性无关的特征向量.

证明 略.

定理 4 设A为n阶实对称矩阵, 则必有正交矩阵P, 使

$$P^{-1}AP=P^{\mathrm T}AP=\Lambda,$$

其中Λ是以A的n个特征值为对角线元素的对角矩阵

证明 设A的互不相等的特征值为$\lambda_1,\lambda_2,\cdots,\lambda_s$, 它们的重数分别为

$$r_1,r_2,\cdots,r_s\ (r_1+r_2+\cdots+r_s=n).$$

由定理1和定理3知, 对应特征值$\lambda_i\,(i=1,2,\cdots,s)$恰有$r_i$个线性无关的特征向量, 将它们正交化并单位化, 即得r_i个正交的单位特征向量, 由$r_1+r_2+\cdots+r_s=n$知, 这样的特征向量共有n个. 再由定理2知, 这n个单位特征向量两两正交, 以其为列向量作正交矩阵P, 则

$$P^{-1}AP=P^{-1}P\Lambda=\Lambda,$$

而Λ的对角线元素含有r_i个$\lambda_i\ (i=1,2,\cdots,s)$, 它们恰是$A$的$n$个特征值. 证毕.

与§4.3中将一般矩阵对角化的方法类似, 根据上述结论, 可求得正交矩阵P将实对称矩阵A对角化, 其具体步骤为:

(1) 求出实对称矩阵A的全部特征值$\lambda_1,\lambda_2,\cdots,\lambda_s$;

(2) 对每个特征值λ_i, 由$(\lambda_i E-A)x=0$求出其基础解系 (特征向量);

(3) 将基础解系(特征向量)正交化, 再单位化;

(4) 以这些单位向量作为列向量构成一正交矩阵P, 使$P^{-1}AP=\Lambda$.

注: P中列向量的次序与矩阵Λ对角线上的特征值的次序分别相对应.

例 2 设A,B为同阶方阵, 且均为实对称矩阵, 试证: 若矩阵A,B的特征多项式相等,

则矩阵 $\boldsymbol{A}, \boldsymbol{B}$ 相似.

证明 若 $\boldsymbol{A}, \boldsymbol{B}$ 皆为实对称矩阵, 且 $\boldsymbol{A}, \boldsymbol{B}$ 有相同的特征多项式, 则矩阵 $\boldsymbol{A}$ 与 $\boldsymbol{B}$ 有相同的特征值. 记特征值为 $\lambda_i\ (i=1, 2, \cdots, n)$, 根据实对称矩阵的性质(定理4)知, 实对称矩阵必可对角化, 故存在可逆矩阵 $\boldsymbol{P}$ 与 $\boldsymbol{Q}$, 使得

$$\boldsymbol{P}^{-1}\boldsymbol{AP}=\begin{pmatrix}\lambda_1 & & & \\ & \lambda_2 & & \\ & & \ddots & \\ & & & \lambda_n\end{pmatrix},\ \boldsymbol{Q}^{-1}\boldsymbol{BQ}=\begin{pmatrix}\lambda_1 & & & \\ & \lambda_2 & & \\ & & \ddots & \\ & & & \lambda_n\end{pmatrix},$$

于是 $\boldsymbol{P}^{-1}\boldsymbol{AP}=\boldsymbol{Q}^{-1}\boldsymbol{BQ}$.

利用矩阵的乘法与逆矩阵的运算规律, 在上式两端分别左乘 $\boldsymbol{Q}$ 与右乘 $\boldsymbol{Q}^{-1}$, 得

$$\boldsymbol{QP}^{-1}\boldsymbol{APQ}^{-1}=(\boldsymbol{PQ}^{-1})^{-1}\boldsymbol{A}(\boldsymbol{PQ}^{-1})=\boldsymbol{B}.$$

由此可见, 令 $\boldsymbol{S}=\boldsymbol{PQ}^{-1}$, 则矩阵 $\boldsymbol{S}$ 可逆, 使得 $\boldsymbol{S}^{-1}\boldsymbol{AS}=\boldsymbol{B}$, 所以, 矩阵 $\boldsymbol{A}$ 与 $\boldsymbol{B}$ 相似. 证毕.

例 3 设实对称矩阵 $\boldsymbol{A}=\begin{pmatrix}1 & -2 & 0\\ -2 & 2 & -2\\ 0 & -2 & 3\end{pmatrix}$, 求正交矩阵 $\boldsymbol{P}$, 使 $\boldsymbol{P}^{-1}\boldsymbol{AP}$ 为对角矩阵.

解 依题设, 矩阵 $\boldsymbol{A}$ 的特征方程为

$$|\lambda\boldsymbol{E}-\boldsymbol{A}|=\begin{vmatrix}\lambda-1 & 2 & 0\\ 2 & \lambda-2 & 2\\ 0 & 2 & \lambda-3\end{vmatrix}=(\lambda+1)(\lambda-2)(\lambda-5)=0,$$

由此解得 $\boldsymbol{A}$ 的全部特征值: $\lambda_1=-1,\ \lambda_2=2,\ \lambda_3=5$.

当 $\lambda_1=-1$ 时, 由 $(-\boldsymbol{E}-\boldsymbol{A})\boldsymbol{x}=\boldsymbol{0}$, 求得其基础解系 $\boldsymbol{p}_1=(2, 2, 1)^{\mathrm{T}}$.

当 $\lambda_2=2$ 时, 由 $(2\boldsymbol{E}-\boldsymbol{A})\boldsymbol{x}=\boldsymbol{0}$, 求得其基础解系 $\boldsymbol{p}_2=(2, -1, -2)^{\mathrm{T}}$.

当 $\lambda_3=5$ 时, 由 $(5\boldsymbol{E}-\boldsymbol{A})\boldsymbol{x}=\boldsymbol{0}$, 求得其基础解系 $\boldsymbol{p}_3=(1, -2, 2)^{\mathrm{T}}$.

不难验证 $\boldsymbol{p}_1, \boldsymbol{p}_2, \boldsymbol{p}_3$ 是正交向量组. 将 $\boldsymbol{p}_1, \boldsymbol{p}_2, \boldsymbol{p}_3$ 单位化, 得

$$\boldsymbol{\eta}_1=\frac{\boldsymbol{p}_1}{\|\boldsymbol{p}_1\|}=\begin{pmatrix}2/3\\ 2/3\\ 1/3\end{pmatrix},\ \boldsymbol{\eta}_2=\frac{\boldsymbol{p}_2}{\|\boldsymbol{p}_2\|}=\begin{pmatrix}2/3\\ -1/3\\ -2/3\end{pmatrix},\ \boldsymbol{\eta}_3=\frac{\boldsymbol{p}_3}{\|\boldsymbol{p}_3\|}=\begin{pmatrix}1/3\\ -2/3\\ 2/3\end{pmatrix}.$$

令 $\boldsymbol{P}=(\boldsymbol{\eta}_1, \boldsymbol{\eta}_2, \boldsymbol{\eta}_3)=\begin{pmatrix}2/3 & 2/3 & 1/3\\ 2/3 & -1/3 & -2/3\\ 1/3 & -2/3 & 2/3\end{pmatrix}$, 则 $\boldsymbol{P}$ 为正交矩阵, 使得

$$\boldsymbol{P}^{-1}\boldsymbol{AP}=\boldsymbol{P}^{\mathrm{T}}\boldsymbol{AP}=\begin{pmatrix}-1 & 0 & 0\\ 0 & 2 & 0\\ 0 & 0 & 5\end{pmatrix}.$$

例 4 设实对称矩阵$\boldsymbol{A}=\begin{pmatrix}4&0&0\\0&3&1\\0&1&3\end{pmatrix}$, 试求出正交矩阵$\boldsymbol{P}$, 使$\boldsymbol{P}^{-1}\boldsymbol{A}\boldsymbol{P}$为对角矩阵.

解 依题设, 矩阵$\boldsymbol{A}$的特征方程为

$$|\lambda \boldsymbol{E}-\boldsymbol{A}|=\begin{vmatrix}\lambda-4&0&0\\0&\lambda-3&-1\\0&-1&\lambda-3\end{vmatrix}=(\lambda-2)(4-\lambda)^2=0,$$

由此解得$\boldsymbol{A}$的全部特征值:

$$\lambda_1=2,\ \lambda_2=\lambda_3=4.$$

对于$\lambda_1=2$, 由$(2\boldsymbol{E}-\boldsymbol{A})\boldsymbol{x}=\boldsymbol{0}$, 求得其基础解系$\boldsymbol{p}_1=(0,1,-1)^{\mathrm{T}}$.

对于$\lambda_2=\lambda_3=4$, 由$(4\boldsymbol{E}-\boldsymbol{A})\boldsymbol{x}=\boldsymbol{0}$, 求得其基础解系

$$\boldsymbol{p}_2=(1,0,0)^{\mathrm{T}},\ \boldsymbol{p}_3=(0,1,1)^{\mathrm{T}}.$$

向量$\boldsymbol{p}_2$与$\boldsymbol{p}_3$恰好正交, 所以, 向量组$\boldsymbol{p}_1$, $\boldsymbol{p}_2$, $\boldsymbol{p}_3$两两正交.

再将$\boldsymbol{p}_1$, $\boldsymbol{p}_2$, $\boldsymbol{p}_3$单位化, 令$\boldsymbol{\eta}_i=\dfrac{\boldsymbol{p}_i}{\|\boldsymbol{p}_i\|}$ $(i=1,2,3)$, 得

$$\boldsymbol{\eta}_1=\begin{pmatrix}0\\1/\sqrt{2}\\-1/\sqrt{2}\end{pmatrix},\ \boldsymbol{\eta}_2=\begin{pmatrix}1\\0\\0\end{pmatrix},\ \boldsymbol{\eta}_3=\begin{pmatrix}0\\1/\sqrt{2}\\1/\sqrt{2}\end{pmatrix}.$$

故所求正交矩阵

$$\boldsymbol{P}=(\boldsymbol{\eta}_1,\boldsymbol{\eta}_2,\boldsymbol{\eta}_3)=\begin{pmatrix}0&1&0\\1/\sqrt{2}&0&1/\sqrt{2}\\-1/\sqrt{2}&0&1/\sqrt{2}\end{pmatrix},\ 且\ \boldsymbol{P}^{-1}\boldsymbol{A}\boldsymbol{P}=\begin{pmatrix}2&0&0\\0&4&0\\0&0&4\end{pmatrix}.$$

例 5 设三阶实对称矩阵$\boldsymbol{A}$的全部特征值0, 0, 3对应的特征向量依次为

$$\boldsymbol{\alpha}_1=(-1,2,-1)^{\mathrm{T}},\ \boldsymbol{\alpha}_2=(0,-1,1)^{\mathrm{T}},\ \boldsymbol{\alpha}_3=(1,1,1)^{\mathrm{T}}.$$

试求正交矩阵$\boldsymbol{Q}$和对角矩阵$\boldsymbol{\Lambda}$, 使得$\boldsymbol{Q}^{\mathrm{T}}\boldsymbol{A}\boldsymbol{Q}=\boldsymbol{\Lambda}$.

解 根据实对称矩阵的性质(定理2), 实对称矩阵的不同特征值对应的特征向量正交, 故$\boldsymbol{\alpha}_3$与$\boldsymbol{\alpha}_1$, $\boldsymbol{\alpha}_2$正交, 只需将向量组$\boldsymbol{\alpha}_1$, $\boldsymbol{\alpha}_2$正交化, 由规范正交向量组的求法, 有

$$\boldsymbol{\xi}_1=\boldsymbol{\alpha}_1=(-1,2,-1)^{\mathrm{T}},\quad \boldsymbol{\xi}_2=\boldsymbol{\alpha}_2-\frac{[\boldsymbol{\alpha}_2,\boldsymbol{\xi}_1]}{[\boldsymbol{\xi}_1,\boldsymbol{\xi}_1]}\boldsymbol{\xi}_1=\frac{1}{2}(-1,0,1)^{\mathrm{T}}.$$

再分别将$\boldsymbol{\xi}_1$, $\boldsymbol{\xi}_2$, $\boldsymbol{\alpha}_3$单位化, 得

$$\boldsymbol{\beta}_1=\frac{\boldsymbol{\xi}_1}{\|\boldsymbol{\xi}_1\|}=\frac{1}{\sqrt{6}}(-1,2,-1)^{\mathrm{T}},\ \boldsymbol{\beta}_2=\frac{\boldsymbol{\xi}_2}{\|\boldsymbol{\xi}_2\|}=\frac{1}{\sqrt{2}}(-1,0,1)^{\mathrm{T}},\ \boldsymbol{\beta}_3=\frac{\boldsymbol{\alpha}_3}{\|\boldsymbol{\alpha}_3\|}=\frac{1}{\sqrt{3}}(1,1,1)^{\mathrm{T}}.$$

以上述向量为列向量构造矩阵

$$Q=(\beta_1,\beta_2,\beta_3)=\begin{pmatrix} -\frac{1}{\sqrt{6}} & -\frac{1}{\sqrt{2}} & \frac{1}{\sqrt{3}} \\ \frac{2}{\sqrt{6}} & 0 & \frac{1}{\sqrt{3}} \\ -\frac{1}{\sqrt{6}} & \frac{1}{\sqrt{2}} & \frac{1}{\sqrt{3}} \end{pmatrix},$$

则Q为正交矩阵，且由实对称矩阵的性质(定理4)，有

$$Q^{\mathrm{T}}AQ=\begin{pmatrix} 0 & & \\ & 0 & \\ & & 3 \end{pmatrix}=\Lambda.$$

例 6　A是三阶实对称矩阵，它的特征值为$\lambda_1=0,\lambda_2=\lambda_3=1$，且$X_0=\begin{pmatrix}2\\2\\1\end{pmatrix}$是对应于$\lambda_1=0$的特征向量，求矩阵$A$.

解　依题设，根据实对称矩阵的性质，属于特征值$\lambda_2=\lambda_3=1$的特征向量$\beta=(x_1,x_2,x_3)^{\mathrm{T}}$必与$X_0$正交，即$2x_1+2x_2+x_3=0$，取正交的基础解系如下:

$$\beta_2=\begin{pmatrix}2\\-1\\-2\end{pmatrix},\ \beta_3=\begin{pmatrix}1\\-2\\2\end{pmatrix},$$

于是得正交矩阵

$$P=\frac{1}{3}\begin{pmatrix}2&2&1\\2&-1&-2\\1&-2&2\end{pmatrix},$$

使得$P^{\mathrm{T}}AP=\begin{pmatrix}0&0&0\\0&1&0\\0&0&1\end{pmatrix}$，则

$$A=P\begin{pmatrix}0&0&0\\0&1&0\\0&0&1\end{pmatrix}P^{\mathrm{T}}=\frac{1}{9}\begin{pmatrix}5&-4&-2\\-4&5&-2\\-2&-2&8\end{pmatrix}.$$

例 7　已知6, 3, 3是三阶实对称矩阵A的三个特征值，$(1,1,1)^{\mathrm{T}}$是A的对应于$\lambda=6$的特征向量，试求矩阵A.

解　依题设，因为A为实对称矩阵，所以A的对应于不同特征值的特征向量相互正交，据此可以求出A的对应于$\lambda=3$的特征向量. 设A的对应于特征值$\lambda=3$的特征向量为$(x_1,x_2,x_3)^{\mathrm{T}}$，则有

$$x_1+x_2+x_3=0.$$

此方程的基础解系为 $(0,-1,1)^{\mathrm{T}}$ 与 $(-2,1,1)^{\mathrm{T}}$. 它们就是所求的特征向量. 以这些特征向量为列向量作矩阵

$$\boldsymbol{P}=\begin{pmatrix}1 & 0 & -2\\ 1 & -1 & 1\\ 1 & 1 & 1\end{pmatrix},$$

则有

$$\boldsymbol{P}^{-1}\boldsymbol{A}\boldsymbol{P}=\begin{pmatrix}6 & 0 & 0\\ 0 & 3 & 0\\ 0 & 0 & 3\end{pmatrix},$$

从而

$$\boldsymbol{A}=\boldsymbol{P}\begin{pmatrix}6 & 0 & 0\\ 0 & 3 & 0\\ 0 & 0 & 3\end{pmatrix}\boldsymbol{P}^{-1}=\begin{pmatrix}4 & 1 & 1\\ 1 & 4 & 1\\ 1 & 1 & 4\end{pmatrix}.$$

例 8 设实对称矩阵 $\boldsymbol{A}=\begin{pmatrix}2 & -1\\ -1 & 2\end{pmatrix}$, 求 $\boldsymbol{A}^n$.

解 因 $\boldsymbol{A}$ 是实对称矩阵, 故 $\boldsymbol{A}$ 可对角化, 即有可逆矩阵 $\boldsymbol{P}$ 及对角矩阵 $\boldsymbol{\Lambda}$, 使 $\boldsymbol{P}^{-1}\boldsymbol{A}\boldsymbol{P}=\boldsymbol{\Lambda}$, 于是 $\boldsymbol{A}=\boldsymbol{P}\boldsymbol{\Lambda}\boldsymbol{P}^{-1}$, 从而 $\boldsymbol{A}^n=\boldsymbol{P}\boldsymbol{\Lambda}^n\boldsymbol{P}^{-1}$. 由

$$|\lambda\boldsymbol{E}-\boldsymbol{A}|=\begin{vmatrix}\lambda-2 & 1\\ 1 & \lambda-2\end{vmatrix}=\lambda^2-4\lambda+3=(\lambda-1)(\lambda-3),$$

解得 $\boldsymbol{A}$ 的全部特征值为 $\lambda_1=1,\ \lambda_2=3$. 于是 $\boldsymbol{\Lambda}=\begin{pmatrix}1 & 0\\ 0 & 3\end{pmatrix}$, $\boldsymbol{\Lambda}^n=\begin{pmatrix}1 & 0\\ 0 & 3^n\end{pmatrix}$.

对于 $\lambda_1=1$, 由 $\boldsymbol{E}-\boldsymbol{A}=\begin{pmatrix}-1 & 1\\ 1 & -1\end{pmatrix}\xrightarrow{r}\begin{pmatrix}1 & -1\\ 0 & 0\end{pmatrix}$, 求得 $\boldsymbol{p}_1=\begin{pmatrix}1\\ 1\end{pmatrix}$.

对于 $\lambda_2=3$, 由 $3\boldsymbol{E}-\boldsymbol{A}=\begin{pmatrix}1 & 1\\ 1 & 1\end{pmatrix}\xrightarrow{r}\begin{pmatrix}1 & 1\\ 0 & 0\end{pmatrix}$, 求得 $\boldsymbol{p}_2=\begin{pmatrix}1\\ -1\end{pmatrix}$.

令 $\boldsymbol{P}=(\boldsymbol{p}_1,\boldsymbol{p}_2)=\begin{pmatrix}1 & 1\\ 1 & -1\end{pmatrix}$, 再用伴随矩阵法求出 $\boldsymbol{P}^{-1}=\dfrac{1}{2}\begin{pmatrix}1 & 1\\ 1 & -1\end{pmatrix}$, 则

$$\boldsymbol{A}^n=\boldsymbol{P}\boldsymbol{\Lambda}^n\boldsymbol{P}^{-1}=\frac{1}{2}\begin{pmatrix}1 & 1\\ 1 & -1\end{pmatrix}\begin{pmatrix}1 & 0\\ 0 & 3^n\end{pmatrix}\begin{pmatrix}1 & 1\\ 1 & -1\end{pmatrix}=\frac{1}{2}\begin{pmatrix}1+3^n & 1-3^n\\ 1-3^n & 1+3^n\end{pmatrix}.$$

例 9 设三阶实对称矩阵 $\boldsymbol{A}$ 的秩为 2, $\lambda_1=\lambda_2=3$ 是 $\boldsymbol{A}$ 的二重特征值. 若

$$\boldsymbol{\alpha}_1=(1,0,1)^{\mathrm{T}},\ \ \boldsymbol{\alpha}_2=(0,1,-1)^{\mathrm{T}},\ \ \boldsymbol{\alpha}_3=(2,1,1)^{\mathrm{T}}$$

都是 $\boldsymbol{A}$ 的属于特征值 3 的特征向量.

(1) 求 $\boldsymbol{A}$ 的另一特征值和对应的特征向量;

(2) 求矩阵 $\boldsymbol{A}$.

解　(1) 依题设, 三阶矩阵 $\boldsymbol{A}$ 的秩 $\mathrm{r}(\boldsymbol{A})=2$, 从而

$$|\boldsymbol{A}|=0 \Rightarrow |\boldsymbol{A}-0\boldsymbol{E}|=0,$$

即 $\lambda_3=0$ 是 $\boldsymbol{A}$ 的一个特征值. 又因 $\boldsymbol{\alpha}_3=2\boldsymbol{\alpha}_1+\boldsymbol{\alpha}_2$, 故由实对称矩阵的性质(定理3)知, 矩阵 $\boldsymbol{A}$ 的属于特征值3的线性无关的特征向量为 $\boldsymbol{\alpha}_1$, $\boldsymbol{\alpha}_2$.

设 $\boldsymbol{\eta}=(x_1, x_2, x_3)$ 为与 $\lambda_3=0$ 对应的特征向量, 则根据实对称矩阵的性质(定理2), 向量 $\boldsymbol{\eta}$ 一定与 $\boldsymbol{\alpha}_1$, $\boldsymbol{\alpha}_2$ 正交, 即 $\boldsymbol{\alpha}_1^{\mathrm{T}}\boldsymbol{\eta}=\boldsymbol{0}$, $\boldsymbol{\alpha}_2^{\mathrm{T}}\boldsymbol{\eta}=\boldsymbol{0}$, 由此得到齐次线性方程组

$$\begin{cases} x_1+x_3=0 \\ x_2-x_3=0 \end{cases},$$

根据求齐次线性方程组基础解系的步骤, 可求出上述方程组的基础解系(特征向量)为 $\boldsymbol{\eta}=(-1, 1, 1)^{\mathrm{T}}$, 故矩阵 $\boldsymbol{A}$ 的属于特征值 $\lambda_3=0$ 的全部特征向量为 $k\boldsymbol{\eta}=k(-1, 1, 1)^{\mathrm{T}}$.

(2) 令矩阵

$$\boldsymbol{P}=(\boldsymbol{\alpha}_1, \boldsymbol{\alpha}_2, \boldsymbol{\eta})=\begin{pmatrix} 1 & 0 & -1 \\ 0 & 1 & 1 \\ 1 & -1 & 1 \end{pmatrix},$$

则 $\boldsymbol{P}$ 为正交矩阵, 且由实对称矩阵的性质(定理4), 有

$$\boldsymbol{P}^{-1}\boldsymbol{A}\boldsymbol{P}=\begin{pmatrix} 3 & & \\ & 3 & \\ & & 0 \end{pmatrix},$$

所以, 利用矩阵的乘法与求逆矩阵的伴随矩阵法, 计算得

$$\boldsymbol{A}=\boldsymbol{P}\begin{pmatrix} 3 & & \\ & 3 & \\ & & 0 \end{pmatrix}\boldsymbol{P}^{-1}$$

$$=\begin{pmatrix} 1 & 0 & -1 \\ 0 & 1 & 1 \\ 1 & -1 & 1 \end{pmatrix}\begin{pmatrix} 3 & & \\ & 3 & \\ & & 0 \end{pmatrix}\begin{pmatrix} 2/3 & 1/3 & 1/3 \\ 1/3 & 2/3 & -1/3 \\ -1/3 & 1/3 & 1/3 \end{pmatrix}$$

$$=\begin{pmatrix} 2 & 1 & 1 \\ 1 & 2 & -1 \\ 1 & -1 & 2 \end{pmatrix}.$$

*数学实验

实验 4.3　设有实对称矩阵

$$A=\begin{pmatrix} -5 & -5 & -4 & -3 & -2 & -1 & 0 \\ -5 & -3 & -3 & -2 & -1 & 0 & 1 \\ -4 & -3 & -1 & -1 & 0 & 1 & 2 \\ -3 & -2 & -1 & 1 & 1 & 2 & 3 \\ -2 & -1 & 0 & 1 & 3 & 3 & 4 \\ -1 & 0 & 1 & 2 & 3 & 5 & 5 \\ 0 & 1 & 2 & 3 & 4 & 5 & 7 \end{pmatrix},$$

计算实验

试用计算软件求出正交矩阵$\boldsymbol{P}$, 使$\boldsymbol{P}^{-1}\boldsymbol{AP}$为对角矩阵, 并计算$\boldsymbol{A}^n$(详见教材配套的网络学习空间).

例10　在人工智能领域, 特征矩阵 (如机器学习模型中数据集的协方差矩阵) 常用于主成分分析的特征提取, 反映不同特征间的关系. 现给定三阶实对称矩阵:

$$A=\begin{pmatrix} 1 & 1 & -2 \\ 1 & -2 & 1 \\ -2 & 1 & 1 \end{pmatrix}.$$

试通过正交变换将其对角化, 以确定数据集中的主要特征方向.

解　首先, 任何实对称矩阵都可以通过正交变换对角化, 即存在一个正交矩阵$\boldsymbol{Q}$和对角矩阵$\boldsymbol{\Lambda}$, 使得

$$\boldsymbol{A}=\boldsymbol{Q\Lambda Q}^{\mathrm{T}},$$

其中, $\boldsymbol{Q}$是由矩阵$\boldsymbol{A}$的特征向量组成的正交矩阵, $\boldsymbol{\Lambda}$是包含矩阵$\boldsymbol{A}$的特征值的对角矩阵.

下面求矩阵$\boldsymbol{A}$的特征值. 由矩阵$\boldsymbol{A}$的特征方程:

$$|\lambda \boldsymbol{E}-\boldsymbol{A}|=\begin{vmatrix} \lambda-1 & -1 & 2 \\ -1 & \lambda+2 & -1 \\ 2 & -1 & \lambda-1 \end{vmatrix}=\lambda(\lambda+3)(\lambda-3)=0,$$

解得矩阵$\boldsymbol{A}$的特征值为$\lambda_1=-3,\ \lambda_2=0,\ \lambda_3=3$.

然后, 求各特征值对应的特征向量.

对应于特征值$\lambda_1=-3$, 解线性方程组:

$$(-3\boldsymbol{E}-\boldsymbol{A})\boldsymbol{x}=\begin{pmatrix} -4 & -1 & 2 \\ -1 & -1 & -1 \\ 2 & -1 & -4 \end{pmatrix}\begin{pmatrix} x_1 \\ x_2 \\ x_3 \end{pmatrix}=\begin{pmatrix} 0 \\ 0 \\ 0 \end{pmatrix},$$

可得对应的特征向量$\boldsymbol{x}=(1,-2,1)^{\mathrm{T}}$.

对应于特征值$\lambda_2=0$, 解线性方程组:

$$(0\boldsymbol{E}-\boldsymbol{A})\boldsymbol{y}=\begin{pmatrix} -1 & -1 & 2 \\ -1 & 2 & -1 \\ 2 & -1 & -1 \end{pmatrix}\begin{pmatrix} y_1 \\ y_2 \\ y_3 \end{pmatrix}=\begin{pmatrix} 0 \\ 0 \\ 0 \end{pmatrix},$$

可得对应的特征向量$\boldsymbol{y}=(1,1,1)^{\mathrm{T}}$.

对应于特征值$\lambda_3=3$，解线性方程组:

$$(3\boldsymbol{E}-\boldsymbol{A})\boldsymbol{z}=\begin{pmatrix}2&-1&2\\-1&5&-1\\2&-1&2\end{pmatrix}\begin{pmatrix}z_1\\z_2\\z_3\end{pmatrix}=\begin{pmatrix}0\\0\\0\end{pmatrix},$$

可得对应的特征向量$\boldsymbol{z}=(1,0,-1)^{\mathrm{T}}$.

由于矩阵$\boldsymbol{A}$是对称的，故上述所得特征向量$\boldsymbol{x},\boldsymbol{y},\boldsymbol{z}$必是正交的.

最后，将这些相互正交的向量依次单位化为$\boldsymbol{\eta}_1,\boldsymbol{\eta}_2,\boldsymbol{\eta}_3$，并构造正交矩阵:

$$\boldsymbol{Q}=\begin{pmatrix}\frac{1}{\sqrt{6}}&\frac{1}{\sqrt{3}}&\frac{1}{\sqrt{2}}\\-\frac{2}{\sqrt{6}}&\frac{1}{\sqrt{3}}&0\\\frac{1}{\sqrt{6}}&\frac{1}{\sqrt{3}}&-\frac{1}{\sqrt{2}}\end{pmatrix},$$

使得矩阵

$$\boldsymbol{A}=\boldsymbol{Q}\begin{pmatrix}-3&0&0\\0&0&0\\0&0&3\end{pmatrix}\boldsymbol{Q}^{\mathrm{T}}=\boldsymbol{Q}\boldsymbol{\Lambda}\boldsymbol{Q}^{\mathrm{T}}.$$

由上可见，通过对矩阵$\boldsymbol{A}$进行正交变换，我们成功地将其对角化，得到对角矩阵$\boldsymbol{\Lambda}$和正交矩阵$\boldsymbol{Q}$，将矩阵分解为$\boldsymbol{A}=\boldsymbol{Q}\boldsymbol{\Lambda}\boldsymbol{Q}^{\mathrm{T}}$. 在人工智能领域，尤其是在主成分分析中，这一过程非常重要. 通过对协方差矩阵的对角化，我们可以提取数据集中的主要特征方向，从而实现数据降维. 这一方法在处理高维数据时极大地提高了计算效率，并能够揭示数据的潜在结构.

习题 4-4

1. n阶矩阵$\boldsymbol{A}$的n个特征值互不相同是$\boldsymbol{A}$与对角矩阵相似的________条件.

2. 将矩阵$\boldsymbol{A}=\begin{pmatrix}-1&0&2\\0&1&2\\2&2&0\end{pmatrix}$用两种方法对角化:

(1) 求可逆阵$\boldsymbol{P}$，使$\boldsymbol{P}^{-1}\boldsymbol{A}\boldsymbol{P}=\boldsymbol{\Lambda}$; (2) 求正交矩阵$\boldsymbol{Q}$，使$\boldsymbol{Q}^{-1}\boldsymbol{A}\boldsymbol{Q}=\boldsymbol{\Lambda}$.

3. 设$\boldsymbol{A}=\begin{pmatrix}0&-1&1\\-1&0&1\\1&1&0\end{pmatrix}$，且已知$\boldsymbol{A}$的全部特征值依次为$\lambda_1=\lambda_2=1,\ \lambda_3=-2$，试求可逆矩阵$\boldsymbol{P}$和对角矩阵$\boldsymbol{Q}$，使得$\boldsymbol{P}^{-1}\boldsymbol{A}\boldsymbol{P}=\boldsymbol{Q}$.

4. 已知矩阵$\boldsymbol{A}=\begin{pmatrix}1&0&0\\0&0&1\\0&1&0\end{pmatrix}$与$\boldsymbol{B}=\begin{pmatrix}1&0&0\\0&1&0\\0&0&-1\end{pmatrix}$相似, 求一个满足$\boldsymbol{P}^{-1}\boldsymbol{AP}=\boldsymbol{B}$的可逆矩阵$\boldsymbol{P}$.

5. 试求一个正交的相似变换矩阵, 将下列对称矩阵化为对角矩阵:

(1) $\begin{pmatrix}2&-2&0\\-2&1&-2\\0&-2&0\end{pmatrix}$;　　(2) $\begin{pmatrix}2&2&-2\\2&5&-4\\-2&-4&5\end{pmatrix}$.

6. 设矩阵

$$\boldsymbol{A}=\begin{pmatrix}1&1&a\\1&a&1\\a&1&1\end{pmatrix},\ \boldsymbol{\beta}=\begin{pmatrix}1\\1\\-2\end{pmatrix},$$

已知线性方程组$\boldsymbol{Ax}=\boldsymbol{\beta}$有解但不唯一, 试求:

(1) a的值;　(2) 正交矩阵$\boldsymbol{Q}$, 使$\boldsymbol{Q}^{\mathrm{T}}\boldsymbol{AQ}$为对角矩阵.

7. 设矩阵$\boldsymbol{A}=\begin{pmatrix}1&2&-3\\-1&4&-3\\1&a&5\end{pmatrix}$的特征方程有一个二重根, 求$a$的值, 并讨论$\boldsymbol{A}$是否可相似对角化.

8. 设$\boldsymbol{A}$为三阶实对称矩阵, 特征值是$1, -1, 0$, 而$\lambda_1=1$和$\lambda_2=-1$的特征向量分别是

$$(a, 2a-1, 1)^{\mathrm{T}},\ (a, 1, 1-3a)^{\mathrm{T}},$$

试求矩阵$\boldsymbol{A}$.

9. 设三阶实对称矩阵$\boldsymbol{A}$的特征值为$\lambda_1=1,\ \lambda_2=-1,\ \lambda_3=0$. 对应于$\lambda_1, \lambda_2$的特征向量依次为

$$\boldsymbol{p}_1=\begin{pmatrix}1\\2\\2\end{pmatrix},\ \boldsymbol{p}_2=\begin{pmatrix}2\\1\\-2\end{pmatrix},$$

求$\boldsymbol{A}$.

10. 设三阶实对称矩阵$\boldsymbol{A}$的特征值是$1, 2, 3$, 对应的特征向量分别是

$$\boldsymbol{\alpha}_1=(-1,-1,1)^{\mathrm{T}},\ \boldsymbol{\alpha}_2=(1,-2,-1)^{\mathrm{T}},\ \boldsymbol{\alpha}_3=(1,0,1)^{\mathrm{T}},$$

求矩阵$\boldsymbol{A}$.

11. 设三阶实对称矩阵$\boldsymbol{A}$的特征值为$\lambda_1=-1, \lambda_2=\lambda_3=1$, 对应于$\lambda_1$的特征向量为$\boldsymbol{\xi}_1=\begin{pmatrix}0\\1\\1\end{pmatrix}$, 求$\boldsymbol{A}$.

12. 设三阶实对称矩阵$\boldsymbol{A}$的特征值为$6, 3, 3$, 特征值6对应的特征向量为$\boldsymbol{p}_1=(1, 1, 1)^{\mathrm{T}}$, 求$\boldsymbol{A}$.

13. 在科学技术研究领域, 考虑一个特征矩阵, 表示某科研实验中数据集的协方差矩阵. 该矩阵反映了不同实验变量之间的关系, 通常用于在主成分分析中提取实验数据中的主要影响因素. 现给定一个三阶实对称矩阵:

$$\boldsymbol{A}=\begin{pmatrix}3&-2&-2\\-2&2&-1\\-2&-1&2\end{pmatrix}.$$

我们需要通过正交变换将该实对称矩阵对角化, 以便揭示实验数据中各变量之间的主要特征方向.

14. 设$\boldsymbol{\alpha}=(a_1, a_2, \cdots, a_n)^{\mathrm{T}}$, $a_1\neq 0$, $\boldsymbol{A}=\boldsymbol{\alpha\alpha}^{\mathrm{T}}$.

(1) 证明 $\lambda=0$ 是 $\boldsymbol{A}$ 的 $n-1$ 重特征值; (2) 求 $\boldsymbol{A}$ 的非零特征值及全部特征向量.

15. 设矩阵 $\boldsymbol{A}=\begin{pmatrix}3 & -2\\ -2 & 3\end{pmatrix}$, 求矩阵多项式 $\varphi(\boldsymbol{A})=\boldsymbol{A}^{10}-5\boldsymbol{A}^{9}$.

16. 设矩阵 $\boldsymbol{A}=\begin{pmatrix}2 & 1 & 2\\ 1 & 2 & 2\\ 2 & 2 & 1\end{pmatrix}$, 求矩阵多项式 $\varphi(\boldsymbol{A})=\boldsymbol{A}^{10}-6\boldsymbol{A}^{9}+5\boldsymbol{A}^{8}$.

§4.5 矩阵特征值的应用

矩阵的特征值与特征向量在许多科学与工程领域具有重要的应用意义, 它能够揭示系统的本质特性并简化复杂问题.

(1) 动态系统分析: 在动力学中, 特征值决定系统的稳定性. 对于描述系统演化的矩阵, 特征值的实部为负表示系统趋于稳定; 实部为正则表示系统可能发散. 特征向量则定义系统的主振动方向或模式.

(2) 振动与结构力学: 在结构分析中, 特征值对应系统的自然频率, 特征向量则描述振动的形状 (模态), 帮助设计和优化工程结构.

(3) 数据降维与模式识别: 在机器学习中, 主成分分析利用特征值分解降维, 保留数据主要特征. 特征值的大小表示信息的重要程度, 特征向量定义新的低维基方向.

(4) 图论与网络分析: 邻接矩阵的特征值和特征向量用于评估网络的连通性、图聚类及节点的中心性, 广泛用于社交网络分析和推荐系统.

(5) 量子力学与电子学: 特征值描述物理系统的本征态能量, 特征向量则定义粒子的可能状态.

总之, 特征值与特征向量通过揭示矩阵变换的核心属性, 在理论分析和工程实践中具有深远意义.

一、离散动态系统

在离散动态系统中, 矩阵特征值用于分析系统的稳定性和长期行为. 假设系统的状态向量 $\boldsymbol{x}_n$ 满足递推关系 $\boldsymbol{x}_{n+1}=\boldsymbol{A}\boldsymbol{x}_n$, 其中 $\boldsymbol{A}$ 是状态转移矩阵. 通过对 $\boldsymbol{A}$ 的特征值和特征向量进行分解, 可以预测系统的演化. 具体来说, 特征值的模决定了系统的稳定性: 如果所有特征值的模小于1, 系统趋于稳定, 状态向量会收敛到平衡点; 如果特征值的模大于或等于1, 系统可能发散或出现周期行为. 一个实际案例是经济学中的人口模型, 例如 Leslie 矩阵, 用于预测年龄结构的长期变化. 通过分析特征值, 可以判断人口是否稳定增长或衰减, 而主特征向量表示系统最终的平衡年龄分布. 因此, 特征值为离散动态系统的稳定性分析和长期趋势提供了重要理论支持.

在本节中, 我们将通过应用实例来介绍矩阵对角化在离散动态系统模型中的应用. 这些应用实例主要针对生态问题, 因为相对于物理问题或工程问题, 它们更容易说明和解释, 但实际上动态系统在许多科学领域中都会出现.

例 1 (教师职业转换预测问题) 某城市有 15 万具有本科以上学历的人, 其中有 1.5 万人是教师. 据调查, 平均每年有10%的人从教师职业转为其他职业, 又有1%的人从其他职业转为教师职业, 试预测10年以后这15万人中有多少人在从事教师职业.

解　用$\boldsymbol{x}_n$表示n年后从事教师职业和其他职业的人数, 则$\boldsymbol{x}_0=\begin{pmatrix}1.5\\13.5\end{pmatrix}$, 用矩阵

$$\boldsymbol{A}=(a_{ij})=\begin{pmatrix}0.90 & 0.01\\0.10 & 0.99\end{pmatrix}$$

表示教师职业和其他职业间的转移情况, 其中$a_{11}=0.90$表示每年有90%的人原来是教师现在还是教师, $a_{21}=0.10$表示每年有10%的人从教师职业转为其他职业. 显然

$$\boldsymbol{x}_1=\boldsymbol{A}\boldsymbol{x}_0=\begin{pmatrix}0.90 & 0.01\\0.10 & 0.99\end{pmatrix}\begin{pmatrix}1.5\\13.5\end{pmatrix}=\begin{pmatrix}1.485\\13.515\end{pmatrix},$$

即一年后, 从事教师职业和其他职业的人数分别为1.485万人及13.515万人. 又由递推公式:

$$\boldsymbol{x}_2=\boldsymbol{A}\boldsymbol{x}_1=\boldsymbol{A}^2\boldsymbol{x}_0,\ \cdots,\ \boldsymbol{x}_n=\boldsymbol{A}\boldsymbol{x}_{n-1}=\boldsymbol{A}^n\boldsymbol{x}_0,$$

可以递推得到$\boldsymbol{x}_{10}=\boldsymbol{A}^{10}\boldsymbol{x}_0$. 为计算$\boldsymbol{A}^{10}$, 需要先把$\boldsymbol{A}$对角化, 而这可根据方阵对角化的步骤逐步来求解. 矩阵$\boldsymbol{A}$的特征方程为

$$|\lambda\boldsymbol{E}-\boldsymbol{A}|=\begin{vmatrix}\lambda-0.9 & -0.01\\-0.1 & \lambda-0.99\end{vmatrix}=(\lambda-0.9)(\lambda-0.99)-0.001$$

$$=\lambda^2-1.89\lambda+0.891-0.001=\lambda^2-1.89\lambda+0.890=0,$$

解得$\boldsymbol{A}$的全部特征值: $\lambda_1=1$, $\lambda_2=0.89$. 因$\lambda_1\neq\lambda_2$, 故$\boldsymbol{A}$可对角化.

将$\lambda_1=1$代入$(\lambda\boldsymbol{E}-\boldsymbol{A})\boldsymbol{x}=\boldsymbol{0}$, 求得其对应的特征向量$\boldsymbol{p}_1=\begin{pmatrix}1\\10\end{pmatrix}$.

将$\lambda_2=0.89$代入$(\lambda\boldsymbol{E}-\boldsymbol{A})\boldsymbol{x}=\boldsymbol{0}$, 求得其对应的特征向量$\boldsymbol{p}_2=\begin{pmatrix}1\\-1\end{pmatrix}$.

构造矩阵$\boldsymbol{P}=(\boldsymbol{p}_1,\boldsymbol{p}_2)=\begin{pmatrix}1 & 1\\10 & -1\end{pmatrix}$, 则

$$\boldsymbol{P}^{-1}\boldsymbol{A}\boldsymbol{P}=\boldsymbol{\Lambda}=\begin{pmatrix}1 & 0\\0 & 0.89\end{pmatrix},\ \boldsymbol{A}=\boldsymbol{P}\boldsymbol{\Lambda}\boldsymbol{P}^{-1},\ \boldsymbol{A}^{10}=\boldsymbol{P}\boldsymbol{\Lambda}^{10}\boldsymbol{P}^{-1},$$

又利用伴随矩阵法, 求得逆矩阵:

$$\boldsymbol{P}^{-1}=-\frac{1}{11}\begin{pmatrix}-1 & -1\\-10 & 1\end{pmatrix}=\frac{1}{11}\begin{pmatrix}1 & 1\\10 & -1\end{pmatrix},$$

利用矩阵的乘法运算与对角矩阵的幂运算法则, 计算得

$$\boldsymbol{x}_{10}=\boldsymbol{P}\boldsymbol{\Lambda}^{10}\boldsymbol{P}^{-1}\boldsymbol{x}_0=\frac{1}{11}\begin{pmatrix}1 & 1\\10 & -1\end{pmatrix}\begin{pmatrix}1 & 0\\0 & 0.89^{10}\end{pmatrix}\begin{pmatrix}1 & 1\\10 & -1\end{pmatrix}\begin{pmatrix}1.5\\13.5\end{pmatrix}$$

$$=\frac{1}{11}\begin{pmatrix}1 & 1\\10 & -1\end{pmatrix}\begin{pmatrix}1 & 0\\0 & 0.311\,817\end{pmatrix}\begin{pmatrix}1 & 1\\10 & -1\end{pmatrix}\begin{pmatrix}1.5\\13.5\end{pmatrix}\approx\begin{pmatrix}1.406\,2\\13.593\,8\end{pmatrix}.$$

计算实验

所以, 10年后, 15万人中仍约有1.41万人从事教师职业, 约有13.59万人从事其他职业.

例2 (区域人口迁移预测问题)　使用§3.7中的人口迁移模型的数据, 忽略其他因素对人口规模的影响, 计算2028年的人口分布.

解　依题设, 求得迁移矩阵$\boldsymbol{M}=\begin{pmatrix}0.95 & 0.12\\ 0.05 & 0.88\end{pmatrix}$的全部特征值$\lambda_1=1,\ \lambda_2=0.83$, 其对应的特征向量分别为$\boldsymbol{p}_1=\begin{pmatrix}2.4\\ 1\end{pmatrix}$, $\boldsymbol{p}_2=\begin{pmatrix}1\\ -1\end{pmatrix}$. 因$\lambda_1\neq\lambda_2$, 故$\boldsymbol{M}$可对角化.

构造矩阵$\boldsymbol{P}=(\boldsymbol{p}_1,\boldsymbol{p}_2)=\begin{pmatrix}2.4 & 1\\ 1 & -1\end{pmatrix}$, 则$\boldsymbol{P}^{-1}\boldsymbol{MP}=\begin{pmatrix}1 & 0\\ 0 & 0.83\end{pmatrix}=\boldsymbol{\Lambda}$, 从而$\boldsymbol{M}=\boldsymbol{P\Lambda P}^{-1}$.

因2008年的初始人口为$\boldsymbol{x}_0=\begin{pmatrix}5\,000\,000\\ 7\,800\,000\end{pmatrix}$, 故对2028年, 有

$$\begin{aligned}\boldsymbol{x}_{20}&=\boldsymbol{M}\boldsymbol{x}_{19}=\cdots=\boldsymbol{M}^{20}\boldsymbol{x}_0=\boldsymbol{P\Lambda}^{20}\boldsymbol{P}^{-1}\boldsymbol{x}_0\\ &=\begin{pmatrix}2.4 & 1\\ 1 & -1\end{pmatrix}\begin{pmatrix}1 & 0\\ 0 & 0.83\end{pmatrix}^{20}\begin{pmatrix}2.4 & 1\\ 1 & -1\end{pmatrix}^{-1}\begin{pmatrix}5\,000\,000\\ 7\,800\,000\end{pmatrix}\\ &\approx\begin{pmatrix}8\,938\,145\\ 3\,861\,855\end{pmatrix},\end{aligned}$$

计算实验

即2028年的城市人口约为8 938 145人, 农村人口约为3 861 855人.

随着时间的变化, 以上两个系统最终将如何变化?

在教师职业转换模型中, 当$\boldsymbol{q}=\begin{pmatrix}15/11\\ 150/11\end{pmatrix}$时, 容易得到$\boldsymbol{Aq}=\boldsymbol{q}$, 这表明该系统最终有一个稳定的状态, 即最终将有15/11(理想数值, 忽略了人数取正整数)万人从事教师职业, 有150/11万人从事其他职业. 例1中$\boldsymbol{x}_1,\boldsymbol{x}_{10}$在不断地"接近"$\boldsymbol{q}$, 这也正说明了该问题.

类似地, 在人口迁移模型中, 当$\boldsymbol{q}=\begin{pmatrix}153\,600\,000/17\\ 64\,000\,000/17\end{pmatrix}$时, 有$\boldsymbol{Mq}=\boldsymbol{q}$, 这是该系统最终的稳定状态, 即最终区域的城市人口将有153 600 000/17人(理想数值, 忽略了人数取正整数), 农村人口有64 000 000/17人.

例3　考虑一个简单的垃圾邮件分类模型, 目的是根据历史邮件数据来预测未来邮件是否为垃圾邮件. 假设有两类邮件: 正常邮件和垃圾邮件. 我们希望通过模型分析历史数据, 识别出邮件从正常邮件变为垃圾邮件的转移概率. 首先, 我们假设通过训练一个分类模型(例如, 逻辑回归、决策树等), 得到两个类别(正常邮件和垃圾邮件)之间的转移矩阵:

$$\boldsymbol{A}=\begin{pmatrix}0.90 & 0.30\\ 0.10 & 0.70\end{pmatrix},$$

其中, 0.90表示90%的正常邮件在下一个周期仍然是正常邮件, 0.10表示10%的正常邮件转

为垃圾邮件, 0.30表示30%的垃圾邮件转为正常邮件, 0.70表示70%的垃圾邮件仍然为垃圾邮件.

假设在初始时刻, 我们有1 000封邮件, 其中950封是正常邮件, 50封是垃圾邮件. 我们希望预测经过若干周期后, 正常邮件和垃圾邮件的数量变化情况.

解　用向量$\boldsymbol{x}_n$表示第n个期后正常邮件和垃圾邮件的数量, 则初始状态为

$$\boldsymbol{x}_0=\begin{pmatrix}950\\50\end{pmatrix},$$

转移矩阵$\boldsymbol{A}$表示邮件状态的转移概率:

$$\boldsymbol{A}=\begin{pmatrix}0.90 & 0.30\\0.10 & 0.70\end{pmatrix}.$$

根据状态转移规则, 一个周期后邮件数量的变化为

$$\boldsymbol{x}_1=\boldsymbol{A}\boldsymbol{x}_0=\begin{pmatrix}0.90 & 0.30\\0.10 & 0.70\end{pmatrix}\begin{pmatrix}950\\50\end{pmatrix}=\begin{pmatrix}0.90\times950+0.30\times50\\0.10\times950+0.70\times50\end{pmatrix}=\begin{pmatrix}870\\130\end{pmatrix},$$

因此, 一个周期后, 我们有870封正常邮件和130封垃圾邮件. 接着, 利用递推公式$\boldsymbol{x}_n=\boldsymbol{A}\boldsymbol{x}_{n-1}=\boldsymbol{A}^n\boldsymbol{x}_0$, 我们可以继续计算邮件状态在10个周期后的邮件分布为

$$\boldsymbol{x}_{10}=\boldsymbol{A}^{10}\boldsymbol{x}_0 .$$

为计算$\boldsymbol{A}^{10}$, 我们需要先对矩阵$\boldsymbol{A}$进行对角化. $\boldsymbol{A}$的特征多项式为

$$\begin{aligned}|\lambda\boldsymbol{E}-\boldsymbol{A}|&=\begin{vmatrix}\lambda-0.90 & -0.30\\-0.10 & \lambda-0.70\end{vmatrix}\\&=(\lambda-0.90)(\lambda-0.70)-0.10\times0.30\\&=\lambda^2-1.60\lambda+0.63-0.03\\&=\lambda^2-1.60\lambda+0.60,\end{aligned}$$

利用一元二次方程求根公式, 解特征方程$|\lambda\boldsymbol{E}-\boldsymbol{A}|=0$, 得$\boldsymbol{A}$的特征值为

$$\lambda_1=1,\ \lambda_2=0.60 .$$

由于$\boldsymbol{A}$的两个特征值不相等, 故矩阵$\boldsymbol{A}$可对角化.

下面求解各特征值对应的特征向量.

对应特征值$\lambda_1=1$, 解方程组$(\boldsymbol{E}-\boldsymbol{A})\boldsymbol{x}=\boldsymbol{0}$, 得对应的特征向量为

$$\boldsymbol{p}_1=\begin{pmatrix}3\\1\end{pmatrix}.$$

对应特征值$\lambda_2=0.60$, 解方程组$(\boldsymbol{A}-0.60\boldsymbol{E})\boldsymbol{x}=\boldsymbol{0}$, 得对应的特征向量为

$$\boldsymbol{p}_2=\begin{pmatrix}1\\-1\end{pmatrix}.$$

根据矩阵对角化的步骤, 构造可逆矩阵

$$P=\begin{pmatrix}3 & 1\\ 1 & -1\end{pmatrix}.$$

利用伴随矩阵法, 可求得其逆矩阵为

$$P^{-1}=\begin{pmatrix}1/4 & 1/4\\ 1/4 & -3/4\end{pmatrix}.$$

矩阵 $\boldsymbol{P}$ 与 $\boldsymbol{P}^{-1}$ 使得

$$P^{-1}AP=\Lambda=\begin{pmatrix}1 & 0\\ 0 & 0.60\end{pmatrix},$$

因此, 矩阵 $\boldsymbol{A}$ 可表示为 $\boldsymbol{A}=\boldsymbol{P\Lambda P}^{-1}$.

根据矩阵的幂的运算规律, 由上式可递推得到:

$$A^{10}=P\Lambda^{10}P^{-1},$$

所以, 最终得到

$$\begin{aligned}
x_{10}&=P\Lambda^{10}P^{-1}x_0\\
&=\begin{pmatrix}3 & 1\\ 1 & -1\end{pmatrix}\begin{pmatrix}1 & 0\\ 0 & 0.60\end{pmatrix}^{10}\begin{pmatrix}1/4 & 1/4\\ 1/4 & -3/4\end{pmatrix}\begin{pmatrix}950\\ 50\end{pmatrix}\\
&\approx\begin{pmatrix}3 & 1\\ 1 & -1\end{pmatrix}\begin{pmatrix}1 & 0\\ 0 & 0.006\,05\end{pmatrix}\begin{pmatrix}1/4 & 1/4\\ 1/4 & -3/4\end{pmatrix}\begin{pmatrix}950\\ 50\end{pmatrix}\\
&\approx\begin{pmatrix}751.21\\ 248.79\end{pmatrix}.
\end{aligned}$$

通过矩阵的特征值分解和幂运算, 我们可以得出最终的邮件分布. 通过特征值分解计算得到特征值为 $\lambda_1=1$ 和 $\lambda_2=0.6$, 这意味着系统会逐渐趋于稳定. 正常邮件和垃圾邮件的比例将稳定在某一固定值. 而10个周期后, 正常邮件的数量约为751封, 垃圾邮件的数量约为249封.

通过使用转移矩阵和机器学习模型, 我们可以预测垃圾邮件的变化趋势. 这种预测能够帮助邮件服务提供商和安全防护系统识别潜在的垃圾邮件, 并调整邮件分类策略, 以更好地阻止垃圾邮件的传播, 提升用户体验. 这类模型不仅可以应用于垃圾邮件分类, 还可以扩展到其他领域, 如社交网络内容过滤、金融交易欺诈检测等.

例 4 (捕食者与被捕食者系统) 在某森林中, 猫头鹰以野鼠为食. 记猫头鹰和野鼠在时间 n 的数量为 $\boldsymbol{x}_n=\begin{pmatrix}O_n\\ M_n\end{pmatrix}$, 其中 n 是以月份为单位的时间, O_n 是研究区域中的猫头鹰的数量, M_n 是野鼠的数量 (单位: 千只). 假定生态学家已建立了猫头鹰与野鼠的自然系统模型:

$$\begin{cases}O_{n+1}=0.4O_n+0.3M_n\\ M_{n+1}=-pO_n+1.2M_n\end{cases}, \tag{5.1}$$

其中 p 是一个待定的正参数. 第一个方程中的 $0.4O_n$ 表明, 如果没有野鼠做食物, 每个月只有40%的猫头鹰可以存活; 第二个方程中的 $1.2M_n$ 表明, 如果没有猫头鹰捕食, 野鼠的数量每个月会增加20%. 如果野鼠充足, 猫头鹰的数量将会增加 $0.3M_n$, 负项 $-pO_n$ 用以表示猫头鹰的捕食所导致野鼠的死亡数 (事实上, 平均每个月一只猫头鹰吃掉约 $1\,000p$ 只野鼠). 当捕食参数 $p=0.325$ 时, 两个种群都会增长. 估计这个长期增长率及猫头鹰与野鼠的最终比值.

解 当 $p=0.325$ 时, 式 (5.1) 的系数矩阵为

$$\boldsymbol{A}=\begin{pmatrix} 0.4 & 0.3 \\ -0.325 & 1.2 \end{pmatrix},$$

求得 $\boldsymbol{A}$ 的全部特征值 $\lambda_1=0.55$, $\lambda_2=1.05$, 其对应的全部特征向量分别是

$$\boldsymbol{p}_1=\begin{pmatrix} 2 \\ 1 \end{pmatrix},\ \boldsymbol{p}_2=\begin{pmatrix} 6 \\ 13 \end{pmatrix}.$$

初始向量 $\boldsymbol{x}_0=c_1\boldsymbol{p}_1+c_2\boldsymbol{p}_2$. 构造矩阵 $\boldsymbol{P}=(\boldsymbol{p}_1,\boldsymbol{p}_2)=\begin{pmatrix} 2 & 6 \\ 1 & 13 \end{pmatrix}$, 当 $n\geqslant 0$ 时, 有

$$\boldsymbol{P}^{-1}\boldsymbol{AP}=\begin{pmatrix} 0.55 & 0 \\ 0 & 1.05 \end{pmatrix}=\boldsymbol{\Lambda},$$

从而 $\boldsymbol{A}=\boldsymbol{P\Lambda P}^{-1}$.

利用矩阵的乘法运算与对角矩阵的幂运算法则, 得

$$\begin{aligned}\boldsymbol{x}_n=\boldsymbol{P\Lambda}^n\boldsymbol{P}^{-1}\boldsymbol{x}_0&=\begin{pmatrix} 2 & 6 \\ 1 & 13 \end{pmatrix}\begin{pmatrix} 0.55^n & 0 \\ 0 & 1.05^n \end{pmatrix}\begin{pmatrix} 2 & 6 \\ 1 & 13 \end{pmatrix}^{-1}\boldsymbol{x}_0\\&=c_1 0.55^n\begin{pmatrix} 2 \\ 1 \end{pmatrix}+c_2 1.05^n\begin{pmatrix} 6 \\ 13 \end{pmatrix}.\end{aligned}$$

假定 $c_2>0$, 则对足够大的 n, 0.55^n 趋于0, 进而

$$\boldsymbol{x}_n\approx c_2\boldsymbol{p}_2=c_2 1.05^n\begin{pmatrix} 6 \\ 13 \end{pmatrix}. \tag{5.2}$$

n 越大, 式 (5.2) 的近似程度越高, 故对充分大的 n, 有

$$\boldsymbol{x}_{n+1}\approx c_2 1.05^{n+1}\begin{pmatrix} 6 \\ 13 \end{pmatrix}=1.05x_n. \tag{5.3}$$

式 (5.3) 表明: 最后 $\boldsymbol{x}_n$ 的每个元素(猫头鹰和野鼠的数量)几乎每个月都近似增长了 0.05 倍, 即有 5% 的月增长率. 由式 (5.2) 知, $\boldsymbol{x}_n$ 约为 $(6,13)^{\mathrm{T}}$ 的倍数, 所以, $\boldsymbol{x}_n$ 中元素的比值约为 6:13, 即每 6 只猫头鹰约对应 13 000 只野鼠.

*二、层次分析法

层次分析法 (analytic hierarchy process, AHP) 是一种常用的多属性决策方法, 广泛应用于管理、工程和社会科学中, 用于解决复杂的决策问题. 矩阵特征值在AHP中起着关键作用, 主要体现在权重的计算和一致性检验上. 在AHP中, 首先构造判断矩阵 $\boldsymbol{A}$, 矩阵中的元素 a_{ij} 表示第 i 个因素与第 j 个因素相对重要性的比较. 为了从判断矩阵中提取各因素的重要性权重, 需要计算 $\boldsymbol{A}$ 的最大特征值 $\lambda_{\max}$ 及其对应的特征向量. 单位化后的特征向量即为各因素的

权重. 此外, 特征值还用于一致性检验, 以评估判断矩阵的逻辑一致性. 通过计算一致性指标 (CI) 和一致性比率 (CR), 可以评估判断矩阵是否合理. 一致性检验直接依赖于最大特征值 $\lambda_{\max}$. 一个应用案例是选址问题. 例如, 企业在选择厂址时, 可以通过AHP构造各备选地点的判断矩阵, 结合特征值计算权重并检验一致性, 最终得出最优决策方案. 矩阵特征值在AHP中有效连接了专家判断和权重分配, 是提升决策科学性的重要工具.

层次分析法是系统分析的重要工具之一, 其基本思想是把问题层次化、数量化, 并用数学方法为分析、决策、预报或控制提供定量依据. 它特别适用于难以完全量化, 又相互关联、相互制约的众多因素构成的复杂问题. 它把人的思维过程层次化、数量化, 是系统分析的一种新型的数学方法.

运用层次分析法构建实际问题的数学模型, 一般可按如下 4 个基本步骤进行.

1. 建立层次结构

首先, 对所面临的问题要掌握足够的信息, 弄清楚问题的范围、因素、各因素之间的相互关系, 以及所要解决的问题的目标. 把问题条理化、层次化, 构造出一个有层次的结构模型. 在这个模型下, 复杂问题被分解为元素的组成. 这些元素又按其属性及关系形成若干层次. 层次结构一般分为三层(见图 4 – 5 – 1).

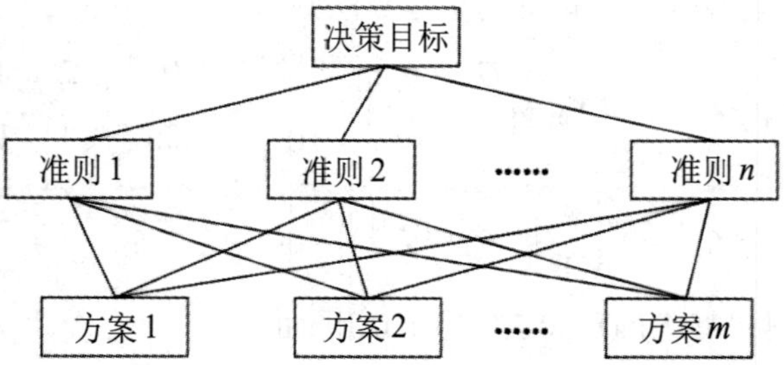

图 4 – 5 – 1

第一层为最高层, 它是系统分析的问题的预定目标和结果, 也称为目标层.

第二层为中间层, 它是实现系统目标所涉及的各中间环节, 如准则、子准则, 也称为准则层.

第三层为最底层, 它包括为实现目标可供选择的各种具体措施、决策方案等, 也称为方案层.

注: 上述层次结构具有以下特点:

(1) 从上到下依次存在支配关系, 并用直线段表示;

(2) 整个层次结构中层次数不受限制.

2. 构造判断矩阵

构造判断矩阵是建立层次分析模型的关键. 假定以上一层的某元素 y 为准则, 它所支配的下一层的元素为 $x_1, x_2, \cdots, x_n$, 这 n 个元素对上一层的元素 y 有影响, 要确定它们在 y 中的比重. 采用成对比较法, 即每次取两个元素 x_i 和 x_j, 用 a_{ij} 表示 x_i 与 x_j 对 y 的影响之比, 全部比较的结果可用矩阵 $\boldsymbol{A}$ 表示, 即

$$A=(a_{ij})_{n\times n},\ i,j=1,2,\cdots,n.$$

称矩阵 $\boldsymbol{A}$ 为**判断矩阵**.

根据上述定义, 易见判断矩阵的元素 a_{ij} 满足下列性质:

$$a_{ji}=\frac{1}{a_{ij}}\ (i\neq j),\ a_{ii}=1\ (i=j),$$

当 $a_{ij}>0$ 时, 我们称判断矩阵 $\boldsymbol{A}$ 为**正互反矩阵**.

怎样确定判断矩阵 $\boldsymbol{A}$ 的元素 a_{ij} 的取值呢?

当某层的元素 $x_1, x_2, \cdots, x_n$ 对上一层某元素 y 的影响可直接定量表示时, x_i 与 x_j 对 y 的影响之比可以直接确定, a_{ij} 的值也可直接确定. 但对于大多数社会经济问题, 特别是比较复杂的问题, 元素 x_i 与 x_j 对 y 的重要性不容易直接获得, 需要通过适当的量化方法来解决. 通常取数字 1～9 及其倒数作为 a_{ij} 的取值范围. 这是因为在进行定性的成对比较时, 通常采用 5 级制 (见表 4-5-1), 在每两个等级之间各有一个中间状态, 共 9 个尺度. 另外, 心理学家认为进行成对比较的因素太多, 将超出人们的判断比较能力, 降低判断精度. 实践证明, 成对比较的尺度以 7 ± 2 为宜, 故 a_{ij} 的取值范围是 1, 2, …, 9 及其倒数.

表 4-5-1 比较尺度 a_{ij} 的取值

x_i/x_j	相等	较强	强	很强	绝对强
a_{ij}	1	3	5	7	9

3. 计算层次单排序权重并进行一致性检验

层次单排序是指同一层各个元素对上一层中的某个元素的相对重要性进行排序. 具体做法是: 根据同一层 n 个元素 $x_1, x_2, \cdots, x_n$ 对上一层某元素 y 的判断矩阵 $\boldsymbol{A}$, 求出它们对元素 y 的相对排序权重, 记为 $w_1, w_2, \cdots, w_n$, 写成向量形式:

$$\boldsymbol{w}=(w_1, w_2, \cdots, w_n)^{\mathrm{T}},$$

称其为 $\boldsymbol{A}$ 的**层次单排序权重向量**, 其中 w_i 表示第 i 个元素对上一层中某元素 y 的权重, 从而得到层次单排序.

层次单排序权重向量有几种求解方法, 常用的方法是利用判断矩阵 $\boldsymbol{A}$ 的特征值与特征向量来计算排序权重向量 $\boldsymbol{w}$.

关于正互反矩阵 $\boldsymbol{A}$, 我们不加证明地给出下列结果.

(1) 如果一个正互反矩阵 $\boldsymbol{A}=(a_{ij})_{n\times n}$ 满足

$$a_{ij}\cdot a_{jk}=a_{ik}\ (i,j,k=1,2,\cdots,n),$$

则称矩阵 $\boldsymbol{A}$ 具有**一致性**, 称元素 x_i, x_j, x_k 的成对比较是一致的, 并且称 $\boldsymbol{A}$ 为**一致矩阵**.

(2) n 阶正互反矩阵 $\boldsymbol{A}$ 的最大特征值 $\lambda_{\max}\geqslant n$, 当 $\lambda_{\max}=n$ 时, 矩阵 $\boldsymbol{A}$ 是一致的.

(3) n阶正互反矩阵是一致矩阵的充要条件是最大特征值$\lambda_{\max}=n$.

计算排序权重向量的方法和步骤如下:

设$\boldsymbol{w}=(w_1,w_2,\cdots,w_n)^{\mathrm{T}}$是$n$阶判断矩阵的排序权重向量, 当$\boldsymbol{A}$为一致矩阵时, 根据$n$阶判断矩阵构成的定义, 有

$$\boldsymbol{A}=\begin{pmatrix} \dfrac{w_1}{w_1} & \dfrac{w_1}{w_2} & \cdots & \dfrac{w_1}{w_n} \\ \dfrac{w_2}{w_1} & \dfrac{w_2}{w_2} & \cdots & \dfrac{w_2}{w_n} \\ \vdots & \vdots & & \vdots \\ \dfrac{w_n}{w_1} & \dfrac{w_n}{w_2} & \cdots & \dfrac{w_n}{w_n} \end{pmatrix}, \tag{5.4}$$

因而满足$\boldsymbol{Aw}=n\boldsymbol{w}$, 这里$n$是矩阵$\boldsymbol{A}$的最大特征值, $\boldsymbol{w}$是相应的特征向量; 当矩阵$\boldsymbol{A}$为一般的判断矩阵时, 有$\boldsymbol{Aw}=\lambda_{\max}\boldsymbol{w}$, 其中$\lambda_{\max}$是$\boldsymbol{A}$的最大特征值 (也称主特征值), $\boldsymbol{w}$是相应的特征向量 (也称主特征向量). 经归一化 (即$\sum\limits_{i=1}^{n}w_i=1$)后, 可近似作为排序权重向量, 这种方法称为**特征值法**.

一致性检验:

在构造判断矩阵时, 我们并没有要求判断矩阵具有一致性, 这是由客观事实的复杂性与人的认识的多样性所决定的. 特别是在规模大、因素多的情况下, 对于判断矩阵的每个元素来说, 不可能求出精确的w_i/w_j, 但要求判断矩阵大体上是一致的. 一个经不起推敲的判断矩阵有可能导致决策的失误. 利用上述方法计算排序权重向量, 当判断矩阵过于偏离一致性时, 其可靠性也有问题. 故需要对判断矩阵的一致性进行检验, 检验可按如下步骤进行:

(1) 计算一致性指标CI:

$$\mathrm{CI}=\frac{\lambda_{\max}-n}{n-1}. \tag{5.5}$$

当CI=0, 即$\lambda_{\max}=n$时, 判断矩阵$\boldsymbol{A}$是一致的. CI的值越大, 判断矩阵$\boldsymbol{A}$不一致的程度就越高.

(2) 查找相应的平均随机一致性指标RI.

表4-5-2给出了n(1~11)阶正互反矩阵的平均随机一致性指标RI, 其中数据是采用100~150个随机样本矩阵$\boldsymbol{A}$计算得到的.

表4-5-2

矩阵阶数	1	2	3	4	5	6	7	8	9	10	11
RI	0	0	0.58	0.9	1.12	1.24	1.32	1.41	1.45	1.49	1.51

(3) 计算一致性比例CR:

$$\mathrm{CR}=\frac{\mathrm{CI}}{\mathrm{RI}}. \tag{5.6}$$

当CR < 0.10时, 认为判断矩阵的一致性是可以接受的; 否则应对判断矩阵做适当修正.

4. 计算层次总排序权重并进行一致性检验

计算出某层元素对其上一层中某元素的排序权重向量后, 还需要得到各层元素, 特别是最底层中各方案对目标层的排序权重, 即**层次总排序权重向量**, 再进行方案选择. 层次总排序权重通过自上而下地将层次单排序权重进行合成而得到.

考虑3个层次的决策问题: 第1层只有1个元素, 第2层有n个元素, 第3层有m个元素, 设第2层对第1层的层次单排序权重向量为

$$\boldsymbol{w}^{(2)}=(w_1^{(2)}, w_2^{(2)}, \cdots, w_n^{(2)})^{\mathrm{T}},$$

第3层对第2层的层次单排序权重向量为

$$\boldsymbol{w}_k^{(3)}=(w_{k1}^{(3)}, w_{k2}^{(3)}, \cdots, w_{km}^{(3)})^{\mathrm{T}},\ k=1, 2, \cdots, n.$$

以$\boldsymbol{w}_k^{(3)}$为列向量构成矩阵:

$$\boldsymbol{W}^{(3)}=(\boldsymbol{w}_1^{(3)}, \boldsymbol{w}_2^{(3)}, \cdots, \boldsymbol{w}_n^{(3)})=\begin{pmatrix} w_{11}^{(3)} & w_{21}^{(3)} & \cdots & w_{n1}^{(3)} \\ w_{12}^{(3)} & w_{22}^{(3)} & \cdots & w_{n2}^{(3)} \\ \vdots & \vdots & & \vdots \\ w_{1m}^{(3)} & w_{2m}^{(3)} & \cdots & w_{nm}^{(3)} \end{pmatrix}_{m\times n}, \tag{5.7}$$

则第3层对第1层的层次总排序权重向量为

$$\boldsymbol{w}^{(3)}=\boldsymbol{W}^{(3)}\boldsymbol{w}^{(2)}. \tag{5.8}$$

一般地, 若层次模型共有s层, 则第k层对第1层的层次总排序权重向量为

$$\boldsymbol{w}^{(k)}=\boldsymbol{W}^{(k)}\boldsymbol{w}^{(k-1)},\ k=3, 4, \cdots, s, \tag{5.9}$$

其中, $\boldsymbol{W}^{(k)}$是以第k层对第$k-1$层的排序权重向量为列向量组成的矩阵, $\boldsymbol{w}^{(k-1)}$是第$k-1$层对第1层的总排序权重向量. 按照上述递推公式, 可得到最下层 (第s层) 对第1层的总排序权重向量为

$$\boldsymbol{w}^{(s)}=\boldsymbol{W}^{(s)}\boldsymbol{W}^{(s-1)}\cdots\boldsymbol{W}^{(3)}\boldsymbol{w}^{(2)}. \tag{5.10}$$

对层次总排序权重向量也要进行一致性检验. 具体方法是从最高层到最低层逐层进行检验.

设所考虑的层次分析模型共有s层. 再设第$l\,(3\leqslant l\leqslant s)$层的一致性指标与平均随机一致性指标分别为$\mathrm{CI}_1^{(l)}, \mathrm{CI}_2^{(l)}, \cdots, \mathrm{CI}_n^{(l)}$ (n是第$l-1$层元素的数目)与$\mathrm{RI}_1^{(l)}, \mathrm{RI}_2^{(l)}, \cdots, \mathrm{RI}_n^{(l)}$, 令

$$\mathrm{CI}^{(l)}=(\mathrm{CI}_1^{(l)}, \cdots, \mathrm{CI}_n^{(l)})\boldsymbol{w}^{(l-1)}, \tag{5.11}$$

$$\mathrm{RI}^{(l)}=(\mathrm{RI}_1^{(l)}, \cdots, \mathrm{RI}_n^{(l)})\boldsymbol{w}^{(l-1)}, \tag{5.12}$$

则第l层对第1层的总排序权重向量的一致性比率为

$$\mathrm{CR}^{(l)}=\mathrm{CR}^{(l-1)}+\frac{\mathrm{CI}^{(l)}}{\mathrm{RI}^{(l)}},\ l=3,4,\cdots,s, \tag{5.13}$$

且 $\mathrm{CR}^{(2)}$ 为由式(5.6)计算的第 2 层对第 1 层的排序权重向量的一致性比率.

当最下层对第 1 层的总排序权重向量的一致性比率 $\mathrm{CR}^{(s)}<0.1$ 时, 就认为整个层次结构的比较判断可通过一致性检验.

*数学实验

实验 4.4　在选购电脑时, 人们希望花最少的钱买到最理想的电脑. 试通过层次分析法建立数学模型, 并以此确定欲选购的电脑.

1. 建立选购电脑的层次结构模型(见图 4－5－2).

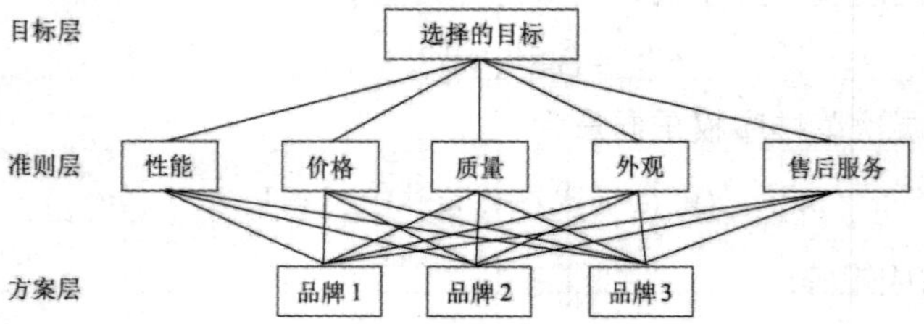

图 4－5－2

该层次结构模型共有三层: 目标层(用符号 z 表示最终的选择目标)、准则层(分别用符号 $y_1, y_2, \cdots, y_5$ 表示性能、价格、质量、外观、售后服务五个判断准则)、方案层(分别用符号 x_1, x_2, x_3 表示品牌 1、品牌 2、品牌 3 三种选择方案).

2. 构造成对比较判断矩阵.

(1) 建立准则层对目标层的成对比较判断矩阵.

根据表 4－5－1 的定量化尺度, 从建模者的个人观点出发, 设准则层对目标层的成对比较判断矩阵为

$$\boldsymbol{A}=\begin{pmatrix}1&5&3&9&3\\1/5&1&1/2&2&1/2\\1/3&2&1&3&1\\1/9&1/2&1/3&1&1/3\\1/3&2&1&3&1\end{pmatrix}. \tag{5.14}$$

(2) 建立方案层对准则层的成对比较判断矩阵.

$$\boldsymbol{B}_1=\begin{pmatrix}1&1/3&1/5\\3&1&1/2\\5&2&1\end{pmatrix},\ \boldsymbol{B}_2=\begin{pmatrix}1&3&5\\1/3&1&2\\1/5&1/2&1\end{pmatrix},\ \boldsymbol{B}_3=\begin{pmatrix}1&1/3&1/5\\3&1&1/2\\5&2&1\end{pmatrix},$$

$$\boldsymbol{B}_4=\begin{pmatrix}1&5&3\\1/5&1&1/2\\1/3&2&1\end{pmatrix},\ \boldsymbol{B}_5=\begin{pmatrix}1&3&3\\1/3&1&1\\1/3&1&1\end{pmatrix}.$$

3. 计算层次单排序权重向量并进行一致性检验.

用计算软件计算矩阵 $\boldsymbol{A}$ 的最大特征值 $\lambda_{\max}=5.009\,74$, 其特征向量为

$$\boldsymbol{x}=(0.881\,26,\ 0.167\,913,\ 0.304\,926,\ 0.096\,055\,7,\ 0.304\,926)^{\mathrm{T}},$$

归一化后的特征向量为

$$w^{(2)} = (0.502\,119,\ 0.095\,567\,28,\ 0.173\,729,\ 0.054\,730\,1,\ 0.173\,739)^{\mathrm{T}}.$$

计算一致性指标 $\mathrm{CI} = \dfrac{\lambda_{\max} - n}{n-1}$, 其中 $n=5$, $\lambda_{\max} = 5.009\,74$, 故

$$\mathrm{CI} = 0.002\,435.$$

计算实验

查表得到相应的随机一致性指标 $\mathrm{RI} = 1.12$, 从而得到一致性比率

$$\mathrm{CR}^{(2)} = \frac{\mathrm{CI}}{\mathrm{RI}} = 0.002\,174,$$

因 $\mathrm{CR}^{(2)} < 0.1$, 故通过了一致性检验, 即认为 $\boldsymbol{A}$ 的一致性程度在容许的范围之内, 可以用归一化后的特征向量 $w^{(2)}$ 作为排序权重向量.

下面再求矩阵 $\boldsymbol{B}_j\ (j=1, 2, \cdots, 5)$ 的最大特征值, 得

$$\lambda_1 = 3.003\,69,\ \lambda_2 = 3.003\,69,\ \lambda_3 = 3.003\,69,\ \lambda_4 = 3.003\,69,\ \lambda_5 = 3.000,$$

其对应的特征向量分别为

$$x_1 = (0.163\,954,\ 0.462\,86,\ 0.871\,137)^{\mathrm{T}},$$
$$x_2 = (0.928\,119,\ 0.328\,758,\ 0.174\,679)^{\mathrm{T}},$$
$$x_3 = (0.163\,954,\ 0.462\,86,\ 0.871\,137)^{\mathrm{T}},$$
$$x_4 = (0.928\,119,\ 0.174\,679,\ 0.328\,758)^{\mathrm{T}},$$
$$x_5 = (0.904\,534,\ 0.301\,511,\ 0.301\,511)^{\mathrm{T}},$$

归一化结果为

$$w_1^{(3)} = (0.109\,452,\ 0.308\,996,\ 0.581\,552)^{\mathrm{T}},$$
$$w_2^{(3)} = (0.648\,329,\ 0.229\,651,\ 0.122\,02)^{\mathrm{T}},$$
$$w_3^{(3)} = (0.109\,452,\ 0.308\,996,\ 0.581\,552)^{\mathrm{T}},$$
$$w_4^{(3)} = (0.648\,329,\ 0.122\,02,\ 0.229\,651)^{\mathrm{T}},$$
$$w_5^{(3)} = (0.600\,000,\ 0.200\,000,\ 0.200\,000)^{\mathrm{T}}.$$

计算一致性指标 $\mathrm{CI}_i = \dfrac{\lambda_i - n}{n-1}\ (i=1, 2, \cdots, 5)$, 其中 $n=3$, 得

$$\mathrm{CI}_1 = 0.001\,847\,3,\ \mathrm{CI}_2 = 0.001\,847\,3,\ \mathrm{CI}_3 = 0.001\,847\,3,\ \mathrm{CI}_4 = 0.001\,847\,3,\ \mathrm{CI}_5 = 0.$$

查表得到相应的平均随机一致性指标 $\mathrm{RI}_i = 0.58\ (i=1, 2, \cdots, 5)$.

计算一致性比率 $\mathrm{CR}_i = \dfrac{\mathrm{CI}_i}{\mathrm{RI}_i}$, $i=1, 2, \cdots, 5$, 得

$$\mathrm{CR}_1 = 0.003\,185,\ \mathrm{CR}_2 = 0.003\,185,\ \mathrm{CR}_3 = 0.003\,185,\ \mathrm{CR}_4 = 0.003\,185,\ \mathrm{CR}_5 = 0.$$

因 $\mathrm{CR}_i < 0.1\ (i=1, 2, \cdots, 5)$, 故通过了一致性检验, 即认为 $\boldsymbol{B}_j\ (j=1, 2, \cdots, 5)$ 的一致性程度在容许的范围之内, 可以用归一化后的特征向量作为其排序权重向量.

4. 计算层次总排序权重向量并做一致性检验.

购买个人电脑问题的第 3 层对第 2 层的排序权重计算结果列于表 4-5-3.

表 4-5-3 排序权重计算结果

k	1	2	3	4	5
$w_k^{(3)}$	0.109 452	0.648 329	0.109 452	0.648 329	0.6
	0.308 996	0.229 651	0.308 996	0 122 02	0.2
	0.581 552	0.122 02	0.581 552	0.229 651	0.2
λ_k	3.003 69	3.003 69	3.003 69	3.003 69	3

以第 3 层对第 2 层的权重向量为列向量组成矩阵:

$$W^{(3)}=\begin{pmatrix}0.109\,452 & 0.648\,329 & 0.109\,452 & 0.648\,329 & 0.6\\ 0.308\,996 & 0.229\,651 & 0.308\,996 & 0.122\,02 & 0.2\\ 0.581\,552 & 0.122\,02 & 0.581\,552 & 0.229\,651 & 0.2\end{pmatrix},$$

最下层 (第 3 层) 对最上层 (第 1 层) 的总排序权重向量为

$$\boldsymbol{w}^{(3)}=\boldsymbol{W}^{(3)}\boldsymbol{w}^{(2)},$$

计算上式, 得

$$\boldsymbol{w}^{(3)}=(0.275\,728,\ 0.272\,235,\ 0.452\,037)^{\mathrm{T}},$$

计算 $\mathrm{CI}^{(3)}=(\mathrm{CI}_1,\mathrm{CI}_2,\cdots,\mathrm{CI}_5)\boldsymbol{w}^{(2)}$, 得

$$\mathrm{CI}^{(3)}=0.001\,526\,35.$$

计算实验

再计算 $\mathrm{RI}^{(3)}=(\mathrm{RI}_1,\cdots,\mathrm{RI}_5)\boldsymbol{w}^{(2)}$, 得

$$\mathrm{RI}^{(3)}=0.58.$$

最后, 计算 $\mathrm{CR}^{(3)}=\mathrm{CR}^{(2)}+\mathrm{CI}^{(3)}/\mathrm{RI}^{(3)}$, 得

$$\mathrm{CR}^{(3)}=0.004\,805\,75.$$

因 $\mathrm{CR}^{(3)}<0.1$, 故总排序权重向量在一致性要求的范围之内 (详情参见教材配套的网络学习空间).

习题 4–5

1. 在某一国家中, 每年有比例为 p 的农村居民移居城镇, 有比例为 q 的城镇居民移居农村. 假设该国总人口数不变, 且上述人口迁移的规律也不变. 把 n 年后农村人口和城镇人口占总人口的比例依次记为 x_n 和 y_n $(x_n+y_n=1)$.

(1) 求关系式 $\begin{pmatrix}x_{n+1}\\ y_{n+1}\end{pmatrix}=\boldsymbol{A}\begin{pmatrix}x_n\\ y_n\end{pmatrix}$ 中的矩阵 $\boldsymbol{A}$;

(2) 设目前农村人口与城镇人口相等, 即 $\begin{pmatrix}x_0\\ y_0\end{pmatrix}=\begin{pmatrix}0.5\\ 0.5\end{pmatrix}$, 求 $\begin{pmatrix}x_n\\ y_n\end{pmatrix}$.

2. 某偏僻村庄可以接收到的无线电广播来自两个电台, 即新闻台和音乐台. 两个台的广播每隔半小时都会中断休息. 每当出现中断时, 新闻台的听众有 70% 会继续收听新闻台, 有 30% 会换到音乐台; 音乐台的听众有 60% 会换到新闻台, 有 40% 会继续收听音乐台. 假设上午 8:15 所有人都在收听新闻台.

(1) 给出描述无线电听众在中断时换台的矩阵;

(2) 给出初始的状态向量;

(3) 上午 9:25 时音乐台的听众所占百分比是多少 (假设电台在上午 8:30 和 9:00 中断休息)?

3. 在金融领域, 考虑一个简单的贷款违约预测模型, 其中有两类客户: 正常客户和违约客户. 根据历史数据, 正常客户和违约客户之间会有转移概率. 给定的状态转移矩阵如下:

$$\boldsymbol{A}=\begin{pmatrix}0.95 & 0.10\\ 0.05 & 0.90\end{pmatrix},$$

其中, 0.95 表示每年有 95% 的正常客户继续保持正常状态, 0.05 表示每年有 5% 的正常客户转为违约客

户, 0.10 表示每年有 10% 的违约客户转为正常客户, 0.90 表示每年有 90% 的违约客户继续保持违约状态. 假设在初始时刻共有 20 万客户, 其中 18 万是正常客户, 2 万是违约客户. 试预测 10 年后, 客户中正常客户和违约客户的人数.

4. 在任意给定的一天中, 一个学生或是健康的, 或是生病的. 在今天所有健康的学生中, 95% 在第二天仍是健康的; 在今天所有的生病的学生中, 55% 在第二天仍是生病的.

(1) 这种情况的矩阵是怎样的?

(2) 假设在星期一有 20% 的学生生病, 则星期二生病的学生的百分比是多少? 星期日呢?

5. 假设猫头鹰与野鼠的捕食者与被捕食者矩阵为

$$\boldsymbol{A}=\begin{pmatrix} 0.5 & 0.4 \\ -p & 1.1 \end{pmatrix}.$$

证明: 如果捕食参数 $p=0.104$ (事实上, 平均每个月一只猫头鹰吃掉约 $1\,000p$ 只野鼠), 则两个种群都会增长. 估计这个长期增长率及猫头鹰与野鼠的最终比值.

6. 当上题中的捕食参数 $p=0.125$ 时, 试确定该系统的演化 (给出 $\boldsymbol{x}_n$ 的计算公式). 猎头鹰和野鼠的数量随着时间如何变化?

7. 已知手机品牌 A 在 2024 年的市场份额为 17%. 假设在一年期间, 手机品牌 A 可以抢占其余手机品牌 15% 的份额, 而其余手机品牌可以抢占手机品牌 A 5% 的份额. 估计 5 年后手机品牌 A 的市场份额.

8. 角马和水牛栖息于同一生态系统中, 相互竞争食物、水和空间. 假设 t 年时的角马和水牛种群数量分别为 $r(t)$ 和 $s(t)$. 在没有水牛的情况下, 角马的增长率为 $r'(t)=3.2r(t)$, 但当有水牛时, 竞争会使角马的增长率下降至 $r'(t)=3.2r(t)-1.2s(t)$. 水牛种群同样受到角马的影响. 在没有角马的情况下, 水牛种群的增长率为 $s'(t)=2.8s(t)$, 当水牛与角马共享生态系统时, 其种群增长率为 $s'(t)=-0.8r(t)+2.8s(t)$. 假设生态系统中最初有 60 只角马和 55 只水牛. 确定这两个种群会发生什么情况.

9. 一个种群具有下列特征:

(1) 该种群中共有 75% 的成员在第一年存活下来. 第一年存活下来的成员有 25% 在第二年存活下来. 最长寿命为 3 年.

(2) 该种群中每个成员的平均后代数量在第一年为 2 个, 第二年为 4 个, 第三年为 2 个.

现在, 三个年龄段的数量各有 120 个. 1 年后每个年龄段会有多少个成员? 2 年后又会有多少个成员?

总习题四

1. 已知 $\boldsymbol{\alpha}_1=\begin{pmatrix}1\\1\\2\\3\end{pmatrix}$, $\boldsymbol{\alpha}_2=\begin{pmatrix}-1\\1\\4\\-1\end{pmatrix}$, 求与 $\boldsymbol{\alpha}_1, \boldsymbol{\alpha}_2$ 都正交的向量.

2. 设 $\boldsymbol{x}$ 为 n 维列向量, $\boldsymbol{x}^{\mathrm{T}}\boldsymbol{x}=1$, 令 $\boldsymbol{H}=\boldsymbol{E}-2\boldsymbol{x}\boldsymbol{x}^{\mathrm{T}}$, 试证明 $\boldsymbol{H}$ 是对称的正交矩阵.

3. 设 $\boldsymbol{\alpha}_1=(1,1,1,1)^{\mathrm{T}}, \boldsymbol{\alpha}_2=(1,2,2,1)^{\mathrm{T}}, \boldsymbol{\alpha}_3=(2,3,1,6)^{\mathrm{T}}$, 用施密特正交化方法把它们化为规范正交基.

4. 设 $\boldsymbol{\alpha}_1, \boldsymbol{\alpha}_2, \cdots, \boldsymbol{\alpha}_n$ 是 $\mathbf{R}^n$ 的一组标准正交基, $\boldsymbol{A}$ 是 n 阶正交矩阵, 证明: $\boldsymbol{A}\boldsymbol{\alpha}_1, \boldsymbol{A}\boldsymbol{\alpha}_2, \cdots, \boldsymbol{A}\boldsymbol{\alpha}_n$ 是 $\mathbf{R}^n$ 的一组标准正交基.

5. 设 $\boldsymbol{\alpha}_1, \boldsymbol{\alpha}_2, \boldsymbol{\alpha}_3$ 与 $\boldsymbol{\beta}_1, \boldsymbol{\beta}_2$ 是两个线性无关的向量组, 且

$$[\boldsymbol{\alpha}_i, \boldsymbol{\beta}_j]=0\ (i=1, 2, 3;\ j=1, 2),$$

则 $\boldsymbol{\alpha}_1, \boldsymbol{\alpha}_2, \boldsymbol{\alpha}_3$ 与 $\boldsymbol{\beta}_1, \boldsymbol{\beta}_2$ 线性无关.

6. 已知 $\boldsymbol{A}=\begin{pmatrix}1&1&1&1\\1&1&1&1\\1&1&1&1\\1&1&1&1\end{pmatrix}$, 求 $\boldsymbol{A}$ 的非零特征值.

7. 设矩阵 $\boldsymbol{A}=\begin{pmatrix}1&-3&3\\3&a&3\\6&-6&b\end{pmatrix}$ 有特征值 $\lambda_1=-2$, $\lambda_2=4$, 试求参数 a, b 的值·

8. 设 $\boldsymbol{A}=\begin{pmatrix}1&-1&1\\2&4&-2\\-3&-3&5\end{pmatrix}$, 求 $\boldsymbol{A}$ 的全部特征值和特征向量.

9. 已知 $\boldsymbol{A}=\begin{pmatrix}0&0&1\\x&1&0\\1&0&0\end{pmatrix}$ 有三个线性无关的特征向量, 求 x.

10. 设矩阵 $\boldsymbol{A}$ 与 $\boldsymbol{B}$ 相似, 且 $\boldsymbol{A}=\begin{pmatrix}1&-1&1\\2&4&-2\\-3&-3&a\end{pmatrix}$, $\boldsymbol{B}=\begin{pmatrix}2&0&0\\0&2&0\\0&0&b\end{pmatrix}$.

(1) 求 a, b 的值;　　(2) 求可逆矩阵 $\boldsymbol{P}$, 使 $\boldsymbol{P}^{-1}\boldsymbol{A}\boldsymbol{P}=\boldsymbol{B}$.

11. 已知 $\boldsymbol{\xi}=\begin{pmatrix}1\\1\\-1\end{pmatrix}$ 是 $\boldsymbol{A}=\begin{pmatrix}a&-1&2\\5&b&3\\-1&0&-2\end{pmatrix}$ 的特征向量, 求 a, b 的值, 并证明 $\boldsymbol{A}$ 的任一特征向量均能由 $\boldsymbol{\xi}$ 线性表出.

12. 已知三阶矩阵 $\boldsymbol{A}$ 的特征值是 $1, -2, 3$, 求 $(2\boldsymbol{A})^{-1}$ 的特征值.

13. 已知可逆矩阵 $\boldsymbol{A}$ 的特征值为 $1, 2, -2$, 求:

(1) $\boldsymbol{A}^*$ 的三个特征值;　　(2) $|\boldsymbol{A}|$ 的代数余子式之和 $A_{11}+A_{22}+A_{33}$.

14. $\boldsymbol{A}$ 为 n 阶方阵, $|\boldsymbol{A}|=3$, $2\boldsymbol{A}+\boldsymbol{E}$ 不可逆, 求伴随矩阵 $\boldsymbol{A}^*$ 的一个特征值.

15. 设三阶实可逆矩阵 $\boldsymbol{A}$ 的特征值为 $\lambda_1=1$, $\lambda_2=-4$, $\lambda_3=-1$, 求:

(1) $2(\boldsymbol{A}^{-1})^2-6\boldsymbol{A}^*$ 的特征值;　　(2) 行列式 $|2\boldsymbol{A}^*+3\boldsymbol{A}^2|$ 的值.

16. 设 $\boldsymbol{A}$ 为三阶实对称矩阵, $\boldsymbol{A}$ 的特征值为 $1, 2, 3$. 若 $\boldsymbol{A}$ 的属于特征值 $1, 2$ 的特征向量分别为

$$\boldsymbol{\alpha}_1=(-1, -1, 1)^{\mathrm{T}},\ \boldsymbol{\alpha}_2=(1, -2, -1)^{\mathrm{T}},$$

求 $\boldsymbol{A}$ 的属于特征值 3 的特征向量.

17. 假设 $\boldsymbol{A}$ 满足方程 $\boldsymbol{A}^2-5\boldsymbol{A}+6\boldsymbol{E}=\boldsymbol{O}$, 其中 $\boldsymbol{E}$ 为单位矩阵, 试求 $\boldsymbol{A}$ 的特征值.

18. $\boldsymbol{A}$ 是三阶实对称矩阵, $\boldsymbol{A}$ 的特征值是 $1, -1, 0$, 其中属于特征值 $\lambda=1$ 与 $\lambda=0$ 的特征向量分别是 $(1, a, 1)^{\mathrm{T}}$ 及 $(a, a+1, 1)^{\mathrm{T}}$, 求矩阵 $\boldsymbol{A}$.

19. 设三阶实对称矩阵 $\boldsymbol{A}$ 的特征值为 $\lambda_1=-1$, $\lambda_2=\lambda_3=1$, 对应于 λ_1 的特征向量为 $\boldsymbol{\alpha}_1=(0,1,1)^{\mathrm{T}}$, 求属于特征值 $\lambda_2=\lambda_3=1$ 的特征向量及矩阵 $\boldsymbol{A}$.

20. 设三阶实对称矩阵 $\boldsymbol{A}$ 的秩为 2, $\lambda_1=\lambda_2=6$ 是 $\boldsymbol{A}$ 的二重特征值. 若

$$\boldsymbol{\alpha}_1=(1,1,0)^{\mathrm{T}},\ \boldsymbol{\alpha}_2=(2,1,1)^{\mathrm{T}},\ \boldsymbol{\alpha}_3=(-1,2,-3)^{\mathrm{T}}$$

都是 $\boldsymbol{A}$ 的属于特征值 6 的特征向量, 试求 $\boldsymbol{A}$ 的另一特征值及其对应的特征向量.

21. 判断矩阵 $\boldsymbol{A}=\begin{pmatrix}2&-1&2\\5&-3&3\\-1&0&-2\end{pmatrix}$ 能否对角化? 若能, 求出其对应的对角矩阵.

22. 已知矩阵 $\boldsymbol{A}=\begin{pmatrix}2&0&0\\0&0&1\\0&1&x\end{pmatrix}$, $\boldsymbol{B}=\begin{pmatrix}2&0&0\\0&y&0\\0&0&-1\end{pmatrix}$ 相似, 求 y.

23. 试判断矩阵 $\boldsymbol{A}=\begin{pmatrix}2&0&0\\0&3&5\\0&1&2\end{pmatrix}$, $\boldsymbol{B}=\begin{pmatrix}3&1&0\\7&3&0\\0&0&1\end{pmatrix}$ 是否相似, 若相似, 求出可逆矩阵 $\boldsymbol{M}$, 使得

$$\boldsymbol{B}=\boldsymbol{M}^{-1}\boldsymbol{A}\boldsymbol{M}.$$

24. 设 $\boldsymbol{A}=\begin{pmatrix}0&-1&4\\-1&3&-1\\4&-1&0\end{pmatrix}$, 正交矩阵 $\boldsymbol{Q}$ 使得 $\boldsymbol{Q}^{\mathrm{T}}\boldsymbol{A}\boldsymbol{Q}$ 为对角矩阵, 若 $\boldsymbol{Q}$ 的第1列为 $\dfrac{1}{\sqrt{6}}(1,2,1)^{\mathrm{T}}$, 求 $\boldsymbol{Q}$.

25. 设矩阵 $\boldsymbol{A}=\begin{pmatrix}1&-1&1\\x&4&y\\-3&-3&5\end{pmatrix}$, 已知 $\boldsymbol{A}$ 有 3 个线性无关的特征向量, $\lambda=2$ 是 $\boldsymbol{A}$ 的二重特征值, 试求可逆矩阵 $\boldsymbol{P}$, 使得 $\boldsymbol{P}^{-1}\boldsymbol{A}\boldsymbol{P}$ 为对角矩阵.

26. 某试验性生产线每年1月份进行熟练工与非熟练工的人数统计, 然后将 1/6 的熟练工派去支援其他生产部门, 其缺额由新招收的非熟练工补齐. 新、老非熟练工经过培训及实践后, 在年终考核时有 2/5 成为熟练工. 设第 n 年1月份统计的熟练工和非熟练工所占百分比分别为 x_n 和 y_n, 记成向量 $\begin{pmatrix}x_n\\y_n\end{pmatrix}$.

(1) 求 $\begin{pmatrix}x_{n+1}\\y_{n+1}\end{pmatrix}$ 与 $\begin{pmatrix}x_n\\y_n\end{pmatrix}$ 的关系式并写成矩阵形式: $\begin{pmatrix}x_{n+1}\\y_{n+1}\end{pmatrix}=\boldsymbol{A}\begin{pmatrix}x_n\\y_n\end{pmatrix}$;

(2) 验证 $\boldsymbol{\eta}_1=\begin{pmatrix}4\\1\end{pmatrix}$, $\boldsymbol{\eta}_2=\begin{pmatrix}-1\\1\end{pmatrix}$ 是 $\boldsymbol{A}$ 的两个线性无关的特征向量, 并求出相应的特征值;

(3) 当 $\begin{pmatrix}x_1\\y_1\end{pmatrix}=\begin{pmatrix}1/2\\1/2\end{pmatrix}$ 时, 求 $\begin{pmatrix}x_{n+1}\\y_{n+1}\end{pmatrix}$.

27. 已知 $\boldsymbol{A}=\begin{pmatrix}-1&1&0\\-2&2&0\\4&x&1\end{pmatrix}$ 能对角化, 求 $\boldsymbol{A}^n$.

28. 设 $\boldsymbol{\alpha}=(1,0,-1)^{\mathrm{T}}$, 矩阵 $\boldsymbol{A}=\boldsymbol{\alpha}\boldsymbol{\alpha}^{\mathrm{T}}$, n 为正整数, 求行列式 $|a\boldsymbol{E}-\boldsymbol{A}^n|$ (其中 a 为常数).

29. 设三阶矩阵 $\boldsymbol{A}$ 的特征值分别为 $\lambda_1=-1$, $\lambda_2=1$, $\lambda_3=3$, 对应的特征向量依次为

$$\boldsymbol{\xi}_1=(1,-1,0)^{\mathrm{T}},\ \boldsymbol{\xi}_2=(1,-1,1)^{\mathrm{T}},\ \boldsymbol{\xi}_3=(0,1,-1)^{\mathrm{T}},$$

又向量 $\boldsymbol{\beta}=(3,-2,0)^{\mathrm{T}}$.

(1) 将 $\boldsymbol{\beta}$ 用 $\boldsymbol{\xi}_1,\boldsymbol{\xi}_2,\boldsymbol{\xi}_3$ 线性表示;

(2) 求 $\boldsymbol{A}^n\boldsymbol{\beta}$($n$ 为自然数).

30. 设 $\boldsymbol{A}$ 是三阶矩阵, 它的 3 个特征值为 $\lambda_1=1, \lambda_2=-1, \lambda_3=2$, 设 $\boldsymbol{B}=\boldsymbol{A}^3-5\boldsymbol{A}^2$, 求 $|\boldsymbol{B}|$, $|\boldsymbol{A}-5\boldsymbol{E}|$.

31. 设实对称矩阵 $\boldsymbol{A}=\begin{pmatrix} a & 1 & 1 \\ 1 & a & -1 \\ 1 & -1 & a \end{pmatrix}$, 求可逆矩阵 $\boldsymbol{P}$, 使 $\boldsymbol{P}^{-1}\boldsymbol{AP}$ 为对角矩阵, 并计算行列式 $|\boldsymbol{A}-\boldsymbol{E}|$ 的值.

32. 若 $\boldsymbol{A}=\begin{pmatrix} 2 & 2 & 0 \\ 8 & 2 & 0 \\ 0 & 0 & 6 \end{pmatrix}$ 相似于对角矩阵 $\boldsymbol{B}$, 求可逆矩阵 $\boldsymbol{P}$, 使 $\boldsymbol{P}^{-1}\boldsymbol{AP}=\boldsymbol{B}$.

33. 已知矩阵 $\boldsymbol{A}=\begin{pmatrix} 1 & -1 & 1 \\ 2 & 4 & -2 \\ -3 & -3 & 5 \end{pmatrix}$.

(1) 求 $\boldsymbol{A}$ 的特征值;　　　(2) 求可逆矩阵 $\boldsymbol{P}$ 和对角矩阵 $\boldsymbol{C}$, 使得 $\boldsymbol{P}^{-1}\boldsymbol{AP}=\boldsymbol{C}$.

34. 判断矩阵 $\boldsymbol{A}=\begin{pmatrix} 1 & -3 & 3 \\ 3 & -5 & 3 \\ 6 & -6 & 4 \end{pmatrix}$ 是否与对角矩阵相似, 如果相似, 求出相似变换矩阵 $\boldsymbol{P}$, 使 $\boldsymbol{P}^{-1}\boldsymbol{AP}$ 为对角矩阵.

35. 设矩阵 $\boldsymbol{A}=\begin{pmatrix} 3 & 1 & 1 \\ 1 & 2 & 0 \\ 1 & 0 & 2 \end{pmatrix}$.

(1) 求矩阵 $\boldsymbol{A}$ 的所有特征值与特征向量;

(2) 判断矩阵 $\boldsymbol{A}$ 能否对角化. 若能对角化, 求出相似变换矩阵 $\boldsymbol{P}$, 使 $\boldsymbol{A}$ 化为对角矩阵;

(3) 计算 $\boldsymbol{A}^{100}\begin{pmatrix} 1 \\ -1 \\ -1 \end{pmatrix}$, $\boldsymbol{A}^{100}\begin{pmatrix} 1 \\ 2 \\ 2 \end{pmatrix}$, $\boldsymbol{A}^m$.

36. 设 $b\neq 0$, n 阶矩阵 $\boldsymbol{A}=\begin{pmatrix} 1 & b & \cdots & b \\ b & 1 & \cdots & b \\ \vdots & \vdots & & \vdots \\ b & b & \cdots & 1 \end{pmatrix}$. 求可逆矩阵 $\boldsymbol{P}$, 使得 $\boldsymbol{P}^{-1}\boldsymbol{AP}$ 为对角矩阵.

第 5 章　二次型

二次型是线性代数中的一个重要概念，源于代数和几何的结合. 在几何学中，二次型可以用于描述二次曲面 (如椭球、双曲面等) 的形状和性质. 19 世纪，随着数学的迅速发展，二次型的研究扩展到了抽象代数和多变量函数，为现代数学奠定了基础. 它的研究涉及对称矩阵、特征值分解等核心内容，与数学分析、优化理论和数值计算密切相关.

二次型在数学理论和应用中具有重要意义. 一方面，它是研究多维空间中几何性质的工具，通过正定性等性质可以揭示向量空间的内在结构；另一方面，它是解析多变量函数和二次方程组的重要手段，提供了优化问题的基本框架. 同时，二次型的性质与矩阵代数、特征值问题密切相关，推动了矩阵理论和线性代数的发展.

二次型广泛应用于工程、物理、经济和统计等领域. 在物理学中，它描述了力学系统的势能形式；在优化问题中，二次型函数用于最小二乘法、凸优化和机器学习模型；在统计学中，它出现在协方差分析和回归分析中，衡量数据分布特性. 此外，二次型在信号处理、控制理论和量子力学中也有重要作用，帮助解决复杂系统的稳定性分析和性能优化问题等.

在解析几何中，为了便于研究二次曲线

$$ax^2 + bxy + cy^2 = 1$$

的几何性质，可以选择适当的坐标旋转变换：

$$\begin{cases} x = x'\cos\theta - y'\sin\theta \\ y = x'\sin\theta + y'\cos\theta \end{cases},$$

把方程化为标准形式：$mx'^2 + cy'^2 = 1$.

这类问题具有普遍性，在许多理论问题和实际问题中会经常遇到，本章将把这类问题一般化，讨论 n 个变量的二次多项式的化简问题.

§5.1　二次型及其矩阵

一、二次型的概念

定义 1　含有 n 个变量 $x_1, x_2, \cdots, x_n$ 的二次齐次函数

$$\begin{aligned} f(x_1, x_2, \cdots, x_n) = {} & a_{11}x_1^2 + a_{22}x_2^2 + \cdots + a_{nn}x_n^2 \\ & + 2a_{12}x_1x_2 + 2a_{13}x_1x_3 + \cdots + 2a_{n-1\,n}x_{n-1}x_n \end{aligned} \tag{1.1}$$

称为**二次型**. 当 a_{ij} 为复数时, f 称为**复二次型**; 当 a_{ij} 为实数时, f 称为**实二次型**.

本章只讨论实二次型, 例如:

$$f(x_1, x_2, x_3) = x_1x_2 + x_1x_3 + x_2x_3 ,$$
$$f(x_1, x_2, x_3) = 2x_1^2 + 4x_2^2 + 5x_3^2 - 4x_1x_3 .$$

二、二次型的矩阵

在式(1.1)中, 取 $a_{ji} = a_{ij}$, 则 $2a_{ji}x_ix_j = a_{ij}x_ix_j + a_{ji}x_jx_i$, 于是, 式(1.1)可改写为

$$\begin{aligned} f(x_1,x_2,\cdots,x_n) &= a_{11}x_1^2 + a_{12}x_1x_2 + \cdots + a_{1n}x_1x_n \\ &\quad + a_{21}x_2x_1 + \cdots + a_{2n}x_2x_n + \cdots + a_{n1}x_nx_1 + \cdots + a_{nn}x_n^2 \\ &= \sum_{i,j=1}^{n} a_{ij}x_ix_j = x_1(a_{11}x_1 + a_{12}x_2 + \cdots + a_{1n}x_n) \\ &\quad + x_2(a_{21}x_1 + \cdots + a_{2n}x_n) + \cdots + x_n(a_{n1}x_1 + + a_{nn}x_n) \\ &= (x_1, x_2, \cdots, x_n)\begin{pmatrix} a_{11}x_1 + a_{12}x_2 + \cdots + a_{1n}x_n \\ a_{21}x_1 + a_{22}x_2 + \cdots + a_{2n}x_n \\ \vdots \\ a_{n1}x_1 + a_{n2}x_2 + \cdots + a_{nn}x_n \end{pmatrix} \\ &= (x_1, x_2, \cdots, x_n)\begin{pmatrix} a_{11} & a_{12} & \cdots & a_{1n} \\ a_{21} & a_{22} & \cdots & a_{2n} \\ \vdots & \vdots & & \vdots \\ a_{n1} & a_{n2} & \cdots & a_{nn} \end{pmatrix}\begin{pmatrix} x_1 \\ x_2 \\ \vdots \\ x_n \end{pmatrix} = \boldsymbol{x}^{\mathrm{T}}\boldsymbol{A}\boldsymbol{x}, \end{aligned}$$

式中

$$\boldsymbol{x} = \begin{pmatrix} x_1 \\ x_2 \\ \vdots \\ x_n \end{pmatrix}, \boldsymbol{A} = \begin{pmatrix} a_{11} & a_{12} & \cdots & a_{1n} \\ a_{21} & a_{22} & \cdots & a_{2n} \\ \vdots & \vdots & & \vdots \\ a_{n1} & a_{n2} & \cdots & a_{nn} \end{pmatrix},$$

称 $f(\boldsymbol{x}) = \boldsymbol{x}^{\mathrm{T}}\boldsymbol{A}\boldsymbol{x}$ 为二次型的**矩阵形式**. 其中实对称矩阵 $\boldsymbol{A}$ 称为该二次型的**矩阵**. 二次型 f 称为实对称矩阵 $\boldsymbol{A}$ 的**二次型**. 实对称矩阵 $\boldsymbol{A}$ 的秩称为二次型的**秩**.于是, 二次型 f 与实对称矩阵 $\boldsymbol{A}$ 之间有一一对应关系.

由于二次型的本质是关于 x_ix_j 的对称性, 它要求 $a_{ij}x_ix_j$ 与 $a_{ji}x_jx_i$ 等价, 因此 $a_{ij} = a_{ji}$ 必须成立. 这意味着矩阵 $\boldsymbol{A}$ 必是对称矩阵. 此外, 从代数角度看, 任何非对称矩阵都可以分解为对称部分和反对称部分. 在二次型中, 反对称部分在 $\boldsymbol{x}^{\mathrm{T}}\boldsymbol{A}\boldsymbol{x}$ 中会相互抵消, 因此仅保留对称部

分. 这进一步说明二次型的矩阵必须是对称矩阵.

例如, 二次型 $3x_1^2+4x_2^2+3x_3^2+2x_1x_3$ 的矩阵是

$$A=\begin{pmatrix}3&0&1\\0&4&0\\1&0&3\end{pmatrix};$$

反之, 上述对称矩阵 A 所对应的二次型是

$$x^{\mathrm{T}}Ax=(x_1, x_2, x_3)\begin{pmatrix}3&0&1\\0&4&0\\1&0&3\end{pmatrix}\begin{pmatrix}x_1\\x_2\\x_3\end{pmatrix}=3x_1^2+4x_2^2+3x_3^2+2x_1x_3.$$

例1 求二次型 $f(x_1, x_2, x_3)=(x_1+x_2)^2+(x_2+x_3)^2-(x_3-x_1)^2$ 的矩阵.

解 利用完全平方公式, 题设二次型:

$$f(x_1, x_2, x_3)=(x_1+x_2)^2+(x_2+x_3)^2-(x_3-x_1)^2=2x_2^2+2x_1x_2+2x_2x_3+2x_1x_3,$$

因此, 题设二次型的矩阵 $A=\begin{pmatrix}0&1&1\\1&2&1\\1&1&0\end{pmatrix}$.

例2 求矩阵 $\begin{pmatrix}0&\frac{\sqrt{2}}{2}&1\\\frac{\sqrt{2}}{2}&3&-\frac{3}{2}\\1&-\frac{3}{2}&0\end{pmatrix}$ 对应的实二次型.

解 题设矩阵是对称的, 根据二次型矩阵的定义与矩阵的乘法, 题设矩阵的二次型为

$$\begin{aligned}f&=x^{\mathrm{T}}Ax\\&=a_{11}x_1^2+a_{22}x_2^2+a_{33}x_3^2+2a_{12}x_1x_2+2a_{13}x_1x_3+2a_{23}x_2x_3\\&=3x_2^2+\sqrt{2}x_1x_2+2x_1x_3-3x_2x_3.\end{aligned}$$

例3 求二次型 $f(x_1, x_2, x_3)=x_1^2-4x_1x_2+2x_1x_3-2x_2^2+6x_3^2$ 的秩.

解 先求题设二次型的矩阵. 由

$$f(x_1, x_2, x_3)=x_1^2-2x_1x_2+x_1x_3-2x_2x_1-2x_2^2+0x_2x_3+x_3x_1+0x_3x_2+6x_3^2,$$

得 $A=\begin{pmatrix}1&-2&1\\-2&-2&0\\1&0&6\end{pmatrix}$, 对 A 作初等行变换:

$$A\to\begin{pmatrix}1&-2&1\\0&-6&2\\0&2&5\end{pmatrix}\to\begin{pmatrix}1&-2&1\\0&2&5\\0&0&17\end{pmatrix},$$

由上式右端的行阶梯形矩阵知, $r(\boldsymbol{A})=3$, 所以, 题设二次型的秩为3.

例4 已知二次型

$$f(x_1, x_2, x_3, x_4)=5x_1^2+5x_2^2+cx_3^2-2x_1x_2+6x_1x_3-6x_2x_3$$

的秩为2, 求c.

解 根据二次型矩阵的定义, 题设二次型f的矩阵

$$\boldsymbol{A}=\begin{pmatrix} 5 & -1 & 3 \\ -1 & 5 & -3 \\ 3 & -3 & c \end{pmatrix},$$

由题设知其秩 $r(\boldsymbol{A})=2$, 根据向量组线性相关性的充要条件 (§3.3定理2的推论1) 知, $\boldsymbol{A}$的列向量组必线性相关, 故$|\boldsymbol{A}|=0$, 利用行列式的性质与行列式展开式, 计算得

$$|\boldsymbol{A}|=\begin{vmatrix} 5 & -1 & 3 \\ -1 & 5 & -3 \\ 3 & -3 & c \end{vmatrix}=24c-72=0,$$

解得 $c=3$.

例5 某人工智能公司训练深度学习模型时, 需分配GPU计算资源x_1单位和CPU计算资源x_2单位, 在控制成本的同时最大化训练效果. 已知GPU单独效应系数$a_1=80$, CPU单独效应系数$a_2=60$, 协同效应系数$b_{12}=b_{21}=15$, GPU成本系数$b_{11}=10$, CPU成本系数$b_{22}=8$. 求解:

(1) 构建包含训练效果与成本的二次型优化模型, 并用矩阵表示;

(2) 在总资源$x_1+x_2=100$的约束下, 求最大化训练效果的资源分配方案.

解 (1) 构建二次型优化模型.

训练效果函数定义为:

$$E(x_1,x_2)=a_1x_1+a_2x_2+\frac{1}{2}(x_1, x_2)\begin{pmatrix} b_{11} & b_{12} \\ b_{21} & b_{22} \end{pmatrix}\begin{pmatrix} x_1 \\ x_2 \end{pmatrix},$$

代入已知参数, 二次型矩阵为$\begin{pmatrix} 10 & 15 \\ 15 & 8 \end{pmatrix}$, 函数表示为:

$$E(x_1,x_2)=80x_1+60x_2+\frac{1}{2}(x_1, x_2)\begin{pmatrix} 10 & 15 \\ 15 & 8 \end{pmatrix}\begin{pmatrix} x_1 \\ x_2 \end{pmatrix}.$$

展开得

$$E(x_1,x_2)=80x_1+60x_2+\frac{1}{2}(10x_1^2+30x_1x_2+8x_2^2).$$

(2) 资源分配求解.

在约束条件为$x_1+x_2=100$下, 假设均等分配$x_1=x_2=50$, 代入计算:

$$E(50,50)=80\times 50+60\times 50+\frac{1}{2}(10\times 50^2-30\times 50\times 50+8\times 50^2)$$
$$=7\,000+\frac{1}{2}\times 120\,000$$
$$=7\,000+60\,000=67\,000.$$

因此, 当GPU和CPU各分配50单位资源时, 训练效果为67 000.

通过该例, 我们展示了如何通过二次型来优化人工智能模型训练的资源分配问题. 二次型在这里用于描述资源分配与训练效果之间的关系, 并且考虑了GPU和CPU之间的协同效应. 通过优化资源分配, 可以最大化训练效果, 同时有效控制资源成本.

三、矩阵的合同

一般地, 关系式

$$\begin{cases} x_1=c_{11}y_1+c_{12}y_2+\cdots+c_{1n}y_n \\ x_2=c_{21}y_1+c_{22}y_2+\cdots+c_{2n}y_n \\ \quad\cdots\cdots \\ x_n=c_{n1}y_1+c_{n2}y_2+\cdots+c_{nn}y_n \end{cases}$$

称为由变量$x_1,x_2,\cdots,x_n$到$y_1,y_2,\cdots,y_n$的**线性变换**. 矩阵

$$\boldsymbol{C}=\begin{pmatrix} c_{11} & c_{12} & \cdots & c_{1n} \\ c_{21} & c_{22} & \cdots & c_{2n} \\ \vdots & \vdots & & \vdots \\ c_{n1} & c_{n2} & \cdots & c_{nn} \end{pmatrix}$$

称为**线性变换矩阵**. 当$\boldsymbol{C}$可逆时, 称该线性变换为**可逆线性变换**.

对一般二次型$f=\boldsymbol{x}^{\mathrm{T}}\boldsymbol{A}\boldsymbol{x}$, 经可逆线性变换$\boldsymbol{x}=\boldsymbol{C}\boldsymbol{y}$, 可将其化为

$$f=\boldsymbol{x}^{\mathrm{T}}\boldsymbol{A}\boldsymbol{x}=(\boldsymbol{C}\boldsymbol{y})^{\mathrm{T}}\boldsymbol{A}(\boldsymbol{C}\boldsymbol{y})=\boldsymbol{y}^{\mathrm{T}}(\boldsymbol{C}^{\mathrm{T}}\boldsymbol{A}\boldsymbol{C})\boldsymbol{y},$$

其中, $\boldsymbol{y}^{\mathrm{T}}(\boldsymbol{C}^{\mathrm{T}}\boldsymbol{A}\boldsymbol{C})\boldsymbol{y}$为关于$y_1,y_2,\cdots,y_n$的二次型, 对应的矩阵为$\boldsymbol{C}^{\mathrm{T}}\boldsymbol{A}\boldsymbol{C}$.

例6　设二次型$f(x_1,x_2,x_3)=2x_1x_2-4x_1x_3+10x_2x_3$, 且

$$\begin{cases} x_1=y_1-y_2-5y_3 \\ x_2=y_1-y_2+2y_3 \\ x_3=y_3 \end{cases},$$

求该线性变换后新的二次型.

解　题设二次型的矩阵为$\boldsymbol{A}=\begin{pmatrix} 0 & 1 & -2 \\ 1 & 0 & 5 \\ -2 & 5 & 0 \end{pmatrix}$, 而题设线性变换的矩阵为

$$\boldsymbol{C}=\begin{pmatrix}1&-1&-5\\1&1&2\\0&0&1\end{pmatrix},\ |\boldsymbol{C}|\neq 0,$$

故经可逆线性变换 $\boldsymbol{x}=\boldsymbol{C}\boldsymbol{y}$ 后的二次型的矩阵为

$$\boldsymbol{C}^{\mathrm{T}}\boldsymbol{A}\boldsymbol{C}=\begin{pmatrix}1&1&0\\-1&1&0\\-5&2&1\end{pmatrix}\begin{pmatrix}0&1&-2\\1&0&5\\-2&5&0\end{pmatrix}\begin{pmatrix}1&-1&-5\\1&1&2\\0&0&1\end{pmatrix}$$
$$=\begin{pmatrix}2&0&0\\0&-2&0\\0&0&20\end{pmatrix},$$

即矩阵 $\boldsymbol{A}$ 合同于上述对角矩阵, 所以, 经可逆线性变换 $\boldsymbol{x}=\boldsymbol{C}\boldsymbol{y}$ 后, 新的二次型为

$$2y_1^2-2y_2^2+20y_3^2.$$

关于矩阵 $\boldsymbol{A}$ 与 $\boldsymbol{C}^{\mathrm{T}}\boldsymbol{A}\boldsymbol{C}$ 的关系, 我们给出下面的定义.

定义 2 设 $\boldsymbol{A}, \boldsymbol{B}$ 为两个 n 阶方阵, 如果存在 n 阶可逆矩阵 $\boldsymbol{C}$, 使得 $\boldsymbol{C}^{\mathrm{T}}\boldsymbol{A}\boldsymbol{C}=\boldsymbol{B}$, 则称**矩阵 $\boldsymbol{A}$ 合同于矩阵 $\boldsymbol{B}$**, 或称 **$\boldsymbol{A}$ 与 $\boldsymbol{B}$ 合同**.

易见, 二次型 $f(x_1, x_2, \cdots, x_n)=\boldsymbol{x}^{\mathrm{T}}\boldsymbol{A}\boldsymbol{x}$ 的矩阵 $\boldsymbol{A}$ 与经过可逆线性变换 $\boldsymbol{x}=\boldsymbol{C}\boldsymbol{y}$ 得到的二次型的矩阵 $\boldsymbol{B}=\boldsymbol{C}^{\mathrm{T}}\boldsymbol{A}\boldsymbol{C}$ 是合同的.

矩阵合同的基本性质:

(1) **自反性**: 对任意方阵 $\boldsymbol{A}$, $\boldsymbol{A}$ 合同于 $\boldsymbol{A}$.

因为 $\boldsymbol{E}^{\mathrm{T}}\boldsymbol{A}\boldsymbol{E}=\boldsymbol{A}$.

(2) **对称性**: 若 $\boldsymbol{A}$ 合同于 $\boldsymbol{B}$, 则 $\boldsymbol{B}$ 合同于 $\boldsymbol{A}$.

因为若 $\boldsymbol{B}=\boldsymbol{C}^{\mathrm{T}}\boldsymbol{A}\boldsymbol{C}$, 则 $\boldsymbol{A}=(\boldsymbol{C}^{\mathrm{T}})^{-1}\boldsymbol{B}\boldsymbol{C}^{-1}=(\boldsymbol{C}^{-1})^{\mathrm{T}}\boldsymbol{B}\boldsymbol{C}^{-1}$.

(3) **传递性**: 若 $\boldsymbol{A}$ 合同于 $\boldsymbol{B}$, $\boldsymbol{B}$ 合同于 $\boldsymbol{C}$, 则 $\boldsymbol{A}$ 合同于 $\boldsymbol{C}$.

因为若 $\boldsymbol{B}=\boldsymbol{C}_1^{\mathrm{T}}\boldsymbol{A}\boldsymbol{C}_1$, $\boldsymbol{C}=\boldsymbol{C}_2^{\mathrm{T}}\boldsymbol{B}\boldsymbol{C}_2$, 则 $\boldsymbol{C}=(\boldsymbol{C}_1\boldsymbol{C}_2)^{\mathrm{T}}\boldsymbol{A}(\boldsymbol{C}_1\boldsymbol{C}_2)$.

合同变换保留了矩阵的对称性等基本性质, 这使得复杂的二次型能够在标准坐标系下得到清晰表达, 例如通过合同化简可将二次型的矩阵转化为对角矩阵形式, 从而揭示其本质特性. 此外, 合同关系是判断矩阵等价性的重要工具.

例 7 设 $\boldsymbol{A}$ 和 $\boldsymbol{B}$ 为实对称矩阵. 证明: 若 $\boldsymbol{A}$ 与 $\boldsymbol{B}$ 相似, 则 $\boldsymbol{A}$ 与 $\boldsymbol{B}$ 合同; 反之不成立.

证明 依题设, 矩阵 $\boldsymbol{A}$ 与 $\boldsymbol{B}$ 都为实对称矩阵, 则由实对称矩阵的性质 (§4.4定理4), 存在正交矩阵 $\boldsymbol{Q}_1, \boldsymbol{Q}_2$, 使得

$$\boldsymbol{Q}_1^{-1}\boldsymbol{A}\boldsymbol{Q}_1=\boldsymbol{\Lambda}_1,\ \boldsymbol{Q}_2^{-1}\boldsymbol{B}\boldsymbol{Q}_2=\boldsymbol{\Lambda}_2,$$

如果 $\boldsymbol{A}$ 与 $\boldsymbol{B}$ 相似, 由相似矩阵的性质知, 相似矩阵有相同的特征值, 故

$$\boldsymbol{\Lambda}_1=\boldsymbol{\Lambda}_2=\begin{pmatrix}\lambda_1 & & \\ & \lambda_2 & \\ & & \lambda_3\end{pmatrix},$$

其中$\lambda_i\,(i=1,2,3)$为矩阵$\boldsymbol{A},\boldsymbol{B}$的特征值, 根据正交矩阵的定义, 有

$$\boldsymbol{Q}_i^{\mathrm{T}}=\boldsymbol{Q}_i^{-1}\ (i=1,2),$$

于是

$$\boldsymbol{Q}_1^{\mathrm{T}}\boldsymbol{A}\boldsymbol{Q}_1=\boldsymbol{Q}_2^{\mathrm{T}}\boldsymbol{B}\boldsymbol{Q}_2 .$$

利用矩阵乘法的结合律与矩阵转置的运算规律. 有

$$\boldsymbol{A}=\boldsymbol{Q}_1\boldsymbol{Q}_2^{\mathrm{T}}\boldsymbol{B}\boldsymbol{Q}_2\boldsymbol{Q}_1^{\mathrm{T}}=(\boldsymbol{Q}_2\boldsymbol{Q}_1^{\mathrm{T}})^{\mathrm{T}}\boldsymbol{B}(\boldsymbol{Q}_2\boldsymbol{Q}_1^{\mathrm{T}}),$$

所以, 矩阵$\boldsymbol{A}$与$\boldsymbol{B}$合同. 但反之不成立.

例如, 设$\boldsymbol{A}=\begin{pmatrix}1&0\\0&1\end{pmatrix}$, $\boldsymbol{B}=\begin{pmatrix}1&0\\0&2\end{pmatrix}$, 令$\boldsymbol{C}=\begin{pmatrix}1&0\\0&\frac{1}{\sqrt{2}}\end{pmatrix}$, 则有

$$\boldsymbol{C}^{\mathrm{T}}\boldsymbol{B}\boldsymbol{C}=\boldsymbol{A},$$

即$\boldsymbol{A}$与$\boldsymbol{B}$合同, 但对任意可逆矩阵$\boldsymbol{C}$, 有

$$\boldsymbol{C}^{-1}\boldsymbol{A}\boldsymbol{C}=\boldsymbol{E}\neq\boldsymbol{B},$$

所以, 矩阵$\boldsymbol{A}$与$\boldsymbol{B}$不相似.

习题 5-1

1. 若n阶矩阵$\boldsymbol{A}$与$\boldsymbol{B}$合同, 则( ).

(A) $\boldsymbol{A}=\boldsymbol{B}$; (B) $\boldsymbol{A}\sim\boldsymbol{B}$; (C) $|\boldsymbol{A}|=|\boldsymbol{B}|$; (D) $\mathrm{r}(\boldsymbol{A})=\mathrm{r}(\boldsymbol{B})$.

2. 用矩阵形式表示下列二次型:

(1) $f=x^2+4xy+4y^2+2xz+z^2+4yz$;

(2) $f=x^2+y^2-7z^2-2xy-4xz-4yz$;

(3) $f=x_1^2+x_2^2+x_3^2+x_4^2-2x_1x_2+4x_1x_3-2x_1x_4-6x_2x_3-4x_2x_4$;

(4) $f=x_1^2+x_1x_2-x_1x_3+2x_2x_3$;

(5) $f=x_1^2+4x_1x_2-3x_2^2-18x_2x_3+5x_3^2$;

(6) $f=x_1^2+x_2^2+x_3^2+2ax_1x_2+2ax_1x_3+2ax_2x_3$;

(7) $f=x_1^2-4x_1x_2+4x_2^2$;

(8) $f=ay_1^2+4y_1y_2+by_2^2$;

(9) $f=4x_2^2-3x_3^2+4x_1x_2-4x_1x_3+8x_2x_3$;

(10) $f=x_1^2+x_2^2+x_3^2+2\alpha x_1x_2+2\beta x_2x_3+2x_1x_3$.

3. 找到与下列方程相关的二次型矩阵.

(1) $x^2+y^2-4=0$;　　(2) $x^2-4xy+y^2-4=0$.

4. 写出对称矩阵 $\boldsymbol{A}=\begin{pmatrix}1 & -1 & -3 & 1\\ -1 & 0 & -2 & 1/2\\ -3 & -2 & 1/3 & -3/2\\ 1 & 1/2 & -3/2 & 0\end{pmatrix}$ 对应的二次型.

5. 求对称矩阵 $\begin{pmatrix}0 & 1/2 & 0 & 0\\ 1/2 & 1 & 0 & -3\\ 0 & 0 & 0 & 0\\ 0 & -3 & 0 & -3\end{pmatrix}$ 对应的二次型.

6. 写出二次型 $f(\boldsymbol{x})=\boldsymbol{x}^{\mathrm{T}}\begin{pmatrix}1 & 2 & 3\\ 4 & 5 & 6\\ 7 & 8 & 9\end{pmatrix}\boldsymbol{x}$ 的对称矩阵.

7. 假设一个工程师正在设计一种由两种材料组成的复合材料, 这种复合材料使用材料 1 和材料 2 进行混合. 两种材料的特性如下:

(1) 材料 1: 强度为 0.6 MPa, 成本为 5 单位, 重量为 2 单位;

(2) 材料 2: 强度为 0.8 MPa, 成本为 6 单位, 重量为 3 单位.

设计目标是通过调整材料的比例, 最大化复合材料的强度, 同时最小化成本和重量. 假设工程师通过比例系数来平衡这三者. 为简化问题, 假设复合材料的强度、成本和重量都可通过二次型来表示, 而工程师的目标是最大化复合材料的综合效用. 我们假设复合材料的效用函数是强度、成本与重量的加权和.

(1) 设定一个包含成本和重量的二次型, 并使用矩阵表示.

(2) 计算当工程师在材料1和材料2之间按权重分配时, 复合材料的成本和重量.

8. 对于对称矩阵 $\boldsymbol{A}=\begin{pmatrix}0 & 1 & 1\\ 1 & 2 & 1\\ 1 & 1 & 0\end{pmatrix}$ 与 $\boldsymbol{B}=\begin{pmatrix}2 & 1 & 1\\ 1 & 0 & 1\\ 1 & 1 & 0\end{pmatrix}$, 求出非奇异矩阵 $\boldsymbol{C}$, 使 $\boldsymbol{C}^{\mathrm{T}}\boldsymbol{A}\boldsymbol{C}=\boldsymbol{B}$.

9. 求二次型 $f(x_1, x_2, x_3)=\boldsymbol{x}^{\mathrm{T}}\begin{pmatrix}1 & 2 & 1\\ 0 & 1 & 0\\ 1 & 2 & 1\end{pmatrix}\boldsymbol{x}$ 的秩.

10. 求二次型 $f(x_1, x_2, x_3)=(x_1+x_2)^2+(x_2-x_3)^2+(x_3+x_1)^2$ 的秩.

11. 设二次型 $f=2x_1^2+x_2^2-4x_1x_2-4x_2x_3$, 分别作下列可逆矩阵变换, 求出新的二次型:

(1) $\boldsymbol{x}=\begin{pmatrix}1 & 1 & -2\\ 0 & 1 & -2\\ 0 & 0 & 1\end{pmatrix}\boldsymbol{y}$;　　(2) $\boldsymbol{x}=\begin{pmatrix}1/\sqrt{2} & 1 & -1\\ 0 & 1 & -1\\ 0 & 0 & 1/2\end{pmatrix}\boldsymbol{y}$.

§5.2　化二次型为标准形

若二次型 $f(x_1, x_2, \cdots, x_n)$ 经可逆线性变换 $\boldsymbol{x}=\boldsymbol{C}\boldsymbol{y}$ 可化为只含平方项的形式:

$$b_1y_1^2+b_2y_2^2+\cdots+b_ny_n^2, \tag{2.1}$$

则称式(2.1)为二次型 $f(x_1, x_2, \cdots, x_n)$ 的**标准形**.

由第4章实对称矩阵的对角化方法知, 可取 $\boldsymbol{C}$ 为正交变换矩阵, 则二次型

$$f(x_1, x_2, \cdots, x_n)=\boldsymbol{x}^{\mathrm{T}}\boldsymbol{A}\boldsymbol{x}$$

在可逆线性变换 $\boldsymbol{x}=\boldsymbol{C}\boldsymbol{y}$ 下, 可化为 $\boldsymbol{y}^{\mathrm{T}}(\boldsymbol{C}^{\mathrm{T}}\boldsymbol{A}\boldsymbol{C})\boldsymbol{y}$. 如果 $\boldsymbol{C}^{\mathrm{T}}\boldsymbol{A}\boldsymbol{C}$ 为对角矩阵

$$\boldsymbol{B}=\begin{pmatrix} b_1 & & & \\ & b_2 & & \\ & & \ddots & \\ & & & b_n \end{pmatrix},$$

则 $f(x_1, x_2, \cdots, x_n)$ 就可化为标准形(2.1), 其标准形中的系数恰好为对角矩阵 $\boldsymbol{B}$ 的对角线元素, 因此, 上面的问题归结为: 矩阵 $\boldsymbol{A}$ 能否合同于一个对角矩阵.

一、用配方法化二次型为标准形

例如, 用配方法将 $\mathbf{R}^2$ 中的二次型 $2x^2+xy$ 化为标准形:

$$2x^2+xy=2\left(x^2+\frac{xy}{2}\right)=2\left[x^2+\frac{xy}{2}+\left(\frac{y}{4}\right)^2\right]-2\left(\frac{y}{4}\right)^2$$

$$=2\left(x+\frac{y}{4}\right)^2-\frac{y^2}{8}=2y_1^2-\frac{1}{8}y_2^2,$$

其中 $y_1=x+\dfrac{y}{4}$, $y_2=y$.

对于一般的二次型 $f=\sum\limits_{i,j=1}^{n}a_{ij}x_ix_j=\boldsymbol{x}^{\mathrm{T}}\boldsymbol{A}\boldsymbol{x}$, 利用拉格朗日配方法可证得下列结论.

定理1 任意二次型都可通过可逆线性变换化为标准形.

证明 略.

拉格朗日配方法的步骤:

(1) 若二次型含有 x_i 的平方项, 则先把含有 x_i 的乘积项集中, 然后配方, 再对其余的变量重复上述过程, 直到所有变量都配成平方项为止, 这样, 二次型经过可逆线性变换, 就可化为标准形.

(2) 若二次型中不含有平方项, 但是 $a_{ij}\neq 0\ (i\neq j)$, 则先作可逆线性变换

$$\begin{cases} x_i=y_i-y_j \\ x_j=y_i+y_j \quad (k=1, 2, \cdots, n\text{ 且 }k\neq i, j), \\ x_k=y_k \end{cases}$$

化二次型为含有平方项的二次型, 然后按(1)中方法配方.

注: 配方法是一种可逆线性变换, 但平方项的系数与 A 的特征值无关.

因为二次型 f 与它的对称矩阵 $\boldsymbol{A}$ 有一一对应的关系, 故由定理 1 即得:

定理 2　对任一实对称矩阵 $\boldsymbol{A}$, 存在可逆矩阵 $\boldsymbol{C}$, 使 $\boldsymbol{B}=\boldsymbol{C}^{\mathrm{T}}\boldsymbol{A}\boldsymbol{C}$ 为对角矩阵, 即任一实对称矩阵都与一个对角矩阵合同.

例 1　将 $x_1^2+2x_1x_2+2x_1x_3+2x_2^2+4x_2x_3+x_3^2$ 化为标准形.

解　因标准形是平方项的代数和, 可利用配方法求之.

$$\begin{aligned}&x_1^2+2x_1x_2+2x_1x_3+2x_2^2+4x_2x_3+x_3^2\\=&x_1^2+2x_1(x_2+x_3)+(x_2+x_3)^2-(x_2+x_3)^2+2x_2^2+4x_2x_3+x_3^2\\=&(x_1+x_2+x_3)^2+x_2^2+2x_2x_3=(x_1+x_2+x_3)^2+(x_2+x_3)^2-x_3^2.\end{aligned}\tag{2.2}$$

令

$$\begin{cases}y_1=x_1+x_2+x_3\\y_2=x_2+x_3\\y_3=x_3\end{cases},\ 即\begin{cases}x_1=y_1-y_2\\x_2=y_2-y_3\\x_3=y_3\end{cases},\tag{2.3}$$

其线性变换矩阵的行列式

$$|\boldsymbol{C}|=\begin{vmatrix}1&-1&0\\0&1&-1\\0&0&1\end{vmatrix}=1\neq0,$$

将式 (2.3) 代入式 (2.2) 得所求二次型的标准形为 $y_1^2+y_2^2-y_3^2$, 它的矩阵为

$$\boldsymbol{B}=\begin{pmatrix}1&0&0\\0&1&0\\0&0&-1\end{pmatrix},$$

而题设二次型的矩阵为 $\boldsymbol{A}=\begin{pmatrix}1&1&1\\1&2&2\\1&2&1\end{pmatrix}$, 线性变换矩阵 $\boldsymbol{C}=\begin{pmatrix}1&-1&0\\0&1&-1\\0&0&1\end{pmatrix}$, 易验证

$$\boldsymbol{C}^{\mathrm{T}}\boldsymbol{A}\boldsymbol{C}=\boldsymbol{B}=\begin{pmatrix}1&0&0\\0&1&0\\0&0&-1\end{pmatrix},\ 且\ \boldsymbol{y}^{\mathrm{T}}\boldsymbol{B}\boldsymbol{y}=y_1^2+y_2^2-y_3^2.$$

由上可见, 要把一个二次型化为标准形, 关键在于求出一个可逆矩阵 $\boldsymbol{C}$, 使得 $\boldsymbol{C}^{\mathrm{T}}\boldsymbol{A}\boldsymbol{C}$ 是对角矩阵.

例 2　化二次型 $f=2x_1x_2+2x_1x_3-6x_2x_3$ 为标准形, 并求所用的变换矩阵.

解　f 中不含平方项. 由于 f 中含有乘积项 x_1x_2, 故令

$$\begin{cases}x_1=y_1+y_2\\x_2=y_1-y_2\\x_3=y_3\end{cases},\ 即\begin{pmatrix}x_1\\x_2\\x_3\end{pmatrix}=\begin{pmatrix}1&1&0\\1&-1&0\\0&0&1\end{pmatrix}\begin{pmatrix}y_1\\y_2\\y_3\end{pmatrix},$$

将其代入题设二次型，得 $f=2y_1^2-2y_2^2-4y_1y_3+8y_2y_3$，再配方，得

$$f=2(y_1-y_3)^2-2(y_2-2y_3)^2+6y_3^2 .$$

令 $\begin{cases} z_1=y_1-y_3 \\ z_2=y_2-2y_3 \\ z_3=y_3 \end{cases}$，即 $\begin{cases} y_1=z_1+z_3 \\ y_2=z_2+2z_3 \\ y_3=z_3 \end{cases}$，亦即变换 $\begin{pmatrix} y_1 \\ y_2 \\ y_3 \end{pmatrix}=\begin{pmatrix} 1 & 0 & 1 \\ 0 & 1 & 2 \\ 0 & 0 & 1 \end{pmatrix}\begin{pmatrix} z_1 \\ z_2 \\ z_3 \end{pmatrix}$，就将题设二次型 f 化成标准形 $f=2z_1^2-2z_2^2+6z_3^2$，所求线性变换矩阵为

$$\boldsymbol{C}=\begin{pmatrix} 1 & 1 & 0 \\ 1 & -1 & 0 \\ 0 & 0 & 1 \end{pmatrix}\begin{pmatrix} 1 & 0 & 1 \\ 0 & 1 & 2 \\ 0 & 0 & 1 \end{pmatrix}=\begin{pmatrix} 1 & 1 & 3 \\ 1 & -1 & -1 \\ 0 & 0 & 1 \end{pmatrix}\ (|\boldsymbol{C}|=-2\neq 0),$$

所用线性变换为 $\boldsymbol{x}=\boldsymbol{C}\boldsymbol{z}$.

一般地，对于任何二次型都可用类似的方法找到可逆线性变换，将其化成标准形.

二、用初等变换法化二次型为标准形

设有可逆线性变换 $\boldsymbol{x}=\boldsymbol{C}\boldsymbol{z}$，它把二次型 $\boldsymbol{x}^{\mathrm{T}}\boldsymbol{A}\boldsymbol{x}$ 化为标准形 $\boldsymbol{y}^{\mathrm{T}}\boldsymbol{B}\boldsymbol{y}$，则 $\boldsymbol{C}^{\mathrm{T}}\boldsymbol{A}\boldsymbol{C}=\boldsymbol{B}$. 已知任意一个可逆矩阵均可表示为若干个初等矩阵的乘积，因此，存在初等矩阵 $\boldsymbol{P}_1,\boldsymbol{P}_2,\cdots,\boldsymbol{P}_s$，使得 $\boldsymbol{C}=\boldsymbol{P}_1\boldsymbol{P}_2\cdots\boldsymbol{P}_s$，于是

$$\boldsymbol{C}^{\mathrm{T}}\boldsymbol{A}\boldsymbol{C}=\boldsymbol{P}_s^{\mathrm{T}}\cdots\boldsymbol{P}_2^{\mathrm{T}}\boldsymbol{P}_1^{\mathrm{T}}\boldsymbol{A}\boldsymbol{P}_1\boldsymbol{P}_2\cdots\boldsymbol{P}_s=\boldsymbol{\Lambda}.$$

由此可见，对 $2n\times n$ 矩阵 $\begin{pmatrix} \boldsymbol{A} \\ \boldsymbol{E} \end{pmatrix}$ 施以相应于右乘 $\boldsymbol{P}_1\boldsymbol{P}_2\cdots\boldsymbol{P}_s$ 的初等列变换，再对矩阵 $\boldsymbol{A}$ 施以相应于左乘 $\boldsymbol{P}_s^{\mathrm{T}}\cdots\boldsymbol{P}_2^{\mathrm{T}}\boldsymbol{P}_1^{\mathrm{T}}$ 的初等行变换，则矩阵 $\boldsymbol{A}$ 变为对角矩阵 $\boldsymbol{\Lambda}$，而单位矩阵 $\boldsymbol{E}$ 就变为所求的可逆矩阵 $\boldsymbol{C}$.

例 3 求一可逆线性变换将 $x_1^2+2x_2^2+x_3^2+2x_1x_2-2x_1x_3+4x_2x_3$ 化为标准形.

解 题设二次型的矩阵 $\boldsymbol{A}=\begin{pmatrix} 1 & 1 & 1 \\ 1 & 2 & 2 \\ 1 & 2 & 1 \end{pmatrix}$，利用初等变换，有

$$\begin{pmatrix} \boldsymbol{A} \\ \boldsymbol{E} \end{pmatrix}=\begin{pmatrix} 1 & 1 & 1 \\ 1 & 2 & 2 \\ 1 & 2 & 1 \\ 1 & 0 & 0 \\ 0 & 1 & 0 \\ 0 & 0 & 1 \end{pmatrix}\xrightarrow[c_3-c_1]{c_2-c_1}\begin{pmatrix} 1 & 0 & 0 \\ 1 & 1 & 1 \\ 1 & 1 & 0 \\ 1 & -1 & -1 \\ 0 & 1 & 0 \\ 0 & 0 & 1 \end{pmatrix}$$

$$\xrightarrow[r_3-r_1]{r_2-r_1}\begin{pmatrix}1&0&0\\0&1&1\\0&1&0\\1&-1&-1\\0&1&0\\0&0&1\end{pmatrix}\xrightarrow[r_3-r_2]{c_3-c_2}\begin{pmatrix}1&0&0\\0&1&0\\0&0&-1\\1&-1&0\\0&1&-1\\0&0&1\end{pmatrix},$$

因此, $C=\begin{pmatrix}1&-1&0\\0&1&-1\\0&0&1\end{pmatrix}$, $|C|=1\neq0$. 令 $\begin{cases}x_1=z_1-z_2\\x_2=z_2-z_3\\x_3=z_3\end{cases}$, 代入题设二次型即可得标准形:

$$z_1^2+z_2^2-z_3^2.$$

例 4　求一可逆线性变换将 $2x_1x_2+2x_1x_3-4x_2x_3$ 化为标准形.

解　此二次型的矩阵 $A=\begin{pmatrix}0&1&1\\1&0&-2\\1&-2&0\end{pmatrix}$, 利用初等变换, 有

$$\begin{pmatrix}A\\E\end{pmatrix}=\begin{pmatrix}0&1&1\\1&0&-2\\1&-2&0\\1&0&0\\0&1&0\\0&0&1\end{pmatrix}\xrightarrow{c_1+c_2}\begin{pmatrix}1&1&1\\1&0&-2\\-1&-2&0\\1&0&0\\1&1&0\\0&0&1\end{pmatrix}\xrightarrow{r_1+r_2}\begin{pmatrix}2&1&-1\\1&0&-2\\-1&-2&0\\1&0&0\\1&1&0\\0&0&1\end{pmatrix}$$

$$\xrightarrow[c_3+\frac{1}{2}c_1]{c_2-\frac{1}{2}c_1}\begin{pmatrix}2&0&0\\1&-1/2&-3/2\\-1&-3/2&-1/2\\1&-1/2&1/2\\1&1/2&1/2\\0&0&1\end{pmatrix}\xrightarrow[r_3+\frac{1}{2}r_1]{r_2-\frac{1}{2}r_1}\begin{pmatrix}2&0&0\\0&-1/2&-3/2\\0&-3/2&-1/2\\1&-1/2&1/2\\1&1/2&1/2\\0&0&1\end{pmatrix}$$

$$\xrightarrow{c_3-3c_2}\begin{pmatrix}2&0&0\\0&-1/2&0\\0&-3/2&4\\1&-1/2&2\\1&1/2&-1\\0&0&1\end{pmatrix}\xrightarrow{r_3-3r_2}\begin{pmatrix}2&0&0\\0&-1/2&0\\0&0&4\\1&-1/2&2\\1&1/2&-1\\0&0&1\end{pmatrix},$$

所以，$C=\begin{pmatrix}1 & -1/2 & 2\\ 1 & 1/2 & -1\\ 0 & 0 & 1\end{pmatrix}$，$|C|=1\neq 0$. 令

$$\begin{cases}x_1=z_1-(1/2)z_2+2z_3\\ x_2=z_1+(1/2)z_2-z_3\\ x_3=z_3\end{cases},$$

代入题设二次型即可得标准形

$$2z_1^2-\frac{1}{2}z_2^2+4z_3^2.$$

***数学实验**

实验 5.1 试用计算软件将下列二次型化为标准形:

(1) $f(x_1,x_2,x_3,x_4,x_5,x_6,x_7)=310x_1^2-216x_1x_2-122x_1x_3+92x_1x_4-274x_1x_5+100x_1x_6$
$-14x_1x_7+42x_2^2+48x_2x_3-40x_2x_4+110x_2x_5-52x_2x_6+14x_2x_7$
$+21x_3^2-36x_3x_4+74x_3x_6+14x_3x_7+22x_4^2-74x_4x_5+40x_4x_6$
$-14x_4x_7+87x_5^2-92x_5x_6+28x_5x_7+34x_6^2-28x_6x_7+7x_7^2$;

(2) $f(x_1,x_2,x_3,x_4,x_5,x_6,x_7)=427x_1^2-312x_1x_2-480x_1x_3+360x_1x_4$
$+20x_1x_5-136x_1x_6+60x_1x_7+91x_2^2+120x_2x_3$
$-140x_2x_4+18x_2x_5+44x_2x_6-24x_2x_7+169x_3^2$
$-104x_3x_4-40x_3x_5+92x_3x_6-36x_3x_7+83x_4^2$
$+4x_4x_5-64x_4x_6+30x_4x_7+9x_5^2-8x_5x_6$
$+14x_6^2-12x_6x_7+3x_7^2$.

计算实验

微信扫描右侧的二维码即可进行计算实验 (详见教材配套的网络学习空间).

三、用正交变换法化二次型为标准形

定理 3 若 A 为对称矩阵, C 为任一可逆矩阵, 令 $B=C^{\mathrm{T}}AC$, 则 B 也为对称矩阵, 且 $\mathrm{r}(B)=\mathrm{r}(A)$.

证明 A 为对称矩阵, 即有 $A=A^{\mathrm{T}}$, 于是

$$B^{\mathrm{T}}=(C^{\mathrm{T}}AC)^{\mathrm{T}}=[(C^{\mathrm{T}}A)C]^{\mathrm{T}}=C^{\mathrm{T}}(C^{\mathrm{T}}A)^{\mathrm{T}}=C^{\mathrm{T}}A^{\mathrm{T}}C=C^{\mathrm{T}}AC=B,$$

即 B 为对称矩阵. 又因 A 与 B 合同, 故 A 与 B 等价, 所以, $\mathrm{r}(B)=\mathrm{r}(A)$. 证毕.

注: (1) 二次型经可逆线性变换 $x=Cy$ 后, 其秩不变, 但 f 的矩阵由 A 变为 $B=C^{\mathrm{T}}AC$;

(2) 要使二次型 f 经可逆线性变换 $x=Cy$ 变成标准形, 即要使 $C^{\mathrm{T}}AC$ 成为对角矩阵, 亦即

$$\boldsymbol{y}^{\mathrm{T}}\boldsymbol{C}^{\mathrm{T}}\boldsymbol{A}\boldsymbol{C}\boldsymbol{y}=(y_1, y_2, \cdots, y_n)\begin{pmatrix} b_1 & & & \\ & b_2 & & \\ & & \ddots & \\ & & & b_n \end{pmatrix}\begin{pmatrix} y_1 \\ y_2 \\ \vdots \\ y_n \end{pmatrix}=b_1 y_1^2+b_2 y_2^2+\cdots+b_n y_n^2.$$

定理 4 任给二次型 $f=\sum\limits_{i,j=1}^{n} a_{ij}x_i x_j \ (a_{ji}=a_{ij})$, 总有正交变换 $\boldsymbol{x}=\boldsymbol{P}\boldsymbol{y}$, 使 f 化为标准形

$$f=\lambda_1 y_1^2+\lambda_2 y_2^2+\cdots+\lambda_n y_n^2,$$

其中, $\lambda_1, \lambda_2, \cdots, \lambda_n$ 是 f 的矩阵 $\boldsymbol{A}=(a_{ij})$ 的特征值.

证明提示: 对任意的实对称矩阵 $\boldsymbol{A}$, 总存在正交矩阵 $\boldsymbol{P}$, 使 $\boldsymbol{P}^{-1}\boldsymbol{A}\boldsymbol{P}=\boldsymbol{\Lambda}$, 即 $\boldsymbol{P}^{\mathrm{T}}\boldsymbol{A}\boldsymbol{P}=\boldsymbol{\Lambda}$. 将此结论应用于二次型即可得证.

用正交变换化二次型为标准形的基本步骤如下:

(1) 将二次型表示成矩阵形式 $f=\boldsymbol{x}^{\mathrm{T}}\boldsymbol{A}\boldsymbol{x}$, 求出 $\boldsymbol{A}$;

(2) 求出 $\boldsymbol{A}$ 的所有特征值 $\lambda_1, \lambda_2, \cdots, \lambda_n$;

(3) 求出对应于各特征值的线性无关的特征向量 $\boldsymbol{\xi}_1, \boldsymbol{\xi}_2, \cdots, \boldsymbol{\xi}_n$;

(4) 将特征向量 $\boldsymbol{\xi}_1, \boldsymbol{\xi}_2, \cdots, \boldsymbol{\xi}_n$ 正交化, 再单位化, 得 $\boldsymbol{\eta}_1, \boldsymbol{\eta}_2, \cdots, \boldsymbol{\eta}_n$, 记 $\boldsymbol{C}=(\boldsymbol{\eta}_1, \boldsymbol{\eta}_2, \cdots, \boldsymbol{\eta}_n)$;

(5) 作正交变换 $\boldsymbol{x}=\boldsymbol{C}\boldsymbol{y}$, 得 f 的标准形 $f=\lambda_1 y_1^2+\lambda_2 y_2^2+\cdots+\lambda_n y_n^2$.

例 5 记二次型 $f(x, y, z)=x^2+3y^2+z^2+2axy+2xz+2yz$, 若该二次型 f 经正交变换化为标准形 $y_1^2+4z_1^2$, 试写出 f 的矩阵 $\boldsymbol{A}$ 的全部特征值.

解 根据化二次型为标准形的正交变换法, 因题设二次型的标准形为 $y_1^2+4z_1^2$, 故所求特征值为 $\lambda_1=0,\ \lambda_2=1,\ \lambda_3=4$.

例 6 设矩阵 $\boldsymbol{A}=\begin{pmatrix} 1 & 0 & 1 \\ 0 & 1 & 1 \\ -1 & 0 & -1 \\ 0 & -1 & -1 \end{pmatrix}$, $\boldsymbol{B}=\boldsymbol{A}^{\mathrm{T}}\boldsymbol{A}$, 已知矩阵 $\boldsymbol{B}$ 的全部特征值 $\lambda_1=0$, $\lambda_2=2, \lambda_3=6$ 及其对应的特征向量:

$$\boldsymbol{\eta}_1=\begin{pmatrix} 1 \\ 1 \\ -1 \end{pmatrix},\ \boldsymbol{\eta}_2=\begin{pmatrix} 1 \\ -1 \\ 0 \end{pmatrix},\ \boldsymbol{\eta}_3=\begin{pmatrix} 1 \\ 1 \\ 2 \end{pmatrix}.$$

试求正交变换 $\boldsymbol{x}=\boldsymbol{Q}\boldsymbol{y}$, 将二次型 $f=\boldsymbol{x}^{\mathrm{T}}\boldsymbol{B}\boldsymbol{x}$ 化为标准形.

解 依题设, 根据矩阵的特征向量的线性无关性, 向量组 $\boldsymbol{\eta}_1, \boldsymbol{\eta}_2, \boldsymbol{\eta}_3$ 必相互正交, 再将 $\boldsymbol{\eta}_1, \boldsymbol{\eta}_2, \boldsymbol{\eta}_3$ 单位化即得

$$\boldsymbol{\alpha}_1=\frac{1}{\sqrt{3}}\begin{pmatrix} 1 \\ 1 \\ -1 \end{pmatrix},\ \boldsymbol{\alpha}_2=\frac{1}{\sqrt{2}}\begin{pmatrix} 1 \\ -1 \\ 0 \end{pmatrix},\ \boldsymbol{\alpha}_3=\frac{1}{\sqrt{6}}\begin{pmatrix} 1 \\ 1 \\ 2 \end{pmatrix}.$$

令 $\boldsymbol{Q}=(\boldsymbol{\alpha}_1, \boldsymbol{\alpha}_2, \boldsymbol{\alpha}_3)$，则 $\boldsymbol{Q}$ 是正交矩阵, 且正交变换 $\boldsymbol{x}=\boldsymbol{Q}\boldsymbol{y}$ 将题设二次型 $f=\boldsymbol{x}^{\mathrm{T}}\boldsymbol{A}^{\mathrm{T}}\boldsymbol{A}\boldsymbol{x}$ 化为标准形 $f=2y_2^2+6y_3^2$.

例 7 设二次型 $f(x_1, x_2)=x_1^2-4x_1x_2+4x_2^2$ 经正交变换 $\begin{pmatrix} x_1 \\ x_2 \end{pmatrix}=\boldsymbol{Q}\begin{pmatrix} y_1 \\ y_2 \end{pmatrix}$ 化为

$$g(y_1, y_2)=ay_1^2-4y_1y_2+by_2^2,$$

其中 $a \geqslant b$, 求 a, b 的值.

解 依题设, 二次型 $f(x_1, x_2)$ 与 $g(y_1, y_2)$ 的矩阵分别为

$$\boldsymbol{A}=\begin{pmatrix} 1 & -2 \\ -2 & 4 \end{pmatrix}, \boldsymbol{B}=\begin{pmatrix} a & 2 \\ 2 & b \end{pmatrix},$$

因此, 二次型

$$f(x_1, x_2)=(x_1, x_2)\boldsymbol{A}\begin{pmatrix} x_1 \\ x_2 \end{pmatrix}, \ g(y_1, y_2)=(y_1, y_2)\boldsymbol{B}\begin{pmatrix} y_1 \\ y_2 \end{pmatrix}.$$

又题设二次型 $f(x_1, x_2)$ 经正交变换 $\begin{pmatrix} x_1 \\ x_2 \end{pmatrix}=\boldsymbol{Q}\begin{pmatrix} y_1 \\ y_2 \end{pmatrix}$ 化为二次型 $g(y_1, y_2)$, 所以

$$(x_1, x_2)\boldsymbol{A}\begin{pmatrix} x_1 \\ x_2 \end{pmatrix}=(y_1, y_2)\boldsymbol{Q}^{\mathrm{T}}\boldsymbol{A}\boldsymbol{Q}\begin{pmatrix} y_1 \\ y_2 \end{pmatrix},$$

由此即有 $\boldsymbol{Q}^{\mathrm{T}}\boldsymbol{A}\boldsymbol{Q}=\boldsymbol{B}$. 因 $\boldsymbol{Q}$ 是正交矩阵, 故 $\boldsymbol{Q}^{\mathrm{T}}=\boldsymbol{Q}^{-1}$, 从而

$$\boldsymbol{Q}^{\mathrm{T}}\boldsymbol{A}\boldsymbol{Q}=\boldsymbol{Q}^{-1}\boldsymbol{A}\boldsymbol{Q}=\boldsymbol{B}.$$

于是, 矩阵 $\boldsymbol{A}$ 与 $\boldsymbol{B}$ 既合同又相似, 再由相似矩阵的性质知, 矩阵 $\boldsymbol{A}$ 与 $\boldsymbol{B}$ 有相同的特征值 (从而 $\boldsymbol{A}$ 与 $\boldsymbol{B}$ 的迹相等), 且 $\boldsymbol{A}$ 与 $\boldsymbol{B}$ 的行列式亦相等. 由此得到 a, b 满足的关系式:

$$\begin{cases} a+b=1+4 \\ ab-4=|\boldsymbol{A}|=0 \end{cases},$$

利用消元法及题设条件 $a \geqslant b$, 解得 $a=4$, $b=1$.

例 8 设二次型 $f(x_1, x_2, x_3)=\boldsymbol{x}^{\mathrm{T}}\boldsymbol{A}\boldsymbol{x}$ 的秩为 1, $\boldsymbol{A}$ 的各行元素之和为 3, 求 f 在正交变换下 $\boldsymbol{x}=\boldsymbol{Q}\boldsymbol{y}$ 的标准形.

解 依题设, 矩阵 $\boldsymbol{A}$ 的各行元素之和为 3, 由矩阵的乘法及其运算规律, 可得

$$\boldsymbol{A}\begin{pmatrix} 1 \\ 1 \\ 1 \end{pmatrix}=3\begin{pmatrix} 1 \\ 1 \\ 1 \end{pmatrix},$$

故 $\lambda_1=3$ 是矩阵 $\boldsymbol{A}$ 的一个特征值.

又题设二次型矩阵的秩 $r(\boldsymbol{A})=1$, 故矩阵 $\boldsymbol{A}$ 的另外两个特征值为 $\lambda_2=\lambda_3=0$, 所以, 题设二次型 f 在正交变换下 $\boldsymbol{x}=\boldsymbol{Q}\boldsymbol{y}$ 的标准形为 $f=3y_1^2$.

例 9 设有二次型 $f=17x_1^2+14x_2^2+14x_3^2-4x_1x_2-4x_1x_3-8x_2x_3$, 试用正交变换将其化成标准形.

解 (1) 题设二次型的矩阵

$$\boldsymbol{A}=\begin{pmatrix}17&-2&-2\\-2&14&-4\\-2&-4&14\end{pmatrix}.$$

(2) 求 $\boldsymbol{A}$ 的特征值. 由特征方程

$$|\lambda\boldsymbol{E}-\boldsymbol{A}|=\begin{vmatrix}\lambda-17&2&2\\2&\lambda-14&4\\2&4&\lambda-14\end{vmatrix}=(\lambda-18)^2(\lambda-9)=0,$$

解得 $\lambda_1=9$, $\lambda_2=\lambda_3=18$.

(3) 求特征向量. 将 $\lambda_1=9$ 代入 $(\lambda\boldsymbol{E}-\boldsymbol{A})\boldsymbol{x}=\boldsymbol{0}$, 解得基础解系 $\boldsymbol{\xi}_1=(1/2,\ 1,\ 1)^{\mathrm{T}}$.

将 $\lambda_2=\lambda_3=18$ 代入 $(\lambda\boldsymbol{E}-\boldsymbol{A})\boldsymbol{x}=\boldsymbol{0}$, 解得基础解系 $\boldsymbol{\xi}_2=(-2,\ 1,\ 0)^{\mathrm{T}}$, $\boldsymbol{\xi}_3=(-2,\ 0,\ 1)^{\mathrm{T}}$.

(4) 将所求特征向量组正交化.

取 $\boldsymbol{\alpha}_1=\boldsymbol{\xi}_1$, $\boldsymbol{\alpha}_2=\boldsymbol{\xi}_2$, $\boldsymbol{\alpha}_3=\boldsymbol{\xi}_3-\dfrac{[\boldsymbol{\alpha}_2,\boldsymbol{\xi}_3]}{[\boldsymbol{\alpha}_2,\boldsymbol{\alpha}_2]}\boldsymbol{\alpha}_2$, 得正交向量组:

$$\boldsymbol{\alpha}_1=(1/2,1,1)^{\mathrm{T}},\ \boldsymbol{\alpha}_2=(-2,1,0)^{\mathrm{T}},\ \boldsymbol{\alpha}_3=(-2/5,-4/5,1)^{\mathrm{T}}.$$

将其单位化得: $\boldsymbol{\eta}_1=\begin{pmatrix}1/3\\2/3\\2/3\end{pmatrix}$, $\boldsymbol{\eta}_2=\begin{pmatrix}-2/\sqrt{5}\\1/\sqrt{5}\\0\end{pmatrix}$, $\boldsymbol{\eta}_3=\begin{pmatrix}-2/\sqrt{45}\\-4/\sqrt{45}\\5/\sqrt{45}\end{pmatrix}$. 作正交矩阵

$$\boldsymbol{P}=(\boldsymbol{\eta}_1,\ \boldsymbol{\eta}_2,\ \boldsymbol{\eta}_3)=\begin{pmatrix}1/3&-2/\sqrt{5}&-2/\sqrt{45}\\2/3&1/\sqrt{5}&-4/\sqrt{45}\\2/3&0&5/\sqrt{45}\end{pmatrix}.$$

(5) 所求正交变换为

$$\begin{pmatrix}x_1\\x_2\\x_3\end{pmatrix}=\begin{pmatrix}1/3&-2/\sqrt{5}&-2/\sqrt{45}\\2/3&1/\sqrt{5}&-4/\sqrt{45}\\2/3&0&5/\sqrt{45}\end{pmatrix}\begin{pmatrix}y_1\\y_2\\y_3\end{pmatrix},$$

在此变换下题设二次型化为标准形

$$f=9y_1^2+18y_2^2+18y_3^2.$$

例 10 在自然生态领域, 可通过协方差矩阵对环境因素间的相互作用建模, 评估与优化生态系统健康. 现有水质 (x_1)、空气质量 (x_2)、土地利用变化 (x_3)三个生态因子影响区域生物多样性, 其关联可表示为如下二次型:

$$f(x_1, x_2, x_3) = \frac{1}{2}(x_1, x_2, x_3)\begin{pmatrix} 0.6 & 0.2 & 0.4 \\ 0.2 & 0.3 & 0.2 \\ 0.4 & 0.2 & 0.8 \end{pmatrix}\begin{pmatrix} x_1 \\ x_2 \\ x_3 \end{pmatrix}.$$

矩阵元素表征生态因子协方差(如水质与空气质量的协方差为 0.2). 求正交变换下该二次型的标准形并分析结果.

解 题设协方差矩阵:

$$\boldsymbol{A} = \begin{pmatrix} 0.6 & 0.2 & 0.4 \\ 0.2 & 0.3 & 0.2 \\ 0.4 & 0.2 & 0.8 \end{pmatrix}.$$

(1) 先求 $\boldsymbol{A}$ 的特征值. $\boldsymbol{A}$ 的特征多项式为

$$\begin{aligned} |\lambda\boldsymbol{E} - \boldsymbol{A}| &= \begin{vmatrix} \lambda - 0.6 & -0.2 & -0.4 \\ -0.2 & \lambda - 0.3 & -0.2 \\ -0.4 & -0.2 & \lambda - 0.8 \end{vmatrix} \\ &= (\lambda - 0.6)(\lambda^2 - 1.1\lambda + 0.2) + 0.2(-0.2\lambda + 0.08) - 0.4(0.4\lambda - 0.08) \\ &= \lambda^3 - 1.7\lambda^2 + 0.66\lambda - 0.072. \end{aligned}$$

解方程 $|\lambda\boldsymbol{E} - \boldsymbol{A}| = 0$, 得特征值

$$\lambda_1 = 0.2, \quad \lambda_2 = 0.3, \quad \lambda_3 = 1.2.$$

这些特征值分别代表水质、空气质量和土地利用变化对生态系统健康的主成分方差.

因 $\boldsymbol{A}$ 为实对称矩阵, 存在正交矩阵 $\boldsymbol{P}$, 使

$$\boldsymbol{P}^{\mathrm{T}}\boldsymbol{A}\boldsymbol{P} = \boldsymbol{\Lambda} = \begin{pmatrix} 0.2 & 0 & 0 \\ 0 & 0.3 & 0 \\ 0 & 0 & 1.2 \end{pmatrix}.$$

故二次型的标准形为 $f = \dfrac{1}{2}(0.2y_1^2 + 0.3y_2^2 + 1.2y_3^2)$.

(2) 特征值0.2、0.3、1.2分别代表水质、空气质量、土地利用变化对生态系统健康的主成分方差. 特征值越大, 对应因子对生态效益的贡献越大. 结果表明, 土地利用变化对生态系统健康的影响权重最高, 水质的影响权重最低, 为生态系统优化配置提供了量化依据.

通过求解协方差矩阵的特征值, 将二次型化为标准形, 可明确各生态因子对生态效益的影响权重. 利用正交变换分析生态因子关联, 借助二次型对生态领域建模, 为生态系统优化配置提供了量化方法, 体现了二次型在生态建模与优化中的应用价值.

例 11　设二次型 $f(x_1, x_2, x_3)=\boldsymbol{x}^{\mathrm{T}}\boldsymbol{A}\boldsymbol{x}=ax_1^2+2x_2^2-2x_3^2+2bx_1x_3\ (b>0)$，其中，$\boldsymbol{A}$ 的特征值之和为1，特征值之积为 -12.

(1) 求 $a,\ b$；

(2) 用正交变换将 f 化为标准形，并写出所用正交变换和对应的正交矩阵.

解　(1) 依题设，二次型 f 的矩阵为

$$\boldsymbol{A}=\begin{pmatrix} a & 0 & b \\ 0 & 2 & 0 \\ b & 0 & -2 \end{pmatrix},$$

设矩阵 $\boldsymbol{A}$ 的特征值为 $\lambda_i\ (i=1, 2, 3)$，根据题设条件与矩阵的特征值的性质（§4.2 性质 2），有

$$\lambda_1+\lambda_2+\lambda_3=a+2+(-2)=1,$$

$$\lambda_1\lambda_2\lambda_3=\begin{vmatrix} 1 & 0 & b \\ 0 & 2 & 0 \\ b & 0 & -2 \end{vmatrix}=2(-2-b^2)=-12,$$

解得 $a=1,\ b=2$.

(2) 根据化二次型为标准形的正交变换法，代入 (1) 的结果，可知矩阵 $\boldsymbol{A}$ 的特征方程为

$$|\lambda\boldsymbol{E}-\boldsymbol{A}|=\begin{vmatrix} \lambda-1 & 0 & -2 \\ 0 & \lambda-2 & 0 \\ -2 & 0 & \lambda+2 \end{vmatrix}=(\lambda-2)^2(\lambda+3)=0,$$

解得 $\boldsymbol{A}$ 的特征值为 $\lambda_1=\lambda_2=2,\ \lambda_3=-3$. 对二重特征值 $\lambda_1=\lambda_2=2$，有齐次线性方程组

$$(2\boldsymbol{E}-\boldsymbol{A})\boldsymbol{x}=\boldsymbol{0},$$

根据求齐次线性方程组基础解系的步骤，可求得上述方程组的基础解系（特征向量）为

$$\xi_1=(0, 1, 0)^{\mathrm{T}},\ \xi_2=(2, 0, 1)^{\mathrm{T}}.$$

同理，对 $\lambda_3=-3$，解齐次线性方程组 $(-3\boldsymbol{E}-\boldsymbol{A})\boldsymbol{x}=\boldsymbol{0}$，可求得其基础解系（特征向量）为

$$\xi_3=(1, 0, -2)^{\mathrm{T}}.$$

ξ_1 与 ξ_2 正交，根据实对称矩阵的性质（§4.4 定理 2），向量组 $\xi_1,\ \xi_2,\ \xi_3$ 必正交. 再将其单位化，得

$$\boldsymbol{\alpha}_1=\xi_1,\ \boldsymbol{\alpha}_2=\left(\frac{2}{\sqrt{5}},\ 0,\ \frac{1}{\sqrt{5}}\right)^{\mathrm{T}},\ \boldsymbol{\alpha}_3=\left(\frac{1}{\sqrt{5}},\ 0,\ -\frac{2}{\sqrt{5}}\right)^{\mathrm{T}}.$$

构造矩阵 $\boldsymbol{Q}=\begin{pmatrix} 0 & \frac{2}{\sqrt{5}} & \frac{1}{\sqrt{5}} \\ 1 & 0 & 0 \\ 0 & \frac{1}{\sqrt{5}} & -\frac{2}{\sqrt{5}} \end{pmatrix}$，则 $\boldsymbol{Q}$ 为正交矩阵，且

$$Q^{\mathrm{T}}AQ=\begin{pmatrix}2&0&0\\0&2&0\\0&0&-3\end{pmatrix}.$$

所以, 作正交变换 $\boldsymbol{x}=\boldsymbol{Q}\boldsymbol{y}$, 则题设二次型 f 可化为标准形

$$f=2y_1^2+2y_2^2-3y_3^2.$$

正交变换法是化二次型为标准形的一种重要方法, 通过正交变换, 即引入正交矩阵将原二次型表示的矩阵对角化, 可以消去交叉项, 使二次型的表达形式简化为标准形. 具体而言, 首先根据二次型对应的对称矩阵, 求其特征值和特征向量; 然后将特征向量正交化并构成正交矩阵; 最后利用正交矩阵将原二次型变换为以特征值为对角线元素的对角矩阵, 进而得到标准形表达式. 其意义在于通过标准化简化二次型的结构, 便于理解和分析其几何性质(如椭圆、双曲线等)和实际应用 (如优化问题和机械振动分析).

例 12 试将圆锥曲线 $3x^2+2xy+3y^2-8=0$ 化为标准形.

解 令二次型 $f(x,y)=3x^2+2xy+3y^2$, 则其矩阵形式为

$$f(x,y)=(x,y)\begin{pmatrix}3&1\\1&3\end{pmatrix}\begin{pmatrix}x\\y\end{pmatrix},$$

该二次型的矩阵 $\boldsymbol{A}=\begin{pmatrix}3&1\\1&3\end{pmatrix}$, 矩阵 $\boldsymbol{A}$ 的特征多项式

$$|\lambda\boldsymbol{E}-\boldsymbol{A}|=(\lambda-2)(\lambda-4),$$

故 $\boldsymbol{A}$ 的全部特征值为 $\lambda=2$ 和 $\lambda=4$, 可进一步求得其对应的单位特征向量分别为

$$\left(\frac{1}{\sqrt{2}},-\frac{1}{\sqrt{2}}\right)^{\mathrm{T}},\ \left(\frac{1}{\sqrt{2}},\frac{1}{\sqrt{2}}\right)^{\mathrm{T}}.$$

构造正交矩阵 $\boldsymbol{Q}=\begin{pmatrix}\frac{1}{\sqrt{2}}&\frac{1}{\sqrt{2}}\\-\frac{1}{\sqrt{2}}&\frac{1}{\sqrt{2}}\end{pmatrix}$, 作正交变换 $\begin{pmatrix}x\\y\end{pmatrix}=\boldsymbol{Q}\begin{pmatrix}x'\\y'\end{pmatrix}$, 则有

$$f(x,y)=(x',y')\boldsymbol{Q}^{\mathrm{T}}\boldsymbol{A}\boldsymbol{Q}\begin{pmatrix}x'\\y'\end{pmatrix}=(x',y')\begin{pmatrix}2&0\\0&4\end{pmatrix}\begin{pmatrix}x'\\y'\end{pmatrix}=2(x')^2+4(y')^2,$$

由 $f(x,y)=8$, 得 $2(x')^2+4(y')^2=8$, 故所求圆锥曲线的标准化方程为

$$\frac{(x')^2}{4}+\frac{(y')^2}{2}=1,$$

这是椭圆的标准方程.

注: 从几何直观上看, 由于

$$Q=\begin{pmatrix} \frac{1}{\sqrt{2}} & \frac{1}{\sqrt{2}} \\ -\frac{1}{\sqrt{2}} & \frac{1}{\sqrt{2}} \end{pmatrix}=\begin{pmatrix} \cos45^\circ & \sin45^\circ \\ -\sin45^\circ & \cos45^\circ \end{pmatrix},$$

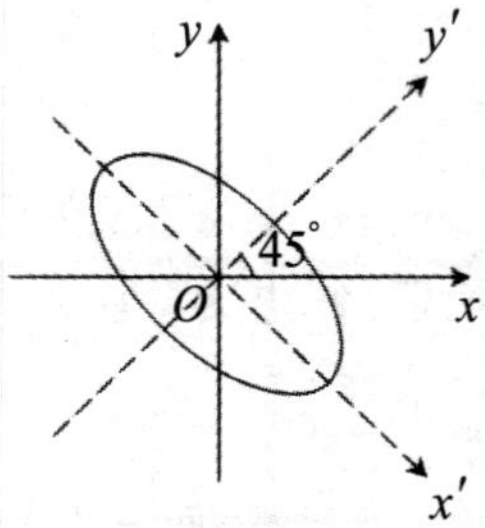

图 5－2－1

故新坐标系 $x'Qy'$ 与旧坐标系 xQy 的关系如图 5－2－1 所示.

例 13　已知二次型

$$f=4x_1^2+\left(2+\frac{c}{2}\right)x_2^2+\left(2+\frac{c}{2}\right)x_3^2+(4-c)x_2x_3 .$$

(1) 求 f 的矩阵 $\boldsymbol{A}$;

(2) 求 f 的秩;

(3) 当 f 的秩为 2 时, 求 $\boldsymbol{A}$ 的特征值和特征向量;

(4) 当 f 的秩为 2 时, 用正交变换化二次型为标准形, 并求相应的正交变换矩阵.

解　(1) 题设二次型对应的矩阵为

$$\boldsymbol{A}=\begin{pmatrix} 4 & 0 & 0 \\ 0 & 2+\frac{c}{2} & 2-\frac{c}{2} \\ 0 & 2-\frac{c}{2} & 2+\frac{c}{2} \end{pmatrix};$$

(2) 秩 $(f)=\mathrm{r}(\boldsymbol{A})=\begin{cases} 3, & c\neq 0 \\ 2, & c=0 \end{cases}$;

(3) 当秩 $(f)=2$ 时, $c=0$, $\boldsymbol{A}=\begin{pmatrix} 4 & 0 & 0 \\ 0 & 2 & 2 \\ 0 & 2 & 2 \end{pmatrix}$, 其矩阵多项式为

$$|\lambda\boldsymbol{E}-\boldsymbol{A}|=\begin{vmatrix} \lambda-4 & 0 & 0 \\ 0 & \lambda-2 & -2 \\ 0 & -2 & \lambda-2 \end{vmatrix}=\lambda(\lambda-4)^2 .$$

$\boldsymbol{A}$ 的特征值为 0, 4, 4. 当 $\lambda=0$ 时, 解 $\boldsymbol{Ax}=\boldsymbol{0}$ 得 $\boldsymbol{A}$ 的特征向量 $\boldsymbol{\xi}_1=(0,1,-1)^{\mathrm{T}}$, 将其正交化并单位化, 得正交特征向量 $\boldsymbol{\eta}_1=(0,\sqrt{2}/2,-\sqrt{2}/2)^{\mathrm{T}}$.

当 $\lambda=4$ 时, 解 $(4\boldsymbol{E}_3-\boldsymbol{A})\boldsymbol{x}=\boldsymbol{0}$, 得 $\boldsymbol{A}$ 的特征向量 $\boldsymbol{\xi}_2=(1,0,0)^{\mathrm{T}}$, $\boldsymbol{\xi}_3=(0,1,1)^{\mathrm{T}}$, 将其正交化并单位化, 得正交特征向量 $\boldsymbol{\eta}_2=(1,0,0)^{\mathrm{T}}$, $\boldsymbol{\eta}_3=(0,\sqrt{2}/2,\sqrt{2}/2)^{\mathrm{T}}$.

(4) 构造矩阵 $\boldsymbol{P}=(\boldsymbol{\eta}_1,\boldsymbol{\eta}_2,\boldsymbol{\eta}_3)=\begin{pmatrix} 0 & 1 & 0 \\ \sqrt{2}/2 & 0 & \sqrt{2}/2 \\ -\sqrt{2}/2 & 0 & \sqrt{2}/2 \end{pmatrix}$, 则在正交变换 $\boldsymbol{x}=\boldsymbol{Py}$ 下, 题设二

次型 f 化为标准形 $f=4y_2^2+4y_3^2$.

四、二次型与对称矩阵的规范形

将二次型化为平方项的代数和形式后,如有必要可重新安排变量的次序(相当于作一次可逆线性变换),使这个标准形为

$$d_1x_1^2+\cdots+d_px_p^2-d_{p+1}x_{p+1}^2-\cdots-d_rx_r^2, \tag{2.4}$$

其中 $d_i>0\ (i=1, 2, \cdots, r)$. 例如,对二次型

$$2z_1^2-\frac{1}{2}z_2^2+4z_3^2,$$

令 $\begin{cases} z_1=w_1 \\ z_2=w_3 \\ z_3=w_2 \end{cases}$, 其矩阵 $\begin{pmatrix} 1 & 0 & 0 \\ 0 & 0 & 1 \\ 0 & 1 & 0 \end{pmatrix}$ 是非奇异的,则可将所给二次型化为 $2w_1^2+4w_2^2-\frac{1}{2}w_3^2$.

我们常对标准形各项的符号感兴趣. 通过如下可逆线性变换

$$\begin{cases} x_i=y_i\big/\sqrt{d_i}, & i=1, 2, \cdots, r \\ x_j=y_j, & j=r+1, r+2, \cdots, n \end{cases},$$

可将二次型(2.4)化为 $y_1^2+\cdots+y_p^2-y_{p+1}^2-\cdots-y_r^2$.

这种形式的二次型称为二次型的**规范形**,因此有下面的定理:

定理 5　任何二次型都可通过可逆线性变换化为规范形,且规范形是由二次型本身决定的唯一形式,与所作的可逆线性变换无关.

证明　略.

常把规范形中的正项个数 p 称为二次型的**正惯性指数**,负项个数 $r-p$ 称为二次型的**负惯性指数**, r 是二次型的秩.

注: 任何合同的对称矩阵都具有相同的规范形 $\begin{pmatrix} \boldsymbol{E}_p & \boldsymbol{O} & \boldsymbol{O} \\ \boldsymbol{O} & -\boldsymbol{E}_{r-p} & \boldsymbol{O} \\ \boldsymbol{O} & \boldsymbol{O} & \boldsymbol{O} \end{pmatrix}$.

定理 6　设矩阵 $\boldsymbol{A}$ 为任意实对称矩阵,如果存在可逆矩阵 $\boldsymbol{C}$, $\boldsymbol{Q}$, 且 $\boldsymbol{C}\neq\boldsymbol{Q}$, 使得

$$\boldsymbol{C}^{\mathrm{T}}\boldsymbol{AC}=\begin{pmatrix} \boldsymbol{E}_p & \boldsymbol{O} & \boldsymbol{O} \\ \boldsymbol{O} & -\boldsymbol{E}_{r-p} & \boldsymbol{O} \\ \boldsymbol{O} & \boldsymbol{O} & \boldsymbol{O} \end{pmatrix}, \boldsymbol{Q}^{\mathrm{T}}\boldsymbol{AQ}=\begin{pmatrix} \boldsymbol{E}_q & \boldsymbol{O} & \boldsymbol{O} \\ \boldsymbol{O} & -\boldsymbol{E}_{r-p} & \boldsymbol{O} \\ \boldsymbol{O} & \boldsymbol{O} & \boldsymbol{O} \end{pmatrix},$$

则 $p=q$.

证明　略.

例 14　化二次型 $f=2x_1x_2+2x_1x_3-6x_2x_3$ 为规范形,并求其正惯性指数.

解　由例 2 知, f 经线性变换

$$\begin{cases} x_1 = z_1 + z_2 + 3z_3 \\ x_2 = z_1 - z_2 - z_3 \\ x_3 = z_3 \end{cases}$$

化为标准形 $f = 2z_1^2 - 2z_2^2 + 6z_3^2$. 令

$$\begin{cases} w_1 = \sqrt{2} z_1 \\ w_2 = \sqrt{6} z_3 \\ w_3 = \sqrt{2} z_2 \end{cases}, \quad 即 \begin{cases} z_1 = w_1 / \sqrt{2} \\ z_2 = w_3 / \sqrt{2} \\ z_3 = w_2 / \sqrt{6} \end{cases},$$

就可把 f 化成规范形 $f = w_1^2 + w_2^2 - w_3^2$, 且 f 的正惯性指数为 2.

例 15　设 $\boldsymbol{A}$ 是三阶实对称矩阵, $\boldsymbol{E}$ 是三阶单位矩阵, 若 $\boldsymbol{A}^2 + \boldsymbol{A} = 2\boldsymbol{E}$, 且 $|\boldsymbol{A}| = 4$, 试求二次型 $\boldsymbol{x}^{\mathrm{T}}\boldsymbol{A}\boldsymbol{x}$ 的规范形.

解　依题设, $\boldsymbol{A}$ 是三阶实对称矩阵, 而实对称矩阵的特征值是实数, 设 λ 是矩阵 $\boldsymbol{A}$ 的特征值, 则由矩阵多项式的特征值, 由题设方程得 $\lambda^2 + \lambda = 2$, 即

$$(\lambda + 2)(\lambda - 1) = 0,$$

解得 $\lambda = -2$ 或 1. 因题设 $|\boldsymbol{A}| = 4$, 而三阶矩阵 $\boldsymbol{A}$ 必有三个特征值, 由§4.2性质2, 得

$$\lambda_1 = 1, \ \lambda_2 = \lambda_3 = -2,$$

根据正交变换法, 二次型 $\boldsymbol{x}^{\mathrm{T}}\boldsymbol{A}\boldsymbol{x}$ 的标准形为

$$y_1^2 - 2y_2^2 - 2y_3^2,$$

最后, 通过可逆线性变换可将二次型 $\boldsymbol{x}^{\mathrm{T}}\boldsymbol{A}\boldsymbol{x}$ 化为规范形

$$y_1^2 - y_2^2 - y_3^2.$$

习题 5-2

1. 求一个正交变换将下列二次型化成标准形:

(1) $f = 2x_1^2 + 3x_2^2 + 3x_3^2 + 4x_2x_3$;

(2) $f = x_1^2 + x_2^2 + x_3^2 + x_4^2 + 2x_1x_2 - 2x_1x_4 - 2x_2x_3 + 2x_3x_4$;

(3) $f = x_1^2 + 4x_2^2 + 4x_3^2 - 4x_1x_2 + 4x_1x_3 - 8x_2x_3$.

2. 求一个正交变换把二次曲面的方程 $x_1^2 + 2x_2^2 + x_3^2 - 2x_1x_3 = 1$ 化成标准方程.

3. 设二次型 $f(x_1, x_2, x_3) = x_1^2 + x_2^2 + 2x_3^2 + 2x_1x_2$ 的标准形为 $f = 2y_1^2 + 2y_2^2$, 试求方程 $f(x_1, x_2, x_3) = 0$ 的解.

4. 将二次型 $f(x_1, x_2, x_3) = x_1^2 + 3x_3^2 + 2x_1x_2 + 4x_1x_3 + 2x_2x_3$ 化为标准形, 并写出所用的线性变换.

5. 设二次型 $5x_1^2 + 5x_2^2 + cx_3^2 - 2x_1x_2 + 6x_1x_3 - 6x_2x_3$ 的秩为 2, 求 c, 并用正交变换化二次型为标准形.

6. 用配方法化下列二次型为标准形, 并写出所用变换的矩阵.

(1) $f(x_1, x_2, x_3)=x_1^2+2x_3^2+2x_1x_3-2x_2x_3$;

(2) $f(x_1, x_2, x_3)=-4x_1x_2+2x_1x_3+2x_2x_3$.

7. 用初等变换法将二次型 $f(x_1, x_2, x_3)=x_1^2-x_3^2+2x_1x_2+2x_2x_3$ 化为标准形.

8. 设二次型 $f(x_1, x_2, x_3)=x_1^2+x_2^2+x_3^2+4x_1x_2+4x_1x_3+4x_2x_3$, 试确定在空间直角坐标系下方程

$$f(x_1, x_2, x_3)=2$$

表示何种曲面.

9. 试将椭球面方程 $5x^2+4y^2+5z^2+8xz-36=0$ 化为标准形.

10. 用初等变换法将下列二次型化为标准形, 并写出所用的满秩线性变换:

(1) $f(x_1, x_2, x_3)=2x_1x_2+2x_1x_3-6x_2x_3$;

(2) $f(x_1, x_2, x_3)=x_1^2-x_2^2+x_3^2+6x_1x_2-2x_2x_3$.

11. 设矩阵 $A=\begin{pmatrix} 1 & 0 & 1 \\ 0 & 1 & 1 \\ -1 & 0 & -1 \\ 0 & -1 & -1 \end{pmatrix}$, 已知矩阵 $B=A^{\mathrm{T}}A$ 的全部特征值为 0, 2, 6, 试求正交变换 $x=Qy$, 将 $f(x_1, x_2, x_3)$ 化为标准形.

12. 若二次曲面的方程 $x^2+3y^2+z^2+2axy+2xz+2yz=4$, 经正交变换化为 $y_1^2+4z_1^2=4$, 求 a 的值.

13. 已知实二次型 $f(x_1, x_2, x_3)=a(x_1^2+x_2^2+x_3^2)+4x_1x_2+4x_1x_3+4x_2x_3$ 经正交变换 $x=Py$ 可化成标准形 $f=6y_1^2$, 求 a.

14. 设二次型 $f(x_1, x_2, x_3)$ 在正交变换 $x=Py$ 下的标准形为 $2y_1^2+y_2^2-y_3^2$, 其中 $P=(e_1, e_2, e_3)$, 若 $Q=(e_1, -e_3, e_2)$, 求 $f(x_1, x_2, x_3)$ 在正交变换 $x=Qy$ 下的标准形.

15. 在计算机网络的流量管理中, 合理分配带宽资源、管理网络流量风险是提升网络效率、降低网络拥堵的关键. 某公司管理由数据流A, B, C组成的网络, 每种数据流与带宽资源X, Y, Z的消耗存在关联. 网络流量的带宽消耗通过协方差矩阵表示为

$$f(x_1, x_2, x_3)=\frac{1}{2}(x_1, x_2, x_3)\begin{pmatrix} 0.3 & 0.5 & 0.7 \\ 0.5 & 0.8 & 0.2 \\ 0.7 & 0.2 & 0.6 \end{pmatrix}\begin{pmatrix} x_1 \\ x_2 \\ x_3 \end{pmatrix}.$$

其中, x_1, x_2, x_3 表示数据流A, B, C的带宽需求. 为简化风险分析, 公司希望通过正交变换将协方差矩阵转化为标准形. 试求在正交变换下题设二次型的标准形并分析结果.

16. 已知二次型 $f(x_1, x_2, x_3)=2x_1^2+2x_2^2+2x_3^2+4x_1x_2+4x_1x_3+4x_2x_3$.

(1) 写出二次型 f 的矩阵表达式;

(2) 用正交变换把二次型 f 化为标准形, 并写出相应的正交矩阵.

17. 将下列二次型化为规范形, 并指出其正惯性指数及秩.

(1) $x_1^2+2x_2^2+2x_1x_2-2x_1x_3$;

(2) $2x_1x_2+2x_2x_3+2x_3x_4+2x_1x_4$;

(3) $x_1^2+x_2^2-x_4^2-2x_1x_4$.

§5.3 正定二次型

正定二次型是二次型的一种特殊形式, 其定义是: 对任意非零向量 $\boldsymbol{x}\in\mathbf{R}^n$, 具有对称矩阵 $\boldsymbol{A}$ 的二次型 $f(\boldsymbol{x})=\boldsymbol{x}^{\mathrm{T}}\boldsymbol{A}\boldsymbol{x}>0$; 等价地, 正定二次型对应的矩阵 $\boldsymbol{A}$ 必须是正定矩阵, 这意味着 $\boldsymbol{A}$ 的所有特征值均为正, 且其主子式全为正. 正定二次型的意义广泛而重要. 在数学上, 它刻画了一类"正向"的二次函数, 其值域总是正的, 体现出了其"正能量". 几何上, 正定二次型对应于凸函数, 其图形类似椭球面或抛物面, 广泛应用于凸优化、机械设计和弹性力学等领域. 在实际应用中, 正定二次型常用于描述系统的稳定性与能量最小化问题. 如在物理学中, 正定二次型表示一个系统的势能函数, 保证系统在平衡点处具有局部最小能量; 在机器学习中, 正定二次型出现在核方法和最优化问题中, 确保目标函数具有唯一的最小值, 从而提高算法的收敛性和稳定性.

一、二次型有定性的概念

定义 1 设有具有对称矩阵 $\boldsymbol{A}$ 的二次型 $f=\boldsymbol{x}^{\mathrm{T}}\boldsymbol{A}\boldsymbol{x}$.

(1) 如果对任意非零向量 $\boldsymbol{x}$, 都有

$$\boldsymbol{x}^{\mathrm{T}}\boldsymbol{A}\boldsymbol{x}>0\ (\boldsymbol{x}^{\mathrm{T}}\boldsymbol{A}\boldsymbol{x}<0)$$

成立, 那么称 $f=\boldsymbol{x}^{\mathrm{T}}\boldsymbol{A}\boldsymbol{x}$ 为**正定 (负定) 二次型**, 矩阵 $\boldsymbol{A}$ 称为**正定 (负定) 矩阵**.

(2) 如果对任何非零向量 $\boldsymbol{x}$, 都有

$$\boldsymbol{x}^{\mathrm{T}}\boldsymbol{A}\boldsymbol{x}\geqslant 0\ (\boldsymbol{x}^{\mathrm{T}}\boldsymbol{A}\boldsymbol{x}\leqslant 0)$$

成立, 且有非零向量 $\boldsymbol{x}_0$, 使 $\boldsymbol{x}_0^{\mathrm{T}}\boldsymbol{A}\boldsymbol{x}_0=0$, 那么称 $f=\boldsymbol{x}^{\mathrm{T}}\boldsymbol{A}\boldsymbol{x}$ 为**半正定(半负定)二次型**, 矩阵 $\boldsymbol{A}$ 称为**半正定(半负定)矩阵**.

注: 二次型的正定(负定)、半正定(半负定)统称为二次型及其矩阵的**有定性**. 不具备有定性的二次型及其矩阵称为**不定的**. 二次型的有定性与其矩阵的有定性之间具有一一对应关系. 因此, 二次型的正定性判别可转化为对称矩阵的**正定性判别**.

例如, 二次型 $f(x_1, x_2, \cdots, x_n)=x_1^2+x_2^2+\cdots+x_n^2$, 当 $\boldsymbol{x}=(x_1, x_2, \cdots, x_n)^{\mathrm{T}}\neq\boldsymbol{0}$ 时, 显然有 $f(x_1, x_2, \cdots, x_n)>0$, 所以, 这个二次型是正定的, 其矩阵 $\boldsymbol{E}_n$ 是正定矩阵.

又如, 二次型 $f=-x_1^2-2x_1x_2+4x_1x_3-x_2^2+4x_2x_3-4x_3^2$, 将其改写成

$$f(x_1, x_2, x_3)=-(x_1+x_2-2x_3)^2\leqslant 0,$$

当 $x_1+x_2-2x_3=0$ 时, $f(x_1, x_2, x_3)=0$, 因此, 二次型 $f(x_1, x_2, x_3)$ 是半负定的, 其对应的矩阵 $\begin{pmatrix}-1 & -1 & 2\\ -1 & -1 & 2\\ 2 & 2 & -4\end{pmatrix}$ 是半负定矩阵.

再如，$f(x_1, x_2)=x_1^2-2x_2^2$ 是不定二次型，因其符号有时正有时负:

$$f(1,1)=-1<0,\ f(2,1)=2>0.$$

例1　设 $\boldsymbol{A}$ 是 n 阶实对称矩阵，且 $|\boldsymbol{A}|<0$. 证明: 存在实 n 维向量 $\boldsymbol{x}$, 使得 $\boldsymbol{x}^{\mathrm{T}}\boldsymbol{A}\boldsymbol{x}<0$.

证法一　因题设 $\boldsymbol{A}$ 是 n 阶实对称矩阵，故由实对称矩阵的性质 (§4.4定理4) 知，存在正交矩阵 $\boldsymbol{Q}$, 使 $\boldsymbol{Q}^{\mathrm{T}}\boldsymbol{A}\boldsymbol{Q}=\operatorname{diag}(\lambda_1, \lambda_2, \cdots, \lambda_n)$, 又根据矩阵特征值的性质 (§4.2性质2), 有

$$|\boldsymbol{A}|=\lambda_1\lambda_2\cdots\lambda_n<0,$$

所以, 其中至少有一个 $\lambda_k<0$.

令 $\boldsymbol{x}=\boldsymbol{Q}\boldsymbol{e}_k$, 这里的 $\boldsymbol{e}_k$ 是第 k 个分量为1而其余分量为0的 n 维向量, 则有

$$\boldsymbol{x}^{\mathrm{T}}\boldsymbol{A}\boldsymbol{x}=\boldsymbol{e}_k^{\mathrm{T}}\boldsymbol{Q}^{\mathrm{T}}\boldsymbol{A}\boldsymbol{Q}\boldsymbol{e}_k=\lambda_k<0.$$

证法二　因 $|\boldsymbol{A}|\neq 0$, 故 $\mathrm{r}(\boldsymbol{A})=n$, 由 $|\boldsymbol{A}|<0$ 知, $\boldsymbol{A}$ 的正惯性指数小于 n. 否则, 若矩阵 $\boldsymbol{A}$ 的正惯性指数等于 n, 则 $\boldsymbol{A}$ 是正定矩阵, 从而 $|\boldsymbol{A}|>0$, 矛盾. 故 $\boldsymbol{A}$ 的正惯性指数小于 n.

又因 $\boldsymbol{A}$ 是 n 阶实对称矩阵, 故由实对称矩阵的性质 (§4.4定理4), 存在正交矩阵 $\boldsymbol{P}$, 使得

$$\boldsymbol{P}^{\mathrm{T}}\boldsymbol{A}\boldsymbol{P}=\operatorname{diag}(1, \cdots, 1, -1, \cdots, -1),$$

其中至少出现一个 -1 (因 $|\boldsymbol{A}|<0$). 取

$$\boldsymbol{y}=\boldsymbol{\varepsilon}_n=(0, \cdots, 0, 1)^{\mathrm{T}},$$

令 $\boldsymbol{x}=\boldsymbol{P}\boldsymbol{y}$, 则 $\boldsymbol{x}^{\mathrm{T}}\boldsymbol{A}\boldsymbol{x}=\boldsymbol{y}^{\mathrm{T}}\boldsymbol{P}^{\mathrm{T}}\boldsymbol{A}\boldsymbol{P}\boldsymbol{y}=-1<0$. 证毕.

例2　判断二次型 $f=\sum\limits_{i=1}^{n-1}(x_i+x_{i+1})^2$ 的有定性.

解　依题设, 作线性变换:

$$y_1=x_1+x_2,\ y_2=x_2+x_3,\ \cdots,\ y_{n-1}=x_{n-1}+x_n,\ y_n=x_n,$$

将其写成矩阵形式, 得

$$\begin{pmatrix} y_1 \\ y_2 \\ \vdots \\ y_{n-1} \\ y_n \end{pmatrix}=\begin{pmatrix} 1 & 1 & 0 & \cdots & 0 & 0 \\ 0 & 1 & 1 & \cdots & 0 & 0 \\ \vdots & \vdots & \vdots & & \vdots & \vdots \\ 0 & 0 & 0 & \cdots & 1 & 1 \\ 0 & 0 & 0 & \cdots & 0 & 1 \end{pmatrix}\begin{pmatrix} x_1 \\ x_2 \\ \vdots \\ x_{n-1} \\ x_n \end{pmatrix}=\boldsymbol{C}\begin{pmatrix} x_1 \\ x_2 \\ \vdots \\ x_{n-1} \\ x_n \end{pmatrix},$$

易见上三角形行列式 $|\boldsymbol{C}|\neq 0$, 即 $\boldsymbol{C}$ 为可逆矩阵, 此时题设二次型可化为规范形

$$f=y_1^2+y_2^2+\cdots+y_{n-1}^2,$$

由二次型有定性的概念知, f 为半正定的.

例 3　设 $\boldsymbol{A}, \boldsymbol{B}$ 分别为 m, n 阶正定矩阵, 判定分块矩阵 $\boldsymbol{C}=\begin{pmatrix}\boldsymbol{A} & \boldsymbol{O}\\ \boldsymbol{O} & \boldsymbol{B}\end{pmatrix}$ 是否为正定矩阵.

解　依题设, $\boldsymbol{A}$, $\boldsymbol{B}$ 分别为 m, n 阶正定矩阵, 故存在非零 m 维列向量 $\boldsymbol{x}$ 和 n 维列向量 $\boldsymbol{y}$, 使得

$$\boldsymbol{x}^{\mathrm{T}}\boldsymbol{A}\boldsymbol{x}>0,\ \boldsymbol{y}^{\mathrm{T}}\boldsymbol{B}\boldsymbol{y}>0,$$

构造列向量 $\boldsymbol{z}=\begin{pmatrix}\boldsymbol{x}\\ \boldsymbol{y}\end{pmatrix}$, 则 $\boldsymbol{z}\neq\boldsymbol{0}$, 于是

$$\boldsymbol{z}^{\mathrm{T}}\boldsymbol{C}\boldsymbol{z}=(\boldsymbol{x}^{\mathrm{T}},\boldsymbol{y}^{\mathrm{T}})\begin{pmatrix}\boldsymbol{A} & \boldsymbol{O}\\ \boldsymbol{O} & \boldsymbol{B}\end{pmatrix}\begin{pmatrix}\boldsymbol{x}\\ \boldsymbol{y}\end{pmatrix}=\boldsymbol{x}^{\mathrm{T}}\boldsymbol{A}\boldsymbol{x}+\boldsymbol{y}^{\mathrm{T}}\boldsymbol{B}\boldsymbol{y}>0,$$

即二次型 $\boldsymbol{z}^{\mathrm{T}}\boldsymbol{C}\boldsymbol{z}$ 是正定的, 从而分块矩阵 $\boldsymbol{C}$ 是正定矩阵.

例 4　在统计学中, 以下两个量分别称为样本均值和样本方差:

$$\overline{x}=\frac{1}{n}(x_1+x_2+\cdots+x_n),\ s_x^2=\frac{1}{n-1}[(x_1-\overline{x})^2+(x_2-\overline{x})^2+\cdots+(x_n-\overline{x})^2].$$

(1) 将二次型 s_x^2 用矩阵符号 $\boldsymbol{x}^{\mathrm{T}}\boldsymbol{A}\boldsymbol{x}$ 表示, 其中 $\boldsymbol{x}=(x_1, x_2, \cdots, x_n)^{\mathrm{T}}$, $\boldsymbol{A}$ 是对称矩阵.

(2) s_x^2 是正定二次型吗? 请解释.

解　(1) 根据二次型的概念与矩阵的概念, 题设二次型 s_x^2 可表示为

$$s_x^2=\frac{1}{n-1}(\boldsymbol{x}-\overline{x}\boldsymbol{e})^{\mathrm{T}}(\boldsymbol{x}-\overline{x}\boldsymbol{e})=\boldsymbol{x}^{\mathrm{T}}\boldsymbol{A}\boldsymbol{x},$$

其中, $\boldsymbol{A}=\dfrac{1}{n-1}\left(\boldsymbol{E}-\dfrac{1}{n}\boldsymbol{e}\boldsymbol{e}^{\mathrm{T}}\right)$, $\boldsymbol{e}=(1, 1, \cdots, 1)^{\mathrm{T}}$.

(2) 因为 $\boldsymbol{A}$ 是对称矩阵, 所以, 存在正交矩阵 $\boldsymbol{P}$, 使得

$$\boldsymbol{P}^{\mathrm{T}}\boldsymbol{A}\boldsymbol{P}=\begin{pmatrix}\boldsymbol{E}_{n-1} & \boldsymbol{0}\\ \boldsymbol{0} & 0\end{pmatrix}.$$

于是, 对任意向量 $\boldsymbol{x}\neq\boldsymbol{0}$, 有

$$\boldsymbol{x}^{\mathrm{T}}\boldsymbol{A}\boldsymbol{x}=\boldsymbol{x}^{\mathrm{T}}\boldsymbol{P}\begin{pmatrix}\boldsymbol{E}_{n-1} & \boldsymbol{0}\\ \boldsymbol{0} & 0\end{pmatrix}\boldsymbol{P}^{\mathrm{T}}\boldsymbol{x}=\boldsymbol{x}^{\mathrm{T}}(\boldsymbol{P}_1\ \ \boldsymbol{P}_2)\begin{pmatrix}\boldsymbol{E}_{n-1} & \boldsymbol{0}\\ \boldsymbol{0} & 0\end{pmatrix}\begin{pmatrix}\boldsymbol{P}_1^{\mathrm{T}}\\ \boldsymbol{P}_2^{\mathrm{T}}\end{pmatrix}\boldsymbol{x}$$

$$=(\boldsymbol{x}^{\mathrm{T}}\boldsymbol{P}_1\ \ \boldsymbol{x}^{\mathrm{T}}\boldsymbol{P}_2)\begin{pmatrix}\boldsymbol{E}_{n-1} & \boldsymbol{0}\\ \boldsymbol{0} & 0\end{pmatrix}\begin{pmatrix}\boldsymbol{P}_1^{\mathrm{T}}\boldsymbol{x}\\ \boldsymbol{P}_2^{\mathrm{T}}\boldsymbol{x}\end{pmatrix}=\boldsymbol{x}^{\mathrm{T}}\boldsymbol{P}_1\boldsymbol{P}_1^{\mathrm{T}}\boldsymbol{x}>0,$$

其中 $\boldsymbol{P}_1$ 为 $\boldsymbol{P}$ 的前 $n-1$ 个列向量构成的矩阵, $\boldsymbol{P}_2$ 为 $\boldsymbol{P}$ 的第 n 个列向量, 因此, 题设二次型 s_x^2 是正定二次型.

二、正定矩阵的判别法

定理 1　设 $\boldsymbol{A}$ 为正定矩阵, 若 $\boldsymbol{A}$ 与 $\boldsymbol{B}$ 合同, 则 $\boldsymbol{B}$ 也是正定矩阵.

证明 因矩阵 $\boldsymbol{A}$ 与 $\boldsymbol{B}$ 合同, 故存在可逆矩阵 $\boldsymbol{C}$, 使 $\boldsymbol{C}^{\mathrm{T}}\boldsymbol{A}\boldsymbol{C}=\boldsymbol{B}$, 令 $\boldsymbol{x}=\boldsymbol{C}\boldsymbol{y}$, $|\boldsymbol{C}|\neq 0$, 对任意非零向量 $\boldsymbol{y}$, 有

$$\boldsymbol{y}^{\mathrm{T}}\boldsymbol{B}\boldsymbol{y}=\boldsymbol{y}^{\mathrm{T}}\boldsymbol{C}^{\mathrm{T}}\boldsymbol{A}\boldsymbol{C}\boldsymbol{y}=(\boldsymbol{C}\boldsymbol{y})^{\mathrm{T}}\boldsymbol{A}(\boldsymbol{C}\boldsymbol{y})=\boldsymbol{x}^{\mathrm{T}}\boldsymbol{A}\boldsymbol{x}>0,$$

故 $\boldsymbol{B}$ 为正定矩阵. 证毕.

注: 由定理1的证明知: 若矩阵 $\boldsymbol{A}$ 与 $\boldsymbol{B}$ 合同, 则矩阵 $\boldsymbol{A}$ 与 $\boldsymbol{B}$ 具有相同的有定性.

定理 2 对角矩阵 $\boldsymbol{D}=\operatorname{diag}(d_1, d_2, \cdots, d_n)$ 正定的充要条件是 $d_i>0\ (i=1, 2, \cdots, n)$.

证明 必要性. 设 $\boldsymbol{D}$ 为正定矩阵, 则对任一非零向量 $\boldsymbol{x}$, 有

$$\boldsymbol{x}^{\mathrm{T}}\boldsymbol{D}\boldsymbol{x}=\sum_{i=1}^{n} d_i x_i^2>0,$$

取 $\boldsymbol{x}=\boldsymbol{\varepsilon}_i\ (i=1, 2, \cdots, n)$, 则 $\boldsymbol{\varepsilon}_i^{\mathrm{T}}\boldsymbol{D}\boldsymbol{\varepsilon}_i=d_i>0\ (i=1, 2, \cdots, n)$.

充分性. 对任意给定的非零向量 $\boldsymbol{x}$, 至少有 $\boldsymbol{x}$ 的某个分量 $x_k\neq 0$, 因为 $d_k>0$, $x_k\neq 0$, 所以, $d_k x_k^2>0$, 而当 $i\neq k$ 时, $d_i x_i^2\geqslant 0$, 故 $\boldsymbol{x}^{\mathrm{T}}\boldsymbol{D}\boldsymbol{x}=\sum_{i=1}^{n} d_i x_i^2>0$, 即 $\boldsymbol{D}$ 为正定矩阵. 证毕.

定理 3 对称矩阵 $\boldsymbol{A}$ 正定的充分必要条件是它的特征值全大于零.

证明 由于对任一对称矩阵 $\boldsymbol{A}$, 总存在一正交矩阵 $\boldsymbol{C}$, 使得

$$\boldsymbol{C}^{\mathrm{T}}\boldsymbol{A}\boldsymbol{C}=\begin{pmatrix}\lambda_1 & & & \\ & \lambda_2 & & \\ & & \ddots & \\ & & & \lambda_n\end{pmatrix},$$

其中 $\lambda_1, \lambda_2, \cdots, \lambda_n$ 是 $\boldsymbol{A}$ 的全部特征值(重根按重数计算), 再由定理1及定理2即可证得结论.

例 5 若二次型 $f(x_1, x_2, x_3)=\boldsymbol{x}^{\mathrm{T}}\boldsymbol{A}\boldsymbol{x}$ 在正交变换 $\boldsymbol{x}=\boldsymbol{Q}\boldsymbol{y}$ 下的标准形为 $y_1^2+y_2^2$, 试证 $\boldsymbol{A}+\boldsymbol{E}$ 为正定矩阵, 其中 $\boldsymbol{E}$ 为三阶单位矩阵.

解 因二次型 $f(x_1, x_2, x_3)=\boldsymbol{x}^{\mathrm{T}}\boldsymbol{A}\boldsymbol{x}$ 在正交变换 $\boldsymbol{x}=\boldsymbol{Q}\boldsymbol{y}$ 下的标准形为 $y_1^2+y_2^2$, 故由化二次型为标准形的正交变换法知, 矩阵 $\boldsymbol{A}$ 的特征值分别为

$$\lambda_1=\lambda_2=1,\ \lambda_3=0.$$

于是, 由矩阵多项式的特征值知, $\boldsymbol{A}+\boldsymbol{E}$ 的特征值为 2, 2, 1. 因其特征值全大于零, 故 $\boldsymbol{A}+\boldsymbol{E}$ 是正定矩阵. 证毕.

定理 4 矩阵 $\boldsymbol{A}$ 为正定矩阵的充分必要条件是: 二次型 $\boldsymbol{x}^{\mathrm{T}}\boldsymbol{A}\boldsymbol{x}$ 的正惯性指数 $p=n$.

证明 利用定理1及定理2即可得证.

定理 5 矩阵 $\boldsymbol{A}$ 为正定矩阵的充分必要条件是: 存在可逆矩阵 $\boldsymbol{C}$, 使 $\boldsymbol{A}=\boldsymbol{C}^{\mathrm{T}}\boldsymbol{C}$, 即矩阵 $\boldsymbol{A}$ 与单位矩阵 $\boldsymbol{E}$ 合同.

证明 利用定理4即可得证.

推论 1 若矩阵 $\boldsymbol{A}$ 为正定矩阵, 则 $|\boldsymbol{A}|>0$.

证明　依题设, $|A|=|C^{\mathrm{T}}C|=|C|^2$, 因 C 是可逆矩阵, $|C|\neq 0$, 故 $|A|>0$.

下面的定理给出了二次型的规范形与其有定性的关系.

定理 6　对秩为 r 的 n 元实二次型 $f=x^{\mathrm{T}}Ax$, 设其规范形为

$$z_1^2+z_2^2+\cdots+z_p^2-z_{p+1}^2-\cdots-z_r^2,$$

则 (1) f 正定的充要条件是 $p=n, r=0$. 即正定二次型的规范形为

$$f=z_1^2+z_2^2+\cdots+z_n^2.$$

(2) f 负定的充要条件是 $p=0, r=n$. 即负定二次型的规范形为

$$f=-z_1^2-z_2^2-\cdots-z_n^2.$$

(3) f 半正定的充要条件是 $p=r<n$. 即半正定二次型的规范形为

$$f=z_1^2+z_2^2+\cdots+z_r^2,\ r<n.$$

(4) f 半负定的充要条件是 $p=0, r<n$. 即半负定二次型的规范形为

$$f=-z_1^2-z_2^2-\cdots-z_r^2,\ r<n.$$

(5) f 不定的充要条件是 $0<p<r\leqslant n$. 即

$$f=z_1^2+z_2^2+\cdots+z_p^2-z_{p+1}^2-\cdots-z_r^2.$$

定义 2　n 阶矩阵 $A=(a_{ij})$ 的行标和列标相同的 k 阶子式

$$\begin{vmatrix} a_{i_1i_1} & a_{i_1i_2} & \cdots & a_{i_1i_k} \\ a_{i_2i_1} & a_{i_2i_2} & \cdots & a_{i_2i_k} \\ \vdots & \vdots & & \vdots \\ a_{i_ki_1} & a_{i_ki_2} & \cdots & a_{i_ki_k} \end{vmatrix} (1\leqslant i_1<i_2<\cdots<i_k\leqslant n)$$

称为 A 的一个 **k 阶主子式**. 而子式

$$|A_k|=\begin{vmatrix} a_{11} & a_{12} & \cdots & a_{1k} \\ a_{21} & a_{22} & \cdots & a_{2k} \\ \vdots & \vdots & & \vdots \\ a_{k1} & a_{k2} & \cdots & a_{kk} \end{vmatrix} (k=1, 2, \cdots, n)$$

称为 A 的 **k 阶顺序主子式**.

定理 7　n 阶矩阵 $A=(a_{ij})$ 为正定矩阵的充分必要条件是: A 的所有顺序主子式

$$|A_k|>0\ (k=1, 2, \cdots, n).$$

证明　必要性. 设二次型 $f=x^{\mathrm{T}}Ax$ 为正定的, 令 $x^{\mathrm{T}}=(x_1, \cdots, x_k, 0, \cdots, 0)$, 代入得

$$f(x_1,\cdots,x_k,0,\cdots,0)=(x_1,\cdots,x_k,0,\cdots,0)\boldsymbol{A}\begin{pmatrix}x_1\\ \vdots\\ x_k\\ 0\\ \vdots\\ 0\end{pmatrix}=(x_1,\cdots,x_k)\boldsymbol{A}_k\begin{pmatrix}x_1\\ \vdots\\ x_k\end{pmatrix}>0,$$

所以, 矩阵 $\boldsymbol{A}$ 的顺序主子式 $|\boldsymbol{A}_k|>0\ (k=1,2,\cdots,n)$.

充分性. 设 $|\boldsymbol{A}_k|>0\ (k=1,2,\cdots,n)$. 根据数学归纳法, 当 $n=1$ 时, 因为 $\boldsymbol{A}_1|>0$, 所以, $f(x_1)=a_{11}x_1^2>0$, 定理成立. 设所证结论对 $n-1$ 元情形成立, 现在来证结论对 n 元情形也成立. 将二次型 $f(x_1,x_2,\cdots,x_n)$ 改写成

$$\begin{aligned}f(x_1,x_2,\cdots,x_n)=a_{11}&\left(x_1+\frac{a_{12}}{a_{11}}x_2+\cdots+\frac{a_{1n}}{a_{11}}x_n\right)^2\\&+a_{22}'x_2^2+2a_{23}'x_2x_3+\cdots+2a_{2n}'x_2x_n\\&+a_{33}'x_3^2+2a_{34}'x_3x_4+\cdots+2a_{3n}'x_3x_n+\cdots+a_{nn}'x_n^2,\end{aligned}$$

其中 $a_{ij}'=\dfrac{1}{a_{11}}\begin{vmatrix}a_{11}&a_{1j}\\a_{i1}&a_{ij}\end{vmatrix}\ (i,j=1,2,\cdots,n)$.

因 $a_{ij}=a_{ji}$, 故 $a_{ij}'=a_{ji}'$, 现只要证明上式中 $n-1$ 元二次型

$$\begin{aligned}&a_{22}'x_2^2+2a_{23}'x_2x_3+\cdots+2a_{2n}'x_2x_n+a_{33}'x_3^2\\&\quad+2a_{34}'x_3x_4+\cdots+2a_{3n}'x_3x_n+\cdots+a_{nn}'x_n^2\end{aligned}$$

正定即可, 即只需证明 $\begin{vmatrix}a_{22}'&\cdots&a_{2k}'\\ \vdots&&\vdots\\ a_{k2}'&\cdots&a_{kk}'\end{vmatrix}>0\ (k=2,\cdots,n)$. 因

$$0<|\boldsymbol{A}_k|=\begin{vmatrix}a_{11}&a_{12}&\cdots&a_{1k}\\a_{21}&a_{22}&\cdots&a_{2k}\\ \vdots&\vdots&&\vdots\\a_{k1}&a_{k2}&\cdots&a_{kk}\end{vmatrix}=\begin{vmatrix}a_{11}&0&\cdots&0\\0&a_{22}'&\cdots&a_{2k}'\\ \vdots&\vdots&&\vdots\\0&a_{k2}'&\cdots&a_{kk}'\end{vmatrix}=a_{11}\begin{vmatrix}a_{22}'&\cdots&a_{2k}'\\ \vdots&&\vdots\\a_{k2}'&\cdots&a_{kk}'\end{vmatrix},$$

注意到 $a_{11}>0$, 即得 $\begin{vmatrix}a_{22}'&\cdots&a_{2k}'\\ \vdots&&\vdots\\a_{k2}'&\cdots&a_{kk}'\end{vmatrix}>0\ (k=2,\cdots,n)$. 证毕.

注: 对于负定矩阵、半正定与半负定矩阵, 也有类似于上述正定矩阵的结论:

(1) 若 $\boldsymbol{A}$ 是负定矩阵, 则 $-\boldsymbol{A}$ 为正定矩阵.

(2) $\boldsymbol{A}$ 是负定矩阵的充要条件是:

$$(-1)^k |\boldsymbol{A}_k| > 0 \ (k=1, 2, \cdots, n),$$

其中 $\boldsymbol{A}_k$ 是 $\boldsymbol{A}$ 的 k 阶顺序主子式.

(3) 对半正定(半负定)矩阵, 可证明下列结论等价:

① 对称矩阵 $\boldsymbol{A}$ 是半正定(半负定)的;

② $\boldsymbol{A}$ 的所有主子式大于(小于)或等于零;

③ $\boldsymbol{A}$ 的全部特征值大于(小于)或等于零.

例 6 当 λ 取何值时, 下面的二次型 $f(x_1, x_2, x_3)$ 是正定的?

$$f(x_1, x_2, x_3) = x_1^2 + 2x_1x_2 + 4x_1x_3 + 2x_2^2 + 6x_2x_3 + \lambda x_3^2 .$$

解 题设二次型的矩阵为 $\boldsymbol{A} = \begin{pmatrix} 1 & 1 & 2 \\ 1 & 2 & 3 \\ 2 & 3 & \lambda \end{pmatrix}$, 根据定理 7, 因

$$|\boldsymbol{A}_1| = 1 > 0, \ |\boldsymbol{A}_2| = \begin{vmatrix} 1 & 1 \\ 1 & 2 \end{vmatrix} = 1 > 0, \ |\boldsymbol{A}_3| = |\boldsymbol{A}| = \lambda - 5 > 0,$$

故当 $\lambda > 5$ 时, 二次型 $f(x_1, x_2, x_3)$ 是正定的.

例 7 判断二次型 $f(x, y, z)$ 是否为负定的:

$$f(x, y, z) = -5x^2 - 6y^2 - 4z^2 + 4xy + 4xz .$$

解 题设二次型的矩阵 $\boldsymbol{A} = \begin{pmatrix} -5 & 2 & 2 \\ 2 & -6 & 0 \\ 2 & 0 & -4 \end{pmatrix}$, 由定理 7 的注, 因

$$|\boldsymbol{A}_1| = -5 < 0, \ |\boldsymbol{A}_2| = \begin{vmatrix} -5 & 2 \\ 2 & -6 \end{vmatrix} = 26 > 0, \ |\boldsymbol{A}_3| = |\boldsymbol{A}| = -80 < 0,$$

所以, $f(x, y, z)$ 是负定的.

例 8 在计算机网络中, 优化网络性能至关重要, 尤其是流量调度、带宽分配等方面. 某网络管理员需优化路由器间的带宽分配以最大化数据传输效率, 考虑不同路由器的协作效应. 设成本函数为正定二次型, 体现带宽分配的风险与协作. 网络有三个路由器A, B, C, 带宽投入量为 x_1, x_2, x_3, 带宽分配的效益和风险由如下二次型描述:

$$f(x_1, x_2, x_3) = \frac{1}{2}(x_1, x_2, x_3)\begin{pmatrix} 0.05 & 0.02 & 0.01 \\ 0.02 & 0.1 & 0.04 \\ 0.01 & 0.04 & 0.2 \end{pmatrix}\begin{pmatrix} x_1 \\ x_2 \\ x_3 \end{pmatrix},$$

其中矩阵 $\boldsymbol{A}$ 表示路由器间的协作效应与风险，元素为协方差. 总带宽为 m. 试:

(1) 判断该矩阵 $\boldsymbol{A}$ 是否正定，确保该二次型有唯一最小值;

(2) 用正定矩阵判别法分析网络带宽分配的最优策略;

(3) 解释该正定矩阵在计算机网络中的实际意义.

解　给定的协方差矩阵为 $\boldsymbol{A}=\begin{pmatrix}0.05 & 0.02 & 0.01\\ 0.02 & 0.1 & 0.04\\ 0.01 & 0.04 & 0.2\end{pmatrix}$.

(1) 判断矩阵 $\boldsymbol{A}$ 的正定性.

$\boldsymbol{A}$ 的一阶顺序主子式:

$$S_1=a_{11}=0.05>0.$$

$\boldsymbol{A}$ 的二阶顺序主子式:

$$S_2=\begin{vmatrix}0.05 & 0.02\\ 0.02 & 0.1\end{vmatrix}=0.05\times0.1-0.02\times0.02=0.004\,6>0.$$

$\boldsymbol{A}$ 的三阶顺序主子式:

$$\begin{aligned}S_3&=\begin{vmatrix}0.05 & 0.02 & 0.01\\ 0.02 & 0.1 & 0.04\\ 0.01 & 0.04 & 0.2\end{vmatrix}\\&=0.05\times0.018\,4-0.02\times0.003\,6+0.01\times(-0.000\,2)\\&=0.000\,846>0.\end{aligned}$$

因矩阵 $\boldsymbol{A}$ 的所有顺序主子式均大于零，故矩阵 $\boldsymbol{A}$ 是正定的.

(2) 求最优带宽分配策略.

因为矩阵 $\boldsymbol{A}$ 是正定的，所以二次型有唯一最小值. 构造拉格朗日函数:

$$L(x_1,x_2,x_3,\lambda)=\frac{1}{2}(x_1,x_2,x_3)\boldsymbol{A}\begin{pmatrix}x_1\\ x_2\\ x_3\end{pmatrix}-\lambda(x_1+x_2+x_3-m),$$

分别对 x_1,x_2,x_3,λ 求偏导并令其为零，得方程组:

$$\begin{cases}\dfrac{\partial L}{\partial x_1}=0.05x_1+0.02x_2+0.01x_3-\lambda=0,\\ \dfrac{\partial L}{\partial x_2}=0.02x_1+0.1x_2+0.04x_3-\lambda=0,\\ \dfrac{\partial L}{\partial x_3}=0.01x_1+0.04x_2+0.2x_3-\lambda=0,\\ \dfrac{\partial L}{\partial \lambda}=-(x_1+x_2+x_3-m)=0.\end{cases}$$

解方程组得

$$x_1=\frac{146m}{217},x_2=\frac{45m}{217},x_3=\frac{26m}{217},$$

这就是最优的带宽分配策略.

(3) 正定矩阵的实际意义: 正定矩阵表明路由器间带宽分配无冲突, 资源利用有效. 其正定性保证网络最优解唯一, 即存在使网络效益最大化的唯一带宽分配方案.

通过计算顺序主子式判断矩阵正定, 确保二次型最小值唯一. 利用拉格朗日函数求解出最优带宽分配, 正定矩阵的性质保证了解的唯一性. 在计算机网络中, 正定矩阵反映了路由器协作效应, 为最优带宽分配提供了理论依据, 避免了资源冲突, 实现了网络效益最大化.

例 9 设 $\boldsymbol{A}$ 为 $m\times n$ 实矩阵, $\boldsymbol{E}$ 为 n 阶单位矩阵, 已知矩阵 $\boldsymbol{B}=\lambda\boldsymbol{E}+\boldsymbol{A}^{\mathrm{T}}\boldsymbol{A}$, 试证: 当 $\lambda>0$ 时, 矩阵 $\boldsymbol{B}$ 为正定矩阵.

证明 由题设 $\boldsymbol{B}=\lambda\boldsymbol{E}+\boldsymbol{A}^{\mathrm{T}}\boldsymbol{A}$, 取转置得

$$\boldsymbol{B}^{\mathrm{T}}=(\lambda\boldsymbol{E}+\boldsymbol{A}^{\mathrm{T}}\boldsymbol{A})^{\mathrm{T}}=\lambda\boldsymbol{E}+\boldsymbol{A}^{\mathrm{T}}\boldsymbol{A}=\boldsymbol{B},$$

所以, $\boldsymbol{B}$ 为 n 阶实对称矩阵, 对于任意的实 n 维向量 $\boldsymbol{x}$, 由矩阵乘法的运算规律与矩阵转置的运算规律, 有

$$\boldsymbol{x}^{\mathrm{T}}\boldsymbol{B}\boldsymbol{x}=\boldsymbol{x}^{\mathrm{T}}(\lambda\boldsymbol{E}+\boldsymbol{A}^{\mathrm{T}}\boldsymbol{A})\boldsymbol{x}=\lambda\boldsymbol{x}^{\mathrm{T}}\boldsymbol{x}+\boldsymbol{x}^{\mathrm{T}}\boldsymbol{A}^{\mathrm{T}}\boldsymbol{A}\boldsymbol{x}=\lambda\boldsymbol{x}^{\mathrm{T}}\boldsymbol{x}+(\boldsymbol{A}\boldsymbol{x})^{\mathrm{T}}(\boldsymbol{A}\boldsymbol{x}),$$

因 $\boldsymbol{x}\neq\boldsymbol{0}$, 故由 $\boldsymbol{x}^{\mathrm{T}}\boldsymbol{x}>0$, $(\boldsymbol{A}\boldsymbol{x})^{\mathrm{T}}(\boldsymbol{A}\boldsymbol{x})\geqslant 0$ 知, 当 $\lambda>0$ 时, 对 $\forall\boldsymbol{x}\neq\boldsymbol{0}$, 有

$$\boldsymbol{x}^{\mathrm{T}}\boldsymbol{B}\boldsymbol{x}=\lambda\boldsymbol{x}^{\mathrm{T}}\boldsymbol{x}+(\boldsymbol{A}\boldsymbol{x})^{\mathrm{T}}\boldsymbol{A}\boldsymbol{x}>0,$$

即二次型是正定的, 从而矩阵 $\boldsymbol{B}$ 为正定矩阵. 证毕.

例 10 证明: 若 $\boldsymbol{A}$ 为正定矩阵, 则 $\boldsymbol{A}^{-1}$ 也是正定矩阵.

证明 题设矩阵 $\boldsymbol{A}$ 正定, 则存在可逆矩阵 $\boldsymbol{C}$, 使 $\boldsymbol{C}^{\mathrm{T}}\boldsymbol{A}\boldsymbol{C}=\boldsymbol{E}$, 两边取逆, 得

$$\boldsymbol{C}^{-1}\boldsymbol{A}^{-1}(\boldsymbol{C}^{\mathrm{T}})^{-1}=\boldsymbol{E},$$

又因 $(\boldsymbol{C}^{\mathrm{T}})^{-1}=(\boldsymbol{C}^{-1})^{\mathrm{T}}$, $((\boldsymbol{C}^{-1})^{\mathrm{T}})^{\mathrm{T}}=\boldsymbol{C}^{-1}$, 故

$$((\boldsymbol{C}^{-1})^{\mathrm{T}})^{\mathrm{T}}\boldsymbol{A}^{-1}(\boldsymbol{C}^{-1})^{\mathrm{T}}=\boldsymbol{E},\ |(\boldsymbol{C}^{-1})^{\mathrm{T}}|=|\boldsymbol{C}|^{-1}\neq 0,$$

所以, 逆矩阵 $\boldsymbol{A}^{-1}$ 为正定矩阵. 证毕.

例 11 设 $\boldsymbol{A}$ 为 m 阶实对称矩阵且正定, $\boldsymbol{B}$ 为 $m\times n$ 实矩阵, $\boldsymbol{B}^{\mathrm{T}}$ 为 $\boldsymbol{B}$ 的转置矩阵. 试证: $\boldsymbol{B}^{\mathrm{T}}\boldsymbol{A}\boldsymbol{B}$ 为正定矩阵的充分必要条件是 $\boldsymbol{B}$ 的秩 $\mathrm{r}(\boldsymbol{B})=n$.

证明 必要性. 假设 $\boldsymbol{B}^{\mathrm{T}}\boldsymbol{A}\boldsymbol{B}$ 为正定矩阵, 则对任意的实 n 维非零列向量 $\boldsymbol{x}$, 均有

$$\boldsymbol{x}^{\mathrm{T}}(\boldsymbol{B}^{\mathrm{T}}\boldsymbol{A}\boldsymbol{B})\boldsymbol{x}>0,$$

利用矩阵转置的运算规律, 即有

$$(\boldsymbol{B}\boldsymbol{x})^{\mathrm{T}}\boldsymbol{A}(\boldsymbol{B}\boldsymbol{x})>0,$$

因题设 $\boldsymbol{A}$ 为正定矩阵, 故 $\boldsymbol{B}\boldsymbol{x}\neq\boldsymbol{0}$, 即线性方程组 $\boldsymbol{B}\boldsymbol{x}=\boldsymbol{0}$ 只有零解, 从而由线性方程组的判定定理知, $\mathrm{r}(\boldsymbol{B})=n$.

充分性. 由矩阵转置的运算规律, 有

$$(\boldsymbol{B}^{\mathrm{T}}\boldsymbol{A}\boldsymbol{B})^{\mathrm{T}} = \boldsymbol{B}^{\mathrm{T}}\boldsymbol{A}^{\mathrm{T}}\boldsymbol{B} = \boldsymbol{B}^{\mathrm{T}}\boldsymbol{A}\boldsymbol{B},$$

故 $\boldsymbol{B}^{\mathrm{T}}\boldsymbol{A}\boldsymbol{B}$ 为实对称矩阵. 若 $\mathrm{r}(\boldsymbol{B}) = n$, 则方程组 $\boldsymbol{Bx} = \boldsymbol{0}$ 只有零解, 从而对任意实 n 维列向量 $\boldsymbol{x} \neq \boldsymbol{0}$, 有 $\boldsymbol{Bx} \neq \boldsymbol{0}$. 又 $\boldsymbol{A}$ 为正定矩阵, 故对 $\boldsymbol{Bx} \neq \boldsymbol{0}$, 有

$$(\boldsymbol{Bx})^{\mathrm{T}}\boldsymbol{A}(\boldsymbol{Bx}) > 0.$$

于是, 当 $\boldsymbol{x} \neq \boldsymbol{0}$ 时, 有 $\boldsymbol{x}^{\mathrm{T}}(\boldsymbol{B}^{\mathrm{T}}\boldsymbol{A}\boldsymbol{B})\boldsymbol{x} > 0$, 所以, $\boldsymbol{B}^{\mathrm{T}}\boldsymbol{A}\boldsymbol{B}$ 为正定矩阵. 证毕.

习题 5-3

1. 判别下列二次型的正定性:

(1) $f = -2x_1^2 - 6x_2^2 - 4x_3^2 + 2x_1x_2 + 2x_1x_3$;

(2) $f = x_1^2 + 3x_2^2 + 9x_3^2 + 19x_4^2 - 2x_1x_2 + 4x_1x_3 + 2x_1x_4 - 6x_2x_4 - 12x_3x_4$.

2. 求 a 的值, 使下列二次型为正定的.

(1) $x_1^2 + x_2^2 + 5x_3^2 + 2ax_1x_2 - 2x_1x_3 + 4x_2x_3$;

(2) $5x_1^2 + x_2^2 + ax_3^2 + 4x_1x_2 - 2x_1x_3 - 2x_2x_3$.

3. 设 n 元实二次型 $f(x_1, x_2, \cdots, x_n) = \boldsymbol{x}^{\mathrm{T}}\boldsymbol{A}\boldsymbol{x}$ 正定, 它的正惯性指数为 p, 求秩 r 与 n 之间的关系式.

4. 设 $\boldsymbol{A}$ 为三阶实对称矩阵, 如果二次曲面方程

$$(x, y, z)\boldsymbol{A}\begin{pmatrix} x \\ y \\ z \end{pmatrix} = 1$$

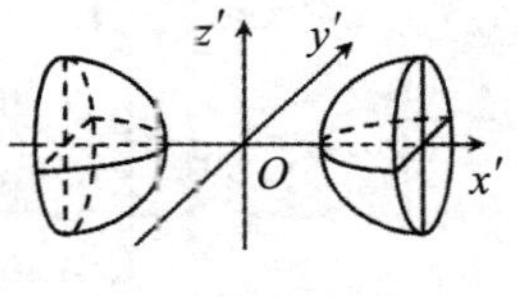

题4图

在正交变换下的标准方程的图形如题 4 图所示, 求矩阵 $\boldsymbol{A}$ 的正特征值的个数.

5. 已知实对称矩阵 $\boldsymbol{A}$ 的全部特征值为 $\lambda_1 = \lambda_2 = -2$, $\lambda_3 = 0$. 则当 k 为何值时, 矩阵 $\boldsymbol{A} + k\boldsymbol{E}$ 为正定矩阵 (其中 $\boldsymbol{E}$ 为三阶单位矩阵)?

6. 已知 $\begin{pmatrix} 2-a & 1 & 0 \\ 1 & 1 & 0 \\ 0 & 0 & a+3 \end{pmatrix}$ 是正定矩阵, 求 a 的值.

7. 在人工智能中, 神经网络训练是优化问题, 目标是调整权重等参数来最小化损失函数, 提升预测精度. 设简单神经网络含输入层、隐藏层、输出层, 以均方误差 (MSE) 作为损失函数 $L(w_1, w_2)$, 形式为二次型:

$$L(w_1, w_2) = \frac{1}{2}(w_1, w_2)\begin{pmatrix} 2 & 1 \\ 1 & 3 \end{pmatrix}\begin{pmatrix} w_1 \\ w_2 \end{pmatrix},$$

其中 w_1 和 w_2 为权重参数, 矩阵体现权重协作与影响. 已知 $w_1 + w_2 = m$, 判断损失函数是否具有唯一最小值, 并求最优权重分配.

8. 若二次型 $f(x_1, x_2, x_3) = 2x_1^2 + x_2^2 + x_3^2 + 2x_1x_2 + tx_2x_3$ 是正定的, 求 t 的取值范围.

9. 考虑二次型 $f = x_1^2 + 4x_2^2 + 4x_3^2 + 2\lambda x_1x_2 - 2x_1x_3 + 4x_2x_3$, 问 λ 取何值时, f 为正定二次型?

10. 设 $A=\begin{pmatrix} a & 1 & -1 \\ 1 & a & -1 \\ -1 & -1 & a \end{pmatrix}$，若已知存在正交矩阵 P，使 $P^{\mathrm{T}}AP=\Lambda=\begin{pmatrix} a-1 & & \\ & a-1 & \\ & & a+2 \end{pmatrix}$，试求正定矩阵 C，使得 $C^2=(a+3)E-A$.

11. 设对称矩阵 A 为正定矩阵，证明：存在可逆矩阵 U，使 $A=U^{\mathrm{T}}U$.

12. 已知 A 是 n 阶正定矩阵，证明：A 的伴随矩阵 A^* 也是正定矩阵.

13. 设 A 为 $m\times n$ 实矩阵，且 $\mathrm{r}(A)=n$，证明 $A^{\mathrm{T}}A$ 正定.

14. 设 A, B 分别为 m, n 阶正定矩阵，证明分块矩阵 $C=\begin{pmatrix} A & O \\ O & B \end{pmatrix}$ 也是正定矩阵.

15. 设 $A=\begin{pmatrix} a & b \\ b & d \end{pmatrix}$ 为 2×2 的实对称矩阵. 证明 A 为正定矩阵当且仅当 $a>0$ 且 $|A|>0$.

16. 令 A 和 B 为 $n\times n$ 的正定对称矩阵，$c>0$. 证明以下矩阵是正定的.

(1) cA；　(2) A^2；　(3) $A+B$；　(4) A^{-1} (先证 A 可逆).

总习题五

1. 二次型 $f(x_1, x_2, x_3)=x_1^2+x_2^2+ax_3^2+4x_1x_2+6x_2x_3$ 的秩为 2，求 a 的值.

2. 设 A 是 n 阶矩阵，若对所有的 n 维向量 x，恒有 $x^{\mathrm{T}}Ax=0$，证明 A 是反对称矩阵.

3. 设矩阵 $A=\begin{pmatrix} 0 & 1 & 0 & 0 \\ 1 & 0 & 0 & 0 \\ 0 & 0 & y & 1 \\ 0 & 0 & 1 & 2 \end{pmatrix}$.

(1) 已知 A 的一个特征值为 3，试求 y；　(2) 求矩阵 P，使 $(AP)^{\mathrm{T}}(AP)$ 为对角矩阵.

4. 设 A 为 n 阶实对称矩阵，$\mathrm{r}(A)=n$，A_{ij} 是 $A=(a_{ij})_{n\times n}$ 中元素 a_{ij} 的代数余子式 $(i, j=1, 2, \cdots, n)$，二次型 $f(x_1, x_2, \cdots, x_n)=\sum\limits_{i=1}^{n}\sum\limits_{j=1}^{n}\dfrac{A_{ij}}{|A|}x_ix_j$. 记 $x=(x_1, x_2, \cdots, x_n)^{\mathrm{T}}$，把 $f(x_1, x_2, \cdots, x_n)$ 写成矩阵形式，并证明二次型 f 的矩阵为 A^{-1}.

5. 已知 $(1, -1, 0)^{\mathrm{T}}$ 是二次型 $x^{\mathrm{T}}Ax=ax_1^2+x_3^2-2x_1x_2+2x_1x_3+2bx_2x_3$ 的矩阵 A 的特征向量，求正交变换化二次型为标准形，并求 $x^{\mathrm{T}}x=2$ 时，$x^{\mathrm{T}}Ax$ 的最大值.

6. 设二次型 $f(x_1, x_2, x_3)=2x_1^2+3x_2^2+3x_3^2+2ax_2x_3\,(a>0)$ 可通过正交变换化成标准形 $f=y_1^2+2y_2^2+5y_3^2$，求参数 a 及所用的正交变换矩阵.

7. 设二次型 $f=x_1^2+x_2^2+x_3^2+2ax_1x_2+2bx_2x_3+2x_1x_3$ 可经正交变换 $x=Qy$ 化成 $f=y_2^2+2y_3^2$，试求常数 a, b.

8. 二次型 $x^2+ay^2+z^2+2bxy+2xz+2yz$ 可经过正交变换 $\begin{pmatrix} x \\ y \\ z \end{pmatrix}=P\begin{pmatrix} \xi \\ \eta \\ \zeta \end{pmatrix}$ 化为标准形 $\eta^2+4\zeta^2$，求 a, b

的值和正交矩阵 $\boldsymbol{P}$.

9. 假设二次型

$$f(x_1, x_2, x_3)=4x_2^2-3x_3^2+4x_1x_2-4x_1x_3+8x_2x_3,$$

并且在正交变换 $\boldsymbol{x}=\boldsymbol{P}\boldsymbol{y}$ 下的标准形为 $\lambda_1 y_1^2+\lambda_2 y_2^2-\lambda_3 y_3^2$, 试确定正交矩阵 $\boldsymbol{P}$.

10. 如果二次型 $f(x_1, x_2, x_3)=\boldsymbol{x}^{\mathrm{T}}\boldsymbol{A}\boldsymbol{x}$ 在正交变换 $\boldsymbol{x}=\boldsymbol{Q}\boldsymbol{y}$ 下的标准形为 $y_1^2+y_2^2$, 并且矩阵 $\boldsymbol{Q}$ 的第 3 列为 $(\sqrt{2}/2, 0, \sqrt{2}/2)^{\mathrm{T}}$, 试求矩阵 $\boldsymbol{A}$.

11. $\boldsymbol{A}$ 为三阶实对称矩阵, 且满足 $\boldsymbol{A}^3-\boldsymbol{A}^2-\boldsymbol{A}=2\boldsymbol{E}$, 二次型 $\boldsymbol{x}^{\mathrm{T}}\boldsymbol{A}\boldsymbol{x}$ 经正交变换可化为标准形, 求此标准形的表达式.

12. 证明: 二次型 $f=\boldsymbol{x}^{\mathrm{T}}\boldsymbol{A}\boldsymbol{x}$ 在 $\|\boldsymbol{x}\|=1$ 时的最大值为矩阵 $\boldsymbol{A}$ 的最大特征值.

13. 判断三元二次型 $f=x_1^2+5x_2^2+x_3^2+4x_1x_2-4x_2x_3$ 的正定性.

14. 判断 n 元二次型 $\sum_{i=1}^{n}x_i^2+\sum_{1\leqslant i<j\leqslant n}x_ix_j$ 的正定性.

15. 求二次型

$$f(x_1,x_2,x_3)=(x_1+x_2)^2+(x_2-x_3)^2+(x_3+x_1)^2$$

的正、负惯性指数, 并指出方程 $f(x_1, x_2, x_3)=1$ 表示何种二次曲面.

16. 考虑二次型 $f(x_1, x_2, x_3)=x_1^2+2x_2^2+(1-k)x_3^2+2kx_1x_2+2x_1x_3$, 则 k 为何值时, f 为正定二次型?

17. 设矩阵 $\boldsymbol{A}=\begin{pmatrix}1&0&1\\0&2&0\\1&0&1\end{pmatrix}$, 矩阵 $\boldsymbol{B}=(k\boldsymbol{E}+\boldsymbol{A})^2$, 其中 k 为实数, $\boldsymbol{E}$ 为单位矩阵. 求对角矩阵 $\boldsymbol{\Lambda}$, 使 $\boldsymbol{B}$ 与 $\boldsymbol{\Lambda}$ 相似, 并求 k 为何值时, $\boldsymbol{B}$ 为正定矩阵.

18. 对任意实数 $\lambda>0$, $\mu>0$, 试证:

(1) 当 $\boldsymbol{A}, \boldsymbol{B}$ 均半正定时, $\lambda\boldsymbol{A}+\mu\boldsymbol{B}$ 也半正定;

(2) 当 $\boldsymbol{A}, \boldsymbol{B}$ 中有一个正定, 另一个半正定时, $\lambda\boldsymbol{A}-\mu\boldsymbol{B}$ 正定.

19. $\boldsymbol{A},\boldsymbol{B}$ 均是 n 阶实对称矩阵, 其中 $\boldsymbol{A}$ 正定, 证明存在实数 t, 使 $t\boldsymbol{A}+\boldsymbol{B}$ 是正定矩阵.

20. 设 $\boldsymbol{A}$ 是 n 阶正定矩阵, $\boldsymbol{E}$ 是 n 阶单位矩阵, 证明 $\boldsymbol{A}+\boldsymbol{E}$ 的行列式大于 1.

21. $\boldsymbol{A}, \boldsymbol{B}$ 均是 n 阶实对称矩阵, 证明: $\boldsymbol{A}$ 与 $\boldsymbol{B}$ 合同的充要条件是二次型 $f=\boldsymbol{x}^{\mathrm{T}}\boldsymbol{A}\boldsymbol{x}$ 与二次型 $g=\boldsymbol{y}^{\mathrm{T}}\boldsymbol{B}\boldsymbol{y}$ 具有相同的秩与正惯性指数.

22. 设二次型

$$f(x_1, x_2, x_3)=2x_1^2-x_2^2+ax_3^2+2x_1x_2-8x_1x_3+2x_2x_3$$

在正交变换 $\boldsymbol{x}=\boldsymbol{Q}\boldsymbol{y}$ 下的标准形为 $\lambda_1 y_1^2+\lambda_2 y_2^2$, 求 a 的值及一个正交矩阵 $\boldsymbol{Q}$.

23. 三阶矩阵 $\boldsymbol{A}=\begin{pmatrix}1&0&1\\0&1&1\\-1&0&a\end{pmatrix}$, $\boldsymbol{A}^{\mathrm{T}}$ 为矩阵 $\boldsymbol{A}$ 的转置, 已知 $\mathrm{r}(\boldsymbol{A}^{\mathrm{T}}\boldsymbol{A})=2$, 且二次型 $f=\boldsymbol{x}^{\mathrm{T}}\boldsymbol{A}^{\mathrm{T}}\boldsymbol{A}\boldsymbol{x}$.

(1) 求 a; (2) 求二次型对应的矩阵, 并将二次型化为标准形, 写出正交变换过程.

24. 设二次型

$$f(x_1, x_2, x_3)=x_1^2+x_2^2+x_3^2-x_1x_2-x_1x_3-x_2x_3$$

经过可逆线性变换 $\begin{pmatrix} x_1 \\ x_2 \\ x_3 \end{pmatrix} = \boldsymbol{P}\begin{pmatrix} y_1 \\ y_2 \\ y_3 \end{pmatrix}$ 后化为 $g(y_1, y_2, y_3) = y_1^2 + y_2^2 + 4y_3^2 + 2y_1 y_2$，试求可逆矩阵 $\boldsymbol{P}$.

25. 设 $\boldsymbol{D} = \begin{pmatrix} \boldsymbol{A} & \boldsymbol{C} \\ \boldsymbol{C}^{\mathrm{T}} & \boldsymbol{B} \end{pmatrix}$ 为正定矩阵，其中 $\boldsymbol{A}$, $\boldsymbol{B}$ 分别为 m 阶、n 阶对称矩阵，$\boldsymbol{C}$ 为 $m \times n$ 矩阵，并且存在矩阵 $\boldsymbol{P} = \begin{pmatrix} \boldsymbol{E}_m & -\boldsymbol{A}^{-1}\boldsymbol{C} \\ \boldsymbol{O} & \boldsymbol{E}_n \end{pmatrix}$，使得 $\boldsymbol{P}^{\mathrm{T}}\boldsymbol{D}\boldsymbol{P} = \begin{pmatrix} \boldsymbol{A} & \boldsymbol{O} \\ \boldsymbol{O} & \boldsymbol{B} - \boldsymbol{C}^{\mathrm{T}}\boldsymbol{A}^{-1}\boldsymbol{C} \end{pmatrix}$. 试证：$\boldsymbol{B} - \boldsymbol{C}^{\mathrm{T}}\boldsymbol{A}^{-1}\boldsymbol{C}$ 为正定矩阵.

26. 设有 n 元实二次型

$$f(x_1, x_2, \cdots, x_n) = (x_1 + a_1 x_2)^2 + (x_2 + a_2 x_3)^2 + \cdots + (x_{n-1} + a_{n-1} x_n)^2 + (x_n + a_n x_1)^2,$$

其中 a_i $(i = 1, 2, \cdots, n)$ 为实数. 问当 a_1, a_2, $\cdots$, a_n 满足何种条件时，二次型 $f(x_1, x_2, \cdots, x_n)$ 是正定二次型？

第 6 章　线性空间与线性变换

2024 年 10 月 30 日 4 时 27 分，搭载神舟十九号载人飞船的长征二号 F 遥十九运载火箭在酒泉卫星发射中心点火升空 (见右图)，发射取得圆满成功，6.5小时后，神舟十九号载人飞船与中国空间站成功实现自动交会对接. 随后，三位航天员进入中国空间站舱内. 载人飞船技术可以说是控制系统工程设计领域历经三十多年深入研究和开发的成果，这一领域涉及航天学、计算机科学、通信科学、流体力学、机械工程、电子学等众多的科学分支. 对于太空飞行而言，载人飞船的控制系统绝对是关键. 以飞船飞行的倾角控制为例，要使飞船按照设定的轨迹飞行，系统会在不同的时刻动态输入预定倾角信号，经由运算器处理后通过控制器来调整飞船飞行的倾角，同时，系统会对飞船飞行的倾角进行实时监控，并将监控信息 (实际飞行倾角与预定飞行倾角的误差) 反馈给运算器处理以进行实时校正，这样就形成了一个典型的闭环反馈控制系统.

从数学抽象意义上看，控制系统中向运算器输入的信号和运算器处理后输出的信号都是函数，并且这些函数可以进行普通的加法和数乘运算，这在实际应用中相当重要. 函数的这两种运算与向量空间 $\mathbf{R}^n$ 中向量的加法和数乘运算有完全类似的线性运算性质. 鉴于此，我们把所有可能的输入 (函数) 的集合称为线性空间. 而控制系统过程的数学基础就依赖于这些函数所构成的线性空间.

我们在第 2 章和第 3 章中播下的数学种子将会在本章开花结果. 一旦认识到向量空间 $\mathbf{R}^n$ 仅仅是实际应用中产生的许多线性空间 V_n 之一，而一般的线性空间 V_n 又与向量空间 $\mathbf{R}^n$ 同构，我们就能更清楚地体会到线性代数的力与美.

虽然研究一般的线性空间 V_n 和研究向量空间 $\mathbf{R}^n$ 本身没有太大的区别，但在本章内容的叙述中采用了更加抽象的数学思维模式，这有助于我们站在更高的层面去审视本书内容.

§6.1　线性空间的定义与性质

线性空间的概念源于对几何和代数问题的抽象与统一描述. 17世纪，笛卡儿提出解析几何后，将几何问题转化为代数方程来解决，揭示了向量空间的雏形. 随着微积分的发展，函数空间逐渐引入，数学家意识到，不同类型的对象 (如向量、函数、矩阵等) 都可以在某种结构下具有统一的加法和数乘运算规则, 这促进了线性空间理论的形成. 19世纪, 数学家如高斯、柯西等通过研究矩阵、向量组与线性方程组, 逐步完善了线性空间的概念.

线性空间为现代数学提供了一个统一的框架, 用于研究不同问题的共性. 它以抽象的方式刻画了许多自然现象和工程问题的核心规律, 成为线性代数、微分方程、泛函分析等领域的基础. 通过线性空间, 可以方便地定义维数、基底、子空间等基本概念, 便于处理复杂的数学问题. 线性空间在科学与工程中广泛应用, 例如, 在物理学中, 描述力、速度等物理量, 研究量子力学中的态空间; 在计算机科学中, 用于图像处理、数据压缩 (如主成分分析); 在工程学的电路分析与信号处理中, 研究函数空间的正交性和线性变换; 在机器学习中, 分析高维数据, 构建模型参数的解空间. 线性空间的引入使复杂问题得以简化, 为数学和其他学科的深入发展奠定了基础.

一、线性空间的定义

定义 1　设 $\boldsymbol{V}$ 是一个非空集合, $\mathbf{R}$ 为实数域. 如果对于任意的两个元素 $\boldsymbol{\alpha}, \boldsymbol{\beta}\in\boldsymbol{V}$, 总有唯一的元素 $\boldsymbol{\gamma}\in\boldsymbol{V}$ 与之对应, 则称其为 $\boldsymbol{\alpha}$ 与 $\boldsymbol{\beta}$ 的**和**, 记作 $\boldsymbol{\gamma}=\boldsymbol{\alpha}+\boldsymbol{\beta}$; 若对于数 $\lambda\in\mathbf{R}$ 与任一元素 $\boldsymbol{\alpha}\in\boldsymbol{V}$, 总有唯一的元素 $\boldsymbol{\delta}\in\boldsymbol{V}$ 与之对应, 则称其为 λ 与 $\boldsymbol{\alpha}$ 的**积**, 记作 $\boldsymbol{\delta}=\lambda\boldsymbol{\alpha}$. 若上述两种运算满足下列八条运算规律, $\boldsymbol{V}$ 就称为数域 $\mathbf{R}$ 上的**线性空间** (或**向量空间**):

设 $\boldsymbol{\alpha}, \boldsymbol{\beta}, \boldsymbol{\gamma}\in\boldsymbol{V}$; $\lambda, \mu\in\mathbf{R}$.

① $\boldsymbol{\alpha}+\boldsymbol{\beta}=\boldsymbol{\beta}+\boldsymbol{\alpha}$;

② $(\boldsymbol{\alpha}+\boldsymbol{\beta})+\boldsymbol{\gamma}=\boldsymbol{\alpha}+(\boldsymbol{\beta}+\boldsymbol{\gamma})$;

③ 在 $\boldsymbol{V}$ 中存在零元素 $\mathbf{0}$, 使 $\forall\boldsymbol{\alpha}\in\boldsymbol{V}$, 都有 $\boldsymbol{\alpha}+\mathbf{0}=\boldsymbol{\alpha}$;

④ 对 $\forall\boldsymbol{\alpha}\in\boldsymbol{V}$, 都有 $\boldsymbol{\alpha}$ 的负元素 $\boldsymbol{\beta}\in\boldsymbol{V}$, 使 $\boldsymbol{\alpha}+\boldsymbol{\beta}=\mathbf{0}$;

⑤ $1\boldsymbol{\alpha}=\boldsymbol{\alpha}$;

⑥ $\lambda(\mu\boldsymbol{\alpha})=(\lambda\mu)\boldsymbol{\alpha}$;

⑦ $(\lambda+\mu)\boldsymbol{\alpha}=\lambda\boldsymbol{\alpha}+\mu\boldsymbol{\alpha}$;

⑧ $\lambda(\boldsymbol{\alpha}+\boldsymbol{\beta})=\lambda\boldsymbol{\alpha}+\lambda\boldsymbol{\beta}$.

注: (1) 满足以上八条运算规律的加法及数乘运算, 称为 $\boldsymbol{V}$ 上的**线性运算**.

(2) 上述定义中线性空间的元素一般仍称为**向量** (但其含义要比向量空间 $\mathbf{R}^n$ 中的向量广泛得多), 从而线性空间也可称为**向量空间**.

(3) 在一个非空集合上, 若对于所定义的加法和数乘运算不封闭, 或者运算不满足八条性质中的某一条, 此集合就不能构成向量空间.

例 1　记次数不超过 n 的多项式的全体为 $\boldsymbol{P}[x]_n$, 即

$$\boldsymbol{P}[x]_n=\{p=a_nx^n+\cdots+a_1x+a_0 \mid a_n, \cdots, a_1, a_0\in\mathbf{R}\},$$

试验证它对通常的多项式的加法与数乘运算构成线性空间.

证明　注意到通常的多项式的加法与数乘运算满足线性运算的八条规律, 且

$$(a_nx^n+\cdots+a_1x+a_0)+(b_nx^n+\cdots+b_1x+b_0)$$

$$=(a_n+b_n)x^n+\cdots+(a_1+b_1)x+(a_0+b_0)\in \boldsymbol{P}[x]_n,$$

$$\lambda(a_nx^n+\cdots+a_1x+a_0)=(\lambda a_n)x^n+\cdots+(\lambda a_1)x+(\lambda a_0)\in \boldsymbol{P}[x]_n,$$

即 $\boldsymbol{P}[x]_n$ 对线性运算封闭, 故 $\boldsymbol{P}[x]_n$ 构成一个线性空间. 证毕.

例 2　证明 n 次多项式的全体

$$\boldsymbol{Q}[x]_n=\{p=a_nx^n+\cdots+a_1x_1+a_0\mid a_n,\cdots,a_0\in\mathbf{R}, \text{且 } a_n\neq 0\}$$

对于通常的多项式加法和数乘运算不构成线性空间.

证明　因 $0p=0(a_nx^n+\cdots+a_1x_1+a_0)=0\notin \boldsymbol{Q}[x]_n$, 故 $\boldsymbol{Q}[x]_n$ 对数乘运算不封闭. 因而集合 $\boldsymbol{Q}[x]_n$ 不能构成一线性空间. 证毕.

例 3　令 $\boldsymbol{V}$ 为所有正实数的集合, 运算定义如下:

(1) 加法: $x\oplus y=xy$;　(2) 数量乘法: $c\circ x=x^c$.

判断 $\boldsymbol{V}$ 是否构成向量空间. 如果是, 请验证所有向量空间公理; 如果不是, 请列出不满足的向量空间公理.

解　首先, 验证封闭性.

加法封闭: 对任意 $x, y>0$, $x\oplus y=xy>0$, 封闭.

数乘封闭: 对任意 $c\in\mathbf{R}$, $x>0$, $c\circ x=x^c>0$, 封闭.

再验证八条定理:

① 加法交换律: $x\oplus y=xy=yx=y\oplus x$, 成立.

② 加法结合律: $(x\oplus y)\oplus z=(xy)z=x(yz)=x\oplus(y\oplus z)$, 成立.

③ 零向量: 取 $e=1$, 对任意 $x>0$, $x\oplus e=x\cdot 1=x$, 零向量存在.

④ 负向量: 对任意 $x>0$, 取 $y=\dfrac{1}{x}$, 则 $x\oplus y=x\cdot\dfrac{1}{x}=1=e$, 负向量存在.

⑤ 数乘单位元: $1\circ x=x^1=x$, 成立.

⑥ 数乘结合律: $(cd)\circ x=x^{cd}$, $c\circ(d\circ x)=c\circ x^d=(x^d)^c=x^{cd}$, 成立.

⑦ 加法对数乘的分配率: $(c+d)\circ x=x^{c+d}=x^c\cdot x^d=(c\circ x)\oplus(d\circ x)$, 成立.

⑧ 数乘对加法的分配率: $c\circ(x\oplus y)=(xy)^c=x^cy^c=(c\circ x)\oplus(c\circ y)$, 成立.

综上所述, $\boldsymbol{V}$ 满足向量空间的所有公理, 构成向量空间.

例 4　确定 $p(x)=4x^2-x$ 是否在空间 $\{x^2+x, x^2-1, -x+2\}$ 中.

解　依题意, 我们需要检查是否存在实数 a, b 和 c, 使得以下等式成立:

$$4x^2-x=a(x^2+x)+b(x^2-1)+c(-x+2).$$

先展开右边:

$$a(x^2+x)+b(x^2-1)+c(-x+2)=(a+b)x^2+(a-c)x+(-b+2c),$$

再与左边的多项式 $4x^2-x$ 比较, 得:

$$a+b=4,\ a-c=-1,\ -b+2c=0,$$

从上解得 $a=\dfrac{2}{3}$, $b=\dfrac{10}{3}$ 和 $c=\dfrac{5}{3}$. 因此, 多项式 $p(x)$ 确实在给定的空间中.

例 5　n 个有序实数组成的数组的全体

$$\boldsymbol{S}^n=\{\boldsymbol{x}=(x_1, x_2, \cdots, x_n)^{\mathrm{T}} \mid x_1, x_2, \cdots, x_n \in \mathbf{R}\}$$

对于通常的有序数组的加法及如下定义的数乘:

$$\lambda \circ (x_1, x_2, \cdots, x_n)^{\mathrm{T}}=(0, 0, \cdots, 0),\ \lambda \in \mathbf{R},\ \boldsymbol{x} \in \boldsymbol{S}^n$$

不构成线性空间.

证明　虽然可证得 $\boldsymbol{S}^n$ 对线性运算封闭, 但 $1 \circ \boldsymbol{x}=\mathbf{0} \neq \boldsymbol{x}$, 即不满足线性运算的第五条运算规律, 故 $\boldsymbol{S}^n$ 不是线性空间. 证毕.

例 6　设 $\boldsymbol{S}$ 是由两端都无限的全体数值序列所构成的空间, 通常记作:

$$\{x_n\}=(\cdots, x_{-2}, x_{-1}, x_0, x_1, x_2, \cdots).$$

如果 $\{y_n\}$ 是 $\boldsymbol{S}$ 中的另一元素, $\{x_n\}+\{y_n\}$ 是 $\{x_n\}$ 和 $\{y_n\}$ 中的对应项相加得到的新序列 $\{x_n+y_n\}$, 数量乘积 $\lambda\{y_n\}$ 是序列 $\{\lambda y_n\}$, 可以验证在 $\boldsymbol{S}$ 中满足线性空间的运算规律.

$\boldsymbol{S}$ 中的元素经常出现在工程学中, 如在离散的时间段上信号的测量或采样. 这种信号可以是电子的、机械的、光学的, 等等. 本章的引言中介绍的载人飞船, 它的中央控制系统使用的就是离散信号. 为了使用方便, 我们称 $\boldsymbol{S}$ 为 (离散时间) **信号空间**. 它的直观意义如图 6 – 1 – 1 所示.

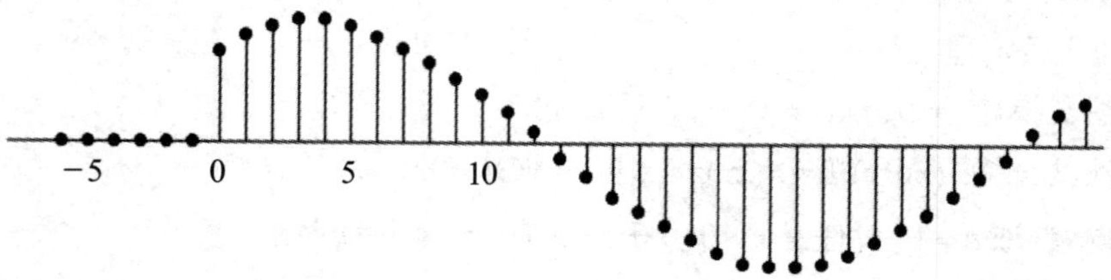

图 6 – 1 – 1

例 7　在网络性能优化中, 研究人员通常分析不同时间段内四条不同网络链路的流量数据, 以优化带宽使用并减少拥塞. 假设某网络管理员收集了三次不同时间段 (即三个不同的时间戳) 内四条链路的流量数据, 形成了以下数据矩阵 (单位: Mbps):

$$\boldsymbol{B}=\begin{pmatrix} 10 & 20 & 30 & 40 \\ 15 & 25 & 35 & 45 \\ 12 & 22 & 32 & 42 \end{pmatrix}.$$

该矩阵的每一行表示一个时间段内的流量数据, 而每一列表示一条链路的流量数据. 网络管理员希望通过线性空间的概念, 分析哪些链路的流量模式具有线性关系, 从而简化带宽优化的决策过程. 为了实现这一目标, 管理员可以按以下步骤进行分析:

(1) 判断流量数据的列空间是否构成一个线性空间.

(2) 计算流量数据矩阵的秩, 并解释该秩在带宽优化中的意义.

(3) 如果某些链路的流量模式可以通过其他链路的流量模式线性表示, 这对带宽优化有什么影响?

解　流量数据矩阵为 3×4 矩阵:

$$B=\begin{pmatrix}10&20&30&40\\15&25&35&45\\12&22&32&42\end{pmatrix}.$$

在这个矩阵中，每一列代表一条链路的流量数据，因此，问题中的“流量数据的列空间”即为这四条链路组成的向量空间. 为了判断这些链路的流量模式是否存在线性关系，我们需要对它们进行分析.

(1) 判断流量数据的列空间是否构成一个线性空间. 我们知道，线性空间的定义要求满足两个基本条件：向量加法封闭与向量数乘封闭. 在这个问题中，链路流量数据的列向量构成的集合显然满足这些基本条件，由于它们是在四维实数空间，因此可以认为它们构成一个线性空间.

(2) 计算流量数据矩阵的秩. 为了计算矩阵的秩，可利用初等行变换将其化为行阶梯形矩阵：

$$\begin{aligned}B&=\begin{pmatrix}10&20&30&40\\15&25&35&45\\12&22&32&42\end{pmatrix}\\&\to\begin{pmatrix}1&2&3&4\\15&25&35&45\\12&22&32&42\end{pmatrix}\to\begin{pmatrix}1&2&3&4\\0&5&10&15\\0&2&4&6\end{pmatrix}\\&\to\begin{pmatrix}1&2&3&4\\0&5&10&15\\0&0&0&0\end{pmatrix}.\end{aligned}$$

从上面所得的行阶梯形矩阵可以看出，它只有两个非零行，故其秩为2. 这意味着，在这个流量数据中，只有两条链路提供了独立的信息，其他链路的流量模式可以由这两条链路的线性组合来表示.

(3) 影响分析与带宽优化. 由矩阵$\boldsymbol{B}$的秩为2，可得出结论：在这四条链路的流量数据中，只有两条链路提供了独立的、非冗余的流量信息. 其他链路的流量模式可以由这两条链路的组合来完全描述. 为了优化带宽使用，网络管理员可以只关注这两条链路，忽略冗余的链路流量，从而减少网络资源的浪费和带宽的拥塞.

本例展示了线性空间的定义与性质在计算机网络流量分析中的实际应用. 首先，矩阵的列空间构成了一个线性空间. 其次，秩的计算过程揭示了数据中独立链路的数量. 最后，通过分析链路流量之间的线性关系，管理员可以有效简化带宽优化过程，识别出关键链路，从而提高网络性能并减少资源浪费. 线性空间的性质在网络流量分析与优化中具有重要的应用价值.

例 8 正实数的全体记作$\mathbf{R}^+$，在其中定义加法及数乘运算为

$$a\oplus b=ab,\ \lambda\circ a=a^{\lambda}\ (\lambda\in\mathbf{R},\ a,b\in\mathbf{R}^{+}),$$

验证 $\mathbf{R}^{+}$ 对上述加法与数乘运算构成线性空间.

证明　对任意 $a,b\in\mathbf{R}^{+}$, $\lambda\in\mathbf{R}$, 有

$$a\oplus b=ab\in\mathbf{R}^{+},\quad \lambda\circ a=a^{\lambda}\in\mathbf{R}^{+},$$

故 $\mathbf{R}^{+}$ 对上述定义的加法与数乘运算封闭. 又

① $a\oplus b=ab=ba=b\oplus a$;

② $(a\oplus b)\oplus c=(ab)\oplus c=(ab)c=a\oplus(b\oplus c)$;

③ $\mathbf{R}^{+}$ 中存在零元素 1, 使 $\forall a\in\mathbf{R}^{+}$, 都有 $a\oplus 1=a$;

④ $\forall a\in\mathbf{R}^{+}$, 有负元素 $a^{-1}\in\mathbf{R}^{+}$, 使 $a\oplus a^{-1}=aa^{-1}=1$;

⑤ $1\circ a=a^{1}=a$;

⑥ $\lambda\circ(\mu\circ a)=\lambda\circ a^{\mu}=(a^{\mu})^{\lambda}=a^{\lambda\mu}=(\lambda\mu)\circ a$;

⑦ $(\lambda+\mu)\circ a=a^{\lambda+\mu}=a^{\lambda}a^{\mu}=a^{\lambda}\oplus a^{\mu}=(\lambda\circ a)\oplus(\mu\circ a)$;

⑧ $\lambda\circ(a\oplus b)=\lambda\circ(ab)=(ab)^{\lambda}=a^{\lambda}b^{\lambda}=a^{\lambda}\oplus b^{\lambda}=(\lambda\circ a)\oplus(\lambda\circ b)$.

所以, $\mathbf{R}^{+}$ 对所定义的运算构成线性空间. 证毕.

二、线性空间的性质

1. 零元素是唯一的.

证明　假设 $\mathbf{0}_1$, $\mathbf{0}_2$ 是线性空间 V 中的两个零元素, 则对任何 $\boldsymbol{\alpha}\in V$, 有

$$\boldsymbol{\alpha}+\mathbf{0}_1=\boldsymbol{\alpha},\quad \boldsymbol{\alpha}+\mathbf{0}_2=\boldsymbol{\alpha}.$$

因 $\mathbf{0}_1$, $\mathbf{0}_2\in V$, 故 $\mathbf{0}_2+\mathbf{0}_1=\mathbf{0}_2$, $\mathbf{0}_1+\mathbf{0}_2=\mathbf{0}_1$, 故 $\mathbf{0}_1=\mathbf{0}_1+\mathbf{0}_2=\mathbf{0}_2+\mathbf{0}_1=\mathbf{0}_2$. 证毕.

2. 任一元素的负元素是唯一的.

证明　假设 $\boldsymbol{\alpha}$ 有两个负元素 $\boldsymbol{\beta}$ 与 $\boldsymbol{\gamma}$, 则 $\boldsymbol{\alpha}+\boldsymbol{\beta}=\mathbf{0}$, $\boldsymbol{\alpha}+\boldsymbol{\gamma}=\mathbf{0}$. 又

$$\boldsymbol{\beta}=\boldsymbol{\beta}+\mathbf{0}=\boldsymbol{\beta}+(\boldsymbol{\alpha}+\boldsymbol{\gamma})=(\boldsymbol{\beta}+\boldsymbol{\alpha})+\boldsymbol{\gamma}=\mathbf{0}+\boldsymbol{\gamma}=\boldsymbol{\gamma}.$$

证毕. 向量 $\boldsymbol{\alpha}$ 的负元素记为 $-\boldsymbol{\alpha}$.

3. $0\boldsymbol{\alpha}=\mathbf{0}$; $(-1)\boldsymbol{\alpha}=-\boldsymbol{\alpha}$; $\lambda\mathbf{0}=\mathbf{0}$.

证明　(1) 因 $\boldsymbol{\alpha}+0\boldsymbol{\alpha}=1\boldsymbol{\alpha}+0\boldsymbol{\alpha}=(1+0)\boldsymbol{\alpha}=1\boldsymbol{\alpha}=\boldsymbol{\alpha}$, 故 $0\boldsymbol{\alpha}=\mathbf{0}$.

(2) 因 $\boldsymbol{\alpha}+(-1)\boldsymbol{\alpha}=1\boldsymbol{\alpha}+(-1)\boldsymbol{\alpha}=[1+(-1)]\boldsymbol{\alpha}=0\boldsymbol{\alpha}=\mathbf{0}$, 故 $(-1)\boldsymbol{\alpha}=-\boldsymbol{\alpha}$.

(3) $\lambda\mathbf{0}=\lambda[\boldsymbol{\alpha}+(-1)\boldsymbol{\alpha}]=\lambda\boldsymbol{\alpha}+(-\lambda)\boldsymbol{\alpha}=[\lambda+(-\lambda)]\boldsymbol{\alpha}=0\boldsymbol{\alpha}=\mathbf{0}$. 证毕.

4. 若 $\lambda\boldsymbol{\alpha}=\mathbf{0}$, 则 $\lambda=0$ 或 $\boldsymbol{\alpha}=\mathbf{0}$.

证明　设 $\lambda\neq 0$, 则 $\dfrac{1}{\lambda}(\lambda\boldsymbol{\alpha})=\dfrac{1}{\lambda}\cdot\mathbf{0}=\mathbf{0}$. 又 $\dfrac{1}{\lambda}(\lambda\boldsymbol{\alpha})=\left(\dfrac{1}{\lambda}\cdot\lambda\right)\boldsymbol{\alpha}=\boldsymbol{\alpha}$, 故 $\boldsymbol{\alpha}=\mathbf{0}$. 证毕.

三、线性空间的子空间

线性空间的子空间是指原线性空间中的一个封闭子集, 该子集本身也满足线性空间的公理, 即具有封闭的加法和数乘运算. 子空间的定义为分析线性空间提供了层次化的工具,

能有效分解复杂问题. 其重要意义有: (1) 结构性. 子空间揭示了线性空间的内部结构, 提供了对线性空间进行分类和分解的途径. 例如, 零空间、行空间和列空间是矩阵研究的重要子空间. (2) 简化问题. 子空间使高维问题可以分解为若干低维问题进行处理, 例如, 通过主子空间进行近似计算或降维. (3) 基与维数. 子空间的基与维数反映了线性系统的独立性和自由度, 在数学理论和应用中具有深远意义.

定义 2 设 $\boldsymbol{V}$ 是一个线性空间, $\boldsymbol{L}$ 是 $\boldsymbol{V}$ 的一个非空子集, 如果 $\boldsymbol{L}$ 对于 $\boldsymbol{V}$ 中所定义的加法和数乘两种运算也构成一个线性空间, 则称 $\boldsymbol{L}$ 为 $\boldsymbol{V}$ 的**子空间**.

定理 1 线性空间 $\boldsymbol{V}$ 的非空子集 $\boldsymbol{L}$ 构成子空间的充要条件是: $\boldsymbol{L}$ 对于 $\boldsymbol{V}$ 中的线性运算封闭.

例 9 $\mathbf{R}^{2\times3}$ 的下列子集是否构成子空间? 为什么?

(1) $\boldsymbol{W}_1=\left\{\begin{pmatrix}1 & b & 0\\ 0 & c & d\end{pmatrix}\middle| b, c, d\in\mathbf{R}\right\}$;

(2) $\boldsymbol{W}_2=\left\{\begin{pmatrix}a & b & 0\\ 0 & 0 & c\end{pmatrix}\middle| a+b+c=0, a, b, c\in\mathbf{R}\right\}$.

解 (1) 不构成子空间. 因为对

$$\boldsymbol{A}=\boldsymbol{B}=\begin{pmatrix}1 & b & 0\\ 0 & c & d\end{pmatrix}\in\boldsymbol{W}_1,\quad \boldsymbol{A}+\boldsymbol{B}=\begin{pmatrix}2 & 2b & 0\\ 0 & 2c & 2d\end{pmatrix}\notin\boldsymbol{W}_1,$$

故 $\boldsymbol{W}_1$ 不构成子空间.

(2) 若 $\boldsymbol{A}=\begin{pmatrix}a_1 & b_1 & 0\\ 0 & 0 & c_1\end{pmatrix}$, $\boldsymbol{B}=\begin{pmatrix}a_2 & b_2 & 0\\ 0 & 0 & c_2\end{pmatrix}\in\boldsymbol{W}_2$, 有

$$a_1+b_1+c_1=0,\quad a_2+b_2+c_2=0,$$

则 $\boldsymbol{A}+\boldsymbol{B}=\begin{pmatrix}a_1+a_2 & b_1+b_2 & 0\\ 0 & 0 & c_1+c_2\end{pmatrix}$, 满足

$$(a_1+a_2)+(b_1+b_2)+(c_1+c_2)=0,$$

即 $\boldsymbol{A}+\boldsymbol{B}\in\boldsymbol{W}_2$, 又对于 $\lambda\in\mathbf{R}$, 有

$$\lambda\boldsymbol{A}=\begin{pmatrix}\lambda a_1 & \lambda b_1 & 0\\ 0 & 0 & \lambda c_1\end{pmatrix}, \text{且 } \lambda a_1+\lambda b_1+\lambda c_1=0,$$

所以, $\lambda\boldsymbol{A}\in\boldsymbol{W}_2$, 故 $\boldsymbol{W}_2$ 是 $\mathbf{R}^{2\times3}$ 的子空间.

例 10 $\mathbf{R}^3$ 的下列子集是否构成子空间? 为什么?

(1) $\boldsymbol{V}_1=\{\boldsymbol{u}=(u_1, u_2, u_3)^{\mathrm{T}}\mid |u_1|\leqslant 4\}$;

(2) $\boldsymbol{V}_2=\{\boldsymbol{u}=(u_1, u_2, u_3)^{\mathrm{T}}\mid u_3=u_1=0\}$.

解 (1) 不构成子空间. 取 $\boldsymbol{u}=(4, 0, 0)^{\mathrm{T}}$ 和 $\boldsymbol{v}=(4, 0, 0)^{\mathrm{T}}$, 则

$$\boldsymbol{u}+\boldsymbol{v}=(8,\ 0,\ 0)^{\mathrm{T}},$$

但 $|8|>4$, 因此, 该子集不满足加法封闭性, 不是子空间.

(2) 取 $\boldsymbol{A}=(u_1,\ u_2,\ u_3)^{\mathrm{T}}\in\boldsymbol{V}_2$, $\boldsymbol{B}=(u_4,\ u_5,\ u_6)^{\mathrm{T}}\in\boldsymbol{V}_2$, 则

$$\boldsymbol{A}+\boldsymbol{B}=(u_1+u_4,\ u_2+u_5,\ u_3+u_6)^{\mathrm{T}},$$

又 $u_1+u_4=0$, $u_3+u_6=0$, 故 $\boldsymbol{A}+\boldsymbol{B}\in\boldsymbol{V}_2$. 又对于 $\lambda\in\mathbf{R}$, 有

$$\lambda\boldsymbol{A}=(\lambda u_1,\ \lambda u_2,\ \lambda u_3)^{\mathrm{T}}\text{, 且 }\lambda u_1=\lambda u_3=0,$$

所以, $\lambda\boldsymbol{A}\in\boldsymbol{V}_2$, 故 $\boldsymbol{V}_2$ 是 $\mathbf{R}^3$ 的子空间.

例 11　设 $\boldsymbol{U}$ 和 $\boldsymbol{W}$ 是 $\mathbf{R}^n$ 的子空间. 定义它们的交为 $\boldsymbol{U}\cap\boldsymbol{W}=\{\boldsymbol{x}\in\mathbf{R}^n\,|\,\boldsymbol{x}\in\boldsymbol{U},\ \boldsymbol{x}\in\boldsymbol{W}\}$, 证明 $\boldsymbol{U}\cap\boldsymbol{W}$ 是 $\mathbf{R}^n$ 的子空间.

证明　依题设, $\boldsymbol{U}$ 与 $\boldsymbol{W}$ 均为 $\mathbf{R}^n$ 的子空间, 故 $\boldsymbol{U}$ 与 $\boldsymbol{W}$ 均含有零向量, 且满足

$$\boldsymbol{\alpha}_1,\ \boldsymbol{\alpha}_2\in\boldsymbol{U}\Rightarrow\boldsymbol{\alpha}_1+\boldsymbol{\alpha}_2\in\boldsymbol{U},\ \boldsymbol{\alpha}\in\boldsymbol{U},\ k\in\mathbf{R}\Rightarrow k\boldsymbol{\alpha}\in\boldsymbol{U};$$

$$\boldsymbol{\beta}_1,\ \boldsymbol{\beta}_2\in\boldsymbol{W}\Rightarrow\boldsymbol{\beta}_1+\boldsymbol{\beta}_2\in\boldsymbol{W},\ \boldsymbol{\beta}\in\boldsymbol{W},\ k\in\mathbf{R}\Rightarrow k\boldsymbol{\beta}\in\boldsymbol{W}.$$

于是, 交集 $\boldsymbol{U}\cap\boldsymbol{W}$ 满足:

$$\mathbf{0}\in\boldsymbol{U}\cap\boldsymbol{W};\ \boldsymbol{\gamma}_1,\ \boldsymbol{\gamma}_2\in\boldsymbol{U}\cap\boldsymbol{W}\Rightarrow\boldsymbol{\gamma}_1+\boldsymbol{\gamma}_2\in\boldsymbol{U}\cap\boldsymbol{W};\ \boldsymbol{\gamma}\in\boldsymbol{U}\cap\boldsymbol{W},\ k\in\mathbf{R}\Rightarrow k\boldsymbol{\gamma}\in\boldsymbol{U}\cap\boldsymbol{W},$$

所以, $\boldsymbol{U}\cap\boldsymbol{W}$ 是 $\mathbf{R}^n$ 的子空间. 证毕.

例 12　图6-1-2中显示了质量 - 弹簧系统, 质量为 m 的物块自然位置设为 $x=0$, 拉动物块超过其自然位置并在时间 $t=0$ 时释放, 此时物块做振动. 如果忽略摩擦和空气阻力, 则物块在时间 t 的 x 坐标 $x(t)$ 由函数

$$x(t)=c_1\cos\omega t+c_2\sin\omega t$$

给出, 其中, ω 是一个固定常数, 取决于物块的质量和弹簧的刚度, c_1 和 c_2 是常数. 证明这组函数形成 $\mathbf{C}^{\infty}(-\infty,+\infty)$ 的一个子空间.

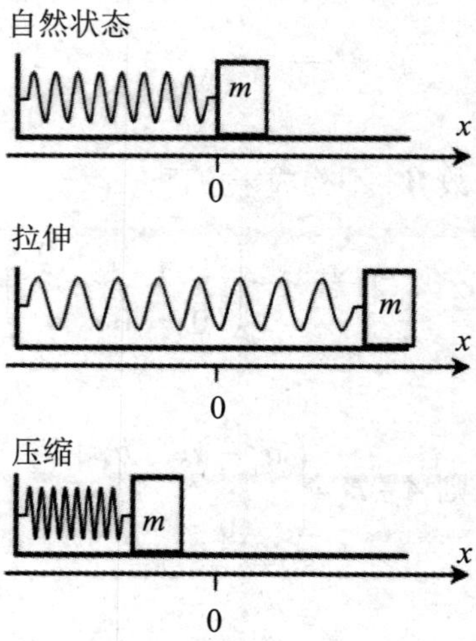

图 6-1-2

证明　$\cos\omega t$ 和 $\sin\omega t$ 是无穷可微的函数, 因为它们是基本的三角函数, 并且在整个实数域上光滑. 由于常数乘积和加法不会改变这一性质, 因此 $x(t)$ 是 $\mathbf{C}^{\infty}(-\infty,+\infty)$ 上的函数.

为证加法封闭性, 设函数

$$f(t)=a_1\cos\omega t+a_2\sin\omega t,\ g(t)=b_1\cos\omega t+b_2\sin\omega t$$

都属于这个函数集, 则

$$f(t)+g(t)=(a_1+b_1)\cos\omega t+(a_2+b_2)\sin\omega t,$$

显然, $f(t)+g(t)$ 的形式与原函数相同, 因此它仍然属于该函数集.

为证乘法封闭性, 令 $\lambda f(t)=\lambda a_1\cos\omega t+\lambda a_2\sin\omega t$, 显然, $\lambda f(t)$ 的形式与原函数相同, 因此它仍然属于该函数集.

综上所述, 这组函数构成 $\mathbf{C}^{\infty}(-\infty,+\infty)$ 的一个子空间. 证毕.

例 13 设 $\boldsymbol{P}$ 是所有实系数多项式组成的集合, $\boldsymbol{P}$ 上的运算与函数空间内的定义相同, 则集合 $\boldsymbol{P}$ 是所有定义在 $\mathbf{R}$ 上的实值函数所组成空间的子空间, 并且

$$\boldsymbol{P}[x]_n = \{p = a_n x^n + \cdots + a_1 x + a_0 \mid a_n, \cdots, a_1, a_0 \in \mathbf{R}\}$$

是 $\boldsymbol{P}$ 的一个子空间.

证明 若 $p_1 = a_n x^n + \cdots + a_1 x + a_0$, $p_2 = b_m x^m + \cdots + b_1 x + b_0 \in \boldsymbol{P}$, 不妨设 $m \leqslant n$, 则

$$\begin{aligned} & a_n x^n + \cdots + a_1 x + a_0 + b_m x^m + \cdots + b_1 x + b_0 \\ = & a_n x^n + \cdots + a_{m+1} x^{m+1} + (a_m + b_m) x^m + \cdots + (a_1 + b_1) x + (a_0 + b_0) \in \boldsymbol{P}, \end{aligned}$$

即 $p_1 + p_2 \in \boldsymbol{P}$. 又对于 $\lambda \in \mathbf{R}$, 有

$$\lambda p_1 = \lambda(a_n x^n + \cdots + a_1 x + a_0) = (\lambda a_n) x^n + \cdots + (\lambda a_1) x + (\lambda a_0) \in \boldsymbol{P},$$

所以, $\boldsymbol{P}$ 是所有定义在 $\mathbf{R}$ 上的实值函数所组成空间的子空间.

参考例 1, 易证 $\boldsymbol{P}[x]_n$ 是 $\boldsymbol{P}$ 的一个子空间. 证毕.

例 14 设 $\boldsymbol{V}$ 是实数域 $\mathbf{R}$ 上的二阶方阵组成的线性空间, $\boldsymbol{w}_1$ 由所有行列式是零的二阶方阵组成, $\boldsymbol{w}_2$ 由所有满足 $\boldsymbol{A}^2 = \boldsymbol{A}$ 的二阶方阵组成, 试判断 $\boldsymbol{w}_1$ 和 $\boldsymbol{w}_2$ 是否为 $\boldsymbol{V}$ 的子空间.

解 (1) $\boldsymbol{w}_1$ 对加法运算不封闭, 不是 $\boldsymbol{V}$ 的子空间. 例如

$$\boldsymbol{A} = \begin{pmatrix} 1 & 0 \\ 0 & 0 \end{pmatrix}, \ \boldsymbol{B} = \begin{pmatrix} 0 & 0 \\ 0 & 1 \end{pmatrix},$$

由于 $|\boldsymbol{A}| = 0$, $|\boldsymbol{B}| = 0$, 因此 $\boldsymbol{A}, \boldsymbol{B} \in \boldsymbol{w}_1$, 但

$$\boldsymbol{A} + \boldsymbol{B} = \begin{pmatrix} 1 & 0 \\ 0 & 1 \end{pmatrix}, \text{ 且 } |\boldsymbol{A} + \boldsymbol{B}| = 1,$$

故 $\boldsymbol{A} + \boldsymbol{B} \notin \boldsymbol{w}_1$.

(2) $\boldsymbol{w}_2$ 对数乘运算不封闭, 不是 $\boldsymbol{V}$ 的子空间. 例如

$$\boldsymbol{E} = \begin{pmatrix} 1 & 0 \\ 0 & 1 \end{pmatrix}, \ \boldsymbol{E}^2 = \boldsymbol{E} \Rightarrow \boldsymbol{E} \in \boldsymbol{w}_2,$$

但 $2\boldsymbol{E} = \begin{pmatrix} 2 & 0 \\ 0 & 2 \end{pmatrix}$, 且 $(2\boldsymbol{E})^2 = \begin{pmatrix} 4 & 0 \\ 0 & 4 \end{pmatrix} \neq 2\boldsymbol{E}$.

例 15 设 $\boldsymbol{H}$ 是所有形如 $(\alpha - 2\beta, \beta - 2\alpha, \alpha, \beta)$ 的向量所构成的集合, 其中 α, β 是任意实数, 即 $\boldsymbol{H} = \{(\alpha - 2\beta, \beta - 2\alpha, \alpha, \beta) \mid \alpha, \beta \in \mathbf{R}\}$. 证明 $\boldsymbol{H}$ 是 $\mathbf{R}^4$ 的子空间.

证明 把 $\boldsymbol{H}$ 中的向量记成列向量的形式, $\boldsymbol{H}$ 中的任意向量都具有如下形式:

$$\begin{pmatrix} \alpha - 2\beta \\ \beta - 2\alpha \\ \alpha \\ \beta \end{pmatrix} = \alpha \begin{pmatrix} 1 \\ -2 \\ 1 \\ 0 \end{pmatrix} + \beta \begin{pmatrix} -2 \\ 1 \\ 0 \\ 1 \end{pmatrix},$$

令 $\boldsymbol{p}_1=(1,-2,1,0)^{\mathrm{T}}$, $\boldsymbol{p}_2=(-2,1,0,1)^{\mathrm{T}}$, 则 $\boldsymbol{H}$ 是由 $\boldsymbol{p}_1,\boldsymbol{p}_2$ 的线性组合的向量所构成的集合, 即 $\boldsymbol{H}=\{k_1\boldsymbol{p}_1+k_2\boldsymbol{p}_2\mid k_1,k_2\in\mathbf{R}\}$, 在 $\boldsymbol{H}$ 中任取 $\gamma_1=k_1\boldsymbol{p}_1+k_2\boldsymbol{p}_2$ 和 $\gamma_2=l_1\boldsymbol{p}_1+l_2\boldsymbol{p}_2$, 有

$$\gamma_1+\gamma_2=(k_1\boldsymbol{p}_1+k_2\boldsymbol{p}_2)+(l_1\boldsymbol{p}_1+l_2\boldsymbol{p}_2)=(k_1+l_1)\boldsymbol{p}_1+(k_2+l_2)\boldsymbol{p}_2\in\boldsymbol{H},$$

又对于 $c\in\mathbf{R}$, 有

$$\gamma_1+\gamma_2=c(k_1\boldsymbol{p}_1+k_2\boldsymbol{p}_2)=(ck_1)\boldsymbol{p}_1+(ck_2)\boldsymbol{p}_2\in\boldsymbol{H},$$

所以, $\boldsymbol{H}$ 是 $\mathbf{R}^4$ 的子空间. 证毕.

注: 例 15 给出了一种非常有用的技巧, 利用它可以将子空间 $\boldsymbol{H}$ 进行线性组合. 如果表示成更小的向量集合的 $\boldsymbol{H}$ 是由 $\boldsymbol{p}_1,\boldsymbol{p}_2,\cdots,\boldsymbol{p}_n$ 的线性组合的向量构成的集合, 则可以利用向量(组) $\boldsymbol{p}_1,\boldsymbol{p}_2,\cdots,\boldsymbol{p}_n$ 来研究子空间 $\boldsymbol{H}$, 也可以把 $\boldsymbol{H}$ 中无穷多个向量的运算简化成 $\boldsymbol{p}_1,\boldsymbol{p}_2,\cdots,\boldsymbol{p}_n$ 中向量的运算.

习题 6-1

1. 判断以下集合对于所指定的运算是否构成数域 $\mathbf{R}$ 上的线性空间.

(1) 所有 n 阶对称矩阵，对矩阵加法及矩阵的数量乘法;

(2) 所有 n 阶可逆矩阵，对矩阵加法及矩阵的数量乘法;

(3) 微分方程 $y''+3y'-3y=0$ 的全部解, 对函数的加法及数与函数的乘积;

(4) 微分方程 $y''+3y'-3y=2$ 的全部解, 对函数的加法及数与函数的乘积;

(5) $\boldsymbol{V}=\{f(x)\in\boldsymbol{C}[a,b]\mid f(a)=1\}$ 对函数的加法及数与函数的乘积.

2. 判断下列函数是否位于空间 $\{\cos^2x,\sin^2x\}$ 内 ($x\in[0,\pi]$).

(1) $\cos2x$;　(2) 1;　(3) x^2;　(4) $1+x^2$.

3. 设 $\boldsymbol{U}$ 和 $\boldsymbol{W}$ 是 $\mathbf{R}^n$ 的子空间. 定义它们的和为 $\boldsymbol{U}+\boldsymbol{W}=\{\boldsymbol{x}\in\mathbf{R}^n\mid\boldsymbol{x}=\boldsymbol{\alpha}+\boldsymbol{\beta},\boldsymbol{\alpha}\in\boldsymbol{U},\boldsymbol{\beta}\in\boldsymbol{W}\}$, 证明 $\boldsymbol{U}+\boldsymbol{W}$ 是 $\mathbf{R}^n$ 的子空间.

4. 验证: 与向量 $(0,0,1)$ 不平行的全体三维数组向量, 对数组向量的加法和数乘运算不构成线性空间.

5. 判断下列 $\mathbf{R}^3$ 的子集是否构成 $\mathbf{R}^3$ 的子空间.

(1) 形如 $(a,b,a+2)$ 的向量全体;　(2) 形如 $(a,b,0)$ 的向量全体;

(3) 形如 (a,b,b^2) 的向量全体;　(4) 形如 (a,b,c) 的向量全体 ($c\geqslant0$);

(5) 满足 $x+2y-3z=4$ 的点 (x,y,z) 的集合;　(6) 满足 $\dfrac{x-1}{2}=\dfrac{y+2}{3}=\dfrac{z}{4}$ 的点 (x,y,z) 的集合;

(7) 满足 $x^2+y^2=z$ 的点 (x,y,z) 的集合;　(8) 满足 $\dfrac{x}{2}=\dfrac{y-3}{5}$ 的点 (x,y,z) 的集合;

(9) 满足 $\begin{cases}x+y+z=0\\x-y+z=1\end{cases}$ 的点 (x,y,z) 的集合;　(10) 满足 $\begin{cases}x=-z\\x=z\end{cases}$ 的点 (x,y,z) 的集合.

6. 确定下列集合是否为三维实数空间 $\mathbf{R}^3$ 的子空间, 并给出理由.

(1) $\boldsymbol{V}_1=\{\boldsymbol{u}=(u_1,u_2,u_3)^{\mathrm{T}}\mid u_i\geqslant0,i=1,2,3\}$;

(2) $V_2=\{\boldsymbol{u}=(u_1, u_2, u_3)^{\mathrm{T}} \mid u_3+u_1=2u_2\}$;

(3) $V_3=\{\boldsymbol{u}=(u_1, u_2, u_3)^{\mathrm{T}} \mid u_3 \geqslant u_1\}$.

7. 在生物医学研究中, 研究人员常常通过基因表达数据来分析不同类型的疾病之间的差异. 假设某研究小组对四个基因在三个不同疾病样本中的表达值进行了测量, 并得到了以下数据矩阵:

$$\boldsymbol{A}=\begin{pmatrix} 2 & 3 & 5 & 7 \\ 1 & 1 & 4 & 6 \\ 3 & 5 & 6 & 8 \end{pmatrix}.$$

该矩阵的每一行是一个样本的基因表达数据, 每一列表示一个基因. 研究者希望通过线性空间的概念, 分析哪些基因的表达值具有线性关系, 从而简化数据分析. 为了实现这个目标, 研究者可以按以下步骤进行分析:

(1) 判断基因数据的列空间是否构成一个线性空间.

(2) 计算基因数据矩阵的秩, 并解释该秩在数据分析中的含义.

(3) 如果某些基因的表达值可以由其他基因的表达值线性表示, 这对数据分析有什么影响?

8. 设 $\boldsymbol{P}^{n\times n}$ 是数域 $\boldsymbol{P}$ 上全体 n 阶方阵构成的线性空间, 矩阵 $\boldsymbol{A}\in\boldsymbol{P}^{n\times n}$, 证明: 在 $\boldsymbol{P}^{n\times n}$ 中, 全体与 $\boldsymbol{A}$ 可交换的矩阵集合 $\boldsymbol{W}$ 是 $\boldsymbol{P}^{n\times n}$ 的一个子空间.

9. 在数域 $\boldsymbol{P}$ 上所有 n 阶方阵构成的线性空间 $\boldsymbol{P}^{n\times n}$ 中, 记 $\boldsymbol{W}=\{\boldsymbol{A}\in\boldsymbol{P}^{n\times n} \mid \mathrm{tr}(\boldsymbol{A})=0\}$, 证明 $\boldsymbol{W}$ 是 $\boldsymbol{P}^{n\times n}$ 的子空间, 其中 $\mathrm{tr}(\boldsymbol{A})$ 表示 $\boldsymbol{A}$ 的主对角线元素之和.

10. 设 $\boldsymbol{H}$ 是所有形如 $(5\alpha+2\beta, \alpha, \beta)^{\mathrm{T}}$ 的向量所构成的集合, 其中 α, β 是任意实数. 求向量 $\boldsymbol{p}_1, \boldsymbol{p}_2$, 使得 $\boldsymbol{H}$ 是由 $\boldsymbol{p}_1, \boldsymbol{p}_2$ 的线性组合的向量所构成的集合, 并证明 $\boldsymbol{H}$ 是 $\mathbf{R}^3$ 的子空间.

11. 证明: 如果用 $(x_1, y_1)\oplus(x_2, y_2)=(x_1x_2, y_1y_2)$ 定义加法, $c\circ(x, y)=(x^c, y^c)$ 定义数量乘法, 那么正象限 $\boldsymbol{Q}=\{(x, y) \mid x, y>0\}\subset\mathbf{R}^2$ 形成一个向量空间.

§6.2 基、维数与坐标

线性空间的基、维数和坐标是线性代数的核心概念, 其产生源于对向量、几何空间及线性方程组的研究. 17世纪, 笛卡儿通过解析几何将几何问题转化为代数问题, 为线性空间的基与坐标奠定了基础; 19世纪, 高斯和柯西等人对矩阵和线性方程组的系统研究, 完善了维数和基的概念. 这些理论统一了代数、几何和物理中的许多问题.

基是线性空间的一组向量, 这些向量既线性无关又能生成整个空间. 基的意义主要体现在: (1) 构造性: 基为线性空间提供了“生成器”, 利用基可以表示空间中所有的向量; (2) 唯一表示: 任何向量在一个基下有且仅有一种坐标表示, 便于运算与分析; (3) 几何与变换: 基的选择对应于不同参考系, 基变换揭示了空间在不同描述下的关系.

维数是线性空间中基向量的数量, 反映了空间的自由度和复杂性; 维数衡量线性空间的大小, 例如, 二维平面和三维空间的维数分别为2和3, 体现其复杂程度. 维数是判断向量组线性无关性的重要工具, 也是描述矩阵行列空间和零空间的核心指标. 在多维问题中, 减少维数意味着降低复杂度, 例如, 通过数据降维提取主要特征.

坐标是基下向量的唯一表示形式, 通过数值组合表示向量的位置和性质; 坐标化使抽象的向量运算转化为数值运算, 极大地简化了问题求解. 坐标提供空间中的定位工具, 描述向量的方向和长度. 在数据分析中, 坐标系的选择直接影响数据的解释与处理效率.

在第3章中, 我们定义了一些重要概念, 如线性组合、线性表示、线性相关、线性无关等. 这些概念以及相关的性质只涉及向量的线性运算. 但是, 它们对于一般的线性空间中的向量仍然适用. 因此, 今后我们将直接引用这些概念及相关性质.

一、线性空间的基与维数

已知在 n 维向量空间 $\mathbf{R}^n$ 中, 线性无关的向量组最多由 n 个向量组成, 而任意 $n+1$ 个向量都是线性相关的. 现在我们要问: 在线性空间 V 中, 最多能有多少个线性无关的向量?

定义 1　在线性空间 V 中, 若存在 n 个元素 $\boldsymbol{\alpha}_1, \boldsymbol{\alpha}_2, \cdots, \boldsymbol{\alpha}_n$ 满足:

(1) $\boldsymbol{\alpha}_1, \boldsymbol{\alpha}_2, \cdots, \boldsymbol{\alpha}_n$ 线性无关,

(2) V 中任一元素 $\boldsymbol{\alpha}$ 总可由 $\boldsymbol{\alpha}_1, \boldsymbol{\alpha}_2, \cdots, \boldsymbol{\alpha}_n$ 线性表示,

则称 $\boldsymbol{\alpha}_1, \boldsymbol{\alpha}_2, \cdots, \boldsymbol{\alpha}_n$ 为线性空间 V 的一个**基**, n 称为线性空间 V 的**维数**, 记为 $\dim V = n$. 维数为 n 的线性空间称为 ***n* 维线性空间**, 记作 V_n.

若一个线性空间 V 中存在任意多个线性无关的向量, 则称 V 是**无限维**的.

如果 $\boldsymbol{\alpha}_1, \boldsymbol{\alpha}_2, \cdots, \boldsymbol{\alpha}_n$ 为 n 维线性空间 V_n 的一个基, 那么 V_n 可表示为

$$V_n = \{\boldsymbol{\alpha} = x_1\boldsymbol{\alpha}_1 + x_2\boldsymbol{\alpha}_2 + \cdots + x_n\boldsymbol{\alpha}_n \mid x_1, x_2, \cdots, x_n \in \mathbf{R}\}.$$

于是, $\forall \boldsymbol{\alpha} \in V_n$ 都有一组有序数 $x_1, x_2, \cdots, x_n$, 使得

$$\boldsymbol{\alpha} = x_1\boldsymbol{\alpha}_1 + x_2\boldsymbol{\alpha}_2 + \cdots + x_n\boldsymbol{\alpha}_n,$$

由 $\boldsymbol{\alpha}_1, \boldsymbol{\alpha}_2, \cdots, \boldsymbol{\alpha}_n$ 是 V_n 的一个基知, 这组数是唯一的.

反之, 任给一组有序数 $x_1, x_2, \cdots, x_n$, 总有唯一的元素

$$\boldsymbol{\alpha} = x_1\boldsymbol{\alpha}_1 + x_2\boldsymbol{\alpha}_2 + \cdots + x_n\boldsymbol{\alpha}_n \in V_n,$$

所以, V_n 中任一元素 $\boldsymbol{\alpha}$ 均与一有序数组 $(x_1, x_2, \cdots, x_n)^{\mathrm{T}}$ 一一对应.

例1　设有向量组

$$\boldsymbol{\alpha}_1 = (1, 0, 2, 1), \boldsymbol{\alpha}_2 = (2, 0, 1, -1), \boldsymbol{\alpha}_3 = (3, 0, 3, 0);\ \boldsymbol{\beta}_1 = (1, 1, 0, 1), \boldsymbol{\beta}_2 = (4, 1, 3, 1).$$

令 $V_1 = L(\boldsymbol{\alpha}_1, \boldsymbol{\alpha}_2, \boldsymbol{\alpha}_3)$, $V_2 = L(\boldsymbol{\beta}_1, \boldsymbol{\beta}_2)$, 求 $V_1 \cap V_2$ 的维数及一个基.

解　依题设, 因 $\boldsymbol{\alpha}_1, \boldsymbol{\alpha}_2$ 是 V_1 的一个基, 故

$$V_1 = L(\boldsymbol{\alpha}_1, \boldsymbol{\alpha}_2),$$

若 $\boldsymbol{\alpha} \in V_1 \cap V_2$, 则存在 x_1, x_2, x_3, x_4, 使得 $\boldsymbol{\alpha} = x_1\boldsymbol{\alpha}_2 + x_2\boldsymbol{\alpha}_2 = x_3\boldsymbol{\beta}_1 + x_4\boldsymbol{\beta}_2$, 即

$$\begin{pmatrix} 1 & 2 & -1 & -4 \\ 0 & 0 & -1 & -1 \\ 2 & 1 & 0 & -3 \\ 1 & -1 & -1 & -1 \end{pmatrix} \begin{pmatrix} x_1 \\ x_2 \\ x_3 \\ x_4 \end{pmatrix} = \mathbf{0},$$

求得上述线性方程组的基础解系: (1, 1, −1, 1), 于是

$$\boldsymbol{w}=\boldsymbol{\alpha}_1+\boldsymbol{\alpha}_2=(3, 0, 3, 0)=\boldsymbol{\beta}_2-\boldsymbol{\beta}_1$$

是 $V_1\cap V_2$ 的一个生成组. (1, 0, 1, 0) 是 $V_1\cap V_2$ 的基, 且 $\dim(V_1\cap V_2)=1$.

例2 如果 $\boldsymbol{x}_1, \boldsymbol{x}_2, \boldsymbol{x}_3, \boldsymbol{x}_4$ 与 $\boldsymbol{y}_1, \boldsymbol{y}_2, \boldsymbol{y}_3, \boldsymbol{y}_4$ 是 $\mathbf{R}^4$ 的基, 且

$$\boldsymbol{x}_1+\boldsymbol{y}_1, \boldsymbol{x}_2+\boldsymbol{y}_2, \boldsymbol{x}_3+\boldsymbol{y}_3, \boldsymbol{x}_4+\boldsymbol{y}_4$$

线性无关, 证明: $\boldsymbol{x}_1+\boldsymbol{y}_1, \boldsymbol{x}_2+\boldsymbol{y}_2, \boldsymbol{x}_3+\boldsymbol{y}_3, \boldsymbol{x}_4+\boldsymbol{y}_4$ 也是 $\mathbf{R}^4$ 的基.

证明 设有向量组 $\boldsymbol{z}_1, \boldsymbol{z}_2, \boldsymbol{z}_3, \boldsymbol{z}_4$, 其中 $\boldsymbol{z}_i=\boldsymbol{x}_i+\boldsymbol{y}_i\ (i=1, 2, 3, 4)$. 若存在一组数 c_1, c_2, c_3, c_4, 使得

$$c_1\boldsymbol{z}_1+c_2\boldsymbol{z}_2+c_3\boldsymbol{z}_3+c_4\boldsymbol{z}_4=\boldsymbol{0}.$$

将 $\boldsymbol{z}_i=\boldsymbol{x}_i+\boldsymbol{y}_i$ 代入上式, 展开得

$$c_1(\boldsymbol{x}_1+\boldsymbol{y}_1)+c_2(\boldsymbol{x}_2+\boldsymbol{y}_2)+c_3(\boldsymbol{x}_3+\boldsymbol{y}_3)+c_4(\boldsymbol{x}_4+\boldsymbol{y}_4)=\boldsymbol{0},$$

整理为

$$(c_1\boldsymbol{x}_1+c_2\boldsymbol{x}_2+c_3\boldsymbol{x}_3+c_4\boldsymbol{x}_4)+(c_1\boldsymbol{y}_1+c_2\boldsymbol{y}_2+c_3\boldsymbol{y}_3+c_4\boldsymbol{y}_4)=\boldsymbol{0}.$$

由于 $\boldsymbol{x}_1, \boldsymbol{x}_2, \boldsymbol{x}_3, \boldsymbol{x}_4$ 与 $\boldsymbol{y}_1, \boldsymbol{y}_2, \boldsymbol{y}_3, \boldsymbol{y}_4$ 均为 $\mathbf{R}^4$ 的基, 它们各自线性无关, 因此

$$c_1\boldsymbol{x}_1+c_2\boldsymbol{x}_2+c_3\boldsymbol{x}_3+c_4\boldsymbol{x}_4=\boldsymbol{0},\ c_1\boldsymbol{y}_1+c_2\boldsymbol{y}_2+c_3\boldsymbol{y}_3+c_4\boldsymbol{y}_4=\boldsymbol{0},$$

根据线性无关的定义, 上述方程中 $c_1=c_2=c_3=c_4=0$. 这表明向量组 $\boldsymbol{z}_1,\boldsymbol{z}_2,\boldsymbol{z}_3,\boldsymbol{z}_4$ 线性无关.

又因为 $\mathbf{R}^4$ 的维数是4, 而线性无关的向量组 $\boldsymbol{z}_1, \boldsymbol{z}_2, \boldsymbol{z}_3, \boldsymbol{z}_4$ 包含4个向量, 所以 $\boldsymbol{z}_1, \boldsymbol{z}_2, \boldsymbol{z}_3, \boldsymbol{z}_4$ 构成 $\mathbf{R}^4$ 的一个基, 即向量组 $\boldsymbol{x}_1+\boldsymbol{y}_1, \boldsymbol{x}_2+\boldsymbol{y}_2, \boldsymbol{x}_3+\boldsymbol{y}_3, \boldsymbol{x}_4+\boldsymbol{y}_4$ 是 $\mathbf{R}^4$ 的一个基. 证毕.

例3 设矩阵 $\boldsymbol{A}=\begin{pmatrix}1&0&0\\0&\omega&0\\0&0&\omega^2\end{pmatrix}$, 其中 $\omega=\dfrac{-1+\sqrt{3}\mathrm{i}}{2}$, 在实数域上由矩阵 $\boldsymbol{A}$ 的全体实系数多项式构成线性空间 $\boldsymbol{V}$, 求 $\boldsymbol{V}$ 的维数及一个基.

解 依题设, 对任意自然数 k, 有

$$\omega^{3k}=1,\ \omega^{3k+1}=\omega,\ \omega^{3k+2}=\omega^2=\frac{-1-\sqrt{3}\mathrm{i}}{2}.$$

因此, 对任意自然数 k, 有

$$\boldsymbol{A}^{3k}=\begin{pmatrix}1&0&0\\0&\omega^{3k}&0\\0&0&\omega^{6k}\end{pmatrix}=\boldsymbol{E},\ \boldsymbol{A}^{3k+1}=\boldsymbol{A},\ \boldsymbol{A}^{3k+2}=\boldsymbol{A}^2=\begin{pmatrix}1&0&0\\0&\omega^2&0\\0&0&\omega\end{pmatrix},$$

故 $\boldsymbol{V}$ 中任意多项式都可由 $\boldsymbol{E}, \boldsymbol{A}, \boldsymbol{A}^2$ 线性表出. 又 $\boldsymbol{E}, \boldsymbol{A}, \boldsymbol{A}^2$ 线性无关, 故 $\boldsymbol{E}, \boldsymbol{A}, \boldsymbol{A}^2$ 是 $\boldsymbol{V}$ 的一个基, 从而 $\dim\boldsymbol{V}=3$.

例4 设 $\mathbf{R}[x]_4$ 是所有次数小于4的实系数多项式构成的 $\mathbf{R}$ 上的线性空间, 试证:

$$f_1=x^3,\ f_2=x^3+x,\ f_3=x^2+1,\ f_4=x+1$$

是 $\mathbf{R}[x]_4$ 的一个基.

证明　依题设, $\mathbf{R}[x]_4$ 中任意 4 个线性无关的向量都构成 $\mathbf{R}[x]_4$ 的一个基. 故由线性无关的定义, 令 $k_1f_1+\cdots+k_4f_4=0$, 代入题设 $f_i\,(i=1,2,3,4)$, 比较系数, 得

$$k_1+k_2=0,\ k_3=0,\ k_2+k_4=0,\ k_3+k_4=0.$$

由此可见, 上述方程组只有零解, 即 $k_1=k_2=k_3=k_4=0$. 这表明 f_1,f_2,f_3,f_4 线性无关, 从而可作为线性空间 $\mathbf{R}[x]_4$ 的一个基. 证毕.

定义 2　设 $\boldsymbol{\alpha}_1,\boldsymbol{\alpha}_2,\cdots,\boldsymbol{\alpha}_n$ 是线性空间 $\boldsymbol{V}_n$ 的一个基, 若对于任一元素 $\boldsymbol{\alpha}\in\boldsymbol{V}_n$, 有且仅有一组有序数 $x_1,x_2,\cdots,x_n$, 使

$$\boldsymbol{\alpha}=x_1\boldsymbol{\alpha}_1+x_2\boldsymbol{\alpha}_2+\cdots+x_n\boldsymbol{\alpha}_n,$$

则称有序数组 $x_1,x_2,\cdots,x_n$ 为元素 $\boldsymbol{\alpha}$ **在基** $\boldsymbol{\alpha}_1,\boldsymbol{\alpha}_2,\cdots,\boldsymbol{\alpha}_n$ **下的坐标**, 记作 $\boldsymbol{\alpha}=(x_1,x_2,\cdots,x_n)^{\mathrm{T}}$.

例5　求线性空间 $\boldsymbol{P}[x]_2$ (不超过2次的多项式的全体) 中的元素

$$f(x)=4x^2-3x+5$$

在基 $1,\ x-1,\ (x-1)^2$ 下的坐标.

解　作多项式运算, 可将题设元素 $f(x)$ 表示成线性空间 $\boldsymbol{P}[x]_2$ 中的基的线性组合:

$$f(x)=4x^2-3x+5=4(x-1)^2+5(x-1)+6,$$

故由元素在基下的坐标的定义知, 元素 $f(x)$ 在基 $1,\ x-1,\ (x-1)^2$ 下的坐标为 $(6,5,4)^{\mathrm{T}}$.

例6　证明:在线性空间 $\boldsymbol{P}[x]_4$ 中, $p_1=1,p_2=x,p_3=x^2,p_4=x^3,p_5=x^4$ 是它的一个基.

证明　因为

(1) $p_1=1,p_2=x,p_3=x^2,p_4=x^3,p_5=x^4$ 是线性无关的;

(2) 任一不超过 4 次的多项式

$$p=a_4x^4+a_3x^3+a_2x^2+a_1x+a_0$$

均可表示为

$$p=a_0p_1+a_1p_2+a_2p_3+a_3p_4+a_4p_5,$$

因此 $p_1=1,p_2=x,p_3=x^2,p_4=x^3,p_5=x^4$ 是 $\boldsymbol{P}[x]_4$ 的一个基, 且 p 在这个基下的坐标为 $(a_0,a_1,a_2,a_3,a_4)^{\mathrm{T}}$. 证毕.

若取另一个基 $q_1=1,\ q_2=1+x,\ q_3=2x^2,\ q_4=\boldsymbol{x}^3,\ q_5=x^4$, 则

$$p=(a_0-a_1)q_1+a_1q_2+\frac{1}{2}a_2q_3+a_3q_4+a_4q_5,$$

因此 p 在这个基下的坐标为

$$\left(a_0-a_1,\ a_1,\ \frac{1}{2}a_2,\ a_3,\ a_4\right)^{\mathrm{T}}.$$

注: 线性空间 $\boldsymbol{V}$ 的任一元素在不同基下的坐标一般不同, 但一个元素在一个确定的基下的坐标是唯一的.

例7 所有二阶实矩阵组成的集合$\mathbf{R}^{2\times 2}$对于矩阵的加法和数量乘法构成实数域$\mathbf{R}$上的一个线性空间. 试证

$$\boldsymbol{E}_{11}=\begin{pmatrix}1&0\\0&0\end{pmatrix},\ \boldsymbol{E}_{12}=\begin{pmatrix}0&1\\0&0\end{pmatrix},\ \boldsymbol{E}_{21}=\begin{pmatrix}0&0\\1&0\end{pmatrix},\ \boldsymbol{E}_{22}=\begin{pmatrix}0&0\\0&1\end{pmatrix}$$

是$\mathbf{R}^{2\times 2}$中的一个基, 并求其中矩阵$\boldsymbol{A}$在该基下的坐标.

证明 先证其线性无关. 由$k_1\boldsymbol{E}_{11}+k_2\boldsymbol{E}_{12}+k_3\boldsymbol{E}_{21}+k_4\boldsymbol{E}_{22}=\begin{pmatrix}k_1&k_2\\k_3&k_4\end{pmatrix}$, 可知

$$k_1\boldsymbol{E}_{11}+k_2\boldsymbol{E}_{12}+k_3\boldsymbol{E}_{21}+k_4\boldsymbol{E}_{22}=\boldsymbol{O}=\begin{pmatrix}0&0\\0&0\end{pmatrix}$$

当且仅当$k_1=k_2=k_3=k_4=0$, 即$\boldsymbol{E}_{11}$, $\boldsymbol{E}_{12}$, $\boldsymbol{E}_{21}$, $\boldsymbol{E}_{22}$线性无关.

又对于任意二阶实矩阵$\boldsymbol{A}=\begin{pmatrix}a_{11}&a_{12}\\a_{21}&a_{22}\end{pmatrix}\in\mathbf{R}^{2\times 2}$, 有

$$\boldsymbol{A}=a_{11}\boldsymbol{E}_{11}+a_{12}\boldsymbol{E}_{12}+a_{21}\boldsymbol{E}_{21}+a_{22}\boldsymbol{E}_{22},$$

故$\boldsymbol{E}_{11}$, $\boldsymbol{E}_{12}$, $\boldsymbol{E}_{21}$, $\boldsymbol{E}_{22}$是$\boldsymbol{V}$的一个基, 且$\boldsymbol{A}$在这个基下的坐标为$(a_{11}, a_{12}, a_{21}, a_{22})^{\mathrm{T}}$. 证毕.

例8 在数域$\mathbf{R}$上全体二阶对称矩阵组成的线性空间中, 求矩阵

$$\boldsymbol{A}=\begin{pmatrix}4&-11\\-11&7\end{pmatrix}$$

在基$\boldsymbol{A}_1=\begin{pmatrix}1&-2\\-2&1\end{pmatrix}$, $\boldsymbol{A}_2=\begin{pmatrix}2&1\\1&3\end{pmatrix}$, $\boldsymbol{A}_3=\begin{pmatrix}4&-1\\-1&-5\end{pmatrix}$下的坐标.

解 依题意, 设$\boldsymbol{A}=k_1\boldsymbol{A}_1+k_2\boldsymbol{A}_2+k_3\boldsymbol{A}_3$, 代入题设基, 利用矩阵相等的概念, 整理得

$$\begin{cases}k_1+2k_2+4k_3=4\\-2k_1+k_2-k_3=-11,\\k_1+3k_2-5k_3=7\end{cases}$$

上述线性方程组有唯一解, 利用初等行变换法, 可求得其解为

$$(k_1, k_2, k_3)=\left(\frac{73}{13}, -\frac{3}{26}, -\frac{9}{26}\right),$$

故由向量在基下的坐标的定义知, 矩阵$\boldsymbol{A}$在所给基下的坐标为$\left(\frac{73}{13}, -\frac{3}{26}, -\frac{9}{26}\right)^{\mathrm{T}}$.

例9 求子空间$\boldsymbol{H}$的维数, 其中

$$\boldsymbol{H}=\{(2a-b+2c,\ 5a+4d,\ 3b-6c-d,\ 8d)^{\mathrm{T}}\mid a, b, c, d\in\mathbf{R}\}.$$

解 易知$\boldsymbol{H}$是由下列向量的全体线性组合所构成的集合:

$$\boldsymbol{p}_1=(2, 5, 0, 0)^{\mathrm{T}},\ \boldsymbol{p}_2=(-1, 0, 3, 0)^{\mathrm{T}},\ \boldsymbol{p}_3=(2, 0, -6, 0)^{\mathrm{T}},\ \boldsymbol{p}_4=(0, 4, -1, 8)^{\mathrm{T}}.$$

显然, $\boldsymbol{p}_3$ 是 $\boldsymbol{p}_2$ 的倍数. 向量组 $\boldsymbol{p}_1, \boldsymbol{p}_2, \boldsymbol{p}_3, \boldsymbol{p}_4$ 与 $\boldsymbol{p}_1, \boldsymbol{p}_2, \boldsymbol{p}_4$ 等价, 并且 $\boldsymbol{p}_1, \boldsymbol{p}_2, \boldsymbol{p}_4$ 线性无关, 进而 $\boldsymbol{p}_1, \boldsymbol{p}_2, \boldsymbol{p}_4$ 是 $\boldsymbol{H}$ 的一个基, 所以, $\dim \boldsymbol{H}=3$.

二、线性空间的同构

设 $\boldsymbol{\alpha}_1, \boldsymbol{\alpha}_2, \cdots, \boldsymbol{\alpha}_n$ 是 n 维线性空间 $\boldsymbol{V}_n$ 的一个基, 在这组基下, $\boldsymbol{V}_n$ 中的每个向量都有唯一确定的坐标, 而向量的坐标可以看作 $\mathbf{R}^n$ 中的元素, 因此, 向量与它的坐标之间的对应就是 $\boldsymbol{V}_n$ 到 $\mathbf{R}^n$ 的映射. 对于 $\boldsymbol{V}_n$ 中不同的向量, 它们的坐标也不同, 即对应 $\mathbf{R}^n$ 中的不同元素. 反过来, 由于 $\mathbf{R}^n$ 中的每个元素都有 $\boldsymbol{V}_n$ 中的向量与之对应, 我们称这样的映射是 $\boldsymbol{V}_n$ 到 $\mathbf{R}^n$ 的**一一对应的映射**. 这种映射的一个重要特征是它保持线性运算 (加法和数乘) 的关系不变.

定义 3 设 $\boldsymbol{U}, \boldsymbol{V}$ 是 $\mathbf{R}$ 上的两个线性空间, 如果它们的元素之间有一一对应的关系 (常用 $\leftrightarrow$ 表示), 且这个对应关系保持线性组合的对应, 则称线性空间 $\boldsymbol{U}$ 与 $\boldsymbol{V}$ **同构**.

从上述定义可见, 线性空间的同构是指在两个向量空间之间存在一个一一对应且保持加法与数乘结构的线性映射. 通过同构, 我们可将一个线性空间的元素与另一个线性空间的元素一一对应, 使其代数运算特性完全对应. 这表明两个同构的向量空间在本质上无异——它们仅是同一抽象结构的不同实现或表现方式. 因此, 同构刻画了向量空间之间的等价类, 将复杂空间问题转化为较为熟悉的标准模型来解决. 例如, 任何与有限维欧氏空间同构的线性空间, 其基本性质皆可通过欧氏空间的坐标描述加以研究. 换言之, 同构的实质意义在于通过结构的可移植性, 让人们以统一方式理解与处理所有具有相同维数和域特性的线性空间, 进而简化理论研究与应用实践. 同构为理解线性代数及相关领域奠定了坚实的基础.

例 10 证明 n 维线性空间

$$\boldsymbol{V}_n=\{\boldsymbol{\alpha}=x_1\boldsymbol{\alpha}_1+x_2\boldsymbol{\alpha}_2+\cdots+x_n\boldsymbol{\alpha}_n \mid x_1, x_2, \cdots, x_n \in \mathbf{R}\}$$

与 n 维数组向量空间 $\mathbf{R}^n$ 同构.

证明 因 $\boldsymbol{V}_n$ 的元素 $\boldsymbol{\alpha}=x_1\boldsymbol{\alpha}_1+x_2\boldsymbol{\alpha}_2+\cdots+x_n\boldsymbol{\alpha}_n$ 与 $\mathbf{R}^n$ 的元素 $(x_1, x_2, \cdots, x_n)^{\mathrm{T}}$ 有一一对应关系, 若设 $\boldsymbol{\alpha} \leftrightarrow (x_1, x_2, \cdots, x_n)^{\mathrm{T}}$, $\boldsymbol{\beta} \leftrightarrow (y_1, y_2, \cdots, y_n)^{\mathrm{T}}$, 则

$$\boldsymbol{\alpha}+\boldsymbol{\beta} \leftrightarrow (x_1, x_2, \cdots, x_n)^{\mathrm{T}}+(y_1, y_2, \cdots, y_n)^{\mathrm{T}}, \ k\boldsymbol{\alpha} \leftrightarrow k(x_1, x_2, \cdots, x_n)^{\mathrm{T}},$$

所以, $\boldsymbol{V}_n$ 与 $\mathbf{R}^n$ 同构. 证毕.

本例表明: 在 $\boldsymbol{V}_n$ 中的向量用坐标表示后, 它们的线性运算就归结为坐标的线性运算, 因而对线性空间 $\boldsymbol{V}_n$ 的讨论就可归结为对 $\mathbf{R}^n$ 的讨论.

例 11 在实数域 $\mathbf{R}$ 上所有二阶方阵构成的线性空间 $\mathbf{R}^{2\times 2}$ 中, 所有形如 $\begin{pmatrix} x & -x \\ y & z \end{pmatrix}$ 的矩阵集合记为 $\boldsymbol{V}_1$, 所有形如 $\begin{pmatrix} a & b \\ -a & c \end{pmatrix}$ 的矩阵记为 $\boldsymbol{V}_2$, 说明 $\boldsymbol{V}_1$ 及 $\boldsymbol{V}_2$ 都是 $\mathbf{R}^{2\times 2}$ 的子空间, 并求维数: $\dim \boldsymbol{V}_1, \dim \boldsymbol{V}_2, \dim(\boldsymbol{V}_1+\boldsymbol{V}_2), \dim(\boldsymbol{V}_1 \cap \boldsymbol{V}_2)$.

解 依题设, V_i $(i=1,2)$ 中的元素对线性运算封闭, 因此 V_i $(i=1,2)$ 都是 $\mathbf{R}^{2\times 2}$ 的子空间. 观察可见:

V_1 有一个基: $\begin{pmatrix}1&-1\\0&0\end{pmatrix}, \begin{pmatrix}0&0\\1&0\end{pmatrix}, \begin{pmatrix}0&0\\0&1\end{pmatrix}$, 所以, 其维数 $\dim V_1=3$.

V_2 有一个基: $\begin{pmatrix}1&0\\-1&0\end{pmatrix}, \begin{pmatrix}0&1\\0&0\end{pmatrix}, \begin{pmatrix}0&0\\0&1\end{pmatrix}$, 所以, 其维数 $\dim V_2=3$.

$V_1\cap V_2$ 中的矩阵形如 $\begin{pmatrix}a&-a\\-a&c\end{pmatrix}$, 故 $V_1\cap V_2$ 有基:

$$\begin{pmatrix}1&-1\\-1&0\end{pmatrix}, \begin{pmatrix}0&0\\0&1\end{pmatrix},$$

所以, 其维数 $\dim(V_1\cap V_2)=2$. 最后, 由集合的和运算, 可得

$$\dim(V_1+V_2)=\dim V_1+\dim V_2-\dim(V_1\cap V_2)=3+3-2=4 .$$

例 12 全体正实数的集合记为 $\mathbf{R}^+$, 对任意的数 $a, b\in\mathbf{R}^+$, $k\in\mathbf{R}$, 在 $\mathbf{R}^+$ 中规定加法为 $a\oplus b=ab$, 数量乘法为 $k\circ a=a^k$, 则 $\mathbf{R}^+$ 构成线性空间. 试证: $\mathbf{R}^+$ 与实数域 $\mathbf{R}$ 同构.

证明 定义 $\mathbf{R}$ 到 $\mathbf{R}^+$ 的映射: 对任意 $x\in\mathbf{R}$, $f(x)=\mathrm{e}^x\in\mathbf{R}^+$, 则 f 是 $\mathbf{R}$ 到 $\mathbf{R}^+$ 的一个一一对应的映射. 又对 $\mathbf{R}$ 中任何数 x, y, k, 有

$$f(x+y)=\mathrm{e}^{x+y}=f(x)f(y)=f(x)\oplus f(y)\ ,\ f(kx)=\mathrm{e}^{kx}=k\circ f(x).$$

故 f 保持了线性运算的封闭性, f 是 $\mathbf{R}$ 到 $\mathbf{R}^+$ 的同构映射, 所以, $\mathbf{R}$ 与 $\mathbf{R}^+$ 同构. 证毕.

例 13 利用同构证明多项式 $2x^2+1,\ 5x^2+x+4,\ 2x+3$ 在 $P[x]_2$ 中线性相关.

证明 由例 10 的结果知, 上述多项式可以记作 $\begin{pmatrix}2\\0\\1\end{pmatrix}, \begin{pmatrix}5\\1\\4\end{pmatrix}, \begin{pmatrix}0\\2\\3\end{pmatrix}$. 因 $\begin{vmatrix}2&5&0\\0&1&2\\1&4&3\end{vmatrix}=0$, 故

向量组 $\begin{pmatrix}2\\0\\1\end{pmatrix}, \begin{pmatrix}5\\1\\4\end{pmatrix}, \begin{pmatrix}0\\2\\3\end{pmatrix}$ 线性相关, 即 $2x^2+1,\ 5x^2+x+4,\ 2x+3$ 在 $P[x]_2$ 中线性相关. 证毕.

事实上, 易见有 $\begin{pmatrix}0\\2\\3\end{pmatrix}=2\begin{pmatrix}5\\1\\4\end{pmatrix}-5\begin{pmatrix}2\\0\\1\end{pmatrix}$, 即 $2x+3=2(5x^2+x+4)-5(2x^2+1)$.

进一步可以证明:

(1) 同构的线性空间之间具有自反性、对称性与传递性;

(2) 实数域 $\mathbf{R}$ 上任意两个 n 维线性空间都同构, 即维数相同的线性空间必同构;

(3) 同维数的线性空间必定是同构的.

注:同构的意义:在线性空间的抽象讨论中,无论构成线性空间的元素是什么,其中具体的线性运算是如何定义的,我们所关心的都只是这些运算的代数性质,从这个意义上可以说,同构的线性空间是可以不加以区分的,而有限维线性空间唯一的本质特征就是它的维数.

例14　在人工智能领域,尤其是在深度学习中,我们常常需要处理高维特征空间的映射.通过线性变换,将一个高维空间映射到另一个空间,能有效简化计算或者提取有用的特征信息.假设我们有一个数据集,其中每个数据点由三个特征组成,并且通过一个线性变换,将这些数据点从原始特征空间映射到一个新的特征空间.假设原始特征空间为$\mathbf{R}^3$,并且变换矩阵为

$$\boldsymbol{A}=\begin{pmatrix}2&1&0\\1&3&1\\0&1&2\end{pmatrix}.$$

我们将数据点(x_1,x_2,x_3)通过线性变换

$$\begin{pmatrix}y_1\\y_2\\y_3\end{pmatrix}=\boldsymbol{A}\begin{pmatrix}x_1\\x_2\\x_3\end{pmatrix}$$

映射到新的空间.试判断原始特征空间和变换后的特征空间是否同构,并通过特征值和特征向量找出变换后的基.

解　首先,我们需要判断原始特征空间和变换后的特征空间是否同构.空间同构的关键是判断变换矩阵$\boldsymbol{A}$是否可逆,如果矩阵是可逆的,那么原始空间与变换后的空间是同构的.下面我们通过计算矩阵$\boldsymbol{A}$的行列式来判断其是否可逆.如果行列式不等于零,那么矩阵是可逆的,即原始空间和变换后的空间是同构的.利用行列式展开定理,得

$$\begin{aligned}|\boldsymbol{A}|&=\begin{vmatrix}2&1&0\\1&3&1\\0&1&2\end{vmatrix}\\&=2\times\begin{vmatrix}3&1\\1&2\end{vmatrix}-1\times\begin{vmatrix}1&1\\0&2\end{vmatrix}+0\times\begin{vmatrix}1&3\\0&1\end{vmatrix}=2\times5-1\times2=8.\end{aligned}$$

由$|\boldsymbol{A}|\neq0$知,矩阵$\boldsymbol{A}$可逆,因此,原始特征空间与变换后的特征空间是同构的.下面需要找到变换后的基,为此需计算矩阵$\boldsymbol{A}$的特征值和特征向量.矩阵$\boldsymbol{A}$的特征多项式为

$$\begin{aligned}|\boldsymbol{A}-\lambda\boldsymbol{E}|&=\begin{vmatrix}2-\lambda&1&0\\1&3-\lambda&1\\0&1&2-\lambda\end{vmatrix}\\&=(2-\lambda)\begin{vmatrix}3-\lambda&1\\1&2-\lambda\end{vmatrix}-1\times\begin{vmatrix}1&1\\0&2-\lambda\end{vmatrix}+0\times\begin{vmatrix}1&3-\lambda\\0&1\end{vmatrix}\end{aligned}$$

$$=(2-\lambda)(\lambda^2-5\lambda+5)-(2-\lambda)$$
$$=(2-\lambda)(\lambda^2-5\lambda+4)=(2-\lambda)(\lambda-1)(\lambda-4),$$

所以, 矩阵 $\boldsymbol{A}$ 的特征值为

$$\lambda_1=1,\ \lambda_2=2,\ \lambda_3=4.$$

为了找出变换后的基, 需计算矩阵 $\boldsymbol{A}$ 的各特征值对应的特征向量, 这些特征向量将构成变换后的基.

对特征值 $\lambda_1=1$, 解方程组:

$$(\boldsymbol{A}-\boldsymbol{E})\boldsymbol{x}=\begin{pmatrix}1&1&0\\1&2&1\\0&1&1\end{pmatrix}\begin{pmatrix}x_1\\x_2\\x_3\end{pmatrix}=\begin{pmatrix}0\\0\\0\end{pmatrix},$$

得对应的特征向量 $\boldsymbol{x}=(1,\ -1,\ 1)^{\mathrm{T}}$. 对特征值 $\lambda_2=2$, 解方程组:

$$(\boldsymbol{A}-2\boldsymbol{E})\boldsymbol{y}=\begin{pmatrix}0&1&0\\1&1&1\\0&1&0\end{pmatrix}\begin{pmatrix}y_1\\y_2\\y_3\end{pmatrix}=\begin{pmatrix}0\\0\\0\end{pmatrix},$$

得对应的特征向量 $\boldsymbol{y}=(-1,\ 0,\ 1)^{\mathrm{T}}$. 对特征值 $\lambda_3=4$, 解方程组:

$$(\boldsymbol{A}-4\boldsymbol{E})\boldsymbol{z}=\begin{pmatrix}-2&1&0\\1&-1&1\\0&1&-2\end{pmatrix}\begin{pmatrix}z_1\\z_2\\z_3\end{pmatrix}=\begin{pmatrix}0\\0\\0\end{pmatrix},$$

得对应的特征向量 $\boldsymbol{z}=(1,\ 2,\ 1)^{\mathrm{T}}$. 因此, 变换后的基由特征向量

$$\boldsymbol{x}=\begin{pmatrix}1\\-1\\1\end{pmatrix},\ \boldsymbol{y}=\begin{pmatrix}-1\\0\\1\end{pmatrix},\ \boldsymbol{z}=\begin{pmatrix}1\\2\\1\end{pmatrix}$$

构成. 这些向量是线性无关的, 组成了变换后的基.

在本例中, 我们通过线性变换分析了原始特征空间和变换后的特征空间的同构性. 首先, 通过计算矩阵的行列式, 确认了原始特征空间和变换后的特征空间是同构的. 然后, 通过计算特征值和特征向量, 我们找到了变换后的基. 这些分析能够帮助我们理解高维特征空间的映射关系, 并在深度学习中优化特征提取和提高计算效率.

习题 6-2

1. 分别验证下列指定集合 $\boldsymbol{S}_i\,(i=1,2,3)$ 对于矩阵的加法和数乘运算构成线性空间, 并写出各个空间的一个基.

(1) 二阶矩阵的全体 $\boldsymbol{S}_1$;

(2) 主对角线元素之和等于 0 的二阶矩阵的全体 S_2；

(3) 二阶对称矩阵的全体 S_3 .

2. 设 U 是线性空间 V 的一个子空间, 试证: 若 U 与 V 的维数相等, 则 $U=V$.

3. 设对角矩阵 $A=\begin{pmatrix} 1 & 0 & \cdots & 0 \\ 0 & 2 & \cdots & 0 \\ \vdots & \vdots & & \vdots \\ 0 & 0 & \cdots & n \end{pmatrix}$, 所有与 A 可交换的实矩阵构成 $\mathbf{R}^{2\times 2}$ 的一个子空间 W, 试求 W 的维数.

4. 在 $\mathbf{R}^3$ 中求向量 $\boldsymbol{\alpha}=(3, 7, 1)^{\mathrm{T}}$ 在基 $\boldsymbol{\alpha}_1=(1, 3, 5)^{\mathrm{T}}$, $\boldsymbol{\alpha}_2=(6, 3, 2)^{\mathrm{T}}$, $\boldsymbol{\alpha}_3=(3, 1, 0)^{\mathrm{T}}$ 下的坐标.

5. 在 $P[x]_4$ 中, 求多项式 x^2+2x+3 在基 $x^3, x^3+x, x^2+1, x+1$ 下的坐标.

6. 求向量 $\boldsymbol{\alpha}=(7, 14, -1, 2)$ 在基

$$\boldsymbol{\alpha}_1=(1, 2, -1, -2),\ \boldsymbol{\alpha}_2=(2, 3, 0, -1),\ \boldsymbol{\alpha}_3=(1, 2, 1, 4),\ \boldsymbol{\alpha}_4=(1, 3, -1, 0)$$

下的坐标.

7. 在气象学中, 研究人员分析不同时间段内的温度 (℃)、湿度 (%RH)、气压 (hPa) 和风速 (m/s) 等气象数据, 以评估气象模式的变化. 假设某气象研究小组收集了四个不同地区三个不同时间点 (例如, 早晨、中午和傍晚) 的气象数据, 形成了以下数据矩阵, 其中每一行表示一个时间点的数据, 每一列表示一个地区的气象数据:

$$A=\begin{pmatrix} 10 & 15 & 20 & 25 \\ 20 & 25 & 30 & 35 \\ 30 & 35 & 40 & 45 \end{pmatrix}.$$

请通过分析这些气象数据的线性空间, 提取出关键的气象特征.

8. 在向量空间 $\mathbf{R}^4$ 中求向量 $\boldsymbol{\alpha}$ 关于 $\boldsymbol{\xi}_1, \boldsymbol{\xi}_2, \boldsymbol{\xi}_3, \boldsymbol{\xi}_4$ 的坐标, 其中

$$\boldsymbol{\xi}_1=\begin{pmatrix} 1 \\ 1 \\ 1 \\ 1 \end{pmatrix}, \boldsymbol{\xi}_2=\begin{pmatrix} 1 \\ 1 \\ -1 \\ -1 \end{pmatrix}, \boldsymbol{\xi}_3=\begin{pmatrix} 1 \\ -1 \\ 1 \\ -1 \end{pmatrix}, \boldsymbol{\xi}_4=\begin{pmatrix} 1 \\ -1 \\ -1 \\ 1 \end{pmatrix}, \boldsymbol{\alpha}=\begin{pmatrix} 1 \\ 2 \\ -2 \\ 1 \end{pmatrix}.$$

9. 设 $\boldsymbol{\varepsilon}_1=\begin{pmatrix} 1 \\ 0 \\ 0 \end{pmatrix}, \boldsymbol{\varepsilon}_2=\begin{pmatrix} 1 \\ 1 \\ 0 \end{pmatrix}, \boldsymbol{\varepsilon}_3=\begin{pmatrix} 1 \\ 1 \\ 1 \end{pmatrix}$. 试证 $\boldsymbol{\varepsilon}_1, \boldsymbol{\varepsilon}_2, \boldsymbol{\varepsilon}_3$ 是 $\mathbf{R}^3$ 的一个基; 且 $\forall \boldsymbol{\alpha}=(a_1, a_2, a_3)^{\mathrm{T}} \in \mathbf{R}^3$, 求出向量 $\boldsymbol{\alpha}$ 在 $\boldsymbol{\varepsilon}_1, \boldsymbol{\varepsilon}_2, \boldsymbol{\varepsilon}_3$ 下的坐标.

10. 在 $\{1-x, x-x^2, 1-x^2, 1-2x+x^2\}$ 内找到 $P[x]_2$ 的基.

11. 设 $\boldsymbol{\alpha}_1=(1, 0, 0, 0)$, $\boldsymbol{\alpha}_2=(0, 1, 0, 0)$, $\boldsymbol{\beta}_1=(1, 1, 0, 0)$, $\boldsymbol{\beta}_2=(2, 2, 0, 0)$, 求 $L(\boldsymbol{\alpha}_1, \boldsymbol{\alpha}_2)\cap L(\boldsymbol{\beta}_1, \boldsymbol{\beta}_2)$ 的维数及一个基.

12. 求出齐次线性方程 $\begin{cases} x_1+3x_2+3x_3+2x_4-x_5=0 \\ 2x_1+6x_2+9x_3+5x_4+4x_5=0 \\ -x_1-3x_2+3x_3+x_4+13x_5=0 \\ -3x_3+x_4-6x_5=0 \end{cases}$ 解空间的维数和一个基.

13. 设 $\boldsymbol{\alpha}_1=(1, 0, 2, 5, 4)^{\mathrm{T}}$, $\boldsymbol{\alpha}_2=(3, 1, -2, 1, 0)^{\mathrm{T}}$ 是 $\mathbf{R}^5$ 中两个线性无关的向量, 试将它们扩充为 $\mathbf{R}^5$ 中的一个基.

14. 利用同构判断多项式 x^3+1, $-2x^2+x+3$, $-x^2+3x^2-x$ 在 $\boldsymbol{P}[x]_3$ 中的线性相关性.

15. 设 $\boldsymbol{v}_1, \boldsymbol{v}_2, \cdots, \boldsymbol{v}_n$ 为向量空间 $\boldsymbol{V}$ 的一个基, 试证: 向量组 $\boldsymbol{v}_1, \boldsymbol{v}_1+\boldsymbol{v}_2, \boldsymbol{v}_1+\boldsymbol{v}_2+\boldsymbol{v}_3, \cdots, \boldsymbol{v}_1+\cdots+\boldsymbol{v}_n$ 也是 $\boldsymbol{V}$ 的一个基.

§6.3 基变换与坐标变换

在研究线性空间的过程中, 我们常常要面对不同的基与坐标表述方式. 一旦选定了基, 空间中每个向量的表达便可转化为一个坐标列向量, 从而实现抽象与具体的关联. 然而, 问题在于: 如果我们改变基, 那么原本熟悉的坐标与向量的对应关系将随之变化. 此时, 一个向量在旧基下的坐标已不再适用于新基, 必须通过一定的转换规则才能得出与新基对应的坐标表示. 这便引出了本节的主题——基变换与坐标变换.

基变换是指从一个基过渡到另一个基所必然伴随的坐标表示的改变过程. 为此, 我们将建立过渡矩阵的概念. 这一矩阵能够在新旧基之间"搭桥", 使得任意向量在旧基下的坐标乘以此矩阵后, 便能得到该向量在新基下的坐标. 如此一来, 我们可自由切换表达方式, 从而在不同参考框架下灵活处理抽象向量问题.

基变换与坐标变换的意义在于: 首先, 它揭示了线性空间的坐标表示并非一成不变, 而是与所选基紧密相关. 通过理解基变换, 我们得以明白坐标仅是"外在形式", 向量本身的几何或代数本质并不会因基的变化而改变. 这种观点帮助我们从更高层次认识线性空间结构的内在稳定性. 其次, 在实际应用中, 无论是解决线性方程组问题、研究线性变换, 还是在工程、物理与计算机科学中进行数据处理和建模, 合适的基与坐标选取往往可使问题变得更简洁、易解和直观. 基变换与坐标变换的技巧为我们提供了应对复杂问题的强大工具. 我们可通过精心选择基, 使某些线性变换矩阵化为更简单的形式, 或将问题化繁为简.

选定 n 维线性空间 $\boldsymbol{V}_n$ 中的一个基 $\boldsymbol{\alpha}_1, \boldsymbol{\alpha}_2, \cdots, \boldsymbol{\alpha}_n$, 则与之对应的从 $\boldsymbol{V}_n$ 到 $\mathbf{R}^n$ 上的坐标映射就确定了 $\boldsymbol{V}_n$ 上的一个坐标系, $\boldsymbol{V}_n$ 中的每个向量 $\boldsymbol{x}$ 均可由它的坐标向量唯一确定.

在某些应用中, 问题最初可能用 $\boldsymbol{\alpha}_1, \boldsymbol{\alpha}_2, \cdots, \boldsymbol{\alpha}_n$ 来描述, 但解答时却需要将其转化成新的基 $\boldsymbol{\beta}_1, \boldsymbol{\beta}_2, \cdots, \boldsymbol{\beta}_n$. 这样每个向量就指定了一个在基 $\boldsymbol{\beta}_1, \boldsymbol{\beta}_2, \cdots, \boldsymbol{\beta}_n$ 下的新的坐标向量. 在本节中, 我们将探讨 $\boldsymbol{V}_n$ 中的两个非自然基之间的变换公式与向量 $\boldsymbol{x}$ 在不同基下的坐标变换关系.

一、基变换的过渡矩阵

在线性空间中, 我们通常选择不同的基来表达向量. 当改变基时, 每个向量在新旧基下的坐标会发生相应变化. 为了实现这种表示的转换, 我们引入基变换的过渡矩阵(transition matrix). 给定两个基, 当我们从原基出发时, 将向量表示为坐标列向量, 再通过过渡矩阵相乘, 就能得到在新基下的坐标表示.

过渡矩阵的本质在于描述两组基之间的线性关系，它将一组基的坐标信息转化为另一组基的坐标信息. 由于基之间是一一对应且线性无关的，因此过渡矩阵必然是可逆的，从而保证变换过程可逆并维持线性空间的结构不变. 过渡矩阵的意义在于：一方面，它为我们在不同参考框架下对同一抽象向量进行计算和比较提供了工具；另一方面，它在抽象理论与具体应用之间建立起桥梁. 在研究和应用中，通过过渡矩阵，人们可在不同坐标系之间自如切换，灵活选择最有利于运算、证明及计算的基. 这不仅大幅简化了线性代数的研究过程，也提高了线性代数在工程、物理及计算机科学等实际领域中应用的效率和灵活性.

例 1 已知 $\mathbf{R}^2$ 的两个基 $\boldsymbol{\alpha}_1=\begin{pmatrix}-9\\1\end{pmatrix}$, $\boldsymbol{\alpha}_2=\begin{pmatrix}-5\\-1\end{pmatrix}$ 和 $\boldsymbol{\beta}_1=\begin{pmatrix}1\\-4\end{pmatrix}$, $\boldsymbol{\beta}_2=\begin{pmatrix}3\\-5\end{pmatrix}$, 试求 $\boldsymbol{\alpha}_1, \boldsymbol{\alpha}_2$ 到 $\boldsymbol{\beta}_1, \boldsymbol{\beta}_2$ 的过渡矩阵.

解 设所求过渡矩阵为 $\boldsymbol{P}$，则 $(\boldsymbol{\beta}_1, \boldsymbol{\beta}_2)=(\boldsymbol{\alpha}_1, \boldsymbol{\alpha}_2)\boldsymbol{P}$. 利用求解矩阵方程的初等变换法，对增广矩阵 $(\boldsymbol{\alpha}_1, \boldsymbol{\alpha}_2, \boldsymbol{\beta}_1, \boldsymbol{\beta}_2)$ 施以初等行变换，得

$$(\boldsymbol{\alpha}_1, \boldsymbol{\alpha}_2, \boldsymbol{\beta}_1, \boldsymbol{\beta}_2)=\begin{pmatrix}-9 & -5 & 1 & 3\\1 & -1 & -4 & -5\end{pmatrix}$$

$$\to\begin{pmatrix}1 & -1 & -4 & -5\\0 & 2 & 5 & 6\end{pmatrix}\to\begin{pmatrix}1 & 0 & -3/2 & -2\\0 & 1 & 5/2 & 3\end{pmatrix}.$$

即可得到所求的过渡矩阵为

$$\boldsymbol{P}=\begin{pmatrix}-3/2 & -2\\5/2 & 3\end{pmatrix}.$$

例 2 已知 $\mathbf{R}^3$ 的两个基为

$$\boldsymbol{\alpha}_1=\begin{pmatrix}0\\1\\1\end{pmatrix}, \boldsymbol{\alpha}_2=\begin{pmatrix}2\\4\\-1\end{pmatrix}, \boldsymbol{\alpha}_3=\begin{pmatrix}3\\7\\0\end{pmatrix}; \boldsymbol{\beta}_1=\begin{pmatrix}1\\3\\5\end{pmatrix}, \boldsymbol{\beta}_2=\begin{pmatrix}2\\6\\2\end{pmatrix}, \boldsymbol{\beta}_3=\begin{pmatrix}3\\9\\0\end{pmatrix}.$$

求由基 $\boldsymbol{\alpha}_1, \boldsymbol{\alpha}_2, \boldsymbol{\alpha}_3$ 到基 $\boldsymbol{\beta}_1, \boldsymbol{\beta}_2, \boldsymbol{\beta}_3$ 的过渡矩阵.

解 设由基 $\boldsymbol{\alpha}_1, \boldsymbol{\alpha}_2, \boldsymbol{\alpha}_3$ 到基 $\boldsymbol{\beta}_1, \boldsymbol{\beta}_2, \boldsymbol{\beta}_3$ 的过渡矩阵为 $\boldsymbol{P}$，则

$$(\boldsymbol{\beta}_1, \boldsymbol{\beta}_2, \boldsymbol{\beta}_3)=(\boldsymbol{\alpha}_1, \boldsymbol{\alpha}_2, \boldsymbol{\alpha}_3)\boldsymbol{P},$$

利用标准矩阵方程的解，可得

$$\boldsymbol{P}=(\boldsymbol{\alpha}_1, \boldsymbol{\alpha}_2, \boldsymbol{\alpha}_3)^{-1}(\boldsymbol{\beta}_1, \boldsymbol{\beta}_2, \boldsymbol{\beta}_3),$$

根据矩阵的乘法运算规律与求逆矩阵的初等变换法，得

$$(\boldsymbol{\alpha}_1, \boldsymbol{\alpha}_2, \boldsymbol{\alpha}_3)^{-1}=\begin{pmatrix}0 & 2 & 3\\1 & 4 & 7\\1 & -1 & 0\end{pmatrix}^{-1}=\begin{pmatrix}-7 & 3 & -2\\-7 & 3 & -3\\5 & -2 & 2\end{pmatrix},$$

故所求过渡矩阵为

$$P=\begin{pmatrix}-7&3&-2\\-7&3&-3\\5&-2&2\end{pmatrix}\begin{pmatrix}1&2&3\\3&6&9\\5&2&0\end{pmatrix}=\begin{pmatrix}-8&0&6\\-13&-2&6\\9&2&-3\end{pmatrix}.$$

例1中求过渡矩阵的方法可推广到n维向量空间$\mathbf{R}^n$. 设$\boldsymbol{\alpha}_1, \boldsymbol{\alpha}_2, \cdots, \boldsymbol{\alpha}_n$与$\boldsymbol{\beta}_1, \boldsymbol{\beta}_2, \cdots, \boldsymbol{\beta}_n$是线性空间$\mathbf{R}^n$的两个基, 通过初等行变换:

$$(\boldsymbol{\alpha}_1, \boldsymbol{\alpha}_2, \cdots, \boldsymbol{\alpha}_n, \boldsymbol{\beta}_1, \boldsymbol{\beta}_2, \cdots, \boldsymbol{\beta}_n)\to(\boldsymbol{E}_n, \boldsymbol{\gamma}_1, \boldsymbol{\gamma}_2, \cdots, \boldsymbol{\gamma}_n),$$

由此可得到$\boldsymbol{\alpha}_1, \boldsymbol{\alpha}_2, \cdots, \boldsymbol{\alpha}_n$到$\boldsymbol{\beta}_1, \boldsymbol{\beta}_2, \cdots, \boldsymbol{\beta}_n$的过渡矩阵

$$\boldsymbol{P}=(\boldsymbol{\gamma}_1, \boldsymbol{\gamma}_2, \cdots, \boldsymbol{\gamma}_n).$$

一般地，设向量组$\boldsymbol{\alpha}_1, \boldsymbol{\alpha}_2, \cdots, \boldsymbol{\alpha}_n$及$\boldsymbol{\beta}_1, \boldsymbol{\beta}_2, \cdots, \boldsymbol{\beta}_n$是线性空间$\boldsymbol{V}_n$的两个基, 写出向量$\boldsymbol{\beta}_i\,(i=1, 2, \cdots, n)$在基$\boldsymbol{\alpha}_1, \boldsymbol{\alpha}_2, \cdots, \boldsymbol{\alpha}_n$下的坐标表达式, 有

$$\begin{cases}\boldsymbol{\beta}_1=p_{11}\boldsymbol{\alpha}_1+p_{21}\boldsymbol{\alpha}_2+\cdots+p_{n1}\boldsymbol{\alpha}_n\\ \boldsymbol{\beta}_2=p_{12}\boldsymbol{\alpha}_1+p_{22}\boldsymbol{\alpha}_2+\cdots+p_{n2}\boldsymbol{\alpha}_n\\ \quad\cdots\cdots\\ \boldsymbol{\beta}_n=p_{1n}\boldsymbol{\alpha}_1+p_{2n}\boldsymbol{\alpha}_2+\cdots+p_{nn}\boldsymbol{\alpha}_n\end{cases},$$

将上述线性方程组改写为矩阵形式，得

$$\begin{pmatrix}\boldsymbol{\beta}_1\\ \boldsymbol{\beta}_2\\ \vdots\\ \boldsymbol{\beta}_n\end{pmatrix}=\begin{pmatrix}p_{11}&p_{21}&\cdots&p_{n1}\\p_{12}&p_{22}&\cdots&p_{n2}\\ \vdots&\vdots&&\vdots\\p_{1n}&p_{2n}&\cdots&p_{nn}\end{pmatrix}\begin{pmatrix}\boldsymbol{\alpha}_1\\ \boldsymbol{\alpha}_2\\ \vdots\\ \boldsymbol{\alpha}_n\end{pmatrix}=\boldsymbol{P}^{\mathrm{T}}\begin{pmatrix}\boldsymbol{\alpha}_1\\ \boldsymbol{\alpha}_2\\ \vdots\\ \boldsymbol{\alpha}_n\end{pmatrix},\ \boldsymbol{P}=\begin{pmatrix}p_{11}&p_{12}&\cdots&p_{1n}\\p_{21}&p_{22}&\cdots&p_{2n}\\ \vdots&\vdots&&\vdots\\p_{n1}&p_{n2}&\cdots&p_{nn}\end{pmatrix},$$

上式两端取转置, 得

$$(\boldsymbol{\beta}_1, \boldsymbol{\beta}_2, \cdots, \boldsymbol{\beta}_n)=(\boldsymbol{\alpha}_1, \boldsymbol{\alpha}_2, \cdots, \boldsymbol{\alpha}_n)\boldsymbol{P},$$

其中, 矩阵$\boldsymbol{P}$称为由基$\boldsymbol{\alpha}_1, \boldsymbol{\alpha}_2, \cdots, \boldsymbol{\alpha}_n$到基$\boldsymbol{\beta}_1, \boldsymbol{\beta}_2, \cdots, \boldsymbol{\beta}_n$的**过渡矩阵**, 且过渡矩阵$\boldsymbol{P}$可逆.

例3　设$\boldsymbol{\alpha}_1, \boldsymbol{\alpha}_2, \boldsymbol{\alpha}_3$和$\boldsymbol{\beta}_1, \boldsymbol{\beta}_2, \boldsymbol{\beta}_3$是线性空间$\boldsymbol{V}$的两组基, 且

$$\boldsymbol{\beta}_1=\boldsymbol{\alpha}_1-\boldsymbol{\alpha}_2,\ \boldsymbol{\beta}_2=2\boldsymbol{\alpha}_1+3\boldsymbol{\alpha}_2+2\boldsymbol{\alpha}_3,\ \boldsymbol{\beta}_3=\boldsymbol{\alpha}_1+3\boldsymbol{\alpha}_2+2\boldsymbol{\alpha}_3,$$

试求向量$\boldsymbol{\alpha}=2\boldsymbol{\alpha}_1-\boldsymbol{\alpha}_2+3\boldsymbol{\alpha}_3$在基$\boldsymbol{\beta}_1, \boldsymbol{\beta}_2, \boldsymbol{\beta}_3$下的坐标.

解　依题设, 利用矩阵的乘法运算, 有

$$(\boldsymbol{\beta}_1, \boldsymbol{\beta}_2, \boldsymbol{\beta}_3)=(\boldsymbol{\alpha}_1, \boldsymbol{\alpha}_2, \boldsymbol{\alpha}_3)\begin{pmatrix}1&2&1\\-1&3&3\\0&2&2\end{pmatrix},$$

再利用坐标变换公式与求逆矩阵的伴随矩阵法, 有

$$\boldsymbol{\alpha}=(\boldsymbol{\alpha}_1,\boldsymbol{\alpha}_2,\boldsymbol{\alpha}_3)\begin{pmatrix}2\\-1\\3\end{pmatrix}$$

$$=(\boldsymbol{\beta}_1,\boldsymbol{\beta}_2,\boldsymbol{\beta}_3)\begin{pmatrix}1&2&1\\-1&3&3\\0&2&2\end{pmatrix}^{-1}\begin{pmatrix}2\\-1\\3\end{pmatrix}=(\boldsymbol{\beta}_1,\boldsymbol{\beta}_2,\boldsymbol{\beta}_3)\begin{pmatrix}11/2\\-5\\13/2\end{pmatrix}.$$

即所求向量 $\boldsymbol{\alpha}=2\boldsymbol{\alpha}_1-\boldsymbol{\alpha}_2+3\boldsymbol{\alpha}_3$ 在基 $\boldsymbol{\beta}_1,\boldsymbol{\beta}_2,\boldsymbol{\beta}_3$ 下的坐标为 $(11/2,\ -5,\ 13/2)^{\mathrm{T}}$.

例 4　假设某高校的教育管理部门对学生的学习情况进行评估，使用课程完成度和学科知识掌握度两个评价标准. 课程完成度包含四个评分指标: 听课情况、作业提交、考试成绩和小组讨论; 学科知识掌握度则由另四个评分标准组成: 知识点掌握、实验操作能力、课外阅读和自主学习能力. 现在, 已知两个评分标准对应的基底分别为

课程完成度基底:

$$\boldsymbol{e}_1=(1,0,0,0)^{\mathrm{T}},\ \boldsymbol{e}_2=(0,1,0,0)^{\mathrm{T}},\ \boldsymbol{e}_3=(0,0,1,0)^{\mathrm{T}},\ \boldsymbol{e}_4=(0,0,0,1)^{\mathrm{T}}.$$

学科知识掌握度基底:

$$\boldsymbol{f}_1=(1,1,0,0)^{\mathrm{T}},\ \boldsymbol{f}_2=(0,1,1,0)^{\mathrm{T}},\ \boldsymbol{f}_3=(0,0,2,1)^{\mathrm{T}},\ \boldsymbol{f}_4=(1,0,0,1)^{\mathrm{T}}.$$

现学生在课程完成度基底下的得分向量为

$$\boldsymbol{x}=(80,\ 90,\ 75,\ 85)^{\mathrm{T}},$$

求其在学科知识掌握度基底下的得分.

解　过渡矩阵 $\boldsymbol{P}$ 的列是新基向量 $\boldsymbol{f}_1,\boldsymbol{f}_2,\boldsymbol{f}_3,\boldsymbol{f}_4$ 在旧基 $\boldsymbol{e}_1,\boldsymbol{e}_2,\boldsymbol{e}_3,\boldsymbol{e}_4$ 下的坐标, 即

$$\boldsymbol{P}=\begin{pmatrix}1&0&0&1\\1&1&0&0\\0&1&2&0\\0&0&1&1\end{pmatrix}.$$

求矩阵 $\boldsymbol{P}$ 的逆矩阵 $\boldsymbol{P}^{-1}$, 通过初等变换求得:

$$\boldsymbol{P}^{-1}=\begin{pmatrix}2&-1&1&-2\\-2&2&-1&2\\1&-1&1&-1\\-1&1&-1&2\end{pmatrix}.$$

设学生在新基底下的得分向量为 $\boldsymbol{y}$, 根据坐标变换公式 $\boldsymbol{y}=\boldsymbol{P}^{-1}\boldsymbol{x}$, 得

$$\boldsymbol{y}=\begin{pmatrix}2&-1&1&-2\\-2&2&-1&2\\1&-1&1&-1\\-1&1&-1&2\end{pmatrix}\begin{pmatrix}80\\90\\75\\85\end{pmatrix}=\begin{pmatrix}-25\\115\\-20\\105\end{pmatrix}.$$

因此,学生在学科知识掌握度基底下的得分向量为

$$\boldsymbol{y}=(-25, 115, -20, 105)^{\mathrm{T}},$$

对应知识点掌握、实验操作能力、课外阅读、自主学习能力的得分.

在本例中，我们通过基变换的过渡矩阵将学生在一个基底下的得分向量转换到另一个基底.具体步骤包括:

(1) 找出基变换的过渡矩阵,它由新基底向量在旧基底下的表示构成;

(2) 将过渡矩阵的逆与得分向量相乘,得到新的得分向量.

这种方法在教育评估中非常有用,能够帮助教育管理人员从多个角度分析学生的表现,进而制定更具针对性的教学策略.

例 5 已知 $\boldsymbol{\alpha}_1=(2\mathrm{i}, 1, 0)^{\mathrm{T}}, \boldsymbol{\alpha}_2=(2, -1, 1)^{\mathrm{T}}, \boldsymbol{\alpha}_3=(0, 1+\mathrm{i}, 1-\mathrm{i})^{\mathrm{T}}$ 是三维复向量空间 $\mathbf{C}^3$ 的基,试求向量 $\boldsymbol{\xi}_1=(1, 0, 0)^{\mathrm{T}}, \boldsymbol{\xi}_2=(0, 1, 0)^{\mathrm{T}}, \boldsymbol{\xi}_3=(0, 0, 1)^{\mathrm{T}}$ 在基 $\boldsymbol{\alpha}_1, \boldsymbol{\alpha}_2, \boldsymbol{\alpha}_3$ 下的坐标.

解 依题设,由基 $\boldsymbol{\xi}_1, \boldsymbol{\xi}_2, \boldsymbol{\xi}_3$ 到基 $\boldsymbol{\alpha}_1, \boldsymbol{\alpha}_2, \boldsymbol{\alpha}_3$ 的过渡矩阵为

$$\boldsymbol{A}=\begin{pmatrix} 2\mathrm{i} & 2 & 0 \\ 1 & -1 & 1+\mathrm{i} \\ 0 & 1 & 1-\mathrm{i} \end{pmatrix},$$

则由基 $\boldsymbol{\alpha}_1, \boldsymbol{\alpha}_2, \boldsymbol{\alpha}_3$ 到基 $\boldsymbol{\xi}_1, \boldsymbol{\xi}_2, \boldsymbol{\xi}_3$ 的过渡矩阵为

$$\boldsymbol{A}^{-1}=\begin{pmatrix} 0.5-0.5\mathrm{i} & -\mathrm{i} & -1 \\ -0.5\mathrm{i} & -1 & \mathrm{i} \\ 0.25\mathrm{i}-0.25 & 0.5+0.5\mathrm{i} & 1 \end{pmatrix},$$

故根据向量在基下的坐标,向量 $\boldsymbol{\xi}_1, \boldsymbol{\xi}_2, \boldsymbol{\xi}_3$ 在基 $\boldsymbol{\alpha}_1, \boldsymbol{\alpha}_2, \boldsymbol{\alpha}_3$ 下的坐标分别为:

$$\left(\frac{1-\mathrm{i}}{2}, -\frac{\mathrm{i}}{2}, \frac{\mathrm{i}-1}{4}\right)^{\mathrm{T}}, \left(-\mathrm{i}, -1, \frac{\mathrm{i}+1}{2}\right)^{\mathrm{T}}, (-1, \mathrm{i}, 1)^{\mathrm{T}}.$$

二、坐标变换公式

坐标变换是指当更换线性空间的基后,将同一向量的坐标表示从旧基下的坐标转化为新基下的坐标的过程.具体而言,当给定两个不同的基时,可通过一个过渡矩阵将向量在旧基下的坐标有序转换为新基下的坐标,使得不同坐标系间的表示相互联通.这一过程实质上强调了向量的本质并不依赖于某一特定坐标系:基的选择虽改变了向量的坐标形式,却不改变向量在空间中的位置与特征.

坐标变换的意义在于:首先,它使我们真正理解了向量空间的抽象本质,即向量本身独立于任何特定坐标表示;其次,当面临复杂问题时,我们可通过恰当的基选择与坐标变换将其化繁为简,例如将线性变换矩阵对角化或简化为标准形态,从而大大降低分析与计算的难度;最后,坐标变换在工程、物理及计算机科学等众多领域中发挥着关键作用,通过在不同

坐标系中灵活切换, 我们能高效处理数据与信息, 提升建模与运算的性能.

下面介绍的定理1具体给出了坐标变换公式.

定理 1 设线性空间 $\boldsymbol{V}_n$ 中的元素 $\boldsymbol{\alpha}$ 在基 $\boldsymbol{\alpha}_1, \boldsymbol{\alpha}_2, \cdots, \boldsymbol{\alpha}_n$ 下的坐标为 $(x_1, x_2, \cdots, x_n)^{\mathrm{T}}$, 在基 $\boldsymbol{\beta}_1, \boldsymbol{\beta}_2, \cdots, \boldsymbol{\beta}_n$ 下的坐标为 $(x_1', x_2', \cdots, x_n')^{\mathrm{T}}$, 若两个基满足关系式

$$(\boldsymbol{\beta}_1, \boldsymbol{\beta}_2, \cdots, \boldsymbol{\beta}_n) = (\boldsymbol{\alpha}_1, \boldsymbol{\alpha}_2, \cdots, \boldsymbol{\alpha}_n)\boldsymbol{P}, \tag{3.1}$$

则有坐标变换公式

$$\begin{pmatrix} x_1 \\ x_2 \\ \vdots \\ x_n \end{pmatrix} = \boldsymbol{P}\begin{pmatrix} x_1' \\ x_2' \\ \vdots \\ x_n' \end{pmatrix} \quad 或 \quad \begin{pmatrix} x_1' \\ x_2' \\ \vdots \\ x_n' \end{pmatrix} = \boldsymbol{P}^{-1}\begin{pmatrix} x_1 \\ x_2 \\ \vdots \\ x_n \end{pmatrix}. \tag{3.2}$$

证明 对线性空间 $\boldsymbol{V}_n$, 其元素 $\boldsymbol{\alpha}$ 在基 $\boldsymbol{\beta}_1, \boldsymbol{\beta}_2, \cdots, \boldsymbol{\beta}_n$ 下的坐标为 $(x_1', x_2', \cdots, x_n')^{\mathrm{T}}$, 即

$$\boldsymbol{\alpha} = (\boldsymbol{\beta}_1, \boldsymbol{\beta}_2, \cdots, \boldsymbol{\beta}_n)\begin{pmatrix} x_1' \\ x_2' \\ \vdots \\ x_n' \end{pmatrix},$$

因此, 由定理的条件(3.1), 可得

$$\boldsymbol{\alpha} = (\boldsymbol{\alpha}_1, \boldsymbol{\alpha}_2, \cdots, \boldsymbol{\alpha}_n)\begin{pmatrix} x_1 \\ x_2 \\ \vdots \\ x_n \end{pmatrix} = (\boldsymbol{\beta}_1, \boldsymbol{\beta}_2, \cdots, \boldsymbol{\beta}_n)\boldsymbol{P}^{-1}\begin{pmatrix} x_1 \\ x_2 \\ \vdots \\ x_n \end{pmatrix},$$

因基 $\boldsymbol{\beta}_1, \boldsymbol{\beta}_2, \cdots, \boldsymbol{\beta}_n$ 线性无关, 故得到关系式(3.2)中的右式, 在这个等式的两端左乘 $\boldsymbol{P}$ 即可得到左式. 证毕.

注: 易见定理的逆命题也成立.

例 6 在 $\boldsymbol{P}[x]_3$ 中取两个基:

$$\boldsymbol{\alpha}_1 = x^3 + 2x^2 - x,\ \boldsymbol{\alpha}_2 = x^3 - x^2 + x + 1,\ \boldsymbol{\alpha}_3 = -x^3 + 2x^2 + x + 1,\ \boldsymbol{\alpha}_4 = -x^3 - x^2 + 1;$$

$$\boldsymbol{\beta}_1 = 2x^3 + x^2 + 1,\ \boldsymbol{\beta}_2 = x^2 + 2x + 2,\ \boldsymbol{\beta}_3 = -2x^3 + x^2 + x + 2,\ \boldsymbol{\beta}_4 = x^3 + 3x^2 + x + 2.$$

求其坐标变换公式.

解 将基 $\boldsymbol{\beta}_1, \boldsymbol{\beta}_2, \boldsymbol{\beta}_3, \boldsymbol{\beta}_4$ 用基 $\boldsymbol{\alpha}_1, \boldsymbol{\alpha}_2, \boldsymbol{\alpha}_3, \boldsymbol{\alpha}_4$ 线性表示. 依题意, 有

$$(\boldsymbol{\alpha}_1, \boldsymbol{\alpha}_2, \boldsymbol{\alpha}_3, \boldsymbol{\alpha}_4) = (x^3, x^2, x, 1)\boldsymbol{A}, \quad (\boldsymbol{\beta}_1, \boldsymbol{\beta}_2, \boldsymbol{\beta}_3, \boldsymbol{\beta}_4) = (x^3, x^2, x, 1)\boldsymbol{B},$$

由此利用矩阵的乘法运算与逆矩阵的运算法则, 得所求坐标变换公式:

$$(\boldsymbol{\beta}_1, \boldsymbol{\beta}_2, \boldsymbol{\beta}_3, \boldsymbol{\beta}_4) = (\boldsymbol{\alpha}_1, \boldsymbol{\alpha}_2, \boldsymbol{\alpha}_3, \boldsymbol{\alpha}_4)\boldsymbol{A}^{-1}\boldsymbol{B},$$

即过渡矩阵 $\boldsymbol{P} = \boldsymbol{A}^{-1}\boldsymbol{B}$, 其中

$$A=\begin{pmatrix}1&1&-1&-1\\2&-1&2&-1\\-1&1&1&0\\0&1&1&1\end{pmatrix},\ B=\begin{pmatrix}2&0&-2&1\\1&1&1&3\\0&2&1&1\\1&2&2&2\end{pmatrix}.$$

下面利用求矩阵方程解的初等变换法来求 $P^{-1}=B^{-1}A$，对增广矩阵 $(B\ \ A)$ 施以初等行变换，得

$$(B\ \ A)=\begin{pmatrix}2&0&-2&1&1&1&-1&-1\\1&1&1&3&2&-1&2&-1\\0&2&1&1&-1&1&1&0\\1&2&2&2&0&1&1&1\end{pmatrix}$$

$$\xrightarrow{\text{初等行变换}}\begin{pmatrix}1&0&0&0&0&1&-1&1\\0&1&0&0&-1&1&0&0\\0&0&1&0&0&0&0&1\\0&0&0&1&1&-1&1&-1\end{pmatrix}=(E\ \ B^{-1}A).$$

故所求变换公式为

$$\begin{pmatrix}x_1'\\x_2'\\x_3'\\x_4'\end{pmatrix}=\begin{pmatrix}0&1&-1&1\\-1&1&0&0\\0&0&0&1\\1&-1&1&-1\end{pmatrix}\begin{pmatrix}x_1\\x_2\\x_3\\x_4\end{pmatrix}.$$

例 7 坐标变换的几何意义. 设

$$\alpha_1=\begin{pmatrix}1\\0\end{pmatrix},\ \alpha_2=\begin{pmatrix}0\\1\end{pmatrix};\ \beta_1=\begin{pmatrix}1\\1\end{pmatrix},\ \beta_2=\begin{pmatrix}1\\-1/2\end{pmatrix}$$

为线性空间 $\mathbf{R}^2$ 的两个基，又设 $\alpha=-\dfrac{1}{2}\alpha_1+\alpha_2$，求向量 α 在 $\beta_1,\ \beta_2$ 下的坐标.

解 题设 $\alpha=-\dfrac{1}{2}\alpha_1+\alpha_2$，$\alpha$ 在基 $\alpha_1,\ \alpha_2$ 下的坐标为 $\begin{pmatrix}x_1\\x_2\end{pmatrix}=\begin{pmatrix}-1/2\\1\end{pmatrix}$，注意到题设 α_1，α_2 是单位坐标向量组，再由题设，得

$$(\beta_1,\ \beta_2)=(\alpha_1,\ \alpha_2)\begin{pmatrix}1&1\\1&-1/2\end{pmatrix}.$$

由坐标变换公式知，α 在 $\beta_1,\ \beta_2$ 下的坐标为

$$\begin{pmatrix}y_1\\y_2\end{pmatrix}=\begin{pmatrix}1&1\\1&-1/2\end{pmatrix}^{-1}\begin{pmatrix}-1/2\\1\end{pmatrix}=\begin{pmatrix}1/2\\-1\end{pmatrix},$$

即 $\alpha=\dfrac{1}{2}\beta_1-\beta_2$. 该变换的几何意义见图6-3-1.

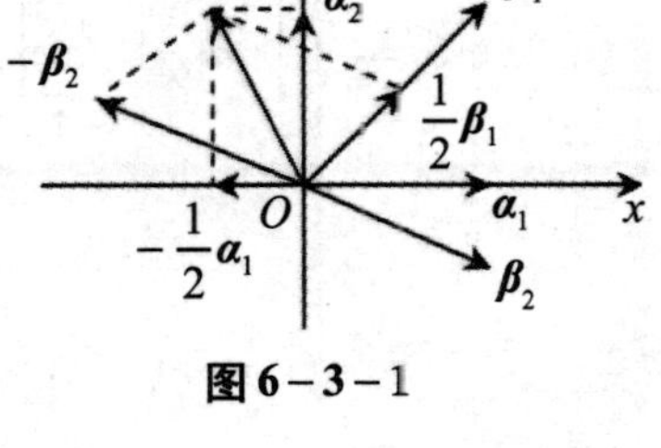

图6-3-1

例 8　设

$$\boldsymbol{\alpha}_1=\begin{pmatrix}1\\1\\1\end{pmatrix},\ \boldsymbol{\alpha}_2=\begin{pmatrix}0\\1\\1\end{pmatrix},\ \boldsymbol{\alpha}_3=\begin{pmatrix}0\\0\\1\end{pmatrix};\ \boldsymbol{\beta}_1=\begin{pmatrix}1\\2\\-1\end{pmatrix},\ \boldsymbol{\beta}_2=\begin{pmatrix}2\\2\\-1\end{pmatrix},\ \boldsymbol{\beta}_3=\begin{pmatrix}2\\-1\\-1\end{pmatrix}$$

为 $\mathbf{R}^3$ 的两个基.

(1) 求由基 $\boldsymbol{\alpha}_1, \boldsymbol{\alpha}_2, \boldsymbol{\alpha}_3$ 到基 $\boldsymbol{\beta}_1, \boldsymbol{\beta}_2, \boldsymbol{\beta}_3$ 的过渡矩阵;

(2) 设向量 $\boldsymbol{\gamma}$ 在基 $\boldsymbol{\beta}_1, \boldsymbol{\beta}_2, \boldsymbol{\beta}_3$ 下的坐标为 $\begin{pmatrix}1\\-2\\3\end{pmatrix}$, 求 $\boldsymbol{\gamma}$ 在基 $\boldsymbol{\alpha}_1, \boldsymbol{\alpha}_2, \boldsymbol{\alpha}_3$ 下的坐标.

解　(1) 依题意, 设 $(\boldsymbol{\beta}_1, \boldsymbol{\beta}_2, \boldsymbol{\beta}_3)=(\boldsymbol{\alpha}_1, \boldsymbol{\alpha}_2, \boldsymbol{\alpha}_3)\boldsymbol{P}$, 则根据坐标变换公式与求逆矩阵的伴随矩阵法, 有

$$\boldsymbol{P}=(\boldsymbol{\alpha}_1, \boldsymbol{\alpha}_2, \boldsymbol{\alpha}_3)^{-1}(\boldsymbol{\beta}_1, \boldsymbol{\beta}_2, \boldsymbol{\beta}_3)=\begin{pmatrix}1&0&0\\1&1&0\\1&1&1\end{pmatrix}^{-1}\begin{pmatrix}1&2&2\\2&2&-1\\-1&-1&-1\end{pmatrix}$$

$$=\begin{pmatrix}1&0&0\\-1&1&0\\0&-1&1\end{pmatrix}\begin{pmatrix}1&2&2\\2&2&-1\\-1&-1&-1\end{pmatrix}=\begin{pmatrix}1&2&2\\1&0&-3\\-3&-3&0\end{pmatrix}.$$

(2) 设 $\boldsymbol{\gamma}$ 在基 $\boldsymbol{\alpha}_1, \boldsymbol{\alpha}_2, \boldsymbol{\alpha}_3$ 下的坐标为 $\boldsymbol{x}$, 在基 $\boldsymbol{\beta}_1, \boldsymbol{\beta}_2, \boldsymbol{\beta}_3$ 下的坐标为

$$\boldsymbol{y}=\begin{pmatrix}1\\-2\\3\end{pmatrix}.$$

根据坐标变换公式 $\boldsymbol{x}=\boldsymbol{P}\boldsymbol{y}$, 得

$$\boldsymbol{x}=\begin{pmatrix}1&2&2\\1&0&-3\\-3&-3&0\end{pmatrix}\begin{pmatrix}1\\-2\\3\end{pmatrix}=\begin{pmatrix}3\\-8\\3\end{pmatrix}.$$

习题 6-3

1. 已知 $\boldsymbol{\alpha}_1=\begin{pmatrix}1\\1\\1\end{pmatrix}$, $\boldsymbol{\alpha}_2=\begin{pmatrix}1\\0\\-1\end{pmatrix}$, $\boldsymbol{\alpha}_3=\begin{pmatrix}1\\0\\1\end{pmatrix}$ 是 $\mathbf{R}^3$ 的一个基, 证明

$$\boldsymbol{\beta}_1=\begin{pmatrix}1\\2\\1\end{pmatrix},\ \boldsymbol{\beta}_2=\begin{pmatrix}2\\3\\4\end{pmatrix},\ \boldsymbol{\beta}_3=\begin{pmatrix}3\\4\\3\end{pmatrix}$$

也是 $\mathbf{R}^3$ 的一个基, 并求基 $\boldsymbol{\alpha}_1, \boldsymbol{\alpha}_2, \boldsymbol{\alpha}_3$ 到基 $\boldsymbol{\beta}_1, \boldsymbol{\beta}_2, \boldsymbol{\beta}_3$ 的过渡矩阵.

2. 已知 $\mathbf{R}^3$ 的两个基为

$$\boldsymbol{\alpha}_1=\begin{pmatrix}-1\\-1\\2\end{pmatrix},\ \boldsymbol{\alpha}_2=\begin{pmatrix}3\\2\\-1\end{pmatrix},\ \boldsymbol{\alpha}_3=\begin{pmatrix}1\\0\\2\end{pmatrix};\ \boldsymbol{\beta}_1=\begin{pmatrix}3\\2\\5\end{pmatrix},\ \boldsymbol{\beta}_2=\begin{pmatrix}5\\0\\1\end{pmatrix},\ \boldsymbol{\beta}_3=\begin{pmatrix}-1\\6\\3\end{pmatrix}.$$

求基 $\boldsymbol{\alpha}_1, \boldsymbol{\alpha}_2, \boldsymbol{\alpha}_3$ 到基 $\boldsymbol{\beta}_1, \boldsymbol{\beta}_2, \boldsymbol{\beta}_3$ 的过渡矩阵.

3. 在 $\mathbf{R}^3$ 中给定两个基

$$\boldsymbol{\alpha}_1=\begin{pmatrix}1\\0\\0\end{pmatrix},\ \boldsymbol{\alpha}_2=\begin{pmatrix}0\\1\\0\end{pmatrix},\ \boldsymbol{\alpha}_3=\begin{pmatrix}1\\0\\1\end{pmatrix};\boldsymbol{\beta}_1=\begin{pmatrix}2\\0\\-1\end{pmatrix},\ \boldsymbol{\beta}_2=\begin{pmatrix}1\\2\\-2\end{pmatrix},\ \boldsymbol{\beta}_3=\begin{pmatrix}2\\1\\1\end{pmatrix}.$$

(1) 求 $\boldsymbol{\alpha}_1, \boldsymbol{\alpha}_2, \boldsymbol{\alpha}_3$ 到 $\boldsymbol{\beta}_1, \boldsymbol{\beta}_2, \boldsymbol{\beta}_3$ 的过渡矩阵 $\boldsymbol{C}$;

(2) 已知向量 $\boldsymbol{\alpha}=2\boldsymbol{\beta}_1+2\boldsymbol{\beta}_2-2\boldsymbol{\beta}_3$, 求 $\boldsymbol{\alpha}$ 在基 $\boldsymbol{\alpha}_1, \boldsymbol{\alpha}_2, \boldsymbol{\alpha}_3$ 下的坐标.

4. 在 $\mathbf{R}^{2\times 2}$ 中, 给定

$$\boldsymbol{\varepsilon}_1=\begin{pmatrix}1&0\\0&0\end{pmatrix},\ \boldsymbol{\varepsilon}_2=\begin{pmatrix}0&1\\0&0\end{pmatrix},\ \boldsymbol{\varepsilon}_3=\begin{pmatrix}0&0\\1&0\end{pmatrix},\ \boldsymbol{\varepsilon}_4=\begin{pmatrix}0&0\\0&1\end{pmatrix}.$$

(1) 证明 $\boldsymbol{\varepsilon}_1, \boldsymbol{\varepsilon}_2, \boldsymbol{\varepsilon}_2, \boldsymbol{\varepsilon}_4$ 是 $\mathbf{R}^{2\times 2}$ 的一个基;

(2) 证明 $\boldsymbol{\eta}_1=\begin{pmatrix}0&1\\1&1\end{pmatrix}$, $\boldsymbol{\eta}_2=\begin{pmatrix}1&0\\1&1\end{pmatrix}$, $\boldsymbol{\eta}_3=\begin{pmatrix}1&1\\0&1\end{pmatrix}$, $\boldsymbol{\eta}_4=\begin{pmatrix}1&1\\1&0\end{pmatrix}$ 也是 $\mathbf{R}^{2\times 2}$ 的一个基;

(3) 求 $\boldsymbol{\varepsilon}_1, \boldsymbol{\varepsilon}_2, \boldsymbol{\varepsilon}_2, \boldsymbol{\varepsilon}_4$ 到 $\boldsymbol{\eta}_1, \boldsymbol{\eta}_2, \boldsymbol{\eta}_3, \boldsymbol{\eta}_4$ 的过渡矩阵;

(4) 求 $\boldsymbol{\alpha}=\begin{pmatrix}0&1\\2&3\end{pmatrix}$ 在两个基下的坐标.

5. 在生态学研究中, 某研究团队对某森林生态系统的四个区域的植被覆盖度进行测量, 采用 “气候因子基” $\boldsymbol{B}=\{\boldsymbol{e}_1, \boldsymbol{e}_2, \boldsymbol{e}_3, \boldsymbol{e}_4\}$ 和 “土壤因子基” $\boldsymbol{C}=\{\boldsymbol{f}_1, \boldsymbol{f}_2, \boldsymbol{f}_3, \boldsymbol{f}_4\}$ 两种坐标系. 其中

$$\boldsymbol{e}_1=(1,0,0,0)^{\mathrm{T}},\ \boldsymbol{e}_2=(0,1,0,0)^{\mathrm{T}},\ \boldsymbol{e}_3=(0,0,1,0)^{\mathrm{T}},\ \boldsymbol{e}_4=(0,0,0,1)^{\mathrm{T}},$$

$$\boldsymbol{f}_1=(1,0,1,0)^{\mathrm{T}},\ \boldsymbol{f}_2=(0,1,0,1)^{\mathrm{T}},\ \boldsymbol{f}_3=(1,1,0,0)^{\mathrm{T}},\ \boldsymbol{f}_4=(0,0,2,1)^{\mathrm{T}}.$$

若某研究点在“气候因子基”下的植被覆盖度向量为 $\boldsymbol{x}=(50, 60, 45, 70)^{\mathrm{T}}$, 求其在“土壤因子基”下的坐标.

6. 设 $\boldsymbol{\alpha}_1, \boldsymbol{\alpha}_2, \boldsymbol{\alpha}_3$ 为线性空间 $\boldsymbol{V}$ 的一个基, 且

$$\boldsymbol{\beta}_1=\boldsymbol{\alpha}_1-\boldsymbol{\alpha}_2,\ \boldsymbol{\beta}_2=\boldsymbol{\alpha}_2-\boldsymbol{\alpha}_3,\ \boldsymbol{\beta}_3=2\boldsymbol{\alpha}_3-\boldsymbol{\alpha}_1.$$

证明: $\boldsymbol{\beta}_1, \boldsymbol{\beta}_2, \boldsymbol{\beta}_3$ 也是线性空间 $\boldsymbol{V}$ 的一个基, 并求 $\boldsymbol{\alpha}=\boldsymbol{\alpha}_1-\boldsymbol{\alpha}_2+\boldsymbol{\alpha}_3$ 在基 $\boldsymbol{\beta}_1, \boldsymbol{\beta}_2, \boldsymbol{\beta}_3$ 下的坐标向量.

7. 设 $\boldsymbol{V}$ 是三维向量空间, $\boldsymbol{\eta}_1, \boldsymbol{\eta}_2, \boldsymbol{\eta}_3$ 是 $\boldsymbol{V}$ 的一个基, 令

$$\begin{cases}\boldsymbol{\alpha}_1=\boldsymbol{\eta}_1+\boldsymbol{\eta}_2+\boldsymbol{\eta}_3\\ \boldsymbol{\alpha}_2=\boldsymbol{\eta}_1+2\boldsymbol{\eta}_2+2\boldsymbol{\eta}_3\\ \boldsymbol{\alpha}_3=\boldsymbol{\eta}_1+2\boldsymbol{\eta}_2+3\boldsymbol{\eta}_3\end{cases}\ \begin{cases}\boldsymbol{\beta}_1=\boldsymbol{\eta}_2+\boldsymbol{\eta}_3\\ \boldsymbol{\beta}_2=\boldsymbol{\eta}_1+\boldsymbol{\eta}_3\\ \boldsymbol{\beta}_3=\boldsymbol{\eta}_1+\boldsymbol{\eta}_2\end{cases},$$

(1) 证明: $\boldsymbol{\alpha}_1, \boldsymbol{\alpha}_2, \boldsymbol{\alpha}_3$ 与 $\boldsymbol{\beta}_1, \boldsymbol{\beta}_2, \boldsymbol{\beta}_3$ 都是 $\boldsymbol{V}$ 的基;

(2) 求 $\boldsymbol{\alpha}_1, \boldsymbol{\alpha}_2, \boldsymbol{\alpha}_3$ 到 $\boldsymbol{\beta}_1, \boldsymbol{\beta}_2, \boldsymbol{\beta}_3$ 的过渡矩阵;

(3) 求 $\boldsymbol{\gamma}=2\boldsymbol{\eta}_1-2\boldsymbol{\eta}_2-3\boldsymbol{\eta}_3$ 关于基 $\boldsymbol{\alpha}_1, \boldsymbol{\alpha}_2, \boldsymbol{\alpha}_3$ 的坐标.

8. 在 $\mathbf{R}^4$ 中取两个基

$$\begin{cases}\boldsymbol{e}_1=(1, 0, 0, 0)^{\mathrm{T}}\\ \boldsymbol{e}_2=(0, 1, 0, 0)^{\mathrm{T}}\\ \boldsymbol{e}_3=(0, 0, 1, 0)^{\mathrm{T}}\\ \boldsymbol{e}_4=(0, 0, 0, 1)^{\mathrm{T}}\end{cases},\quad \begin{cases}\boldsymbol{\alpha}_1=(2, 1, -1, 1)^{\mathrm{T}}\\ \boldsymbol{\alpha}_2=(0, 3, 1, 0)^{\mathrm{T}}\\ \boldsymbol{\alpha}_3=(5, 3, 2, 1)^{\mathrm{T}}\\ \boldsymbol{\alpha}_4=(6, 6, 1, 3)^{\mathrm{T}}\end{cases},$$

(1) 求前一个基到后一个基的过渡矩阵;

(2) 求向量 $(x_1, x_2, x_3, x_4)^{\mathrm{T}}$ 在后一个基下的坐标;

(3) 求在两个基下有相同坐标的向量.

§6.4 线性变换

在线性代数的研究中, 我们不但要考察向量空间及其内部结构, 更需关注空间之间的关系和映射. 线性变换 (linear transformation) 正是沟通不同线性空间的重要桥梁. 它以保持线性结构为基本原则, 将一个向量空间的元素清晰、稳定地映射到另一个向量空间中, 从而在更广阔的框架下理解与比较不同空间. 通过线性变换, 我们不仅能刻画空间之间的同构关系, 识别出本质上 "同类" 的空间结构, 还能在给定线性映射上讨论其核 (kernel) 和像 (image) 等子空间的性质, 从而进一步深化对线性空间内部层次结构的理解.

线性变换的意义在于: 首先, 它为我们提供了一个自然而有力的工具, 将抽象的向量与变换对应为矩阵与坐标系下的线性运算, 这为解决实际问题提供了清晰可操作的路径. 通过选择合适的基, 我们可将复杂的线性变换化为矩阵算子, 从而大大降低分析与计算的难度. 其次, 线性变换为许多重要概念, 如特征值、特征向量、对角化、约当标准形等奠定了理论基础. 这些概念不仅在纯数学研究中举足轻重, 也在物理、工程、计算机科学与经济学等诸多领域发挥关键作用. 在数据分析、信号处理、图像识别以及机器学习的算法设计中, 线性变换更是必不可少的工具, 有助于将复杂的多维数据转换到更易处理或更直观的坐标系中. 总之, 本节关于线性变换的讨论旨在为理解与掌握更深层次的线性代数奠定基础. 通过从抽象定义出发, 探索线性变换的核心属性、表示方法及应用价值, 我们将能够在更高层次上统筹线性空间的结构, 并为后续更丰富的理论与实践研究做好充分准备.

一、线性变换有关定义

线性空间中向量之间的联系是通过线性空间到线性空间的映射来实现的.

定义 1 设有两个非空集合 $\boldsymbol{V}, \boldsymbol{U}$, 如果对于 $\boldsymbol{V}$ 中任一元素 $\boldsymbol{\alpha}$, 按照一定规则, 总有 $\boldsymbol{U}$ 中

一个确定的元素$\boldsymbol{\beta}$和它对应，则这个对应规则称为从集合$\boldsymbol{V}$到集合$\boldsymbol{U}$的**变换**(或**映射**)，记作$\boldsymbol{\beta}=\boldsymbol{T}(\boldsymbol{\alpha})$或$\boldsymbol{\beta}=\boldsymbol{T}\boldsymbol{\alpha}$ $(\boldsymbol{\alpha}\in\boldsymbol{V})$.

设元素$\boldsymbol{\alpha}\in\boldsymbol{V}$，若$\boldsymbol{T}(\boldsymbol{\alpha})=\boldsymbol{\beta}$，则称变换$\boldsymbol{T}$把元素$\boldsymbol{\alpha}$变为$\boldsymbol{\beta}$，$\boldsymbol{\beta}$称为$\boldsymbol{\alpha}$在变换$\boldsymbol{T}$下的**像**，元素$\boldsymbol{\alpha}$称为$\boldsymbol{\beta}$在变换$\boldsymbol{T}$下的**源**，集合$\boldsymbol{V}$称为变换$\boldsymbol{T}$的**源集**，像的全体所构成的集合称为**像集**，记作$\boldsymbol{T}(\boldsymbol{V})$，即$\boldsymbol{T}(\boldsymbol{V})=\{\boldsymbol{\beta}=\boldsymbol{T}(\boldsymbol{\alpha})\mid\boldsymbol{\alpha}\in\boldsymbol{V}\}$，显然$\boldsymbol{T}(\boldsymbol{V})\subset\boldsymbol{U}$.

注：线性变换的概念实际上是函数概念的推广.

定义 2 设$\boldsymbol{V}_n$，$\boldsymbol{U}_m$分别是实数域$\mathbf{R}$上的n维和m维线性空间，$\boldsymbol{T}$是一个从$\boldsymbol{V}_n$到$\boldsymbol{U}_m$的变换，如果变换$\boldsymbol{T}$满足：

(1) 任意给定$\boldsymbol{\alpha}_1,\boldsymbol{\alpha}_2\in\boldsymbol{V}_n$，有$\boldsymbol{T}(\boldsymbol{\alpha}_1+\boldsymbol{\alpha}_2)=\boldsymbol{T}(\boldsymbol{\alpha}_1)+\boldsymbol{T}(\boldsymbol{\alpha}_2)$，

(2) 任意给定$\boldsymbol{\alpha}\in\boldsymbol{V}_n$，$k\in\mathbf{R}$，都有$\boldsymbol{T}(k\boldsymbol{\alpha})=k\boldsymbol{T}(\boldsymbol{\alpha})$，

就称$\boldsymbol{T}$为从$\boldsymbol{V}_n$到$\boldsymbol{U}_m$的**线性变换**.

注：(1) 线性变换就是保持线性组合的对应的变换.

(2) 一般用黑体大写字母$\boldsymbol{T},\boldsymbol{A},\boldsymbol{B},\cdots$代表线性变换，$\boldsymbol{T}(\boldsymbol{\alpha})$或$\boldsymbol{T}\boldsymbol{\alpha}$代表元素$\boldsymbol{\alpha}$在变换$\boldsymbol{T}$下的**像**.

(3) 若$\boldsymbol{U}_m=\boldsymbol{V}_n$，则$\boldsymbol{T}$是一个从线性空间$\boldsymbol{V}_n$到其自身的线性变换，称为线性空间$\boldsymbol{V}_n$中的**线性变换**. 下面主要讨论线性空间$\boldsymbol{V}_n$中的线性变换.

例 1 在线性空间$\boldsymbol{P}[x]_3$中，任取

$$p=a_3x^3+a_2x^2+a_1x+a_0\in\boldsymbol{P}[x]_3,\quad q=b_3x^3+b_2x^2+b_1x+b_0\in\boldsymbol{P}[x]_3,$$

证明：

(1) 微分运算$\boldsymbol{D}$是一个线性变换.

(2) 如果$\boldsymbol{T}(p)=a_0$，那么$\boldsymbol{T}$也是一个线性变换.

(3) 如果$\boldsymbol{T}_1(p)=1$，那么$\boldsymbol{T}_1$是一个变换，但不是线性变换.

证明 (1) 任取线性空间$\boldsymbol{P}[x]_3$中p,q，作微分运算$\boldsymbol{D}$，得

$$\boldsymbol{D}(p)=3a_3x^2+2a_2x+a_1\in\boldsymbol{P}[x]_3,\quad \boldsymbol{D}(q)=3b_3x^2+2b_2x+b_1\in\boldsymbol{P}[x]_3,$$

从而

$$\begin{aligned}\boldsymbol{D}(p+q)&=\boldsymbol{D}[(a_3+b_3)x^3+(a_2+b_2)x^2+(a_1+b_1)x+(a_0+b_0)]\\&=3(a_3+b_3)x^2+2(a_2+b_2)x+(a_1+b_1)\\&=(3a_3x^2+2a_2x+a_1)+(3b_3x^2+2b_2x+b_1)=\boldsymbol{D}(p)+\boldsymbol{D}(q),\end{aligned}$$

$$\boldsymbol{D}(kp)=\boldsymbol{D}(ka_3x^3+ka_2x^2+ka_1x+ka_0)=k(3a_3x^2+2a_2x+a_1)=k\boldsymbol{D}(p),\ k\in\mathbf{R},$$

所以，微分运算$\boldsymbol{D}$是$\boldsymbol{P}[x]_3$中的线性变换.

(2) 如果$\boldsymbol{T}(p)=a_0$，那么

$$\boldsymbol{T}(p+q)=a_0+b_0=\boldsymbol{T}(p)+\boldsymbol{T}(q),\ \boldsymbol{T}(kp)=ka_0=k\boldsymbol{T}(p),$$

所以，$\boldsymbol{T}$是$\boldsymbol{P}[x]_3$中的线性变换.

(3) 如果 $\boldsymbol{T}_1(p)=1$, 那么 $\boldsymbol{T}_1(p+q)=1$, 但 $\boldsymbol{T}_1(p)+\boldsymbol{T}_1(q)=1+1=2$, 故

$$\boldsymbol{T}_1(p+q)\neq\boldsymbol{T}_1(p)+\boldsymbol{T}_1(q),$$

所以, $\boldsymbol{T}_1$ 不是 $\boldsymbol{P}[x]_3$ 中的线性变换. 证毕.

例 2 记数域 $\boldsymbol{F}$ 上次数 $\leqslant 3$ 的一元多项式全体构成的向量空间为 $\boldsymbol{F}[x]_3$, 定义 $\boldsymbol{F}[x]_3$ 的变换 $\boldsymbol{T}$ 为: 对于 $f(x)\in\boldsymbol{F}[x]_3$, $\boldsymbol{T}[f(x)]=f(x+1)-f(x)$, 证明 $\boldsymbol{T}$ 为 $\boldsymbol{F}[x]_3$ 的线性变换.

证明 $\boldsymbol{T}$ 为向量空间 $\boldsymbol{F}[x]_3$ 到 $\boldsymbol{F}[x]_3$ 的映射, 任取 $f(x)$, $g(x)\in\boldsymbol{F}[x]_3$, $k\in\mathbf{R}$, 则

$$\begin{aligned}\boldsymbol{T}[f(x)+g(x)]&=f(x+1)+g(x+1)-f(x)-g(x)\\&=[f(x+1)-f(x)]+[g(x+1)-g(x)]=\boldsymbol{T}[f(x)]+\boldsymbol{T}[g(x)],\end{aligned}$$

$$\boldsymbol{T}[kf(x)]=kf(x+1)-kf(x)=k\boldsymbol{T}[f(x)],$$

所以, $\boldsymbol{T}$ 为 $\boldsymbol{F}[x]_3$ 的线性变换.

例 3 定义在闭区间上的全体连续函数组成实数域 $\mathbf{R}$ 上的一个线性空间 $\boldsymbol{V}$, 在这个空间中定义变换 $\boldsymbol{T}[f(x)]=\int_a^x f(t)\mathrm{d}t$, 试证 $\boldsymbol{T}$ 是线性变换.

证明 设连续函数 $f(x)\in\boldsymbol{V}$, $g(x)\in\boldsymbol{V}$, $k\in\mathbf{R}$, 则有

$$\begin{aligned}\boldsymbol{T}[f(x)+g(x)]&=\int_a^x[f(t)+g(t)]\mathrm{d}t=\int_a^x f(t)\mathrm{d}t+\int_a^x g(t)\mathrm{d}t\\&=\boldsymbol{T}[f(x)]+\boldsymbol{T}[g(x)],\end{aligned}$$

$$\boldsymbol{T}[kf(x)]=\int_a^x kf(t)\mathrm{d}t=k\int_a^x f(t)\mathrm{d}t=k\boldsymbol{T}[f(x)].$$

所以, $\boldsymbol{T}$ 是线性变换. 证毕.

例 4 设 $\boldsymbol{A}$ 是一个已知的 n 阶实方阵, $\boldsymbol{z}_0$ 是一个已知的 n 维实向量, 定义 $\mathbf{R}^n$ 的变换 $\boldsymbol{T}$ 为: 对于 $\boldsymbol{z}=(x_1,x_2,\cdots,x_n)^{\mathrm{T}}\in\mathbf{R}^n$, $\boldsymbol{T}(\boldsymbol{z})=\boldsymbol{A}\boldsymbol{z}+\boldsymbol{z}_0$, 问 $\boldsymbol{T}$ 是否为 $\mathbf{R}^n$ 的线性变换? 为什么?

解 依题设, 当 $\boldsymbol{z}_0=\boldsymbol{0}$ 时, 因

$$\boldsymbol{T}(\boldsymbol{z}_1+\boldsymbol{z}_2)=\boldsymbol{A}(\boldsymbol{z}_1+\boldsymbol{z}_2)=\boldsymbol{T}(\boldsymbol{z}_1)+\boldsymbol{T}(\boldsymbol{z}_2),\ \boldsymbol{T}(k\boldsymbol{z})=\boldsymbol{A}(k\boldsymbol{z})=k\boldsymbol{T}(\boldsymbol{z}),$$

故 $\boldsymbol{T}$ 为 $\mathbf{R}^n$ 的线性变换; 当 $\boldsymbol{z}_0\neq\boldsymbol{0}$ 时, 因

$$\boldsymbol{T}(\boldsymbol{z}_1+\boldsymbol{z}_2)\neq\boldsymbol{T}(\boldsymbol{z}_1)+\boldsymbol{T}(\boldsymbol{z}_2),$$

故 $\boldsymbol{T}$ 不是 $\mathbf{R}^n$ 的线性变换.

例 5 证明线性空间 $\boldsymbol{V}$ 中的恒等变换 (或称单位变换) $\boldsymbol{E}:\boldsymbol{E}(\boldsymbol{\alpha})=\boldsymbol{\alpha}$, $\boldsymbol{\alpha}\in\boldsymbol{V}$ 是线性变换.

证明 在线性空间 $\boldsymbol{V}$ 中, 取 $\boldsymbol{\alpha},\boldsymbol{\beta}\in\boldsymbol{V}$, $k\in\mathbf{R}$, 则有

$$\boldsymbol{E}(\boldsymbol{\alpha}+\boldsymbol{\beta})=\boldsymbol{\alpha}+\boldsymbol{\beta}=\boldsymbol{E}(\boldsymbol{\alpha})+\boldsymbol{E}(\boldsymbol{\beta}),\ \boldsymbol{E}(k\boldsymbol{\alpha})=k\boldsymbol{\alpha}=k\boldsymbol{E}(\boldsymbol{\alpha}),$$

所以, 题设恒等变换 $\boldsymbol{E}$ 是线性变换. 证毕.

例 6 证明线性空间 $\boldsymbol{V}$ 中的零变换 $\boldsymbol{O}:\boldsymbol{O}(\boldsymbol{\alpha})=\boldsymbol{0}$ 是线性变换.

证明 在线性空间 $\boldsymbol{V}$ 中, 取 $\boldsymbol{\alpha},\boldsymbol{\beta}\in\boldsymbol{V}$, $k\in\mathbf{R}$, 则有

$$\boldsymbol{O}(\boldsymbol{\alpha}+\boldsymbol{\beta})=\boldsymbol{0}=\boldsymbol{0}+\boldsymbol{0}=\boldsymbol{O}(\boldsymbol{\alpha})+\boldsymbol{O}(\boldsymbol{\beta}),\ \boldsymbol{O}(k\boldsymbol{\alpha})=\boldsymbol{0}=k\boldsymbol{0}=k\boldsymbol{O}(\boldsymbol{\alpha}),$$

所以,题设零变换 $\boldsymbol{O}$ 是线性变换. 证毕.

例 7 设 $\boldsymbol{T}$ 为 n 维向量空间 $\boldsymbol{V}$ 的线性变换,证明: $\boldsymbol{T}$ 为可逆线性变换的充分必要条件是 $\boldsymbol{T}$ 将 $\boldsymbol{V}$ 中的线性无关向量组映射为 $\boldsymbol{V}$ 中的线性无关向量组.

证明 必要性. 题设 $\boldsymbol{T}$ 为 n 维向量空间 $\boldsymbol{V}$ 的线性变换,故 $\boldsymbol{T}$ 可逆,设 $\boldsymbol{\alpha}_1, \boldsymbol{\alpha}_2, \cdots, \boldsymbol{\alpha}_m$ 为 $\boldsymbol{V}$ 中线性无关向量组,若存在数 $k_1, k_2, \cdots, k_m$,使得

$$k_1\boldsymbol{T}(\boldsymbol{\alpha}_1)+k_2\boldsymbol{T}(\boldsymbol{\alpha}_2)+\cdots+k_m\boldsymbol{T}(\boldsymbol{\alpha}_m)=\mathbf{0},$$

利用线性变换的运算性质,得 $\boldsymbol{T}(k_1\boldsymbol{\alpha}_1+k_2\boldsymbol{\alpha}_2+\cdots+k_m\boldsymbol{\alpha}_m)=\mathbf{0}$,在该式两端左乘 $\boldsymbol{T}^{-1}$,得

$$\boldsymbol{T}^{-1}\boldsymbol{T}(k_1\boldsymbol{\alpha}_1+k_2\boldsymbol{\alpha}_2+\cdots+k_m\boldsymbol{\alpha}_m)=\mathbf{0}, \text{即 } k_1\boldsymbol{\alpha}_1+k_2\boldsymbol{\alpha}_2+\cdots+k_m\boldsymbol{\alpha}_m=\mathbf{0},$$

因 $\boldsymbol{\alpha}_1, \boldsymbol{\alpha}_2, \cdots, \boldsymbol{\alpha}_m$ 线性无关,故 $k_1=k_2=\cdots=k_m=0$,故 $\boldsymbol{T}(\boldsymbol{\alpha}_1), \boldsymbol{T}(\boldsymbol{\alpha}_2), \cdots, \boldsymbol{T}(\boldsymbol{\alpha}_m)$ 线性无关.

充分性. 取 $\boldsymbol{V}$ 的基 $\boldsymbol{\varepsilon}_1, \boldsymbol{\varepsilon}_2, \cdots, \boldsymbol{\varepsilon}_n$,则 $\boldsymbol{T}(\boldsymbol{\varepsilon}_1), \boldsymbol{T}(\boldsymbol{\varepsilon}_2), \cdots, \boldsymbol{T}(\boldsymbol{\varepsilon}_m)$ 线性无关. 从而可作为 $\boldsymbol{V}$ 的基,定义 $\boldsymbol{V}$ 的线性变换 $\boldsymbol{S}$ 为 $\boldsymbol{S}[\boldsymbol{T}(\varepsilon_i)]=\varepsilon_i\ (i=1,2,\cdots,n)$,则

$$\boldsymbol{ST}=\boldsymbol{TS}=\boldsymbol{E}\text{(恒等映射)},$$

故 $\boldsymbol{T}$ 可逆. 证毕.

二、线性变换的性质

设 $\boldsymbol{T}$ 是 $\boldsymbol{V}_n$ 中的线性变换,则

(1) $\boldsymbol{T}(\mathbf{0})=\mathbf{0}$, $\boldsymbol{T}(-\boldsymbol{\alpha})=-\boldsymbol{T}(\boldsymbol{\alpha})$.

(2) 若 $\boldsymbol{\beta}=k_1\boldsymbol{\alpha}_1+k_2\boldsymbol{\alpha}_2+\cdots+k_m\boldsymbol{\alpha}_m$,则 $\boldsymbol{T}(\boldsymbol{\beta})=k_1\boldsymbol{T}(\boldsymbol{\alpha}_1)+k_2\boldsymbol{T}(\boldsymbol{\alpha}_2)+\cdots+k_m\boldsymbol{T}(\boldsymbol{\alpha}_m)$.

(3) 若 $\boldsymbol{\alpha}_1, \boldsymbol{\alpha}_2, \cdots, \boldsymbol{\alpha}_m$ 线性相关,则 $\boldsymbol{T}(\boldsymbol{\alpha}_1), \boldsymbol{T}(\boldsymbol{\alpha}_2), \cdots, \boldsymbol{T}(\boldsymbol{\alpha}_m)$ 亦线性相关.

注: 这个结论对线性无关的情形不一定成立.

(4) 线性变换 $\boldsymbol{T}$ 的像集 $\boldsymbol{T}(\boldsymbol{V}_n)$ 是线性空间 $\boldsymbol{V}_n$ 的一个子空间.

证明 设 $\boldsymbol{\beta}_1, \boldsymbol{\beta}_2\in\boldsymbol{T}(\boldsymbol{V}_n)$,则存在 $\boldsymbol{\alpha}_1, \boldsymbol{\alpha}_2\in\boldsymbol{V}_n$,使 $\boldsymbol{T}(\boldsymbol{\alpha}_1)=\boldsymbol{\beta}_1$, $\boldsymbol{T}(\boldsymbol{\alpha}_2)=\boldsymbol{\beta}_2$,那么

$$\boldsymbol{\beta}_1+\boldsymbol{\beta}_2=\boldsymbol{T}(\boldsymbol{\alpha}_1)+\boldsymbol{T}(\boldsymbol{\alpha}_2)=\boldsymbol{T}(\boldsymbol{\alpha}_1+\boldsymbol{\alpha}_2)\in\boldsymbol{T}(\boldsymbol{V}_n),\ k\boldsymbol{\beta}_1=k\boldsymbol{T}(\boldsymbol{\alpha}_1)=\boldsymbol{T}(k\boldsymbol{\alpha}_1)\in\boldsymbol{T}(\boldsymbol{V}_n),$$

因 $\boldsymbol{T}$ 的像集 $\boldsymbol{T}(\boldsymbol{V}_n)\subset\boldsymbol{V}_n$,由上知它对 $\boldsymbol{V}_n$ 中的线性运算封闭,故它是 $\boldsymbol{V}_n$ 的子空间. 证毕.

(5) 集合 $\boldsymbol{S}_T=\{\boldsymbol{\alpha}\mid\boldsymbol{\alpha}\in\boldsymbol{V}_n, \boldsymbol{T}(\boldsymbol{\alpha})=\mathbf{0}\}$ 称为线性变换 $\boldsymbol{T}$ 的**核**. 可证 $\boldsymbol{S}_T$ 是 $\boldsymbol{V}_n$ 的子空间.

证明 若 $\boldsymbol{\alpha}_1, \boldsymbol{\alpha}_2\in\boldsymbol{S}_T$,则 $\boldsymbol{T}(\boldsymbol{\alpha}_1)=\mathbf{0}, \boldsymbol{T}(\boldsymbol{\alpha}_2)=\mathbf{0}$,于是

$$\boldsymbol{T}(\boldsymbol{\alpha}_1+\boldsymbol{\alpha}_2)=\boldsymbol{T}(\boldsymbol{\alpha}_1)+\boldsymbol{T}(\boldsymbol{\alpha}_2)=\mathbf{0},$$

故 $\boldsymbol{\alpha}_1+\boldsymbol{\alpha}_2\in\boldsymbol{S}_T$;如果 $\boldsymbol{\alpha}\in\boldsymbol{S}_T$, $k\in\mathbf{R}$,则

$$\boldsymbol{T}(k\boldsymbol{\alpha}_1)=k\boldsymbol{T}(\boldsymbol{\alpha}_1)=k\mathbf{0}=\mathbf{0};$$

故 $k\boldsymbol{\alpha}_1\in\boldsymbol{S}_T$,即 $\boldsymbol{S}_T$ 对线性运算封闭. 又 $\boldsymbol{S}_T\in\boldsymbol{V}_n$,故 $\boldsymbol{S}_T$ 是 $\boldsymbol{V}_n$ 的子空间. 证毕.

例 8　设矩阵$\boldsymbol{A}=\begin{pmatrix}1&4&3\\2&5&3\\3&6&3\end{pmatrix}$, 定义$\mathbf{R}^3$的线性变换$\boldsymbol{T}$: 对于$z\in\mathbf{R}^3$, $\boldsymbol{T}(z)=\boldsymbol{A}z$. 试求$\boldsymbol{T}$的核的基.

解　依题设, $\mathrm{Ker}(\boldsymbol{T})=\{z\,|\,\boldsymbol{A}z=\mathbf{0},\ z\in\mathbf{R}^3\}$, 所求$\boldsymbol{T}$的核的基即为线性方程组

$$\boldsymbol{A}z=\begin{pmatrix}1&4&3\\2&5&3\\3&6&3\end{pmatrix}\begin{pmatrix}z_1\\z_2\\z_3\end{pmatrix}=\mathbf{0}$$

的基础解系, 利用求基础解系的初等行变换法, 求得其基为$(1,-1,1)^{\mathrm{T}}$.

例 9　设$\mathbf{R}^3$的线性变换$\boldsymbol{T}$为:

$$\boldsymbol{T}(1,1,1)=(1,2,3),\ \boldsymbol{T}(1,1,0)=(0,1,2),\ \boldsymbol{T}(1,0,0)=(0,0,1),$$

对于$\boldsymbol{\alpha}=(a_1,a_2,a_3)\in\mathbf{R}^3$, 求$\boldsymbol{T}(\boldsymbol{\alpha})$.

解　依题设, 根据线性变换的性质, 有

$$\boldsymbol{\alpha}=(a_1,a_2,a_3)=a_3(1,1,1)+(a_2-a_3)(1,1,0)+(a_1-a_2)(1,0,0),$$

在上式两端作线性变换$\boldsymbol{T}$, 得

$$\begin{aligned}\boldsymbol{T}(\boldsymbol{\alpha})&=a_3\boldsymbol{T}(1,1,1)+(a_2-a_3)\boldsymbol{T}(1,1,0)+(a_1-a_2)\boldsymbol{T}(1,0,0)\\&=a_3(1,2,3)+(a_2-a_3)(0,1,2)+(a_1-a_2)(0,0,1)=(a_3,a_3+a_2,a_3+a_2+a_1).\end{aligned}$$

例 10　设$\boldsymbol{T}$为线性空间$\boldsymbol{V}$的线性变换, $\boldsymbol{W}$是$\boldsymbol{V}$的子空间. 如果对于任意$\boldsymbol{\alpha}\in\boldsymbol{W}$, 都有$\boldsymbol{T}(\boldsymbol{\alpha})\in\boldsymbol{W}$, 则称$\boldsymbol{W}$是$\boldsymbol{T}$的**不变子空间**. 证明$\boldsymbol{T}$的像空间$\boldsymbol{R}(\boldsymbol{T})=\{\boldsymbol{\alpha}\,|\,\boldsymbol{T}(\boldsymbol{\alpha})\in\boldsymbol{V},\boldsymbol{\alpha}\in\boldsymbol{V}\}$是$\boldsymbol{T}$的不变子空间.

解　依题设, 易知$\mathbf{0}\in\boldsymbol{R}(\boldsymbol{T})$, 故$\boldsymbol{R}(\boldsymbol{T})$非空, 任取$\boldsymbol{\beta}_1$, $\boldsymbol{\beta}_2\in\boldsymbol{R}(\boldsymbol{T})$, 则存在$\boldsymbol{\alpha}_1$, $\boldsymbol{\alpha}_2\in\boldsymbol{V}$, 使

$$\boldsymbol{T}(\boldsymbol{\alpha}_1)=\boldsymbol{\beta}_1,\ \boldsymbol{T}(\boldsymbol{\alpha}_2)=\boldsymbol{\beta}_2,$$

根据线性变换的概念, 有

$$\boldsymbol{\beta}_1+\boldsymbol{\beta}_2=\boldsymbol{T}(\boldsymbol{\alpha}_1+\boldsymbol{\alpha}_2)\in\boldsymbol{R}(\boldsymbol{T}),\ k\boldsymbol{\beta}_1=\boldsymbol{T}(k\boldsymbol{\alpha}_1)\in\boldsymbol{R}(\boldsymbol{T}),$$

故$\boldsymbol{R}(\boldsymbol{T})$为$\boldsymbol{V}$的子空间, 又$\boldsymbol{T}(\boldsymbol{\beta}_1)\in\boldsymbol{R}(\boldsymbol{T})$, 所以, $\boldsymbol{R}(\boldsymbol{T})$为$\boldsymbol{T}$的不变子空间.

例 11　设矩阵$\boldsymbol{A}=\begin{pmatrix}1&4&3\\2&5&3\\3&6&3\end{pmatrix}$, 定义$\mathbf{R}^3$的线性变换$\boldsymbol{T}$: 对于$z\in\mathbf{R}^3$, $\boldsymbol{T}(z)=\boldsymbol{A}z$, 求$\boldsymbol{T}$的像空间的基.

解　依题设, $\boldsymbol{T}$的像空间$\boldsymbol{R}(\boldsymbol{T})=\{\boldsymbol{A}z\,|\,z\in\mathbf{R}^3\}$, 即$\boldsymbol{A}$的列空间, 对矩阵$\boldsymbol{A}$作初等行变换:

$$\boldsymbol{A}=\begin{pmatrix}1&4&3\\2&5&3\\3&6&3\end{pmatrix}\to\begin{pmatrix}1&4&3\\0&-3&-3\\3&6&3\end{pmatrix}\to\begin{pmatrix}1&4&3\\0&-3&-3\\0&-6&-6\end{pmatrix}\to\begin{pmatrix}1&4&3\\0&-3&-3\\0&0&0\end{pmatrix},$$

从上可见, 矩阵 A 的秩 $r(A)=2$. 观察 A 的第1列和第2列, 易见其线性无关, 故所求基为

$$\alpha_1=(1, 2, 3)^T, \ \alpha_2=(4, 5, 6)^T.$$

例 12 设有 n 阶矩阵

$$A=\begin{pmatrix} a_{11} & a_{12} & \cdots & a_{1n} \\ a_{21} & a_{22} & \cdots & a_{2n} \\ \vdots & \vdots & & \vdots \\ a_{n1} & a_{n2} & \cdots & a_{nn} \end{pmatrix}=(\alpha_1, \alpha_2, \cdots, \alpha_n), \ \alpha_i=\begin{pmatrix} a_{1i} \\ a_{2i} \\ \vdots \\ a_{ni} \end{pmatrix}.$$

定义 $\mathbf{R}^n$ 中的变换为 $T(x)=Ax\ (x\in\mathbf{R}^n)$, 试证 T 为线性变换.

证明 设 $\alpha, \beta\in\mathbf{R}^n$, 则变换

$$T(\alpha+\beta)=A(\alpha+\beta)=A\alpha+A\beta=T(\alpha)+T(\beta), \ T(k\alpha)=A(k\alpha)=kA\alpha=kT(\alpha),$$

即 T 为 $\mathbf{R}^n$ 中的线性变换, 且

(1) T 的像集就是由 $\alpha_1, \alpha_2, \cdots, \alpha_n$ 所生成的向量空间:

$$T(\mathbf{R}^n)=\{y=x_1\alpha_1+x_2\alpha_2++x_n\alpha_n \mid x_1, x_2, \cdots, x_n\in\mathbf{R}\};$$

(2) T 的核 S_T 就是齐次线性方程组 $Ax=0$ 的解空间.

综上可知, T 为线性变换. 证毕.

例 13 定义线性变换 $T:\mathbf{R}^2\to\mathbf{R}^2$ 为

$$T(\alpha)=\begin{pmatrix} 0 & -1 \\ 1 & 0 \end{pmatrix}\begin{pmatrix} x \\ y \end{pmatrix}=\begin{pmatrix} -y \\ x \end{pmatrix},$$

试求 $\alpha_1=\begin{pmatrix} 4 \\ 1 \end{pmatrix}$, $\alpha_2=\begin{pmatrix} 2 \\ 3 \end{pmatrix}$ 和 $\alpha_1+\alpha_2$ 在变换 T 下的像, 并说明变换 T 的几何意义.

解 根据线性变换的概念, 有

$$T(\alpha_1)=\begin{pmatrix} 0 & -1 \\ 1 & 0 \end{pmatrix}\begin{pmatrix} 4 \\ 1 \end{pmatrix}=\begin{pmatrix} -1 \\ 4 \end{pmatrix}, \ T(\alpha_2)=\begin{pmatrix} 0 & -1 \\ 1 & 0 \end{pmatrix}\begin{pmatrix} 2 \\ 3 \end{pmatrix}=\begin{pmatrix} -3 \\ 2 \end{pmatrix},$$

所以, 向量 $\alpha_1+\alpha_2$ 在线性变换 T 下的像:

$$T(\alpha_1+\alpha_2)=\begin{pmatrix} 0 & -1 \\ 1 & 0 \end{pmatrix}\begin{pmatrix} 4+2 \\ 1+3 \end{pmatrix}=\begin{pmatrix} -4 \\ 6 \end{pmatrix}$$

$$=T(\alpha_1)+T(\alpha_2).$$

图 6-4-1 表明: 线性变换 T 把向量 α_1, α_2 和 $\alpha_1+\alpha_2$ 绕原点逆时针旋转了 90°, 从几何上看, 线性变换 T 把 α_1, α_2 确定的平行四边形变换成 $T(\alpha_1)$, $T(\alpha_2)$ 确定的平行四边形.

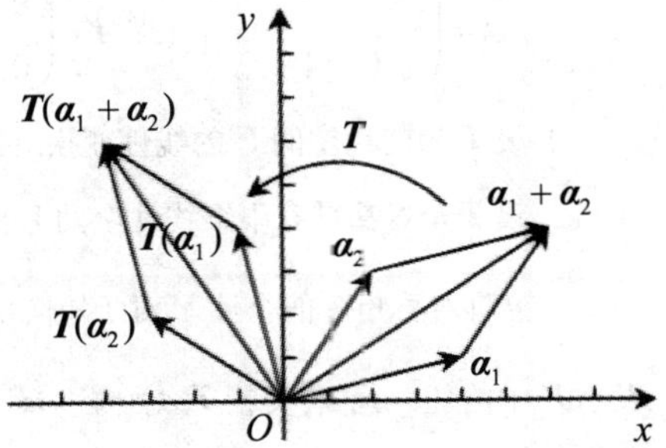

图6-4-1

注: 本题演示了线性映射如何把一种类型的数据

变换成另一种类型.

例 14 在人工智能领域中,特征提取和数据降维是处理高维数据的重要技术. 在某个图像分类问题中,我们使用一个线性变换来将图像特征从高维空间映射到一个新的低维空间,以便更高效地进行后续分类. 已知原始图像特征空间为$\mathbf{R}^4$,且3×4的线性变换矩阵为

$$\boldsymbol{A}=\begin{pmatrix}1&0&1&2\\2&1&0&1\\0&1&3&1\end{pmatrix}.$$

假设一个图像特征向量 $\boldsymbol{x}=(5,3,2,4)^{\mathrm{T}}$ 需要通过该线性变换映射到低维空间. 要求计算图像特征向量线性变换后的结果.

解 我们先将图像特征向量 $\boldsymbol{x}=(5,3,2,4)^{\mathrm{T}}$ 应用于线性变换矩阵 $\boldsymbol{A}$. 根据线性变换的定义,变换后的向量为$\boldsymbol{y}=\boldsymbol{A}\boldsymbol{x}$,代入,得

$$\boldsymbol{y}=\boldsymbol{A}\boldsymbol{x}=\begin{pmatrix}1&0&1&2\\2&1&0&1\\0&1&3&1\end{pmatrix}\begin{pmatrix}5\\3\\2\\4\end{pmatrix}=\begin{pmatrix}15\\17\\13\end{pmatrix}.$$

因此,变换后的图像特征向量为

$$\boldsymbol{y}=(15,17,13)^{\mathrm{T}}.$$

这表示线性变换后的图像特征向量在低维空间的坐标.

通过该例,我们展示了如何使用线性变换将高维数据映射到低维空间,并通过计算变换后的向量来展示线性变换的应用. 此类变换在人工智能中的数据降维和特征提取中有广泛应用,帮助降低计算复杂度并提取关键特征.

习题 6-4

1. 说明xOy平面上变换$\boldsymbol{T}\begin{pmatrix}x\\y\end{pmatrix}=\boldsymbol{A}\begin{pmatrix}x\\y\end{pmatrix}$的几何意义,其中

(1) $\boldsymbol{A}=\begin{pmatrix}-1&0\\0&1\end{pmatrix}$; (2) $\boldsymbol{A}=\begin{pmatrix}0&0\\0&1\end{pmatrix}$; (3) $\boldsymbol{A}=\begin{pmatrix}0&1\\1&0\end{pmatrix}$; (4) $\boldsymbol{A}=\begin{pmatrix}0&1\\-1&0\end{pmatrix}$.

2. 设 $\boldsymbol{T}$ 为向量空间 $\boldsymbol{V}$ 的线性变换,证明: $\boldsymbol{T}$ 的核 $\mathrm{Ker}(\boldsymbol{T})$ 是 $\boldsymbol{T}$ 的不变子空间.

3. 设 $\boldsymbol{T}$ 及 $\boldsymbol{S}$ 都是有限维线性空间 $\boldsymbol{V}$ 的线性变换,且 $\boldsymbol{TS}$ 为恒等变换,试证 $\boldsymbol{ST}$ 也为恒等变换.

4. n 阶对称矩阵的全体 $\boldsymbol{V}$ 对于矩阵的线性运算构成一个 $\dfrac{n(n+1)}{2}$ 维线性空间. 给出 n 阶矩阵 $\boldsymbol{P}$,以 $\boldsymbol{A}$ 表示 $\boldsymbol{V}$ 中的任一元素,变换 $\boldsymbol{T}(\boldsymbol{A})=\boldsymbol{P}^{\mathrm{T}}\boldsymbol{A}\boldsymbol{P}$ 称为合同变换,试证合同变换 $\boldsymbol{T}$ 是 $\boldsymbol{V}$ 中的线性变换.

5. 判别下列变换是否为线性变换:

(1) 在 $\mathbf{R}^3$ 中定义 $\boldsymbol{A}\begin{pmatrix}a_1\\a_2\\a_3\end{pmatrix}=\begin{pmatrix}a_1^2\\a_2+a_3\\a_3\end{pmatrix}$；　(2) 在 $\mathbf{R}^4$ 中定义 $\boldsymbol{A}\begin{pmatrix}a_1\\a_2\\a_3\\a_4\end{pmatrix}=\begin{pmatrix}a_1+a_2\\a_2+a_3\\a_3+a_4\\a_2-a_4\end{pmatrix}$；

(3) 在 $\mathbf{R}^{2\times2}$ 中，定义 $\boldsymbol{T}(\boldsymbol{X})=\boldsymbol{AX}-\boldsymbol{XA},\ \boldsymbol{X}\in\mathbf{R}^{2\times2}$；

(4) 在 $\boldsymbol{P}[x]_n$ 中，定义变换 $\boldsymbol{T}[f(x)]=\dfrac{1}{a}[f(x+a)-f(x)],\ \forall f(x)\in\boldsymbol{P}[x]_n$，其中 a 为常数；

(5) 在 $\mathbf{R}^3$ 中，定义变换 $\boldsymbol{T}(\boldsymbol{X})=(\boldsymbol{X},\boldsymbol{\alpha})\boldsymbol{\alpha},\ \boldsymbol{X}\in\mathbf{R}^3$，其中 $\boldsymbol{\alpha}$ 是 $\mathbf{R}^3$ 中一固定的三维向量.

6. 求 $\mathbf{R}^3$ 的一个线性变换 $\boldsymbol{A}$ 满足：

$$\boldsymbol{A}\begin{pmatrix}1\\-1\\-3\end{pmatrix}=\begin{pmatrix}1\\0\\-1\end{pmatrix},\quad \boldsymbol{A}\begin{pmatrix}2\\1\\1\end{pmatrix}=\begin{pmatrix}2\\-1\\1\end{pmatrix},\quad \boldsymbol{A}\begin{pmatrix}1\\0\\-1\end{pmatrix}=\begin{pmatrix}1\\0\\-1\end{pmatrix}.$$

7. 在互联网领域中，尤其是在推荐系统的研究中，用户的行为数据通常需要进行特征转换，以便通过机器学习模型进行预测. 假设某公司正在构建一个用户推荐系统，并使用两个不同的特征空间来表示用户数据：原始特征空间和经过线性变换后的特征空间. 我们需要将用户的行为数据从原始特征空间转换到新的特征空间，以便进行更准确的推荐. 已知原始特征空间的基为 $\boldsymbol{B}=\{\boldsymbol{e}_1,\boldsymbol{e}_2,\boldsymbol{e}_3,\boldsymbol{e}_4\}$，其中

$$\boldsymbol{e}_1=(1,0,0,0)^{\mathrm{T}},\ \boldsymbol{e}_2=(0,1,0,0)^{\mathrm{T}},\ \boldsymbol{e}_3=(0,0,1,0)^{\mathrm{T}},\ \boldsymbol{e}_4=(0,0,0,1)^{\mathrm{T}}.$$

设线性变换后，新特征空间的基为 $\boldsymbol{C}=\{\boldsymbol{f}_1,\boldsymbol{f}_2,\boldsymbol{f}_3,\boldsymbol{f}_4\}$，其中新的基向量为

$$\boldsymbol{f}_1=(2,1,0,0)^{\mathrm{T}},\ \boldsymbol{f}_2=(1,2,1,0)^{\mathrm{T}},\ \boldsymbol{f}_3=(0,1,2,1)^{\mathrm{T}},\ \boldsymbol{f}_4=(0,0,1,2)^{\mathrm{T}}.$$

现假设某用户在原始特征空间下的行为数据向量为

$$\boldsymbol{x}=(10,\ 20,\ 30,\ 40)^{\mathrm{T}},$$

我们需要利用坐标变换公式将其从原始特征空间转换到新的特征空间，并计算变换后的数据.

§6.5　线性变换的矩阵表示

在线性代数的研究中，线性变换的矩阵表示是总结和升华此前所学的重要一环. 当我们在向量空间中定义线性变换时，最初它只是从一个抽象空间到另一个抽象空间的一个映射. 随着研究的深入，我们发现通过为域空间与陪域 (codomain, 是在定义线性变换时所选定的目标空间，它是函数可映射到的“理论上可能输出的空间范围”，不要求函数实际能取得所有陪域中的值) 空间选择适当的基，可以使这一抽象概念借助矩阵的形式得以具体呈现. 矩阵表示不仅将线性变换转化为行列元素的运算，从而降低了问题的复杂度，也为我们提供了统一的计算框架：通过矩阵加减、数乘与相乘等简单而高效的代数操作，我们可轻松分析和研究线性变换的性质，包括其可逆性、核与像的确定、特征值与特征向量的求解及相关结构的讨论.

本节将围绕这一核心思想展开：首先介绍如何针对给定的线性变换，选取恰当的基，从而将抽象的映射规整为具体的矩阵表示；然后深入探讨基的变化如何影响矩阵表示，从而自

然引入过渡矩阵的形式表征. 通过理解线性变换与矩阵之间的等价关系, 我们不仅能在理论层面上揭示向量空间结构的内在统一性和稳健性, 也能在实际应用中灵活地选择最有利于问题求解的表示方式. 从数据分析到工程计算, 从信号处理到图形变换, 这一方法为复杂问题的简化、优化与求解提供了强大助力. 本节旨在将抽象和具体紧密结合, 让读者在基与矩阵的交织中更透彻地掌握线性变换的本质, 以此贯穿与深化线性代数的整体架构.

一、线性变换的标准矩阵

线性变换的标准矩阵是指在给定的域空间与陪域空间分别选定标准基后, 用一个矩阵来表示该线性变换的运算方式. 具体而言, 若有线性变换 $\boldsymbol{T}: \boldsymbol{V} \to \boldsymbol{W}$, 并为 $\boldsymbol{V}$ 与 $\boldsymbol{W}$ 各选一组基, 则 $\boldsymbol{T}$ 对基向量的映射决定了矩阵的列向量, 这一矩阵即为 $\boldsymbol{T}$ 的标准矩阵. 通过此矩阵, 我们可借助简单易行的矩阵加减、数乘及相乘操作来分析与处理抽象的线性变换问题. 其意义在于: 首先, 它将抽象的线性映射具体化为可操作的代数实体, 便于计算与推导; 其次, 它为研究线性变换的可逆性、核与像、特征值与特征向量及规范形变换等问题奠定了基础; 最后, 它在工程、物理、计算机科学中具有重要应用, 为解决多元数据处理、信号分析、图形变换等实际问题提供了有效工具. 标准矩阵使人们能够在统一的代数框架下灵活地理解与利用线性变换, 从而增进对线性代数理论与应用的整体把握.

根据§6.4 例 12, 若定义向量空间 $\mathbf{R}^n$ 中的变换 $\boldsymbol{y} = \boldsymbol{T}(x)$ 为

$$\boldsymbol{T}(\boldsymbol{x}) = \boldsymbol{A}\boldsymbol{x} \ (\boldsymbol{x} \in \mathbf{R}^n),$$

则 $\boldsymbol{T}$ 就是一个线性变换.

设 $\boldsymbol{\varepsilon}_1, \boldsymbol{\varepsilon}_2, \cdots, \boldsymbol{\varepsilon}_n$ 为单位坐标向量组, 则 $\boldsymbol{\alpha}_i = \boldsymbol{A}\boldsymbol{\varepsilon}_i = \boldsymbol{T}(\boldsymbol{\varepsilon}_i)$ $(i = 1, 2, \cdots, n)$, 因此, 如果一个线性变换 $\boldsymbol{T}$ 有关系式 $\boldsymbol{T}(\boldsymbol{x}) = \boldsymbol{A}\boldsymbol{x}$, 那么矩阵 $\boldsymbol{A}$ 应以 $\boldsymbol{T}(\boldsymbol{\varepsilon}_i)$ 为列向量. 反之, 若一个线性变换 $\boldsymbol{T}$ 使

$$\boldsymbol{T}(\boldsymbol{\varepsilon}_i) = \boldsymbol{\alpha}_i \ (i = 1, 2, \cdots, n),$$

则有

$$\begin{aligned}
\boldsymbol{T}(\boldsymbol{x}) &= \boldsymbol{T}(\boldsymbol{\varepsilon}_1, \boldsymbol{\varepsilon}_2, \cdots, \boldsymbol{\varepsilon}_n)\boldsymbol{x} = \boldsymbol{T}(x_1\boldsymbol{\varepsilon}_1 + x_2\boldsymbol{\varepsilon}_2 + \cdots + x_n\boldsymbol{\varepsilon}_n) \\
&= x_1\boldsymbol{T}(\boldsymbol{\varepsilon}_1) + x_2\boldsymbol{T}(\boldsymbol{\varepsilon}_2) + \cdots + x_n\boldsymbol{T}(\boldsymbol{\varepsilon}_n) = (\boldsymbol{T}(\boldsymbol{\varepsilon}_1), \boldsymbol{T}(\boldsymbol{\varepsilon}_2), \cdots, \boldsymbol{T}(\boldsymbol{\varepsilon}_n))\boldsymbol{x} \\
&= (\boldsymbol{\alpha}_1, \boldsymbol{\alpha}_2, \cdots, \boldsymbol{\alpha}_n)\boldsymbol{x} = \boldsymbol{A}\boldsymbol{x}.
\end{aligned}$$

综上所述, $\mathbf{R}^n$ 中任何线性变换 $\boldsymbol{T}$ 都可用关系式 $\boldsymbol{T}(\boldsymbol{x}) = \boldsymbol{A}\boldsymbol{x}$ $(\boldsymbol{x} \in \mathbf{R}^n)$ 表示, 其中

$$\boldsymbol{A} = (\boldsymbol{T}(\boldsymbol{\varepsilon}_1), \boldsymbol{T}(\boldsymbol{\varepsilon}_2), \cdots, \boldsymbol{T}(\boldsymbol{\varepsilon}_n))$$

称为**线性变换 $\boldsymbol{T}$ 的标准矩阵**.

一个线性变换 $\boldsymbol{T}$, 无论是用图示还是文字描述, 我们都希望得到 $\boldsymbol{T}(\boldsymbol{x})$ 的“计算式”. 下面的讨论表明, 从 $\mathbf{R}^n$ 到 $\mathbf{R}^n$ 的每个线性变换实际上都是一个矩阵变换 $\boldsymbol{x} \to \boldsymbol{A}\boldsymbol{x}$, 并且 $\boldsymbol{T}$ 的主要性质与矩阵 $\boldsymbol{A}$ 的性质密切相关. 求 $\boldsymbol{A}$ 时关键要注意 $\boldsymbol{T}$ 完全由它在单位矩阵 $\boldsymbol{E}_n$ 列上的作用所确定.

例 1　设 $\boldsymbol{E}_2=\begin{pmatrix}1 & 0\\ 0 & 1\end{pmatrix}$, $\boldsymbol{E}_2$ 中的列为 $\boldsymbol{\varepsilon}_1=\begin{pmatrix}1\\ 0\end{pmatrix}$, $\varepsilon_2=\begin{pmatrix}0\\ 1\end{pmatrix}$. 如果 $\boldsymbol{T}$ 是从 $\mathbf{R}^2$ 到 $\mathbf{R}^3$ 的线性变换

$$\boldsymbol{T}(\varepsilon_1)=\begin{pmatrix}2\\ -6\\ 7\end{pmatrix},\ \boldsymbol{T}(\varepsilon_2)=\begin{pmatrix}-3\\ 0\\ 8\end{pmatrix}.$$

求任意 $\boldsymbol{x}\in\mathbf{R}^2$ 的像的公式.

解　依题设, 对任意 $\boldsymbol{x}\in\mathbf{R}^2$, 有

$$\boldsymbol{x}=\begin{pmatrix}x_1\\ x_2\end{pmatrix}=x_1\begin{pmatrix}1\\ 0\end{pmatrix}+x_2\begin{pmatrix}0\\ 1\end{pmatrix}=x_1\boldsymbol{\varepsilon}_1+x_2\boldsymbol{\varepsilon}_2,$$

因为 $\boldsymbol{T}$ 是从 $\mathbf{R}^2$ 到 $\mathbf{R}^3$ 的线性变换, 所以, 任意向量的像为

$$\boldsymbol{T}(\boldsymbol{x})=x_1\boldsymbol{T}(\varepsilon_1)+x_2\boldsymbol{T}(\boldsymbol{\varepsilon}_2)=x_1\begin{pmatrix}2\\ -6\\ 7\end{pmatrix}+x_2\begin{pmatrix}-3\\ 0\\ 8\end{pmatrix}=\begin{pmatrix}2x_1-3x_2\\ -6x_1\\ 7x_1+8x_2\end{pmatrix}.$$

二、线性变换在给定基下的矩阵

在线性代数中, 线性变换在给定基下的矩阵表示是将抽象映射转化为具体运算的关键步骤. 当我们为定义域与陪域的线性空间分别选择一组基后, 任何线性变换均可表示为一个矩阵. 该矩阵的列向量即为线性变换作用在定义域基向量上的像向量在陪域基下的坐标. 这一表示方法将复杂的线性变换问题简化为对矩阵的加、减、数乘及相乘等基础运算. 通过适当选取基, 我们甚至可将某些线性变换表示为更简单的特殊矩阵 (如对角矩阵或约当标准形), 进而大幅简化问题的求解与分析.

定义 1　设 $\boldsymbol{T}$ 是线性空间 $\boldsymbol{V}_n$ 中的线性变换, 在 $\boldsymbol{V}_n$ 中取定一个基 $\boldsymbol{\alpha}_1, \boldsymbol{\alpha}_2, \cdots, \boldsymbol{\alpha}_n$, 如果这个基在变换 $\boldsymbol{T}$ 下的像为

$$\begin{cases}\boldsymbol{T}(\boldsymbol{\alpha}_1)=a_{11}\boldsymbol{\alpha}_1+a_{21}\boldsymbol{\alpha}_2+\cdots+a_{n1}\boldsymbol{\alpha}_n\\ \boldsymbol{T}(\boldsymbol{\alpha}_2)=a_{12}\boldsymbol{\alpha}_1+a_{22}\boldsymbol{\alpha}_2+\cdots+a_{n2}\boldsymbol{\alpha}_n\\ \quad\cdots\cdots\\ \boldsymbol{T}(\boldsymbol{\alpha}_n)=a_{1n}\boldsymbol{\alpha}_1+a_{2n}\boldsymbol{\alpha}_2+\cdots+a_{nn}\boldsymbol{\alpha}_n\end{cases},\tag{5.1}$$

记 $\boldsymbol{T}(\boldsymbol{\alpha}_1, \boldsymbol{\alpha}_2, \cdots, \boldsymbol{\alpha}_n)=(\boldsymbol{T}(\boldsymbol{\alpha}_1), \boldsymbol{T}(\boldsymbol{\alpha}_2), \cdots, \boldsymbol{T}(\boldsymbol{\alpha}_n))$, 则式 (5.1) 可表示为

$$\boldsymbol{T}(\boldsymbol{\alpha}_1, \boldsymbol{\alpha}_2, \cdots, \boldsymbol{\alpha}_n)=(\boldsymbol{\alpha}_1, \boldsymbol{\alpha}_2, \cdots, \boldsymbol{\alpha}_n)\boldsymbol{A},$$

其中

$$\boldsymbol{A}=\begin{pmatrix} a_{11} & a_{12} & \cdots & a_{1n} \\ a_{21} & a_{22} & \cdots & a_{2n} \\ \vdots & \vdots & & \vdots \\ a_{n1} & a_{n2} & \cdots & a_{nn} \end{pmatrix},$$

那么称 $\boldsymbol{A}$ 为线性变换 $\boldsymbol{T}$ **在基** $\boldsymbol{\alpha}_1,\boldsymbol{\alpha}_2,\cdots,\boldsymbol{\alpha}_n$ **下的矩阵**.

显然, 矩阵 $\boldsymbol{A}$ 由 $\boldsymbol{V}_n$ 中的一个基 $\boldsymbol{\alpha}_1, \boldsymbol{\alpha}_2, \cdots, \boldsymbol{\alpha}_n$ 与在这个基下的像 $\boldsymbol{T}(\boldsymbol{\alpha}_1), \boldsymbol{T}(\boldsymbol{\alpha}_2), \cdots, \boldsymbol{T}(\boldsymbol{\alpha}_n)$ 唯一确定.

三、线性变换与其矩阵的关系

线性变换与其矩阵表示之间存在一一对应的关系. 当线性变换 $\boldsymbol{T}: \boldsymbol{V}\to\boldsymbol{W}$ 给定后, 只要在定义域 $\boldsymbol{V}$ 与陪域 $\boldsymbol{W}$ 中分别选定基, 便可用一个矩阵来描述 $\boldsymbol{T}$ 的作用. 这种转化显著简化了分析与求解过程.

设 $\boldsymbol{A}$ 是线性变换 $\boldsymbol{T}$ 在基 $\boldsymbol{\alpha}_1, \boldsymbol{\alpha}_2, \cdots, \boldsymbol{\alpha}_n$ 下的矩阵, 即基 $\boldsymbol{\alpha}_1, \boldsymbol{\alpha}_2, \cdots, \boldsymbol{\alpha}_n$ 在变换 $\boldsymbol{T}$ 下的像为

$$\boldsymbol{T}(\boldsymbol{\alpha}_1, \boldsymbol{\alpha}_2, \cdots, \boldsymbol{\alpha}_n)=(\boldsymbol{\alpha}_1, \boldsymbol{\alpha}_2, \cdots, \boldsymbol{\alpha}_n)\boldsymbol{A}.$$

我们来推导线性变换 $\boldsymbol{T}$ 必须满足的条件: $\forall\boldsymbol{\alpha}\in\boldsymbol{V}_n$, 设 $\boldsymbol{\alpha}=\sum_{i=1}^{n}x_i\boldsymbol{\alpha}_i$, $\boldsymbol{T}(\boldsymbol{\alpha})=\sum_{i=1}^{n}x_i'\boldsymbol{\alpha}_i$, 则

$$\begin{aligned}\boldsymbol{T}(\boldsymbol{\alpha})&=\boldsymbol{T}\left(\sum_{i=1}^{n}x_i\boldsymbol{\alpha}_i\right)=\sum_{i=1}^{n}x_i\boldsymbol{T}(\boldsymbol{\alpha}_i)\\&=(\boldsymbol{T}(\boldsymbol{\alpha}_1), \boldsymbol{T}(\boldsymbol{\alpha}_2), \cdots, \boldsymbol{T}(\boldsymbol{\alpha}_n))\begin{pmatrix}x_1\\x_2\\\vdots\\x_n\end{pmatrix}=(\boldsymbol{\alpha}_1, \boldsymbol{\alpha}_2, \cdots, \boldsymbol{\alpha}_n)\boldsymbol{A}\begin{pmatrix}x_1\\x_2\\\vdots\\x_n\end{pmatrix},\end{aligned}$$

从而

$$\boldsymbol{T}(\boldsymbol{\alpha})=(\boldsymbol{\alpha}_1, \boldsymbol{\alpha}_2, \cdots, \boldsymbol{\alpha}_n)\begin{pmatrix}x_1'\\x_2'\\\vdots\\x_n'\end{pmatrix}=(\boldsymbol{\alpha}_1, \boldsymbol{\alpha}_2, \cdots, \boldsymbol{\alpha}_n)\boldsymbol{A}\begin{pmatrix}x_1\\x_2\\\vdots\\x_n\end{pmatrix}, \tag{5.2}$$

上式唯一地确定了一个以 $\boldsymbol{A}$ 为矩阵的线性变换 $\boldsymbol{T}$.

结论: 在线性空间 $\boldsymbol{V}_n$ 中取定一个基后, 则由线性变换 $\boldsymbol{T}$ 可唯一地确定矩阵 $\boldsymbol{A}$; 反之, 由矩阵 $\boldsymbol{A}$ 也可唯一地确定线性变换 $\boldsymbol{T}$. 故在给定基的条件下, 线性变换与矩阵是一一对应的.

注: 由式 (5.2) 知, 在基 $\boldsymbol{\alpha}_1, \boldsymbol{\alpha}_2, \cdots, \boldsymbol{\alpha}_n$ 下, $\boldsymbol{\alpha}$ 与 $\boldsymbol{T}(\boldsymbol{\alpha})$ 的坐标分别为

$$\boldsymbol{\alpha}=\begin{pmatrix}x_1\\x_2\\\vdots\\x_n\end{pmatrix} \text{与} \boldsymbol{T}(\boldsymbol{\alpha})=\boldsymbol{A}\begin{pmatrix}x_1\\x_2\\\vdots\\x_n\end{pmatrix},$$

因此, 按坐标表示, 有 $\boldsymbol{T}(\boldsymbol{\alpha})=\boldsymbol{A}\boldsymbol{\alpha}$, 即 $\begin{pmatrix}x_1'\\x_2'\\\vdots\\x_n'\end{pmatrix}=\boldsymbol{A}\begin{pmatrix}x_1\\x_2\\\vdots\\x_n\end{pmatrix}$.

例 2 在线性空间 $\boldsymbol{P}[x]_3$ 中, 取基 $p_1=x^3,\ p_2=x^2,\ p_3=x,\ p_4=1$, 求微分运算 $\boldsymbol{D}$ 的矩阵.

解 对题设线性空间 $\boldsymbol{P}[x]_3$ 中的基, 作微分运算 $\boldsymbol{D}$, 得

$$\begin{cases}\boldsymbol{D}(p_1)=3x^2=0p_1+3p_2+0p_3+0p_4\\ \boldsymbol{D}(p_2)=2x=0p_1+0p_2+2p_3+0p_4\\ \boldsymbol{D}(p_3)=1=0p_1+0p_2+0p_3+1p_4\\ \boldsymbol{D}(p_4)=0=0p_1+0p_2+0p_3+0p_4\end{cases},$$

所以, $\boldsymbol{D}$ 在这个基下的矩阵为

$$\boldsymbol{A}=\begin{pmatrix}0&0&0&0\\3&0&0&0\\0&2&0&0\\0&0&1&0\end{pmatrix}.$$

例 3 实数域 $\mathbf{R}$ 上所有一元多项式的集合, 记作 $\boldsymbol{P}[x]$; $\boldsymbol{P}[x]$ 中次数小于 n 的所有一元多项式 (包括零多项式) 组成的集合记作 $\boldsymbol{P}[x]_n$, 它对于多项式的加法以及数与多项式的乘法, 构成 $\mathbf{R}$ 上的一个线性空间. 在线性空间 $\boldsymbol{P}[x]_n$ 中, 定义变换

$$\boldsymbol{\sigma}(f(x))=\frac{\mathrm{d}}{\mathrm{d}x}f(x),\ f(x)\in\boldsymbol{P}[x]_n,$$

则由导数的运算性质可以证明: $\boldsymbol{\sigma}$ 是 $\boldsymbol{P}[x]_n$ 上的一个线性变换, 这个变换也称为**微分变换**. 现取 $\boldsymbol{P}[x]_n$ 的基为 $1, x, x^2, \cdots, x^{n-1}$, 则有

$$\boldsymbol{\sigma}(1)=0,\ \ \boldsymbol{\sigma}(x)=1,\ \ \boldsymbol{\sigma}(x^2)=2x,\ \ \cdots,\ \ \boldsymbol{\sigma}(x^{n-1})=(n-1)x^{n-2},$$

因此, 线性变换 $\boldsymbol{\sigma}$ 在基 $1, x, x^2, \cdots, x^{n-1}$ 下的矩阵为

$$\boldsymbol{A}=\begin{pmatrix}0&1&0&\cdots&0\\0&0&2&\cdots&0\\\vdots&\vdots&\vdots&&\vdots\\0&0&0&\cdots&n-1\\0&0&0&\cdots&0\end{pmatrix}.$$

例 4　在 $\mathbf{R}^3$ 中, $\boldsymbol{T}$ 表示将向量投影到 xOy 平面的线性变换, 即

$$\boldsymbol{T}(x\boldsymbol{i}+y\boldsymbol{j}+z\boldsymbol{k})=x\boldsymbol{i}+y\boldsymbol{j},$$

其中, $\boldsymbol{i}, \boldsymbol{j}, \boldsymbol{k}$ 分别是空间直角坐标系中 x 轴、y 轴、z 轴上的基本单位向量.

(1) 取基为 $\boldsymbol{i}, \boldsymbol{j}, \boldsymbol{k}$, 求 $\boldsymbol{T}$ 的矩阵;

(2) 取基为 $\boldsymbol{\alpha}=\boldsymbol{i}$, $\boldsymbol{\beta}=\boldsymbol{j}$, $\boldsymbol{\gamma}=\boldsymbol{i}+\boldsymbol{j}+\boldsymbol{k}$, 求 $\boldsymbol{T}$ 的矩阵.

解　(1) 依题设, 有

$$\boldsymbol{T}(\boldsymbol{i})=\boldsymbol{i},\ \boldsymbol{T}(\boldsymbol{j})=\boldsymbol{j},\ \boldsymbol{T}(\boldsymbol{k})=\boldsymbol{0},$$

改写成矩阵形式, 即得

$$\boldsymbol{T}(\boldsymbol{i}, \boldsymbol{j}, \boldsymbol{k})=(\boldsymbol{i}, \boldsymbol{j}, \boldsymbol{k})\begin{pmatrix}1 & 0 & 0\\ 0 & 1 & 0\\ 0 & 0 & 0\end{pmatrix},$$

故所求线性变换 $\boldsymbol{T}$ 的矩阵为 $\boldsymbol{A}=\begin{pmatrix}1 & 0 & 0\\ 0 & 1 & 0\\ 0 & 0 & 0\end{pmatrix}$.

(2) 依题设, 若取基为 $\boldsymbol{\alpha}=\boldsymbol{i}, \boldsymbol{\beta}=\boldsymbol{j}, \boldsymbol{\gamma}=\boldsymbol{i}+\boldsymbol{j}+\boldsymbol{k}$, 则 $\begin{cases}\boldsymbol{T}(\boldsymbol{\alpha})=\boldsymbol{i}=\boldsymbol{\alpha}\\ \boldsymbol{T}(\boldsymbol{\beta})=\boldsymbol{j}=\boldsymbol{\beta}\\ \boldsymbol{T}(\boldsymbol{\gamma})=\boldsymbol{i}+\boldsymbol{j}=\boldsymbol{\alpha}+\boldsymbol{\beta}\end{cases}$, 即

$$\boldsymbol{T}(\boldsymbol{\alpha}, \boldsymbol{\beta}, \boldsymbol{\gamma})=(\boldsymbol{\alpha}, \boldsymbol{\beta}, \boldsymbol{\gamma})\begin{pmatrix}1 & 0 & 1\\ 0 & 1 & 1\\ 0 & 0 & 0\end{pmatrix},$$

故所求线性变换 $\boldsymbol{T}$ 的矩阵为 $\boldsymbol{A}=\begin{pmatrix}1 & 0 & 1\\ 0 & 1 & 1\\ 0 & 0 & 0\end{pmatrix}$.

由此可见: 同一个线性变换在不同的基下一般有不同的矩阵.

四、线性变换在不同基下的矩阵

在线性代数中, 给定一个线性变换 $\boldsymbol{T}: \boldsymbol{V}\to\boldsymbol{W}$ 后, 我们可以在不同的基下得到不同的矩阵表示. 若在 $\boldsymbol{V}$ 中选取基 $\boldsymbol{v}_1, \boldsymbol{v}_2, \cdots, \boldsymbol{v}_n$, 在 $\boldsymbol{W}$ 中选取基 $\boldsymbol{w}_1, \boldsymbol{w}_2, \cdots, \boldsymbol{w}_n$, 则 $\boldsymbol{T}$ 在该对基下的矩阵 $\boldsymbol{A}$ 由 $\boldsymbol{T}(\boldsymbol{v}_j)$ 在 $\boldsymbol{w}_i$ 下的坐标组成. 一旦更换基, 对应的矩阵表示就会发生变化, 但这些不同的矩阵表示本质上代表同一个线性变换, 只是坐标系不同而已. 这种灵活性使我们能通过恰当选择基, 把表示线性变换 $\boldsymbol{T}$ 的矩阵化为更简单、易解的形式, 从而更加方便地分析 $\boldsymbol{T}$ 的性质和结构.

定理 1　设在线性空间 $\boldsymbol{V}_n$ 中取定两个基 $\boldsymbol{\alpha}_1, \boldsymbol{\alpha}_2, \cdots, \boldsymbol{\alpha}_n$; $\boldsymbol{\beta}_1, \boldsymbol{\beta}_2, \cdots, \boldsymbol{\beta}_n$. 由基 $\boldsymbol{\alpha}_1, \boldsymbol{\alpha}_2, \cdots,$

$\boldsymbol{\alpha}_n$ 到基 $\boldsymbol{\beta}_1, \boldsymbol{\beta}_2, \cdots, \boldsymbol{\beta}_n$ 的过渡矩阵为 $\boldsymbol{P}$, V_n 中的线性变换 $\boldsymbol{T}$ 在这两个基下的矩阵依次为 $\boldsymbol{A}$ 和 $\boldsymbol{B}$, 则 $\boldsymbol{B}=\boldsymbol{P}^{-1}\boldsymbol{A}\boldsymbol{P}$.

证明 根据过渡矩阵与线性变换的概念, 依题设, 有

$$(\boldsymbol{\beta}_1, \boldsymbol{\beta}_2, \cdots, \boldsymbol{\beta}_n)=(\boldsymbol{\alpha}_1, \boldsymbol{\alpha}_2, \cdots, \boldsymbol{\alpha}_n)\boldsymbol{P},$$
$$\boldsymbol{T}(\boldsymbol{\alpha}_1, \boldsymbol{\alpha}_2, \cdots, \boldsymbol{\alpha}_n)=(\boldsymbol{\alpha}_1, \boldsymbol{\alpha}_2, \cdots, \boldsymbol{\alpha}_n)\boldsymbol{A},$$
$$\boldsymbol{T}(\boldsymbol{\beta}_1, \boldsymbol{\beta}_2, \cdots, \boldsymbol{\beta}_n)=(\boldsymbol{\beta}_1, \boldsymbol{\beta}_2, \cdots, \boldsymbol{\beta}_n)\boldsymbol{B},$$

于是, 利用矩阵乘法及其运算规律, 有

$$\begin{aligned}(\boldsymbol{\beta}_1, \boldsymbol{\beta}_2, \cdots, \boldsymbol{\beta}_n)\boldsymbol{B} &= \boldsymbol{T}(\boldsymbol{\beta}_1, \boldsymbol{\beta}_2, \cdots, \boldsymbol{\beta}_n)=\boldsymbol{T}[(\boldsymbol{\alpha}_1, \boldsymbol{\alpha}_2, \cdots, \boldsymbol{\alpha}_n)\boldsymbol{P}]\\ &=\boldsymbol{T}(\boldsymbol{\alpha}_1, \boldsymbol{\alpha}_2, \cdots, \boldsymbol{\alpha}_n)\boldsymbol{P}=(\boldsymbol{\alpha}_1, \boldsymbol{\alpha}_2, \cdots, \boldsymbol{\alpha}_n)\boldsymbol{A}\boldsymbol{P}\\ &=(\boldsymbol{\beta}_1, \boldsymbol{\beta}_2, \cdots, \boldsymbol{\beta}_n)\boldsymbol{P}^{-1}\boldsymbol{A}\boldsymbol{P},\end{aligned}$$

注意到 $\boldsymbol{\beta}_1, \boldsymbol{\beta}_2, \cdots, \boldsymbol{\beta}_n$ 线性无关, 所以 $\boldsymbol{B}=\boldsymbol{P}^{-1}\boldsymbol{A}\boldsymbol{P}$. 证毕.

注: 该定理表明: $\boldsymbol{B}$ 与 $\boldsymbol{A}$ 相似, 且两个矩阵之间的过渡矩阵 $\boldsymbol{P}$ 就是相似变换矩阵.

定义 2 线性变换 $\boldsymbol{T}$ 的像空间 $\boldsymbol{T}(V_n)$ 的维数, 称为线性变换 $\boldsymbol{T}$ 的**秩**.

结论: (1) 若 $\boldsymbol{A}$ 是 $\boldsymbol{T}$ 的矩阵, 则 $\boldsymbol{T}$ 的秩就是 $\mathrm{r}(\boldsymbol{A})$.

(2) 若 $\boldsymbol{T}$ 的秩为 r, 则 $\boldsymbol{T}$ 的核 $\boldsymbol{S}_{\boldsymbol{T}}$ 的维数为 $n-r$.

例 5 设 $\mathbf{R}^{2\times 2}$ 中的线性变换 $\boldsymbol{T}$ 在基 $\boldsymbol{\alpha}, \boldsymbol{\beta}$ 下的矩阵为 $\boldsymbol{A}=\begin{pmatrix} a_{11} & a_{12} \\ a_{21} & a_{22}\end{pmatrix}$, 求 $\boldsymbol{T}$ 在基 $\boldsymbol{\beta}, \boldsymbol{\alpha}$ 下的矩阵.

解 依题设, 因为 $(\boldsymbol{\beta}, \boldsymbol{\alpha})=(\boldsymbol{\alpha}, \boldsymbol{\beta})\begin{pmatrix} 0 & 1 \\ 1 & 0\end{pmatrix}$, 即在题设两个基之间的过渡矩阵为

$$\boldsymbol{P}=\begin{pmatrix} 0 & 1 \\ 1 & 0\end{pmatrix},$$

利用伴随矩阵法, 可直接写出其逆矩阵

$$\boldsymbol{P}^{-1}=\begin{pmatrix} 0 & 1 \\ 1 & 0\end{pmatrix},$$

所以, 线性变换 $\boldsymbol{T}$ 在基 $\boldsymbol{\beta}, \boldsymbol{\alpha}$ 下的矩阵为

$$\boldsymbol{B}=\begin{pmatrix} 0 & 1 \\ 1 & 0\end{pmatrix}\begin{pmatrix} a_{11} & a_{12} \\ a_{21} & a_{22}\end{pmatrix}\begin{pmatrix} 0 & 1 \\ 1 & 0\end{pmatrix}=\begin{pmatrix} a_{21} & a_{22} \\ a_{11} & a_{12}\end{pmatrix}\begin{pmatrix} 0 & 1 \\ 1 & 0\end{pmatrix}=\begin{pmatrix} a_{22} & a_{21} \\ a_{12} & a_{11}\end{pmatrix}.$$

例 6 设 $\boldsymbol{F}[x]_2$ 是数域 $\boldsymbol{F}$ 上次数不超过 2 的一元多项式的全体构成的向量空间, $\boldsymbol{T}$ 是 $\boldsymbol{F}[x]_2$ 的线性变换, $\boldsymbol{T}$ 在基 $x^2, x, 1$ 下的矩阵为

$$A=\begin{pmatrix}1&2&3\\-1&0&3\\2&1&5\end{pmatrix},$$

求 T 在基 x^2, x^2+x, x^2+x+1 下的矩阵.

解 依题意, 记 $(\varepsilon_1, \varepsilon_2, \varepsilon_3)=(x^2, x, 1)$, $(\eta_1, \eta_2, \eta_3)=(x^2, x^2+x, x^2+x+1)$, 则

$$(\eta_1, \eta_2, \eta_3)=(\varepsilon_1, \varepsilon_2, \varepsilon_3)\begin{pmatrix}1&1&1\\0&1&1\\0&0&1\end{pmatrix},$$

故由线性变换的定义与求逆矩阵的伴随矩阵法知, T 在 x^2, x^2+x, x^2+x+1 下的矩阵为

$$\begin{pmatrix}1&1&1\\0&1&1\\0&0&1\end{pmatrix}^{-1}\begin{pmatrix}1&2&3\\-1&0&3\\2&1&5\end{pmatrix}\begin{pmatrix}1&1&1\\0&1&1\\0&0&1\end{pmatrix}=\begin{pmatrix}2&4&4\\-3&-4&-6\\2&3&8\end{pmatrix}.$$

例 7 设 $\alpha_1=(1,1,1)^{\mathrm T}$, $\alpha_2=(1,1,0)^{\mathrm T}$, $\alpha_3=(1,0,0)^{\mathrm T}$ 为 $\mathbf{R}^3$ 的基, T 为 $\mathbf{R}^3$ 的线性变换

$$T(\alpha_1)=(1,2,3)^{\mathrm T},\ T(\alpha_2)=(0,1,2)^{\mathrm T},\ T(\alpha_3)=(0,0,1)^{\mathrm T},$$

求 T 在基 $\alpha_1, \alpha_2, \alpha_3$ 下的矩阵.

解 依题设, 根据线性变换的定义, 有

$$T(\alpha_1, \alpha_2, \alpha_3)=(T(\alpha_1), T(\alpha_2), T(\alpha_3))=(\alpha_1, \alpha_2, \alpha_3)A,$$

$$\begin{pmatrix}1&1&1\\1&1&0\\1&0&0\end{pmatrix}A=\begin{pmatrix}1&0&0\\2&1&0\\3&2&1\end{pmatrix},$$

利用初等行变换求解矩阵方程, 得

$$\begin{pmatrix}1&1&1&1&0&0\\1&1&0&2&1&0\\1&0&0&3&2&1\end{pmatrix}\to\begin{pmatrix}1&0&0&3&2&1\\0&1&0&-1&-1&-1\\0&0&1&-1&-1&0\end{pmatrix},$$

所以, 线性变换 T 在基 $\alpha_1, \alpha_2, \alpha_3$ 下的矩阵为 $\begin{pmatrix}3&2&1\\-1&-1&-1\\-1&-1&0\end{pmatrix}$.

例 8 在 $\mathbf{R}^4$ 中, 线性变换 $T:\mathbf{R}^4\to\mathbf{R}^4$, 已知向量 α 在基

$$\alpha_1=(1,1,0,0)^{\mathrm T}, \alpha_2=(0,1,1,0)^{\mathrm T}, \alpha_3=(0,0,1,1)^{\mathrm T}, \alpha_4=(1,0,0,1)^{\mathrm T}$$

下的坐标为 $(2,3,1,2)^{\mathrm T}$, 设 T 满足:

$$T(\alpha_1)=2\alpha_1+\alpha_2, T(\alpha_2)=\alpha_3, T(\alpha_3)=\alpha_2+\alpha_4, T(\alpha_4)=\alpha_1.$$

另一个基为 $\beta_1=(1,2,0,0)^{\mathrm T}, \beta_2=(0,3,1,0)^{\mathrm T}, \beta_3=(2,0,1,2)^{\mathrm T}, \beta_4=(4,0,3,4)^{\mathrm T}$, 求 $T(\alpha)$ 在基

$\boldsymbol{\beta}_1, \boldsymbol{\beta}_2, \boldsymbol{\beta}_3, \boldsymbol{\beta}_4$ 下的坐标.

解 由向量$\boldsymbol{\alpha}$在基$\boldsymbol{\alpha}_1, \boldsymbol{\alpha}_2, \boldsymbol{\alpha}_3, \boldsymbol{\alpha}_4$ 下的坐标, 得$\boldsymbol{\alpha}=2\boldsymbol{\alpha}_1+3\boldsymbol{\alpha}_2+\boldsymbol{\alpha}_3+2\boldsymbol{\alpha}_4$, 则

$$\begin{aligned}
\boldsymbol{T}(\boldsymbol{\alpha}) &= 2\boldsymbol{T}(\boldsymbol{\alpha}_1)+3\boldsymbol{T}(\boldsymbol{\alpha}_2)+\boldsymbol{T}(\boldsymbol{\alpha}_3)+2\boldsymbol{T}(\boldsymbol{\alpha}_4) \\
&= 2(2\boldsymbol{\alpha}_1+\boldsymbol{\alpha}_2)+3\boldsymbol{\alpha}_3+(\boldsymbol{\alpha}_2+\boldsymbol{\alpha}_4)+2\boldsymbol{\alpha}_1 \\
&= 6\boldsymbol{\alpha}_1+3\boldsymbol{\alpha}_2+3\boldsymbol{\alpha}_3+\boldsymbol{\alpha}_4 \\
&= 6\begin{pmatrix}1\\1\\0\\0\end{pmatrix}+3\begin{pmatrix}0\\1\\1\\0\end{pmatrix}+3\begin{pmatrix}0\\0\\1\\1\end{pmatrix}+\begin{pmatrix}1\\0\\0\\1\end{pmatrix}=\begin{pmatrix}7\\9\\6\\4\end{pmatrix}.
\end{aligned}$$

设$\boldsymbol{T}(\boldsymbol{\alpha})$在基$\boldsymbol{\beta}_1, \boldsymbol{\beta}_2, \boldsymbol{\beta}_3, \boldsymbol{\beta}_4$ 下的坐标为x_1, x_2, x_3, x_4 , 则

$$\begin{pmatrix}1&0&2&4\\2&3&0&0\\0&1&1&3\\0&0&2&4\end{pmatrix}\begin{pmatrix}x_1\\x_2\\x_3\\x_4\end{pmatrix}=\begin{pmatrix}7\\9\\6\\4\end{pmatrix},$$

解方程得唯一解

$$x_1=3, x_2=1, x_3=-4, x_4=3,$$

故$\boldsymbol{T}(\boldsymbol{\alpha})$在基$\boldsymbol{\beta}_1, \boldsymbol{\beta}_2, \boldsymbol{\beta}_3, \boldsymbol{\beta}_4$ 下的坐标为$(3, 1, -4, 3)^{\mathrm{T}}$.

例 9 在神经网络的训练过程中, 输入数据通常会经过多个线性变换, 以调整神经网络的权重和偏置. 假设我们有一个简单的神经网络模型, 其中每个神经元的输入来自一个四维向量, 在不同的基下表示输入数据. 我们要将这个四维向量从原始特征空间转换到经过某线性变换的新特征空间, 以帮助网络在训练过程中更加有效地调整参数. 假设原始特征空间的基为$\boldsymbol{B}=\{\boldsymbol{e}_1, \boldsymbol{e}_2, \boldsymbol{e}_3, \boldsymbol{e}_4\}$, 其中

$$\boldsymbol{e}_1=(1,0,0,0)^{\mathrm{T}},\ \boldsymbol{e}_2=(0,1,0,0)^{\mathrm{T}},\ \boldsymbol{e}_3=(0,0,1,0)^{\mathrm{T}},\ \boldsymbol{e}_4=(0,0,0,1)^{\mathrm{T}}.$$

线性变换后, 神经网络模型使用的特征空间的基为

$$\boldsymbol{C}=\{\boldsymbol{f}_1, \boldsymbol{f}_2, \boldsymbol{f}_3, \boldsymbol{f}_4\},$$

其中新的基向量为

$$\boldsymbol{f}_1=(1,1,0,0)^{\mathrm{T}},\ \boldsymbol{f}_2=(0,1,1,0)^{\mathrm{T}},\ \boldsymbol{f}_3=(0,0,1,1)^{\mathrm{T}},\ \boldsymbol{f}_4=(1,0,0,2)^{\mathrm{T}}.$$

设某次神经网络训练中的输入数据向量在原始特征空间下表示为

$$\boldsymbol{x}=(10, 20, 30, 40)^{\mathrm{T}}.$$

现在, 我们需要将输入向量$\boldsymbol{x}$从原始特征空间通过线性变换映射到新特征空间, 并计算变换后的数据.

解 我们首先要找出从原始特征空间到新特征空间的过渡矩阵$\boldsymbol{P}$, 然后使用该矩阵将原始数据向量$\boldsymbol{x}$转换到新特征空间. 依题设, 已知新基向量为$\boldsymbol{f}_i\ (i=1, 2, 3, 4)$. 将这些向量

表示为原始特征空间的基下的坐标. 由于原始特征空间的基是标准正交基, 我们可以直接将新的基向量作为过渡矩阵 $\boldsymbol{P}$ 的列, 即过渡矩阵:

$$\boldsymbol{P}=\begin{pmatrix}1&0&0&1\\1&1&0&0\\0&1&1&0\\0&0&1&2\end{pmatrix}.$$

下面使用坐标变换公式计算变换后的数据向量 $\boldsymbol{y}=\boldsymbol{P}^{-1}\boldsymbol{x}$. 为此需要计算过渡矩阵 $\boldsymbol{P}$ 的逆矩阵 $\boldsymbol{P}^{-1}$. 利用矩阵求逆方法, 计算得

$$\boldsymbol{P}^{-1}=\begin{pmatrix}2&-1&1&-1\\-2&2&-1&1\\2&-2&2&-1\\-1&1&-1&1\end{pmatrix}.$$

下面计算变换后的输入数据向量 $\boldsymbol{y}$，即将 $\boldsymbol{P}^{-1}$ 与原始数据向量 $\boldsymbol{x}$ 相乘, 得

$$\boldsymbol{y}=\boldsymbol{P}^{-1}\boldsymbol{x}=\begin{pmatrix}2&-1&1&-1\\-2&2&-1&1\\2&-2&2&-1\\-1&1&-1&1\end{pmatrix}\begin{pmatrix}10\\20\\30\\40\end{pmatrix}=\begin{pmatrix}-10\\30\\0\\20\end{pmatrix}.$$

因此, 输入数据在新特征空间下的表示为

$$\boldsymbol{y}=(-10, 30, 0, 20)^{\mathrm{T}},$$

这就是线性变换后的数据.

在本例中, 我们展示了如何通过线性变换将神经网络中的输入数据从原始特征空间转换到新特征空间. 通过以下步骤实现了这一过程:

(1) 构建了从原始特征空间到新特征空间的过渡矩阵 $\boldsymbol{P}$, 即新基向量在原基下的表示.

(2) 计算了过渡矩阵的逆矩阵 $\boldsymbol{P}^{-1}$, 并将其与原始输入数据向量相乘, 得到新特征空间下的输入数据.

这种方法在神经网络训练中非常有用, 能够帮助研究人员和工程师将不同特征空间中的数据进行转换, 从而有效地调整网络的参数, 提升训练的效率和效果.

例 10　设 $\mathbf{R}^3$ 的线性变换 $\boldsymbol{T}$ 为: 对于 $(x_1, x_2, x_3)^{\mathrm{T}}\in\mathbf{R}^3$, $\boldsymbol{T}\begin{pmatrix}x_1\\x_2\\x_3\end{pmatrix}=\begin{pmatrix}x_1+2x_2-x_3\\-x_2\\x_1+7x_3\end{pmatrix}$, 试求 $\boldsymbol{T}$ 在 $\mathbf{R}^3$ 的基 $\begin{pmatrix}1\\0\\0\end{pmatrix}, \begin{pmatrix}1\\1\\0\end{pmatrix}, \begin{pmatrix}1\\1\\1\end{pmatrix}$ 下的矩阵.

解 依题设, 根据线性变换的定义与矩阵的线性运算规律, 有

$$T\begin{pmatrix}1\\0\\0\end{pmatrix}=\begin{pmatrix}1\\0\\1\end{pmatrix}=\begin{pmatrix}1\\0\\0\end{pmatrix}-\begin{pmatrix}1\\1\\0\end{pmatrix}-\begin{pmatrix}1\\1\\1\end{pmatrix},$$

$$T\begin{pmatrix}1\\1\\0\end{pmatrix}=\begin{pmatrix}3\\-1\\1\end{pmatrix}=4\begin{pmatrix}1\\0\\0\end{pmatrix}-2\begin{pmatrix}1\\1\\0\end{pmatrix}+\begin{pmatrix}1\\1\\1\end{pmatrix},$$

$$T\begin{pmatrix}1\\1\\1\end{pmatrix}=\begin{pmatrix}2\\-1\\8\end{pmatrix}=3\begin{pmatrix}1\\0\\0\end{pmatrix}-9\begin{pmatrix}1\\1\\0\end{pmatrix}+8\begin{pmatrix}1\\1\\1\end{pmatrix}.$$

故线性变换 T 在这个基下的矩阵为

$$\begin{pmatrix}1&4&3\\-1&-2&-9\\1&1&8\end{pmatrix}.$$

例 11 定义 $\mathbf{R}^{2\times 2}$ 上的线性变换 T:

$$T(A)=\begin{pmatrix}1&1\\0&0\end{pmatrix}A+A\begin{pmatrix}0&0\\1&1\end{pmatrix}\quad(A\in\mathbf{R}^{2\times 2}),$$

试求 T 的秩.

解 依题设, 线性变换 T 在 $\mathbf{R}^{2\times 2}$ 的标准基

$$\begin{pmatrix}1&0\\0&0\end{pmatrix},\begin{pmatrix}0&1\\0&0\end{pmatrix},\begin{pmatrix}0&0\\1&0\end{pmatrix},\begin{pmatrix}0&0\\0&1\end{pmatrix}$$

下的矩阵为 $M=\begin{pmatrix}1&1&1&0\\0&2&0&1\\0&0&0&1\\0&0&0&1\end{pmatrix}$, 故 $\mathrm{r}(T)=\mathrm{r}(M)=3$.

例 12 定义 $\mathbf{R}^{2\times 2}$ 上的线性变换 T:

$$T\begin{pmatrix}a&b\\c&d\end{pmatrix}=\begin{pmatrix}2c&a+c\\b-2c&d\end{pmatrix}, \text{其中}\begin{pmatrix}a&b\\c&d\end{pmatrix}\in\mathbf{R}^{2\times 2},$$

试求 T 的特征值及各特征子空间的基. 是否存在 $\mathbf{R}^{2\times 2}$ 的基, 使得 T 在该基下的矩阵为对角矩阵?

解 依题设, T 在基 $\begin{pmatrix}1&0\\0&0\end{pmatrix},\begin{pmatrix}0&1\\0&0\end{pmatrix},\begin{pmatrix}0&0\\1&0\end{pmatrix},\begin{pmatrix}0&0\\0&1\end{pmatrix}$ 下的矩阵为

$$A=\begin{pmatrix}0&0&2&0\\1&0&1&0\\0&1&-2&0\\0&0&0&1\end{pmatrix}.$$

利用特征方程法, 解得 A 的特征值为 $\lambda_1=-1, \lambda_2=-2, \lambda_3=\lambda_4=1$, 与其对应的线性无关的特征向量分别为

$$(-2, 1, 1, 0)^{\mathrm{T}},\ (-1, 0, 1, 0)^{\mathrm{T}},\ (2, 3, 1, 0)^{\mathrm{T}},\ (0, 0, 0, 1)^{\mathrm{T}}.$$

故线性变换 T 的特征值为 $-1, -2, 1, 1$, 各特征子空间的基分别为

$$e_1=\begin{pmatrix}-2&1\\1&0\end{pmatrix},\ e_2=\begin{pmatrix}-1&0\\1&0\end{pmatrix},\ e_3=\begin{pmatrix}2&3\\1&0\end{pmatrix},\ e_4=\begin{pmatrix}0&0\\0&1\end{pmatrix}.$$

线性变换 T 在基 e_1, e_2, e_3, e_4 下的矩阵为对角矩阵

$$\begin{pmatrix}-1&&&\\&2&&\\&&1&\\&&&1\end{pmatrix}.$$

例 13　定义 $\mathbf{R}^3$ 的线性变换 T:

$$T\begin{pmatrix}x_1\\x_2\\x_3\end{pmatrix}=\begin{pmatrix}-2x_1+x_2-x_3\\x_1-2x_2-x_3\\-x_1-x_2-2x_3\end{pmatrix}, \text{其中}\begin{pmatrix}x_1\\x_2\\x_3\end{pmatrix}\in\mathbf{R}^3.$$

试求 $\mathbf{R}^3$ 的一个基, 使得 T 在该基下的矩阵为对角矩阵, 并写出这个对角矩阵.

解　对于 $z\in\mathbf{R}^3$, $Tz=Az$, 其中

$$A=\begin{pmatrix}-2&1&-1\\1&-2&-1\\-1&-1&-2\end{pmatrix}.$$

利用特征方程法, 解得 A 的特征值为 $\lambda_1=0,\ \lambda_2=\lambda_3=-3$, 相应的特征向量分别为

$$\alpha_1=\begin{pmatrix}1\\1\\-1\end{pmatrix},\ \alpha_2=\begin{pmatrix}-1\\1\\0\end{pmatrix},\ \alpha_3=\begin{pmatrix}1\\0\\1\end{pmatrix}.$$

易见 $\alpha_1, \alpha_2, \alpha_3$ 为 $\mathbf{R}^3$ 的一个基, 所以, 线性变换 T 在此基下的矩阵为

$$\begin{pmatrix}0&0&0\\0&-3&0\\0&0&-3\end{pmatrix}.$$

习题 6-5

1. 函数集合 $V_3=\{\boldsymbol{\alpha}=(a_2x^2+a_1x+a_0)e^x \mid a_2, a_1, a_0\in\mathbf{R}\}$ 对于函数的线性运算构成三维线性空间, 在 V_3 中取一个基 $\boldsymbol{\alpha}_1=x^2e^x$, $\boldsymbol{\alpha}_2=xe^x$, $\boldsymbol{\alpha}_3=e^x$, 求微分运算 $\boldsymbol{D}$ 在这个基下的矩阵.

2. 二阶对称矩阵的全体

$$V_3=\left\{\boldsymbol{A}=\begin{pmatrix} x_1 & x_2 \\ x_2 & x_3 \end{pmatrix}\middle| x_1, x_2, x_3\in\mathbf{R}\right\}$$

对于矩阵的线性运算构成三维线性空间. 在 V_3 中取一个基

$$\boldsymbol{A}_1=\begin{pmatrix} 1 & 0 \\ 0 & 0 \end{pmatrix},\ \boldsymbol{A}_2=\begin{pmatrix} 0 & 1 \\ 1 & 0 \end{pmatrix},\ \boldsymbol{A}_3=\begin{pmatrix} 0 & 0 \\ 0 & 1 \end{pmatrix},$$

定义合同变换 $\boldsymbol{T}(\boldsymbol{A})=\begin{pmatrix} 1 & 0 \\ 1 & 1 \end{pmatrix}\boldsymbol{A}\begin{pmatrix} 1 & 1 \\ 0 & 1 \end{pmatrix}$, 求 $\boldsymbol{T}$ 在基 $\boldsymbol{A}_1, \boldsymbol{A}_2, \boldsymbol{A}_3$ 下的矩阵.

3. 设 $\boldsymbol{T}$ 为 $\mathbf{R}^3$ 的一个线性变换, 满足

$$\boldsymbol{T}(\xi_1)=(-1, 1, 0)^{\mathrm{T}},\ \boldsymbol{T}(\xi_2)=(2, 1, 1)^{\mathrm{T}},\ \boldsymbol{T}(\xi_3)=(0, -1, -1)^{\mathrm{T}},$$

其中 $\xi_1=(1, 0, 0)^{\mathrm{T}}$, $\xi_2=(0, 1, 0)^{\mathrm{T}}$, $\xi_3=(0, 0, 1)^{\mathrm{T}}$.

(1) 求 $\boldsymbol{T}$ 在 ξ_1, ξ_2, ξ_3 下的矩阵 $\boldsymbol{A}$;

(2) 求 $\boldsymbol{T}$ 在基 $\boldsymbol{\alpha}_1=\xi_1+\xi_2+\xi_3$, $\boldsymbol{\alpha}_2=\xi_1+\xi_2$, $\boldsymbol{\alpha}_3=\xi_1$ 下的矩阵 $\boldsymbol{B}$.

4. 已知 $\mathbf{R}^2$ 上的线性变换 $\boldsymbol{A}\begin{pmatrix} 1 \\ 2 \end{pmatrix}=\begin{pmatrix} 2 \\ 4 \end{pmatrix}$, $\boldsymbol{A}\begin{pmatrix} 1 \\ 1 \end{pmatrix}=\begin{pmatrix} 4 \\ 5 \end{pmatrix}$.

(1) 求 $\boldsymbol{A}$ 在基 $\boldsymbol{\alpha}_1=(1, 2)^{\mathrm{T}}$, $\boldsymbol{\alpha}_2=(1, 1)^{\mathrm{T}}$ 下的矩阵;

(2) 已知向量 $\boldsymbol{\beta}$ 在基 $\boldsymbol{\alpha}_1, \boldsymbol{\alpha}_2$ 下的坐标为 $(-2, 4)^{\mathrm{T}}$, 求 $\boldsymbol{A\beta}$ 在 $\boldsymbol{\alpha}_1, \boldsymbol{\alpha}_2$ 下的坐标.

5. 在数域 $\boldsymbol{P}$ 上全体二阶矩阵构成的线性空间 $\boldsymbol{P}^{2\times 2}$ 中, 求矩阵 $\boldsymbol{A}=\begin{pmatrix} 2 & 3 \\ 4 & 7 \end{pmatrix}$ 在基

$$\boldsymbol{A}_1=\begin{pmatrix} 1 & 1 \\ 1 & 1 \end{pmatrix}, \boldsymbol{A}_2=\begin{pmatrix} 0 & -1 \\ 1 & 0 \end{pmatrix}, \boldsymbol{A}_3=\begin{pmatrix} 1 & -1 \\ 0 & 0 \end{pmatrix}, \boldsymbol{A}_4=\begin{pmatrix} 1 & 0 \\ 0 & 0 \end{pmatrix}$$

下的坐标.

6. 定义 $\mathbf{R}^3$ 上的线性变换 $\boldsymbol{T}$:

$$\boldsymbol{T}(x_1, x_2, x_3)=(x_1, x_2, x_1+x_3),$$

求 $\boldsymbol{T}$ 在基 $(1, 0, 0)^{\mathrm{T}}$, $(0, 1, 0)^{\mathrm{T}}$, $(0, 0, -1)^{\mathrm{T}}$ 下的矩阵.

7. 设在 $\mathbf{R}^3$ 中, 线性变换 $\boldsymbol{T}$ 关于 $\boldsymbol{\alpha}_1, \boldsymbol{\alpha}_2, \boldsymbol{\alpha}_3$ 的矩阵为 $\boldsymbol{A}=\begin{pmatrix} 1 & 2 & 3 \\ -1 & 0 & 3 \\ 2 & 1 & 5 \end{pmatrix}$, 求 $\boldsymbol{T}$ 在新基

$$\boldsymbol{\beta}_1=\boldsymbol{\alpha}_1,\ \boldsymbol{\beta}_2=\boldsymbol{\alpha}_1+\boldsymbol{\alpha}_2,\ \boldsymbol{\beta}_3=\boldsymbol{\alpha}_1+\boldsymbol{\alpha}_2+\boldsymbol{\alpha}_3$$

下的矩阵.

8. 设 $\mathbf{R}^2$ 的线性变换 $\boldsymbol{T}$ 为: 对于 $\begin{pmatrix} x_1 \\ x_2 \end{pmatrix} \in \mathbf{R}^2$, $\boldsymbol{T}\begin{pmatrix} x_1 \\ x_2 \end{pmatrix} = \begin{pmatrix} x_1 + 7x_2 \\ 3x_1 - 4x_2 \end{pmatrix}$, 求 $\boldsymbol{T}$ 在基 $\begin{pmatrix} 1 \\ 3 \end{pmatrix}, \begin{pmatrix} -1 \\ -1 \end{pmatrix}$ 下的矩阵.

9. 记数域 $\boldsymbol{F}$ 上次数不超过 3 的一元多项式全体构成的向量空间为 $\boldsymbol{F}[x]_3$, 定义 $\boldsymbol{F}[x]_3$ 的线性变换 $\boldsymbol{T}$ 为: 对于 $f(x) \in \boldsymbol{F}[x]_3$, $\boldsymbol{T}[f(x)] = f(x+1) - f(x)$, 求 $\boldsymbol{T}$ 在基 $1, x, x^2, x^3$ 下的矩阵.

10. 在某气象问题研究中, 科学家利用线性变换将气候模型中的温度数据从一个坐标系转换到另一个坐标系. 假设气候数据点的温度特征向量 $\boldsymbol{x} = (25, 32, 29, 34)^{\mathrm{T}}$ 表示四个区域的温度, 已知原坐标系的基为 $\boldsymbol{B} = \{\boldsymbol{e}_1, \boldsymbol{e}_2, \boldsymbol{e}_3, \boldsymbol{e}_4\}$, 其中

$$\boldsymbol{e}_1 = (1,0,0,0)^{\mathrm{T}},\ \boldsymbol{e}_2 = (0,1,0,0)^{\mathrm{T}},\ \boldsymbol{e}_3 = (0,0,1,0)^{\mathrm{T}},\ \boldsymbol{e}_4 = (0,0,0,1)^{\mathrm{T}}.$$

另一个以 $\boldsymbol{C} = \{\boldsymbol{f}_1, \boldsymbol{f}_2, \boldsymbol{f}_3, \boldsymbol{f}_4\}$ 为基的新的坐标系表示在某气象下的温度空间, 其中新基为

$$\boldsymbol{f}_1 = (1,1,0,0)^{\mathrm{T}},\ \boldsymbol{f}_2 = (0,1,1,0)^{\mathrm{T}},\ \boldsymbol{f}_3 = (0,0,1,1)^{\mathrm{T}},\ \boldsymbol{f}_4 = (2,0,0,1)^{\mathrm{T}}.$$

已知线性变换矩阵 $\boldsymbol{A}$ 将温度数据从原始坐标系映射到新的坐标系. 现要求计算向量 $\boldsymbol{x}$ 在基 $\boldsymbol{C}$ 下的温度数据, 并分析该线性变换的矩阵表示.

总习题六

1. 令 $\omega = \dfrac{-1+\sqrt{3}\mathrm{i}}{2}$, 而 $\boldsymbol{Q}(\omega)$ 为全体形如 $a + b\omega\ (a, b \in \mathbf{Q})$ 的数所构成的集合, 定义 $\boldsymbol{Q}(\omega)$ 内元素的加法为普通数的加法, 与有理数的数乘为普通数的乘法, 问 $\boldsymbol{Q}(\omega)$ 关于上述运算是否构成有理数域 $\mathbf{Q}$ 上的线性空间?

2. 下列集合能否构成 $\mathbf{R}$ 上的线性空间? 为什么?

(1) 全体二维实向量集合 $\boldsymbol{V}$, 其加法和数乘运算分别定义为

$$(a, b) \oplus (c, d) = (a+c, b+d+ac),\ k \circ (a, b) = \left(ka, kb + \frac{k(k-1)}{2}a^2 \right).$$

(2) 全体实 n 维向量集合 $\boldsymbol{V}$, 具有通常的向量加法和如下定义的数乘运算:

$$k \circ \boldsymbol{\alpha} = \boldsymbol{\alpha},\ \forall \boldsymbol{\alpha} \in \boldsymbol{V},\ k \in \mathbf{R}.$$

3. 判断下列各题, 并说明理由.

(1) 设 $\boldsymbol{V} = \mathbf{R}^3$, 则 $\boldsymbol{W} = \{(a, b, c) \mid a^2 + b^2 + c^2 \leqslant 1\}$ 是否为 $\boldsymbol{V}$ 的子空间?

(2) 设 $\boldsymbol{V}$ 是数域 $\boldsymbol{F}$ 上所有 n 阶方阵组成的线性空间, $\boldsymbol{W} = \{\boldsymbol{A} \in \boldsymbol{V} \mid \boldsymbol{AT} = \boldsymbol{TA}\}$, $\boldsymbol{W}$ 是否为 $\boldsymbol{V}$ 的子空间? 其中 $\boldsymbol{T}$ 为指定的 n 阶方阵.

(3) 设 $\boldsymbol{V}$ 是从实数域 $\mathbf{R}$ 到 $\mathbf{R}$ 的所有函数组成的线性空间, $\boldsymbol{W} = \{f \mid f(3) = 0\}$, 即 $\boldsymbol{W}$ 是由把 3 映成 0 的函数组成的, $\boldsymbol{W}$ 是否为 $\boldsymbol{V}$ 的子空间?

(4) $\boldsymbol{V}$ 是同 (3) 的线性空间, $\boldsymbol{W} = \{f \mid f(7) = 2 + f(1)\}$, $\boldsymbol{W}$ 是否为 $\boldsymbol{V}$ 的子空间?

4. 判断以下哪些是 $\boldsymbol{P}[x]_3$ 的子空间, 并说明理由.

(1) $\boldsymbol{U} = \{xg(x) \mid g(x) \in \boldsymbol{P}[x]_2\}$;　　(2) $\boldsymbol{U} = \{f(x) \mid f(x) \in \boldsymbol{P}[x]_3, f(2) = 1\}$;

(3) $\boldsymbol{U} = \{xg(x) \mid g(x) \in \boldsymbol{P}[x]_3\}$;　　(4) $\boldsymbol{U} = \{f(x) \mid f(x) \in \boldsymbol{P}[x]_3, \deg f(x) = 3\}$;

(5) $\boldsymbol{U} = \{xg(x) + (1-x)h(x) \mid g(x) \in \boldsymbol{P}[x]_2, h(x) \in \boldsymbol{P}[x]_2\}$;

(6) U 是 $P[x]_3$ 中所有常数项为0的多项式的集合.

5. 设 V_r 是 n 维线性空间 V_n 的一个子空间, $a_1, a_2, \cdots, a_r$ 是 V_r 的一个基, 试验证: V_n 中存在元素 $a_{r+1}, \cdots, a_n$, 使 $a_1, a_2, \cdots, a_r, a_{r+1}, \cdots, a_n$ 成为 V_n 的一个基.

6. 在 $\mathbf{R}^3$ 中, 设 L 是由向量 $\xi_1 = \begin{pmatrix} 1 \\ 1 \\ 1 \end{pmatrix}$, $\xi_2 = \begin{pmatrix} 2 \\ 3 \\ 4 \end{pmatrix}$, $\xi_3 = \begin{pmatrix} 5 \\ 7 \\ 9 \end{pmatrix}$ 生成的子空间, 求 $\dim L$.

7. 已知三维线性空间的一组基为 $\alpha_1 = (1, 1, 0)^{\mathrm{T}}$, $\alpha_2 = (1, 0, 1)^{\mathrm{T}}$, $\alpha_3 = (0, 1, 1)^{\mathrm{T}}$, 求向量 $\beta = (2, 0, 0)^{\mathrm{T}}$ 在上述基下的坐标.

8. 设 $\alpha_1, \alpha_2, \alpha_3$ 均为三维列向量, 记矩阵

$$A = (\alpha_1, \alpha_2, \alpha_3),\ B = (\alpha_1 + \alpha_2 + \alpha_3, \alpha_1 + 2\alpha_2 + 4\alpha_3, \alpha_1 + 3\alpha_2 + 9\alpha_3),$$

试用矩阵 A 表示出矩阵 B.

9. 设 $\alpha_1, \alpha_2, \cdots, \alpha_n$ 是 $\mathbf{R}^n$ 的一个基.

(1) 证明 $\alpha_1, \alpha_1 + \alpha_2, \alpha_1 + \alpha_2 + \alpha_3, \cdots, \alpha_1 + \alpha_2 + \cdots + \alpha_n$ 也是 $\mathbf{R}^n$ 的基;

(2) 求从旧基 $\alpha_1, \alpha_2, \cdots, \alpha_n$ 到新基 $\alpha_1, \alpha_1 + \alpha_2, \alpha_1 + \alpha_2 + \alpha_3, \cdots, \alpha_1 + \alpha_2 + \cdots + \alpha_n$ 的过渡矩阵;

(3) 求向量 α 的旧坐标 $(x_1, x_2, \cdots, x_n)^{\mathrm{T}}$ 和新坐标 $(y_1, y_2, \cdots, y_n)^{\mathrm{T}}$ 间的变换公式.

10. 已知 $\mathbf{R}^3$ 的两个基为

$$\alpha_1 = \begin{pmatrix} 1 \\ 1 \\ 1 \end{pmatrix}, \alpha_2 = \begin{pmatrix} 1 \\ 0 \\ -1 \end{pmatrix}, \alpha_3 = \begin{pmatrix} 1 \\ 0 \\ 1 \end{pmatrix}; \beta_1 = \begin{pmatrix} 1 \\ 2 \\ 1 \end{pmatrix}, \beta_2 = \begin{pmatrix} 2 \\ 3 \\ 4 \end{pmatrix}, \beta_3 = \begin{pmatrix} 3 \\ 4 \\ 5 \end{pmatrix}.$$

求由基 $\alpha_1, \alpha_2, \alpha_3$ 到基 $\beta_1, \beta_2, \beta_3$ 的过渡矩阵.

11. 已知 $\mathbf{R}^3$ 中的两个基为

$$\varepsilon_1 = \begin{pmatrix} 1 \\ 0 \\ 0 \end{pmatrix}, \varepsilon_2 = \begin{pmatrix} 0 \\ 1 \\ 0 \end{pmatrix}, \varepsilon_3 = \begin{pmatrix} 0 \\ 0 \\ 1 \end{pmatrix}; \alpha_1 = \begin{pmatrix} 1 \\ 0 \\ 0 \end{pmatrix}, \alpha_2 = \begin{pmatrix} 1 \\ 1 \\ 0 \end{pmatrix}, \alpha_3 = \begin{pmatrix} 1 \\ 1 \\ 1 \end{pmatrix}.$$

(1) 求由基 $\varepsilon_1, \varepsilon_2, \varepsilon_3$ 到基 $\alpha_1, \alpha_2, \alpha_3$ 的过渡矩阵 A;

(2) 若由基 $\alpha_1, \alpha_2, \alpha_3$ 到基 $\beta_1, \beta_2, \beta_3$ 的过渡矩阵为 $B = \begin{pmatrix} -1 & 1 & -1 \\ 1 & 0 & 0 \\ 0 & 0 & 1 \end{pmatrix}$, 求 $\beta_1, \beta_2, \beta_3$;

(3) 已知向量 ξ 在基 $\beta_1, \beta_2, \beta_3$ 下的坐标为 $\begin{pmatrix} 1 \\ 2 \\ 3 \end{pmatrix}$, 求 ξ 在基 $\alpha_1, \alpha_2, \alpha_3$ 下的坐标.

12. 设 $\mathbf{R}^4$ 中的两个基分别为

$$\xi_1 = (1, -1, 0, 0)^{\mathrm{T}}, \xi_2 = (0, 1, -1, 0)^{\mathrm{T}}, \xi_3 = (0, 0, 1, -1)^{\mathrm{T}}, \xi_4 = (0, 0, 0, 1)^{\mathrm{T}};$$

$$\eta_1 = (1, 0, 0, 0)^{\mathrm{T}}, \quad \eta_2 = (1, 2, 0, 0)^{\mathrm{T}}, \quad \eta_3 = (1, 2, 3, 0)^{\mathrm{T}}, \quad \eta_4 = (1, 2, 3, 4)^{\mathrm{T}}.$$

已知向量 α 在 $\xi_1, \xi_2, \xi_3, \xi_4$ 下的坐标是 $(1, 2, 3, 4)^{\mathrm{T}}$, 求向量 α 在基 $\eta_1, \eta_2, \eta_3, \eta_4$ 下的坐标.

13. 设 $\alpha_1, \alpha_2, \cdots, \alpha_n$ 和 $\beta_1, \beta_2, \cdots, \beta_n$ 是 n 维线性空间 V 中的向量组, 且

$$\beta_i = a_{1i}\alpha_1 + a_{2i}\alpha_2 + \cdots + a_{ni}\alpha_n \ (i = 1, 2, \cdots, n),$$

矩阵 $\boldsymbol{A}=\begin{pmatrix} a_{11} & a_{12} & \cdots & a_{1n} \\ a_{21} & a_{22} & \cdots & a_{2n} \\ \vdots & \vdots & & \vdots \\ a_{n1} & a_{n2} & \cdots & a_{nn} \end{pmatrix}$ 可逆, 试证: $\boldsymbol{\alpha}_1,\boldsymbol{\alpha}_2,\cdots,\boldsymbol{\alpha}_n$ 与 $\boldsymbol{\beta}_1,\boldsymbol{\beta}_2,\cdots,\boldsymbol{\beta}_n$ 都是 $\boldsymbol{V}$ 的基, 或者都不是 $\boldsymbol{V}$ 的基.

14. 设 $\xi_1, \xi_2, \cdots, \xi_n$ 是线性空间 $\boldsymbol{V}$ 的一个基, $\boldsymbol{\alpha}_1, \boldsymbol{\alpha}_2, \cdots, \boldsymbol{\alpha}_n$ 是 $\boldsymbol{V}$ 中的 n 个向量, 已知

$$(\boldsymbol{\alpha}_1, \boldsymbol{\alpha}_2, \cdots, \boldsymbol{\alpha}_n)=(\xi_1, \xi_2, \cdots, \xi_n)\boldsymbol{A},$$

证明: $\boldsymbol{\alpha}_1,\boldsymbol{\alpha}_2,\cdots,\boldsymbol{\alpha}_n$ 生成的子空间 $\boldsymbol{L}(\boldsymbol{\alpha}_1,\boldsymbol{\alpha}_2,\cdots,\boldsymbol{\alpha}_n)$ 的维数等于 $\boldsymbol{A}$ 的秩.

15. 在 $\mathbf{R}^{2\times 2}$ (二阶方阵所构成的线性空间) 中, 定义变换如下:

$$\boldsymbol{T}(\boldsymbol{X})=\boldsymbol{AX}-\boldsymbol{XA},\quad \boldsymbol{X}\in\mathbf{R}^{2\times 2}, \text{其中 } \boldsymbol{A} \text{ 是 } \mathbf{R}^{2\times 2} \text{ 中一个固定的二阶方阵.}$$

(1) 证明: $\boldsymbol{T}$ 是 $\mathbf{R}^{2\times 2}$ 中的一个线性变换;

(2) 在 $\mathbf{R}^{2\times 2}$ 中取一个基:

$$\boldsymbol{\varepsilon}_{11}=\begin{pmatrix} 1 & 0 \\ 0 & 0 \end{pmatrix},\ \boldsymbol{\varepsilon}_{12}=\begin{pmatrix} 0 & 1 \\ 0 & 0 \end{pmatrix},\ \boldsymbol{\varepsilon}_{21}=\begin{pmatrix} 0 & 0 \\ 1 & 0 \end{pmatrix},\ \boldsymbol{\varepsilon}_{22}=\begin{pmatrix} 0 & 0 \\ 0 & 1 \end{pmatrix},$$

求 $\boldsymbol{T}$ 在这个基下的矩阵.

16. 设在 $\boldsymbol{P}[x]_n$ 中, 线性变换 $\boldsymbol{T}$ 定义为

$$\boldsymbol{T}[f(x)]=\frac{1}{a}[f(x+a)-f(x)], \text{其中 } a \text{ 为定数, 且 } \forall f(x)\in\boldsymbol{P}[x]_n.$$

(1) 证明 $\boldsymbol{T}$ 是 $\boldsymbol{P}[x]_n$ 中的线性变换;

(2) 求 $\boldsymbol{T}$ 在下述基下的矩阵:

$$f_0(x)=1,\ f_1(x)=x,\ f_2(x)=\frac{x(x-a)}{2!},\ \cdots,\ f_n(x)=\frac{x(x-a)\cdots[x-(n-1)a]}{n!}.$$

17. 如果 $\boldsymbol{\varepsilon}_1, \boldsymbol{\varepsilon}_2, \cdots, \boldsymbol{\varepsilon}_n$ 是线性空间 $\boldsymbol{V}$ 的一个基, $\boldsymbol{T}$ 是 $\boldsymbol{V}$ 的一个线性变换, 那么 $\boldsymbol{T}$ 可逆的充分必要条件是 $\boldsymbol{T}(\boldsymbol{\varepsilon}_1), \boldsymbol{T}(\boldsymbol{\varepsilon}_2), \cdots, \boldsymbol{T}(\boldsymbol{\varepsilon}_n)$ 线性无关.

18. 两个子空间的直和: 设 $\boldsymbol{V}_1,\boldsymbol{V}_2$ 是向量空间 $\boldsymbol{V}$ 的子空间, 若对任意 $\boldsymbol{\alpha}\in\boldsymbol{V}_1+\boldsymbol{V}_2$, $\boldsymbol{\alpha}=\boldsymbol{\alpha}_1+\boldsymbol{\alpha}_2(\boldsymbol{\alpha}_1\in\boldsymbol{V}_1, \boldsymbol{\alpha}_2\in\boldsymbol{V}_2)$ 的表示唯一, 则称 $\boldsymbol{V}_1+\boldsymbol{V}_2$ 为直和, 记作 $\boldsymbol{V}_1\oplus\boldsymbol{V}_2$. 设 $\boldsymbol{A}$ 为数域 $\boldsymbol{P}$ 上的 n 阶方阵, 且 $\boldsymbol{A}^2=\boldsymbol{A}$, 如果 $\boldsymbol{V}_1, \boldsymbol{V}_2$ 分别是方程组 $\boldsymbol{Ax}=\boldsymbol{0}$ 及 $(\boldsymbol{A}-\boldsymbol{E})\boldsymbol{x}=\boldsymbol{0}$ 的解空间, 试证: $\boldsymbol{P}^n$ 等于 $\boldsymbol{V}_1$ 与 $\boldsymbol{V}_2$ 的直和, 其中 $\boldsymbol{x}=(x_1, x_2, \cdots, x_n)^{\mathrm{T}}$.

19. 在 $\mathbf{R}^3$ 中定义一个变换 $\boldsymbol{\sigma}: \mathbf{R}^3\to\mathbf{R}^3$:

$$\boldsymbol{\sigma}(\boldsymbol{x})=(\boldsymbol{x},\boldsymbol{\alpha})\boldsymbol{\alpha}, \text{其中 } \boldsymbol{\alpha}=\begin{pmatrix} 1 \\ 2 \\ 3 \end{pmatrix},\ \boldsymbol{x}=\begin{pmatrix} x_1 \\ x_2 \\ x_3 \end{pmatrix}\in\mathbf{R}^3.$$

(1) 证明 $\boldsymbol{\sigma}$ 是 $\mathbf{R}^3$ 上的一个线性变换;

(2) 求线性变换 $\boldsymbol{\sigma}$ 在基 $\boldsymbol{\beta}_1=\begin{pmatrix} 1 \\ 0 \\ 0 \end{pmatrix},\boldsymbol{\beta}_2=\begin{pmatrix} 1 \\ 1 \\ 0 \end{pmatrix},\boldsymbol{\beta}_3=\begin{pmatrix} 1 \\ 1 \\ 1 \end{pmatrix}$ 下的矩阵 $\boldsymbol{B}$;

(3) 求 $\boldsymbol{\sigma}(\boldsymbol{\beta}_1+\boldsymbol{\beta}_2+\boldsymbol{\beta}_3)$ 在基 $\boldsymbol{\beta}_1=\begin{pmatrix} 1 \\ 0 \\ 0 \end{pmatrix},\boldsymbol{\beta}_2=\begin{pmatrix} 1 \\ 1 \\ 0 \end{pmatrix},\boldsymbol{\beta}_3=\begin{pmatrix} 1 \\ 1 \\ 1 \end{pmatrix}$ 下的坐标.

习题答案

第1章　答案

习题 1-1

1. (1) 1；　(2) 5；　(3) $ab(b-a)$；　(4) 1；　(5) x^3-x^2-1；　(6) 1；　(7) e^{-2x}；　(8) 0.

2. $x=3/19$，$y=2/19$.　　3. (1) $x-2y+4=0$；　(2) $x+4y-2=0$.

4. (1) 18；　(2) 5；　(3) -7；　(4) -4；　(5) 0；　(6) $3abc-a^3-b^3-c^3$；

(7) $(a-b)(b-c)(c-a)$；　(8) $-2(x^3+y^3)$.

6. $x_1=1,\ x_2=2,\ x_3=3$.　　7. $x=-a,\ y=-b,\ z=c$.

8. (1) $x=1$ 或 $x=-2$.　(2) $x_1=-\dfrac{1}{2},\ x_2=2$.　　9. 18.　　10. (4.5, 1.5, 2.5).

习题 1-2

1. (1) 4；　(2) 3；　(3) 13；　(4) 7；　(5) $n(n-1)/2$；　(6) $n(n-1)$.　2. $n(n-1)/2-k$.

3. $-a_{11}a_{23}a_{32}a_{44}$ 和 $a_{11}a_{23}a_{34}a_{42}$ 为所求.　4. (1) 正号；(2) 负号；(3) 负号.　5. $k=1$，$l=5$.

7. (1) 1；　(2) 0；　(3) $(-1)^{\frac{1}{2}n(n-1)}n!$；　(4) $(-1)^{(n-1)}n!$；　(5) $(-1)^{\frac{n(n-1)}{2}}a_{1n}a_{2\,n-1}\cdots a_{n1}$；

(6) $5x+10$；　(7) 0.

习题 1-3

1. (1) 6 123 000；　(2) $4abcdef$；　(3) $abc\left(1+\dfrac{1}{a}+\dfrac{1}{b}+\dfrac{1}{c}\right)$；　(4) 8.

2. (1) -270；(2) 160；(3) -56.　　3. $-8m$.

5. (1) $[x+(n-1)a](x-a)^{n-1}$；　(2) $n!$；　(3) $(1-ax)(1-bx)(1-cx)$；

(4) $(a_1\ a_2\ \cdots\ a_n)\left(a_0-\sum\limits_{i=1}^{n}\dfrac{1}{a_i}\right)$；　(5) $\left[a+\dfrac{n(n+1)}{2}\right]a^{n-1}$；　(6) $b_1b_2\cdots b_n$.

6. (1) $x=-y$；　(2) $x_1=-3$，$x_2=1$；　(3) $x=\pm\dfrac{\sqrt{6}}{2}$；　(4) $x=\pm y$；　(5) $x=\pm 1$；

(6) $x=\pm 1$，$x=\pm 2$；　(7) $x_1=0$，$x_2=1$，$\cdots$，$x_{n-2}=n-3$，$x_{n-1}=n-2$.

7. 18.　　11. $x=-2$.

习题 1-4

1. 0, 29.　　2. (1) 0, 0；　(2) -96, 96；　(3) -48, -48；　(4) 72, -72.

3. -15.　　4. (1) $a+b+d$；　(2) 0.

6. (1) x^2y^2；　(2) $b^2(b^2-4a^2)$；　(3) $-3abc$；　(4) $-a_1b_4\sum\limits_{i=1}^{3}(a_ib_{i+1}-a_{i+1}b_i)$；

(5) $x^n+(-1)^{n+1}y^n$；　(6) $(-1)^n(n+1)a_1a_2\cdots a_n$.

7. (1) $(-1)^{n-1}(n-1)2^{n-2}$；　(2) $\prod\limits_{n+1\geqslant i>j\geqslant 1}(i-j)$；　(3) $\prod\limits_{i=1}^{n}(a_id_i-b_ic_i)$.　8. 7.　9. 0.

习题 1-5

1. (1) $x=3$，$y=-1$；　(2) $x_1=3$，$x_2=2$.　2. $a=\frac{3}{25}x+\frac{4}{25}y$，$b=-\frac{4}{25}x+\frac{3}{25}y$.

3. (1) $x=1$，$y=2$，$z=3$；　(2) $x=-a$，$y=b$，$z=c$.

4. (1) $x_1=3$，$x_2=-4$，$x_3=-1$，$x_4=1$；　(2) $x_1=0$，$x_2=2$，$x_3=0$，$x_4=0$.

5. $y_j=\dfrac{\sum\limits_{i=1}^{4}A_{ij}x_i}{D}\ (j=1,2,3,4)$.　6. 方程组仅有零解.

7. 当 $\mu=0$ 或 $\lambda=1$ 时，齐次线性方程组确实有非零解.

9. 小型礼盒为4个，中型礼盒为1个，大型礼盒为6个.

10. (1) $\begin{cases}a+b+c=128.5\\4a+2b+c=156.4\\9a+3b+c=195.6\end{cases}$；　(2) $y=5.65t^2+10.95t+111.9$.

11. $\begin{cases}36x_1+51x_2+13x_3=33\\7x_2+1.1x_3=3\\52x_1+34x_2+74x_3=45\end{cases}$；0.277单位食物一，0.392单位食物二，0.233单位食物三.

总习题一

1. $-2\,016!$.　2. (1) 6；　(2) -799；　(3) $n+1$；　(4) $\left(x+\sum\limits_{i=1}^{n}a_i\right)\prod\limits_{i=1}^{n}(x-a_i)$.

4. 0.　7. -4.　8. 2 000.

9. (1) $(a+b+c+d)(a-b-c+d)(a+b-c-d)(a-b+c-d)$；

(2) $(a_2a_3-b_2b_3)(a_1a_4-b_1b_4)$；　(3) $(-1)^{\frac{(n-1)(n-2)}{2}}\cdot\alpha^n+(-1)^{\frac{n(n-1)}{2}}\cdot\beta^n$；

(4) $-8(x-2)(x+2)(x-3)(x+3)$；　(5) $x^3(a^2+b^2+c^2+d^2+x)$.

10. (1) $(-1)^{\frac{n(n-1)}{2}}\dfrac{n^n+n^{n-1}}{2}$；　(2) $5x(x-1)$；　(3) $-\left(\frac{1}{2}+\frac{1}{3}+\cdots+\frac{1}{n}\right)n!$；

(4) $a_1a_2\cdots a_n\left(a_0-\sum\limits_{i=1}^{n}\dfrac{b_ic_i}{a_i}\right)$.

11. (1) $3^{n+1}-2^{n+1}$；　(2) $\cos n\alpha$；　(3) $a_n+a_{n-1}x+a_{n-2}x^2+\cdots+a_2x^{n-2}+a_1x^{n-1}$；

(4) $x^n+a_1x^{n-1}+a_2x^{n-2}+\cdots+a_{n-1}x+a_n$.

14. $\prod\limits_{1\leqslant j<i\leqslant n+1}(a_jb_i-a_ib_j)$.

15. 0.　　16. $A_{41}+A_{42}=12$, $A_{43}+A_{44}=-9$.　　17. 0.　　18. $n!\left(1-\sum\limits_{i=2}^{n}\frac{1}{i}\right)$.

19. (1) $x_1=1$, $x_2=-1$, $x_3=1$, $x_4=-1$, $x_5=1$;

(2) $x_1=\frac{1\,507}{665}$, $x_2=-\frac{1\,145}{665}$, $x_3=\frac{703}{665}$, $x_4=-\frac{395}{665}$, $x_5=\frac{212}{665}$.

20. $x_1=1, x_2=0,\ x_3=0,\ \cdots\ x_n=0$.

21. $f'(x)$ 在 $(1,2), (2,3), \cdots, (n-1,n)$ 各区间内有且仅有一个零点.　　24. A市乙队已赛过2场.

25. (1) $\begin{cases}100a+10b+c=13.41\\400a+20b+c=14.11\\900a+30b+c=14.2\end{cases}$;　(2) $\begin{cases}a=-0.00\,305\\b=0.161\,5\\c=12.1\end{cases}$;　(3) 人口将在2026年开始下降.

第 2 章　答案

习题 2-1

1. $\begin{array}{cc} & B\text{策略}\rightarrow \\ & \begin{array}{ccc}\text{石头} & \text{剪刀} & \text{布}\end{array} \\ A\text{策略}\downarrow\ \begin{array}{c}\text{石头}\\\text{剪刀}\\\text{布}\end{array} & \begin{pmatrix}0 & 1 & -1\\-1 & 0 & 1\\1 & -1 & 0\end{pmatrix}\end{array}$.

2. $\begin{array}{c|cccccc} & 1 & 2 & 3 & 4 & 5 & 6\\\hline 1 & & 1 & 0 & 1 & 1 & 1\\2 & 0 & & 0 & 1 & 1 & 1\\3 & 1 & 1 & & 1 & 0 & 0\\4 & 0 & 0 & 0 & & 1 & 1\\5 & 0 & 0 & 1 & 0 & & 1\\6 & 0 & 0 & 1 & 0 & 0 & \end{array}$, 选手按胜多负少排序为1 2 3 4 5 6.

3. 模特编号（列 1 2 3 4），出场序号（行 1 2 3 4）: $\begin{pmatrix}1 & 1 & 1 & 1\\0 & 1 & 1 & 1\\0 & 0 & 1 & 1\\0 & 0 & 0 & 1\end{pmatrix}$.　　4. $\begin{pmatrix}1 & 0 & 1 & 0 & 1\\0 & 1 & 1 & 1 & 0\\1 & 1 & 0 & 1 & 1\\0 & 0 & 1 & 1 & 0\end{pmatrix}$.　　6. $\begin{cases}a=5\\b=-3\\c=4\\d=1\end{cases}$.

7. (1) $\begin{pmatrix}0 & 1 & 1 & 0\\0 & 0 & 0 & 0\\0 & 1 & 0 & 1\\1 & 0 & 0 & 0\end{pmatrix}$; (2) $\begin{pmatrix}0 & 0 & 1 & 1\\0 & 0 & 0 & 1\\1 & 1 & 0 & 0\\0 & 1 & 1 & 0\end{pmatrix}$; (3) $\begin{pmatrix}0 & 1 & 0 & 1 & 0\\1 & 0 & 0 & 1 & 0\\1 & 1 & 0 & 0 & 0\\1 & 0 & 0 & 0 & 1\\1 & 0 & 0 & 0 & 0\end{pmatrix}$; (4) $\begin{pmatrix}0 & 1 & 0 & 1 & 1\\0 & 0 & 0 & 0 & 1\\0 & 1 & 0 & 1 & 0\\0 & 0 & 0 & 0 & 1\\0 & 0 & 1 & 0 & 0\end{pmatrix}$.

8. $\begin{array}{c|ccccccc} & C & F & J & P & Q & R & U\\\hline C & 0 & 1 & 0 & 0 & 0 & -2 & 0\\F & 0 & 0 & 1.5 & 0 & 0 & 0 & 2\\J & 0 & 0 & 0 & 1 & 0 & 0 & 0\\P & 0 & 0 & 0 & 0 & 0 & 0 & 1.5\\Q & 0 & 0 & 0 & 0.3 & 0 & 0 & 0\\R & 0 & 0 & 0 & 0 & 0 & 0 & -0.3\\U & 1.8 & 0 & 0 & 0 & 1.2 & -0.5 & 0\end{array}$, 行表示始, 列表示终.

习题 2-2

1. (1) $\begin{pmatrix} -1 & 6 & 5 \\ -2 & -1 & 12 \end{pmatrix}$;　(2) $\begin{pmatrix} -1 & 4 \\ 0 & -2 \end{pmatrix}$.

2. (1) $\begin{pmatrix} -1 & 3 & 1 & 5 \\ 8 & 2 & 8 & 2 \\ 3 & 7 & 9 & 13 \end{pmatrix}$;　(2) $\begin{pmatrix} 14 & 13 & 8 & 7 \\ -2 & 5 & -2 & 5 \\ 2 & 1 & 6 & 5 \end{pmatrix}$;　(3) $\begin{pmatrix} 3 & 1 & 1 & -1 \\ -4 & 0 & -4 & 0 \\ -1 & -3 & -3 & -5 \end{pmatrix}$.

3. $x=-5$, $y=-6$, $u=4$, $v=-2$.

4. (1) $\begin{pmatrix} 35 \\ 6 \\ 49 \end{pmatrix}$;　(2) (10);　(3) $\begin{pmatrix} 3 & 6 & 9 \\ 2 & 4 & 6 \\ 1 & 2 & 3 \end{pmatrix}$;

(4) $\begin{pmatrix} 0 & 0 & 0 \\ 0 & 0 & 0 \\ 0 & 0 & 0 \end{pmatrix}$;　(5) $\begin{pmatrix} 10 & 4 & -1 \\ 4 & -3 & -1 \end{pmatrix}$;　(6) $\begin{pmatrix} \frac{4}{5} & -\frac{3}{5} \\ -\frac{3}{5} & -\frac{4}{5} \end{pmatrix}$;

(7) $a_{11}x_1^2+a_{22}x_2^2+a_{33}x_3^2+2a_{12}x_1x_2+2a_{13}x_1x_3+2a_{23}x_2x_3$;　(8) $\begin{pmatrix} 4 & -4 & 7 \\ 6 & 0 & 1 \\ 6 & 15 & 8 \end{pmatrix}$.

5. $3\boldsymbol{AB}-2\boldsymbol{A}=\begin{pmatrix} -2 & 13 & 22 \\ -2 & -17 & 20 \\ 4 & 29 & -2 \end{pmatrix}$, $\boldsymbol{A}^{\mathrm{T}}\boldsymbol{B}=\begin{pmatrix} 0 & 5 & 8 \\ 0 & -5 & 6 \\ 2 & 9 & 0 \end{pmatrix}$.

6. $\begin{pmatrix} 1 \\ 0 \end{pmatrix}$; $\begin{pmatrix} 1 \\ -1 \end{pmatrix}$.

7. $\begin{cases} x_1 = -6z_1 + z_2 + 3z_3 \\ x_2 = 12z_1 - 4z_2 + 9z_3 \\ x_3 = -10z_1 - z_2 + 16z_3 \end{cases}$.

8. 旋转变换.

9. (1) $\boldsymbol{X}=\begin{pmatrix} 2 & -23 \\ 0 & 8 \end{pmatrix}$;　(2) $\boldsymbol{X}=\begin{pmatrix} 1 \\ 3 \\ 2 \end{pmatrix}$.

10. $\begin{pmatrix} a & b \\ 0 & a \end{pmatrix}$, $a, b\in\mathbf{R}$.

11. (1) $a_{k1}a_{1l}+a_{k2}a_{2l}+\cdots+a_{kn}a_{nl}=\sum\limits_{j=1}^{n}a_{kj}a_{jl}$;　(2) $a_{k1}a_{l1}+a_{k2}a_{l2}+\cdots+a_{kn}a_{ln}=\sum\limits_{j=1}^{n}a_{kj}a_{lj}$.

12. (1) $\begin{pmatrix} 1 & 1 \\ 0 & 0 \end{pmatrix}$;　(2) $\begin{pmatrix} 1 & 0 \\ n\lambda & 1 \end{pmatrix}$;　(3) $\begin{pmatrix} a^n & 0 & 0 \\ 0 & b^n & 0 \\ 0 & 0 & c^n \end{pmatrix}$;　(4) $\begin{pmatrix} \lambda^n & n\lambda^{n-1} & \frac{n(n-1)}{2}\lambda^{n-2} \\ 0 & \lambda^n & n\lambda^{n-1} \\ 0 & 0 & \lambda^n \end{pmatrix}$.

13. $\boldsymbol{A}^2=\begin{pmatrix} -1 & 0 & 0 \\ 0 & -1 & 0 \\ 0 & 0 & 1 \end{pmatrix}$; $\boldsymbol{A}^4=\boldsymbol{E}$.

14. $3^{n-1}\begin{pmatrix} 1 & 1/2 & 1/3 \\ 2 & 1 & 2/3 \\ 3 & 3/2 & 1 \end{pmatrix}$.

15. $(a^2+b^2+c^2+d^2)^2$. 16. $-1\,375$. 18. $|-\boldsymbol{AB}|=0$, $|\boldsymbol{BA}|=38$. 19. 4.

22. $a=10t+1,\ b=7t,\ c=t,\ d=0,\ t\in\mathbf{R}$. 23. $-m^4$.

24. (1) $\boldsymbol{A}+\boldsymbol{B}$ 表示9月和10月总的销售额, $\boldsymbol{A}-\boldsymbol{B}$ 表示9月和10月销售额的差额;

(2) $\boldsymbol{x}=(1,1,1)^{\mathrm{T}}$; (3) $\boldsymbol{y}=(1,1,1)$; (4) $\boldsymbol{yAx}$ 表示9月总的销售额.

25. 乘积为(20, 17, 32, 24); 表示: 1月购买的物品总值为20万元; 2月购买的物品总值为17万元; 3月购买的物品总值为32万元; 4月购买的物品总值为24万元.

26. 1年后, 不脱产职工6 800人, 脱产职工3 200人; 2年后: 不脱产职工6 680人, 脱产职工3 320人.

27. $\boldsymbol{B}=\begin{pmatrix}2.50 & 2.00 & 3.00\\ 2.75 & 2.50 & 2.00\end{pmatrix}$; $\boldsymbol{BA}=\begin{pmatrix}1\,100 & 762.5\\ 1\,125 & 706.25\end{pmatrix}$ 为最终的成本矩阵.

28. (1) $\boldsymbol{AB}=\begin{pmatrix}501.12 & 169.12\\ 700.36 & 236.86\\ 823.52 & 280.32\end{pmatrix}$, 矩阵的第1列表示周五、周六和周日三天销售三种牛奶的总收入, 矩阵的第2列表示这三天的总利润;

(2) 686.3.

29. 下周预计有110只小鼠被感染; 两周后预计有111只小鼠被感染.

30. 下个月购买人数预计为260人, 两个月后购买人数预计为340人.

习题 2-3

1. (1) $\begin{pmatrix}5 & -2\\ -2 & 1\end{pmatrix}$; (2) $\begin{pmatrix}-2 & 1 & 0\\ -13/2 & 3 & -1/2\\ -16 & 7 & -1\end{pmatrix}$; (3) $\begin{pmatrix}1 & -2 & 1 & 0\\ 0 & 1 & -2 & 1\\ 0 & 0 & 1 & -2\\ 0 & 0 & 0 & 1\end{pmatrix}$;

(4) $\begin{pmatrix}\cos\theta & -\sin\theta\\ \sin\theta & \cos\theta\end{pmatrix}$; (5) $\dfrac{1}{2\mathrm{e}^t}\begin{pmatrix}1 & 0 & 1\\ \mathrm{e}^t(\sin t+\cos t) & -2\mathrm{e}^t\sin t & \mathrm{e}^t(\sin t-\cos t)\\ \mathrm{e}^t(\sin t-\cos t) & 2\mathrm{e}^t\cos t & -\mathrm{e}^t(\sin t+\cos t)\end{pmatrix}$.

2. (1) $\boldsymbol{X}=\begin{pmatrix}2 & -23\\ 0 & 8\end{pmatrix}$; (2) $\boldsymbol{X}=\begin{pmatrix}1 & 1\\ 1/4 & 0\end{pmatrix}$; (3) $\boldsymbol{X}=\begin{pmatrix}2 & -1 & 0\\ 1 & 3 & -4\\ 1 & 0 & -2\end{pmatrix}$.

3. $\begin{pmatrix}3 & -1\\ 2 & 0\\ 1 & -1\end{pmatrix}$. 4. $\begin{cases}y_1=-7x_1-4x_2+9x_3\\ y_2=6x_1+3x_2-7x_3\\ y_3=3x_1+2x_2-4x_3\end{cases}$. 5. (1) $\begin{cases}x_1=1\\ x_2=0\\ x_3=0\end{cases}$; (2) $\begin{cases}x_1=5\\ x_2=0\\ x_3=3\end{cases}$.

10. 4. 12. $|\boldsymbol{A}|=1$, $|\boldsymbol{A}^*|=3$, $|\boldsymbol{A}-2\boldsymbol{E}|=9$. 13. $\begin{pmatrix}1/10 & 0 & 0\\ 1 & 1/5 & 0\\ 2 & 3 & 1/2\end{pmatrix}$.

14. $\begin{pmatrix} -4 & 0 & 0 \\ 0 & -2 & -4 \\ 0 & -6 & -10 \end{pmatrix}$.

15. $x_1 \approx 183.5, x_2 \approx 181.8, x_3 \approx 144.9$.

16. $\begin{pmatrix} 2 & 0 & 1 \\ 0 & 3 & 0 \\ 1 & 0 & 2 \end{pmatrix}$.

17. $\begin{pmatrix} 1 & -1 \\ 0 & -1 \end{pmatrix}$.

18. $\begin{pmatrix} 3 & 0 & 0 \\ 0 & 2 & 0 \\ 0 & 0 & 1 \end{pmatrix}$.

19. $\begin{pmatrix} -1/5 & 0 & 0 \\ 0 & -1/8 & 0 \\ 0 & 0 & -1/3 \end{pmatrix}$.

20. $\begin{pmatrix} 1 & 0 & 0 & 0 \\ -2 & 1 & 0 & 0 \\ 1 & -2 & 1 & 0 \\ 0 & 1 & -2 & 1 \end{pmatrix}$.

21. $\begin{pmatrix} 1 & 0 & 0 & 0 \\ -2 & 1 & 0 & 0 \\ 1 & -2 & 1 & 0 \\ 0 & 1 & -2 & 1 \end{pmatrix}$.

22. $\begin{pmatrix} 108 & -198 \\ 60 & -110 \end{pmatrix}$.

24. $4\begin{pmatrix} 1 & 1 & 1 \\ 1 & 1 & 1 \\ 1 & 1 & 1 \end{pmatrix}$.

25. $\boldsymbol{B}(\boldsymbol{A}+\boldsymbol{B})^{-1}\boldsymbol{A}$.

27. $f(\lambda)=\lambda^2-(a+d)\lambda+ad-bc$.

28. $\begin{pmatrix} 1 & -2 & 1 \\ -1 & 4 & -2 \\ 0 & -1 & 1 \end{pmatrix}$.

习题 2-4

1. (1) $\begin{pmatrix} 3 & 0 & -2 \\ 5 & -1 & -2 \\ 0 & 3 & 2 \end{pmatrix}$; (2) $\begin{pmatrix} a & 0 & ac & 0 \\ 0 & a & 0 & ac \\ 1 & 0 & c+bd & 0 \\ 0 & 1 & 0 & c+bd \end{pmatrix}$; (3) $\begin{pmatrix} 4 & -7 & -19 & -43 \\ 2 & 2 & 18 & 17 \\ 0 & 5 & 25 & 35 \\ 2 & 3 & 23 & 24 \end{pmatrix}$.

2. $\begin{pmatrix} 1 & 2 & 5 & 1 \\ 0 & 1 & 2 & -4 \\ 0 & 0 & -4 & 3 \\ 0 & 0 & 0 & -9 \end{pmatrix}$.

3. $\begin{pmatrix} \boldsymbol{O} & \boldsymbol{B}^{-1} \\ \boldsymbol{A}^{-1} & \boldsymbol{O} \end{pmatrix}$.

4. (1) $\begin{pmatrix} 0 & -2 & 1 \\ 0 & 3/2 & -1/2 \\ 1/2 & 0 & 0 \end{pmatrix}$; (2) $\begin{pmatrix} 1 & -2 & 0 & 0 \\ -2 & 5 & 0 & 0 \\ 0 & 0 & 2 & -3 \\ 0 & 0 & -5 & 8 \end{pmatrix}$;

(3) $\begin{pmatrix} 1 & -2 & 1 & 0 & 0 \\ 0 & 1 & -2 & 0 & 0 \\ 0 & 0 & 1 & 0 & 0 \\ 0 & 0 & 0 & 1 & 0 \\ 0 & 0 & 0 & -2 & 1 \end{pmatrix}$; (4) $\begin{pmatrix} 0 & 0 & -2 & 0 & 0 \\ 0 & 0 & 0 & -3 & 4 \\ 0 & 0 & 1 & 2 & -3 \\ 3 & -1 & 0 & 0 & 0 \\ -5 & 2 & 0 & 0 & 0 \end{pmatrix}$;

(5) $\begin{pmatrix} 0 & 0 & \cdots & 0 & a_n^{-1} \\ a_1^{-1} & 0 & \cdots & 0 & 0 \\ 0 & a_2^{-1} & \cdots & 0 & 0 \\ \vdots & \vdots & & \vdots & \vdots \\ 0 & 0 & \cdots & a_{n-1}^{-1} & 0 \end{pmatrix}$;　(6) $\begin{pmatrix} 0 & 0 & \cdots & 0 & \frac{1}{n} & 0 & 0 \\ 1 & 0 & \cdots & 0 & 0 & 0 & 0 \\ 0 & \frac{1}{2} & \cdots & 0 & 0 & 0 & 0 \\ \vdots & \vdots & & \vdots & \vdots & \vdots & \vdots \\ 0 & 0 & \cdots & \frac{1}{n-1} & 0 & 0 & 0 \\ 0 & 0 & \cdots & 0 & 0 & 3 & -1 \\ 0 & 0 & \cdots & 0 & 0 & -5 & 2 \end{pmatrix}$.

5. $|\boldsymbol{A}^8| = 10^{16}$, $\boldsymbol{A}^4 = \begin{pmatrix} \begin{matrix} 5^4 & 0 \\ 0 & 5^4 \end{matrix} & \boldsymbol{O} \\ \boldsymbol{O} & \begin{matrix} 2^4 & 0 \\ 2^6 & 2^4 \end{matrix} \end{pmatrix}$.　6. $\begin{pmatrix} -1 & 0 & 0 & 0 & 0 \\ 0 & 1 & 0 & 0 & 0 \\ 0 & 0 & 2^5 & 0 & 0 \\ 0 & 0 & 0 & 1 & 0 \\ 0 & 0 & 0 & 0 & 1 \end{pmatrix}$.

7. $\begin{pmatrix} 1 & 0 & 0 & n & 2n & 3n \\ 0 & 1 & 0 & 3n & 2n & n \\ 0 & 0 & 1 & 2n & n & 3n \\ 0 & 0 & 0 & 1 & 0 & 0 \\ 0 & 0 & 0 & 0 & 1 & 0 \\ 0 & 0 & 0 & 0 & 0 & 1 \end{pmatrix}$.　8. (1) -4;　(2) 6.　10. $\begin{pmatrix} \boldsymbol{\beta}_1^{\mathrm{T}}\boldsymbol{\beta}_1 & \boldsymbol{\beta}_1^{\mathrm{T}}\boldsymbol{\beta}_2 & \cdots & \boldsymbol{\beta}_1^{\mathrm{T}}\boldsymbol{\beta}_n \\ \boldsymbol{\beta}_2^{\mathrm{T}}\boldsymbol{\beta}_1 & \boldsymbol{\beta}_2^{\mathrm{T}}\boldsymbol{\beta}_2 & \cdots & \boldsymbol{\beta}_2^{\mathrm{T}}\boldsymbol{\beta}_n \\ \vdots & \vdots & & \vdots \\ \boldsymbol{\beta}_n^{\mathrm{T}}\boldsymbol{\beta}_1 & \boldsymbol{\beta}_n^{\mathrm{T}}\boldsymbol{\beta}_2 & \cdots & \boldsymbol{\beta}_n^{\mathrm{T}}\boldsymbol{\beta}_n \end{pmatrix}$.

习题 2-5

1. (1) C;　(2) C;　(3) A.

2. (1) $\begin{pmatrix} 0 & 0 & 1 \\ 0 & 1 & 0 \\ 1 & 0 & 0 \end{pmatrix}$;　(2) $\begin{pmatrix} 0 & 0 & 1 \\ 0 & 1 & 0 \\ 1 & 0 & 0 \end{pmatrix}$;　(3) $\begin{pmatrix} 1 & 0 & 0 \\ 0 & 1 & 0 \\ -2 & 0 & 1 \end{pmatrix}$;　(4) $\begin{pmatrix} 1 & 0 & 0 \\ 0 & 1 & 0 \\ -2 & 0 & 1 \end{pmatrix}$.

3. $\begin{pmatrix} 4 & 5 & 2 \\ 1 & 2 & 2 \\ 7 & 8 & 2 \end{pmatrix}$.

4. (1) $\begin{pmatrix} 1 & 0 & 0 \\ 0 & 1 & 0 \\ 0 & 0 & 1 \end{pmatrix}$;　(2) $\begin{pmatrix} 1 & 0 & 0 \\ 0 & 1 & 0 \\ 0 & 0 & 0 \end{pmatrix}$;　(3) $\begin{pmatrix} 1 & 0 & 0 & 0 \\ 0 & 1 & 0 & 0 \\ 0 & 0 & 1 & 0 \end{pmatrix}$;

(4) $\begin{pmatrix} 1 & 0 & 0 & 0 & 0 \\ 0 & 1 & 0 & 0 & 0 \\ 0 & 0 & 0 & 0 & 0 \\ 0 & 0 & 0 & 0 & 0 \end{pmatrix}$;　(5) $\begin{pmatrix} 1 & 0 & 0 & 0 & 0 \\ 0 & 1 & 0 & 0 & 0 \\ 0 & 0 & 1 & 0 & 0 \\ 0 & 0 & 0 & 0 & 0 \end{pmatrix}$.

5. (1) $\begin{pmatrix} 1 & 0 & 0 \\ -1/2 & 1/2 & 0 \\ 0 & -1/3 & 1/3 \end{pmatrix}$;　(2) $\begin{pmatrix} 2/3 & 2/9 & -1/9 \\ -1/3 & -1/6 & 1/6 \\ -1/3 & 1/9 & 1/9 \end{pmatrix}$;

(3) $\begin{pmatrix} 7/6 & 2/3 & -3/2 \\ -1 & -1 & 2 \\ -1/2 & 0 & 1/2 \end{pmatrix}$;　(4) $\begin{pmatrix} -1 & -1/2 & 1 \\ -1 & 1/2 & 0 \\ 1 & 0 & 0 \end{pmatrix}$;　(5) $\begin{pmatrix} 1 & 1 & -2 & -4 \\ 0 & 1 & 0 & -1 \\ -1 & -1 & 3 & 6 \\ 2 & 1 & -6 & -10 \end{pmatrix}$.

6. 合理采购决策为: $c_1 = 12$ (万元), $c_2 = 15$ (万元), $c_3 = 25$ (万元), $c_4 = 30$ (万元).

7. (1) $\begin{pmatrix} 10 & 2 \\ -15 & -3 \\ 12 & 4 \end{pmatrix}$;　(2) $\begin{pmatrix} 2 & -1 & -1 \\ -4 & 7 & 4 \end{pmatrix}$;　(3) $\begin{pmatrix} 0 & 1 & -1 \\ -1 & 0 & 1 \\ 1 & -1 & 0 \end{pmatrix}$;　(4) $\begin{pmatrix} 2 & 0 & -1 \\ -7 & -4 & 3 \\ -4 & -2 & 1 \end{pmatrix}$.

8. $\begin{pmatrix} 1 & 2 & 5 \\ 0 & 1 & 2 \\ 0 & 0 & 1 \end{pmatrix}$.　　9. $\boldsymbol{B} = \begin{pmatrix} -1 & 0 \\ 0 & 1 \end{pmatrix}\boldsymbol{A}$; $\boldsymbol{C} = \boldsymbol{A}\begin{pmatrix} -1 & 0 \\ 0 & 1 \end{pmatrix}$.

15. (1) $\dfrac{1}{8}(\boldsymbol{A} - 4\boldsymbol{E})$;　(2) $\begin{pmatrix} 0 & 2 & 0 \\ -1 & -1 & 0 \\ 0 & 0 & -2 \end{pmatrix}$.

习题 2-6

1. 2.　2. 3.　4. $\mathrm{r}(\boldsymbol{A}) \leqslant \mathrm{r}(\boldsymbol{A}\ \ \boldsymbol{b}) \leqslant \mathrm{r}(\boldsymbol{A}) + 1$.　5. 可能有, 可能有.　6. $\mathrm{r}(\boldsymbol{A}) \geqslant \mathrm{r}(\boldsymbol{B})$.

14. (1) 秩为2, 二阶子式 $\begin{vmatrix} 3 & 1 \\ 1 & -1 \end{vmatrix} = -4$;　(2) 秩为2, 二阶子式 $\begin{vmatrix} 3 & 2 \\ 2 & -1 \end{vmatrix} = -7$;

(3) 秩为3, 三阶子式 $\begin{vmatrix} 1 & 1 & 0 \\ 3 & -1 & 1 \\ 0 & 0 & 1 \end{vmatrix} = -4$.

15. 当 $k \neq 17$ 时, $\mathrm{r}(\boldsymbol{A}) = 3$; 当 $k = 17$ 时, $\mathrm{r}(\boldsymbol{A}) < 3$.　16. $a = -1$ 或 $a = 0$.

17. 四个物种的种群密度分别为 $x_1 = 4$, $x_2 = 19$, $x_3 = 24$, $x_4 = 21$.

18. 当 $\lambda = 3$ 时, $\mathrm{r}(\boldsymbol{A}) = 2$; 当 $\lambda \neq 3$ 时, $\mathrm{r}(\boldsymbol{A}) = 3$.

19. 当 $\lambda = 5$, $\mu = -4$ 时, $\mathrm{r}(\boldsymbol{A})$ 取最小值2; 当 $\lambda \neq 5$, $\mu \neq -4$ 时, $\mathrm{r}(\boldsymbol{A})$ 取最大值4.　20. 1.

总习题二

1. 能.　5. 0.　7. $(-4)^5\boldsymbol{A}$.

8. $\begin{pmatrix} 3^n & \mathrm{C}_n^1 \cdot 3^{n-1} & \mathrm{C}_n^2 \cdot 3^{n-2} & & \\ & 3^n & \mathrm{C}_n^1 \cdot 3^{n-1} & & \\ & & 3^n & & \\ & & & 3 \cdot 6^{n-1} & -6^{n-1} \\ & & & -9 \cdot 6^{n-1} & 3 \cdot 6^{n-1} \end{pmatrix}$.　9. $\boldsymbol{O}$.　10. B.

13. $\begin{pmatrix} 0 & -10 & 6 \\ 0 & 4 & -2 \\ 1 & 0 & 0 \end{pmatrix}$. 14. $\frac{1}{3}\begin{pmatrix} 0 & 1 & 1 \\ 0 & 1 & -2 \\ -3 & 2 & -1 \end{pmatrix}$. 15. $\begin{pmatrix} -1/2 & -3/2 & -5/2 \\ 1/2 & 1/2 & 1/2 \\ 0 & 1 & 1 \end{pmatrix}$.

16. $\begin{pmatrix} \frac{1}{2}(e^x+e^{-x}) & \frac{1}{2}(e^x-e^{-x}) \\ \frac{1}{2}(e^x-e^{-x}) & \frac{1}{2}(e^x+e^{-x}) \end{pmatrix}$. 17. $\begin{pmatrix} 2\,731 & 2\,732 \\ -683 & -684 \end{pmatrix}$. 18. $\mathrm{diag}(2,-4,2)$.

19. $\begin{pmatrix} 1 & 0 & 0 \\ 2 & 1 & 0 \\ 3 & 2 & 1 \end{pmatrix}$. 20. $-\frac{16}{27}$. 22. (1) $-3\,750$; (2) -6; (3) $-\frac{1}{6}$; (4) $-\frac{1}{6}$; (5) $-\frac{1}{6}$.

24. $\begin{pmatrix} 0 & 1/2 \\ -1 & -1 \end{pmatrix}$. 25. $\boldsymbol{A}^{-1}=-(\boldsymbol{A}+\boldsymbol{B})(\boldsymbol{B}^2)^{-1}$; $(\boldsymbol{A}+\boldsymbol{B})^{-1}=-(\boldsymbol{B}^2)^{-1}\boldsymbol{A}$.

26. $\begin{pmatrix} 1 & 1/2 & 0 \\ -1/3 & 1 & 0 \\ 0 & 0 & 2 \end{pmatrix}$. 27. $\begin{pmatrix} -1 & 1 & -1 \\ 1 & 0 & -2 \\ 0 & 0 & 1 \end{pmatrix}$. 28. 1. 29. -1.

30. (1) $\begin{pmatrix} \boldsymbol{A}^{-1} & \boldsymbol{O} \\ -\boldsymbol{B}^{-1}\boldsymbol{C}\boldsymbol{A}^{-1} & \boldsymbol{B}^{-1} \end{pmatrix}$; (2) $\begin{pmatrix} \boldsymbol{A}^{-1} & -\boldsymbol{A}^{-1}\boldsymbol{C}\boldsymbol{B}^{-1} \\ \boldsymbol{O} & \boldsymbol{B}^{-1} \end{pmatrix}$.

31. (1) $\begin{pmatrix} 1 & 0 & 0 & 0 \\ -1/2 & 1/2 & 0 & 0 \\ -1/2 & -1/6 & 1/3 & 0 \\ 1/8 & -5/24 & -1/12 & 1/4 \end{pmatrix}$; (2) $\begin{pmatrix} 3/4 & -1/4 & 0 & 0 & 0 \\ 1/4 & 1/4 & 0 & 0 & 0 \\ 0 & 0 & -1/2 & 0 & 0 \\ 0 & 0 & 0 & 1 & -2 \\ 0 & 0 & 0 & 0 & 1 \end{pmatrix}$.

32. (1) $\begin{pmatrix} 3 & -15 & -7 \\ 21 & -15 & 44 \end{pmatrix}$; (2) $\begin{pmatrix} -1 & 23 & -10 \\ 37 & -13 & 8 \\ 29 & 23 & 41 \end{pmatrix}$.

35. $\begin{pmatrix} \boldsymbol{O} & 2\boldsymbol{B}^* \\ 3\boldsymbol{A}^* & \boldsymbol{O} \end{pmatrix}$. 36. $\boldsymbol{PQ}=\begin{pmatrix} \boldsymbol{A} & \boldsymbol{\alpha} \\ \boldsymbol{0} & |\boldsymbol{A}|(b-\boldsymbol{\alpha}^{\mathrm{T}}\boldsymbol{A}^{-1}\boldsymbol{\alpha}) \end{pmatrix}$.

37. $\begin{pmatrix} \boldsymbol{\alpha}_1\boldsymbol{\alpha}_1^{\mathrm{T}} & \boldsymbol{\alpha}_1\boldsymbol{\alpha}_2^{\mathrm{T}} & \cdots & \boldsymbol{\alpha}_1\boldsymbol{\alpha}_n^{\mathrm{T}} \\ \boldsymbol{\alpha}_2\boldsymbol{\alpha}_1^{\mathrm{T}} & \boldsymbol{\alpha}_2\boldsymbol{\alpha}_2^{\mathrm{T}} & \cdots & \boldsymbol{\alpha}_2\boldsymbol{\alpha}_n^{\mathrm{T}} \\ \vdots & \vdots & & \vdots \\ \boldsymbol{\alpha}_n\boldsymbol{\alpha}_1^{\mathrm{T}} & \boldsymbol{\alpha}_n\boldsymbol{\alpha}_2^{\mathrm{T}} & \cdots & \boldsymbol{\alpha}_n\boldsymbol{\alpha}_n^{\mathrm{T}} \end{pmatrix}$, $\boldsymbol{\alpha}_i\boldsymbol{\alpha}_j^{\mathrm{T}}=\begin{cases} 0, & i\neq j \\ 1, & i=j \end{cases}$, 其中 $i,j=1,2,\cdots,n$.

38. $\begin{pmatrix} 1 & 3 & 2 \\ 4 & 6 & 5 \\ 7 & 9 & 8 \end{pmatrix}$. 39. $2^{2n}\cdot\boldsymbol{A}\ (n\in\mathbf{N})$. 40. $\boldsymbol{E}(i\ j)$. 41. (1) $\boldsymbol{E}+\boldsymbol{A}$; (2) $\begin{pmatrix} 1/2 & 0 & 0 \\ 0 & 7/2 & -3/2 \\ 0 & 9 & -4 \end{pmatrix}$.

42. $\begin{pmatrix} -1 & 1 \\ 1 & 0 \end{pmatrix}$.　43. $\begin{pmatrix} 0 & 1 & 0 \\ 1 & 0 & 1 \\ 0 & -1 & 0 \end{pmatrix}$.　44. $\begin{pmatrix} 0 & 1 & 1 \\ -2 & 2 & 8 \\ 0 & 0 & 3 \end{pmatrix}$.　45. $\begin{pmatrix} 3 & 0 & 0 \\ -2 & 2 & 0 \\ 0 & -1/3 & 5/3 \end{pmatrix}$.

46. $\dfrac{1}{4}\begin{pmatrix} 1 & 1 & 0 \\ 0 & 1 & 1 \\ 1 & 0 & 1 \end{pmatrix}$.　47. $\begin{pmatrix} 2 & -4 & 0 & 0 \\ -2 & -2 & 0 & 0 \\ 0 & 0 & 2 & 2 \\ 0 & 0 & -1 & 2 \end{pmatrix}$.　48. $\begin{pmatrix} 1 & 0 & 0 & 0 \\ -2 & 1 & 0 & 0 \\ 1 & -2 & 1 & 0 \\ 0 & 1 & -2 & 1 \end{pmatrix}$.

49. 3.　50. 当 $x \neq 1$ 且 $x \neq -2$ 时，$r(\boldsymbol{A})=3$；当 $x=1$ 时，$r(\boldsymbol{A})=1$；当 $x \neq -2$ 时，$r(\boldsymbol{A})=2$.

51. $a \neq 0$，$b=0$.　52. $k=1$.　53. $a=\dfrac{1}{1-n}$.

第 3 章　答案

习题 3-1

1. (1) D;　(2) D;　(3) C.

2. (1) $\begin{cases} x_1=-4 \\ x_2=4 \\ x_3=2 \end{cases}$，对应的矩阵形式为 $\begin{pmatrix} 1 & 0 & 0 & -4 \\ 0 & 1 & 0 & 4 \\ 0 & 0 & 1 & 2 \end{pmatrix}$；

(2) $\begin{cases} x_1=2 \\ x_2=-1 \\ x_3=0 \\ x_4=1 \end{cases}$，对应的矩阵形式为 $\begin{pmatrix} 1 & 0 & 0 & 0 & 2 \\ 0 & 1 & 0 & 0 & -1 \\ 0 & 0 & 1 & 0 & 0 \\ 0 & 0 & 0 & 1 & 1 \end{pmatrix}$.

3. (1) $\begin{cases} x_1=-2c \\ x_2=c \\ x_3=0 \end{cases}$，其中 c 为任意实数；　(2) 零解；

(3) $k\begin{pmatrix} 4/3 \\ -3 \\ 4/3 \\ 1 \end{pmatrix}$，$k \in \mathbf{R}$；　(4) $k_1\begin{pmatrix} -2 \\ 1 \\ 0 \\ 0 \end{pmatrix}+k_2\begin{pmatrix} 1 \\ 0 \\ 0 \\ 1 \end{pmatrix}$，$k_1, k_2 \in \mathbf{R}$.

4. (1) 无解；　(2) $k\begin{pmatrix} -2 \\ 1 \\ 1 \end{pmatrix}+\begin{pmatrix} -1 \\ 2 \\ 0 \end{pmatrix}$，$k \in \mathbf{R}$；　(3) $k_1\begin{pmatrix} -1/2 \\ 1 \\ 0 \\ 0 \end{pmatrix}+k_2\begin{pmatrix} 1/2 \\ 0 \\ 1 \\ 0 \end{pmatrix}+\begin{pmatrix} 1/2 \\ 0 \\ 0 \\ 0 \end{pmatrix}$，$k_1, k_2 \in \mathbf{R}$；

(4) $k_1\begin{pmatrix} 1/7 \\ 5/7 \\ 1 \\ 0 \end{pmatrix}+k_2\begin{pmatrix} 1/7 \\ -9/7 \\ 0 \\ 1 \end{pmatrix}+\begin{pmatrix} 6/7 \\ -5/7 \\ 0 \\ 0 \end{pmatrix}$，$k_1, k_2 \in \mathbf{R}$；　(5) $\begin{pmatrix} 3 \\ -8 \\ 0 \\ 6 \end{pmatrix}+k\begin{pmatrix} -1 \\ 2 \\ 1 \\ 0 \end{pmatrix}$，$k \in \mathbf{R}$；　(6) 无解.

5. $\begin{cases} x_{11}+x_{12}=3 \\ x_{21}+x_{22}=2 \\ x_{31}+x_{32}=1 \\ x_{11}+x_{21}+x_{31}=4 \\ x_{12}+x_{22}+x_{32}=2 \\ x_{11}+x_{12}+x_{21}+x_{22}+x_{31}+x_{32}=6 \end{cases}$; $\begin{pmatrix} x_{11} \\ x_{12} \\ x_{21} \\ x_{22} \\ x_{31} \\ x_{32} \end{pmatrix}=\begin{pmatrix} 1 \\ 2 \\ 2 \\ 0 \\ 1 \\ 0 \end{pmatrix}+c_1\begin{pmatrix} 1 \\ -1 \\ -1 \\ 1 \\ 0 \\ 0 \end{pmatrix}+c_2\begin{pmatrix} 1 \\ -1 \\ 0 \\ 0 \\ -1 \\ 1 \end{pmatrix}(c_1,c_2\in\mathbf{R})$.

6. (1) 当$a=1$时, 解为$c_1\begin{pmatrix} -1 \\ 1 \\ 0 \end{pmatrix}+c_2\begin{pmatrix} -1 \\ 0 \\ 1 \end{pmatrix}(c_1, c_2\in\mathbf{R})$; 当$a=-2$时, 解为$c\begin{pmatrix} 1 \\ 1 \\ 1 \end{pmatrix}(c\in\mathbf{R})$.

(2) 当$a=3$时, 解为$c\begin{pmatrix} -1 \\ 1 \\ 1 \end{pmatrix}(c\in\mathbf{R})$.

7. (1) 当$a\neq 0$, $b\neq\pm 1$时, 有唯一解: $x_1=\dfrac{5-b}{a(b+1)}$, $x_2=-\dfrac{2}{b+1}$, $x_3=\dfrac{2(b-1)}{b+1}$;

当$a\neq 0$, $b=1$时, 有无穷多解: $x_1=\dfrac{1-c}{a}$, $x_2=c$, $x_3=0$;

当$a=0$, $b=1$时, 有无穷多解: $x_1=c$, $x_2=1$, $x_3=0$;

当$a=0$, $b=5$时, 有无穷多解: $x_1=c$, $x_2=-\dfrac{1}{3}$, $x_3=\dfrac{4}{3}$.

(2) 当$a=1$, $b=-1$时, 有无穷多解: $\begin{cases} x_1=-4c_2 \\ x_2=1+c_1+c_2 \\ x_3=c_1 \\ x_4=c_2 \end{cases}(c_1, c_2\in\mathbf{R})$.

8. 当$k\neq -1$且$k\neq 4$时, 有唯一解: $x_1=\dfrac{k^2+2k}{k+1}$, $x_2=\dfrac{k^2+2k+4}{k+1}$, $x_3=-\dfrac{2k}{k+1}$;

当$k=-1$时, 无解;

当$k=4$时, 有无穷多解, 通解为$\begin{pmatrix} x_1 \\ x_2 \\ x_3 \end{pmatrix}=\begin{pmatrix} 0 \\ 4 \\ 0 \end{pmatrix}+C\begin{pmatrix} -3 \\ -1 \\ 1 \end{pmatrix}, C\in\mathbf{R}$.

11. 微生物Ⅰ, 204单位; 微生物Ⅱ, 572单位; 微生物Ⅲ, 340单位.

12. (1) $T_1=10$, $T_2=15$, $T_3=15$, $T_4=20$; (2) $T_1=30$, $T_2=45$, $T_3=45$, $T_4=60$.

习题 3-2

1. $\boldsymbol{v}_1-\boldsymbol{v}_2=(1,0,-1)^{\mathrm{T}}$, $3\boldsymbol{v}_1+2\boldsymbol{v}_2-\boldsymbol{v}_3=(0,1,2)^{\mathrm{T}}$. 2. $\boldsymbol{\beta}=-11\boldsymbol{\alpha}_1+14\boldsymbol{\alpha}_2+9\boldsymbol{\alpha}_3$.

3. $\begin{pmatrix} 1 & 1 & 2 \\ 2 & -1 & 1 \\ 3 & 2 & -1 \end{pmatrix}$. 4. $\begin{cases} \gamma_1=4\boldsymbol{\alpha}_1+4\boldsymbol{\alpha}_2-17\boldsymbol{\alpha}_3 \\ \gamma_2=23\boldsymbol{\alpha}_2-7\boldsymbol{\alpha}_3 \end{cases}$ 或 $\begin{pmatrix} \gamma_1 \\ \gamma_2 \end{pmatrix}=\begin{pmatrix} 4 & 4 & -17 \\ 0 & 23 & -7 \end{pmatrix}\begin{pmatrix} \boldsymbol{\alpha}_1 \\ \boldsymbol{\alpha}_2 \\ \boldsymbol{\alpha}_3 \end{pmatrix}$.

5. $\boldsymbol{\alpha}_1=\dfrac{1}{2}(\boldsymbol{\beta}_1+\boldsymbol{\beta}_2)$, $\boldsymbol{\alpha}_2=\dfrac{1}{2}(\boldsymbol{\beta}_2+\boldsymbol{\beta}_3)$, $\boldsymbol{\alpha}_3=\dfrac{1}{2}(\boldsymbol{\beta}_1+\boldsymbol{\beta}_3)$.

6. $k(1\quad 5\quad 8)^{\mathrm{T}}$.　7. $\begin{pmatrix}1&0&1&0&0\\1&-1&0&0&0\\0&0&0&1&0\\0&0&0&0&1\\0&0&0&0&0\end{pmatrix}$.　10. $a=0,\ b\in\mathbf{R}$.

11. $a\neq 0$ 且 $a=b$; $\boldsymbol{\beta}=\left(1-\dfrac{1}{a}\right)\boldsymbol{\alpha}_1+\left(\dfrac{1}{a}+c\right)\boldsymbol{\alpha}_2+c\boldsymbol{\alpha}_3$, $c\in\mathbf{R}$.

12. (1) 当 $\lambda\neq 0$ 且 $\lambda=-3$ 时, $\boldsymbol{\beta}$ 可由 $\boldsymbol{\alpha}_1,\boldsymbol{\alpha}_2,\boldsymbol{\alpha}_3$ 唯一地线性表示;

(2) 当 $\lambda\neq 0$ 时, $\boldsymbol{\beta}$ 可由 $\boldsymbol{\alpha}_1,\boldsymbol{\alpha}_2,\boldsymbol{\alpha}_3$ 线性表示, 但表达式不唯一;

(3) 当 $\lambda=-3$ 时, $\boldsymbol{\beta}$ 不能由 $\boldsymbol{\alpha}_1,\boldsymbol{\alpha}_2,\boldsymbol{\alpha}_3$ 线性表示.

13. (1) $a\neq -4, b,c\in\mathbf{R}$; (2) $a=-4$ 且 $c-3b+1\neq 0$; (3) $a=-4$ 且 $c-3b+1=0$.　14. $\begin{pmatrix}7\\5\\2\end{pmatrix}$.

习题 3-3

1. (1) 假. 反例: 令 $\boldsymbol{y}=(1, 0)$, $\boldsymbol{z}=(2, 0)$, $\boldsymbol{x}=(0, 1)$.

(2) 假. 反例: 令 $\boldsymbol{x}_1=(1, 0)$, $\boldsymbol{x}_2=(2, 0)$, $\{\boldsymbol{x}_1,\boldsymbol{x}_2\}$ 线性相关.

(3) 真. 零向量与其他向量总是线性相关的，因为零向量可以表示为任意向量的线性组合.

(4) 假. 反例: 令 $\boldsymbol{x}=(1, 0)$, $\boldsymbol{y}=(0, 1)$, $\boldsymbol{z}=(1, 1)$.

(5) 假. 如果 $\{\boldsymbol{x},\boldsymbol{y},\boldsymbol{z}\}$ 是线性无关的，则唯一可能的线性组合 $a\boldsymbol{x}+b\boldsymbol{y}+c\boldsymbol{z}=\boldsymbol{0}$ 是 $a=b=c=0$.

2. (1) $\boldsymbol{\alpha}_1,\boldsymbol{\alpha}_2,\boldsymbol{\alpha}_3$ 线性相关;　(2) $\boldsymbol{\alpha}_1,\boldsymbol{\alpha}_2,\boldsymbol{\alpha}_3$ 线性无关;　(3) $\boldsymbol{\alpha}_1,\boldsymbol{\alpha}_2,\boldsymbol{\alpha}_3,\boldsymbol{\alpha}_4$ 线性无关.

3. 当 $a=2$ 或 $a=-1$ 时, $\boldsymbol{\alpha}_1,\boldsymbol{\alpha}_2,\boldsymbol{\alpha}_3$ 线性相关.　4. $\dfrac{1}{2}$.　5. 系统中存在冗余支撑.

6. $\boldsymbol{\beta}=-\dfrac{k_1}{k_1+k_2}\boldsymbol{\alpha}_1-\dfrac{k_2}{k_1+k_2}\boldsymbol{\alpha}_2$, $k_1,k_2\in\mathbf{R}$, $k_1+k_2\neq 0$.

7. 否. 例: $\boldsymbol{\alpha}_1=\begin{pmatrix}1\\0\end{pmatrix}$, $\boldsymbol{\alpha}_2=\begin{pmatrix}2\\0\end{pmatrix}$, $\boldsymbol{\beta}_1=\begin{pmatrix}0\\2\end{pmatrix}$, $\boldsymbol{\beta}_2=\begin{pmatrix}0\\3\end{pmatrix}$. $\boldsymbol{\alpha}_1,\boldsymbol{\alpha}_2$ 线性相关, $\boldsymbol{\beta}_1,\boldsymbol{\beta}_2$ 也线性相关, 但 $\boldsymbol{\alpha}_1+\boldsymbol{\beta}_1$, $\boldsymbol{\alpha}_2+\boldsymbol{\beta}_2$ 线性无关.

12. -17.　17. $be-ad\neq 0$ 或 $eh-dg\neq 0$ 或 $bg-ah\neq 0$.

18. (1)线性无关;　(2)线性相关: $\boldsymbol{v}_3=\boldsymbol{v}_1+\boldsymbol{v}_2$.

习题 3-4

1. (1) 不正确. 如果 $\boldsymbol{A}=\begin{pmatrix}1&0&\cdots&0\\0&0&\cdots&0\\\vdots&\vdots&&\vdots\\0&0&\cdots&0\end{pmatrix}$, $\mathrm{r}(\boldsymbol{A})=1$, 但 $\boldsymbol{A}$ 中后 $n-1$ 个向量中的每一个均线性相关, 则

结论不成立.

(2) 不正确. 还可能为 $s=t$, 如 $\boldsymbol{\alpha}_1=\begin{pmatrix}1\\1\end{pmatrix}$, $\boldsymbol{\alpha}_2=\begin{pmatrix}0\\1\end{pmatrix}$, $\boldsymbol{\beta}_1=\begin{pmatrix}1\\0\end{pmatrix}$, $\boldsymbol{\beta}_2=\begin{pmatrix}0\\2\end{pmatrix}$.

(3) 正确. 矩阵 $\boldsymbol{A}$ 的秩等于 $\boldsymbol{A}$ 的行向量组的秩, 也等于 $\boldsymbol{A}$ 的列向量组的秩.

(4) 正确. 因为如果一个向量组有线性相关的部分组, 则这个向量组线性相关.

2. (1) 2;　(2) 2;　(3) 3;　(4) 3.　　3. 2.

4. (1) 秩为 2, 一个极大无关组为 $\boldsymbol{\alpha}_1, \boldsymbol{\alpha}_2$;　　(2) 秩为 2, 极大无关组为 $\boldsymbol{\alpha}_1^{\mathrm{T}}$, $\boldsymbol{\alpha}_2^{\mathrm{T}}$.

5. (1) $\boldsymbol{\alpha}_1, \boldsymbol{\alpha}_3$ 是向量组的一个极大无关组, 且 $\boldsymbol{\alpha}_2=-\boldsymbol{\alpha}_1+0\cdot\boldsymbol{\alpha}_3$;

(2) $\boldsymbol{\alpha}_1, \boldsymbol{\alpha}_2, \boldsymbol{\alpha}_3$ 是向量组的一个极大无关组, 且 $\boldsymbol{\alpha}_4=-3\boldsymbol{\alpha}_1+5\boldsymbol{\alpha}_2-\boldsymbol{\alpha}_3$;

(3) $\boldsymbol{\alpha}_1, \boldsymbol{\alpha}_2$ 是向量组的一个极大无关组, 且 $\boldsymbol{\alpha}_3=\dfrac{4}{3}\boldsymbol{\alpha}_1-\dfrac{1}{3}\boldsymbol{\alpha}_2$, $\boldsymbol{\alpha}_4=\dfrac{13}{3}\boldsymbol{\alpha}_1+\dfrac{2}{3}\boldsymbol{\alpha}_2$;

(4) $\boldsymbol{\alpha}_1, \boldsymbol{\alpha}_2$ 是向量组的一个极大无关组，且 $\boldsymbol{\alpha}_3=\dfrac{3}{2}\boldsymbol{\alpha}_1-\dfrac{7}{2}\boldsymbol{\alpha}_2$, $\boldsymbol{\alpha}_4=\boldsymbol{\alpha}_1+2\boldsymbol{\alpha}_2$.

6. (1) 第 1 列和第 3 列向量是矩阵的列向量组的一个极大无关组;

(2) 第 1、2、3 列构成一个极大无关组;　　(3) 第 1、2、3 列构成一个极大无关组.

7. $a=2$, $b=5$.　　8. 物理指标存在冗余.　　10. 不等价.

11. (1) $\boldsymbol{B}=\begin{pmatrix}0&0&0\\1&0&3\\0&1&-2\end{pmatrix}$;　(2) $|\boldsymbol{A}|=|\boldsymbol{B}|=0$.　　12. 正确.

习题 3-5

1. (1) $\boldsymbol{S}_1$ 是向量空间;　(2) $\boldsymbol{S}_2$ 不是向量空间;　(3) $\boldsymbol{S}_3$ 是向量空间.

2. $\boldsymbol{V}_1$ 是 $\mathbf{R}^n$ 的子空间, $\boldsymbol{V}_2$ 不是 $\mathbf{R}^n$ 的子空间.　　4. 所给向量的集合不构成向量空间.

5. (1) $\begin{pmatrix}1&-2\\-1&3\end{pmatrix}$, 坐标为 $(7,3)$;　　(2) $\begin{pmatrix}-5&-4\\4&3\end{pmatrix}$.

6. $\boldsymbol{v}_1=2\boldsymbol{\alpha}_1+3\boldsymbol{\alpha}_2-\boldsymbol{\alpha}_3$, $\boldsymbol{v}_2=3\boldsymbol{\alpha}_1-3\boldsymbol{\alpha}_2-2\boldsymbol{\alpha}_3$.　　8. 依次为 1, 2, 3.

9. $\begin{pmatrix}1&0&1\\2&2&2\\0&3&3\end{pmatrix}$.　　10. $\begin{pmatrix}2&3&4\\0&-1&0\\-1&0&-1\end{pmatrix}$.

11. (1) $\dfrac{1}{3}\begin{pmatrix}-4&-10&-3\\4&7&3\\-1&-1&0\end{pmatrix}$;

(2) $\boldsymbol{x}$ 在基 $(\boldsymbol{u}_1,\boldsymbol{u}_2,\boldsymbol{u}_3)$ 下的坐标为 $(8,-5,3)^{\mathrm{T}}$, $\boldsymbol{y}$ 在基 $(\boldsymbol{v}_1,\boldsymbol{v}_2,\boldsymbol{v}_3)$ 下的坐标为 $\left(\dfrac{20}{3},-\dfrac{11}{3},\dfrac{2}{3}\right)^{\mathrm{T}}$.

12. (1) $\begin{pmatrix}1&-1&-1\\-1&1&0\\1&0&2\end{pmatrix}$;　(2) $\boldsymbol{\eta}_1=(-1,-4,3)^{\mathrm{T}}$, $\boldsymbol{\eta}_2=(-1,-3,4)^{\mathrm{T}}$, $\boldsymbol{\eta}_3=(1,-1,2)^{\mathrm{T}}$.

14. 原基向量 $\boldsymbol{\varepsilon}_1, \boldsymbol{\varepsilon}_2, \boldsymbol{\varepsilon}_3, \boldsymbol{\varepsilon}_4$ 在新基下的坐标依次为

$$\boldsymbol{v}_1=\begin{pmatrix}1/3\\-2/3\\2/3\\1/3\end{pmatrix},\ \boldsymbol{v}_2=\begin{pmatrix}1/3\\1/3\\-1/3\\-2/3\end{pmatrix},\ \boldsymbol{v}_3=\begin{pmatrix}-1/3\\2/3\\1/3\\-1/3\end{pmatrix},\ \boldsymbol{v}_4=\begin{pmatrix}0\\0\\0\\1\end{pmatrix}.$$

习题 3-6

1. (1) $\boldsymbol{\xi}=\begin{pmatrix}2\\1\end{pmatrix}$;　(2) $\boldsymbol{\xi}_1=\begin{pmatrix}-1\\0\\-1\\0\\1\end{pmatrix},\boldsymbol{\xi}_2=\begin{pmatrix}-1\\-1\\0\\0\\0\end{pmatrix}$;　(3) $\boldsymbol{\xi}_1=\begin{pmatrix}-4\\0\\1\\-3\end{pmatrix},\ \boldsymbol{\xi}_2=\begin{pmatrix}0\\1\\0\\4\end{pmatrix}$;

(4) $\boldsymbol{\xi}_1=\begin{pmatrix}0\\0\\1\\2\end{pmatrix},\ \boldsymbol{\xi}_2=\begin{pmatrix}1\\7\\0\\19\end{pmatrix}$;　(5) $\boldsymbol{\xi}=\begin{pmatrix}16\\8\\4\\2\\1\end{pmatrix}$;　(6) $\boldsymbol{\xi}=\begin{pmatrix}-19\\7\\1\end{pmatrix}$;

(7) $(\boldsymbol{\xi}_1,\boldsymbol{\xi}_2,\cdots,\boldsymbol{\xi}_{n-1})=\begin{pmatrix}1&0&\cdots&0\\0&1&\cdots&0\\\vdots&\vdots&&\vdots\\0&0&\cdots&1\\-n&-n+1&\cdots&-2\end{pmatrix}$.

4. $\begin{pmatrix}1&0\\0&1\\11/2&1/2\\-5/2&1/2\end{pmatrix}$.

5. 解空间的维数为1. 这表明, 企业在进行部门之间的资源分配时, 有一个自由变量, 资源的分配不仅受到约束条件的影响, 还具有一定的灵活性.

6. (1) $\begin{cases}2x_1-3x_2+x_4=0\\x_1-3x_3+2x_4=0\end{cases}$;　(2) $\begin{cases}5x_1+x_2-x_3-x_4=0\\x_1+x_2-x_3-x_5=0\end{cases}$.

7. (1) $\boldsymbol{\eta}=\begin{pmatrix}-8\\13\\0\\2\end{pmatrix},\ \boldsymbol{\xi}=\begin{pmatrix}-1\\1\\1\\0\end{pmatrix}$;　(2) $\boldsymbol{\eta}=\begin{pmatrix}1\\-2\\0\\0\end{pmatrix},\ \boldsymbol{\xi}_1=\begin{pmatrix}-9\\1\\7\\0\end{pmatrix},\ \boldsymbol{\xi}_2=\begin{pmatrix}1\\-1\\0\\2\end{pmatrix}$;

(3) $\boldsymbol{\eta}=\begin{pmatrix}1/6\\1/6\\1/6\\0\end{pmatrix},\ \boldsymbol{\xi}=\begin{pmatrix}5/6\\-7/6\\5/6\\1\end{pmatrix}$.

8. $k\begin{pmatrix}3\\4\\5\\6\end{pmatrix}+\begin{pmatrix}2\\3\\4\\5\end{pmatrix}$ $(k\in\mathbf{R})$.　　9. $\boldsymbol{x}=\boldsymbol{\eta}_1+c_1(\boldsymbol{\eta}_3-\boldsymbol{\eta}_1)+c_2(\boldsymbol{\eta}_2-\boldsymbol{\eta}_1)$.

11. $c\begin{pmatrix}1\\-2\\1\\0\end{pmatrix}+\begin{pmatrix}1\\1\\1\\1\end{pmatrix}$, $c\in\mathbf{R}$.　　12. $c_1\begin{pmatrix}1\\-1\\1\\0\end{pmatrix}+c_2\begin{pmatrix}0\\-1\\0\\1\end{pmatrix}$ $(c_1,c_2\in\mathbf{R})$.

13. 方案: 300万元投入项目A, 500万元投入项目B, 100万元投入项目C, 100万元投入项目D.

14. $k_1\begin{pmatrix}-\dfrac{b}{a}\\1\\0\end{pmatrix}+k_2\begin{pmatrix}-\dfrac{c}{a}\\0\\1\end{pmatrix}$, $k_1, k_2\in\mathbf{R}$.　　16. $\begin{cases}-3x_1+x_2=-4\\x_1-x_2+4=0\end{cases}$.

19. (1) $a=1,\ b=3$;　　(2) $\boldsymbol{\nu}_1=\begin{pmatrix}1\\-2\\1\\0\\0\end{pmatrix}$, $\boldsymbol{\nu}_2=\begin{pmatrix}1\\-2\\0\\1\\0\end{pmatrix}$, $\boldsymbol{\nu}_3=\begin{pmatrix}5\\-6\\0\\0\\1\end{pmatrix}$;

(3) $\begin{pmatrix}-2\\3\\0\\0\\0\end{pmatrix}+k_1\begin{pmatrix}1\\-2\\1\\0\\0\end{pmatrix}+k_2\begin{pmatrix}1\\-2\\0\\1\\0\end{pmatrix}+k_3\begin{pmatrix}5\\-6\\0\\0\\1\end{pmatrix}$ $(k_1,k_2,k_3\in\mathbf{R})$.

20. (1) $\boldsymbol{\xi}_1=(0, 0, 1, 0)^{\mathrm{T}}$, $\boldsymbol{\xi}_2=(-1, 1, 0, 1)^{\mathrm{T}}$;

(2) 有公共解; $k(0, 0, 1, 0)^{\mathrm{T}}+k(-1, 1, 0, 1)^{\mathrm{T}}=k(-1, 1, 1, 1)^{\mathrm{T}}$, 其中 $k\neq 0$ 为任意实数.

习题 3-7

1. 20.　　2. 70.　　3. 流经 AB, AC, BD 的流量分别为 25, 25, 15.

4. (1) $\begin{cases}x_1-x_2=-5\\x_2-x_3=5\\x_3-x_4=0\\x_4-x_1=0\end{cases}$; $\begin{pmatrix}x_1\\x_2\\x_3\\x_4\end{pmatrix}=c\begin{pmatrix}1\\1\\1\\1\end{pmatrix}+\begin{pmatrix}0\\5\\0\\0\end{pmatrix}$;　　(2) AB, BC, DA 的流量分别为 10, 15, 10.

5. 城市人口为 407 640 人, 农村人口为 592 360 人.

6. 星期三机场约有 310 辆车, 东部办公区约有 48 辆车, 西部办公区约有 92 辆车.

7. (1) $I_1=7.5$ 安培, $I_2=5$ 安培;　　(2) $I_1=31.1$ 安培, $I_2=-6.7$ 安培, $I_3=4.7$ 安培.

8. $3NaHCO_3+H_3C_6H_5O_7\rightarrow Na_3C_6H_5O_7+3H_2O+3CO_2$.

9. $16MnS+13As_2Cr_{10}O_{35}+374H_2SO_4 \to 16HMnO_4+26AsH_3+130CrS_3O_{12}+327H_2O$.

总习题三

1. 当 $a=1$ 且 $b=3$ 时, 线性方程组的全部解为 $\begin{cases} x_1=-2+c_1+c_2+5c_3 \\ x_2=3-2c_1-2c_2-6c_3 \\ x_3=c_1 \\ x_4=c_2 \\ x_5=c_3 \end{cases}$, 其中 c_1, c_2, c_3 为任意常数.

当 $a\neq 1$ 或 $b\neq 3$ 时, 题设线性方程组无解.

2. 当 $\lambda\neq 0$ 且 $\lambda\neq 1$ 时, 方程组有唯一解; 当 $\lambda=0$ 时, 方程组无解; 当 $\lambda=1$ 时, 方程组有无穷多解, 其通解为

$$\begin{pmatrix} x_1 \\ x_2 \\ x_3 \end{pmatrix}=c\begin{pmatrix} -1 \\ 2 \\ 1 \end{pmatrix}+\begin{pmatrix} 1 \\ -3 \\ 0 \end{pmatrix}\ (c\in\mathbf{R}).$$

3. 3.

4. $\begin{cases} x_1-2x_3+2x_4=0 \\ x_2+3x_3-4x_4=0 \end{cases}$.

5. (1) 当 $b\neq 2$ 时, $\boldsymbol{\beta}$ 不能由 $\boldsymbol{\alpha}_1, \boldsymbol{\alpha}_2, \boldsymbol{\alpha}_3$ 线性表示.

(2) 当 $b=2, a\neq 1$ 时, $\boldsymbol{\beta}$ 可由 $\boldsymbol{\alpha}_1, \boldsymbol{\alpha}_2, \boldsymbol{\alpha}_3$ 唯一地线性表示, 表达式为 $\boldsymbol{\beta}=-\boldsymbol{\alpha}_1+2\boldsymbol{\alpha}_2$.

当 $b=2, a=1$ 时, $\boldsymbol{\beta}$ 可由 $\boldsymbol{\alpha}_1, \boldsymbol{\alpha}_2, \boldsymbol{\alpha}_3$ 线性表示, 但表达式不唯一, 表达式为

$\boldsymbol{\beta}=-(2k+1)\boldsymbol{\alpha}_1+(k+2)\boldsymbol{\alpha}_2+k\boldsymbol{\alpha}_3$, 其中 k 为任意常数.

6. $k=2$.

8. 当 $k_1\neq 1$ 且 $k_2\neq 0$ 时, $\boldsymbol{\beta}_1, \boldsymbol{\beta}_2, \boldsymbol{\beta}_3$ 线性无关; 当 $k_1=1$ 或 $k_2=0$ 时, $\boldsymbol{\beta}_1, \boldsymbol{\beta}_2, \boldsymbol{\beta}_3$ 线性相关.

9. (1) $a=0$, b 为任意常数; (2) 当 $a\neq 0$ 且 $a-b\neq 0$, 此时 $\boldsymbol{\beta}=\left(1-\dfrac{1}{a}\right)\boldsymbol{\alpha}_1+\dfrac{1}{a}\boldsymbol{\alpha}_2$;

(3) 当 $a\neq 0$ 且 $a-b=0$, 此时 $\boldsymbol{\beta}=\left(1-\dfrac{1}{a}\right)\boldsymbol{\alpha}_1+\left(\dfrac{1}{a}+c\right)\boldsymbol{\alpha}_2+c\boldsymbol{\alpha}_3\ (c\in\mathbf{R})$.

14. 2.

17. $\boldsymbol{\alpha}_1, \boldsymbol{\alpha}_2$ 是一个极大无关组.

18. (1) 当 $p\neq 2$ 时, 向量组 $\boldsymbol{\alpha}_1, \boldsymbol{\alpha}_2, \boldsymbol{\alpha}_3, \boldsymbol{\alpha}_4$ 线性无关, 此时可线性表示为 $\boldsymbol{\alpha}=2\boldsymbol{\alpha}_1+\dfrac{3p-4}{p-2}\boldsymbol{\alpha}_2+\boldsymbol{\alpha}_3+\dfrac{1-p}{p-2}\boldsymbol{\alpha}_4$.

(2) 当 $p=2$ 时, 向量组 $\boldsymbol{\alpha}_1, \boldsymbol{\alpha}_2, \boldsymbol{\alpha}_3, \boldsymbol{\alpha}_4$ 线性相关, 秩为 3, 且 $\boldsymbol{\alpha}_1, \boldsymbol{\alpha}_2, \boldsymbol{\alpha}_3$ 为一个极大无关组.

20. 当 $a=0$ 或 $a=-10$ 时, $\boldsymbol{\alpha}_1, \boldsymbol{\alpha}_2, \boldsymbol{\alpha}_3, \boldsymbol{\alpha}_4$ 线性相关.

当 $a=0$ 时, $\boldsymbol{\alpha}_1$ 是 $\boldsymbol{\alpha}_1, \boldsymbol{\alpha}_2, \boldsymbol{\alpha}_3, \boldsymbol{\alpha}_4$ 的一个极大无关组, 且 $\boldsymbol{\alpha}_2=2\boldsymbol{\alpha}_1$, $\boldsymbol{\alpha}_3=3\boldsymbol{\alpha}_1$, $\boldsymbol{\alpha}_4=4\boldsymbol{\alpha}_1$.

当 $a=-10$ 时, $\boldsymbol{\alpha}_1, \boldsymbol{\alpha}_2, \boldsymbol{\alpha}_3$ 是 $\boldsymbol{\alpha}_1, \boldsymbol{\alpha}_2, \boldsymbol{\alpha}_3, \boldsymbol{\alpha}_4$ 的一个极大无关组, 且 $\boldsymbol{\alpha}_4=\boldsymbol{\alpha}_1-\boldsymbol{\alpha}_2-\boldsymbol{\alpha}_3$.

25. 5.

26. (1) $\begin{pmatrix} 0 & 1 & 1 \\ -1 & -3 & -2 \\ 2 & 4 & 4 \end{pmatrix}$; (2) $(1,2,4)^{\mathrm{T}}$, $(0,-4,5)^{\mathrm{T}}$; (3) $\boldsymbol{\delta}$ 为零向量.

27. 3.

28. $\begin{cases} x_1-x_3-x_4=0 \\ x_2+x_3-x_4=0 \end{cases}$.

29. (1) $a\neq -1$ 或 3; (2) $a=-1$.

30. $r=-2, p=3, q=2$.

31. 当$\lambda\neq -2$且$\lambda\neq 1$时, 方程组有唯一解; 当$\lambda=-2$时, 方程组无解.

当$\lambda=1$时, 方程组有无穷多解, 此时题设线性方程组的通解为

$$\begin{pmatrix} x_1 \\ x_2 \\ x_3 \end{pmatrix}=\begin{pmatrix} -2 \\ 0 \\ 0 \end{pmatrix}+k_1\begin{pmatrix} -1 \\ 1 \\ 0 \end{pmatrix}+k_2\begin{pmatrix} -1 \\ 0 \\ 1 \end{pmatrix}$$, 其中k_1, k_2为任意常数.

32. (1) $k(1,1,\cdots,1)^{\mathrm T}$, 其中$k$为任意实数;　　(2) 0.

33. 通解为$(1/2,0,0,0)^{\mathrm T}+k(0,2,3,4)^{\mathrm T}$, 其中$k$为任意实数.

34. 当$\lambda=\mu=\dfrac{1}{2}$时, 全部解为$\begin{pmatrix} x_1 \\ x_2 \\ x_3 \\ x_4 \end{pmatrix}=\begin{pmatrix} -1/2 \\ 1 \\ 0 \\ 0 \end{pmatrix}+c_1\begin{pmatrix} 1 \\ -3 \\ 1 \\ 0 \end{pmatrix}+c_2\begin{pmatrix} -1 \\ -2 \\ 0 \\ 2 \end{pmatrix}(c_1,c_2\in\mathbf{R})$;

当$\lambda=\mu\neq\dfrac{1}{2}$时, 全部解为$\begin{pmatrix} x_1 \\ x_2 \\ x_3 \\ x_4 \end{pmatrix}=\begin{pmatrix} 0 \\ -1/2 \\ 1/2 \\ 0 \end{pmatrix}+c\begin{pmatrix} -2 \\ 1 \\ -1 \\ 2 \end{pmatrix}(c\in\mathbf{R})$.

35. $9x_1+5x_2-3x_3=-5$.

36. $a=-\dfrac{n(n+1)}{2}$, 通解为$x=k(1, 2, \cdots, n)^{\mathrm T}$ (k为任意常数).

41. 40.

42. x_2, x_3, x_4, x_5的分支中最小流量分别为50, 40, 50, 60.

43. (1)$\begin{cases} x_1+x_4=25 \\ -x_1+x_2+x_5=30 \\ x_2+x_3=15 \\ -x_3+x_4+x_5=40 \end{cases}$;　　(2) $\boldsymbol{x}=c_1\begin{pmatrix} 24 \\ 54 \\ -39 \\ 1 \\ 0 \end{pmatrix}+c_2\begin{pmatrix} 25 \\ 54 \\ -39 \\ 0 \\ 1 \end{pmatrix}+\begin{pmatrix} 25 \\ 55 \\ -40 \\ 0 \\ 0 \end{pmatrix}(c_1, c_2\in\mathbf{R})$.

44. 城市人口为611 110人, 郊区人口为688 890人.

45. $\begin{cases} 12I_1-7I_2-4I_4=40 \\ -7I_1+15I_2-6I_3=30 \\ -6I_2+14I_3-5I_4=20 \\ -4I_1-5I_3+13I_4=-10 \end{cases}$.

46. $14CuSO_4+5FeS_2+3H_2O\rightarrow 7Cu_2S+5FeSO_4+12H_2SO_4$.

第 4 章 答案

习题 4-1

1. $\boldsymbol{V}=\{(-k_1-k_2,k_1,k_2)\,|\,k_1,k_2\in\mathbf{R}\}$, 它表示过原点与向量$\boldsymbol{\alpha}$垂直的一个平面

2. 9.

3. $\pm\dfrac{1}{\sqrt{2}}\begin{pmatrix} 1 \\ 0 \\ 0 \\ -1 \end{pmatrix}$.

6. (1) $e_1=\frac{1}{\sqrt{3}}\begin{pmatrix}1\\1\\1\end{pmatrix}$, $e_2=\frac{1}{\sqrt{6}}\begin{pmatrix}-2\\1\\1\end{pmatrix}$, $e_3=\frac{1}{\sqrt{2}}\begin{pmatrix}0\\-1\\1\end{pmatrix}$;

(2) $e_1=\frac{1}{\sqrt{2}}\begin{pmatrix}1\\1\\0\\0\end{pmatrix}$, $e_2=\frac{1}{\sqrt{6}}\begin{pmatrix}-1\\1\\2\\0\end{pmatrix}$, $e_3=\frac{1}{\sqrt{21}}\begin{pmatrix}2\\-2\\2\\3\end{pmatrix}$;

(3) $e_1=(1,1,1)^{\mathrm{T}}$, $e_2=(-1,0,0)^{\mathrm{T}}$, $e_3=\left(\frac{1}{3},-\frac{2}{3},\frac{1}{3}\right)^{\mathrm{T}}$;

(4) $e_1=\frac{1}{\sqrt{7}}(1,1,1,2)$, $e_2=\frac{1}{\sqrt{119}}(9,2,-5,-3)$;

(5) $e_1=\frac{1}{2\sqrt{3}}(1,3,-1,1)$, $e_2=\frac{1}{\sqrt{6}}(2,0,1,-1)$, $e_3=\frac{1}{3\sqrt{2}}(-2,2,3,-1)$.

7. $\delta_1=\frac{1}{\sqrt{2}}(\alpha_1+\alpha_5)$, $\delta_2=\frac{1}{\sqrt{10}}(\alpha_1-2\alpha_2+2\alpha_4-\alpha_5)$, $\delta_3=\frac{1}{2}(\alpha_1+\alpha_2+\alpha_3-\alpha_5)$.

9. (1) 不是正交矩阵; (2) 是正交矩阵; (3) 是正交矩阵;
(4) 是正交矩阵; (5) 是正交矩阵; (6) 是正交矩阵;
(7) 是正交矩阵.

10. $A^{-1}=\frac{1}{49}\begin{pmatrix}2&3&6\\3&-6&2\\6&2&-3\end{pmatrix}$. 13. $r'=\begin{pmatrix}4\sqrt{2}\\\sqrt{2}\\2\end{pmatrix}$.

习题 4-2

1. α 是矩阵 A 对应于特征值 λ 的特征向量, 但 β 不是矩阵 A 对应于特征值 λ 的特征向量.

2. $1, -\frac{1}{2}, -\frac{1}{2}$. 5. $k_1\cdot k_2=0$ 且 $k_1+k_2\neq 0$.

6. (1) $\lambda_1=0$, $\lambda_2=-1$, $\lambda_3=9$.

对应于 $\lambda_1=0$ 的全部特征向量: $k_1p_1=k_1\begin{pmatrix}-1\\-1\\1\end{pmatrix}(k_1\neq 0)$.

对应于 $\lambda_2=-1$ 的全部特征向量: $k_2p_2=k_2\begin{pmatrix}-1\\1\\0\end{pmatrix}(k_2\neq 0)$.

对应于 $\lambda_3=9$ 的全部特征向量: $k_3p_3=k_3\begin{pmatrix}1/2\\1/2\\1\end{pmatrix}(k_3\neq 0)$.

(2) $\lambda_1=\lambda_2=\lambda_3=2$ 对应的特征向量为

$$c_1\begin{pmatrix}1\\1\\0\\0\end{pmatrix}+c_2\begin{pmatrix}1\\0\\1\\0\end{pmatrix}+c_3\begin{pmatrix}1\\0\\0\\1\end{pmatrix}(c_1, c_2, c_3\text{ 不全为零}).$$

$\lambda_4=-2$ 对应的特征向量为 $c\begin{pmatrix}-1\\1\\1\\1\end{pmatrix}(c\neq 0)$.

(3) $\lambda_1=3$ 对应的特征向量为 $k_1(1, 1, 1)^{\mathrm{T}}$, 其中 $k_1\neq 0$ 为任意常数.

$\lambda_1=\lambda_2=-3$ 对应的特征向量为 $k_2(1, -2, 1)^{\mathrm{T}}$, k_2 为任意非零常数.

(4) $\lambda_1=1$ 对应的特征向量为 $\boldsymbol{\xi}_1=(1, 0, 1)^{\mathrm{T}}$.

$\lambda_2=\lambda_3=-1$ 对应的特征向量为 $\boldsymbol{\xi}_1=(-1, 2, 0)^{\mathrm{T}}$, $\boldsymbol{\xi}_2=(1, 0, 2)^{\mathrm{T}}$.

7. $\lambda_1=5, \lambda_2=2$; $\boldsymbol{v}_1=(1,\ 1)^{\mathrm{T}}, \boldsymbol{v}_2=(-0.5,\ 1)^{\mathrm{T}}$.　　8. (1) $2, -4, 6$;　　(2) $1, -\dfrac{1}{2}, \dfrac{1}{3}$.

9. $\begin{pmatrix}7/2 & 3/4\\3/4 & 3/2\end{pmatrix}$; $\lambda_1=\dfrac{5}{4}, \lambda_2=\dfrac{15}{4}$; $\boldsymbol{v}_1=\begin{pmatrix}1\\-3\end{pmatrix}, \boldsymbol{v}_2=\begin{pmatrix}3\\1\end{pmatrix}$.

13. $\lambda=-1$.　　14. 5　　15. -72 .

16. $\boldsymbol{A}$ 的特征值为 $\lambda_1=\lambda_2=2$, $\lambda_3=0$.

$\lambda_1=\lambda_2=2$ 对应的特征向量为 $k_1\begin{pmatrix}0\\1\\0\end{pmatrix}+k_2\begin{pmatrix}1\\0\\1\end{pmatrix}$ (k_1, k_2 不全为 0).

$\lambda_3=0$ 对应的特征向量为 $k_3\begin{pmatrix}1\\0\\-1\end{pmatrix}$, $k_3\in\mathbf{R}$, $k_3\neq 0$.

19. 0 .　　20. $|\boldsymbol{A}|\lambda^{-1}$.　　21. 18 .　　22. 637 .

23. 当 $b=0$ 时, $\lambda_1=\lambda_2=\cdots=\lambda_n=1$, 此时任意非零向量都是矩阵 $\boldsymbol{A}$ 的特征向量.

当 $b\neq 0$ 时, $\lambda_1=1+(n-1)b$ 对应的特征向量为 $k\boldsymbol{\xi}_1=k(1, 1, \cdots, 1)^{\mathrm{T}}$ （k 为任意非零常数);

$\lambda_2=\lambda_3=\cdots=\lambda_n=1-b$ 对应的特征向量为 $k_2\boldsymbol{\xi}_2+k_3\boldsymbol{\xi}_3+\cdots+k_n\boldsymbol{\xi}_n$ ($k_2, k_3, \cdots, k_n$ 是不全为零的常数), 其中 $\boldsymbol{\xi}_2=(1, -1, 0, \cdots, 0)^{\mathrm{T}}$, $\boldsymbol{\xi}_3=(1, 0, -1, \cdots, 0)^{\mathrm{T}}$, $\cdots$, $\boldsymbol{\xi}_n=(1, 0, 0, \cdots, -1)^{\mathrm{T}}$.

习题 4-3

2. 特征值依次为 2, 3, 4, 5 .　　5. $x=4$, $y=5$.　　6. $x=0$, $y=1$.

7. (1) $\begin{pmatrix}-1 & 1 & 1\\1 & 0 & 0\\0 & 1 & 0\end{pmatrix}$;　　(2) $\begin{pmatrix}0 & -1 & -2\\0 & 1 & 1\\1 & 1 & 0\end{pmatrix}$.

8. $\lambda_1=5$, $\lambda_2=1$; $\boldsymbol{v}_1=\begin{pmatrix}1\\3\end{pmatrix}$, $\boldsymbol{v}_2=\begin{pmatrix}-1\\1\end{pmatrix}$; $\boldsymbol{P}=\begin{pmatrix}1&-1\\3&1\end{pmatrix}$.

9. 3.

10. (1) $\lambda=-1$, $a=-3$, $b=0$; (2) $\boldsymbol{A}$ 不能相似于对角矩阵.

11. (1) $a=5$, $b=6$; (2) $\boldsymbol{P}=\begin{pmatrix}0&-1&1\\1&0&3\\0&1&4\end{pmatrix}$.

12. $\boldsymbol{P}=\begin{pmatrix}2&-3&-3\\1&0&-1\\0&1&1\end{pmatrix}$.

13. 相似，$\boldsymbol{X}=\begin{pmatrix}0&-2&1\\1&1&0\\1&-1&0\end{pmatrix}$.

14. $f(\boldsymbol{A})=\boldsymbol{P}\begin{pmatrix}0&0&0\\0&0&0\\0&0&4\end{pmatrix}\boldsymbol{P}^{-1}$.

15. $\begin{pmatrix}-2&3&-3\\-4&5&-3\\-4&4&-2\end{pmatrix}$.

16. $\begin{pmatrix}-1&1&0\\-2&2&0\\4&-2&1\end{pmatrix}$.

18. 当 $k=0$ 时, 存在逆矩阵 $\boldsymbol{P}$, 使得 $\boldsymbol{P}^{-1}\boldsymbol{AP}$ 为对角矩阵, 其中 $\boldsymbol{P}=\begin{pmatrix}-1&1&1\\2&0&0\\0&2&1\end{pmatrix}$, 相应的对角矩阵为 $\begin{pmatrix}-1&0&0\\0&-1&0\\0&0&1\end{pmatrix}$.

19. $\lambda_1=1$, $\lambda_2=0$, $\lambda_3=-1$.

$\lambda_1=1$ 对应的特征向量为 $\boldsymbol{\beta}_1=\begin{pmatrix}3\\1\\5\end{pmatrix}$.

$\lambda_2=0$ 对应的特征向量为 $\boldsymbol{\beta}_2=\begin{pmatrix}4\\-2\\1\end{pmatrix}$.

$\lambda_3=-1$ 对应的特征向量为 $\boldsymbol{\beta}_3=\begin{pmatrix}1\\-1\\4\end{pmatrix}$.

习题 4-4

1. 充分条件.

2. (1) $\begin{pmatrix}1&2&2\\2&-2&1\\2&1&-2\end{pmatrix}$; (2) $\begin{pmatrix}1/3&2/3&2/3\\2/3&-2/3&1/3\\2/3&1/3&-2/3\end{pmatrix}$.

3. $\boldsymbol{P}=\begin{pmatrix}1&1&1\\-1&0&1\\0&1&-1\end{pmatrix}$, $\boldsymbol{Q}=\begin{pmatrix}1&0&0\\0&1&0\\0&0&-2\end{pmatrix}$.

4. $\boldsymbol{P}=\begin{pmatrix}1&0&0\\0&1&-1\\0&1&1\end{pmatrix}$.

5. (1) $\frac{1}{3}\begin{pmatrix}1 & 2 & 2\\ 2 & 1 & -2\\ 2 & -2 & 1\end{pmatrix}$; (2) $\begin{pmatrix}-2/\sqrt{5} & 2\sqrt{5}/15 & -1/3\\ 1/\sqrt{5} & 4\sqrt{5}/15 & -2/3\\ 0 & \sqrt{5}/3 & 2/3\end{pmatrix}$.

6. (1) -2; (2) $\begin{pmatrix}1/\sqrt{2} & 1/\sqrt{6} & 1/\sqrt{3}\\ 0 & -2/\sqrt{6} & 1/\sqrt{3}\\ -1/\sqrt{2} & 1/\sqrt{6} & 1/\sqrt{3}\end{pmatrix}$.

7. 当 $a=-2$ 时, $\boldsymbol{A}$ 可相似对角化; 当 $a=-2/3$, $\boldsymbol{A}$ 不可相似对角化.

8. 当 $a=1$ 时, $\boldsymbol{A}=\frac{1}{6}\begin{pmatrix}1 & 1 & 4\\ 1 & 1 & 4\\ 4 & 4 & -2\end{pmatrix}$; 当 $a=0$ 时, $\boldsymbol{A}=\begin{pmatrix}0 & 0 & 0\\ 0 & 0 & -1\\ 0 & -1 & 0\end{pmatrix}$.

9. $\boldsymbol{A}=\frac{1}{3}\begin{pmatrix}-1 & 0 & 2\\ 0 & 1 & 2\\ 2 & 2 & 0\end{pmatrix}$.

10. $\boldsymbol{A}=\frac{1}{6}\begin{pmatrix}13 & -2 & 5\\ -2 & 10 & 2\\ 5 & 2 & 13\end{pmatrix}$.

11. $\boldsymbol{A}=\begin{pmatrix}1 & 0 & 0\\ 0 & 0 & -1\\ 0 & -1 & 0\end{pmatrix}$.

12. $\begin{pmatrix}4 & 1 & 1\\ 1 & 4 & 1\\ 1 & 1 & 4\end{pmatrix}$.

13. $\boldsymbol{A}=\boldsymbol{Q}\begin{pmatrix}3 & 0 & 0\\ 0 & 5 & 0\\ 0 & 0 & -1\end{pmatrix}\boldsymbol{Q}^{\mathrm{T}}$, 其中 $\boldsymbol{Q}=\begin{pmatrix}0 & -2/\sqrt{6} & 1/\sqrt{3}\\ -1/\sqrt{2} & 1/\sqrt{6} & 1/\sqrt{3}\\ 1/\sqrt{2} & 1/\sqrt{6} & 1/\sqrt{3}\end{pmatrix}$.

14. (2) $\sum a_i^2$ 为 $\boldsymbol{A}$ 的 (唯一的) 非零特征值.

$\lambda_1=\sum a_i^2$ 对应的特征向量为 $\boldsymbol{\xi}_1=k\boldsymbol{\alpha}\,(k\neq 0)$.

$\lambda_2=\lambda_3=\cdots=\lambda_n=0$ 对应的特征向量为

$$\boldsymbol{x}=k_2\begin{pmatrix}-\frac{a_2}{a_1}\\ 1\\ 0\\ \vdots\\ 0\end{pmatrix}+k_3\begin{pmatrix}-\frac{a_3}{a_1}\\ 0\\ 1\\ \vdots\\ 0\end{pmatrix}+\cdots+k_n\begin{pmatrix}-\frac{a_n}{a_1}\\ 0\\ 0\\ \vdots\\ 1\end{pmatrix}, \text{其中 } k_2, k_3, \cdots, k_n \text{ 不同时为零.}$$

15. $-2\begin{pmatrix}1 & 1\\ 1 & 1\end{pmatrix}$; 16. $2\begin{pmatrix}1 & 1 & -2\\ 1 & 1 & -2\\ -2 & -2 & 4\end{pmatrix}$.

习题 4-5

1. (1) $\begin{pmatrix}1-p & q\\ p & 1-q\end{pmatrix}$; (2) $\frac{1}{2(p+q)}\begin{pmatrix}2q-(q-p)\omega^n\\ 2p+(q-p)\omega^n\end{pmatrix}$ $(\omega=1-p-q)$.

2. (1) $\begin{pmatrix} 0.7 & 0.6 \\ 0.3 & 0.4 \end{pmatrix}\begin{matrix}\text{新闻台}\\ \text{音乐台}\end{matrix}$;　　(2) $x_0=\begin{pmatrix}1\\0\end{pmatrix}$;　　(3) 33%.

3. 10年后, 正常客户约为14.25万, 违约客户约为5.75万.

4. (1) $\boldsymbol{M}=\begin{pmatrix} 0.95 & 0.45 \\ 0.05 & 0.55 \end{pmatrix}\begin{matrix}\text{健康的学生}\\ \text{生病的学生}\end{matrix}$;　　(2) 15%, 10.2%.

5. 2%, 10 : 13.　　6. 每4只猫头鹰对应着约5 000只野鼠.

7. 5年后手机品牌A的市场份额为56%.　　8. $r(t)=3e^{4t}+57e^{2t}$, $s(t)=-2e^{4t}+57e^{2t}$.

9. 1年后各年龄段的数量为$\begin{pmatrix}960\\90\\30\end{pmatrix}$, 2年后各年龄段的数量为$\begin{pmatrix}2\,340\\720\\ \dfrac{45}{2}\end{pmatrix}$.

总习题四

1. $k_1\boldsymbol{\eta}_1+k_2\boldsymbol{\eta}_2$, 其中$\boldsymbol{\eta}_1=(1,-3,1,0)^{\mathrm{T}}$, $\boldsymbol{\eta}_2=(-2,-1,0,1)^{\mathrm{T}}$, k_1,k_2是任意常数.

3. $\boldsymbol{e}_1=\dfrac{1}{2}\begin{pmatrix}1\\1\\1\\1\end{pmatrix}$, $\boldsymbol{e}_2=\dfrac{1}{2}\begin{pmatrix}-1\\1\\1\\-1\end{pmatrix}$, $\boldsymbol{e}_3=\dfrac{1}{\sqrt{10}}\begin{pmatrix}-2\\1\\-1\\2\end{pmatrix}$.　　6. 4.　　7. $a=-5$, $b=4$.

8. 特征值$\lambda_1=\lambda_2=2$对应的特征向量为$k_1\begin{pmatrix}-1\\1\\0\end{pmatrix}+k_2\begin{pmatrix}1\\0\\1\end{pmatrix}$, 其中$k_1$, k_2为不同时等于0的常数.

特征值$\lambda_3=6$对应的特征向量为$k_3\begin{pmatrix}1\\-2\\3\end{pmatrix}$, 其中$k_3$为不等于0的任意常数.

9. $x=0$.　　10. (1) $a=5$, $b=6$;　　(2) $\begin{pmatrix}1 & 1 & 1\\ -1 & 0 & -2\\ 0 & 1 & 3\end{pmatrix}$.

11. $a=2$, $b=-3$.　　12. 1/2, −1/4, 1/6.　　13. (1) −4, 2, −2; (2) −4.　　14. −6.

15. (1) 特征值分别为 -22, $\dfrac{49}{8}$, 26;　　(2) −2 530.　　16. $k(1,0,1)^{\mathrm{T}}$, $k\neq 0$.

17. $\boldsymbol{A}$的特征值为$\lambda_1=2$, $\lambda_2=3$.　　18. $\dfrac{1}{6}\begin{pmatrix}1 & -4 & 1\\ -4 & -2 & -4\\ 1 & -4 & 1\end{pmatrix}$.

19. 属于$\lambda_2=\lambda_3=1$的特征向量为$\boldsymbol{\alpha}_2=\begin{pmatrix}1\\0\\0\end{pmatrix}$, $\boldsymbol{\alpha}_3=\begin{pmatrix}0\\-1\\1\end{pmatrix}$; $\boldsymbol{A}=\begin{pmatrix}1 & 0 & 0\\ 0 & 0 & -1\\ 0 & -1 & 0\end{pmatrix}$.

20. 另一特征值$\lambda_3=0$，对应的特征向量为$k\boldsymbol{\alpha}=k(-1,1,1)^{\mathrm{T}}$ （k为不为零的任意常数）.

21. $\boldsymbol{A}$不能化为对角形.　　22. 1.　　23. $\boldsymbol{A}$与$\boldsymbol{B}$不相似.

24. $\boldsymbol{Q}=\begin{pmatrix} \frac{1}{\sqrt{6}} & -\frac{1}{\sqrt{2}} & \frac{1}{\sqrt{3}} \\ \frac{2}{\sqrt{6}} & 0 & -\frac{1}{\sqrt{3}} \\ \frac{1}{\sqrt{6}} & \frac{1}{\sqrt{2}} & \frac{1}{\sqrt{3}} \end{pmatrix}$.　　25. $\begin{pmatrix} 1 & 1 & 1 \\ -1 & 0 & -2 \\ 0 & 1 & 3 \end{pmatrix}$.

26. (1) $\begin{pmatrix} x_{n+1} \\ y_{n+1} \end{pmatrix}=\begin{pmatrix} 9/10 & 2/5 \\ 1/10 & 3/5 \end{pmatrix}\begin{pmatrix} x_n \\ y_n \end{pmatrix}$;

(2) $\boldsymbol{\eta}_1$属于特征值$\lambda_1=1$，$\boldsymbol{\eta}_2$属于特征值$\lambda_2=1/2$；　　(3) $\frac{1}{10}\begin{pmatrix} 8-\frac{3}{2^n} \\ 2+\frac{3}{2^n} \end{pmatrix}$.

27. $\begin{pmatrix} -1 & 1 & 0 \\ -2 & 2 & 0 \\ 4 & -2 & 1 \end{pmatrix}$.　　28. $a^2(a-2^n)$.　　29. (1) $\boldsymbol{\beta}=2\xi_1+\xi_2+\xi_3$； (2) $\begin{pmatrix} 2(-1)^n+1 \\ 2(-1)^{n+1}+3^n-1 \\ 1-3^n \end{pmatrix}$.

30. -288, -72.　　31. $\boldsymbol{P}=\begin{pmatrix} 1 & 1 & -1 \\ 1 & 0 & 1 \\ 0 & 1 & 1 \end{pmatrix}$, $|\boldsymbol{A}-\boldsymbol{E}|=a^2(a-3)$.　　32 $\boldsymbol{P}=\begin{pmatrix} 0 & 1 & 1 \\ 0 & 2 & -2 \\ 1 & 0 & 0 \end{pmatrix}$.

33. (1) $\lambda_1=\lambda_2=2$, $\lambda_3=6$； (2) $\boldsymbol{P}=\begin{pmatrix} 1 & 1 & 1 \\ -1 & 0 & -2 \\ 0 & 1 & 3 \end{pmatrix}$, $\boldsymbol{C}=\begin{pmatrix} 2 & 0 & 0 \\ 0 & 2 & 0 \\ 0 & 0 & 6 \end{pmatrix}$.

34. 相似, $\boldsymbol{P}=\begin{pmatrix} 1 & -1 & 1 \\ 1 & 0 & 1 \\ 0 & 1 & 2 \end{pmatrix}$.

35. (1) 特征值依次为$\lambda_1=1$, $\lambda_2=2$, $\lambda_3=4$, 对应的特征向量依次为

$$\xi_1=(1,-1,-1)^{\mathrm{T}},\ \xi_2=(0,1,-1)^{\mathrm{T}},\ \xi_3=(2,1,1)^{\mathrm{T}};$$

(2) 矩阵$\boldsymbol{A}$可以对角化, $\boldsymbol{P}=\begin{pmatrix} 1 & 0 & 2 \\ -1 & 1 & 1 \\ -1 & -1 & 1 \end{pmatrix}$;

(3) $\begin{pmatrix} 1 \\ -1 \\ -1 \end{pmatrix}$, $\begin{pmatrix} -1+2^{201} \\ 1+2^{200} \\ 1+2^{200} \end{pmatrix}$, $\frac{1}{6}\begin{pmatrix} 2+2^{2m+2} & -2+2^{2m+1} & -2+2^{2m+1} \\ -2+2^{2m+1} & 2+3\cdot2^m+2^{2m} & 2-3\cdot2^m+2^{2m} \\ -2+2^{2m+1} & 2-3\cdot2^m+2^{2m} & 2+3\cdot2^m+2^{2m} \end{pmatrix}$.

36. $\boldsymbol{P}=(\xi_1,\xi_2,\cdots,\xi_n)$, 其中

$\xi_1=(1,1,\cdots,1)^{\mathrm{T}},\xi_2=(1,-1,0,\cdots,0)^{\mathrm{T}},\xi_3=(1,0,-1,\cdots,0)^{\mathrm{T}},\cdots,\ \xi_n=(1,0,0,\cdots,-1)^{\mathrm{T}}$.

第 5 章　答案

习题 5-1

1. D.

2. (1) $f=(x,y,z)\begin{pmatrix}1&2&1\\2&4&2\\1&2&1\end{pmatrix}\begin{pmatrix}x\\y\\z\end{pmatrix}$;　　(2) $f=(x,y,z)\begin{pmatrix}1&-1&-2\\-1&1&-2\\-2&-2&-7\end{pmatrix}\begin{pmatrix}x\\y\\z\end{pmatrix}$;

(3) $f=(x_1,x_2,x_3,x_4)\begin{pmatrix}1&-1&2&-1\\-1&1&3&-2\\2&3&1&0\\-1&-2&0&1\end{pmatrix}\begin{pmatrix}x_1\\x_2\\x_3\\x_4\end{pmatrix}$;

(4) $f=(x_1,x_2,x_3)\begin{pmatrix}1&\frac{1}{2}&-\frac{1}{2}\\\frac{1}{2}&0&1\\-\frac{1}{2}&1&0\end{pmatrix}\begin{pmatrix}x_1\\x_2\\x_3\end{pmatrix}$;

(5) $f=(x_1,x_2,x_3)\begin{pmatrix}1&2&0\\2&-3&-9\\0&-9&5\end{pmatrix}\begin{pmatrix}x_1\\x_2\\x_3\end{pmatrix}$;　　(6) $f=(x_1,x_2,x_3)\begin{pmatrix}1&a&a\\a&1&a\\a&a&1\end{pmatrix}\begin{pmatrix}x_1\\x_2\\x_3\end{pmatrix}$;

(7) $f=(x_1,x_2)\begin{pmatrix}1&-2\\-2&4\end{pmatrix}\begin{pmatrix}x_1\\x_2\end{pmatrix}$;　　(8) $f=(y_1,y_2)\begin{pmatrix}a&2\\2&b\end{pmatrix}\begin{pmatrix}y_1\\y_2\end{pmatrix}$;

(9) $f=(x_1,x_2,x_3)\begin{pmatrix}0&2&-2\\2&4&4\\-2&4&-3\end{pmatrix}\begin{pmatrix}x_1\\x_2\\x_3\end{pmatrix}$;　　(10) $f=(x_1,x_2,x_3)\begin{pmatrix}1&a&1\\a&1&\beta\\1&\beta&1\end{pmatrix}\begin{pmatrix}x_1\\x_2\\x_3\end{pmatrix}$.

3. (1) $\begin{pmatrix}1&0\\0&1\end{pmatrix}$;　　(2) $\begin{pmatrix}1&-2\\-2&1\end{pmatrix}$.

4. $x_1^2-2x_1x_2-6x_1x_3+2x_1x_4-4x_2x_3+x_2x_4+\frac{1}{3}x_3^2-3x_3x_4$.

5. $f=\boldsymbol{x}^{\mathrm{T}}\boldsymbol{A}\boldsymbol{x}=x_1x_2-x_2^2-6x_2x_4-3x_4^2$.　　6. $\begin{pmatrix}1&3&5\\3&5&7\\5&7&9\end{pmatrix}$.　　8. $\begin{pmatrix}0&1&0\\1&0&0\\0&0&1\end{pmatrix}$.

9. 2.　　10. 2.　　11. (1) $f=2y_1^2-y_2^2+4y_3^2$;　　(2) $f=y_1^2-y_2^2+y_3^2$.

习题 5-2

1. (1) $f=2y_1^2+5y_2^2+y_3^2$;　　(2) $f=-y_1^2+3y_2^2+y_3^2+y_4^2$;　　(3) $f=9y_3^2$.

2. 正交变换 $\boldsymbol{x}=\boldsymbol{Q}\boldsymbol{y}$，其中 $\boldsymbol{Q}=\dfrac{1}{\sqrt{2}}\begin{pmatrix}1 & -1 & 0\\ 0 & 0 & \sqrt{2}\\ 1 & 1 & 0\end{pmatrix}$，方程化为 $2y_2^2+2y_3^2=1$.

3. $\boldsymbol{x}=\begin{pmatrix}k\\ -k\\ 0\end{pmatrix}$，其中 k 为任意常数.

4. 经可逆线性变换 $\boldsymbol{x}=\boldsymbol{C}\boldsymbol{y}$，其中 $\boldsymbol{C}=\begin{pmatrix}1 & -1 & -1\\ 0 & 1 & -1\\ 0 & 0 & 1\end{pmatrix}$，题设二次型化为标准形 $f=y_1^2-y_2^2$.

5. $c=3$，$f=4y_1^2+9y_2^2$.

6. (1) $f=y_1^2+y_2^2-y_3^2$，$\boldsymbol{x}=\boldsymbol{C}\boldsymbol{y}$，其中 $\boldsymbol{C}=\begin{pmatrix}1 & 1 & -1\\ 0 & 0 & 1\\ 0 & -1 & 1\end{pmatrix}$；

(2) $f=-4y_1^2+4y_2^2+y_3^2$，$\boldsymbol{x}=\boldsymbol{C}\boldsymbol{y}$，其中 $\boldsymbol{C}=\begin{pmatrix}1 & 1 & 1/2\\ 1 & -1 & 1/2\\ 0 & 0 & 1\end{pmatrix}$.

7. $f=y_1^2-y_2^2$.

8. 表示双叶双曲面 $z_1^2-z_2^2-z_3^2=2$.

9. 题设椭球面的标准方程为 $\dfrac{x_1^2}{4}+\dfrac{x_2^2}{9}+\dfrac{x_3^2}{36}=1$.

10. (1) 二次型的标准形为

$$f(x_1,x_2,x_3)=2y_1^2-\frac{1}{2}y_2^2+6y_3^2,$$

其满秩线性变换为 $\begin{pmatrix}1 & -1/2 & 3\\ 1 & 1/2 & -1\\ 0 & 0 & 1\end{pmatrix}$；

(2) 二次型的标准形为

$$f(x_1,x_2,x_3)=y_1^2-10y_2^2+\frac{11}{10}y_3^2,$$

其满秩线性变换为 $\begin{pmatrix}1 & -3 & 3/10\\ 0 & 1 & -1/10\\ 0 & 0 & 1\end{pmatrix}$.

11. 经可逆线性变换 $\boldsymbol{x}=\boldsymbol{Q}\boldsymbol{y}$，其中

$$\boldsymbol{Q}=\begin{pmatrix}-\dfrac{\sqrt{3}}{3} & -\dfrac{\sqrt{2}}{2} & \dfrac{\sqrt{6}}{6}\\ -\dfrac{\sqrt{3}}{3} & \dfrac{\sqrt{2}}{2} & \dfrac{\sqrt{6}}{6}\\ \dfrac{\sqrt{3}}{3} & 0 & \dfrac{2\sqrt{6}}{6}\end{pmatrix},$$

题设二次型可化为标准形 $f=2y_1^2+6y_2^2$.

12. $a=1$. 13. $a=2$. 14. $f=2y_1^2-y_2^2+y_3^2$.

15. $f=\frac{1}{2}(-0.336y_1^2+0.536y_2^2+1.5y_3^2)$.

16. (1) $f(x_1,x_2,x_3)=(x_1,x_2,x_3)\begin{pmatrix}2&2&2\\2&2&2\\2&2&2\end{pmatrix}\begin{pmatrix}x_1\\x_2\\x_3\end{pmatrix}$;

(2)二次型 f 的标准形为 $f(x_1,x_2,x_3)=6y_3^2$, 正交矩阵为 $\begin{pmatrix}-\frac{1}{\sqrt{2}}&-\frac{1}{\sqrt{6}}&\frac{1}{\sqrt{3}}\\\frac{1}{\sqrt{2}}&-\frac{1}{\sqrt{6}}&\frac{1}{\sqrt{3}}\\0&\sqrt{\frac{2}{3}}&\frac{1}{\sqrt{3}}\end{pmatrix}$.

17. (1) 二次型的规范形为 $y_1^2+y_2^2-y_3^2$. 于是正惯性指数为2, 秩为3.

(2) 二次型的规范形为 $y_1^2-y_2^2$. 于是正惯性指数为1, 秩为2.

(3) 二次型的规范形为 $y_1^2+y_2^2-y_3^2$. 于是正惯性指数为2, 秩为3.

习题 5-3

1. (1) 负定; (2) 正定. 2. (1) $-0.8<a<0$; (2) $a>2$. 3. $p=r=n$.

4. 1个. 5. $k>2$. 6. $-3<a<1$. 7. 有; 最优权重分配: $w_1=\frac{2m}{3}$, $w_2=\frac{m}{3}$.

8. $-\sqrt{2}<t<\sqrt{2}$. 9. $-2<\lambda<1$. 10. $\boldsymbol{C}=\frac{1}{3}\begin{pmatrix}5&-1&1\\-1&5&1\\1&1&5\end{pmatrix}$.

总习题五

1. $a=-3$. 3. (1) 2; (2) $\begin{pmatrix}1&0&0&0\\0&1&0&0\\0&0&1&-4/5\\0&0&0&1\end{pmatrix}$.

5. 正交矩阵为 $\begin{pmatrix}\frac{1}{\sqrt{2}}&\frac{1}{\sqrt{6+2\sqrt{3}}}&\frac{1}{\sqrt{6-2\sqrt{3}}}\\-\frac{1}{\sqrt{2}}&\frac{1}{\sqrt{6+2\sqrt{3}}}&\frac{1}{\sqrt{6-2\sqrt{3}}}\\0&\frac{1+\sqrt{3}}{\sqrt{6+2\sqrt{3}}}&\frac{1-\sqrt{3}}{\sqrt{6-2\sqrt{3}}}\end{pmatrix}$, 最大值是 $2\sqrt{3}$.

6. $a=2$, 正交矩阵为 $\begin{pmatrix}0&1&0\\\frac{1}{\sqrt{2}}&0&\frac{1}{\sqrt{2}}\\-\frac{1}{\sqrt{2}}&0&\frac{1}{\sqrt{2}}\end{pmatrix}$. 7. $a=b=0$.

8. $a=3$, $b=1$; $\boldsymbol{P}=\begin{pmatrix} 1/\sqrt{2} & 1/\sqrt{3} & 1/\sqrt{6} \\ 0 & -1/\sqrt{3} & 2/\sqrt{6} \\ -1/\sqrt{2} & 1/\sqrt{3} & 1/\sqrt{6} \end{pmatrix}$.　9. $\boldsymbol{P}=\begin{pmatrix} 2/\sqrt{5} & 1/\sqrt{30} & 1/\sqrt{6} \\ 0 & 5/\sqrt{30} & -1/\sqrt{6} \\ -1/\sqrt{5} & 2/\sqrt{30} & 2/\sqrt{6} \end{pmatrix}$.

10. $\boldsymbol{A}=\begin{pmatrix} 1/2 & 0 & -1/2 \\ 0 & 1 & 0 \\ -1/2 & 0 & 1/2 \end{pmatrix}$.　11. $2y_1^2+2y_2^2+2y_3^2$.　13. f 不是正定二次型.

14. 该二次型正定.　15. 正、负惯性指数分别为 2，0，$f=1$ 表示椭圆柱面.

16. 当 $-1<k<0$ 时，f 为正定二次型.

17. $\boldsymbol{\Lambda}=\mathrm{diag}\{(k+2)^2,(k+2)^2,k^2\}$；当 $k\neq -2$ 且 $k\neq 0$ 时，$\boldsymbol{B}$ 为正定矩阵.

22. $a=2$，正交矩阵为 $\boldsymbol{Q}=\begin{pmatrix} -\frac{\sqrt{2}}{2} & \frac{\sqrt{6}}{6} & \frac{\sqrt{3}}{3} \\ 0 & \frac{\sqrt{6}}{3} & -\frac{\sqrt{3}}{3} \\ \frac{\sqrt{2}}{2} & \frac{\sqrt{6}}{6} & \frac{\sqrt{3}}{3} \end{pmatrix}$.

23. (1) $a=-1$；　(2)二次型对应的矩阵 $\begin{pmatrix} 2 & 0 & 2 \\ 0 & 2 & 2 \\ 2 & 2 & 4 \end{pmatrix}$，标准形为 $f=2y_2^2+6y_3^2$.

24. $\boldsymbol{P}=\begin{pmatrix} 1 & 2 & 2\sqrt{3}/\sqrt{3} \\ 0 & 1 & 4\sqrt{3}/\sqrt{3} \\ 0 & 1 & 0 \end{pmatrix}$.　26. $a_1a_2\cdots a_n\neq(-1)^n$.

第 6 章　答案

习题 6-1

1. (1) 是线性空间；(2) 不是线性空间；(3) 是线性空间；(4) 不是线性空间；(5) 不是线性空间.

2. (1) $\cos 2x$ 在该空间内；(2) 1 在该空间内；(3) x^2 不在该空间内；(4) $1+x^2$ 不在该空间内.

5. (1) $\boldsymbol{V}$ 不是 $\mathbf{R}^3$ 的子空间；(2) $\boldsymbol{V}$ 是 $\mathbf{R}^3$ 的子空间；(3) $\boldsymbol{V}$ 不是 $\mathbf{R}^3$ 的子空间；(4) $\boldsymbol{V}$ 不是 $\mathbf{R}^3$ 的子空间；(5) $\boldsymbol{V}$ 不是 $\mathbf{R}^3$ 的子空间；(6) $\boldsymbol{V}$ 不是 $\mathbf{R}^3$ 的子空间；(7) $\boldsymbol{V}$ 不是 $\mathbf{R}^3$ 的子空间；(8) $\boldsymbol{V}$ 不是 $\mathbf{R}^3$ 的子空间；(9) $\boldsymbol{V}$ 不是 $\mathbf{R}^3$ 的子空间；(10) $\boldsymbol{V}$ 是 $\mathbf{R}^3$ 的子空间.

6. (1) $\boldsymbol{V}_1$ 不是 $\mathbf{R}^3$ 的子空间；(2) $\boldsymbol{V}_2$ 是 $\mathbf{R}^3$ 的子空间；(3) $\boldsymbol{V}_3$ 不是 $\mathbf{R}^3$ 的子空间.

10. $\boldsymbol{p}_1=\begin{pmatrix} 5 \\ 1 \\ 0 \end{pmatrix}$，$\boldsymbol{p}_2=\begin{pmatrix} 2 \\ 0 \\ 1 \end{pmatrix}$.

习题 6-2

3. $\dim \boldsymbol{W}=n$.　　4. $(33,-82,154)$.　　5. $(0,0,1,2)$.

6. $(0,2,1,2)$　　8. $\left(\frac{1}{2},1,-1,\frac{1}{2}\right)^{\mathrm{T}}$.　　9. $\begin{pmatrix} a_1-a_2 \\ a_2-a_3 \\ a_3 \end{pmatrix}$.

10. $\{1-x,x-x^2,1-x^2\}$.　　11. $\boldsymbol{\beta}_1$ 是 $\boldsymbol{L}(\boldsymbol{\beta}_1,\boldsymbol{\beta}_2)\cap \boldsymbol{L}(\boldsymbol{\alpha}_1,\boldsymbol{\alpha}_2)$ 的一个基, 交空间的维数是 1.

12. 解空间的维数是 2, 一个基是 $\boldsymbol{\xi}_1=(-3,1,0,0,0)^{\mathrm{T}}$, $\boldsymbol{\xi}_2=(7,0,-2,0,1)^{\mathrm{T}}$.

13. $\boldsymbol{\alpha}_1,\boldsymbol{\alpha}_2,\boldsymbol{\varepsilon}_1,\boldsymbol{\varepsilon}_4,\boldsymbol{\varepsilon}_5$ 构成 $\mathbf{R}^5$ 的一个基.

14. $x^3+1,-2x^2+x+3,-x^3+3x^2-x$ 在 $\boldsymbol{P}[x]_3$ 中线性无关.

习题 6-3

1. $\begin{pmatrix} 2 & 3 & 4 \\ 0 & -1 & 0 \\ -1 & 0 & -1 \end{pmatrix}$.　　2. $\begin{pmatrix} 12 & -18 & 52 \\ 7 & -9 & 29 \\ -6 & 14 & -36 \end{pmatrix}$.

3. (1) $\begin{pmatrix} 3 & 3 & 1 \\ 0 & 2 & 1 \\ -1 & -2 & 1 \end{pmatrix}$;　　(2) $\boldsymbol{\alpha}$ 在基 $\boldsymbol{\alpha}_1,\boldsymbol{\alpha}_2,\boldsymbol{\alpha}_3$ 下的坐标为 $(10,2,-8)^{\mathrm{T}}$.

4. (3) $\begin{pmatrix} 0 & 1 & 1 & 1 \\ 1 & 0 & 1 & 1 \\ 1 & 1 & 0 & 1 \\ 1 & 1 & 1 & 0 \end{pmatrix}$;　　(4) $\boldsymbol{\alpha}$ 在两个基下的坐标分别是 $\begin{pmatrix} 0 \\ 1 \\ 2 \\ 3 \end{pmatrix}$, $\begin{pmatrix} 2 \\ 1 \\ 0 \\ -1 \end{pmatrix}$.

5. $(75,85,-25,-15)^{\mathrm{T}}$.　　6. $\boldsymbol{\alpha}=\boldsymbol{\alpha}_1-\boldsymbol{\alpha}_2+\boldsymbol{\alpha}_3$ 在基 $\boldsymbol{\beta}_1,\boldsymbol{\beta}_2,\boldsymbol{\beta}_3$ 下的坐标为 $\begin{pmatrix} 2 \\ 1 \\ 1 \end{pmatrix}$.

7. (2) $\begin{pmatrix} -1 & 2 & 1 \\ 1 & -2 & 1 \\ 0 & 1 & -1 \end{pmatrix}$;　　(3) $\boldsymbol{\gamma}=2\boldsymbol{\eta}_1-2\boldsymbol{\eta}_2-3\boldsymbol{\eta}_3$ 在基 $\boldsymbol{\alpha}_1,\boldsymbol{\alpha}_2,\boldsymbol{\alpha}_3$ 下的坐标为 $\begin{pmatrix} 2 \\ -3 \\ 1 \end{pmatrix}$.

8. (1) $\begin{pmatrix} 2 & 1 & -1 & 1 \\ 0 & 3 & 1 & 0 \\ 5 & 3 & 2 & 1 \\ 6 & 6 & 1 & 3 \end{pmatrix}$;　　(2) $\begin{pmatrix} y_1 \\ y_2 \\ y_3 \\ y_4 \end{pmatrix}=\frac{1}{27}\begin{pmatrix} 12 & 1 & 9 & -7 \\ 9 & 12 & 0 & -3 \\ -27 & -9 & 0 & 9 \\ -33 & -23 & -18 & 26 \end{pmatrix}\begin{pmatrix} x_1 \\ x_2 \\ x_3 \\ x_4 \end{pmatrix}$;

(3) $\begin{pmatrix} x_1 \\ x_2 \\ x_3 \\ x_4 \end{pmatrix}=k\begin{pmatrix} -1 \\ -2 \\ 4 \\ 7 \end{pmatrix}$ (k 为常数).

习题 6-4

1. (1) 与原向量关于 y 轴对称；　(2) 将原向量投影到 y 轴上；

(3) 与原向量关于直线 $y=x$ 对称；　(4) 将原向量顺时针旋转 $\frac{\pi}{2}$.

5. (1) $\boldsymbol{A}$ 不是线性变换；　(2) $\boldsymbol{A}$ 是 $\mathbf{R}^4$ 上的线性变换；　(3) $\boldsymbol{A}$ 是 $\mathbf{R}^{2\times 2}$ 上的线性变换；

(4) $\boldsymbol{A}$ 是 $\boldsymbol{P}[x]_n$ 上的线性变换；　(5) $\boldsymbol{A}$ 是 $\mathbf{R}^3$ 上的线性变换.

6. $\boldsymbol{A}\begin{pmatrix} a_1 \\ a_2 \\ a_3 \end{pmatrix}=\begin{pmatrix} a_1 \\ -a_1+2a_2-a_3 \\ 2a_1-6a_2+3a_3 \end{pmatrix}$.　7. $(0, 10, 0, 20)^{\mathrm{T}}$.

习题 6-5

1. $\begin{pmatrix} 1 & 0 & 0 \\ 2 & 1 & 0 \\ 0 & 1 & 1 \end{pmatrix}$.　2. $\begin{pmatrix} 1 & 0 & 0 \\ 1 & 1 & 0 \\ 1 & 2 & 1 \end{pmatrix}$.　3. (1) $\begin{pmatrix} -1 & 2 & 0 \\ 1 & 1 & -1 \\ 0 & 1 & -1 \end{pmatrix}$ ；(2) $\begin{pmatrix} 0 & 1 & 0 \\ 1 & 1 & 1 \\ 0 & -1 & -2 \end{pmatrix}$.

4. (1) $\begin{pmatrix} 2 & 1 \\ 0 & 3 \end{pmatrix}$ ；　(2)依次为0, 12 .　5. $(7, -3, 7, -12)$.　6. $\begin{pmatrix} 1 & 0 & 0 \\ 0 & 1 & 0 \\ -1 & 0 & 1 \end{pmatrix}$.

7. $\begin{pmatrix} 2 & 4 & 4 \\ -3 & -4 & -6 \\ 2 & 3 & 8 \end{pmatrix}$.　8. $\begin{pmatrix} -\frac{31}{2} & \frac{9}{2} \\ -\frac{75}{2} & \frac{25}{2} \end{pmatrix}$.　9. $\begin{pmatrix} 0 & 1 & 1 & 1 \\ 0 & 0 & 2 & 3 \\ 0 & 0 & 0 & 3 \\ 0 & 0 & 0 & 0 \end{pmatrix}$.

10. $(49, -17, 46, -12)^{\mathrm{T}}$.

总习题六

1. $\boldsymbol{Q}(\omega)$ 关于普通数的加法与普通数的乘法运算构成有理数域 $\mathbf{Q}$ 上的线性空间.

2. (1) 此集合对指定的运算是一个线性空间；　(2) 此集合不构成 $\mathbf{R}$ 上的线性空间.

3. (1) 不是；(2) 是；　(3) 是；　(4) 不是.

4. (1) 是；　(2) 不是；(3) 不是；(4) 不是；(5) 是；　(6) 是.

6. $\dim L=2$.　7. $(1,1,-1)^{\mathrm{T}}$.　8. $\boldsymbol{B}=\boldsymbol{A}\begin{pmatrix} 1 & 1 & 1 \\ 1 & 2 & 3 \\ 1 & 4 & 9 \end{pmatrix}$.

9. (2) $\begin{pmatrix} 1 & 1 & 1 & \cdots & 1 \\ 0 & 1 & 1 & \cdots & 1 \\ 0 & 0 & 1 & \cdots & 1 \\ \vdots & \vdots & \vdots & & \vdots \\ 0 & 0 & 0 & \cdots & 1 \end{pmatrix}$ ；　(3) $\begin{pmatrix} y_1 \\ y_2 \\ y_3 \\ \vdots \\ y_n \end{pmatrix}=\begin{pmatrix} 1 & 1 & 1 & \cdots & 1 \\ 0 & 1 & 1 & \cdots & 1 \\ 0 & 0 & 1 & \cdots & 1 \\ \vdots & \vdots & \vdots & & \vdots \\ 0 & 0 & 0 & \cdots & 1 \end{pmatrix}^{-1}\begin{pmatrix} x_1 \\ x_2 \\ x_3 \\ \vdots \\ x_n \end{pmatrix}$.

10. $\begin{pmatrix} 2 & 3 & 4 \\ 0 & -1 & -1 \\ -1 & 0 & 0 \end{pmatrix}$.　11. (1) $\begin{pmatrix} 1 & 1 & 1 \\ 0 & 1 & 1 \\ 0 & 0 & 1 \end{pmatrix}$; (2) $\boldsymbol{\beta}_1=\begin{pmatrix} 0 \\ 1 \\ 0 \end{pmatrix}$, $\boldsymbol{\beta}_2=\begin{pmatrix} 1 \\ 0 \\ 0 \end{pmatrix}$, $\boldsymbol{\beta}_3=\begin{pmatrix} 0 \\ 1 \\ 1 \end{pmatrix}$; (3) $\begin{pmatrix} -2 \\ 1 \\ 3 \end{pmatrix}$.

12. 依次为 $\frac{1}{2},\frac{1}{6},\frac{1}{12},\frac{1}{4}$.

15. (2) $\begin{pmatrix} 0 & -a_{12} & a_{21} & 0 \\ -a_{12} & a_{11}-a_{22} & 0 & a_{21} \\ a_{12} & 0 & a_{22}-a_{11} & -a_{12} \\ 0 & a_{12} & -a_{21} & 0 \end{pmatrix}$　16. (2) $\begin{pmatrix} 0 & 1 & 0 & \cdots & 0 \\ 0 & 0 & 1 & \cdots & 0 \\ \vdots & \vdots & \vdots & & \vdots \\ 0 & 0 & 0 & \cdots & 1 \\ 0 & 0 & 0 & \cdots & 0 \end{pmatrix}$.

19. (2) $\begin{pmatrix} -1 & -3 & -6 \\ -1 & -3 & -6 \\ 3 & 9 & 18 \end{pmatrix}$; (3) $\sigma(\boldsymbol{\beta}_1+\boldsymbol{\beta}_2+\boldsymbol{\beta}_3)=(\boldsymbol{\beta}_1,\boldsymbol{\beta}_2,\boldsymbol{\beta}_3)\begin{pmatrix} -10 \\ -10 \\ 30 \end{pmatrix}$.

大学数学立体化教材　书目

主版

1.《高等数学》(第6版)(上下册)　　配学习辅导与习题解答
2.《线性代数》(理工类·第6版)　　配学习辅导与习题解答
3.《概率论与数理统计》(理工类·第6版)　　配学习辅导与习题解答
4.《微积分》(第6版)(上下册)　　配学习辅导与习题解答
5.《线性代数》(经管类·第6版)　　配学习辅导与习题解答
6.《概率论与数理统计》(经管类·第6版)　　配学习辅导与习题解答
7.《大学文科数学》(第5版)　　配学习辅导与习题解答

简明版

1.《高等数学》(简明版·第6版)(上下册)
2.《线性代数》(理工类·简明版·第6版)
3.《概率论与数理统计》(理工类·简明版·第6版)
4.《微积分》(简明版·第6版)
5.《线性代数》(经管类·简明版·第6版)
6.《概率论与数理统计》(经管类·简明版·第6版)

高职高专版

1.《高等数学》(高职高专版·第5版)　　配学习辅导与习题解答
2.《线性代数》(理工类·高职高专版·第5版)
3.《概率论与数理统计》(理工类·高职高专版·第5版)
4.《微积分》(高职高专版·第5版)
5.《线性代数和概率统计》(经管类·高职高专版·第5版)
6.《应用数学基础》(高职高专版·第4版)
7.《实用高等数学》(高职高专版·第4版)

图书在版编目（CIP）数据

线性代数：理工类/吴赣昌，数苑团队主编. 6版. --北京：中国人民大学出版社，2025. 7.
(21世纪数学教育信息化精品教材). --ISBN 978-7-300-33968-9

Ⅰ. O151. 2

中国国家版本馆CIP数据核字第2025UR5126号

21世纪数学教育信息化精品教材

大学数学立体化教材

线性代数（理工类·第6版）

主编　吴赣昌　数苑团队

Xianxing Daishu

出版发行	中国人民大学出版社		
社　　址	北京中关村大街31号	**邮政编码**	100080
电　　话	010－62511242（总编室）		010－62511770（质管部）
	010－82501766（邮购部）		010－62514148（门市部）
	010－62511173（发行公司）		010－62515275（盗版举报）
网　　址	http://www.crup.com.cn		
经　　销	新华书店		
印　　刷	北京昌联印刷有限公司	**版　　次**	2006年4月第1版
开　　本	787 mm×1092 mm　1/16		2025年7月第6版
印　　张	28 插页1	**印　　次**	2025年8月第2次印刷
字　　数	619 000	**定　　价**	59.00元